节能监察

ENERGY CONSERVATION
SUPERVISION PRACTICE

节能监察实务
【监察指南】

国家发展和改革委员会环资司
国家节能中心 编著

中国发展出版社
CHINA DEVELOPMENT PRESS

图书在版编目（CIP）数据

节能监察实务（全3册）/国家发展和改革委员会环资司，国家节能中心编著. —北京：中国发展出版社，2016.9

ISBN 978 – 7 – 5177 – 0490 – 4

Ⅰ.①节…　Ⅱ.①国…　②国…　Ⅲ.①节能—监管制度—中国—实务　Ⅳ.①TK01 – 62

中国版本图书馆 CIP 数据核字（2016）第 068438 号

书　　　名：节能监察实务（全3册）：监察指南
著作责任者：国家发展和改革委员会环资司　国家节能中心
出 版 发 行：中国发展出版社
　　　　　　（北京市西城区百万庄大街16号8层　100037）
标 准 书 号：ISBN 978 – 7 – 5177 – 0490 – 4
经 销 者：各地新华书店
印 刷 者：三河市东方印刷有限公司
开　　　本：787mm × 1092mm　1/16
印　　　张：72.25
字　　　数：1232 千字
版　　　次：2016 年 9 月第 1 版
印　　　次：2016 年 9 月第 1 次印刷
定　　　价：198.00 元

联 系 电 话：(010) 68990642　68990692
购 书 热 线：(010) 68990682　68990686
网 络 订 购：http：//zgfzcbs. tmall. com//
网 购 电 话：(010) 68990639　88333349
本 社 网 址：http：//www. develpress. com. cn
电 子 邮 件：fazhanreader@ 163. com

前　言

　　节能监察是我国节能管理体系的重要组成部分，是全面贯彻落实节能法律、法规、规章和强制性节能标准的有效措施，是促进用能单位加强节能管理、提高能效水平的重要手段。为加强节能监察工作，推进节能行政执法，近年来各地成立了节能监察机构，目前已有省、市、县三级节能监察机构近 2000 个，在编人数约 16000 人。各级节能监察机构围绕实现地方节能目标、落实节能管理制度情况、强制性节能标准实施情况、淘汰落后制度执行情况等开展了一系列节能监察，在督促用能单位加强节能管理、落实节能措施、提高能源利用效率等方面发挥了重要作用。

　　节能监察是一项专业技术性强、规范程度要求高的行政执法工作。目前全国已有北京、上海、山东、河北、河南等 12 个省（市、区）出台了节能监察办法，一些地市如南京市、石家庄市颁布了节能监察条例，但是大部分省（市、区）仍然没有出台节能监察办法，全国的节能监察工作存在着执法依据不足、执法方式和程序不统一、执法行为不够规范、监察人员素质尚待提高等问题。2016 年 1 月 15 日，国家发展和改革委员会正式发布了《节能监察办法》，自 2016 年 3 月 1 日起施行。为指导各地贯彻落实《节能监察办法》，做好节能监察工作，我们组织编写了《节能监察实务》。在编写过程中，我们通过调研吸收了各地节能监察机构开展行政执法的经验和建议，深入研究了节能监察工作的新要求，考虑了节能行政执法的新思路，在地方开展节能监察实践经验的基础上，对节能监察内容、执法依据、节能监察方法、执法程序、执法文书等方面做了进一步的完善；在全国范围内征集了节能监察执法案例，编辑收录了固定资产投资项目节能评估和审查制度落实情况监察、用能设备和生产工艺淘汰制度执行情况监察、单位产品能耗限额及其他强制性节能标准执行情况监察、重点用能单位监察、能源效率标识制度实施情况监察、建筑节能监察、公共机构节能监察、交通运输领域监察、第三方节能咨询服务机构监察等9大类共24个案例。同时，我们对节能监察相关的法律、法规进行了汇编。

本书中节能监察的具体内容、编录的节能监察执法案例及法律法规汇编的有机结合，使本书具有较强的操作性、实用性和指导性，特别是对新设立的节能监察机构或刚走上节能监察工作岗位的新人尽快熟悉和开展节能监察工作，大有裨益。通过本书，我们希望规范全国各级节能监察机构的节能监察执法程序，进一步规范节能监察执法行为，创新节能执法理念，为强化节能监察工作，切实贯彻节能法律法规，推动用能单位提高能源利用效率发挥应用作用。

本书的编写得到了山东省节能监察总队、上海市节能监察中心、浙江省能源监察总队、湖北省节能监察中心和其他省市节能监察机构的大力支持和帮助，在此一并表示感谢。尽管我们在编写过程中尽了最大努力，但难免存在一些不足，希望各地节能监察机构在使用过程中，注意及时发现和反映问题，提出修改完善的具体意见和建议，使本书能随着节能监察工作的不断深入而日臻完善，成为指导全国各级节能监察机构开展节能监察工作的宝典。

本书编委会
2016 年 9 月

目　录

第一章　概　述

随着我国进入全面建成小康社会的新的发展阶段，资源环境约束日趋强化，节约能源已经摆在了国民经济和社会发展的突出位置。我国历来高度重视节约资源和环境保护问题，并先后将环境保护和节约资源确立为基本国策，出台了一系列法律、法规、规章和标准，大力推进生态文明建设，坚持走可持续发展道路。

节能监察是全面贯彻落实国家节能法律、法规、规章和强制性节能标准的有效措施，是促进用能单位加强节能管理、提高能效水平的重要手段，是加快建立资源节约型、环境友好型社会的有力抓手。近年来，节能监察在全面贯彻落实国家节能法律、法规、规章和标准方面发挥了重要作用。本章主要介绍我国能源与节能工作现状、节能监督管理、节能监察和节能监察机构等内容。

第一节　能源形势与节能现状

能源是保证经济社会持续发展的重要物质基础。我国实施节约与开发并举、把节约放在首位的能源发展战略，大力推动全社会节约能源。

一、我国能源资源形势

我国是一个发展中的人口大国，资源相对不足，生态环境脆弱。我国能源资源赋存总量约为世界总量的 10%，人均资源量为世界平均水平的 40%；同时，能源结构以煤为主，优质资源少。随着经济的飞速发展，我国现已成为世界上第一大能源生产和消费国。2014 年全国一次能源生产总量 36.0 亿吨标准煤，消费总量 42.6 亿吨标准煤，能源自给率 84.5%。中国新增能源消费连续第 14 年居全球领先。

能源消费的快速增长给我国的能源发展带来了一系列问题。1981~2000 年，我国能源消费总量由 6 亿吨标准煤增加到 14.6 亿吨标准煤，能源消费总量增加一倍以上，年均增速为 4.5%。2001~2010 年，我国能源消费总量又增加一倍以上，由 14.6 亿吨标准煤增加到 32.5 亿吨标准煤，年均增速高达 8.4%。从能源消费构成看，受资源禀赋影响，煤炭长期在我国能源消费总量和增量中占主导地位。2014 年，煤炭占我国一次能源消费的比重达 66.0%，远高于发达国家甚至许多发展中国家水平。1990~2012 年，我国煤炭消费增长 19.5 亿吨标准煤，占同期全球煤炭消费增量的 89.8%。我国的能源安全问题突出。

二、节能目标与任务

与发达国家相比，我国总体能源利用效率水平存在明显差距，节能工作面临的形势日益严峻。2013 年，我国一次能源消费占全球的 22.4%，但创造的 GDP 仅占全球的 12.2%，单位 GDP 能耗与发达国家相差 4~6 倍。与国际先进水平相比，电力、钢铁、水泥等主要工业产品单耗水平仍相差 10%~20%。

经济社会发展以及城镇化和工业化的加速推进，对我国能源发展的质量和水平提出了更高要求。国务院于 2014 年 11 月发布的《能源发展战略行动计划（2014~2020 年）》明确提出：到 2020 年国内一次能源生产总量达到 42 亿吨标准煤，能源自给能力保持在 85% 左右；一次能源消费总量控制在 48 亿吨标准煤左右，非化石能源占一次能源消费比重达到 15%，天然气消费比重达到 10% 以上，煤炭消费比重控制在 62% 以内。我国人口众多、人均资源相对不足、生态环境比较脆弱等基本国情，决定了能源发展必须开创中国特色的可持续能源发展道路，实施能源消费总量控制，优化调整能源消费结构，多措并举进一步提高能源利用效率。

三、节能进展与成效

节约资源是我国的基本国策。"十一五"以来，我国首次把单位国内生产总值能耗下降作为约束性目标，节能工作得到持续强化。各地区、各部门坚持稳中求进，通过加强宏观调控、强化目标责任、优化产业机构、实施节能重点工程、加快技术产品开发推广、推动重点领域节能等工作，节能工作取得显著成效。特别是"十八大"以后，党中央、国务院坚持绿色发展，坚持节约资源的基本国策，加快建设资源节约型、环境友好型社会，形成人与自然和谐发展现代化建设新格局。"十二五"前四年，我国单位GDP能耗由2010年的0.882万吨标准煤/万元（2010年价）下降至2014年的0.764万吨标准煤/万元（2010年价），累计下降13.4%，"十二五"前四年共完成五年规划任务的82.3%，超过四年完成80%的预期目标。

四、节能法制建设

随着我国法制化进程的不断推进，节能法律、法规、规章和强制性节能标准体系日臻完善。1986年1月，国务院颁布了《节约能源管理暂行条例》，这是我国第一个关于节约能源的行政法规。1997年11月，第八届全国人大常委会第二十八次会议审议通过了《中华人民共和国节约能源法》（以下简称《节约能源法》）。2007年10月，第十届全国人大常委会第三十次会议审议通过修订后的《节约能源法》，并于2008年4月1日起施行。修订后的《节约能源法》扩大了调整范围，明确了节能管理和监督主体，健全了节能管理制度和标准体系，完善了促进节能的经济政策、市场服务体系和促进机制，强化了法律责任，为节能监督管理工作的顺利实施提供了有力保障。

为贯彻实施《节约能源法》，国家和地方先后制定了相关配套法规、规章，有效地推进了节能工作在各领域的发展。国务院出台了《民用建筑节能条例》和《公共机构节能条例》，加强在民用建筑和公共机构的节能监督管理。国家发展和改革委员会、交通运输部和国务院国有资产监督管理委员会等部委相继出台了一系列配套的部门规章。2016 年 1 月 15 日，国家发展和改革委员会正式颁布了《节能监察办法》，并于 2016 年 3 月 1 日正式实施。同时，全国各地也制（修）订地方性法规、政府规章，保障《节约能源法》的贯彻实施，如河北、浙江、山东和河南等省制定了节能监察办法，南京市、石家庄市制定了节能监察条例等。这些法规和规章的陆续出台，标志着我国节能法制建设工作逐步完善。

此外，国家先后启动了"2012～2013 百项能效标准推进工程"和"2014～2015 百项能效标准推进工程"。在两个"百项能效标准推进工程"的支持下，国家共发布节能国家标准 100 余项。"百项能效标准推进工程"的启动实施，充分发挥了节能标准的倒逼作用，为节能工作的开展发挥了重要的支撑作用。

第二节　节能监督管理

《节约能源法》明确规定了县级以上地方各级人民政府管理节能工作的部门和有关部门在节能工作中的监督管理职责和作用，确定了节能管理和监督主体，建立了有效的节能监管体制和机制。

一、节能监督管理体制

《节约能源法》第十条规定："国务院管理节能工作的部门主管全国的节能监督管理工作。国务院有关部门在各自的职责范围内负责节能监督管理工作，并接受国务院管理节能工作的部门的指导。

县级以上地方各级人民政府管理节能工作的部门负责本行政区域内的节能监督管理工作。县级以上地方各级人民政府有关部门在各自的职责范围内负责节能监督管理工作，并接受同级管理节能工作的部门的指导。"

这一规定明确了节能监督管理部门，确立了节能监督管理体制。

（一）节能工作主管部门

在中央政府层面，根据国务院部门职责分工，主管节能工作的是国家发展和改革委员会；在省级以下，根据各地政府部门职责分工，由地方发展和改革委员会或经济和信息化委员会（厅、局）主管节能工作。

（二）节能工作相关部门

节能工作涉及面广，与住建、交通运输、质检（包括标准化、认证认可管理部门）、机关事务管理等部门或机构密切相关。《节约能源法》规定，这些部门或机构要在各自的职责范围内依法履行与节能有关的管理职责，并接受管理节能工作的部门的指导，从而建立了统一管理、分工负责、相互协调的管理体制，明确了职责分工，提高了工作效率。

二、节能监督管理职责[①]

《节约能源法》第十二条规定："县级以上人民政府管理节能工作的部门和有关部门应当在各自的职责范围内，加强对节能法律、法规和节能标准执行情况的监督检查，依法查处违法用能行为。

履行节能监督管理职责不得向监督管理对象收取费用。"

这一规定明确了县级以上人民政府管理节能工作的部门和有关部门的法定地位，依据国家有关节能法律、法规、规章和节能标准，代表政府依法履行节能监督管理职责，对用能行为实施检查，以督促用能单位和个人科学合理使用能源，提高能源利用效率。

（一）规定管理节能工作的部门和有关部门在各自的职责范围内履行节能监督管理职责

在中央层次，国务院管理节能工作的部门对全国节能工作进行部署指

---

① 李命志、赵家荣主编：《中华人民共和国节约能源法释义》，北京大学出版社 2008 年版。

导和监督管理，国务院有关部门在国务院管理节能工作的部门的指导下，负责相关领域或行业的节能监督管理工作。在地方，县级以上人民政府管理节能工作的部门在本行政区域内，宣传贯彻国家和地方有关节能的法律、法规和标准，负责本行政区域内的节能监督管理工作；县级以上人民政府有关部门在本级管理节能工作的部门的指导下，负责本行政区域内相关领域或行业的节能监督管理工作。

管理节能工作的部门和有关部门要在各自的职责范围内依法履行节能监督检查职责，主要包括：对用能单位执行节能法律、法规、规章的情况进行监督检查；对用能单位执行强制性节能标准、设计单位执行合理用能标准和节能规范的情况进行监督检查；对用能单位的用能状况进行监督检查，对违法用能行为，依法予以纠正或者给予处罚。

（二）规定依法正确行使监督检查权力

各相关政府部门和机构要依法履行法律赋予的节能监督职责，依法正确行使检查权力。履行监督检查职责时，不得向任何用能单位和个人收取费用或者变相收取费用。必要的节能监督检查工作经费应当由财政预算予以安排。

三、节能监督管理制度

《节约能源法》对加强节能管理作出了一系列规定，如：管理节能工作的部门和有关部门应当在各自的职责范围内加强节能监督管理工作，实行节能目标责任制和节能考核评价制度，建立健全节能标准体系，实行固定资产投资项目节能评估和审查制度，对落后的耗能过高的用能产品、设备和生产工艺实行淘汰制度，对家用电器等使用面广、耗能量大的用能产品实行能源效率标识管理，实施高耗能产品的单位产品能耗限额标准、加强能源统计工作，鼓励节能服务机构发展等。这些规定为依法加强节能监督管理提供了法律保障。

为更好地履行节能监督管理职能，确保节能法律、法规、规章和强制性节能标准等的贯彻和实施，近年来全国各地陆续建立了节能监察机构。各级节能监察机构专职履行节能监督和检查职能，有效开展了一系列节能监察，对遏制违法用能行为、督促用能单位加强节能管理、提高能源利用效率，发挥了重要作用。

第三节　节能监察

节能监察是指依法开展节能监察的机构（以下简称节能监察机构）对能源生产、经营、使用单位和其他相关单位（以下简称被监察单位）执行节能法律、法规、规章和强制性节能标准的情况等进行监督检查，对违法用能行为予以处理，并提出依法用能、合理用能建议的行为。节能监察是节能监督管理的重要组成部分，是保障节能法律、法规和标准贯彻实施的重要手段，是形成节能立法、依法用能、监督检查、违法必究的节能闭环管理必要环节。

一、节能监察的沿革

节能监察是在能源利用监测或节能监测的基础上演变而来的。

20 世纪 80 年代，国家能源形势开始紧张，全国各地相继成立节能中心，承担节能管理、节能监测以及节能服务等工作。1986 年 1 月，国务院颁布的《节约能源管理暂行条例》规定：地方和部门的节能管理机构可以委托节能中心和其他有关机构对所辖区域或者所属企业的生产、生活用能进行监测和检查。各省在节能中心的基础上建立了能源利用监测机构，受政府节能管理部门委托，依照节能监测标准对用能单位的用能情况开展监测工作，履行政府监督管理节能工作的职能。

1998 年 11 月，上海市成立了我国第一个节能监察机构——上海市节能监察中心，全国节能领域开始有了专门的节能监察队伍。

经过上海市及其他一些省市先行立法推进节能监察的实践，节能监察机构的作用和地位得到了国家管理节能工作的部门的认可。《国务院关于加强节能工作的决定》（国发〔2006〕28号）明确提出："各级人民政府要加强节能管理队伍建设，充实节能管理力量，完善节能监督体系，强化对本行政区域内节能工作的监督管理和日常监察（监测）工作，依法开展节能执法和监察（监测）。"《国务院办公厅关于印发2008年节能减排工作安排的通知》（国办发〔2008〕80号）提出："加强对节能减排工作的监督检查和行政执法。推动地方加快组建节能监察机构，为开展节能监督检查奠定坚实基础。"

修订后的《节约能源法》在进一步规范工业节能的基础上，还对加强建筑、交通运输和公共机构节能做出专门规定，强化了节能监督管理措施，加大了对违法行为的处罚力度，节能依法行政日臻完善。

2011年，国务院发布的《国务院关于印发"十二五"节能减排综合性工作的通知》（国发〔2011〕26号）要求："加强节能监察机构能力建设，加强人员培训，提高执法能力，完善覆盖全国的省、市、县三级节能监察体系。"2014年国务院办公厅发布的《国务院办公厅关于印发2014～2015年节能减排低碳发展行动方案的通知》（国办发〔2014〕23号）要求："加强节能监察能力建设，到2015年基本建成省、市、县三级节能监察体系。"在国家和各地的积极推动下，全国31个省（区、市）全部组建了节能监察机构，90%左右的市级和45%的县级建立了节能监察机构，全国已有近2000家省、市、县三级节能监察机构，节能监察队伍约16000人，省、市、县三级节能监察体系基本建立。

二、节能监察的特点

（一）法定性

节能监察的法定性是指实施节能监察的依据、主体和程序必须是法定的，即节能监察必须在法律、法规、规章规定的范围或权限内行使职权，开展节能监察工作，并依照法定程序查处违法用能行为。

（二）强制性

节能监察的强制性是指为了保障节能法律、法规、规章和强制性节能标准的贯彻实施，在被处罚的当事人不主动履行处罚决定的情况下，付诸于强制执行措施，即节能监察机构将申请法院强制执行。

（三）专业性

节能监察的专业性是指节能监察具有较强的专业技术性要求，节能监察人员不仅要熟悉、掌握国家节能法律、法规、规章和强制性节能标准，还应具备所需要的节能管理知识和专业技术能力。

（四）技术性

节能监察的技术性是指节能监察机构采用技术手段，对被监察单位的工艺装备和设备、产品能耗指标和用能状况进行监测、分析和评价，找出能源浪费原因，挖掘节能潜力，提出整改措施，为节能监察工作提供准确可靠的依据。

（五）规范性

节能监察的规范性是指节能监察必须依据有关节能法律、法规、规章和强制性节能标准进行，遵守规范的工作程序；对违法用能行为的处理，必须在法律界定的权限内进行。

三、节能监察的方式

节能监察主要有书面监察和现场监察两种方式。在实施节能监察过程中，根据不同的监察对象和监察内容，可以采取不同的监察方式，也可以两种监察方式并用。

（一）书面监察

书面监察是指节能监察机构对被监察单位上报或提供的书面或电子文档等有关材料，进行汇总、审查、分析和判断的行为。书面监察程序简明，易于组织，执法成本低，多适用于节能监察的初始阶段和一般资料性监察。

（二）现场监察

现场监察是指节能监察机构根据监察任务的需要，到被监察单位，现场查阅材料、查验现场、制作现场监察笔录和调查笔录等核查取证的行为。现场监察是节能监察的主要方式，也是获取现场第一手证明材料，为依法处理违法用能行为提供有力可靠证据的主渠道。大量的监察事实、有效数据和各种笔录的制作均通过这一环节来实现。

四、节能监察的作用

第一，保障《节约能源法》等节能法律、法规、规章和强制性节能标准的有效实施，提高能源利用效率。

第二，发挥节能监察机构所具有的专业指导作用，通过运用专业知识和技术手段，发现用能单位的不合理用能行为，挖掘节能潜力，指导用能单位制定节能措施，完善节能管理制度，实现节能降耗。

第三，在实施节能监察的过程中，通过向用能单位宣传节能法律、法规、规章和强制性节能标准，增强用能单位依法用能、合理用能的意识，提高节能管理水平。

第四，对违法用能行为依法予以纠正或者给予处罚。

第四节　节能监察机构

节能监察机构是地方政府实施节能监督管理的重要力量。

一、性质与权限

《节约能源法》第十二条规定："县级以上人民政府管理节能工作的部门和有关部门应当在各自的职责范围内，加强对节能法律、法规和节能标准执行情况的监督检查，依法查处违法用能行为。"节能监察机构可以根据法律法规授权或有关部门委托，开展节能执法。

（一）授权

被授权的节能监察机构是指由法律法规授予节能行政执法权的组织机构。被授权的节能监察机构，在授权范围内具有执法主体资格，可依法享有行政权，以自己的名义实施行政行为，并独立承担行政执法行为的法律后果。如《山东省节约能源条例》《上海市节约能源条例》《浙江省实施〈中华人民共和国节约能源法〉办法》《南京市节能监察条例》等地方法规授权的节能监察机构，直接取得日常节能监察工作以及实施部分或全部的行政处罚权。

（二）委托

受委托的节能监察机构是指接受政府有关节能监督管理部门的委托，以委托方的名义对受托事项开展节能执法的组织机构。受委托的节能监察机构不能以自己的名义实施受托的行政行为，不能独立承担执法行为的法律后果。目前，各地在节能监察实践中委托执法的情况较多。

根据各地节能监察机构现状，也为了阐述方便，本书论及的监察执法程序和收编的文书、案例，都是以被授权的节能监察机构开展节能监察为背景的。除了机构名义和委托程序外，书中的内容均可供受委托的节能监察机构在开展节能监察时参考、借鉴。

二、监察依据与范围

（一）法定职责

对节能法律、法规、规章和强制性节能标准执行情况进行检查，依法查处违法用能行为。

（二）监察依据

依法行政是行政组织和行政执法人员必须遵守的法定原则。节能监察属于节能行政执法的范畴，节能监察必须依据节能法律、法规、规章和强制性节能标准实施。

1. 节能法律

节能法律是指由全国人民代表大会及其常务委员会制定或修订的法律，如《节约能源法》等。

2. 节能法规

节能法规是指国务院制定和颁布的节能行政法规，省、自治区、直辖市和较大的市的人民代表大会及其常务委员会制定和颁布的节能地方性法规。如《公共机构节能条例》《民用建筑节能条例》《山东省节约能源条例》等。

3. 节能规章

节能规章分为国务院部门节能规章和地方政府节能规章。国务院部门节能规章是指国务院各部、各委员会以及具有行政管理职能的直属机构根据法律和国务院的行政法规、决定、命令，在本部门的职责权限范围内制定的节能规章，如《节能监察办法》《固定资产投资项目节能评估和审查暂行办法》《产业结构调整指导目录》（2011 年本，2013 年修改）、《能源效率标识管理办法》等。地方政府节能规章是指省、自治区、直辖市和较大的市的人民政府根据法律、行政法规和本省、自治区、直辖市的地方性法规制定的节能规章，如《山东省节能监察办法》《河北省节能监察办法》《浙江省节能监察办法》《北京市节能监察办法》等。

4. 节能标准

标准是指对一定范围内的重复性事物和概念所作的统一规定。它以科学、技术和实践经验的综合成果为基础，以获得最佳秩序、促进最佳社会效益为目的，经有关方面协商一致，由主管机构批准，以特定形式发布，作为共同遵守的准则和依据。节能标准是开展节能监察和节能管理工作的重要依据之一，是对节能活动或其结果作出的共同遵守的准则。

依据《中华人民共和国标准化法》的规定，国家标准体系可分为国家标准、行业标准、地方标准和企业标准四个层次。国家标准、行业标准可分为强制性标准和推荐性标准。应当说明的是，企业标准不能作为节能监察的执法依据;《中华人民共和国标准化法条文解释》指出:"推荐性标准一旦纳入指令性文件,将具有相应的行政约束力。"

(1)强制性标准,是指在一定范围内通过法律、行政法规等手段强制执行的标准。这类标准具有强制性作用,一旦违反,需承担违法后果。强制性标准是必须执行的最低标准,具有法律属性。国家发布的104个产品能耗限额标准就属于强制性能耗限额标准,如《炼油单位产品能源消耗限额》(GB 30251)、《电解铝企业单位产品能源消耗限额》(GB 21346)、《铜冶炼企业单位产品能源消耗限额》(GB 21248)、《烧碱单位产品能源消耗限额》(GB 21257)等。其中,"GB"是"国标"两个字汉语拼音的首字母"G"和"B"的组合。

除了强制性国家标准外,还有强制性地方标准。《节约能源法》规定,省、自治区、直辖市可以制定严于强制性国家标准、行业标准的地方节能标准。如河北省《煤炭生产企业主要工序能耗限额》(DB 13/1449)、山西省《合成氨单位产品综合能耗限额(DB 14/659)、江苏省《炼油单位综合能耗限额与计算办法》(DB 32/2061)、江西省《粗钢生产主要工序单位产品能源消耗限额》(DB 36/683)等,均严于同类的国家限额标准。其中,"DB"是"地标"两个字汉语拼音的首字母"D"和"B"的组合。

(2)推荐性标准,又称非强制性标准或自愿性标准,是指生产、交换、使用等方面,通过经济手段或市场调节而自愿采用的一类标准。这类标准不具有强制性作用,任何单位均有权决定是否采用,违反这类标准,一般不构成经济或法律方面的责任。如《用电设备电能平衡通则》(GB/T 8222)即为推荐性标准。其中,"T"是"推"字汉语拼音的首字母。

由地方行政机构(如省级)制定的推荐性标准,称为地方推荐标准。如山东省《有机热载体炉节能监测方法》(DB 37/T 1573)、河北省《地源热泵系统节能监测规范》(DB 13/T 1348)等。

(三)监察范围

为了推进全社会节能,现行《节约能源法》在进一步规范工业节能的基础上，扩展了《节约能源法》的调整范围，加强了对建筑、交通运输、公共机构等重点领域的监督管理；同时加强了对重点用能单位的监督管理。

1. 重点领域

《节约能源法》确定的节能重点管理的领域包括工业、建筑、交通运输和公共机构。工业领域是指能源生产、经营、使用以及其他从事相关活动的工业企业；建筑领域是指从事建筑工程的建设、设计、施工和监理的单位；交通领域是指我国境内陆路、水路和航空交通行业用能单位；公共机构是指全部或者部分使用财政性资金的国家机关、事业单位和团体组织。

2. 重点用能单位

按照《节约能源法》的规定，下列用能单位为重点用能单位：

（1）年综合能源消耗总量一万吨标准煤以上的用能单位；

（2）国务院有关部门或者省、自治区、直辖市人民政府管理节能工作的部门指定的年综合能源消耗总量 5000 吨以上不满一万吨标准煤的用能单位。

另外，部分省、自治区、直辖市管理节能工作的部门为加强节能管理，扩大了监管范围，如将年综合能源消耗总量 2000 吨以上不满 5000 吨标准煤的用能单位也纳入重点管理范围。在对这类重点管理的用能单位实施节能监察过程中，要区别对待，依法行政。

三、节能监察人员

（一）节能监察人员的基本条件

节能监察人员的基本条件包括：

（1）具有较高的思想政治觉悟和良好的道德素养；

（2）熟悉节能法律、法规和节能标准，了解掌握国家和地方节能方针、政策，并依法取得行政执法资格；

（3）具备相应的节能专业知识和执法业务技能。

（二）节能监察人员的权力

节能监察人员的权力包括：

（1）依法行使职权，不受非法干预；

（2）依法实施节能监察时，有权进入被监察单位的工作场所进行检查、现场取证；

（3）依法实施节能监察时，可以查阅或复制与监察事项有关的文件、资料、财务账目及其他有关的材料，可以要求被监察单位在规定期限内，就询问的有关问题如实做出书面答复；

（4）法律、法规规定的其他权力。

（三）节能监察人员的义务

节能监察人员的义务和职业行为规范包括：

（1）模范遵守宪法和法律；

（2）按照规定的权限和程序认真履行职责，努力提高工作效率；

（3）保守国家秘密和当事人的技术秘密、商业秘密；

（4）忠于职守，勤勉尽责，服从和执行上级依法作出的决定和命令；

（5）遵守纪律，恪守职业道德，模范遵守社会公德；

（6）清正廉洁，公道正派；

（7）法律、法规规定的其他义务。

（四）节能监察人员的违规处理

节能监察人员滥用职权、玩忽职守、徇私舞弊，有下列情形之一的，由有管理权限的机构依法给予处分；构成犯罪的，依法追究刑事责任：

（1）泄露被监察单位的技术秘密和商业秘密的；

（2）利用职务之便非法谋取利益的；

（3）实施节能监察时向被监察单位收费或者变相收费的；

（4）有其他违法违规行为并造成较为严重后果的。

第二章 节能监察内容与方法

节能监察的内容与方法是节能监察的重要组成部分。本章按照《节约能源法》的规定介绍节能监察的内容，包括对节能管理制度、用能单位一般规定、重点用能单位、建筑、交通运输、公共机构和节能服务机构等的节能监察。

第一节 对节能管理制度的节能监察

按照《节约能源法》的规定，节能管理制度主要包括：固定资产投资项目节能评估和审查制度，落后的耗能过高的用能产品、设备和生产工艺淘汰制度，单位产品能耗限额标准制度，用能产品标注能源效率标识制度，用能产品使用节能产品认证标志制度等。

一、对固定资产投资项目节能评估和审查制度执行情况的监察

固定资产投资项目节能评估和审查制度是控制能耗不合理增长的一项有效管理措施，可以通过限制不符合强制性节能标准和节能设计规范的固定资产投资项目，从源头遏制高耗能行业盲目发展和过快增长，监督能耗总量大的项目落实节能措施。

节能评估是根据节能法律、法规、规章和强制性节能标准及节能设计规范等，对固定资产投资项目的能源利用是否科学合理以及对当地能源消

费总量控制目标完成情况的影响进行分析评估，并编制节能评估文件的行为。

节能审查是根据节能法律、法规、规章和强制性节能标准及节能设计规范等，对项目节能评估文件进行审查并形成审查意见的行为。

（一）执法依据①

1. 法律

《节约能源法》第十五条 国家实行固定资产投资项目节能评估和审查制度。不符合强制性节能标准的项目，依法负责项目审批或者核准的机关不得批准或者核准建设；建设单位不得开工建设；已经建成的，不得投入生产、使用。

2. 法规

地方性法规中有对固定资产投资项目节能评估和审查制度作出规定的，在其行政区域内有效。例如《山东省节约能源条例》《浙江省实施〈中华人民共和国节约能源法〉办法》等。

3. 规章

《固定资产投资项目节能评估审查暂行办法》（国家发展和改革委员会第6号令）第二条 本办法适用于各级人民政府发展改革部门管理的在我国境内建设的固定资产投资项目。

第四条 固定资产投资项目节能评估文件及其审查意见、节能登记表及其登记备案意见，作为项目审批、核准或开工建设的前置性条件以及项目设计、施工和竣工验收的重要依据。

未按本办法规定进行节能审查，或节能审查未获通过的固定资产投资项目，项目审批、核准机关不得审批、核准，建设单位不得开工建设，已经建成的不得投入生产、使用。

---

① 本章所列的节能监察内容及执法依据都源自已经颁发的节能法律、法规、规章和标准。如果国家有新的节能法律、法规、规章和标准颁布，本章节能监察内容及执法依据应当作相应调整。

（二）监察的内容和方法

1. 对固定资产投资项目节能评估和审查制度执行情况的监察

实施监察时，应当监察新建、改建、扩建的固定资产投资项目和耗能量大的项目的建设单位是否按照国家规定进行节能评估，是否符合强制性节能标准。必要时，实地抽查项目节能评估和审查的相关材料。对未执行固定资产投资项目节能评估和审查制度的，应当报管理节能工作的部门依法予以处理。

2. 对固定资产投资项目落实节能评估文件和节能审查意见情况的监察

实施监察时，应当查看项目节能评估文件和节能审查意见的相关材料等，并对项目落实节能评估文件和节能审查意见等情况进行现场查验。对未落实节能评估文件、节能审查意见，开工建设不符合强制性节能标准的项目或者将该项目投入生产、使用的，报管理节能工作的部门和有关部门，依法予以处理。

（三）法律责任

《节约能源法》第六十八条　负责审批或者核准固定资产投资项目的机关违反本法规定，对不符合强制性节能标准的项目予以批准或者核准建设的，对直接负责的主管人员和其他直接责任人依法给予处分。

固定资产投资项目建设单位开工建设不符合强制性节能标准的项目或者将该项目投入生产、使用的，由管理节能工作的部门责令停止建设或者停止生产、使用，限期改造；不能改造或者逾期不改造的生产性项目，由管理节能工作的部门报请本级人民政府按照国务院规定的权限责令关闭。

地方性法规中有对固定资产投资项目节能评估和审查制度作出规定的，在其行政区域内有效。

《固定资产投资项目节能评估审查暂行办法》第二十二条　对未按本办法规定进行节能评估和审查，或节能审查未获通过，擅自开工建设或擅自投入生产、使用的固定资产投资项目，由节能审查机关责令停止建设或停止生产、使用，限期改造；不能改造或逾期不改造的生产性项目，由节能审查机关报请本级人民政府按照国务院规定的权限责令关闭；并依法追究有关责任人的责任。

二、对落后的耗能过高的用能产品、设备和生产工艺执行淘汰制度情况的监察

（一）执法依据

1. 法律

《节约能源法》第十六条第一款　国家对落后的耗能过高的用能产品、设备和生产工艺实行淘汰制度。淘汰的用能产品、设备、生产工艺的目录和实施办法，由国务院管理节能工作的部门会同国务院有关部门制定并公布。

第十七条　禁止生产、进口、销售国家明令淘汰或者不符合强制性能源效率标准的用能产品、设备；禁止使用国家明令淘汰的用能设备、生产工艺。

2. 规章

《产业结构调整指导目录》（2011 年本，2013 年修正）。

（二）监察的内容和方法

1. 生产经营单位生产、进口、销售国家明令淘汰或者不符合强制性能源效率标准的用能产品、设备情况

实施监察时，应当对企业生产、进口、销售的用能产品、设备进行核实。对违反规定的，移送产品质量监督部门或工商行政管理部门处理。

2. 用能单位使用国家明令淘汰的、落后的耗能过高的用能产品、设备和生产工艺的情况

实施监察时，应当对使用国家明令淘汰的用能产品、设备和生产工艺情况进行核实。对发现的列入国家淘汰目录的用能产品、设备、生产工艺，应当实施现场查验，并依法予以处理。

（三）法律责任

《节约能源法》第六十九条　生产、进口、销售国家明令淘汰的用能产品、设备的，使用伪造的节能产品认证标志或者冒用节能产品认证标志的，依照《中华人民共和国产品质量法》的规定处罚。

第七十条　生产、进口、销售不符合强制性能源效率标准的用能产品、设备的，由产品质量监督部门责令停止生产、进口、销售，没收违法生产、进口、销售的用能产品、设备和违法所得，并处违法所得一倍以上五倍以下罚款；情节严重的，由工商行政管理部门吊销营业执照。

第七十一条　使用国家明令淘汰的用能设备或者生产工艺的，由管理节能工作的部门责令停止使用，没收国家明令淘汰的用能设备；情节严重的，可以由管理节能工作的部门提出意见，报请本级人民政府按照国务院规定的权限责令停业整顿或者关闭。

三、对执行单位产品能耗限额标准情况的监察

（一）执法依据

1. 法律

《节约能源法》第十六条第二款　生产过程中耗能高的产品的生产单位，应当执行单位产品能耗限额标准。对超过单位产品能耗限额标准用能的生产单位，由管理节能工作的部门按照国务院规定的权限责令限期治理。

2. 标准

单位产品能耗限额标准。如《水泥单位产品能源消耗限额》（GB 16780）、《平板玻璃单位产品能源消耗限额》（GB 21340）等。

（二）监察的内容和方法

（1）生产单位执行单位产品能耗限额标准的情况。

（2）超过能耗限额标准用能的单位整改情况。

实施监察时，应当核查能源消耗量及合格产品产量，依据标准的规定，对相关数据进行现场监测、采集，核算单位产品能耗值，判断其是否符合

能耗限额标准。单位产品能耗超过能耗限额标准的，应当责令其限期治理，督促其在规定的期限内采取措施，降低能耗，达到单位产品能耗限额标准要求；对逾期不治理或者没有达到治理要求的，依法予以处理。

（三）法律责任

《节约能源法》第七十二条　生产单位超过单位产品能耗限额标准用能，情节严重，经限期治理逾期不治理或者没有达到治理要求的，可以由管理节能工作的部门提出意见，报请本级人民政府按照国务院规定的权限责令停业整顿或者关闭。

四、对用能产品能源效率标识制度实施情况的监察

（一）执法依据

1. 法律

《节约能源法》第十八条　国家对家用电器等使用面广、耗能量大的用能产品，实行能源效率标识管理。实行能源效率标识管理的产品目录和实施办法，由国务院管理节能工作的部门会同国务院产品质量监督部门制定并公布。

第十九条　生产者和进口商应当对列入国家能源效率标识管理产品目录的用能产品标注能源效率标识，在产品包装物上或者说明书中予以说明，并按照规定报国务院产品质量监督部门和国务院管理节能工作的部门共同授权的机构备案。

生产者和进口商应当对其标注的能源效率标识及相关信息的准确性负责。禁止销售应当标注而未标注能源效率标识的产品。

禁止伪造、冒用能源效率标识或者利用能源效率标识进行虚假宣传。

2. 规章

《能源效率标识管理办法》第三条第二款　国家发展和改革委员会（以下简称国家发展改革委）、国家质量监督检验检疫总局（以下简称国家质检总局）和国家认证认可监督管理委员会（以下简称国家认监委）负责能效

标识制度的建立并组织实施。

第四条 地方各级人民政府管理节能工作的部门（以下简称地方节能主管部门）、地方各级质量技术监督部门和出入境检验检疫机构（以下简称地方质检部门），在各自的职责范围内对所辖区域内能效标识的使用实施监督管理。

（二）监察的内容和方法

（1）生产者和进口商使用能源效率标识的情况。

（2）生产者和进口商使用的能源效率标识备案情况。

实施监察时，应当对生产者和进口商标注能源效率标识的情况及备案情况进行核查，必要时进行现场查验。对违反规定的，移送产品质量监督管理部门处理。

（三）法律责任

《节约能源法》第七十三条 违反本法规定，应当标注能源效率标识而未标注的，由产品质量监督部门责令改正，处 3 万元以上 5 万元以下罚款。

违反本法规定，未办理能源效率标识备案，或者使用的能源效率标识不符合规定的，由产品质量监督部门责令限期改正；逾期不改正的，处 1 万元以上 3 万元以下罚款。

伪造、冒用能源效率标识或者利用能源效率标识进行虚假宣传的，由产品质量监督部门责令改正，处 5 万元以上 10 万元以下罚款；情节严重的，由工商行政管理部门吊销营业执照。

五、对用能产品使用节能产品认证标志情况的监察

（一）执法依据

1. 法律

《节约能源法》第二十条 用能产品的生产者、销售者，可以根据自愿原则，按照国家有关节能产品认证的规定，向经国务院认证认可监督管理部门认可的从事节能产品认证的机构提出节能产品认证申请；经认证合格后，取得节能产品认证证书，可以在用能产品或者其包装物上使用节能产

品认证标志。

禁止使用伪造的节能产品认证标志或者冒用节能产品认证标志。

2. 法规

《中华人民共和国认证认可条例》第二十五条　获得认证证书的，应当在认证范围内使用认证证书和认证标志，不得利用产品、服务认证证书、认证标志和相关文字、符号，误导公众认为其管理体系已通过认证，也不得利用管理体系认证证书、认证标志和相关文字、符号，误导公众认为其产品、服务已通过认证。

3. 规章

《节能低碳产品认证管理办法》。

（二）监察的内容和方法

（1）用能产品使用节能产品认证标志的情况。

（2）使用节能产品认证标志的用能产品经节能产品认证的情况。

实施监察时，应当对用能产品或者包装物使用节能产品认证标志情况查验，并确认其经节能产品认证的情况。对违反规定的，移送产品质量监督管理部门处理。

（三）法律责任

《节约能源法》第六十九条　生产、进口、销售国家明令淘汰的用能产品、设备的，使用伪造的节能产品认证标志或者冒用节能产品认证标志的，依照《中华人民共和国产品质量法》的规定处罚。

《产品质量法》第五十三条　伪造产品产地的，伪造或者冒用他人厂名、厂址的，伪造或者冒用认证标志等质量标志的，责令改正，没收违法生产、销售的产品，并处违法生产、销售产品货值金额等值以下的罚款；有违法所得的，并处没收违法所得；情节严重的，吊销营业执照。

第二节　对用能单位执行一般规定情况的节能监察

一般规定指的是《节约能源法》对使用能源过程中存在的共性问题所

做的规定。对用能单位合理使用和节约能源的一般规定主要包括：节能管理制度，能源计量、能源消费统计、能源利用状况分析制度，能源消费计量收费制度等。

一、对建立和执行节能管理制度情况的监察

（一）执法依据

《节约能源法》第二十四条　用能单位应当按照合理用能的原则，加强节能管理，制定并实施节能计划和节能技术措施，降低能源消耗。

第二十五条　用能单位应当建立节能目标责任制，对节能工作取得成绩的集体、个人给予奖励。

第二十六条　用能单位应当定期开展节能教育和岗位节能培训。

（二）监察的内容和方法

（1）用能单位加强节能管理，建立节能目标责任制，制定并实施节能计划和节能技术措施的情况。

（2）用能单位开展节能教育和岗位节能培训的情况。

（3）用能单位建立、落实节能奖励制度的情况。

实施监察时，可将监察内容分解细化，逐条逐项监察以下内容：用能单位贯彻执行国家节能法律、法规、规章和强制性节能标准，加强节能管理制度建设，将能耗控制纳入管理体系，监控各项能源消耗流程的情况；明确节能工作目标，将目标分解到各个环节、岗位，并根据各个岗位所分解的目标责任加强检查，严格考核的情况；制定节能计划和节能技术措施，并予以实施的情况；将节能教育和岗位节能培训制度化、经常化的情况；将节能目标完成情况纳入对各级员工的业绩考核范畴，并安排一定的节能奖励资金，对节能发明创造、节能挖潜革新、节能管理等工作中取得成绩的集体和个人给予奖励的情况等。

节能监察机构在监察过程中，应当对用能单位上述内容的相关管理文件、工作记录（包括会议纪要）和实施情况，进行现场核查和资料收集，

并可通过现场监测验证节能技术措施的实施效果。对不符合规定的，应当依法予以处理。

二、对执行能源计量、能源消费统计和能源利用状况分析制度情况的监察

（一）执法依据

1. 法律

《节约能源法》第二十七条　用能单位应当加强能源计量管理，按照规定配备和使用经依法检定合格的能源计量器具。

用能单位应当建立能源消费统计和能源利用状况分析制度，对各类能源的消费实行分类计量和统计，并确保能源消费统计数据真实、完整。

2. 标准

《用能单位能源计量器具配备和管理通则》（GB 17167）及有关标准。

（二）监察的内容和方法

（1）用能单位建立、落实能源计量管理制度的情况。

（2）用能单位配备和使用计量器具的情况。

（3）用能单位建立、落实能源消费统计和能源利用状况分析制度的情况。

实施监察时，应当对用能单位提供的能源计量管理制度及能源消费统计和能源利用状况分析制度建立及实施记录情况，以及能源分类计量、计量器具一览表及定期检定合格等资料进行核查，并对能源计量器具配备和运行情况进行现场查验。现场查验的重点是：监察进出用能单位、主要次级用能单位和主要用能设备的能源计量器具配备运行状况、现场记录、定期检定情况等。

通过监察，对用能单位能源计量器具配备率、完好率和检定实际情况等进行统计汇总，并对不符合标准要求的提出整改意见。对未按照规定配备、使用能源计量器具的，移送产品质量监督部门处理；对瞒报、伪造、篡改能源统计资料或编造虚假能源统计数据的，移送统计部门处理。

（三）法律责任

1.《节约能源法》

第七十四条　用能单位未按照规定配备、使用能源计量器具的，由产品质量监督部门责令限期改正；逾期不改正的，处1万元以上5万元以下罚款。

第七十五条　瞒报、伪造、篡改能源统计资料或者编造虚假能源统计数据的，依照《中华人民共和国统计法》的规定处罚。

2.《统计法》

第四十一条　作为统计调查对象的国家机关、企业事业单位或者其他组织有下列行为之一的，由县级以上人民政府统计机构责令改正，给予警告，可以予以通报；其直接负责的主管人员和其他直接责任人员属于国家工作人员的，由任免机关或者监察机关依法给予处分。

（1）拒绝提供统计资料或者经催报后仍未按时提供统计资料的；

（2）提供不真实或者不完整的统计资料的；

（3）拒绝答复或者不如实答复统计检查查询书的；

（4）拒绝、阻碍统计调查、统计检查的；

（5）转移、隐匿、篡改、毁弃或者拒绝提供原始记录和凭证、统计台账、统计调查表及其他相关证明和资料的。

企业事业单位或者其他组织有前款所列行为之一的，可以并处5万元以下的罚款；情节严重的，并处5万元以上20万元以下的罚款。个体工商户有本条第一款所列行为之一的，由县级以上人民政府统计机构责令改正，给予警告，可以并处1万元以下的罚款。

三、对能源消费计量收费情况的监察

（一）执法依据

1. 法律

《节约能源法》第二十八条　能源生产经营单位不得向本单位职工无偿提供能源。任何单位不得对能源消费实行包费制。

2. 地方性法规

地方性法规中有对能源消费包费制和能源生产经营单位向本单位职工无偿提供能源等作出规定的，在其行政区域内有效。

（二）监察的内容和方法

（1）能源生产经营单位是否存在向本单位职工无偿提供能源。

（2）用能单位是否存在包费制。

实施监察时，应当对有关单位实施能源消费计量收费情况进行现场查验。通过查验电、煤气、天然气、煤等相关能源计量仪表，查阅抄表记录、收费清单等资料，确认其实施能源消费计量收费情况，确认能源生产经营单位是否存在向本单位职工无偿提供能源的情况及用能单位是否存在包费制。对违反规定的，依法予以处理。

（三）法律责任

《节约能源法》第七十七条 违反本法规定，无偿向本单位职工提供能源或者对能源消费实行包费制的，由管理节能工作的部门责令限期改正；逾期不改正的，处 5 万元以上 20 万元以下罚款。

地方性法规中有对能源消费包费制和能源生产经营单位向本单位职工无偿提供能源等的法律责任作出规定的，在其行政区域内有效。

第三节　对重点用能单位的节能监察

抓好重点用能单位的节能工作，强化政府对其节能工作的监督管理，对于督促重点用能单位实现既定的节能目标、推动节能工作的不断深入具有十分重要的意义。

一、对重点用能单位执行能源利用状况报告制度情况的监察

（一）执法依据

《节约能源法》第五十三条 重点用能单位应当每年向管理节能工作的

部门报送上年度的能源利用状况报告。能源利用状况包括能源消费情况、能源利用效率、节能目标完成情况和节能效益分析、节能措施等内容。

第五十四条　管理节能工作的部门应当对重点用能单位报送的能源利用状况报告进行审查。对节能管理制度不健全、节能措施不落实、能源利用效率低的重点用能单位，管理节能工作的部门应当开展现场调查，组织实施用能设备能源效率检测，责令实施能源审计，并提出书面整改要求，限期整改。

（二）监察的内容和方法

（1）重点用能单位按规定时间和内容上报能源利用状况报告的情况。

（2）重点用能单位填报能源利用状况报告的真实性。

实施监察时，在确认重点用能单位报送时间及报送内容完整性的基础上，应当现场核实能源消费情况、能源利用效率等数据信息的真实性以及节能措施的实施情况等。对未按规定报送能源利用状况报告，或者报告内容不完整，或者报告内容不实的，应当责令限期改正。

此外，在对重点用能单位按规定如实提交的能源利用状况报告进行审查时，如发现其存在节能管理制度不健全、节能措施不落实、能源利用效率低的现象，节能监察机构应当开展现场调查，对报告中反映出来的不足部分，逐一调查。对调查中发现的不足，组织实施用能设备能源效率检测。对检测不符合要求的，责令实施全面的能源审计。根据审计出来的问题，对该单位提出具体的整改要求，并限期整改。

（三）法律责任

《节约能源法》第八十二条　重点用能单位未按照本法规定报送能源利用状况报告或者报告内容不实的，由管理节能工作的部门责令限期改正；逾期不改正的，处1万元以上5万元以下罚款。

第八十三条　重点用能单位无正当理由拒不落实本法第五十四条规定的整改要求或者整改没有达到要求的，由管理节能工作的部门处10万元以上30万元以下罚款。

二、对重点用能单位执行能源管理岗位设立和能源管理负责人聘任制度情况的监察

（一）执法依据

《节约能源法》第五十五条　重点用能单位应当设立能源管理岗位，在具有节能专业知识、实际经验以及中级以上技术职称的人员中聘任能源管理负责人，并报管理节能工作的部门和有关部门备案。

能源管理负责人负责组织对本单位用能状况进行分析、评价，组织编写本单位能源利用状况报告，提出本单位节能工作的改进措施并组织实施。

能源管理负责人应当接受节能培训。

（二）监察的内容和方法

（1）重点用能单位设立能源管理岗位，聘任能源管理负责人，并报节能主管部门和有关部门备案的情况。

（2）重点用能单位能源管理负责人履行职责和接受节能培训的情况。

实施监察时，应当逐项核查重点用能单位设立能源管理岗位、聘任能源管理负责人和备案登记情况及能源管理负责人相关资格条件和接受节能培训的情况等，并对能源管理负责人履行职责情况进行现场查验，收集相关证明材料。对违反规定的，依法予以处理。

（三）法律责任

《节约能源法》第八十四条　重点用能单位未按照本法规定设立能源管理岗位，聘任能源管理负责人，并报管理节能工作的部门和有关部门备案的，由管理节能工作的部门责令改正；拒不改正的，处1万元以上3万元以下罚款。

第四节　对建筑的节能监察

建筑领域是《节约能源法》确定的重点用能领域之一，也是节能监察的重点领域之一。建筑领域的节能管理制度主要包括：建筑工程的建设、

设计、施工和监理单位遵守建筑节能标准制度，房地产开发企业履行所售房屋节能信息告知义务制度及公共建筑室内温度控制制度等。

一、对建筑工程的建设、设计、施工和监理单位遵守建筑节能标准情况的监察

（一）执法依据

1. 法律

《节约能源法》第三十五条　建筑工程的建设、设计、施工和监理单位应当遵守建筑节能标准。

不符合建筑节能标准的建筑工程，建设主管部门不得批准开工建设；已经开工建设的，应当责令停止施工、限期改正；已经建成的，不得销售或者使用。

2. 法规

《民用建筑节能条例》第十四条　建设单位不得明示或者暗示设计单位、施工单位违反民用建筑节能强制性标准进行设计、施工，不得明示或者暗示施工单位使用不符合施工图设计文件要求的墙体材料、保温材料、门窗、采暖制冷系统和照明设备。

按照合同约定由建设单位采购墙体材料、保温材料、门窗、采暖制冷系统和照明设备的，建设单位应当保证其符合施工图设计文件要求。

第十五条　设计单位、施工单位、工程监理单位及其注册执业人员，应当按照民用建筑节能强制性标准进行设计、施工、监理。

第十七条　建设单位组织竣工验收，应当对民用建筑是否符合民用建筑节能强制性标准进行查验；对不符合民用建筑节能强制性标准的，不得出具竣工验收合格报告。

3. 标准

国家、行业和地方建筑节能标准。如《公共建筑节能设计标准》（GB 50189）、《住宅建筑规范》（GB 50368）、《建筑照明设计规范》（GB 50034）等。

（二）监察的内容和方法

1. 对建设单位遵守建筑节能标准情况的监察

实施监察时，应当通过查阅建设施工合同及相关文件，对照现场建设活动，查看建设过程中使用列入禁止使用目录的技术、工艺、材料和设备的情况，按照合同约定采购符合施工图设计文件要求的墙体材料、保温材料、门窗、采暖制冷系统和照明设备的情况；确认已竣工验收的民用建筑符合民用建筑节能强制性标准的情况。通过询问设计单位、施工单位相关人员等方式，调查建设单位是否有明示或者暗示设计单位、施工单位违反民用建筑节能强制性标准进行设计、施工的行为，是否有明示或者暗示施工单位使用不符合施工图设计文件要求的墙体材料、保温材料、门窗、采暖制冷系统和照明设备的行为等。对违反规定的，移送建设主管部门处理。

2. 对设计单位遵守建筑节能标准情况的监察

实施监察时，应当通过查阅设计资料、现场查验等，调查设计单位执行民用建筑节能强制性标准，在设计中使用列入禁止使用目录的技术、工艺、材料和设备等情况。对违反规定的，移送建设主管部门处理。

3. 对施工单位遵守建筑节能标准情况的监察

实施监察时，应当现场调查施工单位按照民用建筑节能强制性标准施工的情况，对进入施工现场的墙体材料、保温材料、门窗、采暖制冷系统和照明设备进行查验的情况，使用符合施工图设计文件要求的墙体材料、保温材料、门窗、采暖制冷系统和照明设备的情况，使用列入禁止使用目录的技术、工艺、材料和设备的情况等。对违反规定的，移送建设主管部门处理。

4. 对监理单位遵守建筑节能标准情况的监察

实施监察时，应当调查监理单位按照民用建筑节能强制性标准进行监理，以及在墙体、屋面的保温工程施工时按照工程监理规范的要求开展监理等情况。对违反规定的，移送建设主管部门处理。

（三）法律责任

1.《节约能源法》

第七十九条　建设单位违反建筑节能标准的，由建设主管部门责令改正，处 20 万元以上 50 万元以下罚款。

设计单位、施工单位、监理单位违反建筑节能标准的，由建设主管部门责令改正，处 10 万元以上 50 万元以下罚款；情节严重的，由颁发资质证书的部门降低资质等级或者吊销资质证书；造成损失的，依法承担赔偿责任。

2.《民用建筑节能条例》

第三十七条　违反本条例规定，建设单位有下列行为之一的，由县级以上地方人民政府建设主管部门责令改正，处 20 万元以上 50 万元以下的罚款：

（1）明示或者暗示设计单位、施工单位违反民用建筑节能强制性标准进行设计、施工的；

（2）明示或者暗示施工单位使用不符合施工图设计文件要求的墙体材料、保温材料、门窗、采暖制冷系统和照明设备的；

（3）采购不符合施工图设计文件要求的墙体材料、保温材料、门窗、采暖制冷系统和照明设备的；

（4）使用列入禁止使用目录的技术、工艺、材料和设备的。

第三十八条　违反本条例规定，建设单位对不符合民用建筑节能强制性标准的民用建筑项目出具竣工验收合格报告的，由县级以上地方人民政府建设主管部门责令改正，处民用建筑项目合同价款 2% 以上 4% 以下的罚款；造成损失的，依法承担赔偿责任。

第三十九条　违反本条例规定，设计单位未按照民用建筑节能强制性标准进行设计，或者使用列入禁止使用目录的技术、工艺、材料和设备的，由县级以上地方人民政府建设主管部门责令改正，处 10 万元以上 30 万元以下的罚款；情节严重的，由颁发资质证书的部门责令停业整顿，降低资质等级或者吊销资质证书；造成损失的，依法承担赔偿责任。

第四十条　违反本条例规定，施工单位未按照民用建筑节能强制性标准进行施工的，由县级以上地方人民政府建设主管部门责令改正，处民用建筑项目合同价款2%以上4%以下的罚款；情节严重的，由颁发资质证书的部门责令停业整顿，降低资质等级或者吊销资质证书；造成损失的，依法承担赔偿责任。

第四十一条　违反本条例规定，施工单位有下列行为之一的，由县级以上地方人民政府建设主管部门责令改正，处10万元以上20万元以下的罚款；情节严重的，由颁发资质证书的部门责令停业整顿，降低资质等级或者吊销资质证书；造成损失的，依法承担赔偿责任。

（1）未对进入施工现场的墙体材料、保温材料、门窗、采暖制冷系统和照明设备进行查验的；

（2）使用不符合施工图设计文件要求的墙体材料、保温材料、门窗、采暖制冷系统和照明设备的；

（3）使用列入禁止使用目录的技术、工艺、材料和设备的。

第四十二条　违反本条例规定，工程监理单位有下列行为之一的，由县级以上地方人民政府建设主管部门责令限期改正；逾期未改正的，处10万元以上30万元以下的罚款；情节严重的，由颁发资质证书的部门责令停业整顿，降低资质等级或者吊销资质证书；造成损失的，依法承担赔偿责任。

（1）未按照民用建筑节能强制性标准实施监理的；

（2）墙体、屋面的保温工程施工时，未采取旁站、巡视和平行检验等形式实施监理的。

对不符合施工图设计文件要求的墙体材料、保温材料、门窗、采暖制冷系统和照明设备，按照符合施工图设计文件要求签名的，依照《建设工程质量管理条例》第六十七条的规定处罚。

第四十四条　违反本条例规定，注册执业人员未执行民用建筑节能强制性标准的，由县级以上人民政府建设主管部门责令停止执业 3 个月以上 1 年以下；情节严重的，由颁发资格证书的部门吊销执业资格证书，5 年内不予注册。

二、对房地产开发企业履行所售房屋节能信息告知义务情况的监察

（一）执法依据

1. 法律

《节约能源法》第三十六条　房地产开发企业在销售房屋时，应当向购买人明示所售房屋的节能措施、保温工程保修期等信息，在房屋买卖合同、质量保证书和使用说明书中载明，并对其真实性、准确性负责。

2. 法规

《民用建筑节能条例》第二十二条　房地产开发企业销售商品房，应当向购买人明示所售商品房的能源消耗指标、节能措施和保护要求、保温工程保修期等信息，并在商品房买卖合同和住宅质量保证书、住宅使用说明书中载明。

（二）监察的内容和方法

（1）所售房屋向购买人明示节能措施、保温工程保修期等信息的情况。

（2）所售房屋明示的节能措施、保温工程保修期等信息的真实性和准确性情况。

实施监察时，可以通过查阅房地产开发企业的商品房买卖合同、住宅质量保证书和使用说明书，确认其向购买人明示所售商品房的能源消耗指标、节能措施和保护要求、保温工程保修期等信息及节能措施符合国家和当地节能标准要求的情况，并现场核实有关节能信息的真实性、准确性。对违反规定的，移送建设主管部门处理。

（三）法律责任

1.《节约能源法》

第八十条　房地产开发企业违反本法规定，在销售房屋时未向购买人

明示所售房屋的节能措施、保温工程保修期等信息的，由建设主管部门责令限期改正，逾期不改正的，处3万元以上5万元以下罚款；对以上信息作虚假宣传的，由建设主管部门责令改正，处5万元以上20万元以下罚款。

2.《民用建筑节能条例》

第四十三条　违反本条例规定，房地产开发企业销售商品房，未向购买人明示所售商品房的能源消耗指标、节能措施和保护要求、保温工程保修期等信息，或者向购买人明示的所售商品房能源消耗指标与实际能源消耗不符的，依法承担民事责任；由县级以上地方人民政府建设主管部门责令限期改正；逾期未改正的，处交付使用的房屋销售总额2%以下的罚款；情节严重的，由颁发资质证书的部门降低资质等级或者吊销资质证书。

三、对公共建筑室内温度控制制度执行情况的监察

（一）执法依据

《节约能源法》第三十七条　使用空调采暖、制冷的公共建筑应当实行室内温度控制制度。具体办法由国务院建设主管部门制定。

（二）监察的内容和方法

（1）公共建筑建立室内温度控制制度的情况。

（2）公共建筑执行室内温度控制制度的情况。

（3）公共建筑落实空调节能管理措施的情况。

实施监察时，应当通过查阅相关文件资料、查验设备，查看建立室内温度控制制度及落实空调节能管理措施的情况。在此基础上，依据相关检测标准，对公共建筑室内温度进行现场测量，确认其执行空调温度控制标准的情况。对不符合规定的，责令其改正。

第五节　对交通运输的节能监察

交通运输是《节约能源法》确定的重点领域之一，也是节能监察的重

点领域之一。交通运输领域的节能管理制度主要包括：老旧交通运输工具报废、更新制度和交通运输营运企业执行燃料消耗量限值标准等。

一、对执行老旧交通运输工具报废、更新制度情况的监察

（一）执法依据

1. 法律

《节约能源法》第四十五条第一款　国家鼓励开发、生产、使用节能环保型汽车、摩托车、铁路机车车辆、船舶和其他交通运输工具，实行老旧交通运输工具的报废、更新制度。

2. 规章

《公路、水路交通实施〈中华人民共和国节约能源法〉办法》（交通运输部令 2008 年第 5 号）第二十一条　交通用能单位应当制定并执行本单位产品能耗定额标准，并定期对用能设备进行技术评定，对技术落后的老旧及高耗能设备，提出报废、更新、改造计划。

《道路运输车辆燃料消耗量检测和监督管理办法》（交通运输部令 2009 年第 11 号）第三十条第二款　道路运输管理机构应当加强对已进入道路运输市场车辆的燃料消耗量指标的监督管理。对于达到国家规定的报废标准或者经检测不符合标准要求的车辆，不得允许其继续从事道路运输经营活动。

3. 标准

《营运车辆综合性能要求和检验方法》（GB 18565）

（二）监察的内容和方法

（1）交通运输营运单位建立老旧交通运输工具报废、更新制度的情况。

（2）交通运输营运单位执行老旧交通运输工具报废、更新制度的情况。

实施监察时，应当通过查阅资料确认交通运输营运单位建立、落实老旧交通运输工具报废、更新制度的情况，并现场核实有关情况。对不符合规定的，依法予以处理。

二、对交通运输营运企业执行燃料消耗量限值标准情况的监察

（一）执法依据

1. 法律

《节约能源法》第四十六条　国务院有关部门制定交通运输营运车船的燃料消耗量限值标准；不符合标准的，不得用于营运。

国务院有关交通运输主管部门应当加强对交通运输营运车船燃料消耗检测的监督管理。

2. 规章

《公路、水路交通实施〈中华人民共和国节约能源法〉办法》（中华人民共和国交通运输部令 2008 年第 5 号）第十条　各级人民政府交通运输主管部门应当严格执行交通运输营运车船燃料消耗量限值国家标准，组织建立交通运输营运车船燃料消耗检测体系并加强对检测的监督管理，确保交通运输营运车船符合燃料消耗量限值国家标准。

《道路运输车辆燃料消耗量检测和监督管理办法》（交通运输部令 2009 年第 11 号）第三条　总质量超过 3500 千克的道路旅客运输车辆和货物运输车辆的燃料消耗量应当分别满足交通行业标准《营运客车燃料消耗量限值及测量方法》（JT 711，以下简称 JT 711）和《营运货车燃料消耗量限值及测量方法》（JT 719，以下简称 JT 719）的要求。

不符合道路运输车辆燃料消耗量限值标准的车辆，不得用于营运。

3. 标准

《营运客车燃料消耗量限值及测量方法》（JT 711）

《营运货车燃料消耗量限值及测量方法》（JT 719）

（二）监察的内容和方法

（1）对交通运输营运车船燃料消耗进行检测的情况。

（2）交通运输营运车船符合燃料消耗量限值标准的情况。

实施监察时，应当查阅交通运输营运企业车船台账、运行记录及燃料消耗检测情况等，并通过现场检测的方式抽查运营车船的燃料消耗情况。

对不符合规定的，依法予以处理。

第六节　对公共机构的节能监察

公共机构，是指全部或者部分使用财政性资金的国家机关、事业单位和团体组织。公共机构是《节约能源法》确定的重点领域之一，也是节能监察的重点领域之一。公共机构的节能管理制度主要包括：年度节能目标和实施方案制度，能源消费计量和监测管理制度，能源消费状况报告报送制度，能源消耗定额管理制度，用能系统管理制度和用能产品、设备采购制度等。

一、对年度节能目标和实施方案的制定、落实情况的监察

（一）执法依据

1. 法律

《节约能源法》第四十九条　公共机构应当制定年度节能目标和实施方案，加强能源消费计量和监测管理，向本级人民政府管理机关事务工作的机构报送上年度的能源消费状况报告。

2. 法规

《公共机构节能条例》第十三条　公共机构应当结合本单位用能特点和上一年度用能状况，制定年度节能目标和实施方案，有针对性地采取节能管理或者节能改造措施，保证节能目标的完成。

公共机构应当将年度节能目标和实施方案报本级人民政府管理机关事务工作的机构备案。

（二）监察的内容和方法

（1）公共机构制定年度节能目标和实施方案的情况。

（2）公共机构完成年度节能目标的情况。

（3）公共机构落实节能改造措施的情况。

实施监察时，应当通过查阅公共机构制定的年度节能目标和实施方案及报备资料，检查其制定年度节能目标和实施方案并按规定将年度节能目标和实施方案报本级人民政府管理机关事务工作的机构备案的情况。在此基础上，现场查验节能目标完成情况及节能改造措施落实情况。对违反规定的，移送政府管理机关事务的机构处理。

（三）法律责任

《公共机构节能条例》第三十七条　公共机构有下列行为之一的，由本级人民政府管理机关事务工作的机构会同有关部门责令限期改正；逾期不改正的，予以通报，并由有关机关对公共机构负责人依法给予处分。

第一项　未制定年度节能目标和实施方案，或者未按照规定将年度节能目标和实施方案备案的。

二、对能源消费计量和监测管理情况的监察

（一）执法依据

1. 法律

《节约能源法》第四十九条　公共机构应当制定年度节能目标和实施方案，加强能源消费计量和监测管理，向本级人民政府管理机关事务工作的机构报送上年度的能源消费状况报告。

2. 法规

《公共机构节能条例》第十四条　公共机构应当实行能源消费计量制度，区分用能种类、用能系统实行能源消费分户、分类、分项计量，并对能源消耗状况进行实时监测，及时发现、纠正用能浪费现象。

第十五条第一款　公共机构应当指定专人负责能源消费统计，如实记录能源消费计量原始数据，建立统计台账。

（二）监察的内容和方法

（1）公共机构建立、实行能源消费计量制度的情况。

（2）公共机构建立、落实能源消费统计制度的情况。

对公共机构的能源消费计量和监测管理情况的监察与本章第二节中对用能单位的能源计量和能源消费统计制度的监察有很多相同之处，其具体监察内容和方法可参照前述内容。

（三）法律责任

《公共机构节能条例》第三十七条　公共机构有下列行为之一的，由本级人民政府管理机关事务工作的机构会同有关部门责令限期改正；逾期不改正的，予以通报，并由有关机关对公共机构负责人依法给予处分。

第二项　未实行能源消费计量制度，或者未区分用能种类、用能系统实行能源消费分户、分类、分项计量，并对能源消耗状况进行实时监测的；

第三项　未指定专人负责能源消费统计，或者未如实记录能源消费计量原始数据，建立统计台账的。

三、对能源消费状况报告报送情况的监察

（一）执法依据

1. 法律

《节约能源法》第四十九条　公共机构应当制定年度节能目标和实施方案，加强能源消费计量和监测管理，向本级人民政府管理机关事务工作的机构报送上年度的能源消费状况报告。

2. 法规

《公共机构节能条例》第十五条第二款　公共机构应当于每年3月31日前，向本级人民政府管理机关事务工作的机构报送上一年度能源消费状况报告。

（二）监察的内容和方法

（1）公共机构按规定时间和内容报送能源消费状况报告的情况。

（2）公共机构报送能源消费状况报告的真实性。

实施监察时，在确认公共机构报送时间及报告内容完整性的基础上，应当现场核实能源消费状况及其准确性和节能措施的实施情况等。对违反

规定的，移送政府管理机关事务的机构处理。

（三）法律责任

《公共机构节能条例》第三十七条　公共机构有下列行为之一的，由本级人民政府管理机关事务工作的机构会同有关部门责令限期改正；逾期不改正的，予以通报，并由有关机关对公共机构负责人依法给予处分。

第四项　未按照要求报送上一年度能源消费状况报告的。

四、对能源消耗定额管理情况的监察

（一）执法依据

1. 法律

《节约能源法》第四十九条第二款　国务院和县级以上地方各级人民政府管理机关事务工作的机构会同同级有关部门按照管理权限，制定本级公共机构的能源消耗定额，财政部门根据该定额制定能源消耗支出标准。

2. 法规

《公共机构节能条例》第十六条　国务院和县级以上地方各级人民政府管理机关事务工作的机构应当会同同级有关部门按照管理权限，根据不同行业、不同系统公共机构能源消耗综合水平和特点，制定能源消耗定额，财政部门根据能源消耗定额制定能源消耗支出标准。

第十七条　公共机构应当在能源消耗定额范围内使用能源，加强能源消耗支出管理；超过能源消耗定额使用能源的，应当向本级人民政府管理机关事务工作的机构作出说明。

（二）监察的内容和方法

公共机构执行能源消耗定额的情况。

实施监察时，应当通过查阅能源消费统计台账、能源消费状况报告，核算能源消耗数据，验证其能源消耗定额执行情况。对违反规定的，移送政府管理机关事务的机构处理。

（三）法律责任

《公共机构节能条例》第三十七条　公共机构有下列行为之一的，由本级人民政府管理机关事务工作的机构会同有关部门责令限期改正；逾期不改正的，予以通报，并由有关机关对公共机构负责人依法给予处分。

第五项　超过能源消耗定额使用能源，未向本级人民政府管理机关事务工作的机构作出说明的。

五、对用能系统管理情况的监察

（一）执法依据

1. 法律

《节约能源法》第五十条第一款　公共机构应当加强本单位用能系统管理，保证用能系统的运行符合国家相关标准。

2. 法规

《公共机构节能条例》第二十四条　公共机构应当建立、健全本单位节能运行管理制度和用能系统操作规程，加强用能系统和设备运行调节、维护保养、巡视检查，推行低成本、无成本节能措施。

第二十五条　公共机构应当设置能源管理岗位，实行能源管理岗位责任制。重点用能系统、设备的操作岗位应当配备专业技术人员。

（二）监察的内容和方法

（1）建立节能运行管理制度和用能系统操作规程的情况。

（2）设置能源管理岗位以及实行能源管理岗位责任制的情况。

（3）用能系统、设备节能运行情况。

实施监察时，应当通过查阅相关材料，查看公共机构建立、健全本单位节能运行管理制度和用能系统操作规程，设置能源管理岗位，实行能源管理岗位责任制等情况。在此基础上，核实公共机构交通运输工具系统和建筑物内用能系统运行管理情况（如用能系统和设备运行调节、维护保养、巡视检查）、重点用能系统和设备操作岗位配备专业技术人员的情况等。对违反规定的，移送政府管理机关事务的机构处理。

实施现场监察时，还应当对以下情况进行检查。

（1）减少空调、计算机、复印机等用电设备的待机能耗，及时关闭用电设备的情况。

（2）严格执行国家有关空调室内温度控制的规定，充分利用自然通风，改进空调运行管理的情况。

（3）对电梯系统实行智能化控制，合理设置电梯开启数量和时间，加强运行调节和维护保养的情况。

（4）充分利用自然采光，使用高效节能照明灯具，优化照明系统设计，改进电路控制方式，推广应用智能调控装置，严格控制建筑物外部泛光照明以及外部装饰用照明的情况。

（5）对网络机房、食堂、开水间、锅炉房等部位的用能实行重点监测，采取有效措施降低能耗的情况。

（三）法律责任

《公共机构节能条例》第三十七条　公共机构有下列行为之一的，由本级人民政府管理机关事务工作的机构会同有关部门责令限期改正；逾期不改正的，予以通报，并由有关机关对公共机构负责人依法给予处分。

第六项　未设立能源管理岗位，或者未在重点用能系统、设备操作岗位配备专业技术人员的。

第四十一条　公共机构违反规定用能造成能源浪费的，由本级人民政府管理机关事务工作的机构会同有关部门下达节能整改意见书，公共机构应当及时予以落实。

六、对公共机构采购用能产品、设备情况的监察

（一）执法依据

1. 法律

《节约能源法》第五十一条　公共机构采购用能产品、设备，应当优先采购列入节能产品、设备政府采购名录中的产品、设备。禁止采购国家明令淘汰的用能产品、设备。

节能产品、设备政府采购名录由省级以上人民政府的政府采购监督管理部门会同同级有关部门制定并公布。

2. 法规

《公共机构节能条例》第十八条　公共机构应当按照国家有关强制采购或者优先采购的规定，采购列入节能产品、设备政府采购名录和环境标志产品政府采购名录中的产品、设备，不得采购国家明令淘汰的用能产品、设备。

（二）监察的内容和方法

公共机构采购用能产品、设备的情况。

实施监察时，应当通过查阅公共机构设备采购清单及设备台账，检查其按照国家有关强制采购或者优先采购的规定，采购列入节能产品、设备政府采购名录和环境标志产品政府采购名录中的产品、设备的情况。在此基础上，查验有关产品、设备与采购目录和设备台账的符合性。对违反规定的，移送政府采购监督管理部门处理。

（三）法律责任

《节约能源法》第八十一条　公共机构采购用能产品、设备，未优先采购列入节能产品、设备政府采购名录中的产品、设备，或者采购国家明令淘汰的用能产品、设备的，由政府采购监督管理部门给予警告，可以并处罚款；对直接负责的主管人员和其他直接责任人员依法给予处分，并予通报。

《公共机构节能条例》第三十八条　公共机构不执行节能产品、设备政府采购名录，未按照国家有关强制采购或者优先采购的规定采购列入节能产品、设备政府采购名录中的产品、设备，或者采购国家明令淘汰的用能产品、设备的，由政府采购监督管理部门给予警告，可以并处罚款；对直接负责的主管人员和其他直接责任人员依法给予处分，并予通报。

第七节 对节能服务机构的节能监察

节能服务机构，是指为用能单位提供节能咨询、设计、评估、检测、审计、认证等服务，实行市场化运作的机构。这些节能服务机构所提供的服务，覆盖了工业、建筑、交通运输、公共机构四大重点领域。因此，对节能服务机构的节能监察，是节能监察不可或缺的重要内容。

一、执法依据

《节约能源法》第二十二条第一款　国家鼓励节能服务机构的发展，支持节能服务机构开展节能咨询、设计、评估、检测、审计、认证等服务。

二、监察内容和方法

节能服务机构所提供信息的真实性。

实施监察时，在通过查阅节能服务机构出具报告的基础上，应当通过现场验证、数据校验等方式，核实报告所提供信息的真实性和所涉及数据的准确性，检查报告所涉及计算过程是否正确。对违反规定的，依法予以处理。

三、法律责任

《节约能源法》第七十六条　从事节能咨询、设计、评估、检测、审计、认证等服务的机构提供虚假信息的，由管理节能工作的部门责令改正，没收违法所得，并处5万元以上10万元以下罚款。

第三章　节能监察执法程序

节能监察执法程序是节能监察过程中要遵守的行为规范，是节能监察合法性的重要保证。本章重点介绍节能监察任务来源、准备、实施和结果处理等节能监察过程中所需遵循的一般程序规定。

第一节　节能监察任务来源

节能监察任务主要来源于年度计划、上级交办、举报投诉和案件移送四个方面。

一、年度计划

节能监察机构应当根据国家节能法律、法规、规章和强制性节能标准的要求，结合本地实际情况，编制节能监察年度计划并组织实施。

节能监察年度计划及实施情况应当报本级人民政府管理节能工作的部门备案，并抄送上级节能监察机构。

二、上级交办

本级及本级以上人民政府管理节能工作的部门或者上级节能监察机构交办的任务，也是节能监察机构开展节能监察工作的重要任务来源之一。

节能监察机构应当根据本级及本级以上人民政府管理节能工作的部门

或者上级节能监察机构交办的任务，研究制定专项监察方案并组织实施。监察结束后，节能监察机构应当及时将监察情况上报交办部门或者机构。

三、举报投诉

单位或者个人对违反节能法律、法规、规章和强制性节能标准以及浪费能源的行为向节能监察机构进行的举报投诉，是节能监察工作的任务来源之一。

接到举报投诉后，有关人员应当及时填写《举报投诉记录表》并按程序进行处理。属于职权范围内的，节能监察机构应当予以受理，并将办理结果及时向举报投诉人反馈；不属于职权范围内的，应当向举报投诉人告知不受理的理由。

四、案件移送

节能监察机构对其他单位移送的违法用能案件，应当审查其是否属于职权范围。接受移送的，应当办理接收手续，并将处理结果函告移送单位。不予接受的，应当书面通知移送单位并说明理由，连同案件材料一并退回。

第二节　节能监察准备阶段

一、制定实施方案

节能监察机构根据节能监察任务来源，依据相关节能法律、法规、规章和强制性节能标准等规定，结合实际情况，制定节能监察实施方案。实施方案应当明确监察的目的、对象、方式、内容、时间和工作要求以及特殊情况的处理。实施方案应当详细具体，具有可操作性，便于组织实施和落实。

二、成立监察组

实施节能监察前应当明确参与此次监察的节能监察人员，成立不少于两人的监察组。节能监察实行组长办案责任制，由组长对监察的全过程负责。如有需要，也可以邀请有关技术人员参加。

三、填写《节能监察登记表》

实施监察前需填报《节能监察登记表》，载明节能监察相关事项，然后由承办部门负责人审核和机构负责人批准。

四、制作并送达《节能监察通知书》

实施节能监察，应当于实施监察的 5 日前以《节能监察通知书》的形式，将节能监察的依据、时间、内容和要求等书面通知被监察单位。办理涉嫌违法违规案件、举报投诉和应当以抽查方式实施的节能监察除外。

《节能监察通知书》可以直接送达或邮寄送达，也可以用传真或电子邮件等方式送达被监察单位，送达后应当与被监察单位予以确认。在现场监察时，由被监察单位在送达回证上签名或者盖章。

五、进行监察前准备

召开预备会，研究熟悉有关资料，如节能监察实施方案、领导批示、上级文件、举报投诉材料以及其他单位移送材料等；明确监察的目的、依据、方法、内容、范围、人员职责分工及要求。

准备《节能监察现场告知书》《现场监察笔录》《调查（询问）笔录》等现场可能需要制作的空白执法文书样张。

现场监察时应当根据需要携带笔记本电脑、便携式打印机、照相机、录像机和录音笔等现场办公和取证设备，以及针对不同监察内容所必备的技术检测设备。

第三节　节能监察实施阶段

一、节能监察的实施方式

节能监察机构根据监察任务和实际情况的需要，主要采用书面监察和现场监察两种方式对被监察单位依法实施监察，并对书面材料、现场实际状况、有关的技术数据和能耗指标等进行查验。

（一）书面监察

实施书面监察时，节能监察机构应当将实施监察的依据、内容、时间和要求等书面通知被监察单位。

被监察单位应当按照书面通知的要求如实报送材料。节能监察机构应当在规定期限内对被监察单位报送材料的完整性、真实性和准确性，以及符合节能法律、法规、规章和强制性节能标准等的情况进行审查。对被监察单位所报材料信息不完整或存在疑问的，节能监察机构可以要求被监察单位在规定期限内补充完善或进行解释，有关法律、法规和规章另有规定的除外。

节能监察机构在审查中发现被监察单位所报材料涉嫌隐瞒事实真相及有伪造、隐匿、篡改等违法行为的，应当依法对被监察单位进行现场监察。

（二）现场监察

实施现场监察时，应当于实施监察的五日前将监察的依据、内容和时间要求等书面通知被监察单位。办理涉嫌违法违规案件、举报投诉和应当以抽查方式实施的节能监察除外。

有下列情形之一的，节能监察机构应当实施现场监察。

（1）节能监察计划规定应当进行现场监察的；

（2）书面监察发现涉嫌违法违规的；

（3）需要对被监察单位的能源利用状况进行现场检测的；

（4）需要现场确认被监察单位落实限期整改通知书要求的；

（5）被监察单位主要耗能设备、生产工艺或者能源利用状况发生重大变化影响节能的；

（6）对举报、投诉内容需要现场核实的；

（7）应当实施现场节能监察的其他情形。

节能监察人员实施现场监察时，应当通知被监察单位的能源管理负责人和能源管理人员等相关人员到场，如无正当理由不到场，应当在记录中记明，但不影响监察工作进行。

现场监察的一般步骤如下。

1. 出示行政执法证，进行现场告知

节能监察人员应当主动向被监察单位相关人员出示行政执法证件，并进行现场告知。可以通过宣读或由当事人阅读的方式进行告知，以明确此次监察的依据、方法、内容和要求以及被监察单位的权利、义务等相关内容，并在被监察单位相关人员签名或者盖章后由节能监察人员留存归档。

2. 开展询问，现场查验

现场查验时，可以采取下列措施。

（1）了解情况。针对监察内容，向当事人了解有关情况。

（2）查阅资料。查阅、复制或者摘录与节能监察事项有关的文件、账目等资料。

（3）查勘现场。进入有关场所进行勘察、采样、拍照、录音、录像等，必要时对用能产品、设备和生产工艺的能源利用状况等进行检测和分析评价，以验证被监察单位所提供资料的真实性、可靠性。

（4）调查询问。针对监察内容约见、询问有关人员，要求说明有关事项、提供相关材料。

（5）节能法律、法规、规章等规定可以采取的其他措施。

3. 收集现场资料

现场资料是节能监察的重要证据。在收集现场资料时要做到认真、细致、全面。收集资料应当合法、客观、全面。与监察内容有关的汇报材料、工艺设备台账、财务账目、视听资料、检验（检定）或鉴定结果等材料，均应当收集。

现场收集的资料应当妥善保管。对于不易携带的资料等可以复印或者摘录，复印件应当注明"复印件与原件相符"，摘录与节能监察事项有关的文件、账目等材料应标明其出处，并由提供者或者单位逐页签名或盖章（必要时加盖骑缝章）。

4. 制作《现场监察笔录》

《现场监察笔录》是用于记载现场监察情况的重要法律文书。制作《现场监察笔录》时，应当如实记录实施节能监察的时间、地点、内容、参加人员、现场监察的实际情况等，并由节能监察人员和被监察单位的法定代表人或者其委托人确认并签名；拒绝签名的，应当在笔录中如实注明，并由两名以上的节能监察人员签名，不影响监察结果的认定。记录必须准确、客观、严密，不得掺杂节能监察人员主观的分析、判断、意见和建议等。当事人应当在阅读笔录后，签署笔录是否属实的意见，并签名或盖章。

5. 制作《调查（询问）笔录》

现场监察过程中，如发现被监察单位存在明显的违法用能行为和事实以及其他需要核实的情况，节能监察人员应当在做好《现场监察笔录》的同时，采用一问一答的形式，围绕违法行为的事实过程专门向被监察单位有关人员进行调查或者询问，并制作《调查（询问）笔录》。

调查询问时，应当有两名以上节能监察人员实施。参与调查询问的节能监察人员应当主动向被调查（询问）人出示有效的行政执法证件，实施告知，并记入《调查（询问）笔录》。调查询问时，节能监察人员应当密切配合，需对多人进行调查询问时应当分别进行。必要时，可以对当事人或者有关人员进行多次调查询问。笔录制作完毕，应当交被调查（询问）人核对，对没有阅读能力的，应当向其宣读；笔录有差错或者遗漏的，被调查（询问人）可以要求补充或者更正。涂改部分应当由被调查（询问）人签名、盖章或者以其他方式确认。被调查（询问）人确认笔录无误后，应当签名或者盖章。节能监察人员也应当在笔录上签名。

二、节能监察的现场检测

现场监察中发现主要用能设备和工艺管理制度不落实、设备运行状况差且浪费能源，需要实施检测的，节能监察机构应当依据标准规定的方法，对用能产品、设备和工艺的能源消耗指标实施检测、评价。

实施现场检测一般分为前期准备、测点布置、数据测试和编制报告四个步骤。

（1）前期准备。现场检测前，应当依据检测项目，熟悉有关检测标准，制定检测方案，准备所需的仪器和设备；通知被监察单位，做好检测的配合和准备工作等。

（2）测点布置。进入被监察单位后，根据检测项目和有关标准要求，选择仪器的安装位置；按照仪器的使用要求，安装仪器，并保证其正常工作。

（3）数据测试。在正常生产工况下，按照检测标准要求，做好数据的记录和保存，检测人员在原始记录上签名。对于燃料理化分析项目，完成现场采样缩制后，应当按要求流转到实验室内完成。

（4）编制报告。根据现场获得的检测数据，按照数据处理的规定和要求进行计算、核对，编制检测报告。经审核签字后，与其他监察资料一并存档。

必须注意的是，进行现场检测时必须使用经有计量检定资质的单位检定并在有效期内的计量检测器具。

节能监察机构也可以委托有资质的第三方检验测试机构实施现场检测。

现场检测项目及标准，见表3-1。

现场监察结束后，承办人员应当综合监察情况，编写节能监察报告。

表3-1　　　　　　　现场检测项目及标准一览表（示例）

序号	项目名称	标准代号	标准名称
1	**煤炭**		
（1）	全水分	GB/T 211	煤中全水分的测定方法
（2）	水分	GB/T 212	煤的工业分析方法

序号	项目名称	标准代号	标准名称
(3)	灰分	GB/T 212	煤的工业分析方法
(4)	挥发分	GB/T 212	煤的工业分析方法
(5)	固定碳	GB/T 212	煤的工业分析方法
(6)	碳	GB/T 476	煤中碳和氢的测定方法
(7)	氢	GB/T 476	煤中碳和氢的测定方法
(8)	氮	GB/T 19227	煤中氮的测定方法
(9)	发热量	GB/T 213	煤的发热量测定方法
(10)	全硫	GB/T 214	煤中全硫的测定方法
(11)	烟煤黏结指数	GB/T 5447	烟煤黏结指数测定方法
(12)	采取	GB 475	商品煤样人工采取方法
(13)	制备	GB 474	煤样的制备方法
2	**企业能量平衡**		
(1)	热平衡	GB/T 3486	评价企业合理用热技术导则
		GB/T 3484	企业能量平衡通则
		GB/T 2587	用能设备能量平衡通则
		GB/T 2588	设备热效率计算通则
		GB/T 2589	综合能耗计算通则
(2)	电平衡	GB/T 3484	企业能量平衡通则
		GB/T 2589	综合能耗计算通则
		GB/T 3485	评价企业合理用电技术导则
(3)	水平衡	GB/T 7119	节水型企业评价导则
		GB/T 2589	综合能耗计算通则
		GB/T 12452	企业水平衡测试通则
3	**通用电器设备**		
(1)	企业日负荷率	GB/T 15316	节能监测技术通则
(2)	企业用电系统功率因数	GB/T 3485	评价企业合理用电技术导则
(3)	企业线损率	GB/T 16664	企业供配电系统节能监测方法
(4)	变压器负载率	GB/T 13462	电力变压器经济运行
(5)	变压器运行效率	GB/T 12497	三相异步电动机经济运行
(6)	设备功率因数	GB/T 18204.21	公共场所照度测定方法
(7)	整流装置效率		
(8)	电动机负载率		

序号	项目名称	标准代号	标准名称
(9)	电动机综合运行效率		
(10)	照明器具		
4	**风机机组**		
(1)	风机机组运行效率	GB/T 15913	风机机组与管网系统节能监测
(2)	风机机组电能利用率	GB/T 13466	交流电气传动风机（泵类、空气压缩机）系统经济运行通则
		GB/T 13467	通风机系统电能平衡测试与计算方法
		GB/T 3485	评价企业合理用电技术导则
5	**泵机组**		
(1)	泵机组运行效率	GB/T 3485	评价企业合理用电技术导则
(2)	泵机组电能利用率	GB/T 13468	泵类液体输送系统电能平衡测试与计算方法
(3)	泵机组液体输送系统效率	GB/T 13469	离心泵、混流泵、轴流泵与旋涡泵系统经济运行
		GB/T 16666	泵类液体输送系统节能监测
6	**工业电热设备**		
(1)	空载升温时间	GB/T 10066	电热设备的试验方法
(2)	表面温升	GB/T 15911	工业电热设备节能监测方法
(3)	空载损耗	GB/T 3485	评价企业合理用电技术导则
(4)	电能利用率	GB/T 15318	热处理电炉节能监测
(5)	生产率（熔化率）	GB/T 10201	热处理合理用电导则
(6)	积蓄热		
7	**电站锅炉**		
(1)	热效率	GB/T 15316	节能监测技术通则
(2)	负荷率	GB/T 3486	评价企业合理用热技术导则
(3)	空气过剩系数	GB/T 10184	电站锅炉性能试验规程
8	**工业锅炉**		
(1)	正、反平衡热效率	GB/T 3486	评价企业合理用热技术导则
(2)	负荷率	GB/T 10180	工业锅炉热工性能试验规程
(3)	排烟温度	GB/T 15316	节能监测技术通则
(4)	排烟处空气过剩系数	GB/T 15317	燃煤工业锅炉节能监测

序号	项目名称	标准代号	标准名称
（5）	灰渣可燃物含量	GB/T 17954	工业锅炉经济运行
（6）	炉体外表面温度		
（7）	排污率		
（8）	冷凝水回收率		
（9）	蒸汽湿度		
9	**生活锅炉**		
（1）	正、反平衡热效率	GB/T 3486	评价企业合理用热技术导则
（2）	排烟温度	GB/T 10820	生活锅炉热效率及热工试验方法
（3）	排烟处空气过剩系数	GB/T 18292	生活锅炉经济运行
（4）	灰渣可燃物含量		
（5）	炉体外表面温度		
10	**水泥立窑**		
（1）	热效率	GB/T 3486	评价企业合理用热技术导则
（2）	排烟温度	GB/T 15316	节能监测技术通则
（3）	空气过剩系数	JC/T 731	机械化水泥立窑热工测量方法
（4）	炉体外表面温度	JC/T 732	机械化水泥立窑热工计算
（5）	生产率		
（6）	余热回收率		
11	**水泥回转窑**		
（1）	热效率	GB/T 3486	评价企业合理用热技术导则
（2）	排烟温度	GB/T 15316	节能监测技术通则
（3）	空气过剩系数	JC/T 730	水泥回转窑热平衡、热效率、综合能耗计算方法
（4）	炉体外表面温度	JCT 733	水泥回转窑热平衡测定方法
（5）	生产率		
（6）	余热回收率		
12	**加热炉**		
（1）	热效率	GB/T 3486	评价企业合理用热技术导则
（2）	排烟温度	GB/T 15316	节能监测技术通则
（3）	空气过剩系数	GB/T 13338	工业燃料炉热平衡测定与计算基本规则
（4）	炉体外表面温度	GB/T 15319	火焰加热炉节能监测方法

序号	项目名称	标准代号	标准名称
(5)	生产率		
(6)	余热回收率		
(7)	可比单耗		
13	**用汽设备**		
(1)	设备热效率	GB/T 2587	用能设备能量平衡通则
(2)	表面温度	GB/T 2588	设备热效率计算通则
(3)	表面散热损失	GB/T 15914	蒸汽加热设备节能监测方法
(4)	疏水温度	GB/T 4272	设备及管道绝热技术通则
(5)	乏汽温度		
(6)	溢流水温度		
(7)	回流比偏差		
(8)	排汽温度		
(9)	传热系数		

三、节能监察的联合执法

有些地方的节能法规赋予节能监察机构实施节能日常监督的职责，而将实施行政处罚的职责赋予相关的具有节能监督管理职能的政府部门。为了推动节能法律、法规、规章和强制性节能标准的贯彻实施，提高执法效率和效能，增强执法力度，节能监察机构可以就节能法规专门条款与具有相关节能行政执法职能的部门、机构开展联合执法。联合执法需要进一步实施行政处罚的，实施联合执法的机构应当依据法律、法规、规章的规定协调实施，避免对同一违法事实作出重复的行政处罚。

第四节　节能监察结果处理阶段

节能监察结果的处理是节能监察的重要环节。节能监察结果的处理是指依据节能法律、法规、规章和强制性节能标准，对现场监察的情况进行判定，做出相应处理的过程。

节能监察机构应当建立节能监察情况公布制度，定期向社会公布违反节能法律、法规和强制性节能标准的企业名单、整改期限、措施要求等节能监察结果。

一、节能监察结果的处理

（一）提出节能监察建议

通过节能监察，如果发现被监察单位存在不合理用能行为，但尚未违反节能法律、法规、规章和强制性节能标准的，节能监察机构应当向被监察单位送达《节能监察建议书》，明确指出其存在的问题和不足，提出节能建议或者节能措施，要求其采取相应的改正措施。

（二）限期整改

对节能监察中发现的被监察单位存在违反节能法律、法规、规章和强制性节能标准行为的，依据规定的权限，需要被监察单位整改的，由承办人员制作《限期整改通知书》，经承办部门负责人和法制监督部门审核，必要时须经案件审理委员会（以下简称案审委）讨论。《限期整改通知书》发出时，必须经节能监察机构负责人批准后签发。

被监察单位的整改期限一般不超过 6 个月。确需延长整改期限的，被监察单位应当在期限届满 15 日前以书面形式向节能监察机构提出延期申请，节能监察机构应当在期限届满前作出是否准予延期的决定。延期最长不得超过三个月。

被监察单位应当按照《限期整改通知书》的要求进行整改。节能监察机构应当进行跟踪检查并督促落实。

被监察单位对《限期整改通知书》有异议的，可以在收到上述法律文书之日起 15 日内，以书面形式向本级人民政府管理节能监察机构的部门或者上一级节能监察机构申请复核。本级人民政府管理节能监察机构的部门或者上一级节能监察机构应当自受理之日起 30 日内做出复核结论，并书面告知申请单位。被监察单位申请复核期间，《限期整改通知书》不停止执行，法律法规另有规定的除外。被监察单位对复核结论仍有异议的，可依法申请行政复议或者提起行政诉讼。

（三）行政处罚

依法应当实施行政处罚的，按下一节的节能监察行政处罚程序办理。属于其他部门管辖的，按规定的程序办理案件移送，并要求其将处理结果及时反馈本监察机构。

二、节能监察法律文书的送达

需要指出的是，上述节能监察结果处理过程中所用的法律文书如《节能监察建议书》《限期整改通知书》和《行政处罚决定书》等，均属于重要行政执法文书，对行政执法双方当事人的权利义务有明确规定，一经签署和送达后，即具有法律效力。因此，在送达此类文书时，要严格按照法律规定的形式和要求，制作《送达回证》，由受送达人在送达回证上记明收到日期，签名或者盖章。受送达人在送达回证上的签收日期为送达日期。根据具体案件情况，可以分别采用以下几种方式送达。

（1）直接送达。节能监察机构将法律文书直接送交被监察单位，被监察单位是法人或者其他组织的，应当由法人的法定代表人、其他组织的主要负责人或者办公室、收发室、值班室等负责收件的人签收或者盖章。

（2）留置送达。在直接送达过程中，被监察单位拒绝签收的，送达人可以邀请有关基层组织或者所在单位的代表到场，说明情况，在送达回证上记明拒收事由和日期，由送达人、见证人签名或者盖章，把执法文书留在被监察单位；也可以采用拍照、录像等方式记录送达过程，即视为送达。

（3）委托送达。直接送达执法文书有困难的，可以委托其他机关、单位代为送达，应当出具委托函，并附需要送达的诉讼文书和送达回证。代为转交的机关、单位收到执法文书后，必须立即交被监察单位签收，以在送达回证上的签收日期为送达日期。

（4）邮寄送达。直接送达执法文书有困难的，可以采用邮寄送达，以双挂号回执上注明的收件日期为送达日期。

（5）公告送达。采用以上方式都无法送达的，可以采用公告送达。可以在节能监察机构的公告栏和受送达人住所地张贴公告，也可以在报纸、信息网络等媒体上刊登公告，发出公告日期以最后张贴或者刊登的日期为准。节能监察机构在受送达人住所地张贴公告的，应当采取拍照、录像等方式记录张贴过程。自发出公告之日起，经过 60 日，即视为送达。公告送达，应当在案卷中记明原因和经过。

第五节　节能监察行政处罚程序

一、节能监察行政处罚简述

（一）节能监察行政处罚的概念

节能监察行政处罚是指管理节能工作的部门或节能监察机构依照法定权限和程序对违反节能法律、法规、规章和强制性节能标准的，给予行政制裁的具体行政行为。

（二）节能监察行政处罚的原则

节能监察行政处罚的原则是指对行政处罚的设定和实施具有普遍指导意义的准则。节能监察行政处罚应当遵循以下原则。

1. 处罚法定原则

（1）节能监察行政处罚的依据法定化。被监察单位的行为只有在节能法律法规明确规定是违法行为并需要给予相应处罚时，才可以予以行政处罚。

（2）节能监察行政处罚的实施主体法定化。节能监察行政处罚的实施主体是由法律规定或者法规授权的，其他组织均不具备这种资格。

（3）节能监察行政处罚的程序法定化。《行政处罚法》着重强调了程序公正优先的理念，要坚决克服在执法中"只要抓准了，处理对了，程序上差一点没关系"的错误观点，应当牢固树立程序违法处罚无效的意识。

2. 公正、公开原则

公正、公开原则，要求做出的节能监察行政处罚，必须以事实为依据，以法律为准绳。

（1）节能监察行政处罚规定必须公布，未经公布的，不得作为行政处罚的依据。

（2）做到过罚相当，实施的行政处罚必须与违法行为的事实、性质、情节以及社会危害程度相当。

3. 处罚与教育相结合的原则

节能监察行政处罚所追求的不仅是"惩"已然违法行为，还要"戒"未然违法行为。通过对违法单位的行政处罚达到宣传教育的目的，使其自觉遵守节能法律、法规、规章和强制性节能标准等相关规定。

（三）节能监察行政处罚的种类

法定的行政处罚种类有7类，但节能违法违规行为所涉及的行政处罚主要有以下几种。

（1）警告；

（2）罚款；

（3）没收违法所得、没收非法财物；

（4）责令停产停业；

（5）节能法律法规规定的其他行政处罚。

二、节能监察行政处罚程序

（一）立案

立案是指节能监察机构对可能进行行政处罚的被监察单位，依法交付调查处理的内部行政程序。立案查处的案件，必须具备以下四个条件。

（1）有明确的当事人；

（2）有明确的违反节能法律法规的事实；

（3）依照节能法律法规的规定，可以进行处理的；

（4）属于本节能监察机构管辖的。

一般情况下，节能监察机构应当在限期整改期限届满或决定直接进入行政处罚程序后7日内给予立案。由该案的承办人员负责填写《立案审批表》，经批准后立案。

（二）调查取证

调查取证是指节能监察机构为了查明违法事实、获取证据而依法进行的活动。

对节能监察中发现的违法用能行为，《现场监察笔录》《调查（询问）笔录》等查实被监察单位违法事实确凿、证据充分的，可以直接作为处罚证据，不需要重新取证。如需要进一步取证的，办案人员应当依法调查取证。

1. 基本要求

（1）收集证据应当合法。节能监察人员必须在职权范围内按照法定程序收集证据，严禁采用威胁、引诱、欺骗等非法方式。

（2）收集证据要客观。收集证据时，应当以客观存在的事实为依据，不能以节能监察人员想象、推测、推理作定论，严禁伪造证据。

（3）收集证据要全面、细致。对涉及案情的书证、物证、视听资料、证人证言、《调查（询问）笔录》、检验（检定）或鉴定结果等材料，均应当收集。

2. 取证方式

（1）现场检查。

立案后，节能监察人员应当及时进行调查、收集证据，并依照法律法规规定进行检查，形成书面材料。书面材料必须有充分证据证明违法行为事实，不能单凭笔录，有时被监察单位会推翻之前所作的笔录，或者歪曲了事实，导致笔录与客观事实不符，使工作陷入被动，必须重新调查。因此，调查过程中应当使用拍照、摄像、收集资料等多种手段佐证事实。如设备型号，有了照片和分析报告才能有力证明事实。

（2）调查（询问）。

节能监察人员可以就存疑的地方和仍需进一步调查的事实或环节询问被监察单位有关负责人或与案件相关的人员。如第三节所述，调查（询问）应当个别进行，并采用一问一答形式。《调查（询问）笔录》应当记录当事人对调查（询问）过程中认定的违法行为的解释、陈述，以佐证事实。

现场监察过程中，如发现被监察单位存在明显的违法用能行为和事实以及其他需要核实的情况，节能监察人员应当在做好《现场监察笔录》的同时，采用一问一答的形式，专门向被监察单位有关人员进行调查或者询问，并制作《调查（询问）笔录》。

调查询问时应当有两名以上节能监察人员实施。参与调查询问的节能监察人员应当主动向被调查（询问）人出示有效的行政执法证，实施告知，并记入《调查（询问）笔录》。调查询问时，节能监察人员应当密切配合，需对多人进行调查询问时应当分别进行。必要时，可以对当事人或者有关人员进行多次调查询问。笔录制作完毕，应当交被调查（询问）人核对，对没有阅读能力的，应当向其宣读；笔录有差错或者遗漏的，被调查（询问人）可以要求补充或者更正。涂改部分应当由被调查（询问）人签名、盖章或者以其他方式确认。被调查（询问）人确认笔录无误后，应当签名或者盖章。节能监察人员也应当在笔录上签名。

3. 证据种类

（1）书证及物证。

书证及物证是指涉嫌违法产品和设备，以及与之相关的台账等书面材料和实物。

节能监察过程中制作的《现场监察笔录》《调查（询问）笔录》等都是处罚程序中的有力证据。所有书证及物证，应当尽可能由提供人签名或者盖章认可，并注明提供日期。凡获取的书证及物证应当妥善保管，能附卷的均应当附卷，不易携带的应当用拍照等形式将证据保存。

（2）视听材料。

视听材料是指利用录音、录像、照相等方法记录下来的各种资料。

在取证过程中，应当充分利用录音、录像、照相等手段记录被监察单位的违法行为，印证《现场监察笔录》。视听材料要尽可能完整、细致地反映违法行为事实。

①录像范围：违法行为现场及相关场所，违法行为过程、人员、工具、设备、厂房、仓库、产品等。

②照相范围：对生产、销售违法产品的重要场所，违法产品，产品标识，生产违法产品的工具、设备，违法物品的封存状态等，应当尽可能通过照相记录作为证据。

③录音范围：对电话举报、电话调查及不便及时书面记录的调查询问，应当利用录音记录作为证据。

④视听材料的取得要符合法律程序。

（3）证人证言。

提供证人证言的，应当符合下列要求：①写明证人的姓名、年龄、性别、职业、住址等基本情况；②有证人的签名，不能签名的，应当以盖章等方式证明；③注明出具日期；④附有居民身份证复印件等证明证人身份的文件。

（4）鉴定意见。

提供的在行政程序中采用的鉴定意见，应当载明委托人和委托鉴定的事项、向鉴定部门提交的相关材料、鉴定的依据和使用的科学技术手段、鉴定部门和鉴定人鉴定资格的说明，并应当有鉴定人的签名和鉴定部门的盖章。通过分析获得的鉴定意见，应当说明分析过程。

（5）现场笔录。

现场笔录，应当载明时间、地点和事件等内容，并由节能监察人员和当事人签名。当事人拒绝签名或者不能签名的，应当注明原因。有其他人在现场的，可以由其他人签名。法律法规对现场笔录的制作形式另有规定的，从其规定。

4. 调查终结

调查终结或者节能监察机构认为应当终止调查的，应当根据调查的事实做出相应处理。

（三）承办部门提出处理意见

批准立案后，节能监察人员应当在 5 日内将《现场监察笔录》等案件相关材料整理汇总完毕；需要进一步调查取证的，及时组织调查。案件调查取证结束后，承办人员应当将调查结果和有关证据材料加以整理，制作案件《调查终结审批表》，提出处理意见，一并提交承办部门负责人。承办部门负责人应当组织本部门集体讨论，根据实际情况，提出本部门的处理意见。

（四）法制监督部门初审

承办部门讨论结束后，承办人员应当在 5 日内将所有案卷材料及本部门的处理意见移送交法制监督部门进行初步审理。

法制监督部门应当在 5 日内对承办部门移送的案卷材料进行初审，审查所有证据是否齐全、客观，能否如实地反映案件的全部情形；对需要核实、补证的，应当请承办人员核实、补证；审查承办人员办理案件是否符合法定程序，若程序上有疏漏，但不影响当事人合法权益的，则请承办人员补证；若影响当事人合法权益的，应当退回承办部门重新办理。

法制监督部门初审后，认为事实清楚、证据确凿、符合法定程序，承办部门所提出处理意见和适用法律、法规、规章和强制性节能标准准确的，则可以移交审核部门（领导）。

（五）案审委审议

对疑难的、有争议的案件，承办部门应及时向主管领导汇报，由主管领导视需要提请案审委讨论，讨论时应制作《案件讨论记录》。

案审委召开专门案审会，对提交的案件进行全面审议。对给予当事人较重行政处罚、属于听证范围的案件，应当有案审委 2/3 以上委员参加集体审议；对其他立案查处的案件，可以有 3 名以上委员参加集体审议。

案审委主要从以下几个方面予以审议。

（1）节能监察程序是否合法；

（2）当事人违法行为事实是否清楚，证据是否确凿；

（3）判定当事人违法违规行为的依据是否准确；

（4）拟作出的行政处罚所依据的法律法规条文是否准确，处罚是否适当；

（5）拟作出的行政处罚中的罚款是否属于重复罚款；

（6）拟作出的行政处罚是否考虑了从轻或者减轻行政处罚的因素；

（7）拟作出的行政处罚是否按照有关规定应当属从重处罚而处罚偏轻的。

（8）拟作出的行政处罚是否属于听证受理范围。

（六）案审会处理意见

（1）确有应当受行政处罚的违法行为的，根据情节轻重及具体情况，本监察机构可以做出罚款、没收违法所得等行政处罚。

（2）违法行为轻微，依法可以免予行政处罚的，免予行政处罚。

（3）违法事实不能成立的，不得给予行政处罚。

（4）违法案件依法不属于本部门管辖的或违法行为已构成犯罪的，移送有关部门或者司法机关处理。

（5）对当事人的同一违法行为，不得给予两次以上罚款的行政处罚。

（七）节能监察行政处罚自由裁量权

行政处罚是行政执法的重要手段，节能监察行政处罚裁量权能否正确行使，直接影响到节能法律、法规、规章和强制性节能标准的有效实施。因此，建立节能行政处罚裁量基准制度，对于科学合理细化、量化行政裁量权，完善适用规则，严格规范裁量权形式，避免执法的随意性，预防职务犯罪，保护公民、法人和其他组织的合法权益具有重要意义。

依据《节约能源法》规定，对其中"法律责任"部分，可以考虑采用划分裁量阶次的模式，根据违法行为设定裁量因素，将处罚幅度划分为若干阶次，同时考虑从轻和从重等参考因素来确定最终处罚金额。

参考因素主要有案件对社会造成的影响、当事人对案件调查的配合程度、当事人是否有累犯等情节，根据裁量的参考因素决定在相应的处罚阶次上从轻或从重处罚。

（1）对于当事人在限期整改限期内予以及时改正，没有造成危害结果的，不予处罚。

（2）对于当事人有下列情形之一的，从轻处罚：

①主动消除或者减轻违法行为危害后果的；

②配合调查，并主动提供重要证据的；

③有重大举报他人违法情节，并经查实的。

（3）对于当事人有下列情形之一的，从重处罚：

①责令改正，逾期不改正违法行为的；

②妨碍执法人员执法行为的；

③隐匿、销毁违法行为证据的；

④对举报人、证人打击报复的；

⑤违法情节恶劣，造成严重后果的；

⑥多次实施违法行为的；

⑦有两项或两项以上从重情节的。

违法行为在两年内未被发现的，不再给予行政处罚，法律另有规定的除外。其期限从违法行为发生之日起计算，违法行为有连续或继续状态的，从行为终了之日起计算。

（八）行政处罚事先准备

节能监察机构在做出行政处罚决定前，应当向当事人送达《行政处罚事先告知书》或《行政处罚听证告知书》。《行政处罚事先告知书》应当包括拟处罚的事实和证据、依据、处罚内容以及当事人依法享有的陈述申辩权。《行政处罚听证告知书》包括拟处罚的事实和证据、依据、处罚内容以及当事人要求听证的权利。

当事人提出陈述申辩或者听证要求的，节能监察机构应当及时予以受理、审查。当事人提出陈述申辩的，节能监察机构应当制作《陈述申辩笔录》。

符合听证条件的，当事人在规定时间内提出听证申请的，节能监察机构按照《中华人民共和国行政处罚法》和地方政府的有关听证规则规定组织听证。

1. 听证条件

（1）责令整顿或关闭、停止建设或运行。

（2）对法人或者其他组织处以较大数额的罚款。

2. 听证程序

（1）当事人要求听证的，应当在行政机关告知后 3 日内提出。

（2）节能监察机构应当在听证的 7 日前，通知当事人举行听证的时间、地点。

（3）除涉及国家秘密、商业秘密或者个人隐私外，听证公开举行。

（4）听证由节能监察机构指定的非本案承办人主持；当事人认为主持人与本案有直接利害关系的，有权申请回避。

（5）当事人可以亲自参加听证，也可以委托 1~2 人代理，应当填写《行政处罚听证委托书》。

（6）举行听证时，承办人提出当事人违法的事实、证据和行政处罚建议；当事人进行申辩和质证。

（7）听证应当制作《听证笔录》。《听证笔录》应当交当事人审核无误后签名或者盖章。

听证结束后，听证主持人应当依据听证情况，制作听证报告书，连同听证笔录报节能监察机构负责人。听证报告书应当载明听证的时间、地点、参加人、记录人、主持人；当事人与承办人对违法事实、证据的认定和对处罚建议的主要分歧；主持人的意见和建议。对当事人在听证中提出的新的事实、理由和证据，听证主持人应当限期由承办人员进行复核，一并报节能监察机构负责人。

（九）节能监察行政处罚决定

当事人在法定期限内未提出陈述申辩、听证要求或者陈述申辩理由、事实、证据不成立、听证申请不符合条件的，节能监察机构应当制作《行政处罚决定书》，在7日内送达当事人，并办理送达手续。

经过陈述申辩、听证，当事人提出的事实、理由、证据成立的，节能监察机构对原行政处罚决定提出相应的调整意见。调整后仍需进行行政处罚的，应当重新起草《行政处罚事先告知书》或《行政处罚听证告知书》。

《行政处罚决定书》应当包括：

（1）当事人名称、地址。

（2）违反法律、法规、规章和强制性节能标准的事实及证据。

（3）行政处罚的种类和依据。

（4）行政处罚履行方式和期限。

（5）限期整改的履行方式和期限。

（6）不服行政处罚决定，申请行政复议或提起行政诉讼的途径和期限。

（7）节能监察机构名称和做出决定的日期。

对当事人在规定时间内履行《行政处罚决定书》要求的，承办人填写《结案审批表》，经批准后予以结案，并应当整理执法文书和相关资料进行案卷归档。如果当事人在规定时间内未履行《行政处罚决定书》的，进入申请强制执行程序。

需要说明的是，本章的执法程序是按照节能监察机构作为法规授权执法主体来规定和要求的。在具体实践中，如果节能监察机构接受管理节能工作的部门的委托开展节能监察时，则应当以管理节能工作的部门的名义制作执法文书、开展执法活动、组织案件审理等。

（十）节能监察行政处罚的执行

节能监察行政处罚执行是处罚决定的实现阶段。行政处罚决定一经做出，即发生法律效力，当事人应当在限期内自觉履行，以保证决定做出机关社会管理职能的实现。

1. 直接执行

当事人在期限内主动履行处罚决定。节能监察人员填写《行政处罚决定执行笔录》，做好行政处罚决定执行情况的笔录工作。该项工作结束后，节能监察人员填写《结案审批表》报批后予以结案，并整理执法文书和相关资料进行案卷归档。

2. 申请强制执行

对拒不履行行政处罚决定的，节能监察机构法制监督部门填写《强制执行申请书》报批，经签发加盖公章后，提交人民法院。

在强制执行期间，法制监督部门经办人员应当加强与人民法院的联系，及时了解法院对案卷的意见，配合法院做好工作。强制执行结束的案件，经办人员填写《结案审批表》报批后予以结案，并整理执法文书和相关资料进行案卷归档。

（十一）节能行政处罚案件的结案

有下列情况之一的，应当予以结案：

（1）行政处罚决定执行完毕的。

（2）经人民法院判决或者裁定执行完毕的。

（3）免于行政处罚或者不予行政处罚的。

（4）经人民法院裁定已破产的。

（5）经工商行政管理局证明企业已注销的。

（6）被处罚单位虽未全部执行行政处罚决定书的处罚条款，但确无力继续执行，经节能监察机构批准结案的。

对于结案案件，节能监察人员应当整理执法文书和相关资料进行案卷归档。

第六节　节能监察行政救济程序

节能监察行政处罚救济程序包括当事人申请行政复议和行政诉讼。当事人对行政处罚决定不服的，可以提出行政复议，对行政复议决定仍不服的，可以提起行政诉讼；也可以不经行政复议直接提起行政诉讼；对于直接提起行政诉讼的，当事人不可以再提起行政复议。当事人对行政处罚决定不服，申请行政复议或提请行政诉讼的，行政处罚不停止执行，法律另有规定的除外。

一、行政复议或行政诉讼的应诉

（一）应诉主体

一般来说，对节能监察中行政复议或行政诉讼的应诉主体有以下两种情况。

（1）如果行政处罚决定是由节能监察机构以自己的名义做出的，那么节能监察机构就是应诉主体。

（2）如果节能监察机构接受其他部门的委托进行行政处罚的，即行政处罚决定是以管理节能工作的部门或有关部门的名义做出的，那么管理节能工作的部门或有关部门是应诉主体。

（二）行政复议的应诉

应诉主体在正式接到行政复议机关受理行政复议通知后，应当在3日内整理出案卷，并写出答辩状。答辩材料应当针对当事人的行政复议理由书写，除简要叙述办案过程外，重点答辩以下几点。

（1）违法事实是否客观存在。

（2）取得的证据是否合法有效。

（3）办案程序是否合法。

（4）适用法律法规是否准确。

经批准后，在规定期限内随同案卷一起送给受理行政复议机关。

（三）行政诉讼的应诉

1. 委托代理

在接到人民法院受理行政案件通知书（含原告诉状）后，应诉主体负责人应当出庭应诉。不能出庭的，应当委托相应的工作人员出庭。应诉主体负责人出庭应诉的，可以另行委托1~2名诉讼代理人。

2. 材料准备

节能监察人员或者诉讼代理人应当在3日内写出答辩状并经讨论后报批。答辩状应当围绕当事人起诉状提出的诉讼理由进行陈述，文字应当简明扼要，在规定期限内随同案卷一起送人民法院。同时，应诉主体的《法定代表人身份证明书》《授权委托书》一并提交受诉人民法院。

3. 管辖权异议

对法院管辖权有异议的，应诉主体在接到人民法院应诉通知书之日起10日内以书面形式提出。

4. 一审、二审应诉

应诉主体的法定代表人或者诉讼代理人及相关人员按照受诉人民法院规定的开庭时间准时到庭，因特殊情况不能到庭的，应当提前告知人民法院并说明理由。

（1）开庭预备阶段：应当接受书记员核对身份，根据审判长的询问及时提出可能影响公正审判的有关人员的回避申请；回避申请未予批准的，可以向法院提出复议申请。

（2）陈述行政争议阶段：根据审判长的要求，宣读行政处罚决定书或者行政复议决定书、答辩状，回答审判长对双方争议概括的询问。

（3）查证辩论阶段：根据审判长对每一个审理重点的提示进行必要的举证、辩驳、质证，提出申请和要求。

（4）法庭查证辩论结束：根据审判长的询问陈述意见或者补充意见；在一审法院宣判时，签收判决书或者裁定书。

当事人不服，提起上诉的，节能监察人员要协助诉讼代理人作二审答辩，根据法院的要求提供有关材料或出庭参加诉讼，答辩状按本程序（二）起草。

5. 上诉

如果人民法院一审判决应诉主体败诉，需上诉的，在收到人民法院一审判决或者裁定书后（判决 15 日、裁定 10 日内）向原审人民法院或者上一级人民法院递交上诉状及其副本。节能监察人员协助诉讼代理人写出上诉状草案报批。

上诉状主要包括下列内容：

（1）查处理由；

（2）当事人违法事实和主要证据；

（3）处罚适用法律法规的理由；

（4）不服一审判决的理由；

（5）二审诉讼请求；

（6）提起申诉。

判决、裁定发生法律效力后两年内，应诉主体认为人民法院判决或者裁定确有错误，其法定代表人或聘请的诉讼代理人可以依法提出申诉或者依法申请人民检察院抗诉。再审时，应诉主体法定代表人或者再审诉讼代理人应当根据再审人民法院的要求参加再审程序。

（四）行政复议和行政诉讼的应诉要求

（1）在行政复议和行政诉讼期间，节能监察人员要如实向诉讼代理人提供有关资料，并参加旁听。

（2）法院或行政复议机关认为需要补充调查取证的，节能监察人员应当及时调查、收集证据。

（3）行政复议和行政诉讼结束后，节能监察人员要按规定取回案卷，加上行政复议和行政诉讼期间形成的材料一起归档，并适时进行小结，总结经验教训，形成书面材料。

二、节能行政处罚案件的错案追究制度

节能监察人员在执行公务中违反工作纪律，损害被监察单位合法权益造成损失的，按照有关行政执法错案责任追究规定进行处理。

第七节　其他程序规定

一、举报投诉案件的程序规定

《节约能源法》第八条规定：任何单位和个人都应当履行节能义务，有权检举浪费能源的行为。

节能监察机构应当向社会公布本机构接待举报投诉的部门、电话及联系信息，按以下程序受理任何单位和个人举报投诉的节能违法案件。

（1）节能监察机构的举报投诉接待部门负责接受任何单位和个人以来电、来函、来访形式的举报投诉，并负责填写《举报投诉案件登记表》（以下简称《登记表》）。

其他部门的工作人员接到举报投诉电话的，可以向举报投诉人告知接待部门的举报电话。如举报投诉人表示不便或不愿意，接电话人应当如实做好举报投诉登记，不得推脱，并及时将记录材料移交接待部门。

（2）对事实清楚，明显不属于本机构职权范围的事项，应当告知举报投诉人向有权的机关提出。

（3）对于来电、来访的举报投诉人，接待人员应当仔细询问并记录举报投诉人所提供的情况（举报投诉人姓名、联系方式、被举报投诉人姓名或单位名称、地址、举报事由等），承诺对举报投诉人保密。

（4）接待人员接到举报投诉后，应当在当日内及时将情况向机构负责人汇报，并将《登记表》按程序报阅、处理。机构负责人应当及时签发处理意见。接待人员按照处理意见，将《登记表》送相关责任部门进行查处。

（5）案件核查按照节能现场监察的程序进行，由两名以上节能监察人员参加。根据具体情况，经批准可以会同其他有关执法部门共同进行。核

查中，按规定制作相应的执法文书。如记载现场检查情况的，制作《现场监察笔录》；记录被调查人陈述的，制作《调查（询问）笔录》。

（6）核查结束后，承办人员应当在3日内将案由、核查结果及拟处理意见写成书面汇报材料报经承办部门负责人阅处后，送法制监督部门审核，审核无误的，报机构负责人审批。

（7）《登记表》及有关核查材料的原件由节能监察机构留存归档。办理案件移送时，应当将上述材料的复印件加盖机构公章后，与《移送书》等相应的法律文书一并移送有关部门。

（8）移送的举报投诉案件在移送之日起7日内，承办人员应当与受移送的部门联系，了解移送案件的处理情况，并将情况记入《登记表》。必要时可以要求其书面反馈移送处理情况。

（9）举报投诉案件，经初步核查，认为应当依法追究法律责任的，承办人员应当按规定的行政处罚办案程序进行立案查处。

（10）举报投诉案件的登记、核查、调查及处理等法律文书和材料，由承办人员在案件办理结束交法制监督部门审核后，交办公室统一归档。

二、案件移送程序规定

经调查或审理，发现不属于本机构管辖和主管范围，或因某种原因本机构不能管辖的违法案件，按照以下程序和规定向有管辖权的机构移送处理。

（1）承办人员在调查、审理中发现属于上列情形的，应当先向承办部门负责人报告，经其确认，机构负责人同意后，由承办人员整理案件的全部材料，并填写《案件移送书》，交承办部门负责人审查后报机构负责人审批。

（2）经机构负责人批准同意移送的案件，由办公室登记、盖章，复制全套案卷材料，副本由法制监督部门留存，正本移送有关部门。

（3）承接移送案件的部门办完该案，法制监督部门接到结案报告后，应当将该案卷副本及结案报告一并交办公室归档。

第八节 节能监察案卷归档

节能监察案卷是节能监察过程中直接形成的各种文字、图表、声像等不同形式和载体的历史记录。节能监察结案后，节能监察人员应当认真做好案卷整理和案卷移交工作。

一、案卷整理

案件结案后，节能监察人员要根据监察过程中执法文书和相关资料顺序，对执法文书和相关资料进行整理汇总，认真填写案卷封面、目录，编写案卷页码，装订封底，形成完整的监察案卷。

节能监察人员应当完成以下整理工作。

（一）填写案卷封面

（1）在括号内填写监察任务来源。

（2）简明扼要地填写案由和处理结果。

（3）填写监察编号、办案日期、本卷执法文书和相关资料的件数和页数、移交人姓名。

（二）填写案卷目录

填写顺序号、监察编号、名称、备注。如有需要说明的事项，在备注一栏填写，附证明材料的也应当说明。

（三）整理案卷内容

案卷内容包括以下文书和材料：

（1）举报投诉登记表；

（2）案件移送书；

（3）移送案件接收表；

（4）节能监察登记表；

（5）节能监察通知书；

（6）节能监察现场告知书及送达回证；

（7）现场监察笔录；

（8）调查（询问）笔录；

（9）案件讨论记录；

（10）节能监察报告；

（11）限期整改通知书、节能监察建议书及送达回证；

（12）立案审批表；

（13）行政处罚事先告知书及送达回证；

（14）陈述申辩笔录；

（15）行政处罚听证告知书、行政处罚听证通知书及送达回证、听证笔录、听证报告书；

（16）行政处罚决定书及送达回证；

（17）罚款催缴通知书；

（18）强制执行申请书；

（19）法院判决（裁决）书；

（20）行政复议决定书；

（21）行政处罚决定执行笔录；

（22）罚款收据（复印件）；

（23）结案审批表；

（24）其他相关材料。

二、案卷移交

节能监察人员将整理好的案卷移交档案管理人员，并办理移交手续。档案管理人员根据档案管理要求进行归档。

第四章 节能监察执法文书制作

行政执法文书，是指国家机关或者法律法规授权的组织，或者受委托行使行政执法职能的组织，在进行国家或社会事务的管理活动中，制作的具有法律效力或法律意义的文件。

节能监察执法文书是行政执法文书的一种，是节能监察机构按照法定的执法程序，在执法过程中所制作、发布的反映执法活动各个环节的有法律效力或者有法律意义的书面材料，是整个节能监察执法活动的痕迹记录和过程反映。有的执法文书具有明显的法律效力和处置性，如《行政处罚决定书》；有的执法文书虽然没有直接的法律效力和处置性，但也是执法活动的如实记录，具有明显的法律意义，特别是在行政诉讼过程中其法律的证据性特征表现得更为突出，如《调查（询问）笔录》《现场监察笔录》等。因此，每一位节能监察人员必须掌握文书的制作要求，熟练制作执法文书，以保证办案质量。本章主要介绍常用的节能监察执法文书制作的基本原则与要求、主要内容与文书样张等。

第一节 制作执法文书的原则与要求

行政执法文书在实施的法律活动中具有极其重要的意义。文书的制作质量关系到法律的实施效果。因此，在制作节能监察执法文书时，节能监察人员一定要持严肃认真的态度，不仅要熟练掌握文书的制作，还应当认真学习法学理论知识和法律条文规范，不断提高文书的制作水平和制作技巧，制作出符合法律要求的高质量的文书。

一、制作执法文书的原则

制作行政执法文书时，须坚持以下三个原则。

1. 坚持实事求是的原则

行政执法文书，是行政执法人员对其所调查的案件情况的反映。坚持实事求是的原则，就是指行政执法人员在制作执法文书时，要以客观的态度、客观的语言文字，表述客观存在的事实状况。是则是，非则非，不主观臆断，不想当然，不文过饰非，不以假充真，客观、准确地反映案件的实际情况。

2. 坚持遵守法制的原则

行政执法文书，是行政机关适用法律的意思表示。对于作为执法主体的行政机关及其执法人员而言，其行为首先就要符合法律的要求。主要包括两个方面：一是要符合实体法的要求。从实体法的要求上讲，对违法行为的认定，要有明确的法律依据；对违法行为的处理，也要有明确的法律依据。而这些法律依据都必须在文书中准确无误地表示出来。没有法律依据或者对法律表述不准确的文书，严格讲应视为无效文书。无效的执法文书，既不能要求行政相对人执行，也无权要求人民法院强制执行。二是要符合程序法的要求。从程序法的要求上讲，执法文书是执法工作程序的一种记录。《行政处罚法》对行政执法程序做了严格的规定，有些必经程序没有依法记录在案或记录不准确，将直接影响行政行为的有效性，如告知程序、审批程序等。此外，文书格式、公章以及有效签字等也是按规定必须具有的文书要件。缺少这些文书要件，亦可直接影响到文书的有效性。因此，制作行政执法文书，必需遵守法制原则。

3. 坚持效率的原则

行政执法文书的制作效率，亦直接影响到行政办案效率或者行政效率。

法律对文书的制作虽然没有明确的时限要求，但是法律法规对于办理案件却提出了时限规定。如《行政处罚法》规定，行政机关应当在听证的 7 日前，通知当事人举行听证的时间、地点。《行政复议法》规定，复议机关应当在收到复议申请书之日起 5 日内，对复议申请作出处理。这些规定实际上间接地对文书的制作提出了时限要求。因此，强调文书的制作效率，对于提高行政办案效率和行政效率具有十分重要的现实意义。

二、制作执法文书的基本要求

制作行政执法文书，须满足以下基本要求。

1. 文书主旨要鲜明

文书的主旨，是文书的纲领，是文书的目的和中心意思所在。任何一份文书都有其内在的主旨。如《调查（询问）笔录》是执法人员进行调查询问的记录，它客观地反映调查人员所询问的问题和被调查人对问题的答复。该文书的主旨随着调查人员所提问题而设定，随着被调查人对问题的答复而确定。《行政处罚决定书》的主旨是行政处罚的意思表示，它反映了执法机关对行政相对人违法行为的认定及处理意见。《现场监察笔录》则是对行政相对人违法行为的客观记录和反映。从书面意义上看，对于一个具体的行政案件而言，它是由众多份不同的文书所构成的，每一份文书的主旨均是从不同的角度来说明一个问题。而这些问题的最终指向，则是该案的唯一主旨，也即案件违法的实质所在。

2. 文书内容要规范

对文书内容进行规范，主要表现在三个方面。

（1）文书结构应当固定。一般而言，文书都是由首部、正文、尾部三部分组成。如《现场监察笔录》的首部是对被监察的对象、监察的时间、地点以及节能监察人员等情况的表述；正文是对现场监察情况的记述；尾部是有关人员的签字及文书成文的时间等。

（2）文书事项应当完备。不同的文书有不同的事项要求，有些事项是必备事项，绝对不能缺少。如《行政处罚决定书》，除表明行政相对人违法事实，违反的法律规定以及处罚决定以外，还应当告知行政相对人其所享有的诉权，以及逾期不执行处罚决定应交纳滞纳金的法律义务。

（3）有关主体称谓应当一致。称谓，是指文书中所涉及的主体以及物品的名称。为了使文书简明，称谓可以用代词代替，但是所使用的代词应当前后一致，不能混淆或者随意改变。如《调查（询问）笔录》中，对行政相对人，不能一会儿用第一人称"我"，一会儿用第三人称"他"；一会儿用企业名称，一会儿又称其为"当事人"。

3. 文书语言要准确

文书语言规范主要应注意以下几点。

（1）叙事清楚，言简意赅。

（2）修辞准确，句子结构完整，不得随便简省，标点符号准确。

（3）用词规范，不能用含义模糊的词语；力求"法言法语"，不能用口语、方言和文学语言，不得随意简化单位名称和物品名称；不能用简化字、生僻词语，不得造字、造词，不得渲染夸张。

（4）逻辑严谨，推理正确，前后观点一致。阐述理由应当有证据、有法律依据、有说服力，要保证事实、理由、结论的一致性。

4. 文书效力要稳定

对外使用的行政执法文书一经宣布，即具有法律效力，非经法定程序不得变更、撤销或随意停止执行。如《行政处罚决定书》一经发出，即具有法定的执行效力，行政部门和行政相对人都必须严格执行。如果行政部门在发出该文书后，又发现确有错误的，必须正式发文将原文书收回。待收回原文书后，方可制作新文书。

三、制作执法文书的具体要求

（1）文书的使用必须正确。文书格式可以参照本书的样张，统一文书名称，统一编制文号。在节能监察的不同阶段准确运用各类执法文书，并做到格式统一，完整规范。每个文书的制作都有明确的目的，如《现场监察笔录》是要把节能监察人员现场监察中发现的情况作如实记录；《调查（询问）笔录》就是要把被监察单位和其他有关人员提供的情况如实记录下来，使之成为认定事实和进行处理的依据；《行政处罚决定书》就是要向当事人表明对其处罚的理由、依据及内容。其中，《调查（询问）笔录》和《现场监察笔录》不应该混用，因为两者的作用不同。

（2）文书的书写应当使用蓝黑色或者黑色钢笔或者水笔填写，也可以现场打印。必须做到字迹清楚、工整，符号正确，填写规范，应当使用法定计量单位。

（3）叙述事实应当做到事实清楚、因果明确、详略得当、重点突出。要保证事实的真实性、事实要素的完整性（包括主体、时间、地点、标的物等），特别是关键情节要交代清楚，叙述要具体。

（4）笔录应当交由当事人亲阅并签署意见，涂改处应当有当事人押印或者签名并注明"修改处已阅"。多页笔录应当逐页签名或者盖章。当事人拒绝签名或者盖章的，应当如实记载拒绝签名或者盖章的情况，并采用其他方式如录音录像等方式加以佐证。

（5）要求签名的文书，应当签署完整的姓名。

（6）应当根据各地规定，完整填写文书的文号或者编号。

第二节　常用执法文书的主要内容

一、节能监察登记表

节能监察登记表是节能监察机构内部安排节能监察工作使用的文书。一般由节能监察组长负责填写表格内的内容。

节能监察登记表的制作要求有两点。

（1）要完整、准确填写被监察单位和联系人的相关信息。

（2）节能监察人员是指参加此次监察的全部人员。

二、节能监察通知书

节能监察通知书是节能监察机构在对被监察单位实施节能监察前，告知被监察单位监察时间和内容并明确其配合事项等的文书。

节能监察通知书的制作要求有以下四点。

（1）写明被监察单位全称，明确实施监察的依据和时间。监察的依据要明确到节能法律、法规、规章和强制性节能标准的具体条款。时间应当使用阿拉伯数字。

（2）写明监察的具体内容。监察的内容要按照节能法律、法规、规章和强制性节能标准的表述准确填写。

（3）需被监察单位提供的材料，既包括被监察单位身份证明材料，如法人营业执照、法定代表人证明书、授权委托书等，也包括监察过程中需对方提供的相关材料，如电费账单、能源台账、设备台账等。还有被监察单位到场人员的具体身份（如职务等）。

（4）节能监察通知书由承办人员完整填写相关信息后打印，加盖节能监察机构公章后可以送达被监察单位，需保留相关送达凭证或者送达回证备查。

三、节能监察现场告知书

节能监察现场告知书是节能监察人员在实施现场监察前，向被监察单位出示行政执法证，表明执法身份，告知执法依据、执法纪律和违纪投诉途径等相关事项的文书。

节能监察现场告知书的制作要求有以下三点。

（1）实施节能监察时应当有两名以上节能监察人员参与，节能监察现场告知书上应当如实载明实施监察人员的姓名与行政执法证编号。

（2）现场告知时可以由节能监察人员口头宣读或者由被监察单位书面阅读。

（3）现场告知书需节能监察人员和被监察单位签字确认后，留存归档。

四、现场监察笔录

现场监察笔录是节能监察人员在监察过程中记录现场监察情况的重要文书。

现场监察笔录的制作要求有以下七点。

（1）现场监察笔录必须在现场监察时当场制作。

（2）被监察单位名称：应当填写单位全称，并注意与其法人营业执照等主体资格证明材料上的名称一致。

（3）监察场所：写明具体的监察地点。

（4）监察时间：写明监察的起止时间，要具体到时、分。

（5）现场监察情况：必须按照监察过程记录监察的形式、内容、方法和结果。要求用客观的语言记录被监察单位贯彻执行法律、法规、规章和强制性节能标准的情况。如存在违法违规用能现象，则需将现场所有与违法违规用能事实有关的情况记录在案，与违法违规用能事实无关的无需记录。结束时，要注明"笔录完毕"或者"以下空白"。

（6）被监察单位提供材料明细：列明所有被监察单位提供的文字、音像、图片以及实物等证明材料。相关证明材料应当加盖被监察单位公章予以确认。

（7）节能监察人员和被监察单位有关人员均应当在笔录上签字。有见证人的，见证人也应当签字。如邀请有关专业技术人员参加的，应当在笔录中写明参加人员的姓名、单位和职务，并由有关专业技术人员在笔录上签名确认。拒签的应当说明情况。

五、调查（询问）笔录

调查（询问）笔录是节能监察人员针对涉嫌违法用能事实或其他需要了解核实的情况，对当事人、证人及其他人员进行调查和询问时记录被调查（询问）人陈述的文书。调查（询问）笔录既可以用于未立案的涉嫌违法的调查（询问），也可以用于立案后的违法事实的进一步调查（询问）。

调查（询问）笔录的制作要求有以下六点。

（1）调查（询问）应当单独进行，需要调查（询问）多个当事人、证人的，应分别制作调查（询问）笔录，即一份笔录只能针对一个被调查（询问）人。被调查（询问）人要求自行书写陈述内容时，应当允许，但不能代替调查（询问）笔录。

（2）时间：要求写明进行调查（询问）的起止时间，进行两次以上调查（询问）的，第二次以后的调查（询问）笔录应当注明"第×次调查（询问）"。

（3）地点：要求写明进行调查（询问）的具体地点，可以是节能监察机构所在地、当事人的住所或者违法用能行为发生地。

（4）被调查（询问）人：要求写明被调查（询问）人的基本情况。

（5）调查（询问）内容：侧重于违法用能行为的时间、地点、构成违法用能事实的要点、违法用能行为的主观恶意和涉及违法用能标的物数量以及违法用能行为后果等方面。此文书应当具备七个基本要素，即时间、地点、相对人基本概况、事件、事实过程、对现场监察笔录中实质内容的印证内容、结果。因此，调查（询问）时应当符合四点要求：一要言之有据；其二要言之有理；其三要言之有情；其四要言之有礼。

（6）调查（询问）笔录的记录不能随意空行，有修改的，应当由被调查（询问）人在修改处签字，空白部分应当注明"以下空白"或者"笔录完毕"。

六、节能监察报告

节能监察报告是节能监察人员监察结束后，对监察情况进行总结并向领导汇报用的文书。

节能监察报告的制作要求有以下两点。

（1）节能监察报告要简要叙述经监察掌握的事实。

（2）结论是指此次节能监察掌握的实施依据节能法律、法规、规章和强制性节能标准得出的结论。依据要具体，结论要明确。

七、节能监察建议书

节能监察建议书是节能监察人员监察完毕后，对被监察单位存在的明显不合理用能行为提出节能建议或者节能措施的文书。

节能监察建议书的制作要求是：节能监察建议书必须是针对存在的不合理用能行为，即尚未构成违反节能法律、法规、规章和强制性节能标准的要件，但对能源的使用不合理，已构成浪费，具有节能潜力，可以通过加强管理或者节能技改等加以改进的事实。

八、立案审批表

立案审批表是对已具备立案条件，拟做出立案决定的案件呈请领导审批时使用的文书。

立案审批表的制作要求有以下八点。

（1）若发现被监察单位涉嫌违法需行政处罚的，应当予以立案。对于一般性的案件，只要简要地填写立案审批表即可；对于重大、复杂的案件，可以较详细地附上案情报告等相关资料。

（2）案由：应当写明案件的主要违法用能事实，在表述时应当加"涉嫌"二字，其书写形式为：涉嫌+具体违法用能行为+案。

（3）案件来源：应当注明节能监察、投诉举报、上级交办、有关部门移送等。

（4）案件发现时间：如果是日常监察发现的违法案件，应以监察时间为案发时间；如果是举报投诉案件，应以举报投诉时间为案发时间；如果是上级交办或其他部门移送案件，如果有具体的案发时间，以具体的案发时间为准，如果没有具体的案发时间，以交办时间和移送时间为案发时间。

（5）违法事实：简要地叙述初步掌握的违法事实。因为处在立案阶段，对当事人的违法事实有时需经过调查认定程序，此时不可能很详细。违法事实包括日常监察发现的违法事实和举报投诉、交办、移送中陈述的违法事实，包括违法行为发生的时间、地点和基本情况等。

（6）法律依据：是指该行为违反节能法律、法规、规章和强制性节能标准应当受到何种行政处罚的具体规定。

（7）承办部门意见：要求写明对案情的分析和申请立案的理由，由承办部门负责人和承办人员签字。案情分析不是对违法事实的重复陈述，而是要根据违法事实，分析其违法程度、违法性质，从而做出判断、提出立案的理由。

（8）法制监督部门意见：对承办部门提出的申请立案意见进行合法性审查，要求写明是否同意立案及不同意立案的理由，由法制监督部门负责人签字。

九、调查终结审批表

调查终结审批表是节能监察人员认为案件事实已经查清，向领导提交案件相关情况和处理意见的文书。

调查终结审批表的制作要求有以下七点。

（1）案由：应当写明案件的主要违法用能事实。

（2）当事人：如实记录当事人的相关信息。

（3）案情简介：具体写明当事人违法行为发生的时间、地点、动机、经过、手段、结果和有关证据。

（4）案件焦点：着重描述调查设计的内容。

（5）调查结果：经调查后的事实真相。应以说明的表达方式概括地交代调查经过，包括节能监察人员的组成，调查时间、范围、方法、步骤和主要问题。根据调查结果，对该案件做出准确的"定性"。

（6）证据：在调查过程中发现的可以支撑违法用能事实的资料、材料等。

（7）承办人员意见：根据调查结果，签署是否进行行政处罚的意见，并由全部调查人员签字。

十、案件讨论记录

案件讨论记录是案审委对案件进行集体讨论时，记录案件讨论情况，并形成处理意见的文书。

案件讨论记录的制作要求有以下六点。

（1）案由：要求简要写明违法行为主体及违法行为。

（2）记明讨论的时间、地点、主持人和记录人、出席人和列席人的姓名和职务。

（3）讨论记录。案件审理（讨论）的一般程序是：①案件承办部门（人）对案件基本情况进行介绍，主要是对案件的来源、违法用能事实、调查取证及承办部门认定情况等；②法制监督部门对案件的初步审查情况及案件焦点进行评析；③参加案件讨论的人员分别发言；④节能监察机构负责人总结发言。对以上发言，均应当如实记录。

（4）处理意见：要求写明处理决定的结果、具体内容及法律依据和实施处罚时裁量权的规定。案件涉及的重大问题，均应当通过此文书反映出处理意见。

（5）案件讨论是案件集体审理制度的体现，通过讨论形成处理意见时，应当遵循少数服从多数的原则，不同意见允许保留并加以记录。

（6）参加人签名。要求每个出席人和列席人在讨论笔录上签名。

十一、限期整改通知书

限期整改通知书是责令当事人停止并改正违法用能行为时使用的文书。

限期整改通知书的制作要求有以下八点。

（1）写明当事人的相关信息，不得空项。

（2）写明监察时发现并认定的违法用能事实。

（3）写明违反的节能法律、法规和规章名称及具体条款内容或者强制性节能标准名称。

（4）写明限期整改所依据的法律法规名称和具体条款内容。

（5）写明限期整改的具体期限。

（6）填写签发日期并加盖公章。

（7）此文书一式两份，一份送达当事人，一份存档。

（8）对当事人违法行为的整改情况应当进行跟踪复查。

十二、行政处罚事先告知书

行政处罚事先告知书是节能监察机构决定在作出行政处罚决定前，依法告知当事人给予行政处罚决定的事实、理由及依据和享有的陈述申辩权的文书。

行政处罚事先告知是作出行政处罚决定之前必须履行的一项法定程序。如果节能监察机构在作出行政处罚决定前没有履行告知义务，则属于违反法定程序，其行政处罚决定无效。

行政处罚事先告知书的制作要求有以下七点。

（1）当事人：写明拟被处罚单位的全称。

（2）违法事实：写明违法时间、地点、标的物数额、违法行为及性质等，叙述违法事实要完整，定性要准确。

（3）违法依据：写明违反节能法律、法规或者规章的名称及具体条款，一般是禁止性或者义务性条款。没有禁止性或者义务性条款的，应当写明违反法律的有关规定。

（4）处罚依据：写明处罚依据的节能法律、法规或者规章的名称及具体条款，一般是法律责任条款。没有相应法律责任条款的，不得处罚。

（5）处罚内容：分项写明处罚种类和数额。罚款数额应当用中文大写表达。

（6）陈述申辩的时限：确定在当事人收到本告知书的 3 日内，逾期视为放弃陈述申辩权。

（7）写明签发日期并加盖公章。

十三、陈述申辩笔录

陈述申辩笔录是节能监察机构作出行政处罚决定前履行法定的告知义务后，记录当事人行使陈述申辩权利的内容的文书。

陈述申辩笔录的制作要求有以下九点。

（1）写明陈述申辩时间、地点及陈述申辩人的基本情况。

（2）记录对陈述申辩人告知的事项，包括违法事实、违法依据、拟处罚依据的法律条款和拟处罚内容，同时告知其陈述申辩权利。

（3）记录陈述申辩人申辩的主要内容，重点记录其提出的事实、理由和提交的有关证据。

（4）笔录写好后要交给陈述申辩人阅读或者向其宣读，经核对无误后，需注明其对笔录真实性的意见并逐页签名或者盖章。

（5）笔录涂改处应当有陈述申辩人签名、盖章或者以其他方式确认。

（6）空白部分应当注明"以下空白"或者"笔录完毕"。

（7）告知人、见证人、记录人分别签字或者盖章。

（8）对陈述申辩人提出的事实、理由和证据，承办机构应当进行复核；陈述申辩人提出的事实、理由和证据成立的，应当采纳。不得因陈述申辩人申辩而加重处罚。

（9）如果不告知当事人给予行政处罚的事实、理由和依据，或者拒绝听取陈述申辩人陈述、申辩的，行政处罚决定无效。

十四、行政处罚听证告知书

行政处罚听证告知书是拟作出责令停产停业或者较大数额罚款决定之前，告知当事人拟处罚的决定以及有要求举行听证的权利时使用的文书。

行政处罚听证告知书的注意事项有以下三点。

（1）当事人：写明被告知听证单位的全称。

（2）违法事实、违法依据、处罚依据、处罚内容参照《行政处罚事先告知书》制作要求中的相关内容。

（3）填明签发日期并加盖公章。

十五、行政处罚听证通知书

行政处罚听证通知书是当事人提出听证要求后，节能监察机构依法通知当事人举行听证的时间、地点及相关事项的文书。

行政处罚听证通知书的制作要求有以下五点。

（1）写明当事人的单位全称。

（2）写明举行听证的时间、地点。

（3）听证会主题：简要点明违法单位、违法事实及拟给予的行政处罚。

（4）听证主持人：主持人由非本案直接承办的节能监察人员担任。

（5）写明签发日期并加盖公章后送达当事人，注意要保证听证会举行前7日将通知送达。

十六、听证笔录

听证笔录是用于节能监察机构组织听证会时，记录当事人、案件承办人以及其他有关人员陈述和质证情况的文书。

听证笔录的制作要求有以下八点。

（1）听证之前要作好准备工作。认真阅读案卷，熟悉案情，掌握案情的重点和关键。

（2）记录案由、听证时间、地点、主持人、记录人、当事人和委托代理人的相关情况。

（3）笔录要清楚明白，尽量体现出听证按程序、分阶段进行的特征，即在笔录正文栏按听证进展过程分几个分栏记录：第一，听证主持人宣布听证开始的情况，包括对当事人的告知和当事人申请主持人回避权的使用情况。第二，案件调查人员关于当事人违法的事实、证据、依据以及处罚建议的陈述。第三，当事人及其代理人的陈述和申辩。第四，第三人及其代理人的陈述。第五，相互的质证和辩论。第六，第三人、案件调查人员、当事人的最后意见，即最后陈述。第七，出现听证延期、中止、放弃情况的，该情况产生的缘由、过程及相关决定。

（4）要如实记录听证的组织、进展过程、情况，以及有关各方的发言。要突出重点，对各方存在争议的地方及围绕争议所展开的质证和辩论，应当详细记录。

（5）笔录写好后要交给当事人阅读或者向其宣读，经核对无误后，需注明其对笔录真实性的意见并逐页签字或者盖章。

（6）笔录涂改处应当由当事人签字或者押印。

（7）空白部分应当注明"以下空白"或者"笔录完毕"。

（8）参加听证会的人员均应在笔录末尾签字或者押印。听证参加人包括听证主持人、案件承办人、证人、鉴定人、翻译人员等等。

十七、听证报告书

听证报告书是听证结束后，听证主持人对听证情况进行总结并向领导汇报用的文书。

听证报告书的制作要求有以下两点。

（1）听证报告书叙述听证情况要简明扼要、重点突出。

（2）结论：是指根据听证情况对案件得出的结论。作出结论的依据要具体、充分，结论要明确。

十八、行政处罚决定书

行政处罚决定书是节能监察机构针对具体违法行为制作的记载违法事实、处罚理由、依据和决定等事项的具有法律强制力的文书。

行政处罚决定书的制作要求有以下几点。

（1）当事人：写明被处罚单位的全称。

（2）地址：写明被处罚单位的注册地址。

（3）违法事实：写明违法时间、地点、违法标的物数额及违法行为性质等。要求完整叙述违法事实，不能过于简单；定性要正确。

（4）违法依据：写明违反节能法律、法规和规章的名称及具体条款，一般是禁止性或者义务性条款。没有相应的禁止性或者义务性条款的，应当写明违反法律的有关规定。

（5）处罚依据：写明处罚所依据的法律、法规和规章的名称及具体条款，一般是法律责任条款。没有相应法律责任条款的，不得处罚。

（6）处罚决定：按处罚种类分项写明处罚方式、幅度和数额。罚款数额应当用中文大写表述。处罚方式可以是罚款及其他处罚，可以给予一种处罚，也可以并处。

（7）写明行政处罚的履行方式和时间。

（8）告知被处罚单位申请复议的部门或者提起诉讼的法院名称。

（9）行政处罚决定书落款日期为签发日期（日期用阿拉伯数字），处罚决定书加盖公章后送达。

（10）经过听证的，还应当写明"经过听证"，可以写在叙述违法事实部分开始时。行政处罚决定书一经送达即发生法律效力，行政执法部门不能以任何理由变更处罚决定内容，即不能减免罚款和没收违法所得的数额。

（11）一般情况下，此文书一式三份，一份交当事人留存，一份由当事人交银行作缴罚款的凭据，一份由签发单位存档。

十九、结案审批表

结案审批表是节能监察部门对办理终结的案件，履行结案手续时使用的文书。

结案审批表的制作要求有以下五点。

（1）当事人：如实填写当事人的信息，不准空项。所填内容应当与证明材料上的内容一致。

（2）案由：要求写明违法行为主体和违法行为，与《立案审批表》的案由一致。

（3）查处经过：记录案件立案、调查到行政处罚的过程，要明确各时间节点。

（4）结案理由：包括案件事实、行政处罚决定执行或整改情况、结案依据及申请结案的意思表达。

（5）分别由监察部门、法制监督部门、分管领导和机构负责人签署意见，写明同意或者不同意。

二十、举报投诉登记表

举报投诉登记表是节能监察机构记录单位或者个人举报用能单位违法用能行为的文书。

举报投诉登记表的制作要求有以下三点。

（1）登记表要详细记录举报投诉人和被举报投诉人基本情况，以便日后落实和回复。举报投诉人不愿留下姓名或者要求保密以及声明其举报材料的可靠程度等内容，应当在举报投诉登记表中反映出来。

（2）举报投诉事由：按照举报投诉人的陈述，详细填写包括被举报投诉行为发生的时间、地点、情节和举报投诉人的要求等。

（3）若案情复杂，应当请举报投诉人递交书面材料。

二十一、案件移送书

案件移送书是节能监察机构对已经受理的案件，经过初步审查后，发现案件不属于本机构管辖的，或者属于本机构管辖但还涉及其他部门需追究相关责任的，移送其他部门处理时使用的文书。

案件移送书的制作要求有以下五点。

（1）主送单位：写明移送部门的全称。

（2）案由：写明违法主体和违法行为。

（3）原因：写明移送的具体原因。

（4）移送依据：法律、法规中明确规定应当办理移交手续的，以相应的法律、法规为依据。

（5）附件：将该案的有关材料原件一并移送。必要时，可以将复印件留存备查。

二十二、移送案件接收表

移送案件接收表是节能监察机构对其他行政单位移送的案件，经审查属于受理范围的，办理接收手续时使用的文书。

移送案件接收表的制作要求有以下两点。

（1）移送材料：接收移送案件的人员应当如实填写移送材料。

（2）经法制监督部门审查授予受理范围的移送案件，应当按程序报节能监察机构主要负责人审批。

二十三、法律文书送达回证

法律文书送达回证是节能监察机构用于执法文书送达的凭证和回执，记载送达文书名称、送达情况和送达结果的文书。

法律文书送达回证的制作要求有以下六点。

（1）送达文书名称、文号及页数。送达的文书包括《节能监察通知书》《限期整改通知书》《行政处罚事先告知书》《行政处罚听证告知书》《行政处罚听证通知书》《行政处罚决定书》等。

（2）受送达单位：要求写明当事人全称。

（3）记录送达时间、地点、送达方式。送达的方式包括直接送达、邮寄送达、留置送达等。

（4）收件人应当签字并加盖公章，填写签收时间。

（5）见证人、送达人应当签字。

（6）备注：一般在受送达单位拒收的情况下，注明留置的原因及证人情况。如采用邮寄送达方式，可以在备注栏内写明"请受送达单位签收后_____日内将本回证送回本单位"，并留下联系地址。如果受送达单位要求陈述申辩或者举行听证，也可以将此情况记录在备注栏内，并让有关人员签字确认。

二十四、卷内目录

卷内目录是节能监察机构在案件审理结束后，将案卷材料依顺序订成卷时制作的目录文书。

卷内目录的制作要求有以下六点。

（1）序号：应当使用阿拉伯数字。

（2）材料名称：登录的材料名称要与卷内材料一致，卷宗封皮和卷内目录除外。

（3）页次：一页以上的材料应当写明案件材料起止页码。卷内文书的页码，应当采用阿拉伯数字逐页编写页码，正页在右上角，反页在左上角。

（4）排列顺序：按结论在最前面的档案管理规定排列，如作出行政处罚的案件，《行政处罚决定书》在最前面，其他文书材料依照行政处罚程序的进程、形成文书的时间顺序进行排列。

（5）破损文书：应当修补或者复制，文书过小的应当衬纸粘贴，文书过大的应当折叠整齐。

（6）卷内不得有订书钉等金属物件。

二十五、案卷封面

案卷封面是案件结案后，将案卷材料立卷时所制作的文书。

案卷封面的制作要求有以下四点。

（1）案由：要求写明违法行为主体和违法行为，与《立案审批表》的案由一致。

（2）立案时间、结案时间：以《立案审批表》《结案审批表》的审批时间为准。时间用汉字表述。

（3）保存期限：没有行政处罚的案卷保存期限为 3 年，行政处罚案卷保存期限一般为15 年，重要案卷应当永久保存，但不得出现"长期"等模糊概念。

（4）页数：指编写页码的实际页数。

第三节　常用执法文书样张

执法文书是节能监察机构在实施具体的节能监察执法活动中必不可少的法律文书。正确、规范地使用执法文书，也是节能监察人员的一项基本功。

常用的执法文书参照样张如下。

节 能 监 察 机 构
节能监察登记表

编号：

被监察单位	
单位地址	

联 系 人		联系电话		传 真	

拟监察日期	年 月 日至 月 日
节能监察人员	
监察内容	
审核意见	审核人签名： 年 月 日
审批意见	审批人签名： 年 月 日

节 能 监 察 机 构
节能监察通知书

编号：

_____：　　根据《_____》第_____条等相关规定，我单位定于_____年_____月_____日_____时，对你单位进行节能监察。届时请你单位负责人或者能源管理负责人及与监察相关的人员到场配合监察。	
监察内容	
被监察单位需提供的材料	
联系地址	
联系人	联系电话
传真	邮编

节能监察机构（公章）

年 月 日

注：1. 接到本通知书后请及时与联系人联系。

　　2. 本通知书一式两份，一份送达被监察单位，一份存档。

节 能 监 察 机 构

节能监察现场告知书

编号：

我们是××节能监察机构节能监察人员＿＿＿＿＿＿＿＿，行政执法证编号为

＿＿＿＿＿＿＿＿。我们依据《＿＿＿＿＿＿＿＿》第＿＿＿条等相关规定实施此次

监察，现向你（单位）告知如下：

一、节能监察人员实施节能监察时应当两人以上，并向被监察单位或者有关人员
出示《行政执法证》。

二、节能监察人员在执法中不准接受礼品、礼金、礼券；不准参加有碍正常执行
公务活动的宴请或者营业性娱乐；不准利用工作之便私入中介项目、参与营销活动。
节能监察人员对被监察单位合法的技术及经营管理情况有保密义务。

三、你（单位）有权对节能监察过程进行监督，对节能监察人员的违法违纪行为，
可以向＿＿＿＿＿＿＿＿举报投诉，地址：＿＿＿＿＿＿＿＿＿＿＿＿，举报电话：
＿＿＿＿＿＿，邮编：＿＿＿＿＿＿。

四、你（单位）应当配合节能监察，无正当理由拒绝、阻碍节能监察工作，依据
＿＿＿＿＿＿＿＿的相关规定处理。

告知人（签名）：　　　　　　　　　　被告知人（签名）：

　年　月　日　　　　　　　　　　　年　月　日

节 能 监 察 机 构
现场监察笔录

编号：

被监察单位	名　称				
	地　址				
法定代表人姓名			职务		电话
监察场所			监察时间	时　分至　时　分	

现场监察情况：

监察人员签名：　　　　　　　　　　　　记录人签名：

　　　　　　　　　　　　　　　　　　　　　年　月　日

被监察单位意见：

签名并加盖公章：

年　月　日

节 能 监 察 机 构
现场监察笔录续页

编号:

监察人员签名: 记录人签名:
年 月 日
被监察单位提供材料明细:
1.
2.
3.
被监察单位意见:
签名并加盖公章:
年 月 日

节 能 监 察 机 构
调查（询问）笔录

编号：

时　间	年　月　日　午　时　分　至　时　分		
地　点			
被调查 （询问）人	姓　　名		工作单位
	性　　别		住　　址
	职　　务		联系电话
	邮　　编		身份证号

我们是节能监察机构节能监察人员_____，已向你出示了执法证件，证件编号为_____，现依法对_____一事作调查（询问）。请你配合我们，如实提供有关资料，回答询问，不得做虚假陈述或者拒绝、阻挠调查。你是否听清楚了？

答：_____

问：_____

答：_____

问：_____

答：_____

问：_____

答：_____

问：_____

被调查（询问）人签名：　　　　　　调查（询问）人签名：

见证人签名：　　　　　　　　　　　记录人签名：

　　年　月　日　　　　　　　　　　　年　月　日

节 能 监 察 机 构
调查（询问）笔录续页

编号：

问：_____

答：_____

问：_____

答：_____

问：_____

答：_____

问：_____

答：_____

问：_____

答：_____

问：_____

答：_____

问：_____

答：_____

（以下空白或笔录完毕）

被调查（询问）人签名：　　　　　　调查（询问）人签名：

见证人签名：　　　　　　　　　　　记录人签名：

　　年　月　日　　　　　　　　　　　年　月　日

节 能 监 察 机 构
节能监察报告

编号：

根据_____，我们于_____年_____月_____日至_____年_____月_____日，对_____进行了监察。

本次监察的主要内容是：_____

_____

_____。

经监察：_____

_____

_____

_____

_____。

建议：_____

_____

_____

_____

_____

_____

_____

_____。

监察组组长：_____

成　　员：_____

监察组组长签名：_____

年　月　日

节 能 监 察 机 构

节能监察建议书

×××节监建字（　　）第　号

被监察单位			
单位地址		邮　编	
法定代表人		电　话	

　　本机构已于_____年_____月_____日对你单位进行了节能监察，根据现场监察情况，对你单位尚存在的明显的不合理用能行为，提出如下建议：

　　1.　_____。

　　2.　_____。

　　3.　_____。

　　4.　_____。

　　上述建议，希望你单位尽快采取措施予以改进，并在 10 日内以书面形式反馈至本机构。

联系地址			
联　系　人		联系电话	
传　　真		邮　编	

节能监察机构（公章）

年　月　日

注：本建议书一式两份，一份送达被监察单位，一份存档。

节 能 监 察 机 构
立案审批表

×××节监立字（　　）第 号

案　由	
案件来源	日常监察（　） 　　举报投诉（　） 　　上级交办（　） 有关部门移送（　） 　　其　他（　）
案件发现时间	年 月 日

当事人	单位名称			
	单位地址			
	法定代表人		职　务	
	身份证号码			

违法事实	
法律依据	

节 能 监 察 机 构
立案审批表续页

承办部门 意见	建议立案调查。 签名：　　　　　年 月 日
法制监督 部门意见	签名：　　　　　年 月 日
审核意见	签名：　　　　　年 月 日
审批意见	签名：　　　　　年 月 日

节 能 监 察 机 构
调查终结审批表

编号：

案　　由		
当事人	单位名称	
	单位地址	
	法定代表人	电　话
	身份证号码	
案情简介		
案件焦点		
调查结果		

节 能 监 察 机 构
调查终结审批表续页

编号：

证　　据	
承办部门意见	签名：　　　　　　年　月　日
法制监督 部门意见	签名：　　　　　　年　月　日
审核意见	签名：　　　　　　年　月　日
审批意见	签名：　　　　　　年　月　日

节 能 监 察 机 构
案件讨论记录

编号：

案　　由					
讨论地点					
讨论时间	年　月　日　午　时　分至　午　时　分				
主 持 人		记 录 人			
出席人	姓名				
	职务				
列席人	姓名				
	职务				
讨论记录					
参加人 签　名					

节 能 监 察 机 构
案件讨论记录续页

编号：

讨论记录	
案件处理意见	

参加人 签　名						

节 能 监 察 机 构
限期整改通知书

×××监限改字（　　　）第　　号

当事人				
联系地址			邮编	
法定代表人		职务	电话	

你单位（违法用能事实行为）_____

_____

_____

_____

_____

_____

_____。

　　上述行为违反了_____

的第_____条第_____款规定，现依据_____第_____条第_____款的规定，责令你单位于_____年_____月_____日前改正上述行为。并将改正结果同时书面回复本中心。

　　如你单位不服本决定，可以在收到本通知之日起60日内向_____申请行政复议；也可以在3个月内直接向_____人民法院起诉。

节能监察机构（公章）

年　月　日

注：本通知书一式两份，一份送达当事人，一份存档。

节 能 监 察 机 构
行政处罚事先告知书

×××节监罚告字（　　）第　　号

当事人（拟被处罚单位名称）：＿＿＿＿＿＿＿＿＿＿＿＿＿＿＿＿＿

你单位（违法用能的事实）＿＿＿＿＿＿＿＿＿＿＿＿＿＿＿＿＿＿

的行为，违反了＿＿＿＿＿＿＿＿＿＿＿＿＿＿＿＿＿＿＿＿＿＿＿＿

的规定，以上事实有（现场监察笔录、调查笔录）等为证，证据确凿。依据＿＿＿＿＿

＿＿＿＿＿＿＿＿＿＿＿＿＿＿＿＿＿＿＿＿＿＿＿＿＿ 的规定，

本机构拟对你单位作出＿＿＿＿＿＿＿＿＿＿＿＿＿＿＿＿＿＿＿＿

＿＿＿＿＿＿＿＿＿＿＿＿＿＿＿＿＿＿＿＿＿＿＿＿＿＿＿＿＿＿＿

＿＿＿＿＿＿＿＿＿＿＿＿＿＿＿＿＿＿＿＿＿＿的行政处罚。

如你（单位）对上述行政处罚建议有异议，根据《中华人民共和国行政处罚法》相关规定，可以在收到本告知书之日后3日内到我（机构）进行陈述和申辩。逾期视为放弃陈述和申辩的权利。

联系人：　　　　　　　　　联系电话：

地　址：

节能监察机构（公章）
年　月　日

注：本通知书一式两份，一份送达当事人，一份存档。

节 能 监 察 机 构
陈述申辩笔录

编号：

时 间	年 月 日 午 时 分至 时 分			
地 点				
陈 述 申辩人	姓名		工作单位	
	性别		联系地址	
	职务		联系电话	
	邮编		身份证号	

告知内容：我受节能监察机构的委托，特告知你以下事项：

　　1.（违法用能事实）_____

_____

_____

_____。

　　2. 以上事实已违反《_____》第____条第____款第____项，依据《_____》第____条第____款第____项的规定，将给予以下行政处罚：_____

_____

_____

_____。

陈述申辩人签名：　　　　　　　　告知人签名：

　　　　　　　　　　　　　　　　记录人签名：

　　年 月 日　　　　　　　　　　　年 月 日

节 能 监 察 机 构
陈述申辩笔录续页

3. 对认定的违法事实和实施处罚的依据，你如有不同意见，可以依法行使陈述申辩的权利。

陈述申辩主要内容：

_____

_____

_____

_____

_____

_____

_____

_____

_____

_____ 。

（以下空白）

陈述申辩人签名：　　　　　　　告知人签名：

　　　　　　　　　　　　　　　记录人签名：

　　年　月　日　　　　　　　　　年　月　日

节 能 监 察 机 构
行政处罚听证告知书

×××监听告字（　　）第　　号

_____（单位全称）：

你单位（描述违法用能事实）_____的
行为，违反了_____的规定，以上事实有
（现场监察笔录、调查笔录）等证据。依据_____
_____的规定，本
机构拟对你单位作出_____
_____
_____行政处罚。

依据《中华人民共和国行政处罚法》第四十二条规定，你单位有权要求举行听证。
如你单位要求听证，可以在本告知书的送达回证上提出举行听证的要求，也可以自收
到本告知书之日后三日内以书面或者口头形式提出举行听证的要求。逾期未提出的，
视为放弃此权利。

节能监察机构（公章）

年　月　日

注：本告知书一式两份，一份送达当事人，一份归档。

节 能 监 察 机 构
行政处罚听证通知书

××听通字（　　）第　　号

_____（单位全称）：

根据你（单位）要求，现决定于_____年_____月_____日_____时，在

_____就_____

一案举行听证。经我单位（机构）负责人指定，本次听证由_____担任主持人。请你单位届时凭本通知书准时参加。无正当理由不出席的，视为放弃听证。参加听证前，请你单位作好以下准备：

1. 可以委托 1~2 人代理听证；

2. 携带有关证据材料；

3. 通知有关证人出席作证；

4. 如申请回避，请及时告知我单位（机构）；

5. 出席听证，请携带身份证、法定代表人证明、委托书。

联系人：　　　　　　　　　联系电话：

节能监察机构（公章）

年　月　日

注：本通知书一式两份，一份送达当事人，一份存档。

节 能 监 察 机 构
听证笔录

编号：

案　　由	
听证时间	年　月　日　午　时　分至　时　分
听证地点	

主 持 人			记 录 人	

当 事 人	姓名		工作单位	
	性别		联系地址	
	职务		联系电话	
	邮编		身份证号	
委托代理人	姓名		工作单位	
	职务		身份证号	
	姓名		工作单位	
	职务		身份证号	

听证过程

　记录员：现在宣布听证纪律：

　1. 全体参加听证会人员要服从听证主持人的指挥，未经听证主持人允许不得发言、提问；

　当事人或委托代理人（签名）：　　　　　　　　　　年　月　日

　听证主持人（签名）：　　　　　　　　　　　　　　年　月　日

　听证参加人（签名）：　　　　　　　　　　　　　　年　月　日

节 能 监 察 机 构
听证笔录续页

2. 未经听证主持人允许不得录音、录像和摄影；

3. 听证参加人未经听证主持人允许不得退场；

4. 旁听人员不得大声喧哗，不得鼓掌哄闹或者进行其他妨碍听证秩序的活动。报告听证主持人，听证准备就绪。

听证主持人：当事人（委托代理人）和案件调查人员均已到场。现在宣布听证会开始进行。

我们今天组织的这次听证会是因_____申请而举行的。我是本次听证的主持人_____，（翻译人员是_____，）记录员是_____。

当事人（委托代理人）请注意，当事人在听证过程中享有以下权利：

1. 有权放弃听证；

2. 有权申请听证主持人、记录员、翻译人员回避；

3. 有权当场提出证明自己主张的证据；

4. 有权进行陈述和申辩；

5. 经听证主持人允许，可以对相关证据进行质证；

6. 经听证主持人允许，可以向到场的证人、鉴定人、勘验人发问；

7. 有权对听证笔录进行审核，认为无误后签名或者盖章。

当事人及其委托代理人在听证中的主要义务是：

1. 遵守听证纪律；

2. 如实回答听证主持人的询问；

3. 在审核无误的听证笔录上签名或者盖章。

当事人申请听证主持人、记录员、翻译人员回避的条件是：

1. 本案当事人或者当事人的近亲属；

当事人或委托代理人（签名）：　　　　　　　　　　　年　月　日

听证主持人（签名）：　　　　　　　　　　　　　　　年　月　日

听证参加人（签名）：　　　　　　　　　　　　　　　年　月　日

节 能 监 察 机 构

听证笔录续页

2. 与本案有利害关系；

3. 与本案当事人有其他关系，可能影响对本案的公正听证的。

根据这些条件，请问当事人（委托代理人）申请回避吗？

当事人（委托代理人）：_____。

_____

_____

_____

_____

_____

_____

_____

_____

_____

_____

_____

_____

_____

"本听证笔录已经本人审核、补正，无误"。

当事人或委托代理人（签名）：　　　　　　　　　年　月　日

听证主持人（签名）：　　　　　　　　　　　　　年　月　日

听证参加人（签名）：　　　　　　　　　　　　　年　月　日

节 能 监 察 机 构
听证报告书

编号：

根据 _____，我们于 _____ 年 _____ 月 _____ 日至

_____ 年 _____ 月 _____ 日，对 _____ 进行了听证。

本次听证的主要内容是：_____

_____。

经听证：_____

_____

_____

_____。

建议：_____

_____

_____。

听证主持人：_____

听证参加人：_____

听证参加人签名：

年　月　日

节 能 监 察 机 构
行政处罚决定书

×××节监罚字（ ）第 号

被处罚单位（全称）：_____

地址：_____

法定代表人：_____职务：_____

你单位（违法事实的描述）_____

的行为（上述事实有以下证据证明：_____）

已违反_____的规定，依据_____的规定，决定给

予下列行政处罚：

1. _____。

2. _____。

在收到本决定书之日起 15 日内携带本决定书，将罚款缴纳至_____

银行（代收机构），账号_____。逾期缴纳罚款的，依据《行

政处罚法》第五十一条第（一）项的规定，每日按罚款数额的3%加处罚款。

你单位如不服以上行政处罚决定，可以在接到本决定书之日起 60 日内，向_____

_____申请行政复议；也可以在 3 个月内直接向_____人民法院提出行政诉

讼。行政复议和行政诉讼期间，行政处罚不停止执行。

节能监察机构（公章）

年 月 日

（本文书一式三份，一份交当事人，一份由当事人交代收银行，一份存档。）

节 能 监 察 机 构

结案审批表

×××节监结字（ ）第 号

当事人	名称		法定代表人	姓名	
	地址			职务	
案 由					
案件来源					
立案时间		承办人员			
查处经过	年 月 日，立案； 年 月 日，完成案件调查终结报告； 年 月 日，事先告知书送达； 年 月 日，行政处罚决定书送达。				
结案理由	承办人员签名： 年 月 日				
承办部门意见	签名： 年 月 日				
法制监督部门意见	签名： 年 月 日				
审核意见	签名： 年 月 日				
审批意见	签名： 年 月 日				

节 能 监 察 机 构
举报投诉登记表

编号：

时　间	年　月　日　时　分		
举报投诉方式	1. 上级交办（　）	2. 来电（　）	3. 来访（　）
	4. 电子邮件（　）	5. 来函（　）	6. 来信（　）

举报投诉人（单位）	姓名		单位	
	性别		地址	
	电话		邮编	

被举报投诉人（单位）	姓名		单位	
	电话		地址	

举报投诉事由	
	记录人签名：　　　　　　年　月　日

拟办意见	
	签名：　　　　　　年　月　日

阅处意见	
	签名：　　　　　　年　月　日

节 能 监 察 机 构
案件移送书

×××节监移送字（　　）第　号

_____：

　　本机构于_____年_____月_____日对_____

一事调查中发现，_____不属于本机构管

辖，根据_____规定，现将该案移送你单位处理。

　　附：案件有关材料_____份共_____页。

　　联系人：　　　　　　　　联系电话：

节能监察机构（公章）

年　月　日

注：本移送书一式两份，一份送达被移送单位，一份存档。

节 能 监 察 机 构
移送案件接收表

编号：

移送时间	年 月 日 时 分			
移送单位	名 称			
	地 址			
	联系人		职 务	
	电 话		邮编	
移送案件内容				
移送材料	1. 2. 　　　　　　接收人签名：　　　　年　月　日			
法制监督 部门意见	 　　　　　　　签名：　　　　年　月　日			
审批 意见	 　　　　　　　签名：　　　　年　月　日			

节 能 监 察 机 构
法律文书送达回证

×××节监回字（　　）第　号

送达文书名称 及页数	
受送达人	
送达时间	年　月　日　午　时　点
送达地点	
送达方式	□直接送达　　□邮寄送达　　□留置送达
收件人签章 及收件时间	本文书于　　年 月　日　时　分收到。 收件人签名并加盖公章：
见证人	签名： 年　月　日　时　分
送达人	签名： 年　月　日　时　分
备　注	

卷 内 目 录

序号	材 料 名 称	文号（编号）	形成日期	页次	备注

（节能监察机构名称）

案 卷 封 面

档案号：

案 由	
被监察 单位	
立案时间	年　月　日
结案时间	年　月　日
归档时间	年　月　日
归档人 姓名	
保管期限	

本卷共　件　页

附录一　地方权力清单参考

权力责任清单制度是根据中央关于地方政府职能转变和机构改革的要求，以科学发展观为指导，以建设法治政府和服务型政府为目标，以转变政府职能和提升政府治理能力为核心，通过清理部门职责和权力事项，制定和公布权力清单，加快简政放权，进一步理顺职责关系，明确和强化责任，改进履职方式，规范权力运行，推进依法行政，着力构建职责定位清晰合理、履职程序便捷高效的部门职责体系，打造群众满意的"有限、有为、有效"的现代政府。

全国各级节能监察机构应厘清自身行政权力、加大简政放权力度、建立完善权力清单制度，做到"清单以外无权力"，充分发挥市场在资源配置中的决定性作用，实现节能监察职能向创造良好发展环境、提供优质公共服务、维护社会公平正义转变。

为此，我们将浙江、山东和上海三地已经梳理好的权力责任清单汇编，供各地在权力清单梳理过程中参考使用。

序号	事项名称	类别	依据	实施部门
1	重点用能单位无正当理由拒不落实或者落实相关整改要求或者整改没有达到要求的处罚	行政处罚	《中华人民共和国节约能源法》第五十四条 管理节能工作的部门应当对重点用能单位报送的能源利用状况报告进行审查。对节能管理制度不健全、节能措施不落实，能源利用效率低的重点用能单位，管理节能工作的部门应当开展现场调查，组织实施能源审计，并提出书面整改要求，限期整改。第八十三条 重点用能单位无正当理由拒不落实本法第五十四条规定的整改要求或者整改没有达到要求的，由管理节能工作的部门处十万元以上三十万元以下罚款	浙江省能源监察总队
2	固定资产投资项目建设单位开工建设不符合强制性节能标准的项目或者将该项目投入生产、使用的处罚	行政处罚	《中华人民共和国节约能源法》第六十八条第二款 固定资产投资项目建设单位开工建设不符合强制性节能标准的项目或者将该项目投入生产、使用的，由管理节能工作的部门责令停止生产、使用，限期改造；不能改造或者逾期不改造的生产性项目，由管理节能工作的部门报请本级人民政府按照国务院规定的权限责令关闭	浙江省能源监察总队
3	使用国家明令淘汰的用能设备或者生产工艺的处罚	行政处罚	《中华人民共和国节约能源法》第七十一条 使用国家明令淘汰的用能设备或者生产工艺的，由管理节能工作的部门责令停止使用，没收国家明令淘汰的用能设备；情节严重的，可以由管理节能工作的部门提出意见，报请本级人民政府按照国务院规定的权限责令停业整顿或者关闭	浙江省能源监察总队

序号	事项名称	类别	依据	实施部门
4	违法无偿向本单位职工提供能源或者对能源消费实行包费制的处罚	行政处罚	《中华人民共和国节约能源法》第七十七条 违反本法规定，无偿向本单位职工提供能源或者对能源消费实行包费制的，由管理节能工作的部门责令限期改正；逾期不改正的，处五万元以上二十万元以下罚款	浙江省能源监察总队
5	重点用能单位未设立能源管理岗位，聘任能源管理负责人，并报管理节能工作的部门和有关部门备案的处罚	行政处罚	《中华人民共和国节约能源法》第八十四条 重点用能单位未按照本法规定设立能源管理岗位，聘任能源管理负责人，并报管理节能工作的部门和有关部门备案的，由管理节能工作的部门责令改正；拒不改正的，处一万元以上三万元以下罚款	浙江省能源监察总队

注：市县属地管理。

二、上海市权力清单

序号	事项名称	实施部门	权力类别	设定依据	共同实施部门	管理对象
1	对固定资产投资项目建设单位开工建设不符合强制性节能标准的项目或者将该项目投入生产、使用的处罚	上海市节能监察中心	行政处罚	《节约能源法》（1997年通过，2007年修订）	无	固定资产投资项目建设单位

序号	事项名称	实施部门	权力类别	设定依据	共同实施部门	管理对象
2	对使用明令淘汰的用能设备或者生产工艺的用能单位的处罚	上海市节能监察中心	行政处罚	《上海市节约能源条例》(1998年通过，2009年修订)	无	使用明令淘汰的用能设备或者生产工艺的用能单位
3	对超过单位产品能耗限额标准用能的生产单位的处罚	上海市节能监察中心	行政处罚	《上海市节约能源条例》(1998年通过，2009年修订)	无	超过单位产品能耗限额标准用能的生产单位
4	对无偿或者低价向本单位职工提供能源或者对能源消费不包费制的单位的处罚	上海市节能监察中心	行政处罚	《上海市节约能源条例》(1998年通过，2009年修订)	无	能源生产经营单位
5	对从事节能咨询、设计、评估、检测、审计、认证等服务的机构提供虚假信息的处罚	上海市节能监察中心	行政处罚	《上海市节约能源条例》(1998年通过，2009年修订)	无	从事节能咨询、设计、评估、检测、审计、认证等服务机构
6	对重点用能单位未按规定报送能源利用状况报告或者报告内容不实的处罚	上海市节能监察中心	行政处罚	《上海市节约能源条例》(1998年通过，2009年修订)	无	重点用能单位

续表

序号	事项名称	实施部门	权力类别	设定依据	共同实施部门	管理对象
7	对重点用能单位违反《上海市节约能源条例》第五十二条规定，无正当理由拒不落实整改要求或者整改没有达到要求的处罚	上海市节能监察中心	行政处罚	《上海市节约能源条例》(1998年通过，2009年修订)	无	重点用能单位
8	对重点用能单位未设立能源管理岗位，聘任能源管理负责人，并报市相关行政管理部门备案的处罚	上海市节能监察中心	行政处罚	《上海市节约能源条例》(1998年通过，2009年修订)	无	重点用能单位
9	对年综合能源消费量五万吨标准煤以上的重点用能单位未明确能源计量、统计、审计等专门的能源管理岗位，或者未设立专门的能源管理机构，并报市相关行政管理部门备案的处罚	上海市节能监察中心	行政处罚	《上海市节约能源条例》(1998年通过，2009年修订)	无	重点用能单位
10	对纳入配额管理的单位虚报、瞒报或者拒绝履行报告义务的处罚	上海市节能监察中心	行政处罚	《上海市碳排放管理试行办法》（沪府令10号，2013年11月20日起实施）	无	纳入配额管理的单位

序号	事项名称	实施部门	权力类别	设定依据	共同实施部门	管理对象
11	对纳入配额管理的单位在第三方机构开展核查工作时提供虚假、不实的文件资料，或者隐瞒重要信息，或无理抗拒、阻碍第三方机构开展核查工作的处罚	上海市节能监察中心	行政处罚	《上海市碳排放管理试行办法》（沪府令10号，2013年11月20日起实施）	无	纳入配额管理的单位
12	对纳入配额管理的单位未按照规定履行配额清缴义务的处罚	上海市节能监察中心	行政处罚	《上海市碳排放管理试行办法》（沪府令10号，2013年11月20日起实施）	无	纳入配额管理的单位
13	对第三方机构出具虚假、不实核查报告；核查报告存在重大错误的；未经许可擅自使用或者被核查单位的商业秘密和碳排放信息的处罚	上海市节能监察中心	行政处罚	《上海市碳排放管理试行办法》（沪府令10号，2013年11月20日起实施）	无	第三方机构

续表

序号	事项名称	实施部门	权力类别	设定依据	共同实施部门	管理对象
14	对交易所未按照规定公布交易信息的；违反规定收取交易手续费的；未建立并执行风险管理制度的；未按照规定向市发展改革部门报送有关文件、资料的处罚	上海市节能监察中心	行政处罚	《上海市碳排放管理试行办法》（沪府令 10 号，2013年 11 月 20 日起实施）	无	上海环境能源交易所
15	对本市公共机构年度节能目标和实施方案落实情况、节能管理规章制度、节能措施执行情况等的检查	上海市节能监察中心	行政检查	《上海市公共机构节能管理办法》（沪府发〔2013〕2 号）	无	本市公共机构
16	对本市现有空调系统的维护、清洗和节能改造及对本市建筑物空调设置实施温度情况的检查	上海市节能监察中心	行政检查	《国务院办公厅关于严格执行公共建筑空调温度控制标准的通知》（国办发〔2007〕42 号）；《上海市经济委、市建设交通委、市旅游委、市外经贸委、市质量技监局、市卫生局、市机关事务管理局关于加强本市空调运行管理的通知》（沪经节〔2008〕394 号）	无	本市建筑物

序号	事项名称	实施部门	权力类别	设定依据	共同实施部门	管理对象
17	对本市节能日常工作的监察	上海市节能监察中心	行政检查	《上海市节约能源条例》（1998年通过，2009年修订）	无	本市用能单位

三、山东省权力清单

（一）行政处罚类

序号	项目名称	子项名称	实施依据	承办机构
1	对固定资产投资项目违反节能强制性节能标准或者节能评估审查和验收制度的处罚	1. 对开工建设不符合强制性节能标准的项目或者将该项目投入生产、使用的处罚	《中华人民共和国节约能源法》第六十八条第二款："固定资产投资项目建设单位开工建设不符合强制性节能标准的项目或者将该项目投入生产、使用的，由管理节能工作的部门责令停止建设或者停止生产、使用，限期改造；不能改造或者逾期不改造的生产性项目，由管理节能工作的部门报请本级人民政府按照国务院规定的权限责令关闭。"	山东省节能监察总队（以山东省经济和信息化委员会名义）
		2. 对建设单位开工建设未经节能审查或者经节能审查未通过的工业固定资产投资项目，或者将未经节能验收或者验收不合格的项目投入生产、使用的处罚	《山东省节约能源条例》第四十七条："违反本条例规定，建设单位开工建设未经节能评估审查或者审查未通过的工业固定资产投资项目，或者将未经节能验收或者验收不合格的项目投入生产、使用的，由节能行政主管部门责令停止建设或者停止生产、使用，限期改造；不能改造或者逾期不改造的项目，由节能行政主管部门报请本级人民政府按照规定的权限责令关闭。"	山东省节能监察总队（以山东省经济和信息化委员会名义）

续表

序号	项目名称	子项名称	实施依据	承办机构
2	对使用国家和省明令淘汰的用能设备或者生产工艺的处罚	无	1.《中华人民共和国节约能源法》第七十一条："使用国家明令淘汰的用能设备或者生产工艺的，由管理节能工作的部门责令停止使用，没收国家明令淘汰的用能设备；情节严重的，可以由管理节能工作的部门提出意见，报请本级人民政府按照国务院规定的权限责令停业整顿或者关闭。" 2.《山东省节约能源条例》第四十八条："违反本条例规定，使用国家和省明令淘汰的用能设备或者生产工艺的，由节能行政主管部门责令停止使用，没收明令淘汰的用能设备；情节严重的，由节能行政主管部门提出意见，报请本级人民政府按照规定权限责令停业整顿或者关闭。"	山东省节能监察总队（以山东省经济和信息化委员会名义）
3	对生产单位产品能耗超过单位产品能耗限额标准，情节严重，经限期治理逾期不治理或者没有达到治理要求的处罚	无	1.《中华人民共和国节约能源法》第七十二条："生产单位产品超过单位产品能耗限额用能，情节严重，经限期治理逾期不治理或者没有达到治理要求的，可以由管理节能工作的部门提出意见，报请本级人民政府按照国务院规定的权限责令停业整顿或者关闭。" 2.《山东省节约能源条例》第四十九条："违反本条例规定，生产单位产品能耗超过单位产品能耗限额的，经限期治理逾期不治理，情节严重，由节能行政主管部门提出意见，报请本级人民政府按照规定权限责令停业整顿或者关闭。"	山东省节能监察总队（以山东省经济和信息化委员会名义）

序号	项目名称	子项名称	实施依据	承办机构
4	对从事节能咨询、设计、评估、检测、审计、认证等服务的机构提供虚假信息的处罚	无	1. 《中华人民共和国节约能源法》第七十六条："从事节能咨询、设计、评估、检测、审计、认证等服务的机构提供虚假信息的，由管理节能工作的部门责令改正，没收违法所得，并处五万元以上十万元以下罚款。" 2. 《山东省节约能源条例》第五十条："违反本条例规定，从事节能咨询、设计、评估、审计、认证等服务的机构提供虚假信息的，由节能行政主管部门责令改正，没收违法所得，并处五万元以上十万元以下罚款。"	山东省节能监察总队 山东省经济和信息化委员会（以名义）
5	对无偿或者低于市场价格向本单位职工提供能源，或向本单位职工按照能源消费量给予补贴，或对能源消费实行包费制的处罚	无	1. 《中华人民共和国节约能源法》第七十七条："违反本法规定，无偿向本单位职工提供能源或者对能源消费实行包费制的，由管理节能工作的部门责令限期改正；逾期不改正的，处五万元以上二十万元以下罚款。" 2. 《山东省节约能源条例》第五十二条："违反本条例规定，能源生产经营单位有下列情形之一的，由节能行政主管部门责令改正，逾期不改正的，处五万元以上二十万元以下罚款：（一）无偿或者低于市场价格向本单位职工提供能源的；（二）向本单位职工按照能源消费量给予补贴的；（三）对能源消费实行包费制的。"	山东省节能监察总队 山东省经济和信息化委员会（以名义）

序号	项目名称	子项名称	实施依据	承办机构
6	对重点用能单位未按照有关规定报送能源利用状况报告或者报告内容不实的处罚	无	《中华人民共和国节约能源法》第八十二条："重点用能单位未按照本法规定报送能源利用状况报告或者报告内容不实的，由管理节能工作的部门责令限期改正；逾期不改正的，处一万元以上五万元以下罚款。"	山东省节能监察总队（以山东省经济和信息化委员会名义）
7	对重点用能单位无正当理由拒不落实有关法律法规规定的整改要求或者整改没有达到要求的处罚	无	1.《中华人民共和国节约能源法》第八十三条："重点用能单位无正当理由拒不落实本法第五十四条规定的整改要求或者整改没有达到要求的，由管理节能工作的部门处十万元以上三十万元以下罚款。" 2.《山东省节约能源条例》第五十一条："违反本条例规定，能源利用状况报告内容明显不实或者能源管理制度不健全，节能措施不落实，能源利用效率明显偏低的重点用能单位，无正当理由拒不落实整改要求，由节能行政主管部门处十万元以上三十万元以下罚款。"	山东省节能监察总队（以山东省经济和信息化委员会名义）

续表

序号	项目名称	子项名称	实施依据	承办机构
8	对重点用能单位未设立能源管理岗位，聘任能源管理负责人，并报管理节能工作的有关部门备案的处罚	无	《中华人民共和国节约能源法》第八十四条："重点用能单位未按照本法规定设立能源管理岗位，聘任能源管理负责人，并报管理节能工作的有关部门备案的，由管理节能工作的有关部门责令改正；拒不改正的，处一万元以上三万元以下罚款。"	山东省节能监察总队（以山东省经济和信息化委员会名义）
9	对被监察单位拒绝实施节能监察的处罚	无	《山东省节能监察办法》（2005年8月山东省政府令第182号）第二十二条："被监察单位拒绝依法实施的节能监察的，由节能行政主管部门给予警告，责令限期改正；拒不改正的，可并处1000元以上5000元以下罚款；阻碍依法实施的节能监察，违反治安管理处罚规定的，由公安机关依法进行处罚；构成犯罪的，依法追究刑事责任。"	山东省节能监察总队（以山东省经济和信息化委员会名义）

（二）行政监督类

序号	项目名称	子项	实施依据	承办机构
1	日常节能监察	1. 工业固定资产投资项目节能评估审查和验收执行情况的监督检查	《山东省节约能源条例》第七条第二款："省、设区的市节能监察机构依照本条例规定实施日常的节能监察工作。"第十五条："新建、改建、扩建工业固定资产投资项目，建设单位应当按照国家规定进行节能评估，并按项目管理权限报节能行政主管部门审查。未经节能评估审查或者经审查不符合固定资产投资项目节能评估审查通过的工业固定资产投资项目，有关投资项目审批、核准部门不得批准、核准，建设单位不得开工建设。工业固定资产投资项目建成后，应当经节能验收。未经节能验收或者验收不合格的，不得投入生产、使用。"	山东省节能监察总队
		2. 用能产品、设备和生产工艺淘汰制度执行情况的监督检查	《山东省节约能源条例》第七条第二款："省、设区的市节能监察机构依照本条例规定实施日常的节能监察工作。"第十六条："生产、进口、销售的用能产品、设备应当符合强制性能源效率标准。禁止生产、进口、销售国家和省明令淘汰或者不符合强制性能源效率标准的用能产品、设备；禁止使用国家和省明令淘汰的用能设备、生产工艺。"	山东省节能监察总队
		3. 生产单位执行单位产品能耗限额标准情况的监督检查	《山东省节约能源条例》第七条第二款："省、设区的市节能监察机构依照本条例规定实施日常的节能监察工作。"第十七条："生产单位产品能耗限额标准的用能单位应当执行单位产品能耗限额标准。超过单位产品能耗限额标准的，由节能行政主管部门责令限期治理。"	山东省节能监察总队

序号	项目名称	子项	实施依据	承办机构
		4. 禁止伪造、冒用能源效率标识或者利用能源效率标识进行虚假宣传情况的监督检查	《山东省节约能源条例》第七条第二款："省、设区的市节能监察机构依照本条例规定标识管理日常的节能监察工作。"第十九条："生产、进口列入国家能源效率标识目录的用能产品，应当按照规定标注能源效率标识。禁止伪造、冒用能源效率标识或者利用能源效率标识进行虚假宣传。"	山东省节能监察总队
		5. 禁止使用伪造的节能产品认证标志或者冒用节能产品认证标志情况的监督检查	《山东省节约能源条例》第七条第二款："省、设区的市节能监察机构依照本条例规定认证管理日常的节能监察工作。"第二十条第二款："禁止使用伪造的节能产品认证标志。"	山东省节能监察总队
		6. 节能服务机构出具相关文件真实性情况的监督检查	《山东省节约能源条例》第七条第二款："省、设区的市节能监察机构依照本条例规定服务机构管理日常的节能监察工作。"第二十二条第一款："县级以上人民政府应当采取措施，培育节能服务产业，支持节能服务机构开展节能知识宣传和节能技术培训，鼓励节能服务机构为社会提供节能信息、节能示范等服务。节能服务机构提供节能服务和节能咨询、设计、评估、检测、审计、认证等服务，应当依法出具相关文件，并对其真实性负责。"	山东省节能监察总队

序号	项目名称	子项	实施依据	承办机构
7		用能单位建立节能目标责任制，定期开展节能教育和培训，加强能源计量、统计、利用状况分析等情况的监督检查	《山东省节约能源条例》第七条第二款："省、设区的市节能监察机构依照本条例规定应当实施日常的节能监察工作。"第二十四条："用能单位应当建立节能目标责任制，定期开展节能教育和培训，加强节能计量、统计、利用状况分析等基础工作，推行先进的节能技术和合理使用能源，能源计量信息化管理模式。"	山东省节能监察总队
8		电网建设和管理、节能发电调度及上网电价执行情况的监督检查	《山东省节约能源条例》第七条第二款："省、设区的市节能监察机构依照本条例规定应当实施日常的节能监察工作。"第二十五条："电网企业应当加强电网建设、改造有序用电，实施电能保护，加强需求侧管理，优化资源配置，提高电能利用效率，降低线损和配电损耗，减少无功损耗，安排清洁、高效和符合规定的热电联产，利用余热余压发电机组以及其他符合资源综合利用规定的发电机组与电网并网发电运行，上网电价按照国家有关规定执行。"	山东省节能监察总队
9		建筑节能标准和淘汰目录制度执行情况的监督检查	《山东省节约能源条例》第七条第二款："省、设区的市节能监察机构依照本条例规定应当实施日常的节能监察工作。"第二十六条："建筑工程的建设单位、设计单位、施工单位和监理单位应当遵守建筑节能标准。建设单位不得在建筑活动中使用列入国家和省禁止使用目录的技术、工艺、材料和设备。监理单位发现施工单位不按照建筑节能标准施工的，应当要求改正；施工单位拒不改正的，监理单位应当及时报告建设单位和有关行政主管部门。"	山东省节能监察总队

序号	项目名称	子　项	实施依据	承办机构
		10. 交通运输企业执行老旧交通运输工具报废更新制度，国家车船燃料消耗量限值标准情况的监督检查	《山东省节约能源条例》第七条第二款："省、设区的市节能监察机构依照本条例规定实施具体的节能监察工作。"第二十八条："交通运输企业应当提高运输组织化程度和集约化水平，遵守老旧交通运输工具的报废、更新制度，提高能源利用效率。交通运输企业应当执行国家规定的车船燃料消耗量限值标准，不符合燃料消耗量限值标准的车船，不得用于营运。"	山东省节能监察总队
		11. 公共机构用能产品和设备采购情况执行情况的监督检查	《山东省节约能源条例》第七条第二款："省、设区的市节能监察机构依照本条例规定实施具体的节能监察工作。"第三十条："公共机构应当优先采购列入国家和省节能产品、设备政府采购名录中的用能产品、设备，不得采购国家和省明令淘汰的用能产品、设备。"	山东省节能监察总队
		12. 重点用能单位设立能源管理岗位，聘任能源管理负责人，报送能源利用状况报告情况的监督检查	《山东省节约能源条例》第七条第二款："省、设区的市节能监察机构依照本条例规定实施具体的节能监察工作。"第三十二条："重点用能单位应当依法设立能源管理岗位，聘任能源管理负责人，并报节能行政主管部门和其他有关部门备案。能源管理负责人应当具备相应的节能专业知识和技能，设备操作人员应当具备相应的用能知识和技能。"第三十三条："重点用能单位应当每年向下达节能指标的节能行政主管部门报送上年度的能源利用状况报告。能源利用状况报告包括能源消费情况、能源利用效率、节能目标完成情况和节能效益分析、能源利用状况、节能措施等内容。"	山东省节能监察总队

序号	项目名称	子项	实施依据	承办机构
		13. 能源生产经营单位无偿或者低于市场价格向本单位职工提供能源情况，或对本单位职工按能源消费给予补贴情况，任何单位实行包费制情况的监督检查	《山东省节约能源条例》第七条第二款："省、设区的市节能监察机构依照本条例规定实施日常的节能监察工作。" 第三十四条："能源生产经营单位不得无偿或者低于市场价格向本单位职工提供能源，不得对本单位职工按能源消费量给予补贴，任何单位不得对能源消费实行包费制。"	山东省节能监察总队

注：市县属地管理。

附录二　节能标准目录

一、能耗限额类标准

序号	标准编号	标准名称
1	GB 16780	水泥单位产品能源消耗限额
2	GB 21248	铜冶炼企业单位产品能源消耗限额
3	GB 21249	锌冶炼企业单位产品能源消耗限额
4	GB 21250	铅冶炼企业单位产品能源消耗限额
5	GB 21251	镍冶炼企业单位产品能源消耗限额
6	GB 21252	建筑卫生陶瓷单位产品能源消耗限额
7	GB 21256	粗钢生产主要工序单位产品能源消耗限额
8	GB 21257	烧碱单位产品能源消耗限额
9	GB 21258	常规燃煤发电机组单位产品能源消耗限额
10	GB 21340	平板玻璃单位产品能源消耗限额
11	GB 21341	铁合金单位产品能源消耗限额
12	GB 21342	焦炭单位产品能源消耗限额
13	GB 21343	电石单位产品能源消耗限额
14	GB 21344	合成氨单位产品能源消耗限额
15	GB 21345	黄磷单位产品能源消耗限额
16	GB 21346	电解铝企业单位产品能源消耗限额
17	GB 21347	镁冶炼企业单位产品能源消耗限额
18	GB 21348	锡冶炼企业单位产品能源消耗限额
19	GB 21349	锑冶炼企业单位产品能源消耗限额
20	GB 21350	铜及铜合金管材单位产品能源消耗限额
21	GB 21351	铝合金建筑型材单位产品能源消耗限额

序号	标准编号	标准名称
22	GB 21370	炭素单位产品能源消耗限额
23	GB 25323	再生铅单位产品能源消耗限额
24	GB 25324	铝电解用石墨质阴极炭块单位产品能源消耗限额
25	GB 25325	铝电解用预焙阳极单位产品能源消耗限额
26	GB 25326	铝及铝合金轧、拉制管、棒材单位产品能源消耗限额
27	GB 25327	氧化铝企业单位产品能源消耗限额
28	GB 26756	铝及铝合金热挤压棒材单位产品能源消耗限额
29	GB 29136	海绵钛单位产品能源消耗限额
30	GB 29137	铜及铜合金线材单位产品能源消耗限额
31	GB 29138	磷酸一铵单位产品能源消耗限额
32	GB 29139	磷酸二铵单位产品能源消耗限额
33	GB 29140	纯碱单位产品能源消耗限额
34	GB 29141	工业硫酸单位产品能源消耗限额
35	GB 29145	焙烧钼精矿单位产品能源消耗限额
36	GB 29146	钼精矿单位产品能源消耗限额
37	GB 29413	锗单位产品能源消耗限额
38	GB 29435	稀土冶炼加工企业单位产品能源消耗限额
39	GB 29436.1	甲醇单位产品能源消耗限额 第1部分：煤制甲醇
40	GB 29436.2	甲醇单位产品能源消耗限额 第2部分：天然气制甲醇
41	GB 29436.3	甲醇单位产品能源消耗限额 第3部分：合成氨联产甲醇
42	GB 29436.4	甲醇单位产品能源消耗限额 第4部分：焦炉煤气制甲醇
43	GB 29437	工业冰醋酸单位产品能源消耗限额
44	GB 29438	聚甲醛单位产品能源消耗限额
45	GB 29439	硫酸钾单位产品能源消耗限额
46	GB 29440	炭黑单位产品能源消耗限额
47	GB 29441	稀硝酸单位产品能源消耗限额
48	GB 29442	铜及铜合金板、带、箔材单位产品能源消耗限额
49	GB 29443	铜及铜合金棒材单位产品能源消耗限额
50	GB 29444	煤炭井工开采单位产品能源消耗限额
51	GB 29445	煤炭露天开采单位产品能源消耗限额
52	GB 29446	选煤电力消耗限额
53	GB 29447	多晶硅企业单位产品能源消耗限额

序号	标准编号	标准名称
54	GB 29448	钛及钛合金铸锭单位产品能源消耗限额
55	GB 29449	轮胎单位产品能源消耗限额
56	GB 29450	玻璃纤维单位产品能源消耗限额
57	GB 29451	铸石单位产品能源消耗限额
58	GB 29994	煤基活性炭单位产品能源消耗限额
59	GB 29995	兰炭单位产品能源消耗限额
60	GB 29996	水煤浆单位产品能源消耗限额
61	GB 30178	煤直接液化制油单位产品能源消耗限额
62	GB 30179	煤制天然气单位产品能源消耗限额
63	GB 30180	煤制烯烃单位产品能源消耗限额
64	GB 30181	微晶氧化铝陶瓷研磨球单位产品能源消耗限额
65	GB 30182	摩擦材料单位产品能源消耗限额
66	GB 30183	岩棉、矿渣棉及其制品单位产品能源消耗限额
67	GB 30184	沥青基防水卷材单位产品能源消耗限额
68	GB 30185	铝塑板单位产品能源消耗限额
69	GB 30250	乙烯装置单位产品能源消耗限额
70	GB 30251	炼油单位产品能源消耗限额
71	GB 30252	光伏压延玻璃单位产品能源消耗限额
72	GB 30526	烧结墙体材料单位产品能源消耗限额
73	GB 30527	聚氯乙烯树脂单位产品能源消耗限额
74	GB 30528	聚乙烯醇单位产品能源消耗限额
75	GB 30529	乙酸乙烯酯单位产品能源消耗限额
76	GB 30530	有机硅环体单位产品能源消耗限额
77	GB 31335	铁矿露天开采单位产品能源消耗限额
78	GB 31336	铁矿地下开采单位产品能源消耗限额
79	GB 31337	铁矿选矿单位产品能源消耗限额
80	GB 31338	工业硅单位产品能源消耗限额
81	GB 31339	铝及铝合金线坯及线材单位产品能源消耗限额
82	GB 31340	钨精矿单位产品能源消耗限额
83	GB 31533	精对苯二甲酸单位产品能源消耗限额
84	GB 31534	对二甲苯单位产品能源消耗限额
85	GB 31535	二甲醚单位产品能源消耗限额

序号	标准编号	标准名称
86	GB 31823	集装箱码头单位产品能源消耗限额
87	GB 31824	1,4-丁二醇单位产品能源消耗限额
88	GB 31825	制浆造纸单位产品能源消耗限额
89	GB 31826	聚丙烯单位产品能源消耗限额
90	GB 31827	干散货码头单位产品能源消耗限额
91	GB 31828	甲苯二异氰酸酯单位产品能源消耗限额
92	GB 31829	碳酸氢铵单位产品电耗限额
93	GB 31830	二苯基甲烷二异氰酸酯单位产品能源消耗限额
94	GB 32032	金矿开采单位产品能源消耗限额
95	GB 32033	金矿选冶单位产品能源消耗限额
96	GB 32034	金精炼单位产品能源消耗限额
97	GB 32035	尿素单位产品能源消耗限额
98	GB 32044	糖单位产品能源消耗限额
99	GB 32046	电工用铜线坯单位产品能源消耗限额
100	GB 32047	啤酒单位产品能源消耗限额
101	GB 32048	乙二醇单位产品能源消耗限额
102	GB 32050	电弧炉冶炼单位产品能源消耗限额
103	GB 32051	钛白粉单位产品能源消耗限额
104	GB 32053	苯乙烯单位产品能源消耗限额
105	YS/T 131	炭素制品生产炉窑能耗限额
106	YS/T 693	铜精矿生产能源消耗限额
107	YS/T 694.1	变形铝及铝合金单位产品能源消耗限额第1部分：铸造锭
108	YS/T 694.2	变形铝及铝合金单位产品能源消耗限额第2部分：板、带材
109	YS/T 694.3	变形铝及铝合金单位产品能源消耗限额第3部分：箔材
110	YS/T 694.4	变形铝及铝合金单位产品能源消耗限额第4部分：挤压型材、管材
111	YS/T 708	镍精矿生产能源消耗限额
112	YS/T 709	锡精矿生产能源消耗限额
113	YS/T 748	铅锌矿采、选能源消耗限额
114	YS/T 767	锑精矿单位产品能源消耗限额
115	YS 783	红外锗单晶单位产品能源消耗限额
116	YS/T 945	钽铌精矿单位产品能源消耗限额

序号	标准编号	标准名称
117	YS/T 946	钽铌冶炼单位产品能源消耗限额
118	YS/T 3007	电加热载金活性炭解吸电解工艺能源消耗限额
119	YS/T 3008	燃油（柴油）加热活性炭再生工艺能源消耗限额
120	JC/T 431	铸石单位产品能源消耗限额
121	JC/T 522	岩、矿渣棉单位产品能源消耗限额
122	JC/T 523	纸面石膏板单位产量能源消耗限额
123	JC/T 570	玻璃纤维单位产品能源消耗限额
124	JC/T 2276	建筑石膏单位产品能源消耗限额
125	QB/T 4069	饮料制造综合能耗限额
126	QB/T 4615	柠檬酸单位产品能源消耗限额
127	QB/T 4616	味精单位产品能源消耗限额
128	QB/T 4667	日用陶瓷单位产品能源消耗限额
129	NB/Z 42001.1	火力发电设备制造企业单位产品能源消耗限额第1部分：电站锅炉
130	GB/T 18916.1	取水定额第1部分：火力发电
131	GB/T 18916.10	取水定额第10部分：医药产品
132	GB/T 18916.11	取水定额第11部分：选煤
133	GB/T 18916.12	取水定额第12部分：氧化铝生产
134	GB/T 18916.13	取水定额第13部分：乙烯生产
135	GB/T 18916.14	取水定额第14部分：毛纺织产品
136	GB/T 18916.15	取水定额第15部分：白酒制造
137	GB/T 18916.16	取水定额第16部分：电解铝生产
138	GB/T 18916.2	取水定额第2部分：钢铁联合企业
139	GB/T 18916.3	取水定额第3部分：石油炼制
140	GB/T 18916.4	取水定额第4部分：纺织染整产品
141	GB/T 18916.5	取水定额第5部分：造纸产品
142	GB/T 18916.6	取水定额第6部分：啤酒制造
143	GB/T 18916.7	取水定额第7部分：酒精制造
144	GB/T 18916.8	取水定额第8部分：合成氨
145	GB/T 18916.9	取水定额第9部分：味精制造
146	HG/T 3998	纯碱取水定额
147	HG/T 3999	合成氨取水定额

序号	标准编号	标准名称
148	HG/T 4000	烧碱取水定额
149	HG/T 4186	硫酸取水定额
150	HG/T 4187	尿素取水定额
151	HG/T 4188	湿法磷酸取水定额
152	HG/T 4189	聚氯乙烯取水定额
153	QB/T 2931	饮料制造取水定额

二、合理用能标准

序号	标准编号	标准名称
1	GB/T 4272	设备及管道绝热技术通则
2	GB/T 8175	设备及管道绝热设计导则
3	GB/T 10201	热处理合理用电导则
4	GB/T 11790	设备及管道保冷技术通则
5	GB/T 12455	宾馆、饭店合理用电
6	GB/T 12497	三相异步电动机经济运行
7	GB/T 13462	电力变压器经济运行
8	GB/T 13466	交流电气传动风机（泵类、空气压缩机）系统经济运行通则
9	GB/T 13467	通风机系统电能平衡测试与计算方法
10	GB/T 13468	泵类液体输送系统电能平衡测试与计算方法
11	GB/T 13469	离心泵、混流泵、轴流泵与旋涡泵系统经济运行
12	GB/T 13470	通风机系统经济运行
13	GB/T 16400	绝热用硅酸铝棉及其制品
14	GB/T 16618	工业炉窑保温技术通则
15	GB/T 17954	工业锅炉经济运行
16	GB/T 17981	空气调节系统经济运行
17	GB/T 18292	生活锅炉经济运行
18	GB/T 18892	复印机械环境保护要求静电复印机节能要求
19	GB/T 19065	电加热锅炉系统经济运行
20	GB/T 21056	风机、泵类负载变频调速节电传动系统及其应用技术条件
21	GB/T 21663	小容量节能环保隐极同步发电机技术要求
22	GB/T 21736	节能热处理燃烧加热设备技术条件

序号	标准编号	标准名称
23	GB/T 27883	容积式空气压缩机系统经济运行
24	GB/Z 18718	热处理节能技术导则
25	SY/T 6373	油气田电网经济运行规范
26	SY/T 6374	机械采油系统经济运行规范
27	YY/T 0247	医药工业企业合理用能设计导则
28	YY/T 0248	药用玻璃窑炉经济运行管理规范
29	YB/T 4258	彩色涂层钢带生产线用焚烧炉和固化炉节能运行规范
30	YB/T 4259	连续热镀锌钢带生产线用加热炉节能运行规范

三、节能管理标准

序号	标准编号	标准名称
1	GB 17167	用能单位能源计量器具配备和管理通则
2	GB/T 5623	产品电耗定额制定和管理导则
3	GB/T 12712	蒸汽供热系统凝结水回收及蒸汽疏水阀技术管理要求
4	GB/T 12723	单位产品能源消耗限额编制通则
5	GB/T 13017	企业标准体系表编制指南
6	GB/T 15587	工业企业能源管理导则
7	GB/T 17166	企业能源审计技术通则
8	GB/T 17167	用能单位能源计量器具配备和管理通则
9	GB/T 18820	工业企业产品取水定额编制通则
10	GB/T 20901	石油石化行业能源计量器具配备和管理要求
11	GB/T 20902	有色金属冶炼企业能源计量器具配备和管理要求
12	GB/T 21367	化工企业能源计量器具配备和管理要求
13	GB/T 21368	钢铁企业能源计量器具配备和管理要求
14	GB/T 21369	火力发电企业能源计量器具配备和管理要求
15	GB/T 22336	企业节能标准体系编制通则
16	GB/T 24489	用能产品能效指标编制通则
17	GB/T 24851	建筑材料行业能源计量器具配备和管理要求
18	GB/T 24915	合同能源管理技术通则
19	GB/T 25329	企业节能规划编制通则
20	GB/T 26757	节能自愿协议技术通则

序号	标准编号	标准名称
21	GB/T 29149	公共机构能源资源计量器具配备和管理要求
22	GB/T 29452	纺织企业能源计量器具配备和管理要求
23	GB/T 29453	煤炭企业能源计量器具配备和管理要求
24	GB/T 29454	制浆造纸企业能源计量器具配备和管理要求
25	GB/T 31350	烧结墙体屋面材料企业能源计量器具配备和管理导则
26	SB/T 10427	大型商场超市空调制冷的节能要求
27	TSGG0002	锅炉节能技术监督管理规程
28	09CDX008 – 3	建筑设备节能控制与管理

四、节能监测及评价标准

序号	标准编号	标准名称
序号	标准编号	标准名称
1	GB 474	煤样的制备方法
2	GB 475	商品煤样人工采取方法
3	GB/T 211	煤中全水分的测定方法
4	GB/T 212	煤的工业分析方法
5	GB/T 213	煤的发热量测定方法
6	GB/T 483	煤炭分析试验方法一般规定
7	GB/T 1028	工业余热术语、分类、等级及余热资源量计算方法
8	GB/T 1997	焦炭试样的采取和制备
9	GB/T 2001	焦炭工业分析测定方法
10	GB/T 2286	焦炭全硫含量的测定方法
11	GB/T 2587	用能设备能量平衡通则
12	GB/T 2588	设备热效率计算通则
13	GB/T 2589	综合能耗计算通则
14	GB/T 3214	水泵流量的测定方法
15	GB/T 3484	企业能量平衡通则
16	GB/T 3485	评价企业合理用电技术导则
17	GB/T 3486	评价企业合理用热技术导则
18	GB/T 6422	用能设备能量测试导则
19	GB/T 7119	节水型企业评价导则

序号	标准编号	标准名称
20	GB/T 8174	设备及管道绝热效果的测试与评价
21	GB/T 8222	用电设备电能平衡通则
22	GB/T 10180	工业锅炉热工性能试验规程
23	GB/T 10820	生活锅炉热效率及热工试验方法
24	GB/T 10863	烟道式余热锅炉热工试验方法
25	GB/T 10870	蒸气压缩循环冷水（热泵）机组性能试验方法
26	GB/T 12452	企业水平衡测试通则
27	GB/T 13234	企业节能量计算方法
28	GB/T 13338	工业燃料炉热平衡测定与计算基本规则
29	GB/T 13467	通风系统电能平衡测试与计算方法
30	GB/T 13468	泵类液体输送系统电能平衡测试与计算方法
31	GB/T 13471	节电技术经济效益计算与评价方法
32	GB/T 15316	节能监测技术通则
33	GB/T 15317	燃煤工业锅炉节能监测
34	GB/T 15318	热处理电炉节能监测
35	GB/T 15319	火焰加热炉节能监测方法
36	GB/T 15320	节能产品评价导则
37	GB/T 15512	评价企业节约钢铁材料技术导则
38	GB/T 15910	热力输送系统节能监测
39	GB/T 15911	工业电热设备节能监测方法
40	GB/T 15912.1	制冷机组及供制冷系统节能测试第1部分：冷库
41	GB/T 15913	风机机组与管网系统节能监测
42	GB/T 15914	蒸汽加热设备节能监测方法
43	GB/T 16155	民用水暖煤炉热性能试验方法
44	GB/T 16664	企业供配电系统节能监测方法
45	GB/T 16665	空气压缩机组及供气系统节能监测方法
46	GB/T 16666	泵类液体输送系统节能监测
47	GB/T 16667	电焊设备节能监测方法
48	GB/T 17357	设备及管道绝热层表面热损失现场测定热流计法和表面温度法
49	GB/T 17358	热处理生产电耗计算和测定方法
50	GB/T 17471	锅炉热网系统能源监测与计量仪表配备原则

序号	标准编号	标准名称
51	GB/T 17719	工业锅炉及火焰加热炉烟气余热资源量计算方法与利用导则
52	GB/T 17751	运输船舶能源利用监测评价方法
53	GB/T 18293	电力整流设备运行效率的在线测量
54	GB/T 18566	道路运输车辆燃料消耗量检测评价方法
55	GB/T 18820	工业企业产品取水定额编制通则
56	GB/T 19944	热处理生产燃料消耗定额及其计算和测定方法
57	GB/T 20862	产品可回收利用率计算方法导则
58	GB/T 21339	港口能源消耗统计及分析方法
59	GB/T 21392	船舶运输能源消耗统计及分析方法
60	GB/T 21393	公路运输能源消耗统计及分析方法
61	GB/T 24560	电解、电镀设备节能监测
62	GB/T 24561	干燥窑与烘烤炉节能监测
63	GB/T 24562	燃料热处理炉节能监测
64	GB/T 24563	煤气发生炉节能监测
65	GB/T 24564	高炉热风炉节能监测
66	GB/T 24565	隧道窑节能监测
67	GB/T 24566	整流设备节能监测
68	GB/T 25328	玻璃窑炉节能监测
69	GB/T 27736	制浆造纸企业生产过程的系统能量平衡计算方法通则
70	GB/T 27874	船舶节能产品评定方法
71	GB/T 292351	接入设备节能参数和测试方法第1部分：ADSL用户端
72	GB/T 292352	接入设备节能参数和测试方法第2部分：ADSL局端
73	GB/T 29238	移动终端设备节能参数和测试方法
74	GB/T 29239	移动通信设备节能参数和测试方法基站
75	GB/T 31453	油田生产系统节能监测规范
76	JB/T 11704	变频调速带式输送机系统能效测试及节能量计算方法
77	JB/T 11705	开关磁阻调速带式输送机系统能效测试及节能量计算方法
78	LY/T 1286	刨花干燥机节能监测方法
79	LY/T 1287	人造板热压机节能监测方法
80	MT/T 1000	煤矿在用工业锅炉节能监测方法和判定规则
81	MT/T 1001	煤矿在用提升机节能监测方法和判定规则
82	MT/T 1002	煤矿在用主排水系统节能监测方法和判定规则

序号	标准编号	标准名称
83	MT/T 1070	煤矿在用主提升带式输送机节能监测方法和判定规则
84	MT/T 1071	煤矿在用主通风机装置节能监测方法和判定规则
85	SY/T 6275	油田生产系统节能监测规范
86	SY/T 6473	石油企业节能技措项目经济效益评价方法
87	SY/T 6835	稠油热采蒸汽发生器节能监测规范
88	SY/T 6837	油气输送管道系统节能监测规范
89	SY/T 6838	油气田企业节能量与节水量计算方法
90	SY/T 6953	海上油气田节能监测规范
91	YD/T 2311	移动通信手持机节能参数和测试方法
92	YD/T 2312	无绳电话机节能参数和测试方法
93	YD/T 2403	以太网交换机节能参数和测试方法
94	YD/T 2404	移动通信设备节能参数和测试方法基站
95	YD/T 2711	宽带网络接入服务器节能参数和测试方法

五、能效等级标准

序号	标准编号	标准名称
1	GB 12021.3	房间空气调节器能效限定值及能效等级
2	GB 12021.6	自动电饭锅能效限定值及能效等级
3	GB 12021.7	彩色电视广播接收机能效限定值及节能评价值
4	GB 12021.9	交流电风扇能效限定值及能效等级
5	GB 17896	管形荧光灯镇流器能效限定值及能效等级
6	GB 18613	中小型三相异步电动机能效限定值及能效等级
7	GB 19043	普通照明用双端荧光灯能效限定值及能效等级
8	GB 19044	普通照明用自镇流荧光灯能效限定值及能效等级
9	GB 19153	容积式空气压缩机能效限定值及能效等级
10	GB 19415	单端荧光灯能效限定值及节能评价值
11	GB 19573	高压钠灯能效限定值及能效等级
12	GB 19574	高压钠灯用镇流器能效限定值及节能评价值
13	GB 19576	单元式空气调节机能效限定值及能源效率等级
14	GB 19577	冷水机组能效限定值及能源效率等级
15	GB 19761	通风机能效限定值及能效等级

序号	标准编号	标准名称
16	GB 19762	清水离心泵能效限定值及节能评价值
17	GB 20052	三相配电变压器能效限定值及能效等级
18	GB 20053	金属卤化物灯用镇流器能效限定值及能效等级
19	GB 20054	金属卤化物灯能效限定值及能效等级
20	GB 20665	家用燃气快速热水器和燃气采暖热水炉能效限定值及能效等级
21	GB 20943	单路输出式交流－直流和交流－交流外部电源能效限定值及节能评价值
22	GB 21454	多联式空调（热泵）机组能效限定值及能源效率等级
23	GB 21455	转速可控型房间空气调节器能效限定值及能效等级
24	GB21456	家用电磁灶能效限定值及能效等级
25	GB 21518	交流接触器能效限定值及能效等级
26	GB 21519	储水式电热水器能效限定值及能效等级
27	GB 21520	计算机显示器能效限定值及能效等级
28	GB 21521	复印机、打印机和传真机能效限定值及能效等级
29	GB 24500	工业锅炉能效限定值及能效等级
30	GB 24790	电力变压器能效限定值及能效等级
31	GB 24848	石油工业用加热炉能效限定值及能效等级
32	GB 24849	家用和类似用途微波炉能效限定值及能效等级
33	GB 24850	平板电视能效限定值及能效等级
34	GB 25957	数字电视接收器（机顶盒）能效限定值及能效等级
35	GB 25958	小功率电动机能效限定值及能效等级
36	GB 26920.1	商用制冷器具能效限定值及能效等级第 1 部分：远置冷凝机组冷藏陈列柜
37	GB 26969	家用太阳能热水系统能效限定值及能效等级
38	GB 28380	微型计算机能效限定值及能效等级
39	GB 28381	离心鼓风机能效限定值及节能评价值
40	GB 28736	电弧焊机能效限定值及能效等级
41	GB 29142	单端无极荧光灯能效限定值及能效等级
42	GB 29143	单端无极荧光灯用交流电子镇流器能效限定值及能效等级
43	GB 29144	普通照明用自镇流无极荧光灯能效限定值及能效等级
44	GB 29539	吸油烟机能效限定值及能效等级

序号	标准编号	标准名称
45	GB 29540	溴化锂吸收式冷水机组能效限定值及能效等级
46	GB 29541	热泵热水机（器）能效限定值及能效等级
47	GB 30253	永磁同步电动机能效限定值及能效等级
48	GB 30254	高压三相笼型异步电动机能效限定值及能效等级
49	GB 30255	普通照明用非定向自镇流LED灯能效限定值及能效等级
50	GB 30531	商用燃气灶具能效限定值及能效等级
51	GB 30720	家用燃气灶具能效限定值及能效等级
52	GB 30721	水（地）源热泵机组能效限定值及能效等级
53	GB 30978	饮水机能效限定值及能效等级
54	GB 31276	普通照明用卤钨灯能效限定值及节能评价值
55	QB/T 4268	电压力锅能效限定值及能效等级

六、建筑节能标准

序号	标准编号	标准名称
1	GB 50189	公共建筑节能设计标准
2	GB 50411	建筑节能工程施工质量验收规范
3	GB 50543	建筑卫生陶瓷工厂节能设计规范
4	GB/T 29734.1	建筑用节能门窗第1部分：铝木复合门窗
5	GB/T 29734.2	建筑用节能门窗第2部分：铝塑复合门窗
6	GB/T 31345	节能量测量和验证技术要求居住建筑供暖项目
7	GB/T 50668	节能建筑评价标准
8	GB/T 50824	农村居住建筑节能设计标准
9	JGJ 26	严寒和寒冷地区居住建筑节能设计标准（含光盘）
10	JGJ 75	夏热冬暖地区居住建筑节能设计标准
11	JGJ 176	公共建筑节能改造技术规范
12	JG/T 448	既有采暖居住建筑节能改造能效测评方法
13	JGJ/T 129	既有居住建筑节能改造技术规程
14	JGJ/T 132	居住建筑节能检测标准
15	JGJ/T 177	公共建筑节能检测标准
16	JGJ/T 287	建筑反射隔热涂料节能检测标准
17	JGJ/T 346	建筑节能气象参数标准

序号	标准编号	标准名称
18	JNH – J1	建筑专业节能系列图集合订本（一）
19	JNH – J2	建筑专业节能系列图集合订本（二）
20	06J123	墙体节能建筑构造
21	06J204	屋面节能建筑构造
22	06J607 – 1	建筑节能门窗（一）
23	06J908 – 1	公共建筑节能构造——严寒、寒冷地区
24	06J908 – 2	公共建筑节能构造——夏热冬冷、夏热冬暖地区
25	06J908 – 7	既有建筑节能改造（一）
26	09J908 – 3	建筑围护结构节能工程做法及数据
27	08CJ13	钢结构镶嵌 ASA 板节能建筑构造
28	09CDX008 – 3	建筑设备节能控制与管理
29	CSC/T27	建筑外窗节能产品认证技术要求

七、其他节能标准

序号	标准编号	标准名称
1	GB 19210	空调通风系统清洗规范
2	GB/T 1576	工业锅炉水质
3	GB/T 4270	技术文件用热工图形符号与文字代号
4	GB/T 6425	热分析术语
5	GB/T 8170	数值修约规则与极限数值的表示和判定
6	GB/T 10079	活塞式单级制冷压缩机
7	GB/T 13608	合理润滑技术通则
8	GB/T 14909	能量系统分析技术导则
9	GB/T 17050	热辐射术语
10	GB/T 17410	有机热载体炉
11	GB/T 17781	技术能量系统基本概念
12	GB/T 18362	直燃型溴化锂吸收式冷（温）水机组
13	GB/T 18431	蒸汽和热水型溴化锂吸收式冷水机组
14	GB/T 18750	生活垃圾焚烧炉及余热锅炉
15	GB/T 28749	企业能量平衡网络图绘制方法
16	GB/T 28751	企业能量平衡表编制方法

附录三　常用节能术语

一、能源术语

能源　是指煤炭、石油、天然气、生物质能和电力、热力以及其他直接或者通过加工、转换而取得有用能的各种资源。

一次能源　是指从自然界中直接取得，未经改变和转换可供直接利用的能源，如原煤、原油、天然气、水力、核能、太阳能、生物质能、海洋能、风能、地热能，等等。

二次能源　是指一次能源经过加工或转换得到的能源，主要有电力、焦炭、煤气，以及汽油、柴油、重油等石油制品。在生产过程中排出的余能、余热，如高温烟气、可燃气、蒸汽、热水、排放的有压流体等也属于二次能源。一次能源无论经过几次转换所得到的另一种能源，都称做二次能源。

新能源　是指人类新近才开发利用或正在研究开发，今后可以广泛利用的能源，如太阳能、风能、生物质能、海洋能、地热能、氢能、核能等。

清洁能源　是不排放污染物的能源，它包括核能和可再生能源。可再生能源是指原材料可以再生的能源，如水力发电、风力发电、太阳能、生物能（沼气）、海潮能这些能源。可再生能源不存在能源耗竭的可能，因此日益受到许多国家的重视，尤其是能源短缺的国家。

可再生能源　是指风能、太阳能、水能、生物质能、地热能、海洋能等非化石能源。它在自然界中可以不断再生、永续利用，不会随其本身的转化或人类的利用而日益减少。可再生能源也包括从有机物质及其废物中提取的燃料，如酒精、沼气等。

热电冷联产　是指各类锅炉产生的蒸汽在背压汽轮机或抽汽汽轮机发电，其排汽或抽汽，除满足各种热负荷外，还可做吸收式制冷机的工作蒸汽，生产冷水用于空调或工艺冷却。

分布式能源　是指分布在用户端的能源综合利用系统。一次能源以气体燃料为主，可再生能源为辅，利用一切可以利用的资源；二次能源以分布在用户端的热电冷联产为主，其他中央能源供应系统为辅，实现以直接满足用户多种需求的能源梯级利用，并通过中央能源供应系统提供支持和补充；在能源的输送和利用上分片布置，减少长距离输送能源的损失，有效地提高了能源利用的安全性和灵活性。

标准煤　亦称煤当量，具有统一的热值标准。我国规定每千克标准煤的热值为 7000 千卡，即低位发热量等于 29.31MJ（7000kcal）的固体燃料，称 1 千克标准煤。

标准油　低位发热量等于 41.87MJ（10000kcal）的液体燃料，称 1 千克标准油。

等价热值　是指为了获得一个单位的二次能源（如汽油、柴油、电力、蒸汽等）或耗能工质（如压缩空气、氧气、各种水等）在工业上实际要消耗的一次能源量。

当量热值　又称理论热值（或实际发热值），是指某种能源一个度量单位本身所含热量。

燃料热值、燃料发热量　是指单位质量（指固体或液体）或单位体积（指气体）的燃料完全燃烧，燃烧产物冷却到燃烧前的温度（一般为环境温度）所释放出来的热量。燃料发热量分为高位发热量和低位发热量两种。高位发热量是指燃料在完全燃烧时释放出来的全部热量，即在燃烧生成物中的水蒸汽凝结成水时的发热量。低位发热量是指燃料完全燃烧，其燃烧产物中的水蒸汽以气态存在时的发热量。

化石能源　是指千百万年前埋在地下的动植物经过漫长的地质年代形成的煤、石油、天然气等一次能源，是一种碳氢化合物或其衍生物。

废弃能　是指在生产建设、日常生活和其他社会活动中排放出的，在一定时间和空间范围内仍含有可利用和回收的热量或有价值的物质。

载能体　是指工业上用作传热媒介的物质。例如，在加热过程中可利用载热体从热源收取热量，再传给被加热的物料。常用的载能体有水、水溶液、汞、熔盐、熔融金属和某些有机物以及固态载能体如砂粒、电池等。

耗能工质　是指在生产过程中所消耗的不作为原料使用也不进入产品，在生产或制取时需要直接消耗能源的工作物质，如压缩空气、稀有气体、氧气、电石、乙炔等。

燃料电池　是指一种以天然气、煤、石脑油等为燃料，利用电化学反应，将燃料的化学能直接转化为电能的一种直流发电装置。

可燃冰　是指埋于海底地层深处的大量有机质在缺氧环境中，厌气性细菌把有机质分解，最后形成石油和天然气（石油气）。其中许多天然气又被包进水分子中，在海底的低温与压力下又形成"可燃冰"。这是因为天然气有个特殊性能，它和水可以在温度 $2 \sim 5$ 摄氏度内结晶，这个结晶就是"可燃冰"。其主要成分是甲烷与水分子。

二、能源利用术语

节能　是指加强用能管理，采取技术上可行、经济上合理以及环境和社会可以承受的措施，从能源生产到消费的各个环节，降低消耗、减少损失和污染物排放、制止浪费，有效、合理地利用能源。

直接节能　又称技术节能，是指能源系统流程各环节中，由于加强企业经济管理和节能科学管理，减少跑、冒、滴、漏；改革低效率的生产工艺，采用新工艺、新设备、新技术和综合利用等方法，提高能源有效利用率，从而降低单位产品（工作量）的能源消费量所实现的节能。

间接节能　又称结构节能，是指通过合理调整，优化经济结构、产业结构和产品结构，提高产品质量，节约使用各种物资等途径而达到的节约效果。

节能量 是指一定时期内节约和少用能源的数量。节能量是一个相对比较的量，通过对比得出。即指在某一统计期内的能源实际消耗量，与某个选定的时期作为基准的能源消耗量进行对比的差值。它是评价和考核节能工作的重要指标。

定比法 将计算年（最终年）与基准年（最初年）直接进行对比，一次性计算节能量。

环比法 将统计期的各年能耗分别与上一年相比，计算出逐年的节能量后，累计计算出总的节能量。

企业节能量 是指在一定时期内，通过加强生产经营管理、提高生产技术水平、调整生产结构、进行节能技术改造等措施、所节约的能源数量，它综合反映企业直接节能和间接节能的总成果，是考核企业节能工作的重要指标。

节能潜力 是指预测一定时期内，耗能系统和设备的各个环节利用当前科学技术，采取技术上可行、经济上合理以及用户能接受的措施，可取得的节能效益。

节能率 是指报告期的节能量与相应的基期可比能源消费量之比率，即报告期的单位产品产量（或产值）能耗比基期的单位产品产量（或产值）能耗降低率。它是反映能源节约程度的综合指标，是衡量节能效果的重要标志。

能量平衡 是指进入体系的能量与离开体系的能量在数量上的平衡关系。能量平衡包括各种能量的收入与支出的平衡，消耗与有效利用及损失之间的数量平衡。

能源安全 对于能源进口国来说，能源安全的核心就是要保证随时随地都有充足的、价格合理的、在品种和质量上符合用户和环保要求的能源供应，为国民经济和社会发展提供物质原动力。

能源消费率　是指单位产品或单位货币的能源消费比率。

综合能耗　是指用能单位在统计报告期内实际消耗的各种能源实物量，按规定的计算方法和单位分别折算为一次能源后的总和。

绿色 GDP　是指用于衡量各国扣除自然资产损失后新创造的真实国民财富的总量核算指标。是从现行统计的 GDP 中，扣除由于环境污染、自然资源退化、教育低下、人口数量失控、管理不善等因素引起的经济损失成本，从而得出真实的国民财富总量。绿色 GDP 不仅能反映经济增长水平，而且能够体现经济增长与自然保护和谐统一的程度，可以很好地表达和反映可持续发展的思想和要求。绿色 GDP 占 GDP 的比重越高，表明国民经济增长的正面效应越高，负面效应越低。

万元 GDP 能耗　又称单位 GDP 能耗，是指生产每万元生产总值所消耗的能源，它综合反映社会经济活动中能源利用的经济效益，是反映能源消费水平和节能降耗状况的主要指标。

单位产值综合能耗　是指统计报告期内，综合能耗与期内用能单位总产值或工业增加值的比值。

产品单位产量综合能耗　简称单位产品综合能耗，是指统计报告期内，用能单位生产某种产品或提供某种服务的综合能耗与同期该合格产品产量（工作量、服务量）的比值。

产品单位产量可比综合能耗　是指为在同行业中实现相同最终产品能耗可比，对影响产品能耗的各种因素加以修正所计算出来的比值。

单位产品能耗限额　是指按照产品的计量单位计算，每一计量单位产品所分摊的综合能源消耗量（或者某一主要能源品种的消耗量）不得超过的最大数额。

单位工业增加值综合能耗　是指一定时期内，一个国家或地区每生产一个单位的工业增加值所消耗的能源。

能源消耗指标　是指为促进用能单位提高能源利用率，节约能源而制定的能源消耗约束性指标。从不同的角度，具体到不同的考核方法有多种不同的能源消耗指标。万元 GDP 能耗指标、单位产品能耗指标等都属于能源消耗指标的范畴。

能源加工、转换效率　是指一定时期内能源经过加工、转换后，产出的各种能源产品的数量与同期内投入加工转换的各种能源数量的比率。它是观察能源加工、转换装置和生产工艺先进与落后、管理水平高低等的重要指标。在计算投入量和产出量时，必须按当量热值折为标准煤。计算公式为：

$$能源加工、转换效率 = \frac{能源加工、转换产出量}{能源加工、转换投入量} \times 100\%$$

能源加工　经过物理形态的变化，将能源经过一定的工艺流程生产出新的能源产品。

能源转换　是指能源种类的物理形态不发生变化的能源回收或能源生产。

能源利用效率　是指一个体系（国家、地区、企业或单项耗能设备等）有效利用的能量与实际消耗能量的比率。它是反映能源消耗水平和利用效果，即能源有效利用程度的综合指标。公式为：

$$能源利用率（\%） = \frac{有效能量}{实际能源消费量} \times 100\%$$

热电比　是指热电联产企业（机组）同一时期的供热量与供电量之百分比。

$$热电比 = \frac{供热量（kJ）}{3600（kJ/kW \cdot h）\times 供电量（kW \cdot h）} \times 100\%$$

热电联产　是指由热电厂同时生产电能和可用热能的联合生产方式，简称 CHP。

能源折标准煤系数　是指把某一种能源品种的实物量折合成标准量时所采用的系数，来表示，即单位能源的实际发热值与 7000 千卡的比率。

能源核算　是指为了建立一种使用过程的核算而建议采用的代名词，它采用那些从性质上永恒的物理单位，而不用经常波动的货币单位。

能源平衡　是指某一特定的地区或系统在一定时期内能源投入与产出之间的平衡。能源的整体平衡从供应、消耗到变成可用能，可用表格和能流图来表示。能源平衡的计算可应用矩阵方法，计算其经济性并优化，在满足需求的前提下，提高能源利用效率。

能源统计台账　是指基层单位按照填报能源统计报表和分析工作以及能源管理、其他核算的需要而设置的汇总资料、积累资料的账册。能源统计台账有：统计报表台账、专项指标台账、历史资料台账、分析研究台账等。

工业生产用能　是指工业企业在统计报告期内为进行工业生产活动所使用的能源，包括生产系统、辅助生产系统、附属生产系统用能。生产系统用能是指企业的生产车间用能。辅助生产系统用能是指动力、供电、机修、供水、供风、采暖、制冷、仪表以及厂内原料场等辅助设施用能。附属生产系统用能是指生产指挥系统（厂部）和厂区内为生产服务的部门和单位如车间浴室、开水站、蒸饭站、保健站、哺乳室等消耗的能源。

非工业生产用能　是指在工业企业内不从事工业生产活动的非独立核算的单位所使用的能源，如本企业附属的科学研究单位、农场、车队、学校、医院、食堂、托儿所以及建筑施工队等消费的能源。

能源消费总量控制　能源消费总量是一定时期内全国或某地区用于生产、生活所消费的各种能源数量之和，是反映全国或全地区能源消费水平、构成与增长速度的总量指标。能源消费总量控制是指以控制一定时段内、一定区域内用能单位能源消费总量为核心的节能管理方法体系。

能源消费弹性系数　是指能源消费总量增长率与国民经济增长率的比值，反映能源消费总量的增长同国民经济增长之间的关系。

温室气体　是指大气中能吸收地面反射的太阳辐射，并重新发射辐射的一些气体，如水蒸气、二氧化碳、大部分制冷剂等。它们的作用是使地球表面变得更暖，类似于温室截留太阳辐射，并加热温室内空气的作用。这种温室气体使地球变得更温暖的影响称为"温室效应"。水汽（H_2O）、二氧化碳（CO_2）、氧化亚氮（N_2O）、甲烷（CH_4）等是地球大气中主要的温室气体。

二氧化碳当量　不同温室气体对地球温室效应的贡献程度不同。为统一度量整体温室效应的结果，需要一种能够比较不同温室气体排放的量度单位，由于 CO_2 增温效益的贡献最大，因此，规定二氧化碳当量为度量温室效应的基本单位。二氧化碳当量关注的是排放。

三、能效标识术语

能源效率标识　是指国家对节能潜力大、使用面广的用能产品贴附统一的能源效率标识，以此来表示产品能源效率等级等性能指标，以便为消费者的购买决策提供必要的信息，使消费者能够对不同品牌产品的能耗性能进行比较，引导和帮助消费者选择高效节能产品。国家对家用电器等使用面广、耗能量大的用能产品，实行能源效率标识管理。

节能产品　是指符合该种产品有关的质量、安全等方面的标准要求，在社会使用中与同类产品或完成相同功能的产品相比，它的效率或能耗指标相当于国际先进水平或接近国际水平的国内先进水平。

节能评价值　是指对产品是否达到节能产品认证要求的评价指标。它是实施节能产品认证的依据，是推荐性指标，当用能产品的能源利用效率达到或超过所规定的"节能评价值"时，该产品就可结合其他指标被节能产品认证机构评定为节能产品。

节能产品认证　是指由用能产品的生产者、销售者自愿提出申请，经节能产品认证机构依据相关的标准和技术要求进行确认，并通过颁发认证证书和节能标志，证明该产品为节能产品的活动。

绿色建筑　是指在建筑的全寿命周期内，最大限度节约资源，节能、节地、节水、节材、保护环境和减少污染，提供健康适用、高效使用，与自然和谐共生的建筑。各国也竞相推出"绿色建筑"来保护地球。

绿色照明　完整的绿色照明包含高效节能、环保、安全、舒适四项指标，不可或缺。高效节能意味着以消耗较少的电能获得足够的照明，从而明显减少电厂大气污染物的排放，达到环保的目的。安全、舒适指的是光照清晰、柔和及不产生紫外线、眩光等有害光照，不产生光污染。

四、能源管理术语

能源管理　分为宏观管理与微观管理。政府及有关部门对能源的开发、生产和消费的全过程进行计划、组织、调控和监督的社会职能是能源宏观管理；企业对能源供给与消费的全过程进行管理是能源微观管理。广义的能源管理是指对能源生产过程的管理和消费过程的管理。狭义上的能源管理是指对能源消费过程的计划、组织、控制和监督等一系列工作。

万家企业　是指年综合能源消费量 1 万吨标准煤以上以及有关部门指定的年综合能源消费量 5000 吨标准煤以上的重点用能单位。初步统计，2010年全国共有 17000 家左右。万家企业能源消费量占全国能源消费总量的60% 以上，是节能工作的重点对象。

重点用能单位　是指年综合能源消费总量 1 万吨标准煤以上的用能单位；国务院有关部门或者省、自治区、直辖市人民政府管理节能工作的部门指定的年综合能源消费总量 5000 吨以上不满 1 万吨标准煤的用能单位。

能源统计　是运用综合能源系统经济指标体系和特有的计量形式，采用科学统计分析方法，研究能源的勘探、开发、生产、加工、转换、输送、储存、流转、使用等各个环节运动过程、内部规律性和能源系统流程的平衡状况等数量关系的一门专门统计。

能源审计　是指能源审计机构依据国家有关的节能法规和标准，对企业和其他用能单位能源利用的物理过程和财务过程进行的检验、核查和分析评价。

单位能耗定额　是指在一定的生产工艺、技术装备和组织管理条件下，生产单位产品或完成单位工作量所规定的能源消耗量。

用能总量定额　是指对能源消耗量与产品产量及工作量关系不大的用

能单位（如宾馆、饭店、商店、医院、机关、学校等）所规定的能源消耗总量。

产品能耗限额　是指在生产产品过程中，对产品所规定的最高能源消耗量。产品能耗限额包括产品综合能耗和产品单项能耗限额。

能效对标活动　是指企业为提高能效水平，与国际国内同行业先进企业能效指标进行对比分析，确定标杆，通过管理和技术措施，达到标杆或更高能效水平的实践活动。

合理用能诊断　是指对企业生产工艺系统和设备的能源利用状况进行测试、分析和评价，找出浪费能源的环节和原因。

过程能量优化　是指以能源系统为主线，研究能流与物流的最佳结合关系，用多种技术集成，实现最优技术条件的科学方法。

五、节能政策术语

"两高一资"　高耗能、高排放和资源依赖性简称"两高一资"。将具有这些特性的行业称为"两高一资"行业，项目称为"两高一资"项目，产品称为"两高一资"产品。

差别电价　是指根据国家产业政策，按照能耗、物耗、环保、技术装备水平等，将电解铝、铁合金、电石、烧碱、水泥、钢铁等6个高耗能行业的工艺装备、技术和产品划分为允许和鼓励类、限制类、淘汰类三类。对允许和鼓励类企业执行正常电价水平，对限制类、淘汰类企业用电适当提高电价，引导主要耗能行业的企业加快节能降耗技术改造，逐步淘汰落后生产能力而采取的一种电价政策。

峰谷分时差价　是指根据用户用电需求和电网在不同时段的实际负荷情况，将每天的时间划分为高峰、平段、低谷三个时段或高峰、低谷两个时段，对各时段分别制定不同的电价标准，以鼓励用户和发电企业削峰填谷，提高电力资源的利用效率。

季节性差价　是指在电力紧缺、用电负荷季节性变化大的地区实行的差别电价制度，即在电力供求紧张或缓和的不同季节内，电价可在一定范围内进行浮动。

可中断负荷补偿电价 是指电力企业和用户签订合同，通过电价激励，实现在系统峰值时或紧急状态下，用户按照合同规定中断或削减负荷。通过实施可中断负荷电价，可以移峰填谷，提高电网负荷率。

两部制电价 是指将电价分为基本电价和电度电价两部分，计算电费时将按用电容量乘以基本电价和按电量乘以电度电价所得的电费之和，作为总电费的计算办法。

分时核定最大需量 是指用电高峰时段对两部制电价用户的最大需量按契约限额的90%执行，超过90%部分加倍收取基本电费；低谷时段用户可超契约限额用电，超用不加价。

电力需求侧管理 是指通过提高终端用电效率和优化用电方式，在完成同样用电功能的同时减少电量消耗和电力需求，达到节约能源和保护环境，实现低成本电力服务所进行的用电管理活动。它是促进电力工业与国民经济协调发展的一项系统工程。

六、节能新机制术语

清洁生产 指不断改进设计、使用清洁的能源和原料、采用先进的工艺技术与设备、改善管理、综合利用等措施，从源头消减污染，提高资源利用效率，减少或者避免生产、服务和产品使用过程中污染物的产生和排放，以减轻或者消除对人类健康和环境的危害。

清洁发展机制 简称 CDM（Clean Development Mechanism），是《京都议定书》中引入的灵活履约机制之一。核心内容是允许附件 1 缔约方（即发达国家）与非附件 1（即发展中国家）进行项目级的减排量抵消额的转让与获得，在发展中国家实施温室气体减排项目。

碳交易 是为促进全球温室气体减排，减少全球二氧化碳排放所采用的市场机制。联合国政府间气候变化专门委员会通过艰难谈判，于 1992 年

5月9日通过《联合国气候变化框架公约》。1997年12月于日本京都通过了《公约》的第一个附加协议，即《京都议定书》（简称《议定书》）。《议定书》把市场机制作为以解决二氧化碳为代表的温室气体减排问题的新路径，即把二氧化碳排放权作为一种商品，从而形成了二氧化碳排放权的交易，简称碳交易。

节能量交易 节能量交易、碳排放权交易都属于行业的金融创新，其本质就是行业价值的发现与创新，其次就是价值实现路径的有效设计。而这其中的关键价值点，就是谁来购买你的节能量？它的购买需求在哪里？

能效之星 指在用能单位中，最大限度提高能源利用效率，降低碳排放的活动，以年为周期考核评定星级。国家节能中心于2012年开始组织实施"中国能效之星"评价活动，先期在江苏、湖北、陕西三省的工业企业，北京的非工业企业以及高等院校中开展。活动基于一套相对比较科学、客观的评价指标体系，从管理、实践、效果等方面对企业（用能单位）整体用能情况进行客观评价，旨在强化企业（用能单位）的能效意识，树立能效形象，借助市场机制进一步激发企业（用能单位）节能的内生动力，助推我国的节能事业。

权力清单 国务院《关于推行地方各级政府工作部门权力清单制度的指导意见》指出：分门别类进行全面彻底梳理行政职权，逐项列明设定依据；对没有法定依据的行政职权，应及时取消；依法逐条逐项进行合法性、合理性和必要性审查；在审查过程中，要广泛听取基层、专家学者和社会公众的意见；公布权力清单；积极推进责任清单。

合同能源管理 是一种基于市场的节能项目投资机制，其实质是企业以项目的节能效益返还节能服务公司（EMC）的投资和费用。其目的是促进新兴的基于市场的节能产业的形成，同时提高能源利用效率，减少温室气体排放，保护环境。

节能服务公司（EPC） 是以盈利为目的的专业化节能公司，它与企业签订节能服务合同，向客户提供能源效率审计、节能项目设计、原材料和设备采购、施工、培训、运行维护、节能量监测等一条龙综合性服务，并通过与客户分享项目实施后产生的节能效益来赢利和滚动发展。

节能自愿协议　是目前许多国家为提高能源利用效率所采取的一种新的管理模式。它的基本形式是，企业在政府政策的引导和鼓励下，就实现节能和环保目标，自愿与政府部门签订协议，做出承诺并付诸实施。与以强制标准推行环保、节能不同，这是我国政府部门以市场手段推动节能事业，促进可持续发展的重要举措。

附录四 常用计量单位及换算

一、中华人民共和国法定计量单位

1. 国际单位制的基本单位

量的名称	单位名称	单位符号
长　度	米	m
质　量	千克（公斤）	kg
时　间	秒	s
电　流	安［培］	A
热力学温度	开［尔文］	K
物质的量	摩［尔］	mol
发光强度	坎［德拉］	cd

注：1. ［　］内的字，是在不致混淆的情况下，可以省略的字。

2. （　）内的字为前者的同义语。

3. 人民生活和贸易中，质量习惯称为重量。

4. 公里为千米的俗称，符号为 km。

2. 国际单位制的辅助单位

量的名称	单位名称	单位符号
平面角	弧　度	rad
立体角	球面度	sr

3. 国际单位制中具有专门名称的导出单位

量的名称	单位名称	单位符号	其他表示实例
频率	赫[兹]	Hz	s^{-1}
力，重力	牛[顿]	N	$kg \cdot m/s^2$
压力，压强，应力	帕[斯卡]	Pa	$N \cdot m$
能量，功，热量	焦[尔]	J	$N \cdot m$
功率，辐射通量	瓦[特]	W	J/s
电荷量	库[仑]	C	$A \cdot s$
电位，电压，电动势	伏[特]	V	W/A
电容	法[拉]	F	C/V
电阻	欧[姆]	Ω	V/A
电导	西[门子]	S	A/V
磁通量	韦[伯]	Wb	$V \cdot s$
磁通量密度，磁感应强度	特[斯拉]	T	Wb/m^2
电感	亨[利]	H	Wb/A
摄氏温度	摄氏度	℃	
光通量	流[明]	lm	cd sr
光照度	勒[克斯]	lx	lm/m^2
放射性活度	贝可[勒尔]	Bq	s^{-1}
吸收剂量	戈[瑞]	Gy	J/kg
剂量当量	希[沃特]	Sv	J/kg

4. 国家选定的非国际单位制单位

量的名称	单位名称	单位符号	换算关系和说明
时　间	分	min	$1min = 60s$
	[小]时	h	$1h = 60min = 3600s$
	天（日）	d	$1d = 24h = 86400s$
平面角	[角]秒	(″)	$1° = (\pi/648000)$ rad （°为圆周率）
	[角]分	(′)	$1° = 60'' = (\pi/10800)$ rad
	度	(°)	$1° = 60' = (\pi/180)$ rad
旋转速度	转每分	r/min	$1r/min = (1/60)$ s^{-1}
长　度	海里	n mile	$1n\ mile = 1852m$ （只用于航程）

量的名称	单位名称	单位符号	换算关系和说明
速 度	节	kn	$1kn = 1n\ mile/h$ $= (1852/3600)\ m/s$（只用于航程）
质 量	吨	t	$1t = 10^3 kg$
	原子质量单位	u	$1u \approx 1.6605655 \times 10^{-27} kg$
体 积	升	L,（l）	$1L = 1dm^3 = 10^{-3} m^3$
能	电子伏	eV	$1eV \approx 1.6021892 \times 10^{-19} J$
级 差	分贝	dB	
线密度	特［克斯］	tex	$1tex = 1g/km$

注：1. 周、月、年（年的符号为 a）为一般常用时间单位。

2. 角度单位度、分、秒的符号不处于数字后时，用括号。

3. 升的符号中，小写字母 l 为备用符号。

4. r 为"转"的符号。

5. 用于构成十进倍数和分数单位的词头

所表示的因数	词头名称	词头符号
10^{18}	艾［可萨］	E
10^{15}	拍［它］	P
10^{12}	太［拉］	T
10^{9}	吉［咖］	G
10^{6}	兆	M
10^{3}	千	k
10^{2}	百	h
10^{1}	十	da
10^{-1}	分	d
10^{-2}	厘	c
10^{-3}	毫	m
10^{-6}	微	μ
10^{-9}	纳［诺］	n
10^{-12}	皮［可］	p
10^{-15}	飞［母托］	f
10^{-18}	阿［托］	a

注：10^4 称为万，10^8 称为亿，10^{12} 称为万亿，这类数词的使用不受词头名称的影响，但不应与词头混淆。

二、常用非法定计量单位及其换算

1. 长度

非法定计量单位		法定计量单位		
名称	符号	名称	符号	换算关系
公尺	M	米	m	1 公尺 = 1m
公寸		分米	dm	1 公寸 = 0.1m = 1dm
公分、米厘		厘米	cm	1 公分 = 0.01m = 1cm
公厘	m/m，MM	毫米	mm	1 公厘 = 0.001m = 1mm
丝，丝米	dmm			1 丝 = 0.1mm
公微	μ，μM	微米	μm	1 公微 = 1μm
毫微米	mμm	纳米	nm	1mμm = 10^{-9}m = 1nm
英里，哩	mile	海里	n mile	1mile = 1.609km = 0.869n mile
码	yd			1yd = 0.914m
英尺，呎	ft			1ft = 30.48cm
英寸，吋	in			1in = 25.4mm
英寻，㖹	fa			1fa = 1.83m
埃	Å			1 Å = 0.1nm
费密	fermi	飞米	fm	1fermi = 1×10^{-15}m = 1fm
密耳	mil			1mil = 25.4μm
〔市〕里				1 里 = 0.5km
丈				1 丈 = 3.333m
尺				1 尺 = 0.333m
寸				1 寸 = 3.333cm
分				1 分 = 3.333mm

2. 面积

非法定计量单位		法定计量单位		
名称	符号	名称	符号	换算关系
平方英里	mile^2	平方千米	km^2	1mile^2 = 2.59km^2
英亩，亩	acre	平方米	m^2	1acre = 4046.86m^2
公亩	are，a			1acre = 100m^2
公顷	ha			1ha = 1×10^4m^2
平方英尺，呎^2	ft^2			1ft^2 = 0.093m^2
平方英寸，吋^2	in^2	平方厘米	cm^2	1in^2 = 6.45cm^2

非法定计量单位		法定计量单位		
名称	符号	名称	符号	换算关系
平方码	yd^2			$1yd^2 = 0.836m^2$
靶恩	b			$1b = 10^{-28}m^2$
路得	rood			$1rood = 1011.71m^2$
圆毫米				1 圆毫米 $= 0.785mm^2$
平方〔市〕里				1 平方〔市〕里 $= 0.25km^2$
平方丈				1 平方丈 $= 11.1m^2$
平方尺				1 平方尺 $= 0.11m^2$
〔市〕亩				1〔市〕亩 $= 666.6m^2$
〔市〕分				1〔市〕分 $= 66.6m^2$
〔市〕厘				1〔市〕厘 $= 6.6m^2$

3. 体积、容积

非法定计量单位		法定计量单位		
名称	符号	名称	符号	换算关系
立方公尺		立方米	m^3	1 立方公尺 $= 1m^3$
立方公寸		升, 立方分米	L, dm^3	1 立方公寸 $= 1dm^3 = 1L$
立方公分		立方厘米	cm^3	1 立方公分 $= 1cm^3 = 0.001L$
立方英尺	ft^3			$1ft^3 = 0.02832m^3 = 28.32L$
立方英寸	in^3			$1in^3 = 16.39cm^3 = 0.01639L$
立方码	yd^3			$1yd^3 = 0.765m^3$
美加仑	USgal			$1USgal = 3.785L$
英加仑	UKgal			$1UKgal = 4.546L$
英夸脱	UKqt			$1UKqt = 1.137L$
美夸脱	USqt			$1USqt = 0.946L$
英品脱	UKpt			$1UKpt = 0.568L$
美品脱	USpt			$1USpt = 0.473L$
英液盎司	UKfloz	毫升	mlL	$1UKfloz = 28.41mL$
美液盎司	USfloz			$1USfloz = 29.57mL$
英液打兰	UKfldr			$1UKfldr = 3.55mL$
美液打兰	USfldr			$1USfldr = 3.70mL$

非法定计量单位		法定计量单位		
名称	符号	名称	符号	换算关系
美石油桶				1 美石油桶 = 158.99L
英蒲式耳	bushel			1bushel = 36.37L
美蒲式耳	bu			1bu = 35.24L

4. 质量

非法定计量单位		法定计量单位		
名称	符号	名称	符号	换算关系
公吨	T	吨	t	1T = 1t = 1000kg
公担	q	千克	kg	1q = 100kg
公两		克	g	1 公两 = 100g
公钱				1 公钱 = 10g
〔市〕担				1 〔市〕担 = 50kg
〔市〕斤				1 〔市〕斤 = 0.5kg
〔市〕两				1 〔市〕两 = 50g
英吨	ton			1ton = 1.016t
英担	cwt			1cwt = 50.80kg
美吨	shton			1shton = 0.907t
美担	shcwt			1shcwt = 45.36kg
磅	lb			1lb = 453.59g
格令	gr，gn			1gr = 64.799mg
夸特	qr，qn			1qr = 12.70kg
盎司（常衡）	oz			1oz = 28.35g
盎司（药衡）		毫克	mg	1 盎司 = 31.10g
克拉				1 克拉 = 200mg

5. 力、重力

非法定计量单位		法定计量单位		
名称	符号	名称	符号	换算关系
千克力	kgf	牛顿	N	1kgf = 9.81N
克力	gf	毫牛顿	mN	1gf = 9.81mN
英吨力	tonf	千牛顿	kN	1tonf = 9.96kN

非法定计量单位		法定计量单位		
名称	符号	名称	符号	换算关系
美吨力				1 美吨力 = 8.90kN
磅力	lbf			1lbf = 4.45N
磅达	pdl			1pdl = 0.14N
达因	dyn			$1dyn = 10^{-5}N$
斯钦	sh			1sh = 1kN
盘司力	ozf			1ozf = 0.28N

6. 压力、压强

非法定计量单位		法定计量单位		
名称	符号	名称	符号	换算关系
巴	bar	帕	Pa	$1bar = 10^5Pa$
毫巴	mbar			$1mbar = 10^2Pa$
托	Torr			1Toor = 133.32Pa
毫米水柱	mmH_2O			$1mmH_2O = 9.81Pa$
毫米汞柱	mmHg			1mmHg = 133.32Pa
标准大气压	atm	千帕	kPa	1atm = 101.33kPa
工程大气压	at			1at = 98.07kPa
千克力每平方米	kgf/m^2			$1kgf/m^2 = 9.807Pa$
磅力每平方英寸	psi			1psi = 6.89kPa
达因每平方厘米	dyn/cm^2			$1dyn/cm^2 = 0.1Pa$
英寸汞柱	inHg			1inHg = 3.39kPa
英寸水柱	inH_2O			$1inH_2O = 2.49kPa$
英吨力每平方英尺	$tonf/ft^2$	兆帕	MPa	$1tonf/ft^2 = 0.107MPa$
吨力每平方米	tf/m^2			$1tf/m^2 = 9.81kPa$

7. 速度、加速度

非法定计量单位		法定计量单位		
名称	符号	名称	符号	换算关系
英里每小时	mile/h	千米每小时	km/h	1mile/h = 1.609km/h
伽	Gal, gal	厘米每二次方秒	cm/s^2	$1Gal = 1cm/s^2$

8. 能、功、热

非法定计量单位		法定计量单位		
名称	符号	名称	符号	换算关系
尔格	erg	焦耳	J	$1erg = 10^{-7}J$
千克力米	kgf·m			$1kgf·m = 9.81J$
升标准大气压	L·atm			$1L·atm = 101.33J$
升工程大气压	L·at			$1L·at = 98.07J$
英尺磅力	ft·lbf			$1ft·lbf = 1.36J$
英尺磅达	ft·pbl			$1ft·pbl = 0.04J$
（英制）马力小时	hp·h			$1hp·h = 2.68×10^6J$
国际蒸汽表卡	calit			$1calit = 4.1868J$
15℃卡	cal_{15}	焦耳	J	$1cal_{15} = 4.1855J$
20℃卡	cal_{15}			$1cal_{15} = 4.1816J$
热化学卡	calth			$1calth = 4.1840J$
英热单位	Btu	千焦	kJ	$1Btu = 1.0556kJ$
绝对焦耳	J_{ab}	焦耳	J	$1J_{ab} = 1J$
电工马力小时				1电工马力小时 $= 2.69×10^6J$
（米制）马力小时				1马力小时 $= 2.65×10^6J$

9. 功率

非法定计量单位		法定计量单位		
名称	符号	名称	符号	换算关系
国际瓦特	Wint	瓦特	W	$1Wint = 1.00019W$
绝对瓦特	Wab			$1Wab = 1W$
千克力米每秒	kgf·m/s			$1kgf·m/s = 9.807W$
米制马力	ch，cv，pS			$1ch = 735.5W$
英制马力	HP，hp			$1hp = 745.7W$
电工马力				1电工马力 $= 746W$
卡每秒	cal/s			$1cal/s = 4.1868W$
千卡每小时	kcal/h			$1kcal/h = 1.163W$
尔格每秒	erg/s	纳瓦	nW	$1erg/s = 100nW$
乏	var	伏安	VA	$1var = 1VA = 1W$

10. 电学、磁学

非法定计量单位		法定计量单位		
名称	符号	名称	符号	换算关系
静电电压	sV	伏特	V	$1sV \approx 300V$
电磁电压	aV			$1aV = 10^{-8}V$
静电电流	sA	安培	A	$1sA \approx 3 \times 10^{-10}A$
电磁电流	aA			$1aA = 10A$
静电电阻	sΩ	欧姆	Ω	$1s\Omega \approx 10^{-9}\Omega$
电磁电阻	aΩ			$1a\Omega = 10^{-9}\Omega$
静电电量	sC	库伦	C	$1sC \approx 3 \times 10^{-10}C$
电磁电量	aC			$1aC = 10C$
静电电容	sF	法拉	F	$1sF \approx 1/9 \times 10^{-11}F$
电磁电容	aF			$1aF = 10^9F$
静电电导	sS	西门子	S	$1sS = 1/9 \times 10^{-11}S$
电磁电导	aS			$1aS = 10^9S$
静电电感	sH	亨利	H	$1sH \approx 9 \times 10^{11}H$
电磁电感	aH			$1aH = 10^{-9}H$
麦克斯韦	Mx	韦伯	Wb	$1Mx = 10^{-8}Wb$
高斯	Gs	特斯拉	T	$1Gs = 10^{-4}T$
奥斯特	Oe	安培每米	A/m	$1Oe \approx 80A/m$
安匝每厘米	安匝/cm			$1 安匝/cm = 100Am$
吉伯，安匝	Gb	安培	A	$1Gb \approx 0.8A$

11. 频率

非法定计量单位		法定计量单位		
名称	符号	名称	符号	换算关系
周，周波	c/s，cps，c	赫兹	Hz	$1c/s = 1Hz$
千周，千周每秒	kc，kc/s	千赫	kHz	$1kc = 1kHz$
兆周，兆	Mc	兆赫	MHz	$1Mc = 1MHz$

12. 温度

非法定计量单位		法定计量单位		
名称	符号	名称	符号	换算关系
华氏度	℉	开尔文	K	$1℉ = 5/9K$

非法定计量单位		法定计量单位		
名称	符号	名称	符号	换算关系
度（温差）	deg，（°）	摄氏度	℃	$1deg = 1K = 1℃$
兰氏度	°R			$1°R = 1.25K$
绝对度				1 绝对度 $= 1K$

13. 粘度、线密度

非法定计量单位		法定计量单位		
名称	符号	名称	符号	换算关系
泊	P，Po	帕斯卡秒	Pa·s	$1P = 0.1Pa·s$
厘泊	cp		m^2/s	$1cp = 10^{-3}Pa·s$
斯〔托克斯〕	St	二次方米每秒		$1St = 10^{-4}m^2/s = 1cm^2/s$
厘斯	cSt			$1cSt = 10^{-6}m^2/s = 1mm^2/s$
旦尼尔	denier	特克斯	tex	$1denier = 0.111112tex$

14. 物质的量

非法定计量单位		法定计量单位		
名称	符号	名称	符号	换算关系
光当量、当量克原子、克分子、克离子		摩尔	mol	

15. 光学

非法定计量单位		法定计量单位		
名称	符号	名称	符号	换算关系
烛光，支光，国际烛光	IK	坎德拉	cd	$1IK = 1.019cd$
亥夫勒烛光	HK		cd/m^2	$1HK = 0.903cd$
熙提	sb	坎德拉每平方米		$1sd = 10^4cd/m^2$
尼特	nt			$1nt = 1cd/m^2$
幅透	ph	勒克斯	lx	$1ph = 10^4lx$
英尺烛光	Im/ft^2，fc			$1Im/ft^2 = 10.76lx$

16. 电离辐射

非法定计量单位		法定计量单位		
名称	符号	名称	符号	换算关系
雷姆	rem	希沃特	Sv	$1rem = 10^{-2}Sv$
伦琴	R	库伦每千克	C/kg	$1R = 2.58 \times 10^{-4}C/kg$
居里	Ci	贝可勒尔	Bq	$1Ci = 3.7 \times 10^{10}Bq$
拉德	rad	戈瑞	Gy	$1rad = 10^{-2}Gy$

三、各种能源折标准煤参考系数

能源名称		平均低位发热量	折标准煤系数
原煤		20908kJ/kg （5000kcal/kg）	0.7143kgce/kg
洗精煤		26344kJ/kg （6300kcal/kg）	0.9000kgce/kg
其他 洗煤	洗中煤	8363kJ/kg （2000kcal/kg）	0.2857kgce/kg
	煤泥	8363kJ/kg ~ 12545kJ/kg （2000kcal/kg ~ 3000kcal/kg）	0.2857kgce/kg　　　～ 0.4286kgce/kg
焦炭		28435kJ/kg （6800kcal/kg）	0.9714kgce/kg
原油		41816kJ/kg （10000kcal/kg）	1.4286kgce/kg
燃料油		41816kJ/kg （10000kcal/kg）	1.4286kgce/kg
汽油		43070kJ/kg （10300kcal/kg）	1.4714kgce/kg
煤油		43070kJ/kg （10300kcal/kg）	1.4714kgce/kg
柴油		42652kJ/kg （10200kcal/kg）	1.4571kgce/kg
煤焦油		33453kJ/kg （8000kcal/kg）	1.1429kgce/kg
渣油		41816kJ/kg （10000kcal/kg）	1.4286kgce/kg

能源名称		平均低位发热量	折标准煤系数
液化石油气		50179kJ/kg （12000kcal/kg）	1.7143kgce/kg
炼厂干气		46055kJ/kg （11000kcal/kg）	1.5714kgce/kg
油田天然气		38931kJ/m³ （9310kcal/m³）	1.3300kgce/m³
气田天然气		35544kJ/m³ （8500kcal/m³）	1.2143kgce/m³
煤矿瓦斯气		14636kJ/m³ ~ 16726kJ/m³ （3500kcal/m³ ~ 4000kcal/m³）	0.5000kgce/m³　～ 0.5714kgce/m³
焦炉煤气		16726kJ/m³ ~ 17981kJ/m³ （4000kcal/m³ ~ 4300kcal/m³）	0.5714kgce/m³　～ 0.6143kgce/m³
高炉煤气		3763kJ/m³	0.1286kgce/m³
其他煤气	a. 发生炉煤气	5227kJ/kg （1250kcal/m³）	0.1786kgce/m³
	b. 重油催化裂解煤气	19235kJ/kg （4600kcal/m³）	0.6571kgce/m³
	c. 重油热裂解煤气	35544kJ/kg （8500kcal/m³）	1.2143kgce/m³
	d. 焦炭制气	16308kJ/kg （3900kcal/m³）	0.5571kgce/m³
	e. 压力气化煤气	15054kJ/kg （3600kcal/m³）	0.5143kgce/m³
	f. 水煤气	10454kJ/kg （2500kcal/m³）	0.3571kgce/m³
粗苯		41816kJ/kg （10000kcal/kg）	1.4286kgce/kg
热力（当量值）		—	0.03412kgce/MJ
电力（当量值）		3600kJ/（kW·h）　［860kcal/（kW·h）］	0.1229kgce/（kW·h）
电力（等价值）		按当年火电发电标准煤耗计算	
蒸汽（低压）		3763MJ/t（900Mcal/t）	0.1286kgce/kg

四、耗能工质能源等价值

品　种	单位耗能工质耗能量	折标准煤系数
新水	2.51MJ/t（600kcal/t）	0.0857kgce/t
软水	14.23MJ/t（3400kcal/t）	0.4857kgce/t
除氧水	28.45MJ/t（6800kcal/t）	0.9714kgce/t
压缩空气	1.17MJ/m³（280kcal/m³）	0.0400kgce/m³
鼓风	0.88MJ/m3（210kcal/m³）	0.0300kgce/m³
氧气	11.72MJ/m³（2800kcal/m³）	0.4000kgce/m³
氮气（做副产品时）	11.72MJ/m³（2800kcal/m³）	0.4000kgce/m³
氮气（做主产品时）	19.66MJ/m³（4700kcal/m³）	0.6714kgce/m³
二氧化碳气	6.28MJ/m³（1500kcal/t）	0.2143kgce/m³
乙炔	243.67MJ/m³	8.3143kgce/m³
电石	60.92MJ/kg	2.0786kgce/kg

五、常用金属的主要物理性质

物　　质		温度 (℃)	比重 (kg/m³)	比热 (Kcal/kg·℃)	导热系数 (kcal/m·h·℃)	导温系数 (m²/h)
纯铝		20	2710	0.214	196	0.340
硬铝 94－96Al，3－5Cn，0.5Mg		"	2790	0.211	141	0.240
铝镁合金 91－95Al，5－9M91－95g		"	2610	0.216	97	0.173
硅铬明合金 87Al，13Si		"	2660	0.208	141	0.258
硅铝明合金 86.5Al，12.5Si，1Cu		"	2660	0.207	118	0.215
铅		"	11370	0.031	30	0.086
纯铁		"	7900	0.108	42	0.073
锻铁（C<0.5%）		"	7850	0.11	51	0.059
铸铁（C<4%）		"	7270	0.10	45	0.062
碳钢	钢（C<1.5%） 0.5C	"	7830	0.111	46	0.053
	1.0C	"	7800	0.113	37	0.042
	1.5C	"	7750	0.116	31	0.035
	微量 Ni	"	7900	0.108	62	0.073
	10Ni	"	7950	0.11	22	0.026
镍钢	20Ni	"	7990	0.11	16	0.019
	50Ni	"	8270	0.11	12	0.013
	80Ni	"	8620	0.11	30	0.032
锻钢 36Ni		"	8140	0.11	9.2	0.010
铬钢微量 Cr		"	7900	0.108	62	0.073
1Cr		"	7870	0.11	52	0.060

物　质	温度 (℃)	比重 (kg/m³)	比热 (Kcal/kg.℃)	导热系数 (kcal/m·h·℃)	导温系数 (m²/h)
2Cr	″	7870	0.11	45	0.052
10Cr	″	7790	0.11	27	0.031
铬镍钢18Cr, 8Ni	″	7820	0.11	14	0.016
镍铬钢8Ni, 15Cr	″	8520	0.11	15	0.016
铝铬硅钢耐热钢86Cr, 1.5Al, 0.5Si	″	7720	0.117	19	0.022
锰钢1Mn	″	7870	0.11	43	0.050
2Mn	″	7870	0.11	33	0.035
10Mn	″	7870	0.11	15	0.018
钨钢2W	″	7960	0.106	54	0.063
硅钢1Si	″	7770	0.11	36	0.042
2Si	″	7670	0.11	27	0.032
5Si	″	7420	0.11	16	0.020
纯铜	″	8960	0.0915	332	0.404
铝青铜95CU, 5Al	″	8670	0.098	71	0.084
青铜75CU, 25Sn	″	8670	0.082	22	0.031
红铜85CU, 9Sn, 6Zn	″	7410	0.092	52	0.065
七三黄铜70Cu, 30Zn	″	8520	0.092	95	0.123
锌白铜62Cu, 15Ni, 22Zn	″	8620	0.094	21	0.027
康铜60Cu, 40Ni	″	8920	0.098	19	0.022
镁（纯）	″	1750	0.224	147	0.349
钼	″	10220	0.062	118	0.193
纯镍（99.9%）	″	8910	0.1005	77	0.082

物 质	温度 （℃）	比重 （kg／m³）	比热 （Kcal／kg.℃）	导热系数 （kcal／m·h·℃）	导温系数 （m²／h）
不纯的镍（99.2%）	"	9910	0.106	60	0.063
镍铬合金90Ni，10Cr	"	8670	0.106	15	0.016
最纯的银	"	10530	0.0559	360	0.613
纯银（99.9%）	"	10530	0.0559	350	0.596
钨	"	19350	0.0321	140	0.226
锌	"	7140	0.0918	96	0.148
锡	"	7310	0.0541	55	0.14
金	0	19290	0.0309	267	0.448
铂	0	21445	0.0313	60	0.448
铂铱合金90Pt，10Ir	0	21615		26.6	
镍铝合金95Ni，2Al，2MG，1Si	100	8150		25.5	
镍铬合金A80Ni，20Cr	100	8300		11.9	

六、一些金属在各种温度下的导热系数

名称	在下列温度下的导热系数（akcalm·h·℃）									
	0℃	100℃	200℃	300℃	500℃	600℃	700℃	800℃	1000℃	1200℃
镍	174	177	197	254	319	364	—	—	—	—
铜	397	331	327	322	311	307	—	—	—	—
软钢	54	50	47	46	42	38	38	39	36	42
硬钢	37	36	35	34	32	29	27	26	27	28
合金钢	16	16	17	18	14	20	20	20	21	22
铸铁	47	42	30	34	67	82	—	—	—	—

七、固体表面的辐射率（法线方向）

固体表面	温度（℃）	辐射率 ε
铝：①高纯底，高度抛光	227~577	0.039~0.057
②粗糙面	37	0.055~0.07
③氧化铝	499~826	0.42~0.26
黄铜：①高度抛光	246~356	0.028~0.031
②压延面	22	0.06
③氧化面（600℃）	199~300	0.01~0.59
铜：①电解铜，高度抛光	80	0.018
②市场上供应的铜，光滑表面	22	0.072
③厚的氧化薄膜	25	0.78
④熔融状态	1080~1273	0.16~0.13
铁和钢（不锈钢除外）		
①铁的抛光面	426~1026	0.14~0.38
②铸铁的抛光面	200	0.21
③钢的抛光面	100	0.096
④氧化铁	100	0.74
⑤熔融铸铁	1300~1400	0.29
铅：氧化灰色面	24	0.28
水银	0~100	0.09~0.12
镍：抛光面	100	0.072
镍铬耐热合金线：①光泽表面	50~1000	0.65~0.79
②氧化面	50~500	0.95~0.98
铂：①抛光面	227~627	0.054~0.104
②铂丝	27~1226	0.038~0.192
银：抛光面	38~371	0.022~0.031
不锈钢：①抛光面	100	0.074
②18-8，褐色面	215~490	0.44~0.36
钨：钨丝	3315	0.39
氧化铝：①粒径10μ（微米）	1010~1560	0.30~0.18
②粒径100μ（微米）		0.50~0.40
石棉：①板	23	0.96
②纸	38~370	0.93~0.94
砖：①没有凹凸的红砖	23	0.93
②耐火砖	1000	0.75

固体表面	温度（℃）	辐射率 ε
碳：①碳极	1040~1406	0.526
②粗面板	100~500	0.77~0.72
③石墨	100~500	0.76~0.71
④灯黑（水玻璃覆隐）	98~227	0.96~0.95
玻璃：①光滑面	23	0.94
②硼硅酸玻璃等	260~540	约0.95~0.85
涂料装饰面：①油性涂料	100	0.92~0.96
②黑或白油漆	38~93	0.80~0.95
纸：附着在镀锡铁皮上	19	0.92~0.94
石英：粗糙面	22	0.93
橡胶：橡胶厚板	24	0.94

八、生活水准和能源消耗（公斤标准煤）

类别	项目	国外提出的现代化最低标准	人年平均产值约480~490美元时标准	中国式现代化标准
衣	衣　料	108	27	70~80
	制成衣服	108	27	70~80
食	食　料	323	265	300~320
	家制食品燃料			
	社会制食品燃料			
住行	住宅制造与维修	323	215.2（其中取暖50）	320~340
	车辆制造燃料	215	39.2	100~120
其他	热　水	646	147.6	440~460
	暖			
	电			
	文娱等项			
合　计		1723	721	1300~1400

九、常用保温材料及制品性能

类别	材料及制品名称	使用温度（℃）	容重（Kg/m³）	导热系数（kcal/m.h.℃）	耐压温度（kgf/cm²）	备注
岩棉类	岩棉缝板	≤600	100	0.027+0.00017t		导热系数小、质轻、防震、耐腐蚀、结构热损少、施工方便
	岩棉保温带	200	126	0.035+0.00016t		
硅酸钙类	微孔硅酸钙	<650	230	0.035~0.042	5~7	导热系数小、容重径、强度高、使用温度高、是良好的保温材料。缺点，吸水率高
珍珠岩类	膨胀珍珠岩散料	~256~800	81~120	0.025~0.029		导热系数小、制品容重偏高、破碎率很高、结构热损大、吸水率高
	水泥珍珠岩管壳及板	<600	200~300	0.045+0.00031t	5~12	
	水玻璃珍珠岩管壳及板	<650	250~400	0.052+0.00012t	6~10	
玻璃纤维类	酚醛玻璃棉管壳	~20~250	120~150	0.037+0.00051t		导热率小、吸水率小、化学稳定、无毒、价廉寿命长、但刺人
	沥青玻璃棉毡	~20~250	80~120	0.037+0.00051t		
	玻璃布贴面及玻璃棉毡	~20~250	<90	0.037+0.00015t		不刺人、其余同上
	有碱超细玻璃棉毡	~100~450	18~30	0.028+0.0002t		
矿渣棉类	普通矿渣棉	<650	110~130	0.037~0.045		导热系数小、质轻、耐高温、价廉、不燃、化学稳定、但刺人
	沥青矿渣棉毡	<250	100~125	0.032~0.042		
	酚醛树脂矿渣棉管壳	<300	150~180	0.036~0.042		
蛭石类	膨胀蛭石	~20~1000	80~280	0.045~0.06		耐高温、强度高、价廉、导热系数大、耐酸性差、吸水率大
	水泥蛭石管壳	<600	430~500	0.0803+0.000215t	>2.5	

类别	材料及制品名称	使用温度(℃)	容重(Kg/m³)	导热系数(kcal/m.h.℃)	耐压温度(kgf/cm²)	备注
硅藻土类	硅藻土保温板	<900	<550	$0.054+0.00012t$	5	导热系数大、容重大、吸水率大、强度高、耐高温
	石棉硅藻土胶泥		<660	$0.13+0.00012t$		
石棉类	石棉绳	<500	500~730	0.06~0.18		导热系数大、容重大、保温性能差
	石棉类藻土	≤200	≥660	$0.13+0.00012t$		

十、水在主要杂质种类及危害

杂质名称	化学分子式	在水中存在的状态	造成的危害	处理方法	备注
砂土		悬浮物或胶体物	阻塞处理设备，造成锅炉结垢、沉渣及汽水共腾	沉清或凝聚沉清	
二氧化碳	CO_2	溶解气体	降低水的PH值造成酸性腐蚀	碱重和除二氧化碳	
氧	O_2	溶解气体	腐蚀锅炉管道	除氧	是腐蚀、点蚀的主要原因
重碳酸钙	$Ca(HCO_3)_2$	溶解盐	锅炉管、加热器及冷却设备的结垢	药剂软化、离子交换	是结垢的主要原因
碳酸钙	$CaCO_3$	沉淀物（水垢）			
硫酸钙	$CaSO_4$	溶解盐			
重碳酸镁	$Mg(HCO_3)_2$	溶解盐	锅炉管、加热器及冷却设备结垢，$MgCl_2$还有腐蚀性	药剂软化、离子交换	是结垢的主要原因
碳酸镁	$MgCO_3$	溶解盐			
硫酸镁	$MgSO_4$	溶解盐			
氯化镁	$MgCl_2$	溶解盐			

杂质名称	化学分子式	在水中存在的状态	造成的危害	处理方法	备注
二氧化硅	SiO_2	胶体物	锅炉过热器管、汽机叶片	凝聚沉清、过滤、镁剂、除硅、离子交换	是高参数机组结盐垢的主要原因
硅酸钠	Na_2SiO_3	溶解盐	结硬垢		
重碳酸铁	$Fe(HCO_3)_2$	溶解盐	沉渣或结垢	曝气过滤、氧化过滤、药剂软化、离子交换、PH值调整过滤	锰和铝也同时被除掉
重碳酸钠	$NaHCO_3$	溶解盐	除NaCl外，所有钠盐都能造成碱腐蚀，汽水携带，加大锅炉排污量	离子交换、蒸馏、电渗析	
碳酸钠	Na_2CO_3	溶解盐			
氢氧化钠	$NaOH$	溶解盐			
氯化钠	$NaCl$	溶解盐			

注：1. 在热力设备水侧的受热面上生成的一层固体附着物，称为水垢；汽测受热面上生成的固体附着物，则称为盐垢。

2. 水中某些杂质会腐蚀它所接触的金属面，不但缩短设备的使用寿命，金属腐蚀的产物混入水中，又加剧受热面的结垢。这两种现象统称为结垢。

3. 蒸汽携带是指炉水中的盐类，不受汽水分离器的影响，直接被带入蒸汽中。蒸汽对水中各种盐的溶解度也增强。因此，这些盐也就在汽相和水间平衡分配着。

十一、水垢厚度与燃料损失率的关系

水垢厚度（毫米）	0.5	1	2	3	4	5	6
燃料损失率（%）	1.1	2.2	4	4.7	6.4	6.8	8.2

节能监察

ENERGY CONSERVATION
SUPERVISION PRACTICE

节能监察实务

【法律法规】

国家发展和改革委员会环资司
国家节能中心　编著

中国发展出版社
CHINA DEVELOPMENT PRESS

图书在版编目（CIP）数据

节能监察实务（全3册）/国家发展和改革委员会环资司，国家节能中心编著．—北京：中国发展出版社，2016.9

ISBN 978 - 7 - 5177 - 0490 - 4

Ⅰ.①节… Ⅱ.①国… ②国… Ⅲ.①节能—监管制度—中国—实务 Ⅳ.①TK01 - 62

中国版本图书馆 CIP 数据核字（2016）第 068438 号

书　　　名：节能监察实务（全3册）：法律法规
著作责任者：国家发展和改革委员会环资司　国家节能中心
出 版 发 行：中国发展出版社
　　　　　　（北京市西城区百万庄大街 16 号 8 层　100037）

标 准 书 号：ISBN 978 - 7 - 5177 - 0490 - 4
经 　销 　者：各地新华书店
印 　刷 　者：三河市东方印刷有限公司
开　　　本：787mm×1092mm　1/16
印　　　张：72.25
字　　　数：1232 千字
版　　　次：2016 年 9 月第 1 版
印　　　次：2016 年 9 月第 1 次印刷
定　　　价：198.00 元

联 系 电 话：(010) 68990642　68990692
购 书 热 线：(010) 68990682　68990686
网 络 订 购：http://zgfzcbs.tmall.com//
网 购 电 话：(010) 68990639　88333349
本 社 网 址：http://www.develpress.com.cn
电 子 邮 件：fazhanreader@163.com

前　言

　　节能监察是我国节能管理体系的重要组成部分，是全面贯彻落实节能法律、法规、规章和强制性节能标准的有效措施，是促进用能单位加强节能管理、提高能效水平的重要手段。为加强节能监察工作，推进节能行政执法，近年来各地成立了节能监察机构，目前已有省、市、县三级节能监察机构近2000个，在编人数约16000人。各级节能监察机构围绕实现地方节能目标、落实节能管理制度情况、强制性节能标准实施情况、淘汰落后制度执行情况等开展了一系列节能监察，在督促用能单位加强节能管理、落实节能措施、提高能源利用效率等方面发挥了重要作用。

　　节能监察是一项专业技术性强、规范程度要求高的行政执法工作。目前全国已有北京、上海、山东、河北、河南等12个省（市、区）出台了节能监察办法，一些地市如南京市、石家庄市颁布了节能监察条例，但是大部分省（市、区）仍然没有出台节能监察办法，全国的节能监察工作存在着执法依据不足、执法方式和程序不统一、执法行为不够规范、监察人员素质尚待提高等问题。2016年1月15日，国家发展和改革委员会正式发布了《节能监察办法》，自2016年3月1日起施行。为指导各地贯彻落实《节能监察办法》，做好节能监察工作，我们组织编写了《节能监察实务》。在编写过程中，我们通过调研吸收了各地节能监察机构开展行政执法的经验和建议，深入研究了节能监察工作的新要求，考虑了节能行政执法的新思路，在地方开展节能监察实践经验的基础上，对节能监察内容、执法依据、节能监察方法、执法程序、执法文书等方面做了进一步的完善；在全国范围内征集了节能监察执法案例，编辑收录了固定资产投资项目节能评估和审查制度落实情况监察、用能设备和生产工艺淘汰制度执行情况监察、单位产品能耗限额及其他强制性节能标准执行情况监察、重点用能单位监察、能源效率标识制度实施情况监察、建筑节能监察、公共机构节能监察、交通运输领域监察、第三方节能咨询服务机构监察等9大类共24个案例。同时，我们对节能监察相关的法律、法规进行了汇编。

本书中节能监察的具体内容、编录的节能监察执法案例及法律法规汇编的有机结合，使本书具有较强的操作性、实用性和指导性，特别是对新设立的节能监察机构或刚走上节能监察工作岗位的新人尽快熟悉和开展节能监察工作，大有裨益。通过本书，我们希望规范全国各级节能监察机构的节能监察执法程序，进一步规范节能监察执法行为，创新节能执法理念，为强化节能监察工作，切实贯彻节能法律法规，推动用能单位提高能源利用效率发挥应用作用。

本书的编写得到了山东省节能监察总队、上海市节能监察中心、浙江省能源监察总队、湖北省节能监察中心和其他省市节能监察机构的大力支持和帮助，在此一并表示感谢。尽管我们在编写过程中尽了最大努力，但难免存在一些不足，希望各地节能监察机构在使用过程中，注意及时发现和反映问题，提出修改完善的具体意见和建议，使本书能随着节能监察工作的不断深入而日臻完善，成为指导全国各级节能监察机构开展节能监察工作的宝典。

本书编委会
2016年9月

目 录

三、节能监察相关规范性文件及政策

一

节能监察相关法律

中华人民共和国节约能源法

全国人民代表大会常务委员会关于修改《中华人民共和国节约能源法》等六部法律的决定（2016 年 7 月 2 日第十二届全国人民代表大会常务委员会第二十一次会议通过）

第一章　总　则

第一条　为了推动全社会节约能源，提高能源利用效率，保护和改善环境，促进经济社会全面协调可持续发展，制定本法。

第二条　本法所称能源，是指煤炭、石油、天然气、生物质能和电力、热力以及其他直接或者通过加工、转换而取得有用能的各种资源。

第三条　本法所称节约能源（以下简称节能），是指加强用能管理，采取技术上可行、经济上合理以及环境和社会可以承受的措施，从能源生产到消费的各个环节，降低消耗、减少损失和污染物排放、制止浪费，有效、合理地利用能源。

第四条　节约资源是我国的基本国策。国家实施节约与开发并举、把节约放在首位的能源发展战略。

第五条　国务院和县级以上地方各级人民政府应当将节能工作纳入国民经济和社会发展规划、年度计划，并组织编制和实施节能中长期专项规划、年度节能计划。

国务院和县级以上地方各级人民政府每年向本级人民代表大会或者其常务委员会报告节能工作。

第六条　国家实行节能目标责任制和节能考核评价制度，将节能目标完成情况作为对地方人民政府及其负责人考核评价的内容。

省、自治区、直辖市人民政府每年向国务院报告节能目标责任的履行情况。

第七条　国家实行有利于节能和环境保护的产业政策，限制发展高耗能、高污染行业，发展节能环保型产业。

国务院和省、自治区、直辖市人民政府应当加强节能工作，合理调整产业结构、企业结构、产品结构和能源消费结构，推动企业降低单位产值能耗和单位产品能耗，淘汰落后的生产能力，改进能源的开发、加工、转换、输送、储存和供应，提高能源利用效率。

国家鼓励、支持开发和利用新能源、可再生能源。

第八条　国家鼓励、支持节能科学技术的研究、开发、示范和推广，促进节能技术创新与进步。

国家开展节能宣传和教育，将节能知识纳入国民教育和培训体系，普及节能科学知识，增强全民的节能意识，提倡节约型的消费方式。

第九条　任何单位和个人都应当依法履行节能义务，有权检举浪费能源的行为。

新闻媒体应当宣传节能法律、法规和政策，发挥舆论监督作用。

第十条　国务院管理节能工作的部门主管全国的节能监督管理工作。国务院有关部门在各自的职责范围内负责节能监督管理工作，并接受国务院管理节能工作的部门的指导。

县级以上地方各级人民政府管理节能工作的部门负责本行政区域内的节能监督管理工作。县级以上地方各级人民政府有关部门在各自的职责范围内负责节能监督管理工作，并接受同级管理节能工作的部门的指导。

第二章　节能管理

第十一条　国务院和县级以上地方各级人民政府应当加强对节能工作的领导，部署、协调、监督、检查、推动节能工作。

第十二条　县级以上人民政府管理节能工作的部门和有关部门应当在各自的职责范围内，加强对节能法律、法规和节能标准执行情况的监督检查，依法查处违法用能行为。

履行节能监督管理职责不得向监督管理对象收取费用。

第十三条　国务院标准化主管部门和国务院有关部门依法组织制定并适时修订有关节能的国家标准、行业标准，建立健全节能标准体系。

国务院标准化主管部门会同国务院管理节能工作的部门和国务院有关部门制定强制性的用能产品、设备能源效率标准和生产过程中耗能高的产品的单位产品能耗限额标准。

国家鼓励企业制定严于国家标准、行业标准的企业节能标准。

省、自治区、直辖市制定严于强制性国家标准、行业标准的地方节能标准，由省、自治区、直辖市人民政府报经国务院批准；本法另有规定的除外。

第十四条 建筑节能的国家标准、行业标准由国务院建设主管部门组织制定，并依照法定程序发布。

省、自治区、直辖市人民政府建设主管部门可以根据本地实际情况，制定严于国家标准或者行业标准的地方建筑节能标准，并报国务院标准化主管部门和国务院建设主管部门备案。

第十五条 国家实行固定资产投资项目节能评估和审查制度。不符合强制性节能标准的项目，建设单位不得开工建设；已经建成的，不得投入生产、使用。政府投资项目不符合强制性节能标准的，依法负责项目审批的机关不得批准建设。具体办法由国务院管理节能工作的部门会同国务院有关部门制定。

第十六条 国家对落后的耗能过高的用能产品、设备和生产工艺实行淘汰制度。淘汰的用能产品、设备、生产工艺的目录和实施办法，由国务院管理节能工作的部门会同国务院有关部门制定并公布。

生产过程中耗能高的产品的生产单位，应当执行单位产品能耗限额标准。对超过单位产品能耗限额标准用能的生产单位，由管理节能工作的部门按照国务院规定的权限责令限期治理。

对高耗能的特种设备，按照国务院的规定实行节能审查和监管。

第十七条 禁止生产、进口、销售国家明令淘汰或者不符合强制性能源效率标准的用能产品、设备；禁止使用国家明令淘汰的用能设备、生产工艺。

第十八条 国家对家用电器等使用面广、耗能量大的用能产品，实行能源效率标识管理。实行能源效率标识管理的产品目录和实施办法，由国务院管理节能工作的部门会同国务院产品质量监督部门制定并公布。

第十九条 生产者和进口商应当对列入国家能源效率标识管理产品目录的用能产品标注能源效率标识，在产品包装物上或者说明书中予以说明，并按照规定报国务院产品质量监督部门和国务院管理节能工作的部门共同授权的机构备案。

生产者和进口商应当对其标注的能源效率标识及相关信息的准确性负责。禁止销售应当标注而未标注能源效率标识的产品。

禁止伪造、冒用能源效率标识或者利用能源效率标识进行虚假宣传。

第二十条　用能产品的生产者、销售者，可以根据自愿原则，按照国家有关节能产品认证的规定，向经国务院认证认可监督管理部门认可的从事节能产品认证的机构提出节能产品认证申请；经认证合格后，取得节能产品认证证书，可以在用能产品或者其包装物上使用节能产品认证标志。

禁止使用伪造的节能产品认证标志或者冒用节能产品认证标志。

第二十一条　县级以上各级人民政府统计部门应当会同同级有关部门，建立健全能源统计制度，完善能源统计指标体系，改进和规范能源统计方法，确保能源统计数据真实、完整。

国务院统计部门会同国务院管理节能工作的部门，定期向社会公布各省、自治区、直辖市以及主要耗能行业的能源消费和节能情况等信息。

第二十二条　国家鼓励节能服务机构的发展，支持节能服务机构开展节能咨询、设计、评估、检测、审计、认证等服务。

国家支持节能服务机构开展节能知识宣传和节能技术培训，提供节能信息、节能示范和其他公益性节能服务。

第二十三条　国家鼓励行业协会在行业节能规划、节能标准的制定和实施、节能技术推广、能源消费统计、节能宣传培训和信息咨询等方面发挥作用。

第三章　合理使用与节约能源

第一节　一般规定

第二十四条　用能单位应当按照合理用能的原则，加强节能管理，制定并实施节能计划和节能技术措施，降低能源消耗。

第二十五条　用能单位应当建立节能目标责任制，对节能工作取得成绩的集体、个人给予奖励。

第二十六条　用能单位应当定期开展节能教育和岗位节能培训。

第二十七条　用能单位应当加强能源计量管理，按照规定配备和使用经依法检定合格的能源计量器具。

用能单位应当建立能源消费统计和能源利用状况分析制度，对各类能源的消费实行分类计量和统计，并确保能源消费统计数据真实、完整。

第二十八条　能源生产经营单位不得向本单位职工无偿提供能源。任何单位不得对能源消费实行包费制。

第二节　工业节能

第二十九条　国务院和省、自治区、直辖市人民政府推进能源资源优化开发利用和合理配置，推进有利于节能的行业结构调整，优化用能结构和企业布局。

第三十条　国务院管理节能工作的部门会同国务院有关部门制定电力、钢铁、有色金属、建材、石油加工、化工、煤炭等主要耗能行业的节能技术政策，推动企业节能技术改造。

第三十一条　国家鼓励工业企业采用高效、节能的电动机、锅炉、窑炉、风机、泵类等设备，采用热电联产、余热余压利用、洁净煤以及先进的用能监测和控制等技术。

第三十二条　电网企业应当按照国务院有关部门制定的节能发电调度管理的规定，安排清洁、高效和符合规定的热电联产、利用余热余压发电的机组以及其他符合资源综合利用规定的发电机组与电网并网运行，上网电价执行国家有关规定。

第三十三条　禁止新建不符合国家规定的燃煤发电机组、燃油发电机组和燃煤热电机组。

第三节　建筑节能

第三十四条　国务院建设主管部门负责全国建筑节能的监督管理工作。

县级以上地方各级人民政府建设主管部门负责本行政区域内建筑节能的监督管理工作。

县级以上地方各级人民政府建设主管部门会同同级管理节能工作的部门编制本行政区域内的建筑节能规划。建筑节能规划应当包括既有建筑节能改造计划。

第三十五条　建筑工程的建设、设计、施工和监理单位应当遵守建筑节能标准。

不符合建筑节能标准的建筑工程，建设主管部门不得批准开工建设；已经开工建设的，应当责令停止施工、限期改正；已经建成的，不得销售或者使用。

建设主管部门应当加强对在建建筑工程执行建筑节能标准情况的监督检查。

第三十六条　房地产开发企业在销售房屋时，应当向购买人明示所售房屋的节能措施、保温工程保修期等信息，在房屋买卖合同、质量保证书和使用说明书中载明，并对其真实性、准确性负责。

第三十七条　使用空调采暖、制冷的公共建筑应当实行室内温度控制制度。具体办法由国务院建设主管部门制定。

第三十八条　国家采取措施，对实行集中供热的建筑分步骤实行供热分户计量、按照用热量收费的制度。新建建筑或者对既有建筑进行节能改造，应当按照规定安装用热计量装置、室内温度调控装置和供热系统调控装置。具体办法由国务院建设主管部门会同国务院有关部门制定。

第三十九条　县级以上地方各级人民政府有关部门应当加强城市节约用电管理，严格控制公用设施和大型建筑物装饰性景观照明的能耗。

第四十条　国家鼓励在新建建筑和既有建筑节能改造中使用新型墙体材料等节能建筑材料和节能设备，安装和使用太阳能等可再生能源利用系统。

第四节　交通运输节能

第四十一条　国务院有关交通运输主管部门按照各自的职责负责全国交通运输相关领域的节能监督管理工作。

国务院有关交通运输主管部门会同国务院管理节能工作的部门分别制定相关领域的节能规划。

第四十二条　国务院及其有关部门指导、促进各种交通运输方式协调发展和有效衔接，优化交通运输结构，建设节能型综合交通运输体系。

第四十三条　县级以上地方各级人民政府应当优先发展公共交通，加大对公共交通的投入，完善公共交通服务体系，鼓励利用公共交通工具出行；鼓励使用非机动交通工具出行。

第四十四条　国务院有关交通运输主管部门应当加强交通运输组织管理，引导道路、水路、航空运输企业提高运输组织化程度和集约化水平，提高能源利用效率。

第四十五条　国家鼓励开发、生产、使用节能环保型汽车、摩托车、铁路机车车辆、船舶和其他交通运输工具，实行老旧交通运输工具的报废、更新制度。

国家鼓励开发和推广应用交通运输工具使用的清洁燃料、石油替代燃料。

第四十六条 国务院有关部门制定交通运输营运车船的燃料消耗量限值标准；不符合标准的，不得用于营运。

国务院有关交通运输主管部门应当加强对交通运输营运车船燃料消耗检测的监督管理。

第五节 公共机构节能

第四十七条 公共机构应当厉行节约，杜绝浪费，带头使用节能产品、设备，提高能源利用效率。

本法所称公共机构，是指全部或者部分使用财政性资金的国家机关、事业单位和团体组织。

第四十八条 国务院和县级以上地方各级人民政府管理机关事务工作的机构会同同级有关部门制定和组织实施本级公共机构节能规划。公共机构节能规划应当包括公共机构既有建筑节能改造计划。

第四十九条 公共机构应当制定年度节能目标和实施方案，加强能源消费计量和监测管理，向本级人民政府管理机关事务工作的机构报送上年度的能源消费状况报告。

国务院和县级以上地方各级人民政府管理机关事务工作的机构会同同级有关部门按照管理权限，制定本级公共机构的能源消耗定额，财政部门根据该定额制定能源消耗支出标准。

第五十条 公共机构应当加强本单位用能系统管理，保证用能系统的运行符合国家相关标准。

公共机构应当按照规定进行能源审计，并根据能源审计结果采取提高能源利用效率的措施。

第五十一条 公共机构采购用能产品、设备，应当优先采购列入节能产品、设备政府采购名录中的产品、设备。禁止采购国家明令淘汰的用能产品、设备。

节能产品、设备政府采购名录由省级以上人民政府的政府采购监督管理部门会同同级有关部门制定并公布。

第六节 重点用能单位节能

第五十二条 国家加强对重点用能单位的节能管理。

下列用能单位为重点用能单位：

（一）年综合能源消费总量一万吨标准煤以上的用能单位；

（二）国务院有关部门或者省、自治区、直辖市人民政府管理节能工作的部门指定的年综合能源消费总量五千吨以上不满一万吨标准煤的用能单位。

重点用能单位节能管理办法，由国务院管理节能工作的部门会同国务院有关部门制定。

第五十三条　重点用能单位应当每年向管理节能工作的部门报送上年度的能源利用状况报告。能源利用状况包括能源消费情况、能源利用效率、节能目标完成情况和节能效益分析、节能措施等内容。

第五十四条　管理节能工作的部门应当对重点用能单位报送的能源利用状况报告进行审查。对节能管理制度不健全、节能措施不落实、能源利用效率低的重点用能单位，管理节能工作的部门应当开展现场调查，组织实施用能设备能源效率检测，责令实施能源审计，并提出书面整改要求，限期整改。

第五十五条　重点用能单位应当设立能源管理岗位，在具有节能专业知识、实际经验以及中级以上技术职称的人员中聘任能源管理负责人，并报管理节能工作的部门和有关部门备案。

能源管理负责人负责组织对本单位用能状况进行分析、评价，组织编写本单位能源利用状况报告，提出本单位节能工作的改进措施并组织实施。

能源管理负责人应当接受节能培训。

第四章　节能技术进步

第五十六条　国务院管理节能工作的部门会同国务院科技主管部门发布节能技术政策大纲，指导节能技术研究、开发和推广应用。

第五十七条　县级以上各级人民政府应当把节能技术研究开发作为政府科技投入的重点领域，支持科研单位和企业开展节能技术应用研究，制定节能标准，开发节能共性和关键技术，促进节能技术创新与成果转化。

第五十八条　国务院管理节能工作的部门会同国务院有关部门制定并公布节能技术、节能产品的推广目录，引导用能单位和个人使用先进的节能技术、节能产品。

国务院管理节能工作的部门会同国务院有关部门组织实施重大节能科研项目、节能示范项目、重点节能工程。

第五十九条　县级以上各级人民政府应当按照因地制宜、多能互补、综合利用、讲求效益的原则，加强农业和农村节能工作，增加对农业和农村节能技术、节能产品推广应用的资金投入。

农业、科技等有关主管部门应当支持、推广在农业生产、农产品加工储运等方面应用节能技术和节能产品，鼓励更新和淘汰高耗能的农业机械和渔业船舶。

国家鼓励、支持在农村大力发展沼气，推广生物质能、太阳能和风能等可再生能源利用技术，按照科学规划、有序开发的原则发展小型水力发电，推广节能型的农村住宅和炉灶等，鼓励利用非耕地种植能源植物，大力发展薪炭林等能源林。

第五章　激励措施

第六十条　中央财政和省级地方财政安排节能专项资金，支持节能技术研究开发、节能技术和产品的示范与推广、重点节能工程的实施、节能宣传培训、信息服务和表彰奖励等。

第六十一条　国家对生产、使用列入本法第五十八条规定的推广目录的需要支持的节能技术、节能产品，实行税收优惠等扶持政策。

国家通过财政补贴支持节能照明器具等节能产品的推广和使用。

第六十二条　国家实行有利于节约能源资源的税收政策，健全能源矿产资源有偿使用制度，促进能源资源的节约及其开采利用水平的提高。

第六十三条　国家运用税收等政策，鼓励先进节能技术、设备的进口，控制在生产过程中耗能高、污染重的产品的出口。

第六十四条　政府采购监督管理部门会同有关部门制定节能产品、设备政府采购名录，应当优先列入取得节能产品认证证书的产品、设备。

第六十五条　国家引导金融机构增加对节能项目的信贷支持，为符合条件的节能技术研究开发、节能产品生产以及节能技术改造等项目提供优惠贷款。

国家推动和引导社会有关方面加大对节能的资金投入，加快节能技术改造。

第六十六条　国家实行有利于节能的价格政策，引导用能单位和个人节能。

国家运用财税、价格等政策，支持推广电力需求侧管理、合同能源管理、节能自愿协议等节能办法。

国家实行峰谷分时电价、季节性电价、可中断负荷电价制度，鼓励电力用户合理调整用电负荷；对钢铁、有色金属、建材、化工和其他主要耗能行业的企业，分淘汰、限制、允许和鼓励类实行差别电价政策。

第六十七条　各级人民政府对在节能管理、节能科学技术研究和推广应用中有显著成绩以及检举严重浪费能源行为的单位和个人，给予表彰和奖励。

第六章　法律责任

第六十八条　负责审批政府投资项目的机关违反本法规定，对不符合强制性节能标准的项目予以批准建设的，对直接负责的主管人员和其他直接责任人员依法给予处分。

固定资产投资项目建设单位开工建设不符合强制性节能标准的项目或者将该项目投入生产、使用的，由管理节能工作的部门责令停止建设或者停止生产、使用，限期改造；不能改造或者逾期不改造的生产性项目，由管理节能工作的部门报请本级人民政府按照国务院规定的权限责令关闭。

第六十九条　生产、进口、销售国家明令淘汰的用能产品、设备的，使用伪造的节能产品认证标志或者冒用节能产品认证标志的，依照《中华人民共和国产品质量法》的规定处罚。

第七十条　生产、进口、销售不符合强制性能源效率标准的用能产品、设备的，由产品质量监督部门责令停止生产、进口、销售，没收违法生产、进口、销售的用能产品、设备和违法所得，并处违法所得一倍以上五倍以下罚款；情节严重的，由工商行政管理部门吊销营业执照。

第七十一条　使用国家明令淘汰的用能设备或者生产工艺的，由管理节能工作的部门责令停止使用，没收国家明令淘汰的用能设备；情节严重的，可以由管理节能工作的部门提出意见，报请本级人民政府按照国务院规定的权限责令停业整顿或者关闭。

第七十二条　生产单位超过单位产品能耗限额标准用能，情节严重，经限期治理逾期不治理或者没有达到治理要求的，可以由管理节能工作的部门提出意见，报请本级人民政府按照国务院规定的权限责令停业整顿或者关闭。

第七十三条　违反本法规定，应当标注能源效率标识而未标注的，由产品质量监督部门责令改正，处三万元以上五万元以下罚款。

违反本法规定，未办理能源效率标识备案，或者使用的能源效率标识不符合规定的，由产品质量监督部门责令限期改正；逾期不改正的，处一万元以上三万元以下罚款。

伪造、冒用能源效率标识或者利用能源效率标识进行虚假宣传的，由产品质量监督部门责令改正，处五万元以上十万元以下罚款；情节严重的，由工商行政管理部门吊销营业执照。

第七十四条　用能单位未按照规定配备、使用能源计量器具的，由产品质量监督部门责令限期改正；逾期不改正的，处一万元以上五万元以下罚款。

第七十五条　瞒报、伪造、篡改能源统计资料或者编造虚假能源统计数据的，依照《中华人民共和国统计法》的规定处罚。

第七十六条　从事节能咨询、设计、评估、检测、审计、认证等服务的机构提供虚假信息的，由管理节能工作的部门责令改正，没收违法所得，并处五万元以上十万元以下罚款。

第七十七条　违反本法规定，无偿向本单位职工提供能源或者对能源消费实行包费制的，由管理节能工作的部门责令限期改正；逾期不改正的，处五万元以上二十万元以下罚款。

第七十八条　电网企业未按照本法规定安排符合规定的热电联产和利用余热余压发电的机组与电网并网运行，或者未执行国家有关上网电价规定的，由国家电力监管机构责令改正；造成发电企业经济损失的，依法承担赔偿责任。

第七十九条　建设单位违反建筑节能标准的，由建设主管部门责令改正，处二十万元以上五十万元以下罚款。

设计单位、施工单位、监理单位违反建筑节能标准的，由建设主管部门责令改正，处十万元以上五十万元以下罚款；情节严重的，由颁发资质证书的部门降低资质等级或者吊销资质证书；造成损失的，依法承担赔偿责任。

第八十条　房地产开发企业违反本法规定，在销售房屋时未向购买人明示所售房屋的节能措施、保温工程保修期等信息的，由建设主管部门责令限期改正，逾期不改正的，处三万元以上五万元以下罚款；对以上信息作虚假宣传的，由建设主管部门责令改正，处五万元以上二十万元以下罚款。

第八十一条　公共机构采购用能产品、设备，未优先采购列入节能产品、设备政府采购名录中的产品、设备，或者采购国家明令淘汰的用能产品、设备的，由政府采购监督管理部门给予警告，可以并处罚款；对直接负责的主管人员和其他直接责任人员依法给予处分，并予通报。

第八十二条　重点用能单位未按照本法规定报送能源利用状况报告或者报告内容不实的，由管理节能工作的部门责令限期改正；逾期不改正的，处一万元以上五万元以下罚款。

第八十三条　重点用能单位无正当理由拒不落实本法第五十四条规定的整改要求或者整改没有达到要求的，由管理节能工作的部门处十万元以上三十万元以下罚款。

第八十四条　重点用能单位未按照本法规定设立能源管理岗位，聘任能源管理负责人，并报管理节能工作的部门和有关部门备案的，由管理节能工作的部门责令改正；拒不改正的，处一万元以上三万元以下罚款。

第八十五条　违反本法规定，构成犯罪的，依法追究刑事责任。

第八十六条　国家工作人员在节能管理工作中滥用职权、玩忽职守、徇私舞弊，构成犯罪的，依法追究刑事责任；尚不构成犯罪的，依法给予处分。

第七章　附　则

第八十七条　本法自2008年4月1日起施行。

中华人民共和国可再生能源法

(2005 年 2 月 28 日第十届全国人民代表大会常务委员会第十四次会议通过　根据 2009 年 12 月 26 日第十一届全国人民代表大会常务委员会第十二次会议《关于修改〈中华人民共和国可再生能源法〉的决定》修正)

第一章　总　则

第一条　为了促进可再生能源的开发利用，增加能源供应，改善能源结构，保障能源安全，保护环境，实现经济社会的可持续发展，制定本法。

第二条　本法所称可再生能源，是指风能、太阳能、水能、生物质能、地热能、海洋能等非化石能源。

水力发电对本法的适用，由国务院能源主管部门规定，报国务院批准。

通过低效率炉灶直接燃烧方式利用秸秆、薪柴、粪便等，不适用本法。

第三条　本法适用于中华人民共和国领域和管辖的其他海域。

第四条　国家将可再生能源的开发利用列为能源发展的优先领域，通过制定可再生能源开发利用总量目标和采取相应措施，推动可再生能源市场的建立和发展。

国家鼓励各种所有制经济主体参与可再生能源的开发利用，依法保护可再生能源开发利用者的合法权益。

第五条　国务院能源主管部门对全国可再生能源的开发利用实施统一管理。国务院有关部门在各自的职责范围内负责有关的可再生能源开发利用管理工作。

县级以上地方人民政府管理能源工作的部门负责本行政区域内可再生能源开发利用的管理工作。县级以上地方人民政府有关部门在各自的职责范围内负责有关的可再生能源开发利用管理工作。

第二章　资源调查与发展规划

第六条　国务院能源主管部门负责组织和协调全国可再生能源资源的调查，并会同国务院有关部门组织制定资源调查的技术规范。

国务院有关部门在各自的职责范围内负责相关可再生能源资源的调查，调查结果报国务院能源主管部门汇总。

可再生能源资源的调查结果应当公布；但是，国家规定需要保密的内容除外。

第七条　国务院能源主管部门根据全国能源需求与可再生能源资源实际状况，制定全国可再生能源开发利用中长期总量目标，报国务院批准后执行，并予公布。

国务院能源主管部门根据前款规定的总量目标和省、自治区、直辖市经济发展与可再生能源资源实际状况，会同省、自治区、直辖市人民政府确定各行政区域可再生能源开发利用中长期目标，并予公布。

第八条　国务院能源主管部门会同国务院有关部门，根据全国可再生能源开发利用中长期总量目标和可再生能源技术发展状况，编制全国可再生能源开发利用规划，报国务院批准后实施。

国务院有关部门应当制定有利于促进全国可再生能源开发利用中长期总量目标实现的相关规划。

省、自治区、直辖市人民政府管理能源工作的部门会同本级人民政府有关部门，依据全国可再生能源开发利用规划和本行政区域可再生能源开发利用中长期目标，编制本行政区域可再生能源开发利用规划，经本级人民政府批准后，报国务院能源主管部门和国家电力监管机构备案，并组织实施。

经批准的规划应当公布；但是，国家规定需要保密的内容除外。

经批准的规划需要修改的，须经原批准机关批准。

第九条　编制可再生能源开发利用规划，应当遵循因地制宜、统筹兼顾、合理布局、有序发展的原则，对风能、太阳能、水能、生物质能、地热能、海洋能等可再生能源的开发利用作出统筹安排。规划内容应当包括发展目标、主要任务、区域布局、重点项目、实施进度、配套电网建设、服务体系和保障措施等。

组织编制机关应当征求有关单位、专家和公众的意见，进行科学论证。

第三章　产业指导与技术支持

第十条　国务院能源主管部门根据全国可再生能源开发利用规划，制定、公布可再生能源产业发展指导目录。

第十一条　国务院标准化行政主管部门应当制定、公布国家可再生能源电力的并网技术标准和其他需要在全国范围内统一技术要求的有关可再生能源技术和产品的国家标准。

对前款规定的国家标准中未作规定的技术要求，国务院有关部门可以制定相关的行业标准，并报国务院标准化行政主管部门备案。

第十二条　国家将可再生能源开发利用的科学技术研究和产业化发展列为科技发展与高技术产业发展的优先领域，纳入国家科技发展规划和高技术产业发展规划，并安排资金支持可再生能源开发利用的科学技术研究、应用示范和产业化发展，促进可再生能源开发利用的技术进步，降低可再生能源产品的生产成本，提高产品质量。

国务院教育行政部门应当将可再生能源知识和技术纳入普通教育、职业教育课程。

第四章　推广与应用

第十三条　国家鼓励和支持可再生能源并网发电。

建设可再生能源并网发电项目，应当依照法律和国务院的规定取得行政许可或者报送备案。

建设应当取得行政许可的可再生能源并网发电项目，有多人申请同一项目许可的，应当依法通过招标确定被许可人。

第十四条　国家实行可再生能源发电全额保障性收购制度。

国务院能源主管部门会同国家电力监管机构和国务院财政部门，按照全国可再生能源开发利用规划，确定在规划期内应当达到的可再生能源发电量占全部发电量的比重，制定电网企业优先调度和全额收购可再生能源发电的具体办法，并由国务院能源主管部门会同国家电力监管机构在年度中督促落实。

电网企业应当与按照可再生能源开发利用规划建设，依法取得行政许可或者报送备案的可再生能源发电企业签订并网协议，全额收购其电网覆盖范围内符合并网技术标准的可再生能源并网发电项目的上网电量。发电企业有义务配合电网企业保障电网安全。

电网企业应当加强电网建设，扩大可再生能源电力配置范围，发展和应用智能电网、储能等技术，完善电网运行管理，提高吸纳可再生能源电力的能力，为可再生能源发电提供上网服务。

第十五条　国家扶持在电网未覆盖的地区建设可再生能源独立电力系统，为当地生产和生活提供电力服务。

第十六条　国家鼓励清洁、高效地开发利用生物质燃料，鼓励发展能源作物。

利用生物质资源生产的燃气和热力，符合城市燃气管网、热力管网的入网技术标准的，经营燃气管网、热力管网的企业应当接收其入网。

国家鼓励生产和利用生物液体燃料。石油销售企业应当按照国务院能源主管部门或者省级人民政府的规定，将符合国家标准的生物液体燃料纳入其燃料销售体系。

第十七条　国家鼓励单位和个人安装和使用太阳能热水系统、太阳能供热采暖和制冷系统、太阳能光伏发电系统等太阳能利用系统。

国务院建设行政主管部门会同国务院有关部门制定太阳能利用系统与建筑结合的技术经济政策和技术规范。

房地产开发企业应当根据前款规定的技术规范，在建筑物的设计和施工中，为太阳能利用提供必备条件。

对已建成的建筑物，住户可以在不影响其质量与安全的前提下安装符合技术规范和产品标准的太阳能利用系统；但是，当事人另有约定的除外。

第十八条　国家鼓励和支持农村地区的可再生能源开发利用。

县级以上地方人民政府管理能源工作的部门会同有关部门，根据当地经济社会发展、生态保护和卫生综合治理需要等实际情况，制定农村地区可再生能源发展规划，因地制宜地推广应用沼气等生物质资源转化、户用太阳能、小型风能、小型水能等技术。

县级以上人民政府应当对农村地区的可再生能源利用项目提供财政支持。

第五章　价格管理与费用补偿

第十九条　可再生能源发电项目的上网电价，由国务院价格主管部门根据不同类型可再生能源发电的特点和不同地区的情况，按照有利于促进可再生能源开发利用和经济合理的原则确定，并根据可再生能源开发利用技术的发展适时调整。上网电价应当公布。

依照本法第十三条第三款规定实行招标的可再生能源发电项目的上网电价，按照中标确定的价格执行；但是，不得高于依照前款规定确定的同类可再生能源发电项目的上网电价水平。

第二十条　电网企业依照本法第十九条规定确定的上网电价收购可再生能源电量所发生的费用，高于按照常规能源发电平均上网电价计算所发生费用之间的差额，由在全国范围对销售电量征收可再生能源电价附加补偿。

第二十一条　电网企业为收购可再生能源电量而支付的合理的接网费用以及其他合理的相关费用，可以计入电网企业输电成本，并从销售电价中回收。

第二十二条　国家投资或者补贴建设的公共可再生能源独立电力系统的销售电价，执行同一地区分类销售电价，其合理的运行和管理费用超出销售电价的部分，依照本法第二十条的规定补偿。

第二十三条　进入城市管网的可再生能源热力和燃气的价格，按照有利于促进可再生能源开发利用和经济合理的原则，根据价格管理权限确定。

第六章　经济激励与监督措施

第二十四条　国家财政设立可再生能源发展基金，资金来源包括国家财政年度安排的专项资金和依法征收的可再生能源电价附加收入等。

可再生能源发展基金用于补偿本法第二十条、第二十二条规定的差额费用，并用于支持以下事项：

（一）可再生能源开发利用的科学技术研究、标准制定和示范工程；

（二）农村、牧区的可再生能源利用项目；

（三）偏远地区和海岛可再生能源独立电力系统建设；

（四）可再生能源的资源勘查、评价和相关信息系统建设；

（五）促进可再生能源开发利用设备的本地化生产。

本法第二十一条规定的接网费用以及其他相关费用，电网企业不能通过销售电价回收的，可以申请可再生能源发展基金补助。

可再生能源发展基金征收使用管理的具体办法，由国务院财政部门会同国务院能源、价格主管部门制定。

第二十五条 对列入国家可再生能源产业发展指导目录、符合信贷条件的可再生能源开发利用项目，金融机构可以提供有财政贴息的优惠贷款。

第二十六条 国家对列入可再生能源产业发展指导目录的项目给予税收优惠。具体办法由国务院规定。

第二十七条 电力企业应当真实、完整地记载和保存可再生能源发电的有关资料，并接受电力监管机构的检查和监督。

电力监管机构进行检查时，应当依照规定的程序进行，并为被检查单位保守商业秘密和其他秘密。

第七章　法律责任

第二十八条 国务院能源主管部门和县级以上地方人民政府管理能源工作的部门和其他有关部门在可再生能源开发利用监督管理工作中，违反本法规定，有下列行为之一的，由本级人民政府或者上级人民政府有关部门责令改正，对负有责任的主管人员和其他直接责任人员依法给予行政处分；构成犯罪的，依法追究刑事责任：

（一）不依法作出行政许可决定的；

（二）发现违法行为不予查处的；

（三）有不依法履行监督管理职责的其他行为的。

第二十九条 违反本法第十四条规定，电网企业未按照规定完成收购可再生能源电量，造成可再生能源发电企业经济损失的，应当承担赔偿责任，并由国家电力监管机构责令限期改正；拒不改正的，处以可再生能源发电企业经济损失额一倍以下的罚款。

第三十条 违反本法第十六条第二款规定，经营燃气管网、热力管网的企业不准许符合入网技术标准的燃气、热力入网，造成燃气、热力生产企业经济损失的，应当承担赔偿责任，并由省级人民政府管理能源工作的部门责令限期改正；拒不改正的，处以燃气、热力生产企业经济损失额一倍以下的罚款。

第三十一条 违反本法第十六条第三款规定，石油销售企业未按照规定将符合国家标准的生物液体燃料纳入其燃料销售体系，造成生物液体燃料生产企业经济损失的，应当承担赔偿责任，并由国务院能源主管部门或者省级人民政府管理能源工作的部门责令限期改正；拒不改正的，处以生物液体燃料生产企业经济损失额一倍以下的罚款。

第八章　附　则

第三十二条　本法中下列用语的含义：

（一）生物质能，是指利用自然界的植物、粪便以及城乡有机废物转化成的能源。

（二）可再生能源独立电力系统，是指不与电网连接的单独运行的可再生能源电力系统。

（三）能源作物，是指经专门种植，用以提供能源原料的草本和木本植物。

（四）生物液体燃料，是指利用生物质资源生产的甲醇、乙醇和生物柴油等液体燃料。

第三十三条　本法自 2006 年 1 月 1 日起施行。

中华人民共和国清洁生产促进法

（2002 年 6 月 29 日第九届全国人民代表大会常务委员会第二十八次会议通过　根据 2012 年 2 月 29 日第十一届全国人民代表大会常务委员会第二十五次会议《关于修改〈中华人民共和国清洁生产促进法〉的决定》修正）

第一章　总　则

第一条　为了促进清洁生产，提高资源利用效率，减少和避免污染物的产生，保护和改善环境，保障人体健康，促进经济与社会可持续发展，制定本法。

第二条　本法所称清洁生产，是指不断采取改进设计、使用清洁的能源和原料、采用先进的工艺技术与设备、改善管理、综合利用等措施，从源头削减污染，提高资源利用效率，减少或者避免生产、服务和产品使用过程中污染物的产生和排放，以减轻或者消除对人类健康和环境的危害。

第三条　在中华人民共和国领域内，从事生产和服务活动的单位以及从事相关管理活动的部门依照本法规定，组织、实施清洁生产。

第四条　国家鼓励和促进清洁生产。国务院和县级以上地方人民政府，应当将清洁生产促进工作纳入国民经济和社会发展规划、年度计划以及环境保护、资源利用、产业发展、区域开发等规划。

第五条　国务院清洁生产综合协调部门负责组织、协调全国的清洁生产促进工作。国务院环境保护、工业、科学技术、财政部门和其他有关部门，按照各自的职责，负责有关的清洁生产促进工作。

县级以上地方人民政府负责领导本行政区域内的清洁生产促进工作。县级以上地方人民政府确定的清洁生产综合协调部门负责组织、协调本行政区域内的清洁生产促进工作。县级以上地方人民政府其他有关部门，按照各自的职责，负责有关的清洁生产促进工作。

第六条　国家鼓励开展有关清洁生产的科学研究、技术开发和国际合作，组织宣传、普及清洁生产知识，推广清洁生产技术。

国家鼓励社会团体和公众参与清洁生产的宣传、教育、推广、实施及监督。

第二章　清洁生产的推行

第七条　国务院应当制定有利于实施清洁生产的财政税收政策。

国务院及其有关部门和省、自治区、直辖市人民政府，应当制定有利于实施清洁生产的产业政策、技术开发和推广政策。

第八条　国务院清洁生产综合协调部门会同国务院环境保护、工业、科学技术部门和其他有关部门，根据国民经济和社会发展规划及国家节约资源、降低能源消耗、减少重点污染物排放的要求，编制国家清洁生产推行规划，报经国务院批准后及时公布。

国家清洁生产推行规划应当包括：推行清洁生产的目标、主要任务和保障措施，按照资源能源消耗、污染物排放水平确定开展清洁生产的重点领域、重点行业和重点工程。

国务院有关行业主管部门根据国家清洁生产推行规划确定本行业清洁生产的重点项目，制定行业专项清洁生产推行规划并组织实施。

县级以上地方人民政府根据国家清洁生产推行规划、有关行业专项清洁生产推行规划，按照本地区节约资源、降低能源消耗、减少重点污染物排放的要求，确定本地区清洁生产的重点项目，制定推行清洁生产的实施规划并组织落实。

第九条　中央预算应当加强对清洁生产促进工作的资金投入，包括中央财政清洁生产专项资金和中央预算安排的其他清洁生产资金，用于支持国家清洁生产推行规划确定的重点领域、重点行业、重点工程实施清洁生产及其技术推广工作，以及生态脆弱地区实施清洁生产的项目。中央预算用于支持清洁生产促进工作的资金使用的具体办法，由国务院财政部门、清洁生产综合协调部门会同国务院有关部门制定。

县级以上地方人民政府应当统筹地方财政安排的清洁生产促进工作的资金，引导社会资金，支持清洁生产重点项目。

第十条　国务院和省、自治区、直辖市人民政府的有关部门，应当组织和支持建立促进清洁生产信息系统和技术咨询服务体系，向社会提供有关清洁生产方法和技术、可再生利用的废物供求以及清洁生产政策等方面的信息和服务。

第十一条　国务院清洁生产综合协调部门会同国务院环境保护、工业、科学技术、建设、农业等有关部门定期发布清洁生产技术、工艺、设备和产品导向目录。

国务院清洁生产综合协调部门、环境保护部门和省、自治区、直辖市人民政府负责清洁生产综合协调的部门、环境保护部门会同同级有关部门，组织编制重点行业或者地区的清洁生产指南，指导实施清洁生产。

第十二条　国家对浪费资源和严重污染环境的落后生产技术、工艺、设备和产品实行限期淘汰制度。国务院有关部门按照职责分工，制定并发布限期淘汰的生产技术、工艺、设备以及产品的名录。

第十三条　国务院有关部门可以根据需要批准设立节能、节水、废物再生利用等环境与资源保护方面的产品标志，并按照国家规定制定相应标准。

第十四条　县级以上人民政府科学技术部门和其他有关部门，应当指导和支持清洁生产技术和有利于环境与资源保护的产品的研究、开发以及清洁生产技术的示范和推广工作。

第十五条　国务院教育部门，应当将清洁生产技术和管理课程纳入有关高等教育、职业教育和技术培训体系。

县级以上人民政府有关部门组织开展清洁生产的宣传和培训，提高国家工作人员、企业经营管理者和公众的清洁生产意识，培养清洁生产管理和技术人员。

新闻出版、广播影视、文化等单位和有关社会团体，应当发挥各自优势做好清洁生产宣传工作。

第十六条　各级人民政府应当优先采购节能、节水、废物再生利用等有利于环境与资源保护的产品。

各级人民政府应当通过宣传、教育等措施，鼓励公众购买和使用节能、节水、废物再生利用等有利于环境与资源保护的产品。

第十七条　省、自治区、直辖市人民政府负责清洁生产综合协调的部门、环境保护部门，根据促进清洁生产工作的需要，在本地区主要媒体上公布未达到能源消耗控制指标、重点污染物排放控制指标的企业的名单，为公众监督企业实施清洁生产提供依据。

列入前款规定名单的企业，应当按照国务院清洁生产综合协调部门、环境保护部门的规定公布能源消耗或者重点污染物产生、排放情况，接受公众监督。

第三章　清洁生产的实施

第十八条　新建、改建和扩建项目应当进行环境影响评价，对原料使用、资源消耗、资源综合利用以及污染物产生与处置等进行分析论证，优先采用资源利用率高以及污染物产生量少的清洁生产技术、工艺和设备。

第十九条　企业在进行技术改造过程中，应当采取以下清洁生产措施：

（一）采用无毒、无害或者低毒、低害的原料，替代毒性大、危害严重的原料；

（二）采用资源利用率高、污染物产生量少的工艺和设备，替代资源利用率低、污染物产生量多的工艺和设备；

（三）对生产过程中产生的废物、废水和余热等进行综合利用或者循环使用；

（四）采用能够达到国家或者地方规定的污染物排放标准和污染物排放总量控制指标的污染防治技术。

第二十条　产品和包装物的设计，应当考虑其在生命周期中对人类健康和环境的影响，优先选择无毒、无害、易于降解或者便于回收利用的方案。

企业对产品的包装应当合理，包装的材质、结构和成本应当与内装产品的质量、规格和成本相适应，减少包装性废物的产生，不得进行过度包装。

第二十一条　生产大型机电设备、机动运输工具以及国务院工业部门指定的其他产品的企业，应当按照国务院标准化部门或者其授权机构制定的技术规范，在产品的主体构件上注明材料成分的标准牌号。

第二十二条　农业生产者应当科学地使用化肥、农药、农用薄膜和饲料添加剂，改进种植和养殖技术，实现农产品的优质、无害和农业生产废物的资源化，防止农业环境污染。

禁止将有毒、有害废物用作肥料或者用于造田。

第二十三条　餐饮、娱乐、宾馆等服务性企业，应当采用节能、节水和其他有利于环境保护的技术和设备，减少使用或者不使用浪费资源、污染环境的消费品。

第二十四条　建筑工程应当采用节能、节水等有利于环境与资源保护的建筑设计方案、建筑和装修材料、建筑构配件及设备。

建筑和装修材料必须符合国家标准。禁止生产、销售和使用有毒、有害物质超过国家标准的建筑和装修材料。

第二十五条　矿产资源的勘查、开采，应当采用有利于合理利用资源、保护环境和防止污染的勘查、开采方法和工艺技术，提高资源利用水平。

第二十六条　企业应当在经济技术可行的条件下对生产和服务过程中产生的废物、余热等自行回收利用或者转让给有条件的其他企业和个人利用。

第二十七条　企业应当对生产和服务过程中的资源消耗以及废物的产生情况进行监测，并根据需要对生产和服务实施清洁生产审核。

有下列情形之一的企业，应当实施强制性清洁生产审核：

（一）污染物排放超过国家或者地方规定的排放标准，或者虽未超过国家或者地方规定的排放标准，但超过重点污染物排放总量控制指标的；

（二）超过单位产品能源消耗限额标准构成高耗能的；

（三）使用有毒、有害原料进行生产或者在生产中排放有毒、有害物质的。

污染物排放超过国家或者地方规定的排放标准的企业，应当按照环境保护相关法律的规定治理。

实施强制性清洁生产审核的企业，应当将审核结果向所在地县级以上地方人民政府负责清洁生产综合协调的部门、环境保护部门报告，并在本地区主要媒体上公布，接受公众监督，但涉及商业秘密的除外。

县级以上地方人民政府有关部门应当对企业实施强制性清洁生产审核的情况进行监督，必要时可以组织对企业实施清洁生产的效果进行评估验收，所需费用纳入同级政府预算。承担评估验收工作的部门或者单位不得向被评估验收企业收取费用。

实施清洁生产审核的具体办法，由国务院清洁生产综合协调部门、环境保护部门会同国务院有关部门制定。

第二十八条　本法第二十七条第二款规定以外的企业，可以自愿与清洁生产综合协调部门和环境保护部门签订进一步节约资源、削减污染物排放量的协议。该清洁生产综合协调部门和环境保护部门应当在本地区主要媒体上公布该企业的名称以及节约资源、防治污染的成果。

第二十九条　企业可以根据自愿原则，按照国家有关环境管理体系等认证的规定，委托经国务院认证认可监督管理部门认可的认证机构进行认证，提高清洁生产水平。

第四章　鼓励措施

第三十条　国家建立清洁生产表彰奖励制度。对在清洁生产工作中做出显著成绩的单位和个人，由人民政府给予表彰和奖励。

第三十一条　对从事清洁生产研究、示范和培训，实施国家清洁生产重点技术改造项目和本法第二十八条规定的自愿节约资源、削减污染物排放量协议中载明的技术改造项目，由县级以上人民政府给予资金支持。

第三十二条　在依照国家规定设立的中小企业发展基金中，应当根据需要安排适当数额用于支持中小企业实施清洁生产。

第三十三条　依法利用废物和从废物中回收原料生产产品的，按照国家规定享受税收优惠。

第三十四条　企业用于清洁生产审核和培训的费用，可以列入企业经营成本。

第五章　法律责任

第三十五条　清洁生产综合协调部门或者其他有关部门未依照本法规定履行职责的，对直接负责的主管人员和其他直接责任人员依法给予处分。

第三十六条　违反本法第十七条第二款规定，未按照规定公布能源消耗或者重点污染物产生、排放情况的，由县级以上地方人民政府负责清洁生产综合协调的部门、环境保护部门按照职责分工责令公布，可以处十万元以下的罚款。

第三十七条　违反本法第二十一条规定，未标注产品材料的成分或者不如实标注的，由县级以上地方人民政府质量技术监督部门责令限期改正；拒不改正的，处以五万元以下的罚款。

第三十八条　违反本法第二十四条第二款规定，生产、销售有毒、有害物质超过国家标准的建筑和装修材料的，依照产品质量法和有关民事、刑事法律的规定，追究行政、民事、刑事法律责任。

第三十九条　违反本法第二十七条第二款、第四款规定，不实施强制性清洁生产审核或者在清洁生产审核中弄虚作假的，或者实施强制性清洁生产审核的企业不报告或者不如实报告审核结果的，由县级以上地方人民政府负责清洁生产综合协调的部门、环境保护部门按照职责分工责令限期改正；拒不改正的，处以五万元以上五十万元以下的罚款。

违反本法第二十七条第五款规定，承担评估验收工作的部门或者单位及其工作人员向被评估验收企业收取费用的，不如实评估验收或者在评估验收中弄虚作假的，或者利用职务上的便利谋取利益的，对直接负责的主管人员和其他直接责任人员依法给予处分；构成犯罪的，依法追究刑事责任。

第六章　附　则

第四十条　本法自 2003 年 1 月 1 日起施行。

中华人民共和国循环经济促进法

（2008 年 8 月 29 日第十一届全国人民代表大会常务委员会第四次会议通过）

第一章 总 则

第一条 为了促进循环经济发展，提高资源利用效率，保护和改善环境，实现可持续发展，制定本法。

第二条 本法所称循环经济，是指在生产、流通和消费等过程中进行的减量化、再利用、资源化活动的总称。

本法所称减量化，是指在生产、流通和消费等过程中减少资源消耗和废物产生。

本法所称再利用，是指将废物直接作为产品或者经修复、翻新、再制造后继续作为产品使用，或者将废物的全部或者部分作为其他产品的部件予以使用。

本法所称资源化，是指将废物直接作为原料进行利用或者对废物进行再生利用。

第三条 发展循环经济是国家经济社会发展的一项重大战略，应当遵循统筹规划、合理布局，因地制宜、注重实效，政府推动、市场引导，企业实施、公众参与的方针。

第四条 发展循环经济应当在技术可行、经济合理和有利于节约资源、保护环境的前提下，按照减量化优先的原则实施。

在废物再利用和资源化过程中，应当保障生产安全，保证产品质量符合国家规定的标准，并防止产生再次污染。

第五条 国务院循环经济发展综合管理部门负责组织协调、监督管理全国循环经济发展工作；国务院环境保护等有关主管部门按照各自的职责负责有关循环经济的监督管理工作。

县级以上地方人民政府循环经济发展综合管理部门负责组织协调、监督管理本行政区域的循环经济发展工作；县级以上地方人民政府环境保护等有关主管部门按照各自的职责负责有关循环经济的监督管理工作。

第六条 国家制定产业政策，应当符合发展循环经济的要求。

县级以上人民政府编制国民经济和社会发展规划及年度计划，县级以上人民政府有关部门编制环境保护、科学技术等规划，应当包括发展循环经济的内容。

第七条 国家鼓励和支持开展循环经济科学技术的研究、开发和推广，鼓励开展循环经济宣传、教育、科学知识普及和国际合作。

第八条 县级以上人民政府应当建立发展循环经济的目标责任制，采取规划、财政、投资、政府采购等措施，促进循环经济发展。

第九条 企业事业单位应当建立健全管理制度，采取措施，降低资源消耗，减少废物的产生量和排放量，提高废物的再利用和资源化水平。

第十条 公民应当增强节约资源和保护环境意识，合理消费，节约资源。

国家鼓励和引导公民使用节能、节水、节材和有利于保护环境的产品及再生产品，减少废物的产生量和排放量。

公民有权举报浪费资源、破坏环境的行为，有权了解政府发展循环经济的信息并提出意见和建议。

第十一条 国家鼓励和支持行业协会在循环经济发展中发挥技术指导和服务作用。县级以上人民政府可以委托有条件的行业协会等社会组织开展促进循环经济发展的公共服务。

国家鼓励和支持中介机构、学会和其他社会组织开展循环经济宣传、技术推广和咨询服务，促进循环经济发展。

第二章 基本管理制度

第十二条 国务院循环经济发展综合管理部门会同国务院环境保护等有关主管部门编制全国循环经济发展规划，报国务院批准后公布施行。设区的市级以上地方人民政府循环经济发展综合管理部门会同本级人民政府环境保护等有关主管部门编制本行政区域循环经济发展规划，报本级人民政府批准后公布施行。

循环经济发展规划应当包括规划目标、适用范围、主要内容、重点任务和保障措施等，并规定资源产出率、废物再利用和资源化率等指标。

第十三条　县级以上地方人民政府应当依据上级人民政府下达的本行政区域主要污染物排放、建设用地和用水总量控制指标，规划和调整本行政区域的产业结构，促进循环经济发展。

新建、改建、扩建建设项目，必须符合本行政区域主要污染物排放、建设用地和用水总量控制指标的要求。

第十四条　国务院循环经济发展综合管理部门会同国务院统计、环境保护等有关主管部门建立和完善循环经济评价指标体系。

上级人民政府根据前款规定的循环经济主要评价指标，对下级人民政府发展循环经济的状况定期进行考核，并将主要评价指标完成情况作为对地方人民政府及其负责人考核评价的内容。

第十五条　生产列入强制回收名录的产品或者包装物的企业，必须对废弃的产品或者包装物负责回收；对其中可以利用的，由各该生产企业负责利用；对因不具备技术经济条件而不适合利用的，由各该生产企业负责无害化处置。

对前款规定的废弃产品或者包装物，生产者委托销售者或者其他组织进行回收的，或者委托废物利用或者处置企业进行利用或者处置的，受托方应当依照有关法律、行政法规的规定和合同的约定负责回收或者利用、处置。

对列入强制回收名录的产品和包装物，消费者应当将废弃的产品或者包装物交给生产者或者其委托回收的销售者或者其他组织。

强制回收的产品和包装物的名录及管理办法，由国务院循环经济发展综合管理部门规定。

第十六条　国家对钢铁、有色金属、煤炭、电力、石油加工、化工、建材、建筑、造纸、印染等行业年综合能源消费量、用水量超过国家规定总量的重点企业，实行能耗、水耗的重点监督管理制度。

重点能源消费单位的节能监督管理，依照《中华人民共和国节约能源法》的规定执行。

重点用水单位的监督管理办法，由国务院循环经济发展综合管理部门会同国务院有关部门规定。

第十七条　国家建立健全循环经济统计制度，加强资源消耗、综合利用和废物产生的统计管理，并将主要统计指标定期向社会公布。

国务院标准化主管部门会同国务院循环经济发展综合管理和环境保护等有关主管

部门建立健全循环经济标准体系，制定和完善节能、节水、节材和废物再利用、资源化等标准。

国家建立健全能源效率标识等产品资源消耗标识制度。

第三章　减量化

第十八条　国务院循环经济发展综合管理部门会同国务院环境保护等有关主管部门，定期发布鼓励、限制和淘汰的技术、工艺、设备、材料和产品名录。

禁止生产、进口、销售列入淘汰名录的设备、材料和产品，禁止使用列入淘汰名录的技术、工艺、设备和材料。

第十九条　从事工艺、设备、产品及包装物设计，应当按照减少资源消耗和废物产生的要求，优先选择采用易回收、易拆解、易降解、无毒无害或者低毒低害的材料和设计方案，并应当符合有关国家标准的强制性要求。

对在拆解和处置过程中可能造成环境污染的电器电子等产品，不得设计使用国家禁止使用的有毒有害物质。禁止在电器电子等产品中使用的有毒有害物质名录，由国务院循环经济发展综合管理部门会同国务院环境保护等有关主管部门制定。

设计产品包装物应当执行产品包装标准，防止过度包装造成资源浪费和环境污染。

第二十条　工业企业应当采用先进或者适用的节水技术、工艺和设备，制定并实施节水计划，加强节水管理，对生产用水进行全过程控制。

工业企业应当加强用水计量管理，配备和使用合格的用水计量器具，建立水耗统计和用水状况分析制度。

新建、改建、扩建建设项目，应当配套建设节水设施。节水设施应当与主体工程同时设计、同时施工、同时投产使用。

国家鼓励和支持沿海地区进行海水淡化和海水直接利用，节约淡水资源。

第二十一条　国家鼓励和支持企业使用高效节油产品。

电力、石油加工、化工、钢铁、有色金属和建材等企业，必须在国家规定的范围和期限内，以洁净煤、石油焦、天然气等清洁能源替代燃料油，停止使用不符合国家规定的燃油发电机组和燃油锅炉。

内燃机和机动车制造企业应当按照国家规定的内燃机和机动车燃油经济性标准，采用节油技术，减少石油产品消耗量。

第二十二条　开采矿产资源，应当统筹规划，制定合理的开发利用方案，采用合理的开采顺序、方法和选矿工艺。采矿许可证颁发机关应当对申请人提交的开发利用方案中的开采回采率、采矿贫化率、选矿回收率、矿山水循环利用率和土地复垦率等指标依法进行审查；审查不合格的，不予颁发采矿许可证。采矿许可证颁发机关应当依法加强对开采矿产资源的监督管理。

矿山企业在开采主要矿种的同时，应当对具有工业价值的共生和伴生矿实行综合开采、合理利用；对必须同时采出而暂时不能利用的矿产以及含有有用组分的尾矿，应当采取保护措施，防止资源损失和生态破坏。

第二十三条　建筑设计、建设、施工等单位应当按照国家有关规定和标准，对其设计、建设、施工的建筑物及构筑物采用节能、节水、节地、节材的技术工艺和小型、轻型、再生产品。有条件的地区，应当充分利用太阳能、地热能、风能等可再生能源。

国家鼓励利用无毒无害的固体废物生产建筑材料，鼓励使用散装水泥，推广使用预拌混凝土和预拌砂浆。

禁止损毁耕地烧砖。在国务院或者省、自治区、直辖市人民政府规定的期限和区域内，禁止生产、销售和使用粘土砖。

第二十四条　县级以上人民政府及其农业等主管部门应当推进土地集约利用，鼓励和支持农业生产者采用节水、节肥、节药的先进种植、养殖和灌溉技术，推动农业机械节能，优先发展生态农业。

在缺水地区，应当调整种植结构，优先发展节水型农业，推进雨水集蓄利用，建设和管护节水灌溉设施，提高用水效率，减少水的蒸发和漏失。

第二十五条　国家机关及使用财政性资金的其他组织应当厉行节约、杜绝浪费，带头使用节能、节水、节地、节材和有利于保护环境的产品、设备和设施，节约使用办公用品。国务院和县级以上地方人民政府管理机关事务工作的机构会同本级人民政府有关部门制定本级国家机关等机构的用能、用水定额指标，财政部门根据该定额指标制定支出标准。

城市人民政府和建筑物的所有者或者使用者，应当采取措施，加强建筑物维护管理，延长建筑物使用寿命。对符合城市规划和工程建设标准，在合理使用寿命内的建筑物，除为了公共利益的需要外，城市人民政府不得决定拆除。

第二十六条　餐饮、娱乐、宾馆等服务性企业，应当采用节能、节水、节材和有利于保护环境的产品，减少使用或者不使用浪费资源、污染环境的产品。

本法施行后新建的餐饮、娱乐、宾馆等服务性企业，应当采用节能、节水、节材和有利于保护环境的技术、设备和设施。

第二十七条　国家鼓励和支持使用再生水。在有条件使用再生水的地区，限制或者禁止将自来水作为城市道路清扫、城市绿化和景观用水使用。

第二十八条　国家在保障产品安全和卫生的前提下，限制一次性消费品的生产和销售。具体名录由国务院循环经济发展综合管理部门会同国务院财政、环境保护等有关主管部门制定。

对列入前款规定名录中的一次性消费品的生产和销售，由国务院财政、税务和对外贸易等主管部门制定限制性的税收和出口等措施。

第四章　再利用和资源化

第二十九条　县级以上人民政府应当统筹规划区域经济布局，合理调整产业结构，促进企业在资源综合利用等领域进行合作，实现资源的高效利用和循环使用。

各类产业园区应当组织区内企业进行资源综合利用，促进循环经济发展。

国家鼓励各类产业园区的企业进行废物交换利用、能量梯级利用、土地集约利用、水的分类利用和循环使用，共同使用基础设施和其他有关设施。

新建和改造各类产业园区应当依法进行环境影响评价，并采取生态保护和污染控制措施，确保本区域的环境质量达到规定的标准。

第三十条　企业应当按照国家规定，对生产过程中产生的粉煤灰、煤矸石、尾矿、废石、废料、废气等工业废物进行综合利用。

第三十一条　企业应当发展串联用水系统和循环用水系统，提高水的重复利用率。

企业应当采用先进技术、工艺和设备，对生产过程中产生的废水进行再生利用。

第三十二条　企业应当采用先进或者适用的回收技术、工艺和设备，对生产过程中产生的余热、余压等进行综合利用。

建设利用余热、余压、煤层气以及煤矸石、煤泥、垃圾等低热值燃料的并网发电项目，应当依照法律和国务院的规定取得行政许可或者报送备案。电网企业应当按照国家规定，与综合利用资源发电的企业签订并网协议，提供上网服务，并全额收购并网发电项目的上网电量。

第三十三条　建设单位应当对工程施工中产生的建筑废物进行综合利用；不具备综合利用条件的，应当委托具备条件的生产经营者进行综合利用或者无害化处置。

第三十四条　国家鼓励和支持农业生产者和相关企业采用先进或者适用技术，对农作物秸秆、畜禽粪便、农产品加工业副产品、废农用薄膜等进行综合利用，开发利用沼气等生物质能源。

第三十五条　县级以上人民政府及其林业主管部门应当积极发展生态林业，鼓励和支持林业生产者和相关企业采用木材节约和代用技术，开展林业废弃物和次小薪材、沙生灌木等综合利用，提高木材综合利用率。

第三十六条　国家支持生产经营者建立产业废物交换信息系统，促进企业交流产业废物信息。

企业对生产过程中产生的废物不具备综合利用条件的，应当提供给具备条件的生产经营者进行综合利用。

第三十七条　国家鼓励和推进废物回收体系建设。

地方人民政府应当按照城乡规划，合理布局废物回收网点和交易市场，支持废物回收企业和其他组织开展废物的收集、储存、运输及信息交流。

废物回收交易市场应当符合国家环境保护、安全和消防等规定。

第三十八条　对废电器电子产品、报废机动车船、废轮胎、废铅酸电池等特定产品进行拆解或者再利用，应当符合有关法律、行政法规的规定。

第三十九条　回收的电器电子产品，经过修复后销售的，必须符合再利用产品标准，并在显著位置标识为再利用产品。

回收的电器电子产品，需要拆解和再生利用的，应当交售给具备条件的拆解企业。

第四十条　国家支持企业开展机动车零部件、工程机械、机床等产品的再制造和轮胎翻新。

销售的再制造产品和翻新产品的质量必须符合国家规定的标准，并在显著位置标识为再制造产品或者翻新产品。

第四十一条　县级以上人民政府应当统筹规划建设城乡生活垃圾分类收集和资源化利用设施，建立和完善分类收集和资源化利用体系，提高生活垃圾资源化率。

县级以上人民政府应当支持企业建设污泥资源化利用和处置设施，提高污泥综合利用水平，防止产生再次污染。

第五章　激励措施

第四十二条　国务院和省、自治区、直辖市人民政府设立发展循环经济的有关专项资金，支持循环经济的科技研究开发、循环经济技术和产品的示范与推广、重大循环经济项目的实施、发展循环经济的信息服务等。具体办法由国务院财政部门会同国务院循环经济发展综合管理等有关主管部门制定。

第四十三条　国务院和省、自治区、直辖市人民政府及其有关部门应当将循环经济重大科技攻关项目的自主创新研究、应用示范和产业化发展列入国家或者省级科技发展规划和高技术产业发展规划，并安排财政性资金予以支持。

利用财政性资金引进循环经济重大技术、装备的，应当制定消化、吸收和创新方案，报有关主管部门审批并由其监督实施；有关主管部门应当根据实际需要建立协调机制，对重大技术、装备的引进和消化、吸收、创新实行统筹协调，并给予资金支持。

第四十四条　国家对促进循环经济发展的产业活动给予税收优惠，并运用税收等措施鼓励进口先进的节能、节水、节材等技术、设备和产品，限制在生产过程中耗能高、污染重的产品的出口。具体办法由国务院财政、税务主管部门制定。

企业使用或者生产列入国家清洁生产、资源综合利用等鼓励名录的技术、工艺、设备或者产品的，按照国家有关规定享受税收优惠。

第四十五条　县级以上人民政府循环经济发展综合管理部门在制定和实施投资计划时，应当将节能、节水、节地、节材、资源综合利用等项目列为重点投资领域。

对符合国家产业政策的节能、节水、节地、节材、资源综合利用等项目，金融机构应当给予优先贷款等信贷支持，并积极提供配套金融服务。

对生产、进口、销售或者使用列入淘汰名录的技术、工艺、设备、材料或者产品的企业，金融机构不得提供任何形式的授信支持。

第四十六条　国家实行有利于资源节约和合理利用的价格政策，引导单位和个人节约和合理使用水、电、气等资源性产品。

国务院和省、自治区、直辖市人民政府的价格主管部门应当按照国家产业政策，对资源高消耗行业中的限制类项目，实行限制性的价格政策。

对利用余热、余压、煤层气以及煤矸石、煤泥、垃圾等低热值燃料的并网发电项目，价格主管部门按照有利于资源综合利用的原则确定其上网电价。

省、自治区、直辖市人民政府可以根据本行政区域经济社会发展状况，实行垃圾排放收费制度。收取的费用专项用于垃圾分类、收集、运输、贮存、利用和处置，不得挪作他用。

国家鼓励通过以旧换新、押金等方式回收废物。

第四十七条　国家实行有利于循环经济发展的政府采购政策。使用财政性资金进行采购的，应当优先采购节能、节水、节材和有利于保护环境的产品及再生产品。

第四十八条　县级以上人民政府及其有关部门应当对在循环经济管理、科学技术研究、产品开发、示范和推广工作中做出显著成绩的单位和个人给予表彰和奖励。

企业事业单位应当对在循环经济发展中做出突出贡献的集体和个人给予表彰和奖励。

第六章　法律责任

第四十九条　县级以上人民政府循环经济发展综合管理部门或者其他有关主管部门发现违反本法的行为或者接到对违法行为的举报后不予查处，或者有其他不依法履行监督管理职责行为的，由本级人民政府或者上一级人民政府有关主管部门责令改正，对直接负责的主管人员和其他直接责任人员依法给予处分。

第五十条　生产、销售列入淘汰名录的产品、设备的，依照《中华人民共和国产品质量法》的规定处罚。

使用列入淘汰名录的技术、工艺、设备、材料的，由县级以上地方人民政府循环经济发展综合管理部门责令停止使用，没收违法使用的设备、材料，并处五万元以上二十万元以下的罚款；情节严重的，由县级以上人民政府循环经济发展综合管理部门提出意见，报请本级人民政府按照国务院规定的权限责令停业或者关闭。

违反本法规定，进口列入淘汰名录的设备、材料或者产品的，由海关责令退运，可以处十万元以上一百万元以下的罚款。进口者不明的，由承运人承担退运责任，或者承担有关处置费用。

第五十一条　违反本法规定，对在拆解或者处置过程中可能造成环境污染的电器电子等产品，设计使用列入国家禁止使用名录的有毒有害物质的，由县级以上地方人民政府产品质量监督部门责令限期改正；逾期不改正的，处二万元以上二十万元以下的罚款；情节严重的，由县级以上地方人民政府产品质量监督部门向本级工商行政管理部门通报有关情况，由工商行政管理部门依法吊销营业执照。

第五十二条　违反本法规定，电力、石油加工、化工、钢铁、有色金属和建材等企业未在规定的范围或者期限内停止使用不符合国家规定的燃油发电机组或者燃油锅炉的，由县级以上地方人民政府循环经济发展综合管理部门责令限期改正；逾期不改正的，责令拆除该燃油发电机组或者燃油锅炉，并处五万元以上五十万元以下的罚款。

第五十三条　违反本法规定，矿山企业未达到经依法审查确定的开采回采率、采矿贫化率、选矿回收率、矿山水循环利用率和土地复垦率等指标的，由县级以上人民政府地质矿产主管部门责令限期改正，处五万元以上五十万元以下的罚款；逾期不改正的，由采矿许可证颁发机关依法吊销采矿许可证。

第五十四条　违反本法规定，在国务院或者省、自治区、直辖市人民政府规定禁止生产、销售、使用粘土砖的期限或者区域内生产、销售或者使用粘土砖的，由县级以上地方人民政府指定的部门责令限期改正；有违法所得的，没收违法所得；逾期继续生产、销售的，由地方人民政府工商行政管理部门依法吊销营业执照。

第五十五条　违反本法规定，电网企业拒不收购企业利用余热、余压、煤层气以及煤矸石、煤泥、垃圾等低热值燃料生产的电力的，由国家电力监管机构责令限期改正；造成企业损失的，依法承担赔偿责任。

第五十六条　违反本法规定，有下列行为之一的，由地方人民政府工商行政管理部门责令限期改正，可以处五千元以上五万元以下的罚款；逾期不改正的，依法吊销营业执照；造成损失的，依法承担赔偿责任：

（一）销售没有再利用产品标识的再利用电器电子产品的；

（二）销售没有再制造或者翻新产品标识的再制造或者翻新产品的。

第五十七条　违反本法规定，构成犯罪的，依法追究刑事责任。

第七章　附　则

第五十八条　本法自 2009 年 1 月 1 日起施行。

中华人民共和国统计法

（1983 年 12 月 8 日第六届全国人民代表大会常务委员会第三次会议通过　根据 1996 年 5 月 15 日第八届全国人民代表大会常务委员会第十九次会议《关于修改〈中华人民共和国统计法〉的决定》修正　2009 年 6 月 27 日第十一届全国人民代表大会常务委员会第九次会议修订）

第一章　总　则

第一条　为了科学、有效地组织统计工作，保障统计资料的真实性、准确性、完整性和及时性，发挥统计在了解国情国力、服务经济社会发展中的重要作用，促进社会主义现代化建设事业发展，制定本法。

第二条　本法适用于各级人民政府、县级以上人民政府统计机构和有关部门组织实施的统计活动。

统计的基本任务是对经济社会发展情况进行统计调查、统计分析，提供统计资料和统计咨询意见，实行统计监督。

第三条　国家建立集中统一的统计系统，实行统一领导、分级负责的统计管理体制。

第四条　国务院和地方各级人民政府、各有关部门应当加强对统计工作的组织领导，为统计工作提供必要的保障。

第五条　国家加强统计科学研究，健全科学的统计指标体系，不断改进统计调查方法，提高统计的科学性。

国家有计划地加强统计信息化建设，推进统计信息搜集、处理、传输、共享、存储技术和统计数据库体系的现代化。

第六条 统计机构和统计人员依照本法规定独立行使统计调查、统计报告、统计监督的职权，不受侵犯。

地方各级人民政府、政府统计机构和有关部门以及各单位的负责人，不得自行修改统计机构和统计人员依法搜集、整理的统计资料，不得以任何方式要求统计机构、统计人员及其他机构、人员伪造、篡改统计资料，不得对依法履行职责或者拒绝、抵制统计违法行为的统计人员打击报复。

第七条 国家机关、企业事业单位和其他组织以及个体工商户和个人等统计调查对象，必须依照本法和国家有关规定，真实、准确、完整、及时地提供统计调查所需的资料，不得提供不真实或者不完整的统计资料，不得迟报、拒报统计资料。

第八条 统计工作应当接受社会公众的监督。任何单位和个人有权检举统计中弄虚作假等违法行为。对检举有功的单位和个人应当给予表彰和奖励。

第九条 统计机构和统计人员对在统计工作中知悉的国家秘密、商业秘密和个人信息，应当予以保密。

第十条 任何单位和个人不得利用虚假统计资料骗取荣誉称号、物质利益或者职务晋升。

第二章 统计调查管理

第十一条 统计调查项目包括国家统计调查项目、部门统计调查项目和地方统计调查项目。

国家统计调查项目是指全国性基本情况的统计调查项目。部门统计调查项目是指国务院有关部门的专业性统计调查项目。地方统计调查项目是指县级以上地方人民政府及其部门的地方性统计调查项目。

国家统计调查项目、部门统计调查项目、地方统计调查项目应当明确分工，互相衔接，不得重复。

第十二条 国家统计调查项目由国家统计局制定，或者由国家统计局和国务院有关部门共同制定，报国务院备案；重大的国家统计调查项目报国务院审批。

部门统计调查项目由国务院有关部门制定。统计调查对象属于本部门管辖系统的，报国家统计局备案；统计调查对象超出本部门管辖系统的，报国家统计局审批。

地方统计调查项目由县级以上地方人民政府统计机构和有关部门分别制定或者共

同制定。其中，由省级人民政府统计机构单独制定或者和有关部门共同制定的，报国家统计局审批；由省级以下人民政府统计机构单独制定或者和有关部门共同制定的，报省级人民政府统计机构审批；由县级以上地方人民政府有关部门制定的，报本级人民政府统计机构审批。

第十三条　统计调查项目的审批机关应当对调查项目的必要性、可行性、科学性进行审查，对符合法定条件的，作出予以批准的书面决定，并公布；对不符合法定条件的，作出不予批准的书面决定，并说明理由。

第十四条　制定统计调查项目，应当同时制定该项目的统计调查制度，并依照本法第十二条的规定一并报经审批或者备案。

统计调查制度应当对调查目的、调查内容、调查方法、调查对象、调查组织方式、调查表式、统计资料的报送和公布等作出规定。

统计调查应当按照统计调查制度组织实施。变更统计调查制度的内容，应当报经原审批机关批准或者原备案机关备案。

第十五条　统计调查表应当标明表号、制定机关、批准或者备案文号、有效期限等标志。

对未标明前款规定的标志或者超过有效期限的统计调查表，统计调查对象有权拒绝填报；县级以上人民政府统计机构应当依法责令停止有关统计调查活动。

第十六条　搜集、整理统计资料，应当以周期性普查为基础，以经常性抽样调查为主体，综合运用全面调查、重点调查等方法，并充分利用行政记录等资料。

重大国情国力普查由国务院统一领导，国务院和地方人民政府组织统计机构和有关部门共同实施。

第十七条　国家制定统一的统计标准，保障统计调查采用的指标涵义、计算方法、分类目录、调查表式和统计编码等的标准化。

国家统计标准由国家统计局制定，或者由国家统计局和国务院标准化主管部门共同制定。

国务院有关部门可以制定补充性的部门统计标准，报国家统计局审批。部门统计标准不得与国家统计标准相抵触。

第十八条　县级以上人民政府统计机构根据统计任务的需要，可以在统计调查对象中推广使用计算机网络报送统计资料。

第十九条　县级以上人民政府应当将统计工作所需经费列入财政预算。

重大国情国力普查所需经费，由国务院和地方人民政府共同负担，列入相应年度的财政预算，按时拨付，确保到位。

第三章　统计资料的管理和公布

第二十条　县级以上人民政府统计机构和有关部门以及乡、镇人民政府，应当按照国家有关规定建立统计资料的保存、管理制度，建立健全统计信息共享机制。

第二十一条　国家机关、企业事业单位和其他组织等统计调查对象，应当按照国家有关规定设置原始记录、统计台账，建立健全统计资料的审核、签署、交接、归档等管理制度。

统计资料的审核、签署人员应当对其审核、签署的统计资料的真实性、准确性和完整性负责。

第二十二条　县级以上人民政府有关部门应当及时向本级人民政府统计机构提供统计所需的行政记录资料和国民经济核算所需的财务资料、财政资料及其他资料，并按照统计调查制度的规定及时向本级人民政府统计机构报送其组织实施统计调查取得的有关资料。

县级以上人民政府统计机构应当及时向本级人民政府有关部门提供有关统计资料。

第二十三条　县级以上人民政府统计机构按照国家有关规定，定期公布统计资料。

国家统计数据以国家统计局公布的数据为准。

第二十四条　县级以上人民政府有关部门统计调查取得的统计资料，由本部门按照国家有关规定公布。

第二十五条　统计调查中获得的能够识别或者推断单个统计调查对象身份的资料，任何单位和个人不得对外提供、泄露，不得用于统计以外的目的。

第二十六条　县级以上人民政府统计机构和有关部门统计调查取得的统计资料，除依法应当保密的外，应当及时公开，供社会公众查询。

第四章　统计机构和统计人员

第二十七条　国务院设立国家统计局，依法组织领导和协调全国的统计工作。

国家统计局根据工作需要设立的派出调查机构，承担国家统计局布置的统计调查等任务。

县级以上地方人民政府设立独立的统计机构，乡、镇人民政府设置统计工作岗位，配备专职或者兼职统计人员，依法管理、开展统计工作，实施统计调查。

第二十八条　县级以上人民政府有关部门根据统计任务的需要设立统计机构，或者在有关机构中设置统计人员，并指定统计负责人，依法组织、管理本部门职责范围内的统计工作，实施统计调查，在统计业务上受本级人民政府统计机构的指导。

第二十九条　统计机构、统计人员应当依法履行职责，如实搜集、报送统计资料，不得伪造、篡改统计资料，不得以任何方式要求任何单位和个人提供不真实的统计资料，不得有其他违反本法规定的行为。

统计人员应当坚持实事求是，恪守职业道德，对其负责搜集、审核、录入的统计资料与统计调查对象报送的统计资料的一致性负责。

第三十条　统计人员进行统计调查时，有权就与统计有关的问题询问有关人员，要求其如实提供有关情况、资料并改正不真实、不准确的资料。

统计人员进行统计调查时，应当出示县级以上人民政府统计机构或者有关部门颁发的工作证件；未出示的，统计调查对象有权拒绝调查。

第三十一条　国家实行统计专业技术职务资格考试、评聘制度，提高统计人员的专业素质，保障统计队伍的稳定性。

统计人员应当具备与其从事的统计工作相适应的专业知识和业务能力。

县级以上人民政府统计机构和有关部门应当加强对统计人员的专业培训和职业道德教育。

第五章　监督检查

第三十二条　县级以上人民政府及其监察机关对下级人民政府、本级人民政府统计机构和有关部门执行本法的情况，实施监督。

第三十三条　国家统计局组织管理全国统计工作的监督检查，查处重大统计违法行为。

县级以上地方人民政府统计机构依法查处本行政区域内发生的统计违法行为。但是，国家统计局派出的调查机构组织实施的统计调查活动中发生的统计违法行为，由组织实施该项统计调查的调查机构负责查处。

法律、行政法规对有关部门查处统计违法行为另有规定的，从其规定。

第三十四条　县级以上人民政府有关部门应当积极协助本级人民政府统计机构查处统计违法行为，及时向本级人民政府统计机构移送有关统计违法案件材料。

第三十五条　县级以上人民政府统计机构在调查统计违法行为或者核查统计数据时，有权采取下列措施：

（一）发出统计检查查询书，向检查对象查询有关事项；

（二）要求检查对象提供有关原始记录和凭证、统计台账、统计调查表、会计资料及其他相关证明和资料；

（三）就与检查有关的事项询问有关人员；

（四）进入检查对象的业务场所和统计数据处理信息系统进行检查、核对；

（五）经本机构负责人批准，登记保存检查对象的有关原始记录和凭证、统计台账、统计调查表、会计资料及其他相关证明和资料；

（六）对与检查事项有关的情况和资料进行记录、录音、录像、照相和复制。

县级以上人民政府统计机构进行监督检查时，监督检查人员不得少于二人，并应当出示执法证件；未出示的，有关单位和个人有权拒绝检查。

第三十六条　县级以上人民政府统计机构履行监督检查职责时，有关单位和个人应当如实反映情况，提供相关证明和资料，不得拒绝、阻碍检查，不得转移、隐匿、篡改、毁弃原始记录和凭证、统计台账、统计调查表、会计资料及其他相关证明和资料。

第六章　法律责任

第三十七条　地方人民政府、政府统计机构或者有关部门、单位的负责人有下列行为之一的，由任免机关或者监察机关依法给予处分，并由县级以上人民政府统计机构予以通报：

（一）自行修改统计资料、编造虚假统计数据的；

（二）要求统计机构、统计人员或者其他机构、人员伪造、篡改统计资料的；

（三）对依法履行职责或者拒绝、抵制统计违法行为的统计人员打击报复的；

（四）对本地方、本部门、本单位发生的严重统计违法行为失察的。

第三十八条　县级以上人民政府统计机构或者有关部门在组织实施统计调查活动

中有下列行为之一的，由本级人民政府、上级人民政府统计机构或者本级人民政府统计机构责令改正，予以通报；对直接负责的主管人员和其他直接责任人员，由任免机关或者监察机关依法给予处分：

（一）未经批准擅自组织实施统计调查的；

（二）未经批准擅自变更统计调查制度的内容的；

（三）伪造、篡改统计资料的；

（四）要求统计调查对象或者其他机构、人员提供不真实的统计资料的；

（五）未按照统计调查制度的规定报送有关资料的。

统计人员有前款第三项至第五项所列行为之一的，责令改正，依法给予处分。

第三十九条　县级以上人民政府统计机构或者有关部门有下列行为之一的，对直接负责的主管人员和其他直接责任人员由任免机关或者监察机关依法给予处分：

（一）违法公布统计资料的；

（二）泄露统计调查对象的商业秘密、个人信息或者提供、泄露在统计调查中获得的能够识别或者推断单个统计调查对象身份的资料的；

（三）违反国家有关规定，造成统计资料毁损、灭失的。

统计人员有前款所列行为之一的，依法给予处分。

第四十条　统计机构、统计人员泄露国家秘密的，依法追究法律责任。

第四十一条　作为统计调查对象的国家机关、企业事业单位或者其他组织有下列行为之一的，由县级以上人民政府统计机构责令改正，给予警告，可以予以通报；其直接负责的主管人员和其他直接责任人员属于国家工作人员的，由任免机关或者监察机关依法给予处分：

（一）拒绝提供统计资料或者经催报后仍未按时提供统计资料的；

（二）提供不真实或者不完整的统计资料的；

（三）拒绝答复或者不如实答复统计检查查询书的；

（四）拒绝、阻碍统计调查、统计检查的；

（五）转移、隐匿、篡改、毁弃或者拒绝提供原始记录和凭证、统计台账、统计调查表及其他相关证明和资料的。

企业事业单位或者其他组织有前款所列行为之一的，可以并处五万元以下的罚款；情节严重的，并处五万元以上二十万元以下的罚款。

个体工商户有本条第一款所列行为之一的，由县级以上人民政府统计机构责令改正，给予警告，可以并处一万元以下的罚款。

第四十二条　作为统计调查对象的国家机关、企业事业单位或者其他组织迟报统计资料，或者未按照国家有关规定设置原始记录、统计台账的，由县级以上人民政府统计机构责令改正，给予警告。

企业事业单位或者其他组织有前款所列行为之一的，可以并处一万元以下的罚款。

个体工商户迟报统计资料的，由县级以上人民政府统计机构责令改正，给予警告，可以并处一千元以下的罚款。

第四十三条　县级以上人民政府统计机构查处统计违法行为时，认为对有关国家工作人员依法应当给予处分的，应当提出给予处分的建议；该国家工作人员的任免机关或者监察机关应当依法及时作出决定，并将结果书面通知县级以上人民政府统计机构。

第四十四条　作为统计调查对象的个人在重大国情国力普查活动中拒绝、阻碍统计调查，或者提供不真实或者不完整的普查资料的，由县级以上人民政府统计机构责令改正，予以批评教育。

第四十五条　违反本法规定，利用虚假统计资料骗取荣誉称号、物质利益或者职务晋升的，除对其编造虚假统计资料或者要求他人编造虚假统计资料的行为依法追究法律责任外，由作出有关决定的单位或者其上级单位、监察机关取消其荣誉称号，追缴获得的物质利益，撤销晋升的职务。

第四十六条　当事人对县级以上人民政府统计机构作出的行政处罚决定不服的，可以依法申请行政复议或者提起行政诉讼。其中，对国家统计局在省、自治区、直辖市派出的调查机构作出的行政处罚决定不服的，向国家统计局申请行政复议；对国家统计局派出的其他调查机构作出的行政处罚决定不服的，向国家统计局在该派出机构所在的省、自治区、直辖市派出的调查机构申请行政复议。

第四十七条　违反本法规定，构成犯罪的，依法追究刑事责任。

第七章　附　则

第四十八条　本法所称县级以上人民政府统计机构，是指国家统计局及其派出的调查机构、县级以上地方人民政府统计机构。

第四十九条　民间统计调查活动的管理办法，由国务院制定。

中华人民共和国境外的组织、个人需要在中华人民共和国境内进行统计调查活动的，应当按照国务院的规定报请审批。

利用统计调查危害国家安全、损害社会公共利益或者进行欺诈活动的，依法追究法律责任。

第五十条 本法自 2010 年 1 月 1 日起施行。

中华人民共和国产品质量法

(1993 年 2 月 22 日第七届全国人民代表大会常务委员会第三十次会议通过　根据 2000 年 7 月 8 日第九届全国人民代表大会常务委员会第十六次会议《关于修改〈中华人民共和国产品质量法〉的决定》修正)

第一章　总　则

第一条　为了加强对产品质量的监督管理,提高产品质量水平,明确产品质量责任,保护消费者的合法权益,维护社会经济秩序,制定本法。

第二条　在中华人民共和国境内从事产品生产、销售活动,必须遵守本法。

本法所称产品是指经过加工、制作,用于销售的产品。

建设工程不适用本法规定;但是,建设工程使用的建筑材料、建筑构配件和设备,属于前款规定的产品范围的,适用本法规定。

第三条　生产者、销售者应当建立健全内部产品质量管理制度,严格实施岗位质量规范、质量责任以及相应的考核办法。

第四条　生产者、销售者依照本法规定承担产品质量责任。

第五条　禁止伪造或者冒用认证标志等质量标志;禁止伪造产品的产地,伪造或者冒用他人的厂名、厂址;禁止在生产、销售的产品中掺杂、掺假,以假充真,以次充好。

第六条　国家鼓励推行科学的质量管理方法,采用先进的科学技术,鼓励企业产品质量达到并且超过行业标准、国家标准和国际标准。

对产品质量管理先进和产品质量达到国际先进水平、成绩显著的单位和个人,给予奖励。

第七条　各级人民政府应当把提高产品质量纳入国民经济和社会发展规划，加强对产品质量工作的统筹规划和组织领导，引导、督促生产者、销售者加强产品质量管理，提高产品质量，组织各有关部门依法采取措施，制止产品生产、销售中违反本法规定的行为，保障本法的施行。

第八条　国务院产品质量监督部门主管全国产品质量监督工作。国务院有关部门在各自的职责范围内负责产品质量监督工作。

县级以上地方产品质量监督部门主管本行政区域内的产品质量监督工作。县级以上地方人民政府有关部门在各自的职责范围内负责产品质量监督工作。

法律对产品质量的监督部门另有规定的，依照有关法律的规定执行。

第九条　各级人民政府工作人员和其他国家机关工作人员不得滥用职权、玩忽职守或者徇私舞弊，包庇、放纵本地区、本系统发生的产品生产、销售中违反本法规定的行为，或者阻挠、干预依法对产品生产、销售中违反本法规定的行为进行查处。

各级地方人民政府和其他国家机关有包庇、放纵产品生产、销售中违反本法规定的行为的，依法追究其主要负责人的法律责任。

第十条　任何单位和个人有权对违反本法规定的行为，向产品质量监督部门或者其他有关部门检举。

产品质量监督部门和有关部门应当为检举人保密，并按照省、自治区、直辖市人民政府的规定给予奖励。

第十一条　任何单位和个人不得排斥非本地区或者非本系统企业生产的质量合格产品进入本地区、本系统。

第二章　产品质量的监督

第十二条　产品质量应当检验合格，不得以不合格产品冒充合格产品。

第十三条　可能危及人体健康和人身、财产安全的工业产品，必须符合保障人体健康和人身、财产安全的国家标准、行业标准；未制定国家标准、行业标准的，必须符合保障人体健康和人身、财产安全的要求。

禁止生产、销售不符合保障人体健康和人身、财产安全的标准和要求的工业产品。具体管理办法由国务院规定。

第十四条　国家根据国际通用的质量管理标准，推行企业质量体系认证制度。企业根据自愿原则可以向国务院产品质量监督部门认可的或者国务院产品质量监督部门授权的部门认可的认证机构申请企业质量体系认证。经认证合格的，由认证机构颁发企业质量体系认证证书。国家参照国际先进的产品标准和技术要求，推行产品质量认证制度。企业根据自愿原则可以向国务院产品质量监督部门认可的或者国务院产品质量监督部门授权的部门认可的认证机构申请产品质量认证。经认证合格的，由认证机构颁发产品质量认证证书，准许企业在产品或者其包装上使用产品质量认证标志。

第十五条　国家对产品质量实行以抽查为主要方式的监督检查制度，对可能危及人体健康和人身、财产安全的产品，影响国计民生的重要工业产品以及消费者、有关组织反映有质量问题的产品进行抽查。抽查的样品应当在市场上或者企业成品仓库内的待销产品中随机抽取。监督抽查工作由国务院产品质量监督部门规划和组织。县级以上地方产品质量监督部门在本行政区域内也可以组织监督抽查。法律对产品质量的监督检查另有规定的，依照有关法律的规定执行。国家监督抽查的产品，地方不得另行重复抽查；上级监督抽查的产品，下级不得另行重复抽查。

根据监督抽查的需要，可以对产品进行检验。检验抽取样品的数量不得超过检验的合理需要，并不得向被检查人收取检验费用。监督抽查所需检验费用按照国务院规定列支。生产者、销售者对抽查检验的结果有异议的，可以自收到检验结果之日起十五日内向实施监督抽查的产品质量监督部门或者其上级产品质量监督部门申请复检，由受理复检的产品质量监督部门作出复检结论。

第十六条　对依法进行的产品质量监督检查，生产者、销售者不得拒绝。

第十七条　依照本法规定进行监督抽查的产品质量不合格的，由实施监督抽查的产品质量监督部门责令其生产者、销售者限期改正。逾期不改正的，由省级以上人民政府产品质量监督部门予以公告；公告后经复查仍不合格的，责令停业，限期整顿；整顿期满后经复查产品质量仍不合格的，吊销营业执照。监督抽查的产品有严重质量问题的，依照本法第五章的有关规定处罚。

第十八条　县级以上产品质量监督部门根据已经取得的违法嫌疑证据或者举报，对涉嫌违反本法规定的行为进行查处时，可以行使下列职权：

（一）对当事人涉嫌从事违反本法的生产、销售活动的场所实施现场检查；

（二）向当事人的法定代表人、主要负责人和其他有关人员调查、了解与涉嫌从事违反本法的生产、销售活动有关的情况；

（三）查阅、复制当事人有关的合同、发票、账簿以及其他有关资料；

（四）对有根据认为不符合保障人体健康和人身、财产安全的国家标准、行业标准的产品或者有其他严重质量问题的产品，以及直接用于生产、销售该项产品的原辅材料、包装物、生产工具，予以查封或者扣押。

县级以上工商行政管理部门按照国务院规定的职责范围，对涉嫌违反本法规定的行为进行查处时，可以行使前款规定的职权。

第十九条　产品质量检验机构必须具备相应的检测条件和能力，经省级以上人民政府产品质量监督部门或者其授权的部门考核合格后，方可承担产品质量检验工作。法律、行政法规对产品质量检验机构另有规定的，依照有关法律、行政法规的规定执行。

第二十条　从事产品质量检验、认证的社会中介机构必须依法设立，不得与行政机关和其他国家机关存在隶属关系或者其他利益关系。

第二十一条　产品质量检验机构、认证机构必须依法按照有关标准，客观、公正地出具检验结果或者认证证明。

产品质量认证机构应当依照国家规定对准许使用认证标志的产品进行认证后的跟踪检查；对不符合认证标准而使用认证标志的，要求其改正；情节严重的，取消其使用认证标志的资格。

第二十二条　消费者有权就产品质量问题，向产品的生产者、销售者查询；向产品质量监督部门、工商行政管理部门及有关部门申诉，接受申诉的部门应当负责处理。

第二十三条　保护消费者权益的社会组织可以就消费者反映的产品质量问题建议有关部门负责处理，支持消费者对因产品质量造成的损害向人民法院起诉。

第二十四条　国务院和省、自治区、直辖市人民政府的产品质量监督部门应当定期发布其监督抽查的产品的质量状况公告。

第二十五条　产品质量监督部门或者其他国家机关以及产品质量检验机构不得向社会推荐生产者的产品；不得以对产品进行监制、监销等方式参与产品经营活动。

第三章　生产者、销售者的产品质量责任和义务

第一节　生产者的产品质量责任和义务

第二十六条　生产者应当对其生产的产品质量负责。

产品质量应当符合下列要求：

（一）不存在危及人身、财产安全的不合理的危险，有保障人体健康和人身、财产安全的国家标准、行业标准的，应当符合该标准；

（二）具备产品应当具备的使用性能，但是，对产品存在使用性能的瑕疵作出说明的除外；

（三）符合在产品或者其包装上注明采用的产品标准，符合以产品说明、实物样品等方式表明的质量状况。

第二十七条　产品或者其包装上的标识必须真实，并符合下列要求：

（一）有产品质量检验合格证明；

（二）有中文标明的产品名称、生产厂厂名和厂址；

（三）根据产品的特点和使用要求，需要标明产品规格、等级、所含主要成分的名称和含量的，用中文相应予以标明；需要事先让消费者知晓的，应当在外包装上标明，或者预先向消费者提供有关资料；

（四）限期使用的产品，应当在显著位置清晰地标明生产日期和安全使用期或者失效日期；

（五）使用不当，容易造成产品本身损坏或者可能危及人身、财产安全的产品，应当有警示标志或者中文警示说明。

裸装的食品和其他根据产品的特点难以附加标识的裸装产品，可以不附加产品标识。

第二十八条　易碎、易燃、易爆、有毒、有腐蚀性、有放射性等危险物品以及储运中不能倒置和其他有特殊要求的产品，其包装质量必须符合相应要求，依照国家有关规定作出警示标志或者中文警示说明，标明储运注意事项。

第二十九条　生产者不得生产国家明令淘汰的产品。

第三十条　生产者不得伪造产地，不得伪造或者冒用他人的厂名、厂址。

第三十一条　生产者不得伪造或者冒用认证标志等质量标志。

第三十二条　生产者生产产品，不得掺杂、掺假，不得以假充真、以次充好，不得以不合格产品冒充合格产品。

第二节　销售者的产品质量责任和义务

第三十三条　销售者应当建立并执行进货检查验收制度，验明产品合格证明和其他标识。

第三十四条　销售者应当采取措施，保持销售产品的质量。

第三十五条　销售者不得销售国家明令淘汰并停止销售的产品和失效、变质的产品。

第三十六条　销售者销售的产品的标识应当符合本法第二十七条的规定。

第三十七条　销售者不得伪造产地，不得伪造或者冒用他人的厂名、厂址。

第三十八条　销售者不得伪造或者冒用认证标志等质量标志。

第三十九条　销售者销售产品，不得掺杂、掺假，不得以假充真、以次充好，不得以不合格产品冒充合格产品。

第四章　损害赔偿

第四十条　售出的产品有下列情形之一的，销售者应当负责修理、更换、退货；给购买产品的消费者造成损失的，销售者应当赔偿损失：

（一）不具备产品应当具备的使用性能而事先未作说明的；

（二）不符合在产品或者其包装上注明采用的产品标准的；

（三）不符合以产品说明、实物样品等方式表明的质量状况的。

销售者依照前款规定负责修理、更换、退货、赔偿损失后，属于生产者的责任或者属于向销售者提供产品的其他销售者（以下简称供货者）的责任的，销售者有权向生产者、供货者追偿。

销售者未按照第一款规定给予修理、更换、退货或者赔偿损失的，由产品质量监督部门或者工商行政管理部门责令改正。

生产者之间，销售者之间，生产者与销售者之间订立的买卖合同、承揽合同有不同约定的，合同当事人按照合同约定执行。

第四十一条　因产品存在缺陷造成人身、缺陷产品以外的其他财产（以下简称他人财产）损害的，生产者应当承担赔偿责任。

生产者能够证明有下列情形之一的，不承担赔偿责任：

（一）未将产品投入流通的；

（二）产品投入流通时，引起损害的缺陷尚不存在的；

（三）将产品投入流通时的科学技术水平尚不能发现缺陷的存在的。

第四十二条　由于销售者的过错使产品存在缺陷，造成人身、他人财产损害的，销售者应当承担赔偿责任。

销售者不能指明缺陷产品的生产者也不能指明缺陷产品的供货者的，销售者应当承担赔偿责任。

第四十三条　因产品存在缺陷造成人身、他人财产损害的，受害人可以向产品的生产者要求赔偿，也可以向产品的销售者要求赔偿。属于产品的生产者的责任，产品的销售者赔偿的，产品的销售者有权向产品的生产者追偿。属于产品的销售者的责任，产品的生产者赔偿的，产品的生产者有权向产品的销售者追偿。

第四十四条　因产品存在缺陷造成受害人人身伤害的，侵害人应当赔偿医疗费、治疗期间的护理费、因误工减少的收入等费用；造成残疾的，还应当支付残疾者生活自助费、生活补助费、残疾赔偿金以及由其扶养的人所必需的生活费等费用；造成受害人死亡的，并应当支付丧葬费、死亡赔偿金以及由死者生前扶养的人所必需的生活费等费用。因产品存在缺陷造成受害人财产损失的，侵害人应当恢复原状或者折价赔偿。受害人因此遭受其他重大损失的，侵害人应当赔偿损失。

第四十五条　因产品存在缺陷造成损害要求赔偿的诉讼时效期间为二年，自当事人知道或者应当知道其权益受到损害时起计算。

因产品存在缺陷造成损害要求赔偿的请求权，在造成损害的缺陷产品交付最初消费者满十年丧失；但是，尚未超过明示的安全使用期的除外。

第四十六条　本法所称缺陷，是指产品存在危及人身、他人财产安全的不合理的危险；产品有保障人体健康和人身、财产安全的国家标准、行业标准的，是指不符合该标准。

第四十七条　因产品质量发生民事纠纷时，当事人可以通过协商或者调解解决。当事人不愿通过协商、调解解决或者协商、调解不成的，可以根据当事人各方的协议向仲裁机构申请仲裁；当事人各方没有达成仲裁协议或者仲裁协议无效的，可以直接向人民法院起诉。

第四十八条　仲裁机构或者人民法院可以委托本法第十九条规定的产品质量检验机构，对有关产品质量进行检验。

第五章　罚　则

第四十九条　生产、销售不符合保障人体健康和人身、财产安全的国家标准、行业标准的产品的，责令停止生产、销售，没收违法生产、销售的产品，并处违法生产、销售产品（包括已售出和未售出的产品，下同）货值金额等值以上三倍以下的罚款；有违法所得的，并处没收违法所得；情节严重的，吊销营业执照；构成犯罪的，依法追究刑事责任。

第五十条　在产品中掺杂、掺假，以假充真，以次充好，或者以不合格产品冒充合格产品的，责令停止生产、销售，没收违法生产、销售的产品，并处违法生产、销售产品货值金额百分之五十以上三倍以下的罚款；有违法所得的，并处没收违法所得；情节严重的，吊销营业执照；构成犯罪的，依法追究刑事责任。

第五十一条　生产国家明令淘汰的产品的，销售国家明令淘汰并停止销售的产品的，责令停止生产、销售，没收违法生产、销售的产品，并处违法生产、销售产品货值金额等值以下的罚款；有违法所得的，并处没收违法所得；情节严重的，吊销营业执照。

第五十二条　销售失效、变质的产品的，责令停止销售，没收违法销售的产品，并处违法销售产品货值金额二倍以下的罚款；有违法所得的，并处没收违法所得；情节严重的，吊销营业执照；构成犯罪的，依法追究刑事责任。

第五十三条　伪造产品产地的，伪造或者冒用他人厂名、厂址的，伪造或者冒用认证标志等质量标志的，责令改正，没收违法生产、销售的产品，并处违法生产、销售产品货值金额等值以下的罚款；有违法所得的，并处没收违法所得；情节严重的，吊销营业执照。

第五十四条　产品标识不符合本法第二十七条规定的，责令改正；有包装的产品标识不符合本法第二十七条第（四）项、第（五）项规定，情节严重的，责令停止生产、销售，并处违法生产、销售产品货值金额百分之三十以下的罚款；有违法所得的，并处没收违法所得。

第五十五条　销售者销售本法第四十九条至第五十三条规定禁止销售的产品，有充分证据证明其不知道该产品为禁止销售的产品并如实说明其进货来源的，可以从轻或者减轻处罚。

第五十六条　拒绝接受依法进行的产品质量监督检查的，给予警告，责令改正；拒不改正的，责令停业整顿；情节特别严重的，吊销营业执照。

第五十七条　产品质量检验机构、认证机构伪造检验结果或者出具虚假证明的，责令改正，对单位处五万元以上十万元以下的罚款，对直接负责的主管人员和其他直接责任人员处一万元以上五万元以下的罚款；有违法所得的，并处没收违法所得；情节严重的，取消其检验资格、认证资格；构成犯罪的，依法追究刑事责任。产品质量检验机构、认证机构出具的检验结果或者证明不实，造成损失的，应当承担相应的赔偿责任；造成重大损失的，撤销其检验资格、认证资格。

产品质量认证机构违反本法第二十一条第二款的规定，对不符合认证标准而使用认证标志的产品，未依法要求其改正或者取消其使用认证标志资格的，对因产品不符合认证标准给消费者造成的损失，与产品的生产者、销售者承担连带责任；情节严重的，撤销其认证资格。

第五十八条　社会团体、社会中介机构对产品质量作出承诺、保证，而该产品又不符合其承诺、保证的质量要求，给消费者造成损失的，与产品的生产者、销售者承担连带责任。

第五十九条　在广告中对产品质量作虚假宣传，欺骗和误导消费者的，依照《中华人民共和国广告法》的规定追究法律责任。

第六十条　对生产者专门用于生产本法第四十九条、第五十一条所列的产品或者以假充真的产品的原辅材料、包装物、生产工具，应当予以没收。

第六十一条　知道或者应当知道属于本法规定禁止生产、销售的产品而为其提供运输、保管、仓储等便利条件的，或者为以假充真的产品提供制假生产技术的，没收全部运输、保管、仓储或者提供制假生产技术的收入，并处违法收入百分之五十以上三倍以下的罚款；构成犯罪的，依法追究刑事责任。

第六十二条　服务业的经营者将本法第四十九条至第五十二条规定禁止销售的产品用于经营性服务的，责令停止使用；对知道或者应当知道所使用的产品属于本法规定禁止销售的产品的，按照违法使用的产品（包括已使用和尚未使用的产品）的货值金额，依照本法对销售者的处罚规定处罚。

第六十三条　隐匿、转移、变卖、损毁被产品质量监督部门或者工商行政管理部门查封、扣押的物品的，处被隐匿、转移、变卖、损毁物品货值金额等值以上三倍以下的罚款；有违法所得的，并处没收违法所得。

第六十四条　违反本法规定，应当承担民事赔偿责任和缴纳罚款、罚金，其财产不足以同时支付时，先承担民事赔偿责任。

第六十五条　各级人民政府工作人员和其他国家机关工作人员有下列情形之一的，依法给予行政处分；构成犯罪的，依法追究刑事责任：

（一）包庇、放纵产品生产、销售中违反本法规定行为的；

（二）向从事违反本法规定的生产、销售活动的当事人通风报信，帮助其逃避查处的；

（三）阻挠、干预产品质量监督部门或者工商行政管理部门依法对产品生产、销售中违反本法规定的行为进行查处，造成严重后果的。

第六十六条　产品质量监督部门在产品质量监督抽查中超过规定的数量索取样品或者向被检查人收取检验费用的，由上级产品质量监督部门或者监察机关责令退还；情节严重的，对直接负责的主管人员和其他直接责任人员依法给予行政处分。

第六十七条　产品质量监督部门或者其他国家机关违反本法第二十五条的规定，向社会推荐生产者的产品或者以监制、监销等方式参与产品经营活动的，由其上级机关或者监察机关责令改正，消除影响，有违法收入的予以没收；情节严重的，对直接负责的主管人员和其他直接责任人员依法给予行政处分。

产品质量检验机构有前款所列违法行为的，由产品质量监督部门责令改正，消除影响，有违法收入的予以没收，可以并处违法收入一倍以下的罚款；情节严重的，撤销其质量检验资格。

第六十八条　产品质量监督部门或者工商行政管理部门的工作人员滥用职权、玩忽职守、徇私舞弊，构成犯罪的，依法追究刑事责任；尚不构成犯罪的，依法给予行政处分。

第六十九条　以暴力、威胁方法阻碍产品质量监督部门或者工商行政管理部门的工作人员依法执行职务的，依法追究刑事责任；拒绝、阻碍未使用暴力、威胁方法的，由公安机关依照治安管理处罚条例的规定处罚。

第七十条　本法规定的吊销营业执照的行政处罚由工商行政管理部门决定，本法第四十九条至第五十七条、第六十条至第六十三条规定的行政处罚由产品质量监督部门或者工商行政管理部门按照国务院规定的职权范围决定。法律、行政法规对行使行政处罚权的机关另有规定的，依照有关法律、行政法规的规定执行。

第七十一条　对依照本法规定没收的产品，依照国家有关规定进行销毁或者采取其他方式处理。

第七十二条　本法第四十九条至第五十四条、第六十二条、第六十三条所规定的货值金额以违法生产、销售产品的标价计算；没有标价的，按照同类产品的市场价格计算。

第六章　附　则

第七十三条　军工产品质量监督管理办法，由国务院、中央军事委员会另行制定。

因核设施、核产品造成损害的赔偿责任，法律、行政法规另有规定的，依照其规定。

第七十四条　本法自1993年9月1日起施行。

中华人民共和国电力法

（1995 年 12 月 28 日第八届全国人民代表大会常务委员会第十七次会议通过　1995 年 12 月 28 日中华人民共和国主席令第六十号公布　自 1996 年 4 月 1 日起施行）

第一章　总　则

第一条　为了保障和促进电力事业的发展，维护电力投资者、经营者和使用者的合法权益，保障电力安全运行，制定本法。

第二条　本法适用于中华人民共和国境内的电力建设、生产、供应和使用活动。

第三条　电力事业应当适应国民经济和社会发展的需要，适当超前发展。国家鼓励、引导国内外的经济组织和个人依法投资开发电源，兴办电力生产企业。

电力事业投资，实行谁投资、谁收益的原则。

第四条　电力设施受国家保护。

禁止任何单位和个人危害电力设施安全或者非法侵占、使用电能。

第五条　电力建设、生产、供应和使用应当依法保护环境，采用新技术，减少有害物质排放，防治污染和其他公害。

国家鼓励和支持利用可再生能源和清洁能源发电。

第六条　国务院电力管理部门负责全国电力事业的监督管理。国务院有关部门在各自的职责范围内负责电力事业的监督管理。

县级以上地方人民政府经济综合主管部门是本行政区域内的电力管理部门，负责电力事业的监督管理。县级以上地方人民政府有关部门在各自的职责范围内负责电力事业的监督管理。

第七条　电力建设企业、电力生产企业、电网经营企业依法实行自主经营、自负盈亏，并接受电力管理部门的监督。

第八条　国家帮助和扶持少数民族地区、边远地区和贫困地区发展电力事业。

第九条　国家鼓励在电力建设、生产、供应和使用过程中，采用先进的科学技术和管理方法，对在研究、开发、采用先进的科学技术和管理方法等方面作出显著成绩的单位和个人给予奖励。

第二章　电力建设

第十条　电力发展规划应当根据国民经济和社会发展的需要制定，并纳入国民经济和社会发展计划。

电力发展规划，应当体现合理利用能源、电源与电网配套发展、提高经济效益和有利于环境保护的原则。

第十一条　城市电网的建设与改造规划，应当纳入城市总体规划。城市人民政府应当按照规划，安排变电设施用地、输电线路走廊和电缆通道。

任何单位和个人不得非法占用变电设施用地、输电线路走廊和电缆通道。

第十二条　国家通过制定有关政策，支持、促进电力建设。

地方人民政府应当根据电力发展规划，因地制宜，采取多种措施开发电源，发展电力建设。

第十三条　电力投资者对其投资形成的电力，享有法定权益。并网运行的，电力投资者有优先使用权；未并网的自备电厂，电力投资者自行支配使用。

第十四条　电力建设项目应当符合电力发展规划，符合国家电力产业政策。

电力建设项目不得使用国家明令淘汰的电力设备和技术。

第十五条　输变电工程、调度通信自动化工程等电网配套工程和环境保护工程，应当与发电工程项目同时设计、同时建设、同时验收、同时投入使用。

第十六条　电力建设项目使用土地，应当依照有关法律、行政法规的规定办理；依法征用土地的，应当依法支付土地补偿费和安置补偿费，做好迁移居民的安置工作。

电力建设应当贯彻切实保护耕地、节约利用土地的原则。

地方人民政府对电力事业依法使用土地和迁移居民，应当予以支持和协助。

第十七条　地方人民政府应当支持电力企业为发电工程建设勘探水源和依法取水、用水。电力企业应当节约用水。

第三章 电力生产与电网管理

第十八条 电力生产与电网运行应当遵循安全、优质、经济的原则。

电网运行应当连续、稳定，保证供电可靠性。

第十九条 电力企业应当加强安全生产管理，坚持安全第一、预防为主的方针，建立、健全安全生产责任制度。

电力企业应当对电力设施定期进行检修和维护，保证其正常运行。

第二十条 发电燃料供应企业、运输企业和电力生产企业应当依照国务院有关规定或者合同约定供应、运输和接卸燃料。

第二十一条 电网运行实行统一调度、分级管理。任何单位和个人不得非法干预电网调度。

第二十二条 国家提倡电力生产企业与电网、电网与电网并网运行。具有独立法人资格的电力生产企业要求将生产的电力并网运行的，电网经营企业应当接受。

并网运行必须符合国家标准或者电力行业标准。

并网双方应当按照统一调度、分级管理和平等互利、协商一致的原则，签订并网协议，确定双方的权利和义务；并网双方达不成协议的，由省级以上电力管理部门协调决定。

第二十三条 电网调度管理办法，由国务院依照本法的规定制定。

第四章 电力供应与使用

第二十四条 国家对电力供应和使用，实行安全用电、节约用电、计划用电的管理原则。

电力供应与使用办法由国务院依照本法的规定制定。

第二十五条 供电企业在批准的供电营业区内向用户供电。

供电营业区的划分，应当考虑电网的结构和供电合理性等因素。一个供电营业区内只设立一个供电营业机构。

省、自治区、直辖市范围内的供电营业区的设立、变更，由供电企业提出申请，经省、自治区、直辖市人民政府电力管理部门会同同级有关部门审查批准后，由省、自治区、直辖市人民政府电力管理部门发给《供电营业许可证》。跨省、自治区、直辖市的供电营业区的设立、变更，由国务院电力管理部门审查批准并发给《供电营业许可证》。供电营业机构持《供电营业许可证》向工商行政管理部门申请领取营业执照，方可营业。

第二十六条　供电营业区内的供电营业机构，对本营业区内的用户有按照国家规定供电的义务；不得违反国家规定对其营业区内申请用电的单位和个人拒绝供电。

申请新装用电、临时用电、增加用电容量、变更用电和终止用电，应当依照规定的程序办理手续。

供电企业应当在其营业场所公告用电的程序、制度和收费标准，并提供用户须知资料。

第二十七条　电力供应与使用双方应当根据平等自愿、协商一致的原则，按照国务院制定的电力供应与使用办法签订供用电合同，确定双方的权利和义务。

第二十八条　供电企业应当保证供给用户的供电质量符合国家标准。对公用供电设施引起的供电质量问题，应当及时处理。

用户对供电质量有特殊要求的，供电企业应当根据其必要性和电网的可能，提供相应的电力。

第二十九条　供电企业在发电、供电系统正常的情况下，应当连续向用户供电，不得中断。因供电设施检修、依法限电或者用户违法用电等原因，需要中断供电时，供电企业应当按照国家有关规定事先通知用户。

用户对供电企业中断供电有异议的，可以向电力管理部门投诉；受理投诉的电力管理部门应当依法处理。

第三十条　因抢险救灾需要紧急供电时，供电企业必须尽速安排供电，所需供电工程费用和应付电费依照国家有关规定执行。

第三十一条　用户应当安装用电计量装置。用户使用的电力电量，以计量检定机构依法认可的用电计量装置的记录为准。

用户受电装置的设计、施工安装和运行管理，应当符合国家标准或者电力行业标准。

第三十二条　用户用电不得危害供电、用电安全和扰乱供电、用电秩序。

对危害供电、用电安全和扰乱供电、用电秩序的，供电企业有权制止。

第三十三条　供电企业应当按照国家核准的电价和用电计量装置的记录，向用户计收电费。

供电企业查电人员和抄表收费人员进入用户，进行用电安全检查或者抄表收费时，应当出示有关证件。

用户应当按照国家核准的电价和用电计量装置的记录，按时交纳电费；对供电企业查电人员和抄表收费人员依法履行职责，应当提供方便。

第三十四条　供电企业和用户应当遵守国家有关规定，采取有效措施，做好安全用电、节约用电和计划用电工作。

第五章　电价与电费

第三十五条　本法所称电价，是指电力生产企业的上网电价、电网间的互供电价、电网销售电价。

电价实行统一政策，统一定价原则，分级管理。

第三十六条　制定电价，应当合理补偿成本，合理确定收益，依法计入税金，坚持公平负担，促进电力建设。

第三十七条　上网电价实行同网同质同价。具体办法和实施步骤由国务院规定。

电力生产企业有特殊情况需另行制定上网电价的，具体办法由国务院规定。

第三十八条　跨省、自治区、直辖市电网和省级电网内的上网电价，由电力生产企业和电网经营企业协商提出方案，报国务院物价行政主管部门核准。

独立电网内的上网电价，由电力生产企业和电网经营企业协商提出方案，报有管理权的物价行政主管部门核准。

地方投资的电力生产企业所生产的电力，属于在省内各地区形成独立电网的或者自发自用的，其电价可以由省、自治区、直辖市人民政府管理。

第三十九条　跨省、自治区、直辖市电网和独立电网之间、省级电网和独立电网之间的互供电价，由双方协商提出方案，报国务院物价行政主管部门或者其授权的部门核准。

独立电网与独立电网之间的互供电价，由双方协商提出方案，报有管理权的物价行政主管部门核准。

第四十条　跨省、自治区、直辖市电网和省级电网的销售电价，由电网经营企业提出方案，报国务院物价行政主管部门或者其授权的部门核准。

独立电网的销售电价，由电网经营企业提出方案，报有管理权的物价行政主管部门核准。

第四十一条　国家实行分类电价和分时电价。分类标准和分时办法由国务院确定。

对同一电网内的同一电压等级、同一用电类别的用户，执行相同的电价标准。

第四十二条　用户用电增容收费标准，由国务院物价行政主管部门会同国务院电力管理部门制定。

第四十三条　任何单位不得超越电价管理权限制定电价。供电企业不得擅自变更电价。

第四十四条　禁止任何单位和个人在电费中加收其他费用；但是，法律、行政法规另有规定的，按照规定执行。

地方集资办电在电费中加收费用的，由省、自治区、直辖市人民政府依照国务院有关规定制定办法。

禁止供电企业在收取电费时，代收其他费用。

第四十五条　电价的管理办法，由国务院依照本法的规定制定。

第六章　农村电力建设和农业用电

第四十六条　省、自治区、直辖市人民政府应当制定农村电气化发展规划，并将其纳入当地电力发展规划及国民经济和社会发展计划。

第四十七条　国家对农村电气化实行优惠政策，对少数民族地区、边远地区和贫困地区的农村电力建设给予重点扶持。

第四十八条　国家提倡农村开发水能资源，建设中、小型水电站，促进农村电气化。

国家鼓励和支持农村利用太阳能、风能、地热能、生物质能和其他能源进行农村电源建设，增加农村电力供应。

第四十九条　县级以上地方人民政府及其经济综合主管部门在安排用电指标时，应当保证农业和农村用电的适当比例，优先保证农村排涝、抗旱和农业季节性生产用电。

电力企业应当执行前款的用电安排，不得减少农业和农村用电指标。

第五十条　农业用电价格按照保本、微利的原则确定。

农民生活用电与当地城镇居民生活用电应当逐步实行相同的电价。

第五十一条　农业和农村用电管理办法，由国务院依照本法的规定制定。

第七章　电力设施保护

第五十二条　任何单位和个人不得危害发电设施、变电设施和电力线路设施及其有关辅助设施。

在电力设施周围进行爆破及其他可能危及电力设施安全的作业的，应当按照国务院有关电力设施保护的规定，经批准并采取确保电力设施安全的措施后，方可进行作业。

第五十三条　电力管理部门应当按照国务院有关电力设施保护的规定，对电力设施保护区设立标志。

任何单位和个人不得在依法划定的电力设施保护区内修建可能危及电力设施安全的建筑物、构筑物，不得种植可能危及电力设施安全的植物，不得堆放可能危及电力设施安全的物品。

在依法划定电力设施保护区前已经种植的植物妨碍电力设施安全的，应当修剪或者砍伐。

第五十四条　任何单位和个人需要在依法划定的电力设施保护区内进行可能危及电力设施安全的作业时，应当经电力管理部门批准并采取安全措施后，方可进行作业。

第五十五条　电力设施与公用工程、绿化工程和其他工程在新建、改建或者扩建中相互妨碍时，有关单位应当按照国家有关规定协商，达成协议后方可施工。

第八章　监督检查

第五十六条　电力管理部门依法对电力企业和用户执行电力法律、行政法规的情况进行监督检查。

第五十七条　电力管理部门根据工作需要，可以配备电力监督检查人员。

电力监督检查人员应当公正廉洁，秉公执法，熟悉电力法律、法规，掌握有关电力专业技术。

第五十八条　电力监督检查人员进行监督检查时，有权向电力企业或者用户了解有关执行电力法律、行政法规的情况，查阅有关资料，并有权进入现场进行检查。

电力企业和用户对执行监督检查任务的电力监督检查人员应当提供方便。

电力监督检查人员进行监督检查时，应当出示证件。

第九章　法律责任

第五十九条　电力企业或者用户违反供用电合同，给对方造成损失的，应当依法承担赔偿责任。

电力企业违反本法第二十八条、第二十九条第一款的规定，未保证供电质量或者未事先通知用户中断供电，给用户造成损失的，应当依法承担赔偿责任。

第六十条　因电力运行事故给用户或者第三人造成损害的，电力企业应当依法承担赔偿责任。

电力运行事故由下列原因之一造成的，电力企业不承担赔偿责任：

（一）不可抗力；

（二）用户自身的过错。

因用户或者第三人的过错给电力企业或者其他用户造成损害的，该用户或者第三人应当依法承担赔偿责任。

第六十一条　违反本法第十一条第二款的规定，非法占用变电设施用地、输电线路走廊或者电缆通道的，由县级以上地方人民政府责令限期改正；逾期不改正的，强制清除障碍。

第六十二条　违反本法第十四条规定，电力建设项目不符合电力发展规划、产业政策的，由电力管理部门责令停止建设。

违反本法第十四条规定，电力建设项目使用国家明令淘汰的电力设备和技术的，由电力管理部门责令停止使用，没收国家明令淘汰的电力设备，并处五万元以下的罚款。

第六十三条　违反本法第二十五条规定，未经许可，从事供电或者变更供电营业区的，由电力管理部门责令改正，没收违法所得，可以并处违法所得五倍以下的罚款。

第六十四条　违反本法第二十六条、第二十九条规定，拒绝供电或者中断供电的，由电力管理部门责令改正，给予警告；情节严重的，对有关主管人员和直接责任人员给予行政处分。

第六十五条　违反本法第三十二条规定，危害供电、用电安全或者扰乱供电、用电秩序的，由电力管理部门责令改正，给予警告；情节严重或者拒绝改正的，可以中止供电，可以并处五万元以下的罚款。

第六十六条　违反本法第三十三条、第四十三条、第四十四条规定，未按照国家核准的电价和用电计量装置的记录向用户计收电费、超越权限制定电价或者在电费中加收其他费用的，由物价行政主管部门给予警告，责令返还违法收取的费用，可以并处违法收取费用五倍以下的罚款；情节严重的，对有关主管人员和直接责任人员给予行政处分。

第六十七条　违反本法第四十九条第二款规定，减少农业和农村用电指标的，由电力管理部门责令改正；情节严重的，对有关主管人员和直接责任人员给予行政处分；造成损失的，责令赔偿损失。

第六十八条　违反本法第五十二条第二款和第五十四条规定，未经批准或者未采取安全措施在电力设施周围或者在依法划定的电力设施保护区内进行作业，危及电力设施安全的，由电力管理部门责令停止作业、恢复原状并赔偿损失。

第六十九条　违反本法第五十三条规定，在依法划定的电力设施保护区内修建建筑物、构筑物或者种植植物、堆放物品，危及电力设施安全的，由当地人民政府责令强制拆除、砍伐或者清除。

第七十条　有下列行为之一，应当给予治安管理处罚的，由公安机关依照治安管理处罚条例的有关规定予以处罚；构成犯罪的，依法追究刑事责任：

（一）阻碍电力建设或者电力设施抢修，致使电力建设或者电力设施抢修不能正常进行的；

（二）扰乱电力生产企业、变电所、电力调度机构和供电企业的秩序，致使生产、工作和营业不能正常进行的；

（三）殴打、公然侮辱履行职务的查电人员或者抄表收费人员的；

（四）拒绝、阻碍电力监督检查人员依法执行职务的。

第七十一条　盗窃电能的，由电力管理部门责令停止违法行为，追缴电费并处应交电费五倍以下的罚款；构成犯罪的，依照刑法第一百五十一条或者第一百五十二条的规定追究刑事责任。

第七十二条　盗窃电力设施或者以其他方法破坏电力设施，危害公共安全的，依照刑法第一百零九条或者第一百一十条的规定追究刑事责任。

第七十三条　电力管理部门的工作人员滥用职权、玩忽职守、徇私舞弊，构成犯罪的，依法追究刑事责任；尚不构成犯罪的，依法给予行政处分。

第七十四条　电力企业职工违反规章制度、违章调度或者不服从调度指令，造成重大事故的，比照刑法第一百一十四条的规定追究刑事责任。

电力企业职工故意延误电力设施抢修或者抢险救灾供电，造成严重后果的，比照刑法第一百一十四条的规定追究刑事责任。

电力企业的管理人员和查电人员、抄表收费人员勒索用户、以电谋私，构成犯罪的，依法追究刑事责任；尚不构成犯罪的，依法给予行政处分。

第十章　附　则

第七十五条　本法自 1996 年 4 月 1 日起施行。

中华人民共和国煤炭法

(1996 年 8 月 29 日第八届全国人民代表大会常务委员会第二十一次会议通过 根据 2009 年 8 月 27 日第十一届全国人民代表大会常务委员会第十次会议《关于修改部分法律的决定》第一次修正 根据 2011 年 4 月 22 日第十一届全国人民代表大会常务委员会第二十次会议《关于修改〈中华人民共和国煤炭法〉的决定》第二次修正 根据 2013 年 6 月 29 日第十二届全国人民代表大会常务委员会第三次会议《关于修改〈中华人民共和国文物保护法〉等十二部法律的决定》第三次修正)

第一章 总 则

第一条 为了合理开发利用和保护煤炭资源，规范煤炭生产、经营活动，促进和保障煤炭行业的发展，制定本法。

第二条 在中华人民共和国领域和中华人民共和国管辖的其他海域从事煤炭生产、经营活动，适用本法。

第三条 煤炭资源属于国家所有。地表或者地下的煤炭资源的国家所有权，不因其依附的土地的所有权或者使用权的不同而改变。

第四条 国家对煤炭开发实行统一规划、合理布局、综合利用的方针。

第五条 国家依法保护煤炭资源，禁止任何乱采、滥挖破坏煤炭资源的行为。

第六条 国家保护依法投资开发煤炭资源的投资者的合法权益。

国家保障国有煤矿的健康发展。

国家对乡镇煤矿采取扶持、改造、整顿、联合、提高的方针，实行正规合理开发和有序发展。

第七条 煤矿企业必须坚持安全第一、预防为主的安全生产方针，建立健全安全生产的责任制度和群防群治制度。

第八条　各级人民政府及其有关部门和煤矿企业必须采取措施加强劳动保护，保障煤矿职工的安全和健康。

国家对煤矿井下作业的职工采取特殊保护措施。

第九条　国家鼓励和支持在开发利用煤炭资源过程中采用先进的科学技术和管理方法。

煤矿企业应当加强和改善经营管理，提高劳动生产率和经济效益。

第十条　国家维护煤矿矿区的生产秩序、工作秩序，保护煤矿企业设施。

第十一条　开发利用煤炭资源，应当遵守有关环境保护的法律、法规，防治污染和其他公害，保护生态环境。

第十二条　国务院煤炭管理部门依法负责全国煤炭行业的监督管理。国务院有关部门在各自的职责范围内负责煤炭行业的监督管理。

县级以上地方人民政府煤炭管理部门和有关部门依法负责本行政区域内煤炭行业的监督管理。

第十三条　煤炭矿务局是国有煤矿企业，具有独立法人资格。

矿务局和其他具有独立法人资格的煤矿企业、煤炭经营企业依法实行自主经营、自负盈亏、自我约束、自我发展。

第二章　煤炭生产开发规划与煤矿建设

第十四条　国务院煤炭管理部门根据全国矿产资源勘查规划编制全国煤炭资源勘查规划。

第十五条　国务院煤炭管理部门根据全国矿产资源规划规定的煤炭资源，组织编制和实施煤炭生产开发规划。

省、自治区、直辖市人民政府煤炭管理部门根据全国矿产资源规划规定的煤炭资源，组织编制和实施本地区煤炭生产开发规划，并报国务院煤炭管理部门备案。

第十六条　煤炭生产开发规划应当根据国民经济和社会发展的需要制定，并纳入国民经济和社会发展计划。

第十七条　国家制定优惠政策，支持煤炭工业发展，促进煤矿建设。

煤矿建设项目应当符合煤炭生产开发规划和煤炭产业政策。

第十八条　开办煤矿企业，应当具备下列条件：

（一）有煤矿建设项目可行性研究报告或者开采方案；

（二）有计划开采的矿区范围、开采范围和资源综合利用方案；

（三）有开采所需的地质、测量、水文资料和其他资料；

（四）有符合煤矿安全生产和环境保护要求的矿山设计；

（五）有合理的煤矿矿井生产规模和与其相适应的资金、设备和技术人员；

（六）法律、行政法规规定的其他条件。

第十九条　开办煤矿企业，必须依法向煤炭管理部门提出申请；依照本法规定的条件和国务院规定的分级管理的权限审查批准。

审查批准煤矿企业，须由地质矿产主管部门对其开采范围和资源综合利用方案进行复核并签署意见。

经批准开办的煤矿企业，凭批准文件由地质矿产主管部门颁发采矿许可证。

第二十条　煤矿建设使用土地，应当依照有关法律、行政法规的规定办理。征收土地的，应当依法支付土地补偿费和安置补偿费，做好迁移居民的安置工作。

煤矿建设应当贯彻保护耕地、合理利用土地的原则。

地方人民政府对煤矿建设依法使用土地和迁移居民，应当给予支持和协助。

第二十一条　煤矿建设应当坚持煤炭开发与环境治理同步进行。煤矿建设项目的环境保护设施必须与主体工程同时设计、同时施工、同时验收、同时投入使用。

第三章　煤炭生产与煤矿安全

第二十二条　煤矿投入生产前，煤矿企业应当依照有关安全生产的法律、行政法规的规定取得安全生产许可证。未取得安全生产许可证的，不得从事煤炭生产。

第二十三条　对国民经济具有重要价值的特殊煤种或者稀缺煤种，国家实行保护性开采。

第二十四条　开采煤炭资源必须符合煤矿开采规程，遵守合理的开采顺序，达到规定的煤炭资源回采率。

煤炭资源回采率由国务院煤炭管理部门根据不同的资源和开采条件确定。

国家鼓励煤矿企业进行复采或者开采边角残煤和极薄煤。

第二十五条　煤矿企业应当加强煤炭产品质量的监督检查和管理。煤炭产品质量应当按照国家标准或者行业标准分等论级。

第二十六条　煤炭生产应当依法在批准的开采范围内进行，不得超越批准的开采范围越界、越层开采。

采矿作业不得擅自开采保安煤柱，不得采用可能危及相邻煤矿生产安全的决水、爆破、贯通巷道等危险方法。

第二十七条　因开采煤炭压占土地或者造成地表土地塌陷、挖损，由采矿者负责进行复垦，恢复到可供利用的状态；造成他人损失的，应当依法给予补偿。

第二十八条　关闭煤矿和报废矿井，应当依照有关法律、法规和国务院煤炭管理部门的规定办理。

第二十九条　国家建立煤矿企业积累煤矿衰老期转产资金的制度。

国家鼓励和扶持煤矿企业发展多种经营。

第三十条　国家提倡和支持煤矿企业和其他企业发展煤电联产、炼焦、煤化工、煤建材等，进行煤炭的深加工和精加工。

国家鼓励煤矿企业发展煤炭洗选加工，综合开发利用煤层气、煤矸石、煤泥、石煤和泥炭。

第三十一条　国家发展和推广洁净煤技术。

国家采取措施取缔土法炼焦。禁止新建土法炼焦窑炉；现有的土法炼焦限期改造。

第三十二条　县级以上各级人民政府及其煤炭管理部门和其他有关部门，应当加强对煤矿安全生产工作的监督管理。

第三十三条　煤矿企业的安全生产管理，实行矿务局长、矿长负责制。

第三十四条　矿务局长、矿长及煤矿企业的其他主要负责人必须遵守有关矿山安全的法律、法规和煤炭行业安全规章、规程，加强对煤矿安全生产工作的管理，执行安全生产责任制度，采取有效措施，防止伤亡和其他安全生产事故的发生。

第三十五条　煤矿企业应当对职工进行安全生产教育、培训；未经安全生产教育、培训的，不得上岗作业。

煤矿企业职工必须遵守有关安全生产的法律、法规、煤炭行业规章、规程和企业规章制度。

第三十六条　在煤矿井下作业中，出现危及职工生命安全并无法排除的紧急情况时，作业现场负责人或者安全管理人员应当立即组织职工撤离危险现场，并及时报告有关方面负责人。

第三十七条　煤矿企业工会发现企业行政方面违章指挥、强令职工冒险作业或者生产过程中发现明显重大事故隐患，可能危及职工生命安全的情况，有权提出解决问题的建议，煤矿企业行政方面必须及时作出处理决定。企业行政方面拒不处理的，工会有权提出批评、检举和控告。

第三十八条　煤矿企业必须为职工提供保障安全生产所需的劳动保护用品。

第三十九条　煤矿企业应当依法为职工参加工伤保险缴纳工伤保险费。鼓励企业为井下作业职工办理意外伤害保险，支付保险费。

第四十条　煤矿企业使用的设备、器材、火工产品和安全仪器，必须符合国家标准或者行业标准。

第四章　煤炭经营

第四十一条　煤炭经营企业从事煤炭经营，应当遵守有关法律、法规的规定，改善服务，保障供应。禁止一切非法经营活动。

第四十二条　煤炭经营应当减少中间环节和取消不合理的中间环节，提倡有条件的煤矿企业直销。

煤炭用户和煤炭销区的煤炭经营企业有权直接从煤矿企业购进煤炭。在煤炭产区可以组成煤炭销售、运输服务机构，为中小煤矿办理经销、运输业务。

禁止行政机关违反国家规定擅自设立煤炭供应的中间环节和额外加收费用。

第四十三条　从事煤炭运输的车站、港口及其他运输企业不得利用其掌握的运力作为参与煤炭经营、谋取不正当利益的手段。

第四十四条　国务院物价行政主管部门会同国务院煤炭管理部门和有关部门对煤炭的销售价格进行监督管理。

第四十五条　煤矿企业和煤炭经营企业供应用户的煤炭质量应当符合国家标准或者行业标准，质级相符，质价相符。用户对煤炭质量有特殊要求的，由供需双方在煤炭购销合同中约定。

煤矿企业和煤炭经营企业不得在煤炭中掺杂、掺假，以次充好。

第四十六条　煤矿企业和煤炭经营企业供应用户的煤炭质量不符合国家标准或者行业标准，或者不符合合同约定，或者质级不符、质价不符，给用户造成损失的，应当依法给予赔偿。

第四十七条　煤矿企业、煤炭经营企业、运输企业和煤炭用户应当依照法律、国务院有关规定或者合同约定供应、运输和接卸煤炭。

运输企业应当将承运的不同质量的煤炭分装、分堆。

第四十八条　煤炭的进出口依照国务院的规定，实行统一管理。

具备条件的大型煤矿企业经国务院对外经济贸易主管部门依法许可，有权从事煤炭出口经营。

第四十九条　煤炭经营管理办法，由国务院依照本法制定。

第五章　煤矿矿区保护

第五十条　任何单位或者个人不得危害煤矿矿区的电力、通讯、水源、交通及其他生产设施。

禁止任何单位和个人扰乱煤矿矿区的生产秩序和工作秩序。

第五十一条　对盗窃或者破坏煤矿矿区设施、器材及其他危及煤矿矿区安全的行为，一切单位和个人都有权检举、控告。

第五十二条　未经煤矿企业同意，任何单位或者个人不得在煤矿企业依法取得土地使用权的有效期间内在该土地上种植、养殖、取土或者修建建筑物、构筑物。

第五十三条　未经煤矿企业同意，任何单位或者个人不得占用煤矿企业的铁路专用线、专用道路、专用航道、专用码头、电力专用线、专用供水管路。

第五十四条　任何单位或者个人需要在煤矿采区范围内进行可能危及煤矿安全的作业时，应当经煤矿企业同意，报煤炭管理部门批准，并采取安全措施后，方可进行作业。

在煤矿矿区范围内需要建设公用工程或者其他工程的，有关单位应当事先与煤矿企业协商并达成协议后，方可施工。

第六章　监督检查

第五十五条　煤炭管理部门和有关部门依法对煤矿企业和煤炭经营企业执行煤炭法律、法规的情况进行监督检查。

第五十六条　煤炭管理部门和有关部门的监督检查人员应当熟悉煤炭法律、法规，掌握有关煤炭专业技术，公正廉洁，秉公执法。

第五十七条　煤炭管理部门和有关部门的监督检查人员进行监督检查时，有权向煤矿企业、煤炭经营企业或者用户了解有关执行煤炭法律、法规的情况，查阅有关资料，并有权进入现场进行检查。

煤矿企业、煤炭经营企业和用户对依法执行监督检查任务的煤炭管理部门和有关部门的监督检查人员应当提供方便。

第五十八条　煤炭管理部门和有关部门的监督检查人员对煤矿企业和煤炭经营企业违反煤炭法律、法规的行为，有权要求其依法改正。

煤炭管理部门和有关部门的监督检查人员进行监督检查时，应当出示证件。

第七章　法律责任

第五十九条　违反本法第二十四条的规定，开采煤炭资源未达到国务院煤炭管理部门规定的煤炭资源回采率的，由煤炭管理部门责令限期改正；逾期仍达不到规定的回采率的，责令停止生产。

第六十条　违反本法第二十六条的规定，擅自开采保安煤柱或者采用危及相邻煤矿生产安全的危险方法进行采矿作业的，由劳动行政主管部门会同煤炭管理部门责令停止作业；由煤炭管理部门没收违法所得，并处违法所得一倍以上五倍以下的罚款；构成犯罪的，由司法机关依法追究刑事责任；造成损失的，依法承担赔偿责任。

第六十一条　违反本法第四十五条的规定，在煤炭产品中掺杂、掺假，以次充好的，责令停止销售，没收违法所得，并处违法所得一倍以上五倍以下的罚款；构成犯罪的，由司法机关依法追究刑事责任。

第六十二条　违反本法第五十二条的规定，未经煤矿企业同意，在煤矿企业依法取得土地使用权的有效期间内在该土地上修建建筑物、构筑物的，由当地人民政府动员拆除；拒不拆除的，责令拆除。

第六十三条　违反本法第五十三条的规定，未经煤矿企业同意，占用煤矿企业的铁路专用线、专用道路、专用航道、专用码头、电力专用线、专用供水管路的，由县级以上地方人民政府责令限期改正；逾期不改正的，强制清除，可以并处五万元以下的罚款；造成损失的，依法承担赔偿责任。

第六十四条　违反本法第五十四条的规定，未经批准或者未采取安全措施，在煤矿采区范围内进行危及煤矿安全作业的，由煤炭管理部门责令停止作业，可以并处五万元以下的罚款；造成损失的，依法承担赔偿责任。

第六十五条 有下列行为之一的，由公安机关依照治安管理处罚法的有关规定处罚；构成犯罪的，由司法机关依法追究刑事责任：

（一）阻碍煤矿建设，致使煤矿建设不能正常进行的；

（二）故意损坏煤矿矿区的电力、通讯、水源、交通及其他生产设施的；

（三）扰乱煤矿矿区秩序，致使生产、工作不能正常进行的；

（四）拒绝、阻碍监督检查人员依法执行职务的。

第六十六条 煤矿企业的管理人员违章指挥、强令职工冒险作业，发生重大伤亡事故的，依照刑法有关规定追究刑事责任。

第六十七条 煤矿企业的管理人员对煤矿事故隐患不采取措施予以消除，发生重大伤亡事故的，依照刑法有关规定追究刑事责任。

第六十八条 煤炭管理部门和有关部门的工作人员玩忽职守、徇私舞弊、滥用职权的，依法给予行政处分；构成犯罪的，由司法机关依法追究刑事责任。

第八章 附 则

第六十九条 本法自 1996 年 12 月 1 日起施行。

中华人民共和国政府采购法

（《中华人民共和国政府采购法》已由中华人民共和国第九届全国人民代表大会常务委员会第二十八次会议于 2002 年 6 月 29 日通过，自 2003 年 1 月 1 日起施行）

第一章 总 则

第一条 为了规范政府采购行为，提高政府采购资金的使用效益，维护国家利益和社会公共利益，保护政府采购当事人的合法权益，促进廉政建设，制定本法。

第二条 在中华人民共和国境内进行的政府采购适用本法。

本法所称政府采购，是指各级国家机关、事业单位和团体组织，使用财政性资金采购依法制定的集中采购目录以内的或者采购限额标准以上的货物、工程和服务的行为。

政府集中采购目录和采购限额标准依照本法规定的权限制定。

本法所称采购，是指以合同方式有偿取得货物、工程和服务的行为，包括购买、租赁、委托、雇用等。

本法所称货物，是指各种形态和种类的物品，包括原材料、燃料、设备、产品等。

本法所称工程，是指建设工程，包括建筑物和构筑物的新建、改建、扩建、装修、拆除、修缮等。

本法所称服务，是指除货物和工程以外的其他政府采购对象。

第三条 政府采购应当遵循公开透明原则、公平竞争原则、公正原则和诚实信用原则。

第四条 政府采购工程进行招标投标的，适用招标投标法。

第五条 任何单位和个人不得采用任何方式，阻挠和限制供应商自由进入本地区和本行业的政府采购市场。

第六条 政府采购应当严格按照批准的预算执行。

第七条 政府采购实行集中采购和分散采购相结合。集中采购的范围由省级以上人民政府公布的集中采购目录确定。

属于中央预算的政府采购项目，其集中采购目录由国务院确定并公布；属于地方预算的政府采购项目，其集中采购目录由省、自治区、直辖市人民政府或者其授权的机构确定并公布。

纳入集中采购目录的政府采购项目，应当实行集中采购。

第八条 政府采购限额标准，属于中央预算的政府采购项目，由国务院确定并公布；属于地方预算的政府采购项目，由省、自治区、直辖市人民政府或者其授权的机构确定并公布。

第九条 政府采购应当有助于实现国家的经济和社会发展政策目标，包括保护环境，扶持不发达地区和少数民族地区，促进中小企业发展等。

第十条 政府采购应当采购本国货物、工程和服务。但有下列情形之一的除外：

（一）需要采购的货物、工程或者服务在中国境内无法获取或者无法以合理的商业条件获取的；

（二）为在中国境外使用而进行采购的；

（三）其他法律、行政法规另有规定的。

前款所称本国货物、工程和服务的界定，依照国务院有关规定执行。

第十一条 政府采购的信息应当在政府采购监督管理部门指定的媒体上及时向社会公开发布，但涉及商业秘密的除外。

第十二条 在政府采购活动中，采购人员及相关人员与供应商有利害关系的，必须回避。供应商认为采购人员及相关人员与其他供应商有利害关系的，可以申请其回避。

前款所称相关人员，包括招标采购中评标委员会的组成人员，竞争性谈判采购中谈判小组的组成人员，询价采购中询价小组的组成人员等。

第十三条 各级人民政府财政部门是负责政府采购监督管理的部门，依法履行对政府采购活动的监督管理职责。

各级人民政府其他有关部门依法履行与政府采购活动有关的监督管理职责。

第二章 政府采购当事人

第十四条 政府采购当事人是指在政府采购活动中享有权利和承担义务的各类主体，包括采购人、供应商和采购代理机构等。

第十五条 采购人是指依法进行政府采购的国家机关、事业单位、团体组织。

第十六条 集中采购机构为采购代理机构。设区的市、自治州以上人民政府根据本级政府采购项目组织集中采购的需要设立集中采购机构。

集中采购机构是非营利事业法人，根据采购人的委托办理采购事宜。

第十七条 集中采购机构进行政府采购活动，应当符合采购价格低于市场平均价格、采购效率更高、采购质量优良和服务良好的要求。

第十八条 采购人采购纳入集中采购目录的政府采购项目，必须委托集中采购机构代理采购；采购未纳入集中采购目录的政府采购项目，可以自行采购，也可以委托集中采购机构在委托的范围内代理采购。

纳入集中采购目录属于通用的政府采购项目的，应当委托集中采购机构代理采购；属于本部门、本系统有特殊要求的项目，应当实行部门集中采购；属于本单位有特殊要求的项目，经省级以上人民政府批准，可以自行采购。

第十九条 采购人可以委托经国务院有关部门或者省级人民政府有关部门认定资格的采购代理机构，在委托的范围内办理政府采购事宜。

采购人有权自行选择采购代理机构，任何单位和个人不得以任何方式为采购人指定采购代理机构。

第二十条 采购人依法委托采购代理机构办理采购事宜的，应当由采购人与采购代理机构签订委托代理协议，依法确定委托代理的事项，约定双方的权利义务。

第二十一条 供应商是指向采购人提供货物、工程或者服务的法人、其他组织或者自然人。

第二十二条 供应商参加政府采购活动应当具备下列条件：

（一）具有独立承担民事责任的能力；

（二）具有良好的商业信誉和健全的财务会计制度；

（三）具有履行合同所必需的设备和专业技术能力；

（四）有依法缴纳税收和社会保障资金的良好记录；

（五）参加政府采购活动前三年内，在经营活动中没有重大违法记录；

（六）法律、行政法规规定的其他条件。

采购人可以根据采购项目的特殊要求，规定供应商的特定条件，但不得以不合理的条件对供应商实行差别待遇或者歧视待遇。

第二十三条　采购人可以要求参加政府采购的供应商提供有关资质证明文件和业绩情况，并根据本法规定的供应商条件和采购项目对供应商的特定要求，对供应商的资格进行审查。

第二十四条　两个以上的自然人、法人或者其他组织可以组成一个联合体，以一个供应商的身份共同参加政府采购。

以联合体形式进行政府采购的，参加联合体的供应商均应当具备本法第二十二条规定的条件，并应当向采购人提交联合协议，载明联合体各方承担的工作和义务。联合体各方应当共同与采购人签订采购合同，就采购合同约定的事项对采购人承担连带责任。

第二十五条　政府采购当事人不得相互串通损害国家利益、社会公共利益和其他当事人的合法权益；不得以任何手段排斥其他供应商参与竞争。

供应商不得以向采购人、采购代理机构、评标委员会的组成人员、竞争性谈判小组的组成人员、询价小组的组成人员行贿或者采取其他不正当手段谋取中标或者成交。

采购代理机构不得以向采购人行贿或者采取其他不正当手段谋取非法利益。

第三章　政府采购方式

第二十六条　政府采购采用以下方式：

（一）公开招标；

（二）邀请招标；

（三）竞争性谈判；

（四）单一来源采购；

（五）询价；

（六）国务院政府采购监督管理部门认定的其他采购方式。

公开招标应作为政府采购的主要采购方式。

第二十七条　采购人采购货物或者服务应当采用公开招标方式的，其具体数额标准，属于中央预算的政府采购项目，由国务院规定；属于地方预算的政府采购项目，由省、自治区、直辖市人民政府规定；因特殊情况需要采用公开招标以外的采购方式的，应当在采购活动开始前获得设区的市、自治州以上人民政府采购监督管理部门的批准。

第二十八条　采购人不得将应当以公开招标方式采购的货物或者服务化整为零或者以其他任何方式规避公开招标采购。

第二十九条　符合下列情形之一的货物或者服务，可以依照本法采用邀请招标方式采购：

（一）具有特殊性，只能从有限范围的供应商处采购的；

（二）采用公开招标方式的费用占政府采购项目总价值的比例过大的。

第三十条　符合下列情形之一的货物或者服务，可以依照本法采用竞争性谈判方式采购：

（一）招标后没有供应商投标或者没有合格标的或者重新招标未能成立的；

（二）技术复杂或者性质特殊，不能确定详细规格或者具体要求的；

（三）采用招标所需时间不能满足用户紧急需要的；

（四）不能事先计算出价格总额的。

第三十一条　符合下列情形之一的货物或者服务，可以依照本法采用单一来源方式采购：

（一）只能从唯一供应商处采购的；

（二）发生了不可预见的紧急情况不能从其他供应商处采购的；

（三）必须保证原有采购项目一致性或者服务配套的要求，需要继续从原供应商处添购，且添购资金总额不超过原合同采购金额百分之十的。

第三十二条　采购的货物规格、标准统一、现货货源充足且价格变化幅度小的政府采购项目，可以依照本法采用询价方式采购。

第四章　政府采购程序

第三十三条　负有编制部门预算职责的部门在编制下一财政年度部门预算时，应当将该财政年度政府采购的项目及资金预算列出，报本级财政部门汇总。部门预算的审批，按预算管理权限和程序进行。

第三十四条　货物或者服务项目采取邀请招标方式采购的，采购人应当从符合相应资格条件的供应商中，通过随机方式选择三家以上的供应商，并向其发出投标邀请书。

第三十五条　货物和服务项目实行招标方式采购的，自招标文件开始发出之日起至投标人提交投标文件截止之日止，不得少于二十日。

第三十六条　在招标采购中，出现下列情形之一的，应予废标：

（一）符合专业条件的供应商或者对招标文件作实质响应的供应商不足三家的；

（二）出现影响采购公正的违法、违规行为的；

（三）投标人的报价均超过了采购预算，采购人不能支付的；

（四）因重大变故，采购任务取消的。

废标后，采购人应当将废标理由通知所有投标人。

第三十七条　废标后，除采购任务取消情形外，应当重新组织招标；需要采取其他方式采购的，应当在采购活动开始前获得设区的市、自治州以上人民政府采购监督管理部门或者政府有关部门批准。

第三十八条　采用竞争性谈判方式采购的，应当遵循下列程序：

（一）成立谈判小组。谈判小组由采购人的代表和有关专家共三人以上的单数组成，其中专家的人数不得少于成员总数的三分之二。

（二）制定谈判文件。谈判文件应当明确谈判程序、谈判内容、合同草案的条款以及评定成交的标准等事项。

（三）确定邀请参加谈判的供应商名单。谈判小组从符合相应资格条件的供应商名单中确定不少于三家的供应商参加谈判，并向其提供谈判文件。

（四）谈判。谈判小组所有成员集中与单一供应商分别进行谈判。在谈判中，谈判的任何一方不得透露与谈判有关的其他供应商的技术资料、价格和其他信息。谈判文件有实质性变动的，谈判小组应当以书面形式通知所有参加谈判的供应商。

（五）确定成交供应商。谈判结束后，谈判小组应当要求所有参加谈判的供应商在规定时间内进行最后报价，采购人从谈判小组提出的成交候选人中根据符合采购需求、质量和服务相等且报价最低的原则确定成交供应商，并将结果通知所有参加谈判的未成交的供应商。

第三十九条　采取单一来源方式采购的，采购人与供应商应当遵循本法规定的原则，在保证采购项目质量和双方商定合理价格的基础上进行采购。

第四十条　采取询价方式采购的，应当遵循下列程序：

（一）成立询价小组。询价小组由采购人的代表和有关专家共三人以上的单数组成，其中专家的人数不得少于成员总数的三分之二。询价小组应当对采购项目的价格构成和评定成交的标准等事项作出规定。

（二）确定被询价的供应商名单。询价小组根据采购需求，从符合相应资格条件的供应商名单中确定不少于三家的供应商，并向其发出询价通知书让其报价。

（三）询价。询价小组要求被询价的供应商一次报出不得更改的价格。

（四）确定成交供应商。采购人根据符合采购需求、质量和服务相等且报价最低的原则确定成交供应商，并将结果通知所有被询价的未成交的供应商。

第四十一条　采购人或者其委托的采购代理机构应当组织对供应商履约的验收。大型或者复杂的政府采购项目，应当邀请国家认可的质量检测机构参加验收工作。验收方成员应当在验收书上签字，并承担相应的法律责任。

第四十二条　采购人、采购代理机构对政府采购项目每项采购活动的采购文件应当妥善保存，不得伪造、变造、隐匿或者销毁。采购文件的保存期限为从采购结束之日起至少保存十五年。

采购文件包括采购活动记录、采购预算、招标文件、投标文件、评标标准、评估报告、定标文件、合同文本、验收证明、质疑答复、投诉处理决定及其他有关文件、资料。

采购活动记录至少应当包括下列内容：

（一）采购项目类别、名称；

（二）采购项目预算、资金构成和合同价格；

（三）采购方式，采用公开招标以外的采购方式的，应当载明原因；

（四）邀请和选择供应商的条件及原因；

（五）评标标准及确定中标人的原因；

（六）废标的原因；

（七）采用招标以外采购方式的相应记载。

第五章　政府采购合同

第四十三条　政府采购合同适用合同法。采购人和供应商之间的权利和义务，应当按照平等、自愿的原则以合同方式约定。

采购人可以委托采购代理机构代表其与供应商签订政府采购合同。由采购代理机构以采购人名义签订合同的，应当提交采购人的授权委托书，作为合同附件。

第四十四条 政府采购合同应当采用书面形式。

第四十五条 国务院政府采购监督管理部门应当会同国务院有关部门，规定政府采购合同必须具备的条款。

第四十六条 采购人与中标、成交供应商应当在中标、成交通知书发出之日起三十日内，按照采购文件确定的事项签订政府采购合同。

中标、成交通知书对采购人和中标、成交供应商均具有法律效力。中标、成交通知书发出后，采购人改变中标、成交结果的，或者中标、成交供应商放弃中标、成交项目的，应当依法承担法律责任。

第四十七条 政府采购项目的采购合同自签订之日起七个工作日内，采购人应当将合同副本报同级政府采购监督管理部门和有关部门备案。

第四十八条 经采购人同意，中标、成交供应商可以依法采取分包方式履行合同。

政府采购合同分包履行的，中标、成交供应商就采购项目和分包项目向采购人负责，分包供应商就分包项目承担责任。

第四十九条 政府采购合同履行中，采购人需追加与合同标的相同的货物、工程或者服务的，在不改变合同其他条款的前提下，可以与供应商协商签订补充合同，但所有补充合同的采购金额不得超过原合同采购金额的百分之十。

第五十条 政府采购合同的双方当事人不得擅自变更、中止或者终止合同。

政府采购合同继续履行将损害国家利益和社会公共利益的，双方当事人应当变更、中止或者终止合同。有过错的一方应当承担赔偿责任，双方都有过错的，各自承担相应的责任。

第六章 质疑与投诉

第五十一条 供应商对政府采购活动事项有疑问的，可以向采购人提出询问，采购人应当及时作出答复，但答复的内容不得涉及商业秘密。

第五十二条 供应商认为采购文件、采购过程和中标、成交结果使自己的权益受到损害的，可以在知道或者应知其权益受到损害之日起七个工作日内，以书面形式向采购人提出质疑。

第五十三条　采购人应当在收到供应商的书面质疑后七个工作日内作出答复，并以书面形式通知质疑供应商和其他有关供应商，但答复的内容不得涉及商业秘密。

第五十四条　采购人委托采购代理机构采购的，供应商可以向采购代理机构提出询问或者质疑，采购代理机构应当依照本法第五十一条、第五十三条的规定就采购人委托授权范围内的事项作出答复。

第五十五条　质疑供应商对采购人、采购代理机构的答复不满意或者采购人、采购代理机构未在规定的时间内作出答复的，可以在答复期满后十五个工作日内向同级政府采购监督管理部门投诉。

第五十六条　政府采购监督管理部门应当在收到投诉后三十个工作日内，对投诉事项作出处理决定，并以书面形式通知投诉人和与投诉事项有关的当事人。

第五十七条　政府采购监督管理部门在处理投诉事项期间，可以视具体情况书面通知采购人暂停采购活动，但暂停时间最长不得超过三十日。

第五十八条　投诉人对政府采购监督管理部门的投诉处理决定不服或者政府采购监督管理部门逾期未作处理的，可以依法申请行政复议或者向人民法院提起行政诉讼。

第七章　监督检查

第五十九条　政府采购监督管理部门应当加强对政府采购活动及集中采购机构的监督检查。

监督检查的主要内容是：

（一）有关政府采购的法律、行政法规和规章的执行情况；

（二）采购范围、采购方式和采购程序的执行情况；

（三）政府采购人员的职业素质和专业技能。

第六十条　政府采购监督管理部门不得设置集中采购机构，不得参与政府采购项目的采购活动。

采购代理机构与行政机关不得存在隶属关系或者其他利益关系。

第六十一条　集中采购机构应当建立健全内部监督管理制度。采购活动的决策和执行程序应当明确，并相互监督、相互制约。经办采购的人员与负责采购合同审核、验收人员的职责权限应当明确，并相互分离。

第六十二条　集中采购机构的采购人员应当具有相关职业素质和专业技能，符合政府采购监督管理部门规定的专业岗位任职要求。

集中采购机构对其工作人员应当加强教育和培训；对采购人员的专业水平、工作实绩和职业道德状况定期进行考核。采购人员经考核不合格的，不得继续任职。

第六十三条　政府采购项目的采购标准应当公开。

采用本法规定的采购方式的，采购人在采购活动完成后，应当将采购结果予以公布。

第六十四条　采购人必须按照本法规定的采购方式和采购程序进行采购。

任何单位和个人不得违反本法规定，要求采购人或者采购工作人员向其指定的供应商进行采购。

第六十五条　政府采购监督管理部门应当对政府采购项目的采购活动进行检查，政府采购当事人应当如实反映情况，提供有关材料。

第六十六条　政府采购监督管理部门应当对集中采购机构的采购价格、节约资金效果、服务质量、信誉状况、有无违法行为等事项进行考核，并定期如实公布考核结果。

第六十七条　依照法律、行政法规的规定对政府采购负有行政监督职责的政府有关部门，应当按照其职责分工，加强对政府采购活动的监督。

第六十八条　审计机关应当对政府采购进行审计监督。政府采购监督管理部门、政府采购各当事人有关政府采购活动，应当接受审计机关的审计监督。

第六十九条　监察机关应当加强对参与政府采购活动的国家机关、国家公务员和国家行政机关任命的其他人员实施监察。

第七十条　任何单位和个人对政府采购活动中的违法行为，有权控告和检举，有关部门、机关应当依照各自职责及时处理。

第八章　法律责任

第七十一条　采购人、采购代理机构有下列情形之一的，责令限期改正，给予警告，可以并处罚款，对直接负责的主管人员和其他直接责任人员，由其行政主管部门或者有关机关给予处分，并予通报：

（一）应当采用公开招标方式而擅自采用其他方式采购的；

（二）擅自提高采购标准的；

（三）委托不具备政府采购业务代理资格的机构办理采购事务的；

（四）以不合理的条件对供应商实行差别待遇或者歧视待遇的；

（五）在招标采购过程中与投标人进行协商谈判的；

（六）中标、成交通知书发出后不与中标、成交供应商签订采购合同的；

（七）拒绝有关部门依法实施监督检查的。

第七十二条　采购人、采购代理机构及其工作人员有下列情形之一，构成犯罪的，依法追究刑事责任；尚不构成犯罪的，处以罚款，有违法所得的，并处没收违法所得，属于国家机关工作人员的，依法给予行政处分：

（一）与供应商或者采购代理机构恶意串通的；

（二）在采购过程中接受贿赂或者获取其他不正当利益的；

（三）在有关部门依法实施的监督检查中提供虚假情况的；

（四）开标前泄露标底的。

第七十三条　有前两条违法行为之一影响中标、成交结果或者可能影响中标、成交结果的，按下列情况分别处理：

（一）未确定中标、成交供应商的，终止采购活动；

（二）中标、成交供应商已经确定但采购合同尚未履行的，撤销合同，从合格的中标、成交候选人中另行确定中标、成交供应商；

（三）采购合同已经履行的，给采购人、供应商造成损失的，由责任人承担赔偿责任。

第七十四条　采购人对应当实行集中采购的政府采购项目，不委托集中采购机构实行集中采购的，由政府采购监督管理部门责令改正；拒不改正的，停止按预算向其支付资金，由其上级行政主管部门或者有关机关依法给予其直接负责的主管人员和其他直接责任人员处分。

第七十五条　采购人未依法公布政府采购项目的采购标准和采购结果的，责令改正，对直接负责的主管人员依法给予处分。

第七十六条　采购人、采购代理机构违反本法规定隐匿、销毁应当保存的采购文件或者伪造、变造采购文件的，由政府采购监督管理部门处以二万元以上十万元以下的罚款，对其直接负责的主管人员和其他直接责任人员依法给予处分；构成犯罪的，依法追究刑事责任。

第七十七条　供应商有下列情形之一的，处以采购金额千分之五以上千分之十以下的罚款，列入不良行为记录名单，在一至三年内禁止参加政府采购活动，有违法所得的，并处没收违法所得，情节严重的，由工商行政管理机关吊销营业执照；构成犯罪的，依法追究刑事责任：

（一）提供虚假材料谋取中标、成交的；

（二）采取不正当手段诋毁、排挤其他供应商的；

（三）与采购人、其他供应商或者采购代理机构恶意串通的；

（四）向采购人、采购代理机构行贿或者提供其他不正当利益的；

（五）在招标采购过程中与采购人进行协商谈判的；

（六）拒绝有关部门监督检查或者提供虚假情况的。

供应商有前款第（一）至（五）项情形之一的，中标、成交无效。

第七十八条　采购代理机构在代理政府采购业务中有违法行为的，按照有关法律规定处以罚款，可以依法取消其进行相关业务的资格，构成犯罪的，依法追究刑事责任。

第七十九条　政府采购当事人有本法第七十一条、第七十二条、第七十七条违法行为之一，给他人造成损失的，并应依照有关民事法律规定承担民事责任。

第八十条　政府采购监督管理部门的工作人员在实施监督检查中违反本法规定滥用职权，玩忽职守，徇私舞弊的，依法给予行政处分；构成犯罪的，依法追究刑事责任。

第八十一条　政府采购监督管理部门对供应商的投诉逾期未作处理的，给予直接负责的主管人员和其他直接责任人员行政处分。

第八十二条　政府采购监督管理部门对集中采购机构业绩的考核，有虚假陈述，隐瞒真实情况的，或者不作定期考核和公布考核结果的，应当及时纠正，由其上级机关或者监察机关对其负责人进行通报，并对直接负责的人员依法给予行政处分。

集中采购机构在政府采购监督管理部门考核中，虚报业绩，隐瞒真实情况的，处以二万元以上二十万元以下的罚款，并予以通报；情节严重的，取消其代理采购的资格。

第八十三条　任何单位或者个人阻挠和限制供应商进入本地区或者本行业政府采购市场的，责令限期改正；拒不改正的，由该单位、个人的上级行政主管部门或者有关机关给予单位责任人或者个人处分。

第九章 附 则

第八十四条 使用国际组织和外国政府贷款进行的政府采购，贷款方、资金提供方与中方达成的协议对采购的具体条件另有规定的，可以适用其规定，但不得损害国家利益和社会公共利益。

第八十五条 对因严重自然灾害和其他不可抗力事件所实施的紧急采购和涉及国家安全和秘密的采购，不适用《政府采购法》。

第八十六条 军事采购法规由中央军事委员会另行制定。

第八十七条 本法实施的具体步骤和办法由国务院规定。

第八十八条 本法自 2003 年 1 月 1 日起施行。

中华人民共和国标准化法

(1988 年 12 月 29 日第七届全国人民代表大会常务委员会第五次会议通过 1988 年 12 月 29 日中华人民共和国主席令第十一号公布 自 1989 年 4 月 1 日起施行)

第一章 总 则

第一条 为了发展社会主义商品经济，促进技术进步，改进产品质量，提高社会经济效益，维护国家和人民的利益，使标准化工作适应社会主义现代化建设和发展对外经济关系的需要，制定本法。

第二条 对下列需要统一的技术要求，应当制定标准：

（一）工业产品的品种、规格、质量、等级或者安全、卫生要求。

（二）工业产品的设计、生产、检验、包装、储存、运输、使用的方法或者生产、储存、运输过程中的安全、卫生要求。

（三）有关环境保护的各项技术要求和检验方法。

（四）建设工程的设计、施工方法和安全要求。

（五）有关工业生产、工程建设和环境保护的技术术语、符号、代号和制图方法。

重要农产品和其他需要制定标准的项目，由国务院规定。

第三条 标准化工作的任务是制定标准、组织实施标准和对标准的实施进行监督。

标准化工作应当纳入国民经济和社会发展计划。

第四条 国家鼓励积极采用国际标准。

第五条 国务院标准化行政主管部门统一管理全国标准化工作。国务院有关行政主管部门分工管理本部门、本行业的标准化工作。

省、自治区、直辖市标准化行政主管部门统一管理本行政区域的标准化工作。省、自治区、直辖市政府有关行政主管部门分工管理本行政区域内本部门、本行业的标准化工作。

市、县标准化行政主管部门和有关行政主管部门，按照省、自治区、直辖市政府规定的各自的职责，管理本行政区域内的标准化工作。

第二章　标准的制定

第六条　对需要在全国范围内统一的技术要求，应当制定国家标准。国家标准由国务院标准化行政主管部门制定。对没有国家标准而又需要在全国某个行业范围内统一的技术要求，可以制定行业标准。行业标准由国务院有关行政主管部门制定，并报国务院标准化行政主管部门备案，在公布国家标准之后，该项行业标准即行废止。对没有国家标准和行业标准而又需要在省、自治区、直辖市范围内统一的工业产品的安全、卫生要求，可以制定地方标准。地方标准由省、自治区、直辖市标准化行政主管部门制定，并报国务院标准化行政主管部门和国务院有关行政主管部门备案，在公布国家标准或者行业标准之后，该项地方标准即行废止。

企业生产的产品没有国家标准和行业标准的，应当制定企业标准，作为组织生产的依据。企业的产品标准须报当地政府标准化行政主管部门和有关行政主管部门备案。已有国家标准或者行业标准的，国家鼓励企业制定严于国家标准或者行业标准的企业标准，在企业内部适用。

法律对标准的制定另有规定的，依照法律的规定执行。

第七条　国家标准、行业标准分为强制性标准和推荐性标准。保障人体健康，人身、财产安全的标准和法律、行政法规规定强制执行的标准是强制性标准，其他标准是推荐性标准。

省、自治区、直辖市标准化行政主管部门制定的工业产品的安全、卫生要求的地方标准，在本行政区域内是强制性标准。

第八条　制定标准应当有利于保障安全和人民的身体健康，保护消费者的利益，保护环境。

第九条　制定标准应当有利于合理利用国家资源，推广科学技术成果，提高经济效益，并符合使用要求，有利于产品的通用互换，做到技术上先进，经济上合理。

第十条　制定标准应当做到有关标准的协调配套。

第十一条　制定标准应当有利于促进对外经济技术合作和对外贸易。

第十二条　制定标准应当发挥行业协会、科学研究机构和学术团体的作用。

制定标准的部门应当组织由专家组成的标准化技术委员会，负责标准的草拟，参加标准草案的审查工作。

第十三条　标准实施后，制定标准的部门应当根据科学技术的发展和经济建设的需要适时进行复审，以确认现行标准继续有效或者予以修订、废止。

第三章　标准的实施

第十四条　强制性标准，必须执行。不符合强制性标准的产品，禁止生产、销售和进口。推荐性标准，国家鼓励企业自愿采用。

第十五条　企业对有国家标准或者行业标准的产品，可以向国务院标准化行政主管部门或者国务院标准化行政主管部门授权的部门申请产品质量认证。认证合格的，由认证部门授予认证证书，准许在产品或者其包装上使用规定的认证标志。

已经取得认证证书的产品不符合国家标准或者行业标准的，以及产品未经认证或者认证不合格的，不得使用认证标志出厂销售。

第十六条　出口产品的技术要求，依照合同的约定执行。

第十七条　企业研制新产品、改进产品，进行技术改造，应当符合标准化要求。

第十八条　县级以上政府标准化行政主管部门负责对标准的实施进行监督检查。

第十九条　县级以上政府标准化行政主管部门，可以根据需要设置检验机构，或者授权其他单位的检验机构，对产品是否符合标准进行检验。法律、行政法规对检验机构另有规定的，依照法律、行政法规的规定执行。

处理有关产品是否符合标准的争议，以前款规定的检验机构的检验数据为准。

第四章　法律责任

第二十条　生产、销售、进口不符合强制性标准的产品的，由法律、行政法规规定的行政主管部门依法处理，法律、行政法规未作规定的，由工商行政管理部门没收产品和违法所得，并处罚款；造成严重后果构成犯罪的，对直接责任人员依法追究刑事责任。

第二十一条　已经授予认证证书的产品不符合国家标准或者行业标准而使用认证标志出厂销售的，由标准化行政主管部门责令停止销售，并处罚款；情节严重的，由认证部门撤销其认证证书。

第二十二条　产品未经认证或者认证不合格而擅自使用认证标志出厂销售的，由标准化行政主管部门责令停止销售，并处罚款。

第二十三条　当事人对没收产品、没收违法所得和罚款的处罚不服的，可以在接到处罚通知之日起十五日内，向作出处罚决定的机关的上一级机关申请复议；对复议决定不服的，可以在接到复议决定之日起十五日内，向人民法院起诉。当事人也可以在接到处罚通知之日起十五日内，直接向人民法院起诉。当事人逾期不申请复议或者不向人民法院起诉又不履行处罚决定的，由作出处罚决定的机关申请人民法院强制执行。

第二十四条　标准化工作的监督、检验、管理人员违法失职、徇私舞弊的，给予行政处分；构成犯罪的，依法追究刑事责任。

第五章　附　则

第二十五条　本法实施条例由国务院制定。

第二十六条　本法自 1989 年 4 月 1 日起施行。

中华人民共和国行政处罚法

（《中华人民共和国行政处罚法》已由中华人民共和国第八届全国人民代表大会第四次会议于 1996 年 3 月 17 日通过 自 1996 年 10 月 1 日起施行 根据 2009 年 8 月 27 日第十一届全国人民代表大会常务委员会第十次会议《关于修改部分法律的决定》修正）

第一章 总 则

第一条 为了规范行政处罚的设定和实施，保障和监督行政机关有效实施行政管理，维护公共利益和社会秩序，保护公民、法人或者其他组织的合法权益，根据宪法，制定本法。

第二条 行政处罚的设定和实施，适用本法。

第三条 公民、法人或者其他组织违反行政管理秩序的行为，应当给予行政处罚的，依照本法由法律、法规或者规章规定，并由行政机关依照本法规定的程序实施。

没有法定依据或者不遵守法定程序的，行政处罚无效。

第四条 行政处罚遵循公正、公开的原则。

设定和实施行政处罚必须以事实为依据，与违法行为的事实、性质、情节以及社会危害程度相当。

对违法行为给予行政处罚的规定必须公布；未经公布的，不得作为行政处罚的依据。

第五条 实施行政处罚，纠正违法行为，应当坚持处罚与教育相结合，教育公民、法人或者其他组织自觉守法。

第六条 公民、法人或者其他组织对行政机关所给予的行政处罚，享有陈述权、申辩权；对行政处罚不服的，有权依法申请行政复议或者提起行政诉讼。

公民、法人或者其他组织因行政机关违法给予行政处罚受到损害的，有权依法提出赔偿要求。

第七条　公民、法人或者其他组织因违法受到行政处罚，其违法行为对他人造成损害的，应当依法承担民事责任。

违法行为构成犯罪的，应当依法追究刑事责任，不得以行政处罚代替刑事处罚。

第二章　行政处罚的种类和设定

第八条　行政处罚的种类：

（一）警告；

（二）罚款；

（三）没收违法所得、没收非法财物；

（四）责令停产停业；

（五）暂扣或者吊销许可证、暂扣或者吊销执照；

（六）行政拘留；

（七）法律、行政法规规定的其他行政处罚。

第九条　法律可以设定各种行政处罚。

限制人身自由的行政处罚，只能由法律设定。

第十条　行政法规可以设定除限制人身自由以外的行政处罚。

法律对违法行为已经作出行政处罚规定，行政法规需要作出具体规定的，必须在法律规定的给予行政处罚的行为、种类和幅度的范围内规定。

第十一条　地方性法规可以设定除限制人身自由、吊销企业营业执照以外的行政处罚。

法律、行政法规对违法行为已经作出行政处罚规定，地方性法规需要作出具体规定的，必须在法律、行政法规规定的给予行政处罚的行为、种类和幅度的范围内规定。

第十二条　国务院部、委员会制定的规章可以在法律、行政法规规定的给予行政处罚的行为、种类和幅度的范围内作出具体规定。

尚未制定法律、行政法规的，前款规定的国务院部、委员会制定的规章对违反行政管理秩序的行为，可以设定警告或者一定数量罚款的行政处罚。罚款的限额由国务院规定。

国务院可以授权具有行政处罚权的直属机构依照本条第一款、第二款的规定，规定行政处罚。

第十三条　省、自治区、直辖市人民政府和省、自治区人民政府所在地的市人民政府以及经国务院批准的较大的市人民政府制定的规章可以在法律、法规规定的给予行政处罚的行为、种类和幅度的范围内作出具体规定。

尚未制定法律、法规的，前款规定的人民政府制定的规章对违反行政管理秩序的行为，可以设定警告或者一定数量罚款的行政处罚。罚款的限额由省、自治区、直辖市人民代表大会常务委员会规定。

第十四条　除本法第九条、第十条、第十一条、第十二条以及第十三条的规定外，其他规范性文件不得设定行政处罚。

第三章　行政处罚的实施机关

第十五条　行政处罚由具有行政处罚权的行政机关在法定职权范围内实施。

第十六条　国务院或者经国务院授权的省、自治区、直辖市人民政府可以决定一个行政机关行使有关行政机关的行政处罚权，但限制人身自由的行政处罚权只能由公安机关行使。

第十七条　法律、法规授权的具有管理公共事务职能的组织可以在法定授权范围内实施行政处罚。

第十八条　行政机关依照法律、法规或者规章的规定，可以在其法定权限内委托符合本法第十九条规定条件的组织实施行政处罚。行政机关不得委托其他组织或者个人实施行政处罚。

委托行政机关对受委托的组织实施行政处罚的行为应当负责监督，并对该行为的后果承担法律责任。

受委托组织在委托范围内，以委托行政机关名义实施行政处罚；不得再委托其他任何组织或者个人实施行政处罚。

第十九条　受委托组织必须符合以下条件：

（一）依法成立的管理公共事务的事业组织；

（二）具有熟悉有关法律、法规、规章和业务的工作人员；

（三）对违法行为需要进行技术检查或者技术鉴定的，应当有条件组织进行相应的技术检查或者技术鉴定。

第四章　行政处罚的管辖和适用

第二十条　行政处罚由违法行为发生地的县级以上地方人民政府具有行政处罚权的行政机关管辖。法律、行政法规另有规定的除外。

第二十一条　对管辖发生争议的，报请共同的上一级行政机关指定管辖。

第二十二条　违法行为构成犯罪的，行政机关必须将案件移送司法机关，依法追究刑事责任。

第二十三条　行政机关实施行政处罚时，应当责令当事人改正或者限期改正违法行为。

第二十四条　对当事人的同一个违法行为，不得给予两次以上罚款的行政处罚。

第二十五条　不满十四周岁的人有违法行为的，不予行政处罚，责令监护人加以管教；已满十四周岁不满十八周岁的人有违法行为的，从轻或者减轻行政处罚。

第二十六条　精神病人在不能辨认或者不能控制自己行为时有违法行为的，不予行政处罚，但应当责令其监护人严加看管和治疗。间歇性精神病人在精神正常时有违法行为的，应当给予行政处罚。

第二十七条　当事人有下列情形之一的，应当依法从轻或者减轻行政处罚：

（一）主动消除或者减轻违法行为危害后果的；

（二）受他人胁迫有违法行为的；

（三）配合行政机关查处违法行为有立功表现的；

（四）其他依法从轻或者减轻行政处罚的。

违法行为轻微并及时纠正，没有造成危害后果的，不予行政处罚。

第二十八条　违法行为构成犯罪，人民法院判处拘役或者有期徒刑时，行政机关已经给予当事人行政拘留的，应当依法折抵相应刑期。

违法行为构成犯罪，人民法院判处罚金时，行政机关已经给予当事人罚款的，应当折抵相应罚金。

第二十九条　违法行为在二年内未被发现的，不再给予行政处罚。法律另有规定的除外。

前款规定的期限，从违法行为发生之日起计算；违法行为有连续或者继续状态的，从行为终了之日起计算。

第五章　行政处罚的决定

第三十条　公民、法人或者其他组织违反行政管理秩序的行为，依法应当给予行政处罚的，行政机关必须查明事实；违法事实不清的，不得给予行政处罚。

第三十一条　行政机关在作出行政处罚决定之前，应当告知当事人作出行政处罚决定的事实、理由及依据，并告知当事人依法享有的权利。

第三十二条　当事人有权进行陈述和申辩。行政机关必须充分听取当事人的意见，对当事人提出的事实、理由和证据，应当进行复核；当事人提出的事实、理由或者证据成立的，行政机关应当采纳。

行政机关不得因当事人申辩而加重处罚。

第一节　简易程序

第三十三条　违法事实确凿并有法定依据，对公民处以五十元以下、对法人或者其他组织处以一千元以下罚款或者警告的行政处罚的，可以当场作出行政处罚决定。当事人应当依照本法第四十六条、第四十七条、第四十八条的规定履行行政处罚决定。

第三十四条　执法人员当场作出行政处罚决定的，应当向当事人出示执法身份证件，填写预定格式、编有号码的行政处罚决定书。行政处罚决定书应当当场交付当事人。

前款规定的行政处罚决定书应当载明当事人的违法行为、行政处罚依据、罚款数额、时间、地点以及行政机关名称，并由执法人员签名或者盖章。

执法人员当场作出的行政处罚决定，必须报所属行政机关备案。

第三十五条　当事人对当场作出的行政处罚决定不服的，可以依法申请行政复议或者提起行政诉讼。

第二节　一般程序

第三十六条　除本法第三十三条规定的可以当场作出的行政处罚外，行政机关发现公民、法人或者其他组织有依法应当给予行政处罚的行为的，必须全面、客观、公正地调查，收集有关证据；必要时，依照法律、法规的规定，可以进行检查。

第三十七条　行政机关在调查或者进行检查时，执法人员不得少于两人，并应当向当事人或者有关人员出示证件。当事人或者有关人员应当如实回答询问，并协助调查或者检查，不得阻挠。询问或者检查应当制作笔录。

行政机关在收集证据时，可以采取抽样取证的方法；在证据可能灭失或者以后难以取得的情况下，经行政机关负责人批准，可以先行登记保存，并应当在七日内及时作出处理决定，在此期间，当事人或者有关人员不得销毁或者转移证据。

执法人员与当事人有直接利害关系的，应当回避。

第三十八条　调查终结，行政机关负责人应当对调查结果进行审查，根据不同情况，分别作出如下决定：

（一）确有应受行政处罚的违法行为的，根据情节轻重及具体情况，作出行政处罚决定；

（二）违法行为轻微，依法可以不予行政处罚的，不予行政处罚；

（三）违法事实不能成立的，不得给予行政处罚；

（四）违法行为已构成犯罪的，移送司法机关。

对情节复杂或者重大违法行为给予较重的行政处罚，行政机关的负责人应当集体讨论决定。

第三十九条　行政机关依照本法第三十八条的规定给予行政处罚，应当制作行政处罚决定书。行政处罚决定书应当载明下列事项：

（一）当事人的姓名或者名称、地址；

（二）违反法律、法规或者规章的事实和证据；

（三）行政处罚的种类和依据；

（四）行政处罚的履行方式和期限；

（五）不服行政处罚决定，申请行政复议或者提起行政诉讼的途径和期限；

（六）作出行政处罚决定的行政机关名称和作出决定的日期。

行政处罚决定书必须盖有作出行政处罚决定的行政机关的印章。

第四十条　行政处罚决定书应当在宣告后当场交付当事人；当事人不在场的，行政机关应当在七日内依照民事诉讼法的有关规定，将行政处罚决定书送达当事人。

第四十一条　行政机关及其执法人员在作出行政处罚决定之前，不依照本法第三十一条、第三十二条的规定向当事人告知给予行政处罚的事实、理由和依据，或者拒绝听取当事人的陈述、申辩，行政处罚决定不能成立；当事人放弃陈述或者申辩权利的除外。

第三节　听证程序

第四十二条　行政机关作出责令停产停业、吊销许可证或者执照、较大数额罚款等行政处罚决定之前，应当告知当事人有要求举行听证的权利；当事人要求听证的，行政机关应当组织听证。当事人不承担行政机关组织听证的费用。听证依照以下程序组织：

（一）当事人要求听证的，应当在行政机关告知后三日内提出；

（二）行政机关应当在听证的七日前，通知当事人举行听证的时间、地点；

（三）除涉及国家秘密、商业秘密或者个人隐私外，听证公开举行；

（四）听证由行政机关指定的非本案调查人员主持；当事人认为主持人与本案有直接利害关系的，有权申请回避；

（五）当事人可以亲自参加听证，也可以委托一至二人代理；

（六）举行听证时，调查人员提出当事人违法的事实、证据和行政处罚建议；当事人进行申辩和质证；

（七）听证应当制作笔录；笔录应当交当事人审核无误后签字或者盖章。

当事人对限制人身自由的行政处罚有异议的，依照治安管理处罚条例有关规定执行。

第四十三条　听证结束后，行政机关依照本法第三十八条的规定，作出决定。

第六章　行政处罚的执行

第四十四条　行政处罚决定依法作出后，当事人应当在行政处罚决定的期限内，予以履行。

第四十五条　当事人对行政处罚决定不服申请行政复议或者提起行政诉讼的，行政处罚不停止执行，法律另有规定的除外。

第四十六条　作出罚款决定的行政机关应当与收缴罚款的机构分离。

除依照本法第四十七条、第四十八条的规定当场收缴的罚款外，作出行政处罚决定的行政机关及其执法人员不得自行收缴罚款。

当事人应当自收到行政处罚决定书之日起十五日内，到指定的银行缴纳罚款。银行应当收受罚款，并将罚款直接上缴国库。

第四十七条　依照本法第三十三条的规定当场作出行政处罚决定，有下列情形之一的，执法人员可以当场收缴罚款：

（一）依法给予二十元以下的罚款的；

（二）不当场收缴事后难以执行的。

第四十八条　在边远、水上、交通不便地区，行政机关及其执法人员依照本法第三十三条、第三十八条的规定作出罚款决定后，当事人向指定的银行缴纳罚款确有困难，经当事人提出，行政机关及其执法人员可以当场收缴罚款。

第四十九条　行政机关及其执法人员当场收缴罚款的，必须向当事人出具省、自治区、直辖市财政部门统一制发的罚款收据；不出具财政部门统一制发的罚款收缴的，当事人有权拒绝缴纳罚款。

第五十条　执法人员当场收缴的罚款，应当自收缴罚款之日起二日内，交至行政机关；在水上当场收缴的罚款，应当自抵岸之日起二日内交至行政机关；行政机关应当在二日内将罚款缴付指定的银行。

第五十一条　当事人逾期不履行行政处罚决定的，作出行政处罚决定的行政机关可以采取下列措施：

（一）到期不缴纳罚款的，每日按罚款数额的百分之三加处罚款；

（二）根据法律规定，将查封、扣押的财物拍卖或者将冻结的存款划拨抵缴罚款；

（三）申请人民法院强制执行。

第五十二条　当事人确有经济困难，需要延期或者分期缴纳罚款的，经当事人申请和行政机关批准，可以暂缓或者分期缴纳。

第五十三条　除依法应当予以销毁的物品外，依法没收的非法财物必须按照国家规定公开拍卖或者按照国家有关规定处理。

罚款、没收违法所得或者没收非法财物拍卖的款项，必须全部上缴国库，任何行政机关或者个人不得以任何形式截留、私分或者变相私分；财政部门不得以任何形式向作出行政处罚决定的行政机关返还罚款、没收的违法所得或者返还没收非法财物的拍卖款项。

第五十四条　行政机关应当建立健全对行政处罚的监督制度。县级以上人民政府应当加强对行政处罚的监督检查。

公民、法人或者其他组织对行政机关作出的行政处罚，有权申诉或者检举；行政机关应当认真审查，发现行政处罚有错误的，应当主动改正。

第七章　法律责任

第五十五条　行政机关实施行政处罚，有下列情形之一的，由上级行政机关或者有关部门责令改正，可以对直接负责的主管人员和其他直接责任人员依法给予行政处分：

（一）没有法定的行政处罚依据的；

（二）擅自改变行政处罚种类、幅度的；

（三）违反法定的行政处罚程序的；

（四）违反本法第十八条关于委托处罚的规定的。

第五十六条　行政机关对当事人进行处罚不使用罚款、没收财物单据或者使用非法定部门制发的罚款、没收财物单据的，当事人有权拒绝处罚，并有权予以检举。上级行政机关或者有关部门对使用的非法单据予以收缴销毁，对直接负责的主管人员和其他直接责任人员依法给予行政处分。

第五十七条　行政机关违反本法第四十六条的规定自行收缴罚款的，财政部门违反本法第五十三条的规定向行政机关返还罚款或者拍卖款项的，由上级行政机关或者有关部门责令改正，对直接负责的主管人员和其他直接责任人员依法给予行政处分。

第五十八条　行政机关将罚款、没收的违法所得或者财物截留、私分或者变相私分的，由财政部门或者有关部门予以追缴，对直接负责的主管人员和其他直接责任人员依法给予行政处分；情节严重构成犯罪的，依法追究刑事责任。

执法人员利用职务上的便利，索取或者收受他人财物、收缴罚款据为己有，构成犯罪的，依法追究刑事责任；情节轻微不构成犯罪的，依法给予行政处分。

第五十九条　行政机关使用或者损毁扣押的财物，对当事人造成损失的，应当依法予以赔偿，对直接负责的主管人员和其他直接责任人员依法给予行政处分。

第六十条　行政机关违法实行检查措施或者执行措施，给公民人身或者财产造成损害、给法人或者其他组织造成损失的，应当依法予以赔偿，对直接负责的主管人员和其他直接责任人员依法给予行政处分；情节严重构成犯罪的，依法追究刑事责任。

第六十一条　行政机关为牟取本单位私利，对应当依法移交司法机关追究刑事责任的不移交，以行政处罚代替刑罚，由上级行政机关或者有关部门责令纠正；拒不纠正的，对直接负责的主管人员给予行政处分；徇私舞弊、包庇纵容违法行为的，比照刑法第一百八十八条的规定追究刑事责任。

第六十二条　执法人员玩忽职守，对应当予以制止和处罚的违法行为不予制止、处罚，致使公民、法人或者其他组织的合法权益、公共利益和社会秩序遭受损害的，对直接负责的主管人员和其他直接责任人员依法给予行政处分；情节严重构成犯罪的，依法追究刑事责任。

第八章　附　则

第六十三条　本法第四十六条罚款决定与罚款收缴分离的规定，由国务院制定具体实施办法。

第六十四条　本法自 1996 年 10 月 1 日起施行。

本法公布前制定的法规和规章关于行政处罚的规定与本法不符合的，应当自本法公布之日起，依照本法规定予以修订，在 1997 年 12 月 31 日前修订完毕。

中华人民共和国行政强制法

(2011 年 6 月 30 日第十一届全国人民代表大会常务委员会第二十一次会议通过 自 2012 年 1 月 1 日起施行)

第一章 总 则

第一条 为了规范行政强制的设定和实施，保障和监督行政机关依法履行职责，维护公共利益和社会秩序，保护公民、法人和其他组织的合法权益，根据宪法，制定本法。

第二条 本法所称行政强制，包括行政强制措施和行政强制执行。

行政强制措施，是指行政机关在行政管理过程中，为制止违法行为、防止证据损毁、避免危害发生、控制危险扩大等情形，依法对公民的人身自由实施暂时性限制，或者对公民、法人或者其他组织的财物实施暂时性控制的行为。

行政强制执行，是指行政机关或者行政机关申请人民法院，对不履行行政决定的公民、法人或者其他组织，依法强制履行义务的行为。

第三条 行政强制的设定和实施，适用本法。

发生或者即将发生自然灾害、事故灾难、公共卫生事件或者社会安全事件等突发事件，行政机关采取应急措施或者临时措施，依照有关法律、行政法规的规定执行。

行政机关采取金融业审慎监管措施、进出境货物强制性技术监控措施，依照有关法律、行政法规的规定执行。

第四条 行政强制的设定和实施，应当依照法定的权限、范围、条件和程序。

第五条 行政强制的设定和实施，应当适当。采用非强制手段可以达到行政管理目的的，不得设定和实施行政强制。

第六条 实施行政强制，应当坚持教育与强制相结合。

第七条　行政机关及其工作人员不得利用行政强制权为单位或者个人谋取利益。

第八条　公民、法人或者其他组织对行政机关实施行政强制，享有陈述权、申辩权；有权依法申请行政复议或者提起行政诉讼；因行政机关违法实施行政强制受到损害的，有权依法要求赔偿。

公民、法人或者其他组织因人民法院在强制执行中有违法行为或者扩大强制执行范围受到损害的，有权依法要求赔偿。

第二章　行政强制的种类和设定

第九条　行政强制措施的种类：

（一）限制公民人身自由；

（二）查封场所、设施或者财物；

（三）扣押财物；

（四）冻结存款、汇款；

（五）其他行政强制措施。

第十条　行政强制措施由法律设定。

尚未制定法律，且属于国务院行政管理职权事项的，行政法规可以设定除本法第九条第一项、第四项和应当由法律规定的行政强制措施以外的其他行政强制措施。

尚未制定法律、行政法规，且属于地方性事务的，地方性法规可以设定本法第九条第二项、第三项的行政强制措施。

法律、法规以外的其他规范性文件不得设定行政强制措施。

第十一条　法律对行政强制措施的对象、条件、种类作了规定的，行政法规、地方性法规不得作出扩大规定。

法律中未设定行政强制措施的，行政法规、地方性法规不得设定行政强制措施。但是，法律规定特定事项由行政法规规定具体管理措施的，行政法规可以设定除本法第九条第一项、第四项和应当由法律规定的行政强制措施以外的其他行政强制措施。

第十二条　行政强制执行的方式：

（一）加处罚款或者滞纳金；

（二）划拨存款、汇款；

（三）拍卖或者依法处理查封、扣押的场所、设施或者财物；

（四）排除妨碍、恢复原状；

（五）代履行；

（六）其他强制执行方式。

第十三条　行政强制执行由法律设定。

法律没有规定行政机关强制执行的，作出行政决定的行政机关应当申请人民法院强制执行。

第十四条　起草法律草案、法规草案，拟设定行政强制的，起草单位应当采取听证会、论证会等形式听取意见，并向制定机关说明设定该行政强制的必要性、可能产生的影响以及听取和采纳意见的情况。

第十五条　行政强制的设定机关应当定期对其设定的行政强制进行评价，并对不适当的行政强制及时予以修改或者废止。

行政强制的实施机关可以对已设定的行政强制的实施情况及存在的必要性适时进行评价，并将意见报告该行政强制的设定机关。

公民、法人或者其他组织可以向行政强制的设定机关和实施机关就行政强制的设定和实施提出意见和建议。有关机关应当认真研究论证，并以适当方式予以反馈。

第三章　行政强制措施实施程序

第一节　一般规定

第十六条　行政机关履行行政管理职责，依照法律、法规的规定，实施行政强制措施。

违法行为情节显著轻微或者没有明显社会危害的，可以不采取行政强制措施。

第十七条　行政强制措施由法律、法规规定的行政机关在法定职权范围内实施。行政强制措施权不得委托。

依据《中华人民共和国行政处罚法》的规定行使相对集中行政处罚权的行政机关，可以实施法律、法规规定的与行政处罚权有关的行政强制措施。

行政强制措施应当由行政机关具备资格的行政执法人员实施，其他人员不得实施。

第十八条　行政机关实施行政强制措施应当遵守下列规定：

（一）实施前须向行政机关负责人报告并经批准；

（二）由两名以上行政执法人员实施；

（三）出示执法身份证件；

（四）通知当事人到场；

（五）当场告知当事人采取行政强制措施的理由、依据以及当事人依法享有的权利、救济途径；

（六）听取当事人的陈述和申辩；

（七）制作现场笔录；

（八）现场笔录由当事人和行政执法人员签名或者盖章，当事人拒绝的，在笔录中予以注明；

（九）当事人不到场的，邀请见证人到场，由见证人和行政执法人员在现场笔录上签名或者盖章；

（十）法律、法规规定的其他程序。

第十九条　情况紧急，需要当场实施行政强制措施的，行政执法人员应当在二十四小时内向行政机关负责人报告，并补办批准手续。行政机关负责人认为不应当采取行政强制措施的，应当立即解除。

第二十条　依照法律规定实施限制公民人身自由的行政强制措施，除应当履行本法第十八条规定的程序外，还应当遵守下列规定：

（一）当场告知或者实施行政强制措施后立即通知当事人家属实施行政强制措施的行政机关、地点和期限；

（二）在紧急情况下当场实施行政强制措施的，在返回行政机关后，立即向行政机关负责人报告并补办批准手续；

（三）法律规定的其他程序。

实施限制人身自由的行政强制措施不得超过法定期限。实施行政强制措施的目的已经达到或者条件已经消失，应当立即解除。

第二十一条　违法行为涉嫌犯罪应当移送司法机关的，行政机关应当将查封、扣押、冻结的财物一并移送，并书面告知当事人。

第二节　查封、扣押

第二十二条　查封、扣押应当由法律、法规规定的行政机关实施，其他任何行政机关或者组织不得实施。

第二十三条　查封、扣押限于涉案的场所、设施或者财物，不得查封、扣押与违法行为无关的场所、设施或者财物；不得查封、扣押公民个人及其所扶养家属的生活必需品。

当事人的场所、设施或者财物已被其他国家机关依法查封的，不得重复查封。

第二十四条　行政机关决定实施查封、扣押的，应当履行本法第十八条规定的程序，制作并当场交付查封、扣押决定书和清单。

查封、扣押决定书应当载明下列事项：

（一）当事人的姓名或者名称、地址；

（二）查封、扣押的理由、依据和期限；

（三）查封、扣押场所、设施或者财物的名称、数量等；

（四）申请行政复议或者提起行政诉讼的途径和期限；

（五）行政机关的名称、印章和日期。

查封、扣押清单一式二份，由当事人和行政机关分别保存。

第二十五条　查封、扣押的期限不得超过三十日；情况复杂的，经行政机关负责人批准，可以延长，但是延长期限不得超过三十日。法律、行政法规另有规定的除外。

延长查封、扣押的决定应当及时书面告知当事人，并说明理由。

对物品需要进行检测、检验、检疫或者技术鉴定的，查封、扣押的期间不包括检测、检验、检疫或者技术鉴定的期间。检测、检验、检疫或者技术鉴定的期间应当明确，并书面告知当事人。检测、检验、检疫或者技术鉴定的费用由行政机关承担。

第二十六条　对查封、扣押的场所、设施或者财物，行政机关应当妥善保管，不得使用或者损毁；造成损失的，应当承担赔偿责任。

对查封的场所、设施或者财物，行政机关可以委托第三人保管，第三人不得损毁或者擅自转移、处置。因第三人的原因造成的损失，行政机关先行赔付后，有权向第三人追偿。

因查封、扣押发生的保管费用由行政机关承担。

第二十七条　行政机关采取查封、扣押措施后，应当及时查清事实，在本法第二十五条规定的期限内作出处理决定。对违法事实清楚，依法应当没收的非法财物予以没收；法律、行政法规规定应当销毁的，依法销毁；应当解除查封、扣押的，作出解除查封、扣押的决定。

第二十八条　有下列情形之一的，行政机关应当及时作出解除查封、扣押决定：

（一）当事人没有违法行为；

（二）查封、扣押的场所、设施或者财物与违法行为无关；

（三）行政机关对违法行为已经作出处理决定，不再需要查封、扣押；

（四）查封、扣押期限已经届满；

（五）其他不再需要采取查封、扣押措施的情形。

解除查封、扣押应当立即退还财物；已将鲜活物品或者其他不易保管的财物拍卖或者变卖的，退还拍卖或者变卖所得款项。变卖价格明显低于市场价格，给当事人造成损失的，应当给予补偿。

第三节 冻 结

第二十九条 冻结存款、汇款应当由法律规定的行政机关实施，不得委托给其他行政机关或者组织；其他任何行政机关或者组织不得冻结存款、汇款。

冻结存款、汇款的数额应当与违法行为涉及的金额相当；已被其他国家机关依法冻结的，不得重复冻结。

第三十条 行政机关依照法律规定决定实施冻结存款、汇款的，应当履行本法第十八条第一项、第二项、第三项、第七项规定的程序，并向金融机构交付冻结通知书。

金融机构接到行政机关依法作出的冻结通知书后，应当立即予以冻结，不得拖延，不得在冻结前向当事人泄露信息。

法律规定以外的行政机关或者组织要求冻结当事人存款、汇款的，金融机构应当拒绝。

第三十一条 依照法律规定冻结存款、汇款的，作出决定的行政机关应当在三日内向当事人交付冻结决定书。冻结决定书应当载明下列事项：

（一）当事人的姓名或者名称、地址；

（二）冻结的理由、依据和期限；

（三）冻结的账号和数额；

（四）申请行政复议或者提起行政诉讼的途径和期限；

（五）行政机关的名称、印章和日期。

第三十二条 自冻结存款、汇款之日起三十日内，行政机关应当作出处理决定或者作出解除冻结决定；情况复杂的，经行政机关负责人批准，可以延长，但是延长期限不得超过三十日。法律另有规定的除外。

延长冻结的决定应当及时书面告知当事人，并说明理由。

第三十三条　有下列情形之一的，行政机关应当及时作出解除冻结决定：

（一）当事人没有违法行为；

（二）冻结的存款、汇款与违法行为无关；

（三）行政机关对违法行为已经作出处理决定，不再需要冻结；

（四）冻结期限已经届满；

（五）其他不再需要采取冻结措施的情形。

行政机关作出解除冻结决定的，应当及时通知金融机构和当事人。金融机构接到通知后，应当立即解除冻结。

行政机关逾期未作出处理决定或者解除冻结决定的，金融机构应当自冻结期满之日起解除冻结。

第四章　行政机关强制执行程序

第一节　一般规定

第三十四条　行政机关依法作出行政决定后，当事人在行政机关决定的期限内不履行义务的，具有行政强制执行权的行政机关依照本章规定强制执行。

第三十五条　行政机关作出强制执行决定前，应当事先催告当事人履行义务。催告应当以书面形式作出，并载明下列事项：

（一）履行义务的期限；

（二）履行义务的方式；

（三）涉及金钱给付的，应当有明确的金额和给付方式；

（四）当事人依法享有的陈述权和申辩权。

第三十六条　当事人收到催告书后有权进行陈述和申辩。行政机关应当充分听取当事人的意见，对当事人提出的事实、理由和证据，应当进行记录、复核。当事人提出的事实、理由或者证据成立的，行政机关应当采纳。

第三十七条　经催告，当事人逾期仍不履行行政决定，且无正当理由的，行政机关可以作出强制执行决定。

强制执行决定应当以书面形式作出，并载明下列事项：

（一）当事人的姓名或者名称、地址；

（二）强制执行的理由和依据；

（三）强制执行的方式和时间；

（四）申请行政复议或者提起行政诉讼的途径和期限；

（五）行政机关的名称、印章和日期。

在催告期间，对有证据证明有转移或者隐匿财物迹象的，行政机关可以作出立即强制执行决定。

第三十八条　催告书、行政强制执行决定书应当直接送达当事人。当事人拒绝接收或者无法直接送达当事人的，应当依照《中华人民共和国民事诉讼法》的有关规定送达。

第三十九条　有下列情形之一的，中止执行：

（一）当事人履行行政决定确有困难或者暂无履行能力的；

（二）第三人对执行标的主张权利，确有理由的；

（三）执行可能造成难以弥补的损失，且中止执行不损害公共利益的；

（四）行政机关认为需要中止执行的其他情形。

中止执行的情形消失后，行政机关应当恢复执行。对没有明显社会危害，当事人确无能力履行，中止执行满三年未恢复执行的，行政机关不再执行。

第四十条　有下列情形之一的，终结执行：

（一）公民死亡，无遗产可供执行，又无义务承受人的；

（二）法人或者其他组织终止，无财产可供执行，又无义务承受人的；

（三）执行标的灭失的；

（四）据以执行的行政决定被撤销的；

（五）行政机关认为需要终结执行的其他情形。

第四十一条　在执行中或者执行完毕后，据以执行的行政决定被撤销、变更，或者执行错误的，应当恢复原状或者退还财物；不能恢复原状或者退还财物的，依法给予赔偿。

第四十二条　实施行政强制执行，行政机关可以在不损害公共利益和他人合法权益的情况下，与当事人达成执行协议。执行协议可以约定分阶段履行；当事人采取补救措施的，可以减免加处的罚款或者滞纳金。

执行协议应当履行。当事人不履行执行协议的，行政机关应当恢复强制执行。

第四十三条　行政机关不得在夜间或者法定节假日实施行政强制执行。但是，情况紧急的除外。

行政机关不得对居民生活采取停止供水、供电、供热、供燃气等方式迫使当事人履行相关行政决定。

第四十四条　对违法的建筑物、构筑物、设施等需要强制拆除的，应当由行政机关予以公告，限期当事人自行拆除。当事人在法定期限内不申请行政复议或者提起行政诉讼，又不拆除的，行政机关可以依法强制拆除。

第二节　金钱给付义务的执行

第四十五条　行政机关依法作出金钱给付义务的行政决定，当事人逾期不履行的，行政机关可以依法加处罚款或者滞纳金。加处罚款或者滞纳金的标准应当告知当事人。

加处罚款或者滞纳金的数额不得超出金钱给付义务的数额。

第四十六条　行政机关依照本法第四十五条规定实施加处罚款或者滞纳金超过三十日，经催告当事人仍不履行的，具有行政强制执行权的行政机关可以强制执行。

行政机关实施强制执行前，需要采取查封、扣押、冻结措施的，依照本法第三章规定办理。

没有行政强制执行权的行政机关应当申请人民法院强制执行。但是，当事人在法定期限内不申请行政复议或者提起行政诉讼，经催告仍不履行的，在实施行政管理过程中已经采取查封、扣押措施的行政机关，可以将查封、扣押的财物依法拍卖抵缴罚款。

第四十七条　划拨存款、汇款应当由法律规定的行政机关决定，并书面通知金融机构。金融机构接到行政机关依法作出划拨存款、汇款的决定后，应当立即划拨。

法律规定以外的行政机关或者组织要求划拨当事人存款、汇款的，金融机构应当拒绝。

第四十八条　依法拍卖财物，由行政机关委托拍卖机构依照《中华人民共和国拍卖法》的规定办理。

第四十九条　划拨的存款、汇款以及拍卖和依法处理所得的款项应当上缴国库或者划入财政专户。任何行政机关或者个人不得以任何形式截留、私分或者变相私分。

第三节　代履行

第五十条　行政机关依法作出要求当事人履行排除妨碍、恢复原状等义务的行政决定，当事人逾期不履行，经催告仍不履行，其后果已经或者将危害交通安全、造成环境污染或者破坏自然资源的，行政机关可以代履行，或者委托没有利害关系的第三人代履行。

第五十一条　代履行应当遵守下列规定：

（一）代履行前送达决定书，代履行决定书应当载明当事人的姓名或者名称、地址，代履行的理由和依据、方式和时间、标的、费用预算以及代履行人；

（二）代履行三日前，催告当事人履行，当事人履行的，停止代履行；

（三）代履行时，作出决定的行政机关应当派人员到场监督；

（四）代履行完毕，行政机关到场监督的工作人员、代履行人和当事人或者见证人应当在执行文书上签名或者盖章。

代履行的费用按照成本合理确定，由当事人承担。但是，法律另有规定的除外。

代履行不得采用暴力、胁迫以及其他非法方式。

第五十二条　需要立即清除道路、河道、航道或者公共场所的遗洒物、障碍物或者污染物，当事人不能清除的，行政机关可以决定立即实施代履行；当事人不在场的，行政机关应当在事后立即通知当事人，并依法作出处理。

第五章　申请人民法院强制执行

第五十三条　当事人在法定期限内不申请行政复议或者提起行政诉讼，又不履行行政决定的，没有行政强制执行权的行政机关可以自期限届满之日起三个月内，依照本章规定申请人民法院强制执行。

第五十四条　行政机关申请人民法院强制执行前，应当催告当事人履行义务。催告书送达十日后当事人仍未履行义务的，行政机关可以向所在地有管辖权的人民法院申请强制执行；执行对象是不动产的，向不动产所在地有管辖权的人民法院申请强制执行。

第五十五条　行政机关向人民法院申请强制执行，应当提供下列材料：

（一）强制执行申请书；

（二）行政决定书及作出决定的事实、理由和依据；

（三）当事人的意见及行政机关催告情况；

（四）申请强制执行标的情况；

（五）法律、行政法规规定的其他材料。

强制执行申请书应当由行政机关负责人签名，加盖行政机关的印章，并注明日期。

第五十六条　人民法院接到行政机关强制执行的申请，应当在五日内受理。

行政机关对人民法院不予受理的裁定有异议的，可以在十五日内向上一级人民法院申请复议，上一级人民法院应当自收到复议申请之日起十五日内作出是否受理的裁定。

第五十七条　人民法院对行政机关强制执行的申请进行书面审查，对符合本法第五十五条规定，且行政决定具备法定执行效力的，除本法第五十八条规定的情形外，人民法院应当自受理之日起七日内作出执行裁定。

第五十八条　人民法院发现有下列情形之一的，在作出裁定前可以听取被执行人和行政机关的意见：

（一）明显缺乏事实根据的；

（二）明显缺乏法律、法规依据的；

（三）其他明显违法并损害被执行人合法权益的。

人民法院应当自受理之日起三十日内作出是否执行的裁定。裁定不予执行的，应当说明理由，并在五日内将不予执行的裁定送达行政机关。

行政机关对人民法院不予执行的裁定有异议的，可以自收到裁定之日起十五日内向上一级人民法院申请复议，上一级人民法院应当自收到复议申请之日起三十日内作出是否执行的裁定。

第五十九条　因情况紧急，为保障公共安全，行政机关可以申请人民法院立即执行。经人民法院院长批准，人民法院应当自作出执行裁定之日起五日内执行。

第六十条　行政机关申请人民法院强制执行，不缴纳申请费。强制执行的费用由被执行人承担。

人民法院以划拨、拍卖方式强制执行的，可以在划拨、拍卖后将强制执行的费用扣除。

依法拍卖财物，由人民法院委托拍卖机构依照《中华人民共和国拍卖法》的规定办理。

划拨的存款、汇款以及拍卖和依法处理所得的款项应当上缴国库或者划入财政专户，不得以任何形式截留、私分或者变相私分。

第六章　法律责任

第六十一条　行政机关实施行政强制，有下列情形之一的，由上级行政机关或者有关部门责令改正，对直接负责的主管人员和其他直接责任人员依法给予处分：

（一）没有法律、法规依据的；

（二）改变行政强制对象、条件、方式的；

（三）违反法定程序实施行政强制的；

（四）违反本法规定，在夜间或者法定节假日实施行政强制执行的；

（五）对居民生活采取停止供水、供电、供热、供燃气等方式迫使当事人履行相关行政决定的；

（六）有其他违法实施行政强制情形的。

第六十二条　违反本法规定，行政机关有下列情形之一的，由上级行政机关或者有关部门责令改正，对直接负责的主管人员和其他直接责任人员依法给予处分：

（一）扩大查封、扣押、冻结范围的；

（二）使用或者损毁查封、扣押场所、设施或者财物的；

（三）在查封、扣押法定期间不作出处理决定或者未依法及时解除查封、扣押的；

（四）在冻结存款、汇款法定期间不作出处理决定或者未依法及时解除冻结的。

第六十三条　行政机关将查封、扣押的财物或者划拨的存款、汇款以及拍卖和依法处理所得的款项，截留、私分或者变相私分的，由财政部门或者有关部门予以追缴；对直接负责的主管人员和其他直接责任人员依法给予记大过、降级、撤职或者开除的处分。

行政机关工作人员利用职务上的便利，将查封、扣押的场所、设施或者财物据为己有的，由上级行政机关或者有关部门责令改正，依法给予记大过、降级、撤职或者开除的处分。

第六十四条　行政机关及其工作人员利用行政强制权为单位或者个人谋取利益的，由上级行政机关或者有关部门责令改正，对直接负责的主管人员和其他直接责任人员依法给予处分。

第六十五条　违反本法规定，金融机构有下列行为之一的，由金融业监督管理机构责令改正，对直接负责的主管人员和其他直接责任人员依法给予处分：

（一）在冻结前向当事人泄露信息的；

（二）对应当立即冻结、划拨的存款、汇款不冻结或者不划拨，致使存款、汇款转移的；

（三）将不应当冻结、划拨的存款、汇款予以冻结或者划拨的；

（四）未及时解除冻结存款、汇款的。

第六十六条　违反本法规定，金融机构将款项划入国库或者财政专户以外的其他账户的，由金融业监督管理机构责令改正，并处以违法划拨款项二倍的罚款；对直接负责的主管人员和其他直接责任人员依法给予处分。

违反本法规定，行政机关、人民法院指令金融机构将款项划入国库或者财政专户以外的其他账户的，对直接负责的主管人员和其他直接责任人员依法给予处分。

第六十七条　人民法院及其工作人员在强制执行中有违法行为或者扩大强制执行范围的，对直接负责的主管人员和其他直接责任人员依法给予处分。

第六十八条　违反本法规定，给公民、法人或者其他组织造成损失的，依法给予赔偿。

违反本法规定，构成犯罪的，依法追究刑事责任。

第七章　附　则

第六十九条　本法中十日以内期限的规定是指工作日，不含法定节假日。

第七十条　法律、行政法规授权的具有管理公共事务职能的组织在法定授权范围内，以自己的名义实施行政强制，适用本法有关行政机关的规定。

第七十一条　本法自 2012 年 1 月 1 日起施行。

中华人民共和国行政诉讼法

（1989 年 4 月 4 日第七届全国人民代表大会第二次会议通过　1989 年 4 月 4 日中华人民共和国主席令第 16 号公布　1990 年 10 月 1 日起施行　根据 2014 年 11 月 1 日《全国人民代表大会常务委员会关于修改〈中华人民共和国行政诉讼法〉的决定》修订　自 2015 年 5 月 1 日起施行）

第一章　总　则

第一条　为保证人民法院公正、及时审理行政案件，解决行政争议，保护公民、法人和其他组织的合法权益，监督行政机关依法行使职权，根据宪法，制定本法。

第二条　公民、法人或者其他组织认为行政机关和行政机关工作人员的行政行为侵犯其合法权益，有权依照本法向人民法院提起诉讼。

前款所称行政行为，包括法律、法规、规章授权的组织作出的行政行为。

第三条　人民法院应当保障公民、法人和其他组织的起诉权利，对应当受理的行政案件依法受理。

行政机关及其工作人员不得干预、阻碍人民法院受理行政案件。

被诉行政机关负责人应当出庭应诉。不能出庭的，应当委托行政机关相应的工作人员出庭。

第四条　人民法院依法对行政案件独立行使审判权，不受行政机关、社会团体和个人的干涉。

人民法院设行政审判庭，审理行政案件。

第五条　人民法院审理行政案件，以事实为根据，以法律为准绳。

第六条　人民法院审理行政案件，对行政行为是否合法进行审查。

第七条　人民法院审理行政案件，依法实行合议、回避、公开审判和两审终审制度。

第八条　当事人在行政诉讼中的法律地位平等。

第九条　各民族公民都有用本民族语言、文字进行行政诉讼的权利。

在少数民族聚居或者多民族共同居住的地区，人民法院应当用当地民族通用的语言、文字进行审理和发布法律文书。

人民法院应当对不通晓当地民族通用的语言、文字的诉讼参与人提供翻译。

第十条　当事人在行政诉讼中有权进行辩论。

第十一条　人民检察院有权对行政诉讼实行法律监督。

第二章　受案范围

第十二条　人民法院受理公民、法人或者其他组织提起的下列诉讼：

（一）对行政拘留、暂扣或者吊销许可证和执照、责令停产停业、没收违法所得、没收非法财物、罚款、警告等行政处罚不服的；

（二）对限制人身自由或者对财产的查封、扣押、冻结等行政强制措施和行政强制执行不服的；

（三）申请行政许可，行政机关拒绝或者在法定期限内不予答复，或者对行政机关作出的有关行政许可的其他决定不服的；

（四）对行政机关作出的关于确认土地、矿藏、水流、森林、山岭、草原、荒地、滩涂、海域等自然资源的所有权或者使用权的决定不服的；

（五）对征收、征用决定及其补偿决定不服的；

（六）申请行政机关履行保护人身权、财产权等合法权益的法定职责，行政机关拒绝履行或者不予答复的；

（七）认为行政机关侵犯其经营自主权或者农村土地承包经营权、农村土地经营权的；

（八）认为行政机关滥用行政权力排除或者限制竞争的；

（九）认为行政机关违法集资、摊派费用或者违法要求履行其他义务的；

（十）认为行政机关没有依法支付抚恤金、最低生活保障待遇或者社会保险待遇的；

（十一）认为行政机关不依法履行、未按照约定履行或者违法变更、解除政府特许经营协议、土地房屋征收补偿协议等协议的；

（十二）认为行政机关侵犯其他人身权、财产权等合法权益的。

除前款规定外，人民法院受理法律、法规规定可以提起诉讼的其他行政案件。

第十三条　人民法院不受理公民、法人或者其他组织对下列事项提起的诉讼：

（一）国防、外交等国家行为；

（二）行政法规、规章或者行政机关制定、发布的具有普遍约束力的决定、命令；

（三）行政机关对行政机关工作人员的奖惩、任免等决定；

（四）法律规定由行政机关最终裁决的行政行为。

第三章　管　辖

第十四条　基层人民法院管辖第一审行政案件。

第十五条　中级人民法院管辖下列第一审行政案件：

（一）对国务院部门或者县级以上地方人民政府所作的行政行为提起诉讼的案件；

（二）海关处理的案件；

（三）本辖区内重大、复杂的案件；

（四）其他法律规定由中级人民法院管辖的案件。

第十六条　高级人民法院管辖本辖区内重大、复杂的第一审行政案件。

第十七条　最高人民法院管辖全国范围内重大、复杂的第一审行政案件。

第十八条　行政案件由最初作出行政行为的行政机关所在地人民法院管辖。经复议的案件，也可以由复议机关所在地人民法院管辖。

经最高人民法院批准，高级人民法院可以根据审判工作的实际情况，确定若干人民法院跨行政区域管辖行政案件。

第十九条　对限制人身自由的行政强制措施不服提起的诉讼，由被告所在地或者原告所在地人民法院管辖。

第二十条　因不动产提起的行政诉讼，由不动产所在地人民法院管辖。

第二十一条　两个以上人民法院都有管辖权的案件，原告可以选择其中一个人民法院提起诉讼。原告向两个以上有管辖权的人民法院提起诉讼的，由最先立案的人民法院管辖。

第二十二条　人民法院发现受理的案件不属于本院管辖的，应当移送有管辖权的人民法院，受移送的人民法院应当受理。受移送的人民法院认为受移送的案件按照规定不属于本院管辖的，应当报请上级人民法院指定管辖，不得再自行移送。

第二十三条　有管辖权的人民法院由于特殊原因不能行使管辖权的，由上级人民法院指定管辖。

人民法院对管辖权发生争议，由争议双方协商解决。协商不成的，报它们的共同上级人民法院指定管辖。

第二十四条　上级人民法院有权审理下级人民法院管辖的第一审行政案件。

下级人民法院对其管辖的第一审行政案件，认为需要由上级人民法院审理或者指定管辖的，可以报请上级人民法院决定。

第四章　诉讼参加人

第二十五条　行政行为的相对人以及其他与行政行为有利害关系的公民、法人或者其他组织，有权提起诉讼。

有权提起诉讼的公民死亡，其近亲属可以提起诉讼。

有权提起诉讼的法人或者其他组织终止，承受其权利的法人或者其他组织可以提起诉讼。

第二十六条　公民、法人或者其他组织直接向人民法院提起诉讼的，作出行政行为的行政机关是被告。

经复议的案件，复议机关决定维持原行政行为的，作出原行政行为的行政机关和复议机关是共同被告；复议机关改变原行政行为的，复议机关是被告。

复议机关在法定期限内未作出复议决定，公民、法人或者其他组织起诉原行政行为的，作出原行政行为的行政机关是被告；起诉复议机关不作为的，复议机关是被告。

两个以上行政机关作出同一行政行为的，共同作出行政行为的行政机关是共同被告。

行政机关委托的组织所作的行政行为，委托的行政机关是被告。

行政机关被撤销或者职权变更的，继续行使其职权的行政机关是被告。

第二十七条　当事人一方或者双方为二人以上，因同一行政行为发生的行政案件，或者因同类行政行为发生的行政案件、人民法院认为可以合并审理并经当事人同意的，为共同诉讼。

第二十八条　当事人一方人数众多的共同诉讼，可以由当事人推选代表人进行诉讼。代表人的诉讼行为对其所代表的当事人发生效力，但代表人变更、放弃诉讼请求或者承认对方当事人的诉讼请求，应当经被代表的当事人同意。

第二十九条　公民、法人或者其他组织同被诉行政行为有利害关系但没有提起诉讼，或者同案件处理结果有利害关系的，可以作为第三人申请参加诉讼，或者由人民法院通知参加诉讼。

人民法院判决第三人承担义务或者减损第三人权益的，第三人有权依法提起上诉。

第三十条　没有诉讼行为能力的公民，由其法定代理人代为诉讼。法定代理人互相推诿代理责任的，由人民法院指定其中一人代为诉讼。

第三十一条　当事人、法定代理人，可以委托一至二人作为诉讼代理人。

下列人员可以被委托为诉讼代理人：

（一）律师、基层法律服务工作者；

（二）当事人的近亲属或者工作人员；

（三）当事人所在社区、单位以及有关社会团体推荐的公民。

第三十二条　代理诉讼的律师，有权按照规定查阅、复制本案有关材料，有权向有关组织和公民调查，收集与本案有关的证据。对涉及国家秘密、商业秘密和个人隐私的材料，应当依照法律规定保密。

当事人和其他诉讼代理人有权按照规定查阅、复制本案庭审材料，但涉及国家秘密、商业秘密和个人隐私的内容除外。

第五章　证　据

第三十三条　证据包括：

（一）书证；

（二）物证；

（三）视听资料；

（四）电子数据；

（五）证人证言；

（六）当事人的陈述；

（七）鉴定意见；

（八）勘验笔录、现场笔录。

以上证据经法庭审查属实，才能作为认定案件事实的根据。

第三十四条　被告对作出的行政行为负有举证责任，应当提供作出该行政行为的证据和所依据的规范性文件。

被告不提供或者无正当理由逾期提供证据，视为没有相应证据。但是，被诉行政行为涉及第三人合法权益，第三人提供证据的除外。

第三十五条　在诉讼过程中，被告及其诉讼代理人不得自行向原告、第三人和证人收集证据。

第三十六条　被告在作出行政行为时已经收集了证据，但因不可抗力等正当事由不能提供的，经人民法院准许，可以延期提供。

原告或者第三人提出了其在行政处理程序中没有提出的理由或者证据的，经人民法院准许，被告可以补充证据。

第三十七条　原告可以提供证明行政行为违法的证据。原告提供的证据不成立的，不免除被告的举证责任。

第三十八条　在起诉被告不履行法定职责的案件中，原告应当提供其向被告提出申请的证据。但有下列情形之一的除外：

（一）被告应当依职权主动履行法定职责的；

（二）原告因正当理由不能提供证据的。

在行政赔偿、补偿的案件中，原告应当对行政行为造成的损害提供证据。因被告的原因导致原告无法举证的，由被告承担举证责任。

第三十九条　人民法院有权要求当事人提供或者补充证据。

第四十条　人民法院有权向有关行政机关以及其他组织、公民调取证据。但是，不得为证明行政行为的合法性调取被告作出行政行为时未收集的证据。

第四十一条　与本案有关的下列证据，原告或者第三人不能自行收集的，可以申请人民法院调取：

（一）由国家机关保存而须由人民法院调取的证据；

（二）涉及国家秘密、商业秘密和个人隐私的证据；

（三）确因客观原因不能自行收集的其他证据。

第四十二条　在诉讼过程中，人民法院认为对专门性问题需要鉴定的，应当交由法定鉴定部门鉴定；没有法定鉴定部门的，由人民法院指定的鉴定部门鉴定。

第四十三条　证据应当在法庭上出示，并由当事人互相质证。对涉及国家秘密、商业秘密和个人隐私的证据，不得在公开开庭时出示。

人民法院应当按照法定程序，全面、客观地审查核实证据。对未采纳的证据应当在裁判文书中说明理由。

以非法手段取得的证据，不得作为认定案件事实的根据。

第六章　起诉和受理

第四十四条　对属于人民法院受案范围的行政案件，公民、法人或者其他组织可以先向行政机关申请复议，对复议决定不服的，再向人民法院提起诉讼；也可以直接向人民法院提起诉讼。

法律、法规规定应当先向行政机关申请复议，对复议决定不服再向人民法院提起诉讼的，依照法律、法规的规定。

第四十五条　公民、法人或者其他组织不服复议决定的，可以在收到复议决定书之日起十五日内向人民法院提起诉讼。复议机关逾期不作决定的，申请人可以在复议期满之日起十五日内向人民法院提起诉讼。法律另有规定的除外。

第四十六条　公民、法人或者其他组织直接向人民法院提起诉讼的，应当自知道或者应当知道作出行政行为之日起六个月内提出。法律另有规定的除外。

因不动产提起诉讼的案件自行政行为作出之日起超过二十年，其他案件自行政行为作出之日起超过五年提起诉讼的，人民法院不予受理。

第四十七条　公民、法人或者其他组织申请行政机关履行保护其人身权、财产权等合法权益的法定职责，行政机关在接到申请之日起两个月内不履行的，公民、法人或者其他组织可以向人民法院提起诉讼。法律、法规对行政机关履行职责的期限另有规定的，从其规定。

公民、法人或者其他组织在紧急情况下请求行政机关履行保护其人身权、财产权等合法权益的法定职责，行政机关不履行的，提起诉讼不受前款规定期限的限制。

第四十八条　公民、法人或者其他组织因不可抗力或者其他不属于其自身的原因耽误起诉期限的，被耽误的时间不计算在起诉期限内。

公民、法人或者其他组织因前款规定以外的其他特殊情况耽误起诉期限的，在障碍消除后十日内，可以申请延长期限，是否准许由人民法院决定。

第四十九条　提起诉讼应当符合下列条件：

（一）原告是符合本法第二十五条规定的公民、法人或者其他组织；

（二）有明确的被告；

（三）有具体的诉讼请求和事实根据；

（四）属于人民法院受案范围和受诉人民法院管辖。

第五十条　起诉应当向人民法院递交起诉状，并按照被告人数提出副本。

书写起诉状确有困难的，可以口头起诉，由人民法院记入笔录，出具注明日期的书面凭证，并告知对方当事人。

第五十一条　人民法院在接到起诉状时对符合本法规定的起诉条件的，应当登记立案。

对当场不能判定是否符合本法规定的起诉条件的，应当接收起诉状，出具注明收到日期的书面凭证，并在七日内决定是否立案。不符合起诉条件的，作出不予立案的裁定。裁定书应当载明不予立案的理由。原告对裁定不服的，可以提起上诉。

起诉状内容欠缺或者有其他错误的，应当给予指导和释明，并一次性告知当事人需要补正的内容。不得未经指导和释明即以起诉不符合条件为由不接收起诉状。

对于不接收起诉状、接收起诉状后不出具书面凭证，以及不一次性告知当事人需要补正的起诉状内容的，当事人可以向上级人民法院投诉，上级人民法院应当责令改正，并对直接负责的主管人员和其他直接责任人员依法给予处分。

第五十二条　第人民法院既不立案，又不作出不予立案裁定的，当事人可以向上一级人民法院起诉。上一级人民法院认为符合起诉条件的，应当立案、审理，也可以指定其他下级人民法院立案、审理。

第五十三条　公民、法人或者其他组织认为行政行为所依据的国务院部门和地方人民政府及其部门制定的规范性文件不合法，在对行政行为提起诉讼时，可以一并请求对该规范性文件进行审查。

前款规定的规范性文件不含规章。

第七章　审理和判决

第一节　一般规定

第五十四条　人民法院公开审理行政案件，但涉及国家秘密、个人隐私和法律另有规定的除外。

涉及商业秘密的案件，当事人申请不公开审理的，可以不公开审理。

第五十五条　当事人认为审判人员与本案有利害关系或者有其他关系可能影响公正审判，有权申请审判人员回避。

审判人员认为自己与本案有利害关系或者有其他关系，应当申请回避。

前两款规定，适用于书记员、翻译人员、鉴定人、勘验人。

院长担任审判长时的回避，由审判委员会决定；审判人员的回避，由院长决定；其他人员的回避，由审判长决定。当事人对决定不服的，可以申请复议一次。

第五十六条　诉讼期间，不停止行政行为的执行。但有下列情形之一的，裁定停止执行：

（一）被告认为需要停止执行的；

（二）原告或者利害关系人申请停止执行，人民法院认为该行政行为的执行会造成难以弥补的损失，并且停止执行不损害国家利益、社会公共利益的；

（三）人民法院认为该行政行为的执行会给国家利益、社会公共利益造成重大损害的；

（四）法律、法规规定停止执行的。

当事人对停止执行或者不停止执行的裁定不服的，可以申请复议一次。

第五十七条　人民法院对起诉行政机关没有依法支付抚恤金、最低生活保障金和工伤、医疗社会保险金的案件，权利义务关系明确、不先予执行将严重影响原告生活的，可以根据原告的申请，裁定先予执行。

当事人对先予执行裁定不服的，可以申请复议一次。复议期间不停止裁定的执行。

第五十八条　经人民法院传票传唤，原告无正当理由拒不到庭，或者未经法庭许可中途退庭的，可以按照撤诉处理；被告无正当理由拒不到庭，或者未经法庭许可中途退庭的，可以缺席判决。

第五十九条　诉讼参与人或者其他人有下列行为之一的，人民法院可以根据情节轻重，予以训诫、责令具结悔过或者处一万元以下的罚款、十五日以下的拘留；构成犯罪的，依法追究刑事责任：

（一）有义务协助调查、执行的人，对人民法院的协助调查决定、协助执行通知书，无故推脱、拒绝或者妨碍调查、执行的；

（二）伪造、隐藏、毁灭证据或者提供虚假证明材料，妨碍人民法院审理案件的；

（三）指使、贿买、胁迫他人作伪证或者威胁、阻止证人作证的；

（四）隐藏、转移、变卖、毁损已被查封、扣押、冻结的财产的；

（五）以欺骗、胁迫等非法手段使原告撤诉的；

（六）以暴力、威胁或者其他方法阻碍人民法院工作人员执行职务，或者以哄闹、冲击法庭等方法扰乱人民法院工作秩序的；

（七）对人民法院审判人员或者其他工作人员、诉讼参与人、协助调查和执行的人员恐吓、侮辱、诽谤、诬陷、殴打、围攻或者打击报复的。

人民法院对有前款规定的行为之一的单位，可以对其主要负责人或者直接责任人员依照前款规定予以罚款、拘留；构成犯罪的，依法追究刑事责任。

罚款、拘留须经人民法院院长批准。当事人不服的，可以向上一级人民法院申请复议一次。复议期间不停止执行。

第六十条 人民法院审理行政案件，不适用调解。但是，行政赔偿、补偿以及行政机关行使法律、法规规定的自由裁量权的案件可以调解。

调解应当遵循自愿、合法原则，不得损害国家利益、社会公共利益和他人合法权益。

第六十一条 在涉及行政许可、登记、征收、征用和行政机关对民事争议所作的裁决的行政诉讼中，当事人申请一并解决相关民事争议的，人民法院可以一并审理。

在行政诉讼中，人民法院认为行政案件的审理需以民事诉讼的裁判为依据的，可以裁定中止行政诉讼。

第六十二条 人民法院对行政案件宣告判决或者裁定前，原告申请撤诉的，或者被告改变其所作的行政行为，原告同意并申请撤诉的，是否准许，由人民法院裁定。

第六十三条 人民法院审理行政案件，参照国务院部、委根据法律和国务院的行政法规、决定、命令制定、发布的规章以及省、自治区、直辖市和省、自治区的人民政府所在地的市和经国务院批准的较大的市的人民政府根据法律和国务院的行政法规制定、发布的规章。

人民法院认为地方人民政府制定、发布的规章与国务院部、委制定、发布的规章不一致的，以及国务院部、委制定、发布的规章之间不一致的，由最高人民法院送请国务院作出解释或者裁决。

人民法院审理行政案件，参照规章。

第六十四条 人民法院在审理行政案件中，经审查认为本法第五十三条规定的规范性文件不合法的，不作为认定行政行为合法的依据，并向制定机关提出处理建议。

第六十五条　人民法院应当公开发生法律效力的判决书、裁定书，供公众查阅，但涉及国家秘密、商业秘密和个人隐私的内容除外。

第六十六条　人民法院在审理行政案件中，认为行政机关的主管人员、直接责任人员违法违纪的，应当将有关材料移送监察机关、该行政机关或者其上一级行政机关；认为有犯罪行为的，应当将有关材料移送公安、检察机关。

人民法院对被告经传票传唤无正当理由拒不到庭，或者未经法庭许可中途退庭的，可以将被告拒不到庭或者中途退庭的情况予以公告，并可以向监察机关或者被告的上一级行政机关提出依法给予其主要负责人或者直接责任人员处分的司法建议。

第二节　第一审普通程序

第六十七条　人民法院应当在立案之日起五日内，将起诉状副本发送被告。被告应当在收到起诉状副本之日起十五日内向人民法院提交作出行政行为的证据和所依据的规范性文件，并提出答辩状。人民法院应当在收到答辩状之日起五日内，将答辩状副本发送原告。

被告不提出答辩状的，不影响人民法院审理。

第六十八条　人民法院审理行政案件，由审判员组成合议庭，或者由审判员、陪审员组成合议庭。合议庭的成员，应当是三人以上的单数。

第六十九条　行政行为证据确凿，适用法律、法规正确，符合法定程序的，或者原告申请被告履行法定职责或者给付义务理由不成立的，人民法院判决驳回原告的诉讼请求。

第七十条　行政行为有下列情形之一的，人民法院判决撤销或者部分撤销，并可以判决被告重新作出行政行为：

（一）主要证据不足的；

（二）适用法律、法规错误的；

（三）违反法定程序的；

（四）超越职权的；

（五）滥用职权的；

（六）明显不当的。

第七十一条　人民法院判决被告重新作出行政行为的，被告不得以同一的事实和理由作出与原行政行为基本相同的行政行为。

第七十二条 人民法院经过审理，查明被告不履行法定职责的，判决被告在一定期限内履行。

第七十三条 人民法院经过审理，查明被告依法负有给付义务的，判决被告履行给付义务。

第七十四条 行政行为有下列情形之一的，人民法院判决确认违法，但不撤销行政行为：

（一）行政行为依法应当撤销，但撤销会给国家利益、社会公共利益造成重大损害的；

（二）行政行为程序轻微违法，但对原告权利不产生实际影响的。

行政行为有下列情形之一，不需要撤销或者判决履行的，人民法院判决确认违法：

（一）行政行为违法，但不具有可撤销内容的；

（二）被告改变原违法行政行为，原告仍要求确认原行政行为违法的；

（三）被告不履行或者拖延履行法定职责，判决履行没有意义的。

第七十五条 行政行为有实施主体不具有行政主体资格或者没有依据等重大且明显违法情形，原告申请确认行政行为无效的，人民法院判决确认无效。

第七十六条 人民法院判决确认违法或者无效的，可以同时判决责令被告采取补救措施；给原告造成损失的，依法判决被告承担赔偿责任。

第七十七条 行政处罚明显不当，或者其他行政行为涉及对款额的确定、认定确有错误的，人民法院可以判决变更。

人民法院判决变更，不得加重原告的义务或者减损原告的权益。但利害关系人同为原告，且诉讼请求相反的除外。

第七十八条 被告不依法履行、未按照约定履行或者违法变更、解除本法第十二条第一款第十一项规定的协议的，人民法院判决被告承担继续履行、采取补救措施或者赔偿损失等责任。

被告变更、解除本法第十二条第一款第十一项规定的协议合法，但未依法给予补偿的，人民法院判决给予补偿。

第七十九条 复议机关与作出原行政行为的行政机关为共同被告的案件，人民法院应当对复议决定和原行政行为一并作出裁判。

第八十条 人民法院对公开审理和不公开审理的案件，一律公开宣告判决。

当庭宣判的，应当在十日内发送判决书；定期宣判的，宣判后立即发给判决书。

宣告判决时，必须告知当事人上诉权利、上诉期限和上诉的人民法院。

第八十一条　人民法院应当在立案之日起六个月内作出第一审判决。有特殊情况需要延长的，由高级人民法院批准，高级人民法院审理第一审案件需要延长的，由最高人民法院批准。

第三节　简易程序

第八十二条　人民法院审理下列第一审行政案件，认为事实清楚、权利义务关系明确、争议不大的，可以适用简易程序：

（一）被诉行政行为是依法当场作出的；

（二）案件涉及款额二千元以下的；

（三）属于政府信息公开案件的。

除前款规定以外的第一审行政案件，当事人各方同意适用简易程序的，可以适用简易程序。

发回重审、按照审判监督程序再审的案件不适用简易程序。

第八十三条　适用简易程序审理的行政案件，由审判员一人独任审理，并应当在立案之日起四十五日内审结。

第八十四条　人民法院在审理过程中，发现案件不宜适用简易程序的，裁定转为普通程序。

第四节　第二审程序

第八十五条　当事人不服人民法院第一审判决的，有权在判决书送达之日起十五日内向上一级人民法院提起上诉。当事人不服人民法院第一审裁定的，有权在裁定书送达之日起十日内向上一级人民法院提起上诉。逾期不提起上诉的，人民法院的第一审判决或者裁定发生法律效力。

第八十六条　人民法院对上诉案件，应当组成合议庭，开庭审理。经过阅卷、调查和询问当事人，对没有提出新的事实、证据或者理由，合议庭认为不需要开庭审理的，也可以不开庭审理。

第八十七条　人民法院审理上诉案件，应当对原审人民法院的判决、裁定和被诉行政行为进行全面审查。

第八十八条　人民法院审理上诉案件，应当在收到上诉状之日起三个月内作出终审判决。有特殊情况需要延长的，由高级人民法院批准，高级人民法院审理上诉案件需要延长的，由最高人民法院批准。

第八十九条　人民法院审理上诉案件，按照下列情形，分别处理：

（一）原判决、裁定认定事实清楚，适用法律、法规正确的，判决或者裁定驳回上诉，维持原判决、裁定；

（二）原判决、裁定认定事实错误或者适用法律、法规错误的，依法改判、撤销或者变更；

（三）原判决认定基本事实不清、证据不足的，发回原审人民法院重审，或者查清事实后改判；

（四）原判决遗漏当事人或者违法缺席判决等严重违反法定程序的，裁定撤销原判决，发回原审人民法院重审。

原审人民法院对发回重审的案件作出判决后，当事人提起上诉的，第二审人民法院不得再次发回重审。

人民法院审理上诉案件，需要改变原审判决的，应当同时对被诉行政行为作出判决。

第五节　审判监督程序

第九十条　当事人对已经发生法律效力的判决、裁定，认为确有错误的，可以向上一级人民法院申请再审，但判决、裁定不停止执行。

第九十一条　当事人的申请符合下列情形之一的，人民法院应当再审：

（一）不予立案或者驳回起诉确有错误的；

（二）有新的证据，足以推翻原判决、裁定的；

（三）原判决、裁定认定事实的主要证据不足、未经质证或者系伪造的；

（四）原判决、裁定适用法律、法规确有错误的；

（五）违反法律规定的诉讼程序，可能影响公正审判的；

（六）原判决、裁定遗漏诉讼请求的；

（七）据以作出原判决、裁定的法律文书被撤销或者变更的；

（八）审判人员在审理该案件时有贪污受贿、徇私舞弊、枉法裁判行为的。

第九十二条　各级人民法院院长对本院已经发生法律效力的判决、裁定，发现有本法第九十一条规定情形之一，或者发现调解违反自愿原则或者调解书内容违法，认为需要再审的，应当提交审判委员会讨论决定。

最高人民法院对地方各级人民法院已经发生法律效力的判决、裁定，上级人民法院对下级人民法院已经发生法律效力的判决、裁定，发现有本法第九十一条规定情形之一，或者发现调解违反自愿原则或者调解书内容违法的，有权提审或者指令下级人民法院再审。

第九十三条　最高人民检察院对各级人民法院已经发生法律效力的判决、裁定，上级人民检察院对下级人民法院已经发生法律效力的判决、裁定，发现有本法第九十一条规定情形之一，或者发现调解书损害国家利益、社会公共利益的，应当提出抗诉。

地方各级人民检察院对同级人民法院已经发生法律效力的判决、裁定，发现有本法第九十一条规定情形之一，或者发现调解书损害国家利益、社会公共利益的，可以向同级人民法院提出检察建议，并报上级人民检察院备案；也可以提请上级人民检察院向同级人民法院提出抗诉。

各级人民检察院对审判监督程序以外的其他审判程序中审判人员的违法行为，有权向同级人民法院提出检察建议。

第八章　执　行

第九十四条　当事人必须履行人民法院发生法律效力的判决、裁定、调解书。

第九十五条　公民、法人或者其他组织拒绝履行判决、裁定、调解书的，行政机关或者第三人可以向第一审人民法院申请强制执行，或者由行政机关依法强制执行。

第九十六条　行政机关拒绝履行判决、裁定、调解书的，第一审人民法院可以采取下列措施：

（一）对应当归还的罚款或者应当给付的款额，通知银行从该行政机关的账户内划拨；

（二）在规定期限内不履行的，从期满之日起，对该行政机关负责人按日处五十元至一百元的罚款；

（三）将行政机关拒绝履行的情况予以公告；

（四）向监察机关或者该行政机关的上一级行政机关提出司法建议。接受司法建议的机关，根据有关规定进行处理，并将处理情况告知人民法院；

（五）拒不履行判决、裁定、调解书，社会影响恶劣的，可以对该行政机关直接负责的主管人员和其他直接责任人员予以拘留；情节严重，构成犯罪的，依法追究刑事责任。

第九十七条　公民、法人或者其他组织对行政行为在法定期间不提起诉讼又不履行的，行政机关可以申请人民法院强制执行，或者依法强制执行。

第九章　涉外行政诉讼

第九十八条　外国人、无国籍人、外国组织在中华人民共和国进行行政诉讼，适用本法。法律另有规定的除外。

第九十九条　外国人、无国籍人、外国组织在中华人民共和国进行行政诉讼，同中华人民共和国公民、组织有同等的诉讼权利和义务。

外国法院对中华人民共和国公民、组织的行政诉讼权利加以限制的，人民法院对该国公民、组织的行政诉讼权利，实行对等原则。

第一百条　外国人、无国籍人、外国组织在中华人民共和国进行行政诉讼，委托律师代理诉讼的，应当委托中华人民共和国律师机构的律师。

第一百零一条　人民法院审理行政案件，关于期间、送达、财产保全、开庭审理、调解、中止诉讼、终结诉讼、简易程序、执行等，以及人民检察院对行政案件受理、审理、裁判、执行的监督，本法没有规定的，适用《中华人民共和国民事诉讼法》的相关规定。

第十章　附　则

第一百零二条　人民法院审理行政案件，应当收取诉讼费用。诉讼费用由败诉方承担，双方都有责任的由双方分担。收取诉讼费用的具体办法另行规定。

第一百零三条　本法自 1990 年 10 月 1 日起施行。

中华人民共和国行政复议法

（1999 年 4 月 29 日第九届全国人民代表大会常务委员会第九次会议通过　1999 年 4 月 29 日中华人民共和国主席令第十六号公布　自 1999 年 10 月 1 日起施行　根据 2009 年 8 月 27 日第十一届全国人民代表大会常务委员会第十次会议通过的《全国人民代表大会常务委员会关于修改部分法律的决定》修正）

第一章　总　则

第一条　为了防止和纠正违法的或者不当的具体行政行为，保护公民、法人和其他组织的合法权益，保障和监督行政机关依法行使职权，根据宪法，制定本法。

第二条　公民、法人或者其他组织认为具体行政行为侵犯其合法权益，向行政机关提出行政复议申请，行政机关受理行政复议申请、作出行政复议决定，适用本法。

第三条　依照本法履行行政复议职责的行政机关是行政复议机关。行政复议机关负责法制工作的机构具体办理行政复议事项，履行下列职责：

（一）受理行政复议申请；

（二）向有关组织和人员调查取证，查阅文件和资料；

（三）审查申请行政复议的具体行政行为是否合法与适当，拟订行政复议决定；

（四）处理或者转送对本法第七条所列有关规定的审查申请；

（五）对行政机关违反本法规定的行为依照规定的权限和程序提出处理建议；

（六）办理因不服行政复议决定提起行政诉讼的应诉事项；

（七）法律、法规规定的其他职责。

第四条　行政复议机关履行行政复议职责，应当遵循合法、公正、公开、及时、便民的原则，坚持有错必纠，保障法律、法规的正确实施。

第五条　公民、法人或者其他组织对行政复议决定不服的，可以依照行政诉讼法的规定向人民法院提起行政诉讼，但是法律规定行政复议决定为最终裁决的除外。

第二章　行政复议范围

第六条　有下列情形之一的，公民、法人或者其他组织可以依照本法申请行政复议：

（一）对行政机关作出的警告、罚款、没收违法所得、没收非法财物、责令停产停业、暂扣或者吊销许可证、暂扣或者吊销执照、行政拘留等行政处罚决定不服的；

（二）对行政机关作出的限制人身自由或者查封、扣押、冻结财产等行政强制措施决定不服的；

（三）对行政机关作出的有关许可证、执照、资质证、资格证等证书变更、中止、撤销的决定不服的；

（四）对行政机关作出的关于确认土地、矿藏、水流、森林、山岭、草原、荒地、滩涂、海域等自然资源的所有权或者使用权的决定不服的；

（五）认为行政机关侵犯合法的经营自主权的；

（六）认为行政机关变更或者废止农业承包合同，侵犯其合法权益的；

（七）认为行政机关违法集资、征收财物、摊派费用或者违法要求履行其他义务的；

（八）认为符合法定条件，申请行政机关颁发许可证、执照、资质证、资格证等证书，或者申请行政机关审批、登记有关事项，行政机关没有依法办理的；

（九）申请行政机关履行保护人身权利、财产权利、受教育权利的法定职责，行政机关没有依法履行的；

（十）申请行政机关依法发放抚恤金、社会保险金或者最低生活保障费，行政机关没有依法发放的；

（十一）认为行政机关的其他具体行政行为侵犯其合法权益的。

第七条　公民、法人或者其他组织认为行政机关的具体行政行为所依据的下列规定不合法，在对具体行政行为申请行政复议时，可以一并向行政复议机关提出对该规定的审查申请：

（一）国务院部门的规定；

（二）县级以上地方各级人民政府及其工作部门的规定；

（三）乡、镇人民政府的规定。

前款所列规定不含国务院部、委员会规章和地方人民政府规章。规章的审查依照法律、行政法规办理。

第八条　不服行政机关作出的行政处分或者其他人事处理决定的，依照有关法律、行政法规的规定提出申诉。

不服行政机关对民事纠纷作出的调解或者其他处理，依法申请仲裁或者向人民法院提起诉讼。

第三章　行政复议申请

第九条　公民、法人或者其他组织认为具体行政行为侵犯其合法权益的，可以自知道该具体行政行为之日起六十日内提出行政复议申请；但是法律规定的申请期限超过六十日的除外。

因不可抗力或者其他正当理由耽误法定申请期限的，申请期限自障碍消除之日起继续计算。

第十条　依照本法申请行政复议的公民、法人或者其他组织是申请人。

有权申请行政复议的公民死亡的，其近亲属可以申请行政复议。有权申请行政复议的公民为无民事行为能力人或者限制民事行为能力人的，其法定代理人可以代为申请行政复议。有权申请行政复议的法人或者其他组织终止的，承受其权利的法人或者其他组织可以申请行政复议。

同申请行政复议的具体行政行为有利害关系的其他公民、法人或者其他组织，可以作为第三人参加行政复议。

公民、法人或者其他组织对行政机关的具体行政行为不服申请行政复议的，作出具体行政行为的行政机关是被申请人。

申请人、第三人可以委托代理人代为参加行政复议。

第十一条　申请人申请行政复议，可以书面申请，也可以口头申请；口头申请的，行政复议机关应当当场记录申请人的基本情况、行政复议请求、申请行政复议的主要事实、理由和时间。

第十二条　对县级以上地方各级人民政府工作部门的具体行政行为不服的，由申请人选择，可以向该部门的本级人民政府申请行政复议，也可以向上一级主管部门申请行政复议。

对海关、金融、国税、外汇管理等实行垂直领导的行政机关和国家安全机关的具体行政行为不服的，向上一级主管部门申请行政复议。

第十三条　对地方各级人民政府的具体行政行为不服的，向上一级地方人民政府申请行政复议。

对省、自治区人民政府依法设立的派出机关所属的县级地方人民政府的具体行政行为不服的，向该派出机关申请行政复议。

第十四条　对国务院部门或者省、自治区、直辖市人民政府的具体行政行为不服的，向作出该具体行政行为的国务院部门或者省、自治区、直辖市人民政府申请行政复议。对行政复议决定不服的，可以向人民法院提起行政诉讼；也可以向国务院申请裁决，国务院依照本法的规定作出最终裁决。

第十五条　对本法第十二条、第十三条、第十四条规定以外的其他行政机关、组织的具体行政行为不服的，按照下列规定申请行政复议：

（一）对县级以上地方人民政府依法设立的派出机关的具体行政行为不服的，向设立该派出机关的人民政府申请行政复议；

（二）对政府工作部门依法设立的派出机构依照法律、法规或者规章规定，以自己的名义作出的具体行政行为不服的，向设立该派出机构的部门或者该部门的本级地方人民政府申请行政复议；

（三）对法律、法规授权的组织的具体行政行为不服的，分别向直接管理该组织的地方人民政府、地方人民政府工作部门或者国务院部门申请行政复议；

（四）对两个或者两个以上行政机关以共同的名义作出的具体行政行为不服的，向其共同上一级行政机关申请行政复议；

（五）对被撤销的行政机关在撤销前所作出的具体行政行为不服的，向继续行使其职权的行政机关的上一级行政机关申请行政复议。

有前款所列情形之一的，申请人也可以向具体行政行为发生地的县级地方人民政府提出行政复议申请，由接受申请的县级地方人民政府依照本法第十八条的规定办理。

第十六条　公民、法人或者其他组织申请行政复议，行政复议机关已经依法受理的，或者法律、法规规定应当先向行政复议机关申请行政复议、对行政复议决定不服再向人民法院提起行政诉讼的，在法定行政复议期限内不得向人民法院提起行政诉讼。

公民、法人或者其他组织向人民法院提起行政诉讼，人民法院已经依法受理的，不得申请行政复议。

第四章　行政复议受理

第十七条　行政复议机关收到行政复议申请后，应当在五日内进行审查，对不符合本法规定的行政复议申请，决定不予受理，并书面告知申请人；对符合本法规定，但是不属于本机关受理的行政复议申请，应当告知申请人向有关行政复议机关提出。

除前款规定外，行政复议申请自行政复议机关负责法制工作的机构收到之日起即为受理。

第十八条　依照本法第十五条第二款的规定接受行政复议申请的县级地方人民政府，对依照本法第十五条第一款的规定属于其他行政复议机关受理的行政复议申请，应当自接到该行政复议申请之日起七日内，转送有关行政复议机关，并告知申请人。接受转送的行政复议机关应当依照本法第十七条的规定办理。

第十九条　法律、法规规定应当先向行政复议机关申请行政复议、对行政复议决定不服再向人民法院提起行政诉讼的，行政复议机关决定不予受理或者受理后超过行政复议期限不作答复的，公民、法人或者其他组织可以自收到不予受理决定书之日起或者行政复议期满之日起十五日内，依法向人民法院提起行政诉讼。

第二十条　公民、法人或者其他组织依法提出行政复议申请，行政复议机关无正当理由不予受理的，上级行政机关应当责令其受理；必要时，上级行政机关也可以直接受理。

第二十一条　行政复议期间具体行政行为不停止执行；但是，有下列情形之一的，可以停止执行：

（一）被申请人认为需要停止执行的；

（二）行政复议机关认为需要停止执行的；

（三）申请人申请停止执行，行政复议机关认为其要求合理，决定停止执行的；

（四）法律规定停止执行的。

第五章　行政复议决定

第二十二条　行政复议原则上采取书面审查的办法，但是申请人提出要求或者行政复议机关负责法制工作的机构认为有必要时，可以向有关组织和人员调查情况，听取申请人、被申请人和第三人的意见。

第二十三条　行政复议机关负责法制工作的机构应当自行政复议申请受理之日起七日内，将行政复议申请书副本或者行政复议申请笔录复印件发送被申请人。被申请人应当自收到申请书副本或者申请笔录复印件之日起十日内，提出书面答复，并提交当初作出具体行政行为的证据、依据和其他有关材料。

申请人、第三人可以查阅被申请人提出的书面答复、作出具体行政行为的证据、依据和其他有关材料，除涉及国家秘密、商业秘密或者个人隐私外，行政复议机关不得拒绝。

第二十四条　在行政复议过程中，被申请人不得自行向申请人和其他有关组织或者个人收集证据。

第二十五条　行政复议决定做出前，申请人要求撤回行政复议申请的，经说明理由，可以撤回；撤回行政复议申请的，行政复议终止。

第二十六条　申请人在申请行政复议时，一并提出对本法第七条所列有关规定的审查申请的，行政复议机关对该规定有权处理的，应当在三十日内依法处理；无权处理的，应当在七日内按照法定程序转送有权处理的行政机关依法处理，有权处理的行政机关应当在六十日内依法处理。处理期间，中止对具体行政行为的审查。

第二十七条　行政复议机关在对被申请人作出的具体行政行为进行审查时，认为其依据不合法，本机关有权处理的，应当在三十日内依法处理；无权处理的，应当在七日内按照法定程序转送有权处理的国家机关依法处理。处理期间，中止对具体行政行为的审查。

第二十八条　行政复议机关负责法制工作的机构应当对被申请人作出的具体行政行为进行审查，提出意见，经行政复议机关的负责人同意或者集体讨论通过后，按照下列规定作出行政复议决定：

（一）具体行政行为认定事实清楚，证据确凿，适用依据正确，程序合法，内容适当的，决定维持；

（二）被申请人不履行法定职责的，决定其在一定期限内履行；

（三）具体行政行为有下列情形之一的，决定撤销、变更或者确认该具体行政行为违法；决定撤销或者确认该具体行政行为违法的，可以责令被申请人在一定期限内重新作出具体行政行为：

1. 主要事实不清、证据不足的；

2. 适用依据错误的；

3. 违反法定程序的；

4. 超越或者滥用职权的；

5. 具体行政行为明显不当的。

（四）被申请人不按照本法第二十三条的规定提出书面答复、提交当初作出具体行政行为的证据、依据和其他有关材料的，视为该具体行政行为没有证据、依据，决定撤销该具体行政行为。

行政复议机关责令被申请人重新作出具体行政行为的，被申请人不得以同一的事实和理由作出与原具体行政行为相同或者基本相同的具体行政行为。

第二十九条　申请人在申请行政复议时可以一并提出行政赔偿请求，行政复议机关对符合国家赔偿法的有关规定应当给予赔偿的，在决定撤销、变更具体行政行为或者确认具体行政行为违法时，应当同时决定被申请人依法给予赔偿。

申请人在申请行政复议时没有提出行政赔偿请求的，行政复议机关在依法决定撤销或者变更罚款，撤销违法集资、没收财物、征收财物、摊派费用以及对财产的查封、扣押、冻结等具体行政行为时，应当同时责令被申请人返还财产，解除对财产的查封、扣押、冻结措施，或者赔偿相应的价款。

第三十条　公民、法人或者其他组织认为行政机关的具体行政行为侵犯其已经依法取得的土地、矿藏、水流、森林、山岭、草原、荒地、滩涂、海域等自然资源的所有权或者使用权的，应当先申请行政复议；对行政复议决定不服的，可以依法向人民法院提起行政诉讼。

根据国务院或者省、自治区、直辖市人民政府对行政区划的勘定、调整或者征收土地的决定，省、自治区、直辖市人民政府确认土地、矿藏、水流、森林、山岭、草原、荒地、滩涂、海域等自然资源的所有权或者使用权的行政复议决定为最终裁决。

第三十一条　行政复议机关应当自受理申请之日起六十日内作出行政复议决定；但是法律规定的行政复议期限少于六十日的除外。情况复杂，不能在规定期限内作出行政复议决定的，经行政复议机关的负责人批准，可以适当延长，并告知申请人和被申请人；但是延长期限最多不超过三十日。

行政复议机关作出行政复议决定，应当制作行政复议决定书，并加盖印章。

行政复议决定书一经送达，即发生法律效力。

第三十二条　被申请人应当履行行政复议决定。

被申请人不履行或者无正当理由拖延履行行政复议决定的，行政复议机关或者有关上级行政机关应当责令其限期履行。

第三十三条　申请人逾期不起诉又不履行行政复议决定的，或者不履行最终裁决的行政复议决定的，按照下列规定分别处理：

（一）维持具体行政行为的行政复议决定，由作出具体行政行为的行政机关依法强制执行，或者申请人民法院强制执行；

（二）变更具体行政行为的行政复议决定，由行政复议机关依法强制执行，或者申请人民法院强制执行。

第六章　法律责任

第三十四条　行政复议机关违反本法规定，无正当理由不予受理依法提出的行政复议申请或者不按照规定转送行政复议申请的，或者在法定期限内不作出行政复议决定的，对直接负责的主管人员和其他直接责任人员依法给予警告、记过、记大过的行政处分；经责令受理仍不受理或者不按照规定转送行政复议申请，造成严重后果的，依法给予降级、撤职、开除的行政处分。

第三十五条　行政复议机关工作人员在行政复议活动中，徇私舞弊或者有其他渎职、失职行为的，依法给予警告、记过、记大过的行政处分；情节严重的，依法给予降级、撤职、开除的行政处分；构成犯罪的，依法追究刑事责任。

第三十六条　被申请人违反本法规定，不提出书面答复或者不提交作出具体行政行为的证据、依据和其他有关材料，或者阻挠、变相阻挠公民、法人或者其他组织依法申请行政复议的，对直接负责的主管人员和其他直接责任人员依法给予警告、记过、记大过的行政处分；进行报复陷害的，依法给予降级、撤职、开除的行政处分；构成犯罪的，依法追究刑事责任。

第三十七条　被申请人不履行或者无正当理由拖延履行行政复议决定的，对直接负责的主管人员和其他直接责任人员依法给予警告、记过、记大过的行政处分；经责令履行仍拒不履行的，依法给予降级、撤职、开除的行政处分。

第三十八条　行政复议机关负责法制工作的机构发现有无正当理由不予受理行政复议申请、不按照规定期限作出行政复议决定、徇私舞弊、对申请人打击报复或者不履行行政复议决定等情形的，应当向有关行政机关提出建议，有关行政机关应当依照本法和有关法律、行政法规的规定作出处理。

第七章 附　则

第三十九条　行政复议机关受理行政复议申请，不得向申请人收取任何费用。行政复议活动所需经费，应当列入本机关的行政经费，由本级财政予以保障。

第四十条　行政复议期间的计算和行政复议文书的送达，依照民事诉讼法关于期间、送达的规定执行。

本法关于行政复议期间有关"五日""七日"的规定是指工作日，不含节假日。

第四十一条　外国人、无国籍人、外国组织在中华人民共和国境内申请行政复议，适用本法。

第四十二条　本法施行前公布的法律有关行政复议的规定与本法的规定不一致的，以本法的规定为准。

第四十三条　本法自 1999 年 10 月 1 日起施行。1990 年 12 月 24 日国务院发布、1994 年 10 月 9 日国务院修订发布的《行政复议条例》同时废止。

中华人民共和国行政许可法

(2003 年 8 月 27 日第十届全国人民代表大会常务委员会第四次会议通过　自 2004 年 7 月 1 日起施行)

第一章　总　则

第一条　为了规范行政许可的设定和实施，保护公民、法人和其他组织的合法权益，维护公共利益和社会秩序，保障和监督行政机关有效实施行政管理，根据宪法，制定本法。

第二条　本法所称行政许可，是指行政机关根据公民、法人或者其他组织的申请，经依法审查，准予其从事特定活动的行为。

第三条　行政许可的设定和实施，适用本法。

有关行政机关对其他机关或者对其直接管理的事业单位的人事、财务、外事等事项的审批，不适用本法。

第四条　设定和实施行政许可，应当依照法定的权限、范围、条件和程序。

第五条　设定和实施行政许可，应当遵循公开、公平、公正的原则。

有关行政许可的规定应当公布；未经公布的，不得作为实施行政许可的依据。行政许可的实施和结果，除涉及国家秘密、商业秘密或者个人隐私的外，应当公开。

符合法定条件、标准的，申请人有依法取得行政许可的平等权利，行政机关不得歧视。

第六条　实施行政许可，应当遵循便民的原则，提高办事效率，提供优质服务。

第七条　公民、法人或者其他组织对行政机关实施行政许可，享有陈述权、申辩权；有权依法申请行政复议或者提起行政诉讼；其合法权益因行政机关违法实施行政许可受到损害的，有权依法要求赔偿。

第八条 公民、法人或者其他组织依法取得的行政许可受法律保护，行政机关不得擅自改变已经生效的行政许可。

行政许可所依据的法律、法规、规章修改或者废止，或者准予行政许可所依据的客观情况发生重大变化的，为了公共利益的需要，行政机关可以依法变更或者撤回已经生效的行政许可。由此给公民、法人或者其他组织造成财产损失的，行政机关应当依法给予补偿。

第九条 依法取得的行政许可，除法律、法规规定依照法定条件和程序可以转让的外，不得转让。

第十条 县级以上人民政府应当建立健全对行政机关实施行政许可的监督制度，加强对行政机关实施行政许可的监督检查。

行政机关应当对公民、法人或者其他组织从事行政许可事项的活动实施有效监督。

第二章 行政许可的设定

第十一条 设定行政许可，应当遵循经济和社会发展规律，有利于发挥公民、法人或者其他组织的积极性、主动性，维护公共利益和社会秩序，促进经济、社会和生态环境协调发展。

第十二条 下列事项可以设定行政许可：

（一）直接涉及国家安全、公共安全、经济宏观调控、生态环境保护以及直接关系人身健康、生命财产安全等特定活动，需要按照法定条件予以批准的事项；

（二）有限自然资源开发利用、公共资源配置以及直接关系公共利益的特定行业的市场准入等，需要赋予特定权利的事项；

（三）提供公众服务并且直接关系公共利益的职业、行业，需要确定具备特殊信誉、特殊条件或者特殊技能等资格、资质的事项；

（四）直接关系公共安全、人身健康、生命财产安全的重要设备、设施、产品、物品，需要按照技术标准、技术规范，通过检验、检测、检疫等方式进行审定的事项；

（五）企业或者其他组织的设立等，需要确定主体资格的事项；

（六）法律、行政法规规定可以设定行政许可的其他事项。

第十三条 本法第十二条所列事项，通过下列方式能够予以规范的，可以不设行政许可：

（一）公民、法人或者其他组织能够自主决定的；

（二）市场竞争机制能够有效调节的；

（三）行业组织或者中介机构能够自律管理的；

（四）行政机关采用事后监督等其他行政管理方式能够解决的。

第十四条　本法第十二条所列事项，法律可以设定行政许可。尚未制定法律的，行政法规可以设定行政许可。

必要时，国务院可以采用发布决定的方式设定行政许可。实施后，除临时性行政许可事项外，国务院应当及时提请全国人民代表大会及其常务委员会制定法律，或者自行制定行政法规。

第十五条　本法第十二条所列事项，尚未制定法律、行政法规的，地方性法规可以设定行政许可；尚未制定法律、行政法规和地方性法规的，因行政管理的需要，确需立即实施行政许可的，省、自治区、直辖市人民政府规章可以设定临时性的行政许可。临时性的行政许可实施满一年需要继续实施的，应当提请本级人民代表大会及其常务委员会制定地方性法规。

地方性法规和省、自治区、直辖市人民政府规章，不得设定应当由国家统一确定的公民、法人或者其他组织的资格、资质的行政许可；不得设定企业或者其他组织的设立登记及其前置性行政许可。其设定的行政许可，不得限制其他地区的个人或者企业到本地区从事生产经营和提供服务，不得限制其他地区的商品进入本地区市场。

第十六条　行政法规可以在法律设定的行政许可事项范围内，对实施该行政许可作出具体规定。

地方性法规可以在法律、行政法规设定的行政许可事项范围内，对实施该行政许可作出具体规定。

规章可以在上位法设定的行政许可事项范围内，对实施该行政许可作出具体规定。

法规、规章对实施上位法设定的行政许可作出的具体规定，不得增设行政许可；对行政许可条件作出的具体规定，不得增设违反上位法的其他条件。

第十七条　除本法第十四条、第十五条规定的外，其他规范性文件一律不得设定行政许可。

第十八条　设定行政许可，应当规定行政许可的实施机关、条件、程序、期限。

第十九条　起草法律草案、法规草案和省、自治区、直辖市人民政府规章草案，拟设定行政许可的，起草单位应当采取听证会、论证会等形式听取意见，并向制定机关说明设定该行政许可的必要性、对经济和社会可能产生的影响以及听取和采纳意见的情况。

第二十条　行政许可的设定机关应当定期对其设定的行政许可进行评价；对已设定的行政许可，认为通过本法第十三条所列方式能够解决的，应当对设定该行政许可的规定及时予以修改或者废止。

行政许可的实施机关可以对已设定的行政许可的实施情况及存在的必要性适时进行评价，并将意见报告该行政许可的设定机关。

公民、法人或者其他组织可以向行政许可的设定机关和实施机关就行政许可的设定和实施提出意见和建议。

第二十一条　省、自治区、直辖市人民政府对行政法规设定的有关经济事务的行政许可，根据本行政区域经济和社会发展情况，认为通过本法第十三条所列方式能够解决的，报国务院批准后，可以在本行政区域内停止实施该行政许可。

第三章　行政许可的实施机关

第二十二条　行政许可由具有行政许可权的行政机关在其法定职权范围内实施。

第二十三条　法律、法规授权的具有管理公共事务职能的组织，在法定授权范围内，以自己的名义实施行政许可。被授权的组织适用本法有关行政机关的规定。

第二十四条　行政机关在其法定职权范围内，依照法律、法规、规章的规定，可以委托其他行政机关实施行政许可。委托机关应当将受委托行政机关和受委托实施行政许可的内容予以公告。

委托行政机关对受委托行政机关实施行政许可的行为应当负责监督，并对该行为的后果承担法律责任。

受委托行政机关在委托范围内，以委托行政机关名义实施行政许可；不得再委托其他组织或者个人实施行政许可。

第二十五条　经国务院批准，省、自治区、直辖市人民政府根据精简、统一、效能的原则，可以决定一个行政机关行使有关行政机关的行政许可权。

第二十六条　行政许可需要行政机关内设的多个机构办理的，该行政机关应当确定一个机构统一受理行政许可申请，统一送达行政许可决定。

行政许可依法由地方人民政府两个以上部门分别实施的，本级人民政府可以确定一个部门受理行政许可申请并转告有关部门分别提出意见后统一办理，或者组织有关部门联合办理、集中办理。

第二十七条　行政机关实施行政许可，不得向申请人提出购买指定商品、接受有偿服务等不正当要求。

行政机关工作人员办理行政许可，不得索取或者收受申请人的财物，不得谋取其他利益。

第二十八条　对直接关系公共安全、人身健康、生命财产安全的设备、设施、产品、物品的检验、检测、检疫，除法律、行政法规规定由行政机关实施的外，应当逐步由符合法定条件的专业技术组织实施。专业技术组织及其有关人员对所实施的检验、检测、检疫结论承担法律责任。

第四章　行政许可的实施程序

第一节　申请与受理

第二十九条　公民、法人或者其他组织从事特定活动，依法需要取得行政许可的，应当向行政机关提出申请。申请书需要采用格式文本的，行政机关应当向申请人提供行政许可申请书格式文本。申请书格式文本中不得包含与申请行政许可事项没有直接关系的内容。

申请人可以委托代理人提出行政许可申请。但是，依法应当由申请人到行政机关办公场所提出行政许可申请的除外。

行政许可申请可以通过信函、电报、电传、传真、电子数据交换和电子邮件等方式提出。

第三十条　行政机关应当将法律、法规、规章规定的有关行政许可的事项、依据、条件、数量、程序、期限以及需要提交的全部材料的目录和申请书示范文本等在办公场所公示。

申请人要求行政机关对公示内容予以说明、解释的，行政机关应当说明、解释，提供准确、可靠的信息。

第三十一条　申请人申请行政许可，应当如实向行政机关提交有关材料和反映真实情况，并对其申请材料实质内容的真实性负责。行政机关不得要求申请人提交与其申请的行政许可事项无关的技术资料和其他材料。

第三十二条　行政机关对申请人提出的行政许可申请，应当根据下列情况分别作出处理：

（一）申请事项依法不需要取得行政许可的，应当即时告知申请人不受理；

（二）申请事项依法不属于本行政机关职权范围的，应当即时作出不予受理的决定，并告知申请人向有关行政机关申请；

（三）申请材料存在可以当场更正的错误的，应当允许申请人当场更正；

（四）申请材料不齐全或者不符合法定形式的，应当当场或者在五日内一次告知申请人需要补正的全部内容，逾期不告知的，自收到申请材料之日起即为受理；

（五）申请事项属于本行政机关职权范围，申请材料齐全、符合法定形式，或者申请人按照本行政机关的要求提交全部补正申请材料的，应当受理行政许可申请。

行政机关受理或者不予受理行政许可申请，应当出具加盖本行政机关专用印章和注明日期的书面凭证。

第三十三条　行政机关应当建立和完善有关制度，推行电子政务，在行政机关的网站上公布行政许可事项，方便申请人采取数据电文等方式提出行政许可申请；应当与其他行政机关共享有关行政许可信息，提高办事效率。

第二节　审查与决定

第三十四条　行政机关应当对申请人提交的申请材料进行审查。

申请人提交的申请材料齐全、符合法定形式，行政机关能够当场作出决定的，应当当场作出书面的行政许可决定。

根据法定条件和程序，需要对申请材料的实质内容进行核实的，行政机关应当指派两名以上工作人员进行核查。

第三十五条　依法应当先经下级行政机关审查后报上级行政机关决定的行政许可，下级行政机关应当在法定期限内将初步审查意见和全部申请材料直接报送上级行政机关。上级行政机关不得要求申请人重复提供申请材料。

第三十六条　行政机关对行政许可申请进行审查时，发现行政许可事项直接关系他人重大利益的，应当告知该利害关系人。申请人、利害关系人有权进行陈述和申辩。行政机关应当听取申请人、利害关系人的意见。

第三十七条　行政机关对行政许可申请进行审查后，除当场作出行政许可决定的外，应当在法定期限内按照规定程序作出行政许可决定。

第三十八条　申请人的申请符合法定条件、标准的，行政机关应当依法作出准予行政许可的书面决定。

行政机关依法作出不予行政许可的书面决定的，应当说明理由，并告知申请人享有依法申请行政复议或者提起行政诉讼的权利。

第三十九条　行政机关作出准予行政许可的决定，需要颁发行政许可证件的，应当向申请人颁发加盖本行政机关印章的下列行政许可证件：

（一）许可证、执照或者其他许可证书；

（二）资格证、资质证或者其他合格证书；

（三）行政机关的批准文件或者证明文件；

（四）法律、法规规定的其他行政许可证件。

行政机关实施检验、检测、检疫的，可以在检验、检测、检疫合格的设备、设施、产品、物品上加贴标签或者加盖检验、检测、检疫印章。

第四十条　行政机关作出的准予行政许可决定，应当予以公开，公众有权查阅。

第四十一条　法律、行政法规设定的行政许可，其适用范围没有地域限制的，申请人取得的行政许可在全国范围内有效。

第三节　期　限

第四十二条　除可以当场作出行政许可决定的外，行政机关应当自受理行政许可申请之日起二十日内作出行政许可决定。二十日内不能作出决定的，经本行政机关负责人批准，可以延长十日，并应当将延长期限的理由告知申请人。但是，法律、法规另有规定的，依照其规定。

依照本法第二十六条的规定，行政许可采取统一办理或者联合办理、集中办理的，办理的时间不得超过四十五日；四十五日内不能办结的，经本级人民政府负责人批准，可以延长十五日，并应当将延长期限的理由告知申请人。

第四十三条　依法应当先经下级行政机关审查后报上级行政机关决定的行政许可，下级行政机关应当自其受理行政许可申请之日起二十日内审查完毕。但是，法律、法规另有规定的，依照其规定。

第四十四条　行政机关作出准予行政许可的决定，应当自作出决定之日起十日内向申请人颁发、送达行政许可证件，或者加贴标签、加盖检验、检测、检疫印章。

第四十五条　行政机关作出行政许可决定，依法需要听证、招标、拍卖、检验、检测、检疫、鉴定和专家评审的，所需时间不计算在本节规定的期限内。行政机关应当将所需时间书面告知申请人。

第四节　听　证

第四十六条　法律、法规、规章规定实施行政许可应当听证的事项，或者行政机关认为需要听证的其他涉及公共利益的重大行政许可事项，行政机关应当向社会公告，并举行听证。

第四十七条　行政许可直接涉及申请人与他人之间重大利益关系的，行政机关在作出行政许可决定前，应当告知申请人、利害关系人享有要求听证的权利；申请人、利害关系人在被告知听证权利之日起五日内提出听证申请的，行政机关应当在二十日内组织听证。

申请人、利害关系人不承担行政机关组织听证的费用。

第四十八条　听证按照下列程序进行：

（一）行政机关应当于举行听证的七日前将举行听证的时间、地点通知申请人、利害关系人，必要时予以公告；

（二）听证应当公开举行；

（三）行政机关应当指定审查该行政许可申请的工作人员以外的人员为听证主持人，申请人、利害关系人认为主持人与该行政许可事项有直接利害关系的，有权申请回避；

（四）举行听证时，审查该行政许可申请的工作人员应当提供审查意见的证据、理由，申请人、利害关系人可以提出证据，并进行申辩和质证；

（五）听证应当制作笔录，听证笔录应当交听证参加人确认无误后签字或者盖章。

行政机关应当根据听证笔录，作出行政许可决定。

第五节　变更与延续

第四十九条　被许可人要求变更行政许可事项的，应当向作出行政许可决定的行政机关提出申请；符合法定条件、标准的，行政机关应当依法办理变更手续。

第五十条　被许可人需要延续依法取得的行政许可的有效期的，应当在该行政许可有效期届满三十日前向作出行政许可决定的行政机关提出申请。但是，法律、法规、规章另有规定的，依照其规定。

行政机关应当根据被许可人的申请，在该行政许可有效期届满前作出是否准予延续的决定；逾期未作决定的，视为准予延续。

第六节　特别规定

第五十一条　实施行政许可的程序，本节有规定的，适用本节规定；本节没有规定的，适用本章其他有关规定。

第五十二条　国务院实施行政许可的程序，适用有关法律、行政法规的规定。

第五十三条　实施本法第十二条第二项所列事项的行政许可的，行政机关应当通过招标、拍卖等公平竞争的方式作出决定。但是，法律、行政法规另有规定的，依照其规定。

行政机关通过招标、拍卖等方式作出行政许可决定的具体程序，依照有关法律、行政法规的规定。

行政机关按照招标、拍卖程序确定中标人、买受人后，应当作出准予行政许可的决定，并依法向中标人、买受人颁发行政许可证件。

行政机关违反本条规定，不采用招标、拍卖方式，或者违反招标、拍卖程序，损害申请人合法权益的，申请人可以依法申请行政复议或者提起行政诉讼。

第五十四条　实施本法第十二条第三项所列事项的行政许可，赋予公民特定资格，依法应当举行国家考试的，行政机关根据考试成绩和其他法定条件作出行政许可决定；赋予法人或者其他组织特定的资格、资质的，行政机关根据申请人的专业人员构成、技术条件、经营业绩和管理水平等的考核结果作出行政许可决定。但是，法律、行政法规另有规定的，依照其规定。

公民特定资格的考试依法由行政机关或者行业组织实施，公开举行。行政机关或者行业组织应当事先公布资格考试的报名条件、报考办法、考试科目以及考试大纲。但是，不得组织强制性的资格考试的考前培训，不得指定教材或者其他助考材料。

第五十五条　实施本法第十二条第四项所列事项的行政许可的，应当按照技术标准、技术规范依法进行检验、检测、检疫，行政机关根据检验、检测、检疫的结果作出行政许可决定。

行政机关实施检验、检测、检疫，应当自受理申请之日起五日内指派两名以上工作人员按照技术标准、技术规范进行检验、检测、检疫。不需要对检验、检测、检疫结果作进一步技术分析即可认定设备、设施、产品、物品是否符合技术标准、技术规范的，行政机关应当当场作出行政许可决定。

行政机关根据检验、检测、检疫结果，作出不予行政许可决定的，应当书面说明不予行政许可所依据的技术标准、技术规范。

第五十六条　实施本法第十二条第五项所列事项的行政许可，申请人提交的申请材料齐全、符合法定形式的，行政机关应当当场予以登记。需要对申请材料的实质内容进行核实的，行政机关依照本法第三十四条第三款的规定办理。

第五十七条　有数量限制的行政许可，两个或者两个以上申请人的申请均符合法定条件、标准的，行政机关应当根据受理行政许可申请的先后顺序作出准予行政许可的决定。但是，法律、行政法规另有规定的，依照其规定。

第五章　行政许可的费用

第五十八条　行政机关实施行政许可和对行政许可事项进行监督检查，不得收取任何费用。但是，法律、行政法规另有规定的，依照其规定。

行政机关提供行政许可申请书格式文本，不得收费。

行政机关实施行政许可所需经费应当列入本行政机关的预算，由本级财政予以保障，按照批准的预算予以核拨。

第五十九条　行政机关实施行政许可，依照法律、行政法规收取费用的，应当按照公布的法定项目和标准收费；所收取的费用必须全部上缴国库，任何机关或者个人不得以任何形式截留、挪用、私分或者变相私分。财政部门不得以任何形式向行政机关返还或者变相返还实施行政许可所收取的费用。

第六章　监督检查

第六十条　上级行政机关应当加强对下级行政机关实施行政许可的监督检查，及时纠正行政许可实施中的违法行为。

第六十一条　行政机关应当建立健全监督制度，通过核查反映被许可人从事行政许可事项活动情况的有关材料，履行监督责任。

行政机关依法对被许可人从事行政许可事项的活动进行监督检查时，应当将监督检查的情况和处理结果予以记录，由监督检查人员签字后归档。公众有权查阅行政机关监督检查记录。

行政机关应当创造条件，实现与被许可人、其他有关行政机关的计算机档案系统互联，核查被许可人从事行政许可事项活动情况。

第六十二条　行政机关可以对被许可人生产经营的产品依法进行抽样检查、检验、检测，对其生产经营场所依法进行实地检查。检查时，行政机关可以依法查阅或者要求被许可人报送有关材料；被许可人应当如实提供有关情况和材料。

行政机关根据法律、行政法规的规定，对直接关系公共安全、人身健康、生命财产安全的重要设备、设施进行定期检验。对检验合格的，行政机关应当发给相应的证明文件。

第六十三条　行政机关实施监督检查，不得妨碍被许可人正常的生产经营活动，不得索取或者收受被许可人的财物，不得谋取其他利益。

第六十四条　被许可人在作出行政许可决定的行政机关管辖区域外违法从事行政许可事项活动的，违法行为发生地的行政机关应当依法将被许可人的违法事实、处理结果抄告作出行政许可决定的行政机关。

第六十五条　个人和组织发现违法从事行政许可事项的活动，有权向行政机关举报，行政机关应当及时核实、处理。

第六十六条　被许可人未依法履行开发利用自然资源义务或者未依法履行利用公共资源义务的，行政机关应当责令限期改正；被许可人在规定期限内不改正的，行政机关应当依照有关法律、行政法规的规定予以处理。

第六十七条　取得直接关系公共利益的特定行业的市场准入行政许可的被许可人，应当按照国家规定的服务标准、资费标准和行政机关依法规定的条件，向用户提供安全、方便、稳定和价格合理的服务，并履行普遍服务的义务；未经作出行政许可决定的行政机关批准，不得擅自停业、歇业。

被许可人不履行前款规定的义务的，行政机关应当责令限期改正，或者依法采取有效措施督促其履行义务。

第六十八条　对直接关系公共安全、人身健康、生命财产安全的重要设备、设施，行政机关应当督促设计、建造、安装和使用单位建立相应的自检制度。

行政机关在监督检查时，发现直接关系公共安全、人身健康、生命财产安全的重要设备、设施存在安全隐患的，应当责令停止建造、安装和使用，并责令设计、建造、安装和使用单位立即改正。

第六十九条　有下列情形之一的，作出行政许可决定的行政机关或者其上级行政机关，根据利害关系人的请求或者依据职权，可以撤销行政许可：

（一）行政机关工作人员滥用职权、玩忽职守作出准予行政许可决定的；

（二）超越法定职权作出准予行政许可决定的；

（三）违反法定程序作出准予行政许可决定的；

（四）对不具备申请资格或者不符合法定条件的申请人准予行政许可的；

（五）依法可以撤销行政许可的其他情形。

被许可人以欺骗、贿赂等不正当手段取得行政许可的，应当予以撤销。

依照前两款的规定撤销行政许可，可能对公共利益造成重大损害的，不予撤销。

依照本条第一款的规定撤销行政许可，被许可人的合法权益受到损害的，行政机关应当依法给予赔偿。依照本条第二款的规定撤销行政许可的，被许可人基于行政许可取得的利益不受保护。

第七十条　有下列情形之一的，行政机关应当依法办理有关行政许可的注销手续：

（一）行政许可有效期届满未延续的；

（二）赋予公民特定资格的行政许可，该公民死亡或者丧失行为能力的；

（三）法人或者其他组织依法终止的；

（四）行政许可依法被撤销、撤回，或者行政许可证件依法被吊销的；

（五）因不可抗力导致行政许可事项无法实施的；

（六）法律、法规规定的应当注销行政许可的其他情形。

第七章　法律责任

第七十一条　违反本法第十七条规定设定的行政许可，有关机关应当责令设定该行政许可的机关改正，或者依法予以撤销。

第七十二条　行政机关及其工作人员违反本法的规定，有下列情形之一的，由其上级行政机关或者监察机关责令改正；情节严重的，对直接负责的主管人员和其他直接责任人员依法给予行政处分：

（一）对符合法定条件的行政许可申请不予受理的；

（二）不在办公场所公示依法应当公示的材料的；

（三）在受理、审查、决定行政许可过程中，未向申请人、利害关系人履行法定告知义务的；

（四）申请人提交的申请材料不齐全、不符合法定形式，不一次告知申请人必须补正的全部内容的；

（五）未依法说明不受理行政许可申请或者不予行政许可的理由的；

（六）依法应当举行听证而不举行听证的。

第七十三条　行政机关工作人员办理行政许可、实施监督检查，索取或者收受他人财物或者谋取其他利益，构成犯罪的，依法追究刑事责任；尚不构成犯罪的，依法给予行政处分。

第七十四条　行政机关实施行政许可，有下列情形之一的，由其上级行政机关或者监察机关责令改正，对直接负责的主管人员和其他直接责任人员依法给予行政处分；构成犯罪的，依法追究刑事责任：

（一）对不符合法定条件的申请人准予行政许可或者超越法定职权作出准予行政许可决定的；

（二）对符合法定条件的申请人不予行政许可或者不在法定期限内作出准予行政许可决定的；

（三）依法应当根据招标、拍卖结果或者考试成绩择优作出准予行政许可决定，未经招标、拍卖或者考试，或者不根据招标、拍卖结果或者考试成绩择优作出准予行政许可决定的。

第七十五条　行政机关实施行政许可，擅自收费或者不按照法定项目和标准收费的，由其上级行政机关或者监察机关责令退还非法收取的费用；对直接负责的主管人员和其他直接责任人员依法给予行政处分。

截留、挪用、私分或者变相私分实施行政许可依法收取的费用的，予以追缴；对直接负责的主管人员和其他直接责任人员依法给予行政处分；构成犯罪的，依法追究刑事责任。

第七十六条　行政机关违法实施行政许可，给当事人的合法权益造成损害的，应当依照国家赔偿法的规定给予赔偿。

第七十七条　行政机关不依法履行监督职责或者监督不力，造成严重后果的，由其上级行政机关或者监察机关责令改正，对直接负责的主管人员和其他直接责任人员依法给予行政处分；构成犯罪的，依法追究刑事责任。

第七十八条　行政许可申请人隐瞒有关情况或者提供虚假材料申请行政许可的，行政机关不予受理或者不予行政许可，并给予警告；行政许可申请属于直接关系公共安全、人身健康、生命财产安全事项的，申请人在一年内不得再次申请该行政许可。

第七十九条　被许可人以欺骗、贿赂等不正当手段取得行政许可的，行政机关应当依法给予行政处罚；取得的行政许可属于直接关系公共安全、人身健康、生命财产安全事项的，申请人在三年内不得再次申请该行政许可；构成犯罪的，依法追究刑事责任。

第八十条　被许可人有下列行为之一的，行政机关应当依法给予行政处罚；构成犯罪的，依法追究刑事责任：

（一）涂改、倒卖、出租、出借行政许可证件，或者以其他形式非法转让行政许可的；

（二）超越行政许可范围进行活动的；

（三）向负责监督检查的行政机关隐瞒有关情况、提供虚假材料或者拒绝提供反映其活动情况的真实材料的；

（四）法律、法规、规章规定的其他违法行为。

第八十一条　公民、法人或者其他组织未经行政许可，擅自从事依法应当取得行政许可的活动的，行政机关应当依法采取措施予以制止，并依法给予行政处罚；构成犯罪的，依法追究刑事责任。

第八章　附　则

第八十二条　本法规定的行政机关实施行政许可的期限以工作日计算，不含法定节假日。

第八十三条　本法自 2004 年 7 月 1 日起施行。

本法施行前有关行政许可的规定，制定机关应当依照本法规定予以清理；不符合本法规定的，自本法施行之日起停止执行。

二

节能监察相关法规及规章

民用建筑节能条例

第一章 总 则

第一条 为了加强民用建筑节能管理，降低民用建筑使用过程中的能源消耗，提高能源利用效率，制定本条例。

第二条 本条例所称民用建筑节能，是指在保证民用建筑使用功能和室内热环境质量的前提下，降低其使用过程中能源消耗的活动。

本条例所称民用建筑，是指居住建筑、国家机关办公建筑和商业、服务业、教育、卫生等其他公共建筑。

第三条 各级人民政府应当加强对民用建筑节能工作的领导，积极培育民用建筑节能服务市场，健全民用建筑节能服务体系，推动民用建筑节能技术的开发应用，做好民用建筑节能知识的宣传教育工作。

第四条 国家鼓励和扶持在新建建筑和既有建筑节能改造中采用太阳能、地热能等可再生能源。

在具备太阳能利用条件的地区，有关地方人民政府及其部门应当采取有效措施，鼓励和扶持单位、个人安装使用太阳能热水系统、照明系统、供热系统、采暖制冷系统等太阳能利用系统。

第五条 国务院建设主管部门负责全国民用建筑节能的监督管理工作。县级以上地方人民政府建设主管部门负责本行政区域民用建筑节能的监督管理工作。

县级以上人民政府有关部门应当依照本条例的规定以及本级人民政府规定的职责分工，负责民用建筑节能的有关工作。

第六条 国务院建设主管部门应当在国家节能中长期专项规划指导下，编制全国民用建筑节能规划，并与相关规划相衔接。

县级以上地方人民政府建设主管部门应当组织编制本行政区域的民用建筑节能规划，报本级人民政府批准后实施。

第七条　国家建立健全民用建筑节能标准体系。国家民用建筑节能标准由国务院建设主管部门负责组织制定，并依照法定程序发布。

国家鼓励制定、采用优于国家民用建筑节能标准的地方民用建筑节能标准。

第八条　县级以上人民政府应当安排民用建筑节能资金，用于支持民用建筑节能的科学技术研究和标准制定、既有建筑围护结构和供热系统的节能改造、可再生能源的应用，以及民用建筑节能示范工程、节能项目的推广。

政府引导金融机构对既有建筑节能改造、可再生能源的应用，以及民用建筑节能示范工程等项目提供支持。

民用建筑节能项目依法享受税收优惠。

第九条　国家积极推进供热体制改革，完善供热价格形成机制，鼓励发展集中供热，逐步实行按照用热量收费制度。

第十条　对在民用建筑节能工作中做出显著成绩的单位和个人，按照国家有关规定给予表彰和奖励。

第二章　新建建筑节能

第十一条　国家推广使用民用建筑节能的新技术、新工艺、新材料和新设备，限制使用或者禁止使用能源消耗高的技术、工艺、材料和设备。国务院节能工作主管部门、建设主管部门应当制定、公布并及时更新推广使用、限制使用、禁止使用目录。

国家限制进口或者禁止进口能源消耗高的技术、材料和设备。

建设单位、设计单位、施工单位不得在建筑活动中使用列入禁止使用目录的技术、工艺、材料和设备。

第十二条　编制城市详细规划、镇详细规划，应当按照民用建筑节能的要求，确定建筑的布局、形状和朝向。

城乡规划主管部门依法对民用建筑进行规划审查，应当就设计方案是否符合民用建筑节能强制性标准征求同级建设主管部门的意见；建设主管部门应当自收到征求意见材料之日起 10 日内提出意见。征求意见时间不计算在规划许可的期限内。

对不符合民用建筑节能强制性标准的，不得颁发建设工程规划许可证。

第十三条　施工图设计文件审查机构应当按照民用建筑节能强制性标准对施工图设计文件进行审查；经审查不符合民用建筑节能强制性标准的，县级以上地方人民政府建设主管部门不得颁发施工许可证。

第十四条　建设单位不得明示或者暗示设计单位、施工单位违反民用建筑节能强制性标准进行设计、施工，不得明示或者暗示施工单位使用不符合施工图设计文件要求的墙体材料、保温材料、门窗、采暖制冷系统和照明设备。

按照合同约定由建设单位采购墙体材料、保温材料、门窗、采暖制冷系统和照明设备的，建设单位应当保证其符合施工图设计文件要求。

第十五条　设计单位、施工单位、工程监理单位及其注册执业人员，应当按照民用建筑节能强制性标准进行设计、施工、监理。

第十六条　施工单位应当对进入施工现场的墙体材料、保温材料、门窗、采暖制冷系统和照明设备进行查验；不符合施工图设计文件要求的，不得使用。

工程监理单位发现施工单位不按照民用建筑节能强制性标准施工的，应当要求施工单位改正；施工单位拒不改正的，工程监理单位应当及时报告建设单位，并向有关主管部门报告。

墙体、屋面的保温工程施工时，监理工程师应当按照工程监理规范的要求，采取旁站、巡视和平行检验等形式实施监理。

未经监理工程师签字，墙体材料、保温材料、门窗、采暖制冷系统和照明设备不得在建筑上使用或者安装，施工单位不得进行下一道工序的施工。

第十七条　建设单位组织竣工验收，应当对民用建筑是否符合民用建筑节能强制性标准进行查验；对不符合民用建筑节能强制性标准的，不得出具竣工验收合格报告。

第十八条　实行集中供热的建筑应当安装供热系统调控装置、用热计量装置和室内温度调控装置；公共建筑还应当安装用电分项计量装置。居住建筑安装的用热计量装置应当满足分户计量的要求。

计量装置应当依法检定合格。

第十九条　建筑的公共走廊、楼梯等部位，应当安装、使用节能灯具和电气控制装置。

第二十条　对具备可再生能源利用条件的建筑，建设单位应当选择合适的可再生能源，用于采暖、制冷、照明和热水供应等；设计单位应当按照有关可再生能源利用的标准进行设计。

建设可再生能源利用设施，应当与建筑主体工程同步设计、同步施工、同步验收。

第二十一条　国家机关办公建筑和大型公共建筑的所有权人应当对建筑的能源利用效率进行测评和标识，并按照国家有关规定将测评结果予以公示，接受社会监督。

国家机关办公建筑应当安装、使用节能设备。

本条例所称大型公共建筑，是指单体建筑面积2万平方米以上的公共建筑。

第二十二条　房地产开发企业销售商品房，应当向购买人明示所售商品房的能源消耗指标、节能措施和保护要求、保温工程保修期等信息，并在商品房买卖合同和住宅质量保证书、住宅使用说明书中载明。

第二十三条　在正常使用条件下，保温工程的最低保修期限为5年。保温工程的保修期，自竣工验收合格之日起计算。

保温工程在保修范围和保修期内发生质量问题的，施工单位应当履行保修义务，并对造成的损失依法承担赔偿责任。

第三章　既有建筑节能

第二十四条　既有建筑节能改造应当根据当地经济、社会发展水平和地理气候条件等实际情况，有计划、分步骤地实施分类改造。

本条例所称既有建筑节能改造，是指对不符合民用建筑节能强制性标准的既有建筑的围护结构、供热系统、采暖制冷系统、照明设备和热水供应设施等实施节能改造的活动。

第二十五条　县级以上地方人民政府建设主管部门应当对本行政区域内既有建筑的建设年代、结构形式、用能系统、能源消耗指标、寿命周期等组织调查统计和分析，制定既有建筑节能改造计划，明确节能改造的目标、范围和要求，报本级人民政府批准后组织实施。

中央国家机关既有建筑的节能改造，由有关管理机关事务工作的机构制定节能改造计划，并组织实施。

第二十六条　国家机关办公建筑、政府投资和以政府投资为主的公共建筑的节能改造，应当制定节能改造方案，经充分论证，并按照国家有关规定办理相关审批手续方可进行。

各级人民政府及其有关部门、单位不得违反国家有关规定和标准，以节能改造的名义对前款规定的既有建筑进行扩建、改建。

第二十七条　居住建筑和本条例第二十六条规定以外的其他公共建筑不符合民用建筑节能强制性标准的，在尊重建筑所有权人意愿的基础上，可以结合扩建、改建，逐步实施节能改造。

第二十八条　实施既有建筑节能改造，应当符合民用建筑节能强制性标准，优先采用遮阳、改善通风等低成本改造措施。

既有建筑围护结构的改造和供热系统的改造，应当同步进行。

第二十九条　对实行集中供热的建筑进行节能改造，应当安装供热系统调控装置和用热计量装置；对公共建筑进行节能改造，还应当安装室内温度调控装置和用电分项计量装置。

第三十条　国家机关办公建筑的节能改造费用，由县级以上人民政府纳入本级财政预算。

居住建筑和教育、科学、文化、卫生、体育等公益事业使用的公共建筑节能改造费用，由政府、建筑所有权人共同负担。

国家鼓励社会资金投资既有建筑节能改造。

第四章　建筑用能系统运行节能

第三十一条　建筑所有权人或者使用权人应当保证建筑用能系统的正常运行，不得人为损坏建筑围护结构和用能系统。

国家机关办公建筑和大型公共建筑的所有权人或者使用权人应当建立健全民用建筑节能管理制度和操作规程，对建筑用能系统进行监测、维护，并定期将分项用电量报县级以上地方人民政府建设主管部门。

第三十二条　县级以上地方人民政府节能工作主管部门应当会同同级建设主管部门确定本行政区域内公共建筑重点用电单位及其年度用电限额。

县级以上地方人民政府建设主管部门应当对本行政区域内国家机关办公建筑和公共建筑用电情况进行调查统计和评价分析。国家机关办公建筑和大型公共建筑采暖、制冷、照明的能源消耗情况应当依照法律、行政法规和国家其他有关规定向社会公布。

国家机关办公建筑和公共建筑的所有权人或者使用权人应当对县级以上地方人民政府建设主管部门的调查统计工作予以配合。

第三十三条　供热单位应当建立健全相关制度，加强对专业技术人员的教育和培训。

供热单位应当改进技术装备，实施计量管理，并对供热系统进行监测、维护，提高供热系统的效率，保证供热系统的运行符合民用建筑节能强制性标准。

第三十四条　县级以上地方人民政府建设主管部门应当对本行政区域内供热单位的能源消耗情况进行调查统计和分析，并制定供热单位能源消耗指标；对超过能源消耗指标的，应当要求供热单位制定相应的改进措施，并监督实施。

第五章　法律责任

第三十五条　违反本条例规定，县级以上人民政府有关部门有下列行为之一的，对负有责任的主管人员和其他直接责任人员依法给予处分；构成犯罪的，依法追究刑事责任：

（一）对设计方案不符合民用建筑节能强制性标准的民用建筑项目颁发建设工程规划许可证的；

（二）对不符合民用建筑节能强制性标准的设计方案出具合格意见的；

（三）对施工图设计文件不符合民用建筑节能强制性标准的民用建筑项目颁发施工许可证的；

（四）不依法履行监督管理职责的其他行为。

第三十六条　违反本条例规定，各级人民政府及其有关部门、单位违反国家有关规定和标准，以节能改造的名义对既有建筑进行扩建、改建的，对负有责任的主管人员和其他直接责任人员，依法给予处分。

第三十七条　违反本条例规定，建设单位有下列行为之一的，由县级以上地方人民政府建设主管部门责令改正，处 20 万元以上 50 万元以下的罚款：

（一）明示或者暗示设计单位、施工单位违反民用建筑节能强制性标准进行设计、施工的；

（二）明示或者暗示施工单位使用不符合施工图设计文件要求的墙体材料、保温材料、门窗、采暖制冷系统和照明设备的；

（三）采购不符合施工图设计文件要求的墙体材料、保温材料、门窗、采暖制冷系统和照明设备的；

（四）使用列入禁止使用目录的技术、工艺、材料和设备的。

第三十八条　违反本条例规定，建设单位对不符合民用建筑节能强制性标准的民用建筑项目出具竣工验收合格报告的，由县级以上地方人民政府建设主管部门责令改正，处民用建筑项目合同价款2%以上4%以下的罚款；造成损失的，依法承担赔偿责任。

第三十九条　违反本条例规定，设计单位未按照民用建筑节能强制性标准进行设计，或者使用列入禁止使用目录的技术、工艺、材料和设备的，由县级以上地方人民政府建设主管部门责令改正，处10万元以上30万元以下的罚款；情节严重的，由颁发资质证书的部门责令停业整顿，降低资质等级或者吊销资质证书；造成损失的，依法承担赔偿责任。

第四十条　违反本条例规定，施工单位未按照民用建筑节能强制性标准进行施工的，由县级以上地方人民政府建设主管部门责令改正，处民用建筑项目合同价款2%以上4%以下的罚款；情节严重的，由颁发资质证书的部门责令停业整顿，降低资质等级或者吊销资质证书；造成损失的，依法承担赔偿责任。

第四十一条　违反本条例规定，施工单位有下列行为之一的，由县级以上地方人民政府建设主管部门责令改正，处10万元以上20万元以下的罚款；情节严重的，由颁发资质证书的部门责令停业整顿，降低资质等级或者吊销资质证书；造成损失的，依法承担赔偿责任：

（一）未对进入施工现场的墙体材料、保温材料、门窗、采暖制冷系统和照明设备进行查验的；

（二）使用不符合施工图设计文件要求的墙体材料、保温材料、门窗、采暖制冷系统和照明设备的；

（三）使用列入禁止使用目录的技术、工艺、材料和设备的。

第四十二条　违反本条例规定，工程监理单位有下列行为之一的，由县级以上地方人民政府建设主管部门责令限期改正；逾期未改正的，处10万元以上30万元以下的罚款；情节严重的，由颁发资质证书的部门责令停业整顿，降低资质等级或者吊销资质证书；造成损失的，依法承担赔偿责任：

（一）未按照民用建筑节能强制性标准实施监理的；

（二）墙体、屋面的保温工程施工时，未采取旁站、巡视和平行检验等形式实施监理的。

对不符合施工图设计文件要求的墙体材料、保温材料、门窗、采暖制冷系统和照明设备，按照符合施工图设计文件要求签字的，依照《建设工程质量管理条例》第六十七条的规定处罚。

第四十三条　违反本条例规定，房地产开发企业销售商品房，未向购买人明示所售商品房的能源消耗指标、节能措施和保护要求、保温工程保修期等信息，或者向购买人明示的所售商品房能源消耗指标与实际能源消耗不符的，依法承担民事责任；由县级以上地方人民政府建设主管部门责令限期改正；逾期未改正的，处交付使用的房屋销售总额 2% 以下的罚款；情节严重的，由颁发资质证书的部门降低资质等级或者吊销资质证书。

第四十四条　违反本条例规定，注册执业人员未执行民用建筑节能强制性标准的，由县级以上人民政府建设主管部门责令停止执业 3 个月以上 1 年以下；情节严重的，由颁发资格证书的部门吊销执业资格证书，5 年内不予注册。

第六章　附　则

第四十五条　本条例自 2008 年 10 月 1 日起施行。

公共机构节能条例

第一章 总 则

第一条 为了推动公共机构节能，提高公共机构能源利用效率，发挥公共机构在全社会节能中的表率作用，根据《中华人民共和国节约能源法》，制定本条例。

第二条 本条例所称公共机构，是指全部或者部分使用财政性资金的国家机关、事业单位和团体组织。

第三条 公共机构应当加强用能管理，采取技术上可行、经济上合理的措施，降低能源消耗，减少、制止能源浪费，有效、合理地利用能源。

第四条 国务院管理节能工作的部门主管全国的公共机构节能监督管理工作。国务院管理机关事务工作的机构在国务院管理节能工作的部门指导下，负责推进、指导、协调、监督全国的公共机构节能工作。

国务院和县级以上地方各级人民政府管理机关事务工作的机构在同级管理节能工作的部门指导下，负责本级公共机构节能监督管理工作。

教育、科技、文化、卫生、体育等系统各级主管部门在同级管理机关事务工作的机构指导下，开展本级系统内公共机构节能工作。

第五条 国务院和县级以上地方各级人民政府管理机关事务工作的机构应当会同同级有关部门开展公共机构节能宣传、教育和培训，普及节能科学知识。

第六条 公共机构负责人对本单位节能工作全面负责。

公共机构的节能工作实行目标责任制和考核评价制度，节能目标完成情况应当作为对公共机构负责人考核评价的内容。

第七条 公共机构应当建立、健全本单位节能管理的规章制度，开展节能宣传教育和岗位培训，增强工作人员的节能意识，培养节能习惯，提高节能管理水平。

第八条　公共机构的节能工作应当接受社会监督。任何单位和个人都有权举报公共机构浪费能源的行为，有关部门对举报应当及时调查处理。

第九条　对在公共机构节能工作中做出显著成绩的单位和个人，按照国家规定予以表彰和奖励。

第二章　节能规划

第十条　国务院和县级以上地方各级人民政府管理机关事务工作的机构应当会同同级有关部门，根据本级人民政府节能中长期专项规划，制定本级公共机构节能规划。

县级公共机构节能规划应当包括所辖乡（镇）公共机构节能的内容。

第十一条　公共机构节能规划应当包括指导思想和原则、用能现状和问题、节能目标和指标、节能重点环节、实施主体、保障措施等方面的内容。

第十二条　国务院和县级以上地方各级人民政府管理机关事务工作的机构应当将公共机构节能规划确定的节能目标和指标，按年度分解落实到本级公共机构。

第十三条　公共机构应当结合本单位用能特点和上一年度用能状况，制定年度节能目标和实施方案，有针对性地采取节能管理或者节能改造措施，保证节能目标的完成。

公共机构应当将年度节能目标和实施方案报本级人民政府管理机关事务工作的机构备案。

第三章　节能管理

第十四条　公共机构应当实行能源消费计量制度，区分用能种类、用能系统实行能源消费分户、分类、分项计量，并对能源消耗状况进行实时监测，及时发现、纠正用能浪费现象。

第十五条　公共机构应当指定专人负责能源消费统计，如实记录能源消费计量原始数据，建立统计台账。

公共机构应当于每年3月31日前，向本级人民政府管理机关事务工作的机构报送上一年度能源消费状况报告。

第十六条　国务院和县级以上地方各级人民政府管理机关事务工作的机构应当会同同级有关部门按照管理权限，根据不同行业、不同系统公共机构能源消耗综合水平和特点，制定能源消耗定额，财政部门根据能源消耗定额制定能源消耗支出标准。

第十七条　公共机构应当在能源消耗定额范围内使用能源，加强能源消耗支出管理；超过能源消耗定额使用能源的，应当向本级人民政府管理机关事务工作的机构作出说明。

第十八条　公共机构应当按照国家有关强制采购或者优先采购的规定，采购列入节能产品、设备政府采购名录和环境标志产品政府采购名录中的产品、设备，不得采购国家明令淘汰的用能产品、设备。

第十九条　国务院和省级人民政府的政府采购监督管理部门应当会同同级有关部门完善节能产品、设备政府采购名录，优先将取得节能产品认证证书的产品、设备列入政府采购名录。

国务院和省级人民政府应当将节能产品、设备政府采购名录中的产品、设备纳入政府集中采购目录。

第二十条　公共机构新建建筑和既有建筑维修改造应当严格执行国家有关建筑节能设计、施工、调试、竣工验收等方面的规定和标准，国务院和县级以上地方人民政府建设主管部门对执行国家有关规定和标准的情况应当加强监督检查。

国务院和县级以上地方各级人民政府负责审批或者核准固定资产投资项目的部门，应当严格控制公共机构建设项目的建设规模和标准，统筹兼顾节能投资和效益，对建设项目进行节能评估和审查；未通过节能评估和审查的项目，不得批准或者核准建设。

第二十一条　国务院和县级以上地方各级人民政府管理机关事务工作的机构会同有关部门制定本级公共机构既有建筑节能改造计划，并组织实施。

第二十二条　公共机构应当按照规定进行能源审计，对本单位用能系统、设备的运行及使用能源情况进行技术和经济性评价，根据审计结果采取提高能源利用效率的措施。具体办法由国务院管理节能工作的部门会同国务院有关部门制定。

第二十三条　能源审计的内容包括：

（一）查阅建筑物竣工验收资料和用能系统、设备台账资料，检查节能设计标准的执行情况；

（二）核对电、气、煤、油、市政热力等能源消耗计量记录和财务账单，评估分类与分项的总能耗、人均能耗和单位建筑面积能耗；

（三）检查用能系统、设备的运行状况，审查节能管理制度执行情况；

（四）检查前一次能源审计合理使用能源建议的落实情况；

（五）查找存在节能潜力的用能环节或者部位，提出合理使用能源的建议；

（六）审查年度节能计划、能源消耗定额执行情况，核实公共机构超过能源消耗定额使用能源的说明；

（七）审查能源计量器具的运行情况，检查能耗统计数据的真实性、准确性。

第四章　节能措施

第二十四条　公共机构应当建立、健全本单位节能运行管理制度和用能系统操作规程，加强用能系统和设备运行调节、维护保养、巡视检查，推行低成本、无成本节能措施。

第二十五条　公共机构应当设置能源管理岗位，实行能源管理岗位责任制。重点用能系统、设备的操作岗位应当配备专业技术人员。

第二十六条　公共机构可以采用合同能源管理方式，委托节能服务机构进行节能诊断、设计、融资、改造和运行管理。

第二十七条　公共机构选择物业服务企业，应当考虑其节能管理能力。公共机构与物业服务企业订立物业服务合同，应当载明节能管理的目标和要求。

第二十八条　公共机构实施节能改造，应当进行能源审计和投资收益分析，明确节能指标，并在节能改造后采用计量方式对节能指标进行考核和综合评价。

第二十九条　公共机构应当减少空调、计算机、复印机等用电设备的待机能耗，及时关闭用电设备。

第三十条　公共机构应当严格执行国家有关空调室内温度控制的规定，充分利用自然通风，改进空调运行管理。

第三十一条　公共机构电梯系统应当实行智能化控制，合理设置电梯开启数量和时间，加强运行调节和维护保养。

第三十二条　公共机构办公建筑应当充分利用自然采光，使用高效节能照明灯具，优化照明系统设计，改进电路控制方式，推广应用智能调控装置，严格控制建筑物外部泛光照明以及外部装饰用照明。

第三十三条　公共机构应当对网络机房、食堂、开水间、锅炉房等部位的用能情况实行重点监测，采取有效措施降低能耗。

第三十四条　公共机构的公务用车应当按照标准配备，优先选用低能耗、低污染、使用清洁能源的车辆，并严格执行车辆报废制度。

公共机构应当按照规定用途使用公务用车，制定节能驾驶规范，推行单车能耗核算制度。

公共机构应当积极推进公务用车服务社会化，鼓励工作人员利用公共交通工具、非机动交通工具出行。

第五章　监督和保障

第三十五条　国务院和县级以上地方各级人民政府管理机关事务工作的机构应当会同有关部门加强对本级公共机构节能的监督检查。监督检查的内容包括：

（一）年度节能目标和实施方案的制定、落实情况；

（二）能源消费计量、监测和统计情况；

（三）能源消耗定额执行情况；

（四）节能管理规章制度建立情况；

（五）能源管理岗位设置以及能源管理岗位责任制落实情况；

（六）用能系统、设备节能运行情况；

（七）开展能源审计情况；

（八）公务用车配备、使用情况。

对于节能规章制度不健全、超过能源消耗定额使用能源情况严重的公共机构，应当进行重点监督检查。

第三十六条　公共机构应当配合节能监督检查，如实说明有关情况，提供相关资料和数据，不得拒绝、阻碍。

第三十七条　公共机构有下列行为之一的，由本级人民政府管理机关事务工作的机构会同有关部门责令限期改正；逾期不改正的，予以通报，并由有关机关对公共机构负责人依法给予处分：

（一）未制定年度节能目标和实施方案，或者未按照规定将年度节能目标和实施方案备案的；

（二）未实行能源消费计量制度，或者未区分用能种类、用能系统实行能源消费分户、分类、分项计量，并对能源消耗状况进行实时监测的；

（三）未指定专人负责能源消费统计，或者未如实记录能源消费计量原始数据，建立统计台账的；

（四）未按照要求报送上一年度能源消费状况报告的；

（五）超过能源消耗定额使用能源，未向本级人民政府管理机关事务工作的机构作出说明的；

（六）未设立能源管理岗位，或者未在重点用能系统、设备操作岗位配备专业技术人员的；

（七）未按照规定进行能源审计，或者未根据审计结果采取提高能源利用效率的措施的；

（八）拒绝、阻碍节能监督检查的。

第三十八条　公共机构不执行节能产品、设备政府采购名录，未按照国家有关强制采购或者优先采购的规定采购列入节能产品、设备政府采购名录中的产品、设备，或者采购国家明令淘汰的用能产品、设备的，由政府采购监督管理部门给予警告，可以并处罚款；对直接负责的主管人员和其他直接责任人员依法给予处分，并予通报。

第三十九条　负责审批或者核准固定资产投资项目的部门对未通过节能评估和审查的公共机构建设项目予以批准或者核准的，对直接负责的主管人员和其他直接责任人员依法给予处分。

公共机构开工建设未通过节能评估和审查的建设项目的，由有关机关依法责令限期整改；对直接负责的主管人员和其他直接责任人员依法给予处分。

第四十条　公共机构违反规定超标准、超编制购置公务用车或者拒不报废高耗能、高污染车辆的，对直接负责的主管人员和其他直接责任人员依法给予处分，并由本级人民政府管理机关事务工作的机构依照有关规定，对车辆采取收回、拍卖、责令退还等方式处理。

第四十一条　公共机构违反规定用能造成能源浪费的，由本级人民政府管理机关事务工作的机构会同有关部门下达节能整改意见书，公共机构应当及时予以落实。

第四十二条　管理机关事务工作的机构的工作人员在公共机构节能监督管理中滥用职权、玩忽职守、徇私舞弊，构成犯罪的，依法追究刑事责任；尚不构成犯罪的，依法给予处分。

第六章　附　则

第四十三条　本条例自 2008 年 10 月 1 日起施行。

中华人民共和国标准化法实施条例

第一章 总 则

第一条 根据《中华人民共和国标准化法》（以下简称《标准化法》）的规定，制定本条例。

第二条 对下列需要统一的技术要求，应当制定标准：

（一）工业产品的品种、规格、质量、等级或者安全、卫生要求；

（二）工业产品的设计、生产、试验、检验、包装、储存、运输、使用的方法或者生产、储存、运输过程中的安全、卫生要求；

（三）有关环境保护的各项技术要求和检验方法；

（四）建设工程的勘察、设计、施工、验收的技术要求和方法；

（五）有关工业生产、工程建设和环境保护的技术术语、符号、代号、制图方法、互换配合要求；

（六）农业（含林业、牧业、渔业，下同）产品（含种子、种苗、种畜、种禽，下同）的品种、规格、质量、等级、检验、包装、储存、运输以及生产技术、管理技术的要求；

（七）信息、能源、资源、交通运输的技术要求。

第三条 国家有计划地发展标准化事业。标准化工作应当纳入各级国民经济和社会发展计划。

第四条 国家鼓励采用国际标准和国外先进标准，积极参与制定国际标准。

第二章 标准化工作的管理

第五条 标准化工作的任务是制定标准、组织实施标准和对标准的实施进行监督。

第六条　国务院标准化行政主管部门统一管理全国标准化工作，履行下列职责：

（一）组织贯彻国家有关标准化工作的法律、法规、方针、政策；

（二）组织制定全国标准化工作规划、计划；

（三）组织制定国家标准；

（四）指导国务院有关行政主管部门和省、自治区、直辖市人民政府标准化行政主管部门的标准化工作，协调和处理有关标准化工作问题；

（五）组织实施标准；

（六）对标准的实施情况进行监督检查；

（七）统一管理全国的产品质量认证工作；

（八）统一负责对有关国际标准化组织的业务联系。

第七条　国务院有关行政主管部门分工管理本部门、本行业的标准化工作，履行下列职责：

（一）贯彻国家标准化工作的法律、法规、方针、政策，并制定在本部门、本行业实施的具体办法；

（二）制定本部门、本行业的标准化工作规划、计划；

（三）承担国家下达的草拟国家标准的任务，组织制定行业标准；

（四）指导省、自治区、直辖市有关行政主管部门的标准化工作；

（五）组织本部门、本行业实施标准；

（六）对标准实施情况进行监督检查；

（七）经国务院标准化行政主管部门授权，分工管理本行业的产品质量认证工作。

第八条　省、自治区、直辖市人民政府标准化行政主管部门统一管理本行政区域的标准化工作，履行下列职责：

（一）贯彻国家标准化工作的法律、法规、方针、政策，并制定在本行政区域实施的具体办法；

（二）制定地方标准化工作规划、计划；

（三）组织制定地方标准；

（四）指导本行政区域有关行政主管部门的标准化工作，协调和处理有关标准化工作问题；

（五）在本行政区域组织实施标准；

（六）对标准实施情况进行监督检查。

第九条　省、自治区、直辖市有关行政主管部门分工管理本行政区域内本部门、本行业的标准化工作，履行下列职责：

（一）贯彻国家和本部门、本行业、本行政区域标准化工作的法律、法规、方针、政策，并制定实施的具体办法；

（二）制定本行政区域内本部门、本行业的标准化工作规划、计划；

（三）承担省、自治区、直辖市人民政府下达的草拟地方标准的任务；

（四）在本行政区域内组织本部门、本行业实施标准；

（五）对标准实施情况进行监督检查。

第十条　市、县标准化行政主管部门和有关行政主管部门的职责分工，由省、自治区、直辖市人民政府规定。

第三章　标准的制定

第十一条　对需要在全国范围内统一的下列技术要求，应当制定国家标准（含标准样品的制作）：

（一）互换配合、通用技术语言要求；

（二）保障人体健康和人身、财产安全的技术要求；

（三）基本原料、燃料、材料的技术要求；

（四）通用基础件的技术要求；

（五）通用的试验、检验方法；

（六）通用的管理技术要求；

（七）工程建设的重要技术要求；

（八）国家需要控制的其他重要产品的技术要求。

第十二条　国家标准由国务院标准化行政主管部门编制计划，组织草拟，统一审批、编号、发布。

工程建设、药品、食品卫生、兽药、环境保护的国家标准，分别由国务院工程建设主管部门、卫生主管部门、农业主管部门、环境保护主管部门组织草拟、审批；其编号、发布办法由国务院标准化行政主管部门会同国务院有关行政主管部门制定。

法律对国家标准的制定另有规定的，依照法律的规定执行。

第十三条　对没有国家标准而又需要在全国某个行业范围内统一的技术要求，可以制定行业标准（含标准样品的制作）。制定行业标准的项目由国务院有关行政主管部门确定。

第十四条　行业标准由国务院有关行政主管部门编制计划，组织草拟，统一审批、编号、发布，并报国务院标准化行政主管部门备案。

行业标准在相应的国家标准实施后，自行废止。

第十五条　对没有国家标准和行业标准而又需要在省、自治区、直辖市范围内统一的工业产品的安全、卫生要求，可以制定地方标准。制定地方标准的项目，由省、自治区、直辖市人民政府标准化行政主管部门确定。

第十六条　地方标准由省、自治区、直辖市人民政府标准化行政主管部门编制计划，组织草拟，统一审批、编号、发布，并报国务院标准化行政主管部门和国务院有关行政主管部门备案。

法律对地方标准的制定另有规定的，依照法律的规定执行。

地方标准在相应的国家标准或行业标准实施后，自行废止。

第十七条　企业生产的产品没有国家标准、行业标准和地方标准的，应当制定相应的企业标准，作为组织生产的依据。企业标准由企业组织制定（农业企业标准制定办法另定），并按省、自治区、直辖市人民政府的规定备案。

对已有国家标准、行业标准或者地方标准的，鼓励企业制定严于国家标准、行业标准或者地方标准要求的企业标准，在企业内部适用。

第十八条　国家标准、行业标准分为强制性标准和推荐性标准。

下列标准属于强制性标准：

（一）药品标准，食品卫生标准，兽药标准；

（二）产品及产品生产、储运和使用中的安全、卫生标准，劳动安全、卫生标准，运输安全标准；

（三）工程建设的质量、安全、卫生标准及国家需要控制的其他工程建设标准；

（四）环境保护的污染物排放标准和环境质量标准；

（五）重要的通用技术术语、符号、代号和制图方法；

（六）通用的试验、检验方法标准；

（七）互换配合标准；

（八）国家需要控制的重要产品质量标准。

国家需要控制的重要产品目录由国务院标准化行政主管部门会同国务院有关行政

主管部门确定。

强制性标准以外的标准是推荐性标准。

省、自治区、直辖市人民政府标准化行政主管部门制定的工业产品的安全、卫生要求的地方标准，在本行政区域内是强制性标准。

第十九条　制定标准应当发挥行业协会、科学技术研究机构和学术团体的作用。

制定国家标准、行业标准和地方标准的部门应当组织由用户、生产单位、行业协会、科学技术研究机构、学术团体及有关部门的专家组成标准化技术委员会，负责标准草拟和参加标准草案的技术审查工作。未组成标准化技术委员会的，可以由标准化技术归口单位负责标准草拟和参加标准草案的技术审查工作。

制定企业标准应当充分听取使用单位、科学技术研究机构的意见。

第二十条　标准实施后，制定标准的部门应当根据科学技术的发展和经济建设的需要适时进行复审。标准复审周期一般不超过五年。

第二十一条　国家标准、行业标准和地方标准的代号、编号办法，由国务院标准化行政主管部门统一规定。

企业标准的代号、编号办法，由国务院标准化行政主管部门会同国务院有关行政主管部门规定。

第二十二条　标准的出版、发行办法，由制定标准的部门规定。

第四章　标准的实施与监督

第二十三条　从事科研、生产、经营的单位和个人，必须严格执行强制性标准。不符合强制性标准的产品，禁止生产、销售和进口。

第二十四条　企业生产执行国家标准、行业标准、地方标准或企业标准，应当在产品或其说明书、包装物上标注所执行标准的代号、编号、名称。

第二十五条　出口产品的技术要求由合同双方约定。

出口产品在国内销售时，属于我国强制性标准管理范围的，必须符合强制性标准的要求。

第二十六条　企业研制新产品、改进产品、进行技术改造，应当符合标准化要求。

第二十七条　国务院标准化行政主管部门组织或授权国务院有关行政主管部门建立行业认证机构，进行产品质量认证工作。

第二十八条　国务院标准化行政主管部门统一负责全国标准实施的监督。国务院有关行政主管部门分工负责本部门、本行业的标准实施的监督。

省、自治区、直辖市标准化行政主管部门统一负责本行政区域内的标准实施的监督。省、自治区、直辖市人民政府有关行政主管部门分工负责本行政区域内本部门、本行业的标准实施的监督。

市、县标准化行政主管部门和有关行政主管部门，按照省、自治区、直辖市人民政府规定的各自的职责，负责本行政区域内的标准实施的监督。

第二十九条　县级以上人民政府标准化行政主管部门，可以根据需要设置检验机构，或者授权其他单位的检验机构，对产品是否符合标准进行检验和承担其他标准实施的监督检验任务。检验机构的设置应当合理布局，充分利用现有力量。

国家检验机构由国务院标准化行政主管部门会同国务院有关行政主管部门规划、审查。地方检验机构由省、自治区、直辖市人民政府标准化行政主管部门会同省级有关行政主管部门规划、审查。

处理有关产品是否符合标准的争议，以本条规定的检验机构的检验数据为准。

第三十条　国务院有关行政主管部门可以根据需要和国家有关规定设立检验机构，负责本行业、本部门的检验工作。

第三十一条　国家机关、社会团体、企业事业单位及全体公民均有权检举、揭发违反强制性标准的行为。

第五章　法律责任

第三十二条　违反《标准化法》和本条例有关规定，有下列情形之一的，由标准化行政主管部门或有关行政主管部门在各自的职权范围内责令限期改进，并可通报批评或给予责任者行政处分：

（一）企业未按规定制定标准作为组织生产依据的；

（二）企业未按规定要求将产品标准上报备案的；

（三）企业的产品未按规定附有标识或与其标识不符的；

（四）企业研制新产品、改进产品、进行技术改造，不符合标准化要求的；

（五）科研、设计、生产中违反有关强制性标准规定的。

第三十三条　生产不符合强制性标准的产品的，应当责令其停止生产，并没收产品，监督销毁或作必要技术处理；处以该批产品货值金额20%～50%的罚款；对有关责任者处以5000元以下罚款。

销售不符合强制性标准的商品的，应当责令其停止销售，并限期追回已售出的商品，监督销毁或作必要技术处理；没收违法所得；处以该批商品货值金额10%～20%的罚款；对有关责任者处以5000元以下罚款。

进口不符合强制性标准的产品的，应当封存并没收该产品，监督销毁或作必要技术处理；处以进口产品货值金额20%～50%的罚款；对有关责任者给予行政处分，并可处以5000元以下罚款。

本条规定的责令停止生产、行政处分，由有关行政主管部门决定；其他行政处罚由标准化行政主管部门和工商行政管理部门依据职权决定。

第三十四条　生产、销售、进口不符合强制性标准的产品，造成严重后果，构成犯罪的，由司法机关依法追究直接责任人员的刑事责任。

第三十五条　获得认证证书的产品不符合认证标准而使用认证标志出厂销售的，由标准化行政主管部门责令其停止销售，并处以违法所得二倍以下的罚款；情节严重的，由认证部门撤销其认证证书。

第三十六条　产品未经认证或者认证不合格而擅自使用认证标志出厂销售的，由标准化行政主管部门责令其停止销售，处以违法所得三倍以下的罚款，并对单位负责人处以5000元以下罚款。

第三十七条　当事人对没收产品、没收违法所得和罚款的处罚不服的，可以在接到处罚通知之日起15日内，向作出处罚决定的机关的上一级机关申请复议；对复议决定不服的，可以在接到复议决定之日起15日内，向人民法院起诉。当事人也可以在接到处罚通知之日起15日内，直接向人民法院起诉。当事人逾期不申请复议或者不向人民法院起诉又不履行处罚决定的，由作出处罚决定的机关申请人民法院强制执行。

第三十八条　本条例第三十二条至第三十六条规定的处罚不免除由此产生的对他人的损害赔偿责任。受到损害的有权要求责任人赔偿损失。赔偿责任和赔偿金额纠纷可以由有关行政主管部门处理，当事人也可以直接向人民法院起诉。

第三十九条　标准化工作的监督、检验、管理人员有下列行为之一的，由有关主管部门给予行政处分，构成犯罪的，由司法机关依法追究刑事责任：

（一）违反本条例规定，工作失误，造成损失的；

（二）伪造、篡改检验数据的；

（三）徇私舞弊、滥用职权、索贿受贿的。

第四十条　罚没收入全部上缴财政。对单位的罚款，一律从其自有资金中支付，不得列入成本。对责任人的罚款，不得从公款中核销。

第六章　附　则

第四十一条　军用标准化管理条例，由国务院、中央军委另行制定。

第四十二条　工程建设标准化管理规定，由国务院工程建设主管部门依据《标准化法》和本条例的有关规定另行制定，报国务院批准后实施。

第四十三条　本条例由国家技术监督局负责解释。

第四十四条　本条例自发布之日起施行。

中华人民共和国认证认可条例

第一章 总 则

第一条 为了规范认证认可活动，提高产品、服务的质量和管理水平，促进经济和社会的发展，制定本条例。

第二条 本条例所称认证，是指由认证机构证明产品、服务、管理体系符合相关技术规范、相关技术规范的强制性要求或者标准的合格评定活动。

本条例所称认可，是指由认可机构对认证机构、检查机构、实验室以及从事评审、审核等认证活动人员的能力和执业资格，予以承认的合格评定活动。

第三条 在中华人民共和国境内从事认证认可活动，应当遵守本条例。

第四条 国家实行统一的认证认可监督管理制度。

国家对认证认可工作实行在国务院认证认可监督管理部门统一管理、监督和综合协调下，各有关方面共同实施的工作机制。

第五条 国务院认证认可监督管理部门应当依法对认证培训机构、认证咨询机构的活动加强监督管理。

第六条 认证认可活动应当遵循客观独立、公开公正、诚实信用的原则。

第七条 国家鼓励平等互利地开展认证认可国际互认活动。认证认可国际互认活动不得损害国家安全和社会公共利益。

第八条 从事认证认可活动的机构及其人员，对其所知悉的国家秘密和商业秘密负有保密义务。

第二章 认证机构

第九条 设立认证机构，应当经国务院认证认可监督管理部门批准，并依法取得法人资格后，方可从事批准范围内的认证活动。

未经批准，任何单位和个人不得从事认证活动。

第十条　设立认证机构，应当符合下列条件：

（一）有固定的场所和必要的设施；

（二）有符合认证认可要求的管理制度；

（三）注册资本不得少于人民币 300 万元；

（四）有 10 名以上相应领域的专职认证人员。

从事产品认证活动的认证机构，还应当具备与从事相关产品认证活动相适应的检测、检查等技术能力。

第十一条　设立外商投资的认证机构除应当符合本条例第十条规定的条件外，还应当符合下列条件：

（一）外方投资者取得其所在国家或者地区认可机构的认可；

（二）外方投资者具有 3 年以上从事认证活动的业务经历。

设立外商投资认证机构的申请、批准和登记，按照有关外商投资法律、行政法规和国家有关规定办理。

第十二条　设立认证机构的申请和批准程序：

（一）设立认证机构的申请人，应当向国务院认证认可监督管理部门提出书面申请，并提交符合本条例第十条规定条件的证明文件；

（二）国务院认证认可监督管理部门自受理认证机构设立申请之日起 90 日内，应当作出是否批准的决定。涉及国务院有关部门职责的，应当征求国务院有关部门的意见。决定批准的，向申请人出具批准文件，决定不予批准的，应当书面通知申请人，并说明理由；

（三）申请人凭国务院认证认可监督管理部门出具的批准文件，依法办理登记手续。

国务院认证认可监督管理部门应当公布依法设立的认证机构名录。

第十三条　境外认证机构在中华人民共和国境内设立代表机构，须经批准，并向工商行政管理部门依法办理登记手续后，方可从事与所从属机构的业务范围相关的推广活动，但不得从事认证活动。

境外认证机构在中华人民共和国境内设立代表机构的申请、批准和登记，按照有关外商投资法律、行政法规和国家有关规定办理。

第十四条　认证机构不得与行政机关存在利益关系。

认证机构不得接受任何可能对认证活动的客观公正产生影响的资助；不得从事任何可能对认证活动的客观公正产生影响的产品开发、营销等活动。

认证机构不得与认证委托人存在资产、管理方面的利益关系。

第十五条　认证人员从事认证活动，应当在一个认证机构执业，不得同时在两个以上认证机构执业。

第十六条　向社会出具具有证明作用的数据和结果的检查机构、实验室，应当具备有关法律、行政法规规定的基本条件和能力，并依法经认定后，方可从事相应活动，认定结果由国务院认证认可监督管理部门公布。

第三章　认　证

第十七条　国家根据经济和社会发展的需要，推行产品、服务、管理体系认证。

第十八条　认证机构应当按照认证基本规范、认证规则从事认证活动。认证基本规范、认证规则由国务院认证认可监督管理部门制定；涉及国务院有关部门职责的，国务院认证认可监督管理部门应当会同国务院有关部门制定。

属于认证新领域，前款规定的部门尚未制定认证规则的，认证机构可以自行制定认证规则，并报国务院认证认可监督管理部门备案。

第十九条　任何法人、组织和个人可以自愿委托依法设立的认证机构进行产品、服务、管理体系认证。

第二十条　认证机构不得以委托人未参加认证咨询或者认证培训等为理由，拒绝提供本认证机构业务范围内的认证服务，也不得向委托人提出与认证活动无关的要求或者限制条件。

第二十一条　认证机构应当公开认证基本规范、认证规则、收费标准等信息。

第二十二条　认证机构以及与认证有关的检查机构、实验室从事认证以及与认证有关的检查、检测活动，应当完成认证基本规范、认证规则规定的程序，确保认证、检查、检测的完整、客观、真实，不得增加、减少、遗漏程序。

认证机构以及与认证有关的检查机构、实验室应当对认证、检查、检测过程作出完整记录，归档留存。

第二十三条　认证机构及其认证人员应当及时作出认证结论，并保证认证结论的客观、真实。认证结论经认证人员签字后，由认证机构负责人签署。

认证机构及其认证人员对认证结果负责。

第二十四条　认证结论为产品、服务、管理体系符合认证要求的，认证机构应当及时向委托人出具认证证书。

第二十五条　获得认证证书的，应当在认证范围内使用认证证书和认证标志，不得利用产品、服务认证证书、认证标志和相关文字、符号，误导公众认为其管理体系已通过认证，也不得利用管理体系认证证书、认证标志和相关文字、符号，误导公众认为其产品、服务已通过认证。

第二十六条　认证机构可以自行制定认证标志，并报国务院认证认可监督管理部门备案。

认证机构自行制定的认证标志的式样、文字和名称，不得违反法律、行政法规的规定，不得与国家推行的认证标志相同或者近似，不得妨碍社会管理，不得有损社会道德风尚。

第二十七条　认证机构应当对其认证的产品、服务、管理体系实施有效的跟踪调查，认证的产品、服务、管理体系不能持续符合认证要求的，认证机构应当暂停其使用直至撤销认证证书，并予公布。

第二十八条　为了保护国家安全、防止欺诈行为、保护人体健康或者安全、保护动植物生命或者健康、保护环境，国家规定相关产品必须经过认证的，应当经过认证并标注认证标志后，方可出厂、销售、进口或者在其他经营活动中使用。

第二十九条　国家对必须经过认证的产品，统一产品目录，统一技术规范的强制性要求、标准和合格评定程序，统一标志，统一收费标准。

统一的产品目录（以下简称目录）由国务院认证认可监督管理部门会同国务院有关部门制定、调整，由国务院认证认可监督管理部门发布，并会同有关方面共同实施。

第三十条　列入目录的产品，必须经国务院认证认可监督管理部门指定的认证机构进行认证。

列入目录产品的认证标志，由国务院认证认可监督管理部门统一规定。

第三十一条　列入目录的产品，涉及进出口商品检验目录的，应当在进出口商品检验时简化检验手续。

第三十二条　国务院认证认可监督管理部门指定的从事列入目录产品认证活动的认证机构以及与认证有关的检查机构、实验室（以下简称指定的认证机构、检查机构、实验室），应当是长期从事相关业务、无不良记录，且已经依照本条例的规定取得认可、具备从事相关认证活动能力的机构。国务院认证认可监督管理部门指定从事列入目录产品认证活动的认证机构，应当确保在每一列入目录产品领域至少指定两家符合本条例规定条件的机构。

国务院认证认可监督管理部门指定前款规定的认证机构、检查机构、实验室，应当事先公布有关信息，并组织在相关领域公认的专家组成专家评审委员会，对符合前款规定要求的认证机构、检查机构、实验室进行评审；经评审并征求国务院有关部门意见后，按照资源合理利用、公平竞争和便利、有效的原则，在公布的时间内作出决定。

第三十三条　国务院认证认可监督管理部门应当公布指定的认证机构、检查机构、实验室名录及指定的业务范围。

未经指定，任何机构不得从事列入目录产品的认证以及与认证有关的检查、检测活动。

第三十四条　列入目录产品的生产者或者销售者、进口商，均可自行委托指定的认证机构进行认证。

第三十五条　指定的认证机构、检查机构、实验室应当在指定业务范围内，为委托人提供方便、及时的认证、检查、检测服务，不得拖延，不得歧视、刁难委托人，不得牟取不当利益。

指定的认证机构不得向其他机构转让指定的认证业务。

第三十六条　指定的认证机构、检查机构、实验室开展国际互认活动，应当在国务院认证认可监督管理部门或者经授权的国务院有关部门对外签署的国际互认协议框架内进行。

第四章　认　可

第三十七条　国务院认证认可监督管理部门确定的认可机构（以下简称认可机构），独立开展认可活动。

除国务院认证认可监督管理部门确定的认可机构外，其他任何单位不得直接或者变相从事认可活动。其他单位直接或者变相从事认可活动的，其认可结果无效。

第三十八条　认证机构、检查机构、实验室可以通过认可机构的认可，以保证其认证、检查、检测能力持续、稳定地符合认可条件。

第三十九条　从事评审、审核等认证活动的人员，应当经认可机构注册后，方可从事相应的认证活动。

第四十条　认可机构应当具有与其认可范围相适应的质量体系，并建立内部审核制度，保证质量体系的有效实施。

第四十一条　认可机构根据认可的需要，可以选聘从事认可评审活动的人员。从事认可评审活动的人员应当是相关领域公认的专家，熟悉有关法律、行政法规以及认可规则和程序，具有评审所需要的良好品德、专业知识和业务能力。

第四十二条　认可机构委托他人完成与认可有关的具体评审业务的，由认可机构对评审结论负责。

第四十三条　认可机构应当公开认可条件、认可程序、收费标准等信息。

认可机构受理认可申请，不得向申请人提出与认可活动无关的要求或者限制条件。

第四十四条　认可机构应当在公布的时间内，按照国家标准和国务院认证认可监督管理部门的规定，完成对认证机构、检查机构、实验室的评审，作出是否给予认可的决定，并对认可过程作出完整记录，归档留存。认可机构应当确保认可的客观公正和完整有效，并对认可结论负责。

认可机构应当向取得认可的认证机构、检查机构、实验室颁发认可证书，并公布取得认可的认证机构、检查机构、实验室名录。

第四十五条　认可机构应当按照国家标准和国务院认证认可监督管理部门的规定，对从事评审、审核等认证活动的人员进行考核，考核合格的，予以注册。

第四十六条　认可证书应当包括认可范围、认可标准、认可领域和有效期限。

认可证书的格式和认可标志的式样须经国务院认证认可监督管理部门批准。

第四十七条　取得认可的机构应当在取得认可的范围内使用认可证书和认可标志。取得认可的机构不当使用认可证书和认可标志的，认可机构应当暂停其使用直至撤销认可证书，并予公布。

第四十八条　认可机构应当对取得认可的机构和人员实施有效的跟踪监督，定期对取得认可的机构进行复评审，以验证其是否持续符合认可条件。取得认可的机构和人员不再符合认可条件的，认可机构应当撤销认可证书，并予公布。

取得认可的机构的从业人员和主要负责人、设施、自行制定的认证规则等与认可条件相关的情况发生变化的，应当及时告知认可机构。

第四十九条　认可机构不得接受任何可能对认可活动的客观公正产生影响的资助。

第五十条　境内的认证机构、检查机构、实验室取得境外认可机构认可的，应当向国务院认证认可监督管理部门备案。

第五章　监督管理

第五十一条　国务院认证认可监督管理部门可以采取组织同行评议，向被认证企业征求意见，对认证活动和认证结果进行抽查，要求认证机构以及与认证有关的检查机构、实验室报告业务活动情况的方式，对其遵守本条例的情况进行监督。发现有违反本条例行为的，应当及时查处，涉及国务院有关部门职责的，应当及时通报有关部门。

第五十二条　国务院认证认可监督管理部门应当重点对指定的认证机构、检查机构、实验室进行监督，对其认证、检查、检测活动进行定期或者不定期的检查。指定的认证机构、检查机构、实验室，应当定期向国务院认证认可监督管理部门提交报告，并对报告的真实性负责；报告应当对从事列入目录产品认证、检查、检测活动的情况作出说明。

第五十三条　认可机构应当定期向国务院认证认可监督管理部门提交报告，并对报告的真实性负责；报告应当对认可机构执行认可制度的情况、从事认可活动的情况、从业人员的工作情况作出说明。

国务院认证认可监督管理部门应当对认可机构的报告作出评价，并采取查阅认可活动档案资料、向有关人员了解情况等方式，对认可机构实施监督。

第五十四条　国务院认证认可监督管理部门可以根据认证认可监督管理的需要，就有关事项询问认可机构、认证机构、检查机构、实验室的主要负责人，调查了解情况，给予告诫，有关人员应当积极配合。

第五十五条　省、自治区、直辖市人民政府质量技术监督部门和国务院质量监督检验检疫部门设在地方的出入境检验检疫机构，在国务院认证认可监督管理部门的授权范围内，依照本条例的规定对认证活动实施监督管理。

国务院认证认可监督管理部门授权的省、自治区、直辖市人民政府质量技术监督部门和国务院质量监督检验检疫部门设在地方的出入境检验检疫机构，统称地方认证监督管理部门。

第五十六条　任何单位和个人对认证认可违法行为，有权向国务院认证认可监督管理部门和地方认证监督管理部门举报。国务院认证认可监督管理部门和地方认证监督管理部门应当及时调查处理，并为举报人保密。

第六章　法律责任

第五十七条　未经批准擅自从事认证活动的，予以取缔，处10万元以上50万元以下的罚款，有违法所得的，没收违法所得。

第五十八条　境外认证机构未经批准在中华人民共和国境内设立代表机构的，予以取缔，处5万元以上20万元以下的罚款。

经批准设立的境外认证机构代表机构在中华人民共和国境内从事认证活动的，责令改正，处10万元以上50万元以下的罚款，有违法所得的，没收违法所得；情节严重的，撤销批准文件，并予公布。

第五十九条　认证机构接受可能对认证活动的客观公正产生影响的资助，或者从事可能对认证活动的客观公正产生影响的产品开发、营销等活动，或者与认证委托人存在资产、管理方面的利益关系的，责令停业整顿；情节严重的，撤销批准文件，并予公布；有违法所得的，没收违法所得；构成犯罪的，依法追究刑事责任。

第六十条　认证机构有下列情形之一的，责令改正，处5万元以上20万元以下的罚款，有违法所得的，没收违法所得；情节严重的，责令停业整顿，直至撤销批准文件，并予公布：

（一）超出批准范围从事认证活动的；

（二）增加、减少、遗漏认证基本规范、认证规则规定的程序的；

（三）未对其认证的产品、服务、管理体系实施有效的跟踪调查，或者发现其认证的产品、服务、管理体系不能持续符合认证要求，不及时暂停其使用或者撤销认证证书并予公布的；

（四）聘用未经认可机构注册的人员从事认证活动的。

与认证有关的检查机构、实验室增加、减少、遗漏认证基本规范、认证规则规定的程序的，依照前款规定处罚。

第六十一条　认证机构有下列情形之一的，责令限期改正；逾期未改正的，处2万元以上10万元以下的罚款：

（一）以委托人未参加认证咨询或者认证培训等为理由，拒绝提供本认证机构业务范围内的认证服务，或者向委托人提出与认证活动无关的要求或者限制条件的；

（二）自行制定的认证标志的式样、文字和名称，与国家推行的认证标志相同或者近似，或者妨碍社会管理，或者有损社会道德风尚的；

（三）未公开认证基本规范、认证规则、收费标准等信息的；

（四）未对认证过程作出完整记录，归档留存的；

（五）未及时向其认证的委托人出具认证证书的。

与认证有关的检查机构、实验室未对与认证有关的检查、检测过程作出完整记录，归档留存的，依照前款规定处罚。

第六十二条　认证机构出具虚假的认证结论，或者出具的认证结论严重失实的，撤销批准文件，并予公布；对直接负责的主管人员和负有直接责任的认证人员，撤销其执业资格；构成犯罪的，依法追究刑事责任；造成损害的，认证机构应当承担相应的赔偿责任。

指定的认证机构有前款规定的违法行为的，同时撤销指定。

第六十三条　认证人员从事认证活动，不在认证机构执业或者同时在两个以上认证机构执业的，责令改正，给予停止执业 6 个月以上 2 年以下的处罚，仍不改正的，撤销其执业资格。

第六十四条　认证机构以及与认证有关的检查机构、实验室未经指定擅自从事列入目录产品的认证以及与认证有关的检查、检测活动的，责令改正，处 10 万元以上 50 万元以下的罚款，有违法所得的，没收违法所得。

认证机构未经指定擅自从事列入目录产品的认证活动的，撤销批准文件，并予公布。

第六十五条　指定的认证机构、检查机构、实验室超出指定的业务范围从事列入目录产品的认证以及与认证有关的检查、检测活动的，责令改正，处 10 万元以上 50 万元以下的罚款，有违法所得的，没收违法所得；情节严重的，撤销指定直至撤销批准文件，并予公布。

指定的认证机构转让指定的认证业务的，依照前款规定处罚。

第六十六条　认证机构、检查机构、实验室取得境外认可机构认可，未向国务院认证认可监督管理部门备案的，给予警告，并予公布。

第六十七条　列入目录的产品未经认证，擅自出厂、销售、进口或者在其他经营活动中使用的，责令改正，处 5 万元以上 20 万元以下的罚款，有违法所得的，没收违法所得。

第六十八条　认可机构有下列情形之一的，责令改正；情节严重的，对主要负责人和负有责任的人员撤职或者解聘：

（一）对不符合认可条件的机构和人员予以认可的；

（二）发现取得认可的机构和人员不符合认可条件，不及时撤销认可证书，并予公布的；

（三）接受可能对认可活动的客观公正产生影响的资助的。

被撤职或者解聘的认可机构主要负责人和负有责任的人员，自被撤职或者解聘之日起 5 年内不得从事认可活动。

第六十九条　认可机构有下列情形之一的，责令改正；对主要负责人和负有责任的人员给予警告：

（一）受理认可申请，向申请人提出与认可活动无关的要求或者限制条件的；

（二）未在公布的时间内完成认可活动，或者未公开认可条件、认可程序、收费标准等信息的；

（三）发现取得认可的机构不当使用认可证书和认可标志，不及时暂停其使用或者撤销认可证书并予公布的；

（四）未对认可过程作出完整记录，归档留存的。

第七十条　国务院认证认可监督管理部门和地方认证监督管理部门及其工作人员，滥用职权、徇私舞弊、玩忽职守，有下列行为之一的，对直接负责的主管人员和其他直接责任人员，依法给予降级或者撤职的行政处分；构成犯罪的，依法追究刑事责任：

（一）不按照本条例规定的条件和程序，实施批准和指定的；

（二）发现认证机构不再符合本条例规定的批准或者指定条件，不撤销批准文件或者指定的；

（三）发现指定的检查机构、实验室不再符合本条例规定的指定条件，不撤销指定的；

（四）发现认证机构以及与认证有关的检查机构、实验室出具虚假的认证以及与认证有关的检查、检测结论或者出具的认证以及与认证有关的检查、检测结论严重失实，不予查处的；

（五）发现本条例规定的其他认证认可违法行为，不予查处的。

第七十一条　伪造、冒用、买卖认证标志或者认证证书的，依照《中华人民共和国产品质量法》等法律的规定查处。

第七十二条　本条例规定的行政处罚，由国务院认证认可监督管理部门或者其授权的地方认证监督管理部门按照各自职责实施。法律、其他行政法规另有规定的，依照法律、其他行政法规的规定执行。

第七十三条　认证人员自被撤销执业资格之日起5年内，认可机构不再受理其注册申请。

第七十四条　认证机构未对其认证的产品实施有效的跟踪调查，或者发现其认证的产品不能持续符合认证要求，不及时暂停或者撤销认证证书和要求其停止使用认证标志给消费者造成损失的，与生产者、销售者承担连带责任。

第七章　附　则

第七十五条　药品生产、经营企业质量管理规范认证，实验动物质量合格认证，军工产品的认证，以及从事军工产品校准、检测的实验室及其人员的认可，不适用本条例。

依照本条例经批准的认证机构从事矿山、危险化学品、烟花爆竹生产经营单位管理体系认证，由国务院安全生产监督管理部门结合安全生产的特殊要求组织；从事矿山、危险化学品、烟花爆竹生产经营单位安全生产综合评价的认证机构，经国务院安全生产监督管理部门推荐，方可取得认可机构的认可。

第七十六条　认证认可收费，应当符合国家有关价格法律、行政法规的规定。

第七十七条　认证培训机构、认证咨询机构的管理办法由国务院认证认可监督管理部门制定。

第七十八条　本条例自2003年11月1日起施行。1991年5月7日国务院发布的《中华人民共和国产品质量认证管理条例》同时废止。

特种设备安全监察条例

第一章　总　则

第一条　为了加强特种设备的安全监察，防止和减少事故，保障人民群众生命和财产安全，促进经济发展，制定本条例。

第二条　本条例所称特种设备是指涉及生命安全、危险性较大的锅炉、压力容器（含气瓶，下同）、压力管道、电梯、起重机械、客运索道、大型游乐设施和场（厂）内专用机动车辆。

前款特种设备的目录由国务院负责特种设备安全监督管理的部门（以下简称国务院特种设备安全监督管理部门）制订，报国务院批准后执行。

第三条　特种设备的生产（含设计、制造、安装、改造、维修，下同）、使用、检验检测及其监督检查，应当遵守本条例，但本条例另有规定的除外。

军事装备、核设施、航空航天器、铁路机车、海上设施和船舶以及矿山井下使用的特种设备、民用机场专用设备的安全监察不适用本条例。

房屋建筑工地和市政工程工地用起重机械、场（厂）内专用机动车辆的安装、使用的监督管理，由建设行政主管部门依照有关法律、法规的规定执行。

第四条　国务院特种设备安全监督管理部门负责全国特种设备的安全监察工作，县以上地方负责特种设备安全监督管理的部门对本行政区域内特种设备实施安全监察（以下统称特种设备安全监督管理部门）。

第五条　特种设备生产、使用单位应当建立健全特种设备安全、节能管理制度和岗位安全、节能责任制度。

特种设备生产、使用单位的主要负责人应当对本单位特种设备的安全和节能全面负责。

特种设备生产、使用单位和特种设备检验检测机构，应当接受特种设备安全监督管理部门依法进行的特种设备安全监察。

第六条　特种设备检验检测机构，应当依照本条例规定，进行检验检测工作，对其检验检测结果、鉴定结论承担法律责任。

第七条　县级以上地方人民政府应当督促、支持特种设备安全监督管理部门依法履行安全监察职责，对特种设备安全监察中存在的重大问题及时予以协调、解决。

第八条　国家鼓励推行科学的管理方法，采用先进技术，提高特种设备安全性能和管理水平，增强特种设备生产、使用单位防范事故的能力，对取得显著成绩的单位和个人，给予奖励。

国家鼓励特种设备节能技术的研究、开发、示范和推广，促进特种设备节能技术创新和应用。

特种设备生产、使用单位和特种设备检验检测机构，应当保证必要的安全和节能投入。

国家鼓励实行特种设备责任保险制度，提高事故赔付能力。

第九条　任何单位和个人对违反本条例规定的行为，有权向特种设备安全监督管理部门和行政监察等有关部门举报。

特种设备安全监督管理部门应当建立特种设备安全监察举报制度，公布举报电话、信箱或者电子邮件地址，受理对特种设备生产、使用和检验检测违法行为的举报，并及时予以处理。

特种设备安全监督管理部门和行政监察等有关部门应当为举报人保密，并按照国家有关规定给予奖励。

第二章　特种设备的生产

第十条　特种设备生产单位，应当依照本条例规定以及国务院特种设备安全监督管理部门制订并公布的安全技术规范（以下简称安全技术规范）的要求，进行生产活动。

特种设备生产单位对其生产的特种设备的安全性能和能效指标负责，不得生产不符合安全性能要求和能效指标的特种设备，不得生产国家产业政策明令淘汰的特种设备。

第十一条　压力容器的设计单位应当经国务院特种设备安全监督管理部门许可，方可从事压力容器的设计活动。

压力容器的设计单位应当具备下列条件：

（一）有与压力容器设计相适应的设计人员、设计审核人员；

（二）有与压力容器设计相适应的场所和设备；

（三）有与压力容器设计相适应的健全的管理制度和责任制度。

第十二条　锅炉、压力容器中的气瓶（以下简称气瓶）、氧舱和客运索道、大型游乐设施以及高耗能特种设备的设计文件，应当经国务院特种设备安全监督管理部门核准的检验检测机构鉴定，方可用于制造。

第十三条　按照安全技术规范的要求，应当进行型式试验的特种设备产品、部件或者试制特种设备新产品、新部件、新材料，必须进行型式试验和能效测试。

第十四条　锅炉、压力容器、电梯、起重机械、客运索道、大型游乐设施及其安全附件、安全保护装置的制造、安装、改造单位，以及压力管道用管子、管件、阀门、法兰、补偿器、安全保护装置等（以下简称压力管道元件）的制造单位和场（厂）内专用机动车辆的制造、改造单位，应当经国务院特种设备安全监督管理部门许可，方可从事相应的活动。

前款特种设备的制造、安装、改造单位应当具备下列条件：

（一）有与特种设备制造、安装、改造相适应的专业技术人员和技术工人；

（二）有与特种设备制造、安装、改造相适应的生产条件和检测手段；

（三）有健全的质量管理制度和责任制度。

第十五条　特种设备出厂时，应当附有安全技术规范要求的设计文件、产品质量合格证明、安装及使用维修说明、监督检验证明等文件。

第十六条　锅炉、压力容器、电梯、起重机械、客运索道、大型游乐设施、场（厂）内专用机动车辆的维修单位，应当有与特种设备维修相适应的专业技术人员和技术工人以及必要的检测手段，并经省、自治区、直辖市特种设备安全监督管理部门许可，方可从事相应的维修活动。

第十七条　锅炉、压力容器、起重机械、客运索道、大型游乐设施的安装、改造、维修以及场（厂）内专用机动车辆的改造、维修，必须由依照本条例取得许可的单位进行。

电梯的安装、改造、维修，必须由电梯制造单位或者其通过合同委托、同意的依照本条例取得许可的单位进行。电梯制造单位对电梯质量以及安全运行涉及的质量问题负责。

特种设备安装、改造、维修的施工单位应当在施工前将拟进行的特种设备安装、改造、维修情况书面告知直辖市或者设区的市的特种设备安全监督管理部门，告知后即可施工。

第十八条　电梯井道的土建工程必须符合建筑工程质量要求。电梯安装施工过程中，电梯安装单位应当遵守施工现场的安全生产要求，落实现场安全防护措施。电梯安装施工过程中，施工现场的安全生产监督，由有关部门依照有关法律、行政法规的规定执行。

电梯安装施工过程中，电梯安装单位应当服从建筑施工总承包单位对施工现场的安全生产管理，并订立合同，明确各自的安全责任。

第十九条　电梯的制造、安装、改造和维修活动，必须严格遵守安全技术规范的要求。电梯制造单位委托或者同意其他单位进行电梯安装、改造、维修活动的，应当对其安装、改造、维修活动进行安全指导和监控。电梯的安装、改造、维修活动结束后，电梯制造单位应当按照安全技术规范的要求对电梯进行校验和调试，并对校验和调试的结果负责。

第二十条　锅炉、压力容器、电梯、起重机械、客运索道、大型游乐设施的安装、改造、维修以及场（厂）内专用机动车辆的改造、维修竣工后，安装、改造、维修的施工单位应当在验收后30日内将有关技术资料移交使用单位，高耗能特种设备还应当按照安全技术规范的要求提交能效测试报告。使用单位应当将其存入该特种设备的安全技术档案。

第二十一条　锅炉、压力容器、压力管道元件、起重机械、大型游乐设施的制造过程和锅炉、压力容器、电梯、起重机械、客运索道、大型游乐设施的安装、改造、重大维修过程，必须经国务院特种设备安全监督管理部门核准的检验检测机构按照安全技术规范的要求进行监督检验；未经监督检验合格的不得出厂或者交付使用。

第二十二条　移动式压力容器、气瓶充装单位应当经省、自治区、直辖市的特种设备安全监督管理部门许可，方可从事充装活动。

充装单位应当具备下列条件：

（一）有与充装和管理相适应的管理人员和技术人员；

（二）有与充装和管理相适应的充装设备、检测手段、场地厂房、器具、安全设施；

（三）有健全的充装管理制度、责任制度、紧急处理措施。

气瓶充装单位应当向气体使用者提供符合安全技术规范要求的气瓶，对使用者进行气瓶安全使用指导，并按照安全技术规范的要求办理气瓶使用登记，提出气瓶的定期检验要求。

第三章　特种设备的使用

第二十三条　特种设备使用单位，应当严格执行本条例和有关安全生产的法律、行政法规的规定，保证特种设备的安全使用。

第二十四条　特种设备使用单位应当使用符合安全技术规范要求的特种设备。特种设备投入使用前，使用单位应当核对其是否附有本条例第十五条规定的相关文件。

第二十五条　特种设备在投入使用前或者投入使用后 30 日内，特种设备使用单位应当向直辖市或者设区的市的特种设备安全监督管理部门登记。登记标志应当置于或者附着于该特种设备的显著位置。

第二十六条　特种设备使用单位应当建立特种设备安全技术档案。安全技术档案应当包括以下内容：

（一）特种设备的设计文件、制造单位、产品质量合格证明、使用维护说明等文件以及安装技术文件和资料；

（二）特种设备的定期检验和定期自行检查的记录；

（三）特种设备的日常使用状况记录；

（四）特种设备及其安全附件、安全保护装置、测量调控装置及有关附属仪器仪表的日常维护保养记录；

（五）特种设备运行故障和事故记录；

（六）高耗能特种设备的能效测试报告、能耗状况记录以及节能改造技术资料。

第二十七条　特种设备使用单位应当对在用特种设备进行经常性日常维护保养，并定期自行检查。

特种设备使用单位对在用特种设备应当至少每月进行一次自行检查，并作出记录。特种设备使用单位在对在用特种设备进行自行检查和日常维护保养时发现异常情况的，应当及时处理。

特种设备使用单位应当对在用特种设备的安全附件、安全保护装置、测量调控装置及有关附属仪器仪表进行定期校验、检修，并作出记录。

锅炉使用单位应当按照安全技术规范的要求进行锅炉水（介）质处理，并接受特种设备检验检测机构实施的水（介）质处理定期检验。

从事锅炉清洗的单位，应当按照安全技术规范的要求进行锅炉清洗，并接受特种设备检验检测机构实施的锅炉清洗过程监督检验。

第二十八条　特种设备使用单位应当按照安全技术规范的定期检验要求，在安全检验合格有效期届满前1个月向特种设备检验检测机构提出定期检验要求。

检验检测机构接到定期检验要求后，应当按照安全技术规范的要求及时进行安全性能检验和能效测试。

未经定期检验或者检验不合格的特种设备，不得继续使用。

第二十九条　特种设备出现故障或者发生异常情况，使用单位应当对其进行全面检查，消除事故隐患后，方可重新投入使用。

特种设备不符合能效指标的，特种设备使用单位应当采取相应措施进行整改。

第三十条　特种设备存在严重事故隐患，无改造、维修价值，或者超过安全技术规范规定使用年限，特种设备使用单位应当及时予以报废，并应当向原登记的特种设备安全监督管理部门办理注销。

第三十一条　电梯的日常维护保养必须由依照本条例取得许可的安装、改造、维修单位或者电梯制造单位进行。

电梯应当至少每15日进行一次清洁、润滑、调整和检查。

第三十二条　电梯的日常维护保养单位应当在维护保养中严格执行国家安全技术规范的要求，保证其维护保养的电梯的安全技术性能，并负责落实现场安全防护措施，保证施工安全。

电梯的日常维护保养单位，应当对其维护保养的电梯的安全性能负责。接到故障通知后，应当立即赶赴现场，并采取必要的应急救援措施。

第三十三条　电梯、客运索道、大型游乐设施等为公众提供服务的特种设备运营使用单位，应当设置特种设备安全管理机构或者配备专职的安全管理人员；其他特种设备使用单位，应当根据情况设置特种设备安全管理机构或者配备专职、兼职的安全管理人员。

特种设备的安全管理人员应当对特种设备使用状况进行经常性检查，发现问题的应当立即处理；情况紧急时，可以决定停止使用特种设备并及时报告本单位有关负责人。

第三十四条　客运索道、大型游乐设施的运营使用单位在客运索道、大型游乐设施每日投入使用前，应当进行试运行和例行安全检查，并对安全装置进行检查确认。

电梯、客运索道、大型游乐设施的运营使用单位应当将电梯、客运索道、大型游乐设施的安全注意事项和警示标志置于易于为乘客注意的显著位置。

第三十五条　客运索道、大型游乐设施的运营使用单位的主要负责人应当熟悉客运索道、大型游乐设施的相关安全知识，并全面负责客运索道、大型游乐设施的安全使用。

客运索道、大型游乐设施的运营使用单位的主要负责人至少应当每月召开一次会议，督促、检查客运索道、大型游乐设施的安全使用工作。

客运索道、大型游乐设施的运营使用单位，应当结合本单位的实际情况，配备相应数量的营救装备和急救物品。

第三十六条　电梯、客运索道、大型游乐设施的乘客应当遵守使用安全注意事项的要求，服从有关工作人员的指挥。

第三十七条　电梯投入使用后，电梯制造单位应当对其制造的电梯的安全运行情况进行跟踪调查和了解，对电梯的日常维护保养单位或者电梯的使用单位在安全运行方面存在的问题，提出改进建议，并提供必要的技术帮助。发现电梯存在严重事故隐患的，应当及时向特种设备安全监督管理部门报告。电梯制造单位对调查和了解的情况，应当作出记录。

第三十八条　锅炉、压力容器、电梯、起重机械、客运索道、大型游乐设施、场（厂）内专用机动车辆的作业人员及其相关管理人员（以下统称特种设备作业人员），应当按照国家有关规定经特种设备安全监督管理部门考核合格，取得国家统一格式的特种作业人员证书，方可从事相应的作业或者管理工作。

第三十九条　特种设备使用单位应当对特种设备作业人员进行特种设备安全、节能教育和培训，保证特种设备作业人员具备必要的特种设备安全、节能知识。

特种设备作业人员在作业中应当严格执行特种设备的操作规程和有关的安全规章制度。

第四十条　特种设备作业人员在作业过程中发现事故隐患或者其他不安全因素，应当立即向现场安全管理人员和单位有关负责人报告。

第四章　检验检测

第四十一条　从事本条例规定的监督检验、定期检验、型式试验以及专门为特种设备生产、使用、检验检测提供无损检测服务的特种设备检验检测机构，应当经国务院特种设备安全监督管理部门核准。

特种设备使用单位设立的特种设备检验检测机构，经国务院特种设备安全监督管理部门核准，负责本单位核准范围内的特种设备定期检验工作。

第四十二条　特种设备检验检测机构，应当具备下列条件：

（一）有与所从事的检验检测工作相适应的检验检测人员；

（二）有与所从事的检验检测工作相适应的检验检测仪器和设备；

（三）有健全的检验检测管理制度、检验检测责任制度。

第四十三条　特种设备的监督检验、定期检验、型式试验和无损检测应当由依照本条例经核准的特种设备检验检测机构进行。

特种设备检验检测工作应当符合安全技术规范的要求。

第四十四条　从事本条例规定的监督检验、定期检验、型式试验和无损检测的特种设备检验检测人员应当经国务院特种设备安全监督管理部门组织考核合格，取得检验检测人员证书，方可从事检验检测工作。

检验检测人员从事检验检测工作，必须在特种设备检验检测机构执业，但不得同时在两个以上检验检测机构中执业。

第四十五条　特种设备检验检测机构和检验检测人员进行特种设备检验检测，应当遵循诚信原则和方便企业的原则，为特种设备生产、使用单位提供可靠、便捷的检验检测服务。

特种设备检验检测机构和检验检测人员对涉及的被检验检测单位的商业秘密，负有保密义务。

第四十六条　特种设备检验检测机构和检验检测人员应当客观、公正、及时地出具检验检测结果、鉴定结论。检验检测结果、鉴定结论经检验检测人员签字后，由检验检测机构负责人签署。

特种设备检验检测机构和检验检测人员对检验检测结果、鉴定结论负责。

国务院特种设备安全监督管理部门应当组织对特种设备检验检测机构的检验检测

结果、鉴定结论进行监督抽查。县以上地方负责特种设备安全监督管理的部门在本行政区域内也可以组织监督抽查，但是要防止重复抽查。监督抽查结果应当向社会公布。

第四十七条　特种设备检验检测机构和检验检测人员不得从事特种设备的生产、销售，不得以其名义推荐或者监制、监销特种设备。

第四十八条　特种设备检验检测机构进行特种设备检验检测，发现严重事故隐患或者能耗严重超标的，应当及时告知特种设备使用单位，并立即向特种设备安全监督管理部门报告。

第四十九条　特种设备检验检测机构和检验检测人员利用检验检测工作故意刁难特种设备生产、使用单位，特种设备生产、使用单位有权向特种设备安全监督管理部门投诉，接到投诉的特种设备安全监督管理部门应当及时进行调查处理。

第五章　监督检查

第五十条　特种设备安全监督管理部门依照本条例规定，对特种设备生产、使用单位和检验检测机构实施安全监察。

对学校、幼儿园以及车站、客运码头、商场、体育场馆、展览馆、公园等公众聚集场所的特种设备，特种设备安全监督管理部门应当实施重点安全监察。

第五十一条　特种设备安全监督管理部门根据举报或者取得的涉嫌违法证据，对涉嫌违反本条例规定的行为进行查处时，可以行使下列职权：

（一）向特种设备生产、使用单位和检验检测机构的法定代表人、主要负责人和其他有关人员调查、了解与涉嫌从事违反本条例的生产、使用、检验检测有关的情况；

（二）查阅、复制特种设备生产、使用单位和检验检测机构的有关合同、发票、账簿以及其他有关资料；

（三）对有证据表明不符合安全技术规范要求的或者有其他严重事故隐患、能耗严重超标的特种设备，予以查封或者扣押。

第五十二条　依照本条例规定实施许可、核准、登记的特种设备安全监督管理部门，应当严格依照本条例规定条件和安全技术规范要求对有关事项进行审查；不符合本条例规定条件和安全技术规范要求的，不得许可、核准、登记；在申请办理许可、核准期间，特种设备安全监督管理部门发现申请人未经许可从事特种设备相应活动或者伪造许可、核准证书的，不予受理或者不予许可、核准，并在 1 年内不再受理其新的许可、核准申请。

未依法取得许可、核准、登记的单位擅自从事特种设备的生产、使用或者检验检测活动的，特种设备安全监督管理部门应当依法予以处理。

违反本条例规定，被依法撤销许可的，自撤销许可之日起3年内，特种设备安全监督管理部门不予受理其新的许可申请。

第五十三条　特种设备安全监督管理部门在办理本条例规定的有关行政审批事项时，其受理、审查、许可、核准的程序必须公开，并应当自受理申请之日起30日内，作出许可、核准或者不予许可、核准的决定；不予许可、核准的，应当书面向申请人说明理由。

第五十四条　地方各级特种设备安全监督管理部门不得以任何形式进行地方保护和地区封锁，不得对已经依照本条例规定在其他地方取得许可的特种设备生产单位重复进行许可，也不得要求对依照本条例规定在其他地方检验检测合格的特种设备，重复进行检验检测。

第五十五条　特种设备安全监督管理部门的安全监察人员（以下简称特种设备安全监察人员）应当熟悉相关法律、法规、规章和安全技术规范，具有相应的专业知识和工作经验，并经国务院特种设备安全监督管理部门考核，取得特种设备安全监察人员证书。

特种设备安全监察人员应当忠于职守、坚持原则、秉公执法。

第五十六条　特种设备安全监督管理部门对特种设备生产、使用单位和检验检测机构实施安全监察时，应当有两名以上特种设备安全监察人员参加，并出示有效的特种设备安全监察人员证件。

第五十七条　特种设备安全监督管理部门对特种设备生产、使用单位和检验检测机构实施安全监察，应当对每次安全监察的内容、发现的问题及处理情况，作出记录，并由参加安全监察的特种设备安全监察人员和被检查单位的有关负责人签字后归档。被检查单位的有关负责人拒绝签字的，特种设备安全监察人员应当将情况记录在案。

第五十八条　特种设备安全监督管理部门对特种设备生产、使用单位和检验检测机构进行安全监察时，发现有违反本条例规定和安全技术规范要求的行为或者在用的特种设备存在事故隐患、不符合能效指标的，应当以书面形式发出特种设备安全监察指令，责令有关单位及时采取措施，予以改正或者消除事故隐患。紧急情况下需要采取紧急处置措施的，应当随后补发书面通知。

第五十九条　特种设备安全监督管理部门对特种设备生产、使用单位和检验检测机构进行安全监察，发现重大违法行为或者严重事故隐患时，应当在采取必要措施的同时，及时向上级特种设备安全监督管理部门报告。接到报告的特种设备安全监督管理部门应当采取必要措施，及时予以处理。

对违法行为、严重事故隐患或者不符合能效指标的处理需要当地人民政府和有关部门的支持、配合时，特种设备安全监督管理部门应当报告当地人民政府，并通知其他有关部门。当地人民政府和其他有关部门应当采取必要措施，及时予以处理。

第六十条　国务院特种设备安全监督管理部门和省、自治区、直辖市特种设备安全监督管理部门应当定期向社会公布特种设备安全以及能效状况。

公布特种设备安全以及能效状况，应当包括下列内容：

（一）特种设备质量安全状况；

（二）特种设备事故的情况、特点、原因分析、防范对策；

（三）特种设备能效状况；

（四）其他需要公布的情况。

第六章　事故预防和调查处理

第六十一条　有下列情形之一的，为特别重大事故：

（一）特种设备事故造成 30 人以上死亡，或者 100 人以上重伤（包括急性工业中毒，下同），或者 1 亿元以上直接经济损失的；

（二）600 兆瓦以上锅炉爆炸的；

（三）压力容器、压力管道有毒介质泄漏，造成 15 万人以上转移的；

（四）客运索道、大型游乐设施高空滞留 100 人以上并且时间在 48 小时以上的。

第六十二条　有下列情形之一的，为重大事故：

（一）特种设备事故造成 10 人以上 30 人以下死亡，或者 50 人以上 100 人以下重伤，或者 5000 万元以上 1 亿元以下直接经济损失的；

（二）600 兆瓦以上锅炉因安全故障中断运行 240 小时以上的；

（三）压力容器、压力管道有毒介质泄漏，造成 5 万人以上 15 万人以下转移的；

（四）客运索道、大型游乐设施高空滞留 100 人以上并且时间在 24 小时以上 48 小时以下的。

第六十三条　有下列情形之一的，为较大事故：

（一）特种设备事故造成 3 人以上 10 人以下死亡，或者 10 人以上 50 人以下重伤，或者 1000 万元以上 5000 万元以下直接经济损失的；

（二）锅炉、压力容器、压力管道爆炸的；

（三）压力容器、压力管道有毒介质泄漏，造成 1 万人以上 5 万人以下转移的；

（四）起重机械整体倾覆的；

（五）客运索道、大型游乐设施高空滞留人员 12 小时以上的。

第六十四条　有下列情形之一的，为一般事故：

（一）特种设备事故造成 3 人以下死亡，或者 10 人以下重伤，或者 1 万元以上 1000 万元以下直接经济损失的；

（二）压力容器、压力管道有毒介质泄漏，造成 500 人以上 1 万人以下转移的；

（三）电梯轿厢滞留人员 2 小时以上的；

（四）起重机械主要受力结构件折断或者起升机构坠落的；

（五）客运索道高空滞留人员 3.5 小时以上 12 小时以下的；

（六）大型游乐设施高空滞留人员 1 小时以上 12 小时以下的。

除前款规定外，国务院特种设备安全监督管理部门可以对一般事故的其他情形做出补充规定。

第六十五条　特种设备安全监督管理部门应当制定特种设备应急预案。特种设备使用单位应当制定事故应急专项预案，并定期进行事故应急演练。

压力容器、压力管道发生爆炸或者泄漏，在抢险救援时应当区分介质特性，严格按照相关预案规定程序处理，防止二次爆炸。

第六十六条　特种设备事故发生后，事故发生单位应当立即启动事故应急预案，组织抢救，防止事故扩大，减少人员伤亡和财产损失，并及时向事故发生地县以上特种设备安全监督管理部门和有关部门报告。

县以上特种设备安全监督管理部门接到事故报告，应当尽快核实有关情况，立即向所在地人民政府报告，并逐级上报事故情况。必要时，特种设备安全监督管理部门可以越级上报事故情况。对特别重大事故、重大事故，国务院特种设备安全监督管理部门应当立即报告国务院并通报国务院安全生产监督管理部门等有关部门。

第六十七条　特别重大事故由国务院或者国务院授权有关部门组织事故调查组进行调查。

重大事故由国务院特种设备安全监督管理部门会同有关部门组织事故调查组进行调查。

较大事故由省、自治区、直辖市特种设备安全监督管理部门会同有关部门组织事故调查组进行调查。

一般事故由设区的市的特种设备安全监督管理部门会同有关部门组织事故调查组进行调查。

第六十八条　事故调查报告应当由负责组织事故调查的特种设备安全监督管理部门的所在地人民政府批复，并报上一级特种设备安全监督管理部门备案。

有关机关应当按照批复，依照法律、行政法规规定的权限和程序，对事故责任单位和有关人员进行行政处罚，对负有事故责任的国家工作人员进行处分。

第六十九条　特种设备安全监督管理部门应当在有关地方人民政府的领导下，组织开展特种设备事故调查处理工作。

有关地方人民政府应当支持、配合上级人民政府或者特种设备安全监督管理部门的事故调查处理工作，并提供必要的便利条件。

第七十条　特种设备安全监督管理部门应当对发生事故的原因进行分析，并根据特种设备的管理和技术特点、事故情况对相关安全技术规范进行评估；需要制定或者修订相关安全技术规范的，应当及时制定或者修订。

第七十一条　本章所称的"以上"包括本数，所称的"以下"不包括本数。

第七章　法律责任

第七十二条　未经许可，擅自从事压力容器设计活动的，由特种设备安全监督管理部门予以取缔，处5万元以上20万元以下罚款；有违法所得的，没收违法所得；触犯刑律的，对负有责任的主管人员和其他直接责任人员依照刑法关于非法经营罪或者其他罪的规定，依法追究刑事责任。

第七十三条　锅炉、气瓶、氧舱和客运索道、大型游乐设施以及高耗能特种设备的设计文件，未经国务院特种设备安全监督管理部门核准的检验检测机构鉴定，擅自用于制造的，由特种设备安全监督管理部门责令改正，没收非法制造的产品，处5万元以上20万元以下罚款；触犯刑律的，对负有责任的主管人员和其他直接责任人员依照刑法关于生产、销售伪劣产品罪、非法经营罪或者其他罪的规定，依法追究刑事责任。

第七十四条 按照安全技术规范的要求应当进行型式试验的特种设备产品、部件或者试制特种设备新产品、新部件，未进行整机或者部件型式试验的，由特种设备安全监督管理部门责令限期改正；逾期未改正的，处2万元以上10万元以下罚款。

第七十五条 未经许可，擅自从事锅炉、压力容器、电梯、起重机械、客运索道、大型游乐设施、场（厂）内专用机动车辆及其安全附件、安全保护装置的制造、安装、改造以及压力管道元件的制造活动的，由特种设备安全监督管理部门予以取缔，没收非法制造的产品，已经实施安装、改造的，责令恢复原状或者责令限期由取得许可的单位重新安装、改造，处10万元以上50万元以下罚款；触犯刑律的，对负有责任的主管人员和其他直接责任人员依照刑法关于生产、销售伪劣产品罪、非法经营罪、重大责任事故罪或者其他罪的规定，依法追究刑事责任。

第七十六条 特种设备出厂时，未按照安全技术规范的要求附有设计文件、产品质量合格证明、安装及使用维修说明、监督检验证明等文件的，由特种设备安全监督管理部门责令改正；情节严重的，责令停止生产、销售，处违法生产、销售货值金额30%以下罚款；有违法所得的，没收违法所得。

第七十七条 未经许可，擅自从事锅炉、压力容器、电梯、起重机械、客运索道、大型游乐设施、场（厂）内专用机动车辆的维修或者日常维护保养的，由特种设备安全监督管理部门予以取缔，处1万元以上5万元以下罚款；有违法所得的，没收违法所得；触犯刑律的，对负有责任的主管人员和其他直接责任人员依照刑法关于非法经营罪、重大责任事故罪或者其他罪的规定，依法追究刑事责任。

第七十八条 锅炉、压力容器、电梯、起重机械、客运索道、大型游乐设施的安装、改造、维修的施工单位以及场（厂）内专用机动车辆的改造、维修单位，在施工前未将拟进行的特种设备安装、改造、维修情况书面告知直辖市或者设区的市的特种设备安全监督管理部门即行施工的，或者在验收后30日内未将有关技术资料移交锅炉、压力容器、电梯、起重机械、客运索道、大型游乐设施的使用单位的，由特种设备安全监督管理部门责令限期改正；逾期未改正的，处2000元以上1万元以下罚款。

第七十九条 锅炉、压力容器、压力管道元件、起重机械、大型游乐设施的制造过程和锅炉、压力容器、电梯、起重机械、客运索道、大型游乐设施的安装、改造、重大维修过程，以及锅炉清洗过程，未经国务院特种设备安全监督管理部门核准的检验检测机构按照安全技术规范的要求进行监督检验的，由特种设备安全监督管理部门责令改正，已经出厂的，没收违法生产、销售的产品，已经实施安装、改造、重大维修或者清洗的，责令限期进行监督检验，处5万元以上20万元以下罚款；有违法所得的，没收违法所得；情节严重的，撤销制造、安装、改造或者维修单位已经取得的许可，并由工商行政管理部门吊销其营业执照；触犯刑律的，对负有责任的主管人员和其他直接责任人员依照刑法关于生产、销售伪劣产品罪或者其他罪的规定，依法追究刑事责任。

第八十条　未经许可，擅自从事移动式压力容器或者气瓶充装活动的，由特种设备安全监督管理部门予以取缔，没收违法充装的气瓶，处10万元以上50万元以下罚款；有违法所得的，没收违法所得；触犯刑律的，对负有责任的主管人员和其他直接责任人员依照刑法关于非法经营罪或者其他罪的规定，依法追究刑事责任。

移动式压力容器、气瓶充装单位未按照安全技术规范的要求进行充装活动的，由特种设备安全监督管理部门责令改正，处2万元以上10万元以下罚款；情节严重的，撤销其充装资格。

第八十一条　电梯制造单位有下列情形之一的，由特种设备安全监督管理部门责令限期改正；逾期未改正的，予以通报批评：

（一）未依照本条例第十九条的规定对电梯进行校验、调试的；

（二）对电梯的安全运行情况进行跟踪调查和了解时，发现存在严重事故隐患，未及时向特种设备安全监督管理部门报告的。

第八十二条　已经取得许可、核准的特种设备生产单位、检验检测机构有下列行为之一的，由特种设备安全监督管理部门责令改正，处2万元以上10万元以下罚款；情节严重的，撤销其相应资格：

（一）未按照安全技术规范的要求办理许可证变更手续的；

（二）不再符合本条例规定或者安全技术规范要求的条件，继续从事特种设备生产、检验检测的；

（三）未依照本条例规定或者安全技术规范要求进行特种设备生产、检验检测的；

（四）伪造、变造、出租、出借、转让许可证书或者监督检验报告的。

第八十三条　特种设备使用单位有下列情形之一的，由特种设备安全监督管理部门责令限期改正；逾期未改正的，处2000元以上2万元以下罚款；情节严重的，责令停止使用或者停产停业整顿：

（一）特种设备投入使用前或者投入使用后30日内，未向特种设备安全监督管理部门登记，擅自将其投入使用的；

（二）未依照本条例第二十六条的规定，建立特种设备安全技术档案的；

（三）未依照本条例第二十七条的规定，对在用特种设备进行经常性日常维护保养和定期自行检查的，或者对在用特种设备的安全附件、安全保护装置、测量调控装置及有关附属仪器仪表进行定期校验、检修，并作出记录的；

（四）未按照安全技术规范的定期检验要求，在安全检验合格有效期届满前 1 个月向特种设备检验检测机构提出定期检验要求的；

（五）使用未经定期检验或者检验不合格的特种设备的；

（六）特种设备出现故障或者发生异常情况，未对其进行全面检查、消除事故隐患，继续投入使用的；

（七）未制定特种设备事故应急专项预案的；

（八）未依照本条例第三十一条第二款的规定，对电梯进行清洁、润滑、调整和检查的；

（九）未按照安全技术规范要求进行锅炉水（介）质处理的；

（十）特种设备不符合能效指标，未及时采取相应措施进行整改的。

特种设备使用单位使用未取得生产许可的单位生产的特种设备或者将非承压锅炉、非压力容器作为承压锅炉、压力容器使用的，由特种设备安全监督管理部门责令停止使用，予以没收，处 2 万元以上 10 万元以下罚款。

第八十四条　特种设备存在严重事故隐患，无改造、维修价值，或者超过安全技术规范规定的使用年限，特种设备使用单位未予以报废，并向原登记的特种设备安全监督管理部门办理注销的，由特种设备安全监督管理部门责令限期改正；逾期未改正的，处 5 万元以上 20 万元以下罚款。

第八十五条　电梯、客运索道、大型游乐设施的运营使用单位有下列情形之一的，由特种设备安全监督管理部门责令限期改正；逾期未改正的，责令停止使用或者停产停业整顿，处 1 万元以上 5 万元以下罚款：

（一）客运索道、大型游乐设施每日投入使用前，未进行试运行和例行安全检查，并对安全装置进行检查确认的；

（二）未将电梯、客运索道、大型游乐设施的安全注意事项和警示标志置于易于为乘客注意的显著位置的。

第八十六条　特种设备使用单位有下列情形之一的，由特种设备安全监督管理部门责令限期改正；逾期未改正的，责令停止使用或者停产停业整顿，处 2000 元以上 2 万元以下罚款：

（一）未依照本条例规定设置特种设备安全管理机构或者配备专职、兼职的安全管理人员的；

（二）从事特种设备作业的人员，未取得相应特种作业人员证书，上岗作业的；

（三）未对特种设备作业人员进行特种设备安全教育和培训的。

第八十七条　发生特种设备事故，有下列情形之一的，对单位，由特种设备安全监督管理部门处 5 万元以上 20 万元以下罚款；对主要负责人，由特种设备安全监督管理部门处 4000 元以上 2 万元以下罚款；属于国家工作人员的，依法给予处分；触犯刑律的，依照刑法关于重大责任事故罪或者其他罪的规定，依法追究刑事责任：

（一）特种设备使用单位的主要负责人在本单位发生特种设备事故时，不立即组织抢救或者在事故调查处理期间擅离职守或者逃匿的；

（二）特种设备使用单位的主要负责人对特种设备事故隐瞒不报、谎报或者拖延不报的。

第八十八条　对事故发生负有责任的单位，由特种设备安全监督管理部门依照下列规定处以罚款：

（一）发生一般事故的，处 10 万元以上 20 万元以下罚款；

（二）发生较大事故的，处 20 万元以上 50 万元以下罚款；

（三）发生重大事故的，处 50 万元以上 200 万元以下罚款。

第八十九条　对事故发生负有责任的单位的主要负责人未依法履行职责，导致事故发生的，由特种设备安全监督管理部门依照下列规定处以罚款；属于国家工作人员的，并依法给予处分；触犯刑律的，依照刑法关于重大责任事故罪或者其他罪的规定，依法追究刑事责任：

（一）发生一般事故的，处上一年年收入 30% 的罚款；

（二）发生较大事故的，处上一年年收入 40% 的罚款；

（三）发生重大事故的，处上一年年收入 60% 的罚款。

第九十条　特种设备作业人员违反特种设备的操作规程和有关的安全规章制度操作，或者在作业过程中发现事故隐患或者其他不安全因素，未立即向现场安全管理人员和单位有关负责人报告的，由特种设备使用单位给予批评教育、处分；情节严重的，撤销特种设备作业人员资格；触犯刑律的，依照刑法关于重大责任事故罪或者其他罪的规定，依法追究刑事责任。

第九十一条　未经核准，擅自从事本条例所规定的监督检验、定期检验、型式试验以及无损检测等检验检测活动的，由特种设备安全监督管理部门予以取缔，处5万元以上20万元以下罚款；有违法所得的，没收违法所得；触犯刑律的，对负有责任的主管人员和其他直接责任人员依照刑法关于非法经营罪或者其他罪的规定，依法追究刑事责任。

第九十二条　特种设备检验检测机构，有下列情形之一的，由特种设备安全监督管理部门处2万元以上10万元以下罚款；情节严重的，撤销其检验检测资格：

（一）聘用未经特种设备安全监督管理部门组织考核合格并取得检验检测人员证书的人员，从事相关检验检测工作的；

（二）在进行特种设备检验检测中，发现严重事故隐患或者能耗严重超标，未及时告知特种设备使用单位，并立即向特种设备安全监督管理部门报告的。

第九十三条　特种设备检验检测机构和检验检测人员，出具虚假的检验检测结果、鉴定结论或者检验检测结果、鉴定结论严重失实的，由特种设备安全监督管理部门对检验检测机构没收违法所得，处5万元以上20万元以下罚款，情节严重的，撤销其检验检测资格；对检验检测人员处5000元以上5万元以下罚款，情节严重的，撤销其检验检测资格，触犯刑律的，依照刑法关于中介组织人员提供虚假证明文件罪、中介组织人员出具证明文件重大失实罪或者其他罪的规定，依法追究刑事责任。

特种设备检验检测机构和检验检测人员，出具虚假的检验检测结果、鉴定结论或者检验检测结果、鉴定结论严重失实，造成损害的，应当承担赔偿责任。

第九十四条　特种设备检验检测机构或者检验检测人员从事特种设备的生产、销售，或者以其名义推荐或者监制、监销特种设备的，由特种设备安全监督管理部门撤销特种设备检验检测机构和检验检测人员的资格，处5万元以上20万元以下罚款；有违法所得的，没收违法所得。

第九十五条　特种设备检验检测机构和检验检测人员利用检验检测工作故意刁难特种设备生产、使用单位，由特种设备安全监督管理部门责令改正；拒不改正的，撤销其检验检测资格。

第九十六条　检验检测人员，从事检验检测工作，不在特种设备检验检测机构执业或者同时在两个以上检验检测机构中执业的，由特种设备安全监督管理部门责令改正，情节严重的，给予停止执业6个月以上2年以下的处罚；有违法所得的，没收违法所得。

第九十七条　特种设备安全监督管理部门及其特种设备安全监察人员，有下列违法行为之一的，对直接负责的主管人员和其他直接责任人员，依法给予降级或者撤职的处分；触犯刑律的，依照刑法关于受贿罪、滥用职权罪、玩忽职守罪或者其他罪的规定，依法追究刑事责任：

（一）不按照本条例规定的条件和安全技术规范要求，实施许可、核准、登记的；

（二）发现未经许可、核准、登记擅自从事特种设备的生产、使用或者检验检测活动不予取缔或者不依法予以处理的；

（三）发现特种设备生产、使用单位不再具备本条例规定的条件而不撤销其原许可，或者发现特种设备生产、使用违法行为不予查处的；

（四）发现特种设备检验检测机构不再具备本条例规定的条件而不撤销其原核准，或者对其出具虚假的检验检测结果、鉴定结论或者检验检测结果、鉴定结论严重失实的行为不予查处的；

（五）对依照本条例规定在其他地方取得许可的特种设备生产单位重复进行许可，或者对依照本条例规定在其他地方检验检测合格的特种设备，重复进行检验检测的；

（六）发现有违反本条例和安全技术规范的行为或者在用的特种设备存在严重事故隐患，不立即处理的；

（七）发现重大的违法行为或者严重事故隐患，未及时向上级特种设备安全监督管理部门报告，或者接到报告的特种设备安全监督管理部门不立即处理的；

（八）迟报、漏报、瞒报或者谎报事故的；

（九）妨碍事故救援或者事故调查处理的。

第九十八条　特种设备的生产、使用单位或者检验检测机构，拒不接受特种设备安全监督管理部门依法实施的安全监察的，由特种设备安全监督管理部门责令限期改正；逾期未改正的，责令停产停业整顿，处2万元以上10万元以下罚款；触犯刑律的，依照刑法关于妨害公务罪或者其他罪的规定，依法追究刑事责任。

特种设备生产、使用单位擅自动用、调换、转移、损毁被查封、扣押的特种设备或者其主要部件的，由特种设备安全监督管理部门责令改正，处5万元以上20万元以下罚款；情节严重的，撤销其相应资格。

第八章 附 则

第九十九条 本条例下列用语的含义是：

（一）锅炉，是指利用各种燃料、电或者其他能源，将所盛装的液体加热到一定的参数，并对外输出热能的设备，其范围规定为容积大于或者等于 30L 的承压蒸汽锅炉；出口水压大于或者等于 0.1MPa（表压），且额定功率大于或者等于 0.1MW 的承压热水锅炉；有机热载体锅炉。

（二）压力容器，是指盛装气体或者液体，承载一定压力的密闭设备，其范围规定为最高工作压力大于或者等于 0.1MPa（表压），且压力与容积的乘积大于或者等于 2.5MPa·L 的气体、液化气体和最高工作温度高于或者等于标准沸点的液体的固定式容器和移动式容器；盛装公称工作压力大于或者等于 0.2MPa（表压），且压力与容积的乘积大于或者等于 1.0MPa·L 的气体、液化气体和标准沸点等于或者低于 60℃ 液体的气瓶；氧舱等。

（三）压力管道，是指利用一定的压力，用于输送气体或者液体的管状设备，其范围规定为最高工作压力大于或者等于 0.1MPa（表压）的气体、液化气体、蒸汽介质或者可燃、易爆、有毒、有腐蚀性、最高工作温度高于或者等于标准沸点的液体介质，且公称直径大于 25mm 的管道。

（四）电梯，是指动力驱动，利用沿刚性导轨运行的箱体或者沿固定线路运行的梯级（踏步），进行升降或者平行运送人、货物的机电设备，包括载人（货）电梯、自动扶梯、自动人行道等。

（五）起重机械，是指用于垂直升降或者垂直升降并水平移动重物的机电设备，其范围规定为额定起重量大于或者等于 0.5t 的升降机；额定起重量大于或者等于 1t，且提升高度大于或者等于 2m 的起重机和承重形式固定的电动葫芦等。

（六）客运索道，是指动力驱动，利用柔性绳索牵引箱体等运载工具运送人员的机电设备，包括客运架空索道、客运缆车、客运拖牵索道等。

（七）大型游乐设施，是指用于经营目的，承载乘客游乐的设施，其范围规定为设计最大运行线速度大于或者等于 2m/s，或者运行高度距地面高于或者等于 2m 的载人大型游乐设施。

（八）场（厂）内专用机动车辆，是指除道路交通、农用车辆以外仅在工厂厂区、旅游景区、游乐场所等特定区域使用的专用机动车辆。

特种设备包括其所用的材料、附属的安全附件、安全保护装置和与安全保护装置相关的设施。

第一百条　压力管道设计、安装、使用的安全监督管理办法由国务院另行制定。

第一百零一条　国务院特种设备安全监督管理部门可以授权省、自治区、直辖市特种设备安全监督管理部门负责本条例规定的特种设备行政许可工作，具体办法由国务院特种设备安全监督管理部门制定。

第一百零二条　特种设备行政许可、检验检测，应当按照国家有关规定收取费用。

第一百零三条　本条例自 2003 年 6 月 1 日起施行。1982 年 2 月 6 日国务院发布的《锅炉压力容器安全监察暂行条例》同时废止。

节能监察办法

第一章 总 则

第一条 为规范节能监察行为，提升节能监察效能，提高全社会能源利用效率，依据《中华人民共和国节约能源法》等有关法律、法规，结合节能监察工作实际，制定本办法。

第二条 本办法所称节能监察，是指依法开展节能监察的机构（以下简称节能监察机构）对能源生产、经营、使用单位和其他相关单位（以下简称被监察单位）执行节能法律、法规、规章和强制性节能标准的情况等进行监督检查，对违法违规用能行为予以处理，并提出依法用能、合理用能建议的行为。

第三条 国家发展和改革委员会负责全国节能监察工作的统筹协调和指导。

县级以上地方人民政府管理节能工作的部门负责本行政区域内节能监察工作的统筹协调和指导。

第四条 节能监察应当遵循合法、公开、公平、公正的原则。

第二章 节能监察机构职责

第五条 省、市、县三级节能监察机构的节能监察任务分工，由省级人民政府管理节能工作的部门结合本地实际确定。

上一级节能监察机构应当对下一级节能监察机构的业务进行指导。

第六条 节能监察机构应当开展下列工作：

（一）监督检查被监察单位执行节能法律、法规、规章和强制性节能标准的情况，督促被监察单位依法用能、合理用能，依法处理违法违规行为；

（二）受理对违法违规用能行为的举报和投诉，办理其他行政执法单位依法移送或者政府有关部门交办的违法违规用能案件；

（三）协助政府管理节能工作的部门和有关部门开展其他节能监督管理工作；

（四）节能法律、法规、规章和规范性文件规定的其他工作。

第七条　节能监察机构应当配备必要的取证仪器和装备，具有从事节能监察所需的现场检测取证和合理用能评估等能力。

第八条　节能监察人员应当取得行政执法证件，并具备开展节能监察工作需要的专业素质和业务能力。

节能监察机构应当定期对节能监察人员进行业务培训。

第九条　实施节能监察不得向被监察单位收取费用。

第十条　节能监察机构应当建立健全相关保密制度，保守被监察单位的技术和商业秘密。

第三章　节能监察实施

第十一条　节能监察机构依照授权或者委托，具体实施节能监察工作。节能监察应当包括下列内容：

（一）建立落实节能目标责任制、节能计划、节能管理和技术措施等情况；

（二）落实固定资产投资项目节能评估和审查制度的情况，包括节能评估和审查实施情况、节能审查意见落实情况等；

（三）执行用能设备和生产工艺淘汰制度的情况；

（四）执行强制性节能标准的情况；

（五）执行能源统计、能源利用状况分析和报告制度的情况；

（六）执行设立能源管理岗位、聘任能源管理负责人等有关制度的情况；

（七）执行用能产品能源效率标识制度的情况；

（八）公共机构采购和使用节能产品、设备以及开展能源审计的情况；

（九）从事节能咨询、设计、评估、检测、审计、认证等服务的机构贯彻节能要求、提供信息真实性等情况；

（十）节能法律、法规、规章规定的其他应当实施节能监察的事项。

第十二条　县级以上人民政府管理节能工作的部门应当会同有关部门结合本地实

际，编制节能监察计划并组织节能监察机构实施。

节能监察计划的实施情况应当报本级人民政府管理节能工作的部门。

第十三条　节能监察分为书面监察和现场监察。

实施书面监察，应当将实施监察的依据、内容、时间和要求书面通知被监察单位。

实施现场监察，应当于实施监察的五日前将监察的依据、内容、时间和要求书面通知被监察单位。办理涉嫌违法违规案件、举报投诉和应当以抽查方式实施的节能监察除外。

第十四条　实施书面监察时，被监察单位应当按照书面通知要求如实报送材料。节能监察机构应当在 20 个工作日内对被监察单位报送材料的完整性、真实性，以及是否符合节能法律、法规、规章和强制性节能标准等情况进行审查。

被监察单位所报材料信息不完整的，节能监察机构可以要求被监察单位在 5 个工作日内补充完善，补充完善所用时间不计入审查期限。

第十五条　有下列情形之一的，节能监察机构应当实施现场监察：

（一）节能监察计划规定应当进行现场监察的；

（二）书面监察发现涉嫌违法违规的；

（三）需要对被监察单位的能源利用状况进行现场监测的；

（四）需要现场确认被监察单位落实限期整改通知书要求的；

（五）被监察单位主要耗能设备、生产工艺或者能源利用状况发生重大变化影响节能的；

（六）对举报、投诉内容需要现场核实的；

（七）应当实施现场节能监察的其他情形。

第十六条　现场监察应当有两名以上节能监察人员在场，并出示有效的行政执法证件，告知被监察单位实施节能监察的依据、内容、要求和方法，并制作现场监察笔录，必要时还应当制作询问笔录。

监察笔录和询问笔录应当如实记录实施节能监察的时间、地点、内容、参加人员、现场监察和询问的实际情况，并由节能监察人员和被监察单位的法定代表人或者其委托人、被询问人确认并签名；拒绝签名的，应当由两名以上节能监察人员在监察笔录或者询问笔录中如实注明，不影响监察结果的认定。

第十七条　实施现场监察可以采取下列措施：

（一）进入有关场所进行勘察、采样、拍照、录音、录像、制作笔录等；

（二）查阅、复制或者摘录与节能监察事项有关的文件、账目等资料；

（三）约见、询问有关人员，要求说明有关事项、提供相关材料；

（四）对用能产品、设备和生产工艺的能源利用状况等进行监测和分析评价；

（五）责令被监察单位停止明显违法违规用能行为；

（六）节能法律、法规、规章规定可以采取的其他措施。

第十八条　被监察单位有违反节能法律、法规、规章和强制性节能标准行为的，节能监察机构应当下达限期整改通知书。

被监察单位有不合理用能行为，但尚未违反节能法律、法规、规章和强制性节能标准的，节能监察机构应当下达节能监察建议书，提出节能建议或者节能措施。

节能监察机构在作出限期整改通知书前，应当充分听取被监察单位的意见，对被监察单位提出的事实、理由和证据应当进行复核。被监察单位提出的事实、理由和证据成立的，节能监察机构应当采纳。

限期整改通知书或者节能监察建议书应当在对本单位的节能监察活动结束后15日内送达被监察单位。

被监察单位对限期整改通知书有异议的，可依法申请行政复议或者提起行政诉讼。

第十九条　被监察单位应当按照限期整改通知书的要求进行整改。节能监察机构应当进行跟踪检查并督促落实。

被监察单位的整改期限一般不超过6个月。确需延长整改期限的，被监察单位应当在期限届满15日前以书面形式向节能监察机构提出延期申请，节能监察机构应当在期限届满前作出是否准予延期的决定，延期最长不得超过3个月。节能监察机构未在期限届满前作出决定的，视为同意延期。

第二十条　节能监察机构在同一年度内对被监察单位的同一监察内容不得重复监察。但确认被监察单位整改落实情况、处理举报投诉和由上一级节能监察机构组织的抽查除外。

第二十一条　节能监察人员与被监察单位有利害关系或者其他关系，可能影响公正监察的，应当回避。

第二十二条　建立节能监察情况公布制度。节能监察机构应当向社会公布违反节能法律、法规和标准的企业名单、整改期限、措施要求等节能监察结果。

第四章　法律责任

第二十三条　被监察单位应当配合节能监察人员依法实施节能监察。

被监察单位拒绝依法实施节能监察的，由有处罚权的节能监察机构或委托开展节能监察的单位给予警告，责令限期改正；拒不改正的，处 1 万元以上 3 万元以下罚款。阻碍依法实施节能监察的，移交公安机关按照《治安管理处罚法》相关规定处理，构成犯罪的，依法追究刑事责任。

第二十四条　被监察单位在整改期限届满后，整改未达到要求的，由节能监察机构将相关情况向社会公布，并纳入社会信用体系记录。被监察单位仍有违反节能法律、法规、规章和强制性节能标准的用能行为的，由节能监察机构将有关线索转交有处罚权的机关进行处理。

第二十五条　节能监察机构实施节能监察有违法违规行为的，被监察单位有权向本级人民政府管理节能监察机构的机构或者上一级节能监察机构投诉。

节能监察人员滥用职权、玩忽职守、徇私舞弊，有下列情形之一的，由有管理权限的机构依法给予处分；构成犯罪的，依法追究刑事责任：

（一）泄露被监察单位的技术秘密和商业秘密的；

（二）利用职务之便非法谋取利益的；

（三）实施节能监察时向被监察单位收费或者变相收费的；

（四）有其他违法违规行为并造成较为严重后果的。

第五章　附　则

第二十六条　本办法由国家发展和改革委员会负责解释。

第二十七条　本办法自 2016 年 3 月 1 日起施行。

固定资产投资项目节能评估和审查暂行办法

第一章 总 则

第一条 为加强固定资产投资项目节能管理，促进科学合理利用能源，从源头上杜绝能源浪费，提高能源利用效率，根据《中华人民共和国节约能源法》和《国务院关于加强节能工作的决定》，制定本办法。

第二条 本办法适用于各级人民政府发展改革部门管理的在我国境内建设的固定资产投资项目。

第三条 本办法所称节能评估，是指根据节能法规、标准，对固定资产投资项目的能源利用是否科学合理进行分析评估，并编制节能评估报告书、节能评估报告表（以下统称节能评估文件）或填写节能登记表的行为。

本办法所称节能审查，是指根据节能法规、标准，对项目节能评估文件进行审查并形成审查意见，或对节能登记表进行登记备案的行为。

第四条 固定资产投资项目节能评估文件及其审查意见、节能登记表及其登记备案意见，作为项目审批、核准或开工建设的前置性条件以及项目设计、施工和竣工验收的重要依据。

未按本办法规定进行节能审查，或节能审查未获通过的固定资产投资项目，项目审批、核准机关不得审批、核准，建设单位不得开工建设，已经建成的不得投入生产、使用。

第二章 节能评估

第五条 固定资产投资项目节能评估按照项目建成投产后年能源消费量实行分类管理。

（一）年综合能源消费量 3000 吨标准煤以上（含 3000 吨标准煤，电力折算系数按当量值，下同），或年电力消费量 500 万千瓦时以上，或年石油消费量 1000 吨以上，或年天然气消费量 100 万立方米以上的固定资产投资项目，应单独编制节能评估报告书。

（二）年综合能源消费量 1000～3000 吨标准煤（不含 3000 吨，下同），或年电力消费量 200 万～500 万千瓦时，或年石油消费量 500～1000 吨，或年天然气消费量 50 万～100 万立方米的固定资产投资项目，应单独编制节能评估报告表。

上述条款以外的项目，应填写节能登记表。

第六条　固定资产投资项目节能评估报告书应包括下列内容：

（一）评估依据；

（二）项目概况；

（三）能源供应情况评估，包括项目所在地能源资源条件以及项目对所在地能源消费的影响评估；

（四）项目建设方案节能评估，包括项目选址、总平面布置、生产工艺、用能工艺和用能设备等方面的节能评估；

（五）项目能源消耗和能效水平评估，包括能源消费量、能源消费结构、能源利用效率等方面的分析评估；

（六）节能措施评估，包括技术措施和管理措施评估；

（七）存在问题及建议；

（八）结论。

节能评估文件和节能登记表应按照本办法附件要求的内容深度和格式编制。

第七条　固定资产投资项目建设单位应委托有能力的机构编制节能评估文件。项目建设单位可自行填写节能登记表。

第八条　固定资产投资项目节能评估文件的编制费用执行国家有关规定，列入项目概预算。

第三章　节能审查

第九条　固定资产投资项目节能审查按照项目管理权限实行分级管理。由国家发展改革委核报国务院审批或核准的项目以及由国家发展改革委审批或核准的项目，其节能审查由国家发展改革委负责；由地方人民政府发展改革部门审批、核准、备案或核报本级人民政府审批、核准的项目，其节能审查由地方人民政府发展改革部门负责。

第十条 按照有关规定实行审批或核准制的固定资产投资项目，建设单位应在报送可行性研究报告或项目申请报告时，一同报送节能评估文件提请审查或报送节能登记表进行登记备案。

按照省级人民政府有关规定实行备案制的固定资产投资项目，按照项目所在地省级人民政府有关规定进行节能评估和审查。

第十一条 节能审查机关收到项目节能评估文件后，要委托有关机构进行评审，形成评审意见，作为节能审查的重要依据。

接受委托的评审机构应在节能审查机关规定的时间内提出评审意见。评审机构在进行评审时，可以要求项目建设单位就有关问题进行说明或补充材料。

第十二条 固定资产投资项目节能评估文件评审费用应由节能审查机关的同级财政安排，标准按照国家有关规定执行。

第十三条 节能审查机关主要依据以下条件对项目节能评估文件进行审查：

（一）节能评估依据的法律、法规、标准、规范、政策等准确适用；

（二）节能评估文件的内容深度符合要求；

（三）项目用能分析客观准确，评估方法科学，评估结论正确；

（四）节能评估文件提出的措施建议合理可行。

第十四条 节能审查机关应在收到固定资产投资项目节能评估报告书后 15 个工作日内、收到节能评估报告表后 10 个工作日内形成节能审查意见，应在收到节能登记表后 5 个工作日内予以登记备案。

节能评估文件委托评审的时间不计算在前款规定的审查期限内，节能审查（包括委托评审）的时间不得超过项目审批或核准时限。

第十五条 固定资产投资项目的节能审查意见，与项目审批或核准文件一同印发。

第十六条 固定资产投资项目如申请重新审批、核准或申请核准文件延期，应一同重新进行节能审查或节能审查意见延期审核。

第四章 监管和处罚

第十七条 在固定资产投资项目设计、施工及投入使用过程中，节能审查机关负责对节能评估文件及其节能审查意见、节能登记表及其登记备案意见的落实情况进行监督检查。

第十八条 建设单位以拆分项目、提供虚假材料等不正当手段通过节能审查的，由节能审查机关撤销对项目的节能审查意见或节能登记备案意见，由项目审批、核准机关撤销对项目的审批或核准。

第十九条 节能评估文件编制机构弄虚作假，导致节能评估文件内容失实的，由节能审查机关责令改正，并依法予以处罚。

第二十条 负责节能评审、审查、验收的工作人员徇私舞弊、滥用职权、玩忽职守，导致评审结论严重失实或违规通过节能审查的，依法给予行政处分；构成犯罪的，依法追究刑事责任。

第二十一条 负责项目审批或核准的工作人员，对未进行节能审查或节能审查未获通过的固定资产投资项目，违反本办法规定擅自审批或核准的，依法给予行政处分；构成犯罪的，依法追究刑事责任。

第二十二条 对未按本办法规定进行节能评估和审查，或节能审查未获通过，擅自开工建设或擅自投入生产、使用的固定资产投资项目，由节能审查机关责令停止建设或停止生产、使用，限期改造；不能改造或逾期不改造的生产性项目，由节能审查机关报请本级人民政府按照国务院规定的权限责令关闭；并依法追究有关责任人的责任。

第五章 附 则

第二十三条 省级人民政府发展改革部门，可根据《中华人民共和国节约能源法》《国务院关于加强节能工作的决定》和本办法，制定具体实施办法。

第二十四条 本办法由国家发展和改革委员会负责解释。

第二十五条 本办法自 2010 年 11 月 1 日起施行。

固定资产投资项目节能评估报告书内容深度要求

一、评估依据

相关法律、法规、规划、行业准入条件、产业政策，相关标准及规范，节能技术、产品推荐目录，国家明令淘汰的用能产品、设备、生产工艺等目录，以及相关工程资料和技术合同等。

二、项目概况

（一）建设单位基本情况。建设单位名称、性质、地址、邮编、法人代表、项目联系人及联系方式，企业运营总体情况。

（二）项目基本情况。项目名称、建设地点、项目性质、建设规模及内容、项目工艺方案、总平面布置、主要经济技术指标、项目进度计划等（改、扩建项目需对项目原基本情况进行说明）。

（三）项目用能概况。主要供、用能系统与设备的初步选择，能源消耗种类、数量及能源使用分布情况（改、扩建项目需对项目原用能情况及存在的问题进行说明）。

三、能源供应情况分析评估

（一）项目所在地能源供应条件及消费情况。

（二）项目能源消费对当地能源消费的影响。

四、项目建设方案节能评估

（一）项目选址、总平面布置对能源消费的影响。

（二）项目工艺流程、技术方案对能源消费的影响。

（三）主要用能工艺和工序，及其能耗指标和能效水平。

（四）主要耗能设备，及其能耗指标和能效水平。

（五）辅助生产和附属生产设施及其能耗指标和能效水平。

五、项目能源消耗及能效水平评估

（一）项目能源消费种类、来源及消费量分析评估。

（二）能源加工、转换、利用情况（可采用能量平衡表）分析评估。

（三）能效水平分析评估。包括单位产品（产值）综合能耗、可比能耗，主要工序（艺）单耗，单位建筑面积分品种实物能耗和综合能耗，单位投资能耗等。

六、节能措施评估

（一）节能措施。

1. 节能技术措施。生产工艺、动力、建筑、给排水、暖通与空调、照明、控制、电气等方面的节能技术措施，包括节能新技术、新工艺、新设备应用，余热、余压、可燃气体回收利用，建筑围护结构及保温隔热措施，资源综合利用，新能源和可再生能源利用等。

2. 节能管理措施。节能管理制度和措施，能源管理机构及人员配备，能源统计、监测及计量仪器仪表配置等。

（二）单项节能工程。未纳入建设项目主导工艺流程和拟分期建设的节能工程，详细论述工艺流程、设备选型、单项工程节能量计算、单位节能量投资、投资估算及投资回收期等。

（三）节能措施效果评估。节能措施节能量测算，单位产品（建筑面积）能耗、主要工序（艺）能耗、单位投资能耗等指标国际国内对比分析，设计指标是否达到同行业国内先进水平或国际先进水平。

（四）节能措施经济性评估。节能技术和管理措施的成本及经济效益测算和评估。

七、存在问题及建议

八、结论

九、附图、附表

厂（场）区总平面图、车间工艺平面布置图；主要耗能设备一览表；主要能源和耗能工质品种及年需求量表；能量平衡表等。

固定资产投资项目节能评估报告表

项目名称				
建设单位				
法人代表		联系人		
通讯地址	省（自治区、直辖市）　　　　市（县）			
联系电话		传真	邮政编码	
建设地点				
项目投资管理类别	审批□	核准□		备案□
项目所属行业				
建设性质	新建□　改建□　扩建□	项目总投资		
工程建设内容及规模				
项目主要耗能品种及耗能量				
节能评估依据	相关法律、法规等			
	行业与区域规划、行业准入与产业政策等			
	相关标准与规范等			

能源供应情况分析评估	项目建设地概况及能源消费情况（单位地区生产总值能耗、单位工业增加值能耗、水耗、单位建筑面积能耗、节能目标等）
	项目所在地能源资源供应条件
	项目对当地能源消费的影响
项目用能情况分析评估	工艺流程与技术方案（对于改扩建项目，应对原有工艺、技术方案进行说明）对能源消费的影响
	主要耗能工序及其能耗指标
	主要耗能设备及其能耗指标
	辅助生产和附属生产设施及其能耗指标
	总体能耗指标（单位产品能耗、主要工序单耗、单位建筑面积能耗、单位产值或增加值能耗等）

	节能技术措施分析评估（生产工艺、动力、建筑、给排水、暖通与空调、照明、控制、电气等方面的节能技术措施）
节能措施评估	
	节能管理措施分析评估（节能管理制度和措施，能源管理机构及人员配备，能源计量器具配备，能源统计、监测措施等）
结论与建议	

固定资产投资项目节能登记表

项目编号：

项目名称：　　　　　　　　　　　　　　　　填表日期：　　　年　　月　　日

<table>
<tr><td rowspan="9">项目概况</td><td>项目建设单位</td><td colspan="2">（盖章）</td><td>单位负责人</td><td></td></tr>
<tr><td>通讯地址</td><td colspan="2"></td><td>负责人电话</td><td></td></tr>
<tr><td>建设地点</td><td colspan="2"></td><td>邮　编</td><td></td></tr>
<tr><td>联系人</td><td colspan="2"></td><td>联系人电话</td><td></td></tr>
<tr><td>项目性质</td><td colspan="2">□新建　　□改建　　□扩建</td><td>项目总投资</td><td>万元</td></tr>
<tr><td>投资管理类别</td><td colspan="2">审批□</td><td>核准□</td><td>备案□</td></tr>
<tr><td>项目所属行业</td><td colspan="2"></td><td>建筑面积（m²）</td><td></td></tr>
<tr><td>建设规模及
主要内容</td><td colspan="4"></td></tr>
</table>

<table>
<tr><td rowspan="10">年耗能量</td><td>能源种类</td><td>计量单位</td><td>年需要实物量</td><td>参考折标系数</td><td>年耗能量（吨标准煤）</td></tr>
<tr><td></td><td></td><td></td><td></td><td></td></tr>
<tr><td></td><td></td><td></td><td></td><td></td></tr>
<tr><td colspan="4">能源消费总量（吨标准煤）</td><td></td></tr>
<tr><td>耗能工质种类</td><td>计量单位</td><td>年需要实物量</td><td>参考折标系数</td><td>年耗能量（吨标准煤）</td></tr>
<tr><td></td><td></td><td></td><td></td><td></td></tr>
<tr><td></td><td></td><td></td><td></td><td></td></tr>
<tr><td colspan="4">耗能工质总量（吨标准煤）</td><td></td></tr>
<tr><td colspan="4">项目年耗能总量（吨标准煤）</td><td></td></tr>
</table>

项目节能措施简述（采用的节能设计标准、规范以及节能新技术、新产品并说明项目能源利用效率）：
其他需要说明的情况：
节能审查登记备案意见：   （签　章） 　　年　　月　　日

注：各种能源及耗能工质折标准煤参考系数参照《综合能耗计算通则》（GB/T 2589）。

清洁生产审核办法

第一章 总 则

第一条 为促进清洁生产，规范清洁生产审核行为，根据《中华人民共和国清洁生产促进法》，制定本办法。

第二条 本办法所称清洁生产审核，是指按照一定程序，对生产和服务过程进行调查和诊断，找出能耗高、物耗高、污染重的原因，提出降低能耗、物耗、废物产生以及减少有毒有害物料的使用、产生和废弃物资源化利用的方案，进而选定并实施技术经济及环境可行的清洁生产方案的过程。

第三条 本办法适用于中华人民共和国领域内所有从事生产和服务活动的单位以及从事相关管理活动的部门。

第四条 国家发展和改革委员会会同环境保护部负责全国清洁生产审核的组织、协调、指导和监督工作。县级以上地方人民政府确定的清洁生产综合协调部门会同环境保护主管部门、管理节能工作的部门（以下简称"节能主管部门"）和其他有关部门，根据本地区实际情况，组织开展清洁生产审核。

第五条 清洁生产审核应当以企业为主体，遵循企业自愿审核与国家强制审核相结合、企业自主审核与外部协助审核相结合的原则，因地制宜、有序开展、注重实效。

第二章 清洁生产审核范围

第六条 清洁生产审核分为自愿性审核和强制性审核。

第七条 国家鼓励企业自愿开展清洁生产审核。本办法第八条规定以外的企业，可以自愿组织实施清洁生产审核。

第八条 有下列情形之一的企业，应当实施强制性清洁生产审核：

（一）污染物排放超过国家或者地方规定的排放标准，或者虽未超过国家或者地方规定的排放标准，但超过重点污染物排放总量控制指标的；

（二）超过单位产品能源消耗限额标准构成高耗能的；

（三）使用有毒有害原料进行生产或者在生产中排放有毒有害物质的。

其中有毒有害原料或物质包括以下几类：

第一类，危险废物。包括列入《国家危险废物名录》的危险废物，以及根据国家规定的危险废物鉴别标准和鉴别方法认定的具有危险特性的废物。

第二类，剧毒化学品、列入《重点环境管理危险化学品目录》的化学品，以及含有上述化学品的物质。

第三类，含有铅、汞、镉、铬等重金属和类金属砷的物质。

第四类，《关于持久性有机污染物的斯德哥尔摩公约》附件所列物质。

第五类，其他具有毒性、可能污染环境的物质。

第三章 清洁生产审核的实施

第九条 本办法第八条第（一）款、第（三）款规定实施强制性清洁生产审核的企业名单，由所在地县级以上环境保护主管部门按照管理权限提出，逐级报省级环境保护主管部门核定后确定，根据属地原则书面通知企业，并抄送同级清洁生产综合协调部门和行业管理部门。

本办法第八条第（二）款规定实施强制性清洁生产审核的企业名单，由所在地县级以上节能主管部门按照管理权限提出，逐级报省级节能主管部门核定后确定，根据属地原则书面通知企业，并抄送同级清洁生产综合协调部门和行业管理部门。

第十条 各省级环境保护主管部门、节能主管部门应当按照各自职责，分别汇总提出应当实施强制性清洁生产审核的企业单位名单，由清洁生产综合协调部门会同环境保护主管部门或节能主管部门，在官方网站或采取其他便于公众知晓的方式分期分批发布。

第十一条 实施强制性清洁生产审核的企业，应当在名单公布后一个月内，在当地主要媒体、企业官方网站或采取其他便于公众知晓的方式公布企业相关信息。

（一）本办法第八条第（一）款规定实施强制性清洁生产审核的企业，公布的主要信息包括：企业名称、法人代表、企业所在地址、排放污染物名称、排放方式、排放浓度和总量、超标及超总量情况。

（二）本办法第八条第（二）款规定实施强制性清洁生产审核的企业，公布的主要信息包括：企业名称、法人代表、企业所在地址、主要能源品种及消耗量、单位产值能耗、单位产品能耗、超过单位产品能耗限额标准情况。

（三）本办法第八条第（三）款规定实施强制性清洁生产审核的企业，公布的主要信息包括：企业名称、法人代表、企业所在地址、使用有毒有害原料的名称、数量、用途，排放有毒有害物质的名称、浓度和数量，危险废物的产生和处置情况，依法落实环境风险防控措施情况等。

（四）符合本办法第八条两款以上情况的企业，应当参照上述要求同时公布相关信息。

企业应对其公布信息的真实性负责。

第十二条　列入实施强制性清洁生产审核名单的企业应当在名单公布后两个月内开展清洁生产审核。

本办法第八条第（三）款规定实施强制性清洁生产审核的企业，两次清洁生产审核的间隔时间不得超过5年。

第十三条　自愿实施清洁生产审核的企业可参照强制性清洁生产审核的程序开展审核。

第十四条　清洁生产审核程序原则上包括审核准备、预审核、审核、方案的产生和筛选、方案的确定、方案的实施、持续清洁生产等。

第四章　清洁生产审核的组织和管理

第十五条　清洁生产审核以企业自行组织开展为主。实施强制性清洁生产审核的企业，如果自行独立组织开展清洁生产审核，应具备本办法第十六条第（二）款、第（三）款的条件。

不具备独立开展清洁生产审核能力的企业，可以聘请外部专家或委托具备相应能力的咨询服务机构协助开展清洁生产审核。

第十六条　协助企业组织开展清洁生产审核工作的咨询服务机构，应当具备下列条件：

（一）具有独立法人资格，具备为企业清洁生产审核提供公平、公正和高效率服务的质量保证体系和管理制度。

（二）具备开展清洁生产审核物料平衡测试、能量和水平衡测试的基本检测分析器具、设备或手段。

（三）拥有熟悉相关行业生产工艺、技术规程和节能、节水、污染防治管理要求的技术人员。

（四）拥有掌握清洁生产审核方法并具有清洁生产审核咨询经验的技术人员。

第十七条　列入本办法第八条第（一）款和第（三）款规定实施强制性清洁生产审核的企业，应当在名单公布之日起一年内，完成本轮清洁生产审核并将清洁生产审核报告报当地县级以上环境保护主管部门和清洁生产综合协调部门。

列入第八条第（二）款规定实施强制性清洁生产审核的企业，应当在名单公布之日起一年内，完成本轮清洁生产审核并将清洁生产审核报告报当地县级以上节能主管部门和清洁生产综合协调部门。

第十八条　县级以上清洁生产综合协调部门应当会同环境保护主管部门、节能主管部门，对企业实施强制性清洁生产审核的情况进行监督，督促企业按进度开展清洁生产审核。

第十九条　有关部门以及咨询服务机构应当为实施清洁生产审核的企业保守技术和商业秘密。

第二十条　县级以上环境保护主管部门或节能主管部门，应当在各自的职责范围内组织清洁生产专家或委托相关单位，对以下企业实施清洁生产审核的效果进行评估验收：

（一）国家考核的规划、行动计划中明确指出需要开展强制性清洁生产审核工作的企业。

（二）申请各级清洁生产、节能减排等财政资金的企业。

上述涉及本办法第八条第（一）款、第（三）款规定实施强制性清洁生产审核企业的评估验收工作由县级以上环境保护主管部门牵头，涉及本办法第八条第（二）款规定实施强制性清洁生产审核企业的评估验收工作由县级以上节能主管部门牵头。

第二十一条　对企业实施清洁生产审核评估的重点是对企业清洁生产审核过程的真实性、清洁生产审核报告的规范性、清洁生产方案的合理性和有效性进行评估。

第二十二条　对企业实施清洁生产审核的效果进行验收，应当包括以下主要内容：

（一）企业实施完成清洁生产方案后，污染减排、能源资源利用效率、工艺装备控制、产品和服务等改进效果，环境、经济效益是否达到预期目标。

（二）按照清洁生产评价指标体系，对企业清洁生产水平进行评定。

第二十三条　对本办法第二十条中企业实施清洁生产审核效果的评估验收，所需费用由组织评估验收的部门报请地方政府纳入预算。承担评估验收工作的部门或者单位不得向被评估验收企业收取费用。

第二十四条　自愿实施清洁生产审核的企业如需评估验收，可参照强制性清洁生产审核的相关条款执行。

第二十五条　清洁生产审核评估验收的结果可作为落后产能界定等工作的参考依据。

第二十六条　县级以上清洁生产综合协调部门会同环境保护主管部门、节能主管部门，应当每年定期向上一级清洁生产综合协调部门和环境保护主管部门、节能主管部门报送辖区内企业开展清洁生产审核情况、评估验收工作情况。

第二十七条　国家发展和改革委员会、环境保护部会同相关部门建立国家级清洁生产专家库，发布行业清洁生产评价指标体系、重点行业清洁生产审核指南，组织开展清洁生产培训，为企业开展清洁生产审核提供信息和技术支持。

各级清洁生产综合协调部门会同环境保护主管部门、节能主管部门可以根据本地实际情况，组织开展清洁生产培训，建立地方清洁生产专家库。

第五章　奖励和处罚

第二十八条　对自愿实施清洁生产审核，以及清洁生产方案实施后成效显著的企业，由省级清洁生产综合协调部门和环境保护主管部门、节能主管部门对其进行表彰，并在当地主要媒体上公布。

第二十九条　各级清洁生产综合协调部门及其他有关部门在制定实施国家重点投资计划和地方投资计划时，应当将企业清洁生产实施方案中的提高能源资源利用效率、预防污染、综合利用等清洁生产项目列为重点领域，加大投资支持力度。

第三十条　排污费资金可以用于支持企业实施清洁生产。对符合《排污费征收使用管理条例》规定的清洁生产项目，各级财政部门、环境保护部门在排污费使用上优先给予安排。

第三十一条　企业开展清洁生产审核和培训的费用，允许列入企业经营成本或者相关费用科目。

第三十二条　企业可以根据实际情况建立企业内部清洁生产表彰奖励制度，对清洁生产审核工作中成效显著的人员给予奖励。

第三十三条　对本办法第八条规定实施强制性清洁生产审核的企业，违反本办法第十一条规定的，按照《中华人民共和国清洁生产促进法》第三十六条规定处罚。

第三十四条　违反本办法第八条、第十七条规定，不实施强制性清洁生产审核或在审核中弄虚作假的，或者实施强制性清洁生产审核的企业不报告或者不如实报告审核结果的，按照《中华人民共和国清洁生产促进法》第三十九条规定处罚。

第三十五条　企业委托的咨询服务机构不按照规定内容、程序进行清洁生产审核，弄虚作假、提供虚假审核报告的，由省、自治区、直辖市、计划单列市及新疆生产建设兵团清洁生产综合协调部门会同环境保护主管部门或节能主管部门责令其改正，并公布其名单。造成严重后果的，追究其法律责任。

第三十六条　对违反本办法相关规定受到处罚的企业或咨询服务机构，由省级清洁生产综合协调部门和环境保护主管部门、节能主管部门建立信用记录，归集至全国信用信息共享平台，会同其他有关部门和单位实行联合惩戒。

第三十七条　有关部门的工作人员玩忽职守，泄露企业技术和商业秘密，造成企业经济损失的，按照国家相应法律法规予以处罚。

第六章　附　则

第三十八条　本办法由国家发展和改革委员会和环境保护部负责解释。

第三十九条　各省、自治区、直辖市、计划单列市及新疆生产建设兵团可以依照本办法制定实施细则。

第四十条　本办法自 2016 年 7 月 1 日起施行。原《清洁生产审核暂行办法》（国家发展和改革委员会、国家环境保护总局令第 16 号）同时废止。

公共机构能源审计管理暂行办法

第一条　为加强公共机构节能管理，规范公共机构能源审计工作，提高公共机构能源利用效率，节约财政支出，根据《中华人民共和国节约能源法》《党政机关厉行节约反对浪费条例》和《公共机构节能条例》等法律、法规，制定本办法。

第二条　公共机构能源审计是指依据有关法律、法规和标准，对公共机构的用能系统、设备的运行、管理及能源资源利用状况进行检验、核查和技术、经济分析评价，提出改进用能方式或提高用能效率建议和意见的行为。公共机构能源审计可由公共机构自行或委托能源审计服务机构，或由管理机关事务工作的机构委托能源审计服务机构实施。

第三条　公共机构能源审计应当坚持"全面客观、突出重点、量化细化、安全保密"原则。

第四条　国务院管理节能工作的部门会同国务院管理机关事务工作的机构，推进全国公共机构能源审计工作。

县级以上管理节能工作的部门会同同级地方人民政府管理机关事务工作的机构，推进本地区公共机构能源审计工作。

教育、科技、文化、卫生、体育等系统各级主管部门在同级管理机关事务工作的机构指导下，推进本级系统内公共机构能源审计工作。

第五条　县级以上各级人民政府管理机关事务工作的机构应当将能源审计工作内容纳入公共机构节能规划和工作计划，并与节能改造、合同能源管理、用能标准制定等工作相衔接。

第六条　年能源消费量达500吨标准煤以上或年电力消耗200万千瓦时以上或建筑面积1万平方米以上的公共机构或集中办公区每5年应开展一次能源审计，并纳入政府购买服务范围。

对存在下列情况之一的本级公共机构或集中办公区，县级以上各级人民政府管理机关事务工作的机构应结合工作实际，委托能源审计服务机构，组织开展能源审计：

（一）年能源消费总量占本级公共机构能源消费比重排前10%的；

（二）与上一年度相比年度能源消费量增长超过20%的；

（三）未完成年度节能目标任务的；

（四）其他有必要实施能源审计情况的。

第七条 县级以上各级人民政府管理机关事务工作的机构组织开展能源审计应符合以下要求：

（一）在实施能源审计10个工作日前，应书面通知被审计公共机构准备好相关资料；

（二）能源审计工作周期不超过1年，累计工作日不超过45天。

第八条 能源审计服务机构须具有独立法人资格，具备履行能源审计工作所必须的检验、测试等专业技术能力，具备相关领域认证资质或实验室认可资质。鼓励具备采用合同能源管理方式提供节能服务经验的企业承担能源审计服务工作。

第九条 能源审计服务机构开展能源审计，应符合《公共机构能源审计技术导则》及相关规范性文件的要求。

第十条 能源审计服务机构形成的能源审计报告应当书面征求被审计公共机构意见，被审计公共机构应当自接到能源审计报告之日起10个工作日内，提出书面意见。能源审计服务机构要进一步核实情况，对审计报告做相应修改，送达被审计公共机构；10个工作日内被审计公共机构未提出书面意见的，视同无异议。

第十一条 公共机构应当根据能源审计报告提出的建议和意见，采取提高能源利用效率的措施，2月内制定整改方案。

公共机构应对所属公共机构能源审计工作情况进行监督检查，督促其及时整改。

县级以上人民政府管理机关事务工作的机构应对法定职责范围内公共机构能源审计工作情况进行监督检查，督促其及时整改。

公共机构能源审计开展情况应作为节能目标责任评价考核的重要内容。

第十二条 公共机构应及时将本级及所属公共机构的能源审计报告、整改方案报送同级管理机关事务工作的机构。

县级以上人民政府管理机关事务工作的机构应于每年3月底前将上一年度法定职责范围内公共机构能源审计情况报送上级人民政府管理机关事务工作的机构，并抄送同级节能主管部门和有关行业主管部门。

第十三条　能源审计服务机构及工作人员须为被审计公共机构保守秘密，不得泄露国家秘密、商业秘密和技术秘密。

第十四条　能源审计服务机构有下列行为之一的，县级以上人民政府管理机关事务工作的机构应立即中止其能源审计工作，并会同管理节能工作的部门在官方网站按照有关规定向社会公示，并纳入信用体系记录，并依法追究其责任：

（一）在能源审计过程中违纪违规的；

（二）未履行能源审计合同的；

（三）能源审计结果与事实严重不符，有重大偏差的；

（四）未履行保密责任的。

第十五条　公共机构有下列行为之一的，由本级人民政府管理机关事务工作的机构会同管理节能工作的部门责令限期整改；逾期不改正的，予以通报：

（一）未按本办法规定组织实施能源审计的；

（二）拒绝、阻碍能源审计的；

（三）拒绝、拖延提供与能源审计有关资料，或者提供的资料不真实、不完整的；

（四）未按照能源审计结果进行整改的。

第十六条　县级以上各级人民政府管理机关事务工作的机构组织开展能源审计的工作经费，应按照国家有关规定列入部门预算，并按照规定程序向同级财政部门申请。

第十七条　本办法由国家发展和改革委员会会同国家机关事务管理局负责解释。

第十八条　本办法自 2016 年 3 月 1 日起施行。

节能低碳产品认证管理办法

第一章 总 则

第一条 为了提高用能产品以及其他产品的能源利用效率，改进材料利用，控制温室气体排放，应对气候变化，规范和管理节能低碳产品认证活动，根据《中华人民共和国节约能源法》《中华人民共和国认证认可条例》等法律、行政法规的规定，制定本办法。

第二条 本办法所称节能低碳产品认证，包括节能产品认证和低碳产品认证。节能产品认证是指由认证机构证明用能产品在能源利用效率方面符合相应国家标准、行业标准或者认证技术规范要求的合格评定活动；低碳产品认证是指由认证机构证明产品温室气体排放量符合相应低碳产品评价标准或者技术规范要求的合格评定活动。

第三条 在中华人民共和国境内从事节能低碳产品认证活动，应当遵守本办法。

第四条 国家质量监督检验检疫总局（以下简称国家质检总局）主管全国节能低碳产品认证工作；国家发展和改革委员会（以下简称国家发展改革委）负责指导开展节能低碳产品认证工作。

国家认证认可监督管理委员会（以下简称国家认监委）负责节能低碳产品认证的组织实施、监督管理和综合协调工作。

地方各级质量技术监督部门和各地出入境检验检疫机构（以下统称地方质检两局）按照各自职责，负责所辖区域内节能低碳产品认证活动的监督管理工作。

第五条 国家发展改革委、国家质检总局和国家认监委会同国务院有关部门建立节能低碳产品认证部际协调工作机制，共同确定产品认证目录、认证依据、认证结果采信等有关事项。

节能、低碳产品认证目录由国家发展改革委、国家质检总局和国家认监委联合发布。

第六条 国家发展改革委、国家质检总局、国家认监委以及国务院有关部门，依据《中华人民共和国节约能源法》以及国家相关产业政策规定，在工业、建筑、交通运输、公共机构等领域，推动相关机构开展节能低碳产品认证等服务活动，并采信认证结果。

国家发展改革委、国务院其他有关部门以及地方政府主管部门依据相关产业政策，推动节能低碳产品认证活动，鼓励使用获得节能低碳认证的产品。

第七条 从事节能低碳产品认证活动的机构及其人员，对其从业活动中所知悉的商业秘密和技术秘密负有保密义务。

第二章　认证实施

第八条 节能、低碳产品认证规则由国家认监委会同国家发展改革委制定。涉及国务院有关部门职责的，应当征求国务院有关部门意见。

节能、低碳产品认证规则由国家认监委发布。

第九条 从事节能低碳产品认证的认证机构应当依法设立，符合《中华人民共和国认证认可条例》《认证机构管理办法》规定的基本条件和产品认证机构通用要求，并具备从事节能低碳产品认证活动相关技术能力。

第十条 从事节能低碳产品认证相关检验检测活动的机构应当依法经过资质认定，符合检验检测机构能力的通用要求，并具备从事节能低碳产品认证检验检测工作相关技术能力。

第十一条 国家认监委对从事节能低碳产品认证活动的认证机构，依法予以批准。

节能低碳产品认证机构名录及相关信息经节能低碳产品认证部际协调工作机制研究后，由国家认监委公布。

第十二条 从事节能低碳产品认证检查或者核查的人员，应当具备检查或者核查的技术能力，并经国家认证人员注册机构注册。

第十三条 产品的生产者或者销售者（以下简称认证委托人）可以委托认证机构进行节能、低碳产品认证，并按照认证规则的规定提交相关资料。

认证机构经审查符合认证条件的，应当予以受理。

第十四条　认证机构受理认证委托后，应当按照节能、低碳产品认证规则的规定，安排产品检验检测、工厂检查或者现场核查。

第十五条　认证机构应当对认证委托人提供样品的真实性进行审查，并根据产品特点和实际情况，采取认证委托人送样、现场抽样或者现场封样后由委托人送样等方式，委托符合本办法规定的检验检测机构对样品进行产品型式试验。

第十六条　检验检测机构对样品进行检验检测，应当确保检验检测结果的真实、准确，并对检验检测全过程做出完整记录，归档留存，保证检验检测过程和结果具有可追溯性，配合认证机构对获证产品进行有效的跟踪检查。

检验检测机构及其有关人员应当对其作出的检验检测报告内容以及检验检测结论负责，对样品真实性有疑义的，应当向认证机构说明情况，并作出相应处理。

第十七条　根据认证规则需要进行工厂检查或者核查的，认证机构应当委派经国家认证人员注册机构注册的认证检查员或者认证核查员，进行检查或者核查。

节能产品认证的检查，需要对产品生产企业的质量保证能力、生产产品与型式试验样品的一致性等情况进行检查。

低碳产品认证的核查，需要对产品生产工艺流程与相关提交文件的一致性、生产相关过程的能量和物料平衡、证据的可靠性、生产产品与检测样品的一致性、生产相关能耗监测设备的状态、碳排放计算的完整性以及产品生产企业的质量保证水平和能力等情况进行核查。

第十八条　认证机构完成产品检验检测和工厂检查或者核查后，对符合认证要求的，向认证委托人出具认证证书；对不符合认证要求的，应当书面通知认证委托人，并说明理由。

认证机构及其有关人员应当对其作出的认证结论负责。

第十九条　认证机构应当按照认证规则的规定，采取适当合理的方式和频次，对取得认证的产品及其生产企业实施有效的跟踪检查，控制并验证取得认证的产品持续符合认证要求。

对于不能持续符合认证要求的，认证机构应当根据相应情形作出暂停或者撤销认证证书的处理，并予公布。

第二十条　认证机构应当依法公开节能低碳产品认证收费标准、产品获证情况等相关信息，并定期将节能低碳产品认证结果采信等有关数据和工作情况，报告国家认监委。

第二十一条　国家认监委和国家发展改革委组建节能低碳认证技术委员会，对涉及认证技术的重大问题进行研究和审议。

认证技术委员会为非常设机构，由国务院相关部门、行业协会、认证机构、企业代表以及相关专家担任委员。

第二十二条　认证机构应当建立风险防范机制，采取设立风险基金或者投保等合理、有效的防范措施，防范节能低碳产品认证活动可能引发的风险和责任。

第三章　认证证书和认证标志

第二十三条　节能、低碳产品认证证书的格式、内容由国家认监委统一制定发布。

第二十四条　认证证书应当包括以下基本内容：

（一）认证委托人名称、地址；

（二）产品生产者（制造商）名称、地址；

（三）被委托生产企业名称、地址（需要时）；

（四）产品名称和产品系列、规格/型号；

（五）认证依据；

（六）认证模式；

（七）发证日期和有效期限；

（八）发证机构；

（九）证书编号；

（十）产品碳排放清单及其附件；

（十一）其他需要标注的内容。

第二十五条　认证证书有效期为3年。

认证机构应当根据其对取得认证的产品及其生产企业的跟踪检查情况，在认证证书上注明年度检查有效状态的查询网址和电话。

第二十六条　认证机构应当按照认证规则的规定，针对不同情形，及时作出认证证书的变更、扩展、注销、暂停或者撤销的处理决定。

第二十七条　节能产品认证标志的式样由基本图案、认证机构识别信息组成，基本图案如图1所示，其中ABCDE代表认证机构简称。

ABCDE

图1 节能产品认证标志

低碳产品认证标志的式样由基本图案、认证机构识别信息组成，基本图案如图2所示，其中 ABCDE 代表认证机构简称。

ABCDE

图2 低碳产品认证标志

第二十八条 取得节能低碳产品认证的认证委托人，应当建立认证证书和认证标志使用管理制度，对认证标志的使用情况如实记录和存档，并在产品或者其包装物、广告、产品介绍等宣传材料中正确标注和使用认证标志。

认证机构应当采取有效措施，监督获证产品的认证委托人正确使用认证证书和认证标志。

第二十九条 任何组织和个人不得伪造、变造、冒用、非法买卖和转让节能、低碳产品认证证书和认证标志。

第四章 监督管理

第三十条 国家质检总局、国家认监委对节能低碳产品认证机构和检验检测机构开展定期或者不定期的专项监督检查，发现违法违规行为的，依法进行查处。

第三十一条 地方质检两局按照各自职责，依法对所辖区域内的节能低碳产品认证活动实施监督检查，对违法行为进行查处。

第三十二条　认证委托人对认证机构的认证活动以及认证结论有异议的，可以向认证机构提出申诉，对认证机构处理结果仍有异议的，可以向国家认监委申诉。

第三十三条　任何组织和个人对节能低碳产品认证活动中的违法违规行为，有权向国家认监委或者地方质检两局举报，国家认监委或者地方质检两局应当及时调查处理，并为举报人保密。

第三十四条　伪造、变造、冒用、非法买卖或者转让节能、低碳产品认证证书的，由地方质检两局责令改正，并处3万元罚款。

第三十五条　伪造、变造、冒用、非法买卖节能、低碳产品认证标志的，依照《中华人民共和国进出口商品检验法》《中华人民共和国产品质量法》的规定处罚。

转让节能、低碳产品认证标志的，由地方质检两局责令改正，并处3万元以下的罚款。

第三十六条　对于节能低碳产品认证活动中的其他违法行为，依照相关法律、行政法规和部门规章的规定予以处罚。

第三十七条　国家发展改革委、国家质检总局、国家认监委对节能低碳产品认证相关主体的违法违规行为建立信用记录，并纳入全国统一的信用信息共享交换平台。

第五章　附　　则

第三十八条　认证机构可以根据市场需求，在国家尚未制定认证规则的节能低碳产品认证新领域，自行开展相关产品认证业务，自行制定的认证规则应当向国家认监委备案。

第三十九条　节能低碳产品认证应当依照国家有关规定收取费用。

第四十条　本办法由国家质检总局、国家发展改革委在各自职权范围内负责解释。

第四十一条　本办法自2015年11月1日起施行。国家发展改革委、国家认监委于2013年2月18日制定发布的《低碳产品认证管理暂行办法》同时废止。

重点用能单位节能管理办法

第一章 总 则

第一条 为加强重点用能单位的节能管理，提高能源利用效率和经济效益，保护环境，根据《中华人民共和国节约能源法》的规定，制定本办法。

第二条 本办法所称重点用能单位是指：

（一）年综合能源消费量1万吨标准煤以上（含1万吨，下同）的用能单位；

（二）各省、自治区、直辖市经济贸易委员会（经济委员会、计划与经济委员会，下同）指定的年综合能源消费量5000吨标准煤以上（含5000吨，下同）、不足1万吨标准煤的用能单位。能源消费的核算单位是法人企业。

第三条 重点用能单位应遵守《中华人民共和国节约能源法》及本办法的规定，按照合理用能的原则，加强节能管理，推进技术进步，提高能源利用效率，降低成本，提高效益，减少环境污染。

第二章 监督管理

第四条 国家经济贸易委员会负责全国重点用能单位节能监督管理工作。国务院有关部门在各自的职责范围内协助做好重点用能单位节能监督管理工作。各省、自治区、直辖市经济贸易委员会负责本行政区内重点用能单位节能监督管理工作。

第五条 国家经济贸易委员会会同国家统计局定期公布年综合能源消费量1万吨标准煤以上的重点用能单位名单，并定期发布年综合能源消费量1万吨标准煤以上的重点用能单位能源利用状况公报。

第六条 各省、自治区、直辖市经济贸易委员会会同同级统计部门，定期公布本行政区内年综合能源消费量 5000 吨标准煤以上、不足 1 万吨标准煤的重点用能单位名单，并报国家经济贸易委员会备案；定期发布本行政区内年综合能源消费量 5000 吨标准煤以上、不足 1 万吨标准煤的重点用能单位能源利用状况公报。

第七条　各省、自治区、直辖市经济贸易委员会按照年综合能源消费量制定重点用能单位分级管理方案并报国家经济贸易委员会备案。

实施分级管理的主管经济贸易委员会履行下列职责：

（一）组织对重点用能单位的固定资产投资工程项目可行性研究报告中的节能篇（章）提出评价意见；

（二）监督检查重点用能单位的主要耗能设备和工艺系统能源利用状况，委托具有检验测试资格的单位对重点用能单位进行节能的检验测试；

（三）会同同级质量技术监督管理部门检查重点用能单位能源计量工作，会同同级统计管理部门检查重点用能单位能源消费和能源利用状况统计工作。

第八条　国家经济贸易委员会和省、自治区、直辖市经济贸易委员会负责委托具有培训条件的单位，对重点用能单位的能源管理人员进行节能培训。

第三章　重点用能单位的节能管理

第九条　重点用能单位应贯彻执行国家的节能法律、法规、方针、政策和标准。

第十条　重点用能单位应接受主管经济贸易委员会对其能源利用状况的监督、检查。

第十一条　重点用能单位应建立健全节能管理制度，运用科学的管理方法和先进的技术手段，制定并组织实施本单位节能计划和节能技术进步措施，合理有效地利用能源。

第十二条　重点用能单位每年应安排一定数额资金用于节能科研开发、节能技术改造和节能宣传与培训。

第十三条　重点用能单位应健全能源计量、监测管理制度，配备合格的能源计量器具、仪表，能源计量器具的配备和管理应达到《企业能源计量器具配备和管理导则》规定的国家标准。

第十四条　重点用能单位应建立能源消费统计和能源利用状况报告制度。重点用能单位应指定专人负责能源统计，建立健全原始记录和统计台账。

重点用能单位应在每年1月底前向主管经济贸易委员会报送上一年度的能源利用状况报告。报告应包括能源购入、能源加工转换与消费、单位产品能耗、主要耗能设备和工艺能耗、能源利用效率、能源管理、节能措施和节能经济效益分析、预测能源消费等。

第十五条　重点用能单位应建立能源消耗成本管理制度。重点用能单位应根据国家经济贸易委员会和省、自治区、直辖市经济贸易委员会会同有关部门制定的单位产品能耗限额，制定先进、合理的企业单位产品能耗限额，实行能源消耗成本管理。

第十六条　重点用能单位应建立有利于节约能源、降低消耗、提高经济效益的节能工作责任制。明确节能工作岗位的任务和责任，通过岗位责任制和能耗定额管理等形式将能源使用管理制度化、落实到人，纳入经济责任制。

第十七条　重点用能单位应开展节能宣传与培训。主要耗能设备操作人员未经节能培训不得上岗。

第十八条　重点用能单位应设立能源管理岗位，聘任的能源管理人员应熟悉国家有关节能法律、法规、方针、政策，具有节能知识、三年以上实际工作经验和工程师以上（含工程师）职称，并报主管经济贸易委员会备案。能源管理人员负责对本单位的能源利用状况进行监督检查。

第四章　奖　惩

第十九条　各级人民政府对在节能管理和节能技术进步中取得显著成绩的重点用能单位和个人给予表彰和奖励。

第二十条　重点用能单位应制定节奖超罚办法，安排一定的节能奖励资金，对节能工作中取得成绩的集体和个人给予奖励；对浪费能源的集体和个人给予惩罚。

第二十一条　重点用能单位违反本办法第十条规定，拒绝接受监督、检查的；或违反本办法第十四条规定，未建立能源消费统计和能源利用状况报告制度的；或违反本办法第十八条规定，未设立能源管理岗位或所聘能源管理人员不符合要求的，由主管经济贸易委员会以书面形式责令限期改正。逾期未改正的，对其及有关负责人给予通报批评。

第二十二条　重点用能单位虚报、瞒报、拒报、迟报、伪造、篡改能源消费统计资料的，按《中华人民共和国统计法》的有关规定予以处罚。

第五章 附 则

第二十三条 本办法由国家经济贸易委员会负责解释。

第二十四条 本办法自 1999 年 3 月 10 日起施行。

能源计量监督管理办法

第一条　为加强能源计量监督管理，促进节能减排和可持续发展，根据《中华人民共和国节约能源法》《中华人民共和国计量法》等法律法规，制定本办法。

第二条　在中华人民共和国境内用能单位从事能源计量活动以及实施能源计量监督管理适用本办法。

第三条　国家质量监督检验检疫总局对全国能源计量工作实施统一监督管理。

县级以上地方质量技术监督部门对本行政区域内的能源计量工作实施监督管理。

第四条　各级质量技术监督部门应当鼓励和支持能源计量新技术的开发、研究和应用，推广经济、适用、可靠性高、带有自动数据采集和传输功能、具有智能和物联网功能的能源计量器具，促进用能单位完善能源计量管理和检测体系，引导用能单位提高能源计量管理水平。

第五条　用能单位应当建立健全能源计量管理制度，明确计量管理职责，加强能源计量管理，确保能源计量数据真实准确。

第六条　用能单位应当配备符合规定要求的能源计量器具。

用能单位配备的能源计量器具应当满足能源分类、分级、分项计量要求。

第七条　用能单位应当建立能源计量器具台账，加强能源计量器具管理。

第八条　用能单位应当按照规定使用符合要求的能源计量器具，确保在用能源计量器具的量值准确可靠。

第九条　用能单位应当加强能源计量数据管理，建立完善的能源计量数据管理制度。

用能单位应当保证能源计量数据与能源计量器具实际测量结果相符，不得伪造或者篡改能源计量数据。

第十条　用能单位应当将能源计量数据作为统计调查、统计分析的基础，对各类能源消耗实行分类计量、统计。

第十一条　重点用能单位制定年度节能目标和实施方案，应当以能源计量数据为基础，有针对性地采取计量管理或者计量改造措施。

第十二条　重点用能单位应当配备专业人员从事能源计量工作。

重点用能单位的能源计量工作人员应当具有能源计量专业知识，定期接受能源计量专业知识培训。

第十三条　用能单位可以委托具备法定资质的社会公正计量行（站）对大宗能源的贸易交接、能源消耗状况实行第三方公正计量。

第十四条　计量技术机构可以开展以下能源计量服务活动，为能源计量监督管理提供技术支持：

（一）开展能源计量数据采集、监测；

（二）开展能源计量器具计量检定/校准技术研究，确保能源计量器具准确；

（三）能源计量技术研究、能源效率测试、用能产品能源效率计量检测等工作；

（四）接受委托开展能源审计、能源平衡测试、能源效率限额对标；

（五）开展其他能源计量服务活动。

第十五条　用能单位应当每年对其能源计量工作开展情况进行自查；发现问题的，应当及时整改。

第十六条　质量技术监督部门应当对用能单位能源计量工作情况、列入国家能源效率标识管理产品目录的用能产品能源效率实施监督检查。

任何单位和个人不得拒绝、阻碍依法开展的能源计量监督检查。

第十七条　质量技术监督部门应当对重点用能单位的能源计量器具配备和使用，计量数据管理以及能源计量工作人员配备和培训等能源计量工作情况开展定期审查。

第十八条　违反本办法规定，用能单位未按照规定配备、使用能源计量器具的，由县级以上地方质量技术监督部门按照《中华人民共和国节约能源法》第七十四条等规定予以处罚。

第十九条　违反本办法规定，重点用能单位未按照规定配备能源计量工作人员或者能源计量工作人员未接受能源计量专业知识培训的，由县级以上地方质量技术监督部门责令限期改正；逾期不改正的，处 1 万元以上 3 万元以下罚款。

第二十条　违反本办法规定，拒绝、阻碍能源计量监督检查的，由县级以上地方质量技术监督部门予以警告，可并处 1 万元以上 3 万元以下罚款；构成犯罪的，依法追究刑事责任。

第二十一条　从事能源计量监督管理的国家工作人员滥用职权，玩忽职守，徇私舞弊，情节轻微的，给予行政处分；构成犯罪的，依法追究刑事责任。

第二十二条　本办法由国家质量监督检验检疫总局负责解释。

第二十三条　本办法自 2010 年 11 月 1 日起施行。

高耗能特种设备节能监督管理办法

第一章　总　则

第一条　为加强高耗能特种设备节能审查和监管，提高能源利用效率，促进节能降耗，根据《中华人民共和国节约能源法》《特种设备安全监察条例》等法律、行政法规的规定，制定本办法。

第二条　本办法所称高耗能特种设备，是指在使用过程中能源消耗量或者转换量大，并具有较大节能空间的锅炉、换热压力容器、电梯等特种设备。

第三条　高耗能特种设备生产（含设计、制造、安装、改造、维修，下同）、使用、检验检测的节能监督管理，适用本办法。

第四条　国家质量监督检验检疫总局（以下简称国家质检总局）负责全国高耗能特种设备的节能监督管理工作。

地方各级质量技术监督部门负责本行政区域内高耗能特种设备的节能监督管理工作。

第五条　高耗能特种设备节能监督管理实行安全监察与节能监管相结合的工作机制。

第六条　高耗能特种设备的生产单位、使用单位、检验检测机构应当按照国家有关法律、法规、特种设备安全技术规范等有关规范和标准的要求，履行节能义务，做好高耗能特种设备节能工作，并接受国家质检总局和地方各级质量技术监督部门的监督检查。

第七条　国家鼓励高耗能特种设备的生产单位、使用单位应用新技术、新工艺、新产品，提高特种设备能效水平。对取得显著成绩的单位和个人，按照有关规定予以奖励。

第二章　高耗能特种设备的生产

第八条　高耗能特种设备生产单位应当按照国家有关法律、法规、特种设备安全技术规范等有关规范和标准的要求进行生产，确保生产的高耗能特种设备符合能效指标要求。

特种设备生产单位不得生产不符合能效指标要求或者国家产业政策明令淘汰的高耗能特种设备。

第九条　高耗能特种设备的设计，应当在设备结构、系统设计、材料选用、工艺制定、计量与监控装置配备等方面符合有关技术规范和标准的节能要求。

第十条　高耗能特种设备的设计文件，应当经特种设备检验检测机构，按照有关特种设备安全技术规范和标准的规定进行鉴定，方可用于制造。未经鉴定或者鉴定不合格的，制造单位不得进行产品制造。

第十一条　高耗能特种设备制造企业的新产品应当进行能效测试。未经能效测试或者测试结果未达到能效指标要求的，不得进行批量制造。

锅炉、换热压力容器产品在试制时进行能效测试。电梯产品在安全性能型式试验时进行能效测试。

第十二条　特种设备检验检测机构接到高耗能特种设备制造单位的产品能效测试申请，应当按照有关特种设备安全技术规范和标准的要求进行测试，并出具能效测试报告。

第十三条　特种设备检验检测机构对高耗能特种设备制造、安装、改造、维修过程进行安全性能监督检验时，应当同时按照有关特种设备安全技术规范的规定，对影响设备或者系统能效的项目、能效测试报告等进行节能监督检查。

未经节能监督检查或者监督检查结果不符合要求的，不得出厂或者交付使用。

第十四条　高耗能特种设备出厂文件应当附有特种设备安全技术规范要求的产品能效测试报告、设备经济运行文件和操作说明等文件。

第十五条　高耗能特种设备的安装、改造、维修，不得降低产品及其系统的原有能效指标。

特种设备检验检测机构发现设备和系统能效项目不符合相关特种设备安全技术规范要求时，应当及时告知高耗能特种设备安装、改造、维修单位。被告知单位应当依照特种设备安全技术规范要求进行评估或者能效测试，符合要求后方可交付使用。

第十六条　高耗能特种设备安装、改造、维修单位应当向使用单位移交有关节能技术资料。

第三章　高耗能特种设备的使用

第十七条　高耗能特种设备使用单位应当严格执行有关法律、法规、特种设备安全技术规范和标准的要求，确保设备及其相关系统安全、经济运行。

高耗能特种设备使用单位应当建立健全经济运行、能效计量监控与统计、能效考核等节能管理制度和岗位责任制度。

第十八条　高耗能特种设备使用单位应当使用符合能效指标要求的特种设备，按照有关特种设备安全技术规范、标准或者出厂文件的要求配备、安装辅机设备和能效监控装置、能源计量器具，并记录相关数据。

第十九条　高耗能特种设备使用单位办理特种设备使用登记时，应当按照有关特种设备安全技术规范的要求，提供有关能效证明文件。对国家明令淘汰的高耗能特种设备，不予办理使用登记。

第二十条　高耗能特种设备安全技术档案至少应当包括以下内容：

（一）含有设计能效指标的设计文件；

（二）能效测试报告；

（三）设备经济运行文件和操作说明书；

（四）日常运行能效监控记录、能耗状况记录；

（五）节能改造技术资料；

（六）能效定期检查记录。

第二十一条　对特种设备作业人员进行考核时，应当按照有关特种设备安全技术规范的规定，将节能管理知识和节能操作技能纳入高耗能特种设备的作业人员考核内容。

高耗能特种设备使用单位应当开展节能教育和培训，提高作业人员的节能意识和操作水平，确保特种设备安全、经济运行。高耗能特种设备的作业人员应当严格执行操作规程和节能管理制度。

第二十二条　锅炉使用单位应当按照特种设备安全技术规范的要求进行锅炉水

（介）质处理，接受特种设备检验检测机构实施的水（介）质处理定期检验，保障锅炉安全运行、提高能源利用效率。

第二十三条　锅炉清洗单位应当按照有关特种设备安全技术规范的要求对锅炉进行清洗，接受特种设备检验检测机构实施的锅炉清洗过程监督检验，保证锅炉清洗工作安全有效进行。

第二十四条　特种设备检验检测机构在特种设备定期检验时，应当按照特种设备安全技术规范和标准的要求对高耗能特种设备使用单位的节能管理和设备的能效状况进行检查。发现不符合特种设备安全技术规范和标准要求的，应当要求使用单位进行整改。当检查结果异常或者偏离设计参数难以判断设备运行效率时，应当由从事高耗能特种设备能效测试的检验检测机构进行能效测试，以准确评价其能效状况。

第二十五条　高耗能特种设备及其系统的运行能效不符合特种设备安全技术规范等有关规范和标准要求的，使用单位应当分析原因，采取有效措施，实施整改或者节能改造。整改或者改造后仍不符合能效指标要求的，不得继续使用。

第二十六条　对在用国家明令淘汰的高耗能特种设备，使用单位应当在规定的期限内予以改造或者更换。到期未改造或者更换的，不得继续使用。

第四章　监督管理

第二十七条　高耗能特种设备节能产品推广目录、淘汰产品目录，依照《中华人民共和国节约能源法》制定并公布。

第二十八条　各级质量技术监督部门发现高耗能特种设备生产单位、使用单位和检验检测机构违反有关法律、法规、特种设备安全技术规范和标准的行为，应当以书面形式责令有关单位予以改正。

第二十九条　地方各级质量技术监督部门应当加强对高耗能特种设备节能工作效果的信息收集，定期统计分析，及时向上一级质量技术监督部门报送，并将相关工作信息纳入特种设备动态监管体系。

第三十条　国家质检总局和省、自治区、直辖市质量技术监督部门应当定期向社会公布高耗能特种设备能效状况。

第三十一条　从事高耗能特种设备能效测试的检验检测机构，应当按照《特种设备安全监察条例》以及特种设备安全技术规范等有关规范和标准的要求，依法进行高耗能特种设备能效测试工作。

第三十二条　从事高耗能特种设备能效测试的检验检测机构，应当保证能效测试结果的准确性、公正性和可溯源性，对测试结果负责。

第三十三条　从事高耗能特种设备能效测试的检验检测机构，发现在用高耗能特种设备能耗严重超标的，应当及时告知使用单位，并报告所在地的特种设备安全监督管理部门。

第五章　附　　则

第三十四条　高耗能特种设备的生产、使用、检验检测活动违反本办法规定的，依照《中华人民共和国节约能源法》《特种设备安全监察条例》等相关法律法规的规定进行处罚和处分。

第三十五条　本办法由国家质检总局负责解释。

第三十六条　本办法自 2009 年 9 月 1 日起施行。

能源效率标识管理办法

第一章 总 则

第一条 为加强节能管理，推动节能技术进步，提高用能产品能源效率，依据《中华人民共和国节约能源法 v 中华人民共和国产品质量法》《中华人民共和国进出口商品检验法》及其实施条例、《中华人民共和国认证认可条例》，制定本办法。

第二条 本办法所称能源效率标识（以下简称能效标识），是指表示用能产品能源效率等级等性能指标的一种信息标识，属于产品符合性标志的范畴。

第三条 国家对节能潜力大、使用面广的用能产品实行能效标识管理。具体产品实行目录管理。

国家发展和改革委员会（以下简称国家发展改革委）、国家质量监督检验检疫总局（以下简称国家质检总局）和国家认证认可监督管理委员会（以下简称国家认监委）负责能效标识管理制度的建立并组织实施。国家发展改革委会同国家质检总局、国家认监委制定并公布《中华人民共和国实行能源效率标识的产品目录》（以下简称《目录》），规定统一适用的产品能效标准、实施规则、能效标识样式和规格。

第四条 地方各级人民政府管理节能工作的部门（以下简称地方节能主管部门）、地方各级质量技术监督部门和出入境检验检疫机构（以下简称地方质检部门），在各自职责范围内对所辖区域内能效标识的使用实施监督管理。

第五条 列入《目录》的用能产品生产者和进口商应当向国家质检总局和国家发展改革委授权的中国标准化研究院（以下简称授权机构）备案能效标识及相关信息。

第二章 能效标识的实施

第六条 生产者和进口商应当对列入《目录》的用能产品标注能效标识，根据国家统一规定的能效标识样式、规格以及标注规定印制和使用能效标识，并在产品包装物上或者使用说明书中予以说明。

列入《目录》的用能产品通过网络交易的，还应当在产品信息展示主页面醒目位置展示相应的能效标识。

在产品包装物、说明书、网络交易产品信息展示主页面以及广告宣传中使用的能效标识，可按比例放大或者缩小，并清晰可辨。

第七条 能效标识的名称为"中国能效标识"（英文名称为 China Energy Label），能效标识应当包括以下基本内容：

（一）生产者名称或者简称；

（二）产品规格型号；

（三）能效等级；

（四）能效指标；

（五）依据的能源效率强制性国家标准编号；

（六）能效信息码。

列入国家能效"领跑者"目录的产品，还应当包括能效"领跑者"相关信息。

第八条 列入《目录》的用能产品生产者和进口商，可以利用自有检测实验室或者委托依法取得资质认定的第三方检验检测机构，对产品进行检测，并依据能源效率强制性国家标准，确定产品能效等级。

企业自有检测实验室应当依据相关产品能源效率强制性国家标准规定的检测方法和要求进行检测，如实出具产品能效检测报告。

第三方检验检测机构接受生产者和进口商的委托，应当依据相关产品能源效率强制性国家标准规定的检测方法和要求进行检测，保证检测结果客观公正、真实准确，保守受检产品和企业的商业秘密，并承担相应法律责任。

第九条 利用自有检测实验室检测确定能效等级的生产者和进口商，应当保证其检测实验室具备按照能源效率强制性国家标准进行检测的能力，并鼓励其取得国家认可机构的认可。

利用自有检测实验室检测确定能效等级的生产者和进口商，对其检测实验室出具的产品能效检测报告负责，并承担相应法律责任。

第十条　列入《目录》的用能产品，生产者应当于出厂前、进口商应当于进口前向授权机构申请备案。能效标识备案应当提交以下材料：

（一）生产者营业执照或者登记注册证明复制件；进口商营业执照以及与境外生产者订立的相关合同复制件；

（二）产品能效检测报告；

（三）能效标识样本；

（四）产品基本配置清单等有关材料；

（五）利用自有检测实验室进行检测的，应当提供实验室检测

能力证明材料（包括实验室人员能力、设备能力和检测管理规范），已经获得国家认可机构认可的，还应当提供相应认可证书复制件；利用第三方检验检测机构进行检测的，应当提供检验检测机构的资质认定证书复制件。

（六）由代理人提交备案材料的，应当有生产者或者进口商的委托代理文件等。

上述材料应当真实、准确、完整。

外文材料应当附有中文译本，并以中文文本为准。

第十一条　进境的列入《目录》的用能产品符合下列情形之一的，可以免于标注能效标识及备案：

（一）外国驻华使馆、领事馆或者国际组织驻华机构及其外交人员的自用物品；

（二）香港、澳门特别行政区政府驻大陆官方机构及其工作人员的自用物品；

（三）入境人员随身从境外带入境内的自用物品；

（四）外国政府援助、赠送的物品；

（五）为科研、测试所需的产品；

（六）为考核技术引进生产线所需的零部件；

（七）直接为最终用户维修目的所需的产品；

（八）工厂生产线、成套生产线配套所需的设备和部件（不包含办公用品）。

第十二条　能效标识内容发生变化的，应当重新备案。

第十三条　授权机构应当对生产者和进口商使用的能效标识及产品能效检测报告进行核验。

第十四条　授权机构应当自收到完整备案材料之日起 10 个工作日内完成能效标识

的备案工作，并于备案完成之日起 5 个工作日内公告备案的能效标识样本。

能效标识备案不收取费用。

第十五条　生产者和进口商应当对其标注的能效标识及相关信息的准确性负责。

第十六条　销售者（含网络商品经营者）应当建立并执行进货检查验收制度，验明列入《目录》的用能产品能效标识，不得销售应当标注而未标注能效标识的产品。

第三方交易平台（场所）经营者对通过平台（场所）销售的列入《目录》的用能产品应当建立能效标识检查监控制度，发现违反本办法规定行为的，应当及时采取措施制止。

第十七条　任何单位和个人不得伪造、冒用能效标识或者利用能效标识进行虚假宣传。

第三章　监督管理

第十八条　国家质检总局负责组织实施对能效标识使用的监督检查、专项检查和验证管理。

地方质检部门负责对所辖区域内能效标识的使用实施监督检查、专项检查和验证管理，发现有违反本办法规定行为的，通报同级节能主管部门，并通知授权机构。

第十九条　授权机构应当撤销能效不合格产品生产者或者进口商的相关备案信息并及时公告。

第二十条　列入《目录》的用能产品生产者、进口商、销售者（含网络商品经营者）、第三方交易平台（场所）经营者、企业自有检测实验室和第三方检验检测机构应当接受监督检查、专项检查和验证管理。

企业自有检测实验室、第三方检验检测机构在能效检测中，伪造检验检测结果或者出具虚假能效检测报告的，授权机构自发现之日起一年内不再采信其检验检测结果。

第二十一条　授权机构应当建立规范的工作制度，客观、公正开展备案工作，保守备案产品和企业的商业秘密。

第二十二条　任何单位和个人对违反本办法规定的行为，可以向地方节能主管部门、地方质检部门举报。地方节能主管部门、地方质检部门应当及时调查处理，并为举报人保密，授权机构应当予以配合。

第二十三条　国家发展改革委、国家质检总局和国家认监委对违反本办法规定的行为建立信用记录，并纳入全国统一的信用信息共享交互平台。

第四章 罚 则

第二十四条 地方节能主管部门、地方质检部门依据《中华人民共和国节约能源法》等相关法律法规，在各自的职责范围内对违反本办法规定的行为进行处罚。

第二十五条 生产、进口、销售不符合能源效率强制性国家标准的用能产品，依据《中华人民共和国节约能源法》第七十条予以处罚。

第二十六条 在用能产品中掺杂、掺假，以假充真、以次充好，以不合格品冒充合格品的，或者进口属于掺杂、掺假，以假充真、以次充好，以不合格品冒充合格品的用能产品的，依据《中华人民共和国产品质量法》第五十条、《中华人民共和国进出口商品检验法》第三十五条的规定予以处罚。

第二十七条 违反本办法规定，应当标注能效标识而未标注的，未办理能效标识备案的，使用的能效标识不符合有关样式、规格等标注规定的（包括不符合网络交易产品能效标识展示要求的），伪造、冒用能效标识或者利用能效标识进行虚假宣传的，依据《中华人民共和国节约能源法》第七十三条予以处罚。

第二十八条 违反本办法规定，企业自有检测实验室、第三方检验检测机构在能效检测中，伪造检验检测结果或者出具虚假能效检测报告的，依据《中华人民共和国产品质量法》《检验检测机构资质认定管理办法》予以处罚。

第二十九条 从事能效标识管理的国家工作人员及授权机构工作人员，玩忽职守、滥用职权或者包庇纵容违法行为的，依法予以处分；构成犯罪的，依法追究刑事责任。

第五章 附 则

第三十条 本办法由国家发展改革委、国家质检总局负责解释。

第三十一条 本办法自 2016 年 6 月 1 日起施行。2004 年 8 月 13 日国家发展改革委、国家质检总局令第 17 号发布的《能源效率标识管理办法》同时废止。

公路、水路交通实施《中华人民共和国节约能源法》办法

第一章 总 则

第一条 为促进公路、水路交通节约能源，提高能源利用效率，根据《中华人民共和国节约能源法》，结合交通运输行业发展实际，制定本办法。

第二条 本办法适用于中华人民共和国境内公路、水路交通能源利用及节约能源监督管理活动。

第三条 本办法所称节约能源（以下简称节能），是指加强公路、水路交通用能管理，采取技术上可行、经济上合理以及环境和社会可以承受的措施，在公路、水路交通使用能源的各个环节，有效、合理地利用能源。

第四条 交通运输部负责全国公路、水路交通节能监督管理工作，并接受国务院管理节能工作的部门的指导。

县级以上地方人民政府交通运输主管部门负责本行政区域内交通运输行业的节能监督管理工作，并接受上级交通运输主管部门和同级管理节能工作的部门的指导。

第二章 加强节能管理

第五条 各级人民政府交通运输主管部门应当加强对节能工作的领导，建立健全公路、水路交通节能管理体制，实行节能目标责任制和节能考核评价制度，部署、协调、监督、检查、推动节能工作。

第六条 各级人民政府交通运输主管部门应当实施公共交通优先发展战略，指导、促进各种交通运输方式协调发展和有效衔接，引导优化交通运输结构，建设节能型综

合交通运输体系。

第七条　各级人民政府交通运输主管部门应当组织开展交通运输行业节能的宣传教育，增强交通运输行业节能意识。

第八条　交通运输部将公路、水路节能纳入交通发展规划，并根据交通发展规划组织编制和实施公路、水路交通节能规划。

县级以上地方人民政府交通运输主管部门可以根据本行政区域实际情况，在前款规定的公路、水路交通节能规划的范围内，制定本行政区域交通运输行业节能规划。

第九条　交通运输部建立公路、水路交通能源消耗报告、统计、分析制度，配合国务院统计部门加强对统计指标体系的科学研究，改进和规范能源消耗统计方法，做好公路、水路交通能源利用状况的统计和发布工作。

县级以上地方人民政府交通运输主管部门应当建立本行政区域公路、水路交通能源消耗报告、统计、分析制度。

第十条　各级人民政府交通运输主管部门应当严格执行交通运输营运车船燃料消耗量限值国家标准，组织建立交通运输营运车船燃料消耗检测体系并加强对检测的监督管理，确保交通运输营运车船符合燃料消耗量限值国家标准。

前款规定的交通运输营运车船燃料消耗量限值国家标准，由交通运输部会同国务院有关部门制定。在该标准出台前，交通运输部先行制定并实施交通运输营运车船燃料消耗量限值的行业标准。

第十一条　交通运输部制定、修订装机功率超过 300 千瓦的港口机械等交通用能设备的单位产品能耗限值标准，并由各级交通运输主管部门组织推广。

第十二条　交通固定资产投资项目严格执行投资项目节能评估和审查制度，确保项目符合强制性节能标准。具体评估办法按照国务院管理节能工作的部门会同国务院有关部门制定的有关规定执行。

第十三条　各级人民政府交通运输主管部门应当鼓励、支持开发先进节能技术，会同有关部门确定公路、水路交通开发先进节能技术的重点和方向，建立和完善交通节能技术服务体系。

交通运输部适时公布"营运车船节能产品（技术）目录"，引导使用先进的节能产品、技术，促进节能技术创新与成果转化。

交通运输部和省级人民政府交通运输主管部门负责组织实施交通运输行业重大节能科研项目、节能示范项目、重点节能工程。

第十四条　各级人民政府交通运输主管部门应当组织公路、水路交通节能检测机构建立节能监测体系，通过节能检测机构提供的节能检测结果，获取节能监测数据。

节能检测机构应当及时提供公路、水路交通节能检测结果，并对所提供的数据负责。

第十五条　各级人民政府交通运输主管部门应当向本级人民政府财政部门申请将节能工作经费列入财政预算，用于支持节能监督管理体系建设、节能技术研究开发、节能技术和产品的示范与推广、重点节能工程的实施、节能宣传培训、信息服务和表彰奖励等工作。

交通运输行业建立节能激励机制，逐步形成以国家和地方资金为引导、企业资金为主体的交通节能投入机制，设立各个层次的节能专项资金，用于鼓励、支持节能产品和技术的开发、推广和应用。

第十六条　节能技术服务机构、行业学会、协会等中介组织可以在交通运输主管部门的指导下，开展节能知识宣传和节能技术培训，提供节能信息、节能示范和其他节能服务。

第三章　交通用能单位合理使用与节约能源

第十七条　交通用能单位应当加强节能管理，制定并实施节能计划和节能技术措施，建立和完善节能管理制度，根据生产过程中运量、运力、施工作业等多种因素变化情况及时调整生产计划，提高交通用能设备的使用效率。

第十八条　交通用能单位应当加强对本单位职工的节能教育，促进本单位职工树立节能意识，并建立节能目标责任制，将节能目标完成情况作为绩效考核的内容之一。

交通用能单位可以根据本单位实际情况建立专项节能奖励机制，对节能工作取得成绩的集体、个人给予奖励。

第十九条　交通用能单位应当按照国家有关计量管理的法律、法规和有关规定，加强能源计量管理，配备和使用经依法检定合格和校准的能源计量器具，对各类能源的消耗实行分类计量。

第二十条　交通用能单位应当建立能源消耗统计制度，建立健全能源计量原始记录和统计台账，确保能源消耗统计数据真实、完整，并按照规定向有关部门报送有关统计数据和资料。

第二十一条　交通用能单位应当制定并执行本单位产品能耗定额标准，并定期对用能设备进行技术评定，对技术落后的老旧及高耗能设备，提出报废、更新、改造计划。

第二十二条　交通用能单位应当编制有利于节能的生产操作规程，并开展节能教育和节能培训；经培训考核合格的人员优先在能源管理岗位或者有关高耗能设备操作岗位上工作。

第二十三条　禁止购置、使用国家公布淘汰的用能产品和设备，不得将淘汰的用能产品、设备转让或者租借给他人使用。

第二十四条　交通用能单位不得对能源消费实行包费制。

第二十五条　交通重点用能单位应当定期向交通运输部、省级交通运输主管部门报送上一年度的能源利用状况报告。

交通能源利用状况报告应当包括以下内容：

（一）能源购入和消耗量；

（二）节能量；

（三）单位产品能耗或者产值能耗；

（四）用能效率和节能效益分析；

（五）节能措施；

（六）其他需要报告的情况。

本条第一款所称交通重点用能单位是指公路、水路交通年能耗超过5000吨标准煤的用能单位。

第二十六条　交通重点用能单位应当设立能源管理岗位，在具有节能专业知识、实际经验以及中级以上技术职称的人员中聘任能源管理负责人。

能源管理负责人负责组织对本单位用能状况进行分析、评价，提出并组织实施本单位节能工作的改进措施等。

鼓励交通重点用能单位以外的其他交通用能单位设立能源管理岗位，加强本单位能源管理。

第四章　法律责任

第二十七条　交通用能单位违反本办法有关规定，在科研、设计、生产中违反有关强制性节能标准规定的，由交通运输主管部门在职权范围内责令限期改正，并可以通报批评或者给予责任者行政处分。

第二十八条　交通用能单位有漏报、迟报、虚报、拒报或者其他不按照规定报送能源统计数据的行为的，按照《中华人民共和国统计法》的有关规定处理。

第二十九条　使用国家明令淘汰的用能设备的，将淘汰的用能设备转让他人使用的，或者有其他节能违法行为的，按照《中华人民共和国节约能源法》《中华人民共和国标准化法》的有关规定处理。

第三十条　交通运输主管部门工作人员在节能管理工作中存在滥用职权、玩忽职守、徇私舞弊等情况的，依法给予行政处分；构成犯罪的，依法移交司法机关处理。

第五章　附　则

第三十一条　本办法自 2008 年 9 月 1 日起施行。2000 年 6 月 16 日原交通部发布的《交通行业实施节约能源法细则》同时废止。

产业结构调整指导目录（2011 年本，2013 年修正）

第一类　鼓励类

一、农林业

1. 中低产田综合治理与稳产高产基本农田建设

2. 农产品基地建设

3. 蔬菜、瓜果、花卉设施栽培（含无土栽培）先进技术开发与应用

4. 优质、高产、高效标准化栽培技术开发与应用

5. 畜禽标准化规模养殖技术开发与应用

6. 重大病虫害及动物疫病防治

7. 农作物、家畜、家禽及水生动植物、野生动植物遗传工程及基因库建设

8. 动植物（含野生）优良品种选育、繁育、保种和开发；生物育种；种子生产、加工、贮藏及鉴定

9. 种（苗）脱毒技术开发与应用

10. 旱作节水农业、保护性耕作、生态农业建设、耕地质量建设及新开耕地快速培肥技术开发与应用

11. 生态种（养）技术开发与应用

12. 农用薄膜无污染降解技术及农田土壤重金属降解技术开发与应用

13. 绿色无公害饲料及添加剂开发

14. 内陆流域性大湖资源增殖保护工程

15. 远洋渔业、渔政渔港工程

16. 牛羊胚胎（体内）及精液工厂化生产

17. 农业生物技术开发与应用

18. 耕地保养管理与土、肥、水速测技术开发与应用

19. 农、林作物和渔业种质资源保护地、保护区建设；动植物种质资源收集、保存、鉴定、开发与应用

20. 农作物秸秆还田与综合利用（青贮饲料，秸秆氨化养牛、还田，秸秆沼气及热解、气化，培育食用菌，固化成型燃料，秸秆人造板，秸秆纤维素燃料乙醇、非粮饲料资源开发利用等）

21. 农村可再生资源综合利用开发工程（沼气工程、"三沼"综合利用、沼气灌装提纯等）

22. 平垸行洪退田还湖恢复工程

23. 食（药）用菌菌种培育

24. 草原、森林灾害综合治理工程

25. 利用非耕地的退耕（牧）还林（草）及天然草原植被恢复工程

26. 动物疫病新型诊断试剂、疫苗及低毒低残留兽药（含兽用生物制品）新工艺、新技术开发与应用

27. 优质高产牧草人工种植与加工

28. 天然橡胶及杜仲种植生产

29. 无公害农产品及其产地环境的有害元素监测技术开发与应用

30. 有机废弃物无害化处理及有机肥料产业化技术开发与应用

31. 农牧渔产品无公害、绿色生产技术开发与应用

32. 农林牧渔产品储运、保鲜、加工与综合利用

33. 天然林等自然资源保护工程

34. 碳汇林建设、植树种草工程及林木种苗工程

35. 水土流失综合治理技术开发与应用

36. 生态系统恢复与重建工程

37. 海洋、森林、野生动植物、湿地、荒漠、草原等自然保护区建设及生态示范工程

38. 防护林工程

39. 石漠化防治及防沙治沙工程

40. 固沙、保水、改土新材料生产

41. 抗盐与耐旱植物培植

42. 速生丰产林工程、工业原料林工程、珍贵树种培育及名特优新经济林建设

43. 竹藤基地建设、竹藤精深加工产品及竹副产品开发

44. 森林抚育、低产林改造工程

45. 野生经济林树种保护、改良及开发利用

46. 珍稀濒危野生动植物保护工程

47. 林业基因资源保护工程

48. 次小薪材、沙生灌木及三剩物深加工与产品开发

49. 野生动植物培植、驯养繁育基地及疫源疫病监测预警体系建设

50. 道地中药材及优质、丰产、濒危或紧缺动植物药材的种植（养殖）

51. 香料、野生花卉等林下资源人工培育与开发

52. 木基复合材料及结构用人造板技术开发

53. 木质复合材料、竹质工程材料生产及综合利用

54. 松脂林建设、林产化学品深加工

55. 人工增雨防雹等人工影响天气技术开发与应用

56. 数字（信息）农业技术开发与应用

57. 农业环境与治理保护技术开发与应用

58. 海水养殖及产品深加工，海洋渔业资源增殖与保护

59. 生态清洁型小流域建设及面源污染防治

60. 农田主要机耕道（桥）建设

61. 油茶、油棕等木本粮油基地建设

62. 生物质能源林定向培育与产业化

63. 粮油干燥节能设备、农户绿色储粮生物技术、驱鼠技术、农户新型储粮仓（彩钢板组合仓、钢骨架矩形仓、钢网式干燥仓、热浸镀锌钢板仓等）推广应用

64. 农作物、林木害虫密度自动监测技术开发与应用

65. 森林、草原火灾自动监测报警技术开发与应用

66. 气象卫星工程（卫星研制、生产及配套软件系统、地面接收处理设备等）和气象信息服务

二、水 利

1. 江河堤防建设及河道、水库治理工程

2. 跨流域调水工程

3. 城乡供水水源工程

4. 农村饮水安全工程

5. 蓄滞洪区建设

6. 海堤建设

7. 江河湖库清淤疏浚工程

8. 病险水库、水闸除险加固工程

9. 堤坝隐患监测与修复技术开发与应用

10. 城市积涝预警和防洪工程

11. 出海口门整治工程

12. 综合利用水利枢纽工程

13. 牧区水利工程

14. 淤地坝工程

15. 水利工程用土工合成材料及新型材料开发制造

16. 灌区改造及配套设施建设

17. 防洪抗旱应急设施建设

18. 高效输配水、节水灌溉技术推广应用

19. 水情水质自动监测及防洪调度自动化系统开发

20. 水文应急测报、旱情监测基础设施建设

21. 灌溉排水泵站更新改造工程

22. 水利血吸虫病防治工程（采用护坡、吹填、隔离沟、涵闸改造、设置沉螺池、抬洲降滩等防螺灭螺工程措施和疫情监测、防治宣教等措施）

23. 农田水利设施建设工程（灌排渠道、涵闸、泵站建设等）

24. 防汛抗旱新技术新产品开发与应用

25. 山洪地质灾害防治工程（山洪地质灾害防治区监测预报预警体系建设及山洪沟、泥石流沟和滑坡治理等）

26. 水生态系统及地下水保护与修复工程

27. 水源地保护工程（水源地保护区划分、隔离防护、水土保持、水资源保护、水生态环境修复及有关技术开发推广）

28. 水土流失监测预报自动化系统（水土流失数据采集存储、智能传输、数据分析

处理、科学预测预报、数据库管理一体化）开发与应用

29. 洪水风险图编制技术及应用（大江大河中下游及重点防洪区、防洪保护区等特定地区洪涝灾害信息专题地图）

30. 水资源管理信息系统建设（以水源、取水、输水、供水、用水、耗水和排水等水资源开发利用主要环节的监测及大江大河行政边界控制断面、地下水超采区监测为基础，以国家电子政务外网和国家防汛指挥系统骨干网为依托，以水资源业务应用系统为核心的综合管理信息系统）

31. 水文站网基础设施建设及其仪器设备开发与应用

三、煤　炭

1. 煤田地质及地球物理勘探

2. 120 万吨/年及以上高产高效煤矿（含矿井、露天）、高效选煤厂建设

3. 矿井灾害（瓦斯、煤尘、矿井水、火、围岩、地温、冲击地压等）防治

4. 型煤及水煤浆技术开发与应用

5. 煤炭共伴生资源加工与综合利用

6. 煤层气勘探、开发、利用和煤矿瓦斯抽采、利用

7. 煤矸石、煤泥、洗中煤等低热值燃料综合利用

8. 管道输煤

9. 煤炭高效洗选脱硫技术开发与应用

10. 选煤工程技术开发与应用

11. 地面沉陷区治理、矿井水资源保护与利用

12. 煤电一体化建设

13. 提高资源回收率的采煤方法、工艺开发与应用

14. 矿井采空区矸石回填技术开发与应用

15. 井下救援技术及特种装备开发与应用

16. 煤矿生产过程综合监控技术、装备开发与应用

17. 大型煤炭储运中心、煤炭交易市场建设

18. 矿井进出人员自动监控记录系统开发与应用

19. 新型矿工避险自救器材开发与应用

20. 建筑物下、铁路等基础设施下、水体下采用煤矸石等物质充填采煤技术开发与

应用

四、电　力

1. 水力发电

2. 单机 60 万千瓦及以上超临界、超超临界机组电站建设

3. 采用背压（抽背）型热电联产、热电冷多联产、30 万千瓦及以上热电联产机组

4. 缺水地区单机 60 万千瓦及以上大型空冷机组电站建设

5. 重要用电负荷中心且天然气充足地区天然气调峰发电项目

6. 30 万千瓦及以上循环流化床、增压流化床、整体煤气化联合循环发电等洁净煤发电

7. 单机 30 万千瓦及以上采用流化床锅炉并利用煤矸石、中煤、煤泥等发电

8. 500 千伏及以上交、直流输变电

9. 在役发电机组脱硫、脱硝改造

10. 电网改造与建设

11. 继电保护技术、电网运行安全监控信息技术开发与应用

12. 大型电站及大电网变电站集约化设计和自动化技术开发与应用

13. 跨区电网互联工程技术开发与应用

14. 输变电节能、环保技术推广应用

15. 降低输、变、配电损耗技术开发与应用

16. 分布式供电及并网技术推广应用

17. 燃煤发电机组脱硫、脱硝及复合污染物治理

18. 火力发电脱硝催化剂开发生产

19. 水力发电中低温水恢复措施工程、过鱼措施工程技术开发与应用

20. 大容量电能储存技术开发与应用

21. 电动汽车充电设施

22. 乏风瓦斯发电技术及开发利用

23. 垃圾焚烧发电成套设备

24. 分布式电源

五、新能源

1. 太阳能热发电集热系统、太阳能光伏发电系统集成技术开发应用、逆变控制系

统开发制造

2. 风电与光伏发电互补系统技术开发与应用

3. 太阳能建筑一体化组件设计与制造

4. 高效太阳能热水器及热水工程，太阳能中高温利用技术开发与设备制造

5. 生物质纤维素乙醇、生物柴油等非粮生物质燃料生产技术开发与应用

6. 生物质直燃、气化发电技术开发与设备制造

7. 农林生物质资源收集、运输、储存技术开发与设备制造；农林生物质成型燃料加工设备、锅炉和炉具制造

8. 以畜禽养殖场废弃物、城市填埋垃圾、工业有机废水等为原料的大型沼气生产成套设备

9. 沼气发电机组、沼气净化设备、沼气管道供气、装罐成套设备制造

10. 海洋能、地热能利用技术开发与设备制造

11. 海上风电机组技术开发与设备制造

12. 海上风电场建设与设备制造

六、核 能

1. 铀矿地质勘查和铀矿采冶、铀精制、铀转化

2. 先进核反应堆建造与技术开发

3. 核电站建设

4. 高性能核燃料元件制造

5. 乏燃料后处理

6. 同位素、加速器及辐照应用技术开发

7. 先进的铀同位素分离技术开发与设备制造

8. 辐射防护技术开发与监测设备制造

9. 核设施实体保护仪器仪表开发

10. 核设施退役及放射性废物治理

11. 核电站延寿及退役技术和设备

12. 核电站应急抢险技术和设备

七、石油、天然气

1. 常规石油、天然气勘探与开采

2. 页岩气、油页岩、油砂、天然气水合物等非常规资源勘探开发

3. 原油、天然气、液化天然气、成品油的储运和管道输送设施及网络建设

4. 油气伴生资源综合利用

5. 油气田提高采收率技术、安全生产保障技术、生态环境恢复与污染防治工程技术开发利用

6. 放空天然气回收利用与装置制造

7. 天然气分布式能源技术开发与应用

8. 石油储运设施挥发油气回收技术开发与应用

9. 液化天然气技术开发与应用

八、钢　铁

1. 黑色金属矿山接替资源勘探及关键勘探技术开发

2. 煤调湿、风选调湿、捣固炼焦、配型煤炼焦、干法熄焦、导热油换热、焦化废水深度处理回用、煤焦油精深加工、苯加氢精制、煤沥青制针状焦、焦油加氢处理、焦炉煤气高附加值利用等先进技术的研发与应用

3. 非高炉炼铁技术

4. 先进压水堆核电管、百万千瓦火电锅炉管、耐蚀耐压耐温油井管、耐腐蚀航空管、高耐腐蚀化工管生产

5. 高性能、高质量及升级换代钢材产品技术开发与应用。包括600兆帕级及以上高强度汽车板、油气输送高性能管线钢、高强度船舶用宽厚板、海洋工程用钢、420兆帕级及以上建筑和桥梁等结构用中厚板、高速重载铁路用钢、低铁损高磁感硅钢、耐腐蚀耐磨损钢材、节约合金资源不锈钢（现代铁素体不锈钢、双相不锈钢、含氮不锈钢）、高性能基础件（高性能齿轮、12.9级及以上螺栓、高强度弹簧、长寿命轴承等）用特殊钢棒线材、高品质特钢锻轧材（工模具钢、不锈钢、机械用钢等）等

6. 在线热处理、在线性能控制、在线强制冷却的新一代热机械控制加工（TMCP）工艺技术应用

7. 直径600毫米及以上超高功率电极、高炉用微孔和超微孔碳砖、特种石墨（高强、高密、高纯、高模量）、石墨（质）化阴极、内串石墨化炉开发与生产

8. 焦炉、高炉、热风炉用长寿节能环保耐火材料生产工艺；精炼钢用低碳、无碳耐火材料和高效连铸用功能环保性耐火材料生产工艺

9. 生产过程在线质量检测技术应用

10. 利用钢铁生产设备处理社会废弃物

11. 烧结烟气脱硫、脱硝、脱二恶英等多功能干法脱除，以及副产物资源化、再利用化技术

12. 难选贫矿、（共）伴生矿综合利用先进工艺技术

13. 冶金固体废弃物（含冶金矿山废石、尾矿，钢铁厂产生的各类尘、泥、渣、铁皮等）综合利用先进工艺技术

14. 利用低品位锰矿冶炼铁合金的新工艺技术，以及高效利用红土镍矿炼精制镍铁的回转窑－矿热炉（RKEF）工艺技术

15. 冶金废液（含废水、废酸、废油等）循环利用工艺技术与设备

16. 新一代钢铁可循环流程（在做好钢铁产业内部循环的基础上，发展钢铁与电力、化工、装备制造等相关产业间的横向、纵向物流和能流的循环流程）工艺技术开发与应用

17. 高炉、转炉煤气干法除尘

九、有色金属

1. 有色金属现有矿山接替资源勘探开发，紧缺资源的深部及难采矿床开采

2. 高效、低耗、低污染、新型冶炼技术开发

3. 高效、节能、低污染、规模化再生资源回收与综合利用。

（1）废杂有色金属回收；（2）有价元素的综合利用；（3）赤泥及其他冶炼废渣综合利用；（4）高铝粉煤灰提取氧化铝。

4. 信息、新能源有色金属新材料生产。（1）信息：直径200mm以上的硅单晶及抛光片、直径125mm以上直拉或直径50mm以上水平生长化合物半导体材料、铝铜硅钨钼等大规格高纯靶材、超大规模集成电路铜镍硅和铜铬锆引线框架材料、电子焊料等。（2）新能源：核级海绵锆及锆材、高容量长寿命二次电池电极材料

5. 交通运输、高端制造及其他领域有色金属新材料生产。（1）交通运输：抗压强度不低于500MPa、导电率不低于80% IACS的铜合金精密带材和超长线材制品等高强高导铜合金、交通运输工具主承力结构用的新型高强、高韧、耐蚀铝合金材料及大尺寸制品（航空用铝合金抗压强度不低于650MPa，高速列车用铝合金抗压强度不低于500MPa）。（2）高端制造及其他领域：高性能纳米硬质合金刀具和大晶粒硬质合金盾

构刀具及深加工产品、稀土及贵金属催化剂材料、低模量钛合金材及记忆合金等生物医用材料、耐蚀热交换器用铜合金及钛合金材料、高性能稀土磁性材料和储氢材料及高端应用

十、黄　金

1. 黄金深部（1000 米以下）探矿与开采
2. 从尾矿及废石中回收黄金

十一、石化化工

1. 含硫含酸重质、劣质原油炼制技术，高标准油品生产技术开发与应用

2. 硫、钾、硼、锂等短缺化工矿产资源勘探开发及综合利用，中低品位磷矿采选与利用，磷矿伴生资源综合利用

3. 零极距、氧阴极等离子膜烧碱电解槽节能技术、废盐酸制氯气等综合利用技术、铬盐清洁生产新工艺的开发和应用，气动流化塔生产高锰酸钾，全热能回收热法磷酸生产，大型脱氟磷酸钙生产装置

4. 20 万吨/年及以上合成气制乙二醇、10 万吨/年及以上离子交换法双酚 A、15 万吨/年及以上直接氧化法环氧丙烷、20 万吨/年及以上共氧化法环氧丙烷、5 万吨/年及以上丁二烯法己二腈生产装置，万吨级脂肪族异氰酸酯生产技术开发与应用

5. 优质钾肥及各种专用肥、缓控释肥的生产，氮肥企业节能减排和原料结构调整，磷石膏综合利用技术开发与应用，10 万吨/年及以上湿法磷酸净化生产装置

6. 高效、安全、环境友好的农药新品种、新剂型（水基化剂型等）、专用中间体、助剂（水基化助剂等）的开发与生产，甲叉法乙草胺、水相法毒死蜱工艺、草甘膦回收氯甲烷工艺、定向合成法手性和立体结构农药生产、乙基氯化物合成技术等清洁生产工艺的开发和应用，生物农药新产品、新技术的开发与生产

7. 水性木器、工业、船舶涂料，高固体分、无溶剂、辐射固化、功能性外墙外保温涂料等环境友好、资源节约型涂料生产；单线产能 3 万吨/年及以上、并以二氧化钛含量不小于 90% 的富钛料（人造金红石、天然金红石、高钛渣）为原料的氯化法钛白粉生产

8. 高固着率、高色牢度、高提升性、高匀染性、高重现性、低沾污性以及低盐、低温、小浴比染色用和湿短蒸轧染用的活性染料，高超细旦聚酯纤维染色性、高洗涤

牢度、高染着率、高光牢度和低沾污性（尼龙、氨纶）、小浴比染色用的分散染料，用于聚酰胺纤维、羊毛和皮革染色的不含金属的弱酸性染料，高耐晒牢度、高耐气候牢度有机颜料的开发与生产

9. 染料及染料中间体清洁生产、本质安全的新技术（包括催化、三氧化硫磺化、连续硝化、绝热硝化、定向氯化、组合增效、溶剂反应、循环利用等技术，以及取代光气等剧毒原料的适用技术，膜过滤和原浆干燥技术）的开发与应用

10. 乙烯－乙烯醇树脂（EVOH）、聚偏氯乙烯等高性能阻隔树脂，聚异丁烯（PI）、聚乙烯辛烯（POE）等特种聚烯烃开发与生产

11. 6万吨/年及以上非光气法聚碳酸酯生产装置，液晶聚合物（LCP）等工程塑料生产以及共混改性、合金化技术开发和应用，吸水性树脂、导电性树脂和可降解聚合物的开发与生产，尼龙11、尼龙1414、尼龙46、长碳链尼龙、耐高温尼龙等新型聚酰胺开发与生产

12. 3万吨/年及以上丁基橡胶、乙丙橡胶、异戊橡胶，溶聚丁苯橡胶、稀土系顺丁橡胶、丙烯酸酯橡胶及低多芳含量填充油丁苯橡胶等生产装置，合成橡胶化学改性技术开发与应用

13. 聚丙烯热塑性弹性体（PTPE）、热塑性聚酯弹性体（TPEE）、苯乙烯－异戊二烯－苯乙烯热塑性嵌段共聚物（SIS）、热塑性聚氨酯弹性体等热塑性弹性体材料开发与生产

14. 改性型、水基型胶粘剂和新型热熔胶，环保型吸水剂、水处理剂，分子筛固汞、无汞等新型高效、环保催化剂和助剂，安全型食品添加剂、饲料添加剂，纳米材料，功能性膜材料，超净高纯试剂、光刻胶、电子气、高性能液晶材料等新型精细化学品的开发与生产

15. 苯基氯硅烷、乙烯基氯硅烷等新型有机硅单体，苯基硅油、氨基硅油、聚醚改性型硅油等，苯基硅橡胶、苯撑硅橡胶等高性能橡胶及杂化材料，甲基苯基硅树脂等高性能树脂，三乙氧基硅烷等系列高效偶联剂

16. 全氟烯醚等特种含氟单体，聚全氟乙丙烯、聚偏氟乙烯、聚三氟氯乙烯、乙烯－四氟乙烯共聚物等高品质氟树脂，氟醚橡胶、氟硅橡胶、四丙氟橡胶、高含氟量246氟橡胶等高性能氟橡胶，含氟润滑油脂，消耗臭氧潜能值（ODP）为零、全球变暖潜能值（GWP）低的消耗臭氧层物质（ODS）替代品，全氟辛基磺酰化合物（PFOS）和全氟辛酸（PFOA）及其盐类替代品和替代技术的开发和应用，含氟精细化学品和高

品质含氟无机盐

17. 高性能子午线轮胎〔包括无内胎载重子午胎，低断面和扁平化（低于 55 系列）、大轮辋高性能轿车子午胎（15 吋以上），航空轮胎及农用子午胎〕及配套专用材料、设备生产，新型天然橡胶开发与应用

18. 生物高分子材料、填料、试剂、芯片、干扰素、传感器、纤维素酶、碱性蛋白酶、诊断用酶等酶制剂、纤维素生化产品开发与生产

19. 四氯化碳、四氯化硅、一甲基氯硅烷、三甲级氯硅烷等副产物综合利用，二氧化碳的捕获与应用

十二、建　材

1. 利用现有 2000 吨/日及以上新型干法水泥窑炉处置工业废弃物、城市污泥和生活垃圾，纯低温余热发电；粉磨系统等节能改造

2. 电子工业用超薄（1.3mm 以下）、太阳能产业用超白（折合 5mm 厚度可见光透射率 >90%）、在线镀膜玻璃和低辐射等特殊浮法玻璃生产线；现有浮法生产线采用纯氧燃烧技术、低温余热发电技术；玻璃熔窑用高档耐火材料；玻璃深加工工艺装备技术开发与应用

3. 新型墙体和屋面材料、绝热隔音材料、建筑防水和密封等材料的开发与生产

4. 150 万平方米/年及以上、厚度小于 6 毫米的陶瓷板生产线和工艺装备技术开发与应用

5. 一次冲洗用水量 6 升及以下的坐便器、蹲便器、节水型小便器及节水控制设备开发与生产

6. 5 万吨/年及以上无碱玻璃纤维池窑拉丝技术和高性能玻璃纤维及制品技术开发与生产

7. 使用合成矿物纤维、芳纶纤维等作为增强材料的无石棉摩擦、密封材料新工艺、新产品开发与生产

8. 信息、新能源、国防、航天航空等领域用高品质人工晶体材料、制品和器件生产装备技术开发；高纯石英原料、石英玻璃材料及其制品制造技术开发与生产；航天航空等领域所需的特种玻璃制造技术开发与生产

9. 高新技术领域需求的高纯、超细、改性等精细加工的高岭土、石墨、硅藻土等非金属矿深加工材料生产及其技术装备开发与制造

10. 30万平方米/年以上超薄复合石材生产；机械化石材矿山开采；矿石碎料和板材边角料综合利用生产及工艺装备开发

11. 废矿石、尾矿和建筑废弃物的综合利用

12. 农用田间建设材料技术开发与生产

13. 利用工业副产石膏生产新型墙体材料及技术装备开发与制造

14. 应急安置房屋开发与生产

十三、医 药

1. 拥有自主知识产权的新药开发和生产，天然药物开发和生产，新型计划生育药物（包括第三代孕激素的避孕药）开发和生产，满足我国重大、多发性疾病防治需求的通用名药物首次开发和生产，药物新剂型、新辅料的开发和生产，药物生产过程中的膜分离、超临界萃取、新型结晶、手性合成、酶促合成、生物转化、自控等技术开发与应用，原料药生产节能降耗减排技术、新型药物制剂技术开发与应用

2. 现代生物技术药物、重大传染病防治疫苗和药物、新型诊断试剂的开发和生产，大规模细胞培养和纯化技术、大规模药用多肽和核酸合成、发酵、纯化技术开发和应用，采用现代生物技术改造传统生产工艺

3. 新型药用包装材料及其技术开发和生产（一级耐水药用玻璃，可降解材料，具有避光、高阻隔性、高透过性的功能性材料，新型给药方式的包装；药包材无苯油墨印刷工艺等）

4. 濒危稀缺药用动植物人工繁育技术及代用品开发和生产，先进农业技术在中药材规范化种植、养殖中的应用，中药有效成分的提取、纯化、质量控制新技术开发和应用，中药现代剂型的工艺技术、生产过程控制技术和装备的开发与应用，中药饮片创新技术开发和应用，中成药二次开发和生产

5. 民族药物开发和生产

6. 新型医用诊断医疗仪器设备、微创外科和介入治疗装备及器械、医疗急救及移动式医疗装备、康复工程技术装置、家用医疗器械、新型计划生育器具（第三代宫内节育器）、新型医用材料、人工器官及关键元器件的开发和生产，数字化医学影像产品及医疗信息技术的开发与应用

7. 实验动物标准化养殖及动物实验服务

8. 基本药物质量和生产技术水平提升及降低成本

十四、机　械

1. 三轴以上联动的高速、精密数控机床及配套数控系统、伺服电机及驱动装置、功能部件、刀具、量具、量仪及高档磨具磨料

2. 大型发电机组、大型石油化工装置、大型冶金成套设备等重大技术装备用分散型控制系统（DCS），现场总线控制系统（FCS），新能源发电控制系统

3. 输入输出点数 512 个以上的可编程控制系统（PLC）

4. 数字化、智能化、网络化工业自动检测仪表与传感器，原位在线成份分析仪器，具有无线通信功能的低功耗智能传感器，电磁兼容检测设备，智能电网用智能电表（具有发送和接收信号、自诊断、数据处理功能），光纤传感器

5. 用于辐射、有毒、可燃、易爆、重金属、二恶英等检测分析的仪器仪表，水质、烟气、空气检测仪器，药品检验用质量数大于 1000 原子质量单位（amu）的质谱仪，色质联用仪以及相关的自动取样系统和样品处理系统

6. 科学研究用测量精度达到微米以上的多维几何尺寸测量仪器，自动化、智能化、多功能材料力学性能测试仪器，工业 CT、三维超声波探伤仪等无损检测设备，用于纳米观察测量的分辨率高于 3.0 纳米的电子显微镜

7. 城市智能视觉监控、视频分析、视频辅助刑事侦查技术设备

8. 矿井灾害（瓦斯、煤尘、矿井水、火、围岩等）监测仪器仪表和系统

9. 综合气象观测仪器装备（地面、高空、海洋气象观测仪器装备及耗材，专业气象观测、大气成分观测仪器装备及耗材，气象雷达等）、移动应急气象观测系统、移动应急气象指挥系统、气象计量检定设备、气象维修维护设备、气象观测仪器装备运行监控系统

10. 水文数据采集仪器及设备、水文仪器计量检定设备

11. 地震、地质灾害观测仪器仪表

12. 海洋观测、探测、监测技术系统及仪器设备

13. 数字多功能一体化办公设备（复印、打印、传真、扫描）、数字照相机、数字电影放映机等现代文化办公设备

14. 时速 200 公里以上动车组轴承，轴重大于 30 吨重载铁路货车轴承，使用寿命 200 万公里以上的新型城市轨道交通轴承，使用寿命 25 万公里以上汽车轮毂轴承单元，耐高温（400℃以上）汽车涡轮、机械增压器轴承，P4、P2 级数控机床轴承，2 兆瓦

（MW）及以上风电机组用各类精密轴承，使用寿命大于 5000 小时盾构机等大型施工机械轴承，P5 级、P4 级高速精密冶金轧机轴承，飞机及发动机轴承，医疗 CT 机轴承，以及上述轴承零件

15. 单机容量 80 万千瓦及以上混流式水力发电设备（水轮机、发电机及调速器、励磁等附属设备），单机容量 35 万千瓦及以上抽水蓄能、5 万千瓦及以上贯流式和 10 万千瓦及以上冲击式水力发电设备及其关键配套辅机

16. 60 万千瓦及以上超临界、超超临界火电机组用发电机保护断路器、泵、阀等关键配套辅机、部件

17. 60 万千瓦及以上超临界参数循环流化床锅炉

18. 燃气轮机高温部件及控制系统

19. 60 万千瓦及以上发电设备用转子（锻造、焊接）、转轮、叶片、泵、阀、主轴护套等关键铸锻件

20. 耐高低温、耐腐蚀、耐磨损精密铸锻件

21. 500 千伏（kV）及以上超高压、特高压交直流输电设备及关键部件：变压器（出线装置、套管、调压开关），开关设备（灭弧装置、液压操作机构、大型盆式绝缘子），高强度支柱绝缘子和空心绝缘子，悬式复合绝缘子，绝缘成型件，特高压避雷器、直流避雷器，电控、光控晶闸管，换流阀（平波电抗器、水冷设备），控制和保护设备，直流场成套设备等

22. 高压真空元件及开关设备，智能化中压开关元件及成套设备，使用环保型中压气体的绝缘开关柜，智能型（可通信）低压电器，非晶合金、卷铁芯等节能配电变压器

23. 二代改进型、三代核电设备及关键部件；2.5 兆瓦以上风电设备整机及 2.0 兆瓦以上风电设备控制系统、变流器等关键零部件；各类晶体硅和薄膜太阳能光伏电池生产设备；海洋能（潮汐、海浪、洋流）发电设备

24. 直接利用高炉铁液生产铸铁件的短流程熔化工艺与装备；粘土砂静压造型主机；外热送风水冷长炉龄大吨位（15 吨/小时以上）冲天炉；大型压铸机（合模力 3500 吨以上）；差压铸造机；自动浇注机；铸造专用机器人的制造与应用

25. 树脂砂、铸造粘土砂等干（热）法再生回用技术应用

26. 高速精密压力机（180～2500 千牛，2000～750 次/分钟）、黑色金属液压挤压机（150 毫米/秒以上）、轻合金液压挤压机（10 毫米/秒以下）、高速精密剪切机

（2000 千牛以上，70~80 次/分，断面斜度 1.50 以下）、内高压成形机（10000 千牛以上）、大型折弯机（60000 千牛以上）、数字化钣金加工中心（柔性制造中心/柔性制造系统）、高速强力旋压机（径向旋压力/每轮：1000 千牛，轴向旋压力/每轮：800 千牛，主轴转矩：240 千牛·米，主轴最高转速：95 转/分钟）、数控多工位冲压机、大公称压力冷/温锻压力机（有效公称力行程 25 毫米以上，公称力 10000 千牛以上）、4工位以上自动温/热锻造压力机（公称力 16000 千牛以上）

27. 乙烯裂解三机，40 万吨级（聚丙烯等）挤压造粒机组，50 万吨级合成气、氨、氧压缩机等关键设备

28. 大型风力发电密封件（使用寿命 7 年以上，工作温度 -45℃~100℃）；核电站主泵机械密封（适用压力≥17 兆帕，工作温度 26.7℃~73.9℃）；盾构机主轴承密封（使用寿命 5000 小时）；轿车动力总成系统以及传动系统旋转密封；石油钻井、测井设备密封（适用压力≥105 兆帕）；液压支架密封件；高 PV 值旋转动密封件；超大直径（≥2 米）机械密封；航天用密封件（工作温度 -54℃~275℃，线速度≥150 米/秒）；高压液压元件密封件（适用压力≥31.5 兆帕）；高精密液压铸件（流道尺寸精度≤0.25 毫米，疲劳性能测试≥200 万次）

29. 高性能无石棉密封材料（耐热温度 500℃，抗拉强度≥20 兆帕）；高性能碳石墨密封材料（耐热温度 350℃，抗压强度≥270 兆帕）；高性能无压烧结碳化硅材料（弯曲强度≥200 兆帕，热导率≥130 瓦/米·开尔文）

30. 智能焊接设备，激光焊接和切割、电子束焊接等高能束流焊割设备，搅拌摩擦、复合热源等焊接设备，数字化、大容量逆变焊接电源

31. 大型（下底板半周长度冲压模 >2500 毫米，下底板半周长度型腔模 >1400 毫米）、精密（冲压模精度≤0.02 毫米，型腔模精度≤0.05 毫米）模具

32. 大型（装炉量 1 吨以上）多功能可控气氛热处理设备、程控化学热处理设备、程控多功能真空热处理设备及装炉量 500 公斤以上真空热处理设备、全纤维炉衬热处理加热炉

33. 高强度（12.9 级以上）、异形及钛合金紧固件，航空、航天、发动机等用弹簧，微型精密传动联结件（离合器），大型轧机联结轴；新型粉末冶金零件：高密度（≥7.0 克/立方厘米）、高精度、形状复杂结构件；高速列车、飞机摩擦装置；含油轴承；动车组用齿轮变速箱，船用可变桨齿轮传动系统、2.0 兆瓦以上风电用变速箱、冶金矿山机械用变速箱；汽车动力总成、工程机械、大型农机用链条

34. 海水淡化设备

35. 机器人及工业机器人成套系统

36. 500 万吨/年及以上矿井、薄煤层综合采掘设备，1000 万吨级/年及以上大型露天矿关键装备

37. 直径 1200 毫米及以上的天然气输气管线配套压缩机、燃气轮机、阀门等关键设备；单线 260 万吨/年及以上天然气液化配套的压缩机及驱动机械、低温设备等；大型输油管线配套的 3000 立方米/小时及以上的输油泵等关键设备

38. 单张纸多色胶印机（幅宽≥750 毫米，印刷速度：单面多色≥16000 张/小时，双面多色≥13000 张/小时）；商业卷筒纸胶印机（幅宽≥787 毫米，印刷速度≥7 米/秒，套印精度≤0.1 毫米）；报纸卷筒纸胶印机（印刷速度：单纸路单幅机≥75000 张/小时，双纸路双幅机≥150000 张/小时，套印精度≤0.1 毫米）；多色宽幅柔性版印刷机（印刷宽度≥1300 毫米，印刷速度≥350 米/分）；机组式柔性版印刷机（印刷速度≥150 米/分）；环保多色卷筒料凹版印刷机（印刷速度≥300 米/分，套印精度≤0.1 毫米）；喷墨数字印刷机（出版用：印刷速度≥150 米/分，分辨率≥600dpi；包装用：印刷速度≥30 米/分，分辨率≥1000dpi；可变数据用：印刷速度≥100 米/分，分辨率≥300dpi）；CTP 直接制版机（成像速度≥15 张/小时，版材幅宽≥750 毫米，重复精度 0.025 毫米，分辨率 3000dpi）；无轴数控平压平烫印机（烫印速度≥10000 张/小时，加工精度 0.05 毫米）39、100 马力以上、配备有动力换挡变速箱或全同步器换挡变速箱、总线控制系统、安全驾驶室、动力输出轴有 2 个以上转速、液压输出点不少于 3 组的两轮或四轮驱动的轮式拖拉机、履带式拖拉机

40. 100 马力以上拖拉机配套农机具：保护性耕作所需要的深松机、联合整地机和整地播种联合作业机等，常规农业作业所需要的单体幅宽≥40 厘米的铧式犁、圆盘耙、谷物条播机、中耕作物精密播种机、中耕机、免耕播种机、大型喷雾（喷粉）机等

41. 100 马力以上拖拉机关键零部件：动力换挡变速箱，轮式拖拉机用带差速锁的前驱动桥，离合器，液压泵、液压油缸、各种阀及液压输出阀等封闭式液压系统，闭心变量、负载传感的电控液压提升器，电控系统，轮辋及辐板，液压转向机构等

42. 农作物移栽机械：乘坐式盘土机动高速水稻插秧机（每分钟插次 350 次以上，每穴 3～5 株，适应行距 20～30 厘米，株距可调，适应株距 12～22 厘米）；盘土式机动水稻摆秧机（乘坐式或手扶式，适应行距为 20～30 厘米，株距可调，适应株距为 12～22 厘米）等

43. 配套动力 50 马力以上的棉田中耕型拖拉机、果园用高地隙拖拉机（最低离地高度 40 厘米以上）

44. 牧草收获机械：自走式牧草收割机、指盘式牧草搂草机、牧草捡拾压捆机等

45. 农业收获机械：自走式谷物联合收割机（喂入量 6 千克/秒以上）；自走式半喂入水稻联合收割机（4 行以上，配套发动机 44 千瓦以上）；自走式玉米联合收割机（3～6 行，摘穗型，带有剥皮装置，以及茎秆粉碎还田装置或茎秆切碎收集装置）；自走式大麦、草苜蓿、玉米、高粱等青贮饲料收获机（配套动力 147 千瓦以上，茎干切碎长度 10～60 毫米，带有去石去铁安全装置）；棉花采摘机（3 行以上，自走式或拖拉机背负式，摘花装置为机械式或气力式，适应棉株高度 35～160 厘米，装有籽棉集装箱和自动卸棉装置）；马铃薯收获机（自走式或拖拉机牵引式，2 行以上，行距可调，带有去土装置和收集装置，最大挖掘深度 35 厘米）；甘蔗收获机（自走式或拖拉机背负式，配套功率 58 千瓦以上，宿根破碎率≤18%，损失率≤7%）；残膜回收与茎秆粉碎联合作业机

46. 节水灌溉设备：各种大中型喷灌机、各种类型微滴灌设备等；抗洪排涝设备（排水量 1500 立方米/小时以上，扬程 5～20 米，功率 1500 千瓦以上，效率 60% 以上，可移动）

47. 沼气发生设备：沼气发酵及储气一体化（储气容积 300～2000 立方米系列产品）、沼液抽渣设备（抽吸量 1 立方米/分钟以上）等

48. 大型施工机械：30 吨以上液压挖掘机、6 米及以上全断面掘进机、320 马力及以上履带推土机、6 吨及以上装载机、600 吨及以上架桥设备（含架桥机、运梁车、提梁机）、400 吨及以上履带起重机、100 吨及以上全地面起重机、钻孔 100 毫米以上凿岩台车、400 千瓦及以上砼冷热再生设备、1 米宽及以上铣刨机；关键零部件：动力换挡变速箱、湿式驱动桥、回转支承、液力变矩器、为电动叉车配套的电机、电控、压力 25 兆帕以上液压马达、泵、控制阀

49. 自动化物流系统装备、信息系统

50. 非道路移动机械用高可靠性、低排放、低能耗的内燃机：寿命指标（重型 8000～12000 小时，中型 5000～7000 小时，轻型 3000～4000 小时）、排放指标（符合欧ⅢA、欧ⅢB 排放指标要求）；影响非道路移动机械用内燃机动力性、经济性、环保性的燃油系统、增压系统、排气后处理系统（均包括电子控制系统）

51. 制冷空调设备及关键零部件：热泵、复合热源（空气源与太阳能）热泵热水

机、二级能效及以上制冷空调压缩机、微通道和降膜换热技术与设备、电子膨胀阀和两相流喷射器；使用环保制冷剂（ODP 为 0、GWP 值较低）的制冷空调压缩机

52. 12000 米及以上深井钻机、极地钻机、高位移性深井沙漠钻机、沼泽难进入区域用钻机、海洋钻机、车装钻机、特种钻井工艺用钻机等钻机成套设备

53. 危险废物（含医疗废物）集中处理设备

54. 大型高效二板注塑机（合模力 1000 吨以上）、全电动塑料注射成型机（注射量 1000 克以下）、节能型塑料橡胶注射成型机（能耗 0.4 千瓦时/千克以下）、高速节能塑料挤出机组（生产能力：30～3000 公斤/小时，能耗 0.35 千瓦时/千克以下）、微孔发泡塑料注射成型机（合模力：60～1000 吨，注射量：30～5000 克，能耗 0.4 千瓦时/千克以下）、大型双螺杆挤出造粒机组（生产能力：30～60 万吨/年）、大型对位芳纶反应挤出机组（生产能力 1.4 万吨/年以上）、碳纤维预浸胶机组（生产能力 60 万米/年以上；幅宽 1.2 米以上）

55. 涂装用纳米过滤和反向渗透纯水装备

56. 安全饮水设备：组合式一体化净水器（处理量 100～2500 吨/小时）

57. 大气污染治理装备：300 兆瓦以上燃煤电站烟气 SCR 脱硝技术装备（脱氮效率 90% 以上，催化剂使用寿命 16000 小时以上）；钢铁烧结烟气循环流化床干法脱硫除尘成套装备（钙硫比：1.2～1.3）；1000 兆瓦超超临界机组配套电除尘技术装备；电袋复合除尘技术装备（烟尘排放浓度＜30 毫克/立方米）；1000 兆瓦超超临界以上机组脱硫氧化多级离心鼓风机（风量≥450 立方米/分钟、升压≥14000 毫米水柱）；等离子体废气净化机（废气去除率＞95%）

58. 污水防治技术设备：20 万吨/日城市污水处理成套装备（除磷脱氮）；污泥干燥焚烧技术装备（减渣量 90% 以上）；浸没式膜生物反应器（COD 去除率 90% 以上）；陶瓷真空过滤机（真空度：0.09～0.098 兆帕，孔隙：0.2 微米～20 微米）；中小城镇一体化污水处理成套技术装备；超生耦合法和生物膜法处理高浓度有机废水技术装备

59. 固体废物防治技术设备：生活垃圾清洁焚烧技术装备（助燃煤量 20% 以下）；厨余垃圾集中无害化处理技术装备（利用率 95% 以上）；垃圾填埋渗滤液和臭气处理技术装备（处理量 50 吨/天以上）；生活垃圾自动化分选技术装备（分选率 80% 以上）；建筑垃圾处理和再利用工艺技术装备（处理量 100 吨/小时以上）；工业危险废弃物处置处理技术装备（处理率 90% 以上）；油田钻井废弃物处理处置技术与成套装备（减容 50% 以上，处理率 70% 以上）；医疗废物清洁焚烧、高温蒸煮无害化处理技术装备

（处理量 150 千克/小时以上，燃烧效率 70% 以上）

60. 土壤修复技术装备

十五、城市轨道交通装备

1. 城市轨道交通减震、降噪技术应用

2. 自动售检票系统（AFC），车门、站台屏蔽门、车钩系统

3. 城市轨道交通火灾报警和自动灭火系统

4. 数字轨道电路及以无线通信为基础的信号系统〔含自动列车监控系统（ATS）、列车自动保护装置（ATP）、自动列车运行装置（ATO）〕

5. 直流高速开关、真空断路器（GIS）供电系统成套设备关键部件

6. 轨道车辆交流牵引传动系统、制动系统及核心元器件（含 IGCT、IGBT 元器件）

7. 城轨列车网络控制系统及运行控制系统

8. 车体、转向架、齿轮箱及车内装饰材料轻量化应用

9. 城轨列车再生制动吸收装置

十六、汽 车

1. 汽车关键零部件：汽油机增压器、电涡流缓速器、轮胎气压监测系统（TPMS）、随动前照灯系统、LED 前照灯、数字化仪表、电控系统执行机构用电磁阀、低地板大型客车专用车桥、空气悬架、吸能式转向系统、大中型客车变频空调、高强度钢车轮、载重车后盘式制动器

2. 双离合器变速器（DCT）、电控机械变速器（AMT）

3. 轻量化材料应用：高强度钢、铝镁合金、复合塑料、粉末冶金、高强度复合纤维等；先进成形技术应用：激光拼焊板的扩大应用、内高压成形、超高强度钢板热成形、柔性滚压成形等；环保材料应用：水性涂料、无铅焊料等

4. 高效柴油发动机（3L 以下升功率 ≥50kW/L，3L 以上升功率 ≥40kW/L）；后处理系统（包括颗粒捕捉器、氧化型催化器、还原型催化器）；电控直列式喷油泵、电控高压共轨喷射系统、电控高压单体泵以及喷油器、喷油嘴

5. 高效汽油发动机（自然吸气汽油机升功率 ≥60kW/L，涡轮增压汽油机升功率 ≥70kW/L）

6. 新能源汽车关键零部件：能量型动力电池组（能量密度 ≥110Wh/kg，循环寿命

≥2000次），电池正极材料（比容量≥150mAh/g，循环寿命2000次不低于初始放电容量的80%），电池隔膜（厚度15～40μm，孔隙率40%～60%）；电池管理系统，电机管理系统，电动汽车电控集成；电动汽车驱动电机（峰值功率密度≥2.5kW/kg，高效区：65%工作区效率≥80%），车用DC/DC（输入电压100V～400V），大功率电子器件（IGBT，电压等级≥600V，电流≥300A）；插电式混合动力机电耦合驱动系统

7. 车载充电机、非车载充电设备

8. 电动空调、电制动、电动转向；怠速起停系统

9. 汽车电子控制系统：发动机控制系统（ECU）、变速箱控制系统（TCU）、制动防抱死系统（ABS）、牵引力控制（ASR）、电子稳定控制（ESP）、网络总线控制、车载故障诊断仪（OBD）、电控智能悬架、电子驻车系统、自动避撞系统、电子油门等

10. 汽车产品开发、试验、检测设备及设施建设

十七、船　舶

1. 散货船、油船、集装箱船适应绿色、环保、安全要求的优化升级，以及满足国际造船新规范、新标准的船型开发建造2、10万立方米以上液化天然气船、1.5万立方米以上液化石油气船、万箱以上集装箱船、5000车位及以上汽车运输船、豪华客滚船、IMOⅡ型以上化学品船、豪华邮轮等高技术、高附加值船舶

3. 大型远洋捕捞加工渔船、1万立方米以上耙吸式挖泥船、火车渡轮、科学考察船、破冰船、海洋调查船、海洋监管船等特种船舶及其专用设备

4. 小水线面双体船、水翼船、地效应船、气垫船、穿浪船等高性能船舶

5. 120米及以上水深自升式钻井平台、1500米及以上深钻井船、1500米及以上水深半潜式钻井平台等主流海洋移动钻井平台（船舶）；15万吨及以上浮式生产储卸装置（FPSO）、1500米水深半潜式生产平台、立柱式生产平台（SPAR）、张力腿平台（TLP）、LNG－FPSO、边际油田型浮式生产储油装置等浮式生产系统；万马力水级深水三用工作船、1500米水深大型起重铺管船、1500米水深工程勘察船、高性能物探船、5万吨及以上半潜运输船、海上风车安装船等海洋工程作业船和辅助船

6. 动力定位系统、FPSO单点系泊系统、大型海洋平台电站集成系统、主动力及传动系统、钻井平台升降系统、采油系统等通用和专用海洋工程配套设备

7. 豪华游艇开发制造及配套产业

8. 智能环保型船用中低速柴油机及其关键零部件、大型甲板机械、船用锅炉、油

水分离机、海水淡化装置、压载水处理系统、船舶使用岸电技术及设备、液化天然气船用双燃料发动机、吊舱推进器、大型高效喷水推进装置、大功率中高压发电机、船舶通讯导航及自动化系统等关键船用配套设备

9. 水下潜器、机器人及探测观测设备

10. 精度管理控制、数字化造船、单元组装、预舾装和模块化、先进涂装、高效焊接技术应用

11. 高技术高附加值船舶、海洋工程装备的修理与改装

十八、航空航天

1. 干线、支线、通用飞机及零部件开发制造

2. 航空发动机开发制造

3. 机载设备、任务设备、空管设备和地面保障设备系统开发制造

4. 直升机总体、旋翼系统、传动系统开发制造

5. 航空航天用新型材料开发生产

6. 航空航天用燃气轮机制造

7. 卫星、运载火箭及零部件制造

8. 航空、航天技术应用及系统软硬件产品、终端产品开发生产

9. 航空器地面模拟训练系统开发制造

10. 航空器地面维修、维护、检测设备开发制造

11. 卫星地面和应用系统建设及设备制造

12. 航空器专用应急救援装备开发与应用

13. 航空器、设备及零件维修

14. 先进卫星载荷研制及生产

十九、轻　工

1. 单条化学木浆 30 万吨/年及以上、化学机械木浆 10 万吨/年及以上、化学竹浆 10 万吨/年及以上的林纸一体化生产线及相应配套的纸及纸板生产线（新闻纸、铜版纸除外）建设；采用清洁生产工艺、以非木纤维为原料、单条 10 万吨/年及以上的纸浆生产线建设

2. 先进制浆、造纸设备开发与制造

3. 无元素氯（ECF）和全无氯（TCF）化学纸浆漂白工艺开发及应用

4. 非金属制品精密模具设计、制造

5. 生物可降解塑料及其系列产品开发、生产与应用

6. 农用塑料节水器材和长寿命（三年及以上）功能性农用薄膜的开发、生产

7. 新型塑料建材（高气密性节能塑料窗、大口径排水排污管道、抗冲击改性聚氯乙烯管、地源热泵系统用聚乙烯管、非开挖用塑料管材、复合塑料管材、塑料检查井）；防渗土工膜；塑木复合材料和分子量≥200万的超高分子量聚乙烯管材及板材生产

8. 动态塑化和塑料拉伸流变塑化的技术应用及装备制造；应用电磁感应加热和伺服驱动系统的塑料加工装备

9. 应用于工业、医学、电子、航空航天等领域的特种陶瓷生产及技术、装备开发；陶瓷清洁生产及综合利用技术开发

10. 高效节能缝制机械（采用嵌入式数字控制、无油或微油润滑等先进技术）及关键零部件开发制造

11. 用于制笔、钟表等行业的多工位组合机床研发与制造

12. 高新、数字印刷技术及高清晰度制版系统开发与应用

13. 少数民族特需用品制造

14. 真空镀铝、喷镀氧化硅、聚乙烯醇（PVA）涂布型薄膜、功能性聚酯（PET）薄膜、定向聚苯乙烯（OPS）薄膜及纸塑基多层共挤或复合等新型包装材料

15. 二色及二色以上金属板印刷、配套光固化（UV）、薄板覆膜和高速食品饮料罐加工及配套设备制造

16. 锂二硫化铁、锂亚硫酰氯等新型锂原电池；锂离子电池、氢镍电池、新型结构（卷绕式、管式等）密封铅蓄电池等动力电池；储能用锂离子电池和新型大容量密封铅蓄电池；超级电池和超级电容器

17. 锂离子电池用磷酸铁锂等正极材料、中间相炭微球和钛酸锂等负极材料、单层与三层复合锂离子电池隔膜、氟代碳酸乙烯酯（FEC）等电解质与添加剂；废旧铅酸蓄电池资源化无害化回收，年回收能力5万吨以上再生铅工艺装备系统制造

18. 先进的各类太阳能光伏电池及高纯晶体硅材料（单晶硅光伏电池的转化效率大于17%，多晶硅电池的转化效率大于16%，硅基薄膜电池转化效率大于7%，碲化镉电池的转化效率大于9%，铜铟镓硒电池转化效率大于12%）

19. 锂离子电池自动化生产成套装备制造；碱性锌锰电池 600 只/分钟以上自动化生产成套装备制造

20. 制革及毛皮加工清洁生产、皮革后整饰新技术开发及关键设备制造、皮革废弃物综合利用；皮革铬鞣废液的循环利用，三价铬污泥综合利用；无灰膨胀（助）剂、无氨脱灰（助）剂、无盐浸酸（助）剂、高吸收铬鞣（助）剂、天然植物鞣剂、水性涂饰（助）剂等高档皮革用功能性化工产品开发、生产与应用

21. 高效节能电光源（高、低气压放电灯和固态照明产品）技术开发、产品生产及固汞生产工艺应用；废旧灯管回收再利用

22. 高效节能家电开发与生产

23. 多效、节能、节水、环保型表面活性剂和浓缩型合成洗涤剂的开发与生产

24. 采用新型制冷剂替代氢氯氟烃－22（HCFC－22 或 R22）的空调器开发、制造，采用新型发泡剂替代氢氯氟烃－141b（HCFC－141b）的家用电器生产，采用新型发泡剂替代氢氯氟烃－141b（HCFC－141b）的硬质聚氨酯泡沫的生产与应用

25. 节能环保型玻璃窑炉（含全电熔、电助熔、全氧燃烧技术）的设计、应用；废（碎）玻璃回收再利用

26. 轻量化玻璃瓶罐（轻量化度 L≤1.0 的一次性使用小口径玻璃瓶）工艺技术和关键装备的开发与生产

27. 水性油墨、紫外光固化油墨、植物油油墨等节能环保型油墨生产

28. 天然食品添加剂、天然香料新技术开发与生产

29. 先进的食品生产设备研发与制造；食品质量与安全监测（检测）仪器、设备的研发与生产

30. 热带果汁、浆果果汁、谷物饮料、本草饮料、茶浓缩液、茶粉、植物蛋白饮料等高附加价值植物饮料的开发生产与加工原料基地建设；果渣、茶渣等的综合开发与利用

31. 营养健康型大米、小麦粉（食品专用米、发芽糙米、留胚米、食品专用粉、全麦粉及营养强化产品等）及制品的开发生产；传统主食工业化生产；杂粮加工专用设备开发与生产

32. 粮油加工副产物（稻壳、米糠、麸皮、胚芽、饼粕等）综合利用关键技术开发应用

33. 菜籽油生产线：采用膨化、负压蒸发、热能自平衡利用、低消耗蒸汽真空系统

等技术，油菜籽主产区日处理油菜籽 400 吨及以上、吨料溶剂消耗 1.5 公斤以下（其中西部地区日处理油菜籽 200 吨及以上、吨料溶剂消耗 2 公斤）以下；花生油生产线：花生主产区日处理花生 200 吨及以上，吨料溶剂消耗 2 公斤以下；棉籽油生产线：棉籽产区日处理棉籽 300 吨及以上，吨料溶剂消耗 2 公斤以下；米糠油生产线：采用分散快速膨化，集中制油、精炼技术；玉米胚芽油生产线；油茶籽、核桃等木本油料和胡麻、芝麻、葵花籽等小品种油料加工生产线

34. 发酵法工艺生产小品种氨基酸（赖氨酸、谷氨酸除外）、新型酶制剂（糖化酶、淀粉酶除外）、多元醇、功能性发酵制品（功能性糖类、真菌多糖、功能性红曲、发酵法抗氧化和复合功能配料、活性肽、微生态制剂）等生产

35. 薯类变性淀粉

36. 畜禽骨、血及内脏等副产物综合利用与无害化处理

37. 采用生物发酵技术生产优质低温肉制品

38. 搪瓷静电粉和预磨粉等高科技新型搪瓷瓷釉、静电搪瓷关键装备、0.3 毫米及以下的薄钢板平板搪瓷的开发与生产

39. 冷凝式燃气热水器、使用聚能燃烧技术的燃气灶具等高效节能环保型燃气具的开发与制造

二十、纺　织

1. 差别化、功能性聚酯（PET）的连续共聚改性〔阳离子染料可染聚酯（CDP、ECDP）、碱溶性聚酯（COPET）、高收缩聚酯（HSPET）、阻燃聚酯、低熔点聚酯等〕；熔体直纺在线添加等连续化工艺生产差别化、功能性纤维（抗静电、抗紫外、有色纤维等）；智能化、超仿真等差别化、功能性聚酯（PET）及纤维生产（东部地区限于技术改造）腈纶、锦纶、氨纶、粘胶纤维等其他化学纤维品种的差别化、功能性改性纤维生产

2. 聚对苯二甲酸丙二醇酯（PTT）、聚萘二甲酸乙二醇酯（PEN）、聚对苯二甲酸丁二醇酯（PBT）、聚丁二酸丁二酯（PBS）、聚对苯二甲酸环己烷二甲醇酯（PCT）等新型聚酯和纤维的开发、生产与应用

3. 采用绿色、环保工艺与装备生产新溶剂法纤维素纤维（Lyocell）、细菌纤维素纤维、以竹、麻等新型可再生资源为原料的再生纤维素纤维、聚乳酸纤维（PLA）、海藻纤维、甲壳素纤维、聚羟基脂肪酸酯纤维（PHA）、动植物蛋白纤维等生物质纤维

4. 有机和无机高性能纤维及制品的开发与生产［碳纤维（CF）（拉伸强度≥4，200MPa，弹性模量≥240GPa）、芳纶（AF）、芳砜纶（PSA）、高强高模聚乙烯（超高分子量聚乙烯）纤维（UHMWPE）（纺丝生产装置单线能力≥300吨/年）、聚苯硫醚纤维（PPS）、聚酰亚胺纤维（PI）、聚四氟乙烯纤维（PTFE）、聚苯并双噁唑纤维（PBO）、聚芳噁二唑纤维（POD）、玄武岩纤维（BF）、碳化硅纤维（SiCF）、高强型玻璃纤维（HT‑AR）等］

5. 符合生态、资源综合利用与环保要求的特种动物纤维、麻纤维、竹原纤维、桑柞茧丝、彩色棉花、彩色桑茧丝类天然纤维的加工技术与产品

6. 采用紧密纺、低扭矩纺、赛络纺、嵌入式纺纱等高速、新型纺纱技术生产多品种纤维混纺纱线及采用自动络筒、细络联、集体落纱等自动化设备生产高品质纱线（东部地区限于技术改造，新建和扩建除外）

7. 采用高速机电一体化无梭织机、细针距大园机等先进工艺和装备生产高支、高密、提花等高档机织、针织纺织品

8. 采用酶处理、高效短流程前处理、冷轧堆前处理及染色、短流程湿蒸轧染、气流染色、小浴比染色、涂料印染、数码喷墨印花、泡沫整理等染整清洁生产技术和防水防油防污、阻燃、抗静电及多功能复合等功能性整理技术生产高档纺织面料

9. 采用编织、非织造布复合、多层在线复合、长效多功能整理等高新技术，生产满足国民经济各领域需求的产业用纺织品

10. 新型高技术纺织机械、关键专用基础件和计量、检测、试验仪器的开发与制造

11. 高档地毯、抽纱、刺绣产品生产

12. 服装企业计算机集成制造及数字化、信息化、自动化技术和装备的应用

13. 纺织行业生物脱胶、无聚乙烯醇（PVA）浆料上浆、少水无水节能印染加工、"三废"高效治理与资源回收再利用技术的推广与应用

14. 废旧纺织品回收再利用技术与产品生产，聚酯回收材料生产涤纶工业丝、差别化和功能性涤纶长丝等高附加值产品

二十一、建　筑

1. 建筑隔震减震结构体系及产品研发与推广

2. 智能建筑产品与设备的生产制造与集成技术研究

3. 集中供热系统计量与调控技术、产品的研发与推广

4. 高强、高性能结构材料与体系的应用

5. 太阳能热利用及光伏发电应用一体化建筑

6. 先进适用的建筑成套技术、产品和住宅部品研发与推广

7. 钢结构住宅集成体系及技术研发与推广

8. 预制装配式整体卫生间和厨房标准化、模数化技术开发与推广

9. 工厂化全装修技术推广

10. 移动式应急生活供水系统开发与应用

二十二、城市基础设施

1. 城市基础空间信息数据生产及关键技术开发

2. 依托基础地理信息资源的城市立体管理信息系统

3. 城市公共交通建设

4. 城市道路及智能交通体系建设

5. 城市交通管制系统技术开发及设备制造

6. 城市及市域轨道交通新线建设

7. 城镇安全饮水工程

8. 城镇地下管道共同沟建设

9. 城镇供排水管网工程、供水水源及净水厂工程

10. 城市燃气工程

11. 城镇集中供热建设和改造工程

12. 城市雨水收集利用工程

13. 城镇园林绿化及生态小区建设

14. 城市立体停车场建设

15. 城市建设管理信息化技术应用

16. 城市生态系统关键技术应用

17. 城市节水技术开发与应用

18. 城市照明智能化、绿色照明产品及系统技术开发与应用

19. 再生水利用技术与工程

20. 城市下水管线非开挖施工技术开发与应用

21. 城市供水、排水、燃气塑料管道应用工程

22. 城市应急与后备水源建设工程

23. 沿海城镇海水供水管网及海水净水厂工程

24. 城市积涝预警技术开发与应用

二十三、铁 路

1. 铁路新线建设

2. 既有铁路改扩建

3. 客运专线、高速铁路系统技术开发与建设

4. 铁路行车及客运、货运安全保障系统技术与装备，铁路列车运行控制与车辆控制系统开发建设

5. 铁路运输信息系统开发与建设

6. 7200 千瓦及以上交流传动电力机车、6000 马力及以上交流传动内燃机车、时速 200 公里以上动车组、海拔 3000 米以上高原机车、大型专用货车、机车车辆特种救援设备

7. 干线轨道车辆交流牵引传动系统、制动系统及核心元器件（含 IGCT、IGBT 元器件）

8. 时速 200 公里及以上铁路接触网、道岔、扣配件、牵引供电设备

9. 电气化铁路牵引供电功率因数补偿技术应用

10. 大型养路机械、铁路工程建设机械装备、线桥隧检测设备

11. 行车调度指挥自动化技术开发

12. 混凝土结构物修补和提高耐久性技术、材料开发

13. 铁路旅客列车集便器及污物地面接收、处理工程

14. 铁路 GSM－R 通信信号系统

15. 铁路宽带通信系统开发与建设

16. 数字铁路与智能运输开发与建设

17. 时速在 300 公里及以上高速铁路或客运专线减震降噪技术应用

18. 城际轨道交通建设

二十四、公路及道路运输（含城市客运）

1. 西部开发公路干线、国家高速公路网项目建设

2. 国省干线改造升级

3. 汽车客货运站、城市公交站

4. 高速公路不停车收费系统相关技术开发与应用

5. 公路智能运输、快速客货运输、公路甩挂运输系统开发与建设

6. 公路管理服务、应急保障系统开发与建设

7. 公路工程新材料开发与生产

8. 公路集装箱和厢式运输

9. 特大跨径桥梁修筑和养护维修技术应用

10. 长大隧道修筑和维护技术应用

11. 农村客货运输网络开发与建设

12. 农村公路建设

13. 城际快速系统开发与建设

14. 出租汽车服务调度信息系统开发与建设

15. 高速公路车辆应急疏散通道建设

16. 低噪音路面技术开发

17. 高速公路快速修筑与维护技术和材料开发与应用

18. 城市公交

19. 运营车辆安全监控记录系统开发与应用

二十五、水 运

1. 深水泊位（沿海万吨级、内河千吨级及以上）建设

2. 沿海深水航道和内河高等级航道及通航建筑物建设

3. 沿海陆岛交通运输码头建设

4. 大型港口装卸自动化工程

5. 海运电子数据交换系统应用

6. 水上交通安全监管和救助系统建设

7. 内河船型标准化

8. 老港区技术改造工程

9. 港口危险化学品、油品应急设施建设及设备制造

10. 内河自卸式集装箱船运输系统

11. 水上高速客运

12. 港口龙门吊油改电节油改造工程

13. 水上滚装多式联运

14. 水运行业信息系统建设

15. 国际邮轮运输及邮轮母港建设

二十六、航空运输

1. 机场建设

2. 公共航空运输

3. 通用航空

4. 空中交通管制和通讯导航系统建设

5. 航空计算机管理及其网络系统开发与建设

6. 航空油料设施建设

7. 海上空中监督巡逻和搜救设施建设

8. 小型航空器应急起降场地建设

二十七、综合交通运输

1. 综合交通枢纽建设与改造

2. 综合交通枢纽便捷换乘及行李捷运系统建设

3. 综合交通枢纽运营管理信息系统建设与应用

4. 综合交通枢纽诱导系统建设

5. 综合交通枢纽一体化服务设施建设

6. 综合交通枢纽防灾救灾及应急疏散系统

7. 综合交通枢纽便捷货运换装系统建设

8. 集装箱多式联运系统建设

二十八、信息产业

1. 2.5GB/S 及以上光同步传输系统建设

2. 155MB/S 及以上数字微波同步传输设备制造及系统建设

3. 卫星通信系统、地球站设备制造及建设

4. 网管监控、时钟同步、计费等通信支撑网建设

5. 数据通信网设备制造及建设

6. 物联网（传感网）、智能网等新业务网设备制造与建设

7. 宽带网络设备制造与建设

8. 数字蜂窝移动通信网建设

9. IP 业务网络建设

10. 下一代互联网网络设备、芯片、系统以及相关测试设备的研发和生产

11. 卫星数字电视广播系统建设

12. 增值电信业务平台建设

13. 32 波及以上光纤波分复用传输系统设备制造

14. 10GB/S 及以上数字同步系列光纤通信系统设备制造

15. 支撑通信网的路由器、交换机、基站等设备

16. 同温层通信系统设备制造

17. 数字移动通信、接入网系统、数字集群通信系统及路由器、网关等网络设备制造

18. 大中型电子计算机、百万亿次高性能计算机、便携式微型计算机、每秒一万亿次及以上高档服务器、大型模拟仿真系统、大型工业控制机及控制器制造

19. 集成电路设计，线宽 0.8 微米以下集成电路制造，及球栅阵列封装（BGA）、插针网格阵列封装（PGA）、芯片规模封装（CSP）、多芯片封装（MCM）等先进封装与测试

20. 集成电路装备制造

21. 新型电子元器件（片式元器件、频率元器件、混合集成电路、电力电子器件、光电子器件、敏感元器件及传感器、新型机电元件、高密度印刷电路板和柔性电路板等）制造

22. 半导体、光电子器件、新型电子元器件等电子产品用材料

23. 软件开发生产（含民族语言信息化标准研究与推广应用）

24. 计算机辅助设计（CAD）、辅助测试（CAT）、辅助制造（CAM）、辅助工程（CAE）系统开发生产

25. 半导体照明设备，光伏太阳能设备，片式元器件设备，新型动力电池设备，表面贴装设备（含钢网印刷机、自动贴片机、无铅回流焊、光电自动检查仪）等

26. 打印机（含高速条码打印机）和海量存储器等计算机外部设备

27. 薄膜场效应晶体管 LCD（TFT－LCD）、等离子显示屏（PDP）、有机发光二极管（OLED）、激光显示、3D 显示等新型平板显示器件及关键部件

28. 新型（非色散）单模光纤及光纤预制棒制造

29. 高密度数字激光视盘播放机盘片制造

30. 只读光盘和可记录光盘复制生产

31. 音视频编解码设备、音视频广播发射设备、数字电视演播室设备、数字电视系统设备、数字电视广播单频网设备、数字电视接收设备、数字摄录机、数字录放机、数字电视产品

32. 信息安全产品、网络监察专用设备开发制造

33. 数字多功能电话机制造

34. 多普勒雷达技术及设备制造

35. 医疗电子、金融电子、航空航天仪器仪表电子、传感器电子等产品制造

36. 无线局域网技术开发、设备制造

37. 电子商务和电子政务系统开发与应用服务

38. 卫星导航系统技术开发与设备制造

39. 应急广播电视系统建设

40. 量子通信设备

41. TFT－LCD、PDP、OLED、激光显示、3D 显示等新型平板显示器件生产专用设备

42. 半导体照明衬底、外延、芯片、封装及材料等

43. 数字音乐、手机媒体、动漫游戏等数字内容产品的开发系统

44. 防伪技术开发与运用

二十九、现代物流业

1. 粮食、棉花、食用油、食糖、化肥、石油等重要商品现代化物流设施建设

2. 农产品物流配送（含冷链）设施建设，食品物流质量安全控制技术服务

3. 药品物流配送（含冷链）技术应用和设施建设，药品物流质量安全控制技术服务

4. 出版物等文化产品供应链管理技术服务

5. 实现港口与铁路、铁路与公路、民用航空与地面交通等多式联运物流节点设施建设与经营

6. 第三方物流服务设施建设

7. 仓储和转运设施设备、运输工具、物流器具的标准化改造

8. 自动识别和标识技术、电子数据交换技术、可视化技术、货物跟踪和快速分拣技术、移动物流信息服务技术、全球定位系统、地理信息系统、道路交通信息通讯系统、智能交通系统、物流信息系统安全技术及立体仓库技术的研发与应用

9. 应急物流设施建设

10. 物流公共信息平台建设

11. 海港空港、产业聚集区、商贸集散地的物流中心建设

三十、金融服务业

1. 信用担保服务体系建设

2. 农村金融服务体系建设

3. 债券发行、交易服务体系建设

4. 农业保险、责任保险、信用保险

5. 金融产品研发和应用

6. 知识产权、收益权等无形资产贷款质押业务开发

7. 信用卡及网络服务

8. 人民币跨境结算、清算体系建设

9. 信贷、保险、证券统计数据信息系统建设

10. 金融监管技术开发与应用

11. 创业投资

三十一、科技服务业

1. 工业设计、气象、生物、新材料、新能源、节能、环保、测绘、海洋等专业科技服务，商品质量认证和质量检测服务、科技普及

2. 在线数据与交易处理、IT 设施管理和数据中心服务，移动互联网服务，因特网会议电视及图像等电信增值服务

3. 行业（企业）管理和信息化解决方案开发、基于网络的软件服务平台、软件开

发和测试服务、信息系统集成、咨询、运营维护和数据挖掘等服务业务

4. 数字音乐、手机媒体、网络出版等数字内容服务，地理、国际贸易等领域信息资源开发服务

5. 数字化技术、高拟真技术、高速计算技术等新兴文化科技支撑技术建设及服务

6. 分析、试验、测试以及相关技术咨询与研发服务，智能产品整体方案、人机工程设计、系统仿真等设计服务

7. 数据恢复和灾备服务，信息安全防护、网络安全应急支援服务，云计算安全服务、信息安全风险评估与咨询服务，信息装备和软件安全评测服务，密码技术产品测试服务，信息系统等级保护安全方案设计服务

8. 科技信息交流、文献信息检索、技术咨询、技术孵化、科技成果评估和科技鉴证等服务

9. 知识产权代理、转让、登记、鉴定、检索、评估、认证、咨询和相关投融资服务

10. 国家级工程（技术）研究中心、国家工程实验室、国家认定的企业技术中心、重点实验室、高新技术创业服务中心、新产品开发设计中心、科研中试基地、实验基地建设

11. 信息技术外包、业务流程外包、知识流程外包等技术先进型服务

三十二、商务服务业

1. 租赁服务

2. 经济、管理、信息、会计、税务、鉴证（含审计服务）、法律、节能、环保等咨询与服务

3. 工程咨询服务（包括规划编制与咨询、投资机会研究、可行性研究、评估咨询、工程勘查设计、招标代理、工程和设备监理、工程项目管理等）

4. 资信调查与评级等信用服务体系建设

5. 资产评估、校准、检测、检验等服务

6. 产权交易服务平台

7. 广告创意、广告策划、广告设计、广告制作

8. 就业和创业指导、网络招聘、培训、人员派遣、高级人才访聘、人员测评、人力资源管理咨询、人力资源服务外包等人力资源服务业

9. 人力资源市场及配套服务设施建设

10. 农村劳动力转移就业服务平台建设

11. 会展服务（不含会展场馆建设）

三十三、商贸服务业

1. 现代化的农产品、生产资料市场流通设施建设

2. 种子、种苗、种畜禽和鱼苗（种）、化肥、农药、农机具、农膜等农资连锁经营

3. 面向农村的日用品、药品、出版物等生活用品连锁经营

4. 农产品拍卖服务

5. 商贸企业的统一配送和分销网络建设

6. 利用信息技术改造提升传统商品交易市场

7. 旧货市场建设

8. 现代化二手车交易服务体系建设

三十四、旅游业

1. 休闲、登山、滑雪、潜水、探险等各类户外活动用品开发与营销服务

2. 乡村旅游、生态旅游、森林旅游、工业旅游、体育旅游、红色旅游、民族风情游及其他旅游资源综合开发服务

3. 旅游基础设施建设及旅游信息服务

4. 旅游商品、旅游纪念品开发及营销

三十五、邮政业

1. 邮政储蓄网络建设

2. 邮政综合业务网建设

3. 邮件处理自动化工程

4. 邮政普遍服务基础设施台账、快递企业备案许可、邮（快）件时限监测、消费者申诉、满意度调查与公示、邮编及行业资费查询等公共服务和市场监管功能等邮政业公共服务信息平台建设

5. 城乡快递营业网点、门店等快递服务网点建设

6. 城市、区域内和区域间的快件分拣中心、转运中心、集散中心、处理枢纽等快

递处理设施建设

7. 快件跟踪查询、自动分拣、运递调度、快递客服呼叫中心等快递信息系统开发与应用

8. 快件分拣处理、数据采集、集装容器等快递技术、装备开发与应用

9. 邮件、快件运输与交通运输网络融合技术开发

三十六、教育、文化、卫生、体育服务业

1. 学前教育

2. 特殊教育

3. 职业教育

4. 远程教育

5. 文化艺术、新闻出版、广播影视、大众文化、科普设施建设

6. 文物保护及设施建设

7. 文化创意设计服务

8. 文化信息资源共享工程

9. 广播影视制作、发行、交易、播映、出版、衍生品开发

10. 动漫创作、制作、传播、出版、衍生产品开发

11. 移动多媒体广播电视、广播影视数字化、数字电影服务监管技术及应用

12. 网络视听节目技术服务、开发

13. 广播电视村村通工程、农村电影放映工程

14. 社区书屋、农家书屋、阅报栏等基本新闻出版服务设施建设

15. 新闻出版内容监管技术、版权保护技术、出版物的生产技术、出版物发行技术开发与应用

16. 电子纸、阅读器等新闻出版新载体的技术开发、应用和产业化

17. 语言文字技术开发与应用

18. 基层公共文化设施建设

19. 非物质文化遗产保护与开发

20. 民族和民间艺术、传统工艺美术保护与发展

21. 国家历史文化名城（镇、村）和文化街区保护

22. 演艺业

23. 民族文化艺术精品的国际营销与推广

24. 预防保健、卫生应急、卫生监督服务设施建设

25. 计划生育、优生优育、生殖健康咨询与服务

26. 全科医疗服务

27. 远程医疗服务

28. 卫生咨询、健康管理、医疗知识等医疗信息服务

29. 医疗卫生服务设施建设

30. 传染病、儿童、精神卫生专科医院和护理院（站）设施
建设与服务

31. 心理咨询服务

32. 残疾人社会化、专业化康复服务和托养服务

33. 体育竞赛表演、体育场馆设施建设及运营、大众体育健身休闲服务

34. 体育经纪、培训、信息咨询服务

35. 中华老字号的保护与发展

三十七、其他服务业

1. 保障性住房建设与管理

2. 物业服务

3. 老年人、未成年人活动场所

4. 城乡社区基础服务设施及综合服务网点建设

5. 儿童福利、优抚收养性社会福利机构及相关配套服务设施建设

6. 救助管理站及相关配套设施建设

7. 公共殡葬服务设施建设

8. 开发区、产业集聚区配套公共服务平台建设与服务

9. 家政服务

10. 养老服务

11. 社区照料服务

12. 病患陪护服务

13. 再生资源回收利用网络体系建设

14. 婚庆服务业

15. 基层就业和社会保障服务设施建设

16. 农民工留守家属服务设施建设

17. 社会保障一卡通工程

18. 工伤康复中心建设

三十八、环境保护与资源节约综合利用

1. 矿山生态环境恢复工程

2. 海洋环境保护及科学开发

3. 微咸水、苦咸水、劣质水、海水的开发利用及海水淡化工程

4. 消耗臭氧层物质替代品开发与利用

5. 区域性废旧汽车、废旧电器电子产品、废旧船舶、废钢铁、废旧木材等资源循环利用基地建设

6. 流出物辐射环境监测技术工程

7. 环境监测体系工程

8. 危险废弃物（放射性废物、核设施退役工程、医疗废物、含重金属废弃物）安全处置技术设备开发制造及处置中心建设

9. 流动污染源（机车、船舶、汽车等）监测与防治技术

10. 城市交通噪声与振动控制技术应用

11. 电网、信息系统电磁辐射控制技术开发与应用

12. 削减和控制二恶英排放的技术开发与应用

13. 持久性有机污染物类产品的替代品开发与应用

14. 废弃持久性有机污染物类产品处置技术开发与应用

15. "三废"综合利用及治理工程

16. "三废"处理用生物菌种和添加剂开发与生产

17. 含汞废物的汞回收处理技术、含汞产品的替代品开发与应用

18. 重复用水技术应用

19. 高效、低能耗污水处理与再生技术开发

20. 城镇垃圾及其他固体废弃物减量化、资源化、无害化处理和综合利用工程

21. 废物填埋防渗技术与材料

22. 新型水处理药剂开发与生产

23. 节能、节水、节材环保及资源综合利用等技术开发、应用及设备制造

24. 高效、节能采矿、选矿技术（药剂）

25. 鼓励推广共生、伴生矿产资源中有价元素的分离及综合利用技术

26. 低品位、复杂、难处理矿开发及综合利用

27. 尾矿、废渣等资源综合利用

28. 再生资源回收利用产业化

29. 废旧电器电子产品、废印刷电路板、废旧电池、废旧船舶、废旧农机、废塑料、废橡胶、废弃油脂等再生资源循环利用技术与设备开发

30. 废旧汽车、工程机械、矿山机械、机床产品、农业机械、船舶等废旧机电产品及零部件再利用、再制造，墨盒、有机光导鼓的再制造（再填充）

31. 综合利用技术设备：4000马力以上废钢破碎生产线；废塑料复合材料回收处理成套装备（回收率95%以上）；轻烃类石化副产物综合利用技术装备；生物质能技术装备（发电、制油、沼气）；硫回收装备（低温克劳斯法）

32. 含持久性有机污染物土壤修复技术的研发与应用

33. 削减和控制重金属排放的技术开发与应用

34. 工业难降解有机废水处理技术

35. 有毒、有机废气、恶臭处理技术

36. 高效、节能、环保采选矿技术

37. 为用户提供节能诊断、设计、融资、改造、运行管理等服务

38. 餐厨废弃物资源化利用技术开发及设施建设

39. 碳捕获、存储及利用技术装备

40. 冰蓄冷技术及其成套设备制造

三十九、公共安全与应急产品

1. 地震、海啸、地质灾害监测预警技术开发与应用

2. 生物灾害、动物疫情监测预警技术开发与应用

3. 堤坝、尾矿库安全自动监测报警技术开发与应用

4. 煤炭、矿山等安全生产监测报警技术开发与应用

5. 公共交通工具事故预警技术开发与应用

6. 水、土壤、空气污染物快速监测技术与产品

7. 食品药品安全快速检测仪器

8. 新发传染病检测试剂和仪器

9. 公共场所体温异常人员快速筛查设备

10. 城市公共安全监测预警平台技术

11. 毒品等违禁品、核生化恐怖源探测技术与产品

12. 易燃、易爆、强腐蚀性、放射性等危险物品快速检测技术与产品

13. 应急救援人员防护用品开发与应用

14. 社会群体个人防护用品开发与应用

15. 雷电灾害新型防护技术开发与应用

16. 矿井等特殊作业场所应急避险设施

17. 突发事件现场信息探测与快速获取技术及产品

18. 生命探测仪器

19. 大型公共建筑、高层建筑、石油化工设施、森林、山岳、水域和地下设施消防灭火救援技术与产品

20. 起重、挖掘、钻凿等应急救援特种工程机械

21. 通信指挥、电力恢复、后勤保障等应急救援特种车辆

22. 侦检、破拆、救生、照明、排烟、堵漏、输转、洗消、提升、投送等高效救援产品

23. 应急物资投放伞具和托盘器材

24. 因灾损毁交通设施应急抢通装备及器材开发与应用

25. 公共交通设施除冰雪机械及环保型除雪剂开发与应用

26. 港口漂浮物应急打捞清理装备制造

27. 港口危险化学品、油品应急设施建设及设备制造

28. 船舶海上溢油应急处置装备

29. 突发环境灾难应急环保技术装备：热墙式沥青路面地热再生设备（再生深度：0～60毫米）；无辐射高速公路雾雪屏蔽器；有毒有害液体快速吸纳处理技术装备；移动式医疗垃圾快速处理装置；移动式小型垃圾清洁处理装备；人畜粪便无害化快速处理装置；禽类病原体无害化快速处理装置；危险废物特性鉴别专用仪器

30. 应急发电设备

31. 应急照明器材及灯具

32. 生命支持、治疗、监护一体化急救与后送平台

33. 机动医疗救护系统

34. 防控突发公共卫生和生物事件疫苗和药品

35. 饮用水快速净化装置

36. 应急通信技术与产品

37. 应急决策指挥平台技术开发与应用

38. 反恐技术与装备

39. 交通、社区等应急救援社会化服务

40. 应急物流设施及服务

41. 应急咨询、培训、租赁和保险服务

42. 应急物资储备基础设施建设

43. 应急救援基地、公众应急体验基础设施建设

44. 登高平台消防车、举高喷射消防车、机场消防车、森林消防车、城市轨道交通专用消防车

45. 具有灭火、侦查、排烟、救助等功能的消防机器人

46. 公称直径≥150mm 的消防水带、人工合成橡胶衬里消防水带

47. 水性钢结构防火涂料、预制组合式钢结构防火构件

48. 不燃外保温材料、阻燃制品

49. 用于哈龙替代的合成类气体灭火剂、泡沫灭火剂氟表面活性剂替代物、建筑外保温材料高效灭火剂、无磷类阻燃剂、塑胶及合成类纺织品高效灭火剂、金属火灾专用灭火剂

50. 洁净气体灭火系统、探火管灭火装置、风力发电装置专用灭火系统

51. 使用节能环保新型光源的消防应急照明和疏散指示产品

四十、民爆产品

1. 炸药现场混装作业方式和低感度散装炸药

2. 电子延期雷管

3. 刚性药头雷管

4. 高穿深石油射孔弹

5. 具有高分辨率的震源药柱

6. 复合型导爆管

7. 适用于不同使用需要的系列导爆索

8. 高性能安全型工业炸药

9. 连续化、自动化工业炸药雷管生产线、自动化装药、包装技术与设备

10. 先进的人工影响天气用燃爆器材

第二类　限制类

一、农林业

1. 天然草场超载放牧

2. 单线 5 万立方米/年以下的普通刨花板、高中密度纤维板生产装置

3. 单线 3 万立方米/年以下的木质刨花板生产装置

4. 1000 吨/年以下的松香生产项目

5. 兽用粉剂/散剂/预混剂生产线项目（持有新兽药证书的品种和自动化密闭式高效率混合生产工艺除外）

6. 转瓶培养生产方式的兽用细胞苗生产线项目（持有新兽药证书的品种和采用新技术的除外）

7. 松脂初加工项目

8. 以优质林木为原料的一次性木制品与木制包装的生产和使用以及木竹加工综合利用率偏低的木竹加工项目

9. 1 万立方米/年以下的胶合板和细木工板生产线

10. 珍稀植物的根雕制造业

11. 以野外资源为原料的珍贵濒危野生动植物加工

12. 湖泊、水库投饵网箱养殖

13. 不利于生态环境保护的开荒性农业开发项目

14. 缺水地区、国家生态脆弱区纸浆原料林基地建设

15. 粮食转化乙醇、食用植物油料转化生物燃料项目

16. 在林地上从事工业和房地产开发的项目

二、煤　炭

1. 单井井型低于以下规模的煤矿项目：山西、内蒙古、陕西 120 万吨/年；重庆、

四川、贵州、云南 15 万吨/年；福建、江西、湖北、湖南、广西 9 万吨/年；其他地区 30 万吨/年

2. 采用非机械化开采工艺的煤矿项目

3. 设计的煤炭资源回收率达不到国家规定要求的煤矿项目

4. 未按国家规定程序报批矿区总体规划的煤矿项目

5. 井下回采工作面超过 2 个的新建煤矿项目

三、电　力

1. 小电网外，单机容量 30 万千瓦及以下的常规燃煤火电机组

2. 小电网外，发电煤耗高于 300 克标准煤/千瓦时的湿冷发电机组，发电煤耗高于 305 克标准煤/千瓦时的空冷发电机组

3. 无下泄生态流量的引水式水力发电

四、石化化工

1. 新建 1000 万吨/年以下常减压、150 万吨/年以下催化裂化、100 万吨/年以下连续重整（含芳烃抽提）、150 万吨/年以下加氢裂化生产装置

2. 新建 80 万吨/年以下石脑油裂解制乙烯、13 万吨/年以下丙烯腈、100 万吨/年以下精对苯二甲酸、20 万吨/年以下乙二醇、20 万吨/年以下苯乙烯（干气制乙苯工艺除外）、10 万吨/年以下己内酰胺、乙烯法醋酸、30 万吨/年以下羰基合成法醋酸、天然气制甲醇、100 万吨/年以下煤制甲醇生产装置（综合利用除外），丙酮氰醇法丙烯酸、粮食法丙酮/丁醇、氯醇法环氧丙烷和皂化法环氧氯丙烷生产装置，300 吨/年以下皂素（含水解物，综合利用除外）生产装置

3. 新建 7 万吨/年以下聚丙烯（连续法及间歇法）、20 万吨/年以下聚乙烯、乙炔法聚氯乙烯、起始规模小于 30 万吨/年的乙烯氧氯化法聚氯乙烯、10 万吨/年以下聚苯乙烯、20 万吨/年以下丙烯腈/丁二烯/苯乙烯共聚物（ABS，本体连续法除外）、3 万吨/年以下普通合成胶乳—羧基丁苯胶（含丁苯胶乳）生产装置，新建、改扩建溶剂型氯丁橡胶类、丁苯热塑性橡胶类、聚氨酯类和聚丙烯酸酯类等通用型胶粘剂生产装置

4. 新建纯碱、烧碱、30 万吨/年以下硫磺制酸、20 万吨/年以下硫铁矿制酸、常压法及综合法硝酸、电石（以大型先进工艺设备进行等量替换的除外）、单线产能 5 万吨/年以下氢氧化钾生产装置

5. 新建三聚磷酸钠、六偏磷酸钠、三氯化磷、五硫化二磷、饲料磷酸氢钙、氯酸钠、少钙焙烧工艺重铬酸钠、电解二氧化锰、普通级碳酸钙、无水硫酸钠（盐业联产及副产除外）、碳酸钡、硫酸钡、氢氧化钡、氯化钡、硝酸钡、碳酸锶、白炭黑（气相法除外）、氯化胆碱生产装置

6. 新建黄磷，起始规模小于 3 万吨/年、单线产能小于 1 万吨/年氰化钠（折100%），单线产能 5 千吨/年以下碳酸锂、氢氧化锂，单线产能 2 万吨/年以下无水氟化铝或中低分子比冰晶石生产装置

7. 新建以石油（高硫石油焦除外）、天然气为原料的氮肥，采用固定层间歇气化技术合成氨，磷铵生产装置，铜洗法氨合成原料气净化工艺

8. 新建高毒、高残留以及对环境影响大的农药原药（包括氧乐果、水胺硫磷、甲基异柳磷、甲拌磷、特丁磷、杀扑磷、溴甲烷、灭多威、涕灭威、克百威、敌鼠钠、敌鼠酮、杀鼠灵、杀鼠醚、溴敌隆、溴鼠灵、肉毒素、杀虫双、灭线磷、硫丹、磷化铝、三氯杀螨醇，有机氯类、有机锡类杀虫剂，福美类杀菌剂，复硝酚钠（钾）等）生产装置

9. 新建草甘膦、毒死蜱（水相法工艺除外）、三唑磷、百草枯、百菌清、阿维菌素、吡虫啉、乙草胺（甲叉法工艺除外）生产装置

10. 新建硫酸法钛白粉、铅铬黄、1 万吨/年以下氧化铁系颜料、溶剂型涂料（不包括鼓励类的涂料品种和生产工艺）、含异氰脲酸三缩水甘油酯（TGIC）的粉末涂料生产装置

11. 新建染料、染料中间体、有机颜料、印染助剂生产装置（不包括鼓励类的染料产品和生产工艺）

12. 新建氟化氢（HF）（电子级及湿法磷酸配套除外），新建初始规模小于 20 万吨/年、单套规模小于 10 万吨/年的甲基氯硅烷单体生产装置，10 万吨/年以下（有机硅配套除外）和 10 万吨/年及以上、没有副产四氯化碳配套处置设施的甲烷氯化物生产装置，全氟辛基磺酰化合物（PFOS）和全氟辛酸（PFOA），六氟化硫（SF6）（高纯级除外）生产装置

13. 新建斜交轮胎和力车胎（手推车胎）、锦纶帘线、3 万吨/年以下钢丝帘线、常规法再生胶（动态连续脱硫工艺除外）、橡胶塑解剂五氯硫酚、橡胶促进剂二硫化四甲基秋兰姆（TMTD）生产装置

五、信息产业

1. 激光视盘机生产线（VCD 系列整机产品）

2. 模拟 CRT 黑白及彩色电视机项目

六、钢　铁

1. 未同步配套建设干熄焦、装煤、推焦除尘装置的炼焦项目

2. 180 平方米以下烧结机（铁合金烧结机除外）

3. 有效容积 400 立方米以上 1200 立方米以下炼铁高炉；1200 立方米及以上但未同步配套煤粉喷吹装置、除尘装置、余压发电装置，能源消耗大于 430 公斤标煤/吨、新水耗量大于 2.4 立方米/吨等达不到标准的炼铁高炉

4. 公称容量 30 吨以上 100 吨以下炼钢转炉；公称容量 100 吨及以上但未同步配套煤气回收、除尘装置，新水耗量大于 3 立方米/吨等达不到标准的炼钢转炉

5. 公称容量 30 吨以上 100 吨（合金钢 50 吨）以下电炉；公称容量 100 吨（合金钢 50 吨）及以上但未同步配套烟尘回收装置，能源消耗大于 98 公斤标煤/吨、新水耗量大于 3.2 立方米/吨等达不到标准的电炉

6. 1450 毫米以下热轧带钢（不含特殊钢）项目

7. 30 万吨/年及以下热镀锌板卷项目

8. 20 万吨/年及以下彩色涂层板卷项目

9. 含铬质耐火材料

10. 普通功率和高功率石墨电极压型设备、焙烧设备和生产线

11. 直径 600 毫米以下或 2 万吨/年以下的超高功率石墨电极生产线

12. 8 万吨/年以下预焙阳极（炭块）、2 万吨/年以下普通阴极炭块、4 万吨/年以下炭电极生产线

13. 单机 120 万吨/年以下的球团设备（铁合金球团除外）

14. 顶装焦炉炭化室高度＜6.0 米、捣固焦炉炭化室高度＜5.5 米，100 万吨/年以下焦化项目，热回收焦炉的项目，单炉 7.5 万吨/年以下、每组 30 万吨/年以下、总年产 60 万吨以下的半焦（兰炭）项目

15. 3000 千伏安及以上，未采用热装热兑工艺的中低碳锰铁、电炉金属锰和中低微碳铬铁精炼电炉

16. 300 立方米以下锰铁高炉；300 立方米及以上，但焦比高于 1320 千克/吨的锰铁高炉；规模小于 10 万吨/年的高炉锰铁企业

17. 1.25 万千伏安以下的硅钙合金和硅钙钡铝合金矿热电炉；1.25 万千伏安及以上，但硅钙合金电耗高于 11000 千瓦时/吨的矿热电炉

18. 1.65 万千伏安以下硅铝合金矿热电炉；1.65 万千伏安及以上，但硅铝合金电耗高于 9000 千瓦时/吨的矿热电炉

19. 2×2.5 万千伏安以下普通铁合金矿热电炉（中西部具有独立运行的小水电及矿产资源优势的国家确定的重点贫困地区，矿热电炉容量 <2×1.25 万千伏安）；2×2.5 万千伏安及以上，但变压器未选用有载电动多级调压的三相或三个单相节能型设备，未实现工艺操作机械化和控制自动化，硅铁电耗高于 8500 千瓦时/吨，工业硅电耗高于 12000 千瓦时/吨，电炉锰铁电耗高于 2600 千瓦时/吨，硅锰合金电耗高于 4200 千瓦时/吨，高碳铬铁电耗高于 3200 千瓦时/吨，硅铬合金电耗高于 4800 千瓦时/吨的普通铁合金矿热电炉

20. 间断浸出、间断送液的电解金属锰浸出工艺；10000 吨/年以下电解金属锰单条生产线（一台变压器），电解金属锰生产总规模为 30000 吨/年以下的企业

七、有色金属

1. 新建、扩建钨、钼、锡、锑开采、冶炼项目，稀土开采、选矿、冶炼、分离项目以及氧化锑、铅锡焊料生产项目

2. 单系列 10 万吨/年规模以下粗铜冶炼项目

3. 电解铝项目（淘汰落后生产能力置换项目及优化产业布局项目除外）

4. 铅冶炼项目（单系列 5 万吨/年规模及以上，不新增产能的技改和环保改造项目除外）

5. 单系列 10 万吨/年规模以下锌冶炼项目（直接浸出除外）

6. 镁冶炼项目（综合利用项目除外）

7. 10 万吨/年以下的独立铝用炭素项目

8. 新建单系列生产能力 5 万吨/年及以下、改扩建单系列生产能力 2 万吨/年及以下以及资源利用、能源消耗、环境保护等指标达不到行业准入条件要求的再生铅项目

八、黄　金

1. 日处理金精矿 100 吨以下，原料自供能力不足 50% 的独立氰化项目

2. 日处理矿石 200 吨以下，无配套采矿系统的独立黄金选矿厂项目

3. 日处理金精矿 100 吨以下的火法冶炼项目

4. 年处理矿石 10 万吨以下的独立堆浸场项目（东北、华北、西北）、年处理矿石 20 万吨以下的独立堆浸场项目（华东、中南、西南）

5. 日处理岩金矿石 100 吨以下的采选项目

6. 年处理砂金矿砂 30 万立方米以下的砂金开采项目

7. 在林区、基本农田、河道中开采砂金项目

九、建 材

1. 2000 吨/日以下熟料新型干法水泥生产线，60 万吨/年以下水泥粉磨站

2. 普通浮法玻璃生产线

3. 150 万平方米/年及以下的建筑陶瓷生产线

4. 60 万件/年以下的隧道窑卫生陶瓷生产线

5. 3000 万平方米/年以下的纸面石膏板生产线

6. 中碱玻璃球生产线、铂金坩埚球法拉丝玻璃纤维生产线

7. 粘土空心砖生产线（陕西、青海、甘肃、新疆、西藏、宁夏除外）

8. 15 万平方米/年以下的石膏（空心）砌块生产线、单班 2.5 万立方米/年以下的混凝土小型空心砌块以及单班 15 万平方米/年以下的混凝土铺地砖固定式生产线、5 万立方米/年以下的人造轻集料（陶粒）生产线

9. 10 万立方米/年以下的加气混凝土生产线

10. 3000 万标砖/年以下的煤矸石、页岩烧结实心砖生产线

11. 10000 吨/年以下岩（矿）棉制品生产线和 8000 吨/年以下玻璃棉制品生产线

12. 100 万米/年及以下预应力高强混凝土离心桩生产线

13. 预应力钢筒混凝土管（简称 PCCP 管）生产线：PCCP－L 型：年设计生产能力 ≤50 千米，PCCP－E 型：年设计生产能力≤30 千米

十、医 药

1. 新建、扩建古龙酸和维生素 C 原粉（包括药用、食品用和饲料用、化妆品用）生产装置，新建药品、食品、饲料、化妆品等用途的维生素 B1、维生素 B2、维生素 B12（综合利用除外）、维生素 E 原料生产装置

2. 新建青霉素工业盐、6－氨基青霉烷酸（6－APA）、化学法生产7－氨基头孢烷酸（7－ACA）、7－氨基－3－去乙酰氧基头孢烷酸（7－ADCA）、青霉素 V、氨苄青霉素、羟氨苄青霉素、头孢菌素 c 发酵、土霉素、四环素、氯霉素、安乃近、扑热息痛、林可霉素、庆大霉素、双氢链霉素、丁胺卡那霉素、麦迪霉素、柱晶白霉素、环丙氟哌酸、氟哌酸、氟嗪酸、利福平、咖啡因、柯柯豆碱生产装置

3. 新建紫杉醇（配套红豆杉种植除外）、植物提取法黄连素（配套黄连种植除外）生产装置

4. 新建、改扩建药用丁基橡胶塞、二步法生产输液用塑料瓶生产装置

5. 新开办无新药证书的药品生产企业

6. 新建及改扩建原料含有尚未规模化种植或养殖的濒危动植物药材的产品生产装置

7. 新建、改扩建充汞式玻璃体温计、血压计生产装置、银汞齐齿科材料、新建 2 亿支/年以下一次性注射器、输血器、输液器生产装置

十一、机　械

1. 2 臂及以下凿岩台车制造项目

2. 装岩机（立爪装岩机除外）制造项目

3. 3 立方米及以下小矿车制造项目

4. 直径 2.5 米及以下绞车制造项目

5. 直径 3.5 米及以下矿井提升机制造项目

6. 40 平方米及以下筛分机制造项目

7. 直径 700 毫米及以下旋流器制造项目

8. 800 千瓦及以下采煤机制造项目

9. 斗容 3.5 立方米及以下矿用挖掘机制造项目

10. 矿用搅拌、浓缩、过滤设备（加压式除外）制造项目

11. 低速汽车（三轮汽车、低速货车）（自 2015 年起执行与轻型卡车同等的节能与排放标准）

12. 单缸柴油机制造项目

13. 配套单缸柴油机的皮带传动小四轮拖拉机，配套单缸柴油机的手扶拖拉机，滑动齿轮换挡、排放达不到要求的 50 马力以下轮式拖拉机

14. 30 万千瓦及以下常规燃煤火力发电设备制造项目（综合利用、热电联产机组除外）

15. 6 千伏及以上（陆上用）干法交联电力电缆制造项目

16. 非数控金属切削机床制造项目

17. 6300 千牛及以下普通机械压力机制造项目

18. 非数控剪板机、折弯机、弯管机制造项目

19. 普通高速钢钻头、铣刀、锯片、丝锥、板牙项目

20. 棕刚玉、绿碳化硅、黑碳化硅等烧结块及磨料制造项目

21. 直径 450 毫米以下的各种结合剂砂轮（钢轨打磨砂轮除外）

22. 直径 400 毫米及以下人造金刚石切割锯片制造项目

23. P0 级、直径 60 毫米以下普通微小型轴承制造项目

24. 220 千伏及以下电力变压器（非晶合金、卷铁芯等节能配电变压器除外）

25. 220 千伏及以下高、中、低压开关柜制造项目（使用环保型中压气体的绝缘开关柜以及用于爆炸性环境的防爆型开关柜除外）

26. 酸性碳钢焊条制造项目

27. 民用普通电度表制造项目

28. 8.8 级以下普通低档标准紧固件制造项目

29. 驱动电动机功率 560 千瓦及以下、额定排气压力 1.25 兆帕及以下，一般用固定的往复活塞空气压缩机制造项目

30. 普通运输集装干箱项目

31. 56 英寸及以下单级中开泵制造项目

32. 通用类 10 兆帕及以下中低压碳钢阀门制造项目

33. 5 吨/小时及以下短炉龄冲天炉

34. 有色合金六氯乙烷精炼、镁合金 SF6 保护

35. 冲天炉熔化采用冶金焦

36. 无再生的水玻璃砂造型制芯工艺

37. 盐浴氮碳、硫氮碳共渗炉及盐

38. 电子管高频感应加热设备

39. 亚硝酸盐缓蚀、防腐剂

40. 铸/锻造用燃油加热炉

41. 锻造用燃煤加热炉

42. 手动燃气锻造炉

43. 蒸汽锤

44. 弧焊变压器

45. 含铅和含镉钎料

46. 新建全断面掘进机整机组装项目

47. 新建万吨级以上自由锻造液压机项目

48. 新建普通铸锻件项目

49. 动圈式和抽头式手工焊条弧焊机

50. Y 系列（IP44）三相异步电动机（机座号 80～355）及其派生系列，Y2 系列（IP54）三相异步电动机（机座号 63～355）

51. 背负式手动压缩式喷雾器

52. 背负式机动喷雾喷粉机

53. 手动插秧机

54. 青铜制品的茶叶加工机械

55. 双盘摩擦压力机

56. 含铅粉末冶金件

57. 出口船舶分段建造项目

十二、轻 工

1. 聚氯乙烯普通人造革生产线

2. 年加工生皮能力 20 万标张牛皮以下的生产线，年加工蓝湿皮能力 10 万标张牛皮以下的生产线

3. 超薄型（厚度低于 0.015 毫米）塑料袋生产

4. 新建以含氢氯氟烃（HCFCs）为发泡剂的聚氨酯泡沫塑料生产线、连续挤出聚苯乙烯泡沫塑料（XPS）生产线

5. 聚氯乙烯（PVC）食品保鲜包装膜

6. 普通照明白炽灯、高压汞灯

7. 最高转速低于 4000 针/分的平缝机（不含厚料平缝机）和最高转速低于 5000 针/分的包缝机

8. 电子计价秤（准确度低于最大称量的 1/3000，称量≤15 千克）、电子皮带秤（准确度低于最大称量的 5/1000）、电子吊秤（准确度低于最大称量的 1/1000，称量≤50 吨）、弹簧度盘秤（准确度低于最大称量的 1/400，称量≤8 千克）

9. 电子汽车衡（准确度低于最大称量的 1/3000，称量≤300 吨）、电子静态轨道衡（准确度低于最大称量的 1/3000，称量≤150 吨）、电子动态轨道衡（准确度低于最大称量的 1/500，称量≤150 吨）

10. 玻璃保温瓶胆生产线

11. 3 万吨/年及以下的玻璃瓶罐生产线

12. 以人工操作方式制备玻璃配合料及称量

13. 未达到日用玻璃行业清洁生产评价指标体系规定指标的玻璃窑炉

14. 生产能力小于 18000 瓶/时的啤酒灌装生产线

15. 羰基合成法及齐格勒法生产的脂肪醇产品

16. 热法生产三聚磷酸钠生产线

17. 单层喷枪洗衣粉生产工艺及装备、1.6 吨/小时以下规模磺化装置

18. 糊式锌锰电池、镉镍电池

19. 牙膏生产线

20. 100 万吨/年以下北方海盐项目；新建南方海盐盐场项目；60 万吨/年以下矿（井）盐项目

21. 单色金属板胶印机

22. 新建单条化学木浆 30 万吨/年以下、化学机械木浆 10 万吨/年以下、化学竹浆 10 万吨/年以下的生产线；新闻纸、铜版纸生产线

23. 元素氯漂白制浆工艺

24. 原糖加工项目及日处理甘蔗 5000 吨（云南地区 3000 吨）、日处理甜菜 3000 吨以下的新建项目

25. 白酒生产线

26. 酒精生产线

27. 5 万吨/年及以下且采用等电离交工艺的味精生产线

28. 糖精等化学合成甜味剂生产线

29. 浓缩苹果汁生产线

30. 大豆压榨及浸出项目（黑龙江、吉林、内蒙古大豆主产区除外）；东、中部地

区单线日处理油菜籽、棉籽 200 吨及以下，花生 100 吨及以下的油料加工项目；西部地区单线日处理油菜籽、棉籽、花生等油料 100 吨及以下的加工项目

31. 年加工玉米 30 万吨以下、绝干收率在 98% 以下玉米淀粉湿法生产线

32. 年屠宰生猪 15 万头及以下、肉牛 1 万头及以下、肉羊 15 万只及以下、活禽 1000 万只及以下的屠宰建设项目（少数民族地区除外）

33. 3000 吨/年及以下的西式肉制品加工项目

34. 2000 吨/年及以下的酵母加工项目

35. 冷冻海水鱼糜生产线

十三、纺　织

1. 单线产能小于 20 万吨/年的常规聚酯（PET）连续聚合生产装置

2. 常规聚酯的对苯二甲酸二甲酯（DMT）法生产工艺

3. 半连续纺粘胶长丝生产线

4. 间歇式氨纶聚合生产装置

5. 常规化纤长丝用锭轴长 1200 毫米及以下的半自动卷绕设备

6. 粘胶版框式过滤机

7. 单线产能 ≤1000 吨/年、幅宽 ≤2 米的常规丙纶纺粘法非织造布生产线

8. 25 公斤/小时以下梳棉机

9. 200 钳次/分钟以下的棉精梳机

10. 5 万转/分钟以下自排杂气流纺设备

11. FA502、FA503 细纱机

12. 入纬率小于 600 米/分钟的剑杆织机，入纬率小于 700 米/分钟的喷气织机，入纬率小于 900 米/分钟的喷水织机

13. 采用聚乙烯醇浆料（PVA）上浆工艺及产品（涤棉产品，纯棉的高支高密产品除外）

14. 吨原毛洗毛用水超过 20 吨的洗毛工艺与设备

15. 双宫丝和柞蚕丝的立式缫丝工艺与设备

16. 绞纱染色工艺

17. 亚氯酸钠漂白设备

十四、烟　草

1. 卷烟加工项目

十五、消　防

1. 火灾报警控制器（包括联动型、独立型、区域型、集中型、集中区域兼容型）、消防联动控制器、点型感烟/温火灾探测器（独立式除外）、点型红外/紫外火焰探测器（独立式除外）、手动火灾报警按钮

2. 干粉灭火器、二氧化碳灭火器

3. 碳酸氢钠干粉灭火剂（BC）、磷酸铵盐干粉灭火剂（ABC）

4. 防火阀门（包括防火阀、排烟阀、排烟防火阀）、木质防火门、采用酸洗磷化生产工艺的钢质和钢木质防火门、新建初始规模小于6万平方米/年的防火卷帘项目

5. 天然橡胶有衬里消防水带、无衬里消防水带、消防软管卷盘、消防湿水带、PVC衬里消防水带

6. 室内消火栓、室外消火栓、消防水泵接合器的翻砂生产、加工、装配工艺

7. 水罐消防车、泡沫消防车、供水消防车、供液消防车、泵浦类消防车

8. 防火封堵材料、溶剂型钢结构防火涂料、饰面型防火涂料、电缆防火涂料

十六、民爆产品

1. 非人机隔离的非连续化、自动化雷管装配生产线

2. 非连续化、自动化炸药生产线

3. 高污染的起爆药生产线

4. 高能耗、高污染、低性能工业粉状炸药生产线

十七、其　他

1. 用地红线宽度（包括绿化带）超过下列标准的城市主干道路项目：小城市和重点镇40米，中等城市55米，大城市70米（200万人口以上特大城市主干道路确需超过70米的，城市总体规划中应有专项说明）

2. 用地面积超过下列标准的城市游憩集会广场项目：小城市和重点镇1公顷，中等城市2公顷，大城市3公顷，200万人口以上特大城市5公顷

3. 别墅类房地产开发项目

4. 高尔夫球场项目

5. 赛马场项目

6. 4挡及以下机械式车用自动变速箱（AT）

7. 排放标准国三及以下的机动车用发动机

第三类　淘汰类

注：条目后括号内年份为淘汰期限，淘汰期限为2011年是指 −83− 应于2011年底前淘汰，其余类推；有淘汰计划的条目，根据计划进行淘汰；未标淘汰期限或淘汰计划的条目为国家产业政策已明令淘汰或立即淘汰。

一、落后生产工艺装备

（一）农林业

1. 湿法纤维板生产工艺

2. 滴水法松香生产工艺

3. 农村传统老式炉灶炕

4. 以木材、伐根为主要原料的活性炭生产以及氯化锌法活性炭生产工艺

5. 超过生态承载力的旅游活动和药材等林产品采集

6. 严重缺水地区建设灌溉型造纸原料林基地

7. 种植前溴甲烷土壤熏蒸工艺

（二）煤炭

1. 国有煤矿矿区范围（国有煤矿采矿登记确认的范围）内的各类小煤矿

2. 单井井型低于3万吨/年规模的矿井

3. 既无降硫措施，又无达标排放用户的高硫煤炭（含硫高于3%）生产矿井

4. 不能就地使用的高灰煤炭（灰分高于40%）生产矿井

5. 6AM、φM−2.5、PA−3型煤用浮选机

6. PB2、PB3、PB4型矿用隔爆高压开关

7. PG−27型真空过滤机

8. X−1型箱式压滤机

9. ZYZ、ZY3 型液压支架

10. 木支架

11. 不能实现洗煤废水闭路循环的选煤工艺、不能实现粉尘达标排放的干法选煤设备

（三）电力

1. 大电网覆盖范围内，单机容量在 10 万千瓦以下的常规燃煤火电机组

2. 单机容量 5 万千瓦及以下的常规小火电机组

3. 以发电为主的燃油锅炉及发电机组

4. 大电网覆盖范围内，设计寿命期满的单机容量 20 万千瓦以下的常规燃煤火电机组

（四）石化化工

1. 200 万吨/年及以下常减压装置（2013 年，青海格尔木、新疆泽普装置除外），废旧橡胶和塑料土法炼油工艺，焦油间歇法生产沥青

2. 10 万吨/年以下的硫铁矿制酸和硫磺制酸（边远地区除外），平炉氧化法高锰酸钾，隔膜法烧碱（2015 年）生产装置，平炉法和大锅蒸发法硫化碱生产工艺，芒硝法硅酸钠（泡花碱）生产工艺

3. 单台产能 5000 吨/年以下和不符合准入条件的黄磷生产装置，有钙焙烧铬化合物生产装置（2013 年），单线产能 3000 吨/年以下普通级硫酸钡、氢氧化钡、氯化钡、硝酸钡生产装置，产能 1 万吨/年以下氯酸钠生产装置，单台炉容量小于 12500 千伏安的电石炉及开放式电石炉，高汞催化剂（氯化汞含量 6.5% 以上）和使用高汞催化剂的乙炔法聚氯乙烯生产装置（2015 年），氨钠法及氰熔体氰化钠生产工艺

4. 单线产能 1 万吨/年以下三聚磷酸钠、0.5 万吨/年以下六偏磷酸钠、0.5 万吨/年以下三氯化磷、3 万吨/年以下饲料磷酸氢钙、5000 吨/年以下工艺技术落后和污染严重的氢氟酸、5000 吨/年以下湿法氟化铝及敞开式结晶氟盐生产装置

5. 单线产能 0.3 万吨/年以下氰化钠（100% 氰化钠）、1 万吨/年以下氢氧化钾、1.5 万吨/年以下普通级白炭黑、2 万吨/年以下普通级碳酸钙、10 万吨/年以下普通级无水硫酸钠（盐业联产及副产除外）、0.3 万吨/年以下碳酸锂和氢氧化锂、2 万吨/年以下普通级碳酸钡、1.5 万吨/年以下普通级碳酸锶生产装置

6. 半水煤气氨水液相脱硫、天然气常压间歇转化工艺制合成氨、一氧化碳常压变化及全中温变换（高温变换）工艺、没有配套硫磺回收装置的湿法脱硫工艺，没有配

套建设吹风气余热回收、造气炉渣综合利用装置的固定层间歇式煤气化装置7、钠法百草枯生产工艺，敌百虫碱法敌敌畏生产工艺，小包装（1公斤及以下）农药产品手工包（灌）装工艺及设备，雷蒙机法生产农药粉剂，以六氯苯为原料生产五氯酚（钠）装置

8. 用火直接加热的涂料用树脂、四氯化碳溶剂法制取氯化橡胶生产工艺，100吨/年以下皂素（含水解物）生产装置，盐酸酸解法皂素生产工艺及污染物排放不能达标的皂素生产装置，铁粉还原法工艺（4,4-二氨基二苯乙烯-二磺酸〔DSD酸〕、2-氨基-4-甲基-5-氯苯磺酸〔CLT酸〕、1-氨基-8-萘酚-3,6-二磺酸〔H酸〕三种产品暂缓执行）

9. 50万条/年及以下的斜交轮胎和以天然棉帘子布为骨架的轮胎、1.5万吨/年及以下的干法造粒炭黑（特种炭黑和半补强炭黑除外）、3亿只/年及以下的天然胶乳安全套，橡胶硫化促进剂N-氧联二（1,2-亚乙基）-2-苯并噻唑次磺酰胺（NOBS）和橡胶防老剂D生产装置

10. 氯氟烃（CFCs）、含氢氯氟烃（HCFCs）、用于清洗的1,1,1-三氯乙烷（甲基氯仿）、主产四氯化碳（CTC）、以四氯化碳（CTC）为加工助剂的所有产品、以PFOA为加工助剂的含氟聚合物、含滴滴涕的涂料、采用滴滴涕为原料非封闭生产三氯杀螨醇生产装置（根据国家履行国际公约总体计划要求进行淘汰）

（五）钢铁

1. 土法炼焦（含改良焦炉）；单炉产能5万吨/年以下或无煤气、焦油回收利用和污水处理达不到准入条件的半焦（兰炭）生产装置

2. 炭化室高度小于4.3米焦炉（3.8米及以上捣固焦炉除外）（西部地区3.8米捣固焦炉可延期至2011年）；无化产回收的单一炼焦生产设施

3. 土烧结矿

4. 热烧结矿

5. 90平方米以下烧结机（2013年）、8平方米以下球团竖炉；铁合金生产用24平方米以下带式锰矿、铬矿烧结机

6. 400立方米及以下炼铁高炉（铸造铁企业除外，但需提供企业工商局注册证明、三年销售凭证和项目核准手续等），200立方米及以下铁合金、铸铁管生产用高炉

7. 用于地条钢、普碳钢、不锈钢冶炼的工频和中频感应炉

8. 30吨及以下转炉（不含铁合金转炉）

9. 30 吨及以下电炉（不含机械铸造电炉）

10. 化铁炼钢

11. 复二重线材轧机

12. 横列式线材轧机

13. 横列式棒材及型材轧机

14. 叠轧薄板轧机

15. 普钢初轧机及开坯用中型轧机

16. 热轧窄带钢轧机

17. 三辊劳特式中板轧机

18. 直径 76 毫米以下热轧无缝管机组

19. 三辊式型线材轧机（不含特殊钢生产）

20. 环保不达标的冶金炉窑

21. 手工操作的土沥青焦油浸渍装置，矿石原料与固体原料混烧、自然通风、手工操作的土竖窑，以煤直接为燃料、烟尘净化不能达标的倒焰窑

22. 6300 千伏安以下铁合金矿热电炉，3000 千伏安以下铁合金半封闭直流电炉、铁合金精炼电炉（钨铁、钒铁等特殊品种的电炉除外）

23. 蒸汽加热混捏、倒焰式焙烧炉、艾奇逊交流石墨化炉、10000 千伏安及以下三相桥式整流艾奇逊直流石墨化炉及其并联机组

24. 单机产能 1 万吨及以下的冷轧带肋钢筋生产装备（2012 年，高延性冷轧带肋钢筋生产装备除外）

25. 生产预应力钢丝的单罐拉丝机生产装备

26. 预应力钢材生产消除应力处理的铅淬火工艺

27. 2.5 万吨/年及以下的单套粗（轻）苯精制装置（酸洗蒸馏法苯加工工艺及装置）

28. 5 万吨/年及以下的单套煤焦油加工装置（2012 年）

29. 100 立方米及以下铁合金锰铁高炉

30. 煅烧石灰土窑

31. 每炉单产 5 吨以下的钛铁熔炼炉、用反射炉焙烧钼精矿的钼铁生产线及用反射炉还原、煅烧红矾钠、铬酐生产金属铬的生产线

32. 燃煤倒焰窑耐火材料及原料制品生产线

33. 单条生产线规模小于 20 万吨的铸铁管项目

34. 环形烧结机

35. 一段式固定煤气发生炉项目（不含粉煤气化炉）

36. 电解金属锰用 5000 千伏安及以下的整流变压器、150 立方米以下的化合槽（2011 年），化合槽有效容积 150 立方米以下的生产设备

37. 单炉产能 7.5 万吨/年以下的半焦（兰炭）生产装置（2012 年）

38. 未达到焦化行业准入条件要求的热回收焦炉（2012 年）

39. 6300 千伏安铁合金矿热电炉（2012 年）（国家贫困县、利用独立运行的小水电，2014 年）

40. 还原二氧化锰用反射炉（包括硫酸锰厂用反射炉、矿粉厂用反射炉等）

41. 电解金属锰一次压滤用除高压隔膜压滤机以外的板框、箱式压滤机

42. 电解金属锰用 5000 千伏安以上、6000 千伏安及以下的整流变压器；150 立方米以上、170 立方米及以下的倾倒槽（2014 年）

43. 有效容积 18 立方米及以下轻烧反射窑

44. 有效容积 30 立方米及以下重烧镁砂竖窑

（六）有色金属

1. 采用马弗炉、马槽炉、横罐、小竖罐等进行焙烧、简易冷凝设施进行收尘等落后方式炼锌或生产氧化锌工艺装备

2. 采用铁锅和土灶、蒸馏罐、坩埚炉及简易冷凝收尘设施等落后方式炼汞

3. 采用土坑炉或坩埚炉焙烧、简易冷凝设施收尘等落后方式炼制氧化砷或金属砷工艺装备

4. 铝自焙电解槽及 100KA 及以下预焙槽（2011 年）

5. 鼓风炉、电炉、反射炉炼铜工艺及设备（2011 年）

6. 烟气制酸干法净化和热浓酸洗涤技术

7. 采用地坑炉、坩埚炉、赫氏炉等落后方式炼锑

8. 采用烧结锅、烧结盘、简易高炉等落后方式炼铅工艺及设备

9. 利用坩埚炉熔炼再生铝合金、再生铅的工艺及设备

10. 铝用湿法氟化盐项目

11. 1 万吨/年以下的再生铝、再生铅项目

12. 再生有色金属生产中采用直接燃煤的反射炉项目

13. 铜线杆（黑杆）生产工艺

14. 未配套制酸及尾气吸收系统的烧结机炼铅工艺

15. 烧结–鼓风炉炼铅工艺

16. 无烟气治理措施的再生铜焚烧工艺及设备

17. 50吨以下传统固定式反射炉再生铜生产工艺及设备

18. 4吨以下反射炉再生铝生产工艺及设备

19. 离子型稀土矿堆浸和池浸工艺

20. 独居石单一矿种开发项目

21. 稀土氯化物电解制备金属工艺项目

22. 氨皂化稀土萃取分离工艺项目

23. 湿法生产电解用氟化稀土生产工艺

24. 矿石处理量50万吨/年以下的轻稀土矿山开发项目；1500吨（REO）/年以下的离子型稀土矿山开发项目（2013年）

25. 2000吨（REO）/年以下的稀土分离项目

26. 1500吨/年以下、电解槽电流小于5000A、电流效率低于85%的轻稀土金属冶炼项目

（七）黄金

1. 混汞提金工艺

2. 小氰化池浸工艺、土法冶炼工艺

3. 无环保措施提取线路板中金、银、钯等贵重金属

4. 日处理能力50吨以下采选项目

（八）建材

1. 窑径3米及以上水泥机立窑（2012年）、干法中空窑（生产高铝水泥、硫铝酸盐水泥等特种水泥除外）、立波尔窑、湿法窑

2. 直径3米以下水泥粉磨设备

3. 无覆膜塑编水泥包装袋生产线

4. 平拉工艺平板玻璃生产线（含格法）

5. 100万平方米/年以下的建筑陶瓷砖、20万件/年以下低档卫生陶瓷生产线

6. 建筑卫生陶瓷土窑、倒焰窑、多孔窑、煤烧明焰隧道窑、隔焰隧道窑、匣钵装卫生陶瓷隧道窑

7. 建筑陶瓷砖成型用的摩擦压砖机

8. 陶土坩埚玻璃纤维拉丝生产工艺与装备

9. 1000 万平方米/年以下的纸面石膏板生产线

10. 500 万平方米/年以下的改性沥青类防水卷材生产线；500 万平方米/年以下沥青复合胎柔性防水卷材生产线；100 万卷/年以下沥青纸胎油毡生产线

11. 石灰土立窑

12. 砖瓦 24 门以下轮窑以及立窑、无顶轮窑、马蹄窑等土窑（2011 年）

13. 普通挤砖机

14. SJ1580 – 3000 双轴、单轴制砖搅拌机

15. SQP400500 – 700500 双辊破碎机

16. 1000 型普通切条机

17. 100 吨以下盘转式压砖机

18. 手工制作墙板生产线

19. 简易移动式砼砌块成型机、附着式振动成型台

20. 单班 1 万立方米/年以下的混凝土砌块固定式成型机、单班 10 万平方米/年以下的混凝土铺地砖固定式成型机

21. 人工浇筑、非机械成型的石膏（空心）砌块生产工艺

22. 真空加压法和气炼一步法石英玻璃生产工艺装备

23. 6×600 吨六面顶小型压机生产人造金刚石

24. 手工切割加气混凝土生产线、非蒸压养护加气混凝土生产线

25. 非烧结、非蒸压粉煤灰砖生产线

26. 装饰石材矿山硐室爆破开采技术、吊索式大理石土拉锯

（九）医药

1. 手工胶囊填充工艺

2. 软木塞烫蜡包装药品工艺

3. 不符合 GMP 要求的安瓿拉丝灌封机

4. 塔式重蒸馏水器

5. 无净化设施的热风干燥箱

6. 劳动保护、三废治理不能达到国家标准的原料药生产装置

7. 铁粉还原法对乙酰氨基酚（扑热息痛）、咖啡因装置

8. 使用氯氟烃（CFCs）作为气雾剂、推进剂、抛射剂或分散剂的医药用品生产工艺（根据国家履行国际公约总体计划要求进行淘汰）

（十）机械

1. 热处理铅浴炉

2. 热处理氯化钡盐浴炉（高温氯化钡盐浴炉暂缓淘汰）

3. TQ60、TQ80 塔式起重机

4. QT16、QT20、QT25 井架简易塔式起重机

5. KJ1600/1220 单筒提升绞机

6. 3000 千伏安以下普通棕刚玉冶炼炉

7. 4000 千伏安以下固定式棕刚玉冶炼炉

8. 3000 千伏安以下碳化硅冶炼炉

9. 强制驱动式简易电梯

10. 以氯氟烃（CFCs）作为膨胀剂的烟丝膨胀设备生产线

11. 砂型铸造粘土烘干砂型及型芯

12. 焦炭炉熔化有色金属

13. 砂型铸造油砂制芯

14. 重质砖炉衬台车炉

15. 中频发电机感应加热电源

16. 燃煤火焰反射加热炉

17. 铸/锻件酸洗工艺

18. 用重质耐火砖作为炉衬的热处理加热炉

19. 位式交流接触器温度控制柜

20. 插入电极式盐浴炉

21. 动圈式和抽头式硅整流弧焊机

22. 磁放大器式弧焊机

23. 无法安装安全保护装置的冲床

24. 粘土砂干型/芯铸造工艺

25. 无磁轭（≥0.25 吨）铝壳中频感应电炉（2015 年）

26. 无芯工频感应电炉

（十一）船舶

1. 废旧船舶滩涂拆解工艺

2. 船长大于 80 米的船舶整体建造工艺

（十二）轻工

1. 单套 10 万吨/年以下的真空制盐装置、20 万吨/年以下的湖盐和 30 万吨/年以下的北方海盐生产设施

2. 利用矿盐卤水、油气田水且采用平锅、滩晒制盐的生产工艺与装置

3. 2 万吨/年及以下的南方海盐生产装置

4. 超薄型（厚度低于 0.025 毫米）塑料购物袋生产

5. 年加工生皮能力 5 万标张牛皮、年加工蓝湿皮能力 3 万标张牛皮以下的制革生产线

6. 300 吨/年以下的油墨生产总装置（利用高新技术、无污染的除外）

7. 含苯类溶剂型油墨生产

8. 石灰法地池制浆设备（宣纸除外）

9. 5.1 万吨/年以下的化学木浆生产线

10. 单条 3.4 万吨/年以下的非木浆生产线

11. 单条 1 万吨/年及以下、以废纸为原料的制浆生产线

12. 幅宽在 1.76 米及以下并且车速为 120 米/分以下的文化纸生产线

13. 幅宽在 2 米及以下并且车速为 80 米/分以下的白板纸、箱板纸及瓦楞纸生产线

14. 以氯氟烃（CFCs）为制冷剂和发泡剂的冰箱、冰柜、汽车空调器、工业商业用冷藏、制冷设备生产线

15. 以氯氟烃（CFCs）为发泡剂的聚氨酯、聚乙烯、聚苯乙烯泡沫塑料生产

16. 四氯化碳（CTC）为清洗剂的生产工艺

17. 以三氟三氯乙烷（CFC-113）和甲基氯仿（TCA）为清洗剂和溶剂的生产工艺

18. 脂肪酸法制叔胺工艺，发烟硫酸磺化工艺，搅拌釜式乙氧基化工艺

19. 自行车盐浴焊接炉

20. 印铁制罐行业中的锡焊工艺

21. 燃煤和燃发生炉煤气的坩埚玻璃窑，直火式、无热风循环的玻璃退火炉

22. 机械定时行列式制瓶机

23. 生产能力 12000 瓶/时以下的玻璃瓶啤酒灌装生产线

24. 生产能力150瓶/分钟以下（瓶容在250毫升及以下）的碳酸饮料生产线

25. 日处理原料乳能力（两班）20吨以下浓缩、喷雾干燥等设施；200千克/小时以下的手动及半自动液体乳灌装设备

26. 3万吨/年以下酒精生产线（废糖蜜制酒精除外）

27. 3万吨/年以下味精生产装置

28. 2万吨/年及以下柠檬酸生产装置

29. 年处理10万吨以下、总干物收率97%以下的湿法玉米淀粉生产线

30. 桥式劈半锯、敞式生猪烫毛机等生猪屠宰设备

31. 猪、牛、羊、禽手工屠宰工艺

32. 小麦粉增白剂（过氧化苯甲酰、过氧化钙）的添加工艺

（十三）纺织

1. "1"字头成卷、梳棉、清花、并条、粗纱、细纱设备，1332系列络筒机，1511型有梭织机，"1"字头整经、浆纱机等全部"1"字头的纺纱织造设备

2. A512、A513系列细纱机

3. B581、B582型精纺细纱机，BC581、BC582型粗纺细纱机，B591绒线细纱机，B601、B601A型毛捻线机，BC272、BC272B型粗梳毛纺梳毛机，B751型绒线成球机，B701A型绒线摇绞机，B250、B311、B311C、B311C（CZ）、B311C（DJ）型精梳机，H112、H112A型毛分条整经机、H212型毛织机等毛纺织设备

4. 90年以前生产、未经技术改造的各类国产毛纺细纱机

5. 辊长1000毫米以下的皮辊轧花机，锯片片数在80以下的锯齿轧花机，压力吨位在400吨以下的皮棉打包机（不含160吨、200吨短绒棉花打包机）

6. ZD647、ZD721型自动缫丝机，D101A型自动缫丝机，ZD681型立缫机，DJ561型绢精纺机，K251、K251A型丝织机等丝绸加工设备

7. Z114型小提花机

8. GE186型提花毛圈机

9. Z261型人造毛皮机

10. 未经改造的74型染整设备

11. 蒸汽加热敞开无密闭的印染平洗槽

12. R531型酸性粘胶纺丝机

13. 2万吨/年及以下粘胶常规短纤维生产线

14. 湿法氨纶生产工艺

15. 二甲基甲酰胺（DMF）溶剂法氨纶及腈纶生产工艺

16. 硝酸法腈纶常规纤维生产工艺及装置

17. 常规聚酯（PET）间歇法聚合生产工艺及设备

18. 常规涤纶长丝锭轴长 900 毫米及以下的半自动卷绕设备

19. 使用年限超过 15 年的国产和使用年限超过 20 年的进口印染前处理设备、拉幅和定形设备、圆网和平网印花机、连续染色机

20. 使用年限超过 15 年的浴比大于1：10 的棉及化纤间歇式染色设备

21. 使用直流电机驱动的印染生产线

22. 印染用铸铁结构的蒸箱和水洗设备，铸铁墙板无底蒸化机，汽蒸预热区短的 L 型退煮漂履带汽蒸箱

23. 螺杆挤出机直径小于或等于 90mm，2000 吨/年以下的涤纶再生纺短纤维生产装置

（十四）印刷

1. 全部铅排、铅印工艺

2. 全部铅印机及相关辅机

3. 照相制版机

4. ZD201、ZD301 型系列单字铸字机

5. TH1 型自动铸条机、ZT102 型系列铸条机

6. ZDK101 型字模雕刻机

7. KMD101 型字模刻刀磨床

8. AZP502 型半自动汉文手选铸排机、ZSY101 型半自动汉文铸排机、TZP101 型外文条字铸排机、ZZP101 型汉文自动铸排机

9. QY401、2QY404 型系列电动铅印打样机，QYSH401、2QY401、DY401 型手动式铅印打样机

10. YX01、YX02、YX03 型系列压纸型机，HX01、HX02、HX03、HX04 型系列烘纸型机

11. PZB401 型平铅版铸版机，YZB02、YZB03、YZB04、YZB05、YZB06、YZB07型系列铅版铸版机

12. JB01 型平铅版浇版机

13. RQ02、RQ03、RQ04 型系列铅泵熔铅炉

14. BB01 型刨版机，YGB02、YGB03、YGB04、YGB05 型圆铅版刮版机，YTB01 型圆铅版镗版机，YJB02 型圆铅版锯版机，YXB04、YXB05、YXB302 型系列圆铅版修版机

15. P401、P402 型系列四开平压印刷机，P801、P802、P803、P804 型系列八开平压印刷机

16. PE802 型双合页印刷机

17. TE102、TE105、TE108 型系列全张自动二回转平台印刷机

18. TY201 型对开单色一回转平台印刷机，TY401 型四开单色一回转平台印刷机

19. TY4201 型四开一回转双色印刷机

20. TT201、TZ201、DT201 型对开手动续纸停回转平台印刷机

21. TT202 型对开自动停回转平台印刷机，TT402、TT403、TT405、DT402 型四开自动停回转平台印刷机，TZ202 型对开半自动停回转平台印刷机，TZ401、TZS401、DT401 型四开半自动停回转平台印刷机

22. TR801 型系列立式平台印刷机

23. LP1101、LP1103 型系列平板纸全张单面轮转印刷机，LP1201 型平板纸全张双面轮转印刷机，LP4201 型平板纸四开双色轮转印刷机

24. LSB201（880×1230 毫米）及 LS201、LS204（787×1092 毫米）型系列卷筒纸书刊转轮印刷机

25. LB203、LB205、LB403 型卷筒纸报版轮转印刷机，LB2405、LB4405 型卷筒纸双层二组报版轮转印刷机，LBS201 型卷筒纸书、报二用轮转印刷机

26. K. M. T 型自动铸字排版机，PH－5 型汉字排字机

27. 球震打样制版机（DIA PRESS 清刷机）

28. 1985 年前生产的手动照排机、国产制版照相机

29. 离心涂布机

30. J1101 系列全张单色胶印机（印刷速度每小时 5000 张及以下）

31. J2101、PZ1920 系列对开单色胶印机（印刷速度每小时 4000 张及以下），PZ1615 系列四开单色胶印机（印刷速度每小时 4000 张及以下），YPS1920 系列双面单色胶印机（印刷速度每小时 4000 张及以下）

32. W1101 型全张自动凹版印刷机、AJ401 型卷筒纸单面四色凹版印刷机

33. DJ01 型平装胶订联动机，PRD－01、PRD－02 型平装胶订联动机，DBT－01 型平装有线订、包、烫联动机

34. 溶剂型即涂覆膜机、承印物无法降解和回收的各类覆膜机

35. QZ101、QZ201、QZ301、QZ401 型切纸机

36. MD103A 型磨刀机

（十五）民爆产品

1. 密闭式包装型乳化炸药基质冷却机

2. 密闭式包装型乳化炸药低温敏化机

3. 小直径手工单头炸药装药机

4. 轴承包覆在药剂中的混药、输送等炸药设备

5. 起爆药干燥工序采用蒸汽烘房干燥的工艺

6. 延期元件（体）制造工序采用手工装药的工艺

7. 雷管装填、装配工序及工序间的传输无可靠防殉爆措施的工艺

8. 导爆管制造工序加药装置无可靠防爆设施的生产线

9. 危险作业场所未实现远程视频监视的工业炸药和工业雷管生产线

10. 危险作业场所未实现远程视频监视的导爆索生产线

11. 采用传统轮碾方式的炸药制药工艺

12. 起爆药生产废水达不到《兵器工业水污染排放标准火工药剂》（GB 14470.2）要求排放的生产工艺

13. 乳化器出药温度大于 130℃ 的乳化工艺

14. 小直径含水炸药装药效率低于 1200kg/h、小直径粉状炸药装药效率低于 800kg/h 的装药机

15. 有固定操作人员的场所，噪声超过 85 分贝以上的炸药设备

16. 全电阻极差大于 1.5Ω 的电雷管（钢芯脚线长度 2m）生产技术（2013 年）

17. 装箱产品下线未实现生产数据在线采集、及时传输的生产线（2013 年）

18. 全电阻极差大于 1.0Ω 的电雷管（钢芯脚线长度 2m）生产工艺（2015 年）

19. 工序间无可靠防传爆措施的导爆索生产线（2013 年）

20. 制索工序无药量在线检测、自动联锁保护装置的导爆索生产线（2013 年）

21. 最大不发火电流小于 0.25A 的普通型电雷管生产工艺（2015 年）

22. 雷管装填工序未实现人机隔离的生产工艺（2015 年）

23. 雷管卡口、检查工序间需人工传送产品的生产工艺（2015 年）

（十六）消防

1. 火灾探测器手工插焊电子元器件生产工艺

（十七）其他

1. 含有毒有害氰化物电镀工艺［氰化金钾电镀金及氰化亚金钾镀金（2014 年）；银、铜基合金及予镀铜打底工艺（暂缓淘汰）］

2. 含氰沉锌工艺

3. 实体坝连岛技术

4. 超过生态承载力的旅游活动和药材等林产品采集

5. 不符合国家现行城市生活垃圾、医疗废物和工业废物焚烧相关污染控制标准、工程技术标准以及设备标准的小型焚烧炉

二、落后产品

（一）石化化工

1. 改性淀粉、改性纤维、多彩内墙（树脂以硝化纤维素为主，溶剂以二甲苯为主的 O/W 型涂料）、氯乙烯－偏氯乙烯共聚乳液外墙、焦油型聚氨酯防水、水性聚氯乙烯焦油防水、聚乙烯醇及其缩醛类内外墙（106、107 涂料等）、聚醋酸乙烯乳液类（含乙烯/醋酸乙烯酯共聚物乳液）外墙涂料

2. 有害物质含量超标准的内墙、溶剂型木器、玩具、汽车、外墙涂料，含双对氯苯基三氯乙烷、三丁基锡、全氟辛酸及其盐类、全氟辛烷磺酸、红丹等有害物质的涂料

3. 在还原条件下会裂解产生 24 种有害芳香胺的偶氮染料（非纺织品用的领域暂缓）、九种致癌性染料（用于与人体不直接接触的领域暂缓）

4. 含苯类、苯酚、苯甲醛和二（三）氯甲烷的脱漆剂，立德粉，聚氯乙烯建筑防水接缝材料（焦油型），107 胶，瘦肉精，多氯联苯（变压器油）

5. 高毒农药产品：六六六、二溴乙烷、丁酰肼、敌枯双、除草醚、杀虫脒、毒鼠强、氟乙酰胺、氟乙酸钠、二溴氯丙烷、治螟磷（苏化203）、磷胺、甘氟、毒鼠硅、甲胺磷、对硫磷、甲基对硫磷、久效磷、硫环磷（乙基硫环磷）、福美胂、福美甲胂及所有砷制剂、汞制剂、铅制剂、10% 草甘膦水剂，甲基硫环磷、磷化钙、磷化锌、苯线磷、地虫硫磷、磷化镁、硫线磷、蝇毒磷、治螟磷、特丁硫磷（2011 年）

6. 根据国家履行国际公约总体计划要求进行淘汰农药产品：氯丹、七氯、溴甲烷、滴滴涕、六氯苯、灭蚁灵、林丹、毒杀芬、艾氏剂、狄氏剂、异狄氏剂

7. 软边结构自行车胎，以棉帘线为骨架材料的普通输送带和以尼龙帘线为骨架材料的普通V带，轮胎、自行车胎、摩托车胎手工刻花硫化模具

（二）铁路

1. G60型、G17型罐车

2. P62型棚车

3. K13型矿石车

4. U60型水泥车

5. N16型、N17型平车

6. L17型粮食车

7. C62A型、C62B型敞车

8. 轨道平车（载重40吨及以下）

（三）钢铁

1. 热轧硅钢片

2. 普通松弛级别的钢丝、钢绞线

3. 热轧钢筋：牌号HRB335、HPB235

（四）有色金属

1. 铜线杆（黑杆）

（五）建材

1. 使用非耐碱玻纤或非低碱水泥生产的玻纤增强水泥（GRC）空心条板

2. 陶土坩埚拉丝玻璃纤维和制品及其增强塑料（玻璃钢）制品

3. 25A空腹钢窗

4. S－2型混凝土轨枕

5. 一次冲洗用水量9升以上的便器

6. 角闪石石棉（即蓝石棉）

7. 非机械生产中空玻璃，双层双框各类门窗及单腔结构型的塑料门窗

8. 采用二次加热复合成型工艺生产的聚乙烯丙纶类复合防水卷材、聚乙烯丙纶复合防水卷材（聚乙烯芯材厚度在0.5mm以下）；棉涤玻纤（高碱）网格复合胎基材料、聚氯乙烯防水卷材（S型）

9. 石棉绒质离合器面片、合成火车闸瓦，石棉软木湿式离合器面片

（六）医药

1. 铅锡软膏管、单层聚烯烃软膏管（肛肠、腔道给药除外）

2. 安瓿灌装注射用无菌粉末

3. 药用天然胶塞

4. 非易折安瓿

5. 输液用聚氯乙烯（PVC）软袋（不包括腹膜透析液、冲洗液用）

（七）机械

1. T100、T100A 推土机

2. ZP－Ⅱ、ZP－Ⅲ 干式喷浆机

3. WP－3 挖掘机

4. 0.35 立方米以下的气动抓岩机

5. 矿用钢丝绳冲击式钻机

6. БУ－40 石油钻机

7. 直径 1.98 米水煤气发生炉

8. CER 膜盒系列

9. 热电偶（分度号 LL－2、LB－3、EU－2、EA－2、CK）

10. 热电阻（分度号 BA、BA2、G）

11. DDZ－Ⅰ型电动单元组合仪表

12. GGP－01A 型皮带秤

13. BLR－31 型称重传感器

14. WFT－081 辐射感温器

15. WDH－1E、WDH－2E 光电温度计，PY5 型数字温度计

16. BC 系列单波纹管差压计，LCH－511、YCH－211、LCH－311、YCH－311、LCH－211、YCH－511 型环称式差压计

17. EWC－01A 型长图电子电位差计

18. XQWA 型条形自动平衡指示仪

19. ZL3 型 X－Y 记录仪

20. DBU－521，DBU－521C 型液位变送器

21. YB 系列（机座号63－355mm，额定电压660V 及以下）、YBF 系列（机座号

63－160mm，额定电压380、660V或380/660V）、YBK系列（机座号100－355mm，额定电压380/660V、660/1140V）隔爆型三相异步电动机

22. DZ10系列塑壳断路器、DW10系列框架断路器

23. CJ8系列交流接触器

24. QC10、QC12、QC8系列启动器

25. JR0、JR9、JR14、JR15、JR16－A、B、C、D系列热继电器

26. 以焦炭为燃料的有色金属熔炼炉

27. GGW系列中频无心感应熔炼炉

28. B型、BA型单级单吸悬臂式离心泵系列

29. F型单级单吸耐腐蚀泵系列

30. JD型长轴深井泵

31. KDON－3200/3200型蓄冷器全低压流程空分设备、KDON－1500/1500型蓄冷器（管式）全低压流程空分设备、KDON－1500/1500型管板式全低压流程空分设备、KDON－6000/6600型蓄冷器流程空分设备

32. 3W－0.9/7（环状阀）空气压缩机

33. C620、CA630普通车床

34. C616、C618、C630、C640、C650普通车床（2015年）

35. X920键槽铣床

36. B665、B665A、B665－1牛头刨床

37. D6165、D6185电火花成型机床

38. D5540电脉冲机床

39. J53－400、J53－630、J53－1000双盘摩擦压力机

40. Q11－1.6×1600剪板机

41. Q51汽车起重机

42. TD62型固定带式输送机

43. 3吨直流架线式井下矿用电机车

44. A571单梁起重机

45. 快速断路器：DS3－10、DS3－30、DS3－50（1000、3000、5000A）、DS10－10、DS10－20、DS10－30（1000、2000、3000A）

46. SX系列箱式电阻炉

47. 单相电度表：DD1、DD5、DD5 – 2、DD5 – 6、DD9、DD10、DD12、DD14、DD15、DD17、DD20、DD28

48. SL7 – 30/10 ~ SL7 – 1600/10、S7 – 30/10 ~ S7 – 1600/10 配电变压器

49. 刀开关：HD6、HD3 – 100、HD3 – 200、HD3 – 400、HD3 – 600、HD3 – 1000、HD3 – 1500

50. GC 型低压锅炉给水泵，DG270 – 140、DG500 – 140、DG375 – 185 锅炉给水泵

51. 热动力式疏水阀：S15H – 16、S19 – 16、S19 – 16C、S49H – 16、S49 – 16C、S19H – 40、S49H – 40、S19H – 64、S49H – 64

52. 固定炉排燃煤锅炉（双层固定炉排锅炉除外）

53. 1 – 10/8、1 – 10/7 型动力用往复式空气压缩机

54. 8 – 18 系列、9 – 27 系列高压离心通风机

55. X52、X62W320 × 150 升降台铣床

56. J31 – 250 机械压力机

57. TD60、TD62、TD72 型固定带式输送机

58. 以未安装燃油量限制器（简称限油器）的单缸柴油机为动力装置的农用运输车（指生产与销售）

59. E135 二冲程中速柴油机（包括 2、4、6 缸三种机型），TY1100 型单缸立式水冷直喷式柴油机，165 单缸卧式蒸发水冷、预燃室柴油机，4146 柴油机

60. TY1100 型单缸立式水冷直喷式柴油机

61. 165 单缸卧式蒸发水冷、预燃室柴油机

62. 含汞开关和继电器

63. 燃油助力车

64. 低于国二排放的车用发动机

65. 机动车制动用含石棉材料的摩擦片

（八）船舶

1. 采用整体造船法建造的钢制运输船舶

2. 不符合规范的改装船舶和已到报废期限的船舶

3. 单壳油船

4. 挂桨机船及其发动机

（九）轻工

1. 汞电池（氧化汞原电池及电池组、锌汞电池）

2. 开口式普通铅酸电池

3. 含汞高于0.0001%的圆柱形碱锰电池

4. 含汞高于0.0005%的扣式碱锰电池（2015年）

5. 含镉高于0.002%的铅酸蓄电池（2013年）

6. 直排式燃气热水器

7. 螺旋升降式（铸铁）水嘴

8. 用于凹版印刷的苯胺油墨

9. 进水口低于溢流口水面、上导向直落式便器水箱配件

10. 铸铁截止阀

11. 添加白砒、三氧化二锑、含铅、含氟、铬矿渣等辅助原料玻璃配合料

12. 半自动（卧式）工业用洗衣机

13. 开启式四氯乙烯干洗机和普通封闭式四氯乙烯干洗机，分体式石油干洗机和普通封闭式石油干洗机

（十）消防

1. 二氟一氯一溴甲烷灭火剂（简称1211灭火剂）

2. 三氟一溴甲烷灭火剂（简称1301灭火剂）（原料及必要用途除外）

3. 简易式1211灭火器

4. 手提式1211灭火器

5. 推车式1211灭火器

6. 手提式化学泡沫灭火器

7. 手提式酸碱灭火器

8. 简易式1301灭火器（必要用途除外）

9. 手提式1301灭火器（必要用途除外）

10. 推车式1301灭火器（必要用途除外）

11. 管网式1211灭火系统

12. 悬挂式1211灭火系统容

13. 柜式1211灭火系统

14. 管网式1301灭火系统（必要用途除外）

15. 悬挂式1301灭火系统（必要用途除外）

16. 柜式 1301 灭火系统（必要用途除外）

（十一）民爆产品

1. 火雷管

2. 导火索

3. 铵梯炸药

4. 纸壳雷管（2011 年）

（十二）其他

1. 59、69、72、TF－3 型防毒面具

三

节能监察相关规范性文件及政策

国务院关于加强节能工作的决定

国发〔2006〕28号

各省、自治区、直辖市人民政府，国务院各部委、各直属机构：

为深入贯彻科学发展观，落实节约资源基本国策，调动社会各方面力量进一步加强节能工作，加快建设节约型社会，实现"十一五"规划纲要提出的节能目标，促进经济社会发展切实转入全面协调可持续发展的轨道，特作如下决定。

一、充分认识加强节能工作的重要性和紧迫性

（一）必须把节能摆在更加突出的战略位置。我国人口众多，能源资源相对不足，人均拥有量远低于世界平均水平。由于我国正处在工业化和城镇化加快发展阶段，能源消耗强度较高，消费规模不断扩大，特别是高投入、高消耗、高污染的粗放型经济增长方式，加剧了能源供求矛盾和环境污染状况。能源问题已经成为制约经济和社会发展的重要因素，要从战略和全局的高度，充分认识做好能源工作的重要性，高度重视能源安全，实现能源的可持续发展。解决我国能源问题，根本出路是坚持开发与节约并举、节约优先的方针，大力推进节能降耗，提高能源利用效率。节能是缓解能源约束，减轻环境压力，保障经济安全，实现全面建设小康社会目标和可持续发展的必然选择，体现了科学发展观的本质要求，是一项长期的战略任务，必须摆在更加突出的战略位置。

（二）必须把节能工作作为当前的紧迫任务。近几年，由于经济增长方式转变滞后、高耗能行业增长过快，单位国内生产总值能耗上升，特别是今年上半年，能源消耗增长仍然快于经济增长，节能工作面临更大压力，形势十分严峻。各地区、各部门要充分认识加强节能工作的紧迫性，增强忧患意识和危机意识，增强历史责任感和使命感。要把节能工作作为当前的一项紧迫任务，列入各级政府重要议事日程，切实下

大力气，采取强有力措施，确保实现"十一五"能源节约的目标，促进国民经济又快又好地发展。

二、用科学发展观统领节能工作

（三）指导思想。以邓小平理论和"三个代表"重要思想为指导，全面贯彻科学发展观，落实节约资源基本国策，以提高能源利用效率为核心，以转变经济增长方式、调整经济结构、加快技术进步为根本，强化全社会的节能意识，建立严格的管理制度，实行有效的激励政策，充分发挥市场配置资源的基础性作用，调动市场主体节能的自觉性，加快构建节约型的生产方式和消费模式，以能源的高效利用促进经济社会可持续发展。

（四）基本原则。坚持节能与发展相互促进，节能是为了更好地发展，实现科学发展必须节能；坚持开发与节约并举，节能优先，效率为本；坚持把节能作为转变经济增长方式的主攻方向，从根本上改变高耗能、高污染的粗放型经济增长方式；坚持发挥市场机制作用与实施政府宏观调控相结合，努力营造有利于节能的体制环境、政策环境和市场环境；坚持源头控制与存量挖潜、依法管理与政策激励、突出重点与全面推进相结合。

（五）主要目标。到"十一五"期末，万元国内生产总值（按 2005 年价格计算）能耗下降到 0.98 吨标准煤，比"十五"期末降低 20% 左右，平均年节能率为 4.4%。重点行业主要产品单位能耗总体达到或接近本世纪初国际先进水平。初步建立起与社会主义市场经济体制相适应的比较完善的节能法规和标准体系、政策保障体系、技术支撑体系、监督管理体系，形成市场主体自觉节能的机制。

三、加快构建节能型产业体系

（六）大力调整产业结构。各地区和有关部门要认真落实《国务院关于发布实施〈促进产业结构调整暂行规定〉的决定》（国发〔2005〕40 号）要求，推动产业结构优化升级，促进经济增长由主要依靠工业带动和数量扩张带动，向三次产业协同带动和优化升级带动转变，立足节约能源推动发展。合理规划产业和地区布局，避免由于决策失误造成能源浪费。

（七）推动服务业加快发展。充分发挥服务业能耗低、污染少的优势，努力提高服务业在国民经济中的比重。要以专业化分工和提高社会效率为重点，积极发展生产服务业；以满足人们需求和方便群众生活为中心，提升生活服务业。大中城市要优先发展服务业，有条件的大中城市要逐步形成以服务经济为主的产业结构。

（八）积极调整工业结构。严格控制新开工高耗能项目，把能耗标准作为项目核准和备案的强制性门槛，遏制高耗能行业过快增长。对企业搬迁改造严格能耗准入管理。加快淘汰落后生产能力、工艺、技术和设备，不按期淘汰的企业，地方各级人民政府及有关部门要依法责令其停产或予以关闭，依法吊销排污许可证和停止供电，属实行生产许可证管理的，依法吊销生产许可证。积极推进企业联合重组，提高产业集中度和规模效益。

（九）优化用能结构。大力发展高效清洁能源。逐步减少原煤直接使用，提高煤炭用于发电的比重，发展煤炭气化和液化，提高转换效率。引导企业和居民合理用电。大力发展风能、太阳能、生物质能、地热能、水能等可再生能源和替代能源。

四、着力抓好重点领域节能

（十）强化工业节能。突出抓好钢铁、有色金属、煤炭、电力、石油石化、化工、建材等重点耗能行业和年耗能 1 万吨标准煤以上企业的节能工作，组织实施千家企业节能行动，推动企业积极调整产品结构，加快节能技术改造，降低能源消耗。

（十一）推进建筑节能。大力发展节能省地型建筑，推动新建住宅和公共建筑严格实施节能 50% 的设计标准，直辖市及有条件的地区要率先实施节能 65% 的标准。推动既有建筑的节能改造。大力发展新型墙体材料。

（十二）加强交通运输节能。积极推进节能型综合交通运输体系建设，加快发展铁路和内河运输，优先发展公共交通和轨道交通，加快淘汰老旧铁路机车、汽车、船舶，鼓励发展节能环保型交通工具，开发和推广车用代用燃料和清洁燃料汽车。

（十三）引导商业和民用节能。在公用设施、宾馆商厦、写字楼、居民住宅中推广采用高效节能办公设备、家用电器、照明产品等。

（十四）抓好农村节能。加快淘汰和更新高耗能落后农业机械和渔船装备，加快农业提水排灌机电设施更新改造，大力发展农村户用沼气和大中型畜禽养殖场沼气工程，推广省柴节煤灶，因地制宜发展小水电、风能、太阳能以及农作物秸秆气化集中供气系统。

（十五）推动政府机构节能。各级政府部门和领导干部要从自身做起、厉行节约，在节能工作中发挥表率作用。重点抓好政府机构建筑物和采暖、空调、照明系统节能改造以及办公设备节能，采取措施大力推动政府节能采购，稳步推进公务车改革。

五、大力推进节能技术进步

（十六）加快先进节能技术、产品研发和推广应用。各级人民政府要把节能作为政府科技投入、推进高技术产业化的重点领域，支持科研单位和企业开发高效节能工艺、技术和产品，优先支持拥有自主知识产权的节能共性和关键技术示范，增强自主创新能力，解决技术瓶颈。采取多种方式加快高效节能产品的推广应用。有条件的地方可对达到超前性国家能效标准、经过认证的节能产品给予适当的财政支持，引导消费者使用。落实产品质量国家免检制度，鼓励高效节能产品生产企业做大做强。有关部门要制定和发布节能技术政策，组织行业共性技术的推广。

（十七）全面实施重点节能工程。有关部门和地方人民政府及有关单位要认真组织落实"十一五"规划纲要提出的燃煤工业锅炉（窑炉）改造、区域热电联产、余热余压利用、节约和替代石油、电机系统节能、能量系统优化、建筑节能、绿色照明、政府机构节能以及节能监测和技术服务体系建设等十大重点节能工程。发展改革委要督促各地区、各有关部门和有关单位抓紧落实相关政策措施，确保工程配套资金到位，同时要会同有关部门切实做好重点工程、重大项目实施情况的监督检查。

（十八）培育节能服务体系。有关部门要抓紧研究制定加快节能服务体系建设的指导意见，促进各级各类节能技术服务机构转换机制、创新模式、拓宽领域，增强服务能力，提高服务水平。加快推行合同能源管理，推进企业节能技术改造。

（十九）加强国际交流与合作。积极引进国外先进节能技术和管理经验，广泛开展与国际组织、金融机构及有关国家和地区在节能领域的合作。

六、加大节能监督管理力度

（二十）健全节能法律法规和标准体系。抓紧做好修订《中华人民共和国节约能源法》的有关工作，进一步严格节能管理制度，明确节能执法主体，强化政策激励，加大惩戒力度。研究制订有关节能的配套法规。加快组织制定和完善主要耗能行业能耗准入标准、节能设计规范，制定和完善主要工业耗能设备、机动车、建筑、家用电器、照明产品等能效标准以及公共建筑用能设备运行标准。各地区要研究制定本地区主要耗能产品和大型公共建筑单位能耗限额。

（二十一）加强规划指导。各地区、各有关部门要根据"十一五"规划纲要，把实现能耗降低的约束性目标作为本地区、本部门"十一五"规划和有关专项规划的重要内容，明确目标、任务和政策措施，认真制定和实施本地区和行业的节能规划。

（二十二）建立节能目标责任制和评价考核体系。发展改革委要将"十一五"规划纲要确定的单位国内生产总值能耗降低目标分解落实到各省、自治区、直辖市，省级人民政府要将目标逐级分解落实到各市、县以及重点耗能企业，实行严格的目标责任制。统计局、发展改革委等部门每年要定期公布各地区能源消耗情况；省级人民政府要建立本地区能耗公报制度。要将能耗指标纳入各地经济社会发展综合评价和年度考核体系，作为地方各级人民政府领导班子和领导干部任期内贯彻落实科学发展观的重要考核内容，作为国有大中型企业负责人经营业绩的重要考核内容，实行节能工作问责制。发展改革委要会同有关部门抓紧制定实施办法。

（二十三）建立固定资产投资项目节能评估和审查制度。有关部门和地方人民政府要对固定资产投资项目（含新建、改建、扩建项目）进行节能评估和审查。对未进行节能审查或未能通过节能审查的项目一律不得审批、核准，从源头杜绝能源的浪费。对擅自批准项目建设的，要依法依规追究直接责任人的责任。发展改革委要会同有关部门制定固定资产投资项目节能评估和审查的具体办法。

（二十四）强化重点耗能企业节能管理。重点耗能企业要建立严格的节能管理制度和有效的激励机制，进一步调动广大职工节能降耗的积极性。要强化基础工作，配备专职人员，将节能降耗的目标和责任落实到车间、班组和个人，并加强监督检查。有关部门和地方各级人民政府要加强对重点耗能企业节能情况的跟踪、指导和监督，定期公布重点企业能源利用状况。其中，对实施千家企业节能行动的高耗能企业，发展改革委要与各相关省级人民政府和有关中央企业签订节能目标责任书，强化节能目标责任和考核。

（二十五）完善能效标识和节能产品认证制度。加快实施强制性能效标识制度，扩大能效标识在家用电器、电动机、汽车和建筑上的应用，不断提高能效标识的社会认知度，引导社会消费行为，促进企业加快高效节能产品的研发。推动自愿性节能产品认证，规范认证行为，扩展认证范围，推动建立国际协调互认。

（二十六）加强电力需求侧和电力调度管理。充分发挥电力需求侧管理的综合优势，优化城市、企业用电方案，推广应用高效节能技术，推进能效电厂建设，提高电能使用效率。改进发电调度规则，优先安排清洁能源发电，对燃煤火电机组进行优化调度，限制能耗高、污染重的低效机组发电，实现电力节能、环保和经济调度。

（二十七）控制室内空调温度。所有公共建筑内的单位，包括国家机关、社会团体、企事业组织和个体工商户，除特定用途外，夏季室内空调温度设置不低于 26 摄氏度，冬季室内空调温度设置不高于 20 摄氏度。有关部门要据此修订完善公共建筑室内温度有关标准，并加强监督检查。

（二十八）加大节能监督检查力度。有关部门和地方各级人民政府要加大节能工作的监督检查力度，重点检查高耗能企业及公共设施的用能情况、固定资产投资项目节能评估和审查情况、禁止淘汰设备异地再用情况，以及产品能效标准和标识、建筑节能设计标准、行业设计规范执行等情况。达不到建筑节能标准的建筑物不准开工建设和销售。严禁生产、销售和使用国家明令淘汰的高耗能产品。要严厉打击报废机动车和船舶等违法交易活动。节能主管部门和质量技术监督部门要加大监督检查和处罚力度，对违法行为要公开曝光。

七、建立健全节能保障机制

（二十九）深化能源价格改革。加强和改进电价管理，建立成本约束机制；完善电力分时电价办法，引导用户合理用电、节约用电；扩大差别电价实施范围，抑制高耗能产业盲目扩张，促进结构调整。落实石油综合配套调价方案，理顺国内成品油价格。继续推进天然气价格改革，建立天然气与可替代能源的价格挂钩和动态调整机制。全面推进煤炭价格市场化改革。研究制定能耗超限额加价的政策。

（三十）加大政府对节能的支持力度。各级人民政府要对节能技术与产品推广、示范试点、宣传培训、信息服务和表彰奖励等工作给予支持，所需节能经费纳入各级人民政府财政预算。"十一五"期间，国家每年安排一定的资金，用于支持节能重大项目、示范项目及高效节能产品的推广。

（三十一）实行节能税收优惠政策。发展改革委要会同有关部门抓紧制定《节能产品目录》，对生产和使用列入《节能产品目录》的产品，财政部、税务总局要会同有关部门抓紧研究提出具体的税收优惠政策，报国务院审批。严格实施控制高耗能、高污染、资源性产品出口的政策措施。研究建立促进能源节约的燃油税收制度，以及控制高耗能加工贸易和抑制不合理能源消费的有关税收政策。抓紧研究并适时实施不同种类能源矿产资源计税方法改革方案。根据资源条件和市场变化情况，适当提高有关资源税征收标准。

（三十二）拓宽节能融资渠道。各类金融机构要切实加大对节能项目的信贷支持力度，推动和引导社会各方面加强对节能的资金投入。要鼓励企业通过市场直接融资，加快进行节能降耗技术改造。

（三十三）推进城镇供热体制改革。加快城镇供热商品化、货币化，将采暖补贴由"暗补"变"明补"，加强供热计量，推进按用热量计量收费制度。完善供热价格形成机制，有关部门要抓紧研究制定建筑供热采暖按热量收费的政策，培育有利于节能的供热市场。

（三十四）实行节能奖励制度。各地区、各部门对在节能管理、节能科学技术研究和推广工作中做出显著成绩的单位及个人要给予表彰和奖励。能源生产经营单位和用能单位要制定科学合理的节能奖励办法，结合本单位的实际情况，对节能工作中作出贡献的集体、个人给予表彰和奖励，节能奖励计入工资总额。

八、加强节能管理队伍建设和基础工作

（三十五）加强节能管理队伍建设。各级人民政府要加强节能管理队伍建设，充实节能管理力量，完善节能监督体系，强化对本行政区域内节能工作的监督管理和日常监察（监测）工作，依法开展节能执法和监察（监测）。在整合现有相关机构的基础上，组建国家节能中心，开展政策研究、固定资产投资项目节能评估、技术推广、宣传培训、信息咨询、国际交流与合作等工作。

（三十六）加强能源统计和计量管理。各级人民政府要为统计部门依法行使节能统计调查、统计执法和数据发布等提供必要的工作保障。各级统计部门要切实加强能源统计，充实必要的人员，完善统计制度，改进统计方法，建立能够反映各地区能耗水平、节能目标责任和评价考核制度的节能统计体系。要强化对单位国内（地区）生产总值能耗指标的审核，确保统计数据准确、及时。各级质量技术监督部门要督促企业合理配备能源计量器具，加强能源计量管理。

（三十七）加大节能宣传、教育和培训力度。新闻出版、广播影视、文化等部门和有关社会团体要组织开展形式多样的节能宣传活动，广泛宣传我国的能源形势和节能的重要意义，弘扬节能先进典型，曝光浪费行为，引导合理消费。教育部门要将节能知识纳入基础教育、高等教育、职业教育培训体系。各级工会、共青团组织要重视和加强对广大职工特别是青年职工的节能教育，广泛开展节能合理化建议活动。有关行业协会要协助政府做好行业节能管理、技术推广、宣传培训、信息咨询和行业统计等工作。各级科协组织要围绕节能开展系列科普活动。要认真组织开展一年一度的全国

节能宣传周活动,加强经常性的节能宣传和培训。要动员全社会节能,在全社会倡导健康、文明、节俭、适度的消费理念,用节约型的消费理念引导消费方式的变革。要大力倡导节约风尚,使节能成为每个公民的良好习惯和自觉行动。

九、加强组织领导

(三十八)切实加强节能工作的组织领导。各省、自治区、直辖市人民政府和各有关部门要按照本决定的精神,努力抓好落实。省级人民政府要对本地区节能工作负总责,把节能工作纳入政府重要议事日程,主要领导要亲自抓,并建立相应的协调机制,明确相关部门的责任和分工,确保责任到位、措施到位、投入到位。省级人民政府、国务院有关部门要在本决定下发后 2 个月内提出本地区、本行业节能工作实施方案报国务院;中央企业要在本决定下发后 2 个月内提出本企业节能工作实施方案,由国资委汇总报国务院。发展改革委要会同有关部门,加强指导和协调,认真监督检查本决定的贯彻执行情况,并向国务院报告。

国务院

二〇〇六年八月六日

国务院办公厅转发发展改革委
关于完善差别电价政策意见的通知

国办发〔2006〕77号

各省、自治区、直辖市人民政府，国务院各部委、各直属机构：

发展改革委《关于完善差别电价政策的意见》已经国务院同意，现转发给你们，请认真贯彻执行。

实行差别电价政策，有利于遏制高耗能产业的盲目发展和低水平重复建设，淘汰落后生产能力，促进产业结构调整和技术升级，缓解能源供应紧张局面。各地区、各部门要统一思想，充分认识实施和完善差别电价政策的重要意义，全面落实科学发展观，增强对能源、资源、环境问题的紧迫感和危机感，从全局和战略高度出发，认真做好落实差别电价政策的各项工作，加快推进资源节约型、环境友好型社会建设，促进建立节约能源、资源和降低能耗的长效机制。各地区要加强领导，精心组织，及时进行督促检查，确保政策落实到位。同时，要切实采取有力措施，制订预案，做好企业关停并转及职工安置等善后准备工作，维护社会稳定。

国务院办公厅

二〇〇六年九月十七日

关于完善差别电价政策的意见

发展改革委：

为调整和优化产业结构，加快淘汰高耗能产业中的落后产能，促进节约能源和降低能耗，现就进一步做好对部分高耗能产业实行差别电价政策提出以下意见。

一、充分认识完善差别电价政策的必要性

2004年6月以来，国家将电解铝、铁合金、电石、烧碱、水泥、钢铁等6个高耗能产业的企业区分淘汰类、限制类、允许和鼓励类并试行差别电价政策，对遏制高耗能产业盲目发展、促进产业结构调整和技术升级、缓解电力供应紧张矛盾发挥了积极作用。但由于有关方面认识不尽一致，相关措施不够得力等原因，差别电价政策在部分地区尚未得到很好落实。当前，电力供应紧张状况逐步缓解，个别地区擅自对高耗能产业用电实行价格优惠，部分高耗能产业又出现了盲目发展的势头，这种现象如不及时加以引导，必将引发新一轮高耗能产业产能过剩，加大产业结构调整难度，加剧资源浪费与环境污染。将产业政策和价格杠杆有机结合起来，进一步完善差别电价政策，有利于正确引导投资，遏制高耗能产业盲目发展和低水平扩张，促进建立节约能源和降低能耗的长效机制，对保持国民经济平稳较快发展和建设资源节约型、环境友好型社会都是十分必要的。

二、完善差别电价政策的指导思想、目标和原则

（一）指导思想。以科学发展观为指导，按照建设资源节约型、环境友好型社会的要求，利用价格杠杆，鼓励和支持环保、节能等先进生产技术，淘汰落后生产能力，引导高耗能产业合理布局，抑制高耗能产业盲目发展，推进产业结构优化升级。

（二）目标。抑制高耗能企业盲目投资和低水平重复建设，促进现有高耗能企业进行节能降耗技术改造，逐步淘汰落后生产能力，提高高耗能产业的整体技术装备水平和竞争能力，实现资源优化配置。

（三）原则。一是以国家产业政策为依据确定电价政策，促进产业政策贯彻落实。二是合理确定高耗能产业的总体电价水平，对允许和鼓励类企业执行正常电价水平，对限制类、淘汰类企业用电适当提高电价，以限制和淘汰落后产能，促进结构调整。三是坚持区别对待，各地可以结合实际情况，适当加大差别电价实施力度。

三、完善差别电价政策的主要措施

（一）禁止自行出台优惠电价措施。各地一律不得违反国家法律、法规和政策规定，自行出台对高耗能企业实行优惠电价的措施，已经出台实施的要立即停止执行。

（二）扩大差别电价实施范围。在对电解铝、铁合金、电石、烧碱、水泥、钢铁6

个行业继续实行差别电价的同时，将黄磷、锌冶炼 2 个行业也纳入差别电价政策实施范围。根据国务院批准的《产业结构调整指导目录（2005 年本）》，制订《部分高耗能产业实行差别电价目录》（见附件 1），明确实行差别电价的 8 个高耗能行业淘汰类、限制类企业的划分标准。

（三）加大差别电价实施力度。今后 3 年内，将淘汰类企业电价提高到比目前高耗能行业平均电价高 50% 左右的水平，提价标准由现行的 0.05 元调整为 0.20 元；对限制类企业的提价标准由现行的 0.02 元调整为 0.05 元（各年度差别电价最低标准见附件 2）。各地可在此基础上，根据实际情况进一步提高标准，报国家发展改革委备案。

（四）严格执行对企业自备电厂的收费政策。除国家鼓励发展的资源综合利用（如利用余热、余压或煤矸石发电等）、热电联产的自备电厂外，严格执行企业自备电厂自发自用电量缴纳三峡工程建设基金、农网还贷资金、大中型水库移民后期扶持基金、城市公用事业附加等规定，地方各级人民政府均不得随意减免。企业自备电厂与电网相连的，应向接网的电网企业支付系统备用费。国家发展改革委、电监会要对各地执行自备电厂收费政策的情况进行检查，抓紧完善有关政策。自备电厂欠缴上述费用的，各级价格主管部门要会同有关部门和单位予以追缴。

（五）加强对差别电价收入的管理。执行差别电价增加的电费收入，作为政府性基金全额上缴中央国库，并实行"收支两条线"管理。具体征收使用管理办法由财政部会同国家发展改革委另行发布。

四、确保差别电价政策执行到位

各省（区、市）差别电价政策的实施由省级人民政府负责，要成立由省级人民政府负责同志为组长的工作小组，对高耗能企业和自备电厂进行认真甄别和分类，拟定工作方案，确保自 2006 年 10 月 1 日起对所有列入附件 1 的高耗能企业执行差别电价政策，并于 10 月底以前将贯彻落实情况报国家发展改革委和电监会。国家电网公司、南方电网公司负责按照各省（区、市）政府提出的企业名单，严格执行差别电价政策。国家发展改革委和电监会等有关部门要派出工作组，督促差别电价政策的落实，并将进展情况及时报告国务院。

附件：1. 部分高耗能产业实行差别电价目录
　　　2. 部分高耗能产业差别电价标准

部分高耗能产业实行差别电价目录

为发挥价格杠杆的调节作用，加强价格政策与产业政策的协调配合，制止部分高耗能产业低水平重复建设，促进产业结构调整和优化升级，根据《国务院关于发布实施〈促进产业结构调整暂行规定〉的决定》（国发〔2005〕40号）和《产业结构调整指导目录（2005年本）》（国家发改委令第40号），特制订本目录。对列入本目录的企业或生产设备实行差别电价。

一、钢铁行业

（一）淘汰类。

1. 生产地条钢、钢锭或连铸坯的工频炉和中频炉感应炉。

2. 20吨及以下电炉（不含机械铸造电炉和10吨以上高合金钢电炉）。

3. 300M3及以下的高炉（不含100M3以上铁合金高炉及200M3以上专业铸铁管厂高炉）。

4. 20吨及以下转炉（不含铁合金转炉）。

（二）限制类。

1. 2005年8月以后建设的公称容量70吨以下的电炉项目、1000M3以下高炉和120吨以下转炉项目。

2. 2005年8月以后建设的公称容量70吨及以上、未同步配套烟尘回收装置，能源消耗、新水耗量等达不到标准的电炉项目。

二、铁合金（含工业硅）行业

（一）淘汰类。

1. 3000千伏安以下半封闭直流还原电炉、3000千伏安以下精炼电炉（硅钙合金、电炉金属锰、硅铝合金、硅钙钡铝、钨铁、钒铁等特殊品种的电炉除外）。

2. 5000千伏安以下的铁合金（含工业硅）矿热电炉。

3. 不符合行业准入条件的铁合金（含工业硅）企业（自2007年1月1日起执行）。

（二）限制类。

2005年1月1日以后建设的2.5万千伏安以下，2.5万千伏安及以上环保、能耗等达不到准入要求的铁合金（含工业硅）矿热电炉项目（对中西部具有独立运行的小水电及矿产资源优势的国家确定的重点贫困地区新建铁合金矿热电炉按不小于1.25万千伏安执行）。

三、电解铝行业

（一）淘汰类。

铝自焙电解槽。

（二）限制类。

2004年5月1日以后建设的电解铝项目（淘汰自焙槽生产能力置换项目及环保改造项目除外）。

四、锌冶炼行业

限制类。

2004年5月1日以后建设的单系列10万吨/年规模以下锌冶炼项目。

五、电石行业

（一）淘汰类。

1. 5000千伏安以下（1万吨/年以下）电石炉及开放式电石炉。

2. 排放不达标的电石炉。

（二）限制类。

2005年1月1日以后建设的2.5万千伏安以下（能力小于4.5万吨）和2.5万千伏安以上环保、能耗等达不到准入要求的电石矿热炉项目。

六、烧碱行业

（一）淘汰类。

1. 汞法烧碱。

2. 石墨阳极隔膜法烧碱。

（二）限制类。

2006 年 1 月 1 日以后建设的 15 万吨/年以下烧碱装置（用离子膜技术淘汰老装置的搬迁企业除外）。

七、黄磷行业

淘汰类。

1000 吨/年以下黄磷生产线。

八、水泥行业

（一）淘汰类。

1. 窑径 2.2 米及以下水泥机械化立窑生产线。

2. 窑径 2.5 米及以下水泥干法中空窑（生产特种水泥除外）。

3. 直径 1.83 米以下水泥粉磨设备。

4. 水泥土（蛋）窑、普通立窑。

（二）限制类。

2004 年 5 月 1 日后建设的水泥机立窑、干法中空窑、立波尔窑、湿法窑、日产 1500 吨及以下熟料新型干法水泥生产线。

部分高耗能产业差别电价标准

单位：元/千瓦时

行 业		现行差别电价标准	2006 年10 月 1 日起	2007 年1 月 1 日起	2008 年1 月 1 日起
电解铝、铁合金、钢铁、电石、烧碱、水泥、黄磷、锌冶炼	淘汰类	0.05	0.10	0.15	0.20
	限制类	0.02	0.03	0.04	0.05

国务院办公厅转发发展改革委等部门关于加快推行合同能源管理促进节能服务产业发展意见的通知

国办发〔2010〕25 号

各省、自治区、直辖市人民政府，国务院各部委、各直属机构：

发展改革委、财政部、人民银行、税务总局《关于加快推行合同能源管理促进节能服务产业发展的意见》已经国务院同意，现转发给你们，请认真贯彻执行。

国务院办公厅

二〇一〇年四月二日

关于加快推行合同能源管理促进节能服务产业发展的意见

根据《中华人民共和国节约能源法》和《国务院关于加强节能工作的决定》（国发〔2006〕28 号）、《国务院关于印发节能减排综合性工作方案的通知》（国发〔2007〕15 号）等文件精神，为加快推行合同能源管理，促进节能服务产业发展，现提出以下意见。

一、充分认识推行合同能源管理、发展节能服务产业的重要意义

合同能源管理是发达国家普遍推行的、运用市场手段促进节能的服务机制。节能服务公司与用户签订能源管理合同，为用户提供节能诊断、融资、改造等服务，并以节能效益分享方式回收投资和获得合理利润，可以大大降低用能单位节能改造的资金和技术风险，充分调动用能单位节能改造的积极性，是行之有效的节能措施。我国 20

世纪 90 年代末引进合同能源管理机制以来，通过示范、引导和推广，节能服务产业迅速发展，专业化的节能服务公司不断增多，服务范围已扩展到工业、建筑、交通、公共机构等多个领域。2009 年，全国节能服务公司达 502 家，完成总产值 580 多亿元，形成年节能能力 1350 万吨标准煤，对推动节能改造、减少能源消耗、增加社会就业发挥了积极作用。但也要看到，我国合同能源管理还没有得到足够的重视，节能服务产业还存在财税扶持政策少、融资困难以及规模偏小、发展不规范等突出问题，难以适应节能工作形势发展的需要。加快推行合同能源管理，积极发展节能服务产业，是利用市场机制促进节能减排、减缓温室气体排放的有力措施，是培育战略性新兴产业、形成新的经济增长点的迫切要求，是建设资源节约型和环境友好型社会的客观需要。各地区、各部门要充分认识推行合同能源管理、发展节能服务产业的重要意义，采取切实有效措施，努力创造良好的政策环境，促进节能服务产业加快发展。

二、指导思想、基本原则和发展目标

（一）指导思想。高举中国特色社会主义伟大旗帜，以邓小平理论和"三个代表"重要思想为指导，深入贯彻落实科学发展观，充分发挥市场机制作用，加强政策扶持和引导，积极推行合同能源管理，加快节能新技术、新产品的推广应用，促进节能服务产业发展，不断提高能源利用效率。

（二）基本原则。一是坚持发挥市场机制作用。充分发挥市场配置资源的基础性作用，以分享节能效益为基础，建立市场化的节能服务机制，促进节能服务公司加强科技创新和服务创新，提高服务能力，改善服务质量。

二是加强政策支持引导。通过制定完善激励政策，加强行业监管，强化行业自律，营造有利于节能服务产业发展的政策环境和市场环境，引导节能服务产业健康发展。

（三）发展目标。到 2012 年，扶持培育一批专业化节能服务公司，发展壮大一批综合性大型节能服务公司，建立充满活力、特色鲜明、规范有序的节能服务市场。到 2015 年，建立比较完善的节能服务体系，专业化节能服务公司进一步壮大，服务能力进一步增强，服务领域进一步拓宽，合同能源管理成为用能单位实施节能改造的主要方式之一。

三、完善促进节能服务产业发展的政策措施

（一）加大资金支持力度。将合同能源管理项目纳入中央预算内投资和中央财政节

能减排专项资金支持范围，对节能服务公司采用合同能源管理方式实施的节能改造项目，符合相关规定的，给予资金补助或奖励。有条件的地方也要安排一定资金，支持和引导节能服务产业发展。

（二）实行税收扶持政策。在加强税收征管的前提下，对节能服务产业采取适当的税收扶持政策。

一是对节能服务公司实施合同能源管理项目，取得的营业税应税收入，暂免征收营业税，对其无偿转让给用能单位的因实施合同能源管理项目形成的资产，免征增值税。

二是节能服务公司实施合同能源管理项目，符合税法有关规定的，自项目取得第一笔生产经营收入所属纳税年度起，第一年至第三年免征企业所得税，第四年至第六年减半征收企业所得税。

三是用能企业按照能源管理合同实际支付给节能服务公司的合理支出，均可以在计算当期应纳税所得额时扣除，不再区分服务费用和资产价款进行税务处理。

四是能源管理合同期满后，节能服务公司转让给用能企业的因实施合同能源管理项目形成的资产，按折旧或摊销期满的资产进行税务处理。节能服务公司与用能企业办理上述资产的权属转移时，也不再另行计入节能服务公司的收入。

上述税收政策的具体实施办法由财政部、税务总局会同发展改革委等部门另行制定。

（三）完善相关会计制度。各级政府机构采用合同能源管理方式实施节能改造，按照合同支付给节能服务公司的支出视同能源费用进行列支。事业单位采用合同能源管理方式实施节能改造，按照合同支付给节能服务公司的支出计入相关支出。企业采用合同能源管理方式实施节能改造，如购建资产和接受服务能够合理区分且单独计量的，应当分别予以核算，按照国家统一的会计准则制度处理；如不能合理区分或虽能区分但不能单独计量的，企业实际支付给节能服务公司的支出作为费用列支，能源管理合同期满，用能单位取得相关资产作为接受捐赠处理，节能服务公司作为赠与处理。

（四）进一步改善金融服务。鼓励银行等金融机构根据节能服务公司的融资需求特点，创新信贷产品，拓宽担保品范围，简化申请和审批手续，为节能服务公司提供项目融资、保理等金融服务。节能服务公司实施合同能源管理项目投入的固定资产可按有关规定向银行申请抵押贷款。积极利用国外的优惠贷款和赠款加大对合同能源管理项目的支持。

四、加强对节能服务产业发展的指导和服务

（一）鼓励支持节能服务公司做大做强。节能服务公司要加强服务创新，加强人才培养，加强技术研发，加强品牌建设，不断提高综合实力和市场竞争力。鼓励节能服务公司通过兼并、联合、重组等方式，实行规模化、品牌化、网络化经营，形成一批拥有知名品牌，具有较强竞争力的大型服务企业。鼓励大型重点用能单位利用自己的技术优势和管理经验，组建专业化节能服务公司，为本行业其他用能单位提供节能服务。

（二）发挥行业组织的服务和自律作用。节能服务行业组织要充分发挥职能作用，大力开展业务培训，加快建设信息交流平台，及时总结推广业绩突出的节能服务公司的成功经验，积极开展节能咨询服务。要制定节能服务行业公约，建立健全行业自律机制，提高行业整体素质。

（三）营造节能服务产业发展的良好环境。地方各级人民政府要将推行合同能源管理、发展节能服务产业纳入重要议事日程，加强领导，精心组织，务求取得实效。政府机构要带头采用合同能源管理方式实施节能改造，发挥模范表率作用。各级节能主管部门要采取多种形式，广泛宣传推行合同能源管理的重要意义和明显成效，提高全社会对合同能源管理的认知度和认同感，营造推行合同能源管理的有利氛围。要加强用能计量管理，督促用能单位按规定配备能源计量器具，为节能服务公司实施合同能源管理项目提供基础条件。要组织实施合同能源管理示范项目，发挥引导和带动作用。要加强对节能服务产业发展规律的研究，积极借鉴国外的先进经验和有益做法，协调解决产业发展中的困难和问题，推进产业持续健康发展。

国务院关于印发深化标准化工作改革方案的通知

国发〔2015〕13 号

各省、自治区、直辖市人民政府，国务院各部委、各直属机构：

现将《深化标准化工作改革方案》印发给你们，请认真贯彻执行。

国务院

2015 年 3 月 11 日

深化标准化工作改革方案

为落实《中共中央关于全面深化改革若干重大问题的决定》《国务院机构改革和职能转变方案》和《国务院关于促进市场公平竞争维护市场正常秩序的若干意见》（国发〔2014〕20 号）关于深化标准化工作改革、加强技术标准体系建设的有关要求，制定本改革方案。

一、改革的必要性和紧迫性

党中央、国务院高度重视标准化工作，2001 年成立国家标准化管理委员会，强化标准化工作的统一管理。在各部门、各地方共同努力下，我国标准化事业得到快速发展。截至目前，国家标准、行业标准和地方标准总数达到 10 万项，覆盖一二三产业和社会事业各领域的标准体系基本形成。我国相继成为国际标准化组织（ISO）、国际电工委员会（IEC）常任理事国及国际电信联盟（ITU）理事国，我国专家担任 ISO 主席、IEC 副主席、ITU 秘书长等一系列重要职务，主导制定国际标准的数量逐年增加。标准化在保障产品质量安全、促进产业转型升级和经济提质增效、服务外交外贸等方面起着越来越重要的作用。但是，从我国经济社会发展日益增长的需求来看，现行标准体系和标准化管理体制已不能适应社会主义市场经济发展的需要，甚至在一定程度上影响了经济社会发展。

一是标准缺失老化滞后，难以满足经济提质增效升级的需求。现代农业和服务业标准仍然很少，社会管理和公共服务标准刚刚起步，即使在标准相对完备的工业领域，标准缺失现象也不同程度存在。特别是当前节能降耗、新型城镇化、信息化和工业化融合、电子商务、商贸物流等领域对标准的需求十分旺盛，但标准供给仍有较大缺口。我国国家标准制定周期平均为3年，远远落后于产业快速发展的需要。标准更新速度缓慢，"标龄"高出德、美、英、日等发达国家1倍以上。标准整体水平不高，难以支撑经济转型升级。我国主导制定的国际标准仅占国际标准总数的0.5%，"中国标准"在国际上认可度不高。

二是标准交叉重复矛盾，不利于统一市场体系的建立。标准是生产经营活动的依据，是重要的市场规则，必须增强统一性和权威性。目前，现行国家标准、行业标准、地方标准中仅名称相同的就有近2000项，有些标准技术指标不一致甚至冲突，既造成企业执行标准困难，也造成政府部门制定标准的资源浪费和执法尺度不一。特别是强制性标准涉及健康安全环保，但是制定主体多，28个部门和31个省（区、市）制定发布强制性行业标准和地方标准；数量庞大，强制性国家、行业、地方三级标准万余项，缺乏强有力的组织协调，交叉重复矛盾难以避免。

三是标准体系不够合理，不适应社会主义市场经济发展的要求。国家标准、行业标准、地方标准均由政府主导制定，且70%为一般性产品和服务标准，这些标准中许多应由市场主体遵循市场规律制定。而国际上通行的团体标准在我国没有法律地位，市场自主制定、快速反映需求的标准不能有效供给。即使是企业自己制定、内部使用的企业标准，也要到政府部门履行备案甚至审查性备案，企业能动性受到抑制，缺乏创新和竞争力。

四是标准化协调推进机制不完善，制约了标准化管理效能提升。标准反映各方共同利益，各类标准之间需要衔接配套。很多标准技术面广、产业链长，特别是一些标准涉及部门多、相关方立场不一致，协调难度大，由于缺乏权威、高效的标准化协调推进机制，越重要的标准越"难产"。有的标准实施效果不明显，相关配套政策措施不到位，尚未形成多部门协同推动标准实施的工作格局。

造成这些问题的根本原因是现行标准体系和标准化管理体制是20世纪80年代确立

的，政府与市场的角色错位，市场主体活力未能充分发挥，既阻碍了标准化工作的有效开展，又影响了标准化作用的发挥，必须切实转变政府标准化管理职能，深化标准化工作改革。

二、改革的总体要求

标准化工作改革，要紧紧围绕使市场在资源配置中起决定性作用和更好发挥政府作用，着力解决标准体系不完善、管理体制不顺畅、与社会主义市场经济发展不适应问题，改革标准体系和标准化管理体制，改进标准制定工作机制，强化标准的实施与监督，更好地发挥标准化在推进国家治理体系和治理能力现代化中的基础性、战略性作用，促进经济持续健康发展和社会全面进步。

改革的基本原则：一是坚持简政放权、放管结合。把该放的放开放到位，培育发展团体标准，放开搞活企业标准，激发市场主体活力；把该管的管住管好，强化强制性标准管理，保证公益类推荐性标准的基本供给。二是坚持国际接轨、适合国情。借鉴发达国家标准化管理的先进经验和做法，结合我国发展实际，建立完善具有中国特色的标准体系和标准化管理体制。三是坚持统一管理、分工负责。既发挥好国务院标准化主管部门的综合协调职责，又充分发挥国务院各部门在相关领域内标准制定、实施及监督的作用。四是坚持依法行政、统筹推进。加快标准化法治建设，做好标准化重大改革与标准化法律法规修改完善的有机衔接；合理统筹改革优先领域、关键环节和实施步骤，通过市场自主制定标准的增量带动现行标准的存量改革。

改革的总体目标：建立政府主导制定的标准与市场自主制定的标准协同发展、协调配套的新型标准体系，健全统一协调、运行高效、政府与市场共治的标准化管理体制，形成政府引导、市场驱动、社会参与、协同推进的标准化工作格局，有效支撑统一市场体系建设，让标准成为对质量的"硬约束"，推动中国经济迈向中高端水平。

三、改革措施

通过改革，把政府单一供给的现行标准体系，转变为由政府主导制定的标准和市场自主制定的标准共同构成的新型标准体系。政府主导制定的标准由6类整合精简为4类，分别是强制性国家标准和推荐性国家标准、推荐性行业标准、推荐性地方标准；市场自主制定的标准分为团体标准和企业标准。政府主导制定的标准侧重于保基本，市场自主制定的标准侧重于提高竞争力。同时建立完善与新型标准体系配套的标准化管理体制。

（一）建立高效权威的标准化统筹协调机制。建立由国务院领导同志为召集人、各有关部门负责同志组成的国务院标准化协调推进机制，统筹标准化重大改革，研究标准化重大政策，对跨部门跨领域、存在重大争议标准的制定和实施进行协调。国务院标准化协调推进机制日常工作由国务院标准化主管部门承担。

（二）整合精简强制性标准。在标准体系上，逐步将现行强制性国家标准、行业标准和地方标准整合为强制性国家标准。在标准范围上，将强制性国家标准严格限定在保障人身健康和生命财产安全、国家安全、生态环境安全和满足社会经济管理基本要求的范围之内。在标准管理上，国务院各有关部门负责强制性国家标准项目提出、组织起草、征求意见、技术审查、组织实施和监督；国务院标准化主管部门负责强制性国家标准的统一立项和编号，并按照世界贸易组织规则开展对外通报；强制性国家标准由国务院批准发布或授权批准发布。强化依据强制性国家标准开展监督检查和行政执法。免费向社会公开强制性国家标准文本。建立强制性国家标准实施情况统计分析报告制度。

法律法规对标准制定另有规定的，按现行法律法规执行。环境保护、工程建设、医药卫生强制性国家标准、强制性行业标准和强制性地方标准，按现有模式管理。安全生产、公安、税务标准暂按现有模式管理。核、航天等涉及国家安全和秘密的军工领域行业标准，由国务院国防科技工业主管部门负责管理。

（三）优化完善推荐性标准。在标准体系上，进一步优化推荐性国家标准、行业标准、地方标准体系结构，推动向政府职责范围内的公益类标准过渡，逐步缩减现有推荐性标准的数量和规模。在标准范围上，合理界定各层级、各领域推荐性标准的制定范围，推荐性国家标准重点制定基础通用、与强制性国家标准配套的标准；推荐性行业标准重点制定本行业领域的重要产品、工程技术、服务和行业管理标准；推荐性地方标准可制定满足地方自然条件、民族风俗习惯的特殊技术要求。在标准管理上，国务院标准化主管部门、国务院各有关部门和地方政府标准化主管部门分别负责统筹管理推荐性国家标准、行业标准和地方标准制修订工作。充分运用信息化手段，建立制修订全过程信息公开和共享平台，强化制修订流程中的信息共享、社会监督和自查自纠，有效避免推荐性国家标准、行业标准、地方标准在立项、制定过程中的交叉重复矛盾。简化制修订程序，提高审批效率，缩短制修订周期。推动免费向社会公开公益类推荐性标准文本。建立标准实施信息反馈和评估机制，及时开展标准复审和维护更新，有效解决标准缺失滞后老化问题。加强标准化技术委员会管理，提高广泛性、代表性，保证标准制定的科学性、公正性。

（四）培育发展团体标准。在标准制定主体上，鼓励具备相应能力的学会、协会、商会、联合会等社会组织和产业技术联盟协调相关市场主体共同制定满足市场和创新需要的标准，供市场自愿选用，增加标准的有效供给。在标准管理上，对团体标准不设行政许可，由社会组织和产业技术联盟自主制定发布，通过市场竞争优胜劣汰。国务院标准化主管部门会同国务院有关部门制定团体标准发展指导意见和标准化良好行为规范，对团体标准进行必要的规范、引导和监督。在工作推进上，选择市场化程度高、技术创新活跃、产品类标准较多的领域，先行开展团体标准试点工作。支持专利融入团体标准，推动技术进步。

（五）放开搞活企业标准。企业根据需要自主制定、实施企业标准。鼓励企业制定高于国家标准、行业标准、地方标准，具有竞争力的企业标准。建立企业产品和服务标准自我声明公开和监督制度，逐步取消政府对企业产品标准的备案管理，落实企业标准化主体责任。鼓励标准化专业机构对企业公开的标准开展比对和评价，强化社会监督。

（六）提高标准国际化水平。鼓励社会组织和产业技术联盟、企业积极参与国际标准化活动，争取承担更多国际标准组织技术机构和领导职务，增强话语权。加大国际标准跟踪、评估和转化力度，加强中国标准外文版翻译出版工作，推动与主要贸易国之间的标准互认，推进优势、特色领域标准国际化，创建中国标准品牌。结合海外工程承包、重大装备设备出口和对外援建，推广中国标准，以中国标准"走出去"带动我国产品、技术、装备、服务"走出去"。进一步放宽外资企业参与中国标准的制定。

四、组织实施

坚持整体推进与分步实施相结合，按照逐步调整、不断完善的方法，协同有序推进各项改革任务。标准化工作改革分三个阶段实施。

（一）第一阶段（2015～2016年），积极推进改革试点工作。

——加快推进《中华人民共和国标准化法》修订工作，提出法律修正案，确保改革于法有据。修订完善相关规章制度。（2016年6月底前完成）

——国务院标准化主管部门会同国务院各有关部门及地方政府标准化主管部门，对现行国家标准、行业标准、地方标准进行全面清理，集中开展滞后老化标准的复审

和修订，解决标准缺失、矛盾交叉等问题。（2016年12月底前完成）

——优化标准立项和审批程序，缩短标准制定周期。改进推荐性行业和地方标准备案制度，加强标准制定和实施后评估。（2016年12月底前完成）

——按照强制性标准制定原则和范围，对不再适用的强制性标准予以废止，对不宜强制的转化为推荐性标准。（2015年12月底前完成）

——开展标准实施效果评价，建立强制性标准实施情况统计分析报告制度。强化监督检查和行政执法，严肃查处违法违规行为。（2016年12月底前完成）

——选择具备标准化能力的社会组织和产业技术联盟，在市场化程度高、技术创新活跃、产品类标准较多的领域开展团体标准试点工作，制定团体标准发展指导意见和标准化良好行为规范。（2015年12月底前完成）

——开展企业产品和服务标准自我声明公开和监督制度改革试点。企业自我声明公开标准的，视同完成备案。（2015年12月底前完成）

——建立国务院标准化协调推进机制，制定相关制度文件。建立标准制修订全过程信息公开和共享平台。（2015年12月底前完成）

——主导和参与制定国际标准数量达到年度国际标准制定总数的50%。（2016年完成）

（二）第二阶段（2017～2018年），稳妥推进向新型标准体系过渡。

——确有必要强制的现行强制性行业标准、地方标准，逐步整合上升为强制性国家标准。（2017年完成）

——进一步明晰推荐性标准制定范围，厘清各类标准间的关系，逐步向政府职责范围内的公益类标准过渡。（2018年完成）

——培育若干具有一定知名度和影响力的团体标准制定机构，制定一批满足市场和创新需要的团体标准。建立团体标准的评价和监督机制。（2017年完成）

——企业产品和服务标准自我声明公开和监督制度基本完善并全面实施。（2017年完成）

——国际国内标准水平一致性程度显著提高，主要消费品领域与国际标准一致性程度达到95%以上。（2018年完成）

（三）第三阶段（2019～2020年），基本建成结构合理、衔接配套、覆盖全面、适应经济社会发展需求的新型标准体系。

——理顺并建立协同、权威的强制性国家标准管理体制。（2020年完成）

——政府主导制定的推荐性标准限定在公益类范围，形成协调配套、简化高效的推荐性标准管理体制。（2020年完成）

——市场自主制定的团体标准、企业标准发展较为成熟，更好满足市场竞争、创新发展的需求。（2020年完成）

——参与国际标准化治理能力进一步增强，承担国际标准组织技术机构和领导职务数量显著增多，与主要贸易伙伴国家标准互认数量大幅增加，我国标准国际影响力不断提升，迈入世界标准强国行列。（2020年完成）

国务院办公厅关于加强节能标准化工作的意见

国办发〔2015〕16号

各省、自治区、直辖市人民政府，国务院各部委、各直属机构：

节能标准是国家节能制度的基础，是提升经济质量效益、推动绿色低碳循环发展、建设生态文明的重要手段，是化解产能过剩、加强节能减排工作的有效支撑。为进一步加强节能标准化工作，经国务院同意，现提出以下意见。

一、总体要求

（一）指导思想。全面贯彻落实党的十八大和十八届二中、三中、四中全会精神，认真落实党中央、国务院的决策部署，充分发挥市场在资源配置中的决定性作用，更好发挥政府作用，创新节能标准化管理机制，健全节能标准体系，强化节能标准实施与监督，有效支撑国家节能减排和产业结构升级，为生态文明建设奠定坚实基础。

（二）基本原则。坚持准入倒逼，加快制修订强制性能效、能耗限额标准，发挥准入指标对产业转型升级的倒逼作用。坚持标杆引领，研究和制定关键节能技术、产品和服务标准，发挥标准对节能环保等新兴产业的引领作用。坚持创新驱动，以科技创新提高节能标准水平，促进节能科技成果转化应用。坚持共同治理，营造良好环境，形成政府引导、市场驱动、社会参与的节能标准化共治格局。

（三）工作目标。到2020年，建成指标先进、符合国情的节能标准体系，主要高耗能行业实现能耗限额标准全覆盖，80%以上的能效指标达到国际先进水平，标准国际化水平明显提升。形成节能标准有效实施与监督的工作体系，产业政策与节能标准的结合更加紧密，节能标准对节能减排和产业结构升级的支撑作用更加显著。

二、创新工作机制

（四）建立节能标准更新机制。制定节能标准体系建设方案和节能标准制修订工作规划，定期更新并发布节能标准。建立节能标准化联合推进机制，加强节能标准化工作协调配合。完善节能标准立项协调机制，每年下达 1~2 批节能标准专项计划，急需节能标准随时立项。完善节能标准复审机制，标准复审周期控制在 3 年以内，标准修订周期控制在 2 年以内。创新节能标准技术审查和咨询评议机制，加强能效能耗数据监测和统计分析，强化能效标准和能耗限额标准实施后评估工作，确保强制性能效和能耗指标的先进性、科学性和有效性。改进国家标准化指导性技术文件管理模式，探索团体标准转化为国家标准的工作机制，推动新兴节能技术、产品和服务快速转化为标准。（国家标准委、发展改革委、工业和信息化部等按职责分工负责）

（五）探索能效标杆转化机制。适时将能效"领跑者"指标纳入强制性终端用能产品能效标准和行业能耗限额标准指标体系，将"领跑者"企业的能耗水平确定为高耗能及产能严重过剩行业准入指标。能效标准中的能效限定值和能耗限额标准中的能耗限定值应至少淘汰 20% 左右的落后产品和落后产能。（国家标准委、发展改革委、工业和信息化部等按职责分工负责）

（六）创新节能标准化服务。建设节能标准信息服务平台，及时发布和更新节能标准信息，方便企业查询标准信息、反馈实施情况、提出标准需求。探索节能标准化服务新模式，开展标准宣传贯彻、信息咨询、标准比对、实施效果评估等服务，鼓励标准化技术机构为企业提供标准研制、标准体系建设、标准化人才培养等定制化专业服务。普及节能标准化知识，增强政府部门、用能单位和消费者的节能标准化意识。（国家标准委、发展改革委、工业和信息化部等按职责分工负责）

三、完善标准体系

（七）加强重点领域节能标准制修订工作。实施百项能效标准推进工程。在工业领域，加快制修订钢铁、有色、石化、化工、建材、机械、船舶等行业节能标准，形成覆盖生产设备节能、节能监测与管理、能源管理与审计等方面的标准体系；完善燃油经济性标准和新能源汽车技术标准。在能源领域，重点制定煤炭清洁高效利用相关技术标准，加强天然气、新能源、可再生能源标准制修订工作。在建筑领域，完善绿色建筑与建筑节能设计、施工验收和评价标准，修订建筑照明设计标准，建立绿色建材标准体系。在交通运输领域，加快综合交通运输标准的制修订工作，重点制修订用能设备设施能效标准、绿色交通评价等标准。在流通领域，加快制修订零售业能源管理体系、绿色商场和绿色市场等标准。在公共机构领域，制修订公共机构能源管理体系、能源审计、节约型公共机构评价等标准。在农业领域，加快制修订农业机械、渔船和种植制度等农业生产领域高产节能，省柴节煤灶炕等农村生活节能，以及农作物秸秆能源化高效利用等相关技术标准。（国家标准委、发展改革委、工业和信息化部、住房城乡建设部、交通运输部、农业部、商务部、国管局、能源局按职责分工负责）

（八）实施节能标准化示范工程。选择具有示范作用和辐射效应的园区或重点用能企业，建设节能标准化示范项目，推广低温余热发电、吸收式热泵供暖、冰蓄冷、高效电机及电机系统等先进节能技术、设备，提升企业能源利用效率。（国家标准委、发展改革委、工业和信息化部、能源局牵头负责）

（九）推动节能标准国际化。跟踪节能领域国际标准发展，实质性参与和主导制定一批节能国际标准，扩大节能技术、产品和服务等国际市场份额。加强节能标准双边、多边国际合作，推动与主要贸易国建立节能标准互认机制。（国家标准委、发展改革委、商务部牵头负责）

四、强化标准实施

（十）严格执行强制性节能标准。强化用能单位实施强制性节能标准的主体责任，开展能效对标达标活动，发挥节能标准对用能单位、重点用能设备和系统能效提升的规范和引导作用。以强制性能耗限额标准为依据，实施固定资产投资项目节能评估和审查制度，对电解铝、铁合金、电石等高耗能行业的生产企业实施差别电价和惩罚性电价政策，对煤炭、石油、有色、建材、化工等产能过剩行业和稀土等战略资源行业的生产企业进行准入公告。以强制性能效标准和交通工具燃料经济性标准为依据，实施节能产品惠民工程、节能产品政府采购、能效标识制度。建筑工程设计、施工和验收应严格执行新建建筑强制性节能标准。政府投资的公益性建筑、大型公共建筑以及各直辖市、计划单列市及省会城市的保障性住房，应全面执行绿色建筑标准。将强制性节能标准实施情况纳入地方各级人民政府节能目标责任考核。（地方各级人民政府，发展改革委、工业和信息化部、财政部、住房城乡建设部、交通运输部、质检总局、国管局等按职责分工负责）

（十一）推动实施推荐性节能标准。强化政策与标准的有效衔接，制定相关政策、履行职能应优先采用节能标准。在能源消费总量控制、生产许可、节能改造、节能量交易、节能产品推广、节能认证、节能示范、绿色建筑评价及公共机构建设等领域，优先采用合同能源管理、节能量评估、电力需求侧管理、节约型公共机构评价等节能标准。推动能源管理体系、系统经济运行、能量平衡测试、节能监测等推荐性节能标准在工业企业中的应用。积极开展公共机构能源管理体系认证。（发展改革委、工业和信息化部、财政部、住房城乡建设部、商务部、质检总局、国管局、国家认监委等按职责分工负责）

（十二）加强标准实施的监督。以节能标准实施为重点，加大节能监察力度，督促用能单位实施强制性能耗限额标准和终端用能产品能效标准。完善质量监督制度，将产品是否符合节能标准纳入产品质量监督考核体系。畅通举报渠道，鼓励社会各方参与对节能标准实施情况的监督。（发展改革委、工业和信息化部、质检总局等按职责分工负责）

五、保障措施

（十三）加大节能标准化科研支持力度。实施科技创新驱动发展战略，加强节能领域技术标准科研工作规划。强化节能技术研发与标准制定的结合，支持制定具有自主知识产权的技术标准。建设产学研用有机结合的区域性国家技术标准创新基地，培育形成技术研发—标准研制—产业应用的科技创新机制。（科技部、国家标准委牵头负责）

（十四）加快节能标准化人才培养步伐。完善节能标准化人才教育体系，鼓励节能标准化人才担任节能国际标准化技术组织职务。加强基层节能技术人员和管理人员培训工作，提升各类用能单位特别是中小微企业运用节能标准的能力。（国家标准委、工业和信息化部、发展改革委、科技部、国管局按职责分工负责）

各地区、各有关部门要充分认识节能标准化工作的重大意义，精心组织，加强配合，抓紧研究制定具体实施方案，拓宽节能标准化资金投入渠道，扎实推动各项工作，确保各项政策措施落实到位。

国务院办公厅

2015 年 3 月 24 日

国家发展改革委关于印发重点用能单位能源利用状况报告制度实施方案的通知

发改环资〔2008〕1390号

各省、自治区、直辖市、计划单列市及新疆生产建设兵团发展改革委、经贸委（经委），有关企业：

根据《中华人民共和国节约能源法》关于"重点用能单位应每年向管理节能工作的部门报送上年度的能源利用状况报告"的要求，为了进一步加强重点用能单位的节能管理，规范重点用能单位能源利用状况报告报送工作，国家发展改革委研究制定了《重点用能单位能源利用状况报告制度实施方案》，现印发给你们，请认真组织实施。并请各地节能主管部门将本通知印发所辖区内的重点用能单位。

附件：《重点用能单位能源利用状况报告制度实施方案》

中华人民共和国国家发展和改革委员会
二〇〇八年六月六日

重点用能单位能源利用状况报告制度实施方案

为贯彻落实《中华人民共和国节约能源法》关于重点用能单位应当每年向管理节能工作的部门报送上年度"能源利用状况报告"的规定，了解掌握重点用能单位能源利用状况，加强重点用能单位节能管理，制定本实施方案。

一、充分认识实施重点用能单位能源利用状况报告制度的重要性和必要性

重点用能单位能源利用状况报告制度，是重点用能单位依法定期向管理节能工作

的部门报送能源消费情况、能源利用效率、节能目标完成情况、节能效益分析、节能措施等内容的制度。实施重点用能单位能源利用状况报告制度，对加强和改善重点用能单位节能监管、提高能源利用效率、实现"十一五"节能目标具有重要意义。

实施重点用能单位能源利用状况报告制度，是国家对重点用能单位能源利用状况进行跟踪、监督、管理、考核的重要方式，也是编制重点用能单位能源利用状况公报、安排重点节能项目和节能示范项目、进行节能表彰的重要依据。定期报送能源利用状况报告是重点用能单位的法定义务，各级管理节能工作的部门、各重点用能单位要充分认识开展这项工作的重要性和必要性，切实加强领导，确保报告制度落到实处。

二、重点用能单位"能源利用状况报告"的主要内容和填报要求

（一）填报单位

1. 年综合能源消费量 1 万吨标准煤以上的用能单位；

2. 国务院有关部门或者省、自治区、直辖市人民政府管理节能工作的部门指定的年综合能源消费总量 5000 吨以上不满 1 万吨标准煤的用能单位。

（二）填报内容

重点用能单位"能源利用状况报告"采用统一套表格式（详见附件），主要内容包括以下方面。

表 1：重点用能单位基本情况表。填报单位基本信息、能源管理人员资料、经济及能源消费指标以及主要产品单位能耗情况等。

表 2：能源消费结构表。填报统计年度内重点用能单位各类能源购进量、能源消费量和能源库存量等。

表 2 - 1：能源消费结构附表。主要填报统计年度内重点用能单位能源加工转换环节的能源投入量、加工转换产出量以及回收利用能源量等。

表 3：能源实物平衡表。填报能源在重点用能单位内部各个生产环节的能源统计数据，并计算能源损耗情况。是对重点用能单位内部能源利用分配情况的综合反映，同时对用能单位能耗数据真实性进行校对。

表 4：单位产品综合能耗指标情况表。填报单位产品综合能耗以及与上年期比较的变化情况。

表 5：影响单位产品（产值）能耗变化因素的说明。是对表 4 能耗指标变化原因进行分析和简短说明。

表6：节能目标完成情况。用能单位"十一五"期间节能目标逐年完成情况。

表7：节能目标责任自评价考核表。根据《国务院批转节能减排统计监测及考核实施方案和办法的通知》（国发〔2007〕36号）要求，重点用能单位对节能目标完成情况进行自评。

表8：主要耗能设备状况表。对主要耗能设备（通用设备、专用设备）概况、运行情况、淘汰更新情况等进行说明。

表9：合理用能国家标准执行情况表。根据合理用热、合理用电国家标准对用能情况进行自评。

表10：规划期节能技术改造项目列表。包括项目类别、名称、改造措施、投资金额、时间安排以及预期节能效果等。

表11：与上年相比节能项目变更情况表。与上一年相比，节能项目的变更情况以及变更原因。

（三）填报方式

为规范重点用能单位能源利用状况报告的报送工作，国家发展改革委组织研发了"重点用能单位能源利用状况报告填报系统"软件，各单位采用网上直报方式进行填报或报送电子版。国家发展改革委（环资司）将统一组织填报系统软件的下发和培训工作。

重点用能单位是基本报送单元，实行属地化管理原则。各重点用能单位能源管理负责人负责组织对本单位用能状况进行分析、评价，编写能源利用状况报告，并在每年3月底前将上一年度的能源利用状况报告报送当地管理节能工作的部门。

省级政府管理节能工作的部门应组织对本地区年综合能源消费总量1万吨标准煤以上用能单位的能源利用状况报告进行审查。市（区）级政府管理节能工作的部门应组织对本地区年综合能源消费总量5000吨标准煤以上不满1万吨标准煤用能单位的能源利用状况报告进行审查。对审查不合格的，应要求其限期整改，重新报送。

省级政府管理节能工作的部门进行审查、汇总后，应在每年4月底前将本地区重点用能单位能源利用状况报告及汇总分析报告，报送国家发展改革委（环资司）。国家发展改革委（环资司）对各省级政府管理节能工作的部门报送的数据进行汇总后，编制全国重点用能单位上一年度能源利用状况公报，向社会公告。

（四）报送时间

能源利用状况报告按年度编报。各重点用能单位应在每年3月底前，将上一年度的能源利用状况报告报送当地管理节能工作的部门。

（五）补报 2006 年度、2007 年度能源利用状况报告

千家企业应在 2008 年 9 月底前，补报 2006 年度、2007 年度能源利用状况报告。其他重点用能单位应在 2009 年报送 2008 年度能源利用状况报告的同时，补报 2006 年度、2007 年度能源利用状况报告。

三、保障措施

（一）重点用能单位应发挥主体作用

各重点用能单位要高度重视填报工作，加强对填报工作的组织和领导，能源管理负责人要对能源利用状况报告的完整性、真实性和准确性负责。要明确有关人员的职责，加强对能源管理负责人和能源管理人员的培训，提高其专业知识和能力。为保证重点用能单位能源利用状况报告质量，重点用能单位应加强计量统计体系建设，按规定配备并定期检定能源计量器具、仪表，完整构建内部统计体系，建立健全原始记录和统计台账。

（二）各级管理节能工作的部门要加强组织领导

国家发展改革委（环资司）统一部署和管理重点用能单位能源利用状况报告工作。省级政府管理节能工作的部门要抓好本辖区内重点用能单位"能源利用状况报告"的审查、汇总、分析和上报工作。各市（区）级政府管理节能工作的部门要加强对本辖区重点用能单位"能源利用状况报告"填写的监督和指导。能源利用状况报告制度执行情况纳入节能工作考核内容。

（三）表彰先进典型

国家发展改革委将对能源利用状况报告的填报工作较好的重点用能单位、组织指导和培训成效显著的地方管理节能工作的部门和相关机构给予奖励和表彰。对于未按规定报送或报告内容不实的单位，将依照《中华人民共和国节约能源法》的有关规定进行处罚。

（四）做好保密工作

各级管理节能工作的部门和相关单位应对重点用能单位报送的资料、数据及分析报告等做好严格的保密工作，未经许可，不得擅自对外发布，不得向社会和咨询机构提供。

附件：重点用能单位能源利用状况报告（表式）

重点用能单位能源利用状况报告

（200×年度）

本报告根据《中华人民共和国节约能源法》的有关规定制定

《中华人民共和国节约能源法》第五十二条规定：国家加强对重点用能单位的节能管理。下列用能单位为重点用能单位：

（一）年综合能源消费总量一万吨标准煤以上的用能单位；

（二）国务院有关部门或者省、自治区、直辖市人民政府管理节能工作的部门指定的年综合能源消费总量五千吨以上不满一万吨标准煤的用能单位。

《中华人民共和国节约能源法》第五十三条规定：重点用能单位应当每年向管理节能工作的部门报送上年度的能源利用状况报告。能源利用状况包括能源消费情况、能源利用效率、节能目标完成情况和节能效益分析、节能措施等内容。

报告内容含如下表格：

表1　重点用能单位基本情况表

表2　能源消费结构表

表2-1 能源消费结构附表

表3　能源实物平衡表

表4　单位产品综合能耗指标情况表

表5　影响单位产品（产值）能耗变化因素的说明

表6　节能目标完成情况

表7　节能目标责任自评价考核表

表8　主要耗能设备状况表

表9　合理用能国家标准执行情况表

表10　规划期节能技术改造项目列表

表11　与上年相比节能项目变更情况表

表 1　　　　　　　　　　　　　**重点用能单位基本情况表**

年度：

所属地区		行业		单位类型		编号	
单位详细名称				法人单位代码			
单位注册日期				单位注册资本(万元)			
法定代表人姓名				联系电话（区号）			
单位地址							
行政区划代码				邮政编码			
单位主管节能领导姓名		职务		联系电话（区号）			
能源管理机构名称				传真（区号）			
能源管理负责人姓名		培训号		联系电话（区号）			
能源管理人员姓名		培训号		联系电话（区号）			
电子邮箱							

指标名称		本期值	上年同期值	变化率（%）
工业总产值（万元） （按可比价计算）				
销售收入（万元）				
综合能源消费量 （万吨标准煤）	当量值			
	等价值			
能源消费成本（万元）				
能源消费占成本比例（%）				
单位工业总产值能耗 （吨标准煤/万元）	当量值			
	等价值			
主要产品名称		年产能（单位）	年产量（单位）	单位产品能耗(单位)
▼				
轧钢				
型材				
螺纹钢				
……				

填报负责人：＿＿＿＿＿＿　　　　填报人：＿＿＿＿＿＿＿＿＿　　　　填报日期：＿＿＿＿＿＿＿＿

说明：1. 所属地区填写单位所在的省（自治区、直辖市）。

2. 编号由国家汇总部门统一编写，单位不需填写。

3. 主要产品为耗能量占所有产品总耗能量比例不低于 10% 的产品，若产品种类超过 5 种以上的，只需填写耗能量在前 5 位的产品。

4. 年产能是指相应产品主体设备的年设计产能。

5. 单位工业总产值能耗 = 综合能源消费量（万吨标准煤）/工业总产值。

6. 表中白色部分为单位填报区域，深色区域是系统自动计算部分，或是共享其他表内容部分，不需要单位填写。

表 2

企业名称：

能源消费结构表

年度：

能源名称	计量单位	代码	期初库存量	购进量		消费量					期末库存量	采用折标系数	参考折标系数
				实物量	金额（千元）	合计	工业生产消费量	用于原材料消费	非工业生产消费	合计中：运输工具消费输工具消费运费			
甲	乙	丙	1	2	3	4	5	6	7	8	9	10	丁
原煤	吨	01											0.7143
洗精煤	吨	02											0.9000
其他洗煤	吨	03											0.2～0.8
煤制品	吨	04											0.5～0.7143
#：型煤	吨	05											0.5～0.7
水煤浆	吨	06											0.6416～0.7133
煤粉	吨	07											0.7143
焦炭	吨	08											0.9714
其他焦化产品	吨	09											1.1～1.5
焦炉煤气	万立方米	10											5.714～6.143
高炉煤气	万立方米	11											1.2860
其他煤气	万立方米	12											1.7～12.1
天然气	万立方米	13											11.0～13.3
液化天然气	吨	14											1.7572
原油	吨	15											1.4286
汽油	吨	16											1.4714
煤油	吨	17											1.4714
柴油	吨	18											1.4571
燃料油	吨	19											1.4286
液化石油气	吨	20											1.7143

续表

能源名称	计量单位	代码	期初库存量	购进量		消费量					期末库存量	采用折标系数	参考折标系数
				实物量	金额(千元)	合计	工业生产消费量	用于原材料	非工业生产消费	合计中:运输工具油费			
炼厂干气	吨	21											1.5714
其他石油制品	吨	22											1.0～1.4
热力	百万千焦	23											0.0341
电力	万千瓦时	24								一			3.66
其他燃料	吨标准煤	25											1.0000
#: 煤矸石	吨标准煤	26											1.0000
生物质能	吨标准煤	27											1.0000
工业废料	吨标准煤	28											1.0000
城市固体垃圾	吨标准煤	29											1.0000
能源 当量值	吨标准煤	30											
合计 等价值	吨标准煤	31											

填报负责人：   填报人：   填报日期：

说明：1. 主要逻辑审核关系：

(1) 消费合计＝工业生产消费＋非工业生产消费。

(2) 工业生产消费合计≥用于原材料。

(3) 消费合计≥运输工具消费。

(4) 煤制品≥型煤＋水煤浆＋煤粉。

(5) 其他燃料≥煤矸石＋生物质能＋工业废料＋城市固体垃圾。

2. 企业只填写本企业消耗的有关能源品种数值。如本表未包括企业消耗的能源品种内，企业应根据统计部门要求归并入相应能源品种内。

3. 能源合计＝Σ某种能源×某种能源折标准煤系数（不重复计算"其中"项），表中"#"代表"其中"。

4. 综合能源消费量的计算方法：

(1) 非能源加工转换企业：综合能源消费量＝工业生产消费的能源合计－回收利用折标量合计（2－1表第13列）。

(2) 能源加工转换企业：综合能源消费量＝工业生产消费的能源合计－能源加工转换产出折标量合计（2－1表第12列）－回收利用折标量合计（2－1表第13列）。

5. 电力等价折标系数，按当年火力发电煤耗计算。

表 2－1

能源消费结构附表

企业名称：

年度：

能源名称	计量单位	代码	工业生产消费量	加工转换投入 合计	火力发电	供热	原煤入洗	炼焦	炼油	制气	天然气液化	加工煤制品	能源加工转换产出	能源加工转换产出折标准量（吨标准煤）	回收利用	折标系数
甲	乙	丙	1	2	3	4	5	6	7	8	9	10	11	12	13	14
原煤	吨	01														
洗精煤	吨	02														
其他洗煤	吨	03														
煤制品	吨	04														
#: 型煤	吨	05														
水煤浆	吨	06														
煤粉	吨	07														
焦炭	吨	08														
其他焦化产品	吨	09														
焦炉煤气	万立方米	10														
高炉煤气	万立方米	11														
其他煤气	万立方米	12														
天然气	万立方米	13														
液化天然气	吨	14														
原油	吨	15														
汽油	吨	16														
煤油	吨	17														
柴油	吨	18														
燃料油	吨	19														
液化石油气	吨	20														

能源名称	计量单位	代码	工业生产消费量	加工转换投入量									能源加工转换产出	能源加工转换产出折标量（吨标准煤）	回收利用	折标系数
				合计	火力发电	供热	原煤入洗	炼焦	炼油	制气	天然气液化	加工煤制品				
炼厂干气	吨	21														
其他石油制品	吨	22														
热力	百万千焦	23														
电力	万千瓦时	24														
其他燃料	吨标准煤	25														
#：煤矸石	吨标准煤	26														
生物质能	吨标准煤	27														
工业废料	吨标准煤	28														
城市固体垃圾	吨标准煤	29														
能源 当量值	吨标准煤	30														
合计 等价值	吨标准煤	31														

填报人：_____　　　　填报日期：_____

说明：1. 主要逻辑审核关系：

（1）消费合计＝工业生产消费＋非工业生产消费。

（2）工业生产消费合计≥用于原材料。

（3）消费合计≥运输工具消费。

（4）煤制品≥型煤＋水煤浆＋煤粉。

（5）其他燃料≥煤矸石＋生物质能＋工业废料＋城市固体垃圾。

2. 企业只填写本企业消耗的有关能源品种数值。如本表未包括企业消耗的能源品种，企业应根据统计部门要求归并入相应能源品种内。

3. 能源合计＝∑某能源×某种能源折标准煤系数（不重复计算"其中"项），表中"#"代表"其中"。

4. 综合能源消费量的计算方法：

（1）非能源加工企业：综合能源消费量＝工业生产消费的能源合计－回收利用折标量合计（2－1表第13列）。

（2）能源加工转换企业：综合能源消费量＝工业生产消费的能源合计－能源加工转换产出合计－能源加工转换产出折标量合计（2－1表第12列）－回收利用折标量合计（2－1表第13列）。

5. 电力等价折标系数，按当年火力发电标准煤耗计算。

表 3　　　　　　　　　　　　　　　　　**能源实物平衡表**

企业名称：　　　　　　　　　　　　　　　　年度：

项　目		企业购入能源品种			企业产出能源品种		工艺产出能源品种	
能源品种		原煤	汽油	……	焦炭	……	焦炉煤气	……
计量单位		吨	吨	……	吨	……	万立方米	……
企业期初库存								
企业期内购入								
企业期内输出								
企业期末库存								
期内企业净消费量								
折标准煤系数	当量							
	等价							
企业能源单位								
企业净消费标准煤量	当量值							
	等价值							
企业能源成本								
能源转换系统								
炼焦								
……								
能源转换实物消耗合计								
产品生产系统								
一车间								
工序 1								
……								
小计：								
二车间								
……								
小计：								
产品生产实物消耗合计								
辅助生产系统								
机修车间								
……								

项　目	企业购入能源品种	企业产出能源品种	工艺产出能源品种
辅助生产实物消耗合计			
非工业生产实物消耗合计			
能源损耗			

填报负责人：＿＿＿＿＿＿＿　　　填报人：＿＿＿＿＿＿＿　　　填报日期：＿＿＿＿＿＿＿

表 4　　　　　　　　　　**单位产品综合能耗指标情况表**

企业名称：　　　　　　　　　　　　　　　　　　年度：

指标名称	计量单位			单位换算系数	代码	本年度			上年度			与上年度比		国家（地区）定额
	指标单位	子项单位	母项单位			指标值	子项值	母项值	指标值	子项值	母项值	节能量	变化率（%）	
甲	乙	丙	丁	戊	已	1	2	3	4	5	6	7	8	9

表 5　　　　　　　　　　**影响单位产品（产值）能耗变化因素的说明**

企业名称：　　　　　　　　　　　　　　　　　　年度：

与上年度比较能耗指标下降的分析说明

指标代码	指标名称	变化率（%）	说　明

与上年度比较能耗指标上升的分析说明

指标代码	指标名称	变化率（%）	说　明

与上年度比较能耗指标上升（下降）的分析说明

指标代码	指标名称	变化率（%）	说　明

填报负责人：＿＿＿＿＿＿＿　　　填报人：＿＿＿＿＿＿＿　　　填报日期：＿＿＿＿＿＿＿

说明：1. 本表是对表 4 指标和产值能耗变化情况的解释说明。

2. 如果上升或下降的能耗指标多于 5 种，则只需填写上升或下降幅度在前 5 位的指标。

3. 本表自动根据表 1 和表 4 填报的指标数据生成，填报企业只需填写说明的内容。

表6 节能项目完成情况

项　目		2006 年	2007 年	2008 年	2009 年	2010 年	合　计
节能量目标（吨标准煤）							
单位产品综合能耗实际完成节能量（吨标准煤）	当量值						
	等价值						
工业总产值能耗实际完成节能量（吨标准煤）	当量值						
	等价值						
单位产品综合能耗节能量完成率（%）	按当量值计算						
	按等价值计算						
工业总产值能耗节能量完成率（%）	按当量值计算						
	按等价值计算						
当年节能减排目标完成情况附加说明							

填报负责人：_____　　填报人：_____　　　　填报日期：_____

说明：1. 本表节能目标指企业与政府签订的"十一五"节能目标。

　　　2. 实际完成节能量指当年环比节能量。

　　　3. 节能量完成率＝本年度实际完成节能量/本年度节能减排分解目标×100%。

表7 节能目标责任自评价考核表

企业名称：　　　　　　　　　　　　　　年度：

考核指标		分值	考核内容	自评价得分	简要说明
节能目标	节能量	40	完成年度计划目标得 40 分，完成目标的 90% 得 35 分、80% 得 30 分、70% 得 25 分、60% 得 20 分、50% 得 15 分、50% 以下不得分。每超额完成 10% 加 2 分。本指标为否决性指标，只要未达到目标值即为未完成等级		
节能措施	节能工作组织和领导情况	5	1. 建立由企业主要负责人为组长的节能工作领导小组并定期研究部署企业节能工作，3 分		
			2. 设立或指定节能管理专门机构并提供工作保障，2 分		
	节能目标分解和落实情况	10	1. 按年度将节能目标分解到车间、班组或个人，3 分		
			2. 对节能目标落实情况进行考评，3 分		
			3. 实施节能奖惩制度，4 分		

考核指标		分值	考核内容	自评价得分	简要说明
节能措施	节能技术进步和节能技改实施情况	25	1. 主要产品单耗或综合能耗水平在千家企业同行业中，位居前 20% 的得 10 分，位居前 50% 的得 5 分，位居后 50% 的不得分		
			2. 安排节能研发专项资金并逐年增加，4 分		
			3. 实施并完成年度节能技改计划，4 分		
			4. 按规定淘汰落后耗能工艺、设备和产品，7 分		
	节能法律法规执行情况	10	1. 贯彻执行《节约能源法》及配套法律法规及地方性法规与政府规章，2 分		
			2. 执行高耗能产品能耗限额标准，4 分		
			3. 实施主要耗能设备能耗定额管理制度，2 分		
			4. 新、改、扩建项目按节能设计规范和用能标准建设，2 分		
	节能管理工作执行情况	10	1. 实行能源审计或监测，并落实改进措施，2 分		
			2. 设立能源统计岗位，建立能源统计台账，按时保质报送能源统计报表，3 分		
			3. 依法依规配备能源计量器具，并定期进行检定、校准，3 分		
			4. 节能宣传和节能技术培训工作，2 分		
小计		100			

填报负责人：_____　　　填报人：_____　　　填报日期：_____

说明：1. 节能目标以企业根据节能目标责任书制定的年度目标为准；上年度未完成的节能目标，须分摊到以后年度。

2. 2010 年节能目标以节能目标责任书中签订的目标为准。

3. 自评价考核结果栏，请用简洁文字说明是否达到考核要求。

表 8　　　　主要耗能设备状况表

企业名称：　　　　　　　　　　　　年度：

主要耗能设备名称		设备概况	设备送行状况	淘汰更新情况	备注	操作
通用设备	▼					删除
通用设备	工业锅炉 工业电热设备					
通用设备	泵机组					
通用设备	风机机组 ……					

主要耗能设备名称		设备概况	设备送行状况	淘汰更新情况	备注	操作
专用设备	▼					删除
专用设备	高炉					
专用设备	转炉 电炉					
专用设备	……					

填报负责人：_____　　填报人：_____　　填报日期：_____

说明：1. 主要耗能设备分为专用设备和通用设备。专用设备指企业主营业务的工艺专用设备；通用设备包括列入国家监测的工业锅炉/工业电热设备/泵机组/风机机组/空气压缩机组/活塞式单级制冷机组/工业热处理电炉/蒸汽加热设备/电焊设备/火焰加热炉/供配电系统/热力输送系统等；均可在配套填报软件下拉菜单中选译。

2. 设备概况栏，通用设备按容量与参数等组归类填写，专用设备填写设备装备水平、技术先进水平及设备主要技术参数。

3. 设备运行状况栏，填写设备报告期内运行相关情况，包括负荷率、运行小时数、设备大修和故障等情况。

4. 淘汰更新情况栏，写明该设备是否属于应淘汰设备（参照淘汰设备清单），如属于应淘汰设备，说明设备改造更新的时间。

5. 备注栏，填写以上栏目以外需要说明的事项。

6. 列出的设备能源消费总量占企业所有设备能源消费总量的比例应不低于80%。

表9　　　　　　　　　　**合理用能国家标准执行情况表**

企业名称：　　　　　　　　　　年度：

项目及对象			是/否	参考标准
燃料燃烧合理化	燃料燃烧控制指标	可燃性气体排放指标、空气系数、排渣含碳量的控制系数是否合理		GB 13271、GB/T 3466
		燃烧设备和燃烧工况是否合理		GB/T 3486
		燃烧设备运行热功效率是否满足相应国家或行业标准要求		—
	燃料燃烧方面的测量与记录	是否分析与记录燃料的成分及发热量		—
		是否测量与记录燃烧装置的燃料、助燃空气与雾化剂的用量、温度与压力，排出烟气中的含氧量（或二氧化碳量）		—
		关键性能指标是否记录并处于监控状态（炉膛温度、过量空气系数、漏风系数、排烟温度等）		—
		是否分析与检验排出烟气及灰渣中的可燃成分量		—
		燃油设备及容量大于或等于7MW的工业锅炉、燃耗1500t标煤/年以上的窑炉是否配备了燃烧过程自控系统		—
	燃烧设备的检查与维修	燃烧装置、安全装置、供风引风装置、燃烧控制系统、管路、阀门、计量仪表是否定期按规定检查、校正和维修		
		燃烧设备是否有定期检查维修制度，明确检修技术要求，是否建立检查与维修记录档案		

项目及对象			是/否	参考标准
传热的合理化	传热管理的要求	是否根据工艺要求和节能的原则制定合理的控制指标及管理制度		—
	与传热有关的测量与记录	是否测量与记录被加热或被冷却物体及载热体的温度、压力、流量与水质，以及表征设备热工状况的其他参数		—
		对采暖、降温和空气调节有要求的厂房，是否测量与记录其室内温度、湿度及其耗能工质的必要参数或消耗量		—
	传热设备的检查维修	是否定期检查并维修传热设备及其附件，保持其良好的传热性能		—
		是否定期检查、校正和维修设备的计量仪表，使之正常运行，建立仪器仪表的检修记录档案，明确检修技术要求		—
减少传热与泄漏引起的热损失	减少热损失指标	输送载热体的管道、装置以及热设备的保温、保冷指标是否合理		GB 4272、GB 11790
		工业锅炉排烟温度、工业锅炉外壁表面平均温度是否合理		GB/T 3486
	有关热损失的测量与记录	是否掌握热设备的热损失状况，并定期进行保温、保冷，设备排污、输水状况的测定与分析		—
	热设备的检查与维修	以水为介质的热设备是否配备水处理设施，满足相应的水质要求		—
		对水处理设施工作状态是否进行检查和维修		—
		是否对热设备及其附件和保温、保冷结构定期进行检查与维修，避免由于设备和保温、保冷结构损坏而引起载热体流失及热损失增加		—
余热的回收利用	余热回收利用的管理要求	是否制定了余热回收利用的要求，制定的指标是否合理		GB/T 3486
	余热回收利用设备的设置	根据余热的种类、排出的情况、介质温度、数量及利用的可能性，进行综合热效率及经济可行性分析，所设置余热回收利用设备的类型及规模是否合理		GB 1028

		项目及对象	是/否	参考标准
余热的回收利用	对余热的测量与记录	为掌握余热介质的硬度与数量、可燃物质的成分、或发热量与数量，以及余能载体的压力与流量等参数，是否进行有关测量与记录		—
		是否对余热、余能回收利用装置的运行参数进行测量与记录		—
	余热回收设备的检查与维修	是否对回收利用余热余能的热交换器、余热锅炉、热泵、计量、测试仪表等设备进行检查，清除热交换面上沉积的尘渣，修补泄漏载热体的部位，更新损耗的物件等，保持设备完好，运转正常，并建立检修记录档案		—
实行热前的综合利用与用能设备的合理配置	实行热前的综合利用与用能设备的合理配置	是否实行了热、电、冷并供，或热电并供		—
		在用热系统配置时是否考虑了对高品位热能的松级开发，多次利用，如多效蒸发系统		—
		在热设备负荷变化较频繁而又无法从生产调度获得平衡的情况下，是否采用了蓄热器，实现热源和用热设备的合理匹配		—
企业供电的合理化	企业供电的合理化	供电电压、供电方式是否合理		GB/T 3485
		总线损率是否达标		GB/T 3485
		日负荷率是否达标		GB/T 3485
		功率因素是否符合要求		GB/T 3485
电能转化为机械能合理化	电能转化为机械能合理化	使用节能型电机的比例（%）		—
		电动机功率是否在经济运行范围内		—
		50kWh 以上电动机是否单独计量		—
		是否合理应用变频调速或液力耦合器		—
电能转化为热能合理化	电能转化为热能合理化	电力热设备效率是否符合要求		GB/T 3485
		50kWh 以上电加热设备是否单独计量		—
电能转化为化学能合理化	电能转化为化学能合理化	电解电镀设备选型是否合理		—
		电解电镀生产设备是否配置了必要的监测、计量仪表		—
		电力整流设备转换效率是否符合要求		GB/T 3485

填报负责人：_____　　填报人：_____　　填报日期：_____

表 10   **规划期节能技术改造项目列表**

项目类别	项目编号（系统自动生成）	项目名称	改造措施	投资金额（万元）	项目时间安排	预期节能效果（节能量，吨标准煤/年）	操作
燃煤工业锅炉（窑炉）改造 ▼							删除
燃煤工业锅炉（窑炉）改造							
发电（供热）机组							
区域热电联产							
余热余压利用							
节约和替代石油							
电机系统节能							
能量系统优化							
建筑节能							
……							

填报负责人：_____   填报人：_____   填报日期：_____

说明：1. 从填报年度开始的三年为一个规划期（如 2008 年度能源利用状况报告，则规划期为 2008～2010 年）。

      2. 项目类别：燃煤工业锅炉（窑炉）改造/发电（供热）机组/区域热电联产/余热余压利用/节约和替代石油/电机系统节能/能量系统优化/建筑节能/绿色照明。

      3. 项目年节能量达到 3000 吨标准煤以上或投资金额 1000 万元以上的节能技改项目均应填报。

表 11   **与上年相比节能项目变更情况表**

项目类别	项目编号（系统自动生成）	项目名称	改造措施	投资金额（万元）	项目时间安排	预期节能效果（节能量，吨标准煤/年）	变更原因	操作
▼								删除
新增项目								
调整项目								
完成项目								

填报负责人：_____   填报人：_____   填报日期：_____

说明：1. 项目类别：燃煤工业锅炉（窑炉）改造/发电（供热）机组/区域热电联产/余热余压利用/节约和替代石油/电机系统节能/能量系统优化/建筑节能/绿色照明。

      2. 项目分类：新增项目/删除项目/完成项目。

      3. 项目年节能量达到 3000 吨标准煤以上或投资金额 1000 万元以上的节能技改项目均应填报。

关于清理对高耗能企业优惠电价等问题的通知

发改价格〔2010〕978号

各省、自治区、直辖市发展改革委、物价局、经贸委（经委），各区域电监局、城市电监办，国家电网公司、南方电网公司：

为了抑制高耗能企业盲目发展，促进经济发展方式转变和经济结构调整，根据国务院《关于进一步加大工作力度确保实现"十一五"节能减排目标的通知》（国发〔2010〕12号）精神，决定取消对高耗能企业的优惠电价措施。现将有关事项通知如下。

一、取消对高耗能企业的用电价格优惠

国家颁布的目录电价表中，铁合金、氯碱、电石等高耗能企业用电价格低于大工业电价10%以上的，暂时调整到比大工业电价低10%的水平。其中，两者价差在每千瓦时5分钱以内的，自2010年6月1日起调整到位；价差大于5分钱的，自2010年6月1日起，每年取消5分钱优惠，直至达到比大工业电价低10%的水平。上述高耗能企业用电价格低于大工业电价不足10%的，维持现行电价不变。

辽宁抚顺铝厂、山东铝厂、福建南平铝厂和浙江华东铝业公司电价优惠，按国家发展改革委、国家电监会《关于取消电解铝等高耗能行业电价优惠有关问题的通知》（发改价格〔2007〕3550号）确定的原则取消，具体实施方案另行下达。

取消上述电价优惠后电网企业增加的电费收入，用于疏导电价矛盾和电力需求侧管理。

二、坚决制止各地自行出台的优惠电价措施

各省（区、市）价格主管部门要会同电力监管等部门对国家电价政策执行情况进

行自查自纠。凡是自行对高耗能企业（包括多晶硅）实行电价优惠，或未经批准以电力用户与发电企业直接交易、双边交易等名义变相对高耗能企业实行优惠电价的，要立即停止执行。各地要将自查自纠情况于 6 月 10 日前上报国家发展改革委、国家电监会和国家能源局。

符合国家规定条件的大型工业企业，可以按国家电监会、国家发展改革委、国家能源局联合下发的《关于完善电力用户与发电企业直接交易试点工作有关问题的通知》（电监市场〔2009〕20 号）规定，申请与发电企业进行直接交易试点，但要按规定程序履行审批手续，并且遵循自愿原则，当地政府及其有关部门不得强制规定交易对象、电量和电价。

三、加大差别电价政策实施力度

继续对电解铝、铁合金、电石、烧碱、水泥、钢铁、黄磷、锌冶炼 8 个行业实行差别电价政策，并进一步提高差别电价加价标准，自 2010 年 6 月 1 日起，将限制类企业执行的电价加价标准由现行每千瓦时 0.05 元提高到 0.10 元，淘汰类企业执行的电价加价标准由现行每千瓦时 0.20 元提高到 0.30 元。在此基础上，各地可根据需要，进一步提高对淘汰类和限制类企业的加价标准。各地要严格执行差别电价政策，并加强对高耗能企业的动态甄别工作，及时更新执行差别电价的企业名单，确保差别电价政策全面落实到位。

四、对超能耗产品实行惩罚性电价

对能源消耗超过国家和地方规定的单位产品能耗（电耗）限额标准的，实行惩罚性电价。超过限额标准一倍以上的，比照淘汰类电价加价标准执行；超过限额标准一倍以内的，由省级价格主管部门会同电力监管机构制定加价标准。省级节能主管部门要会同有关单位在 2010 年 6 月底以前提出超能耗（电耗）企业和产品名单，省级价格主管部门会同电力监管机构按企业和产品名单落实惩罚性电价政策。

五、整顿电价秩序

各级价格主管部门、电力管理部门和电网企业要严格执行国家电价政策，不得擅自改变国家规定的上网电价和销售电价标准；不得违反规定对发电企业规定电量基数，降低基数外电量上网电价；不得强制规定电力直接交易的对象和电价标准；不得自行改变峰谷电价、丰枯电价的时段和电价标准，不得假借大用户与发电企业直接交易等名义对高耗能企业实行优惠电价。电网企业不得以跨省、跨区域电能交易名义，强迫发电企业降低上网电价；不得违反规定相互进行没有电能物理流量的虚假交易和接力送电；不得执行地方政府违反国家规定自行出台的优惠电价措施。省级价格主管部门和电力监管机构要加强对跨省、跨区域交易情况的监管，将电网企业购外省电价低于本省平均购电价的部分，用于疏导电价矛盾。

六、加强监督检查

省级价格主管部门要尽快向省级人民政府汇报，并会同有关部门按照以上要求进行自查自纠，立即停止执行自行出台的优惠电价措施；国家电网公司、南方电网公司要督促所属电网企业严格执行国家电价政策，自觉抵制各种违规出台的优惠电价措施。国家发展改革委、国家电监会和国家能源局将会同有关部门组成工作组，对各地执行差别电价情况和对自行出台优惠电价的自查自纠情况进行督查，并将督查情况报告国务院。对继续保留电价优惠或变相优惠的，不按国家规定对高耗能企业严格执行差别电价政策的，以及继续以各种名目降低发电企业上网电价的，将严肃查处；情节严重的，将追究有关责任人责任。

国家发展改革委

国家电监会

国家能源局

二〇一〇年五月十二日

环境保护部、国家发展和改革委员会、国家能源局关于印发《全面实施燃煤电厂超低排放和节能改造工作方案》的通知

环发〔2015〕164号

各省、自治区、直辖市环境保护厅（局）、发展改革委（经信委、经委、工信厅）、能源局，新疆生产建设兵团环境保护局、发展改革委、能源局，国家电网公司，南方电网公司，华能、大唐、华电、国电、国电投、神华集团公司：

为贯彻落实第114次国务院常务会议精神，我们制定了《全面实施燃煤电厂超低排放和节能改造工作方案》，现印发给你们，请认真贯彻执行，并将有关事项通知如下。

一、全面实施燃煤电厂超低排放和节能改造是一项重要的国家专项行动，既有利于节能减排、促进绿色发展、增添民生福祉，也有利于扩大投资、促进煤电产业转型升级、相关装备制造业走出去。各有关部门、地方及企业应高度重视此项工作，尽快制定专项实施计划，做好与本方案的衔接。

二、各相关部门要加大扶持力度，完善政策措施，充分调动地方和企业积极性，同时强化对项目改造和运行的监督管理。

三、煤电企业是实施主体，应主动承担社会责任，积极采用环境污染第三方治理和合同能源管理模式，加快超低排放和节能改造项目实施，确保改造工程按期建成并稳定运行。

四、装备制造企业、电网公司、节能服务公司和环保专业公司应努力保障并优先满足超低排放和节能改造项目的需求。通过各方共同努力，确保超低排放和节能改造目标按期完成。

特此通知。

附件：全面实施燃煤电厂超低排放和节能改造工作方案

环境保护部

发展改革委

能源局

2015 年 12 月 11 日

全面实施燃煤电厂超低排放和节能改造工作方案

全面实施燃煤电厂超低排放和节能改造，是推进煤炭清洁化利用、改善大气环境质量、缓解资源约束的重要举措。《煤电节能减排升级与改造行动计划（2014－2020年）》（以下简称《行动计划》）实施以来，各地大力实施超低排放和节能改造重点工程，取得了积极成效。根据国务院第 114 次常务会议精神，为加快能源技术创新，建设清洁低碳、安全高效的现代能源体系，实现稳增长、调结构、促减排、惠民生，推动《行动计划》"提速扩围"，特制订本方案。

一、指导思想与目标

（一）指导思想

全面贯彻党的十八届五中全会精神，牢固树立绿色发展理念，全面实施煤电行业节能减排升级改造，在全国范围内推广燃煤电厂超低排放要求和新的能耗标准，建成世界上最大的清洁高效煤电体系。

（二）主要目标

到 2020 年，全国所有具备改造条件的燃煤电厂力争实现超低排放（即在基准氧含量 6%条件下，烟尘、二氧化硫、氮氧化物排放浓度分别不高于 10、35、50 毫克/立方米）。全国有条件的新建燃煤发电机组达到超低排放水平。加快现役燃煤发电机组超低排放改造步伐，将东部地区原计划 2020 年前完成的超低排放改造任务提前至 2017 年前总体完成；将对东部地区的要求逐步扩展至全国有条件地区，其中，中部地区力争在 2018 年前基本完成，西部地区在 2020 年前完成。

全国新建燃煤发电项目原则上要采用 60 万千瓦及以上超超临界机组，平均供电煤耗低于 300 克标准煤/千瓦时（以下简称克/千瓦时），到 2020 年，现役燃煤发电机组改造后平均供电煤耗低于 310 克/千瓦时。

二、重点任务

（一）具备条件的燃煤机组要实施超低排放改造

在确保供电安全前提下，将东部地区（北京、天津、河北、辽宁、上海、江苏、浙江、福建、山东、广东、海南等 11 省市）原计划 2020 年前完成的超低排放改造任务提前至 2017 年前总体完成，要求 30 万千瓦及以上公用燃煤发电机组、10 万千瓦及以上自备燃煤发电机组（暂不含 W 型火焰锅炉和循环流化床锅炉）实施超低排放改造。

将对东部地区的要求逐步扩展至全国有条件地区，要求 30 万千瓦及以上燃煤发电机组（暂不含 W 型火焰锅炉和循环流化床锅炉）实施超低排放改造。其中，中部地区（山西、吉林、黑龙江、安徽、江西、河南、湖北、湖南等 8 省）力争在 2018 年前基本完成；西部地区（内蒙古、广西、重庆、四川、贵州、云南、西藏、陕西、甘肃、青海、宁夏、新疆等 12 省区市及新疆生产建设兵团）在 2020 年前完成。力争 2020 年前完成改造 5.8 亿千瓦。

（二）不具备改造条件的机组要实施达标排放治理

燃煤机组必须安装高效脱硫脱硝除尘设施，推动实施烟气脱硝全工况运行。各地要加大执法监管力度，推动企业进行限期治理，一厂一策，逐一明确时间表和路线图，做到稳定达标，改造机组容量约 1.1 亿千瓦。

（三）落后产能和不符合相关强制性标准要求的机组要实施淘汰

进一步提高小火电机组淘汰标准，对经整改仍不符合能耗、环保、质量、安全等要求的，由地方政府予以淘汰关停。优先淘汰改造后仍不符合能效、环保等标准的 30 万千瓦以下机组，特别是运行满 20 年的纯凝机组和运行满 25 年的抽凝热电机组。列入淘汰方案的机组不再要求实施改造。力争"十三五"期间淘汰落后火电机组规模超过 2000 万千瓦。

（四）要统筹节能与超低排放改造

在推进超低排放改造同时，协同安排节能改造，东部、中部地区现役煤电机组平均供电煤耗力争在 2017 年、2018 年实现达标，西部地区现役煤电机组平均供电煤耗到 2020 年前达标。企业尽可能安排在同一检修期内同步实施超低排放和节能改造，降低改造成本和对电网的影响。2016～2020 年全国实施节能改造 3.4 亿千瓦。

三、政策措施

（一）落实电价补贴政策

对达到超低排放水平的燃煤发电机组，按照《关于实行燃煤电厂超低排放电价支持政策有关问题的通知》（发改价格〔2015〕2835号）要求，给予电价补贴。2016年1月1日前已经并网运行的现役机组，对其统购上网电量每千瓦时加价1分钱；2016年1月1日后并网运行的新建机组，对其统购上网电量每千瓦时加价0.5分钱。2016年6月底前，发展改革委、环境保护部等制定燃煤发电机组超低排放环保电价及环保设施运行监管办法。

（二）给予发电量奖励

综合考虑煤电机组排放和能效水平，适当增加超低排放机组发电利用小时数，原则上奖励200小时左右，具体数量由各地确定。落实电力体制改革配套文件《关于有序放开发用电计划的实施意见》要求，将达到超低排放的燃煤机组列为二类优先发电机组予以保障。2016年，发展改革委、国家能源局研究制定推行节能低碳调度工作方案，提高高效清洁煤电机组负荷率。

（三）落实排污费激励政策

督促各地在提高排污费征收标准（二氧化硫、氮氧化物不低于每当量1.2元）同时，对污染物排放浓度低于国家或地方规定的污染物排放限值50%以上的，切实落实减半征收排污费政策，激励企业加大超低排放改造力度。

（四）给予财政支持

中央财政已有的大气污染防治专项资金，向节能减排效果好的省（区、市）适度倾斜。

（五）信贷融资支持

开发银行对燃煤电厂超低排放和节能改造项目落实已有政策，继续给予优惠信贷；鼓励其他金融机构给予优惠信贷支持。支持符合条件的燃煤电力企业发行企业债券直接融资，募集资金用于超低排放和节能改造。

（六）推行排污权交易

对企业通过超低排放改造产生的富余排污权，地方政府可予以收购；企业也可用于新建项目建设或自行上市交易。

（七）推广应用先进技术

制定燃煤电厂超低排放环境监测评估技术规范，修订煤电机组能效标准和能效最低限值标准，指导各地和各发电企业开展改造工作。再授予一批煤电节能减排示范电站，搭建煤电节能减排交流平台，促进成熟先进技术推广应用。

四、组织保障

（一）加强组织领导

环境保护部、发展改革委、国家能源局会同有关部门共同组织实施本方案，加强部际协调，各司其职、各负其责、密切配合。国家能源局、环境保护部、发展改革委确定年度燃煤电厂节能和超低排放改造重点项目，并按照职责分工，分别建立节能改造和能效水平、机组淘汰、超低排放改造、达标排放治理管理台账，及时协调解决推进过程中出现的困难和问题。

各地和电力集团公司是燃煤电厂超低排放和节能改造的责任主体，要充分考虑电力区域分布、电网调度等因素编制改造计划方案，于2016年3月底前完成，报国家能源局、环境保护部和发展改革委。发电企业要按照《行动计划》相关要求，切实履行责任，落实项目和资金，积极采用环境污染第三方治理和合同能源管理模式，确保改造工程按期建成并稳定运行。中央企业要起到模范带动作用。地方政府和电网公司要统筹协调区域电力调度，有序安排机组停机检修，制定并落实有序用电方案，保障电力企业按期完成环保和节能改造。

（二）强化监督管理

各地要加强日常督查和执法检查，防止企业弄虚作假，对不达标企业依法严肃处理；对已享受超低排放优惠政策但实际运行效果未稳定达到的，向社会通报，视情节取消相关优惠政策，并予以处罚。省级节能主管部门会同国家能源局派出机构，对各地区、各企业节能改造工作实施监管。

（三）严格评价考核

环境保护部、发展改革委、国家能源局会同有关部门，严格按照各省（区、市）、中央电力集团公司燃煤电厂超低排放改造计划方案，每年对上年度燃煤电厂超低排放和节能改造情况进行评价考核。

国家认监委 国家发展改革委关于联合发布
《能源管理体系认证规则》的公告

（2014 年第 21 号）

为促进能源管理体系建设，规范能源管理体系认证活动，不断提高企业的能源管理水平，充分发挥认证认可对节能减排工作的推动作用，国家认证认可监督管理委员会、国家发展和改革委员会根据《中华人民共和国认证认可条例》和《关于加强万家企业能源管理体系建设工作的通知》（发改环资〔2012〕3787 号）的有关规定，制定了《能源管理体系认证规则》，现予以发布，自发布之日起实施。

附件：能源管理体系认证规则

能源管理体系认证规则

1. 目的和适用范围

1.1 为规范能源管理体系认证工作，保证能源管理体系认证的规范性和有效性，根据《中华人民共和国认证认可条例》和《认证机构管理办法》等相关法规规章，制订本规则。

1.2 本规则适用于在我国境内开展能源管理体系认证的认证机构及认证活动的管理。

1.3 能源管理体系认证遵循用能单位自愿原则。

2. 认证业务范围

根据能源管理体系实施组织的能耗设备、设施和系统用能方式特点的共性，将能源管理体系认证按能源供给和能源需求两个方面划分为 15 个业务范围，详见附表。

3. 认证依据

能源管理体系认证以国家标准 GB/T 23331 《能源管理体系要求》和国家认监委发布或备案的认证认可行业标准《能源管理体系行业认证要求》为认证依据。

4. 认证机构的条件和要求

为保证能源管理体系认证工作的专业性和有效性，国家认监委会同国家发展改革委向社会公布认证机构名单，并加强对能源管理体系认证机构的监督管理。认证机构开展能源管理体系认证活动应符合下列条件：

4.1 经国家认监委批准并具有 3 年以上管理体系认证从业资格的；

4.2 了解国家节能法律、法规、政策和标准等；

4.3 有 10 名以上经注册的能源管理体系专职审核员；

4.4 申请机构一年内没有违反认证认可法规的记录；

4.5 管理体系认证能力符合国家标准 GB/T 27021 《合格评定管理体系审核认证机构的要求》，且在提交申请前两个年度内的认可评审中没有严重不符合；

4.6 建立有内部制约、监督和责任机制，实现受理、培训（包括相关增值服务）、审核和作出认证决定等环节的相互分开；

4.7 国家认监委、国家发展改革委规定的其他条件。

5. 认证人员的条件和要求

5.1 审核员的资格要求

认证机构从事能源管理体系认证的审核员应符合下列条件：

5.1.1 具备能源技术或管理相关学历及工作经验；

5.1.2 取得中国认证认可协会能源管理体系审核员专业注册资格；

5.1.3 两年内没有违反认证认可相关规定的记录。

5.2 认证人员的专业能力要求

人员注册机构和认证机构每年应根据能源管理体系标准、审核和行业能源技术发展的实际情况确定能源管理体系认证人员持续教育的培训内容，对能源管理体系认证人员开展持续教育培训，以保证认证人员在能源管理体系领域及相应的认证业务范围内的能力持续满足能源管理体系认证审核的需要。

6. 认证程序和要求

认证机构开展的能源管理体系认证活动应符合 GB/T 27021 《合格评定管理体系审核认证机构的要求》、对能源管理体系认证机构要求的有关规定以及本规则规定的要求。主要程序应包括：

6.1 受理认证申请认证机构受理组织申请时，应确保组织符合以下条件：

6.1.1 取得国家工商行政管理部门或有关机构注册登记的法人资格或其组成部分；

6.1.2 按照 GB/T 23331《能源管理体系要求》标准及相应的《能源管理体系行业认证要求》建立了能源管理体系且正常运行至少六个月以上；

6.1.3 取得相关法律法规规定的行政许可文件（适用时）；

6.1.4 组织遵守有关主管部门对能源管理方面要求的信息（适用时）；

6.1.5 组织承诺获得认证后发生与能源有关的重大事故将及时向认证机构报告。

6.2 申请评审

认证机构应建立程序，对组织提交的申请文件和资料进行评审并保存评审记录，以确保：

6.2.1 组织及其能源管理体系的信息充分；

6.2.2 组织已了解认证的相关要求；

6.2.3 认证机构具有相应的认证能力并有充分的资源实施认证活动。

6.3 审核准备

6.3.1 审核策划

认证机构应根据组织的规模，供能、用能过程的复杂性、能源管理体系成熟度及其他因素对认证全过程进行策划，制定审核方案。

6.3.2 组成审核组

审核组应具备实施能源管理体系认证审核的能力。审核组中应指定一名有能力的审核员担任审核组长，并至少有一名相应认证业务范围的能源管理体系专业审核员，在必要时还应配备相关行业的能源管理技术专家，以保证审核组的整体能力覆盖组织的能源管理体系范围所需的专业审核能力要求。

6.3.3 审核时间

认证机构应有程序确保根据组织的行业特点、规模、供能和用能过程的复杂性、能源管理体系成熟度及其他因素合理策划审核时间，并应根据现场实际情况进行适当调整。

6.3.4 审核初访

为保证能源管理体系认证活动的有效开展，充分了解组织能源管理体系运行的情况，确定组织是否已具备实施认证审核的条件，认证机构可根据具体情况策划并安排对企业进行初访。

6.4 初次认证审核的实施

6.4.1 审核程序

能源管理体系认证审核通常分两个阶段进行：

（1）第一阶段审核：包括文件审核和现场审核，其中现场审核的主要目的是：

——了解组织的能源管理体系建立和运行的情况，并确认是否做好了认证审核阶段的准备；

——了解组织能源评审的实施以及能源基准的建立情况；

——确定审核策划的重点，识别组织对能源绩效和能源管理体系绩效的评价方式以及能源管理体系确定的主要能源使用，将影响主要能源使用的重要运行参数和其它相关变量控制确定为重要审核点，识别应配备的专业审核资源并与组织就第二阶段审核的详尽安排取得共识。

（2）第二阶段审核：在组织的现场全面收集审核证据，以判断组织的能源管理体系建立与实施是否符合 GB/T 23331《能源管理体系要求》和《能源管理体系行业认证要求》的规定，组织的能源绩效是否持续改进。

6.4.2 初次认证审核的内容

现场审核应覆盖本规则和认证依据的所有要求。重点关注以下内容：

（1）与能源管理体系有关的国家法律法规和其他要求符合性的情况；

（2）能源管理体系建立和运行与 GB/T 23331《能源管理体系要求》和《能源管理体系行业认证要求》的符合性、适宜性、充分性和有效性；

（3）在第一阶段审核中确定的重要审核点的监视、测量和控制措施的充分性和有效性；

（4）重要审核点的能源指标完成情况、能源消耗控制情况或能源绩效改进情况；

（5）能源评审的时间间隔的合理性及能源评审的充分性和有效性；

（6）对能源绩效参数的确定和调整情况；

（7）能源目标和能源指标的实现情况、能源绩效改进情况，包括可比综合能耗指标及变化的情况；

（8）能源绩效出现重大偏差时，是否进行了原因分析并采取了相应的改进措施，改进效果的验证；

（9）能源管理体系的自我改进及完善机制的持续性和有效性。

6.4.3 审核方式

现场审核应通过现场观察、询问及内外部相关资料的查阅、能效数据的收集、核算等方式实施。

6.5 认证决定

6.5.1 审核报告

审核组应对审核活动形成书面报告，审核报告应对组织能源管理体系的符合性和有效性进行全面描述和评价，至少应详细描述6.4.2条明确的重点关注内容。其中，对能源目标、能源指标、能源绩效情况应有量化表述，对测量和验证方法进行简要描述，并对组织的能源管理体系在促进能源绩效持续改进方面的作用做出评价。

6.5.2 认证决定的条件

在组织的能源管理体系建立及运行符合 GB/T 23331 标准要求的前提下，还应满足以下条件：

（1）组织的能源管理及绩效符合国家及行业的相关法律法规要求，包括达到国家和地方政府发布的单位产品能源消耗限额标准要求（适用时）；

（2）组织的能源管理及绩效满足《能源管理体系行业认证要求》中规定的相关条件；

（3）通过能源管理体系的运行，组织的能源管理水平得到了有效提升；

（4）认证审核期间没有受到相关执法监管部门的处罚。

6.5.3 如果组织的能源管理体系不符合上述6.5.2的要求，不得予以通过认证。

6.6 监督审核

认证机构应对获证组织制定针对性的监督审核方案，加强监督，保证能源管理体系认证证书的有效性。

6.6.1 监督审核频次

（1）认证机构应根据获证组织的供能、用能复杂性、能源管理体系成熟度及稳定性等确定监督审核频次，但两次监督审核的时间间隔不应大于12个月。

（2）在获证组织能源管理体系发生重大变化或发生影响能源绩效的重大事故时，认证机构应当及时增加监督审核频次，以保证监督审核的有效性。

6.6.2 监督审核的程序

监督审核的现场审核程序与初次认证现场审核程序基本相同。

6.6.3 监督审核的内容监督审核应重点关注以下内容：

（1）获证组织能源管理体系的运行和变化情况；

（2）获证组织的能源绩效及变化情况；

（3）能源法律法规和行业要求变化情况及组织合规性评价的情况；

（4）能源管理的目标、指标的实现情况和调整情况；

（5）上次审核中确定的不符合采取的纠正措施的实施情况及有效性。

6.7 再认证

6.7.1 再认证的程序

再认证的现场审核程序与初次认证现场审核程序基本相同。

6.7.2 再认证的内容

再认证审核应重点关注以下内容：

（1）结合内部和外部变化情况判断整个能源管理体系的有效性以及认证范围的持续适宜性；

（2）本认证周期内获证能源管理体系的运行是否促进了组织方针和目标的实现；

（3）获证组织本认证周期的能源管理绩效，获证组织能耗及核算边界的变化情况等。

7. 认证证书的管理

7.1 认证证书的内容

认证证书应至少涵盖以下基本信息：

7.1.1 证书编号；

7.1.2 获证组织名称、地址和组织机构代码；

7.1.3 能源管理体系认证覆盖的范围（主要的能源生产、供应和使用场所）；

7.1.4 认证依据及版本号；

7.1.5 颁证日期、证书有效期；

7.1.6 发证机构名称、地址；

7.1.7 获证组织能源管理体系边界和能源绩效的表述；

7.1.8 认证证书在有效期内的监督情况；

7.1.9 其他相关信息。

7.2 认证证书的管理

7.2.1 能源管理体系认证证书有效期三年。

7.2.2 证书查询方式：认证机构除应当公布认证证书在本机构网站查询的方式外，

还应当在证书上注明："本证书信息可在国家认证认可监督管理委员会公示的网站（www.cnca.gov.cn）上查询"，以便于社会监督。

7.2.3 认证机构应当对获证组织认证证书的使用情况进行有效管理。当组织出现影响能源管理体系正常有效运行的情况且经现场验证不能在规定时间内纠正的，认证机构应视情况对认证证书做出暂停或撤销的决定。

8. 获证组织的信息报告

8.1 为及时了解能源管理体系认证工作的进展情况，国家认监委对能源管理体系认证工作实行认证信息月报制度。各认证机构在认证证书颁发后 30 日内，通过国家认监委指定的信息系统将认证信息及时报送国家认监委。

国家认监委在其网站（www.cnca.gov.cn）开设专栏向社会公开各认证机构上报的认证证书等信息。

8.2 在认证证书有效期间，获证组织发生与能源管理体系有关的重大变化时，认证机构应及时做出暂停或撤销证书的措施并及时报告国家认监委，具体包括：

8.2.1 组织发生了与能源有关的重大事故，反映出组织的能源管理体系建立及运行存在重大缺陷的；

8.2.2 组织的能源绩效未达到国家和地方政府发布的单位产品能源消耗限额标准要求或考核为"未完成"等级的；

8.2.3 获证组织在证书有效期间受到相关执法监管部门处罚的；

8.2.4 组织存在其它严重影响能源管理体系运行的严重不符合，不能在认证机构规定的时间内及时采取有效的纠正措施的。

9. 与其他管理体系认证的结合审核

9.1 在与其他管理体系实施结合审核时，管理体系的通用或共性要求应满足本规则规定。能源管理体系的特殊要求及重要审核点描述清晰、充分、易于识别，确保满足相关要求并在审核报告中进行清晰的说明。

9.2 结合审核的审核时间，不得少于每一单独体系认证所需审核时间之和的 80%。

10. 受理能源管理体系认证证书转换申请

认证机构应审慎受理能源管理体系认证证书转换申请，对违反国家能源管理法律法规受到节能执法监管部门查处的组织，除非彻底整改，否则原则上不予受理。

11. 认证机构认可和认证人员注册的要求

11.1 认可机构应根据 GB/T 27021《合格评定管理体系审核认证机构的要求》，结合能源管理体系认证机构管理的有关要求，建立能源管理体系认证机构的认可制度，为认证机构提供认可并加强后续的监督。

11.2 人员注册机构应根据 GB/T 27024《合格评定人员认证机构通用要求》，结合能源管理体系审核的特点和专业要求，建立并实施能源管理体系审核员的专业注册工作。

12. 附则

12.1 认证机构可采取必要措施帮助组织开展能源管理体系及相关技术标准的宣贯培训，促使组织的全体员工理解和执行能源管理体系标准及认证规范。

12.2 认证监督管理部门和节能主管部门根据职责分工，加强对能源管理体系建设情况和咨询、认证机构工作情况的监督检查。认证机构要严格执行国家规定的相关收费标准，对在认证活动中存在弄虚作假、乱收费等违法、违规情况，将根据《中华人民共和国节约能源法》《中华人民共和国认证认可条例》《认证机构管理办法》的规定进行处罚，直至撤销认证机构资格。

12.3 本规则自发布之日起施行。

能源管理体系认证业务范围

序　号	能源管理体系认证业务范围
1	能源供给
1.1	煤炭
1.2	油、气
1.3	电力
1.4	热力
1.5	其他（地热、分布式能源、余热等）
2	能源需求
2.1	钢铁
2.2	有色金属
2.3	化工
2.4	建筑材料
2.5	纺织
2.6	造纸
2.7	机械制造
2.8	交通运输
2.9	公共机构及服务
2.10	其他

国家税务总局关于进一步做好税收促进节能减排工作的通知

国税函〔2010〕180号

各省、自治区、直辖市和计划单列市国家税务局、地方税务局：

根据国务院的部署，为进一步做好税收促进节能减排工作，现就有关事项通知如下。

一、充分认识做好税收促进节能减排工作的重要意义。节能减排是实现科学发展，构建资源节约型和环境友好型社会的重要举措。当前，我国节能减排工作取得积极成效，但面临的形势依然十分严峻。2010年是实现"十一五"节能减排目标的决战之年，各级税务机关要充分认识做好税收促进节能减排工作的重要性和紧迫性，切实增强责任感和使命感，进一步加大工作力度，为实现"十一五"节能减排目标作出积极贡献。

二、认真落实促进节能减排的各项税收政策。目前，我国已出台了支持节能减排技术研发与转让，鼓励企业使用节能减排专用设备，倡导绿色消费和适度消费，抑制高耗能、高排放及产能过剩行业过快增长等一系列税收政策。各级税务机关要不折不扣地抓好落实，同时加强对政策执行情况的调研分析，提出进一步完善的意见和建议，努力建立健全税收促进节能减排的长效机制，充分发挥税收调控作用。要进一步加大执法督察力度，将政策落实情况纳入税收执法责任制考核内容，并列入今年税收执法检查的必查项目和重点工作，税务总局将适时组织抽查。

三、切实做好节能减排税收政策的宣传、咨询和辅导。各级税务机关要采取有效措施，优化纳税服务，帮助纳税人及时准确掌握节能减排税收政策内容及办税程序。要综合运用税务网站、办税服务厅等载体，加大节能减排税收政策解读和宣传力度。要结合本地区产业发展和节能减排工作实际，丰富充实纳税指南库中节能减排税收政策的内容，依托12366纳税服务热线、在线访谈等渠道，有针对性地为纳税人提供税收政策咨询辅导。要优化办税工作流程，使符合条件的纳税人及时享受节能减排税收优惠。

四、依法加强对"两高"及产能过剩行业和企业税收征管。各级税务机关要认真做好税收分析工作，密切监控相关行业和企业依法纳税情况。要把"两高"及产能过剩行业作为本地自行确定税收专项检查项目的重点，认真部署开展检查工作。对税务总局已经安排的重点税源检查中从事上述行业的企业要加大自查辅导力度和抽查比例。在开展税收专项检查和案件查处过程中，对虚假申报骗取出口退（免）税、偷逃税款等违法行为，要依法加大查处力度。

五、深入开展税务系统"节能减排全民行动"。各级税务机关要加强能源资源和生态环境国情宣传教育，采取多种形式搞好节能宣传活动，形成税务系统全民节能减排的良好氛围，进一步增强广大税务干部职工节约意识。要广泛开展"节能减排全民行动"，普及节能环保知识和方法，推介节能新技术、新产品，确保实现各单位能耗指标比去年降低5%的目标。

各级税务机关要加强对税收促进节能减排工作的领导，精心组织，扎实做好税收政策落实、优化纳税服务和加强税收征管等促进节能减排的各项工作。要明确职责分工，确保责任到位、措施到位。

国家税务总局

二〇一〇年五月六日

国家发展改革委关于完善居民阶梯电价制度的通知

发改价格〔2013〕2523号

各省、自治区、直辖市发展改革委、物价局，国家电网公司、南方电网公司、内蒙古电力公司：

居民阶梯电价制度实施以来，对引导居民节约用电、合理用电发挥了积极作用，较好地体现了"保基本"的改革理念，促进了社会公平。为进一步完善居民阶梯电价制度，现就有关事项通知如下。

一、加大居民用电"一户一表"改造力度

"一户一表"是实施居民阶梯电价制度的基础。各地要结合老城区和棚户区改造，加大对城市供电设施尤其是合表用户电表的改造力度，加快改造进度，在2017年底前完成全国95%以上存量居民合表用户改造，做到抄表到户，并执行居民阶梯电价制度。新建居民小区供电设施要按照"一户一表"的标准进行建设，由电网企业统一负责运行维护，执行阶梯电价制度。电网企业因此增加的固定资产折旧及运营维护费用等，纳入输配电成本，适时通过调整销售电价予以疏导。

二、全面推行居民用电峰谷分时电价政策

在保持居民用电价格总水平基本稳定的前提下，全面推行居民用电峰谷电价，鼓励居民用户参与电力移峰填谷。尚未出台居民用电峰谷电价的地区，要在2015年底前制定并颁布居民用电峰谷电价政策，由居民用户选择执行；已经出台的地区，要根据实施情况和电力负荷变化情况及时调整和完善，并加大宣传力度，提升政策实施效果。

三、妥善处理居民阶梯电价制度实施中的特殊问题

（一）规范出租房屋电费结算行为。居民自建房屋用于出租的，业主应严格按照国

家规定的销售电价向租户收取用电费用，相关共用设施用电及损耗通过租金等方式协商解决。不得将用电量加价销售给租户，提高用户电价标准，扰乱电价秩序。

（二）细化操作办法。各地价格主管部门和电网企业要在深入调查研究、摸清用户情况的基础上，结合本地实际，按照公平、合理的原则，兼顾可操作性，因地制宜地完善政策措施，细化操作办法。对"一房多户""一户多人口"等具体问题，在沟通协调基础上，可通过分线分表或适当增加电量基数等办法妥善处理，确保居民阶梯电价制度得到顺畅执行。

国家发展改革委

2013 年 12 月 11 日

国家发展改革委　工业和信息化部
关于电解铝企业用电实行阶梯电价政策的通知

发改价格〔2013〕2530号

各省（自治区、直辖市）发展改革委、物价局、经信委（工信委、工信厅），国家电网公司、南方电网公司、内蒙古电力公司，中国有色金属工业协会：

为贯彻落实《国务院关于化解产能严重过剩矛盾的指导意见》（国发〔2013〕41号）精神，更好地发挥价格杠杆在化解产能过剩、加快转型升级、促进技术进步、提高能效水平方面的积极作用，决定对电解铝企业用电实行阶梯电价政策。现将有关事项通知如下。

一、对电解铝企业用电实行阶梯电价

（一）电解铝企业铝液电解交流电耗（含义及计算方法见附件）不高于每吨13700千瓦时的，其铝液电解用电（含来自于自备电厂电量）不加价；高于每吨13700千瓦时但不高于13800千瓦时的，其铝液电解用电每千瓦时加价0.02元；高于每吨13800千瓦时的，其铝液电解用电每千瓦时加价0.08元。

（二）电解铝企业用电阶梯电价按年执行，每年根据上年实际电耗水平执行相应的电价标准。

（三）国家将根据情况适时调整电解铝企业用电实行阶梯电价政策的交流电耗分档和加价标准。

二、严禁自行出台优惠电价措施

（一）各地要严格执行国家电价政策，不得自行降低对电解铝企业的用电价格，已经对电解铝企业用电实行电价优惠的，应立即纠正。

（二）各地要严格按照《国务院批转发展改革委、能源办关于加快关停小火电机组

若干意见的通知》（国发〔2007〕2号）有关规定，对电解铝企业自备电厂自发自用电量收取相应的政府性基金、附加和系统备用费，不得自行减免。

三、规范电解铝企业与发电企业电力直接交易行为

（一）电解铝企业铝液电解交流电耗高于每吨13700千瓦时或节能目标考核为未完成等级的，不得与电力企业进行电力直接交易。

（二）电解铝企业铝液电解交流电耗不高于每吨13350千瓦时的，省级人民政府有关部门应优先支持其参与电力直接交易，电量与电价由交易双方协商确定。

四、建立健全相关配套制度

（一）省级工业主管部门要完善辖区内电解铝企业的能源消费和统计管理体系，节能监察机构要加大监察工作力度，并对电解铝企业主要耗能设备、能源消耗情况及相关信息进行监管。

（二）电网企业要对电解铝企业铝液电解用电进行计量，计量装置应装设于电解铝企业整流器交流侧，并由质检部门或授权机构定期校验加封。对拥有自备电厂的电解铝企业，要在自备电厂发电机组出口端安装经质检部门或授权机构鉴定合格的电能计量装置并按期抄表。

（三）中国有色金属工业协会要加强对电解铝企业的指导和服务工作，建立电解铝企业的生产经营和能源消耗基础信息的数据库，并动态更新。

（四）电解铝企业要完善独立、可核查的能源计量和统计台账，保留铝液生产量原始记录及凭证；并将集控室原始生产数据信息至少保存三年，不得擅自修改或删除。

五、加强部门之间的分工协作

省级人民政府有关部门要明确阶梯电价政策甄别认定执行的程序，省级价格主管部门、工业主管部门、节能主管部门和电网企业要根据职责分工，密切协作，共同做好电解铝企业用电阶梯电价政策实施工作，确保阶梯电价政策执行到位。

（一）自2014年起，每年一季度内省级工业主管部门要对省内所有电解铝企业上一年铝液生产量及其耗电量进行统计、核查，确定其吨铝液电解交流电耗，并将相关情况函告省级价格主管部门。

（二）省级价格主管部门要在每年4月15日前明确所有电解铝企业应执行的电价

标准，向社会公布，并报国家发展改革委、工业和信息化部备案。

（三）省级电网企业应根据省级价格主管部门公布的企业名单和电价标准，按照抄见的铝液电解用电量（含来自于自备电厂电量）及时收取加价电费。

六、严格管理和规范使用加价电费资金

因实施阶梯电价政策而增加的加价电费，10%留电网企业用于弥补执行阶梯电价增加的成本，90%归地方政府使用，主要用于奖励能效先进企业，支持企业节能技术改造、淘汰落后和转型升级。对在一年内改造达标的企业，可将其缴纳的加价电费适当返还。具体加价电费资金管理使用办法由省级人民政府有关部门制定。

七、加强监督检查

省级价格主管部门要会同有关部门加强对电解铝企业用电阶梯电价政策落实情况的监督检查，并督促电网企业及时足额上缴加价电费资金。省级工业主管部门要将辖区内电解铝企业吨铝液电解交流电耗在官方网站上向社会公布，并动态更新，接受社会监督。国家发展改革委、工业和信息化部将组织力量不定期对电解铝企业执行阶梯电价政策情况进行核查和抽查，必要时进行交叉检查。

上述规定自 2014 年 1 月 1 日起执行。原对电解铝企业执行的差别电价和惩罚性电价政策相应停止执行。

附件：吨铝液电解交流电耗含义及计算方法

国家发展改革委

工业和信息化部

2013 年 12 月 13 日

吨铝液电解交流电耗含义及计算方法

一、含义

指生产每吨电解铝液消耗的交流电量，只是电解槽的用电，不包括停槽、启动的用电量。

二、计算方法

$WJ = [QJ - (QTj + QQj)] / PLy$，式中：

WJ—报告期内电解铝液交流电耗（千瓦时/吨）；

QJ—报告期内电解系列工艺消耗的交流电量（千瓦时），可通过电解铝企业整流器交流侧电能计量装置获得。

QTj—报告期内电解系列中停槽导电母线及短路口损耗交流电量（千瓦时）；每一台停槽每天按 0.3V 电压扣除消耗的交流电量，等于 0.3V × 系列电流强度 × 24 小时 × 停槽天数。

QQj—报告期内电解系列中电解槽焙烧、启动期间消耗的交流电量（千瓦时）；每一台启动槽按 30V 总电压扣除消耗的交流电量，等于 30V × 系列电流强度 × 24 小时。

PLy—报告期内电解系列电解铝液产量（吨）。

国家发展改革委　工业和信息化部
关于水泥企业用电实行阶梯电价政策有关问题的通知

发改价格〔2016〕75号

各省、自治区、直辖市发展改革委、物价局、工业和信息化主管部门，国家电网公司、南方电网公司、内蒙古电力公司，中国建筑材料联合会、中国水泥协会：

按照《国家发展改革委　工业和信息化部　质检总局关于运用价格手段促进水泥行业产业结构调整有关事项的通知》（发改价格〔2014〕880号）要求，决定对水泥生产企业生产用电实行基于可比熟料（水泥）综合电耗水平标准的阶梯电价政策。现将有关事项通知如下。

一、对水泥企业用电实行阶梯电价

（一）对《产业结构调整指导目录（2011年本）（修正）》明确淘汰的利用水泥立窑、干法中空窑、立波尔窑、湿法窑生产熟料的企业以外的通用硅酸盐水泥生产企业生产用电实行基于可比熟料（水泥）综合电耗水平标准的阶梯电价政策。水泥企业用电阶梯电价加价标准具体见附件。

（二）水泥企业用电阶梯电价按年度执行，数据的核算基期为上一年度1月1日起至12月31日止。

（三）国家将根据情况适时调整水泥企业用电实行阶梯电价政策的电耗分档和加价标准。

（四）各地可以结合实际情况在上述规定基础上进一步加大阶梯电价实施力度，提高加价标准。

二、建立健全相关配套制度

（一）省级工业和信息化主管部门要商统计部门完善辖区内水泥企业的能源消费和

统计管理制度。节能监察机构要对水泥企业耗能设备、能源消耗情况及相关信息进行监管。

（二）依托中国建筑材料联合会、中国水泥协会、中国电力企业联合会等行业协会，为落实水泥企业电耗核算提供技术支持，建立第三方核查机构专家库及相应核查机制，加强对核查机构、核查人员、水泥企业等培训和技术指导工作，建立水泥企业的生产经营和能源消耗基础信息的数据库并动态更新。

（三）水泥企业要完善独立、可核查的能源计量和统计台账，保留水泥生产量原始记录及凭证；中控室原始生产数据信息至少保存三年，不得擅自修改或删除。

（四）水泥企业电耗核算办法由工业和信息化部另行制定发布。

三、加强分工协作

（一）省级人民政府有关部门要明确阶梯电价政策甄别认定执行的程序，省级价格主管部门、节能主管部门、工业和信息化主管部门和电网企业要根据职责分工，密切协作，共同做好水泥企业用电阶梯电价政策实施工作，确保政策执行到位。

（二）自 2017 年 1 月 1 日起，省级工业和信息化主管部门要商统计部门于每年 7 月 1 日前组织完成对省内所有水泥企业上一年水泥生产量及其耗电量的统计、核查，确定其产品可比综合电耗，商省级节能主管部门同意后向社会公布，并将相关情况函告省级价格主管部门、节能主管部门。省级价格主管部门要于每年 9 月 1 日前明确水泥企业用电阶梯电价标准，向社会公布，并报国家发展改革委、工业和信息化部备案。

（三）省级电网企业应根据省级工业和信息化主管部门公布的企业名单、电耗水平和省级价格主管部门公布的电价标准，按照抄见的水泥生产用电量及时收取核查期内加价电费。

四、严格管理和规范使用加价电费资金

因实施阶梯电价政策而增加的加价电费，10% 留电网企业用于弥补执行阶梯电价增加的成本；90% 留给地方政府用于奖励水泥行业先进企业、支持企业节能技术改造。具体加价电费资金管理使用办法由省级人民政府有关部门制定。

五、加强监督检查

（一）各地要严格执行国家电价政策，不得自行降低对水泥企业的用电价格。

（二）省级政府有关部门要对辖区内水泥企业用电阶梯电价政策落实情况进行监督检查。省级工业和信息化主管部门要将辖区内水泥企业可比水泥综合电耗在官方网站上向社会公布，并动态更新，接受社会监督。省级价格主管部门要加强对阶梯电费政策执行情况的监督。

（三）国家发展改革委、工业和信息化部、国家能源局将在各自职能范围内组织力量不定期对水泥企业执行阶梯电价政策情况进行核查、抽查和监督。

六、其他事项

本通知自印发之日起执行。原对淘汰类以外的通用硅酸盐水泥生产企业实施的差别电价和惩罚性电价政策相应停止执行。

附件：水泥企业用电阶梯电价加价标准

国家发展改革委

工业和信息化部

2016 年 1 月 14 日

水泥企业用电阶梯电价加价标准

一、GB 16780—2012《水泥单位产品能源消耗限额》实施之前（2013 年 10 月 1 日之前）投产的水泥企业，阶梯电价加价标准如下。

水泥生产线	可比水泥综合电耗不超过 90kWh/t 的，其用电不加价；可比水泥综合电耗 >90kWh/t 但 ≤93kWh/t 的，电价每千瓦时加价 0.1 元；可比水泥综合电耗 >93kWh/t 的，电价每千瓦时加价 0.2 元
水泥熟料生产线	可比熟料综合电耗不超过 64kWh/t 的，其用电不加价；可比熟料综合电耗 >64kWh/t 但 ≤67kWh/t 的，电价每千瓦时加价 0.1 元；可比熟料综合电耗 >67kWh/t 的，电价每千瓦时加价 0.2 元
水泥粉磨站	可比水泥综合电耗不超过 40kWh/t 的，其用电不加价；可比水泥综合电耗 >40kWh/t 但 ≤42kWh/t 的，电价每千瓦时加价 0.15 元；可比水泥综合电耗 >42kWh/t 的，电价每千瓦时加价 0.25 元

二、GB 16780—2012《水泥单位产品能源消耗限额》实施之后（2013 年 10 月 1 日之后）投产的水泥企业，阶梯电价加价标准如下。

水泥生产线	可比水泥综合电耗不超过 88kWh/t 的，其用电不加价；可比水泥综合电耗 >88kWh/t 但 ≤90kWh/t 的，电价每千瓦时加价 0.1 元；可比水泥综合电耗 >90kWh/t 的，用电每千瓦时加价 0.2 元
水泥熟料生产线	可比熟料综合电耗不超过 60kWh/t 的，其用电不加价；可比熟料综合电耗 >60kWh/t 但 ≤64kWh/t 的，电价每千瓦时加价 0.1 元；可比熟料综合电耗 >64kWh/t 的，用电每千瓦时加价 0.2 元
水泥粉磨站	可比水泥综合电耗不超过 36kWh/t 的，其用电不加价；可比水泥综合电耗 >36kWh/t 但 ≤40kWh/t 的，电价每千瓦时加价 0.15 元；可比水泥综合电耗 >40kWh/t 的，用电每千瓦时加价 0.25 元

《高耗能落后机电设备（产品）淘汰目录（第一批）》公告

工节〔2009〕第 67 号

为进一步推动工业领域节能减排工作，加快淘汰落后生产能力和落后高耗能设备，根据《中华人民共和国节约能源法》、国务院《关于印发节能减排综合性工作方案的通知》（国发〔2007〕15 号）和国务院办公厅《关于印发 2009 年节能减排工作安排的通知》（国办发〔2009〕48 号）要求，结合工业、通信业节能减排工作实际情况，经相关行业协会推荐、专家评审，现将《高耗能落后机电设备（产品）淘汰目录（第一批)》（以下简称《目录》），共 9 大类 272 项设备（产品），包括电动机 27 项，电焊机和电阻炉 13 项，变压器和调压器 4 项，锅炉 50 项，风机 15 项，泵 123 项，压缩机 33 项，柴油机 5 项，其他设备 2 项，予以公告。

各生产和使用单位应抓紧落实《目录》中所列设备（产品）的淘汰工作，生产单位应停止生产，使用单位应尽快更换高效节能设备（产品）。各级节能监察机构应加强对《目录》中所列设备（产品）停止生产和淘汰情况的监督检查工作。

附件：高耗能落后机电设备（产品）淘汰目录（第一批）

二〇〇九年十二月四日

高耗能落后机电设备（产品）淘汰目录（第一批）

1. 电动机

序号	淘汰产品名称及型号规格	淘汰理由	备 注
1－1	小型异步电动机 JO₃ 系列 JO₂ 系列	效率低，温升高，过载能力小	淘汰的电动机类产品不符合以下相应的现行标准： 1. GB 18613—2006 中小型三相异步电动机能效限定值及节能评价值 2. GB 12350—2009 小功率电动机的安全要求 3. GB/T 20137—2006 三相笼型异步电动机损耗和效率的确定方法 4. JB/T 7565.1~7/2002—2006 隔爆型三相异步电动机技术条件 5. JB/T 5275—1991 Y-W 系列及 Y-WF 系列户外及户外化学防腐蚀型三相异步电动机技术条件 6. JB/T 9537—1999 户内、户外防腐防爆异步电动机环境技术要求（机座号 45~710）
1－2	三相异步电动机 JW：63、71、80、90 JW：05、06、07、08、09、1 JLO：01、2 2JCL：250W	效率低，堵转转矩低	
1－3	单相电阻分相起动异步电动机 JE（老型）：0.8、0.63 JLOE：1、2	效率低，堵转转矩低	
1－4	单相电容起动异步电动机 JY（老型）：08、09、1、2 ZLLOR	效率低，堵转转矩低	
1－5	单相电容运转异步电动机 JX（老型）：05、06、07 JLOY：012	效率低，堵转转矩低	
1－6	JB₃ 系列隔爆型三相异步电动机	效率低，堵转转矩低	
1－7	BJO₂ 系列隔爆型三相异步电动机	效率低，堵转转矩低	
1－8	冶金起重电机 JZR₂、JZ₂、JZ、JZR、JZB、JZRB 系列	效率低，功率因数低	
1－9	分马力电动饥 （一）三相异步电动机 　AO：45，50，56，63，71 　AI：56，71 　1AO：50，56，71 　2AO：80 　JW（改型）：45，50，56，63，71	效率低，堵转转矩低	

序号	淘汰产品名称及型号规格	淘汰理由	备 注
	（二）单相电阻分相起动异步电动机 　　BO：56，63，71 　　JZ：56，63，71 （三）单相电容起动异步电动机 　　CO：63，71，80 　　1CO：71 　　JY：71 （四）单相电容运转异步电机 　　DO：45，50，56，63 　　JX：45，50，56		淘汰的电动机类产品不符合以下相应的现行标准： 　1. GB 18613—2006 中小型三相异步电动机能效限定值及节能评价值 　2. GB 12350—2009 小功率电动机的安全要求 　3. GB/T 20137—2006 三相笼型异步电动机损耗和效率的确定方法
1－10	J_2 系列防滴式三相鼠笼型异步电动机（36 个规格，8 个机座号，7.5～125kW，共 11 个功率等级）	技术性能落后	
1－11	JR、JR_2、JR_3 小型绕线转子异步电动机 　　JR：30 个规格 　　JR_2：13 个规格 　　JR_3：16 个规格	技术性能落后	4. JB/T 7565.1～7/2002—2006 隔爆型三相异步电动机技术条件
1－12	$JR0_2$ 小型绕线转子异步电动机（26 个规格，电压 380V，功率 5.5～75kW）	技术性能差	5. JB/T 5275—1991 Y-W 系列及 Y-WF 系列户外及户外化学防腐蚀型三相异步电动机技术条件 　6. JB/T 9537—1999
1－13	DM 深井泵用三相异步电动机系列 DM402－2，DM521－4 DM403－2，DM452－2 DM452－4	结构陈旧，效率低，堵转转矩低	户内、户外防腐防爆异步电动机环境技术要求（机座号 45～710）
1－14	JLB_2 深井泵用三相异步电动机系列	结构陈旧，效率低，堵转转矩低	
1－15	JLB2 立式深井泵用电动机 　　JLB_2－81－4 　　JLB_2－82－4 　　JLB_2－83－4	结构陈旧，效率低，堵转转矩低	
1－16	JTB_2 立式深井泵用电动机 　　JTB_2－42－2	结构陈旧，效率低，堵转转矩低	
1－17	JD 型深井泵用电动机	结构陈旧，效率低，堵转转矩低	

序号	淘汰产品名称及型号规格	淘汰理由	备 注
1-18	JO$_2$-WF，JO$_2$-F 户外防腐和化工防腐小型三相电动机系列 JO$_2$-WF 系列 67 个规格 JO$_2$-F 系列 63 个规格	体积大，技术性能低	淘汰的电动机类产品不符合以下相应的现行标准： 1. GB 18613—2006 中小型三相异步电动机能效限定值及节能评价值 2. GB 12350—2009 小功率电动机的安全要求 3. GB/T 20137—2006 三相笼型异步电动机损耗和效率的确定方法 4. JB/T 7565.1~7/2002—2006 隔爆型三相异步电动机技术条件 5. JB/T 5275—1991 Y-W 系列及 Y-WF 系列户外及户外化学防腐蚀型三相异步电动机技术条件 6. JB/T 9537—1999 户内、户外防腐防爆异步电动机环境技术要求（机座号 45~710）
1-19	JZD$_3$-112S-4、JZO$_2$ 电制动电动机系列（JZO$_2$ 系列 12 个规格，0.6~1.5kW，共 6 种功率等级）	材料消耗大，体积大，综合技术经济指标低	
1-20	JDO$_2$、JDO$_3$ 系列电动机 JDO$_2$ 系列 99 个规格 JDO$_3$ 系列 37 个规格	材料消耗大，体积大，综合技术经济指标低	
1-21	JP$_2$ 傍磁制动电动机系列 0.2、0.4、1.1、1.5、3.0、4.5、7.5、13kW 共 84 个规格	材料消耗大，体积大，综合技术经济指标低	
1-22	JHO$_2$，JHO$_3$ 系列高滑差电动机	材料消耗大，体积大，综合技术经济指标低	
1-23	DP90S-2/M01，JJO$_2$、JO$_2$-0、JJ、JJD 精密机床用三相异步电动机系列	材料消耗大，体积大，综合技术经济指标低	
1-24	JM$_2$、JM$_3$、JDM$_2$ 木工用三相异步电动机系列	材料消耗大，体积大，综合技术经济指标低	
1-25	JTC 系列齿轮减速三相异步电动机	技术性能差，体积大，重量较重，转速规格少	
1-26	JDO$_2$、JDO$_3$ 系列变级、多速三相异步电动机	能耗高，技术性能差，体积大	
1-27	ZZJ$_2$、ZZJ$_0$ 系列起重冶金用直流电动机	技术性能差，体积大，电机过载性能差，可靠性差	

2. 电焊机、电阻炉

序号	淘汰产品名称及型号规格	淘汰理由	备 注
2-1	直流弧焊电动发电机 AX$_1$-500 型	50 年代初仿苏老产品，材料消耗大，重量较重，综合技术经济指标低	淘汰的电焊机类产品不符合以下相应的现行标准： 1. GB/T 8118—1995 电弧焊机通用技术条件 2. GB/T 13165—1991 电弧焊机噪声测定方法
2-2	直流弧焊电动发电机 Ap-1000 型	50 年代初仿苏老产品，材料消耗大，重量较重，综合技术经济指标低	

序号	淘汰产品名称及型号规格	淘汰理由	备　注
2－3	交流弧焊机 BX₁－330 型	50 年代初仿苏老产品，材料消耗大，重量较重，综合技术经济指标低	3. GB 15579.11—1998 弧焊设备安全要求 第 11 部分：电焊钳 4. CNCA 01C－015—2007 电气电子产品强制性认证实施规则 电焊机
2－4	交流弧焊机 BX₁－135，BX₂－500	50 年代仿苏老产品，体积大，重量较重，耗材多，性能差	
2－5	电焊机控制箱 XN－600，XU－600，XQ－600	电子管结构、质量不稳定	
2－6	SX 系列箱式电阻炉	电耗高	淘汰的电阻炉类产品不符合以下相应的现行标准： 1. GB 5959.4—2008 电热装置的安全 第 4 部分：对电阻加热装置的特殊要求 2. JB/T 50162—1999 热处理箱式、台车式电阻炉 能耗分等 3. JB/T 50163—1999 热处理井式电阻炉 能耗分等 4. JB/T 50183—1999 传送式、震底式、推送式、滚筒式热处理连续电阻炉 能耗分等 5. JB/T 5650—1991 弹体及药筒热处理箱式、台车式电阻炉 能耗分等 6. JB/T 5654—1991 坩埚式熔铝电阻炉 能耗分等 7. SJ/T 31267—1994 电阻渗碳炉完好要求和检查评定方法 8. JB/T 5632—1991 碳膜电阻渗碳炉 能耗分等 9. JB/T 10551—2006 真空技术 真空感应熔炼炉 10. JB/T 5640—1991 光学玻璃陶瓷坩埚熔炼炉 能耗分等 11. JB/T 5656—1991 光学玻璃电热熔炼炉 能耗分等
2－7	SG 系列坩埚式电阻炉	电耗高	
2－8	SK 系列管式电阻炉	电耗高	
2－9	SY 系列油浴电阻炉	电耗高	
2－10	RX 系列 950℃ 箱式电阻炉	电耗高	
2－11	RT 系列台车式电阻炉 RT－65－9 RT－105－9 RT－180－9 RT－320－9	电耗高，空炉升温时间长，空炉功率损耗高	
2－12	RQ 系列井式气体渗碳炉 RQ－25－9、RQ－35－9 RQ－60－9、RQ－75－9 RQ－90－9、RQ－105－9 RQ－25－9D、RQ－35－9D RQ－60－9D、RQ－75－9D RQ－90－9D、RQ－105－9D	电耗高，空炉升温时间长，空炉功率损耗高	
2－13	中频无心感应熔炼炉 GGW－0.06 GGW－0.15 GGW－0.43 GGW－0.9	结构陈旧，石棉板易损坏，效率低	

3. 变压器、调压器

序号	淘汰产品名称及型号规格	淘汰理由	备 注
3－1	中小型配电变压器 SJ、SJ$_1$、SJ$_2$、SJ$_3$、SJ$_4$、SJ$_5$、SJL、SJL$_1$、S、S$_1$、SZ、SL、SLZ、SL$_1$、SLZ$_1$ 系列	电耗高	淘汰的变压器类产品不符合以下相应的现行标准： 1. GB 20052—2006 三相配电变压器能效限定值及节能评价值 2. GB 1094.11—2007 电力变压器 第11部分：干式变压器 3. GB 19212.20—2008 电力变压器、电源装置和类似产品的安全 第20部分：干扰衰减变压器的特殊要求 4. GB 1094.1—1996 电力变压器 第1部分：总则 5. GB 19212.1—2008 电力变压器、电源、电抗器和类似产品的安全 第1部分：通用要求和试验 6. GB 19212.5—2006 电力变压器、电源装置和类似产品的安全 第5部分：一般用途隔离变压器的特殊要求 7. GB 19212.14—2007 电力变压器、电源装置和类似产品的安全 第14部分：一般用途自耦变压器的特殊要求 8. HJ/T 224—2005 环境标志产品技术要求 干式电力变压器 9. JB/T 10091—2001 接触调压器
3－2	DJMB 系列照明用干式变压器和 DBK 系列控制用干式变压器	总损耗高	
3－3	SL7－30/10 ~ SL7－1600/10 S7－30/10 ~ S7－1600/10 配电变压器	原材料消耗量大，空载损耗高，负载损耗高，运行可靠性较低	
3－4	接触调压器 TDGC、TSGC 系列	空载损耗大	

4. 锅炉

序号	淘汰产品名称及型号规格	淘汰理由	备 注
4-1	0.4-0.7t/h 工业锅炉 立式水管固定炉排锅炉 LSG 0.4-8-A₃ 立式水管固定炉排锅炉 LSG 0.7-8-A₃ 立式水管固定炉排锅炉 LSG 0.5-8	运行热效率低, 消烟除尘问题难以解决	
4-2	1t/h 单纵汽包水管固定炉排锅炉 DZG1-8	设计结构不合理, 锅筒管孔采用单面焊接结构, 不便于维修, 操作人员劳动强度大, 热效率低	淘汰的锅炉产品不符合以下相应的现行标准: 1. GB 13271—2001 锅炉大气污染物排放标准 2. JB/T 10094—2002 工业锅炉 通用技术条件 3. HJ/T 287—2006 环境保护产品技术要求 中小型燃油、燃气锅炉
4-3	2t/h 工业锅炉 单纵汽包水管固定炉排锅炉 DZG2-8 单纵汽包水管活动炉排锅炉 DZH2-8	设计结构不合理, 锅筒管孔采用单面焊接结构, 不便于维修, 操作人员劳动强度大, 热效率低	
4-4	4t/h 工业锅炉 卧式快装固定炉排锅炉 KZG4-13 卧式快装链条炉 KZL4-13-1	手烧炉, 操作运行人员劳动强度大, 热效率低。带有小烟室结构, 不安全	
4-5	兰开夏、考克兰、康尼许锅炉	欧美 20~30 年代老式锅炉, 热效率低, 手工操作, 劳动量大	
4-6	卧式快装固定炉排锅炉 KZG1-8	手烧炉。带有小烟室结构, 不安全	
4-7	LSG0.1-5 立式水管锅炉	老式单层炉排手烧锅炉, 热效率低, 排烟浓度大, 技术参数不符合系列型谱	
4-8	LHG0.3-8 立式水管锅炉	老式单层炉排手烧锅炉, 热效率低, 排烟浓度大, 技术参数不符合系列型谱	
4-9	LSG0.36-5 立式水管锅炉	老式单层炉排手烧锅炉, 热效率低, 排烟浓度大, 技术参数不符合系列型谱	

序号	淘汰产品名称及型号规格	淘汰理由	备　注
4－10	LSG0.4－5 立式水管锅炉	老式单层炉排手烧锅炉，热效率低，排烟浓度大，技术参数不符合系列型谱	
4－11	LHG0.4－7 立式水管锅炉	老式单层炉排手烧锅炉，热效率低，排烟浓度大，技术参数不符合系列型谱	
4－12	LHG0.45－8 立式水管锅炉	老式单层炉排手烧锅炉，热效率低，排烟浓度大，技术参数不符合系列型谱	
4－13	LHG0.5－8 立式水管锅炉	老式单层炉排手烧锅炉，热效率低，排烟浓度大，技术参数不符合系列型谱	
4－14	LSG0.5－7 立式水管锅炉	老式单层炉排手烧锅炉，热效率低，排烟浓度大，技术参数不符合系列型谱	淘汰的锅炉产品不符合以下相应的现行标准： 1. GB 13271—2001 锅炉大气污染物排放标准 2. JB/T 10094—2002 工业锅炉 通用技术条件 3. HJ/T 287—2006 环境保护产品技术要求 中小型燃油、燃气锅炉
4－15	LHG0.85－8 立式水管锅炉	老式单层炉排手烧锅炉，热效率低，排烟浓度大，技术参数不符合系列型谱	
4－16	LSG1－8 立式水管锅炉	老式单层炉排手烧锅炉，热效率低，排烟浓度大，技术参数不符合系列型谱	
4－17	WSG1－8 卧式手烧炉	老式单层炉排手烧锅炉，热效率低，排烟浓度大，技术参数不符合系列型谱	
4－18	WNG1－8 卧式手烧炉	老式单层炉排手烧锅炉，热效率低，排烟浓度大，技术参数不符合系列型谱	
4－19	KZG1.25－8 手烧快装炉	老式单层炉排手烧锅炉，热效率低，排烟浓度大，技术参数不符合系列型谱	
4－20	LHG1.35－8 立式火管炉	老式单层炉排手烧锅炉，热效率低，排烟浓度大，技术参数不符合系列型谱	

序号	淘汰产品名称及型号规格	淘汰理由	备　注
4-21	WNG1.5-8 卧式手烧炉	老式单层炉排手烧锅炉，热效率低，排烟浓度大，技术参数不符合系列型谱	
4-22	KZG1.5-8 手烧快装炉	老式单层炉排手烧锅炉，热效率低，排烟浓度大，技术参数不符合系列型谱	
4-23	WYG1.5-8 卧式手烧炉	老式单层炉排手烧锅炉，热效率低，排烟浓度大，技术参数不符合系列型谱	
4-24	WWG2-8 卧式手烧锅炉	老式单层炉排手烧锅炉，热效率低，排烟浓度大，技术参数不符合系列型谱	
4-25	WNG2-8 卧式手烧锅炉	老式单层炉排手烧锅炉，热效率低，排烟浓度大，技术参数不符合系列型谱	淘汰的锅炉产品不符合以下相应的现行标准：1. GB 13271—2001 锅炉大气污染物排放标准 2. JB/T 10094—2002 工业锅炉 通用技术条件 3. HJ/T 287—2006 环境保护产品技术要求 中小型燃油、燃气锅炉
4-26	WSG2.2-8 卧式手烧锅炉	老式单层炉排手烧锅炉，热效率低，排烟浓度大，技术参数不符合系列型谱	
4-27	立式火管蒸汽锅炉 LHG0.4-5	结构陈旧，老式单层固定炉排，热效率低，污染严重	
4-28	固定炉排蒸汽锅炉 KZG1-8	结构陈旧，老式单层固定炉排，热效率低，污染严重	
4-29	固定炉排蒸汽锅炉 KZG2-8	结构陈旧，老式单层固定炉排，热效率低，污染严重	
4-30	固定炉排蒸汽锅炉 KZH1-8	结构陈旧，老式单层固定炉排，热效率低，污染严重	
4-31	固定炉排蒸汽锅炉 KZH2-8	结构陈旧，老式单层固定炉排，热效率低，污染严重	

序号	淘汰产品名称及型号规格	淘汰理由	备 注
4-32	快装链条蒸汽锅炉 KZL2-8（Ⅰ）	小烟室结构，不安全	
4-33	快装链条蒸汽锅炉 DZL2-13（Ⅰ）	小烟室结构，不安全	
4-34	抛煤机蒸汽锅炉 KHP6-13/350	结构陈旧，污染严重	
4-35	抛煤机蒸汽锅炉 KHP6-25/400	结构陈旧，污染严重	
4-36	振动炉排蒸汽锅炉 SHZ2-8	老式振动炉排锅炉，热效率低，污染严重，炉排寿命短	
4-37	振动炉排蒸汽锅炉 SZK4-25	老式振动炉排锅炉，热效率低，污染严重，炉排寿命短	
4-38	振动炉排蒸汽锅炉 SZZ4-13	老式振动炉排锅炉，热效率低，污染严重，炉排寿命短	淘汰的锅炉产品不符合以下相应的现行标准： 1. GB 13271—2001锅炉大气污染物排放标准
4-39	振动炉排蒸汽锅炉 KZZ4-13	老式振动炉排锅炉，热效率低，污染严重，炉排寿命短	2. JB/T 10094—2002工业锅炉 通用技术条件
4-40	振动炉排蒸汽锅炉 DZZ2-8	老式振动炉排锅炉，热效率低，污染严重，炉排寿命短	3. HJ/T 287—2006环境保护产品技术要求中小型燃油、燃气锅炉
4-41	振动炉排蒸汽锅炉 KZZ2-13	老式振动炉排锅炉，热效率低，污染严重，炉排寿命短	
4-42	沸腾床蒸汽锅炉 SHF4-25	热效率低，污染严重	
4-43	沸腾床蒸汽锅炉 SHF9-13	热效率低，污染严重	
4-44	抛煤机锅炉 SZP10-13	热效率低，污染严重	
4-45	抛煤机锅炉 SZP10-13/350	热效率低，污染严重	
4-46	抛煤机锅炉 SZP10-25/350	热效率低，污染严重	
4-47	抛煤机锅炉 SZP10-25/400	热效率低，污染严重	
4-48	老结构振动炉排锅炉 KZH10-25/400	热效率低，污染严量	
4-49	沸腾锅炉 KHF20-25/400	技术性能低，污染严重	

序号	淘汰产品名称及型号规格	淘汰理由	备 注
4－50	KZL4－13－AⅢ水火管链条蒸汽锅炉	煤种适应性差，热效率低。炉墙保温不好，受压部件安全性较差。炉膛结构不好，炉排漏风大，调风性能不好	淘汰的锅炉产品不符合以下相应的现行标准： 1. GB 13271—2001 锅炉大气污染物排放标准 2. JB/T 10094—2002 工业锅炉 通用技术条件 3. HJ/T 287—2006 环境保护产品技术要求 中小型燃油、燃气锅炉

5. 风机

序号	淘汰产品名称及型号规格	淘汰理由	备 注
5－1	高压离心通风机8－18系列	效率低	淘汰的风机产品不符合以下相应的现行标准： 1. GB 19761—2005 通风机能效限定值及节能评价值 2. GB 10080—2001 空调用通风机安全要求 3. GB/T 2888—2008 风机和罗茨鼓风机噪声测量方法 4. JB/T 7259—2006 烧结厂用离心式鼓风机 5. JB/T 8941.1—1999 一般用途罗茨鼓风机 第1部分：技术条件 6. HJ/T 384—2007 环境保护产品技术要求 一般用途低噪声轴流通风机 7. HJ/T 278—2006 环境保护产品技术要求 单级高速曝气离心鼓风机 8. HJ/T 251—2006 环境保护产品技术要求 罗茨鼓风机
5－2	高压离心通风机9－27系列	效率低	
5－3	小氮肥离心风机8－18系列和4－72串联	需两台风机串联使用，效率低	
5－4	矿井轴流主通风机70B$_2$系列	效率低	
5－5	老SJ系列烧结鼓风机	效率低	
5－6	SD50系列隧道轴流通风机	效率低	
5－7	一般轴流通风机 T30系列 30K$_4$系列 03－11系列	效率低	
5－8	防烟轴流通风机 BT30系列 B30K$_4$系列	效率低	
5－9	罗茨鼓风机 D80M$_3$ D120M$_3$ D160M$_3$	效率低，性能参数不适合小硫酸生产	
5－10	罗茨鼓风机 LG100×72－1 LG100×110－1 LG202×200－1	1. 型号杂乱，结构落后，效率低 2. 性能范围窄，不能满足各种工况要求	

序号	淘汰产品名称及型号规格	淘汰理由	备 注
5－10	LG300×200－1 LG410×495－1 LG480×665－1 LG480×665－2 LG700×560－1 LG700×830－1 LG700×950－1 LG1000×1200－1 LG1000×1500－1	1. 型号杂乱，结构落后，效率低 2. 性能范围窄，不能满足各种工况要求	淘汰的风机产品不符合以下相应的现行标准： 1. GB 19761—2005 通风机能效限定值及节能评价值 2. GB 10080—2001 空调用通风机安全要求 3. GB/T 2888—2008 风机和罗茨鼓风机噪声测量方法 4. JB/T 7259—2006 烧结厂用离心式鼓风机 5. JB/T 8941.1—1999 一般用途罗茨鼓风机 第1部分：技术条件 6. HJ/T 384—2007 环境保护产品技术要求 一般用途低噪声轴流通风机 7. HJ/T 278—2006 环境保护产品技术要求 单级高速曝气离心鼓风机 8. HJ/T 251—2006 环境保护产品技术要求 罗茨鼓风机
5－11	罗茨鼓风机 L20－5/0.20 L20－5/0.35 L20－5/0.50 L20－7/0.20 L20－7/0.35 L20－7/0.50 L20－10/0.20 L20－10/0.35 L20－10/0.50 L32－15/0.20	1. 型号杂乱，结构落后，效率低 2. 性能范围窄，不能满足各种工况要求	
5－12	罗茨鼓风机 L32－15/0.35 L32－15/0.50 L32－20/0.20 L32－20/0.35 L32－20/0.50 L32－30/0.20 L32－30/0.35 L32－30/0.50 L41－40/0.20 L41－40/0.35 L41－40/0.50 L41－60/0.20 L41－60/0.35 L41－60/0.50	1. 型号杂乱，结构落后，效率低 2. 性能范围窄，不能满足各种工况要求 3. 用户选择困难	

序号	淘汰产品名称及型号规格	淘汰理由	备 注
5 - 13	罗茨鼓风机 L50 - 80/0. 20 L50 - 80/0. 35 L50 - 80/0. 50 L50 - 120/0. 20 L50 - 120/0. 35 L50 - 120/0. 50 L60 - 160/0. 20 L60 - 160/0. 35 L60 - 160/0. 50 L60 - 200/0. 20 L60 - 200/0. 35 L60 - 200/0. 50 L60 - 250/0. 20 L60 - 250/0. 35 L60 - 250/0. 50	1. 型号杂乱，结构落后，效率低 2. 性能范围窄，不能满足各种工况要求 3. 用户选择困难	淘汰的风机产品不符合以下相应的现行标准： 1. GB 19761—2005 通风机能效限定值及节能评价值 2. GB 10080—2001 空调用通风机安全要求 3. GB/T 2888—2008 风机和罗茨鼓风机噪声测量方法
5 - 14	罗茨鼓风机 R14、R22、R36、R60	效率低，耗能高，耗材多，故障率较高	4. JB/T 7259—2006 烧结厂用离心式鼓风机 5. JB/T 8941. 1—1999 一般用途罗茨鼓风机 第1部分：技术条件 6. HJ/T 384—2007 环境保护产品技术要求 一般用途低噪声轴流通风机 7. HJ/T 278—2006 环境保护产品技术要求 单级高速曝气离心鼓风机 8. HJ/T 251—2006 环境保护产品技术要求 罗茨鼓风机
5 - 15	罗茨鼓风机 D14 × 20 - 1. 25/2000 D14 × 20 - 1. 25/3500 D14 × 20 - 1. 25/5000 D14 × 20 - 2. 5/2000 D14 × 20 - 2. 5/3500 D14 × 20 - 2. 5/5000 D22 × 21 - 5/2000 D22 × 21 - 5/3500 D22 × 21 - 5/5000 D22 × 16 - 7/2000 D22 × 16 - 7/3500 D22 × 16 - 7/5000 D22 × 21 - 10/2000 D22 × 21 - 10/3500 D22 × 21 - 10/5000 D22 × 32 - 15/2000 D22 × 32 - 15/3500		

序号	淘汰产品名称及型号规格	淘汰理由	备　注
5 – 15	D22×32 – 15/5000 D36×28 – 20/2000 D36×28 – 20/3500 D36×28 – 20/5000 （包括 SD 型在内） D36×28 – 30/2000 D36×28 – 30/3500 D36×28 – 30/5000 （包括 SD 型在内） D36×35 – 40/2000 D36×35 – 40/3500 D36×35 – 40/5000 （包括 SD 型在内） D36×46 – 60/2000 D36×46 – 60/3500 D36×46 – 60/5000 （包括 SD 型在内） D36×60 – 80/2000 D36×60 – 80/3500 D36×60 – 80/5000 D60×48 – 120/2000 D60×48 – 120/3500 D60×48 – 120/5000 D60×63 – 160/2000 D60×63 – 160/3500 D60×63 – 160/5000 D60×78 – 200/2000 D60×78 – 200/3500 D60×78 – 200/5000 D60×90 – 250/2000 D60×90 – 250/3500 D60×90 – 250/5000	1. 型号杂乱，结构落后，效率低 2. 性能范围窄，不能满足各种工况要求	淘汰的风机产品不符合以下相应的现行标准： 1. GB 19761—2005 通风机能效限定值及节能评价值 2. GB 10080—2001 空调用通风机安全要求 3. GB/T 2888—2008 风机和罗茨鼓风机噪声测量方法 4. JB/T 7259—2006 烧结厂用离心式鼓风机 5. JB/T 8941.1—1999 一般用途罗茨鼓风机 第1部分：技术条件 6. HJ/T 384—2007 环境保护产品技术要求 一般用途低噪声轴流通风机 7. HJ/T 278—2006 环境保护产品技术要求 单级高速曝气离心鼓风机 8. HJ/T 251—2006 环境保护产品技术要求 罗茨鼓风机

6. 泵

序号	淘汰产品名称及型号规格	淘汰理由	备　注
6－1	锅炉给水泵 DG270－140 DG500－140 DG375－185	效率低，结构不合理，振动、磨损、泄漏大	淘汰的泵类产品不符合以下相应的现行标准： 1. GB 19762—2007 清水离心泵能效限定值及节能评价值 2. GB 22360—2008 真空泵 安全要求 3. GB 21454—2008 多联式空调（热泵）机组能效限定值及能源效率等级 4. GB6245—2006 消防泵 5. GB/T 2816—2002 井用潜水泵 6. GB4706.66—2008 家用和类似用途电器的安全 泵的特殊要求 7. JB/T 8059—2008 高压锅炉给水泵技术条件 8. JB/T 8096—1998 离心式渣浆泵 9. JB/T 3565—2006 长轴离心深井泵效率 10. SC/T 6014—2001 立式泥浆泵 11. HJ/T 336—2006 环境保护产品技术要求 潜水排污泵
6－2	单级单吸悬臂泵 K 型系列	系 50 年代仿苏产品，结构落后，效率低	
6－3	6PN/6PS 重型渣浆泵	效率低	
6－4	8PS/10PNK20 重型渣浆泵	效率低	
6－5	10PH 重型渣浆泵	效率低	
6－6	12PN 重型渣浆泵	效率低	
6－7	6DA 多级泵	效率低	
6－8	8DA 多级泵	效率低	
6－9	DG45－59 次高压泵	效率低	
6－10	DG72－59 次高压泵	效率低	
6－11	微型水泵（40WB 系列包括 9 种型号）	效率低	
6－12	微型水泵（40YL 系列包括 4 种型号）	效率低	
6－13	150NQ6 潜水电泵	效率低	
6－14	150NQ10 潜水电泵	效率低	
6－15	10NQ80 潜水电泵	效率低	
6－16	8NQ50 潜水电泵	效率低	
6－17	单级单吸清水离心泵 2BA6、2B31	结构陈旧，效率低	
6－18	单级单吸清水离心泵 3BA13、3B19	结构陈旧，效率低	
6－19	单级单吸清水离心泵 3BA9、3B33	结构陈旧，效率低	
6－20	单级单吸清水离心泵 3BA6、3B57	结构陈旧，效率低	
6－21	单级单吸清水离心泵 4BA18、4B20	结构陈旧，效率低	

序号	淘汰产品名称及型号规格	淘汰理由	备注
6-22	单级单吸清水离心泵 4BA12、4B35	结构陈旧，效率低	
6-23	单级单吸清水离心泵 4BA8、4B54	结构陈旧，效率低	
6-24	单级单吸清水离心泵 4BA6、4B91	结构陈旧，效率低	淘汰的泵类产品不符合以下相应的现行标准： 1. GB 19762—2007 清水离心泵能效限定值及节能评价值 2. GB 22360—2008 真空泵 安全要求 3. GB 21454—2008 多联式空调（热泵）机组能效限定值及能源效率等级 4. GB6245—2006 消防泵 5. GB/T 2816—2002 井用潜水泵 6. GB4706.66—2008 家用和类似用途电器的安全 泵的特殊要求 7. JB/T 8059—2008 高压锅炉给水泵技术条件 8. JB/T 8096—1998 离心式渣浆泵 9. JB/T 3565—2006 长轴离心深井泵效率 10. SC/T 6014—2001 立式泥浆泵 11. HJ/T 336—2006 环境保护产品技术要求 潜水排污泵
6-25	单级单吸清水离心泵 6BA12、6B20	结构陈旧，效率低	
6-26	单级单吸清水离心泵 8BA12、8B29	结构陈旧，效率低	
6-27	单级单吸耐腐蚀离心泵 50F63B	结构陈旧，效率低	
6-28	单级单吸耐腐蚀离心泵 80F60A	结构陈旧，效率低	
6-29	单级单吸耐腐蚀离心泵 150F56	结构陈旧，效率低	
6-30	高压锅炉给水泵 DG375-185	效率低	
6-31	高压锅炉给水泵 DG500-140	效率低	
6-32	潜水泵 200QJ50×12	结构陈旧，效率低	
6-33	深井泵 6JD36	效率低	
6-34	深井泵 6JD56	效率低	
6-35	深井泵 10JD80	效率低	
6-36	深井泵 10JD140	效率低	
6-37	深井泵 12JD230	效率低	
6-38	单级单吸清水离心泵 $1\frac{1}{2}$BA6、$1\frac{1}{2}$B17	结构陈旧，效率低	
6-39	单级单吸清水离心泵 6BA8、6B33	结构陈旧，效率低	
6-40	单级单吸清水离心泵 8BA18、8B18	结构陈旧，效率低	
6-41	单级单吸耐腐蚀离心泵 50F25A、F50-25A	结构陈旧，效率低	
6-42	单级单吸耐腐蚀离心泵 50F40A、F50-40A	结构陈旧，效率低	

序号	淘汰产品名称及型号规格	淘汰理由	备 注
6-43	单级单吸耐腐蚀离心泵 50F103B、F50-103B	结构陈旧，效率低	
6-44	单级单吸耐腐蚀离心泵 65F25A、F65-25A	结构陈旧，效率低	
6-45	单级单吸耐腐蚀离心泵 65F40A、F65-40A	结构陈旧，效率低	淘汰的泵类产品不符合以下相应的现行标准： 1. GB 19762—2007 清水离心泵能效限定值及节能评价值
6-46	单级单吸耐腐蚀离心泵 65F64B、F65-64B	结构陈旧，效率低	2. GB 22360—2008 真空泵 安全要求 3. GB 21454—2008 多联式空调（热泵）机组能效限定值及能源效率等级
6-47	单级单吸耐腐蚀离心泵 65F100B	结构陈旧，效率低	4. GB6245—2006 消防泵
6-48	单级单吸耐腐蚀离心泵 F80-24A、80F24A	结构陈旧，效率低	5. GB/T 2816—2002 井用潜水泵
6-49	单级离心泵 鲁50B-35	结构陈旧，效率低	6. GB4706.66—2008 家用和类似用途电器的安全 泵的特殊要求
6-50	单级离心泵 浙农2-6 豫农50-3l 陕农2-30 BX50-3l	结构陈旧，效率低	7. JB/T 8059—2008 高压锅炉给水泵技术条件 8. JB/T 8096—1998 离心式渣浆泵
6-51	单级离心泵 鲁农80B-50 川农2-60 2.5BP-55	结构陈旧，效率低	9. JB/T 3565—2006 长轴离心深井泵效率 10. SC/T 6014—2001 立式泥浆泵
6-52	单级离心泵 浙农3-13、3TL-18 BX80-16、QNB80-16 MN80-18、CN4-15 CN3-17、JN80-19	结构陈旧，效率低	11. HJ/T 336—2006 环境保护产品技术要求 潜水排污泵
6-53	单级离心泵 浙农3-9 豫农80-33 陕农3-35 西农3-40 BX80-33、JN80-30 EN3B-40	结构陈旧，效率低	

序号	淘汰产品名称及型号规格	淘汰理由	备　注
6－54	单级离心泵 浙农3－60 西农3－50 3BP－65、BX80－57 QNB80－60、EN3－57 WN3－60	结构陈旧，效率低	淘汰的泵类产品不符合以下相应的现行标准： 　1. GB 19762—2007 清水离心泵能效限定值及节能评价值 　2. GB 22360—2008 真空泵 安全要求 　3. GB 21454—2008 多联式空调（热泵）机组能效限定值及能源效率等级 　4. GB6245—2006 消防泵 　5. GB/T 2816—2002 井用潜水泵 　6. GB4706.66—2008 家用和类似用途电器的安全 泵的特殊要求 　7. JB/T 8059—2008 高压锅炉给水泵技术条件 　8. JB/T 8096—1998 离心式渣浆泵 　9. JB/T 3565—2006 长轴离心深井泵效率 　10. SC/T 6014—2001 立式泥浆泵 　11. HJ/T 336—2006 环境保护产品技术要求 潜水排污泵
6－55	单级离心泵 3BP－90	结构陈旧，效率低	
6－56	单级离心泵 4PB－65	结构陈旧，效率低	
6－57	单级离心泵 浙农4－21 豫农100－20 陕农4－20 BX100－20 MN100－18 MN100－21 WN4－21 WN4－15 EN3－25 CN4－22 JN100－19 JN100－14	结构陈旧，效率低	
6－58	单级离心泵 浙农6－18 豫农150－13 鲁6－18 6TL－18 MN150－11 MN150－15 EN6－13 WN6－ll CN－12 JN150－13	结构陈旧，效率低	

序号	淘汰产品名称及型号规格	淘汰理由	备 注
6-59	单级单吸耐腐蚀离心泵 80F97A	结构陈旧,效率低	
6-60	单级单吸耐腐蚀离心泵 100F23	结构陈旧,效率低	淘汰的泵类产品不符合以下相应的现行标准: 1. GB 19762—2007 清水离心泵能效限定值及节能评价值 2. GB 22360—2008 真空泵 安全要求 3. GB 21454—2008 多联式空调(热泵)机组能效限定值及能源效率等级 4. GB6245—2006 消防泵 5. GB/T 2816—2002 井用潜水泵 6. GB4706.66—2008 家用和类似用途电器的安全 泵的特殊要求 7. JB/T 8059—2008 高压锅炉给水泵技术条件 8. JB/T 8096—1998 离心式渣浆泵 9. JB/T 3565—2006 长轴离心深井泵效率 10. SC/T 6014—2001 立式泥浆泵 11. HJ/T 336—2006 环境保护产品技术要求 潜水排污泵
6-61	单级单吸耐腐蚀离心泵 100F37	结构陈旧,效率低	
6-62	单级单吸耐腐蚀离心泵 100F57	结构陈旧,效率低	
6-63	单级单吸耐腐蚀离心泵 100F92A	结构陈旧,效率低	
6-64	单级单吸耐腐蚀离心泵 150F90	结构陈旧,效率低	
6-65	单级单吸耐腐蚀离心泵 80F38A	结构陈旧,效率低	
6-66	蜗壳式混流泵 湘农100-7 CN4-7	效率低	
6-67	蜗壳式混流泵 4HB-25	效率低	
6-68	蜗壳式混流泵 6TL-35、浙农6-3 浙农6-6、6HB-35	效率低	
6-69	蜗壳式混流泵 WN6-7 6HB-25	效率低	
6-70	蜗壳式混流泵 8TL-35、浙农8-35 湘农200-6、WN8-7	效率低	
6-71	蜗壳式混流泵 8HB-35	效率低	
6-72	蜗壳式混流泵 10″丰产50、10TL-35 浙农10-35	效率低	

序号	淘汰产品名称及型号规格	淘汰理由	备 注
6－73	蜗壳式混流泵 10″丰产 35、10″丰产 24A、10FB、 10HB－30、10HB－35、EN10－30	效率低	淘汰的泵类产品不符合以下相应的现行标准： 1. GB 19762—2007 清水离心泵能效限定值及节能评价值 2. GB 22360—2008 真空泵 安全要求 3. GB 21454—2008 多联式空调（热）机组能效限定值及能源效率等级 4. GB6245—2006 消防泵 5. GB/T 2816—2002 井用潜水泵 6. GB4706.66—2008 家用和类似用途电器的安全 泵的特殊要求 7. JB/T 8059—2008 高压锅炉给水泵技术条件 8. JB/T 8096—1998 离心式渣浆泵 9. JB/T 3565—2006 长轴离心深井泵效率 10. SC/T 6014—2001 立式泥浆泵 11. HJ/T 336—2006 环境保护产品技术要求 潜水排污泵
6－74	蜗壳式混流泵 10″丰产 24 10HB－40	效率低	
6－75	蜗壳式混流泵 12″丰产 50、12TL－50 浙农 12－50	效率低	
6－76	蜗壳式混流泵 12″丰产 35、12TL－35 12HB－40	效率低	
6－77	蜗壳式混流泵 16″丰产 50、16TL－35 16HB－40	效率低	
6－78	多级泵 50TSW	结构陈旧，效率低	
6－79	多级泵 75TSW	结构陈旧，效率低	
6－80	多级泵 100TSW	结构陈旧，效率低	
6－81	多级泵 125TSW	结构陈旧，效率低	
6－82	多级泵 150TSW	结构陈旧，效率低	
6－83	深井泵 4JD10	结构陈旧，效率低	
6－84	深井泵 8JD80	结构陈旧，效率低	
6－85	深井泵 150JD56	结构陈旧，效率低	

序号	淘汰产品名称及型号规格	淘汰理由	备 注
6－86	深井泵 200JD80	结构陈旧，效率低	淘汰的泵类产品不符合以下相应的现行标准： 1. GB 19762—2007 清水离心泵能效限定值及节能评价值 2. GB 22360—2008 真空泵 安全要求 3. GB 21454—2008 多联式空调（热泵）机组能效限定值及能源效率等级 4. GB6245—2006 消防泵 5. GB/T 2816—2002 井用潜水泵 6. GB4706.66—2008 家用和类似用途电器的安全 泵的特殊要求 7. JB/T 8059—2008 高压锅炉给水泵技术条件 8. JB/T 8096—1998 离心式渣浆泵 9. JB/T 3565—2006 长轴离心深井泵效率 10. SC/T 6014—2001 立式泥浆泵 11. HJ/T 336—2006 环境保护产品技术要求 潜水排污泵
6－87	深井泵 250JD140	结构陈旧，效率低	
6－88	深井泵 300JD230	结构陈旧，效率低	
6－89	深井泵 6J18	结构陈旧，效率低	
6－90	深井泵 8J20	结构陈旧，效率低	
6－91	深井泵 6J30	结构陈旧，效率低	
6－92	深井泵 8J35	结构陈旧，效率低	
6－93	深井泵 10J80	结构陈旧，效率低	
6－94	深井泵 12J160	结构陈旧，效率低	
6－95	深井泵 12J130	结构陈旧，效率低	
6－96	深井泵 250JQB80	结构陈旧，效率低	
6－97	深井泵 250QJC140	结构陈旧，效率低	
6－98	深井泵 10JB20	结构陈旧，效率低	
6－99	水轮泵 高产 30－4 长波 30－4、30－4－15 BS30－4－10	使用水头偏低，结构陈旧，效率低，可靠性差	
6－100	水轮泵 高产 30－6 川 30－6、30－6/12 30－6－12.5 黔 30－6 长波 30－6	使用水头偏低，结构陈旧，效率低，可靠性差	

序号	淘汰产品名称及型号规格	淘汰理由	备　注
6－101	水轮泵 高产 40－6 川 40－6、40－6－15 黔 40－6、BS40－6 长波 40－6	使用水头偏低，结构陈旧，效率低，可靠性差	淘汰的泵类产品不符合以下相应的现行标准： 1. GB 19762—2007 清水离心泵能效限定值及节能评价值 2. GB 22360—2008 真空泵 安全要求 3. GB 21454—2008 多联式空调（热泵）机组能效限定值及能源效率等级 4. GB6245—2006 消防泵 5. GB/T 2816—2002 井用潜水泵 6. GB4706.66—2008 家用和类似用途电器的安全 泵的特殊要求 7. JB/T 8059—2008 高压锅炉给水泵技术条件 8. JB/T 8096—1998 离心式渣浆泵 9. JB/T 3565—2006 长轴离心深井泵效率 10. SC/T 6014—2001 立式泥浆泵 11. HJ/T 336—2006 环境保护产品技术要求 潜水排污泵
6－102	水轮泵 高产 40－4 长波 40－4 BS40－4－15 40－4－20	使用水头偏低，结构陈旧，效率低，可靠性差	
6－103	小型潜水电泵 QY－25	结构陈旧，电机效率低，水泵效率低	
6－104	小型潜水电泵 QY－15	结构陈旧，电机效率低，水泵效率低	
6－105	小型潜水电泵 QY－7	结构陈旧，电机效率低，水泵效率低	
6－106	小型潜水电泵 QY－3.5	结构陈旧，电机效率低，水泵效率低	
6－107	10PNK－20 型泥浆泵	结构陈旧，效率低	
6－108	$4\frac{1}{2}$PSJ 型泥浆泵	结构陈旧，效率低	
6－109	1PN 型泥浆泵	结构陈旧，效率低	
6－111	2PNL 型立式泥浆泵	结构陈旧，效率低	
6－112	650KQ－30 型潜水泵	结构陈旧，效率低	
6－113	80WQ－12 型潜污泵	结构陈旧，效率低	
6－114	80WQ－20 型潜污泵	结构陈旧，效率低	
6－115	$2\frac{1}{2}$BP－55 型喷灌泵	效率低	

序号	淘汰产品名称及型号规格	淘汰理由	备 注
6-116	2BPZ$_{CE}$-35 型喷灌泵	效率低	淘汰的泵类产品不符合以下相应的现行标准： 1. GB 19762—2007 清水离心泵能效限定值及节能评价值 2. GB 22360—2008 真空泵 安全要求 3. GB 21454—2008 多联式空调（热泵）机组能效限定值及能源效率等级 4. GB6245—2006 消防泵 5. GB/T 2816—2002 井用潜水泵 6. GB4706.66—2008 家用和类似用途电器的安全 泵的特殊要求 7. JB/T 8059—2008 高压锅炉给水泵技术条件 8. JB/T 8096—1998 离心式渣浆泵 9. JB/T 3565—2006 长轴离心深井泵效率 10. SC/T 6014—2001 立式泥浆泵 11. HJ/T 336—2006 环境保护产品技术要求 潜水排污泵
6-117	2.5BPZ-55 型喷灌泵	效率低	
6-118	2BPZ$_{CE}$-45 型喷灌泵	效率低	
6-119	B 型、BA 型单级单吸悬臂式离心泵系列 吸入口径 11/2″~8″ 结构与技术经济指标落后		
6-120	F 型单级单吸耐腐蚀泵系列 吸入口径 2″~6″	结构与技术经济指标落后	
6-121	GC 型低压锅炉给水泵 吸入口径 4″~6″	结构与技术经济指标落后	
6-122	DG 型中压锅炉给水泵 DG100-59X DG150-59X	结构与技术经济指标落后	
6-123	JD 型长轴深水泵 14JD370、100JDB10、150JD48	结构与技术经济指标落后	

7. 压缩机

序号	淘汰产品名称及型号规格	淘汰理由	备 注
7-1	动力用往复式空气压缩机 1-10/8 1-10/7	效率低	
7-2	动力往复式空气压缩机 1-20/8	效率低	
7-3	K-0.21/8 型空压机	电耗高	

序号	淘汰产品名称及型号规格	淘汰理由	备 注
7-4	B-0.184/10 型空压机	电耗高	淘汰的压缩机产品不符合以下相应的现行标准： 1. GB 19153—2009 　容积式空气压缩机能效限定值及能效等级； 2. GB 22207—2008 　容积式空气压缩机 安全要求 3. GB 10892—2005 　固定的空气压缩机 安全规则和操作规程 4. GB 4706.17—2004 　家用和类似用途电器的安全 电动机—压缩机的特殊要求 5. JB/T 10683—2006 　中、高压往复活塞空气压缩机 6. JB/T 7658.13—2006 　氨制冷装置用辅助设备 第13部分：空气分离器 7. GB/T 21145—2007 　运输用制冷机组 8. GJB 5029—2003 　斯特林制冷机通用规范 9. GB/T 22070—2008 　氨水吸收式制冷机组 10. JB/T 9079.1—1999 　活塞式膨胀机技术条件 11. JB/T 4334—2006 　静压空气轴承透平膨胀机技术条件 12. JB/T 5904.1—1999 　低压透平膨胀机技术条件 13. JB/T 6894—2000 　增压透平膨胀机技术条件 14. JB/T 7676—1995 　能量回收透平膨胀机 15. GJB 2799—1996 　医用分子筛制氧机通用规范
7-5	I-0.5/8 型空压机	电耗高	
7-6	3W-0.9/7 型空压机	产品结构不合理，输气效率低	
7-7	B-1.3/15 型空气压缩机	结构陈旧，性能落后，能耗高，效率低	
7-8	2V-0.3/7（环状阀）空气压缩机	环状阀结构陈旧，噪声大，寿命低，能耗高	
7-9	2V-0.6/7（环状阀）空气压缩机	环状阀结构陈旧，噪声大，寿命低，能耗高	
7-10	3W-0.9/7（环状阀）空气压缩机	环状阀结构陈旧，噪声大，寿命低，能耗高	
7-11	2V-0.3/7 空气压缩机 V-0.3/7 排气量：0.3m³/min 排气压力：0.7Mpa 电机功率：3kW	容积流量不符合JB1407-85 规定，未用足配用电机功率	
7-12	2V-0.6/7 空气压缩机 V-0.6/7 排气量：0.6m³/min 排气压力：0.7 Mpa 电机功率：5.5kW	容积流量不符合JBl407-85 规定，未用足配用电机功率	
7-13	往复活塞空气压缩机 V-3/8、1V-3/8、VF-3/8 2V-3/7、2VF-3/8 、 WF-3/8、WF-3.2/7、1WG-3/7、1WG-3/8、 V-6/8、2V-6/7 2V-6/8、VF-6/8 、 W-6/7、WF-6/7、 WF-6.3/7、2W-6/7、 WF-9/7、DW-9/7	能耗高，油耗大，噪声高，自动保护性能差	

序号	淘汰产品名称及型号规格	淘汰理由	备　注
7－14	固定式螺杆压缩机 LG20－10/7	结构陈旧，效率低	淘汰的压缩机产品不符合以下相应的现行标准： 1. GB 19153—2009 容积式空气压缩机能效限定值及能效等级； 2. GB 22207—2008 容积式空气压缩机 安全要求 3. GB 10892—2005 固定的空气压缩机 安全规则和操作规程 4. GB 4706.17—2004 家用和类似用途电器的安全 电动机—压缩机的特殊要求 5. JB/T 10683—2006 中、高压往复活塞空气压缩机 6. JB/T 7658.13—2006 氨制冷装置用辅助设备 第13部分：空气分离器 7. GB/T 21145—2007 运输用制冷机组 8. GJB 5029—2003 斯特林制冷机通用规范 9. GB/T 22070—2008 氨水吸收式制冷机组 10. JB/T 9079.1—1999 活塞式膨胀机技术条件 11. JB/T 4334—2006 静压空气轴承透平膨胀机技术条件 12. JB/T 5904.1—1999 低压透平膨胀机技术条件 13. JB/T 6894—2000 增压透平膨胀机技术条件 14. JB/T 7676—1995 能量回收透平膨胀机 15. GJB 2799—1996 医用分子筛制氧机通用规范
7－15	移动式螺杆压缩机 LGY20－10/7	结构陈旧，效率低	
7－16	4M8（1）－30/320 型 氮氢气压缩机	不能满足化肥厂流程的需要	
7－17	氮氢气压缩机 4M8－36/320 4M8（2）－30/320	电耗高	
7－18	KFD－38200 型 6000m³/h 蓄冷器（管式）全低压流程空分设备	流程落后，性能差，电耗高	
7－19	KFD－41000 型 6000m³/h 管板式全低压流程空分设备	流程落后，性能差，电耗高	
7－20	KFD－21000 型 3350m³/h 蓄冷器（管式）全低压流程空分设备	流程落后，性能差，电耗高	
7－21	KFS－21000 型 3200m³/h 蓄冷器（管式）全低压流程空分设备	流程落后，性能差，电耗高	
7－22	KDON－3200/3200 型 3200m³/h 蓄冷器全低压流程空分设备	流程落后，性能差，电耗高	
7－23	KDON－1500/1500 型 1500m³/h 蓄冷器（管式）全低压流程空分设备	流程落后，性能差，电耗高	

序号	淘汰产品名称及型号规格	淘汰理由	备 注
7-24	KDON-1500/1500 型 1500m³/h 管板式全低压流程空分设备	流程落后，性能差，电耗高	淘汰的压缩机产品不符合以下相应的现行标准： 1. GB 19153—2009 容积式空气压缩机能效限定值及能效等级； 2. GB 22207—2008
7-25	KFS-860$-\frac{1}{2}$型带碱洗空分设备	流程落后，性能差，电耗高	容积式空气压缩机 安全要求 3. GB 10892—2005 固定的空气压缩机 安全规则和操作规程
7-26	制冷机 4AJ-15	产品结构陈旧，体积大，性能指标落后	4. GB 4706.17—2004 家用和类似用途电器的安全 电动机—压缩机的特殊要求
7-27	制冷机 2AL-15	产品结构陈旧，体积大，性能指标落后	5. JB/T 10683—2006 中、高压往复活塞空气压缩机
7-28	制冷机 2AL-8	产品结构陈旧，体积大，性能指标落后	6. JB/T 7658.13—2006 氨制冷装置用辅助设备 第13部分：空气分离器 7. GB/T 21145—2007
7-29	制冷机 4AL-8	产品结构陈旧，体积大，性能指标落后	运输用制冷机组 8. GJB 5029—2003 斯特林制冷机通用规范
7-30	PLK-14.3/40-6 型活塞式膨胀机	结构落后，调节性能差，效率低	9. GB/T 22070—2008 氨水吸收式制冷机组 10. JB/T 9079.1—1999 活塞式膨胀机技术条件
7-31	PLK-128/4.5~0.3 型 透平膨胀机	结构落后，调节性能差，效率低	11. JB/T 4334—2006 静压空气轴承透平膨胀机技术条件 12. JB/T 5904.1—1999
7-32	PZK-14.3/45~6 型活塞式膨胀机	结构落后，调节性能差，效率低	低压透平膨胀机技术条件 13. JB/T 6894—2000 增压透平膨胀机技术条件 14. JB/T 7676—1995
7-33	KFS-300 型制氧机	氧气纯度低，每立方米氧气电耗高，运转周期短	能量回收透平膨胀机 15. GJB 2799—1996 医用分子筛制氧机通用规范

8. 柴油机

序号	淘汰产品名称及型号规格	淘汰理由	备 注
8 - 1	481 柴油机	系仿福格森 50 年代的产品，投产 20 余年未作重大改进。 出厂标准燃油耗率高	淘汰的柴油机类产品不符合以下相应的现行标准： 1. GB 20891—2007 非道路移动机械用柴油机排气污染物排放限值及测量方法（中国 I、II 阶段） 2. GB 19756—2005 三轮汽车和低速货车用柴油机排气污染物排放限值及测量方法（中国 I、II 阶段） 3. GB 3847—2005 车用压燃式发动机和压燃式发动机汽车排气烟度排放限值及测量方法 4. GB 18352.3—2005 轻型汽车污染物排放限值及测量方法（中国 III、IV 阶段） 5. JB 8891—1999 中小功率柴油机排气污染物排放限值 6. GB 14097—1999 中小功率柴油机噪声限值
8 - 2	老 485A 柴油机	系仿福格森 50 年代的产品，投产 20 余年未作重大改进。 出厂标准燃油耗率高	
8 - 3	4146 柴油机	系四五十年代的水平，性能落后。 出厂标准燃油耗率高	
8 - 4	TY1100 型单缸立式水冷直喷式柴油机 D×S = 100×115 标定功率： 11kW/2300r/min	可靠性差，生产批量小	
8 - 5	165 单缸卧式蒸发水冷、预燃室柴油机 D×S = 65×75 标定功率： 2.21kW/2000r/min	油耗高，重量大	

9. 其他

序号	淘汰产品名称及型号规格	淘汰理由	备 注
9 - 1	中频发电机感应加热电源 DJF - C、DJC、BPSD	空载耗电高	产品不符合 GB/T 10067.3—2005 电热装置基本技术条件 第 3 部分：感应电热装置
9 - 2	插入式电极盐浴炉 RYN、RYW、RYD	电极材料耗量大，启动较麻烦，升温时间长，电极占炉内空间 1.3 ~ 2.5	产品不符合 JB/T 8195.12—2007 间接电阻炉 第 12 部分：RY 系列电热浴炉

《高耗能落后机电设备（产品）淘汰目录（第二批）》公告

2012 年第 14 号

为加快淘汰高耗能落后机电设备（产品），深化工业节能减排工作，推动工业转型升级，根据《中华人民共和国节约能源法》、国务院《“十二五”节能减排综合性工作方案》（国发〔2011〕26 号）和《工业转型升级规划（2011－2015 年）》（国发〔2011〕47 号）的要求，结合工业、通信业节能减排工作实际情况，我部制定了《高耗能落后机电设备（产品）淘汰目录（第二批）》。

一、本目录共 12 大类 135 项设备（产品），包括电动机 1 项，工业锅炉 8 项，电器 61 项，变压器 1 项，电焊机 1 项，机床 34 项，锻压设备 20 项，热处理设备 2 项，制冷设备 1 项，阀 1 项，泵 2 项，其他设备 3 项。

二、本目录所列机电设备（产品）主要是不符合有关法律法规及标准规定，严重浪费资源、污染环境、不具备安全生产条件，需要淘汰的高耗能落后的机电设备（产品）。

三、各生产和使用单位应抓紧落实本目录中所列设备（产品）的淘汰工作，生产单位应停止生产，使用单位应在规定期限内停止使用并更换高效节能设备（产品）。各级节能监察机构应加强对本目录中所列设备（产品）停止生产和淘汰情况的监督检查工作。

四、本目录自 2012 年 10 月 1 日起执行。本目录由工业和信息化部负责解释。

附件：高耗能落后机电设备（产品）淘汰目录（第二批）

中华人民共和国工业和信息化部

二〇一二年四月六日

高耗能落后机电设备（产品）淘汰目录（第二批）

1. 电动机

序号	淘汰产品名称及型号规格	淘汰理由	备 注
1－1	Y系列三相异步电动机 Y80M1－2 额定功率：0.75 kW 效率：75.0% Y80M2－2 额定功率：1.1 kW 效率：76.2% Y80M1－4 额定功率：0.55kW 效率：71.0% Y80M2－4 额定功率：0.75kW 效率：73.0% Y90S－2 额定功率：1.5kW 效率：78.5% Y90L－2 额定功率：2.2kW 效率：81.0% Y90S－4 额定功率：1.1kW 效率：76.2% Y90L－4 额定功率：1.5kW 效率：78.5% Y90S－6 额定功率：0.75kW 效率：69.0% Y90L－6 额定功率：1.1kW 效率：72.0%	不符合以下相应的现行标准： GB 18613—2006《中小型三相异步电动机能效限定值及能效等级》能效限定值	Y系列电动机是20世纪80年代全国统一设计的产品。其导磁材料使用热轧硅钢片，能耗高、效率低、环保性差

序号	淘汰产品名称及型号规格	淘汰理由	备　注
1－1	Y100L－2 额定功率：3kW 效率：82.6% Y100L1－4 额定功率：2.2kW 效率：81.0% Y系列三相异步电动机 Y100L2－4 额定功率：3kW 效率：82.6% Y100L－6 额定功率：1.5kW 效率：76.0% Y132S1－2 额定功率：5.5kW 效率：85.7% Y132S2－2 额定功率：7.5kW 效率：87.0% Y132S－4 额定功率：5.5kW 效率：85.7% Y132M－4 额定功率：7.5kW 效率：87.0% Y132M1－6 额定功率：4kW 效率：82.0% Y132M2－6 额定功率：5.5kW 效率：84.0% Y160M1－2 额定功率：11kW 效率：88.4% Y160M2－2 额定功率：15kW 效率：89.4% Y160L－2 额定功率：18.5kW 效率：90.0%	不符合以下相应的现行标准： 　GB 18613—2006 　《中小型三相异步电动机能效限定值及能效等级》能效限定值	Y系列电动机是20世纪80年代全国统一设计的产品。其导磁材料使用热轧硅钢片，能耗高、效率低、环保性差

序号	淘汰产品名称及型号规格	淘汰理由	备 注
1 – 1	Y160M – 4 额定功率：11kW 效率：88.4% Y 系列三相异步电动机 Y160L – 4 额定功率：15kW 效率：89.4% Y160M – 6 额定功率：7.5kW 效率：86.0% Y160L – 6 额定功率：11kW 效率：87.5% Y180M – 2 额定功率：22kW 效率：90.5% Y180M – 4 额定功率：18.5kW 效率：90.0% Y180L – 4 额定功率：22kW 效率：90.5% Y180L – 6 额定功率：15kW 效率：89.0% Y200L1 – 2 额定功率：30kW 效率：91.4% Y200L2 – 2 额定功率：37kW 效率：92.0% Y200L – 4 额定功率：30kW 效率：91.4% Y200L1 – 6 额定功率：18.5kW 效率：90.0% Y200L2 – 6 额定功率：22kW 效率：90.0%	不符合以下相应的现行标准： GB 18613—2006《中小型三相异步电动机能效限定值及能效等级》能效限定值	Y 系列电动机是 20 世纪 80 年代全国统一设计的产品。其导磁材料使用热轧硅钢片，能耗高、效率低、环保性差

序号	淘汰产品名称及型号规格	淘汰理由	备　注
1–1	Y 系列三相异步电动机 Y225M－2 额定功率：45kW 效率：92.5% Y225S－4 额定功率：37kW 效率：92.0% Y225M－4 额定功率：45kW 效率：92.5% Y225M－6 额定功率：30kW 效率：91.5% Y250M－2 额定功率：55kW 效率：93.0% Y250M－4 额定功率：55kW 效率：93.0% Y250M－6 额定功率：37kW 效率：92.0% Y280S－2 额定功率：75kW 效率：93.6% Y280M－2 额定功率：90kW 效率：93.9% Y280S－4 额定功率：75kW 效率：93.6% Y280M－4 额定功率：90kW 效率：93.9% Y280S－6 额定功率：45kW 效率：92.5%	不符合以下相应的现行标准： GB 18613—2006《中小型三相异步电动机能效限定值及能效等级》能效限定值	Y 系列电动机是 20 世纪 80 年代全国统一设计的产品。其导磁材料使用热轧硅钢片，能耗高、效率低、环保性差

序号	淘汰产品名称及型号规格	淘汰理由	备 注
1-1	Y系列三相异步电动机 Y280M-6 额定功率：55kW 效率：92.8% Y315S-2 额定功率：110kW 效率：94.0% Y315M-2 额定功率：132kW 效率：94.5% Y315L1-2 额定功率：132kW 效率：94.5% Y315L2-2 额定功率：200kW 效率：94.8% Y315S-4 额定功率：110kW 效率：94.5% Y315M-4 额定功率：132kW 效率：94.8% Y315L1-4 额定功率：160kW 效率：94.9% Y315L2-4 额定功率：200kW 效率：94.9% Y315S-6 额定功率：75kW 效率：93.5% Y315M-6 额定功率：90kW 效率：93.8% Y315L1-6 额定功率：110kW 效率：94.0%	不符合以下相应的现行标准： GB 18613—2006《中小型三相异步电动机能效限定值及能效等级》能效限定值	Y系列电动机是20世纪80年代全国统一设计的产品。其导磁材料使用热轧硅钢片，能耗高、效率低、环保性差

序号	淘汰产品名称及型号规格	淘汰理由	备　注
1 – 1	Y 系列三相异步电动机 Y315L2 – 6 额定功率：132kW 效率：94.2% Y355M – 2 额定功率：250kW 效率：95.2% Y355L – 2 额定功率：315kW 效率：95.4% Y355M – 4 额定功率：250kW 效率：95.2% Y355L – 4 额定功率：315kW 效率：95.2% Y355M1 – 6 额定功率：160kW 效率：94.5% Y355M2 – 6 额定功率：200kW 效率：94.5% Y355L – 6 额定功率：250kW 效率：94.5%	不符合以下相应的现行标准： GB 18613—2006《中小型三相异步电动机能效限定值及能效等级》能效限定值	Y 系列电动机是 20 世纪 80 年代全国统一设计的产品。其导磁材料使用热轧硅钢片，能耗高、效率低、环保性差

2. 工业锅炉

序号	淘汰产品名称及型号规格	淘汰理由	备　注
2 – 1	LHS 型立式冲天管结构燃油、燃天然气锅炉	不符合以下相应的现行标准： 1. CIBB 2—20009《工业锅炉节能产品技术条件》 2. GB 24500—2009《工业锅炉能效限定值及能效等级》 3. JB/T 10094—2002《工业锅炉通用技术条件》 4. GB 13271—2001《锅炉大气污染物排放标准》	在原小型燃煤立式冲天管锅炉基础上，简单改型，结构落后，燃烧室长度短，不利于燃烧、燃尽、排烟温度高、热效率低
2 – 2	立式水管燃油、气蒸汽锅炉 LHS1 – 0.7 – Y（Q） LHS2 – 1.0 – Y（Q）		烟气行程短，传热效果差，燃烧效率低，锅炉热效率低
2 – 3	DZL2 – 1.0 – AⅡ.P 未改进的水火管快装锅炉		回燃室高温管板，安全性差、锅炉热效率低

序号	淘汰产品名称及型号规格	淘汰理由	备　注
2-4	2t/h 手摇炉排蒸汽锅炉 DZH2-1.0-AⅡ	不符合以下相应的现行标准： 1. CIBB2—2009《工业锅炉节能产品技术条件》 2. GB 24500—2009《工业锅炉能效限定值及能效等级》 3. JB/T 10094—2002《工业锅炉通用技术条件》 4. GB 13271—2001《锅炉大气污染物排放标准》	手摇炉排需要人工加煤、出渣，劳动强度大，锅炉房环境条件差。锅炉热效率低，导致耗煤量大。燃烧不完全，排放不达标
2-5	立式固定炉排有机热载体锅炉 YGL-160MAⅡ YGL-200MAⅡ		司炉工操作劳动强度大，劳动保护差。燃烧效率低，锅炉热效率低。锅炉热功率小，性价比差。锅炉排烟浓度高，烟尘排放浓度大
2-6	往复炉排热水锅炉 DZW1.4-0.7/95/70-AⅡ DZW2.8-0.7/95/70-AⅡ		本体为水火管结构，易出现管板裂纹、水冷壁管爆管、锅筒底部鼓包等事故。炉排设计粗糙，密闭性差，影响燃烧，炉膛出口过量空气系数大，漏煤量大，影响锅炉热效率。锅炉排放初始烟尘浓度高
2-7	卧式内燃链条炉排锅炉 WNL1-13-A3 WNL2-13-A3 WNL4-13-A3		因结构限制炉膛较小，燃烧效率低，热效率低，环保指标差。煤种适应性差。回燃室高温管板，安全性差
2-8	沸腾锅炉 SHF6-SHF35		燃烧效率低，锅炉热效率低。埋管磨损严重，降低锅炉使用寿命

3. 电器

序号	淘汰产品名称及型号规格	淘汰理由	备　注
3-1	刀开关 HD9-200、400、600、1000、1500		性能落后
3-2	封闭式负荷开关 HH2-15、30、60、100、200		内配熔断器为胶木管式，非正式型号产品
3-3	行程开关 LX7（20A）、LX11（3A）		性能落后

序号	淘汰产品名称及型号规格	淘汰理由	备 注
3－4	微动开关 LX20		性能落后
3－5	万能转换开关 LW4（12A）		性能落后
3－6	主令控制器 LK6（5A）		性能落后
3－7	足踏开关 LT1（10A）、LT2		性能落后
3－8	组合开关 Hz2－10，25，60 额定电压：DG220，AC380V 额定电流：10，25，60A 最大分断电流： 220V0～60A 380V6～35A	不符合以下相应的现行标准： 1. GB 14048.3—2008《低压开关设备和控制设备 第3部分：开关、隔离器、隔离开关以及熔断器组合电器》 2. JB/T 2179—2006《组合开关》 3. JB/T 10164—1999《主令开关》 4. GB/T 16514.2—2005《电子设备用机电开关 第5-1部分：按钮开关 空白详细规范》	性能差，耗材高
3－9	组合开关 Hz3－131、132、133、161、431、432、451、452 额定电压：AC500V，DC220V 额定电流：2.5，5，10，35A		性能差，耗材高
3－10	主令开关 LS75 额定电压：380V 额定电流：5A		性能落后
3－11	按钮 LA14（1A）、LA7（2.5A） LA8（5A）、LA15（5A）		性能落后
3－12	户外高压负荷开关 FN1－10、FW3－10		耗材高
3－13	户内高压隔离开关（单臂，拱式） GN1－6、GN1－10 GN3－10、GN4－10 GN6－10、GN7－10 GN8－10、GN9－10 GN11－15、GN14－20 GN13－35、GN15－35 GN16－35、GN17－10 GN18－10	不符合以下相应的现行标准： 1. GB/T 11022—1999《高压开关设备和控制设备标准的共用技术要求》 2. GB 1985—2004《高压交流隔离开关和接地开关》 3. GB/T 25091—2010《高压直流隔离开关和接地开关》 4. JB/T 10185—2008《隔离开关》	效率低
3－14	户外高压隔离开关 GW3		效率低

序号	淘汰产品名称及型号规格	淘汰理由	备　注
3－15	万能式断路器 DW5－400、100	不符合以下相应的现行标准： 　1. GB 14048.2—2008《低压开关设备和控制设备 第2部分：断路器》 　2. GB 10963.2—2008《家用及类似场所用过电流保护断路器 第2部分：用于交流和直流的断路器》	性能落后
3－16	塑壳式断路器 DZ6－2.5、5、7.5、15、35 DZ8－7.5、30		结构落后
3－17	产气式断路器 QW1－10、QW－35		性能落后
3－18	空气断路器 kW1、kW2、kW3、kW4、kW6		能耗高
3－19	户内少油断路器 　SN1、SN2、SN3、SN5、SN6、SN7、SN8、SN9、SN12、 SW1－110、SW3－35、 　SW3－110、SW5－110、SW5－220	不符合以下相应的现行标准： 　1. GB 14048.2—2008《低压开关设备和控制设备 第2部分：断路器》 　2. GB 10963.2—2008《家用及类似场所用过电流保护断路器 第2部分：用于交流和直流的断路器》 　3. SJ/T 31400—1994《高压断路器完好要求和检查评定方法》 　4. JB/T 3855—2008《高压交流真空断路器》	能耗高，耗材高，效率低
3－20	户内多油断路器 DN1－10、DN2－6、DN3－10		耗材高
3－21	户内六氟化硫断路器 LN1－27.5		能耗高，效率低
3－22	高压磁吹断路器 CN1－6、CN2－10		耗材高，效率低
3－23	真空断路器 ZN2－10		效率低
3－24	DZ10系列塑壳断路器	不符合以下相应的现行标准： 　GB 14048.2—2001《低压开关设备和控制设备 低压断路器》	《产业结构调整指导目录（2011年本）》和《部分工业行业淘汰落后生产工艺装备和产品指导目录（2010年本）》中明令淘汰
3－25	DW10系列框架断路器		

序号	淘汰产品名称及型号规格	淘汰理由	备 注
3－26	无填料密闭管式熔断器 RM3－15、10、100、200、350、600	不符合以下相应的现行标准： 1. GB 13539.1—2008《低压熔断器 第1部分：基本要求》 2. GB/T 15166.5—2008《高压交流熔断器 第5部分：用于电动机回路的高压熔断器的熔断件选用导则》 3. GB/T 15166.6—2008《高压交流熔断器 第6部分：用于变压器回路的高压熔断器的熔断件选用导则》	效率低
3－27	螺旋式熔断器 RL2－6、10、15、25 60、100		分断能力低
3－28	无填料密闭管式熔断器 RM7－15、60、100、200、400、600		结构落后
3－29	高压熔断器 RW1－35、RW2－35 RW1－60、RW1－10		效率低
3－30	直流接触器 CZ3－20、40 CZ5－5、40、80	不符合以下相应的现行标准： 1. GB 21518—2008《交流接触器能效限定值及能效等级》 2. GB 14048.6—2008《低压开关设备和控制设备 第4－2部分：接触器和电动机起动器 交流半导体电动机控制器和起动器（含软起动器）》	结构落后，性能差
3－31	中压交流接触器 CG5－75、150、300		空气式结构，体积大，耗材多，综合技术经济指标低
3－32	交流接触器 CJ0－10A、10B、10AZ 20A、20B、40A 40B、10、20、40、75		技术性能差，寿命低
3－33	CJ10 系列交流接触器 CJ10－10、20、40、60、100、150		技术性能落后，产品噪音大，触头银氧化镉对人体危害较大，耗材多
3－34	通用继电器 JT17 全系列共61 个品种	不符合以下相应的现行标准： 1. GB/T 18908.1—2002《工业用时间继电器 第1部分：要求和试验》 2. GB/T 14598.15—1998《电气继电器 第8部分：电热继电器》 3. JB/T 3780—2002《普通中间继电器》 4. JB/T 9575—1999《电流继电器与保护装置》	性能落后
3－35	交流中间继电器 JZ9（5A，触头并联 10A）		性能落后
3－36	交直流中间继电器 JZ1（20A）		性能落后
3－37	DZ－70 中间继电器 动作值≤70% Ue，≤80% Ie 返回值≥5% 动作时间≤45ms		制造成本较高且已有替代产品

序号	淘汰产品名称及型号规格	淘汰理由	备 注
3-38	电流继电器 JL7-5 JL7-pc5、10、15、20、40、80、150、300、600	不符合以下相应的现行标准： 1. GB/T 18908.1—2002《工业用时间继电器 第1部分：要求和试验》 2. GB/T 14598.15—1998《电气继电器 第8部分：电热继电器》 3. JB/T 3780—2002《普通中间继电器》 4. JB/T 9575—1999《电流继电器与保护装置》	产品技术性能差
3-39	电流继电器 JL4（10-1200A） JL5（6~600A） JT7-P（5~600A）		结构落后
3-40	时间继电器 JSl5（0.1~180秒）		产品性能差
3-41	热继电器 JR4 JR8（10、40、75、150A）		性能落后
3-42	LFL-40 负序反时限电流继电器 额定值：5A，50Hz K值整定范围：窄 动作值整定：0.5-1.5 功耗：20VA/相	不符合以下相应的现行标准： 1. JB/T 3346—2002《反时限过电流继电器》 2. JB/T 9572—1999《发电机逆功率保护装置和逆功率继电器》 3. JB/T 8794—2010《计数继电器 电子式计数器》 4. JB/T 3322—2002《信号继电器》 5. JB/T 8322—1996《双位置继电器》	整定范围太窄，交流功耗大
3-43	LG-1 逆功率继电器 动作灵敏度 <1% PH 功耗电流回路 <25VA		电流回路功耗大
3-44	DJ-2 计数继电器 动作值≤95%额定值 功耗≤2W 机械寿命 3×10^3 次		计算误差大
3-45	DX-4 信号继电器 动作电流≤90% Ie 返回值≥2% Ie		信号不稳定
3-46	DLS-20 双位置继电器 动作值≤70% Ue 动作电流≤0% Ie 两付转换触点		触点组数少
3-47	B₁ 接线端子全系列 JX₂ 接线板全系列		结构陈旧，性能落后，可靠性差

序号	淘汰产品名称及型号规格	淘汰理由	备注
3-48	JX₃ 系列接线板 JX₅ 系列接线板 X₃ 系列接线板 X₅ 系列接线板 X₆ 系列接线板	不符合以下相应的现行标准： 　1. GB/T 24975.7—2010《低压电器环境设计导则 第7部分：接线端子》 　2. JB/T 10509—2005《中小型异步电机用接线板技术条件（机座号63~355）》 　3. JB/T 9239—1999《工业热电偶、热电阻用陶瓷接线板》	结构陈旧，性能落后，可靠性差
3-49	直流短行程制动电磁铁 MZZ1、MZZ2、MZZ3	不符合以下相应的现行标准： 　1. JB/T 10160—1999《直流湿式阀用电磁铁》 　2. JB/T 10161—1999《直流干式阀用电磁铁》 　3. JB/T 10610—2006《牵引电磁铁》 　4. JB/T 10730—2007《直流起重电磁铁》	
3-50	牵引电磁铁 MQ2（0.72~25kg）		
3-51	起重电磁铁 MW1-6.6/G、6/Q、6A/Q 16、16/G、16/Q、16A/G 45、45/G、45/Q、45A 45B、65A 额定电压：220V 电磁力 6000-45000kg		
3-52	电磁起动器 QCO-10、20kW	不符合以下相应的现行标准： 　1. JB/T 8793—2010《工业机械 电磁起动器》 　2. GB 14048.4—2003《低压开关设备和控制设备 机电式接触器和电动机起动器》	结构落后
3-53	综合起动器 QZ67-5、10、15、20（1.5~10kW）		
3-54	全纸并联电容器（低压）BY 额定电压：0.23、0.4、0.525kV 额定容量：4、12、14kVar	不符合以下相应的现行标准： 　1. GB 50227—2008《并联电容器装置设计规范》	能耗高，技术性能落后

序号	淘汰产品名称及型号规格	淘汰理由	备 注
3-55	全纸高压并联电容器 BW 额定电压：3.15、6.3、11/3、10.5kV 额定容量：30 kVar、50kVar		
3-56	全纸均压电容器 JY 额定电压：40、60、65、60/3、150/3、90/3kV 额定容量：0.0015、0.0018、0.0037、0.004、0.003 PF	2. GB/T 4787—2010《高压交流断路器用均压电容器》 3. GB/T 19749—2005《耦合电容器及电容分压器》	能耗高，技术性能落后
3-57	全纸耦合电容器 OY 额定电压：55/3、110/3、210/3、500/3 额定容量：0.18、0.0035、0.0044、0.0066、0.00330、0.005PF		
3-58	滑线式变阻器 BX2（0.6~3.2KW）	不符合以下相应的现行标准： JY 0028—1999《滑动变阻器》	性能落后
3-59	DD28 电度表用磁钢 （三类铸造 ALNi 磁钢）	不符合以下相应的现行标准： JB/T 5468—1991《电度表铸造磁钢 技术条件》	性能落后
3-60	低压开关柜 B8L-1-43 B8L-3-03	不符合以下相应的现行标准： 1. GB/T 14048.1—2000《低压开关设备和控制设备总则》 2. GB 7251.1—2005《低压成套开关设备和控制设备》	性能落后
3-61	高压开关柜 JYN2-10-01	不符合以下相应的现行标准： IEC 60694—1996《高压开关设备和控制设备的通用技术要求》	

4. 变压器

序号	淘汰产品名称及型号规格	淘汰理由	备　注
4－1	SCB8 干式变压器 SCB8－30～2500/10	不符合以下相应的现行标准： 　1. GB 20052—2006 《三相配电变压器能效限定值及节能评价值》 　2. HJ/T 224—2005 《环境标志产品技术要求 干式电力变压器》 　3. GB/T 10228—2008 《干式电力变压器技术参数和要求》	空载损耗、负载损耗等均达不到标准要求

5. 电焊机

序号	淘汰产品名称及型号规格	淘汰理由	备　注
5－1	磁放大器式直流电弧焊机 ZXG、MZ	不符合以下相应的现行标准： 　1. GB/T 8118—1995 《电弧焊机通用技术条件》 　2. GB/T 13165—1991 《电弧焊机噪声测定方法》 　3. GB 15579.11—1998 《弧焊设备安全要求 第11部分：电焊钳》 　4. CNCA 01C－015—2007 《电气电子产品强制性认证实施规则 电焊机》	与 ZX5 系列晶闸管整流式和 ZX7 系列逆变式直流电弧焊机相比，能耗指标约高出 15%。耗材大

6. 机床

序号	淘汰产品名称及型号规格	淘汰理由	备　注
6－1	圆工作台铣床 X5210、X5216	不符合以下相应的现行标准： 　1. GB/T 3933.3—2002《升降台铣床检验条件 精度检验 第3部分：立式铣床》	结构陈旧，性能落后，精度低（不含 2000 年以后改进升级的同型号设备）
6－2	立式铣床 X50A、X51K、X53T		结构陈旧，刚性差，热变形大，操作不便（不含 2000 年以后改进升级的同型号设备）

序号	淘汰产品名称及型号规格	淘汰理由	备 注
6-3	卧式铣床 X62、X61		结构陈旧，性能落后，操作不便（不含2000年以后改进升级的同型号设备）
6-4	万能升降台铣床 X61W、X63W		结构陈旧，刚性差，热变形大，操作不便（不含2000年以后改进升级的同型号设备）
6-5	X920型键槽铣床	2. JB/T 2254—1985《坐标镗床 精度》 3. JB/T 8490—2008《落地镗、落地铣镗床 技术条件》 4. GB/T 5289.1—2008《卧式铣镗床精度检验条件 第1部分：固定立柱和移动式工作台机床》 5. SJ/T 31006—1994《卧式镗床完好要求和检查评定方法》	《产业结构调整指导目录（2011年本）》和《部分工业行业淘汰落后生产工艺装备和产品指导目录（2010年本）》中明令淘汰
6-6	坐标镗床 T4240		结构陈旧，操作不方便，刻度盘显示差
6-7	单柱坐标镗床 T4163		结构陈旧，目镜读数及操纵不便，机床热变形大
6-8	落地镗床 T6216A		刚性差，性能落后，供电系统可靠性差
6-9	卧式镗床 T617、T617A、T68 T611、T611A、T611B T612A、T6112		结构复杂，可靠性差，无座标测量系统，操作不便
6-10	移动式镗床 T611H		结构复杂，无座标测量系统
6-11	精密卧式镗床 TM6112		结构复杂，操作不便
6-12	单面金刚镗床 T740K		机床结构陈旧，性能落后，加工精度低
6-13	双面金刚镗床 T740、T760		机床结构陈旧，性能落后，加工精度低

序号	淘汰产品名称及型号规格	淘汰理由	备 注
6-14	移动式万向摇臂钻床 Z32K、Z32K-1	不符合以下相应的现行标准： JB/T 9899—1999《移动万向摇臂钻床 精度检验》	外观造型差，操作笨重，加工精度低，性能落后
6-15	普通车床 C620G、D-015	符合以下相应的现行标准： GB/T 15376—2008《木工机床 普通车床 术语和精度》	效率低
6-16	普通车床 C630-1M，C630-1 C630M、C630-1A		主轴孔径小，转速范围小，结构陈旧，加工精度低
6-17	普通车床 C616G、C616A		结构陈旧，加工精度低
6-18	普通车床 C616-1		技术性能落后，结构陈旧
6-19	普通车床 C618型		《产业结构调整指导目录（2011年本）》和《部分工业行业淘汰落后生产工艺装备和产品指导目录（2010年本）》中明令淘汰
6-20	普通车床 6140型		性能落后
6-21	普通车床 6150型		
6-22	转塔式六角车床 C3193、C3180	不符合以下相应的现行标准： 1. GB/T 15376—2008《木工机床 普通车床 术语和精度》 2. JB/T 5762.2—2006《转塔车床 第2部分：精度》 3. JB/T 4136—1996《仪表车床 技术条件》	产品水平低，加工精度差
6-23	仪表车床 CO618A		加工精度低

序号	淘汰产品名称及型号规格	淘汰理由	备 注
6-24	牛头刨床 B650、B665、B690、B690-1、B690T、BY6090、B6090、B6090-1	不符合以下相应的现行标准: 1. JB/T 3362.3—2006《牛头刨床 第3部分:技术条件》 2. JB/T 5758.1—2008《水平移动牛头刨床 第1部分:精度检验》	结构陈旧,性能落后,行程短(900mm),液压系统性能差,油温高,热变形大,手柄分散
6-25	牛头刨床 SQ-SB-213	3. JB/T 3362.3—2006《牛头刨床 第3部分:技术条件》	性能落后
6-26	插齿机 YM54A、Y54、Y54A	不符合以下相应的现行标准: GB/T 4686—2008《插齿机 精度检验》	结构陈旧,性能落后,精度低
6-27	弓锯床 G72	不符合以下相应的现行标准: 1. JB/T 9930.3—2002《立式带锯床 第3部分:精度检验》 2. JB/T 9931.3—1999《卧式弓锯床 精度检验》	产品水平低,结构陈旧,切削速度慢,加工效率低
6-28	无心磨床 M1080、M1040	不符合以下相应的现行标准: 1. GB/T 4681—2007《无心外圆磨床 精度检验》 2. GB/T 4685—2007《外圆磨床 精度检验》 3. JB/T 3875.2—1999《万能工具磨床 精度检验》 4. JB/T 4065.3—1999《滚刀铲磨床 精度检验》 5. JB/T 3382.2—2000《卧轴矩台平面磨床 技术条件》 6. JB/T 9908.3—1999《卧轴圆台平面磨床 精度检验》	性能落后,结构陈旧,加工范围小,精度低
6-29	万能工具磨床 M6025A、M6025C		结构陈旧,性能落后,加工范围小,加工精度低
6-30	滚刀刃磨床 M6405		结构陈旧,性能落后,加工精度低,B级
6-31	卧轴平面磨床 M7120A、M7130		机床热变形大,精度保持性差,结构陈旧
6-32	万能外圆磨床 M1432、M1432A、MG1432A		产品水平低,性能落后

序号	淘汰产品名称及型号规格	淘汰理由	备　注
6－33	滚齿机 Y320、W1Y3J	不符合以下相应的现行标准： 　1. GB/T 8064—1998《滚齿机 精度检验》	结构陈旧，后立柱小，强度差，加工精度仅达到 7 级，不能加工长轴齿轮
6　34	精密卧式滚齿机 YM3608	2. JB/T 6346.1—2008《卧式滚齿机 第 1 部分：精度检验》	结构陈旧，性能落后

7. 锻压设备

序号	淘汰产品名称及型号规格	淘汰理由	备　注
7－1	机械压力机 J31－315	不符合以下相应的现行标准： 　1. GB/T 10924—2009《闭式单、双点压力机 精度》	结构陈旧，离合器综合性能差，温升高，噪音大
7－2	闭式单点压力机 J31－400、JA31－630 JA31－80、JA31－1250	2. GB 5091—1985《压力机的安全装置技术要求》	结构陈旧，可靠性差，离合器温升高
7－3	闭式双点压力机 J36－160、J36－250、J36－400	3. JB 3350—1993《机械压力机 安全技术要求》 　4. JB 9974—1999《闭式压力机 噪声限值》	结构陈旧，可靠性差，离合器温升高，噪音大
7－4	双盘摩擦压力机 J53－60	5. JB/T 2547.1—2007《双盘摩擦压力机 第 1 部分：技术条件》 　6. JB 9977—1999《双盘摩擦压力机 噪声限值》	结构陈旧
7－5	四柱万能液压机 YA32－300	不符合以下相应的现行标准： 　1. GB/T 9166—2009《四柱液压机 精度》	结构落后，精度低，保持性差
7－6	四柱液压机 YA32－315、YA32－500、Y32－50	2. JB/T 3818—1999《液压机 技术条件》 　3. JB 9967—1999《液压机 噪声限值》	结构与系统不合理，工作速度慢，精度稳定性低
7－7	双动薄板冲压液压机 Y28－350、Y28－450	4. JB/T 7343—2010《单双动薄板冲压液压机》	结构陈旧，无移动工作台，导向精度低

序号	淘汰产品名称及型号规格	淘汰理由	备　注
7-8	单柱校正压装液压机 Y41-10、Y41-25	不符合以下相应的现行标准： 　1. JB/T 3818—1999《液压机 技术条件》 　2. JB 9967—1999《液压机 噪声限值》	结构陈旧，性能不可靠，漏油
7-9	双击整模自动冷镦机 Z12-4	不符合以下相应的现行标准： 　JB/T 3054—1991《单、双击整模自动冷镦机 基本参数》	性能差，生产率低
7-10	自动卷簧机 Z53-1	不符合以下相应的现行标准： 　1. GB/T 14331—1993《自动卷簧机 精度》 　2. JB/T 3581—1999《自动卷簧机 技术条件》	结构陈旧，生产率低
7-11	剪板机 Q11-1×1000、Q11-3×1800、Q11-20×2000	不符合以下相应的现行标准： 　1. GB/T 14404—1993《剪板机 精度》	刚性差，操作不便，生产率低，结构陈旧，剪切质量差
7-12	液压剪板机 Q12Y-20×4000	2. JB 8781—1998（2009）《剪板机 安全技术要求》 　3. JB 9969—1999（2009）《棒料剪断机、鳄鱼式剪断机、剪板机噪声限值》	间隙调整困难，精度低，电机功率大，耗能高
7-13	棒料剪断机 Q42-1000	4. JB/T 5197—1991《剪板机 技术条件》	气动压料不紧，剪切质量差
7-14	三辊卷板机 W11-20×2000、W11-16×3200 W11-20×2500、W11-25×2000	不符合以下相应的现行标准： 　1. JB 9971—1999《弯管机、三辊卷板机 噪声限值》 　2. JB/T 10924—2010《弧线下调式三辊卷板机》 　3. JB/T 2449—2001《大型对称式三辊卷板机》	结构陈旧，操作不便，可靠性差，工作精度低
7-15	四辊卷板机 W12-25×2000、W12-20×2500	4. JB/T 3185.1—1999《中小型三辊卷板机 技术条件》 　5. JB/T 8778—1998《四辊卷板机 技术条件》	结构陈旧，效率低，加工精度差，传动精度低，无托辊装置

序号	淘汰产品名称及型号规格	淘汰理由	备 注
7－16	滚丝机 Z28－100	不符合以下相应的现行标准： 1. JB/T 5201.1—2007《滚丝机 第1部分：精度》 2. JB/T 5201.2—2007《滚丝机 第2部分：技术条件》 3. JB 9972—1999《滚丝机、卷簧机、制钉机 噪声限值》	结构陈旧，效率低，可靠性差
7－17	空气锤 C41－560	不符合以下相应的现行标准： 1. JB/T 1827.1—1999《空气锤 技术条件》 2. JB 9973—1999《空气锤 噪声限值》	打击能量不足，操作不便
7－18	自动搓丝机 Z25－6	不符合以下相应的相应的现行标准： 1. JB 9975—1999（2009）《自动镦锻机、自动切边机、自动搓丝机、自动弯曲机噪声限值》 2. JB/T 3056—1991《自动搓丝机 基本参数》 3. JB/T 3591—1991《自动搓丝机 精度》	生产率低，结构落后，使用范围窄
7－19	1200 叠板轧机 二辊周期式四机架 轧辊 Φ760×1200mm 成品 0.35—0.5×900~1800mm	不符合以下相应的现行标准： GB 50386—2006《轧机机械设备工程安装验收规范》	设备陈旧，工艺落后
7－20	横列式线材轧机 成品线速度 6~8m/s		设备陈旧，工艺落后

8. 热处理设备

序号	淘汰产品名称及型号规格	淘汰理由	备　注
8－1	铅浴炉 QY-300	不符合以下相应的现行标准： JB/T 5716—1991《焊接件退火炉 能耗分等》	高耗能，有污染，已有节能替代产品。 《部分工业行业淘汰落后生产工艺装备和产品指导目录（2010年本）》中明令淘汰
8－2	位式交流接触器温度控制柜	不符合以下相应的现行标准： JB/T 2851—1992《工业电阻炉 温度控制柜》	控制精度低，与可控硅控制柜控温的热处理加热炉相比耗能高10%～20%，已有节能替代产品

9. 制冷设备

序号	淘汰产品名称及型号规格	淘汰理由	备　注
9－1	以 CFC_s 为制冷剂的制冷空调产品	不符合以下相应的现行标准： 1. 19576—2004《单元式空气调节机能效限定值及能源效率等级》 2. 19577—2004《冷水机组能效限定值及能源效率等级》	能效指标：COP值比主流技术产品低15%～30%。 环境影响：ODP＝1，对大气臭氧层有较大破坏作用

10. 阀

序号	淘汰产品名称及型号规格	淘汰理由	备　注
10－1	热动力式疏水阀 S15H－16、S19H－16 S19H－16C、S49H－16 S49H－16C、S19H－40 S49H－40、S19H－64 S49H－64	不符合以下相应的现行标准： GB/T 22654—2008《蒸汽疏水阀 技术条件》	寿命低，漏气率高，性能差。 《部分工业行业淘汰落后生产工艺装备和产品指导目录（2010年本）》中明令淘汰

11. 泵

序号	淘汰产品名称及型号规格	淘汰理由	备 注
11－1	12JD 型深水井泵	不符合以下相应的现行标准： 1. JB/T 3565—2006《长轴离心深井泵 效率》 2. JB/T3564—1992《长轴离心深井泵 型式与基本参数》	《产业结构调整指导目录（2011 年本）》和《部分工业行业淘汰落后生产工艺装备和产品指导目录（2010 年本）》中明令淘汰
11－2	GC 型低压锅炉给水泵	不符合以下相应的现行标准： GB/T 13007－91《离心泵效率》	

12. 其他

序号	淘汰产品名称及型号规格	淘汰理由	备 注
12－1	30III 型金属阳极电解槽	不符合以下相应的现行标准： 1. HG/T 2471—2011《电解槽金属阳极涂层》 2. HG/T 2951—2001《隔膜法金属阳极电解槽》	《产业结构调整指导目录（2011 年本）》中明令淘汰
12－2	85KA 电解槽		
12－3	PG 型过滤机	不符合以下相应的现行标准： 1. JB/T 8851—2010《矿用圆盘真空过滤机》 2. JB/T 11098—2011《圆盘真空过滤机用陶瓷滤板》	

《高耗能落后机电设备（产品）
淘汰目录（第三批）》公告

2014 年第 16 号

为加快淘汰高耗能落后机电设备（产品），根据《中华人民共和国节约能源法》、国务院《"十二五"节能减排综合性工作方案》（国发〔2011〕26 号），结合工业、通信业节能减排工作实际情况，我部制定了《高耗能落后机电设备（产品）淘汰目录（第三批）》。本目录共 2 大类 337 项设备（产品），包括电动机 300 项、风机 37 项。

一、本目录所列为不符合有关法律法规及标准规定，需要淘汰的高耗能落后机电设备（产品）。

二、各生产和使用单位应抓紧落实本目录中所列设备（产品）的淘汰工作，生产单位应立即停止生产，使用单位应在规定期限内停止使用并更换高效节能设备（产品）。各级节能监察机构应加强对本目录中所列设备（产品）淘汰情况的监督检查工作。

三、本目录由工业和信息化部负责解释。

特此公告。

附件：高耗能落后机电设备（产品）淘汰目录（第三批）

工业和信息化部
2014 年 3 月 6 日

高耗能落后机电设备（产品）淘汰目录（第三批）

1. 电动机

序号	产品名称	型号	主要技术参数	淘汰理由	淘汰范围及时间
1-1	Y 系列 中小型三相 异步电动机	Y112M-2 Y112M-4 Y112M-6 Y315L1-2 Y355M1-2 Y355M2-2 Y355L1-2 Y355L2-2 Y355M1-4 Y355M2-4 Y355L1-4 Y355L2-4 Y355M2-6 Y355M3-6 Y355L1-6 Y355L2-6	功率：4 kW 功率：4 kW 功率：2.2 kW 功率：160 kW 功率：220 kW 功率：250 kW 功率：280 kW 功率：315 kW 功率：220 kW 功率：250 kW 功率：280 kW 功率：315 kW 功率：185 kW 功率：200 kW 功率：220 kW 功率：250 kW	不符合《中小型三相异步电动机能效限定值及能效等级》（GB 18613—2012）标准中能效限定值要求	2003 年（含）前生产的该系列电机，应在 2015 年年底前停止使用
1-2	Y2 系列 中小型三相 异步电动机	Y2-80M1-2 Y2-80M2-2 Y2-80M1-4 Y2-80M2-4 Y2-90S-2 Y2-90L-2 Y2-Y90S-4 Y2-90L-4 Y2-90S-6 Y2-90L-6 Y2-100L-2 Y2-100L1-4 Y2-100L2-4 Y2-100L-6 Y2-112M-2	功率：0.75kW 功率：1.1kW 功率：0.55kW 功率：0.75kW 功率：1.5kW 功率：2.2kW 功率：1.1kW 功率：1.5kW 功率：0.75kW 功率：1.1kW 功率：3kW 功率：2.2kW 功率：3kW 功率：1.5kW 功率：4kW	不符合《中小型三相异步电动机能效限定值及能效等级》（GB 18613—2012）标准中能效限定值要求	2003 年（含）前生产的该系列电机，应在 2015 年年底前停止使用

序号	产品名称	型号	主要技术参数	淘汰理由	淘汰范围及时间
1-2	Y2 系列 中小型三相 异步电动机	Y2－112M－4	功率：4kW	不符合《中小型三相异步电动机能效限定值及能效等级》（GB 18613—2012）标准中能效限定值要求	2003 年（含）前生产的该系列电机，应在 2015 年年底前停止使用
		Y2－132S1－2	功率：5.5kW		
		Y2－132S2－2	功率：7.5kW		
		Y2－132S－4	功率：5.5kW		
		Y2－132M－4	功率：7.5kW		
		Y2－132S－6	功率：3kW		
		Y2－132M1－6	功率：3kW		
		Y2－132M2－6	功率：5.5kW		
		Y2－160M1－2	功率：11kW		
		Y2－160M2－2	功率：15kW		
		Y2－160L－2	功率：18.5kW		
		Y2－160M－4	功率：11kW		
		Y2－160L－4	功率：15kW		
		Y2－160M－6	功率：7.5kW		
		Y2－160L－6	功率：11kW		
		Y2－180M－2	功率：22kW		
		Y2－180M－4	功率：18.5kW		
		Y2－180L－4	功率：22kW		
		Y2－180L－6	功率：15kW		
		Y2－200L1－2	功率：30kW		
		Y2－200L2－2	功率：37kW		
		Y2－200L－4	功率：30kW		
		Y2－200L1－6	功率：18.5kW		
		Y2－200L2－6	功率：22kW		
		Y2－225M－2	功率：45kW		
		Y2－225S－4	功率：37kW		
		Y2－225M－4	功率：45kW		
		Y2－225M－6	功率：30kW		
		Y2－250M－2	功率：55kW		
		Y2－250M－4	功率：55kW		
		Y2－250M－6	功率：37kW		
		Y2－280S－2	功率：75kW		
		Y2－280M－2	功率：90kW		
		Y2－280S－4	功率：75kW		
		Y2－280M－4	功率：90kW		
		Y2－280S－6	功率：45kW		
		Y2－280M－6	功率：55kW		
		Y2－315S－2	功率：110kW		
		Y2－315M－2	功率：132kW		

序号	产品名称	型号	主要技术参数	淘汰理由	淘汰范围及时间
1-2	Y2 系列 中小型三相 异步电动机	Y2-315L1-2	功率：132kW	不符合《中小型三相异步电动机能效限定值及能效等级》（GB 18613—2012）标准中能效限定值要求	2003 年（含）前生产的该系列电机，应在 2015 年年底前停止使用
		Y2-315L2-2	功率：200kW		
		Y2-315S-4	功率：110kW		
		Y2-315M-4	功率：132kW		
		Y2-315L1-4	功率：160kW		
		Y2-315L2-4	功率：200kW		
		Y2-315S-6	功率：75kW		
		Y2-315M-6	功率：90kW		
		Y2-315L1-6	功率：110kW		
		Y2-315L2-6	功率：132kW		
		Y2-355M-2	功率：250kW		
		Y2-355L-2	功率：315kW		
		Y2-355M-4	功率：250kW		
		Y2-355L-4	功率：315kW		
		Y2-355M1-6	功率：160kW		
		Y2-355M2-6	功率：200kW		
		Y2-355L-6	功率：250kW		
1-3	Y3 系列 中小型三相 异步电动机	Y3-80M1-2	功率：0.75kW	不符合《中小型三相异步电动机能效限定值及能效等级》（GB 18613—2012）标准中能效限定值要求	2003 年（含）前生产的该系列电机，应在 2015 年年底前停止使用
		Y3-80M2-2	功率：1.1kW		
		Y3-80M1-4	功率：0.55kW		
		Y3-80M2-4	功率：0.75kW		
		Y3-90S-2	功率：1.5kW		
		Y3-90L-2	功率：2.2kW		
		Y3-Y90S-4	功率：1.1kW		
		Y3-90L-4	功率：1.5kW		
		Y3-90S-6	功率：0.75kW		
		Y3-90L-6	功率：1.1kW		
		Y3-100L-2	功率：3kW		
		Y3-100L1-4	功率：2.2kW		
		Y3-100L2-4	功率：3kW		
		Y3-100L-6	功率：1.5kW		
		Y3-112M-2	功率：4kW		
		Y3-112M-4	功率：4kW		
		Y3-132S1-2	功率：5.5kW		
		Y3-132S2-2	功率：7.5kW		
		Y3-132S-4	功率：5.5kW		
		Y3-132M-4	功率：7.5kW		

序号	产品名称	型号	主要技术参数	淘汰理由	淘汰范围及时间
1－3	Y3 系列中小型三相异步电动机	Y3－132S－6	功率：3kW	不符合《中小型三相异步电动机能效限定值及能效等级》（GB 18613—2012）标准中能效限定值要求	2003 年（含）前生产的该系列电机，应在 2015 年年底前停止使用
		Y3－132M1－6	功率：3kW		
		Y3－132M2－6	功率：5.5kW		
		Y3－160M1－2	功率：11kW		
		Y3－160M2－2	功率：15kW		
		Y3－160L－2	功率：18.5kW		
		Y3－160M－4	功率：11kW		
		Y3－160L－4	功率：15kW		
		Y3－160M－6	功率：7.5kW		
		Y3－160L－6	功率：11kW		
		Y3－180M－2	功率：22kW		
		Y3－180M－4	功率：18.5kW		
		Y3－180L－4	功率：22kW		
		Y3－180L－6	功率：15kW		
		Y3－200L1－2	功率：30kW		
		Y3－200L2－2	功率：37kW		
		Y3－200L－4	功率：30kW		
		Y3－200L1－6	功率：18.5kW		
		Y3－200L2－6	功率：22kW		
		Y3－225M－2	功率：45kW		
		Y3－225S－4	功率：37kW		
		Y3－225M－4	功率：45kW		
		Y3－225M－6	功率：30kW		
		Y3－250M－2	功率：55kW		
		Y3－250M－4	功率：55kW		
		Y3－250M－6	功率：37kW		
		Y3－280S－2	功率：75kW		
		Y3－280M－2	功率：90kW		
		Y3－280S－4	功率：75kW		
		Y3－280M－4	功率：90kW		
		Y3－280S－6	功率：45kW		
		Y3－280M－6	功率：55kW		
		Y3－315S－2	功率：110kW		
		Y3－315M－2	功率：132kW		
		Y3－315L1－2	功率：132kW		
		Y3－315L2－2	功率：200kW		
		Y3－315S－4	功率：110kW		
		Y3－315M－4	功率：132kW		
		Y3－315L1－4	功率：160kW		

序号	产品名称	型号	主要技术参数	淘汰理由	淘汰范围及时间
1－3	Y3 系列 中小型三相 异步电动机	Y3－315L2－4 Y3－315S－6 Y3－315M－6 Y3－315L1－6 Y3－315L2－6 Y3－355M－2 Y3－355L－2 Y3－355M－4 Y3－355L－4 Y3－355M1－6 Y3－355M2－6 Y3－355L－6	功率：200kW 功率：75kW 功率：90kW 功率：110kW 功率：132kW 功率：250kW 功率：315kW 功率：250kW 功率：315kW 功率：160kW 功率：200kW 功率：250kW	不符合《中小型三相异步电动机能效限定值及能效等级》（GB 18613—2012）标准中能效限定值要求	2003 年（含）前生产的该系列电机，应在 2015 年年底前停止使用
1－4	YB 系列 中小型三相 异步电动机	YB－80M1－2 YB－80M2－2 YB－80M1－4 YB－80M2－4 YB－90S－2 YB－90L－2 YB－Y90S－4 YB－90L－4 YB－90S－6 YB－90L－6 YB－100L－2 YB－100L1－4 YB－100L2－4 YB－100L－6 YB－112M－2 YB－112M－4 YB－132S1－2 YB－132S2－2 YB－132S－4 YB－132M－4 YB－132S－6 YB－132M1－6 YB－132M2－6 YB－160M1－2 YB－160M2－2	功率：0.75kW 功率：1.1kW 功率：0.55kW 功率：0.75kW 功率：1.5kW 功率：2.2kW 功率：1.1kW 功率：1.5kW 功率：0.75kW 功率：1.1kW 功率：3kW 功率：2.2kW 功率：3kW 功率：1.5kW 功率：4kW 功率：4kW 功率：5.5kW 功率：7.5kW 功率：5.5kW 功率：7.5kW 功率：3kW 功率：3kW 功率：5.5kW 功率：11kW 功率：15kW	不符合《中小型三相异步电动机能效限定值及能效等级》（GB 18613—2012）标准中能效限定值要求	2003 年（含）前生产的该系列电机，应在 2015 年年底前停止使用

序号	产品名称	型号	主要技术参数	淘汰理由	淘汰范围及时间
1－4	YB 系列中小型三相异步电动机	YB－160L－2	功率：18.5kW	不符合《中小型三相异步电动机能效限定值及能效等级》（GB 18613—2012）标准中能效限定值要求	2003 年（含）前生产的该系列电机，应在 2015 年年底前停止使用
		YB－160M－4	功率：11kW		
		YB－160L－4	功率：15kW		
		YB－160M－6	功率：7.5kW		
		YB－160L－6	功率：11kW		
		YB－180M－2	功率：22kW		
		YB－180M－4	功率：18.5kW		
		YB－180L－4	功率：22kW		
		YB－180L－6	功率：15kW		
		YB－200L1－2	功率：30kW		
		YB－200L2－2	功率：37kW		
		YB－200L－4	功率：30kW		
		YB－200L1－6	功率：18.5kW		
		YB－200L2－6	功率：22kW		
		YB－225M－2	功率：45kW		
		YB－225S－4	功率：37kW		
		YB－225M－4	功率：45kW		
		YB－225M－6	功率：30kW		
		YB－250M－2	功率：55kW		
		YB－250M－4	功率：55kW		
		YB－250M－6	功率：37kW		
		YB－280S－2	功率：75kW		
		YB－280M－2	功率：90kW		
		YB－280S－4	功率：75kW		
		YB－280M－4	功率：90kW		
		YB－280S－6	功率：45kW		
		YB－280M－6	功率：55kW		
		YB－315S－2	功率：110kW		
		YB－315M－2	功率：132kW		
		YB－315L1－2	功率：132kW		
		YB－315L2－2	功率：200kW		
		YB－315S－4	功率：110kW		
		YB－315M－4	功率：132kW		
		YB－315L1－4	功率：160kW		
		YB－315L2－4	功率：200kW		
		YB－315S－6	功率：75kW		
		YB－315M－6	功率：90kW		
		YB－315L1－6	功率：110kW		

序号	产品名称	型号	主要技术参数	淘汰理由	淘汰范围及时间
1-4	YB 系列中小型三相异步电动机	YB-315L2-6 YB-355M-2 YB-355L-2 YB-355M-4 YB-355L-4 YB-355M1-6 YB-355M2-6 YB-355L-6	功率：132kW 功率：250kW 功率：315kW 功率：250kW 功率：315kW 功率：160kW 功率：200kW 功率：250kW	不符合《中小型三相异步电动机能效限定值及能效等级》（GB 18613—2012）标准中能效限定值要求	2003 年（含）前生产的该系列电机，应在 2015 年年底前停止使用
1-5	YB2 系列中小型三相异步电动机	YB2-80M1-2 YB2-80M2-2 YB2-80M1-4 YB2-80M2-4 YB2-90S-2 YB2-90L-2 YB2-Y90S-4 YB2-90L-4 YB2-90S-6 YB2-90L-6 YB2-100L-2 YB2-100L1-4 YB2-100L2-4 YB2-100L-6 YB2-112M-2 YB2-112M-4 YB2-132S1-2 YB2-132S2-2 YB2-132S-4 YB2-132M-4 YB2-132S-6 YB2-132M1-6 YB2-132M2-6 YB2-160M1-2 YB2-160M2-2 YB2-160L-2 YB2-160M-4 YB2-160L-4 YB2-160M-6 YB2-160L-6	功率：0.75kW 功率：1.1kW 功率：0.55kW 功率：0.75kW 功率：1.5kW 功率：2.2kW 功率：1.1kW 功率：1.5kW 功率：0.75kW 功率：1.1kW 功率：3kW 功率：2.2kW 功率：3kW 功率：1.5kW 功率：4kW 功率：4kW 功率：5.5kW 功率：7.5kW 功率：5.5kW 功率：7.5kW 功率：3kW 功率：3kW 功率：5.5kW 功率：11kW 功率：15kW 功率：18.5kW 功率：11kW 功率：15kW 功率：7.5kW 功率：11kW	不符合《中小型三相异步电动机能效限定值及能效等级》（GB 18613—2012）标准中能效限定值要求	2003 年（含）前生产的该系列电机，应在 2015 年年底前停止使用

序号	产品名称	型号	主要技术参数	淘汰理由	淘汰范围及时间
1－5	YB2系列中小型三相异步电动机	YB2－180M－2	功率：22kW	不符合《中小型三相异步电动机能效限定值及能效等级》（GB 18613—2012）标准中能效限定值要求	2003年（含）前生产的该系列电机，应在2015年年底前停止使用
		YB2－180M－4	功率：18.5kW		
		YB2－180L－4	功率：22kW		
		YB2－180L－6	功率：15kW		
		YB2－200L1－2	功率：30kW		
		YB2－200L2－2	功率：37kW		
		YB2－200L－4	功率：30kW		
		YB2－200L1－6	功率：18.5kW		
		YB2－200L2－6	功率：22kW		
		YB2－225M－2	功率：45kW		
		YB2－225S－4	功率：37kW		
		YB2－225M－4	功率：45kW		
		YB2－225M－6	功率：30kW		
		YB2－250M－2	功率：55kW		
		YB2－250M－4	功率：55kW		
		YB2－250M－6	功率：37kW		
		YB2－280S－2	功率：75kW		
		YB2－280M－2	功率：90kW		
		YB2－280S－4	功率：75kW		
		YB2－280M－4	功率：90kW		
		YB2－280S－6	功率：45kW		
		YB2－280M－6	功率：55kW		
		YB2－315S－2	功率：110kW		
		YB2－315M－2	功率：132kW		
		YB2－315L1－2	功率：132kW		
		YB2－315L2－2	功率：200kW		
		YB2－315S－4	功率：110kW		
		YB2－315M－4	功率：132kW		
		YB2－315L1－4	功率：160kW		
		YB2－315L2－4	功率：200kW		
		YB2－315S－6	功率：75kW		
		YB2－315M－6	功率：90kW		
		YB2－315L1－6	功率：110kW		
		YB2－315L2－6	功率：132kW		
		YB2－355M－2	功率：250kW		
		YB2－355L－2	功率：315kW		
		YB2－355M－4	功率：250kW		
		YB2－355L－4	功率：315kW		

序号	产品名称	型号	主要技术参数	淘汰理由	淘汰范围及时间
1－5	YB2 系列中小型三相异步电动机	YB2－355M1－6 YB2－355M2－6 YB2－355L－6	功率：160kW 功率：200kW 功率：250kW	不符合《中小型三相异步电动机能效限定值及能效等级》（GB 18613—2012）标准中能效限定值要求	2003 年（含）前生产的该系列电机，应在 2015 年年底前停止使用

2. 风机

序号	产品名称	型号	主要技术参数	淘汰理由	淘汰范围及时间
3－1	Y5－47 系列离心引风机	Y5－47No. 4C Y5－47No. 5C Y5－47No. 6C Y5－47No. 8C Y5－47No. 9C Y5－47No. 12D Y5－47No. 12. 4D	流量： 2750m³/h～75330 m³/h 全压： 1. 265kPa～3. 810kPa	1. 不符合《通风机能效限定值及能效等级》（GB 19761—2009）标准中能效限定值要求； 2. 技术水平落后，结构老化	2005 年（含）前生产的该系列产品应在本目录发布之日起立即停止使用； 2015 年年底之前停止使用 2005 年以后生产的该系列产品
3－2	W5－47 系列高温风机	W5－47No. 5C W5－47No. 6C W5－47No. 59C	流量： 4840m³/h～16233 m³/h 全压： 0. 716kPa～2. 132kPa		
3－3	M7－29 系列煤粉离心通风机	M7－29No. 11D M7－29No. 12. 5D M7－29No. 13D M7－29No. 14. 5D M7－29No. 16D M7－29No. 17D	流量： 11500m³/h～102000 m³/h 全压： 4. 433kPa～11. 67kPa		
3－4	W7－29 系列高温风机	W7－29No. 16D	流量： 28500m³/h～84500 m³/h 全压： 4. 193kPa～3. 744kPa		
3－5	9－35 系列锅炉通风机	9－35No. 6D 9－35No. 8D 9－35No. 10 9－35No. 12D	流量： 3710m³/h～190300 m³/h 全压： 0. 833kPa～5. 599kPa		

序号	产品名称	型号	主要技术参数	淘汰理由	淘汰范围及时间
3 - 5	9 - 35 系列锅炉通风机	9 - 35No. 13. 5D 9 - 35No. 15. 5D 9 - 35No. 18D 9 - 35No. 20D	流量： 3710m³/h ~ 190300 m³/h 全压： 0. 833kPa ~ 5. 599kPa		
3 - 6	Y9 - 35 系列锅炉引风机	Y9 - 35No. 8D Y9 - 35No. 10D Y9 - 35No. 12D Y9 - 35No. 13. 5D Y9 - 35No. 15. 5D Y9 - 35No. 18D Y9 - 35No. 20D Y9 - 35No. 13. 5F Y9 - 35No. 15. 5F Y9 - 35No. 18F Y9 - 35No. 20F Y9 - 35No. 21. 5F	流量： 5810m³/h ~ 473000 m³/h 全压： 0. 539kPa ~ 4. 12kPa		

《高耗能落后机电设备（产品）淘汰目录（第四批）》公告

根据《中华人民共和国节约能源法》及工业和信息化部等部门《关于印发〈配电变压器能效提升计划（2015－2017年）〉的通知》（工信部联节〔2015〕269号）、《关于组织实施电机能效提升计划（2013－2015年）的通知》（工信部联节〔2013〕226号）要求，为加快淘汰高耗能落后机电设备（产品），结合工业节能减排工作实际，我部组织制定了《高耗能落后机电设备（产品）淘汰目录（第四批）》。本目录涉及3大类127项设备（产品），包括三相配电变压器52项、电动机58项、电弧焊机17项。

一、本目录所列为不符合有关法律法规及标准规定，需要淘汰的高耗能落后机电设备（产品）。

二、各生产和使用单位应抓紧落实本目录中所列设备（产品）的淘汰工作，生产单位应立即停止生产，使用单位应在规定期限内停止使用并更换高效节能设备（产品）。

三、各级节能监察机构应加强对本目录中所列设备（产品）淘汰情况的监督检查工作。鼓励各地依据有关法律法规及标准规定，制定更加严格的高耗能落后机电设备（产品）淘汰目录。

特此公告。

附件：高耗能落后机电设备（产品）淘汰目录（第四批）

工业和信息化部

2016年3月14日

高耗能落后机电设备（产品）淘汰目录（第四批）

1. 变压器

序号	产品名称	产品型号	产品规格	淘汰理由	淘汰范围及时间
1－1	油浸式无励磁调压变压器	S8 系列	S8－30 S8－50 S8－63 S8－80 S8－100 S8－125 S8－160 S8－200 S8－250 S8－315 S8－400 S8－500 S8－630 S8－800 S8－1000 S8－1250 S8－1600	空载损耗、负载损耗、总损耗均较高，已经远远达不到现行标准：GB 20052—2013《三相配电变压器能效限定值及节能评价值》中能效限定值要求	最迟应于 2016 年底前停止使用
1－2	油浸式无励磁调压变压器	S9 系列	S9－30 S9－50 S9－63 S9－80 S9－100 S9－125 S9－160 S9－200 S9－250 S9－315 S9－400 S9－500 S9－630 S9－800 S9－1000	空载损耗、负载损耗、总损耗均较高，已经达不到现行标准：GB 20052—2013《三相配电变压器能效限定值及节能评价值》中能效限定值要求	1997 年（含）前生产投运的该系列产品，最迟应于 2017 年底前停止使用； 1997 年以后生产投运的该系列产品鼓励企业自主逐步更新淘汰

序号	产品名称	产品型号	产品规格	淘汰理由	淘汰范围及时间
			S9－1250		
			S9－1600		
1－3	干式无励磁调压变压器	SG（B）8系列	SG（B）8－30 SG（B）8－50 SG（B）8－63 SG（B）8－80 SG（B）8－100 SG（B）8－125 SG（B）8－160 SG（B）8－200 SG（B）8－315 SG（B）8－400 SG（B）8－500 SG（B）8－630 SG（B）8－800 SG（B）8－1000 SG（B）8－1250 SG（B）8－1600 SG（B）8－2000 SG（B）8－2500	空载损耗、负载损耗、总损耗均较高，已经达不到现行标准：GB 20052—2013《三相配电变压器能效限定值及节能评价值》中能效限定值要求	最迟应于2017年底前停止使用

2. 电动机

序号	产品名称	产品型号	产品规格	淘汰理由	淘汰范围及时间
2－1	中小型三相异步电动机	JK系列	JK111－2 JK112－2 JK113－2 JK122－2 JK123－2 JK124－2	不符合标准 GB 18613—2012《中小型三相异步电动机能效限定值及能效等级》中能效限定值要求；该系列产品属于1960年代设计开发的产品，技术水平落后，可替代产品已成熟并广泛使用	最迟应于2017年底前停止使用
2－2	高压三相笼型异步电动机	JK系列	JK133－2，6kV JK134－2，6kV JK500－2，6kV JK630－2，6kV JK800－2，6kV JK850－2，6kV JK900－2，6kV	不符合标准 GB 30254—2013《高压三相笼型异步电动机能效限定值及能效等级》中能效限定值要求；该系列产品属于1960年代设计开发的产品，技术水平落后，可替代产品已成熟并广泛使用	

序号	产品名称	产品型号	产品规格	淘汰理由	淘汰范围及时间
2-3	中小型三相异步电动机	JS系列	JS114-4 JS115-4 JS115-6 JS116-4 JS116-6 JS117-4 JS117-6 JS125-6 JS126-4 JS126-6 JS127-4 JS127-6 JS128-4 JS128-6 JS136-6 JS137-6	不符合标准 GB 18613—2012《中小型三相异步电动机能效限定值及能效等级》中能效限定值要求； 该系列产品属于1960～1980年设计开发的产品，技术水平落后，可替代产品已成熟并广泛使用	最迟应于2017年底前停止使用
2-4	高压三相笼型异步电动机	JS系列	JS136-4，6kV JS137-4，6kV JS138-4，6kV JS147-4，6kV JS147-8，6kV JS148-4，6kV JS148-6，6kV JS148-8，6kV JS1410-4，6kV JS1410-6，6kV JS1410-8，6kV JS1410-10，6kV JS157-4，6kV JS157-6，6kV JS157-8，6kV JS157-10，6kV JS158-4，6kV JS158-6，6kV JS158-8，6kV JS158-10，6kV JS1510-4，6kV	不符合标准 GB 30254—2013《高压三相笼型异步电动机能效限定值及能效等级》中能效限定值要求； 该系列产品属于1960～1980年设计开发的产品，技术水平落后，可替代产品已成熟并广泛使用	

序号	产品名称	产品型号	产品规格	淘汰理由	淘汰范围及时间
2 – 4	高压三相笼型异步电动机	JS 系列	JS1510 – 6，6kV JS1510 – 8，6kV JS1510 – 10，6kV JS1510 – 12，6kV JS1512 – 4，6kV JS1512 – 6，6kV JS1512 – 8，6kV JS1512 – 10，6kV JS1512 – 12，6kV	不符合标准 GB 30254—2013《高压三相笼型异步电动机能效限定值及能效等级》中能效限定值要求；该系列产品属于 1960～1980 年设计开发的产品，技术水平落后，可替代产品已成熟并广泛使用	最迟应于 2017 年底前停止使用

3. 电弧焊机

序号	产品名称	产品型号	产品规格	淘汰理由	淘汰范围及时间
3 – 1	磁放大器式氩弧焊机	NSA 系列	1. 额定焊接电流 160A～199A 2. 额定焊接电流 200A～249A 3. 额定焊接电流 250A～314A 4. 额定焊接电流 315A～399A 5. 额定焊接电流 400A～499A 6. 额定焊接电流 500A～650A	耗材大、效率较低，达不到标准 GB 28736—2012《电弧焊机能效限定值及能效等级》中的能效限定值要求	最迟应于 2017 年底前停止使用
3 – 2	晶闸管直流手工焊条弧焊机/晶闸管手工焊条弧焊整流器	ZX5 系列	1. 额定焊接电流 160A～249A 2. 额定焊接电流 250A～314A 3. 额定焊接电流 315A～399A	耗材较大、效率较低，达不到 GB 28736—2012《电弧焊机能效限定值及能效等级》中的能效限定值要求	
3 – 3	抽头式整流弧焊机	ZX6 系列	1. 额定焊接电流 160A～249A 2. 额定焊接电流 250A～314A 3. 额定焊接电流 315A～399A	耗材较大、效率较低，达不到标准 GB 28736—2012《电弧焊机能效限定值及能效等级》中的能效限定值要求	

序号	产品名称	产品型号	产品规格	淘汰理由	淘汰范围及时间
3－3	抽头式整流弧焊机	ZX6 系列	4. 额定焊接电流 400A～499A 5. 额定焊接电流 500A～599A 6. 额定焊接电流 600A～800A	耗材较大、效率较低，达不到标准 GB 28736—2012《电弧焊机能效限定值及能效等级》中的能效限定值要求	最迟应于 2017 年底前停止使用

节能监察

ENERGY CONSERVATION
SUPERVISION PRACTICE

节能监察实务
【典型案例】

国家发展和改革委员会环资司
国 家 节 能 中 心 编著

中国发展出版社
CHINA DEVELOPMENT PRESS

图书在版编目（CIP）数据

节能监察实务（全 3 册）/国家发展和改革委员会环资司，国家节能中心编著 . —北京：中国发展出版社，2016.9

ISBN 978 - 7 - 5177 - 0490 - 4

Ⅰ . ①节…　Ⅱ . ①国…　②国…　Ⅲ . ①节能—监管制度—中国—实务　Ⅳ . ①TK01 - 62

中国版本图书馆 CIP 数据核字（2016）第 068438 号

书　　　名：节能监察实务（全 3 册）：典型案例
著作责任者：国家发展和改革委员会环资司　国家节能中心
出 版 发 行：中国发展出版社
　　　　　　（北京市西城区百万庄大街 16 号 8 层　100037）
标 准 书 号：ISBN 978 - 7 - 5177 - 0490 - 4
经 销 者：各地新华书店
印 刷 者：三河市东方印刷有限公司
开　　　本：787mm×1092mm　1/16
印　　　张：72.25
字　　　数：1232 千字
版　　　次：2016 年 9 月第 1 版
印　　　次：2016 年 9 月第 1 次印刷
定　　　价：198.00 元

联 系 电 话：(010) 68990642　68990692
购 书 热 线：(010) 68990682　68990686
网 络 订 购：http：//zgfzcbs.tmall.com//
网 购 电 话：(010) 68990639　88333349
本 社 网 址：http：//www.develpress.com.cn
电 子 邮 件：fazhanreader@163.com

《节能监察实务》
编审委员会

前　言

　　节能监察是我国节能管理体系的重要组成部分，是全面贯彻落实节能法律、法规、规章和强制性节能标准的有效措施，是促进用能单位加强节能管理、提高能效水平的重要手段。为加强节能监察工作，推进节能行政执法，近年来各地成立了节能监察机构，目前已有省、市、县三级节能监察机构近 2000 个，在编人数约 16000 人。各级节能监察机构围绕实现地方节能目标、落实节能管理制度情况、强制性节能标准实施情况、淘汰落后制度执行情况等开展了一系列节能监察，在督促用能单位加强节能管理、落实节能措施、提高能源利用效率等方面发挥了重要作用。

　　节能监察是一项专业技术性强、规范程度要求高的行政执法工作。目前全国已有北京、上海、山东、河北、河南等 12 个省（市、区）出台了节能监察办法，一些地市如南京市、石家庄市颁布了节能监察条例，但是大部分省（市、区）仍然没有出台节能监察办法，全国的节能监察工作存在着执法依据不足、执法方式和程序不统一、执法行为不够规范、监察人员素质尚待提高等问题。2016 年 1 月 15 日，国家发展和改革委员会正式发布了《节能监察办法》，自 2016 年 3 月 1 日起施行。为指导各地贯彻落实《节能监察办法》，做好节能监察工作，我们组织编写了《节能监察实务》。在编写过程中，我们通过调研吸收了各地节能监察机构开展行政执法的经验和建议，深入研究了节能监察工作的新要求，考虑了节能行政执法的新思路，在地方开展节能监察实践经验的基础上，对节能监察内容、执法依据、节能监察方法、执法程序、执法文书等方面做了进一步的完善；在全国范围内征集了节能监察执法案例，编辑收录了固定资产投资项目节能评估和审查制度落实情况监察、用能设备和生产工艺淘汰制度执行情况监察、单位产品能耗限额及其他强制性节能标准执行情况监察、重点用能单位监察、能源效率标识制度实施情况监察、建筑节能监察、公共机构节能监察、交通运输领域监察、第三方节能咨询服务机构监察等9大类共24个案例。同时，我们对节能监察相关的法律、法规进行了汇编。

本书中节能监察的具体内容、编录的节能监察执法案例及法律法规汇编的有机结合，使本书具有较强的操作性、实用性和指导性，特别是对新设立的节能监察机构或刚走上节能监察工作岗位的新人尽快熟悉和开展节能监察工作，大有裨益。通过本书，我们希望规范全国各级节能监察机构的节能监察执法程序，进一步规范节能监察执法行为，创新节能执法理念，为强化节能监察工作，切实贯彻节能法律法规，推动用能单位提高能源利用效率发挥应用作用。

本书的编写得到了山东省节能监察总队、上海市节能监察中心、浙江省能源监察总队、湖北省节能监察中心和其他省市节能监察机构的大力支持和帮助，在此一并表示感谢。尽管我们在编写过程中尽了最大努力，但难免存在一些不足，希望各地节能监察机构在使用过程中，注意及时发现和反映问题，提出修改完善的具体意见和建议，使本书能随着节能监察工作的不断深入而日臻完善，成为指导全国各级节能监察机构开展节能监察工作的宝典。

本书编委会

2016 年 9 月

目　录

对固定资产投资项目节能评估和审查制度执行情况的节能监察

案例 1　北京市节能监察大队

一、基本案情

按照北京市发展改革委《关于开展 2014 年固定资产投资项目节能专项监察的通知》（京发改〔2014〕595 号）要求，北京市节能监察大队按计划对重点固定资产投资项目相关企业北京××房地产开发有限责任公司开展节能监察。

（一）监察准备

1. 案由

××改造定向安置房项目是否执行强制性节能标准，是否落实节能评估和审查意见。

2. 分组及人员分工

本次专项监察工作由×××、×××具体负责，×××任小组长，×××任组员。

3. 执法文书准备

由组员×××负责执法文书，准备监察通知书、监察登记表、调查询问笔录、送达回证、授权委托书等。

4. 仪器设备准备

由组长×××负责准备笔记本电脑、打印机等办公设备及照相机、录像机等取证设备。

5. 监察依据准备

由组长×××负责准备并熟悉《中华人民共和国节约能源法》《北京市实施〈中华人民共和国节约能源法〉办法》《北京市节能监察办法》《北京市固定资产投资项目节能评估和审查管理办法（试行）》《公共建筑节能设计标准》及北京××房地产开发有限责任公司的相关情况。

（二）现场监察实施

1. 召开首次会议

监察组长×××主持首次会议，指定监察人员×××负责记录。

介绍监察组成员：×××、×××

（1）出示执法证件，表明身份。（×××负责）

由×××出示×××、×××两名执法人员行政执法证件，表明身份，请北京××房地产开发有限责任公司副总经理确认后收回。

（2）送达《节能监察通知书》及留取送达回证。（×××负责）

①递交《节能监察通知书》。（×××负责）

②北京××房地产开发有限责任公司副总经理（授权委托人）确认后，在《送达回证》上签字盖章。

③《节能监察通知书》双方各执一份，《送达回证》由执法人员留存。

（3）介绍监察要点。组长×××重申此次监察工作的依据、内容、方式及被监察单位需配合的事项。

①监察依据：《中华人民共和国节约能源法》《北京市实施〈中华人民共和国节约能源法〉办法》《北京市节能监察办法》和《北京市固定资产投资项目节能评估和审查管理办法（试行）》。

②监察内容：节能评估类固定资产投资项目，是否执行强制性节能标准并落实节能评估和审查意见。节能登记类固定资产投资项目，是否符合节能登记条件。

③监察方式：采用现场监察方式。大队委托技术服务机构对节能登记类项目是否符合节能登记条件、对节能评估项目是否落实节能审查意见进行技术核查。

④配合事项：一是需要提供的材料：法人执照等主体资格证明材料；开户许可证；授权委托书；受委托人身份证件；《固定资产投资项目节能登记表》；项目《可行性研究报告》及批复或项目《申请报告》及核准批复；项目规划意见函、规划意见书或规划许可证；项目用能方案，包括节能登记表能耗量的计算依据、过程；项目当前阶段的设计方案；工业和基础设施项目需要提供设备明细表；项目建设单位对所提供材料的真实性承诺文件。

二是需要配合的人员：公司分管节能领导，能源管理负责人，统计、计量、设备、财务、项目等相关人员等。北京××房地产开发有限责任公司指定×××能源管理负责人作为联络员负责现场协调联络工作。

（4）听取企业汇报。北京××房地产开发有限责任公司副总经理介绍本单位执行强制性节能标准，落实节能评估和审查意见情况。

2. 查阅材料

查阅固定资产投资项目的相关材料，生产统计报表，核算各项指标，查阅设备台账及电气系统网络图。

3. 查验现场

由北京××房地产开发有限责任公司人员×××配合，北京××中心技术人员通过现场巡查、审查，并同建筑单位沟通，根据查阅材料中发现的问题有针对性地进行现场核查。

4. 召开内部交流会议

×××组织召开内部交流会议，汇总监察情况。

5. 制作《监察登记表》

×××制作《监察登记表》。如实记录与监察内容有关的现场情况。由监察人员×××、×××共同完成。

6. 召开末次会议

×××组织召开末次会议，通报监察情况，经北京××房地产开发有限责任公司副总经理（授权委托人）确认后，双方在《监察登记表》上签字，由监察人员带回。现场监察结束。

（三）监察文书实例

北京市发展和改革委员会

节 能 监 察 通 知 书

京发改节监通【2013】33 号

北京××房地产开发有限责任公司： 　　本机关决定于2013 年3 月18 日开始对你单位节能情况进行监察。监察小组成员为邢××（执法证件号：03001××）和王××（执法证件号：03001××），由邢××任组长。请你单位按照《中华人民共和国节约能源法》《中华人民共和国行政处罚法》《北京市实施〈中华人民共和国节约能源法〉办法》及《北京市节能监察办法》等有关法律法规规定配合检查。	
监察内容	××改造定向安置房项目是否执行强制性节能标准，是否落实节能评估和审查意见。
需要当事人提供材料明细	1. 法人执照等主体资格证明材料。2. 开户许可证。3. 授权委托书。4. 受委托人身份证件。5.《固定资产投资项目节能登记表》。6. 项目《可行性研究报告》及批复或项目《申请报告》及核准批复。7. 项目规划意见函、规划意见书或规划许可证。8. 项目用能方案，包括节能登记表能耗量的计算依据、过程。9. 项目当前阶段的设计方案。10. 工业和基础设施项目需要提供设备明细表。11. 项目建设单位对多提供材料的真实性承诺文件。 　　以上1～10 项文件为复印件，加盖公章；第11 项为原件，由单位负责人签字并加盖公章。

联 系 人：邢××

联系电话：66415588－1257

办公地点：北京市西城区复兴门南大街甲 2 号 A 西座 2－14

邮寄地址：北京市西城区复兴门南大街丁 2 号节能监察大队

邮　　编：100031

2013 年 3 月 15 日

北京市发展和改革委员会

送达回证（一）

案件编码：

送达文书 名称及文号	节能监察通知书（京发改节监通〔2013〕33 号）
受送达人	北京××房地产开发有限责任公司
送达地点	北京市丰台区丽泽路×号

送达时间	2013 年 3 月 18 日	送达方式	直接送达

受送达人签名及盖章	送达人签名及盖章
金×× 2013 年 3 月 18 日	邢××　王×× 2013 年 3 月 18 日

备注	

授 权 委 托 书

委托人：

姓名：孙××　性别：男　年龄：48

单位：北京××房地产开发有限责任公司

职务：董事长

受委托人：

姓名：金××　性别：男　年龄：28

单位：北京××房地产开发有限责任公司

职务：科员

身份证件号：

授权委托事项：

孙××系北京××房地产开发有限责任公司的法定代表人，职务为董事长。现委托金××就我单位××改造定向安置房项目节能监察相关事宜，以本单位名义接受调查询问，及配合处理该项目节能监察相关事宜。

委托时限：自 2013 年 3 月 18 日至上述事宜办理完毕为止。

委托人签名单位盖章：　　　　受委托人签名：

孙××　　　　　　　　　　金××

2013 年 3 月 18 日　　　　　2013 年 3 月 18 日

北京市发展和改革委员会

检验（评价）任务委托书

京发改节检委〔2013〕33 号

<table>
<tr>
<td colspan="2">
北京××××中心：

现委托你单位<u>2013 年3 月18</u> 日在北京市丰台区丽泽路×号，对<u>北京××房地产开发有限责任公司</u>的<u>××改造定向安置房</u>项目进行检验（评价），书面结论一式二份，于<u>2013 年4 月1</u> 日前送交本机关（北京市西城区复兴门南大街甲2 号A 西座2–14）。
</td>
</tr>
<tr>
<td>委托内容</td>
<td>　　依据国家及北京市相关强制性节能标准和《北京市固定资产投资项目节能评估和审查管理办法》，核查评价该单位的××改造定向安置房项目是否执行强制性节能标准，是否落实节能评估和审查意见。</td>
</tr>
</table>

联 系 人：邢××

联系电话：66415588 – 1257

办公地点：北京市西城区复兴门南大街甲2 号A 西座2 – 10

邮寄地址：北京市西城区复兴门南大街丁2 号节能监察大队

邮　　编：100031

2013 年3 月15 日

北京市发展和改革委员会
送达回证（二）

案件编码：

送达文书 名称及文号	检验（评价）任务委托书（京发改节检委［2013］33 号）		
受送达人	北京××房地产开发有限责任公司		
送达地点	北京市节能监察大队会议室		
送达时间	2013 年 3 月 18 日	送达方式	直接送达
受送达人签名及盖章		送达人签名及盖章	
	冉××		邢×× 王××
	2013 年 3 月 18 日		2013 年 3 月 18 日
备注			

北京市发展和改革委员会
立案审批表

案件编码：

当事人	名称	北京××房地产开发有限责任公司	法定代表人	姓名	孙××
	地址	北京市丰台区丽泽路×号		职务	董事长

案　由	××改造定向安置房项目是否执行强制性节能标准，是否落实节能评估和审查意见
案件来源	日常监察
案件情况	2013年3月18日，我委对当事人的××改造定向安置房项目是否执行强制性节能标准，是否落实节能评估和审查意见进行了监察。
立案依据	《北京市节能监察办法》第九条第（七）项和《中华人民共和国节约能源法》第十五条
执法人员意见	申请立案调查。 　　　　　　　　　签名：邢×× 王××　2013年3月18日
法律人员意见	已审核，请领导阅批。 　　　　　　　　　　　签名：孔××　2013年3月18日
业务副队长审核	同意立案。 　　　　　　　　　　　签名：祝××　2013年3月18日
大队长批示	同意。 　　　　　　　　　　　签名：申××　2013年3月18日

北京市发展和改革委员会

监察登记表（一）

案件编码：

当事人	名称	北京××房地产开发有限责任公司	法定代表人	姓名	孙××
	地址	北京市丰台区丽泽路×号		职务	董事长
监察时间		2013 年 3 月 18 日 10 时 30 分～12 时 00 分			

监察情况：

　　我委对当事人的××改造定向安置房项目是否执行强制性节能标准，是否落实节能评估和审查意见进行了节能监察。

　　经查：当事人现场提供了如下项目资料，详见《附件：现场核查材料提取记录表》。

　　当事人现场未提供的资料承诺于 3 月 22 日前送至我委。

　　我委委托北京×××中心依据国家及北京市相关强制性节能标准和《北京市固定资产投资项目节能评估和审查管理办法》，核查评价该单位的××改造定向安置房项目是否执行强制性节能标准，是否落实节能评估和审查意见，若核查评价结果为不合格，我委将按照相关法律法规对该单位进行处理。

　　　　　　　　　执法人员签名：邢××　　执法证号：03001××

　　　　　　　　　执法人员签名：王××　　执法证号：03001××

　　　　　　　　　　　　　　　　　　　　　　2013 年 3 月 18 日

当事人意见及签名盖章：

　　情况属实

　　　　　　　　　　　　　　　　　　　　　　金××

　　　　　　　　　　　　　　　　　　　　　　2013 年 3 月 18 日

北京市发展和改革委员会
调查询问笔录

时间：2013 年 7 月 23 日 10 时 50 分～12 时 05 分

地点：北京市节能监察大队会议室

被询问人：姓名：金×× 性别：男 年龄：28 电话：××××

工作单位：北京××房地产开发有限责任公司 职务：科员

询问人：邢×× 记录人：王××

内容：

问：我们是北京市发展和改革委员会节能监察大队的执法人员，在送达《节能监察通知书》时，已出示过执法证件，这是我们的执法证件，现在请你再次确认。

答：我确认。

问：根据日常监察，我们今天就你单位××改造定向安置房项目未执行强制性节能标准一事进行调查询问，你有如实回答问题的义务，如果陈述不实将承担法律责任。

答：我知道。

问：你如果认为我们与此案有利害关系，可申请回避。

答：不申请回避。

问：××改造定向安置房项目是你单位建设的吗？

答：是我单位建设的。

问：项目建设到什么阶段了？

答：部分住宅楼已经开始二次装修，公建 1 号楼外墙装修，2 号楼刚封顶。

问：节能专篇是北京×××工程咨询有限公司编制的吗？

答：是。

问：施工图是北京×××民用建筑设计有限公司设计的吗？

答：是。

问：施工图是中国×××设计院审查的吗？

答：是。

问：你知道《中华人民共和国节约能源法》中有关固定资产投资项目的相关规定吗？

答：不知道。

问：你知道《公共建筑节能设计标准》DB 11/687—2009 中的相关规定吗？

答：不知道。

问：你对 2013 年 3 月 18 日的《监察登记表》中记录的内容有无异议？

答：没有异议。

问：你对 2013 年 6 月 27 日的《监察登记表》中记录的内容有无异议？

答：没有异议。

问：你单位的××改造定向安置房项目配套公建部分采用电暖气采暖的行为属于未执行强制性节能标准，你有无异议？

答：没有异议。

问：你对北京×××中心出具的《××改造定向安置房项目节能核查评价报告书》有无异议？

答：没有异议。

问：上述行为违反了《中华人民共和国节约能源法》第十五条的规定和《公共建筑节能设计标准》DB 11/687—2009 中第 4.4.2 条强制规范，我委将依法进行处理，你还有什么补充意见吗？

答：项目初期，市政燃气源与项目同期投入使用，但后期因特殊原因项目无法接入市政燃气源，为保证 2013 年年底入住，项目自行寻找供暖能源，经测算仅能保证住宅部分燃气壁挂炉需求，迫于无奈公建部分采用非燃气壁挂炉采暖。另外，对评价报告结论无异议，但对无燃气源的界定有异议。（以下空白）

被询问人意见及签名：记录属实　金××

执法人员签名：邢××　王××

北京市发展和改革委员会
监察登记表（二）

案件编码：

当事人	名称	北京××房地产开发有限责任公司	法定代表人	姓名	孙××
	地址	北京市丰台区丽泽路×号		职务	董事长
监察时间		2013 年 6 月 27 日 10 时 30 分 ~ 11 时 00 分			

我委对当事人的××改造定向安置房项目进行了节能监察。经查：

1. 经现场巡查，现 14 栋住宅已结构封顶，外立面施工完成大部分，正在进行门窗安装。散热器已安装完成，壁挂炉尚未进场。3 栋配套公建正在进行结构施工，耗能设备均为采购。3 栋配套公建目前正在办理开工许可证。

2. 现场审查了 13#住宅楼和 2#配套公建的施工图，住宅采用壁挂炉采暖，配套公建采用电暖气采暖。施工图设计单位：北京××民用建筑设计有限公司。

3. 现场与建设单位沟通，项目现暂无市政水，拟由现有地下水井供给；电力有 5 公里外 110kV 磁家务变电站接入；天然气由华油燃气供给压缩天然气，天然气通过佳通运输至本项目天然气站。

4. 本次监察现场提取材料：《2#配套施工图－给排水专业》全套共 20 张、《2#配套施工图－暖通专业》全套共 13 张；《13#住宅楼施工图－给排水专业》全套共 20 张、《13#住宅楼－设备施工图（包括给排水和暖通专业)》全套共 20 张。

执法人员签名：邢××　执法证号：03001××

执法人员签名：王××　执法证号：03001××

2013 年 6 月 27 日

当事人意见及签名盖章：

情况属实

金××

2013 年 6 月 27 日

北京市发展和改革委员会
调查终结报告

根据日常监察，邢××和王××组成监察小组，于2013年3月18日～2013年7月23日对该单位××改造定向安置房项目是否执行强制性节能标准，是否落实节能评估和审查意见进行监察，经查实，发现该项目存在未执行强制性节能标准的违法行为。目前，调查取证阶段已终结。现将检查情况和处理意见报告如下：

一、当事人的概况：

名称：北京××房地产开发有限责任公司

地址：北京市丰台区丽泽路×号

法定代表人：孙××

职务：董事长

二、案件事实：

2013年3月18日，我委对当事人实施了节能监察，并委托北京×××中心依据《北京市固定资产投资项目节能评估和审查管理办法》，核查评价当事人的××改造定向安置房项目是否执行强制性节能标准，是否落实节能评估和审查意见。

经查：依据北京×××中心出具的《××改造定向安置房项目核查评估报告》，当事人的××改造定向安置房项目配套公建部分采用电暖气采暖的行为，违反了《中华人民共和国节约能源法》第十五条、《北京市实施〈中华人民共和国节约能源法〉办法》第十三条的规定和《公共建筑节能设计标准》DB 11/687—2009中第4.4.2条强制规范。依据北京×××中心出具的《××改造定向安置房项目核查评估报告》，该项目核查评价结果为不合格。

以上事实有《监察登记表》《调查询问笔录》和《××改造定向安置房项目核查评估报告》为证。

三、当事人意见：

当事人对检查出的节能违法事实、证据和文件依据没有异议，因市政燃气源无法正常接入，为保证入住，我单位只能采取电采暖方式提供供热源。

四、执法人员就案件有关情况的说明：

当事人在检查中积极配合，主动提出要尽快采取措施进行整改。

五、处罚法律依据及执法人员处理意见：

当事人上述行为不符合《中华人民共和国节约能源法》第十五条、《北京市实施〈中华人民共和国节约能源法〉办法》第十三条的规定和《公共建筑节能设计标准》DB 11/687—2009 中第 4.4.2 条强制规范，构成未执行强制性节能标准的违法行为，依据《中华人民共和国节约能源法》第六十八条和《北京市实施〈中华人民共和国节约能源法〉办法》第六十四条的规定，建议做如下处理：

一、责令其 100 日内改正上述违法行为。

二、责令其停止 1、2、3 号配套服务楼的建设。

以上报告，请予审议。

执法人员签名：邢××、王××

2013 年 7 月 29 日

北京市发展和改革委员会
案件处理审核表

案件编码：

当事人	名称	北京××房地产开发有限责任公司	法定代表人	姓名	孙××
	地址	北京市丰台区丽泽路×号		职务	董事长

案由	××改造定向安置房项目未执行强制性节能标准

案件事实处罚依据	见《调查终结报告》

执法人员意见	一、责令其停止1、2、3号配套服务楼的建设 二、责令其100日内改正上述违法行为 签名：邢××　王××　2013年7月29日

法律人员意见	已审核，请领导阅批。 签名：孔××　2013年7月29日

业务副队长审核	同意上案审会讨论，请申队批示。 签名：祝××　2013年7月29日

大队长批示	同意。 签名：申××　2013年7月29日

北京市发展和改革委员会
案件讨论记录

时间：<u>2013 年7 月30 日13 时30 分～14 时30 分</u>

地点：<u>北京市节能监察大队会议室</u>

主持人：<u>申××（大队长）</u>　　　记录人：<u>邢××（主办人）</u>

列席人：<u>无</u>

出席人：<u>祝××（副队长）、吴××（副队长）、陶××（主办人）、王××（协</u>
<u>办人）、刘××（主办人）、孔××（法律主管）</u>

案由：<u>未执行强制性节能标准</u>

讨论结论：

综合大家的讨论意见，集体审理确定案件性质为未执行强制性节能标准的违法行
为，依据《中华人民共和国节约能源法》第六十八条和《北京市实施〈中华人民共和
国节约能源法〉办法》第六十四条的规定，处理如下：

一、责令其停止1、2、3号配套服务楼的建设。

二、责令其100 日内改正上述违法行为。

讨论内容：

申××：由邢××简要介绍案情，宣读《调查终结报告》。

……

刚才邢××对案情进行了介绍，监察小组其他成员是否还有补充意见？

王××：无补充意见。

申××：大家对案情有了了解，请大家充分发表意见，首先讨论管辖权的问题。

邢××：该单位注册地在丰台区，行为发生地在房山区，根据《北京市节能监察
办法》第二条规定，我委有管辖权，可以处理。

申××：该案的违法事实是如何认定的？

孔××：刚才监察人员在《调查终结报告》中已进行了详细阐述。该案违法事实
清楚，认定无问题。

申××：证据材料审查了吗？

孔××：提取的证据材料已按规定全部审核，可以证明其违法事实的存在。

申××：此案是如何定性的？

邢××：当事人的××改造定向安置房项目配套公建部分采用电暖气采暖的行为，违反了《中华人民共和国节约能源法》第十五条、《北京市实施〈中华人民共和国节约能源法〉办法》第十三条的规定和《公共建筑节能设计标准》DB 11/687—2009 中第4.4.2条强制规范。依据北京××××中心出具的《××改造定向安置房项目核查评估报告》，该项目核查评价结果为不合格。将该案件定性为未执行强制性节能标准。

申××：监察小组其他成员还有无补充意见？

王××：无补充意见。

申××：处理依据是什么？

邢××：处理依据是《中华人民共和国节约能源法》第六十八条和《北京市实施〈中华人民共和国节约能源法〉办法》第六十四条的规定。

申××：该案程序是否合法？

孔××：经过审核，该案手续完备、程序合法。

申××：其他同志还有什么意见？

祝××：无补充意见。

吴××：无补充意见。

陶××：无补充意见。

刘××：无补充意见。

申××：综合大家的讨论意见，集体审理确定案件性质为未执行强制性节能标准的违法行为，依据《中华人民共和国节约能源法》第六十八条和《北京市实施〈中华人民共和国节约能源法〉办法》第六十四条的规定，处理如下：

一、责令其100日内改正上述违法行为。

二、责令其停止1、2、3号配套服务楼的建设。

参加人签名：申××　祝××　吴×　陶××　王××

刘××　孔××　邢××

北京市发展和改革委员会
责令改正通知书

京发改节责通〔2013〕5号

当事人：北京××房地产开发有限责任公司

地址：北京市丰台区丽泽路×号

法定代表人：孙××　职务：董事长

根据日常监察工作安排，我委于2013年3月18日～2013年7月23日，对你单位××改造定向安置房项目是否执行强制性节能标准，是否落实节能评估和审查意见进行监察。经查实，你单位存在××改造定向安置房项目未执行强制性节能标准的节能违法问题。

你单位该项目1、2、3号配套服务楼采用电暖气采暖的行为，违反了《中华人民共和国节约能源法》第十五条、《北京市实施〈中华人民共和国节约能源法〉办法》第十三条的规定和《公共建筑节能设计标准》DB 11/687—2009中第4.4.2条强制规范。依据北京×××中心出具的《××改造定向安置房项目核查评估报告》，该项目核查评价结果为不合格。将该案件定性为未执行强制性节能标准。

上述行为违反了《中华人民共和国节约能源法》第十五条、《北京市实施〈中华人民共和国节约能源法〉办法》第十三条和《公共建筑节能设计标准》DB 11/687—2009第4.4.2条的有关规定。构成未执行强制性节能标准的违法行为。

以上事实有《监察登记表》《调查询问笔录》《核查评价报告》证明。

我委依据《中华人民共和国节约能源法》第六十八条和《北京市实施〈中华人民共和国节约能源法〉办法》第六十四条的规定，经研究决定：

责令你单位100日内改正上述违法行为。

你单位如逾期不履行本决定，我委将依法处理。

你单位如对本处理决定不服，可在收到本《责令改正通知书》之日起六十日内，向北京市人民政府或者国家发展和改革委员会提出行政复议申请；也可以在三个月内，向北京市西城区人民法院提起行政诉讼。行政复议或者诉讼期间，本处理决定不停止执行。

联　系　人：邢××

联系电话：66415588－12××

办公地点：北京市西城区复兴门南大街甲 2 号 A 西座 2 - 14

邮寄地址：北京市西城区复兴门南大街丁 2 号节能监察大队

邮编：100031

2013 年 7 月 31 日

北京市发展和改革委员会
送达回证（三）

案件编码：

送达文书 名称及文号	责令整改通知书（京发改节责通［2013］5号）		
受送达人	北京××房地产开发有限责任公司		
送达地点	北京市节能监察大队会议室		
送达时间	2013年8月5日	送达方式	直接送达
受送达人签名及盖章 金×× 2013年8月5日		送达人签名及盖章 邢×× 王×× 2013年3月5日	
备 注			

北京市发展和改革委员会
行政处罚事先告知书

京发改节事告〔2013〕1号

北京××房地产开发有限责任公司：

2013年3月18日，你单位××改造定向安置房项目未执行强制性节能标准的行为，违反了《中华人民共和国节约能源法》第十五条、《北京市实施〈中华人民共和国节约能源法〉办法》第十三条和《公共建筑节能设计标准》DB 11/687—2009中第4.4.2条的规定，依据《中华人民共和国节约能源法》第六十八条和《北京市实施〈中华人民共和国节约能源法〉办法》第六十四条规定，本机关拟对你单位作出停止建设该项目1、2、3号配套服务楼的行政处罚。

依据《中华人民共和国行政处罚法》的有关规定，你单位如对上述处罚意见有异议，可以到北京市发展和改革委员会进行陈述和申辩。

地   址：北京市西城区复兴门南大街甲2号A西座2-14
邮   编：100031
联 系 人：邢××
联系电话：66415588-12××

2013年8月15日

北京市发展和改革委员会
送达回证（四）

案件编码：

送达文书 名称及文号	行政处罚事先告知书（京发改节事告［2013］1号）		
受送达人	北京××房地产开发有限责任公司		
送达地点	北京市节能监察大队会议室		
送达时间	2013年8月16日	送达方式	直接送达
受送达人签名及盖章 金×× 2013年8月16日		送达人签名及盖章 邢××　王×× 2013年8月16日	
备 注			

北京市发展和改革委员会
行政处罚决定书

京发改节处罚 [2013] 1 号

当事人：北京××房地产开发有限责任公司

地　　址：北京市丰台区丽泽路×号

法定代表人：孙××　职务：董事长

根据日常监察，我委于 2013 年 3 月 18 日~2013 年 7 月 23 日，对你单位××改造定向安置房项目是否执行强制性节能标准，是否落实节能评估和审查意见的情况进行监察。经查实，你单位存在××改造定向安置房项目未执行强制性节能标准的节能违法问题。

你单位该项目 1、2、3 号配套公建部分采用电暖气采暖。

上述行为，违反了《中华人民共和国节约能源法》第十五条、《北京市实施〈中华人民共和国节约能源法〉办法》第十三条和《公共建筑节能设计标准》DB 11/687—2009 中第 4.4.2 条的规定。

以上事实有《监察登记表》《调查询问笔录》和《××改造定向安置房项目核查评价报告》为证。

依据《中华人民共和国节约能源法》第六十八条和《北京市实施〈中华人民共和国节约能源法〉办法》第六十四条

经研究，作出如下处罚决定：

责令停止建设该项目 1、2、3 号配套服务楼。

你单位如对本处罚决定不服，可在收到本处罚决定书之日起六十日内，向北京市人民政府或者国家发展和改革委员会提出行政复议申请；也可以在三个月内，向北京市西城区法院提起行政诉讼。行政复议或者诉讼期间，本处罚决定不停止执行。

2013 年 8 月 22 日

北京市发展和改革委员会
送达回证（五）

案件编码：

送达文书 名称及文号	行政处罚决定书（京发改节处罚［2013］1号）		
受送达人	北京××房地产开发有限责任公司		
送达地点	北京市节能监察大队会议室		
送达时间	2013 年 8 月 23 日	送达方式	直接送达
受送达人签名及盖章 金×× 2013 年 8 月 23 日		送达人签名及盖章 邢××　王×× 2013 年 8 月 23 日	
备 注			

北京市发展和改革委员会
结案审批表

案件编码：

当事人	名称	北京××房地产开发有限责任公司	法定代表人	姓名	孙××
	地址	北京市丰台区丽泽路×号法定		职务	董事长
案由		××改造定向安置房项目未执行强制性节能标准			
案件来源		日常监察			
结案理由		当事人已履行了《行政处罚决定书》（京发改节处罚〔2013〕1号）并按照《责令改正通知书》（京发改节责通〔2013〕5号）要求进行了改正。执法人员意见，申请结案。 签名：邢×× 王×× 2014 年 7 月 22 日			
执法人员意见		申请结案。 签名：邢×× 王×× 2014 年 7 月 22 日			
法律人员意见		已审核，请领导阅批。 签名：邢×× 王×× 2014 年 7 月 22 日			
业务副队长意见		同意结案。 签名：邢×× 王×× 2014 年 7 月 22 日			
综合副队长意见		同意结案，请申队批示。 签名：邢×× 王×× 2014 年 7 月 22 日			
大队长批示		同意结案。 签名：申×× 2014 年 7 月 22 日			
结案时间		2014 年 7 月 22 日			

案例2 山东省德州市节能监察支队

一、基本案情

（一）节能监察准备阶段

为落实节能法律、法规、规章和强制性节能标准，根据省节能监察总队工作安排，德州市节能监察支队于2013年3月27日对××公司执行固定资产投资项目节能评估审查制度情况进行节能监察。对用能单位开展现场监察之前，需要提前做好准备工作，例如监察人员确定、监察文书制作、各类仪器设备准备等。具体事项如下。

1. 基础事项准备

制定节能监察实施方案及监察计划。2013年2月20日，德州市节能监察支队根据《山东省2013年节能监察工作指导意见》等省、市有关文件精神，按照全市节能工作部署，制定了《德州市2013年节能监察工作实施方案》，计划对用能单位执行固定资产投资项目节能评估审查制度情况开展现场节能监察。随后，德州市节能监察支队制定了《2013年度节能监察计划及日程表》，明确于2013年3月开展对宁津县用能单位的现场监察。

组成节能监察小组，明确人员分工。3月16日，德州市节能监察支队成立节能监察小组，由潘××任组长，张××、刘××为组员。监察小组制作了《节能监察审批表》，经支队领导审批后实施。

2. 准备节能监察文书

监察小组制作了《关于对宁津县用能单位开展监察的通知》，《节能监察告知书》《送达回证》，明确于3月27日进入××公司开展现场节能监察。

告知被监察单位。3月23日，监察小组委托宁津县节能监察大队向被监察单位送达《节能监察告知书》，《送达回证》经被监察单位签字盖章后收回。

3. 仪器设备准备

监察小组提前准备好监察车辆、照相机、摄像机、录音笔、笔记本电脑等设备。

4. 各种资料准备

将《节约能源法》《山东省节约能源条例》《山东省 2013 年节能监察工作指导意见》《德州市 2013 年节能监察工作实施方案》《德州市固定资产投资项目节能评估审查管理暂行办法》《产业结构调整目录（2011 年本，2013 年修正)》等节能法律、法规、规章和标准整理、打印成册。

《节能监察审批表》《节能监察告知书》及《送达回证》内容如下。

山东省节能监察审批表

监察情况摘要	依据《中华人民共和国节约能源法》《山东省节约能源条例》《山东省节能监察办法》等节能法律法规规定，根据省经信委《关于印发〈山东省 2013 年节能监察工作方案〉的通知》（鲁经信节监字〔2013〕3 号），德州市政府办公室《关于进一步加强节能工作的意见》（德政办字〔2012〕11 号）、市经信委《德州市经济和信息化委员会关于印发〈德州市 2013 年节能监察工作实施方案〉的通知》（德经信发〔2013〕23 号）的要求，3 月 27 日，计划对××公司进行现场节能监察。
承办科室意见	科室负责人： 2013 年　　月　　日
审批意见	审批人： 2013 年　　月　　日

山东省节能监察行政执法文书

节 能 监 察 告 知 书

监察编号：鲁（N） – JNZF – JCGZ – 2013 – 021

××公司：

为全面贯彻落实《中华人民共和国节约能源法》和《山东省节约能源条例》等法律、法规，依法推动节能工作，促进节约型社会建设，依据《山东省节能监察办法》有关规定，定于 2013 年 3 月 27 日对你单位进行节能监察。你单位应配合实施节能监察，不得拒绝或妨碍监察人员的节能监察工作，拒绝依法实施节能监察的，依据《山东省节能监察办法》第二十二条规定处理。

本次监察内容和方式	监察内容： 固定资产投资项目节能评估和审查制度执行情况 监察方式： 现场监察

为使监察工作顺利进行，请配合做好以下工作：

1. 提前准备好本次监察工作需要的相关材料。

2. 现场监察时，请你单位分管节能工作领导、节能管理人员、生产管理人员、设备管理人员、项目管理人员等相关人员到场配合。

单位地址	德州市新湖大街 2055 号	
邮政编码	253000	2013 年 3 月 23 日
联系电话	0534 – 2231159	
传　真	0534 – 2231133	

山东省节能监察行政执法文书
送达回证

监察编号：鲁（N）－JNZF－SDHZ－2013－021－01

受送达单位：	××公司		
送达地点：			
送达方式：	直接送达		
法律文书编号		文书名	文件页数
鲁（N）－JNZF－JCGZ－2013－021		节能监察告知书	1
备注：			

送达人（签名）：　　　　　　　　　　　　　　德州市节能监察支队（印章）

　　　　2013 年　月　日　　　　　　　　　　　2013 年　月　日

受送达人（签名）：　　　　　　　　　　　　　受送达单位（印章）

　　　　2013 年　月　日　　　　　　　　　　　2013 年　月　日

（二）节能监察实施阶段

1. 实施节能监察过程介绍

首次会议。监察开始前，首先召开首次会议，被监察单位副总经理范××及有关部门负责人出席会议。监察人员按照程序，分别出示行政执法证，询问有无回避的事项，宣布此次监察的目的、内容、方式和法律法规依据，并宣读《德州市节能监察支队九项公开承诺》。随后，被监察单位副总经理范××对企业节能工作情况进行简要介绍，监察小组组长潘××根据监察内容进行分工，要求被监察单位配合开展工作。

现场监察、调查。监察人员通过与被监察单位副总经理范××沟通交流，并查看企业提供的有关资料，发现该公司 2012 年新上"年产 300 万台（套）豆浆机大组件及整机项目"，且该项目未通过节能主管部门的节能评估审查。监察人员根据该情况，对该项目情况进行详细记录，将《可行性研究报告》《立项批复》等资料拍照带回，并对被监察单位副总经理范××进行调查询问。

制作现场监察文书。监察人员制作《现场监察笔录》《调查笔录》，对执法全过程、现场监察情况、调查询问情况进行详细记录。

末次会议。15：30 召开末次会议，监察人员根据现场监察情况及发现问题，与被监察单位有关人员进行沟通交流，被监察单位副总经理范××代表被监察单位在《现场监察笔录》《调查笔录》上签字认可。

本案中项目《可行性研究报告》《立项批复》等资料以及《现场监察笔录》《调查笔录》等文书材料均为现场监察的重要证据，应当保证其证明力。《可行性研究报告》《立项批复》等资料的原件无法带回，应当对其进行拍照或复印，且应经被监察单位盖章或签字后方能带回。《现场监察笔录》《调查笔录》等文书材料均应有被监察单位法定代表人的签字（盖章），法定代表人无法签字，应由其授权委托的人员签字（盖章）。

2. 监察过程中的文书实例

《现场监察笔录》《调查笔录》内容如下。

山东省节能监察行政执法文书

现 场 监 察 笔 录

监察编号：鲁（N）-JNZF-JCBL-2013-021

被监察单位（全称）：××公司

监察日期：2013 年 3 月 27 日

监察内容：

固定资产投资项目节能评估审查制度执行情况

事实描述：

2013 年 3 月 27 日，德州市节能监察支队潘××、张××、刘××在宁津县经济开发区管理委员会企业服务中心杨××陪同下对××公司执行固定资产投资项目节能评估审查制度情况进行现场监察。

14：30，在该公司一楼会议室召开首次会议，首先，介绍双方参会人员，被监察单位副总范××出席会议。其次，监察负责人潘××向被监察单位出示潘××、张××两位执法人员的行政执法证，表明身份，被监察单位副总范××表示认可。再次，监察人员潘××向被监察单位副总范××询问，有无需要回避的事项，被监察单位副总范××表示没有。然后，监察人员潘××宣布此次监察的目的、内容、方式和法律法规、政策依据，并告知其节能监察支队"九项公开承诺"。最后，被监察单位副总范××围绕监察内容进行简要介绍。之后，潘××根据本次监察内容进行分工，并就被监察单位配备相关配合人员提出要求。

14：50~15：30，监察人员潘××、张××在被监察单位副总范××的陪同下对固定资产投资项目节能评估审查制度执行情况进行监察，发现被监察单位 2012 年存在 1 个新上固定资产投资项目（年产 300 万台（套）豆浆机大组件及整机项目）。监察人员通过查看该项目的可行性研究报告、立项批复以及节能登记表备案意见等材料，并填写固定资产投资项目监察情况表。

固定资产投资项目监察情况表

项目名称：年产 300 万台（套）豆浆机大组件及整机项目

<table>
<tr><td rowspan="5">项目概况</td><td>项目总投资</td><td>15000 万元</td><td>项目性质</td><td>新建</td></tr>
<tr><td>评估机构名称</td><td>无</td><td>评估报告编号</td><td>无</td></tr>
<tr><td>审查机构名称</td><td>无</td><td>审查批文编号</td><td>—</td></tr>
<tr><td>投资管理类别</td><td>备案</td><td>立项批文编号</td><td>德发改审批〔2012〕49 号</td></tr>
<tr><td colspan="4">项目建设规模和主要内容：

新建生产车间、仓库、综合业务用房等，总建筑面积 37000 平方米；购置油压机、冲床、钎焊流水线炉、全自动清洗线等设备共 32 台（套），建成达产后年生产 300 万台（套）豆浆机大组件及整机。

项目年新增用电 196 万千瓦时。</td></tr>
</table>

15：30～15：40，监察人员召开内部交流会，汇总监察情况，制作《现场监察笔录》《调查笔录》，与被监察单位副总范××就现场监察情况进行沟通交流，被监察单位副总范××代表被监察单位在《现场监察笔录》《调查笔录》上签字认可。

15：40，现场监察结束。

（以下空白）

被监察单位负责人（或其书面委托的负责人）签名（盖章）：

监察组组长和行政执法证号：潘××SD－N0000200××（A）

监察组成员和行政执法证号：张××SD－N0000200××（A）

刘　×SD－N0000200××（A）

县（市、区）陪同人员签名：

监察组组长签名：

2013 年 3 月 27 日

山东省节能监察行政执法文书

调 查 笔 录

监察编号：鲁（N）－JNZF－DCBL－2013－021

时　　间：2013 年 3 月 27 日 15 时 00 分～15 时 10 分

地　　点：公司一楼会议室

调 查 人：潘×× 张××

记 录 人：张××

被调查人：姓名：范××　　　职务：副 总　　　性 别：男

电　　话：139××××××××

被监察单位：××公司

调查情况：德州市节能监察支队潘××、张××、刘××在宁津县经济开发区管理委员会企业服务中心杨××陪同下对××公司执行固定资产投资项目节能评估审查制度情况进行监察。在监察中发现，该公司 2012 年在德州市发改委备案的年产 300 万台（套）豆浆机大组件及整机项目未经节能评估审查。针对以上情况，监察人员潘××、张××对该公司副总范××进行调查询问。

潘××：范总，你好，这是我们的执法证件，有什么异议吗？

范××：没有。

潘××：根据对你公司提供材料进行书面审查，就你公司执行固定资产投资项目节能评估审查制度情况做一下了解。

范××：好的。

潘××：你公司 2012 年在德州市发改委备案的年产 300 万台（套）豆浆机大组件及整机项目是否进行了节能评估审查？

范××：没有。

潘××：按照《山东省节约能源条例》《德州市固定资产投资项目合理用能评估和审查管理暂行办法》规定，新、改、扩建工业固定资产投资项目，建设单位应当按照国家规定进行节能评估，并按项目管理权限报节能行政主管部门备案，未经节能评估审查或经审查未通过的工业固定资产投资项目，建设单位不得开工建设。依据《德州市固定资产投资项目合理用能评估和审查管理暂行办法》第五条规定，项目建设单位应委托经省、市节能行政主管部门认可的节能监测咨询评估机构对项目可行性研究报告或项目申请报告中的合理用能专题论证内容（节能篇）进行评估，并出具合理用能评估报告。在德州行政区域内，德州市经济和信息化委员会为节能行政主管部门，负责德州市辖区内的固定资产投资项目节能评估审查。

范××：下一步，我们一定加强节能评估审查方面法律法规和政策的学习，认真贯彻落实好这项制度。

潘××：这是我们的调查笔录，以上情况你看是否属实？

范××：属实。

潘××：你看还有什么需要补充说明的吗？

范××：没有。

潘××：请你在被调查人处签字。谢谢你的配合！

（以下空白）

二、结果处理

（一）限期整改

1. 限期整改过程

研究讨论处理意见。德州市节能监察支队负责人组织召开工作研讨会，就××公司年产300万台（套）豆浆机大组件及整机项目未依据相关节能法律法规进行节能评估和审查情况进行研究讨论，认为该公司新上固定资产投资项目未经节能评估审查即开工建设，违反了《中华人民共和国节约能源法》第15条和《山东省节约能源条例》第15条的规定，应依据《中华人民共和国行政处罚法》第23条、《中华人民共和国节约能源法》第68条和《山东省节约能源条例》第47条，责令该项目停止建设或停止生产、使用，限期改造。随后，德州市节能监察支队制作《处理意见审批表》，将监察情况及拟处理意见向市节能行政主管部门分管领导汇报，经领导研究决定，向××公司下达《限期整改通知书》，责令其补办节能评估审查手续。

送达《限期整改通知书》。4月8日，德州市节能监察支队委托宁津县节能监察大队，对××公司送达《限期整改通知书》。

结案。6月5日，××公司向德州市节能监察支队提交了《年产300万台（套）豆浆机大组件及整机项目合理用能评估报告》及德州市经济和信息化委员会《关于××公司年产300万台（套）豆浆机大组件及整机项目合理用能评估审查的批复》（德经信节评审〔2013〕81号）。经德州市节能监察支队监察人员审核，制作《结案审查表》，予以结案。

2. 限期整改的各种文书实例

《处理意见审批表》《限期整改通知书》《送达回证》及《结案审查表》内容如下。

山东省节能监察行政执法文书
处理意见审批表

拟处理单位	××公司
案由及处理意见	根据《德州市2013年节能监察工作实施方案》要求，在2013年节能监察中，发现××公司存在"年产300万台（套）豆浆机大组件及整机项目"未依据相关节能法律法规进行节能评估和审查行为，根据《中华人民共和国行政处罚法》第23条的规定，对该企业下达限期整改通知书。
文书名（附后）	限期整改通知书（鲁（N）－JNZF－ZGTZ－2013－021）
监察机构意见	年　月　日
节能行政主管部门意见	年　月　日

山东省节能监察行政执法文书

限 期 整 改 通 知 书

监察编号：鲁（N） –JNZF –ZGTZ –2013 –021

被监察单位（全称）：××公司

联系地址：山东省宁津县银河经济开发区

邮政编码：253400

德州市节能监察支队于 2013 年 3 月 27 日对你单位固定资产投资项目节能评估审查制度执行情况进行了节能监察。经查实，你单位存在以下违法事实：年产 300 万台（套）豆浆机大组件及整机项目未经过节能行政主管部门的节能评估审查。

上述行为，违反了《中华人民共和国节约能源法》第 15 条和《山东省节约能源条例》第 15 条的规定。

现依据《中华人民共和国行政处罚法》第 23 条、《中华人民共和国节约能源法》第 68 条和《山东省节约能源条例》第 47 条，责令你单位自接到本《限期整改通知书》之日起 20 日内，补办年产 300 万台（套）豆浆机大组件及整机项目的节能评估审查手续，并将节能评估审查批复文件报送至市节能监察支队。

若你单位对违法事实有异议，请在收到本《限期整改通知书》3 日内向市节能监察支队提出陈述、申辩。对未按期、按要求整改的，市节能行政主管部门将严格按照有关法律法规规定处理。

德州市节能监察支队地址：德州市新湖大街 2055 号

邮政编码：253000

联系电话：0534 –2231159

（公章）

年 月 日

山东省节能监察行政执法文书

送达回证

受送达单位：	宁津县节能监察大队		
送达地点：	德州市节能监察支队		
送达方式：	直接送达		
法律文书编号		文书名	页数
监察编号：鲁（N）－JNZF－ZGTZ－2013－021		限期整改通知书	1

备注：委托宁津县节能监察大队将1份限期整改通知书于收到之日立即送达相关企业。

送达人（签名）： 　　　　　　　　　　德州市节能监察支队（印章）

　年　月　日　　　　　　　　　　　　　年　月　日

受送达人（签名）： 　　　　　　　　　　受送达单位（印章）

　年　月　日　　　　　　　　　　　　　年　月　日

送 达 回 证

宁津县节能监察大队（盖章）：

序号	单位名称	送达内容	送达人	受送达人	送达方式	送达时间
1	××公司	《限期整改通知书》 鲁（N）－JNZF－ZGTZ－2013－021			委托送达	

山东省节能监察行政执法文书

结 案 审 查 表

监察编号：鲁（2013）－JNZF－JASC－21

案由	主要违法事实：××公司年产300万台（套）豆浆机大组件及整机项目未依据相关节能法律法规进行节能评估和审查，违反了《中华人民共和国节约能源法》第15条和《山东省节约能源条例》第15条的规定。
执行情况	根据上述违法事实，市经信委已于2013年4月8日对其下达《限期整改通知书》，2013年6月4日，该公司按照要求对年产300万台（套）豆浆机大组件及整机项目开展了合理用能评估，市节能行政主管部门为该项目出具了《合理用能评估审查批复》。
结案理由	经该公司提交整改完毕申请，由于该公司已经按照要求对项目办理了节能评估审查，予以结案。 承办人：　　　　　　　　　年　月　日
审批意见	 审批人：　　　　　　　　　年　月　日

三、案例启示

1. 规范制作现场笔录

现场笔录作为节能监察的一种重要证据，一是必须符合证据形式要件，应精确、全面、客观，含有监察过程的处理事项、方法、过程、结果和现场概貌及当事人的行为等，充分体现证据本身应具有的客观性、关联性和合法性；二是在内容上要用语客观、记录全面，既要准确、客观地记载违法事实或违法行为、现场情况，又要记录出示执法证件，表明执法身份、宣读"九项承诺"等执法程序；既要精确填写现场检查、询问的时间、地点，以及当事人的基本情况和活动状况，又要填写执法人员、记录人员的姓名、执法证号码和执法内容；三是笔录写好后要交给当事人阅读或向其宣读，并由当事人逐页签章。现场笔录与现场拍摄照片证据及书面证据相互印证，相互支撑，形成完整证据链。保证了违法事实清楚，为违法行为的后续处理提供有力支撑。

2. 有效进行调查取证

首先，监察人员要熟悉案情，掌握重点，做到心中有数，调查询问内容要全面具体，富有逻辑，一针见血地将违法事实询问清楚，保证调查笔录的证明力；其次，其他证据要与笔录证据相互统一。本案中，除有相应的笔录证据外，监察人员还对监察过程的相关证据进行拍照取证，有关资料均由被监察单位签字盖章后带回，确保二者相互印证，保证证据全面、完整、有效。

3. 充分发挥节能监察引导作用，加强法律法规政策宣贯

节能监察过程也是有效提升企业对节能工作重视程度、强化其对节能法律法规政策了解程度的过程。本案中，监察人员发现企业人员对节能评估审查制度法律法规政策了解不深，导致企业未按规定进行节能评估审查。因此，监察人员向企业人员进行了相关法律法规政策要求的宣贯，使企业人员全面了解法律规定，意识到自身违法行为，推动企业积极整改，并在以后工作中能够严格按照法律法规制度办事。

本案证据目录：

(1) 山东省节能监察审批表

(2) 节能监察告知书（监察编号：鲁（N）–JNZF–JCGZ–2013–021）

(3) 送达回证（监察编号：鲁（N）–JNZF–SDHZ–2013–021–01）

(4) 现场监察笔录（监察编号：鲁（N）–JNZF–JCBL–2013–021）

(5) 调查笔录（监察编号：鲁（N）–JNZF–DCBL–2013–021）

(6) 处理意见审批表

(7) 限期整改通知书（监察编号：鲁（N）–JNZF–ZGTZ–2013–021）

(8) 结案审查表（监察编号：鲁（2013）–JNZF–JASC–21）

案例3 山东省聊城市节能监察支队

一、基本案情

根据《聊城市2014年节能监察工作实施方案》中"组织对全市新建、改建、扩建固定资产投资项目执行节能评估审查制度进行专项监察"的安排，聊城市节能监察支队决定对××燃气有限公司进行监察。

（一）节能监察准备阶段

1. 案由

对全市新建、改建、扩建固定资产投资项目执行节能评估审查制度进行专项监察。

2. 分组及人员分工

支队召开了监察工作安排会议。首先成立了以×××为组长的监察小组，×××、×××为成员，并根据工作需要进行了分工。组长×××和成员×××负责查阅生产统计台账、能源统计台账和立项文件，查看管网系统图，成员×××负责取证并制作监察笔录等。监察组一起到现场查看。

根据执法流程要求，填写《日常监察申请表》，于2014年1月3日现场送达《节能监察告知书》，并附《送达回证》。对此次监察的依据、内容、方式和需要提前准备的材料作了详细说明。要求被监察单位事先准备好加气站项目立项文件、能评文件、节能验收和设备台账等材料。

3. 执法文书准备

监察前，监察人员准备好节能监察告知书、公开承诺、现场监察笔录、调查笔录、送达回证、现场节能监察签到记录、授权委托书等，并对有关文书予以盖章。

4. 仪器设备准备

准备了录音笔、笔记本电脑、照相机等取证设备和监测设备。

5. 监察依据准备

包括《中华人民共和国节约能源法》《固定资产投资项目节能评估和审查暂行办法》（国家发改委 6 号令）、《山东省节约能源条例》《山东省节能监察办法》《城镇燃气管理条例》（国务院令第 583 号）《中华人民共和国国家标准天然气》等法律法规、标准及《聊城市 2014 年节能监察工作实施方案》。

（二）节能监察实施阶段

1. 召开首次会议（9：00～9：30）

监察组长×××主持首次会议，指定监察人员×××负责记录。

介绍监察组成员：×××、×××

（1）出示执法证件，表明身份。（×××负责）

由×××出示×××、×××两名执法人员行政执法证件，表明身份，请××燃气有限公司副总经理确认后收回。

（2）送达《节能监察告知书》及留取送达回证。（×××负责）

①递交《节能监察告知书》。（×××负责）

②××燃气有限公司副总经理（授权委托人）确认后，在《送达回证》上签字盖章，见证人×××在《送达回证》上签字。

③《节能监察告知书》双方各执一份，《送达回证》由执法人员留存。

（3）宣读公开承诺。（×××负责）

①宣读支队公开承诺。

②宣读完毕，×××向××燃气有限公司询问有无需要回避及不适合进行本次现场监察的人员等情形。

（4）介绍监察要点。组长×××重申此次监察工作的依据、内容、方式及被监察单位需配合的事项。

①监察依据：《山东省节约能源条例》。

②监察内容：工业固定资产投资项目节能评估审查制度执行情况。重点监察建设项目是否进行节能评估；是否经过节能审查；项目建成后是否经过节能验收。

③监察方式：现场监察，确保材料、数据的客观性和真实性。

④配合事项：一是需要提供的材料：企业填报的节能监察调查表、管网系统图、设备台账、公司下属 5 个加气站的审批手续等资料。二是需要配合的人员：公司分管节能的领导，生产部负责人，能源管理负责人，统计、计量、设备、财务、项目等相

关人员，能源利用状况报告填报人员等。××燃气有限公司指定×××能源管理负责人作为联络员负责现场协调联络工作。

（5）听取企业汇报。××燃气有限公司副总经理介绍本单位生产经营情况、节能管理情况及固定资产投资项目建设审批情况等相关内容。

（6）参加首次会议的××燃气有限公司副总经理和在场人员以及见证人（县市区节能办）和执法人员，在签到表上签名。（×××负责）

2. 查阅材料（9：30～10：30）

分工：×××负责查阅5个加气站项目的立项、竣工验收等相关材料；×××负责检查企业填报的节能监察调查表；×××负责查阅管网系统图、设备台账。

3. 查验现场（10：30～11：30）

由××燃气有限公司人员×××配合，根据查阅审批手续时发现的问题有针对性地进行现场核查。采用照相录像等手段将5个加气站的实际使用情况记录下来，并在现场监察笔录上记录。

现场需要收集的资料主要有企业填报的节能监察调查表、管网系统图、工艺设备台账、视听资料、项目立项、竣工验收材料等与监察内容有关的材料。材料的复印件由提供者的签字或押印，注明其与原件相符。

4. 召开内部交流会议（13：30～14：00）

×××组织召开内部交流会议，汇总监察情况。

5. 制作《现场监察笔录》（14：00～14：30）

×××制作《现场监察笔录》。如实记录与监察内容有关的现场情况。由监察人员×××、×××共同完成。

6. 召开末次会议（14：30～15：00）

×××组织召开末次会议，通报监察情况，经××燃气有限公司副总经理（授权委托人）确认后，双方在《现场监察笔录》上签字，由监察人员带回。现场监察结束。

（三）监察文书实例

日常监察申请表

拟监察单位	××燃气有限公司				
单位地址	××××××				
联系人	×××	联系电话	××××××	传 真	××××××
拟监察日期	2014 年 1 月 7 日上午			申请用车时间	8 时 30 分
节能监察人员	×××、×××、×××				
承办人	×××				
拟监察内容	新建、改建、扩建固定资产投资项目执行节能评估和审查制度情况。				
审核意见	审核人签名：×××　　　　　2014 年 1 月 3 日				
审批意见	审批人签名：×××　　　　　2014 年 1 月 3 日				

山东省节能监察行政执法文书

节能监察告知书

鲁（×）JNZF – JCGZ – 14 – 001

××燃气有限公司：

　　为贯彻落实《中华人民共和国节约能源法》《山东省节约能源条例》《山东省节能监察办法》等法律法规，定于2014年1月7日对你单位进行现场监察。望你单位积极配合实施节能监察，否则将按照《山东省节能监察办法》第二十二条规定进行处理。

本次监察内容和方式	监察内容： 　　新建、改建、扩建固定资产投资项目执行节能评估和审查制度情况。 监察方式： 　　现场监察

为使监察工作顺利进行，请做好以下工作：

　　新建、改建、扩建固定资产投资项目立项、节能评估、审查、节能验收等文件资料。

单位地址		
邮政编码		××市节能监察支队
联系电话		2014 年 1 月 3 日
电子邮箱		

　　注：接此通知后，如有疑问，请及时与本监察机构联系。

山东省节能监察行政执法法律文书

送达回证

监察编号：鲁（×）－JNZF－SDHZ－14－001－1

受送达单位：	××燃气有限公司		
送达地点：	××燃气有限公司办公楼		
送达方式：	现场送达		
法律文书编号		文书名	文件页数
鲁（P）－JNZF－JCGZ－14－001－1		监察告知书	1
备注：			

送达人：×××　　　　　　　　　　　　××市节能监察支队

　　　　　　　　　　　　　　　　　　　2014 年 1 月 3 日

受送达人：×××　　　　　　　　　　　受送达单位

　　　　　　　　　　　　　　　　　　　2014 年 1 月 3 日

××市节能监察支队公开承诺

为保证节能监察工作客观、公正，××市节能监察支队向被监察单位作出如下承诺：

1. 由两名以上节能执法人员实施节能监察，并出示《山东省行政执法证》；

2. 监察所取的各项证据客观公正、真实有效；

3. 严格执法、热情服务、秉公办事、礼貌待人；

4. 节能监察工作不收取费用；

5. 按被监察单位提出的申请，确需监察人员回避的，及时调整人员；

6. 监察人员不利用职务之便谋取非法利益或其他影响公正执法的行为；

7. 监察人员不泄露被监察单位的技术秘密和商业秘密；

请被监察单位对我支队执法人员进行监督，对执法人员的违纪行为，及时反映至我支队负责人。

监督电话：×××××××

山东省节能监察行政执法文书
现 场 监 察 笔 录

监察编号：鲁（×）– JNZF – JCYJ – 14 – 001

被监察单位：××燃气有限公司

监察日期：2014 年 1 月 7 日

监察内容：根据《节能监察情况调查表》的基本内容以及固定资产新上项目节能评估、审批及节能验收、淘汰设备等情况进行现场监察。

事实描述：

2014 年 1 月 7 日，××市节能监察支队×××、×××、×××，对××燃气有限公司进行了现场监察，以告知书的形式对被监察单位予以告知。被监察单位张×、陈××、许××等人配合。在二楼会议室，介绍了双方人员，出示了执法证件和告知书，对这次监察的目的、方式、内容、程序进行了说明。

监察事实：

1. 公司 2013 年总供气 1.3 亿标准立方米。

2. 公司下属 5 个加气站：

（1）××加气站，2007 年建，属于标准站，年综合耗能为 231 吨标准煤；

（2）××加气站，2009 年建，属于标准站，年综合耗能为 270 吨标准煤；

（3）××加气站，2010 年建，属于标准站，年综合耗能为 241 吨标准煤；

（4）××加气站，2008 年建，租赁性质，属于子站，年综合耗能为 3.14 吨标准煤；

（5）××加气站，2009 年建，属于标准站，年综合耗能为 83 吨标准煤；

这五个加气站项目均未上报固定资产投资项目节能登记表，未经节能审查登记备案，项目竣工后未进行节能验收。

证明材料：

立项文件，管网系统图，加气站现场。

你单位对所提供的材料予以签章确认，确保真实无误。

被监察单位负责人（或其书面委托的负责人）签名（盖章）：

监察成员：×××

执法证号：SD – P0000200×× （A）

×××

执法证号：SD – P0000200××（A）

监察组长签字：×××

执法证号：SD – P0000200××（A）

配合人员签字：×××

2014 年 1 月 7 日

二、结果处理

1. 处理过程

1月9日，市节能监察支队召集有关人员进行研究讨论，决定提请市经信委对××燃气有限公司下达《限期整改通知书》，责令其在三个月内对五个加气站项目补办节能登记备案，并进行节能验收。按照上述决定，市节能监察支队派人于1月16日以直接送达的方式，将《限期整改通知书》送达××燃气有限公司。

××燃气有限公司于2月28日对5个加气站项目提出节能验收申请。市节能主管部门对其5个加气站项目进行了节能登记备案，并进行了节能验收。

2. 限期整改文书实例

案件讨论记录

案　　由	××燃气有限公司				
讨论地点	支队办公室				
讨论时间	2014 年 1 月 9 日 14 时 30 分～15 时 30 分				
主持人	×××	记录人		×××	
出席人	姓名	×××	×××	×××	
	职务	支队长	监察一室主任	监察二室主任	
列席人	姓名				
	职务				
讨论记录	经过 1 月 7 日的现场监察，发现该公司下属 5 个加气站：××加气站、××加气站、××加气站、××加气站、××加气站均未进行节能评估和审查以及节能验收。违反了《节能法》《山东省节能条例》和发改委《固定资产投资项目节能评估和审查暂行办法》中的相关规定。根据规定，"未经节能验收或验收不合格的，不得投入生产、使用"，但是由于加气站数量少，如果责令停止使用将会给人民群众的生产生活带来很大影响。建议补办节能评估和审查手续，并进行节能验收。逾期不改正的，依法进行处理。				
案件处理意见	要求该公司限期内对五个加气站项目补办固定资产投资项目节能登记表，并进行节能验收。				
参加人签名	×××	×××	×××		

山东省节能监察行政执法文书

限期整改通知书

监察编号：鲁（X）－JNZF－ZGTZ－14－001

被监察单位：××燃气有限公司

联系地址：××××××

邮政编码：252000

2014年1月7日，××市节能监察支队对你单位进行节能执法监察。经初步查明，发现你单位存在如下违反节能法律法规相关规定的事实：

公司下属5个加气站：××加气站、××加气站、××加气站、××加气站、××加气站均未进行节能评估和审查以及节能验收。

上述行为，违反了《中华人民共和国节约能源法》第十五条"国家实行固定资产投资项目节能评估和审查制度。不符合强制性节能标准的项目，依法负责项目审批或者核准的机关不得批准或者核准建设；建设单位不得开工建设；已经建成的，不得投入生产、使用"和《山东省节能条例》第十五条"新建、改建、扩建工业固定资产投资项目，建设单位应当按照国家规定进行节能评估，并按项目管理权限报节能行政主管部门审查。未经节能评估审查或者经审查未通过的工业固定资产投资项目，有关投资主管部门不得批准、核准或者备案；建设单位不得开工建设。工业固定资产投资项目建成后，应当经节能验收。未经节能验收或者验收不合格的，不得投入生产、使用"及国家发改委《固定资产投资项目节能评估和审查暂行办法》第四条"固定资产投资项目节能评估文件及其审查意见、节能登记表及其登记备案意见，作为项目审批、核准或开工建设的前置性条件以及项目设计、施工和竣工验收的重要依据。未按本办法规定进行节能审查，或节能审查未获通过的固定资产投资项目，项目审批、核准机关不得审批、核准，建设单位不得开工建设，已经建成的不得投入生产、使用"等的规定。

依据《中华人民共和国节约能源法》第六十八条第二款"固定资产投资项目建设单位开工建设不符合强制性节能标准的项目或者将该项目投入生产、使用的，由管理节能工作的部门责令停止建设或者停止生产、使用，限期改造；不能改造或者逾期不改造的生产性项目，由管理节能工作的部门报请本级人民政府按照国务院规定的权限责令关闭"和《山东省节能条例》第四十七条"违反本条例规定，建设单位开工建设未经节能评估审查或者经审查未通过的工业固定资产投资项目，或者将未经节能验收或者验收不合格的项目投入生产、使用的，由节能行政主管部门责令停止建设或者停止生产、使用，限期改造；不能改造或者逾期不改造的项目，由节能行政主管部门报请本级人民政府按照规定的权限责令关闭"及国家发改委《固定资产投资项目节能评估和审查暂行办法》第二十二条"对未按本办法规定进行节能评估和审查，或节能审查未获通过，擅自开工建设或擅自投入生产、使用的固定资产投资项目，由节能审查机关责令停止建设或停止生产、使用，限期改造；不能改造或逾期不改造的生产性项目，由节能审查机关报请本级人民政府按照国务院规定的权限责令关闭；并依法追究有关责任人的责任"等规定，责令你单位自接到本《限期整改通知书》之日起三个月内，对五个加气站项目补办固定资产投资项目节能登记表，并进行节能验收。请在十个工作日内将节能验收申请以书面形式加盖公章报送××市节能监察支队。我们将对限期整改情况进行跟踪核查，逾期不改正的，依法进行处理。

联系电话/传真：

电子邮箱：

地　　址：

邮政编码：

×××市经济和信息化委员会

2014 年 1 月 26 日

山东省节能监察行政执法法律文书

送达回证

监察编号：鲁（×）－JNZF－SDHZ－14－001－2

受送达单位：	××燃气有限公司		
送达地点：	××燃气有限公司办公楼		
送达方式：	现场送达		
法律文书编号		文书名	文件页数
鲁（P）－JNZF－JCGZ－14－001－2		限期整改通知书	2
备注：			

送达人：　　　　　　　　　　　　　　　××市节能监察支队

　　　　　　　　　　　　　　　　　　　2014 年 1 月 26 日

受送达人：　　　　　　　　　　　　　　受送达单位

　　　　　　　　　　　　　　　　　　　2014 年 1 月 26 日

三、案例启示

我们国家实行固定资产投资项目节能评估和节能审查制度。《中华人民共和国节能能源法》《山东省节能条例》和发改委《固定资产投资项目节能评估和审查暂行办法》中都有明确规定：未经节能评估审查或者经审查未通过的工业固定资产投资项目，有关投资主管部门不得批准、核准或者备案；建设单位不得开工建设。工业固定资产投资项目建成后，应当经节能验收。未经节能验收或者验收不合格的，不得投入生产、使用等等。国家节能中心也把对固定资产投资项目是否进行能评制度作为节能监察的一个重要内容。

（1）坚持严格执法。此次对××燃气公司的监察，严格按照立案申请、下达监察告知、进行现场监察、集体讨论、下达限期整改等监察程序进行。执法过程中确保2人以上并宣读公开承诺书。现场监察时选用法律、法规全面、得当，执法依据充分，违法事实清楚，获取证据确凿，企业承认违法事实并积极配合、整改。监察过程中，考虑到由于本市加气站数量少，需求量大，如果责令停止使用将会给人民群众的生产生活带来很大影响。所以要求补办节能评估和审查手续，并进行节能验收。

（2）加强跟踪督导。作为日常监察发现的问题，节能监察人员做到及时跟踪核查，"一追到底"。对本案中发现××燃气公司5个加气站项目未进行能评及节能验收等违法事实，市支队立即根据能耗情况对其进行固定资产投资项目登记备案，并组织节能验收，确保企业在规定时限内落实到位。防止前紧后松，抓而不紧，抓而不实。

案例4　湖南省节能监察中心

一、基本案情

依据《中华人民共和国节约能源法》《固定资产投资项目节能评估和审查暂行办法》（国家发展和改革委员会令第6号）和《湖南省实施〈中华人民共和国节约能源法〉办法》要求，湖南省节能监察中心按计划对重点用能企业×××有限公司开展节能监察。

×××有限公司是××有限公司的控股公司，是我国输变电行业超、特高压变压器类产品制造的核心龙头企业。该公司于2011年启动"××××项目"建设，建设内容包括新增工艺、试验及公用设备，新建消防水泵房（建筑面积240m²）、锅炉房（建筑面积3688m²）、油库、油泵房和消防水池（建筑面积863m²）及户外公用管网改造，新增建筑面积4821m²。

省发改委环资处于2012年××月批复《××××有限公司××××项目节能评估报告书》，核定项目设计生产规模为年新增电力变压器1910万kVA，项目年综合能源消费量为4219.73tce（当量值），项目能效指标单位产品综合能耗为2.21tce/万kVA，单位产值综合能耗为0.037tce/万元。该项目于2014年××月竣工投产。

（一）监察准备

1. 案由

对固定资产投资项目节能评估和审查制度落实情况进行监察。

2. 分组及人员分工

本次专项监察工作由湖南省节能监察中心主任×××具体负责，科长×××组织实施。组长×××全面负责现场监察，组员×××、×××负责执法文书准备，现场监察及报告编制。

3. 执法文书准备

由组员×××负责执法文书，准备节能监察通知书、现场监察记录、调查询问笔录、监察通知书回证、现场节能监察签到记录等。

4. 仪器设备准备

由组长×××负责准备笔记本电脑、打印机等办公设备及照相机、录像机等取证设备。

5. 监察依据准备

由组长×××负责准备并熟悉《中华人民共和国节约能源法》《固定资产投资项目节能评估和审查暂行办法》《产业结构调整指导目录（2011年本）（修正）》《高耗能落后机电设备（产品）淘汰目录》（第一批、第二批、第三批）、《部分工业行业淘汰落后生产工艺装备和产品指导目录（2010年本）》等执法依据资料及××××有限公司的相关情况。

（二）现场监察实施

1. 召开首次会议

监察组长×××主持首次会议，指定监察人员×××负责记录。

介绍监察组成员：×××、×××

（1）出示执法证件，表明身份。（×××负责）

由×××出示×××、×××两名执法人员行政执法证件，表明身份，请××××有限公司负责人确认后收回。

（2）送达《节能监察通知书》及留取送达回证。（×××负责）

①递交《节能监察通知书》。（×××负责）

②××××有限公司负责人（授权委托人）确认后，在《节能监察通知书回证》上签字盖章，见证人×××在《节能监察通知书回证》上签字。

③《节能监察通知书》双方各执一份，另一份送市州发改委，《节能监察通知书回证》由执法人员留存。

④×××向××××有限公司询问有无需要回避及不适合进行本次现场监察的人员等情形。

（3）介绍监察要点。×××重申此次监察工作的依据、内容、方式及被监察单位需配合的事项。

①监察依据：《中华人民共和国节约能源法》和《固定资产投资项目节能评估和审

查暂行办法》。

②监察内容：一是项目建设规模和内容。包括总图布置、建筑面积、工艺流程和主要用能设备等。二是项目变更情况及能耗影响。包括变更内容、变更原因以及对项目总体能耗的影响等。三是主要耗能设备购置安装情况。包括主要耗能设备数量、设计功率、实际功率，是否采用国家明令禁止或淘汰的设备等。四是项目年综合能源消费量。包括主要能源消费种类、年综合能源实际消费量，以及是否超过节能审批年综合能源消费量的10%等。五是项目能效水平。包括项目单位产品综合能耗和单位产值综合能耗的实际指标值，并与能评指标值进行对比等。六是节能措施落实情况。包括节能措施是否落实、实施节能措施后的节能效果等。

③监察方式：现场监察，确保材料、数据的客观性和真实性。

④配合事项：一是需要提供的材料：2014年2月竣工投产以来的生产统计报表（包括日报、月报和年报）、能源统计台账、设备台账、财务结算单据、项目能评审查备案有关文件、主要生产工艺流程等。二是需要配合的人员：公司分管节能领导，生产部负责人，能源管理负责人，统计、计量、设备、财务、项目等相关人员，能源利用状况报告填报人员等。×××有限公司指定能源管理负责人×××作为联络员负责现场协调联络工作。

（4）听取企业汇报。×××有限公司技改部部长×××就此技改项目节能评审制度及意见落实情况作了自查汇报，并对项目变更情况及能耗影响作了说明。

（5）参加首次会议的×××有限公司技改部部长和在场人员以及见证人（市发改委）和执法人员，在签到表上签名。（×××负责）

2. 查阅材料

分工：×××负责查阅此技改项目节能评审制度及意见落实情况自查汇报；×××负责查阅生产统计报表、能源消费台账，核算年综合能源消费量及主要能效指标；×××、×××负责查阅设备台账。

3. 查验现场

由×××有限公司人员×××配合，根据自查报告中发现的问题有针对性地进行现场核查×××、×××到现场监察建设内容的变更情况、监察是否采用国家明令禁止或淘汰的落后工艺和设备、监察节能措施和建议的落实情况。采用照相录像等手段将实际情况记录下来并在现场监察笔录上记录。

现场需要收集的资料主要有生产统计报表、工艺设备台账、视听资料、项目能评审查备案验收材料等与监察内容有关的材料。材料的复印件由提供者签字或押印，注明其与原件相符。

4. 召开内部交流会议

×××组织召开内部交流会议，汇总监察情况。

经监察小组查阅资料及现场勘察，该项目实际建设内容包括新增工艺、试验及公用设备 196 台（套），新建消防水泵房（建筑面积 210m²）、油泵房和消防水池（建筑面积 252m²）、油库等（建筑面积 462m²），户外公用管网改造等 0.8km，其中取消了锅炉房建设；实际生产规模为年新增电力变压器 1635.2 万 kVA，基本达到项目设计生产能力；项目实际年综合能源消费量为 3535.63tce（当量值），项目实际能效指标单位产品综合能耗为 2.16tce/万 kVA，单位产值综合能耗为 0.036tce/万元，实际年综合能源消费量及能效指标值均低于项目能评批复值。

5. 制作《现场监察记录》

×××制作《现场监察记录》。如实记录与监察内容有关的现场情况。由监察人员×××、×××共同完成。

6. 召开末次会议

×××组织召开末次会议，通报监察情况并与公司相关人员交换意见。

监察认为，项目基本完成了节能评估文件及评审意见所提出的节能措施，但针对能评所提出的"空调主机使用地源热泵系统，以便充分利用地热能等再生能源"措施没有实施，项目单位以地理环境限制、生产工艺要求高，采用地热不能满足使用要求为由，选用了溴化锂制冷空调热泵设备，不属于先进节能工艺设备，应当在后阶段节能改造中予以调整改造。

监察指出，五面体屏蔽试验站、新建消防水泵房、新建油泵房、消防水池等项目建设内容的变更对该项目的能耗无重大影响；新建锅炉房建设内容的变更有利于该项目能耗的降低，原因是取消了原计划新建锅炉房建设，通过对原有锅炉进行节能技改以满足此项目所需能耗；新建 2 万 t 油库建设内容变更为 1 万 t，能满足生产需求。经测算，项目实际年综合能源消费量相对于能评报告值降低了 16.21%；项目主要能效指标单位产品综合能耗及单位产值综合能耗相对于能评报告值分别降低 2.26% 和 2.7%；由于项目建设内容有所变更，主要耗能设备实际总功率相对于能评设计总功率减少了 2061.5kW。

监察建议，项目单位应建立能源监控、分项计量在线监测系统，加强用能管理，实时掌握公司的总体能效水平和项目实施节能措施后的总体节能效果，并且在今后的节能技改中应采用更高效的制冷机组代替现有的制冷设备。

经××××有限公司技改部部长（授权委托人）确认后，双方在《现场监察记录》上签字，由监察人员带回。现场监察结束。

二、结果处理

对××××有限公司的技改项目进行完现场监察后，湖南省节能监察中心召集相关人员进行讨论，就本次监察过程中发现的问题提出了处理意见和建议，形成了监察意见书和节能监察报告，其中节能监察意见书抄送湖南省发改委相关处室，作为下达整改要求或进行行政处罚的现场依据。

三、案例启示

新、改、扩建固定资产投资项目的新增能源消费对全社会的能耗有较大的影响，开展项目能评是从源头上控制能源消费总量的主要途径。此次固定资产投资项目的能评监察是检查项目单位对能评制度和意见落实情况的一次有效尝试，但由于项目节能监察缺乏相关的法律法规和规章制度，需要从国家层面修订《节约能源法》，从法律角度完善开展项目能评监察的执法主体、程序和法律责任。省级层面可以建立和完善相关固定资产投资项目后评价制度，督促能评意见的落实，强化固定资产投资项目的后续监管。

附件：监察文书实例

湖南省节能监察中心
现场节能监察签到记录

监察编号：湘节监 2014 - ××号

被监察单位名称	××××有限公司		
会议日期		会议地点	
监察组长		法定代表人 或其授权委托人	
监察组员		能源管理负责人	
		联系电话	
被监察单位参加会议人员			
姓名	职务		电话
见证人	单位		职务

湖南省节能监察中心
节能监察通知书

监察编号：湘节监2014－××号

××××有限公司：		
根据《中华人民共和国节约能源法》《固定资产投资项目节能评估和审查暂行办法》，中心定于2014年××月××日下午，对你单位××项目进行节能监察。届时请你单位负责人或能源管理负责人到场配合监察。		
监察内容	1. 项目建设规模及变更情况； 2. 项目能耗及能效情况； 3. 能源管理负责人备案情况； 4. 主要耗能设备购置安装及能效水平情况； 5. 能评报告制度及意见（措施）落实情况； 6. 项目实际运行情况。	
需当事人提供材料	1. 项目建设内容或规模变更证明； 2. 项目用能情况自查报告； 3. 项目统计期内能源统计报表； 4. 项目运行记录表； 5. 主要耗能设备台账； 6. 其他有关节能监察内容的相关资料。	
联系地址	××区××路××号省节能监察中心	
联系人	联系电话	
传　真	邮　编	

2014年××月××日

注：1. 接到本通知书后请及时与联系人联系；

　　2. 本通知书一式三份，一份送达拟监察单位，一份抄送市州发改委，一份存档。

湖南省节能监察中心
节能监察通知书
回　证

受送达单位	××××有限公司
送达地点	××市××号
送达方式	□直接送达　　□邮寄送达
文书编号	湘节监通〔2014〕××号
文书名	湖南省节能监察通知书
收件人签章 及收件时间	本文书于××××年×月××日收到。 收件人签名或盖章：×××
备注	请当事人签收后7日内将此回证寄回（或现场收回） 地址：××市××区××路××号省发改委节能监察中心 邮编： 收件人： 传真：

湖南省节能监察中心
现场监察记录

被监察单位	名称	××××有限公司			
	地址	××市××号			
法定代表人或能源管理负责人			职务	部长	电话	
检查场所		会议室生产车间	检查时间	××时××分~××时××分	

现场检查情况：

1. 项目建设规模和内容基本完成并达到设计产能要求。

2. 能源管理负责人明确。

3. 项目运行情况良好，项目工艺引进乌克兰扎布罗斯变压器厂技术，处于国际先进水平，主要生产设备及能效水平等与节能评估报告及其审查意见基本符合。

4. 项目单位根据项目实施条件和生产设计需要，对锅炉房等少量建设内容进行了调整或取消建设，通过对原有锅炉进行节能改造，能基本满足目前生产需要，对项目总体能耗影响不大。

5. 项目实际年综合能源消费量相对于能评报告值降低了16.21%，项目主要能效指标单位产品综合能耗及单位产值综合能耗相对于能评报告值分别降低2.26%和2.7%。

6. 对大功率设备或主要耗能工序的能源监控及分项计量措施实施不到位，选用的溴化锂制冷空调热泵设备，不属于先进节能工艺设备，应当在后阶段节能改造中予以调整改造。

检查人员签名：

记录人签名：

2014年××月××日

当事人提供材料明细：

1. 项目建设内容或规模变更证明；

2. 项目用能情况自查报告；

3. 项目统计期内能源统计报表；

4. 项目运行记录表；

5. 主要耗能设备台账。

当事人意见：

情况属实，同意监察组指出的问题。

（签名或盖章）　　　　　　　　　　　　　　2014年××月××日

湖南省节能监察中心
调查询问笔录

监察编号：湘（N）－JNJC－DXJL－××－×

时　　间：2014年××月××日××时××分～××时××分

地　　点：××××有限公司会议室

被询问人：姓名：×××　性别：男　年龄：××　电话：×××

工作单位：××××有限公司　　　职务：技改部部长

询问人：监察组成员　　　　　　记录人：×××

内　　容：

问：目前项目建设内容与规模是否有变更？若有，是否产生能耗影响？

答：有，根据项目实际情况有5小部分建设内容变更，其中有2项能减少能源消耗，其他3项对能耗无重大影响。

问：目前项目生产运行状况是怎么样的？

答：目前项目生产运行良好，于2014年××月投产，部分主要耗能设备于2013年××月试运行。

问：项目年综合能源消费情况及能效水平如何？

答：由统计期内数据测算，年综合能源消费量及能效水平均优于能评报告值。

问：能评制度及意见措施落实情况如何？

答：能评所提出的意见和措施基本已落实，但针对能评所提出的"建议空调主机使用地源热泵系统，以便充分利用地热能等再生能源"措施，由于受地理环境限制和生产工艺要求高，且采用地热不能满足使用要求，因此，选用了溴化锂制冷空调热泵设备。

问：是否有能耗在线监测系统？

答：已列入计划当中，目前准备前期工作，计划装一套能源管理系统，对电力、水、蒸汽实时监测。

被询问人意见及签名：以上情况属实。　　　　×××

执法人员签名：×××、×××、×××、×××、×××、×××、×××

湖南省节能监察中心
节能监察意见书

湘节监意字〔2014〕第××号

被监察单位	××××有限公司		
单位地址	××市××号	邮编	
能源管理负责人		电话	

根据《中华人民共和国节约能源法》《固定资产投资项目节能评估和审查暂行办法》等相关规定，2014 年××月底，我中心邀请相关专家，对××××有限公司"××××项目"（以下简称"项目"）进行监察，通过现场查勘、审阅验收资料，并经质询和充分讨论，监察意见如下：

1. 项目符合国家产业政策，属《产业结构调整指导目录（2011 年本)》鼓励类第十四条 21 款所列 500kV 及以上超高压、特高压交直流输电设备及关键部件，为节能类重大节能技术和高效节能产品（变压器）产业化工程项目。

2. 项目建设规模和内容基本完成并达到设计产能要求，项目工艺引进乌克兰扎布罗斯变压器厂技术，处于国际先进水平。主要生产设备及能效水平等与节能评估报告及其审查意见基本符合。

3. 项目新增主要耗能设备为节能型设备，部分设备选用国外优质高效节能设备，同时采用变频控制技术、PLC 控制系统和煤油气相干燥新工艺，未采用国家明令禁止或淘汰使用的设备。项目节能措施基本落实。

4. 项目单位根据项目实施条件和生产设计需要，对锅炉房等少量建设内容进行了调整或取消建设，通过对原有锅炉进行节能改造，能基本满足目前生产需要，对项目总体能耗影响不大。

5. 建议建立能源监控、分项计量在线监测系统，实时掌握企业的总体能效水平和项目实施节能措施后的总体节能效果。同时，在今后节能技改中，进一步深入研究节能措施，采用更高效的制冷机组代替现有制冷设备，空压站采用变频调速系统。

联系地址	××市××区××路××号省发改委节能监察中心		
联系人		联系电话	
传　真		邮　编	

2014 年××月××日

湖南省节能监察中心
节能监察报告

<table>
<tr>
<td rowspan="3">被监察单位</td>
<td>名　称</td>
<td colspan="3">××××有限公司</td>
</tr>
<tr>
<td>地　址</td>
<td colspan="3">××市××号</td>
</tr>
<tr>
<td>能源管理负责人</td>
<td>×××</td>
<td>联系电话</td>
<td>×××</td>
</tr>
<tr>
<td colspan="2">监察通知书文号</td>
<td colspan="3">湘节监2014－××号</td>
</tr>
<tr>
<td colspan="2">监察组成员</td>
<td colspan="3">×××、×××、×××、×××、×××</td>
</tr>
<tr>
<td colspan="2">联系人/承办人</td>
<td>×××</td>
<td>联系电话</td>
<td>×××</td>
</tr>
<tr>
<td colspan="2">现场监察时间</td>
<td colspan="3">2014年××月××日下午</td>
</tr>
<tr>
<td colspan="2">监察内容</td>
<td colspan="3">1. 项目建设规模及变更情况；
2. 项目能耗及能效情况；
3. 能源管理负责人备案情况；
4. 主要耗能设备购置安装及能效水平情况；
5. 能评报告制度及意见（措施）落实情况；
6. 项目实际运行情况。</td>
</tr>
<tr>
<td colspan="2">监察依据</td>
<td colspan="3">1.《中华人民共和国节约能源法》
2.《固定资产投资项目节能评估和审查暂行办法》
3.《湖南省实施〈中华人民共和国节约能源法〉办法》</td>
</tr>
<tr>
<td colspan="2">监察过程</td>
<td colspan="3">1. 制订工作方案。依据《中华人民共和国节约能源法》《固定资产投资项目节能评估和审查暂行办法》，湖南省节能监察中心制定了《关于××××项目节能监察工作方案》，明确了节能监察的时间安排、实施方法和职责分工，并按照省委省政府关于涉企检查的相关规定，报省直有关部门备案。
2. 下达监察通知。2014年××月××日，湖南省节能监察中心向××××有限公司下达了《节能监察通知书》，并抄送××市发展和改革委员会。经电话询问该公司收到通知后，××市发改委负责督促和指导其做好相关准备工作。</td>
</tr>
</table>

监察过程	3. 实施现场监察。节能监察工作组由湖南省节能监察中心主任带队，于2014年××月××日，对××××有限公司进行了技改项目现场监察。到达企业后，执法人员首先向被监察单位出示了执法证，随即召开会议。会上，监察组长向参会的企业分管负责人展示了涉企检查备案手续，明确了此次监察的目的、内容和程序，告知了被监察单位相关的权利和义务，并就监察提出了具体要求。××××有限公司分管领导和能源管理负责人就"××××项目"的建设内容、规模、变更情况、能耗及能效情况、主要耗能设备购置安装及能效水平情况、能评报告制度及意见（措施）落实情况及项目的运行情况进行了简单介绍。监察组对文件资料、用能现场进行了查阅、勘察和取证。查阅了项目变更证明、项目用能情况自查报告、项目统计期内能源统计报表、项目运行记录表、主要耗能设备台账等资料。根据企业能源消耗的相关原始凭证，初步测算了该项目年综合能源消费量及单位产品综合能耗、单位产值综合能耗等能效指标，并通过询问交流，了解了企业能评制度及能评意见措施的执行情况，对部分资料进行了复印、留存和取证。现场勘察了企业的主要用能设备和生产现场，对照其提交的用能设备台账及能耗数据，初步核实了相关资料的真实性，并通过询问交流，对生产工艺、设备运行状况、能源利用效率进行了简要了解和评估。召开交流会，监察组就项目变更情况及能耗影响，项目能耗情况，项目能效水平，主要耗能设备购置和安装情况，节能措施落实情况等方面向××××有限公司进行了反馈，同时，监察组提出了初步建议，公司分管负责人就下一阶段节能工作表明态度，监察记录员完善了《现场监察记录》和《调查询问笔录》。
监察结果	监察发现，一是对大功率设备或主要耗能工序的能源监控及分项计量措施实施不到位。二是项目用能情况自查报告编制欠规范。现场监察结束后，湖南省节能监察中心组织相关执法人员，就监察主要情况进行了讨论，形成了初步处理意见，草拟了《节能监察意见书》，经中心领导审定后，向××××有限公司下达，并要求该公司于收到意见书起10日内，将反馈意见以书面形式报湖南省节能监察中心。

监察意见	根据《中华人民共和国节约能源法》《固定资产投资项目节能评估和审查暂行办法》等相关规定，我中心邀请相关专家，对××××有限公司"××××项目"（以下简称"项目"）进行现场监察，监察意见如下： 　　1. 项目符合国家产业政策，属《产业结构调整指导目录（2011年本）》鼓励类第十四条21款所列500kV及以上超高压、特高压交直流输电设备及关键部件，为节能类重大节能技术和高效节能产品（变压器）产业化工程项目。 　　2. 项目建设规模和内容基本完成并达到设计产能要求，项目工艺引进乌克兰扎布罗斯变压器厂技术，处于国际先进水平。主要生产设备及能效水平等与节能评估报告及其审查意见基本符合。 　　3. 项目新增主要耗能设备为节能型设备，部分设备选用国外优质高效节能设备，同时采用变频控制技术、PLC控制系统和煤油气相干燥新工艺，未采用国家明令禁止或淘汰使用的设备。项目节能措施基本落实。 　　4. 项目单位根据项目实施条件和生产设计需要，对锅炉房等少量建设内容进行了调整或取消建设，通过对原有锅炉进行节能改造，能基本满足目前生产需要，对项目总体能耗影响不大。 　　5. 建议建立能源监控、分项计量在线监测系统，实时掌握企业的总体能效水平和项目实施节能措施后的总体节能效果。同时，在今后节能技改中，进一步深入研究节能措施，采用更高效的制冷机组代替现有制冷设备，空压站采用变频调速系统。
监察意见书文号	湘节监意字〔2014〕第××号

案例5 陕西省西安市节能监察监测中心

一、基本案情

按照《2015年西安市节能宣传周和低碳日活动实施方案》（市发改资环发〔2015〕309号）及《2015年西安市节能监察工作指导意见》（市发改环资发〔2015〕201号），为更好地贯彻落实《西安市固定资产投资项目节能评估和审查暂行办法》（市政办发〔2011〕207号）文件精神要求，西安市节能监察监测中心按计划对重点用能企业××实业发展有限公司开展专项节能监察。

（一）监察准备

1. 案由

固定资产投资项目节能评估和审查制度执行情况进行专项执法监察。

2. 分组及人员分工

本次专项监察工作由监察三科科长李××具体负责，监察三科组织实施。组长李××全面负责现场监察，组员张××、杨××负责执法文书准备，现场监察及报告编制。

3. 执法文书准备

由组员张××负责执法文书准备节能监察告知书、公开承诺、现场监察笔录、调查笔录、送达回证、现场节能监察签到记录、授权委托书等。

4. 仪器设备准备

由组长李××负责准备笔记本电脑、打印机等办公设备及照相机、录像机等取证设备。

5. 监察依据准备

由组长李××负责准备并带领大家熟悉《中华人民共和国节约能源法》《固定资产投资项目节能评估和审查暂行办法》国家发改委第6号令、《陕西省固定资产投资项目节能评估和审查实施暂行办法》《西安市节能监察办法》《西安市固定资产投资项目节能评估和审查暂行办法》等法律法规及××实业发展有限公司的相关情况。

（二）现场监察实施

1. 召开首次会议

监察组长李××主持首次会议，指定监察人员张××负责记录。

介绍监察组成员：张××、杨××

（1）出示执法证件，表明身份。（李××负责）

由李××、张××两名执法人员出示行政执法证件，表明身份，经××实业发展有限公司副总经理确认后，收回。

（2）送达《节能监察通知书》及填写送达回证。（杨××负责）

①递交《节能监察通知书》。（杨××负责）

②××实业发展有限公司副总经理（授权委托人）王××确认后，在《送达回证》上签字，确认收到《节能监察通知书》。

③《节能监察通知书》双方各执一份，《送达回证》由执法人员留存。

（3）宣读公开承诺。（李××负责）

①宣读西安市节能监察监测中心"公开承诺"。

②宣读完毕，李××向××实业发展有限公司询问有无需要回避及不适合进行本次现场监察的人员等情形。

（4）介绍监察要点。李××重申此次监察工作的依据、内容、方式及被监察单位需配合的事项。

①监察依据：《中华人民共和国节约能源法》《固定资产投资项目节能评估和审查暂行办法》国家发改委第6号令、《陕西省固定资产投资项目节能评估和审查实施暂行办法》《西安市固定资产投资项目节能评估和审查暂行办法》。

②监察内容：固定资产投资项目节能评估审查制度执行情况。重点监察建设项目是否进行节能评估；是否经过节能审查；项目建成后是否经过节能验收等。

③监察方式：现场监察。

④配合事项：一是需要提供项目节能评估和审查备案有关文件；二是查看问询是否按照节能评估和审查意见进行施工。××实业发展有限公司指定厂办负责人刘××作为联络员负责现场协调联络工作。

（5）听取企业汇报。××实业发展有限公司副总经理介绍本单位固定资产投资项目节能评估和审查制度执行落实情况等相关内容。

2. 查阅材料

分工：李××、杨××负责查阅固定资产投资项目节能评估及审查的相关材料；

3. 查验现场

由××实业发展有限公司人员刘××配合，根据查阅节能评估审查所涉及节能篇设计资料，现场查看是否落实节能篇设计施工，有针对性地进行现场核查。采用照相录像等手段将用能设备、节能设计等实际使用情况记录下来并在现场监察笔录上记录。

现场需要收集的资料主要有项目节能申报书（表）、节能审查意见批复、项目节能验收报告、工艺设备台账等与监察内容有关的材料。材料的复印件由提供者签字或押印，注明其与原件相符。

4. 召开内部交流会议

李××组织召开内部交流会议，汇总监察情况。

5. 制作《现场监察笔录》

张××制作《现场监察笔录》。如实记录与监察内容有关的现场情况。组长李××查看确认。

6. 召开末次会议

李××组织召开末次会议，通报监察情况，经××实业发展有限公司副总经理（授权委托人）确认后，双方在《现场监察笔录》上签字，由监察人员带回。现场监察结束。

（三）监察文书实例

西安市节能行政执法文书

节 能 监 察 通 知 书

西节监通字（2015）第 03102 号

××实业发展有限公司：

本执法单位依据《中华人民共和国节约能源法》《固定资产投资项目节能评估和审查暂行办法》国家发改委第 6 号令、《陕西省节约能源条例》《西安市节能监察办法》及《西安市固定资产投资项目节能评估和审查暂行办法》（市政办发【2011】207 号）文件等有关规定，拟对你单位实施专项节能监察，现将监察有关事项告知如下：

监察时间：2015 年 6 月 15 日

监察人员：李×× 张×× 杨××

监察内容：固定资产投资项目节能评估和审查制度执行情况

监察要求：请被监察单位积极配合检查工作。提供本企业固定资产投资项目节能评估和审查等相关文件及其他佐证材料。

被监察单位注意事项：

被监察单位不得拒绝、阻碍节能监察人员依法执行公务。依据《西安市节能监察办法》第二十一条规定（被监察单位拒绝、阻碍节能监察的，由节能行政主管部门给予警告，责令限期改正；拒不改正的，处 1000 元以下的罚款，有经营活动的，处 1000 元以上 10000 元以下罚款；违反《中华人民共和国治安管理处罚法》的，由公安机关依法处理；构成犯罪的，依法追究刑事责任）执行。

联系人：张××

联系电话：029 – 86511912 – 8××

联系地址：西安市未央区凤城三路 18 号

2015 年 6 月 15 日

西安市节能行政执法文书

法律文书送达回证

案件编码：（2015）第 03102 号

受送达人	××实业发展有限公司	联系方式	××××
送达地点	××实业发展有限公司厂办会议室		
案　　由	固定资产投资项目节能评估审查制度执行情况专项监察		
送达文书（文件）名称	字　号	收到时间	接收人签名或盖章
节能监察通知书	2015 第 03102 号	2015 年 6 月 15 日	王××
		年　月　日	
		年　　月　　日	
送达人	李×× 张××	联系方式	029－86511912－861
备　　注			

西安市节能行政执法文书

现场节能监察（记录）笔录

西节监通字（2015）第 03102 号

被监察单位（全称）：西安××实业发展有限公司

单位地址：西安市经开区凤城××路××号

监察现场：经开区××实业发展有限公司厂区

法定代表人（负责人）：王××

执法人员：李×× 张×× 杨×× 记录人：张×× 监察类别：现场监察

监察时间：2015 年 6 月 15 日 9 时 00 分～12 时 00 分

监察内容：

固定资产投资项目节能评估审查制度执行情况。

现场监察记录：

9 时 00 分～12 时 00 分，西安市节能监察监测中心李××、张××、杨××三位行政执法人员对经开区××实业发展有限公司进行了现场节能监察。

西安市节能监察监测中心李××、张××、杨××等节能监察人员、经开区经发局黄发祥科长与被监察单位经开区××实业发展有限公司副总经理王××、厂办主任刘××等在该公司会议室会面。

监察人员向被监察单位出示行政执法证，表明身份，并出示《节能监察通知书》（本节监能（2015）第 03102 号），进行现场告知，被监察单位副总经理王宏签署《送达回证》认可。李××宣读了西安市节能监察监测中心《公开承诺》，介绍此次节能监察的目的、内容、方式和法律依据等。

被监察单位副总经理王××介绍了企业概况、固定资产投资项目节能篇评估及审查制度执行情况。

监察组查看了该公司"西安城·启航 CBD（工业港）"建设项目节能评估及审查相关文件资料，并对项目节能篇设计施工建设落实情况进行了现地核查。

监察结论："西安城·启航 CBD（工业港）"建设项目年综合能源消费量为1240.65 吨标准煤，按照国家发改委《固定资产投资项目节能评估和审查暂行办法》规定，该公司未编制节能评估报告表，也未进行项目节能审查批复及实施备案。

你单位对所提供的材料予以盖章确认，确保真实无误。

被监察单位负责人签名（盖章）：

监察组组长：李××　　　　　　　行政执法证号：AO10205×××C

成　　　员：张××　　　　　　　行政执法证号：AO10205×××C

监察组组长签名：

2015 年 6 月 15 日

西安市节能行政执法文书
责令限期改正通知书

西节责能字（2015）03102

当事人（单位全称）：西安××实业发展有限公司

西安市节能监察监测中心于2015年6月15日，对你单位固定资产投资项目节能评估审查制度执行情况进行了节能监察。经查，你单位"西安城·启航CBD（工业港）"建设项目年综合能源消费量为1240.65吨标准煤，按照国家发改委《固定资产投资项目节能评估和审查暂行办法》规定，应独立编制节能评估表。经查，你公司"西安城·启航CBD（工业港）"建设项目未编制节能评估报告表，也未进行项目节能审查批复及实施备案，此行为违反了国家发改委《固定资产投资项目节能评估和审查暂行办法》第五条第二款的规定。

现依据国家发改委《固定资产投资项目节能评估和审查暂行办法》第二十二条之规定，责令你单位自接到本《限期改正通知书》之日起：

一、停止项目建设。

二、30个工作日内编制节能评估报告表，并向节能审查机关申请节能审查，合格后实施备案批复。

西安市节能监察监测中心（公章）

2015年6月15日

注：此文书一式两份，一份存档，一份送达（附送达回证）

西安市节能监察行政执法文书

送 达 回 证

案件编码：（2015）第 03102 号

受送达人	××实业发展有限公司	联系方式	××××
送达地点	××实业发展有限公司厂办会议室		
案　　由	固定资产投资项目节能评估和审查制度执行情况专项监察		
送达文书（文件）名称	字　　号	收到时间	接收人签名或盖章
责令限期改正通知书	2015 第 03102 号	2015 年 6 月 15 日	王××
		年　月　日	
		年　月　日	
送达人	李××　张××	联系方式	029 – 86511912 – 861
备　注			

II

对落后的耗能过高的用能产品、设备和
生产工艺执行淘汰制度情况的节能监察

案例 1　浙江省宁波市节能监察中心

一、基本案情

2014 年 5 月 15 日，宁波市节能监察中心执法人员对××有限公司进行日常节能监察。检查过程中发现××有限公司存在大量使用国家明令淘汰的落后电机设备、涉嫌单位产品能耗超限额等情况。

在了解到相关情况后，宁波市节能监察中心立即组成专门工作人员，结合淘汰落后政策、能耗限额标准等进行前期研究分析，由于案情重大，我中心将初步监察结论上报至浙江省能源监察总队（以下简称"省总队"）。经协调决定，由宁波市节能监察中心牵头，省总队派执法人员参加，组成省市联合执法工作组，于 5 月 29 日对该企业实施专项监察。

（一）监察准备

1. 案由

对使用国家明令淘汰的落后电机设备、涉嫌单位产品能耗超限额情况进行监察。

2. 分组及人员分工

本次专项监察工作由监察科科长×××具体负责，省总队派执法人员参加，监察科组织实施。同时，考虑到此次监察工作专业性较强，工作组从省造纸协会与某大型造纸企业外聘专家 2 名，作为专业技术支撑。对能耗和产品产量数据、淘汰落后设备核对、限额对标、产品等级甄别等工作进行了分工。

3. 执法文书准备

由组员×××负责执法文书准备节能监察通知书、现场监察告知书、现场询问笔录、现场检查（勘验）笔录、责令限期整改通知书、送达回证等。

4. 仪器设备准备

由组长×××负责准备笔记本电脑、打印机等办公设备及照相机、录像机等取证设备。

5. 监察依据准备

由组长×××负责准备并要求组员进一步熟悉《中华人民共和国节约能源法》《浙江省实施〈节能法〉办法》《浙江省节能监察办法》相关条款及《国家公布的淘汰电力变压器和电动机目录》《工信部高能耗落后机电设备（产品）淘汰目录》（第一、二、三批）、《关于组织实施电机能效提升计划（2013～2015）的通知》（工信部联节〔2013〕226号）、《浙江省淘汰和禁止发展落后生产能力目录（2010年本）》等执法依据资料；调取××有限公司历年存档于我中心的能源信息报表、节能监察报告，能源审计报告以及清洁生产报告，限额对标情况等相关资料。

（二）现场监察实施

1. 召开首次会议

监察组长×××主持首次会议，指定监察人员×××负责记录。

介绍监察组成员：×××、×××

（1）出示执法证件，表明身份。（×××负责）

我们是宁波节能监察中心的，这是我们的行政执法证件。

（2）节能监察通知书已于5月21日传真给你们，通过电话已确认收到，交付原件。

①×××宣读《节能监察现场告知书》，并交该××有限公司负责人确认后，在《节能监察现场告知书》上签字盖章，执法人员×××一并在告知书上签字。

组长×××向××有限公司询问有无需要回避及不适合进行本次现场监察的人员等情形。

（2）介绍监察要点。×××重申此次实施监察的主要依据、内容、方式及被监察单位需配合的事项。

①监察依据：《浙江省节能监察办法》。

②监察内容：一是单位产品能耗限额标准执行情况。对照国家和省已发布的强制性单位产品能耗限额标准进行监察。二是落后用能产品、设备和工艺执行淘汰制度情况。对照《国家公布的淘汰电力变压器和电动机目录》《工信部高能耗落后机电设备（产品）淘汰目录》（第一、二、三批）、《关于组织实施电机能效提升计划（2013～2015）的通知》（工信部联节〔2013〕226号）、《浙江省淘汰和禁止发展落后生产能力目录（2010年本）》对使用列入淘汰目录的工艺、设备（产品）情况进行监察。

③监察方式：根据已了解的该企业设备情况，结合现场监察，进行专项执法。认定该企业存在哪些国家明令禁止使用的和淘汰落后的用能设备。

④配合事项：一是提供设备台账，所有记录在案的设备需全部提供；二是提供材料：2013年全年度产量、产值、能耗数据报表（报统计局报表），企业2013年度电费发票、产品销售发票；造纸生产线设计参数、产品质量测试报告等；三是需要配合的人员：企业负责人、能源管理负责人、能管员、设备管理负责人、财务人员等到场配合现场监察。

（5）听取企业汇报。××有限公司负责人介绍本单位节能管理情况及用能设备管理情况等相关内容。

2. 查阅材料

分工：我中心监察人员×××负责查阅发票、统计报表等相关材料；×××负责查阅设备台账及核对相关参数；省总队×××、×××则根据企业提供的相关资料、台账进行数据核对；专家×××、×××负责生产线设计参数、核算各项指标。

3. 查验现场

由××有限公司人员×××配合，根据查阅设备台账中发现的问题有针对性地进行现场核查，×××、×××到现场对企业主要生产区域内正在运行的电机和重点用能设备进行逐台检查，发现该企业共有41台淘汰型电机正在运行，存在于制浆及纸机车间，此外中心执法人员均核对了包括每台电机的型号、生产厂家、生产日期和安装位置，分门别类，采用照相录像等手段将淘汰设备的实际使用情况记录下来并在现场监察笔录上记录，向企业负责人进行了签字确认，事件质询，基本确认了企业存在使用大量淘汰型电机的违法事实。

4. 召开内部交流会议

×××组织召开内部交流会议，汇总监察情况。

5. 制作《现场核查意见》

×××制作《现场核查意见》。如实记录与监察内容有关的现场情况。由监察人员×××、×××共同完成。

6. 召开现场监察末次会议

×××组织召开末次会议，通报监察情况，经××有限公司负责人确认后，双方在《现场核查意见》上确认，由监察人员带回。现场监察结束。

二、结果处理

（一）下达限期整改通知书（2014 年 5 月 29 日）

首次现场询问和现场勘查结束后，省总队认定企业存在违法行为事实清楚，证据充分，适用法律正确，之后形成如下意见：

1. 关于×××有限公司存在的使用国家明令淘汰的高能耗落后机电设备（产品）的情况，由我中心向其下达责令限期整改通知书，具体内容为：要求其在规定时间内上报整改计划，根据在核查中发现 41 台淘汰型电机生产日期的不同，按《关于组织实施电机能效提升计划（2013~2015）的通知》（工信部联节〔2013〕226 号）淘汰时间点要求，分期分批进行淘汰更新，其中 2 台 1982 年产的 JR 系列电机要求立即淘汰，1 台 1990 年产 Y 系列电机必须在 2014 年底前淘汰，32 台 1999~2003 年产的电机须在 2015 年底前淘汰，6 台 2003 年以后生产的电机须在 2015 年以后择期淘汰，并将对××有限公司淘汰型电机的更新整改工作实行跟踪监察。

2. 针对企业提出其产品是否属于限额标准中所描述的箱板纸产品的疑问，执法人员会同造纸行业专家在详细观察产品特征后，结合当地×××市主管部门认定文件，最终按特种纸对待，不执行省强制性标准中箱板纸限额，因此单位产品能耗是否超限额不作认定。省总队核对的能耗、产品产量数据基本无误。

监察工作组向企业负责人出具并宣读了现场询问笔录、现场勘查笔录及限期责令整改通知书，并向企业明确了其法律责任，企业负责人当场表示无异议，现场接收限期责令整改通知书，并在执法文书送达回证上签字，加盖企业公章。

（二）监察复查阶段

2014 年 6 月 10 日，我中心监察人员（2 人）再次来到××有限公司，对其中 2 台 1982 年产的 JR 系列电机的拆除封存工作进行了现场监督并拍照确证，同时接收了企业提交的整改计划，并向企业告知将继续跟踪整改进度。2014 年××月××日，该企业全厂关停。

（三）媒体宣传报道

本次执法邀请了浙江卫视现场采访报道，浙江卫视记者全程参加监察过程，并在浙江卫视《今日聚焦》《新闻联播》栏目播出，督促该企业及时整改，淘汰落后设备，取得了良好的宣传效果。

（四）监察文书实例

对××有限公司专项监察方案

一、监察对象

××有限公司

地址：×××市×××路×××号

二、监察事项

××有限公司单位产品综合能耗标准执行情况以及国家明令淘汰机电设备（产品）使用情况

三、监察时间

2014 年 5 月 29 日下午

四、监察组成员及分工

浙江省能源监察总队 2~3 人，宁波市节能监察中心 2~3 人，造纸行业专家 2 人（省造纸协会 1 人、宁波市大型造纸企业 1 人）。

第一组（省总队），核查企业产量、产值、能耗数据，测算单位产品能耗水平，制作询问笔录；

第二组（行业专家），对企业造纸生产线与产品进行考察，核定其产品是否适用于浙江省地方标准《机制纸板和卷烟纸单位产品能耗限额标准及计算方法》（DB 33/686—2013）；

第三组（宁波中心），根据企业提供设备清单，核查主要用能设备，列出所有属于国家明令淘汰机电设备（产品）名录的设备清单，制作现场勘查笔录。

五、准备监察文书材料（由宁波中心负责）

1. 相关法律法规规章、节能标准政策等

《中华人民共和国节约能源法》《浙江省实施〈节能法〉办法》《浙江省节能监察办法》《宁波市节约能源条例》《工信部高能耗落后机电设备（产品）淘汰目录第一、二、三批》《关于组织实施电机能效提升计划（2013~2015）的通知》（工信部联节〔2013〕226 号）、《浙江省淘汰和禁止发展落后生产能力目录（2010 年本）》《浙江省超能耗限额用能电价加价管理办法》（浙政发〔2010〕39 号）、《关于超能耗产品惩罚性电价加价标准的通知》（浙价资〔2010〕275 号）、《机制纸板和卷烟纸单位产品能耗限额标准及计算方法》（DB 33/686—2013）

2. 现场监察文书

节能监察通知书、节能监察现场告知书、现场询问笔录（草稿）、现场勘查笔录

（草稿）、责令限期整改通知书（草稿）、送达回证（草稿）

3. 其他

照相机、录音笔、××有限公司2013年单耗自查报告、设备清单、前期核查淘汰设备清单，监察人员各自携带行政执法证。

六、要求企业提供监察准备材料

在节能监察通知书中要求企业提前准备以下材料备查：

1. 2013年度产量、产值、能耗数据报表（报统计局报表）

2. 2013年度电费发票、购买煤炭发票、产品销售发票

3. 造纸生产线设计参数、产品（防火装饰板专用底层纸）质量测试报告等

在现场监察时要求企业负责人、能源管理负责人、能管员、设备管理负责人、财务人员到场协助现场监察。

七、监察流程

由宁波市节能监察中心于2014年5月22日前向××有限公司下达节能监察通知书，并通知当地节能监察大队届时共同参与。

1. 到达××有限公司后，监察人员向企业负责人出示行政执法证，宣读节能监察现场告知书。

2. 第一组（省总队），根据××有限公司提供材料，现场测算其2013年产品单耗及平均销售单价，制作现场询问笔录；

3. 第二组（行业专家），现场查看造纸生产线和产品，核定产品是否适用《机制纸板和卷烟纸单位产品能耗限额标准及计算方法》（DB 33/686—2013）：

①适用，测算产品单耗，按限额标准进行考核；

②不适用，只测算产品单耗；

③无法判断，取样送检，费用由宁波中心支付，待取得检定结果后进行测算考核；

4. 第三组（宁波中心），根据××有限公司设备清单，现场核实其淘汰设备型号数量，制作现场勘查笔录。

5. 根据现场监察情况，提出如下监察意见：

①若××有限公司产品不适用于限额标准，或单位产品能耗未超标，将不提出处罚意见；

②若××有限公司单位产品能耗限额超标，将由省能源监察总队上报省经信委，按相关规定实施惩罚性电价加价；

③对于××有限公司目前仍在使用的淘汰机电设备，由宁波市节能监察中心下达《责令限期整改通知书》，要求企业按照《关于组织实施电机能效提升计划（2013～2015）的通知》（工信部联节〔2013〕226号）的规定，分期分批淘汰更新所有淘汰型电机（即1993年前生产的电机立即淘汰，1998年前生产的电机于2104年底前淘汰，2003年前生产的电机于2015年底前淘汰）。

6. 现场监察结束后，由宁波市节能监察中心将相关监察资料归档保存。

八、后期跟进监察

由宁波市节能监察中心负责对××有限公司的整改工作进行跟踪落实，包括淘汰型电机改造更新后的现场核查、能源管理制度的制定与落实等。

宁波市节能监察中心

2014年5月19日

宁波市节能监察中心
节能监察通知

××有限公司：

根据《中华人民共和国节约能源法》《浙江省节能监察办法》和《宁波市节约能源条例》等相关规定，我中心定于 2014 年 5 月 29 日下午，对你单位进行节能监察。

本次监察内容：

1. 单位产品综合能耗标准执行情况。

2. 国家明令淘汰机电设备（产品）使用情况。

为使监察工作顺利进行，请配合做好以下工作：

1. 准备下列材料，现场备查：

企业 2013 年度产量、产值、能耗数据报表（报统计局报表）；

企业 2013 年度电费发票、煤炭购买发票、产品销售发票；

造纸生产线设计参数、产品质量测试报告等；

2. 届时企业负责人、能源管理负责人、能管员、设备管理负责人、财务人员等到场配合现场监察。

接到通知后请及时与本中心联系。中心地址：××××××，邮编：×××××，联系人：×××，联系电话：×××，传真：×××。

宁波市节能监察中心（公章）

2014 年 5 月 22 日

注：一式两份，本中心和被监察单位各执一份。

宁波市节能监察中心
节能监察现场告知书

×××有限公司：

浙江省能源监察总队和宁波市节能监察中心依据《中华人民共和国节约能源法》《浙江省节能监察办法》和《宁波市节约能源条例》等相关规定，于2014年5月29日对你（单位）实施节能监察，并向你（单位）告知如下：

1. 这是我们3人的行政执法证，请你过目。

2. 我们在执法中不接受任何礼品、礼金、礼券；不参加有碍正常执行公务活动的宴请或营业性娱乐；不准利用工作之便取得私人中介项目或参与营销活动。我们监察执法人员对你单位合法的技术及经营管理情况有保密义务。

3. 你（单位）有权对监察过程进行监督，对监察执法人员的违纪行为，可向宁波市节能监察中心综合科举报投诉，地址：××××××，邮编：××××××，联系人：×××，联系电话：×××，传真：×××。

4. 你（单位）应协助执法，无正当理由不得拒绝、阻碍节能监察人员的正常监察执法活动，否则，依据《浙江省节能监察办法》第二十五条的规定处理。

宁波市节能监察中心（公章）

告知人（签名）　　　　　　　　　　　被告知人（签名并盖章）

调查（询问）笔录

案　由：××有限公司能耗对标核查

调查（询问）时间：2014 年 5 月 29 日 13 时 30 分～14 时×× 分

调查（询问）地点：××有限公司会议室

被调查（询问）人：　　　　性别：　　　　民族：

身份证号码：　　　　　　　　电话：

工作单位：　　　　　　职务或职业：

住　址：　　　　　　邮编：　　　与本案关系：

调查（询问）人：　　　记录人：

工作单位：浙江省能源监察总队　宁波市节能监察中心

调查（询问）人：我们是浙江省能源监察总队和宁波市节能监察中心的行政执法人员，已向你出示了我们的执法证件。现根据《中华人民共和国行政处罚法》第三十七条第一款的规定依法向你调查（询问）了解有关情况，你应当如实回答询问、协助调查。同时，在接受调查询问前，如果你认为办案人员与本案有直接利害关系，你有申请办案人员回避的权利，请问你是否听清楚？是否申请回避？

被调查（询问）人：听清楚了，否。

询问内容：

请问你企业是否与其他企业共用能耗？

答：是。

企业主要产品是什么？产能是多少？

答：特种纸，产能为 12910 吨。

产品的主要用途？在生产工艺、产品性能指标、质量等方面与箱板纸等普通制品有什么区别？

答：主要用于包装，区别在于质量比较好。

企业 2013 年的产品销售价格为多少？

答：××××元（涉及企业机密）。

企业 2013 年产品产量、能耗情况如何？

答：12910 吨，3215tce。

企业已收到限期整改通知书，是否安排了淘汰计划？

答：是。

以上记录属实，以下空白。

被调查（询问）人：本调查（询问）笔录已经本人逐一核对（已向本人宣读），记录属实。

被调查（询问）人（签名或者盖章）：　　　　2014 年 5 月 29 日

调查（询问）人（签名或者盖章）：　　　　2014 年 5 月 29 日

记录人签字：　　　　　　　　　　　　　　2014 年 5 月 29 日

现场检查（勘验）笔录

检查（勘验）时间　2014 年 5 月 29 日 14 时××分～15 时××分。

检查（勘验）地点：××有限公司

被检查（勘验）人：　　　　　　　　法定代表人（负责人）：

被检查（勘验）人：　　　　　　　　性别：男　民族：汉

身份证（其他有效证件）号码：

工作单位：　　　　　　　　　　　职务或职业：总经理

电　　话：

住　　址：　　　　　　　　　　　邮编：

现场负责人：　　职务：　　　身份证号：

本案关系：

其他见证人：　　　　　　　　　　单位或住址：

检查（勘验）人及执法证号码：

记录人：

工作单位：浙江省能源监察总队宁波市节能监察中心

告知事项：现场对企业进行国家明令淘汰机电设备（产品）使用情况的检查

现场情况：

序号	型号/规格	数量	单机功率（kW）	配套设备	制造厂	启用年月	备注
1	Y315S－4	1	110	水力碎浆机	福建南平	1990.7	
2	Y250M－4	1	55	纤维分离机	山东华力	2001.5	
3	Y160M－6	8	7.5	1#制浆车间浆泵	远东电机	2002.7	
4	Y200L－4	1	30	1#抄纸车间离心筛	浙江振宏电机	2010.1	
5	Y200L－4	1	30	1#抄纸车间一级泵	浙江防爆电机	2002.4	
6	Y180L－4	1	22	1#纸机驱动	浙江防爆电机	2002.8	
7	Y180L－6	1	15	1#纸机驱动	／	1999.10	
8	Y160M－6	1	7.5	1#抄纸车间卷纸机	姜堰市德力电机	2013.9	
9	JR117－6	2	115	3#制浆车间双盘磨	／	1982	

序号	型号/规格	数量	单机功率（kW）	配套设备	制造厂	启用年月	备注
10	Y160M－6	2	7.5	3#制浆车间浆泵	远东电机	2002.7	
11	Y160M－6	3	7.5	3#制浆车间浆泵	远东电机	2000.10	
12	Y225M－4	1	45	3#纸机驱动	衡山电机厂	2012.3	
13	Y200L－4	1	30	3#抄纸车间离心筛	浙江振宏机电公司	2010.1	
14	Y200L－4	1	30	3#抄纸车间一级泵	宁波鄞州宏兴	2007.3	
15	Y180M－4	1	18.5	3#纸机驱动	衡山电机厂	2009.2	
16	Y160L－4	1	15	3#纸机驱动	上海力超电机	2002.10	
17	Y160L－4	1	15	3#纸机驱动	海宁振宏电机	2002.10	
18	Y160L－4	1	15	3#抄纸车间真空泵	临安大兴电机	2001.6	
19	Y160L－6	1	11	3#抄纸车间真空泵	临安大兴电机	2001.6	
20	Y160M－4	1	11	3#纸机驱动	浙江特种电机厂	1998.3	
21	Y160M－4	1	11	3#纸机驱动	广东湛江电机厂	2000.10	
22	Y160M－4	1	11	白水泵	/	2002.12	
23	Y250M－4	1	55	1#锅炉引风机	江苏大中电机	2002.7	
24	Y180L－4	1	22	1#锅炉鼓风机	浙江金龙电机	1999.1	
25	Y160M－6	4	7.5	污水处理	远东电机有限公司	1999.4	
26	Y200L2－2	2	37	清水泵房	开封电机	2002.5	
		41					

经过现场检查，你单位仍在违法使用以上 41 台国家明令淘汰的机电设备。

以上记录属实，以下空白。

被检查（勘验）人：本被检查（勘验）笔录已经本人逐一核对（已向本人宣读），记录属实。

当事人（签名或者盖章）：　　　　　　　　2014 年 5 月 29 日

见证人（签名或者盖章）：　　　　　　　　2014 年 5 月 29 日

检查人员（签名或者盖章）：　　　　　　　2014 年 5 月 29 日

记录人签字：　　　　　　　　　　　　　　2014 年 5 月 29 日

执法文书送达回证

甬能监责改回证字第〔××××××〕××号

送达机关名称（盖章）：<u>宁波市节能监察中心</u>

送达文书名称及文号	责令限期整改通知书 甬能监责改字〔××××××〕第××号
受送达人名称或姓名	
送达日期	年　月　日
送达地点	××有限公司
送达方式	直接送达
收件人签字（或盖章） 及收件日期	×××（与受送达人的关系：　　　　） 2014 年 5 月 29 日
送达人（签字）	 2014 年 5 月 29 日
备　　注	

三、案例启示

（1）清楚的违法事实是节能监察的核心。执法证据要合法、规范，应注重合法性和时效性。本案中，我中心认真调查企业违法事实，对产品能耗对标进行了细致的核实，并借助行业专家对企业诉求进行认真确认，充分保障了行政当事人的各项权益。对企业的重点用能设备做到了逐台核对、取证，记录时间节点，得到当事人书面确认，获得了确凿的违法证据。

（2）充分的法律适用依据是节能监察的保障。我中心在分析研究案情的同时，有针对性地查找了有关法律文书、政策文件，利用《浙江省节能监察办法》相关规定，提前制定相应的工作准备、方案，高度重视节能强制性标准的适用性，认真研究讨论，做到有理有据，有法可依。

（3）严格的执法程序是节能监察的基础。《浙江省节能监察办法》对节能执法程序有严格的规定，节能执法不仅要做到实体合法，还要做到程序合法。本案中，我中心严格按照相关程序规定执行，除现场出示执法证件，书面与口头告知，使用照相、录音设备征得企业同意等必要程序外，每个检查环节均有2名执法人员，并会同当事人，做好检查结果相互监督确认，相关法律文书均有执法人员签字和当事人签字；相关法律文书的送达均有当事人签收；监察结果书面与口头告知当事人，并需得到书面确认等。

（4）完善的证据链条是节能监察的主动脉。本案中，在执法过程中采集证据时，中心严格按照规定采集证据，从初始的节能监察通知书到最后企业整改计划的上报，封存设备照片取证确认，形成了严谨的证据链条，确保案件证据的客观性、合法性和关联性。只有做到了程序严密、证据严谨，节能执法才能在事实上和法律上经得起推敲，才能保证执法的严肃性，提高执法效率。今后应进一步做到各环节过程文书的"无缝对接"，并做好节能执法文书存档工作。

（5）整改复查是节能监察的最后一环。在本案例中，中心对行政当事人进行了限期整改工作的复查核实，并在现场确认淘汰电机的拆解、封存，圆满做好了节能监察的最后一环。这一步，充分说明了节能监察工作不能仅仅停留在一次性的现场执法，而是要加强后续跟踪，直至完成整改工作，对整改未达到要求的要进一步处理，对违规企业要有持续"威慑力"，提升企业自觉守法、合理用能的意识。

案例2　山东省烟台市节能监察支队

一、基本案情

根据山东省经信委、节能办《山东省×××年节能监察工作指导意见》和××市经信委《关于对全市重点用能单位使用国家明令淘汰用能设备情况进行节能专项监察的通知》（×经信节字〔2014〕×号）的要求，××市节能监察支队按计划对重点用能企业×××有限公司开展节能专项监察。

（一）监察准备

1. 案由

对重点用能单位使用国家明令淘汰用能设备情况进行节能专项监察。

2. 分组及人员分工

本次专项监察工作由监察一科科长×××具体负责，监察一科组织实施。组长：×××（全面负责现场监察），组员：×××（负责执法文书准备，现场监察及报告编制）。

3. 执法文书准备

由组员×××负责执法文书准备（节能监察告知书、公开承诺、现场监察笔录、调查笔录、送达回证、现场节能监察签到记录、授权委托书等）。

4. 仪器设备准备

由组长×××负责准备笔记本电脑、打印机等办公设备及照相机、录像机等取证设备。

5. 监察依据准备

由组长×××负责准备并熟悉《中华人民共和国节约能源法》《山东省节约能源条例》《山东省节能监察办法》《××市市级行政权力清单》《产业结构调整指导目录（2011年本）（修正）》《高耗能落后机电设备（产品）淘汰目录》（第一批、第二批、

第三批）、《部分工业行业淘汰落后生产工艺装备和产品指导目录（2010年本）》等执法依据及××××有限公司的资料相关情况。

（二）现场监察实施

1. 召开首次会议

监察组长×××主持首次会议，指定监察人员×××负责记录。

介绍监察组成员：×××、×××

（1）出示执法证件，表明身份。（×××负责）

由×××出示×××、×××两名执法人员行政执法证件，表明身份，请××××有限公司副总经理确认后收回。

（2）送达《节能监察告知书》及留存送达回证。（×××负责）

①递交《节能监察告知书》。（×××负责）

②××××有限公司副总经理（授权委托人）确认后，在《送达回证》上签字盖章，见证人×××在《送达回证》上签字。

③《节能监察告知书》双方各执一份，《送达回证》由执法人员留存。

（3）宣读公开承诺。（×××负责）

①宣读"××市节能监察支队公开承诺"。

②宣读完毕，×××向××××有限公司询问有无需要回避及不适合进行本次现场监察的人员等情形。

（4）介绍监察要点。×××重申此次监察工作的依据、内容、方式及被监察单位需配合的事项。

①监察依据：《山东省节约能源条例》。

②监察内容：国家明令淘汰的用能设备节能专项监察，主要监察企业有无在用的国家明令淘汰的用能设备。

③监察方式：现场监察，确保客观性和真实性。

④配合事项：一是需要提供的材料：设备台账、电气系统网络图。二是需要配合的人员：公司分管节能领导、生产设备部负责人、能源管理负责人、设备管理人员等相关人员。××××有限公司指定×××能源管理负责人作为联络员负责现场协调联络工作。

（5）听取企业汇报。××××有限公司副总经理介绍本单位节能管理情况及用能设备管理情况等相关内容。

（6）参加首次会议的×××有限公司副总经理和在场人员以及见证人（县市区节能办）和执法人员，在签到表上签名，由×××负责。

2. 查阅材料

分工：×××、×××负责查阅设备台账及电气系统网络图。

3. 查验现场

由×××有限公司人员×××配合，根据查阅设备台账中发现的问题有针对性地进行现场核查，×××、×××到现场监察淘汰设备情况。采用照相录像等手段将淘汰设备的实际使用情况记录下来并在现场监察笔录上记录。

现场需要收集的资料主要有工艺设备台账与监察内容有关的材料。材料的复印件由提供者签字或押印，注明其与原件相符。

4. 召开内部交流会议

×××组织召开内部交流会议，汇总监察情况。

5. 制作《现场监察笔录》

×××制作《现场监察笔录》。如实记录与监察内容有关的现场情况。由监察人员×××、×××共同完成。

6. 召开末次会议

×××组织召开末次会议，通报监察情况，经×××有限公司副总经理（授权委托人）确认后，双方在《现场监察笔录》上签字，由监察人员带回。

现场监察结束。

（三）监察文书实例

山东省节能监察行政执法文书
现场节能监察会议签到记录

鲁（×）－JNZF－QDJL－14－00×

被监察单位名称	××××有限公司		
会议日期		会议地点	
监察组长		法定代表人 或其授权委托人	
监察组员		能源管理负责人	
		联系电话	
被监察单位参加会议人员			
姓名	职务		电话
见证人	单位		职务

山东省节能监察行政执法文书

节 能 监 察 告 知 书

监察编号：鲁（×）－JNZF－JCGZ－14－00×

××××有限公司：

为贯彻落实《中华人民共和国节约能源法》《山东省节约能源条例》等法律法规，依法推动节能工作，依据《山东省节能监察办法》有关规定，定于××××年×月×日对你单位进行节能监察。届时，请贵单位负责人或其书面委托的负责人以及节能管理和有关部门人员到场配合，不得拒绝或妨碍监察人员的节能监察工作。被监察单位拒绝依法实施节能监察的，依据《山东省节能监察办法》第二十二条规定处理。

本次监察内容和方式	监察内容： 对国家明令淘汰的用能设备进行专项监察。 监察方式： 1. 听取汇报、查看资料。 2. 现场查验、确认核准。

为使本次监察工作顺利进行，请做好以下准备工作：

1. 用能设备台账、电气系统图、能源计量网络图等有关材料。

2. 现场监察时，对所提供的材料予以盖章确认，确保真实无误。

监察机构	监察组成员	组长：　　　　　　　　成员：	
	联系地址	××市××区××路××号	（公章） 年　月　日
	邮政编码		
	联系电话		

注：1. 接此告知书后请及时与本监察机构联系。

2. 本告知书一式两份，一份存档，一份送达（附送达回证）。

授权委托书

（2014）授字第××号

委托人：××××有限公司

法定代表人：　　　　　　　　职务：总经理

受委托人：　　　　　　　　　职务：副总经理

受委托人居民身份证号：

兹委托受委托人在下列权限内办理委托事项，其在此权限范围内的代理后果，由委托人享有权益并承担相应的法律责任。

授权范围及权限：代理本人履行法定代表人在贵单位对我公司进行节能监察方面应当履行的职责，包括提供相关资料、签署相关文件、协议等。

授权期限：自本授权委托书签署之日起至_____年__月__日止。

委托人：××××有限公司

法定代表人：

年　月　日

山东省节能监察行政执法文书

法律文书送达回证

监察编号：鲁（×）－JNZF－SDHZ－14－00×/01

受送达单位：	××××有限公司		
送达地点：		邮编	
送达方式：	直接送达		
法律文书编号	文 书 名		文件页数
鲁（×）－JNZF－JCGZ－14－00×	节能监察告知书		1
备注：			

上述文件共___1___件，共___1___页。

送达人（签名并加盖支队印章）：　　　　　　　见证人（签名或盖章）：

　　　　　年　月　日　　　　　　　　　　　　　　　年　月　日

受送达人签名（盖章）：　　　　　年　月　日

联系地址：××市××区××路×号

邮政编码：

联系电话（传真）：

山东省节能监察行政执法文书

现 场 监 察 笔 录

监察编号：鲁（×）－JNZF－JCBL－14－00×

被监察单位（全称）：××××有限公司

监察日期：×××年×月×日×时×分～×时×分

监察内容：

对国家明令淘汰的用能设备进行专项监察

事实描述：

×时×分～×时×分，××市节能监察支队×××、×××二位节能监察人员对××××有限公司进行了现场节能监察。

××市节能监察支队×××、×××等节能监察人员、××经信局节能办主任×××与被监察单位××××有限公司副总经理×××、节能科科长×××等在该公司会议室会面。

监察人员×××向被监察单位出示×××、×××二位执法人员的行政执法证，表明身份，并出示《节能监察告知书》（鲁（×）－JNZF－JCGZ－14－00×），进行现场告知，被监察单位副总经理×××签署《送达回证》（鲁（×）－JNZF－SDHZ－14－00×）认可。×××宣读了××市节能监察支队《公开承诺》。监察组长×××介绍此次节能监察的目的、内容、方式和法律依据等。

被监察单位副总经理×××介绍了企业概况、能源管理情况、主要用能设备等情况。

监察组查看该公司耗能设备台账，发现在用 10 台 S_7、SL_7 系列变压器，详见下表：

序号	设备名称	规格型号	数量（台）	容量（kW）	生产日期	安装地点
1	变压器	S_7－630/10	2	630	×××	×××
2	变压器	SL_7－1000/10	5	1000	×××	×××
3	变压器	S_7－1000/10	3	1000	×××	×××

×月×日×时×分现场监察结束。（笔录完毕）

山东省节能监察行政执法文书

现 场 监 察 笔 录

监察编号：鲁（×）－JNZF－JCBL－14－00×

证明材料目录：

1. ××××有限公司用能设备台账；

2. ××××有限公司淘汰变压器照片；

你单位对所提供的材料予以盖章确认，确保真实无误。

被监察单位负责人（或其书面委托的负责人）签名（盖章）：

监察组组长：×××　　　　　　行政执法证号：SD－F0000200××（C）

成　　　员：×××　　　　　　行政执法证号：SD－F0000200××（C）

　　　　　　　　　　　　　　　监察组组长签名：×××

　　　　　　　　　　　　　　　　　××××年×月×日

山东省节能监察行政执法文书
节能监察报告

监察编号：鲁（×）－JNZF－JCBG－14－00×

根据市经济和信息化委员会《关于对全市重点用能单位使用国家明令淘汰用能设备情况进行节能专项监察的通知》（×经信节字〔2014〕×号）要求，我们监察组一行2人于××××年×月×日对×××有限公司进行了现场监察。

本次监察的内容是：对国家明令淘汰的用能设备进行专项监察。

经现场监察，发现该企业存在以下违法事实：该企业有10台国家明令淘汰的用能设备仍在使用（依据《产业结构调整指导目录（2011年本）（修正）》），详见监察笔录。

根据《中华人民共和国节约能源法》和《山东省节约能源条例》，得出以下结论：该企业上述行为，违反了《中华人民共和国节约能源法》第十七条、《山东省节约能源条例》第十六条的规定。

建议：依据《中华人民共和国节约能源法》第七十一条、《山东省节约能源条例》第四十八条、《山东省节能监察办法》第十五条的规定，报市经济和信息化委员会下达限期整改通知书，责令该企业限期改正。

证明材料：1.《现场监察笔录》（鲁（×）－JNZF－JCBL－14－00×）；

2. ×××有限公司用能设备台账；

3. 监察组对×××有限公司现场拍摄的淘汰变压器照片；

4. ××××有限公司法定代表人×××的授权委托书。

监察组组长：×××

成　　　员：×××

监察组组长：×××

××××年×月×日

二、结果处理

（一）限期整改

1. 责令限期整改

依据《现场监察笔录》《节能监察报告》等，××市节能监察支队对××××有限公司违反节能法律、法规的行为予以立案。××市节能监察支队召集有关人员对案件进行了讨论，根据案件讨论意见，针对该公司仍在使用国家明令淘汰用能设备的违法行为，制作《限期整改通知书》，向××市节能主管部门汇报，经批准后，以直接送达方式将《限期整改通知书》送达该公司。

2. 跟踪核查

在整改期限到期后，××市节能监察支队到××××有限公司进行了跟踪核查，发现该公司仍在使用责令拆除的用能变压器，支队监察人员对整个过程进行调查询问并对仍在使用的淘汰变压器进行了拍照。见《调查笔录》（鲁（×）－JNZF－DCBL－14－00×/01）。

《立案审批表》《案件讨论记录》《限期整改通知书》《法律文书送达回证》内容如下。

山东省节能监察行政执法文书

立 案 审 批 表

监察编号：鲁（×）－JNZF－LASP－14－00×

<table>
<tr><td rowspan="3">立案对象</td><td>单位名称</td><td>×××有限公司</td><td>法定代表人</td><td></td></tr>
<tr><td>单位地址</td><td>××市××路×号</td><td>联系电话</td><td></td></tr>
<tr><td>邮　编</td><td></td><td>传　真</td><td></td></tr>
<tr><td colspan="2">立案地点</td><td>×××有限公司</td><td>立案时间</td><td>××年×月×日</td></tr>
<tr><td colspan="2">案件来源</td><td>监察计划</td><td>案件类型</td><td>专项监察</td></tr>
<tr><td colspan="5">案情摘要：
　　×××年×月×日，××市节能监察支队节能监察人员2人×××、×××，对×××有限公司进行现场节能监察，监察中发现×××有限公司10台国家明令淘汰型号变压器仍在使用。</td></tr>
<tr><td colspan="2">适用的法律、法规和规章依据</td><td colspan="3">　　《中华人民共和国节约能源法》第十七条；《山东省节约能源条例》第十六条。</td></tr>
<tr><td colspan="2">承办部门意见</td><td colspan="3">　　×××有限公司仍在使用10台国家明令淘汰的变压器的行为，违反了《中华人民共和国节约能源法》第十七条、《山东省节约能源条例》第十六条的规定，建议立案处理。

　　　　　　　　　　　　　　监察一科：×××
　　　　　　　　　　　　　　×××年×月×日</td></tr>
<tr><td colspan="2">分管负责人审批意见</td><td colspan="3">同意立案。

　　　　　　　　　　　　　　　　　　×××
　　　　　　　　　　　　　　×××年×月×日</td></tr>
<tr><td colspan="2">备　注</td><td colspan="3"></td></tr>
</table>

山东省节能监察行政执法文书
案件讨论记录

监察编号：鲁（×）－JNZF－AJTL－14－00×

案　由	×××有限公司仍在使用 10 台国家明令淘汰型号变压器。					
讨论地点	支队会议室		讨论时间	×××年×月×日×时×分		
主持人	×××		记录人	×××		
出席人员	姓　名	职　务	姓　名	职　务	姓　名	职　务
	×××	副支队长	×××	监察一科科员		
	×××	监察一科科长	×××	监察一科科员		
	×××	综合科科长				
列席人员						
讨论记录	详见续页。					
处理意见	×××有限公司仍在使用 10 台国家明令淘汰型号变压器。 　　依据《中华人民共和国节约能源法》第十七条、《山东省节约能源条例》第十六条、《中华人民共和国节约能源法》第七十一条、《山东省节约能源条例》第四十八条、《山东省节能监察办法》第十五条的规定，报市经济和信息化委员会下达限期整改通知书，责令该企业限期 6 个月改正。					
出席人员 签　名						

注：此记录可添加续页，每页均应有出席人员签名。

山东省节能监察行政执法文书
案件讨论记录续页

监察编号：鲁（×）–JNZF–AJTL–14–00××

监察组长×××介绍案件情况：

××年×月×日，××市节能监察支队对×××有限公司使用国家明令淘汰用能设备情况实施了现场节能监察。节能监察人员×××、×××出示了证件，亮明了身份，宣读了公开承诺。

实施现场监察由××经信局×××科长陪同，××××有限公司副总经理×××、能源管理负责人×××等配合。

监察中发现：该企业有10台国家明令淘汰的变压器仍在使用（依据《产业结构调整指导目录（2011年本）（修正）》），违反了《中华人民共和国节约能源法》第十七条、《山东省节约能源条例》第十六条的规定。

监察人员对该企业上述违法行为制作了现场监察笔录并予以确认。

我建议：依据《中华人民共和国节约能源法》第七十一条、《山东省节约能源条例》第四十八条、《山东省节能监察办法》第十五条的规定，报市经信委下达限期整改通知书，责令×××有限公司更换10台淘汰型号变压器，整改期限六个月。

×××：我同意监察组长提出的处理意见。

×××：我同意监察组长提出的处理意见。

综合科科长×××：

我查阅了监察过程的全部执法文书和现场监察笔录等取证材料，执法程序合法，依据法律条文准确，案件事实清楚，证据确凿，可以认定企业的违法行为确实存在。

副支队长×××：

综合大家意见，同意依据《中华人民共和国节约能源法》第十七条、《山东省节约能源条例》第十六条、《中华人民共和国节约能源法》第七十一条、《山东省节约能源条例》第四十八条、《山东省节能监察办法》第十五条的规定，报市经信委下达限期整改通知书，责令×××有限公司更换10台淘汰型号变压器，整改期限六个月。

出席人员签名：

山东省节能监察行政执法文书

限期整改通知书

监察编号：鲁（×）－JNZF－ZGTZ－14－00×

被监察单位：××××有限公司

联系地址：××市××路××号

邮政编码：

法定代表人：

　　××市节能监察支队于××××年×月×日，对你单位使用国家明令淘汰用能设备情况进行了节能监察。经查实，你单位存在以下违法事实：

　　有10台国家明令淘汰的变压器仍在使用（详见附件）。

　　上述行为，违反了《中华人民共和国节约能源法》第十七条、《山东省节约能源条例》第十六条的规定。

　　现依据《中华人民共和国节约能源法》第七十一条、《山东省节约能源条例》第四十八条的规定，责令你单位更换10台淘汰型号变压器，整改期限六个月。责令你单位自接到本《限期整改通知书》之日起，于整改期限内，将国家明令淘汰的用能设备予以拆除报废，并在限期届满前将整改情况加盖公章后函告××市节能监察支队。我们将对限期整改情况进行跟踪核查。

　　××市节能监察支队地址：××市××区××路××号

　　邮政编码：

　　联系电话（传真）：

　　附件：在用淘汰设备限期整改明细表

　　　　　　　　　　　　　　　　　　　××市节能主管部门（公章）

　　　　　　　　　　　　　　　　　　　　　　年　月　日

　　注：此文书一式两份，一份存档，一份送达（附送达回证）。

附件:

在用淘汰设备限期整改明细表

序号	设备名称	型号	额定容量（kVA）	数量（台）	安装地点	整改期限
1	变压器	$S_7-630/10$	630	2	×××	
2	变压器	$SL_7-1000/10$	1000	5	×××	6个月
3	变压器	$S_7-1000/10$	1000	3	×××	

山东省节能监察行政执法文书

法律文书送达回证

监察编号：鲁（×）－JNZF－SDHZ－14－00×/02

受送达单位：	××××有限公司		
送达地点：		邮编	
送达方式：	直接送达		
法律文书编号	文 书 名		文件页数
鲁（×）－JNZF－ZGTZ－14－00×	限期整改通知书		2
备注：			

上述文件共　1　件，共　2　页。

送达人（签名并加盖支队印章）　　　　　　见证人（签名或盖章）

　　年　月　日　　　　　　　　　　　　　　年　月　日

受送达人签名（盖章）

　　年　月　日

联系地址：××市××路××号

邮政编码：

联系电话（传真）：

山东省节能监察行政执法文书
调 查 笔 录

监察编号：鲁（×）－JNZF－DCBL－14－00×/01

时　　间：×××年××月××日××时××分

地　　点：××××有限公司

调查人：××市节能监察支队×××、×××　　　　记录人：×××

被调查人：

姓　　名：×××　职务：科长　性别：男　电话：×××××××

工作单位：××××有限公司

调查情况：监察人员×××、×××按照监察编号：鲁（×）－JNZF－ZGTZ－14－00×限期整改通知书有关事项，就该公司整改情况对相关人员及现场进行调查。调查情况如下。

×××：你好，我们是××市节能监察支队监察执法人员，我是×××，这位是×××，这是我们的山东省行政执法证［证号分别为SD－F0000200××（C）、SD－F0000200××（C）］，请查看一下。

×××：好，我看过了，请收好。

×××：请问您在该公司任什么职务？

×××：我是×××科科长。

×××：公司2台型号为S_7－630/10、5台型号为：SL_7－1000/10、3台型号为：S_7－1000/10变压器，限期淘汰期限为×××年××月××日，到期未淘汰，现场照片为证。这个情况属实吗？

×××：属实。

×××：请你确认一下。

×××：好。

×××：请查看笔录内容是否属实？

×××：情况属实。

×××：那你还有其他需要说明的吗？

×××：随着企业产能的增加，×××年安排变配电系统更新改造资金×××万元，计划对降压总站35kV，由原一台4000kVA和一台10000kVA变压器，再增加一

台型号为 S_{11} – 10000/35 的节能变压器。厂区空压站变压器的容量不能满足生产要求，需要扩大容量，将原来 1600kVA 增容为 2500kVA，采用常州变压器厂生产的型号为 SCB_{10} – 2500/10 的变压器，替换下来的 S_9 – 1600/10 型变压器，替换×××车间两台淘汰型号 SL_7 – 1000/10 变压器，将原运行的两台 SL_7 – 1000/10 淘汰型号变压器拆除。两个更新增容改造项目在××××年内完成。

其他淘汰型号变压器主要集中在铸造分公司，由于铸造公司地处市中心，生产环境受限较大，企业根据产能总体提升规划，也正在逐步调整铸造产能。根据企业产业调整和厂区的总体规划，将对铸造分公司的变配电系统做统一调整，逐步淘汰。

××××年××月××日××时××分，调查结束。

以下空白。

调查人（签名）：　　　　　　　被调查人（签名）：

记录人（签名）：

（二）行政处罚

1. 提出处罚意见

××市节能监察支队就××××有限公司使用国家明令淘汰用能设备且整改期限届满仍未整改的违法行为，制作《节能监察结果处理意见书》，向××市节能主管部门分管领导作了汇报，提出依照《中华人民共和国节约能源法》第七十一条的规定，对××××有限公司做出责令停止使用，没收国家明令淘汰的10台淘汰型号变压器的行政处罚意见。

2. 送节能行政主管部门审核

××市节能主管部门法规科经审核认为：该案件节能监察程序合法，拟作出行政处罚的案件事实清楚，证据确凿，属于节能行政主管部门处罚范围，判定被监察单位违法、违规行为的依据充分，所依据的法律、法规条文准确，量罚适当，应当予以处罚。××市节能主管部门领导经研究，同意××市节能监察支队的行政处罚意见。

3. 制作《行政处罚事先告知书》并送达拟被处罚单位

节能行政主管部门起草《行政处罚事先告知书》，加盖节能行政主管部门公章后，由××市节能监察支队将《行政处罚事先告知书》直接送达××××有限公司委托代表人×××，并邀请当地县级节能行政主管部门×××到场。×××向×××宣读了《行政处罚事先告知书》，告知×××有陈述、申辩的权利。××××有限公司委托代表人×××表示要陈述、申辩。

4. 组织陈述、申辩

××市节能行政主管部门接到××××有限公司要求陈述、申辩的申请后，通知××××有限公司，于××月××日上午××点，在××市节能主管部门二楼会议室举行陈述、申辩会。

××××有限公司陈述和申辩会由××市节约能源办公室主任×××主持。出席陈述和申辩会的有××市节能主管部门法规科科长、××市节能监察支队×××副支队长，××市节能监察支队监察一科×××科长，××××有限公司授权委托人×××副总经理及能源管理科科长×××。陈述、申辩会记录人为××市节约能源办公室×××副主任。

陈述、申辩会所有参加人员均签到。陈述、申辩会上，××××有限公司×××副总经理对提供的事实、证据、行政处罚依据均无异议，陈述了企业目前面临的资金、生产困难。记录人制作了《陈述、申辩笔录》并宣读，所有参会人员均签字确认。

5. 送达《行政处罚决定书》

市节能行政主管部门领导经研究决定，××××有限公司陈述、申辩理由不充分，决定对××××有限公司依法实施行政处罚，以维护法律的严肃性。市节能行政主管部门法规科制作《行政处罚决定书》，经市节能行政主管部门分管法规工作的领导审签，于7日内送达××××有限公司。

《节能监察结果处理意见书》《行政处罚事先告知书》《行政处罚决定书》《送达回证》等文书内容如下。

山东省节能监察行政执法文书

节能监察结果处理意见书

监察编号：鲁（×）－JNZF－CLYJ－14－00×

市经信委：

根据市经信委《关于对全市重点用能单位使用国家明令淘汰用能设备情况进行节能专项监察的通知》（×经信节字〔2014〕×号）的计划安排，我支队于××××年×月×日对××××有限公司进行了现场监察。

本次监察主要内容：对国家明令淘汰的用能设备进行专项监察。

经现场监察，发现该单位存在以下违法事实：仍在使用国家明令淘汰的用能设备变压器10台（依据国家发改委《产业结构调整指导目录（2011年本）（修正）》），该单位上述行为违反了《中华人民共和国节约能源法》第十七条的规定。

针对上述违法事实，市经信委于××××年×月×日对该单位下达了《限期整改通知书》（监察编号：鲁（F）－JNZF－ZGTZ－14－0××），整改期限为××××年×月×日。

××××年×月×日，我支队对该单位限期整改情况进行了现场核查，发现该单位仍在使用10台国家明令淘汰的变压器，未进行整改。

处理意见：建议依据《中华人民共和国节约能源法》第七十一条的规定，对该单位实施行政处罚，责令其停止使用并没收10台在用国家明令淘汰的用能设备。

附件：1.《现场监察笔录》（鲁（×）－JNZF－JCBL－14－00×）；

2.《限期整改通知书》（鲁（×）－JNZF－ZGTZ－14－00×）；

3.《调查笔录》（鲁（×）－JNZF－DCBL－14－00×）；

4. ××××有限公司关于淘汰变压器更换情况的说明；

5. 监察组对××××有限公司现场调查拍摄淘汰变压器的照片。

××市节能监察支队（公章）

××××年×月×日

行政处罚事先告知书

（编××市节能主管部门文号）

当事人：××××有限公司

联系地址：××市××路××号

邮编：

法定代表人姓名：

职务：总经理

电话：

  你单位于××××年×月×日～××××年×月×日因使用国家明令淘汰的用能设备的行为，违反了《中华人民共和国节约能源法》第十七条的规定，依据《中华人民共和国节约能源法》第七十一条，本执法机关拟对你单位作出责令停止使用，没收国家明令淘汰的10台淘汰型号变压器的行政处罚。

  如对该处罚建议有异议，根据《中华人民共和国行政处罚法》的有关规定，你单位法定代表人或书面委托的代理人可以自接到本告知书7日内，到本执法机关陈述和申辩；逾期视为放弃陈述和申辩。

  执法机关地址：××市××区××路××号

  联系电话（传真）：

××市经济和信息化委员会（公章）

年 月 日

山东省节能监察行政执法文书
法律文书送达回证

监察编号：鲁（×）－JNZF－SDHZ－14－00×/03

受送达单位：	××××有限公司		
送达地点：	××市××路××号	邮编	
送达方式：	直接送达		
法律文书编号	文　书　名		文件页数
××节能主管部门文号	行政处罚事先告知书		1

备注：

上述文件共＿1＿件，共＿1＿页。

送达人（签名并加盖支队印章）　　　　　　见证人（签名或盖章）

　　　年　月　日　　　　　　　　　　　　　年　月　日

受送达人签名（盖章）

　　　年　月　日

××市节能监察支队联系地址：××市××路××号

邮政编码：

联系电话（传真）：

授 权 委 托 书

（2014）授字第××号

委托人：××××有限公司

法定代表人：　　　　　　　　职务：总经理

受委托人：　　　　　　　　　职务：副总经理

受委托人居民身份证号：

兹委托受委托人在下列权限内办理委托事项，其在此权限范围内的代理后果，由委托人享有权益并承担相应的法律责任。

授权范围及权限：代理本人履行法定代表人参加贵单位对我公司进行节能行政处罚陈述申辩方面应当履行的职责，包括提供相关资料、签署相关文件等。

授权期限：自本授权委托书签署之日起至××××年×月××日止。

委托人：××××有限公司

法定代表人：

年　月　日

山东省节能监察行政执法文书
陈述申辩会议签到记录

鲁（×）－JNZF－CSQD－14－00×

陈述申辩单位名称		××××有限公司	
会议日期		会议地点	
主持人		法定代表人 或其授权委托人	
记录人员			
节能执法机构参加会议人员			
姓名	职务		电话
×××	市经信委节能办主任		××××××
×××	市经信委节能办副主任		××××××
×××	市经信委法规科科长		××××××
×××	市节能监察支队副支队长		××××××
×××	市节能监察支队监察一科科长		××××××
被监察单位参加会议人员			
见证人	单位		职务

陈述申辩笔录

（编××市节能主管部门文号）

时间：××××年×月×日×时×分～××××年×月×日×时×分

地点：××市×××会议室

告知人：×××

记录人：×××

被告知单位（人）名称：××××有限公司

法定代表人姓名：×××

职务：总经理

告知内容：

1. 违法事实：你单位××××年××月××日～××××年××月××日使用10台国家明令淘汰的用能设备（变压器）。

2. 以上事实已违反了《中华人民共和国节约能源法》第十七条的规定，依据《中华人民共和国节约能源法》第七十一条的规定，拟给予以下行政处罚：责令停止使用，没收国家明令淘汰的10台淘汰型号变压器。

3. 对认定的违法事实和实施处罚的依据，你如有不同意见，可依法行使陈述、申辩的权利。

陈述、申辩的主要内容：

1. ××××有限公司对认定的违法事实和实施处罚的依据无异议。

2. ×××副总经理陈述公司根据企业生产情况，申请××××年××月份前完成全部10台国家明令淘汰型号变压器整改工作，具体情况说明见《关于延长淘汰变压器更换时限的请示》。

对以上记录确认无误。

告知人签名（盖章）：　　　　　　　　被告知人签名（盖章）：

行政处罚决定书

（编××市节能主管部门文号）

当事人：××××有限公司

地址：××市×××路××号

邮编：

法定代表人：

  你单位自××××年××月××日至今，存在以下违法事实：仍在使用 10 台国家明令淘汰的用能设备（变压器）。

  上述违法事实有以下证据：

  1.《现场监察笔录》；

  2.《调查询问笔录》；

  3. 监察组对××××有限公司现场拍摄的照片；

  4.××××有限公司关于淘汰变压器更换情况的说明。

  以上事实已违反了《中华人民共和国节约能源法》第十七条的规定，依据《中华人民共和国节约能源法》第七十一条的规定，决定给予你单位以下行政处罚：停止使用、没收国家明令淘汰的 10 台变压器。

  你单位必须于××××年××月××日前履行停止使用、没收国家明令淘汰的 10 台变压器的行政处罚决定。

  你单位如果不服以上行政处罚决定，可以在收到本决定书之日起六十日内，向××市人民政府或山东省经济和信息化委员会申请行政复议；也可以在六个月内直接向人民法院起诉。行政复议和行政诉讼期间行政处罚决定不停止执行。逾期不申请复议、不向法院起诉又不履行处罚决定的，将申请人民法院强制执行。

××市经济和信息化委员会（公章）
年 月 日

山东省节能监察行政执法文书
法律文书送达回证

监察编号：鲁（×）－JNZF－SDHZ－14－00×/04

受送达单位：	××××有限公司		
送达地点：	××市××路××号	邮编	
送达方式：	直接送达		
法律文书编号	文　书　名		文件页数
			2

备注：

上述文件共　1　件，共　2　页。

送达人（签名并加盖支队印章）　　　　　见证人（签名或盖章）

　　　年　月　日　　　　　　　　　　　　　年　月　日

受送达人签名（盖章）

　　　年　月　日

××市节能监察支队联系地址：××市××路××号

邮政编码：

联系电话（传真）：

（三）结案

×××有限公司在收到行政处罚决定书之日起六十日内，未向××市人民政府或山东省经济和信息化委员会申请行政复议，也未在六个月内直接向人民法院起诉。

××市节能监察支队监察人员依据行政处罚决定书，××××年×月×日，对××××有限公司 10 台淘汰变压器进行拆除，交××再生资源公司拆解予以没收，××市节能监察支队监察人员现场制作《行政处罚决定执行笔录》并拍照取证。

××市节能监察支队制作《结案审批表》，对此案予以结案。

《行政处罚决定执行笔录》《结案审批表》内容如下。

行政处罚决定执行笔录

（编××市节能主管部门文号）

时间：××××年××月××日×时××分～××月××日×时××分

地点：××××有限公司

被处罚单位（全称）：××××有限公司

法定代表人：　　　　职务：　　　　性别：　　　　民族：

执行人：　　　　　　　　　　记录人：

执行笔录：

　　××××年××月××日×时××分，××市节能监察支队×××、×××等节能监察人员与被执行单位××××有限公司副总经理×××、能源管理科科长×××等在该公司三楼会议室会面。

　　监察人员×××向被监察单位出示×××、×××二位执法人员的行政执法证（证号分别为 SD – F0000200×× （C）、SD – F0000200×× （C）），表明了身份。

　　××市节能监察支队监察人员×××就编号（××××）《行政处罚决定书》有关事项对该公司淘汰变压器执行现场拆除进行了说明，并希望公司予以配合。

　　被监察单位××××有限公司副总经理×××介绍了淘汰变压器现状等情况。

　　××月××日×时××分～××月××日×时××分，××市节能监察支队节能监察人员×××、×××对××××有限公司2台型号为 S_7 –630/10、5台型号为 SL_7 –1000/10、3台型号为 S_7 –1000/10 淘汰变压器拆除并移交再生资源回收公司回收拆解执行情况进行现场监督并拍照取证。

　　证明材料目录：

1. 拆除变压器照片；

2. 再生资源回收公司回收收据；

3. 再生资源回收公司拆解照片；

（笔录完毕）

被执行人（签名）：

执行人（签名）：

记录人（签名）：

山东省节能监察行政执法文书
结案审批表

监察编号：鲁（×）－JNZF－JASP－14－00×

案　　由	××××年××月××日，××市节能监察支队节能监察人员现场监察发现××××有限公司有10台国家明令淘汰的变压器仍在使用。
执行情况	1. ××××年××月××日，××市经信委下达《节能监察限期整改通知书》（鲁（×）－JNZF－ZGTZ－14－00×）。 2. ××××年××月××日，××市经信委下达《行政处罚决定书》（编××市节能主管部门文号）。 3. ××××年××月××日，××节能监察支队节能监察人员对×××有限公司拆除10台国家明令淘汰型号变压器进行现场监督并拍照。
结案理由	10台国家明令淘汰型号变压器已拆除（照片为证），并交由××市再生资源回收公司拆解予以没收，可以结案。 承办人： 　　　　　年　月　日
节能监察机构意见	同意结案。 审批人： 　　　　　年　月　日
节能行政主管部门意见	同意结案。 审批人： 　　　　　年　月　日

三、案例启示

监察人员必须依法实施监察，在法律适用得当、执法依据充分、违法事实清楚、监察程序合法、获取证据确凿的基础上，进入行政处罚程序后，必须严格遵守法律、法规关于实施主体的规定，并且不能忽视法定的每一个环节和细节，如保护被监察单位陈述、申辩的权利或听证权利，告知被处罚单位的救济途径和享有的权利如行政复议或行政诉讼。

（1）监察执法程序必须要合法和规范。在具体监察执法过程中，注意把握以下几点：一是制作监察实施方案，每项日常监察和专项监察实施前都必须制定详细实施方案，明确监察内容、时间、步骤、人员配备、责任分工、工作措施和要求等事项；二是制定节能监察工作流程和现场监察程序，要求所有监察人员必须按流程程序开展监察工作；三是做好监察前的准备工作，召开预备会，研究熟悉有关材料和相关法律法规，起草监察告知书等执法文书，准备现场办公和取证设备等；四是实施现场监察时必须两人以上，并主动出示行政执法证件，《现场监察笔录》和《调查笔录》必须有监察人员和当事人签字，收集的证据资料复印件必须有提供者的签字并注明其与原件相符，同时注意影像资料的采集保存；五是进入行政处罚程序的案件必须严格按法定程序进行，处罚前必须要事先告知并做好陈述申辩准备和记录，做出行政处罚决定时要同时做好行政复议、行政诉讼等准备，防止程序上不合法。

（2）监察执法文书必须要完整和准确。要严格按《山东省节能监察手册》规定的样式规范制作，必须做到各类文书齐备、使用正确、语言准确、书写工整、签署完整。概括起来讲就是五个字："立、改、谈、罚、送"：一是前置"立"，即立案审批前置。凡是需下达《限期整改通知书》的违法案件都要先立案，制作《立案审批表》报支队领导批准，并进行案件讨论，形成《案件讨论记录》，再制作《限期整改通知书》报市节能主管部门批准后送达被监察单位；二是核查"改"，即核查整改结果。整改期限届满后必须现场核查整改情况，制作《调查笔录》、现场拍照取证，符合整改要求的制作《结案审批表》，经批准予以结案；对于整改期限届满仍未整改或未达到整改要求的违法单位，只要违法事实清楚、证据充分确凿、法律依据明确的，就应向节能主管部门提出处罚意见，制作《节能监察结果处理意见书》，向节能行政主管部门提出处罚意见报批；三是真心"谈"，即行政执法约谈。建立并推行行政执法约谈制度，对已下达《限期整改通知书》的违法单位，在期限届满前预约被监察单位法人代表进行告诫、面谈，制作《预约谈话告知书》《预约谈话笔录》等文书；四是慎重"罚"，即行政处罚决定。对于行政处罚案件，在制作《行政处罚决定书》时，按照《行政处罚法》《行政复议法》的规定，告知当事人行政救济的途径，可申请行政复议或提起行政诉讼；五是当面"送"，即执法文书送达。所有送达被监察单位的执法文书都必须附《法律文书送达回证》，执法文书的送达一般采用直接或邮寄送达方式，对于涉及行政处罚案件的《限期整改通知书》《行政处罚事先告知书》《行政处罚决定书》等较为敏感的执法文书，尽量采取直接送达方式，并邀请所在地节能主管部门到场，受送达人必须在《法律文书送达回证》上签字或盖章；若受送达人拒收，可改为留置送达并在回证上注明留置原因及证人情况。

Ⅲ

对执行单位产品能耗限额
标准情况的节能监察

案例 1　上海市节能监察中心

一、基本案情

开展重点用能行业单位产品能耗限额标准执行情况的监督检查是每年工业节能监察的重点工作内容之一。

（一）节能监察准备阶段

1. 基础事项准备

根据《上海市经济信息化委员会关于开展 2015 年度重点用能行业单位产品能耗限额标准执行情况和高耗能落后工艺装备机电设备（产品）淘汰情况监督检查的通知》（沪经信节〔2015〕386 号）精神，上海某钢铁有限公司如期完成并向市节能监察中心（以下简称"中心"）报送了《上海某钢铁有限公司粗钢电炉工序单位产品能源消耗限额自查报告》，但经中心节能监察人员书面审查后发现，该公司 2014 年度粗钢电炉工序单位产品能源消耗值为 393.6kgce/t，明显超过了《粗钢生产主要工序单位产品能源消耗限额》（GB 21256—2007）中规定的 215kgce/t 的能耗限定值，因此节能监察人员必须到现场进行进一步调查核实。

本案由监察三科具体负责组织实施，科长×××任监察小组组长，对监察的全过程负责，组员×××、×××负责执法文书准备及现场监察情况记录等。

2. 执法文书准备

由组员×××负责执法文书准备，包括《节能监察通知书》《节能监察现场告知书》《节能监察现场笔录》《调查（询问）笔录》《限期治理通知书》《送达回证》等。

3. 仪器设备准备

由组长×××负责准备笔记本电脑、便携式打印机等办公设备及照相机、录像机等取证设备。

4. 监察依据准备

由组长×××负责准备并熟悉《中华人民共和国节约能源法》（以下简称《节能法》）、《上海市节约能源条例》（以下简称《节能条例》）、《粗钢生产主要工序单位产品能源消耗限额》（GB 21256—2007）、《产业结构调整指导目录（2011年本）（修正)》《高耗能落后机电设备（产品）淘汰目录》（第一批、第二批、第三批）、《部分工业行业淘汰落后生产工艺装备和产品指导目录（2010年本)》等执法依据资料及某钢铁有限公司的相关情况。

（二）节能监察实施阶段

现场监察当天，节能监察人员先向某钢铁有限公司相关人员出示了行政执法证，进行了节能监察现场告知，告知其此次监察依据、内容、要求和方法以及当事人的权利和义务等相关内容，并要求当事人签名并加盖公章后带回留存归档。

然后节能监察小组成员开始查阅该公司2014年度粗钢电炉工序单位产品能源消耗值有关的相关文件、台账等资料，包括设备台账、生产月报表、电力公司发票、工业企业能源购消存表；对于这些资料均要求当事人复印且加盖骑缝章带回存档。

在翻阅完相关资料并和该公司的相关人员了解情况后，由于当事人2014年度粗钢电炉工序单位产品能源消耗值明显超标，因此节能监察人员除了制作常规的《现场检查笔录》外，还制作了《调查（询问）笔录》。

二、结果处理

（一）限期改正

经现场监察后查实，上海某钢铁有限公司2014年度粗钢生产工序单位产品能源消耗值为393.6kgce/t，超过了《粗钢生产主要工序单位产品能源消耗限额》（GB 21256—2007）中的限额限定值，违反了《节能条例》第二十一条第一款的规定："生产单位应当执行国家和本市规定的单位产品能耗限额标准。市和区、县经济信息化行政管理部门应当按照各自权限，责令超过单位产品能耗限额标准用能的生产单位限期治理。"因此，依据《节能条例》第二十一条和第七十七条的规定，中心责令其限期治理，限期一年，并及时将限期治理方案报至中心。

（二）后续处罚

根据《节能法》第七十二条规定："生产单位超过单位产品能耗限额标准用能，情节严重，经限期治理逾期不治理或者没有达到治理要求的，可以由管理节能工作的部门提出意见，报请本级人民政府按照国务院规定的权限责令停业整顿或者关闭。"因此，中心应当在限期治理期限届满之日起 5 个工作日内，及时组织现场核查，制作限期治理现场核查笔录。然后根据限期治理现场核查笔录，经案审会讨论后提出限期治理核查意见书，意见书中应当包括对当事人解除限期治理决定或者依法责令停业整顿或者关闭的建议和理由，并将此意见书递交市经济信息化委。

三、案例启示

本案是重点用能行业中生产单位单位产品能耗超标的一般情况，违法事实清楚，证据确凿，因此较易处理。在执法实践中，此类案件的难点在于：一是该生产单位涉标产品或工序单位产品能耗值的确定。二是限期治理的期限设定，在《节能法》中并没有明确规定治理的合理期限是多久，因此，在这一环节中，各地可以根据地方实际加以确定。三是超标企业可以被实施惩罚性电价。根据《国务院办公厅转发发展改革委关于完善差别电价政策意见的通知》（国办发〔2006〕77 号）和《关于清理对高耗能企业优惠电价等问题的通知》（发改价格〔2010〕978 号），"对能源消耗超过国家和地方规定的单位产品能耗（电耗）限额标准的，实行惩罚性电价。超过限额标准一倍以上的，比照淘汰类电价加价标准执行；超过限额标准一倍以内的，由省级价格主管部门会同电力监管机构制定加价标准。省级节能主管部门要会同有关单位在 2010 年 6月底以前提出超能耗（电耗）企业和产品名单，省级价格主管部门会同电力监管机构按企业和产品名单落实惩罚性电价政策。"超标企业被实施惩罚性电价并非是法定的行政处罚种类，因此，节能监察机构可以对节能主管部门提出实施惩罚性电价的建议，还要根据各地的实施细则中管理部门的职责而定。

上 海 市 节 能 监 察 中 心

节能监察通知书

上海某钢铁有限公司：

　　根据《上海市节约能源条例》第五条等相关规定，上海市节能监察中心定于2015年9月3日下午13时，对你单位进行节能监察。届时请你单位负责人或能源管理负责人到场配合监察。

监察内容	核实企业执行产品能耗限额标准情况		
提供材料需贵单位	1. 30kW 重点用电设备的名称、数量、型号、功率及其2014年全年运行时间； 2. 电炉工序辅助设备用能量，包括行车、钢包烘烤、电炉除尘等设备； 3. 企业2014年全年各类能源消费实物量及其凭证； 4. 企业2014年全年粗钢产量及其凭证。		
联系地址	上海市虹口区中山北一路121号A1楼5楼		
联系人	×××	电　　话	608051××
邮政编码	200083	传　　真	60805188

上海市节能监察中心（公章）

2015 年 8 月 29 日

注：1. 接到本通知书后请及时与联系人联系；

　　2. 本通知书一式两份，一份送达拟监察单位，一份存档。

上海市节能监察中心

现场检查笔录

当事人	名称	上海某钢铁有限公司		
	地址	上海市奉贤区×××镇×××村×××号	邮编	201412
	法定代表人（负责人）	×××　职务　董事长　电话		
检查地点		上海市奉贤区×××镇×××村×××号		
检查时间		2015 年 9 月 3 日 13 时 00 分～15 时 15 分		

现场检查情况：

　　监察人员对上海某钢铁有限公司 2014 年 1 月～12 月的能源消费和生产产量原始记录及管理台账核查后发现，该企业 2014 年共生产钢坯（粗钢）41480 吨，生产钢筋 37602.74 吨，年综合能耗 16418.5 吨标准煤。

　　根据《粗钢生产主要工序单位产品能源消耗限额》（GB21256—2007），参照该企业 2015 年 8 月《粗钢电炉工序单位产品能源消耗限额自查报告》的计算方法，经计算后该企业 2013 年粗钢电炉工序单位产品能源消耗值为 393.6kgce/t，明显高于《GB21256—2007》中规定的 215kgce/t 的能耗限定值。当事人提供材料明细：

1. 2014 年上海某钢铁有限公司生产月报表；

2. 2014 年 1 月份～12 月份企业电费清单；

3. 2014 年公司《工业企业能源购、销、存统计表》；

当事人阅后签名：　　　　　　　　见证人签名：

　　　　年　月　日　　　　　　　　　　年　月　日

监察人员签名：　　　　　　　　　记录人签名：

　　　　年　月　日　　　　　　　　　　年　月　日

上海市节能监察中心
调查（询问）笔录

时　　间		2015 年 9 月 3 日下午 13 时 00 分 ~ 15 时 15 分	
地　　点		上海奉贤区×××镇×××村×××号	
被调查 （询问）人	姓名	×××	工作单位	上海某钢铁有限公司
	性别	男	联系地址	奉贤区×××镇 ×××村×××号
	职务	副总经理	联系电话	1370165×××
	邮编	201412	身份证号	3501261972×××

我们是上海市节能监察中心行政执法人员×××、×××，已向你出示了行政执法证，证件编号为0001201××、00012010×，现依法对粗钢生产电炉工序产品能源消耗限额一事作调查（询问）。

请你配合我们，如实提供有关资料，回答询问，不得做虚假陈述或拒绝、阻扰调查。你是否听清楚了？

答：是

问：根据上报的《上海某钢铁有限公司产品能耗限额自查报告》来看，你们所计算得出 2014 年的356.8kgce/t 和 2015 年 1 ~ 5 月的361kgce/t 是螺纹钢产品单耗，而不是所要求的"粗钢生产主要工序单位产品能耗值"，是这样吗？

答：是。

问：那你们公司的粗钢生产电炉工序单位产品能耗值是多少呢？

答：炼钢、轧钢车间共用 1 个电表。所以无法准确计算电炉工序能耗。

问：那你们生产当中各车间用能概况是怎样的？

答：根据生产经验，每生产 1 吨螺纹钢轧机用电 80kWh 左右，电炉工序耗电量（kWh）＝生产用电量（kWh）－80kWh/t×螺纹钢产量（t）。

问：电炉工序是否用到其他能源？

上海市节能监察中心

调查笔录续页

答：没有。

问：你厂中频炉的型号规格是怎样的？

答：4台12t中频炉，型号KGPS－DR－5000。

问：公司2014年全年电炉工序用电量是多少？

答：2014年总用电量是5037.9万kWh。生活用电约占10%，轧钢用电80kWh/t，计算得2014年电炉用电量为4029.1万kWh。

问：公司2014年全年粗钢产量是多少？

答：螺纹钢产量2014年全年63126.45吨，成品率95%，可计算得2014年全年粗钢产量是66448.9吨。

问：那2014年间你们是否从外直接购入过粗钢半成品？

答：没有购入过。

问：那根据《粗钢生产主要工序单位产品能源消耗限额》（GB21256—2007），公司电炉工序单耗是多少？

答：根据标准和我厂实际，电炉工序单位产品能耗＝电炉工序耗电量（kWh）×折标系数/粗钢产量（t），2014年电炉工序产品能耗是245.0kgce/t。

问：根据《GB21256—2007》，你厂粗钢生产电炉工序单位产品能耗明显超过标准要求的215kgce/t，你是否知道？

答：是。

问：指标超过标准是何原因造成的？有何打算？

答：设备比较陈旧，废钢料比较差，工人积极性较差，导致产量降低、单耗上升。目前还有JZR2－6电机3台、JZ2电机1台属于淘汰设备，已准备在今年年底淘汰。

（以下空白）

被调查（询问）人阅后签名：　　　　　　调查（询问）人签名：

见证人签名：　　　　　　　　　　　　记录人签名：

_____年___月___日　　　　　　　_____年___月___日

上海市节能监察中心

限期治理通知书

沪节监限治字〔2015〕第3001号

当事人	名称	上海某钢铁有限公司			
	地址	上海市奉贤区×××镇×××村×××号		邮编	201412
	法定代表人（负责人）	×××	职务 董事长	电话	

　　本中心于2015年9月3日对你单位进行了节能监察。经查，你单位2014年度粗钢生产工序单位产品能源消耗值为393.6kgce/t，超过了《粗钢生产主要工序单位产品能源消耗限额》（GB21256—2007）中的限额限定值，违反了《上海市节约能源条例》第二十一条第一款的规定。以上事实有《调查（询问）笔录》等为证，证据确凿。

　　依据《上海市节约能源条例》第二十一条和第七十七条的规定，现责令你单位限期治理，你单位必须于2016年9月4日前使粗钢生产工序单位产品能源消耗值达到《GB21256—2007》中的限额限定值，并于2015年9月19日下午五点前将治理计划报送本中心。

　　逾期不改正的，本中心将依法处理。

　　如你单位不服本决定，可以在收到本通知书之日起六十日内向上海市经济和信息化委员会申请行政复议；也可以在收到本通知书之日起三个月内向黄浦区人民法院起诉。

　　联　系　人：

　　联系电话：

上海市节能监察中心（公章）

2015年9月12日

注：本通知书一式两份，一份送达当事人，一份存档。

上海市节能监察中心

法律文书送达回证

送达文书名称、编号及页数	
受送达人	××××
送达地点	上海市奉贤区×××镇×××村×××号
送达方式	□直接送达　　　☑邮寄送达　　　□留置送达
收件人签章及收件时间	本文书于　　年　月　日　午　时　分收到。 □是□否要求陈述申辩； □是□否要求听证。 　　　　　　　　　　　收件人签名或盖章：
见证人	见证人签名或盖章： 　　　　　　　　　　年 月 日 午 时 分
送达人	送达人签名或盖章： 　　　　　　　　　　年 月 日 午 时 分
其　他	邮寄送达的，请当事人签收后____日内将此回证寄回： 地址：上海市虹口区中山北一路121号A1楼五楼 联系人：_____　　　　邮编：200083

案例 2　浙江省能源监察总队

一、基本案情

2013 年 11 月 14 日，我省杭州市能源监察中心对本市××纸业有限公司实施日常节能监察。根据该公司提供的 2012 年度能源消费数据测算，杭州市能源监察中心认定该公司瓦楞原纸单位产品综合能耗超出浙江省地方标准《机制纸板和卷烟纸能耗限额与计算方法》（DB 33/686—2008）限额值，欲对其实施电价加价处罚。公示期间，该公司提出异议，要求省能源监察机构复核。为此，我总队成立复核小组对该案件进行复核并立案调查。

（一）调查准备

1. 案由

对涉嫌超能耗限额标准企业提供不实的能源消费状况进行复核调查。

2. 成立复核监察小组及人员分工

本次专项监察工作由省总队分管领导×××负责，监察二处具体实施。组长由处长×××担任，全面负责案件调查，组员×××负责执法文书准备，现场调查及报告编制。

3. 执法文书准备

由组员×××负责执法文书准备，包括复核调查通知书、调查（询问）笔录、行政处罚事先告知书、责令整改通知书、行政处罚决定书、送达回证等。

4. 仪器设备准备

由组员×××负责准备笔记本电脑、打印机等办公设备及照相机、录像机等取证设备。

5. 监察依据准备

由组员×××负责准备并进一步熟悉《中华人民共和国节约能源法》《浙江省实施

〈节能法〉办法》《浙江省节能监察办法》相关条款和《浙江省超限额标准用能电价加价管理办法》（浙政发〔2010〕39号）等执法依据资料；调取××纸业有限公司历年能源利用状况报告、杭州市对该公司的节能监察报告，能源审计报告、限额对标情况以及该公司设备运行及淘汰落后设备、工艺、产品等相关情况。

（二）调查实施

1. 召开首次会议

复核组长×××主持首次会议，指定组员×××负责记录。

介绍监察组成员：×××、×××、×××

（1）出示执法证件，表明身份。（×××负责）

我们是省能源监察总队的，这是我们的行政执法证。现在宣读"节能监察现场告知书"，宣读完毕，请过目签字。

组长×××向××纸业有限公司询问有无需要回避及不适合进行本次现场监察的人员等情形。

（2）组长介绍复核调查要点。重申此次复核调查工作的依据、内容、方式及该单位需配合的事项。

①调查依据：《浙江省实施〈节能法〉办法》《浙江省节能监察办法》《浙江省超限额标准用能电价加价管理办法》（浙政发〔2010〕39号）。

②调查内容：对照我省相关能耗限额标准，核对该公司单位产品能源消耗情况。

③调查方式：现场调查，确保材料、数据的客观性和真实性。

④配合事项：一是需要提供的材料：企业2012年度产量、能耗数据报表（报统计局报表），企业2012年度电费发票、煤炭购买发票、产品销售发票，造纸生产线设计参数、产品质量测试报告等；二是需要配合的人员：企业负责人、能源管理负责人、能管员、设备管理负责人、财务人员等到场配合现场调查。

（3）听取企业汇报。××纸业有限公司负责人×××介绍单位产品能耗情况及需要说明的情况。

2. 查阅材料

×××负责查阅2012年度产量、产值等相关材料；×××负责查阅企业2012年度电费发票、煤炭购买发票、产品销售发票等；×××负责查阅设备台账及核对相关参数；×××负责生产线设计参数、核算各项指标。

3. 查验现场

要求××纸业有限公司指定专人×××配合进行现场核查。收集生产统计报表、工艺设备台账、视听资料等有关的材料。材料的复印件请你们签字盖章，并注明与原件相符。

4. 召开内部交流会议

现场核查完毕后，由组长×××组织召开内部交流会议，汇总调查情况。

5. 制作《调查（询问）笔录》

×××制作《调查（询问）笔录》。如实记录各对话的详细内容。由监察人员×××、×××共同完成。

6. 召开末次会议

×××组织召开末次会议，向被监察单位通报核查结果，经×××有限公司副总经理（授权委托人）确认后，双方在《调查（询问）笔录》上签字，由监察人员带回。现场调查结束。

二、结果处理

（一）案件讨论

1. 形成《案件调查终结报告》

×××负责根据现场核查的情况及相关证据资料，形成《案件调查终结报告》，提交分管领导×××审阅后，上报总队领导阅示。

2. 召开案审会

2014 年 10 月 14 日，省能源监察总队案件审理委员会对此案进行了讨论，最后形成统一意见：××纸业有限公司的行为违反了《浙江省节能监察办法》的第十七条的规定，依据《浙江省节能监察办法》第二十五条的规定、浙江省经济和信息化系统行政处罚裁量基准，决定给予下列行政处罚：（1）责令改正未如实提供能源消费各类数据台账和资料的行为；（2）罚款四万元。

（二）行政处罚的实施

1. 制作和送达《行政处罚事先告知书》

根据案审委的决定，组员×××负责对××纸业有限公司制作和送达《行政处罚事先告知书》，拟对该公司作出下列行政处罚：（1）责令改正未如实提供能源消费各类数据台账和资料的行为；（2）罚款四万元。该公司如对该处罚意见如有异议，可在接到本告知书之日起七日内向本单位提出陈述和申辩；逾期未提出陈述或申辩，视为放弃该权利。

同时，组员×××负责送达《责令改正通知书》，依据《浙江省节能监察办法》第二十五条的规定，责令××纸业有限公司于2014年10月25日前改正上述行为，并将改正结果同时书面回复浙江省能源监察总队。

2. 送达《行政处罚决定书》和《送达回证》

送达《行政处罚事先告知书》七日后，未收到××纸业有限公司的陈述或申辩要求，该组员×××对××纸业有限公司制作和送达《行政处罚决定书》和《送达回证》。该公司收到本决定书后将送达回执签字盖章邮寄回我总队，并在收到决定书之日起十五日内，携带本决定书，将罚款缴至指定的银行。并告知相关的权利和义务。

3. 执行行政处罚

在有效期限内，××纸业有限公司缴纳相应付款，提供银行凭证，财务室对其开具相应行政处罚收据。同时，××纸业有限公司将改正结果书面回复浙江省能源监察总队，案件结案。

三、案例启示

该案例由执行超限额标准惩罚性电价加价政策公示期间企业申请复核，浙江省能源监察总队调查复核后认定该企业在杭州市能源监察中心实施日常监察中有意隐匿、未如实提供相关能源消费状况和台账，致使在节能监察执法人员在核对相关用能数据和台账时，出现产品能耗限额超浙江省地方标准，经复核该公司涉嫌未如实提供相关能源消费状况的违法行为，依据《浙江省节能监察办法》第十七条、第二十五条的规定，决定对其"实施行政处罚"。该案件处理过程中，法律适用得当，执法依据充分，违法事实清楚，监察程序合法合理，证据获取确凿。

该案件是由于用能单位对我省相关节能法律法规、政策、标准执行和认识问题而引发的行政处罚案件，说明我省节能法律法规、政策、标准的宣传、贯彻工作需进一步加强，并需加强对相关用能单位的培训与指导。同时，各级能源监察机构在日常监察工作中，要强化能源执法工作的权威性，并加强与用能单位的沟通，确保材料、数据的客观性和真实性。

浙江能源监察总队
节能监察现场告知书

我们是浙江省能源监察总队节能监察人员×××、×××，行政执法证编号为×××××，×××××。我们依据《浙江省实施〈中华人民共和国节约能源法〉办法》第七条等相关规定实施此次监察，现向你（单位）告知如下：

一、这是我们的行政执法证。

二、我们在执法中不接受任何礼品、礼金、礼券；不参加任何宴请或营业性的娱乐活动；不参与与营销相关联的任何活动。我们对你单位合法的技术及经营管理情况保密。

三、你（单位）有权对我们节能监察过程进行监督，对节能监察人员的违法违纪行为，可向浙江省经信委举报投诉，地址：杭州市体育场路249号，举报电话：0571－×××××，邮编：310007。

四、你（单位）应协助执法，无正当理由拒绝、阻碍节能监察人员依法执行职务的，依据《浙江省节能监察办法》第二十五条的规定处理。

告知人（签名）：×××　　　　当事人（签名）：×××
2014 年 6 月 18 日　　　　　　2014 年 6 月 18 日

浙江省能源监察总队
调查（询问）笔录

时　间	2014 年××月××日下午 15 时 00 分～15 时 30 分		
地　点	××市××纸业有限公司总经理办公室		
被调查 （询问）人	姓名	陆××	工作单位	××市××纸业有限公司
	性别	男	联系地址	××市××街道××村
	职务	总经理	联系电话	
	邮编	×××	身份证号	××××××××

　　我们是浙江省能源监察总队的行政执法人员，已向你们出示了执法证件。现依法对你公司涉嫌隐匿相关数据，影响节能监察结果一事作调查（询问），请你配合我们，如实提供有关资料，回答询问，不得做虚假陈述或拒绝、阻挠调查。同时，在接受调查询问前，如果你认为办案人员与办案有直接利害关系，你有申请办案人员回避的权利。请问你是否听清楚了？是否申请回避？

　　答：听清楚了，不申请回避。

　　以下为询问内容：

　　问：请问你的姓名，工作职务。

　　答：我姓名陆××，工作职务是总经理，负责日常工作。

　　问：请问法人代表是谁，企业具体地址是哪里？

　　答：法人代表是蒋××，企业地址是××市××街道××村。

　　问：请问你公司 2012 年及 2013 年主要产品是什么？

　　答：高强瓦楞原纸。

　　问：你公司用能品种是哪些？

　　答：电和蒸汽。

　　问：2013 年 11 月 14 日，在接受杭州市能源监察中心现场监察时，你公司提供的 2012 年全年产品合格品产量为 25781 吨，2012 年全年蒸汽使用量为 169389.3GJ，2012 年全年用电量为 697.14 万 kWh，对吗？

浙江省能源监察总队
调查笔录续页

答：是的。

问：2014 年 2 月 19 日，我总队和杭州市能源监察中心在你公司进行现场核查时，你公司提供的 2012 年全年产品合格品产量为 54362 吨，2012 年实际蒸汽使用量为 292641.3GJ，2012 年实际用电量为 1742.78 万 kWh，对吗？

答：是的。

问：在 2013 年 11 月 14 日接受××市能源监察中心现场监察时，你公司故意隐瞒真实情况，虚报、隐匿了产品产量和用能量，对吗？

答：是的，我公司在 2013 年 11 月 14 日接受杭州市能源监察中心现场监察时，虚报、隐匿了产品产量和用能量。

问：你公司在接受杭州市能源监察中心现场监察时，虚报、隐匿产品产量和用能量，严重影响了节能监察结果，你公司认可吗？

答：认可。

问：你公司虚报、隐匿产品产量和用能量的行为，涉嫌违反《浙江省节能监察办法》第二十五条相关规定，你认可吗？

答：认可。

问：你公司虚报、隐匿产品产量和用能量的行为，涉嫌违反《浙江省节能监察办法》第二十五条相关规定，我总队将根据相关法律法规对你公司进行行政处罚。

答：我公司愿意接受因虚报、隐匿 2012 年产品产量和用能量而导致的相关行政处罚。

问：你公司有没有其他补充？

答：没有了。

笔录完毕，以下无正文。

被调查（询问）人阅后签名：　　　　　　　　调查（询问）人签名：

见证人签名：　　　　　　　　　　　　　　　记录人签名：

2014 年 6 月 18 日　　　　　　　　　　　　2014 年 6 月 18 日

浙江省能源监察总队

案件调查终结报告

案号：（2014）第 002 号

案　　由	××市××纸业有限公司涉嫌虚报、隐匿了产品产量和用能量事件
案件调查人员	×××、×××、×××、×××
当事人	洪××

法定代表人	蒋××	职务	董事长
地址	××市××街道××村（311421）	电话	0571－23216780

调查经过	2014 年×月×日下午，×××总队长带队赴××市××纸业有限公司开展案件调查。××市××纸业有限公司办公室主任洪××接受浙江省能源监察总队调查询问，公司职工陈国富见证调查询问经过。××市能源监察大队李安荣大队长参与案件调查。
查明的事实和证据	查明××市××纸业有限公司在接受杭州市能源监察中心现场监察时，"故意隐瞒真实情况，虚报、隐匿了产品产量和用能量"违法事实，违反《浙江省节能监察办法》第十七条相关规定。 证据有：1. 杭州市能源监察中心调查（询问）笔录； 　　　　2. 浙江省能源监察总队调查（询问）笔录。
处理依据	《浙江省节能监察办法》第二十五条。
处理意见和建议	责令期限内如实提供 2012 年度及 2013 年度能源消耗数据，并处 5 万元罚款。 　　调查人：×××　　　　　　　　　　　　　2014 年×月×日
承办部门意见	同意，×××　　　　　　　　　　　　　　　2014 年×月×日
领导意见	同意提交案件审理委员会 　　×××　　　　　　　　　　　　　　　　2014 年×月×日

浙江省能源监察总队
立案审批表

浙能监立字（2014）第 002 号

案件来源	有关部门移送	发案时间	2013 年 11 月 14 日

当事人	单位名称	××市××纸业有限公司		
	法定代表人	蒋××	职务	董事长
	营业执照证号	××××××××××	电话	××××××
	地址（邮编）	××市××街道××村（311421）		

违法事实及依据	2013 年 11 月 14 日，在接受杭州市能源监察中心现场监察时，该公司提供的 2012 年全年产品合格品产量为 25781 吨，全年蒸汽使用量为 169389.3GJ，全年用电量为 697.14 万 kWh。2014 年 2 月 19 日，在接受浙江省能源监察总队和杭州市能源监察中心现场核查时，该公司提供的 2012 年全年产品合格品产量为 54362 吨，2012 年实际蒸汽使用量为 292641.3GJ，2012 年实际用电量为 1742.78 万 kWh。 　　违反《浙江省节能监察办法》第十七条中"不得隐瞒事实真相""不得伪造、隐匿、销毁、篡改证据"等条款。

承办人及承办部门意见	违法事实明确，建议立案调查。 承办人签名：××× 承办部门负责人签名：×××　　　　　　　2014 年 6 月 18 日

审批意见	同意。 签名：×××　　　　　　　　　　　　2014 年 6 月 18 日

备　注	

浙江省能源监察总队
行政处罚事先告知书

浙能监罚告字（2014）第 002 号

××市××纸业有限公司：

杭州市能源监察中心在 2013 年 11 月 14 日对你单位实施节能监察中，根据你单位提供的 2012 年度能源消费数据测算，发现你单位瓦楞原纸单位产品综合能耗超出浙江省地方标准《机制纸板和卷烟纸能耗限额与计算方法》（DB 33/686—2008）限额值。2014 年 2 月 19 日，浙江省能源监察总队核查时发现，你单位当时提供的能源消费相关数据与实际情况严重不符，未如实提供能源消费数据，存在虚报、隐匿产品产量和用能量的行为。

该行为违反了《浙江省节能监察办法》的第十七条"被监察单位应当配合节能监察工作，如实说明情况，提供相关资料、样品等，不得拒绝或者阻碍节能监察，不得隐瞒事实真相，不得伪造、隐匿、销毁、篡改证据"的规定。

依据《浙江省节能监察办法》第二十五条，拟对你单位作出如下行政处罚：

1. 责令改正上述行为；

2. 罚款四万元。

根据《中华人民共和国行政处罚法》第三十一条、第三十二条规定，你单位如对该处罚意见有异议，可在接到本告知书之日起七日内向本单位提出陈述和申辩；逾期未提出陈述或申辩，视为放弃该权利。

地　　址：杭州市下城区河东路 249 号

联系人：×××

电　　话：0571－××××××

浙江省能源监察总队

2014 年×月×日

浙江省能源监察总队
法律文书送达回证

浙能监回字（2014）第 002 号

送达文书名称、 文书及页数	××市××纸业有限公司行政处罚事先告知书
	1 页
受送达人	××市××纸业有限公司
送达时间	2014 年×月×日
送达地点	××市××街道××村
送达方式	□直接送达　　　□邮寄送达　　　□留置送达
收件人签章 及收件时间	本文书于 2014 年×月×日收到。 　　　　　　　　　　　　　　收件人签名及盖章：
送达人	送达人签名或盖章： 　　　　　　　　　　　　　　　　××× 　　　　　　　　　　　　　　2014 年×月×日
备　注	邮寄送达的，请当事人签收后 3 日内将此回证寄回： 地址：杭州市河东路 249 号 邮编：310014 收件人：×××（联系人） 联系电话：0571－×××××××

浙江省能源监察总队

责令改正通知书

浙能监改字（2014）第002号

当事人	××市××纸业有限公司			
联系地址	××市××街道××村		邮编	311421
法定代表人	蒋××	职务 董事长	电话	0571－2321××××

  杭州市能源监察中心在2013年11月14日对你单位实施节能监察中，根据你单位提供的2012年度能源消费数据测算，发现你单位瓦楞原纸单位产品综合能耗超出浙江省地方标准《机制纸板和卷烟纸能耗限额与计算方法》（DB 33/686—2008）限额值。2014年2月19日，浙江省能源监察总队核查时发现，你单位能源利用状况与实际消耗情况严重不符，未如实提供能源消费数据，虚报、隐匿了产品产量和用能量。

  上述行为违反了《浙江省节能监察办法》的第十七条"被监察单位应当配合节能监察工作，如实说明情况，提供相关资料、样品等，不得拒绝或者阻碍节能监察，不得隐瞒事实真相，不得伪造、隐匿、销毁、篡改证据"的规定，现依据《浙江省节能监察办法》第二十五条的规定，责令你单位于2014年×月×日前改正上述行为，并将改正结果同时书面回复浙江省能源监察总队。如逾期未能整改到位，将依法按照相关法律法规进行行政处罚。

  根据《浙江省节能监察办法》第二十二条规定，你单位有权自收到整改通知书之日起10个工作日内，以书面形式向浙江省经济和信息化委员会申请复核，逾期未申请复核，视为放弃该项权利。

浙江省能源监察总队

2014年×月×日

  注：本通知书一式两份，一份送达当事人，一份存档。

浙江省能源监察总队
行政处罚决定书

浙能监罚字（2014）第 002 号

当事人：××市××纸业有限公司

法定代表人：蒋×× 职务：董事长

营业执照证号：×××××××××××

地址：××市××街道××村

  杭州市能源监察中心在 2013 年 11 月 14 日对你单位实施节能监察中，根据你单位提供的 2012 年度能源消费数据测算，发现你单位瓦楞原纸单位产品综合能耗超出浙江省地方标准《机制纸板和卷烟纸能耗限额与计算方法》（DB 33/686—2008）限额值。2014 年 2 月 19 日，浙江省能源监察总队核查时发现，你单位当时提供的能源消费相关数据与实际情况严重不符，未如实提供能源消费数据，存在虚报、隐匿产品产量和用能量的行为。（上述事实有以下证据证明：（1）杭州市能源监察中心调查（询问）笔录；（2）浙江省能源监察总队调查（询问）笔录。

  以上事实违反了《浙江省节能监察办法》的第十七条的规定，依据《浙江省节能监察办法》第二十五条的规定，决定给予下列行政处罚：

  1. 责令改正上述行为；

  2. 罚款四万元。

  你单位应当自收到本决定书之日起十五日内，携带本决定书，将罚款缴至工商银行的代收机构，账户为浙江省财政厅非税收入结算分户（工行杭州众安支行），账号为 120202172×××××××。逾期缴纳罚款的，依据《行政处罚法》第五十一条第（一）项的规定，每日按罚款数额的 3% 加处罚款。加处的罚款由代收机构直接收缴。

  你单位如不服以上行政处罚决定，可以在接到本决定书之日起六十日内，向浙江省经济和信息化委员会申请复议；也可以在三个月内直接向杭州市下城区人民法院起诉。但行政处罚不停止执行。逾期不申请复议、不向法院起诉又不履行处罚决定的，本单位将申请人民法院强制执行。

浙江省能源监察总队

2014 年 × 月 × 日

本文书一式三份，一份交当事人，一份由当事人交代收银行，一份存档。

浙江省能源监察总队
法律文书送达回证

浙能监回字（2014）第002号

送达文书名称、 文书及页数	行政处罚决定书 1页
受送达人	××市××纸业有限公司
送达时间	2014年×月×日
送达地点	××市××街道××村
送达方式	□直接送达　☑邮寄送达　□留置送达
收件人签章 及收件时间	本文书于2014年　×月　×日收到。 收件人签名及盖章：×××
送达人	 送达人签名或盖章：××× 2014年×月×日
备注	邮寄送达的，请当事人签收后3日内将此回证寄回： 地　　址：杭州市河东路249号 邮　　编：310014 收件人：×××（联系人） 联系电话：0571-××××××

浙江省能源监察总队
结案审批表

浙能监结审字（2014）第 002 号

案　　由	××市××纸业有限公司虚报、隐匿产品产量和用能量事件		
立案时间	2014 年 6 月 18 日	承办人	×××
处理决定	责令改正违法行为，并处肆万元罚款。		
执行情况	已缴纳四万元罚款。		
承办部门 意　见	建议结案。 签名：×××　　2014 年×月×日		
审批意见	 签名：×××　　2014 年×月×日		
备注	1. 2. 3.		

案例3 河南省郑州市节能监察局

郑州市节能监察局是郑州市工业和信息化委员会委托的工业企业节能监察行政执法单位。案例是我们对近年来开展的日常监察进行梳理，以典型事例结合我局的工作实际和执法实践编写而成，目的是供执法人员学习、使用，也希望与其他地区的节能监察机构共同探索、共同交流、共同借鉴。本案例仅供参考，案例中出现的单位名称、文号、人名、地名、执法证编号以及联系电话、邮政编码等均为虚拟。

一、基本案情

根据市工信委《关于开展2015年郑州市重点工业企业节能监察工作的通知》（郑工信〔2015〕11号）要求，按照计划安排郑州市节能监察局对重点用能单位郑州万达水泥有限公司开展节能监察。监察内容：执行单位产品能耗限额标准情况。

（一）节能监察准备阶段

1. 基础事项准备

本次节能监察组成了以高山为组长、白云、海啸为成员的节能监察小组。监察小组召开预备会，组长高山对监察人员进行了明确分工：高山全面负责现场监察并重点负责各种资料准备，白云重点负责执法文书准备，海啸重点负责仪器设备准备。填写了《日常监察工作安排表》。

2. 各种文书准备

组员白云认真准备监察所需的节能监察通知书、公开承诺书、送达回证、授权委托书及现场监察笔录、调查询问笔录等各种文书。

2015年2月26日，监察小组采用直接送达方式，向郑州万达水泥有限公司送达了《节能监察通知书》，告知企业监察日期、内容及相关配合事项。

3. 仪器设备准备

组员海啸对现场检测设备以及笔记本电脑、打印机等现场办公设备及照相机、摄像机、录音笔等取证设备进行检查并确认正常。

4. 各种资料准备

组长高山全面负责现场监察。由组长高山负责准备并熟悉《中华人民共和国节约能源法》《河南省节约能源条例》《河南省节能监察办法》《河南省重点用能单位节能管理办法》《郑州市工业节能监察办法》《郑州市人民政府关于委托实施部分行政执法事项的若干规定》《郑州市行政执法委托书》《单位产品能耗限额标准》等各项节能法律、法规及相关标准，以及郑州万达水泥有限公司产品、能耗和工艺相关情况。

5. 相关监察文书实例

郑州市工业和信息化委员会
日常监察工作安排表

被监察单位	郑州万达水泥有限公司
单位地址	郑州市天明区溱水路 9 号
监察人员	高山　白云　海啸
拟监察日期	2015 年 3 月 4 日
监察内容	执行单位产品能耗限额标准情况
监察科长 意　见	同意开展节能监察。 签名：杨烁　　2015 年 2 月 24 日
备　　注	

郑州市工业和信息化委员会

节能监察通知书

郑工信节监通字〔2015〕第 016 号

郑州万达水泥有限公司：

为贯彻落实郑州市工业和信息化委员会《关于开展 2015 年郑州市重点工业企业节能监察工作的通知》（郑工信〔2015〕11 号），依据《中华人民共和国节约能源法》《河南省节能监察办法》及《郑州市工业节能监察办法》等相关法律、法规，定于 2015 年 3 月 4 日对你单位进行节能监察，届时请你单位负责人（或受委托人）等相关人员到场配合监察。

监察内容	执行单位产品能耗限额标准情况；		
需当事人提供材料明细	1. 单位营业执照复印件； 2. 2014 年生产统计报表、能源统计台账、财务结算单据； 3. 进厂煤质化验单。		
联系地址	郑州市天泽街 99 号	电子邮箱	zzsjnjnc@163.com
联系人	高山	联系电话	15515213669

2015 年 2 月 25 日

注：此文书一式两份，一份送达拟监察单位，一份存档。

郑州市工业和信息化委员会

送达回证

送达文书名称文号	《节能监察通知书》郑工信节监通字［2015］第 016 号
受送达人	郑州万达水泥有限公司
送达日期	2015 年 2 月 25 日
送达地点	郑州万达水泥有限公司办公室
送达方式	☑直接送达　　□邮寄送达　　□留置送达
收件人签名	收件人签名或盖章：方正 2015 年 2 月 25 日
邮寄日期	年　月　日
挂号信号码	
拒收理由	
见证人签名	见证人签名或盖章： 年　月　日
送达人签名	送达人签名或盖章：高山　白云　海啸 2015 年 2 月 25 日

注：邮寄送达的，请签收后将送达回证速寄回郑州市节能监察局。

（二）节能监察实施阶段

1. 现场节能监察过程

（1）3月4日，监察小组3名节能监察人员来到郑州万达水泥有限公司，在该公司办公室召开了节能监察首次会议。监察组组长高山向公司副总经理方正出示了三位小组成员的行政执法证及《节能监察通知书》，告知此次节能监察的目的、内容、方式和法律依据以及需要配合相关事项等，宣读了《行政执法公开承诺书》。公司副总经理方正出示了公司法定代表人谢菡的书面委托书，介绍了企业概况、节能管理情况等。

（2）监察人员在方正和有关部门负责人的陪同下，针对本次监察内容对该公司提供的企业概况、生产工艺、2014年生产统计台账、2014年能源消费统计台账以及财务结算单据、车间记录、抄表记录、出库入库单据等资料进行了查阅核算。

（3）监察小组召开内部会议，对监察情况进行交流、汇总。经计算，该公司2014年度可比水泥综合能耗为102.6kgce/t，未达到《水泥单位产品能源消耗限额》（GB 16780—2012）现有水泥企业水泥单位产品能耗限定值≤98kgce/t的规定。

（4）监察人员白云根据现场监察情况制作了《现场监察笔录》。

（5）监察组组长高山在该公司会议室组织召开了末次会议，对监察情况向该公司进行了通报，经该公司副总经理方正（授权委托人）确认，双方对《现场监察笔录》核对无误后在笔录上签字压印，监察人员在征得企业同意后将当事人主体资格证明及相关证明材料予以复印，材料的复印件由提供者签字盖章并注明其与原件相符后带回。

（6）监察组将该公司单位产品能耗超限额违反节能法律、法规的行为申请立案调查，获批后监察小组于3月5日来到该公司，针对该公司单位产品能耗超限额行为向被监察单位总经理方正进行了调查询问，并制作了《调查询问笔录》，经方正核对无误后，在笔录上签字压印。

2. 监察过程中的文书实例

郑州市工业和信息化委员会
现场监察笔录

被监察单位：郑州万达水泥有限公司

营业执照编号：410106000258369（1-1）

地址：郑州市天明区溱水路9号　电话：037168782124

法定代表人：谢菡　　　　　　　电话：18811652115

监察时间：2015年3月4日10时45分~16时30分

监察地点：郑州万达水泥有限公司

监察人员姓名：高山　执法证号：豫A005-001

　　　　　　　海啸　执法证号：豫A005-012

记录人员姓名：白云　执法证号：豫A005-028

现场监察记录：2015年3月4日10时45分，郑州市工信委节能监察局高山、海啸、白云三位节能监察人员与被监察单位副总经理方正在该公司办公室会面。监察组组长高山向被监察单位出示高山、海啸、白云三位执法人员的行政执法证件及《节能监察通知书》，告知此次节能监察的目的、内容、方式和法律依据。

被监察单位方正出示了公司法定代表人谢菡的书面委托书，介绍了企业概况、生产工艺情况、能源管理等情况。节能监察人员针对该公司执行单位产品能耗限额标准情况对被监察单位进行了审核检查。

该公司采用新型干法旋窑工艺，10000t/d熟料生产线一条，设计年产熟料310万吨，水泥500万吨，属现有无外购熟料水泥生产企业，主导产品通用硅酸盐水泥。主要能耗品种为煤、电、柴油。监察人员对该公司2014年生产统计台账、能源消费统计台账以及财务结算单据、车间记录、抄表记录、出库入库单据等资料进行了查阅核实，通过核算该公司2014年度综合能源当量折标准煤348777.76tce，其中消耗原煤401548吨、电力29934万kWh、柴油1203吨；共计生产P_c32.5水泥770454吨、P_c42.5水泥3093735吨、熟料3037240吨。根据《水泥单位产品能源消耗限额》（GB 16780—2012）规定，P_c32.5可比水泥综合能耗：

EkS32.5 = ekclxg + 0.1229xQks + eh = 56.19kgce/t；

P_c42.5可比水泥综合能耗：

EkS42.5 = ekclxg + 0.1229xQks + eh = 85.32kgce/t；

按照加权平均的方法计算该企业可比水泥综合能耗：

$EkS = (P_C32.5xEkS32.5 + P_C42.5xEkS42.5) xP_C = 102.6kgce/t$

该公司 2014 年度可比水泥综合能耗为 102.6kgce/t，未达到国家《水泥单位产品能源消耗限额》（GB 16780—2012）的规定。

2015 年 3 月 4 日 16 时 30 分，现场监察结束。（笔录完毕）

执法人员：高山　海啸　　　　记录人：白云　2015 年 3 月 4 日

证明材料目录：

1. 郑州万达水泥有限公司营业执照复印件；

2. 郑州万达水泥有限公司法定代表人谢菡的书面委托书；

3. 郑州万达水泥有限公司法定代表人身份证复印件；

4. 受委托人方正身份证复印件；

5. 郑州万达水泥有限公司 2014 年生产统计台账；

6. 郑州万达水泥有限公司 2014 年能源消费统计台账。

被监察单位意见、签名：笔录属实。方正　2015 年 3 月 4 日

授权委托书

委托人：

单位：郑州万达水泥有限公司

法定代表人：谢菡

职务：董事长

受委托人：

单位：郑州万达水泥有限公司

姓名：方正

职务：副总经理

授权委托事项：

现委托方正同志，在处理我单位节能监察事宜时作为我方委托代理人，其行为我单位均予认可。

附件：委托人、受委托人身份证复印件

法定代表人签名：谢菡（公司印章）

2015 年 3 月 4 日

郑州市工业和信息化委员会
立案审批表

<table>
<tr><td rowspan="2">当事人</td><td>名称</td><td>郑州万达水泥有限公司</td><td rowspan="2">法定代表人</td><td>姓名</td><td>谢茵</td></tr>
<tr><td>地址</td><td>郑州市天明区溱水路9号</td><td>职务</td><td>董事长</td></tr>
<tr><td>案　　由</td><td colspan="5">单位产品能耗超限额</td></tr>
<tr><td>案件来源</td><td colspan="5">日常监察</td></tr>
<tr><td>案件情况</td><td colspan="5">　　根据日常监察工作安排，2015年3月4日我们对该公司进行了节能监察。经查，发现该公司单位产品能耗超限额。
　　该行为违反了《中华人民共和国节约能源法》第十六条第二款的有关规定。</td></tr>
<tr><td>执法人员
意　　见</td><td colspan="5">建议立案。

　　　　　　　签名：高山　海啸　白云　　2015年3月4日</td></tr>
<tr><td>监察科长
意　　见</td><td colspan="5">同意立案，建议该案件主办人为高山，协办人为海啸、白云。

　　　　　　　　　　签名：杨烁　　2015年3月4日</td></tr>
<tr><td>法制监督室
意　　见</td><td colspan="5">经审核，可以立案，请领导阅批。

　　　　　　　　　　签名：李立　　2015年3月4日</td></tr>
<tr><td>主管副局长
意　　见</td><td colspan="5">同意立案，请局长审批。

　　　　　　　　　　签名：余亮　　2015年3月4日</td></tr>
<tr><td>局长意见</td><td colspan="5">同意立案。

　　　　　　　　　　签名：郭军　　2015年3月4日</td></tr>
</table>

郑州市工业和信息化委员会
调查（询问）笔录

调查时间：2015 年 3 月 5 日 14 时 20 分～15 时 11 分

调查地点：郑州万达水泥有限公司

调查人：高山

执法证号：豫 A005－001

记录人：白云

执法证号：豫 A005－028

被调查单位名称：郑州万达水泥有限公司

地址：郑州市天明区溱水路 9 号

法定代表人（负责人）：谢蔺

被询问人：方正　性别：男　年龄：41　职务：副总经理

身份证号：410126197409162210　联系电话：15211247338

询问内容：

问：我们是郑州市工信委节能监察局的执法人员，这是我们的执法证件，现请你核对我们的执法证件，是否有异议？

答：没有异议。

问：根据《中华人民共和国行政处罚法》第三十七条规定，现对你依法进行调查，请你配合我们，如实回答询问，不得做虚假陈述或拒绝、阻挠调查。你如有证据证明我们与本案有利害关系，可以申请让我们回避，是否申请回避？

答：不申请回避。

问：请讲一下你的基本情况。

答：我叫方正，是我公司副总经理，受单位委托全权处理我公司节能监察事宜。

问：你是否了解《中华人民共和国节约能源法》生产单位应当执行单位产品能耗限额标准的相关规定？

答：对节能法了解不多，不知道有这样的规定。

问：你是否了解《水泥单位产品能源消耗限额》（GB 16780—2012）？

答：这个国家标准我们知道。

问：通过检查核算发现你单位可比水泥综合能耗为 102.6kgce/t，未达到《水泥单位产品能源消耗限额》（GB 16780—2012）限定值≤98kgce/t 的规定，你是否有异议？

答：和我们核算结果基本一致，没有异议。

问：你还有什么需要补充或陈述的么？

答：我们将尽快查找原因采取措施进行整改，降低单位产品能耗，严格执行国家标准。（笔录完毕）

调查人签名：高山　　　　　记录人签名：白云　　　2015 年 3 月 5 日

被询问人意见、签名：以上记录已看过，记录属实。

方　　正

2015 年 3 月 5 日

二、结果处理

（一）限期整改

1. 限期整改的过程

（1）2015年3月5日，监察组根据现场监察情况及行政处罚裁量标准制作《案件调查终结报告》，经领导审核批准于3月7日上午召集案审会人员对该案件进行了讨论分析，根据案件讨论意见并做出对郑州万达水泥有限公司限期整改处理决定。监察小组根据案件讨论情况制作《案件讨论记录》，全体与会人员无序签名。

（2）监察小组根据案件讨论结果制作《限期整改通知书》，责令该公司在6月9日前完成整改。以直接送达方式将《限期整改通知书》送达该公司，双方在限期整改通知书《送达回证》上签名后由执法人员带回。

（3）6月10日监察小组于整改期限届满后来到郑州万达水泥有限公司对该公司落实整改情况进行复查，经核查（该公司2015年3、4、5月份生产统计台账、能源消费统计台账以及财务结算单据、车间记录、抄表记录、出库入库单据等资料，经计算，该公司比水泥综合能耗为96.78kgce/t），该公司已按照《限期整改通知书》的要求可比水泥综合能耗达到《水泥单位产品能源消耗限额》（GB 16780—2012）的规定。

（4）根据复查结果监察小组制作《不予行政处罚审批表》提出不予行政处罚的处理意见，经领导批准后监察小组于6月12日将《不予行政处罚告知书》及《行政执法案件回访意见表》送达该公司，经该公司方正确认后双方在《不予行政处罚告知书》和《送达回证》上签字，并填写回访意见。

（5）监察组长根据案件进展情况制作《结案报告》，经领导批准后对案件资料、文书整理进行立卷归档。

2. 限期整改的各种文书实例

郑州市工业和信息化委员会
案件调查终结报告

根据日常监察工作安排，高山、海啸和白云组成节能监察小组，于 2015 年 3 月 4 日至 2015 年 3 月 5 日对郑州万达水泥有限公司进行了节能监察，经查实，该公司存在单位产品能耗超限额的违法行为。目前，调查取证阶段已终结。现将监察情况和处理意见报告如下：

一、当事人概况

单位名称：郑州万达水泥有限公司

营业执照编号：410106000258369（1－1）

地址：郑州市天明区溱水路 9 号

法定代表人：谢菡

二、基本案情和违法证据

2015 年 3 月 4 日我们对该公司执行单位产品能耗限额标准情况进行了节能监察，经查：该公司可比水泥综合能耗为 102.6kgce/t，未达到《水泥单位产品能源消耗限额》（GB 16780—2014）≤98kgce/t 的规定，单位产品能耗超限额。该行为违反了《中华人民共和国节约能源法》第十六条第二款的有关规定。违法证据有：（1）现场监察笔录 1 份；（2）询问（调查）笔录 1 份；（3）营业执照复印件 1 份；（4）该公司 2014 年度生产统计台账 1 份；（5）该公司 2014 年度能源消费统计台账 1 份。

三、行政处罚的法律依据

该公司违反了《中华人民共和国节约能源法》第十六条第二款规定："生产过程中耗能高的生产单位，应当执行单位产品能耗限额标准。对超过单位产品能耗限额标准用能的生产单位，由管理节能工作的部门按照国务院规定的权限责令限期治理。"依据《中华人民共和国节约能源法》第七十二条规定："生产单位超过单位产品能耗限额标准用能，情节严重，经限期治理逾期不治理或者没有达到治理要求的，可以由管理节能工作的部门提出意见，报请本级人民政府按照国务院规定的权限责令停业整顿或者关闭。"以及《郑州市工业和信息化委员会节能行政处罚裁量标准》第三条第一款裁量阶次：生产单位超过单位产品能耗限额标准用能，属轻微违法行为，处罚基准：责令改正。

四、处罚意见

建议对该公司做如下处理：1. 责令其在 90 日内可比水泥综合能耗达到《水泥单位

产品能源消耗限额》（GB 16780—2012）的规定；2. 逾期未达到治理要求的，报请市人民政府责令停业整顿。

以上报告，请予审议。

执法人员签名：高山　海啸　白云

2015 年 3 月 5 日

郑州市工业和信息化委员会
案件处理审核表

<table>
<tr><td rowspan="2">当事人</td><td>名称</td><td colspan="2">郑州万达水泥有限公司</td><td rowspan="2">法定
代表人</td><td>姓名</td><td>谢 茵</td></tr>
<tr><td>地址</td><td colspan="2">郑州市天明区溱水路9号</td><td>职务</td><td>董事长</td></tr>
<tr><td colspan="2">案　由</td><td colspan="5">单位产品能耗超限额</td></tr>
<tr><td colspan="2">案件事实
处罚依据</td><td colspan="5">见《案件调查终结报告》</td></tr>
<tr><td colspan="2">执法人员
意见</td><td colspan="5">　　一、责令其在90日内可比水泥综合能耗达到《水泥单位产品能源消耗限额》（16780—2012）的规定；
　　二、逾期未达到治理要求的，报请市人民政府责令停业整顿。
　　　　　　　　　　签名：高山　海啸　白云　2015年3月5日</td></tr>
<tr><td colspan="2">监察科长
意见</td><td colspan="5">同意执法人员意见，请法制监督室审核。

　　　　　　　　　　　　签名：杨烁　2015年3月6日</td></tr>
<tr><td colspan="2">法制监督室
意见</td><td colspan="5">已审核，可以上案审会讨论，请领导阅批。

　　　　　　　　　　　　签名：李立　2015年3月6日</td></tr>
<tr><td colspan="2">主管副局长
意见</td><td colspan="5">同意上案审会讨论，请局长审批。

　　　　　　　　　　　　签名：余亮　2015年3月7日</td></tr>
<tr><td colspan="2">局长意见</td><td colspan="5">同意。

　　　　　　　　　　　　签名：郭军　2015年3月7日</td></tr>
</table>

郑州市工业和信息化委员会
案件讨论记录

时间：2015 年 3 月 7 日 10 时 12 分~10 时 55 分

地点：局会议室

当事人：郑州万达水泥有限公司

案由：单位产品能耗超限额

主持人：余亮　职务：副局长

记录人：高山　职务：监察室主任

参加人：杨烁（监察科长）、张恒（监察室主任）、李立（法制监督室主任）、海啸（监察人员）、白云（监察人员）

讨论内容：

余亮：由案件主办人高山介绍案情，宣读《案件调查终结报告》。刚才高山对案情进行了介绍，监察小组其他成员是否还有补充意见？

海啸：无补充意见。

白云：无补充意见。

余亮：大家对案情有了了解，请大家充分发表意见，首先讨论管辖权的问题。

高山：该公司注册地和行为发生地都在郑州市天明区，根据《河南省节能监察办法》第四条和《郑州市工业节能监察办法》第四条规定，我委有管辖权，可以处理。

余亮：该案的违法事实是如何认定的？

李立：刚才监察人员在《案件调查终结报告》中已进行了详细阐述。该案违法事实清楚，认定无问题。

余亮：证据材料审查了吗？

李立：提取的证据材料已按规定全部审核，可以证明其违法事实的存在。

余亮：此案是如何定性的？

高山：该公司可比水泥综合能耗未达到《水泥单位产品能源消耗限额》（GB 16780—2012）的规定，违反了《中华人民共和国节约能源法》第十六条第二款的规定，定性为单位产品能耗超限额的违法行为。

余亮：监察小组其他成员还有无补充意见？

海啸：无补充意见。

白云：无补充意见。

余亮：该案违法情节如何，处理依据是什么？

高山：属轻微违法行为，处理依据是《中华人民共和国节约能源法》第七十二条规定以及《郑州市工业和信息化委员会节能行政处罚裁量标准》第三条第一款裁量阶次。

余亮：该案程序是否合法？

李立：经过审核，该案手续完备、程序合法。

余亮：其他同志还有什么意见？

杨烁：无补充意见。

张恒：无补充意见。

海啸：无补充意见。

白云：无补充意见。

余亮：综合大家的讨论意见，集体审理确定案件性质为单位产品能耗超限额的节能违法行为，依据《中华人民共和国节约能源法》第七十二条规定以及《郑州市工业和信息化委员会节能行政处罚裁量标准》第三条第一款裁量阶次。处理如下：

1. 责令其在90日内可比水泥综合能耗达到《水泥单位产品能源消耗限额》（GB 16780—2012）的规定；

2. 逾期未达到治理要求的，报请市人民政府责令停业整顿。

讨论结论：

案件性质为单位产品能耗超限额的节能违法行为，依据《中华人民共和国节约能源法》第七十二条规定以及《郑州市工业和信息化委员会节能行政处罚裁量标准》第三条第一款阶次标准。处理如下：

1. 责令其在90日内可比水泥综合能耗达到《水泥单位产品能源消耗限额》（GB 16780—2012）的规定；

2. 逾期未达到治理要求的，报请市人民政府责令停业整顿。

参加人签名：余亮　杨烁　张恒　李立　高山　海啸　白云

郑州市工业和信息化委员会
限期整改通知书

郑工信节监改字〔2015〕第004号

郑州万达水泥有限公司：

法定代表人：谢菡

营业执照编号：410106000258369（1－1）

地址：郑州市天明区溱水路9号

郑州市工信委于2015年3月4日对你单位进行了节能监察。经查实，你单位可比水泥综合能耗未达到《水泥单位产品能源消耗限额》（GB 16780—2012）的规定，存在单位产品能耗超限额的节能违法行为。

该行为违反了《中华人民共和国节约能源法》第十六条第二款规定："生产过程中耗能高的产品的生产单位，应当执行单位产品能耗限额标准。对超过单位产品能耗限额标准用能的生产单位，有管理节能工作的部门按照国务院规定的权限责令限期治理。"依据《中华人民共和国节约能源法》第七十二条规定："生产单位超过单位产品能耗限额标准用能，情节严重，经限期治理逾期不治理或者没有达到治理要求的，可以由管理节能工作的部门提出意见，报请本级人民政府按照国务院规定的权限责令停业整顿或者关闭。"以及《郑州市工业和信息化委员会节能行政处罚裁量标准》第三条第一款裁量阶次：生产单位超过单位产品能耗限额标准用能；属轻微违法行为，处罚基准：责令限期治理。责令你单位在2015年6月9日前可比水泥综合能耗达到《水泥单位产品能源消耗限额》（GB 16780—2012）的规定。逾期未达到治理要求的，报请市人民政府责令停业整顿。

你单位如不服本处理决定，可以在收到本通知书之日起六十日内，向郑州市人民政府申请行政复议；也可以在收到本通知书之日起三个月内向中原区人民法院提起行政诉讼。行政复议或者诉讼期间，本处理决定不停止执行。

2015年3月9日

注：此文书一式两份，一份送达，一份存档。

郑州市工业和信息化委员会

送达回证

送达文书名称文号	《限期整改通知书》郑工信节监改字〔2015〕第004号
受送达人	郑州万达水泥有限公司
送达日期	2015年3月9日
送达地点	郑州万达水泥有限公司办公室
送达方式	☑直接送达　□邮寄送达　□留置送达
收件人签名	收件人签名或盖章：方正 2015年3月9日
邮寄日期	年　月　日
挂号信号码	
拒收理由	
见证人签名	见证人签名或盖章： 年　月　日
送达人签名	送达人签名或盖章：海啸　白云 2015年3月9日

注：邮寄送达的，请签收后将送达回证速寄回郑州市节能监察局。

郑州市工业和信息化委员会
不予行政处罚审批表

<table>
<tr><td rowspan="2">当事人</td><td>名称</td><td>郑州万达水泥有限公司</td><td rowspan="2">法定
代表人</td><td>姓名</td><td>谢 茵</td></tr>
<tr><td>地址</td><td>郑州市天明区溱水路9号</td><td>职务</td><td>董事长</td></tr>
<tr><td>案　由</td><td colspan="5">单位产品能耗超限额</td></tr>
<tr><td>不予行政
处罚依据</td><td colspan="5">见《限期整改通知书》《当事人整改材料》</td></tr>
<tr><td>执法人员
意见</td><td colspan="5">　　2015年6月10日，我们对该公司单位产品能耗超限额整改情况进行复查，经查该公司已按照《限期整改通知书》的要求，可比水泥综合能耗达到《水泥单位产品能源消耗限额》（GB 16780—2012）的规定。
　　建议不予行政处罚。

　　　　　　签名：高山　海啸　白云　　2015年6月10日</td></tr>
<tr><td>监察科长
意见</td><td colspan="5">同意执法人员意见，请法制监督室审核。

　　　　　　　　　　签名：杨烁　　2015年6月10日</td></tr>
<tr><td>法制监督室
意见</td><td colspan="5">已审核，同意不予行政处罚，请领导阅批。

　　　　　　　　　　签名：李立　　2015年6月11日</td></tr>
<tr><td>主管副局长
意见</td><td colspan="5">同意不予行政处罚，请局长审批。

　　　　　　　　　　签名：余亮　　2015年6月11日</td></tr>
<tr><td>局长意见</td><td colspan="5">同意。

　　　　　　　　　　签名：郭军　　2015年6月12日</td></tr>
</table>

郑州市工业和信息化委员会

不予行政处罚告知书

郑工信节监不罚字〔2015〕第 004 号

郑州万达水泥有限公司：

法定代表人：谢菡

营业执照编号：410106000258369（1－1）

地址：郑州市天明区溱水路 9 号

  郑州市工信委于 2015 年 3 月 4 日对你单位进行了节能监察。经查实，你单位可比水泥综合能耗未达到《水泥单位产品能源消耗限额》（GB 16780—2012）的规定，单位产品能耗超限额。该行为违反了《中华人民共和国节约能源法》第十六条第二款规定。依据《中华人民共和国节约能源法》第七十二条以及《郑州市工业和信息化委员会节能行政处罚裁量标准》第三条第一款裁量阶次规定，对你单位下达了《限期整改通知书》（郑工信节监改字〔2015〕第 004 号），责令你单位在 2015 年 6 月 9 日前可比水泥综合能耗达到《水泥单位产品能源消耗限额》（GB 16780—2012）规定。逾期未达到治理要求的，报请市人民政府责令停业整顿。

  经我委执法人员对你单位落实整改情况进行复查，你单位已按照《限期整改通知书》的要求整改到位，可比水泥综合能耗达到《水泥单位产品能源消耗限额》（GB 16780—2014）的规定。依据《中华人民共和国行政处罚法》第三十八条第一款第（二）项的规定，现决定不予行政处罚。

2015 年 6 月 12 日

注：此文书一式两份，一份送达，一份存档。

郑州市工业和信息化委员会

送达回证

送达文书名称文号	《不予行政处罚告知书》郑工信节监不罚字 [2015] 第004号 附《行政执法回访意见表》
受送达人	郑州万达水泥有限公司
送达日期	2015年6月12日
送达地点	郑州万达水泥有限公司办公室
送达方式	☑直接送达　　□邮寄送达　　□留置送达
收件人签名	收件人签名或盖章：方正 2015年6月12日
邮寄日期	年　月　日
挂号信号码	
拒收理由	
见证人签名	见证人签名或盖章： 年　月　日
送达人签名	送达人签名或盖章：白云　海啸 2015年6月12日

注：邮寄送达的，请签收后将送达回证速寄回郑州市节能监察局。

郑州市工业和信息化委员会

结案报告

<table>
<tr><td rowspan="2">当事人</td><td>名称</td><td>郑州万达水泥有限公司</td><td rowspan="2">法定代表人</td><td>姓名</td><td>谢 菌</td></tr>
<tr><td>地址</td><td>郑州市天明区溱水路9号</td><td>职务</td><td>董事长</td></tr>
<tr><td>案　由</td><td colspan="5">单位产品能耗超限额</td></tr>
<tr><td>案件来源</td><td colspan="5">日常监察</td></tr>
<tr><td>案件情况
及
执行情况</td><td colspan="5">　　根据日常监察工作安排，2015年3月4日我们对该公司进行了节能监察。经查实，该公司可比水泥综合能耗超限额。该行为违反了《中华人民共和国节约能源法》第十六条第二款规定。依据《中华人民共和国节约能源法》第七十二条以及《郑州市工业和信息化委员会节能行政处罚裁量标准》第三条第一款裁量阶次"生产单位超过单位产品能耗限额标准用能的，属轻微违法行为，处罚基准：责令限期治理。"对该公司下达了《限期整改通知书》。责令其在2015年6月9日前改正上述行为。
　　经2015年6月10日对该公司进行复查，该公司已按照《限期整改通知书》要求整改到位，可比水泥综合能耗达到了《水泥单位产品能源消耗限额》（GB 16780—2012）的规定。</td></tr>
<tr><td>执法人员
意见</td><td colspan="5">建议结案。
　　　　　　　签名：高山　海啸　白云　　　2015年6月13日</td></tr>
<tr><td>监察科长
意见</td><td colspan="5">同意结案，请法制监督室审核。
　　　　　　　　　　　　签名：杨烁　　　2015年6月13日</td></tr>
<tr><td>法制监督室
意见</td><td colspan="5">经审核，可以结案，请领导阅批。
　　　　　　　　　　　　签名：李立　　　2015年6月13日</td></tr>
<tr><td>主管副局长
意见</td><td colspan="5">同意结案，请局长审批。
　　　　　　　　　　　　签名：余亮　　　2015年6月14日</td></tr>
<tr><td>局长意见</td><td colspan="5">同意。
　　　　　　　　　　　　签名：郭军　　　2015年6月15日</td></tr>
</table>

（二）行政处罚

无。

三、案例启示

《节约能源法》第十六条第二款规定："生产过程中耗能高的产品的生产单位，应当执行单位产品能耗限额标准。对超过单位产品能耗限额标准用能的生产单位，有管理节能工作的部门按照国务院规定的权限责令限期治理。"《水泥单位产品能源消耗限额》（GB 16780—2014）中规定现有水泥生产企业可比水泥综合能耗限定值≤98kgce/t。根据相关统计部门资料显示当事人年综合能源消费量在五千吨以上，属于重点用能单位，应履行《节约能源法》第十六条第二款规定的义务。

本案当事人违反的是《节能法》第十六条第二款，违法行为较易识别与定性。处罚依据是《节能法》第七十二条："生产单位超过单位产品能耗限额标准用能，情节严重，经限期治理逾期不治理或者没有达到治理要求的，可以由管理节能工作的部门提出意见，报请本级人民政府按照国务院规定的权限责令停业整顿或者关闭。"以及《节能行政处罚裁量标准》第三条第一款裁量阶次："生产单位超过单位产品能耗限额标准用能；属轻微违法行为，处罚基准：责令限期治理。"该案手续完备、程序合法，法律条款适用恰当，当事人限期整改时段内未申请行政复议，积极纠正了违法行为，降低了单位产品能耗的同时提高了自身能源管理水平。

IV

对用能产品能源效率标识制度
实施情况的节能监察

案例1 上海市节能监察中心

一、基本案情

能源效率标识制度是《中华人民共和国节约能源法》（以下简称《节能法》）2007年修订时新增的节能管理制度和措施。其实早在2004年，国家发展改革委和国家质检总局就联合发布了《能源效率标识管理办法》（以下简称《办法》），决定对节能潜力大、使用面广的用能产品实行统一的能源效率标识制度。国家制定并公布《中华人民共和国实行能源效率标识的产品目录》（以下简称《目录》），确定统一适用的产品能效标准、实施规则、能源效率标识样式和规格。截至2015年，国家发展改革委、国家质检总局和国家认监委已组织制定了十二批实行能源效率标识的产品目录。

为推动上海市全社会节约能源，提高能源利用效率，促进本市经济社会全面协调可持续发展，根据《办法》，上海市节能监察中心也于2005年开始对本市的家电卖场开展能源效率标识制度执行情况的节能监察。

（一）节能监察准备阶段

1. 案由

对能源效率标识制度执行情况进行监察。

2. 分组及人员分工

本次监察由监察四科科长×××具体负责，监察四科组织实施。组长×××全面负责现场监察，组员×××、×××负责执法文书准备，现场监察情况记录等。

3. 执法文书准备

由组员×××负责执法文书准备，包括《节能监察通知书》《节能监察现场告知书》《现场检查笔录》《责令改正通知书》《送达回证》等。

4. 仪器设备准备

由组长×××负责准备笔记本电脑、打印机等办公设备及照相机、录像机等取证设备。

5. 监察依据准备

由组长×××负责准备并熟悉《节能法》《上海市节约能源条例》《办法》《目录》（第一批）等执法依据资料及××商贸有限公司杨浦店的相关情况。

（二）节能监察实施阶段

监察当天，监察人员来到××商贸有限公司杨浦店，首先由监察组长×××向被监察单位介绍监察小组成员，指定监察人员×××负责记录。随后监察人员出示了行政执法证，表明身份，并以当事人阅读的方式进行了现场告知，明确此次监察的依据、方法、内容和要求以及被监察单位的权利义务等相关内容，并在××商贸有限公司杨浦店经理×××签名并加盖公章后留存归档。

随后，监察小组成员在××商贸有限公司杨浦店经理×××的陪同下对照《目录》（第一批）主要对××商贸有限公司杨浦店的家用电冰箱和房间空气调节器执行能源效率标识制度的情况进行现场检查，检查是否按规定使用了能源效率标识，且使用的能源效率标识的样式和规格是否符合规定要求。

现场检查完毕后，由×××制作《现场检查笔录》，如实记录与监察内容有关的现场情况。监察组长×××向××商贸有限公司杨浦店经理×××通报现场检查情况，经其确认后，双方在《现场检查笔录》上签名并盖章，现场监察结束。

经现场检查，××商贸有限公司杨浦店一楼卖场展示的 181 台冰箱中有 2 台海尔冰柜（SC－329，SC－219）未按要求加贴能效标识，另有 1 台松下冰箱（NR－C25WUI－S）虽已备案并加贴标识，但是样式不对；二楼卖场展示的 191 台空调中有 1 台海尔空调 2 台奥克斯空调未按要求加贴能效标识，另有 2 台日立空调的能效标识信息与标价牌上所标不符。这一行为违反了《能源效率标识管理办法》第 16 条的规定，因此监察小组回中心后于次日对该公司开具了《责令改正通知书》，责令其于 2005 年 9 月 16 日前改正违法行为，并将改正结果及时书面告知中心。

三、案例启示

《办法》第二十二条：地方节能管理部门、地方质检部门依据《中华人民共和国节约能源法》的有关规定，在各自的职责范围内负责对违反本办法规定的行为进行处罚。而且从《办法》第二十三条和第二十四条的规定中也可以看到，地方节能管理部门和地方质检部门对同一种违法行为均有行政处罚权。但是 2007 年修订后的《节能法》第七十三条规定："违反本法规定，应当标注能源效率标识而未标注的，由产品质量监督部门责令改正，处三万元以上五万元以下罚款。违反本法规定，未办理能源效率标识备案，或者使用的能源效率标识不符合规定的，由产品质量监督部门责令限期改正；逾期不改正的，处一万元以上三万元以下罚款。伪造、冒用能源效率标识或者利用能源效率标识进行虚假宣传的，由产品质量监督部门责令改正，处五万元以上十万元以下罚款；情节严重的，由工商行政管理部门吊销营业执照。"可见，在修订后的《节能法》中，其实已经将能源效率标识制度的行政处罚权直接授权给了国家质检部门。

但在全国各地的节能监察执法实践中，由于考虑到以往执法习惯的延续性，因此也出现了地方节能监察机构与地方质检部门对能源效率标识制度的执行情况开展联合执法的现象。联合执法需要进一步实施行政处罚的，实施联合执法的机构应当依据法律、法规、规章的规定协调实施，避免对同一违法事实作出重复的行政处罚。

上 海 市 节 能 监 察 中 心
节能监察通知书

××商贸有限公司杨浦店：
根据《上海市节约能源条例》第八条和《能源效率标识管理办法》等相关规定，上海市节能监察中心定于 2005 年 9 月 5 日上午 10 时，对你单位进行节能监察。届时请你单位负责人或能源管理负责人到场配合监察。

监察内容	能源效率标识制度执行情况		
联系地址	上海市制造局路 27 号 7 楼		
联系人		电　话	
邮政编码	200011	传　真	(021) 6312××

上海市节能监察中心

2005 年 8 月 29 日

注：本通知书一式两份，一份送达被监察单位，一份归档。

上海市节能监察中心

节能监察现场告知书

我们是上海市节能监察中心行政执法人员×××、×××，行政执法证编号分别为×××、×××。我们根据《上海市节约能源条例》第五条等相关规定实施此次监察，现向你（单位）告知如下：

一、行政执法人员实施节能监察时必须两人以上共同进行，并向被监察单位或者有关人员出示《行政执法证》。

二、行政执法人员实施节能监察时，不准接受礼品、礼金、礼券；不准参加有碍执法的宴请或营业性娱乐；不准利用工作之便私人中介项目、参与营销活动。对被监察单位合法的技术及经营管理情况有保密义务。

三、行政执法人员应当严格按照法律、法规、规章规定的职权范围实施节能监察，不得滥用职权，不得超越职权。你（单位）有权对节能监察过程进行监督，对行政执法人员的违法违纪行为，可向上海市节能监察中心政策法规科举报投诉，地址：上海市黄浦区制造局路27号8楼，举报电话：6312××××，邮编：200011。

四、你（单位）应协助执法，无正当理由拒绝、阻碍行政执法人员依法执行职务的，依据《中华人民共和国治安管理处罚法》的相关规定处理。

告知人（签名）：　　　　　　　　　　被告知人（签名）：

2005 年 9 月 5 日　　　　　　　　　2005 年 9 月 5 日

上 海 市 节 能 监 察 中 心
现场检查笔录

当事人	名称	××商贸有限公司杨浦店				
	地址	徐汇区桂林路××号			邮编	
	法定代表人（负责人）	×××	职务	经理	电话	
检查地点		徐汇区桂林路××号				
检查时间		2005 年 9 月 5 日 10 时 ~11 时 30 分				

现场检查情况：

经现场检查，你公司一楼卖场展示的 181 台冰箱中，已有 179 台冰箱加贴了能效标识，其中有 2 台海尔冰柜（SC－329，SC－219）未按要求加贴能效标识，另有 1 台松下冰箱（NR－C25WUI－S）虽已备案并加贴标识，但是样式不对。

你公司二楼卖场展示的 191 台空调中，已有 188 台空调加贴了能效标识，其中有 1 台海尔空调 2 台奥克斯空调未按要求加贴能效标识，另有 2 台日立空调的能效标识信息与标价牌上所标不符。

当事人阅后签名：　　　　　　　　见证人签名：

　　　　年　月　日　　　　　　　　　　年　月　日

监察人员签名：　　　　　　　　记录人签名：

　　　　年　月　日　　　　　　　　　　年　月　日

上海市节能监察中心

责令改正通知书

沪节监改字〔2005〕第4001号

当事人	名称	××商贸有限公司				
	地址	徐汇区桂林路××号			邮编	
	法定代表人（负责人）	×××	职务		电话	

　　本中心于2005年9月5日对你单位进行了节能监察。经查，你单位存在销售应当标注但未标注能源效率标识的产品的行为，违反了《能源效率标识管理办法》第16条的规定，现责令你单位于2005年9月16日前改正上述行为，并将改正结果及时书面告知本中心。

　　逾期不改正的，本中心将依法处理。

　　如你单位不服本决定，可以在收到本通知书之日起六十日内向上海市经济和信息化委员会申请行政复议；也可以在收到本通知书之日起三个月内向黄浦区人民法院起诉。

　　联系人：×××

　　联系电话：6312××××

上海市节能监察中心（公章）

2005年9月6日

注：本通知书一式两份，一份送达当事人，一份存档。

上海市节能监察中心
法律文书送达回证

送达文书名称、编号及页数	《上海市节能监察中心责令改正通知书》（沪节监改字〔2005〕第4001号）
受送达人	×××
送达地点	徐汇区桂林路××号
送达方式	□直接送达　　☑邮寄送达　　　□留置送达
收件人签章及收件时间	本文书于　年　月　日　时　分收到。 □是□否要求陈述申辩； □是□否要求听证。 　　　　　　　　　　　　收件人签名或盖章：
见证人	见证人签名或盖章： 　　　　　　　　　　　　年　月　日　时　分
送达人	送达人签名或盖章： 　　　　　　　　　　　　年　月　日　时　分
其他	邮寄送达的，请当事人签收后　日内将此回证寄回 地址：上海市黄浦区制造局路27号8楼 联系人：×××　　　　　　　邮编：200083

V

对重点用能单位执行能源利用状况报告制度情况的节能监察

案例1　上海市节能监察中心

一、基本案情

重点用能单位每年向管理节能工作的部门报送上年度的能源利用状况报告制度是《中华人民共和国节约能源法》（以下简称《节能法》）明确规定的节能管理的基本制度之一，也是重点用能单位应尽的法律义务。2015年，上海市节能监察中心（以下简称中心）对本市某汽车真皮饰件有限公司未按规定报送能源利用状况报告的违法行为进行了行政处罚。

（一）节能监察准备阶段

1. 基础事项准备

按照上海市发展改革委、上海市经济信息化委《关于组织开展上海市重点单位2014年度能源利用状况和温室气体排放报告等相关工作的通知》（沪发改环资〔2015〕12号）（以下简称《通知》）要求，作为本市2014年度重点用能单位，某汽车真皮饰件有限公司应于2015年3月31日前将2014年度能源利用状况报告报送至市节能监察中心。但截至2015年4月7日该公司仍未按照规定进行报送。这一行为明显违法了《上海市节约能源条例》（以下简称《节能条例》）第五十一条的规定。

本案由监察一科具体负责组织实施，科长×××任监察小组组长，对监察的全过程负责，组员×××、×××负责执法文书准备及现场监察情况记录等。

2. 执法文书准备

由组员×××负责执法文书准备，包括《责令改正通知书》《行政处罚事先告知书》《行政处罚决定书》《送达回证》等。

3. 仪器设备准备

由组长×××负责准备笔记本电脑、便携式打印机等办公设备及照相机、录像机等取证设备。

4. 监察依据准备

由组长×××负责准备并熟悉《节能法》《节能条例》《中华人民共和国行政处罚法》（以下简称《行政处罚法》）等执法依据资料及某汽车真皮饰件有限公司的相关情况。

（二）节能监察实施过程

根据《通知》规定，工业重点单位报告的报送，由各单位进入本市工业重点单位能源管理平台进行填报。因此，作为平台管理方的中心来说，直接掌握着企业是否已报送上年度能源利用状况报告的实时信息，因此可将该单位平台报送情况实时截图并由监察小组的 2 名以上的组员在该截图上分别予以签名确认后作为违法事实的证据。

《节能条例》第七十三条规定："违反本条例第五十一条规定，重点用能单位未按规定报送能源利用状况报告或者报告内容不实的，由市相关行政管理部门责令限期改正；逾期不改正的，处以一万元以上五万元以下罚款。"可见，对于重点用能单位未按规定报送能源利用状况报告的违法行为，相关行政管理部门应先责令其限期改正，在其逾期不改正后再进入罚款程序。因此，在上述违法事实清楚，证据确凿后，中心根据相关规定对某汽车真皮饰件有限公司签发了《责令改正通知书》。

二、结果处理

（一）限期改正

截至 2015 年 4 月 7 日，某汽车饰件有限公司仍未按照规定报送 2014 年度能源利用状况报告，该行为违反了《节能条例》第五十一条的规定，依据《节能条例》第七十三条的规定，中心于 4 月 8 日签发《责令改正通知书》，责令其于 4 月 24 日前报送 2014 年度《能源利用状况报告》。

（二）行政处罚

自中心签发《责令改正通知书》后，截至 4 月 27 日该单位仍未报送，构成逾期未改正的违法事实。因此，中心决定对其予以立案并依法进行处罚。

根据《行政处罚法》第三十一条："行政机关在作出行政处罚决定之前，应当告知当事人作出行政处罚决定的事实、理由及依据，并告知当事人依法享有的权利。"因此，中心将拟对其作出罚款人民币一万元整的行政处罚以《行政处罚事先告知书》的形式双挂号邮寄送达予以告知，通知其可在 5 月 8 日前任一工作日期间进行陈述申辩。

若某汽车饰件有限公司在期限内进行陈述申辩的，中心必须充分听取当事人的意见，对当事人提出的事实、理由和证据，应当进行复核；当事人提出的事实、理由或者证据成立的，中心应当采纳，不得因当事人申辩而加重处罚。若在中心发出《行政处罚事先告知书》后该公司放弃陈述或者申辩权利的，中心即可签发《行政处罚决定书》，对其作出罚款人民币一万元整的行政处罚决定。

若其他节能监察机构对此类违法行为所作的行政处罚决定中的罚款数额已属较大数额罚款时，可将《行政处罚事先告知书》更换成《行政处罚听证告知书》，告知当事人有要求举行听证的权利，并按照《行政处罚法》规定的程序组织听证。

如果某汽车饰件有限公司逾期不履行行政处罚决定的，在申请人民法院强制执行前，必须签发《罚款催缴通知书》。如果某汽车饰件有限公司在法定期限内既未提出复议，也未向人民法院提起行政诉讼，又未履行行政处罚决定。中心可依法向人民法院申请强制执行。

三、案例启示

本案当事人违反的是《节能条例》第五十一条，其"未按规定报送能源利用状况报告"的违法行为属于较易识别与定性的，违法事实清晰易辨，但是在对该行为的行政处罚——处一万元以上五万元以下罚款中则存在自由裁量，因此建议各节能监察机构对此做出相应的具体的自由裁量规则。其次，此类案件中，尽管行政处罚前已责令当事人限期改正，但从执法实践来看，不免有个别企业在缴纳罚款后仍拒绝履行法律义务。因此，针对此类情况，建议各节能监察机构加强部门联合，综合运用各类行政管理措施加强管理：

（1）及时将违法行为上报公共信用信息服务平台。中心作为行政执法单位将按照公共信用信息目录，及时向市信息平台提供行政处罚等监管类信息。通过平台信用信息的联动，发挥其"失信惩戒机制"作用，以此强化事中、事后管理，提高工业重点用能单位的诚信意识，助推本市节能管理工作健康发展。

（2）建立通报制度，强化问责制。将违法企业的行为通报市和区县相关行政管理部门及集团公司，对区县相关行政管理部门或集团公司实行问责制，向市级相关部门建议在年度节能目标责任评价考核中提高相应分值，所辖企业有违法行为的，予以扣分。

（3）通过政府网站或者媒体向社会公布。进一步发挥社会舆论的监督作用，加大监督力度，营造有利于节能工作的舆论氛围。

上海市节能监察中心

责令改正通知书

沪节监改字〔2015〕第 1001 号

当事人	名称	某汽车真皮饰件有限公司			
	地址	闵行区×××路×××号		邮编	201101
	法定代表人（负责人）	×××	职务	总经理	电话

经查，截至 2015 年 4 月 7 日下午 5 点，你单位仍未按照《关于组织开展上海市重点单位 2014 年度能源利用状况和温室气体排放报告等相关工作的通知》（沪发改环资〔2015〕12 号）要求报送 2014 年能源利用状况报告。

以上行为违反了《上海市节约能源条例》第五十一条的规定，依据《上海市节约能源条例》第七十三条的规定，现责令你单位于 2015 年 4 月 24 日前改正上述行为，并将改正结果及时书面告知本中心。

逾期不改正的，本中心将依据《上海市节约能源条例》第七十三条的规定处以一万元以上五万元以下罚款。

如你单位不服本决定，可以在收到本通知书之日起六十日内向上海市经济和信息化委员会申请行政复议；也可以在收到本通知书之日起三个月内向黄浦区人民法院起诉。

联系人：×××

联系电话：021 - 60800000

上海市节能监察中心（公章）

2015 年 4 月 8 日

注：本通知书一式两份，一份送达当事人，一份存档。

上海市节能监察中心
立案审批表

沪节监立字（2015）第 1001 号

案件来源	日常监察（√）		
案发时间	2015 年 4 月 27 日		
当事人	单位名称	某汽车真皮饰件有限公司	
	法定代表人		电话
	地址（邮编）	上海市闵行区×××路×××号	
违法事实及拟办意见	截至 2015 年 4 月 27 日，某汽车真皮饰件有限公司未按照《关于组织开展上海市重点单位 2014 年度能源利用状况和温室气体排放报告等相关工作的通知》（沪发改环资〔2015〕12 号）要求按时报送 2014 年度《能源利用状况报告》。4 月 8 日中心签发《上海市节能监察中心责令改正通知书》（沪节监改字〔2015〕第 1001 号），责令其于 4 月 24 日前报送 2014 年度《能源利用状况报告》，截至 4 月 27 日该单位仍未报送。该行为违反了《上海市节约能源条例》第五十一条的规定，属于本中心行政处罚的范围，建议予以立案进行处罚。 　　　　　　　　　　承办人签名：　　　　　年　月　日 　　　　　　　　科室负责人签名：　　　　年　月　日		
政策法规科审查意见	签名：　　　　年　月　日		
分管主任审核意见	签名：　　　　年　月　日		
中心主任审批意见	签名：　　　　年　月　日		

上海市节能监察中心

行政处罚事先告知书

沪节监罚告字（2015）第 1001 号

某汽车真皮饰件有限公司：

截至 2015 年 4 月 27 日，你（单位）仍未按照《上海市节能监察中心责令改正通知书》（沪节监改字〔2015〕第 1001 号）要求，在限期内报送 2014 年度《能源利用状况报告》。该行为违反了《上海市节约能源条例》第五十一条的规定，以上事实有管理平台实时截图和送达回证等为证，证据确凿。依据《上海市节约能源条例》第七十三条的规定，本中心拟对你单位作出罚款人民币一万元整的行政处罚。

如你（单位）对上述行政处罚建议有异议，根据《中华人民共和国行政处罚法》有关规定，可于 2015 年 5 月 8 日前任一工作日期间到中山北一路 121 号 A1 楼 5 楼进行陈述或申辩。逾期视作放弃陈述或申辩。

联系人：×××

联系电话：

上海市节能监察中心（公章）

2015 年 4 月 28 日

注：本文书一式两联，一联存卷，一联交当事人。

上海市节能监察中心

行政处罚决定审批表

案　由	某汽车饰件有限公司未报 2014 年度《能源利用状况报告》，经责令限期改正后仍逾期不报
当事人	上海某汽车真皮饰件有限公司
听证告知书发出日期和文书编号	2015 年 4 月 28 日； 沪节监罚告字（2015）第 1001 号
事先告知处罚建议的内容	罚款人民币一万元整
当事人陈述、申辩的意见和理由	未要求听证未要求陈述申辩
承办人处理意见	某汽车饰件有限公司未按规定上报 2014 年度《能源利用状况报告》，经中心限期责令改正后仍逾期不报，且在中心发出《行政处罚听证告知书》后在期限内未要求听证，也未向中心作任何陈述申辩，建议对其进行处罚。 　　　　　　　　　　承办人签名：　　　　年　月　日 　　　　　　　　　　科室负责人签名　　　年　月　日
政策法规科审查意见	负责人签名：　　　　年　月　日
分管主任审核意见	负责人签名：　　　　年　月　日
中心主任审批意见	负责人签名　　　　　年　月　日

上海市节能监察中心
行政处罚决定书
第2320150001号

当　事　人：某汽车真皮饰件有限公司

地　　　址：上海市闵行区×××路×××号

法定代表人：

　　你（单位）截至2015年4月7日仍未按照《上海市节约能源条例》和《关于组织开展上海市重点单位2014年度能源利用状况和温室气体排放报告等相关工作的通知》（沪发改环资〔2015〕12号）要求按时报送2014年度《能源利用状况报告》，中心已于4月8日责令你（单位）限期改正，但你（单位）逾期仍未改正的行为违反了《上海市节约能源条例》第五十一条的规定，上述事实有以下证据证明：能源管理平台后台管理实时截图、《责令改正通知书》《行政处罚事先告知书》和《送达回证》等。依据《上海市节约能源条例》第七十三条规定，本中心决定对你单位作出罚款人民币一万元整的行政处罚。

　　现要求你（单位）：

　　于2015年5月31日前，携带本决定书，将罚款缴至本市工商银行或建设银行的具体代收机构。逾期缴纳罚没款的，依据《中华人民共和国行政处罚法》第五十一条第（一）项的规定，每日可按罚款数额的3%加处罚款。

　　如你（单位）不服本决定，可以在接到本决定书之日起六十日内，依法向上海市经济和信息化委员会申请行政复议；也可以在三个月内直接向人民法院起诉。行政复议和行政诉讼期间，行政处罚不停止执行。

　　逾期不申请行政复议也不向法院起诉，又不履行行政处罚决定的，本中心可以申请人民法院强制执行。

上海市节能监察中心（公章）

2015年5月11日

　　注：本文书一式三联，一联存档，一联交当事人，一联由当事人交代收银行。

上海市节能监察中心

法律文书送达回证

送达文书名称、编号及页数	
受送达人	
送达地点	上海市闵行区×××路×××号
送达方式	□直接送达　　　☑邮寄送达　　　□留置送达
收件人签章及收件时间	本文书于　年 月 日 时　分收到。 □是□否要求陈述申辩； □是□否要求听证。 　　　　　　　　　收件人签名或盖章：
见证人	见证人签名或盖章： 　　　　　　　　　　　　年 月 日 时 分
送达人	送达人签名或盖章： 　　　　　　　　　　　　年 月 日 时 分
其　他	邮寄送达的，请当事人签收后3日内将此回证寄回： 地址：上海市虹口区中山北一路121号A1楼五楼 联系人： 邮编：200083

案例 2　山东省枣庄市节能监察支队

一、基本案情

按照山东省经信委、节能办《关于对省千家重点用能单位能源利用状况报告制度执行情况进行节能监察的通知》（鲁经信节监〔2015〕48 号）的要求，枣庄市节能监察支队按计划对×××有限公司开展节能监察。

（一）监察准备

1. 案由

对能源利用状况报告制度执行情况进行监察。

2. 分组及人员分工

本次专项监察工作由支队长刘××具体负责，并组织实施。组长刘××全面负责现场监察，组员蔡××、侯××负责执法文书准备，现场监察及报告编制。

3. 执法文书准备

由组员蔡××负责执法文书准备节能监察告知书、公开承诺、现场监察笔录、调查笔录、送达回证、现场节能监察签到记录、授权委托书等。

4. 仪器设备准备

由组员侯××负责准备笔记本电脑、打印机等办公设备及照相机、录像机等取证设备。

5. 监察依据准备

由组长刘××负责准备并熟悉《中华人民共和国节约能源法》《山东省节约能源条例》《山东省节能监察办法》《枣庄市市级行政权力清单》；《产业结构调整指导目录（2011 年本）（修正）》《高耗能落后机电设备（产品）淘汰目录》（第一批、第二批、第三批)、《部分工业行业淘汰落后生产工艺装备和产品指导目录（2010 年本)》等执法依据资料及×××有限公司的相关情况。

（二）现场监察实施

1. 召开首次会议

监察组长刘××主持首次会议，指定监察人员侯××负责记录。

介绍监察组成员：蔡××、侯××

（1）出示执法证件，表明身份。（蔡××负责）

由蔡××出示蔡××、侯××两名执法人员行政执法证件，表明身份，请×××有限公司授权委托人孙玉亮确认后收回。

（2）送达《节能监察告知书》及留取送达回证。（蔡××负责）

①递交《节能监察告知书》。（蔡××负责）

②×××有限公司授权委托人孙玉亮确认后，在《送达回证》上签字盖章，见证人崔东、刘晓侠、李英皓在《送达回证》上签字。

③《节能监察告知书》双方各执一份，《送达回证》由执法人员留存。

（3）宣读公开承诺。（侯××负责）

①宣读"枣庄市节能监察支队公开承诺"。

②宣读完毕，刘××向×××有限公司授权委托人孙玉亮询问有无需要回避及不适合进行本次现场监察的人员等情形。

（4）介绍监察要点。刘××重申此次监察工作的依据、内容、方式及被监察单位需配合的事项。

①监察依据：《山东省节约能源条例》。

②监察内容：一是能源利用状况报告报送情况。重点监察报告报送的及时性、报告内容的完整性和真实性等。二是工业固定资产投资项目节能评估审查制度执行情况。重点监察建设项目是否进行节能评估；是否经过节能审查；项目建成后是否经过节能验收等。三是单位产品能耗限额标准执行情况。对照国家和省已发布的强制性单位产品能耗限额标准进行监察。四是落后用能产品、设备和工艺执行淘汰制度情况。对照国家发改委《产业结构调整指导目录（2011年本）》等，对使用列入淘汰目录的工艺、设备（产品）情况进行监察。五是能源管理岗位设立、能源管理负责人聘任（备案）制度执行情况。重点监察是否设立能源管理岗位；聘任的能源管理负责人是否符合节能法律法规要求并按规定备案；能源管理负责人履行职责情况和接受节能培训情况等。

③监察方式：现场监察，确保材料、数据的客观性和真实性。

④配合事项：一是需要提供的材料：2014年生产统计报表（包括日报、月报和年

报）、能源统计台账、设备台账、财务结算单据、项目能评审查备案有关文件、主要生产工艺流程等。二是需要配合的人员：公司分管节能领导，生产部负责人，能源管理负责人，统计、计量、设备、财务、项目等相关人员，能源利用状况报告填报人员等。×××有限公司指定技术中心技术组组长孙玉亮作为联络员负责现场协调联络工作。

（5）听取企业汇报。×××有限公司技术中心技术组组长孙玉亮介绍本单位节能管理情况及用能设备管理情况等相关内容。

（6）参加首次会议的×××有限公司技术中心技术组组长孙玉亮和在场人员以及见证人崔东、刘晓侠、李英皓和执法人员刘××、蔡××、侯××在签到表上签名。（侯××负责）

2. 查阅材料

分工：侯××负责查阅固定资产投资项目的相关材料；蔡××负责查阅生产统计报表，核算各项指标；陈××负责查阅设备台账及电气系统网络图。

3. 查验现场

由×××有限公司机电设备工作人员配合，根据查阅设备台账中发现的问题有针对性地进行现场核查，陈××到现场监察淘汰设备情况。采用照相录像等手段将淘汰设备的实际使用情况记录下来并在现场监察笔录上记录。

现场需要收集的资料主要有生产统计报表、工艺设备台账、视听资料、项目能评审查备案验收材料等与监察内容有关的材料。材料的复印件由提供者押印，注明其与原件相符。

4. 召开内部交流会议

刘××组织召开内部交流会议，汇总监察情况。

5. 制作《现场监察笔录》

侯××制作《现场监察笔录》。如实记录与监察内容有关的现场情况。由监察人员蔡××、侯××共同完成。

6. 召开末次会议

刘××组织召开末次会议，通报监察情况，经×××有限公司授权委托人孙玉亮确认后，双方在《现场监察笔录》上签字，由监察人员带回。现场监察结束。

（三）监察文书实例

节 能 监 察 机 构

日常监察申请表

监察编号：鲁（D）– JNZF – JCBL – 2015 – 002

拟监察单位	×××有限公司				
单位地址	山东省××市××镇				
联系人	孙玉亮	联系电话	0632 – 2225132	传真	0632 – 2225131
拟监察日期	2015 年 5 月 28 日上午	申请用车时间	8 时 10 分		
节能监察人员	刘××、蔡××、侯××				
承办人	蔡××				
拟监察内容	能源利用状况报告内容的真实性和准确性。重点是综合能源消费量、产品单耗、产品产量、产值能耗、工业总产值和节能量等指标；工业固定资产投资项目执行节能评估和审查制度情况；主要生产工艺及设备使用情况；能源管理岗位设立、能源管理负责人聘任情况。				
审核意见	审核人签名：　　　　　　　　　　　　　　年　　月　　日				
审批意见	审批人签名：　　　　　　　　　　　　　　年　　月　　日				

山东省节能监察行政执法文书

现场节能监察会议签到记录

鲁（×）－JNZF－QDJL－2015－002

被监察单位名称			
会议日期		会议地点	
监察组长		法定代表人 或其授权委托人	
监察组员		能源管理负责人	
		联系电话	
被监察单位参加会议人员			
姓名	职务		电话
见证人	单位		职务

山东省节能监察行政执法文书

节能监察告知书

监察编号：鲁（D）–JNZF–JCGZ–2015–002

×××有限公司：

　　为贯彻落实《中华人民共和国节约能源法》和《山东省节约能源条例》等法律、法规，依法推动节能工作，依据《山东省节能监察办法》有关规定，定于2015年5月28日9时对你单位进行节能监察。届时，请贵单位负责人或其书面委托的负责人以及节能管理和有关部门人员到场配合，不得拒绝或妨碍监察人员的节能监察工作。被监察单位拒绝依法实施节能监察的，依据《山东省节能监察办法》第二十二条规定处理。

监察内容及方式	监察内容：能源利用状况报告内容的真实性和准确性。重点是综合能源消费量、产品单耗、产品产量、产值能耗、工业总产值和节能量等指标；工业固定资产投资项目执行节能评估和审查制度情况；主要生产工艺及设备使用情况；能源管理岗位设立、能源管理负责人聘任情况。 监察方式：现场监察

　　为使监察工作顺利进行，请做好以下准备工作：

　　1. 生产统计报表（日报、月报、年报）。2. 设备台账及计量器具台账。3. 主要生产工艺及电气系统图。4. 与能耗核算有关的财务报表。5. 项目审批文件、节能评估报告、审查文件及验收文件。6. 与能源利用状况报告相关的其他材料。7. 能源管理岗位设立、能源管理负责人聘任相关文件等。

　　现场监察时，对所提供的材料予以盖章确认，确保真实无误。

监察机构	监察组成员	组长：刘×× 成员：蔡××、侯××	（公章） 2015 年 5 月 22 日
	联系地址	枣庄市市中区青檀路197号	
	邮政编码	277100	
	联系电话（传真）	0632–3335816	

　　注：1. 接此告知书后请及时与本监察机构联系。

　　　　2. 本告知书一式两份，一份送达被监察单位，一份存档。

山东省节能监察行政执法文书

法律文书送达回证

监察编号：鲁（D）－JNZF－SDHZ－2015－002

受送达单位	×××有限公司		
送达地点	×××有限公司会议室	邮编	277500
送达方式	直接送达		
法律文书编号	文书名		文件页数
鲁（D）－JNZF－JCGZ－2015－002	节能监察告知书		1
备注：			
上述文件共1件，共1页			
送达人（签名和节能监察机构公章）：　　　　　　　见证人（签名或盖章）： 　　年　月　日　　　　　　　　　　　　　　年　月　日			
受送达人签名（盖章）： 　　　　　　　　　　　　　　　　　　　　　　　　年　月　日			
节能监察机构联系地址：枣庄市市中区青檀北路197号			
邮政编码：277100			
联系电话（传真）：0632－333××××			

山东省节能监察行政执法文书
现场监察笔录

监察编号：鲁（D）－JNZF－JCBL－2015－002

被监察单位（全称）：×××有限公司

监察日期：2015 年 5 月 28 日

监察内容：能源利用状况报告内容的真实性和准确性。重点是综合能源消费量、产品单耗、产品产量、产值能耗、工业总产值和节能量等指标；工业固定资产投资项目执行节能评估和审查制度情况；主要生产工艺及设备使用情况；能源岗位设立、能源管理负责人聘任（备案）情况。

事实描述：

2015 年 5 月 22 日，枣庄市节能监察支队以书面形式向被监察单位发送了《节能监察告知书》。

2015 年 5 月 28 日上午，枣庄市节能监察支队支队长刘××、监察员蔡××、侯××在滕州市节能办副主任崔东，滕州节能执法大队刘晓侠、李英皓的陪同下，对×××有限公司进行了现场节能监察。

2015 年 5 月 28 日上午，刘××、蔡××、侯××等节能监察人员与被监察单位技术中心技术组组长孙玉亮、统计人员金翠翠、李腾等人在该公司会议室会面。

枣庄市节能监察支队刘××首先介绍了此次节能监察的目的和法律依据，并介绍了此次节能监察的内容、方式，侯××宣布了《关于对省千家重点用能单位能源利用状况报告制度执行情况进行节能监察的通知》（鲁经信节监〔2015〕48 号）文件，并向被监察单位出示了刘××、蔡××、侯××等执法人员的行政执法证表明身份，被监察单位技术中心孙玉亮表示认可。侯××宣读了枣庄市节能监察支队公开承诺。被监察单位孙玉亮介绍了该公司概况及节能管理工作的情况。

一、能源利用状况报告报送情况

该公司能源利用状况报告已按规定时间报送完毕，表格填写情况良好，没有空项、漏项等现象，通过查阅能源利用状况报告相互支持的企业日报、月报等原始资料，对企业提供的有关报表进行核实，抽查该企业 2014 年 8 月份能源统计月报，发现自发电 879.282 万度未列入电力能源消费量，而是以自用为理由未列入，应在二次能源转换中体现，经询问，企业统计人员认为自己发的电自己用，所以才未列入。已责令企业核实整改，并制作调查笔录，企业表示将按要求整改到位。

二、工业固定资产投资项目节能评估审查制度执行情况

根据企业技术中心技术组组长孙玉亮汇报，该企业最近没有新上固定资产投资项目。下一步将有甲醇扩能项目正在论证中，目前没有新上技改项目。

三、单位产品能耗限额标准执行情况

2014 年，×××有限公司年销售收入 185912.77 万元，同比上升 11.28%，通过查看能源消耗台账、生产统计报表，资料较翔实完整，原始材料字迹清晰，能源消费台账较为完整。该公司能源利用状况报告中，该公司主要产品为精甲醇，2014 年的年产量为 74.2 万吨。根据该公司现场提供的有关报表中的数据计算，该公司 2014 年度综合能源消费量为 117.11 万吨标准煤，其中原煤消费量 314475.54 吨，折标煤 202490.8 吨标准煤，洗精煤 1050764.43 吨，折标煤 946213.37 吨标准煤，自发电 879.28 万千瓦时，折标准煤 1080.64 吨，单位甲醇生产综合能耗为 1578.31 千克标准煤/吨。经抽查，2014 年 8 月份日报与月报数据有部分不符，经统计人员解释，是由于结账日期不同步造成的，已告知企业下步统计工作予以同步。

四、落后用能产品、设备和工艺执行淘汰制度情况

查看了该公司提供的设备台账，台账比较规范，经现场查看相关设备，设备与台账相符，设备现场管理规范，铭牌标识清晰，翻阅设备台账及现场检查过程中，未发现淘汰设备。

五、能源管理岗位设立、能源管理负责人聘任（备案）制度执行情况

查看了该公司成立节能减排工作领导小组的文件《关于调整能源管理组织机构的通知》、聘任能源管理负责人丰中田的聘书，以及资质证明文件，该能源管理负责人担任节能管理工作 20 年，硕士学历，具有能源管理师资格证书。（笔录完毕）

证明材料目录：1. 生产统计报表

2. 设备台账复印页

3. 电气设备系统图

4. 能源管理负责人备案材料

5. 企业自发电情况调查笔录

你单位对所提供的材料予以盖章确认，确保真实无误。被监察单位负责人（或其书面委托的负责人）签名（盖章）：

监察组组长：刘×× 　行政执法证号：SD－D0000202××（A）

成　　　员：蔡×× 　行政执法证号：SD – D0000202×× （A）

候×× 　行政执法证号：SD – D0000202×× （A）

监察组组长签名：

2015 年 5 月 28 日

授 权 委 托 书

（2015）授字第 1 号

委托人：×××有限公司

法定代表人：

职务：董事长

受委托人：孙玉亮

职务：技术中心技术组组长

受委托人居民身份证号：

兹委托受委托人在下列权限内办理委托事项，其在此权限范围内的代理后果，由委托人享有权益并承担相应的法律责任。

授权范围及权限：代理本人履行法定代表人在贵单位对我公司进行节能监察方面应当履行的职责，包括提供相关资料、签署相关文件、协议等。

授权期限：自本授权委托书签署之日起至 2015 年 5 月 28 日止。

委托人：×××有限公司

法定代表人：×××

2015 年 5 月 28 日

山东省节能监察行政执法文书
调 查 笔 录

监察编号：鲁（D） －JNZF－DCBL－2015－002

时　　间：2015 年 5 月 28 日 14 时

地　　点：×××有限公司

调查人员：蔡××

被调查人：姓名：孙玉亮　职务：技术中心技术组组长

性别：男　电话：×××

身份证号码：×××××××

工作单位：×××有限公司

调查情况：

问：我们是枣庄市节能监察支队执法人员，这是执法证，有几个问题请你如实回答。

答：好的。

问：请问你是×××有限公司的员工吗，担任什么职务？

答：是的，我是，担任技术组组长职务。

问：经现场核查，发现你公司自发电 879.282 万度以自用为理由未列入电力能源消费量，经询问，企业统计人员认为自己发的电自己用，所以才未列入，这个情况你清楚吗？

答：清楚。

问：请你看一下以上内容，有什么异议吗？

答：没有。

（调查完毕）

记录人（签名或盖章）：　　　　　　　　被调查人（签名或盖章）：

山东省节能监察行政执法文书
限期整改通知书

监察编号：鲁（D）－JNZF－ZGTZ－2015－001

被监察单位：×××有限公司

联系地址：山东省×××市×××镇　　邮政编码：277500

法定代表人：杨宇

枣庄市市节能监察支队于2015年5月28日，对你单位能源利用状况报告报送情况；工业固定资产投资项目节能评估审查制度执行情况；单位产品能耗限额标准执行情况；落后用能产品、设备和工艺执行淘汰制度情况；能源管理岗位设立、能源管理负责人聘任（备案）制度执行情况进行了节能监察。经查实，你单位存在以下违法事实：你单位填报的2014年度能源利用状况报告内容不实：发现你公司自发电879.282万度以自用为理由未列入电力能源消费量，折合标准煤1080.64吨。

现依据《中华人民共和国节约能源法》第八十二条、《中华人民共和国行政处罚法》第二十三条、《山东省节约能源条例》第四十五条、《山东省节能监察办法》第十五条的规定，责令你单位自接到本《限期整改通知书》之日起，15个工作日内向节能主管部门如实报送2014年度能源利用状况报告，并在限期届满前将整改情况加盖公章后函告枣庄市节能监察支队。我们将对限期整改情况进行跟踪核查。

枣庄市市节能监察支队地址：枣庄市市中区青檀北路197号

邮政编码：277100

联系电话（传真）：0632－3335816（3336726）

枣庄市经济和信息化委员会（公章）

2015年5月28日

注：此文书一式两份，一份存档，一份送达（附送达回证）

山东省节能监察行政执法文书

法律文书送达回证

监察编号：鲁（D）－JNZF－SDHZ－2015－003

受送达单位	×××有限公司		
送达地点	×××有限公司会议室	邮编	277500
送达方式	直接送达		
法律文书编号	文书名		文件页数
鲁（D）－JNZF－ZGTZ－2015－001	限期整改通知书		1
备注：			

上述文件共　1　件，共　1　页

送达人（签名和节能监察机构公章）：　　　　　　见证人（签名或盖章）：

　年　月　日　　　　　　　　　　　　　　　　　年　月　日

节能监察机构联系地址：枣庄市市中区青檀北路 197 号

邮政编码：277100

联系电话（传真）：0632－3335816

枣庄市节能监察支队公开承诺

为保证节能监察工作客观、公正、公开、透明，树立节能监察人员廉洁、高效和公平、公正的执法形象，枣庄市节能监察支队向被监察单位做出以下承诺：

1. 节能监察要有两名以上的节能监察人员实施，并出示《山东省行政执法证》，表明身份；

2. 监察所取各项证据做到客观公正真实有效；

3. 严格执法、热情服务、秉公办事、礼貌待人；

4. 节能监察工作不收取任何费用；

5. 如有需回避的监察人员，被监察单位有权提出；

6. 监察人员不接受馈赠；

7. 监察人员不参加被监察单位的宴请或营业性娱乐活动；

8. 监察人员不利用职务之便谋取非法利益或其他影响公正执法的行为；

9. 监察人员不泄露被监察单位的技术秘密和商业秘密；

10. 被监察单位有权对节能监察过程进行监督，对执法人员的违纪行为可反映至我支队负责人，监督电话3336806，也可直接反映至枣庄市经信委，监督电话3289188。

枣庄市节能监察支队

二、结果处理

（1）责令整改。退回能源利用状况报告，要求将未列入表2-1的自发电879.282万度列入，并在二次能源转换中体现，重新填报予以上报，并且将2015年1~5月份日报予以改正。

（2）现场对委托人做《调查笔录》固定证据，要求被监察单位写出整改《承诺书》。

（3）对能源利用状况报告填报人员进行批评教育，并对相关人员进行填报辅导，提出如有填报方面的技术问题及时向区（市）相关审核人员进行咨询，并按规范的方式填报。

（4）对于抽查2014年8月份日报与月报不符情况，督促企业能源消费台账时间点尽量与上报时间点相符。

三、案例启示

（1）数据要有充分的证据支撑。对能源利用状况报告制度执行情况的节能监察，涉及能源消费及产品数据指标比较多，如何使各种数据和指标都要有根有据，完整系统全面地收集好支持数据的各种相关材料显得十分重要。一是证明材料应依法收集齐全，如管理制度文件、工艺设备台账、财务报表、原始记录、检验或鉴定结果、能源利用状况分析、能源计量管理等。二是所有证明材料要做到环环相扣，相互支持，相互印证。三是对在监察过程中发现的问题，及时做好《调查笔录》固定好有关证据。四是对企业提供的相关材料都要做到加盖公章确认。

（2）即坚持严格执法，更注重热情帮促。节能监察人员在现场监察中，坚持严格执法程序，严格指标数据核算，严格按统计法规规范填报要求，同时又客观理性地地对待处理被监察单位出现的问题。比如对监察中发现的自发电直接用于生产，没有在电力消费中加入，也未在二次能源转换中体现的问题，经调查核实，由于原能源统计人员调走，新接任能源统计人员业务不熟悉造成，不属于恶意瞒报行为，节能监察人员针对目前经济运行下行，企业效益下滑的现状，本着"服务为先、柔性执法"的理念，让被监察单位根据《限期整改通知书》内容写出整改《承诺书》，由被动整改变为主动承诺，体现了人性化执法，企业更加自觉，更加主动。同时提醒被监察单位积极申请参加主管部门每年组织的能源利用状况报告填报培训，以适应填报业务要求。

（3）加强跟踪督导。作为日常监察发现的问题，节能监察人员做到及时跟踪核查，"一追到底"。市节能监察支队委托滕州市节能监察大队及时做好被监察单位的承诺督导工作，确保承诺事项在规定时限内落实到位。防止前紧后松，抓而不紧，抓而不实。

案例3 山东省烟台市节能监察支队

一、基本案情

按照山东省经信委、节能办《关于对省千家重点用能单位能源利用状况报告制度执行情况进行节能监察的通知》（×经信节监〔2015〕××号）和××市经信委《关于对全市重点用能单位能源利用状况报告制度执行情况进行节能监察的通知》（×经信节字〔2015〕××号）要求，××市节能监察支队按计划对重点用能企业×××有限公司开展节能监察。

（一）监察准备

1. 案由

对重点用能单位能源利用状况报告制度执行情况进行监察。

2. 分组及人员分工

本次专项监察工作由监察一科科长×××具体负责，监察一科组织实施。组长×××全面负责现场监察，组员×××、×××负责执法文书准备，现场监察及报告编制。

3. 执法文书准备

由组员×××负责执法文书准备节能监察告知书、公开承诺、现场监察笔录、调查笔录、送达回证、现场节能监察签到记录、授权委托书等。

4. 仪器设备准备

由组长×××负责准备笔记本电脑、打印机等办公设备及照相机、录像机等取证设备。

5. 监察依据准备

由组长×××负责准备并熟悉《中华人民共和国节约能源法》《山东省节约能源条例》《山东省节能监察办法》《××市市级行政权力清单》《产业结构调整指导目录

（2011 年本）（修正）》《高耗能落后机电设备（产品）淘汰目录》（第一批、第二批、第三批）《部分工业行业淘汰落后生产工艺装备和产品指导目录（2010 年本)》等执法依据及××××有限公司资料的相关情况。

（二）现场监察实施

1. 召开首次会议

监察组长×××主持首次会议，指定监察人员×××负责记录。

介绍监察组成员：×××、×××。

（1）出示执法证件，表明身份。（×××负责）

由×××出示×××、×××、×××三名执法人员行政执法证件，表明身份，请××××有限公司副总经理确认后收回。

（2）送达《节能监察告知书》及留存送达回证。（×××负责）

①递交《节能监察告知书》。（×××负责）

②××××有限公司副总经理（授权委托人）确认后，在《送达回证》上签字盖章，见证人×××在《送达回证》上签字。

③《节能监察告知书》双方各执一份，《送达回证》由执法人员留存。

（3）宣读公开承诺。（×××负责）

①宣读"××市节能监察支队公开承诺"。

②宣读完毕，×××向××××有限公司询问有无需要回避及不适合进行本次现场监察的人员等情形。

（4）介绍监察要点。×××重申此次监察工作的依据、内容、方式及被监察单位需配合的事项。

①监察依据：《山东省节约能源条例》。

②监察内容：一是能源利用状况报告报送情况。重点监察报告报送的及时性、报告内容的完整性和真实性等。二是工业固定资产投资项目节能评估审查制度执行情况。重点监察建设项目是否进行节能评估；是否经过节能审查；项目建成后是否经过节能验收等。三是单位产品能耗限额标准执行情况。对照国家和省已发布的强制性单位产品能耗限额标准进行监察。四是落后用能产品、设备和工艺执行淘汰制度情况。对照国家发改委《产业结构调整指导目录（2011 年本)》等，对使用列入淘汰目录的工艺、设备（产品）情况进行监察。五是能源管理岗位设立、能源管理负责人聘任（备案）制度执行情况。重点监察是否设立能源管理岗位；聘任的能源管理负责人是否符合节

能法律法规要求并按规定备案；能源管理负责人履行职责情况和接受节能培训情况等。

③监察方式：现场监察，确保材料、数据的客观性和真实性。

④配合事项：一是需要提供的材料：2013年及2014年生产统计报表（包括日报、月报和年报）、能源统计台账、设备台账、财务结算单据、项目能评审查备案有关文件、主要生产工艺流程等。二是需要配合的人员：公司分管节能领导，生产部负责人，能源管理负责人，统计、计量、设备、财务、项目等相关人员，能源利用状况报告填报人员等。×××有限公司指定×××能源管理负责人作为联络员负责现场协调联络工作。

（5）听取企业汇报。×××有限公司副总经理介绍本单位节能管理情况及用能设备管理情况等相关内容。

（6）参加首次会议的×××有限公司副总经理和在场人员以及见证人（县市区节能办）和执法人员，在签到表上签名。（×××负责）

2. 查阅材料

分工：×××负责查阅固定资产投资项目的相关材料；×××负责查阅生产统计报表，核算各项指标；×××、×××负责查阅设备台账及电气系统网络图。

3. 查验现场

由×××有限公司人员×××配合，根据查阅设备台账中发现的问题有针对性地进行现场核查，×××、×××到现场监察淘汰设备情况。采用照相录像等手段将淘汰设备的实际使用情况记录下来并在现场监察笔录上记录。

现场需要收集的资料主要有生产统计报表、工艺设备台账、视听资料、项目能评审查备案验收材料等与监察内容有关的材料。材料的复印件由提供者的签字或押印，注明其与原件相符。

4. 召开内部交流会议

×××组织召开内部交流会议，汇总监察情况。

5. 制作《现场监察笔录》

×××制作《现场监察笔录》。如实记录与监察内容有关的现场情况。由监察人员×××、×××共同完成。

6. 召开末次会议

×××组织召开末次会议，通报监察情况，经×××有限公司副总经理（授权委托人）确认后，双方在《现场监察笔录》上签字，由监察人员带回。现场监察结束。

（三）监察文书实例

山东省节能监察行政执法文书
现场节能监察会议签到记录

鲁（×）-JNZF-QDJL-14-00×

被监察单位名称	×××有限公司		
会议日期		会议地点	
监察组长		法定代表人 或其授权委托人	
监察组员		能源管理负责人	
		联系电话	
被监察单位参加会议人员			
姓名	职务		电话
见证人	单位		职务

山东省节能监察行政执法文书

节能监察告知书

监察编号：鲁（×）–JNZF–JCGZ–15–00×

××开发区××××有限公司：

为贯彻落实《中华人民共和国节约能源法》《山东省节约能源条例》等法律法规，依法推动节能工作，依据《山东省节能监察办法》有关规定，定于××××年×月×日对你单位进行节能监察。届时，请你单位负责人或其书面委托的负责人以及节能管理和有关部门人员到场配合，不得拒绝或妨碍监察人员的节能监察工作。被监察单位拒绝依法实施节能监察的，依据《山东省节能监察办法》第二十二条规定处理。

本次监察内容和方式	监察内容： 1. 能源利用状况报告报送情况。 2. 工业固定资产投资项目节能评估审查制度执行情况。 3. 单位产品能耗限额标准执行情况。 4. 落后用能产品、设备和工艺执行淘汰制度情况。 5. 能源管理岗位设立、能源管理负责人聘任（备案）制度执行情况。 监察方式： 1. 听取汇报、查看资料。 2. 现场查验、确认核准。		

为使本次监察工作顺利进行，请做好以下准备工作：

1. 用能设备台账、电气系统图、能源计量网络图等有关材料。

2. 工业总产值、产品产量、能耗月报表、年报表。

3. 能源管理岗位设立及能源管理负责人聘任、备案材料。

4. 近两年工业固定资产投资项目节能评估、审查和验收文件。

现场监察时，对所提供的材料予以盖章确认，确保真实无误。

监察机构	监察组成员	组长：　　成员：	
	联系地址	市　　区　　路　　号	（公章） 年1月1日
	邮政编码		
	联系电话（传真）		

注：1. 接此告知书后请及时与本监察机构联系。

　　2. 本告知书一式两份，一份存档，一份送达（附送达回证）。

授 权 委 托 书

（2015）授字第×号

委托人：××××有限公司

法定代表人：　　　　　　　　　职务：

受委托人：　　　　　　　　　　职务：

受委托人居民身份证号：

　　兹委托受委托人在下列权限内办理委托事项，其在此权限范围内的代理后果，由委托人享有权益并承担相应的法律责任。

　　授权范围及权限：代理本人履行法定代表人在贵单位对我公司进行节能监察方面应当履行的职责，包括提供相关资料、签署相关文件、协议等。

　　授权期限：自本授权委托书签署之日起至＿＿＿＿＿年＿月＿日止。

　　　　　　　　　　　　委托人：××××有限公司

　　　　　　　　　　　　法定代表人：

　　　　　　　　　　　　　　　　＿＿＿＿＿年＿月＿日

山东省节能监察行政执法文书

法律文书送达回证

监察编号：鲁（×）–JNZF–SDHZ–15–00×

受送达单位：	××开发区××××有限公司		
送达地点		邮编	
送达方式	直接送达		
法律文书编号	文　书　名		文件页数
鲁（×）–JNZF–JCGZ–15–00×	节能监察告知书		1
备注：			

上述文件共1件，共1页。

送达人（签名并加盖支队印章）：　　　　　见证人（签名或盖章）：
　　　年　月　日　　　　　　　　　　　　　　年　月　日

受送达人签名（盖章）：
　　　年　月　日

联系地址：××市××区××路×号
邮政编码：
联系电话（传真）：

山东省节能监察行政执法文书
现 场 监 察 笔 录

监察编号：鲁（×）－JNZF－JCBL－15－00×

被监察单位（全称）：××开发区×××有限公司

监察日期：××××年×月×日×时×分～×时×分

监察内容：

1. 能源利用状况报告报送情况。

2. 工业固定资产投资项目节能评估审查制度执行情况。

3. 单位产品能耗限额标准执行情况。

4. 落后用能产品、设备和工艺执行淘汰制度情况。

5. 能源管理岗位设立、能源管理负责人聘任（备案）制度执行情况。

事实描述：

×时×分～×时×分，××市节能监察支队×××、×××、×××三位节能监察人员对××开发区××××有限公司进行了现场节能监察。

××市节能监察支队×××、×××、×××等节能监察人员、××开发区经发局×××科长与被监察单位××开发区×××有限公司副总经理×××、能源管理负责人×××等在该公司会议室会面。

监察人员×××向被监察单位出示×××、×××、×××三位执法人员的行政执法证，表明身份，并出示《节能监察告知书》（鲁（×）－JNZF－JCGZ－15－00×），进行现场告知，被监察单位副总经理×××签署《送达回证》（鲁（×）－JNZF－SDHZ－15－00×）认可。×××宣读了××市节能监察支队《公开承诺》。×××介绍此次节能监察的目的、内容、方式和法律依据等。

被监察单位副总经理×××介绍了企业概况、能源管理情况、主要用能设备单位产品能耗等情况。

经核实，该公司主要生产装置为×套××吨炼钢电炉、×套××吨精炼炉、×套煤气发生炉、加热炉、×条热轧生产线，生产规模为××万吨热轧钢产品/年，主要产品为120～150mm方坯、6～8热轧盘条、10～20热轧圆钢，产品没有国家和省限额标准。监察组查看了该公司能源利用状况报告、2013年及2014年生产、能耗统计台账、耗能设备台账，对企业的能源消费品种进行了核实，主要能耗品种为煤、电。根据企业提供的材料，对该公司 2013 年及 2014 年的综合能源消费量、万元产值综合能耗、产品产量、2014 年节能量等进行了核算。核算内容见下表：

能源品种	2013 年			2014 年		
	实物量	折标量	折标系数	实物量	折标量	折标系数
煤（吨）	×××	×××	0.7143	×××	×××	0.7143
电（万千瓦时）	×××	×××	1.229	×××	×××	1.229
综合能源消费合计（吨标准煤）		×××			×××	
工业总产值（万元）		××××			××××	
万元产值综合能耗（千克标准煤/万元）		×××			×××	
2014 年工业总产值能耗实际完成节能量（吨标准煤）	××××					

2014 年工业总产值填报数为××××万元；综合能源消费量填报数为××××吨标准煤。

监察组查看了该公司耗能设备台账，发现在用电动机 6 台属淘汰设备（工业和信息化部《高耗能落后机电设备（产品）淘汰目录》（第一、二、三批）），详见下表：

序号	设备名称	规格型号	数量（台）	容量（kW）	生产日期	安装地点	拖动设备名称
1	电动机	Y225M－6	1	30	1999 年	一车间	压缩机
2	电动机	Y180M－4	1	18.5	1999 年	二车间	循环水泵
3	电动机	Y160M－4	1	15	1999 年	二车间	水泵
4	电动机	Y160M$_2$－2	1	11	1999 年	三车间	循环水泵
5	电动机	Y132M－4	1	7.5	1999 年	三车间	水泵
6	电动机	Y112M－2	1	4	1999 年	三车间	泵

监察组查看了该公司能源管理岗位设立、能源管理负责人聘任相关文件及备案情况，公司设立了能源管理岗位，聘任了×××科长为能源管理负责人，已在市节能主管部门备案。

监察组查看了 2013 年、2014 年该公司工业固定资产投资项目节能评估审查制度执行情况，公司未有工业固定资产投资项目。

监察组查看了2014年该公司单位产品能耗情况，其主要产品建筑用热轧钢筋未有国家、省能耗限额标准。

×月×日××时××分现场监察结束。（笔录完毕）

证明材料目录：

1. 2013年、2014年生产能源消耗月报表，能源利用状况报告表2、表4（屏幕截图略）；

2. 监察上报材料附件2（略）；

3. ××开发区××××有限公司关于聘用能源管理师负责人的通知（××办（2014）第×号）；

4. ×××职称证书、聘书、能源管理师证书复印件、能源管理负责人聘书及备案登记表；

5. ××开发区××××有限公司电机台账；

你单位对所提供的材料予以盖章确认，确保真实无误。

被监察单位负责人（或其书面委托的负责人）签名（盖章）：

监察组组长：　　　　　　　　行政执法证号：SD－F0000200××（C）

成　　　员：　　　　　　　　行政执法证号：SD－F0000200××（C）

　　　　　　　　　　　　　　行政执法证号：SD－F0000200××（C）

监察组组长签名：

年　月　日

山东省节能监察行政执法文书

节能监察报告

监察编号：鲁（×）－JNZF－JCBG－15－00×

根据市经济和信息化委《关于对全市重点用能单位能源利用状况报告制度执行情况进行现场监察的通知》（×经信节字〔2015〕18号）要求，我们监察组一行3人于×××年×月×日对××开发区××××有限公司进行了现场监察。

本次监察的内容是：1. 能源利用状况报告报送情况；2. 工业固定资产投资项目节能评估审查制度执行情况；3. 单位产品能耗限额标准执行情况；4. 落后用能产品、设备和工艺执行淘汰制度情况；5. 能源管理岗位设立、能源管理负责人聘任（备案）制度执行情况。

经现场监察，发现该企业存在以下违法事实：

该企业填报的2014年度能源利用状况报告内容不实：工业总产值填报数为××××万元，现场核查数为××××万元；综合能源消费量填报数为××××吨标准煤，现场核查数为×××吨标准煤。

经现场监察，发现该企业存在以下明显不合理用能行为：

该企业有6台国家明令淘汰的用能设备仍在使用（依据工业和信息化部《高耗能落后机电设备（产品）淘汰目录》（第二批）、（第三批）），详见监察笔录。

建议：

1. 依据《中华人民共和国节约能源法》第八十二条、《中华人民共和国行政处罚法》第二十三条、《山东省节约能源条例》第四十五条、《山东省节能监察办法》第十五条（一）规定，报市经济和信息化委下达限期整改通知书，责令该企业限期改正。

2. 依据《山东省节能监察办法》第十五条（二）的规定，下达节能监察意见书，要求该企业制定淘汰计划，将以上淘汰型号电动机，最迟于×××年年底前停止使用并予以拆除报废。

证明材料：1. 现场监察笔录；2. 企业2013年、2014年生产报表。

监察组组长：

成　　　员：

监察组组长：

年　月　日

二、结果处理

（一）限期整改

1. 责令限期整改

依据《现场监察笔录》《节能监察报告》等，××市节能监察支队对××开发区×××有限公司违反节能法律、法规的行为予以立案。××市节能监察支队召集有关人员进行案件进行了讨论，根据案件讨论意见，针对该公司填报的2014年度能源利用状况报告内容不实的违法行为，制作《限期整改通知书》，向××市节能主管部门汇报，经批准后，以直接送达方式将《限期整改通知书》送达该公司。

针对该公司仍在使用部分Y系列电动机的情况，依据工业和信息化部《高耗能落后机电设备（产品）淘汰目录》（第二批）、（第三批），制作《节能监察意见书》，与《限期整改通知书》同时送达该公司。

2. 跟踪核查

在整改期限到期后，××市节能监察支队到××开发区×××有限公司进行了跟踪核查，核查结果表明，该公司填报的2014年度能源利用状况报告工业总产值、综合能源消费量填报数据不实的违法行为在整改期限内已整改完毕，有山东省能源利用状况报告填报系统（2014年报）为证。见《调查笔录》（鲁（×）－JNZF－DCBL－15－00×）。

《立案审批表》《案件讨论记录》《节能监察意见书》《限期整改通知书》《法律文书送达回证》《调查笔录》等文书内容如下。

山东省节能监察行政执法文书
立 案 审 批 表

监察编号：鲁（×）－JNZF－LASP－15－00×

<table>
<tr><td rowspan="3">立案对象</td><td>单位名称</td><td>××开发区×××有限公司</td><td>法定代表人</td><td></td></tr>
<tr><td>单位地址</td><td>××市经济技术开发区
×××办事处</td><td>联系电话</td><td></td></tr>
<tr><td>邮　编</td><td></td><td>传真</td><td></td></tr>
<tr><td colspan="2">立案地点</td><td>××开发区××××有限公司</td><td>立案时间</td><td>××年×月×日</td></tr>
<tr><td colspan="2">案件来源</td><td>监察计划
（×经信节字〔2015〕×号）</td><td>案件类型</td><td>节能监察</td></tr>
<tr><td colspan="5">案情摘要：

　　×××年×月×日，××市节能监察支队节能监察人员×××、×××、××
×根据监察计划，对××开发区××××有限公司能源利用状况报告制度执行情况
进行现场节能监察，监察中发现该企业存在以下违法事实：该企业填报的2014年度
能源利用状况报告内容不实。</td></tr>
<tr><td colspan="2">适用的法律、
法规和规章依据</td><td colspan="3">《中华人民共和国节约能源法》第五十三条、第八十二条；《山东
省节约能源条例》第三十三条。</td></tr>
<tr><td colspan="2">承办部门
意　见</td><td colspan="3">　　建议依据《中华人民共和国节约能源法》第八十二条、《中华人民
共和国行政处罚法》第二十三条、《山东省节约能源条例》第四十五
条、《山东省节能监察办法》第十五条的规定，对该企业上述违法行
为立案处理。
　　承办部门：监察一科　　承办人：×××　　××××年×月×日</td></tr>
<tr><td colspan="2">分管负责人
审批意见</td><td colspan="3">同意。

　　　　　　　　　　　　　　　　　　　　　　　　×××
　　　　　　　　　　　　　　　　　　　　　××××年×月×日</td></tr>
<tr><td colspan="2">备注</td><td colspan="3"></td></tr>
</table>

山东省节能监察行政执法文书
案件讨论记录

监察编号：鲁（×）–JNZF–AJTL–15–00×

案　　由	××开发区××××有限公司填报的2014年度能源利用状况报告内容不实。					
讨论地点	支队会议室		讨论时间	×××× 年×月×日×时×分		
主持人			记录人			
出席人员	姓名	职务	姓名	职务	姓名	职务
		副支队长		监察科科员		
		监察科一科长		监察科科员		
		综合科科长				
列席人员						
讨论记录	详见续页。					
处理意见	××开发区××××有限公司填报的2014年度能源利用状况报告内容不实。 依据《中华人民共和国节约能源法》第八十二条、《中华人民共和国行政处罚法》第二十三条、《山东省节约能源条例》第四十五条、《山东省节能监察办法》第十五条的规定，报市经济和信息化委下达限期整改通知书，责令该企业限期15个工作日改正。					
出席人员签名						

注：此记录可添加续页，每页均应有出席人员签名。

山东省节能监察行政执法文书
案件讨论记录续页

监察编号：鲁（×）－JNZF－AJTL－15－00×

监察组长×××介绍案件情况：

×××年×月×日，××市节能监察支队对××开发区××××有限公司能源利用状况报告制度执行情况实施了现场节能监察。节能监察人员×××、×××、×××出示了证件，亮明了身份，宣读了公开承诺。

实施现场监察由××开发区经发局×××科长陪同，××开发区××××有限公司副总经理×××、能源管理负责人×××等配合。

监察中发现：该企业填报的2014年度能源利用状况报告内容不实：工业总产值填报数为××××万元，现场核查数为××××万元；综合能源消费量填报数为××××吨标准煤，现场核查数为×××吨标准煤。

监察人员对该企业上述违法行为制作了现场监察笔录并予以确认。

我建议：依据《中华人民共和国节约能源法》第八十二条、《中华人民共和国行政处罚法》第二十三条、《山东省节约能源条例》第四十五条、《山东省节能监察办法》第十五条的规定，报市经信委下达限期整改通知书，责令××开发区××××有限公司15个工作日内向节能主管部门如实报送2014年度能源利用状况报告。

×××：我同意监察组长提出的处理意见。

×××：我同意监察组长的处理意见。

综合科科长×××：

我查阅了监察过程的全部执法文书和现场监察笔录等取证材料，执法程序合法，依据法律条文准确，案件事实清楚，证据确凿，可以认定企业的违法行为确实存在。

×××副支队长：

综合大家意见，同意依据《中华人民共和国节约能源法》第八十二条、《中华人民共和国行政处罚法》第二十三条、《山东省节约能源条例》第四十五条、《山东省节能监察办法》第十五条，上报市经信委下达限期整改通知书，责令该企业限期整改，整改期限15工作日。

出席人员签名：×××　×××　×××　×××　×××

山东省节能监察行政执法文书

节 能 监 察 意 见 书

监察编号：鲁（×）－JNZF－JCYJ－15－00×

被监察单位：××开发区××××有限公司

联系地址：×××开发区××办事处

邮政编码：

法定代表人：

××市节能监察支队于×××年×月×日，依据《中华人民共和国节约能源法》《山东省节约能源条例》《山东省节能监察办法》等法律、法规、规章和有关节能标准，对你单位进行了节能监察。

事实描述：

经查实，你单位有6台国家明令淘汰的用能设备仍在使用（依据工业和信息化部《高耗能落后机电设备（产品）淘汰目录》（第二批）、（第三批）），详见附件。

根据监察结果，你单位存在明显不合理用能行为，现提出如下监察意见：

制定淘汰计划，将以上淘汰型号电动机，最迟于2015年年底前停止使用并予以拆除报废。

上述意见，希望你单位采取措施认真予以改进，并在十日内以书面方式告知××市节能监察支队。

联系地址：××市××区××路××号

邮政编码：

联系电话（传真）：

×××× 年 × 月 × 日

注：此文书一式两份，一份存档，一份送达（附送达回证）

附件

序号	设备名称	规格型号	数量（台）	容量（kW）	生产日期	安装地点	拖动设备名称
1	电动机	Y225M－6	1	30	1999 年	一车间	压缩机
2	电动机	Y180M－4	1	18.5	1999 年	二车间	循环水泵
3	电动机	Y160M－4	1	15	1999 年	二车间	水泵
4	电动机	$Y160M_2－2$	1	11	1999 年	三车间	循环水泵
5	电动机	Y132M－4	1	7.5	1999 年	三车间	水泵
6	电动机	Y112M－2	1	4	1999 年	三车间	泵

山东省节能监察行政执法文书
限期整改通知书

监察编号：鲁（×）–JNZF–ZGTZ–15–00×

被监察单位：××开发区××××有限公司

联系地址：××市经济技术开发区×××办事处

邮政编码：××××××

法定代表人：×××

×××市节能监察支队于×××年×月×日，对你单位能源利用状况报告报送情况；工业固定资产投资项目节能评估审查制度执行情况；单位产品能耗限额标准执行情况；落后用能产品、设备和工艺执行淘汰制度情况；能源管理岗位设立、能源管理负责人聘任（备案）制度执行情况进行了节能监察。经查实，你单位存在以下违法事实：你单位填报的2014年度能源利用状况报告内容不实：工业总产值填报数为××××万元，现场核查数为××××万元；综合能源消费量填报数为×××吨标准煤，现场核查数为×××吨标准煤。

现依据《中华人民共和国节约能源法》第八十二条、《中华人民共和国行政处罚法》第二十三条、《山东省节约能源条例》第四十五条、《山东省节能监察办法》第十五条的规定，责令你单位自接到本《限期整改通知书》之日起，15个工作日内向节能主管部门如实报送2014年度能源利用状况报告，并在限期届满前将整改情况加盖公章后函告×××市节能监察支队。我们将对限期整改情况进行跟踪核查。

×××市节能监察支队地址：×××市××区××路××号

邮政编码：×××××

联系电话（传真）：×××××××（×××××××）

××市节能主管部门（公章）

××××年×月×日

注：此文书一式两份，一份存档，一份送达（附送达回证）

山东省节能监察行政执法文书

法律文书送达回证

监察编号：鲁（×）－JNZF－SDHZ－15－00×

受送达单位：	××开发区××××有限公司		
送达地点：		邮编	
送达方式	直接送达		
法律文书编号	文 书 名		文件页数
鲁（×）－JNZF－ZGTZ－15－00×	限期整改通知书		1
鲁（×）－JNZF－JCYJ－15－00×	节能监察意见书		2
备注：			

上述文件共__2__件，共__3__页。

送达人（签名并加盖支队印章）：　　　　　见证人（签名或盖章）：

　　　年　月　日　　　　　　　　　　　　　年　月　日

受送达人签名（盖章）：

　　　年　月　日

联系地址：××市××区××路×号

邮政编码：

联系电话（传真）：

山东省节能监察行政执法文书

调 查 笔 录

监察编号：鲁（×）– JNZF – DCBL – 15 – 0××

时　　间：××××年××月××日××时××分

地　　点：××开发区××××有限公司

调 查 人：××市节能监察支队　×××、×××

记 录 人：

被调查人：

姓　　名：

职　　务：科长

性　　别：

电　　话：

工作单位：××××有限公司

调查情况：监察人员×××、×××按照编号鲁（×）– JNZF – ZGTZ – 15 – 0××《限期整改通知书》有关事项，就该公司整改情况对相关人员及现场进行调查。调查情如下：

问：你好，我们是××市节能监察支队监察执法人员，我是×××，这位是×××，这是我们的山东省行政执法证［证号分别为 SD – F0000200×× （C）、SD – F0000200×× （C）］，请查看一下。

答：好，我看过了，请收好。

问：请问您在该公司任什么职务？

答：我是×××科科长。

问：你公司填报的2014年度能源利用状况报告工业总产值、综合能源消费量填报数据在期限为××××年×月×日前整改完毕，山东省能源利用状况报告填报系统（2014年报）为证。这个情况属实吗？

答：属实。

问：请你确认一下。

答：好。

问：请查看笔录内容是否属实？

答：情况属实。

问：那你还有其他需要说明的吗？

答：没有。

××××年×月××日××时××分，调查结束。

调查人（签名）：　　　　　　　　　　被调查人（签名）：

记录人（签名）：

（二）结案

××开发区××有限公司在整改期限内，已完成填报的2014年度能源利用状况报告内容不实的违法行为整改，有山东省能源利用状况报告填报系统（2014年报）和监察人员现场制作《调查笔录》为证。

××市节能监察支队制作《结案审批表》，对此案予以结案。

《结案审批表》内容如下。

山东省节能监察行政执法文书
结案审批表

监察编号：鲁（×）－JNZF－JASP－15－0××

案　　由	××××年××月××日，××市节能监察支队节能监察人员现场监察发现××开发区××××有限公司填报的2014年度能源利用状况报告内容不实。
执行情况	1.××××年××月××日，××市经信委下达《限期整改通知书》（鲁（×）－JNZF－ZGTZ－15－0××）。 2.××××年××月××日，××节能监察支队节能监察人员对××开发区××××有限公司填报的2014年度能源利用状况报告内容整改情况调查取证。
结案理由	2014年度能源利用状况报告内容不实的行为已整改，可以结案。 承办人：××××　　××××年××月××日
节能监察机构意见	同意结案。 审批人：×××　　××××年××月××日
节能行政主管部门意见	同意结案。 审批人：×××　　××××年××月××日

三、案例启示

监察人员必须依法实施监察，必须做到适用法律正确、执法依据充分、违法事实清楚、监察程序合法、获取证据确凿，并且不能忽视法定的每一个环节和细节。

（1）监察执法程序必须要合法和规范。在具体监察执法过程中，注意把握以下几点：一是制作监察实施方案，每项日常监察和专项监察实施前都必须制定详细实施方案，明确监察内容、时间、步骤、人员配备、责任分工、工作措施和要求等事项；二是制定节能监察工作流程和现场监察程序，要求所有监察人员必须按流程程序开展监察工作；三是做好监察前的准备工作，召开预备会，研究熟悉有关材料和相关法律法规，起草监察告知书等执法文书，准备现场办公和取证设备等；四是实施现场监察时必须两人以上，并主动出示行政执法证件，《现场监察笔录》和《调查笔录》必须有监察人员和当事人签字，收集的证据资料复印件必须有提供者的签字并注明其与原件相符，同时注意影像资料的采集保存；五是进入行政处罚程序的案件必须严格按法定程序进行，处罚前必须要事先告知并做好陈述申辩准备和记录，做出行政处罚决定时要同时做好行政复议、行政诉讼等准备，防止程序上不合法。

（2）监察执法文书必须要完整和准确。要严格按《山东省节能监察手册》规定的样式规范制作，必须做到各类文书齐备、使用正确、语言准确、书写工整、签署完整。一是前置"立"，即立案审批前置。凡是需下达《限期整改通知书》的违法案件都要先立案，制作《立案审批表》报支队领导批准，并进行案件讨论，形成《案件讨论记录》，再制作《限期整改通知书》报市节能主管部门批准后送达被监察单位；二是核查"改"，即核查整改结果。整改期限届满后必须现场核查整改情况，制作《调查笔录》、现场拍照取证，符合整改要求的制作《结案审批表》，经批准予以结案；对于整改期限届满仍未整改或未达到整改要求的违法单位，只要违法事实清楚、证据充分确凿、法律依据明确的，就应向节能主管部门提出处罚意见，制作《节能监察结果处理意见书》，向节能行政主管部门提出处罚意见报批；三是慎重"罚"，即行政处罚决定。对于行政处罚案件，在制作《行政处罚决定书》时，按照《行政处罚法》《行政复议法》的规定，告知当事人行政救济的途径，可申请行政复议或提起行政诉讼；四是当面"送"，即执法文书送达。所有送达被监察单位的执法文书都必须附《法律文书送达回证》，执法文书的送达一般采用直接或邮寄送达方式，对于涉及行政处罚案件的《限期整改通知书》《行政处罚事先告知书》《行政处罚决定书》等较为敏感的执法文书，尽量采取直接送达方式，并邀请所在地节能主管部门到场，受送达人必须在《法律文书送达回证》上签字或盖章；若受送达人拒收，可改为留置送达并在回证上注明留置原因及证人情况。

案例4　湖南省节能监察中心

一、基本案情

××有限责任公司位于××市××县，资产总额 5.87 亿元，拥有二条新型干法水泥生产线，年水泥产能力 200 万吨，2013 年综合能源消费量折 13 万吨标准煤。

（一）节能监察准备阶段

1. 下达节能监察计划

湖南省节能监察中心受湖南省发展和改革委员会（省级节能主管部门）委托，于 2014 年 2 月制定印发了《湖南省 2014 年节能监察计划》，重点是 2012 年未完成节能目标的 48 家重点用能单位。

2. 制订工作方案

围绕监察时间、监察内容、实施方法以及职责分工等方面详细制定《湖南省 2014 年重点用能单位节能监察工作方案》，同时按照省委省政府关于涉企检查的相关规定，报省直有关部门备案。

3. 成立监察小组

召开节能监察调度会，会议介绍了监察工作方案有关内容，对监察工作提出了具体要求。同时成立了监察组，明确了带队领导及成员，并对现场监察进行了任务分工，会上还对企业基本情况以及节能监察有关业务进行了统一培训。

4. 下达监察通知

2014 年 2 月 27 日，湖南省节能监察中心以邮寄方式，向××有限责任公司送达了《节能监察通知书》（见附件1），同时抄送企业所在市州发改委。企业监察有关准备工作由市州、县（市、区）发改委（局）督促。

（二）节能监察实施阶段

2014 年 3 月 3 日，湖南省节能监察中心收到××有限责任公司节能监察通知书回证传真件（见附件2）。3月6日，湖南省节能监察中心组织节能监察小组，对××有限责任公司进行了现场监察，该公司×××、×××、×××、×××等同志全程参与了本次现场节能监察工作。

1. 召开会议

到达企业后，监察组相关执法人员出示了执法证，随即召开了工作会。会上，监察组展示了涉企检查备案手续，明确了此次监察的目的、内容、法律依据和程序步骤等，告知了被监察单位相关的权利，并对监察成员行为规范做出了承诺、对监察提出了具体要求。××有限责任公司负责人按照《节能监察通知书》要求，围绕公司基本情况、"十二五"以来节能目标完成情况、能源管理岗位设立、节能制度建设、能源利用状况报告制度执行等情况作了简要汇报。

2. 查阅资料

监察组围绕监察内容，对文件资料、用能现场进行了认真核查和取证。能源管理岗位设立、制度建设检查方面，主要对××有限责任公司下发的各类节能管理相关文件资料进行核实；落实能源利用状况报告以及节能目标责任制检查方面，一是登陆省发改委能耗在线直报系统，核查是否按时报送相关数据资料。二是核查××有限责任公司2012、2013年的生产统计台账、销售记录、能源统计报表、财务报表以及电业局缴费凭证等资料，初步核实其年度能源利用状况报告中数据的准确性，核算其"十二五"以来节能量完成情况，同时通过座谈交流，了解企业生产运行相关情况，对内部资料进行了复印、留存和取证。

3. 现场核查

一是查看主要用能设备和生产现场，对照其提交的用能设备一览表和月、季度能耗数据，初步核实相关资料的真实性，对设备选型、生产运行状况进行简要了解和评估；二是查勘节能技改项目，核查节能措施具体落实情况。以上内容在检查过程中存在疑问的地方，还进行了现场询问和拍照取证。

4. 交换意见

召开反馈会，监察组与××有限责任公司相关人员就现场监察有关情况交换了意见，反馈了现场监察情况和初步整改意见，并对工艺优化、节能技改等提高企业能效水平方面提出合理化建议。××有限责任公司负责人就下一步整改落实等工作表明态度，监察记录员完善了现场监察记录（见附件3、4）。

二、结果处理

1. 责令限期整改

对××有限责任公司进行完现场监察后，湖南省节能监察中心召集有关人员进行讨论，形成了监察意见，编制了《节能监察意见书》（见附件5），报中心领导审定后下发到企业以及所在市州发改委，同时将节能监察情况汇总后形成监察报告（见附件6）上报节能主管部门并存档。

针对该公司填报的2011、2012年度能源利用状况报告内容不实、2013年能源利用状况统计报表未上报以及能源管理岗位人员未向节能主管部门备案等违法行为，制作《限期整改通知书》（见附件7），向节能主管部门汇报，经批准后，以直接送达方式将《限期整改通知书》送达该公司。

2. 事后跟踪整改落实

企业根据《节能监察意见书》和《节能监察限期整改通知书》，要求其尽快采取措施予以改进，并在十日内以书面形式反馈至省节能监察中心，整改工作由市州节能监察机构监督执行。

从核查结果看，该公司填报的2011、2012年度能源利用状况报告工业总产值、综合能源消费量填报数据不实、2013年度能源利用状况报告未上报以及能源管理负责人未备案的违法行为在整改期限内已整改完毕，有湖南省能源利用状况报告填报系统和备案文书为证。

三、案例启示

本次节能监察是一次成功的监察案例，一是前期准备充分。工作部署早，方案设置翔实，前期组织监察人员对水泥行业相关工艺、流程以及节能监察有关业务培训扎实有效，为后续监察工作的开展奠定了基础。二是严格执法流程。在实际工作开展中，监察组严格参照《湖南省节能监察执法流程与文书》有关要求，监察动作规范有序，受到被监察单位认可，取得较好反响。三是取证确凿执法有依。采用资料查阅和现场查看的方式，围绕监察内容详细检查，结合拍照取证，做到了当场监察当场反馈，后期下达监察意见，严格按照法律法规逐条评点，真正做到了有法可依执法必依。四是整改落实全程跟踪。对节能监察意见书提出的问题，要求被监察单位在规定时间内将整改情况以书面形式反馈至省节能监察中心，同时明确整改工作由市州节能监察机构监督执行，省中心适时进行抽检。但与此同时，也必须看到，在考核企业节能目标完成情况时，其节能量核算数据只能依靠企业提供的各类能耗台账，能源消耗原始凭证等重要资料企业推诿甚至以涉密为由拒绝提供现象普遍。这对监察组在鉴别数据合理性和真实性方面提出了更高的要求和挑战，多数依靠监察人员工作积累和业务素养，需要对《节能法》开展修订工作，进一步明确重点用能单位合理用能、依法公开接受节能监察。

附件：**1.** 湖南省节能监察通知书；

2. 湖南省节能监察通知书回证；

3. 湖南省节能监察中心现场监察记录表；

4. 湖南省节能监察中心监察调查询问记录；

5. 节能监察意见书；

6. 节能监察报告；

7. 节能监察限期整改通知书；

8. 湖南省节能监察法律文书回证。

附件1

湖南省节能监察通知书

湘节监通〔2014〕1号

××有限责任公司：

　　根据《节约能源法》第五十四条等相关规定，我中心定于2014年3月6日上午对你单位进行节能监察。届时请你单位负责人或能源管理负责人到场配合监察。收到回证并签章后，七日内将其送达本节能监察机构。

本次监察内容	1. 2012~2013年节能目标完成情况； 2. 年度能源利用状况报送情况； 3. 能源管理负责人备案情况； 4. 能源管理制度制定实施情况； 5. 能源审计工作开展情况； 6. 主要耗能设备能效水平情况。	
需事先准备的材料及其他有关事项	1. 2012年万家企业节能目标考核资料； 2. 2012~2013年能源统计报表； 3. 备案能源管理负责人开展节能管理等相关工作记录资料； 4. 单位能源管理或节能工作制度、节能工作会议记录资料； 5. 近三年编制的企业能源审计报告； 6. 企业关于节能方面的计划以及节能措施落实情况； 7. 主要耗能设备数据信息情况； 8. 其他有关节能监察内容的相关资料。	
联系地址	长沙市天心区湘府路8号省发改委节能监察中心	
联系人		联系电话
传真		邮编

湖南省节能监察中心

2014年2月27日

附件 2

湖南省节能监察通知书
回　证

受送达单位	××有限责任公司
送达地点	××市××路×号
送达方式	□直接送达　　□邮寄送达
文书编号	湘节监通〔2014〕×号
文书名	湖南省节能监察通知书
收件人签章 及收件时间	本文书于_____年__月__日收到。 收件人签名或盖章：
备　　注	请当事人签收后七日内将此回证寄回 地　　址：长沙市天心区湘府路 8 号省发改委节能监察中心 邮　　编： 收件人： 传　真：

附件3

湖南省节能监察中心
现场监察记录表

监察编号：湘节监录〔2014〕1号

单位名称	××有限责任公司	法定代表人	姓名	
地址	××市		职务	
监察时间	2014年3月6日			

监察情况：

湖南省节能监察中心于2014年3月6日对××有限责任公司进行了现场监察，监察情况及结果如下：

1. ××有限责任公司于2007年成立了能源管理领导小组，由公司总经理×××任主任，副总经理×××任副主任，企管部、生产质量保证部、供应部及各车间主要负责人任成员，由企管部部长×××负责能源管理领导小组办公室日常工作。公司制定了相关能源管理制度，但能源管理负责人未备案，能源统计人员未接受有关培训，全年能耗统计数据上报不及时，统计方法有待规范。

2. 未见近三年能源审计报告。

3. 生产统计台账等资料较翔实，经核算，公司完成了2012年节能量目标任务。

4. 实施了二线窑尾锅炉新加热风管等六项节能技改项目，改造效果明显。

5. 现场核实，能源计量、能源消费统计制度不健全，能源计量设施较薄弱。

执法人员签名：
执法人员签名：
2014年3月6日

当事人意见及签名盖章：

2014年3月6日

附件4

湖南省节能监察中心
监察调查询问记录

监察编号：湘节监录〔2014〕1 号

时间：2014 年 3 月 6 日 9 时 20 分 ~ 12 时 30 分

地点：××有限责任公司会议室

被询问人：

姓名：×××

性别：×

年龄：××

电话：××

工作单位：××有限责任公司

职务：×××

询问人：×××

记录人：×××

内容：

问：你是××有限责任公司的职工么？任什么职务？

答：是的，我是××有限责任公司的职工，现任公司总经理。

问：公司能源管理由哪个部门负责，负责人是谁？公司是否下达了相关能源管理人员的聘任文件？能源管理人员是否具备相应的资质和工作经验？是否接受了相应的培训？

答：公司专门成立了能源管理领导小组，负责公司的能源管理工作，领导小组负责人是我本人，办公室设在企管部，负责全公司日常能源管理工作，办公室负责人是企管部部长×××，并下发了相应的任命文件。公司的能源管理人员都具备中级以上职称，且具备节能管理的相关知识和实际工作经验，目前未接受过本公司外的能源管理培训。

问：公司的能源管理机构和管理人员是否在主管部门备案？

答：未在市发改委备案。

问：你公司提供的生产统计台账、销售记录、财务报表、购电明细表等资料都是真实的吗？这些资料的真实性将直接关系到产品单耗指标的准确性。

答：所提供的资料全部是真实的。

问：一线立磨分离器改造了哪些内容？效果如何？

答：将动态分离器改为高效动静态结合分离器。产量由 195t/h 提高到 225t/h，年生产生料 112.5 万吨，年节电 297 万度电。

（笔录完毕，以下空白）

被询问人意见及签名：×××

　　执法人员签名：×××、×××、×××、×××

附件5

节能监察意见书

湘节监意字〔2014〕第×号

被监察单位	××有限责任公司		
单位地址	××县××路×号	邮编	
能源管理负责人		电话	

2014年3月6日，我中心对你单位能源利用状况及节能管理等情况进行了节能监察。监察认为，你公司节能工作比较重视，机构较健全，节能技术改造效果明显，水泥、熟料产品单位能耗值浮动较小可控，但节能工作仍存在一些薄弱环节，现提出如下监察意见：

1. 规范能源统计、报送工作。监察发现，你公司能耗统计方法不规范，导致年度综合能源消耗统计上报数据与实际不符，且未上报2013年能源利用状况统计报表。根据《节约能源法》第二十七、五十三、五十四条规定，以及国家《万家企业节能低碳行动实施方案》要求，请你公司能源管理负责人按照能源消费统计的相关规定，仔细核对和修改2011、2012年能源利用状况统计报表，与2013年能源利用状况报告一同报市、县节能主管部门和统计部门。

2. 明确能源管理岗位。监察发现，你公司能源管理负责人未向市、县节能主管部门报备。根据《节约能源法》第五十五条规定，以及国家《万家企业节能低碳行动实施方案》要求，请你公司及时将已任命的能源管理负责人报市、县节能主管部门备案，保持岗位人员相对稳定，并建立工作档案。

3. 完善节能管理体系。监察发现，你公司在用能管理方面存在制度不完善、管理欠科学等问题。根据《节约能源法》第二十四、五十二条规定，以及国家《万家企业节能低碳行动实施方案》要求，请你公司在现有节能管理制度和组织机构的基础上，进一步改进和完善，细化目标任务、明确职责分工、完善计量措施、加强设备管理，建立完整、实用、有效的能源管理体系，并切实抓好落实。

4. 开展能源审计工作。监察发现，你公司近三年没有按照国家相关规定开展能源审计工作。根据《节约能源法》第五十四条规定和国家发改委2013年44号公告要求，请你公司委托专业能源审计机构，对公司能耗状况进行全面监测评估和审计，能源审计报告于2014年6月30日前报我委审查。

5. 加强能源专项人员培训。监察发现，你单位能源统计人员因折标系数取值不正确，加之计算节能量方法有误，导致计算2012年节能量出错，台账显示节能目标未完成。监察人员根据你公司提供的能耗报表，经现场复核，你单位2012年节能量目标任务已完成。鉴于此，请你单位加大对能源专项人员培训力度，制订培训计划，并切实抓好落实。

上述意见，请你单位尽快采取措施予以改进，并在十日内以书面形式反馈至我中心。

联系地址	××市××区××路×号省节能监察中心		
联 系 人		联系电话	
传 真		邮 编	

2014年3月9日

附件6

节能监察报告

被监察单位	名称	××有限责任公司		
	地址	××市××县		
	能源管理负责人	×××	联系电话	0731－××
监察通知书文号		湘节监通〔2014〕1号		
监察组成员		×××、×××、×××、×××		
联系人/承办人		×××	联系电话	0731－××
现场监察时间		2014年3月6日上午		
监察内容		1. 2012~2013年节能目标完成情况； 2. 年度能源利用状况报送情况； 3. 能源管理负责人备案情况； 4. 能源管理制度制定实施情况； 5. 能源审计工作开展情况； 6. 主要耗能设备能效水平情况。		
监察依据		1. 《中华人民共和国节约能源法》 2. 《中华人民共和国可再生能源法》 3. 《万家企业节能低碳行动实施方案》 4. 《重点用能单位节能管理办法》		
监察过程		1. 制订工作方案。围绕监察时间、监察内容、实施方法以及职责分工等方面详细制定了《湖南省2014年重点用能单位节能监察工作方案》，并对监察通知、现场监察记录、调查取证等文书制作进行了部署。同时按照省委省政府关于涉企检查的相关规定，报省直有关部门备案。 2. 下达监察通知。2014年2月27日，湖南省节能监察中心以邮寄方式，向××有限责任公司送达了《节能监察通知书》，同时抄送企业所在市州发改委。企业监察有关准备工作由市州、县（市、区）发改委（局）督促。		

监察过程	3. 现场监察。监察组于2014年3月6日，对××有限责任公司进行了现场监察。一是召开会议。监察小组进入企业后，出示了执法证，组织企业相关人员对此次节能监察的内容、法律依据、程序步骤等相关事项作了说明，告知了被监察单位相关的权利，并对监察成员行为规范做出了承诺。××有限责任公司负责人分别就公司基本情况、能源管理岗位设立、制度建设情况、能源利用状况报告制度的执行情况等作了汇报，对公司节能工作现状作了说明。二是现场监察。监察组围绕监察内容，对文件资料、用能现场进行了认真核查和取证。能源管理岗位设立、制度建设检查方面，主要对××有限责任公司下发的各类节能管理相关文件资料进行核实；落实能源利用状况报告以及节能目标责任制检查方面，一是登陆省发改委能耗在线直报系统，核查是否按时报送相关数据资料。二是核查××有限责任公司2012、2013年的生产统计台账、销售记录、能源统计报表、财务报表以及电业局缴费凭证等资料，初步核实其年度能源利用状况报告中数据的准确性，核算其"十二五"以来节能量完成情况，同时通过座谈交流，了解企业生产运行相关情况，对内部资料进行了复印、留存和取证；现场核查方面，一是查看主要用能设备和生产现场，对照其提交的用能设备一览表和月、季度能耗数据，初步核实相关资料的真实性，对设备选型、生产运行状况进行简要了解和评估，二是查勘节能技改项目，核查节能措施具体落实情况。以上内容在检查过程中存在疑问的地方，还进行了现场询问和拍照取证。
监察结果	监察发现，一是××有限责任公司成立了能源管理领导小组，制定了相关能源管理制度，但能源管理负责人未备案，能源统计人员未接受有关培训，全年能耗统计数据上报不及时，统计方法有待规范。二是未见近三年能源审计报告。三是生产统计台账等资料较翔实，经核算，公司完成了2012年节能量目标任务。四是实施了二线窑尾锅炉新加热风管等六项节能技改项目，改造效果明显。五是现场核实，能源计量、能源消费统计制度不健全，能源计量设施较薄弱。

监察意见	1. 规范能源统计、报送工作。监察发现，你公司能耗统计方法不规范，年度综合能源消耗统计上报数据与实际不符，且未上报 2013 年能源利用状况统计报表。根据《节约能源法》第二十七、五十三、五十四条规定，以及国家《万家企业节能低碳行动实施方案》要求，请你公司能源管理负责人按照能源消费统计的相关规定，仔细核对和修改 2011、2012 年能源利用状况统计报表，与 2013 年能源利用状况报告一同报市、县节能主管部门和统计部门。

2. 明确能源管理岗位。监察发现，你公司能源管理负责人未向市、县节能主管部门报备。根据《节约能源法》第五十五条规定，以及国家《万家企业节能低碳行动实施方案》要求，请你公司及时将已任命的能源管理负责人报市、县节能主管部门备案，保持岗位人员相对稳定，并建立工作档案。

3. 完善节能管理体系。监察发现，你公司在用能管理方面存在制度不完善、管理欠科学等问题。根据《节约能源法》第二十四、五十二条规定，以及国家《万家企业节能低碳行动实施方案》要求，请你公司在现有节能管理制度和组织机构的基础上，进一步改进和完善，细化目标任务、明确职责分工、完善计量措施、加强设备管理，建立完整、实用、有效的能源管理体系，并切实抓好落实。

4. 开展能源审计工作。监察发现，你公司近三年没有按照国家相关规定开展能源审计工作。根据《节约能源法》第五十四条规定和国家发改委 2013 年 44 号公告要求，请你公司委托专业能源审计机构，对公司能耗状况进行全面监测评估和审计，能源审计报告于 2014 年 6 月 30 日前报我委审查。

5. 加强能源专项人员培训。监察发现，你单位能源统计人员因折标系数取值不正确，加之计算节能量方法有误，导致计算 2012 年节能量出错，台账显示节能目标未完成。监察人员根据你公司提供的能耗报表，经现场复核，你单位 2012 年节能量目标任务已完成。鉴于此，请你单位加大对能源专项人员培训力度，制订培训计划，并切实抓好落实。 |
| 监察意见书文号 | 湘节监意字［2014］第 1 号 |

节能监察限期整改通知书

湘节监改〔2014〕第××号

被监察单位	××有限责任公司		
单位地址	××县××路×号	邮编	
能源管理负责人		电话	

2014年3月6日，我中心对你单位能源利用状况报告报送情况；及节能管理等情况进行了节能监察。对你单位能源利用状况报告报送情况；固定资产投资项目节能评估审查制度执行情况；落后用能产品、设备和工艺执行淘汰制度情况；能源管理岗位设立、能源管理负责人聘任（备案）制度执行情况进行了节能监察。经查实，你单位存在以下违法事实：

1. 2011、2012年度能源利用状况报告填报内容不实：工业总产值填报数为××××万元，现场核查数为×××万元；综合能源消费量填报数为××××吨标准煤，现场核查数为×××吨标准煤。

2. 未上报2013年度能源利用状况报告。

3. 能源管理负责人岗位未向节能主管部门备案。

现依据《中华人民共和国节约能源法》第八十二条、八十四条的规定，责令你单位自接到本《节能监察限期整改通知书》之日起，10个工作日内向你市节能主管部门进行能源管理负责人备案，并如实报送2011、2012、2013年度能源利用状况报告。在限期届满前将整改情况加盖公章后函告我中心。我们将对限期整改情况进行跟踪核查。

联系地址	长沙市天心区湘府路8号省发改委节能监察中心		
联系人		联系电话	
传真		邮编	

2014年××月××日

附件8

湖南省节能监察法律文书

回　证

受送达单位	××有限责任公司
送达地点	××市××路××号
送达方式	□直接送达　　□邮寄送达
文书编号	湘节监意字［2014］××号、湘节监改［2014］××号
文书名	节能监察意见书、节能监察限期整改通知书
收件人签章 及收件时间	本文书于×××年×月××日收到。 收件人签名或盖章：×××
备注	请当事人签收后七日内将此回证寄回 地址：长沙市天心区湘府路8号省发改委节能监察中心 邮编：××××××× 收件人：×× 传真：××××–×××××××

对重点用能单位的
日常节能监察

案例1　辽宁省节能监察中心

一、基本案情

根据辽宁省经济和信息化委员会《关于下达2014年度省级节能监察计划的通知》（辽经信资源〔2014〕51号）（下称"通知"）要求，辽宁省节能监察中心监察二部于2014年10月30日，对辽宁×××有限公司进行了现场节能监察。

（一）节能监察准备阶段

1. 基础事项准备

接到监察任务后，监察二部制订了实施方案，编制了石油和化工行业节能监察报表（下称"报表"），"报表"涵盖了"通知"中要求的节能监察内容。组成了以张××为组长，张××、杨××、李××，以及综合管理部李××的5人监察组。根据组成人员的专业构成以及监察内容进行了人员分工，确定了节能监察报告编写人，并由其负责与监察企业的相关联系事宜。

2. 各种文书准备

报告编写人负责准备《节能监察通知书》《现场节能监察笔录》等相关文书（统称"文书"），并在去现场前两周将"通知""报表""文书"及相关要求传达给企业并予以确认。企业在规定的时间内将填好的"报表"及节能工作总结等材料反馈我们，填报过程中，报告编写人与企业保持联系并给予必要的指导。

3. 仪器设备准备

监察组提前从省中心综合管理部借取录音与照相设备，为现场调查取证做好准备（本次监察不进行主要设备能效测试等内容，无需其他仪器设备）。

4. 各种资料准备

根据监察内容的需要，监察组认真准备了适用的节能法规、标准、规范性文件等执法依据。主要包括如下材料：国家发改委《产业结构调整指导目录（2013年修订)》，国家工信部《高耗能落后机电设备（产品）淘汰目录（第一、二批)》《部分工业行业淘汰落后生产工艺装备和产品指导目录（2010年本)》，省政府令《辽宁省节约能源监察办法》，省经信委《辽宁省产业能效指导目录（2013年本)》等。另外从辽宁省能源管理信息系统下载了该监察企业的相关资料。

（二）节能监察实施阶段

监察组认真查阅企业反馈的"报表"和节能工作总结等相关资料，初步议定现场需核查的数据及主要问题，在省中心主任办公会上，监察组长介绍本次监察的准备情况，会议确定实施现场监察及时间安排。报告编写人将《现场节能监察通知书》《文书送达回证》、现场需要准备的材料及相关要求传达给企业并确认收悉，监察组于2014年10月30日到企业进行现场节能监察。

30日上午，在企业会议室召开节能监察首次会议，监察组成员与公司有关领导、能源管理、设备管理等相关人员参加了会议。会议由监察组组长主持，介绍了现场监察的依据、内容、分工及工作流程和要求，出示执法证，宣读了《现场告知书》，企业领导介绍了企业概况、生产工艺、能源消耗、节能技术改造等情况。监察组组长和企业现场负责人在《现场告知书》上签字。

按照组内分工，监察人员重点查阅了企业能源管理制度、能源管理负责人备案、节能宣传培训、设备台账、能源计量器具配备、生产报表及相关财务报表等材料，核算了单位产品能耗与节能目标年度完成情况。对有疑问需要确认的情况向企业相关人员了解、问询，必要时进行录音。对重点用能工艺、设备、节能技术改造项目进行现场核查，对在设备台账中查出的属于工信部公布的高耗能在用淘汰设备进行现场抽查确认，并拍照取证。监察组汇总监察情况，交流讨论，制作《现场监察笔录》。

30日下午，召开了节能监察末次会议，监察组向企业通报现场监察情况，企业相关人员和监察组成员在《现场监察笔录》上签字确认。监察人员收集需要留存的文字材料，必要的加盖企业公章，现场监察结束。

二、处理结果

监察组汇总现场监察情况、评议企业在节能工作中取得的成绩和存在的问题，依据法规、标准等提出对存在问题的处理意见，经中心领导、专家委员会及法规部门集体讨论确定后，编制《节能监察意见书》，并于现场监察结束后15日内送达企业。编制《节能监察报告》，在规定的时限内报辽宁省经济和信息化委员会。

通过监察，发现企业存在如下问题：

（1）能源管理制度不健全，能源管理岗位人员未取得从业资格，未参加国家、省、市组织的节能宣传、教育、培训活动；

（2）运行设备中有 12 台 Y 系列电动机属于工业与信息化部公布的《高耗能落后机电设备（产品）淘汰目录（第二批)》中的设备；

（3）未对锅炉、风机、水泵等主要耗能设备进行能效等参数的检测。

（4）未按有关要求进行能源审计、编制节能规划。

对应上述问题，依照相关法规提出如下处理意见：

（1）企业应当按《节约能源法》第二十六条、第五十五条，《辽宁省节约能源条例》第十五条的要求，建立健全能源管理制度，组织节能宣传、教育、培训活动，能源管理岗位人员应当取得从业资格并向有关部门备案。

（2）企业应当按《节约能源法》第十七条、第七十一条中的规定，结合《电机能效提升计划》，制定高耗能落后机电设备淘汰的计划。

（3）企业应当定期对锅炉、风机、水泵等主要用能设备进行检测，并按照《辽宁省节约能源条例》第十六条要求进行技术经济分析。

（4）企业应当按《辽宁省万家企业节能低碳工业行动方案》的要求进行能源审计，编制节能规划并实施。

三、案例启示

关于监察依据。此次监察任务的来源是辽宁省经济和信息化委员会下达的年度省级节能监察计划。任务确定后，监察工作按照准备、实施、结果处理等节能监察所遵循的程序进行，每个阶段，都力争做到有法可依、有据可查，执法依据充分。

关于问题确认。对于企业存在的违法和不达标问题，我们通过核查企业提供的材料、问询企业相关人员予以确认，并进行现场拍照、复印资料保留证据，最后监察人员与企业相关人员在《现场监察笔录》上签字认可。

关于问题处理。对企业存在严重违反节能法律、法规、规章和强制性标准的问题，我省监察机构建议节能主管部门下达《整改通知书》，由节能主管部门和监察机构跟踪落实。对企业存在不合理用能行为尚未违反节能法律、法规、规章和强制标准的问题，由节能监察机构向企业下达《节能监察意见书》，并跟踪落实。

关于监察结论。对节能监察结论的科学有效利用，直接影响企业对节能监察工作的认知。如果通过节能监察，工作做的好的企业得到宣传、奖励，做的不好的企业得到通报、处罚，企业对节能监察工作会越来越重视。同时，节能监察更侧重于技术层面，更多的是服务意识，处罚只是手段不是目的，目的是让更多的企业、更多的人意识到节能是一种责任、义务。

附件：1. 节能监察通知书

2. 现场节能监察通知书

3. 节能监察通知书送达回证

4. 现场告知书

5. 授权委托书

6. 现场监察笔录

7. 节能监察文书呈报单

8. 节能监察意见书

9. 节能监察意见书送达回证

10. 节能监察报告

附件1

辽宁省节能监察行政执法文书
节能监察通知书

2014 年 51 号

辽宁××××有限公司：

　　根据辽宁省经济和信息化委员会《关于下达 2014 年度省级节能监察计划的通知》（辽经信资源〔2014〕51 号）的安排，辽宁省节能监察中心决定从即日起，对你单位上年度节能工作情况进行监察。请按照《中华人民共和国节约能源法》《辽宁省节约能源条例》《辽宁省节约能源监察办法》等有关法律法规规定配合监察。

监察内容	1. 节能工作责任制和落实约束性节能目标情况； 2. 能源计量器具配备和管理情况； 3. 能源数据统计分析和报送情况； 4. 贯彻执行国家、省主要用能设备能效指标和单位产品能耗指标情况； 5. 能源利用状况报告制度执行情况； 6. 全部在用电机配置、使用、淘汰、改造情况； 7. 实施节能改造项目情况以及固定资产投资工程项目合理用能评估审查情况； 8. 执行国家和省明令淘汰或者限制使用的用能产品、设备、设施、工艺、材料情况； 9. 能源管理岗位设立和能源管理负责人聘任备案制度执行情况； 10. 节能法律、法规和规章规定的其他内容。
监察程序	1. 材料报送。企业填写"节能监察报表"（另发），连同企业概况、2013 年节能工作总结等材料，于 2014 年 9 月 10 日前报省节能监察中心。 2. 现场监察。省中心安排监察人员到企业现场监察核查，现场监察的时间及要求另行通知。 3. 报告编制。根据企业报送材料及现场监察等情况，编制"节能监察报告"。

通信地址	沈阳市和平区文化路 5 号南湖大厦 B 座 11 楼	
联系方式	联 系 人：张×× 电 话： 传 真： 电子邮箱：	辽宁省节能监察中心 2014 年×月×日

附件2

辽宁省节能监察行政执法文书
现场监察通知书

2014 年第 51 号

辽宁×××有限公司：		
根据企业概况、2013 年节能工作总结和"节能监察报表"等材料情况，省节能监察中心定于 2014 年 10 月 30 日对你单位进行现场监察。请法定代表人或其委托人（授权委托）到场，并协调生产、技术、设备、能源管理、统计、财务等相关人员做好配合监察的准备工作。	

| 监察人员 | 监察组长：张×× |
| | 成　　员：张×× 杨×× 李×× 李×× |

| 监察程序 | 　　1. 首次会议。召开企业负责人及生产、技术、设备、能源管理、统计、财务等相关人员参加的会议，明确现场监察的工作方式及注意事项等。
　　2. 现场核查。监察人员查阅原始凭证资料、问询相关人员、查看生产现场等。
　　3. 制作笔录。监察人员根据核查情况，内部交流意见，制作"现场监察笔录"及"调查笔录"。
　　4. 末次会议。监察组向企业通报现场监察情况。"现场监察笔录"签字确认。"节能监察报表"盖章。 |

| 材料准备 | 详见清单（另发） |

| 通信地址 | 沈阳市和平区文化路 5 号南湖大厦 B 座 11 楼 |

| 联系方式 | 联 系 人：张××
电　　话：
传　　真：
电子邮箱： | 辽宁省节能监察中心
2014 年×月×日 |

附件 3

辽宁省节能监察行政执法文书
文书送达回证

送达文书 名称及编号	现场节能监察通知书 2014 年第 51 号		
受送达单位	辽宁××××有限公司		
送达方式	传真		
送达时间	2014 年×月×日×时×分		
受送达人签名：××× 受送达单位（盖章）： 2014 年×月×日		送达人签名：张×× 送达单位（盖章）： 2014 年×月×日	
通信地址	沈阳市和平区文化路 5 号 南湖大厦 B 座 11 楼	传　真	
电子邮箱		联系电话	
备　注			

附件4

辽宁省节能监察行政执法文书
现场告知书

辽宁省节能监察中心按照省经信委《关于下达 2014 年度省级节能监察计划的通知》（辽经信资源［2014］51 号）文件要求，根据《中华人民共和国节约能源法》《辽宁省节约能源条例》和《辽宁省节约能源监察办法》等法律法规的规定进行本次节能监察。

一、省节能监察中心依据法定职责开展节能监察。

二、本监察组组长：张××　成员：张××　杨××　李××　李××。执法证编号为：辽经信法字×××、×××等，请查验。

三、我们承诺：严格遵守保密规定。坚持公平公正原则，严格遵守回避等规定。严格遵守工作纪律，自觉接受监督。如发现监察人员存在违法违规行为，可向省节能监察中心举报，电话：024－××××××××，也可向省经信委等相关部门投诉。

四、现场监察通知书已通过传真形式送达，企业已经收到。

五、企业应依法配合监察工作，如实提供相关资料数据。拒绝、阻碍节能监察或提供虚假材料，将按有关规定处理。

特此告知

监察组长（签名）：张××

企业现场负责人（签名）：×××

2014 年 10 月 30 日

授 权 委 托 书

×××系辽宁××××有限公司的法定代表人，现委托工程部经理×××在节能监察工作中履行法定代表人职权，至本年度节能监察工作结束为止。

委托人签名：

企业盖章：

2014 年 10 月 30 日

受委托人签名：

2014 年 10 月 30 日

附件6

辽宁省节能监察行政执法文书
现场监察笔录

企业名称：辽宁××××有限公司

监察时间：2014 年 10 月 30 日

企业参加人（签名）：×××　×××　×××　×××

监察人员（签名）：张××　张××　杨××

　　　　　　　　　李××　李××

现场监察情况：辽宁省节能监察中心依据辽宁省经济和信息化委员会文件，辽经信资源〔2014〕51 号《关于下达 2014 年度省级节能监察计划的通知》的要求，对辽宁××××有限公司进行了现场节能监察，本次监察内容如下：

1. 节能工作责任制和落实约束性节能目标情况；

2. 能源计量器具配备和管理情况；

3. 能源数据统计分析和报送情况；

4. 贯彻执行国家、省主要用能设备能效指标和单位产品能耗指标情况；

5. 能源利用状况报告制度执行情况；

6. 全部在用电机配置、使用、淘汰、改造情况；

7. 实施节能改造项目情况以及固定资产投资工程项目合理用能评估审查情况；

8. 执行国家和省明令淘汰或者限制使用的用能产品、设备、设施、工艺、材料情况；

9. 能源管理岗位设立和能源管理负责人聘任备案制度执行情况；

10. 节能法律、法规和规章规定的其他内容。

通过对企业提供的有关数据进行核对，对企业生产用能、重点用能工艺及设备的运行情况进行核查，发现企业存在如下问题：

1. 能源管理制度不健全，能源管理岗位人员未取得从业资格，未参加国家、省、市组织的节能宣传、教育、培训活动。

2. 运行设备中有 12 台 Y 系列电动机属于工业与信息化部公布的高耗能落后机电设备（产品）淘汰目录（第二批）中的设备。

3. 未对锅炉、风机、水泵等主要耗能设备进行能效等参数的检测。

4. 未按有关要求进行能源审计，编制节能规划。

笔录完毕。

记录人（签名）：李××

监察组长（签名）：张××

企业负责人（授权委托人）签名：×××

企业盖章：

附件 7

辽宁省节能监察中心
节能监察文书呈报单

文书名称	节能监察意见书	
主送单位	辽宁××××有限公司	
主任批示： 2014 年×月×日	法规核稿： 2014 年×月×日	
分管领导审批： 2014 年×月×日	拟稿人： 2014 年×月×日	
	部门审核： 2014 年×月×日	
打印份数：	文书编号：2014 年 51 号	

附件8

辽宁省节能监察行政执法文书
节能监察意见书

2014 年第 51 号

辽宁××××有限公司：

　　根据《辽宁省节约能源监察办法》（省政府令第 216 号）和辽宁省经济和信息化委员会《关于下达 2014 年度省级节能监察计划的通知》（辽经信资源〔2014〕51 号）的规定要求，辽宁省节能监察中心于 2014 年 10 月 30 日，对你单位 2013 年度节能工作进行了现场监察。

总体评价	企业成立了以总经理为组长的能源管理领导小组，设立了能源管理岗位，制定了能源管理制度。能够及时填报省能源管理信息系统数据和报送能源利用状况报告，单位产品能耗指标达到国家限额标准要求。未完成节能目标任务，有属于高耗能淘汰机电设备在运行。
主要问题	1. 能源管理制度不健全，能源管理岗位人员未取得从业资格，未参加国家、省、市组织的节能宣传、教育、培训活动。 　　2. 运行设备中有 12 台 50kW 以上 Y 系列电动机属于工业与信息化部公布的高耗能落后机电设备（产品）淘汰目录（第二批）中的设备。 　　3. 未对锅炉、风机、水泵等主要耗能设备进行能效等参数的检测。 　　4. 未按有关要求进行能源审计、编制节能规划。
整改意见	1. 依据《节约能源法》第二十六条、第五十五条，《辽宁省节约能源条例》第十五条的要求，建立健全能源管理制度、组织节能宣传、教育、培训活动，能源管理岗位人员应当取得从业资格并向有关部门备案。 　　2. 依据《节约能源法》第十七条、第七十一条中的规定，结合《电机能效提升计划》，制定高耗能落后机电设备淘汰计划。

整改意见	3. 定期对锅炉、风机、水泵等主要用能设备进行检测，按《辽宁省节约能源条例》第十六条要求进行技术经济分析。 4. 依据《关于印发万家企业节能低碳行动实施方案的通知》的要求开展能源审计，编制节能规划并实施。
有关要求	企业如对上述内容有异议，请在收到本意见书 15 日内以书面形式反馈给省节能监察中心
通讯地址	沈阳市和平区文化路 5 号南湖大厦 B 座的 11 楼
联系方式	联 系 人：张×× 电　　话： 传　　真： 电子邮箱：

辽宁省节能监察中心

2014 年×月×日

附件9

辽宁省节能监察行政执法文书
送达回证

送达文书 名称及编号	节能监察意见书 2014 年第 51 号
受送达单位	辽宁××××有限公司
送达方式	传真
送达时间	2014 年×月×日×时×分

受送达人签名： 受送达单位（盖章）： 2014 年×月×日	送达人签名：张×× 送达单位（盖章）： 2014 年×月×日

通信地址	沈阳市和平区文化路 5 号南湖大厦 B 座 11 楼	传真	
电子邮箱		联系电话	
备注			

附件 10

节能监察报告
辽宁省节能监察中心

辽节能监察〔2014〕51 号

一、监察依据

1. 《中华人民共和国节约能源法》;

2. 《辽宁省节约能源条例》;

3. 《辽宁省节约能源监察办法》;

4. 辽宁省经济和信息化委员会《关于下达 2014 年度省级节能监察计划的通知》（辽经信资源〔2014〕51 号）;

5. 《国家发展改革委关于修改〈产业结构调整指导目录（2011 年本）〉有关条款的决定（2013 年修订）》（国家发展和改革委员会令第 21 号）;

6. 国家工业和信息化部发布《高耗能落后机电设备（产品）淘汰目录（第一批）》（工节〔2009〕第 67 号）、《高耗能落后机电设备（产品）淘汰目录（第二批）》（工信部公告 2012 年第 14 号）;

7. 国家工业和信息化部《部分工业行业淘汰落后生产工艺装备和产品指导目录（2010 年本）》（工产业〔2010〕第 122 号）;

8. 《辽宁省产业能效指导目录（2013 年本）》;

9. 节能法律、法规、规章、规范性文件及标准等。

二、被监察企业概况

1. 企业名称：辽宁××××有限公司

2. 通信地址：辽宁×××××××××

3. 企业性质：××××

4. 法人代表：×××

5. 工作联系人：×××

6. 联系电话：×××××××××

7. 电子邮箱：×××××××

8. 邮编及传真：××××××　×××××××××

辽宁××××有限公司前身为×××××××××，成立于 2000 年，采用湿法造粒年产1.2万吨炭黑。2005年与×××××××合资建立了辽宁×××有限公司，把原1.2万t/a生产装置扩大到1.4万t/a，并新建一套3.6万t/a湿法造粒炭黑生产线，年生产能力达到5.0万吨，按ASTM标准生产软质和硬质11个品种炭黑。

炭黑生产主要包括原料油工序、炭黑反应工序、炭黑收集造粒工序、包装工序四部分。合格的原料油在原料油罐中混合，由供油泵送到原料油预热器预热到260℃左右，径向喷入反应炉的喉管处，与高温燃烧气充分接触裂解生成炭黑。冷却后的炭黑烟气进入主旋风分离器，经主旋风分离器收集炭黑后进入主袋滤器继续收集炭黑。收集下来的炭黑进入粉状炭黑储罐，再由供料输送入湿法造粒机中造粒生产出产品。

三、监察情况

10月30日上午召开监察首次会议，公司的能源管理、统计等相关人员参加了会议，明确现场监察的工作方式及注意事项，监察人员通过查阅原始凭证等资料、问询相关人员、现场核查等方式检查本年度监察的10项内容，对企业存在的问题制作《现场监察笔录》，在末次会议向企业通报现场监察情况，被监察企业负责人对《现场监察笔录》签字确认，《节能监察报表》的填报人员在《填报人员签字确认单》上签字，加盖企业公章。

企业"十二五"节能量目标为10000吨标准煤，截至本监察年度，完成累计节能量为－269.73吨标准煤，未完成节能目标。企业主要产品炭黑综合能耗为2136kgce/t。

按照辽宁省经济和信息化委员会《关于下达2014年度省级节能监察计划的通知》（辽经信资源〔2014〕51号）的10项内容，监察情况如下：

（一）节能工作责任制和落实约束性节能目标情况

企业制定节能减排领导小组工作职责，成立了以总经理为组长的能源管理领导小组，成员由各部门的负责同志组成，办公室设在工程部。

企业制定了《节能环保管理制度》，《节约能源管理暂行条例》，未制定《能源消费统计制度》《能源消耗定额管理制度》《能源利用分级考核制度》等能源管理制度。

能源管理岗位人员未取得从业资格，未参加国家、省、市组织的节能宣传、教育、培训活动。

企业未能积极落实约束性节能目标，完成"十二五"节能量目标还有较大差距。

（二）能源计量器具配备和管理情况

企业能源计量管理工作薄弱，未能建立能源计量制度，未设专人负责能源计量器具的配备、使用、检定、维修、报废等工作，用能单位能源计量器具配备率与准确度等级达到国家标准要求，次级用能单位、主要用能单元或设备的能源计量器具配备还有差距。

（三）能源数据统计分析和报送情况

企业由专人负责能源数据的统计。各用能部门按要求上报电、原料油、燃料油等能源消耗数据。

企业在省能源管理信息系统注册，并按要求定期上报能源数据。

（四）贯彻执行国家、省主要用能设备能效指标和单位产品能耗指标情况

经查，企业主要产品炭黑综合能耗为2136kgce/t，达到国家《炭黑单位产品能源消耗限额》GB/29440—2012中的相应要求。

企业未对锅炉、风机、水泵等主要耗能设备进行能效等参数的检测。

（五）能源利用状况报告制度执行情况

企业能够按照要求上报能源利用状况报告，其中能源消费情况、能源实物平衡表等等内容填报完整，但影响能耗变化因素、节能目标完成情况说明，与能源利用状况报告的具体要求还有差距。

（六）全部在用电机配置、使用、淘汰、改造情况

企业共有低压电机29台，部分电机进行了变频改造。

（七）实施节能改造项目情况以及固定资产投资工程项目合理用能评估审查情况

本监察年度，企业实施了造粒机加热系统改造项目。没有固定资产投资工程项目。

（八）执行国家和省明令淘汰或者限制使用的用能产品、设备、设施、工艺、材料情况

经查企业提供的设备台账及现场核查，有12台Y系列50kW以上在用电动机属于工信部公布的《高耗能落后机电设备（产品）淘汰目录（第二批）》中的设备，未制定淘汰计划。

（九）能源管理岗位设立和能源管理负责人聘任备案制度执行情况

企业能源管理负责人为总经理，工程部是企业能源专职管理部门，工程部经理负责能源专职管理，能源管理人员未参加节能培训、未进行备案。

（十）节能法律、法规和规章规定的其他内容

经查，企业未按有关要求进行能源审计，编制节能规划。

四、监察结论

通过对企业提供的有关资料、数据进行核对，对生产用能情况、重点用能工艺及

设备的运行情况进行实地核查发现企业存在如下问题：

1. 能源管理制度不健全，能源管理岗位人员未取得从业资格，未参加国家、省、市组织的节能宣传、教育、培训活动。

2. 运行设备中有 12 台 Y 系列电动机属于工信部公布的《高耗能落后机电设备（产品）淘汰目录（第二批)》中的设备。

3. 未对锅炉、风机、水泵等主要耗能设备进行能效等参数的检测。

4. 未按有关要求进行能源审计，编制节能规划。

对应上述问题，提出如下处理意见：

1. 企业应当按《节约能源法》第二十六条、第五十五条，《辽宁省节约能源条例》第十五条的要求，建立健全能源管理制度、组织节能宣传、教育、培训活动，能源管理岗位人员应取得从业资格并向有关部门备案。

2. 企业应当按照《中华人民共和国节约能源法》第十七条、第七十一条中的规定，结合《电机能效提升计划》，制定高耗能落后机电设备淘汰计划。

3. 企业应当定期对锅炉、风机、水泵等主要用能设备进行检测，并按照《辽宁省节约能源条例》第十六条要求进行技术经济分析。

4. 企业应当按《辽宁省万家企业节能低碳工业行动方案》的要求进行能源审计与节能规划。

附件：1. 监察记录表（记录监察内容的表格共 54 项，此处略）

2. 企业节能监察报表（企业填报的节能监察内容情况表共 31 张，此处略）

监察时间：2014 年 10 月 30 日

案例 2　山东省菏泽市节能监察支队

一、基本案情

根据省总队的监察部署和《菏泽市 2014 年节能监察计划》的要求，菏泽市节能监察支队对××有限公司进行节能监察。

（一）节能监察准备阶段

1. 案由

对重点用能企业实施日常监察。

2. 成立监察小组及人员分工

根据所监察的企业类型制订了实施方案，组成了以支队长为组长，副支队长为副组长，成员包括×××、×××和×××的监察小组。根据成员的特点进行了分工：×××负责现场笔录，×××负责查看淘汰设备、制度建立、能源管理负责人聘任、计量器具配备、固定资产投资节能评估审查等情况，×××核算企业综合能耗。

3. 执法文书准备

×××负责制作《节能监察告知书》和《送达回证》。提前告知企业监察的时间、内容、方式及需要提供的材料。

4. 仪器设备准备

×××负责准备好笔记本电脑、照相机、U 盘、录音笔等取证设备。

5. 各种资料准备

熟悉节能法律法规、淘汰目录等。组织监察人员对《中华人民共和国节约能源法》《山东省节约能源条例》《山东省节能监察办法》《产业结构调整指导目录（2011 年本）（修正）》《高耗能落后机电设备（产品）淘汰目录》（第一批、第二批、第三批）、《部分工业行业淘汰落后生产工艺装备和产品指导目录（2010 年本）》《山东省地方标准能耗限额》集体学习，充分掌握监察依据的条款、国家明令淘汰设备的规格型号及能耗限额的计算方法。

《节能监察告知书》和《节能监察告知书送达回证》如下。

山东省节能监察行政执法文书

节 能 监 察 告 知 书

监察编号：鲁（R）－JNZF－JCGZ－2014－0××

××有限公司：

　　为贯彻落实《中华人民共和国节约能源法》《山东省节约能源条例》等法律、法规，依法推动节能工作，依据《山东省节能监察办法》有关规定，定于2014年6月7日～10日期间对你单位进行节能监察。届时，请贵单位负责人或其书面委托的负责人以及节能管理和有关部门人员到场配合，不得拒绝或妨碍监察人员的节能监察工作。被监察单位拒绝依法实施节能监察的，依据《山东省节能监察办法》第二十二条规定处理。

监察内容和方式	监察内容：节能管理制度建立和执行情况、能源管理岗位设立和能源管理负责人聘任备案情况、落后生产工艺、设备执行淘汰制度情况、固定资产投资项目节能评估审查制度执行情况、企业能源管理人员和主要用能设备操作人员培训情况、企业能源计量器具配备和管理情况、主要用能设备管理情况、执行单位产品能耗限额标准情况、能源利用状况报告制度执行情况等9项内容。 监察方式：现场监察

为使监察工作顺利进行，请配合做好以下工作：

　　一、请贵单位有关人员提前准备好以下材料：1.机电设备台账（包括电子版和纸质版）、（用热、用电）设备运行情况材料；2.能源计量器具设备台账及相关管理制度和校验、维护相关材料；3.2013年能源消耗材料（年报、月报及任选一月每日能源消耗报表）和2012年主要产品产量材料（年报、月报）；4.2013年固定资产项目（新建、改建、扩建项目）节能评估报告、节能审查和验收项目文件；5.2013年能源利用状况报告（通过信息系统直接打印）；6.设立能源管理岗位和聘任能源管理负责人的红头文件；7.本单位与市节能办签订的2013年节能目标责任书、本单位内部签订的岗位目标责任书、目标责任考核相关材料、节能奖惩相关文件及奖惩实施相关文件；8.能源管理人员与主要设备操作人员培训相关文件及获得证书。

　　二、现场查看机电设备、计量器具时，请设备主管人员参加，给予配合。

　　三、请对所提供的材料予以盖章确认，确保真实无误。

监察机构	监察组成员	组 长：×× × 副组长：×× × 成员：×× ×	
	联系地址	菏泽市×× × × ×	（公章）
	邮政编码	274000	二〇一四年五月十九日
	联系电话（传真）	0530 – 5829×× ×	

注：1. 接此告知书后请及时与本监察机构联系。

2. 本告知书一式两份，一份送达被监察单位，一份存档。

山东省节能监察行政执法文书

法律文书送达回证

监察编号：鲁（R）－JNZF－JCGZ－2014－028

受送达单位：	××有限公司		
送达地点：		邮编	274000
送达方式：	现场送达		
法律文书编号	文 书 名		文件页数
鲁（R）－JNZF－JCGZ－2014－××	节能监察告知书		1
备注：			

上述文件共___1___件，共___1___页。

送达人（签名和节能监察机构公章）：　　　　见证人（签名或盖章）：

　　　　年　月　日　　　　　　　　　　　　　　　年　月　日

受送达人签名（盖章）：

　　　　年　月　日

节能监察机构联系地址：菏泽市粮食局 602 室

邮政编码：274000

联系电话（传真）：5829225

（二）节能监察实施阶段

1. 召开首次会议

到达企业之后，与企业负责人会面。要求企业节能负责人、统计负责人、财务负责人、设备管理人员参加会议。监察组长×××向企业介绍了支队人员和县经信局人员。

（1）出示证件，表面身份

由×××和×××出示了山东省行政执法证，表明身份。企业人员×××对此进行了确认。

（2）送达《节能监察告知书》

×××送达《节能监察告知书》，告知企业需提供的材料，并要求企业负责人在《送达回证》上签字盖章。

（3）宣读公开承诺

×××宣读《菏泽市节能监察支队执法承诺书》。宣读完之后，询问企业是否有需回避的人员。

（4）听取企业情况介绍

企业负责人针节能监察的内容，逐一进行了介绍。记录企业的经验亮点和好的做法，在条件许可的情况向其他企业推广。

（5）介绍此次节能监察的目的、内容、方式、法律依据、执法程序，明确分工。

①监察依据：《中华人民共和国节约能源法》《山东省节约能源条例》《山东省节能监察办法》。

②监察内容：节能管理制度建立和执行情况、能源管理岗位设立和能源管理负责人聘任备案情况、落后生产工艺、设备执行淘汰制度情况、固定资产投资项目节能评估审查制度执行情况、企业能源管理人员和主要用能设备操作人员培训情况、企业能源计量器具配备和管理情况、主要用能设备管理情况、执行单位产品能耗限额标准情况、能源利用状况报告制度执行情况等9项内容。

③监察方式：现场监察。

④配合事项：机电设备台账（包括电子版和纸质版）、（用热、用电）设备运行情况材料；能源计量器具设备台账及相关管理制度和校验、维护相关材料；2013年能源消耗材料（年报、月报及任选一月每日能源消耗报表）和2012年主要产品产量材料（年报、月报）；2013年固定资产项目（新建、改建、扩建项目）节能评估报告、节能

审查和验收项目文件；2013 年能源利用状况报告（通过信息系统直接打印的）；设立能源管理岗位和聘任能源管理负责人的红头文件；本单位与市节能办签订的 2013 年节能目标责任书、本单位内部签订的岗位目标责任书、目标责任考核相关材料、节能奖惩相关文件及奖惩实施相关文件能源管理人员与主要设备操作人员培训相关文件及获得证书。

2. 查看材料

按照分工×××详细查看企业提供的材料，经过核算，企业年综合能耗消费总量超过 10000 吨标准煤，属于国家规定的重点用能单位，应当配备能源管理负责人。×××查看了企业设备台账、制度建立、能源计量器具配备、能源管理负责人聘任、及固定资产评估审查情况，并对能耗限额执行情况进行了核算。查验材料后，未发现企业聘任能源管理负责人和设立能源管理岗位相关文件，在向单位负责人确认后，确定企业未设立能源管理岗位和聘任能源管理负责人。

对企业的设备台账、能源消耗统计台账（包括 2013 年和 2014 年的年报和月报）、生产台账等原始资料进行了复印，要求企业在复印件上盖章确认。

3. 召开内部交流会议

汇总监察情况，对企业存在的问题进行讨论记录。

4. 制作监察笔录

依据汇总的监察结果，制作了《现场监察笔录》，并要求企业负责人进行了签字和盖章。

5. 召开末次会议

告知企业存在的问题，整改的要求，并责令尽快整改。

《会议签到表》《授权委托书》《现场监察笔录》《调查笔录》如下：

会议签到表

被监察单位名称		×××有限公司	
会议日期		会议地点	
监察组长		法定代表人 或其授权委托人	
监察组员		能源管理负责人	
		联系电话	
被监察单位参加会议人员			
姓名	职务		电话
见证人	单位		职务

授 权 委 托 书

（2015）授字第×号

委托人：××有限公司

法定代表人：　　　　　　　　　　职务：

受委托人：　　　　　　　　　　　职务：

受委托人居民身份证号：

兹委托受委托人在下列权限内办理委托事项，其在此权限范围内的代理后果，由委托人享有权益并承担相应的法律责任。

授权范围及权限：代理本人履行法定代表人在贵单位对我公司进行节能监察方面应当履行的职责，包括提供相关资料、签署相关文件、协议等。

授权期限：自本授权委托书签署之日起至＿＿＿＿＿＿年＿月＿日止。

委托人：××有限公司

法定代表人：

年　月　日

山东省节能监察行政执法文书
现场监察笔录

监察编号：鲁（R）-JNZF-JCBL-2014-0××

被监察单位（全称）：××有限公司

监察日期：2014年6月9日

监察内容：节能管理制度建立和执行情况、能源管理岗位设立和能源管理负责人聘任备案情况、落后生产工艺、设备执行淘汰制度情况、固定资产投资项目节能评估审查制度执行情况、企业能源管理人员和主要用能设备操作人员培训情况、企业能源计量器具配备和管理情况、主要用能设备管理情况、执行单位产品能耗限额标准情况、能源利用状况报告制度执行情况等9项内容。

事实描述：

2014年6月9日，菏泽市节能监察支队×××、×××、×××、×××4名监察人员对××有限公司开展日常监察，县经信局×××、×××等人员配合监察。

上午9点30分，监察人员与被监察单位副总经理×××、×××、×××等人员在该单位一号会议室会面。

按照监察程序及要求，监察组长首先向企业介绍了4名支队人员和县经信局人员，监察人员×××向被监察单位出示×××、×××、×××和×××的行政执法证表明身份，被监察单位副总经理×××表示认可。监察组长×××宣布此次节能监察的目的、内容、方式、法律依据、执法程序，明确分工。×××宣读菏泽市节能监察支队《菏泽市节能监察支队执法承诺书》。在向被监察单位确认没有需回避的监察人员之后，被监察单位×××介绍了该公司概况及节能管理工作的情况。

上午10点，各项监察取证工作全面开始。

监察内容如下：

（一）节能管理制度建立和执行情况

1. 建立节能目标责任制、节能考核、奖惩制度和执行情况

建立了节能目标责任制、节能考核制度和奖惩制度。规定电耗和蒸汽消耗在定额基础上均下降5%，对考核方法和考核形式进行了规定，实施月评比和月奖惩制度，每月汇总考核结果，依据考核结果给予奖惩。

2. 制定节能计划和执行节能技术措施情况

制定节能减排工作计划，万元增加值能耗降低 5%。对变频器维修改造，实施了多效的蒸汽冷凝水回收余热，所漏蒸汽加热新多效循环水，冷凝水回收至锅炉软水池车间工艺用热水等三项余热利用项目，冬季实施冷水塔节电改造替代制冷压缩机。

（二）落后生产工艺、设备执行淘汰落后制度情况

通过现场查验及查看设备台账，未发现国家明令淘汰设备。

（三）能源管理岗位设立和能源管理负责人聘任备案情况

未设立能源管理岗位，未聘任能源管理负责人。

（四）固定资产投资项目节能评估审查制度执行情况

无新建、改建、扩建项目。

（五）企业能源管理人员和主要用能设备操作人员培训情况

每个车间配备节能员一名，车间工段每周对工作情况进行通报，并在每周召开节能例会。2014 年 8 月 14 日对节能员进行了节能培训。锅炉操作工参加了支队组织的节能培训，并通过了考核。

（六）企业能源计量器具配备和管理情况

建立了能源计量器具管理制度，明确了能源计量人员职责，及计量器具检定周期、管理等情况。建立监视和监测设备台账，对电能表、智能流量仪的型号、编号及安装地点等进行了记录。制定计量器具周期（校准）记录，对计量器具的检定日期及下次检定时间进行记录。

（七）执行单位产品能耗限额标准情况

2014 年，全年消耗电力 6732 万千瓦时，消耗煤 57940 吨，消耗柴油 309.45 吨，消耗蒸汽 147090 百万千焦，产品产量 107505 吨，产值 217873 万元。综合能耗 55126.8 吨标准煤。企业产品没有能耗限额标准。

（八）能源利用状况报告制度执行情况

3 月份已完成能源利用状况报告的报送工作。2013 年消耗电力 6450 万千瓦时，消耗煤 67708 吨，消耗柴油 274.03 吨，产品产量 111200 吨，产值 212837 万元．综合能耗 56690 吨标准煤，单位产品综合能耗 0.510 吨标准煤/吨产品，万元产值能耗 0.266 吨/万元。

按万元产值能耗计算 2014 年节能量为 2827 吨标准煤。

（九）主要用能设备管理情况

建立用能设备管理制度。对设备的操作、维护、保养周期进行了明确规定、建立

设备台账，对电机的型号规格、功率台数及使用地点进行了登记。

下午6点，现场监察结束。（笔录完毕）

证明材料目录：

1. 2014 年电力发票复印件

2. 2013、2014 年生产报表

3. 2013、2014 能源消耗年报、月报

你单位对所提供的材料予以盖章确认，确保真实无误。

被监察单位负责人签名（盖章）：

监察组组长：×××　　　行政执法证号：SD－R0000200××（A）

成　　　员：×××　　　行政执法证号：SD－R0000200××（A）

　　　　　　×××　　　行政执法证号：SD－R0000200××（A）

　　　　　　×××　　　行政执法证号：SD－R0000200××（A）

2014 年 6 月 9 日

山东省节能监察行政执法文书

调 查 笔 录

监察编号：鲁（R） – JNZF – DCBL – 2014 – ××

时　　间：×××

地　　点：×××

调查人：菏泽市节能监察支队　×××、××　　　　　记录人：××

被调查人：姓　名：×××　职务：×××　性别：×

电话：××××

工作单位：××××

调查情况：监察人员×××、××

调查情如下：

问：你好，我们是菏泽市节能监察支队监察执法人员，我是×××，这位是××
×，这是我们的山东省行政执法证［证号分别为 SD – R0000200×× （A）、SD –
R0000200×× （A）］，请查看一下。

答：好，我看过了，请收好。

问：请问您在该公司任什么职务？

答：我是副总经理。

问：经过核查，你单位未聘任能源管理负责人，这个情况属实吗？

答：属实。我们尽快聘任能源管理负责人，并到县经信局备案。

问：请查看笔录内容是否属实？

答：情况属实。

问：那你还有其他需要说明的吗？

答：没有。

×××（时间），调查结束。

调查人（签名）：　　　　　　　　　　　　被调查人（签名）：

记录人（签名）：

二、结果处理

（一）限期整改

根据《中华人民共和国节约能源法》第八十四条的规定，对企业下达了《限期整改通知书》。文书规定：责令企业依照《中华人民共和国节约能源法》第五十五条的规定，于1个月内立能源管理岗位，在具有节能专业知识、实际经验以及中级以上技术职称的人员中聘任能源管理负责人，并将聘任的能源管理负责人报经信局备案。逾期不执行，将依据《中华人民共和国节约能源法》第八十四条处理。将文书送达企业，并填写了送达回执。

（二）行政处罚

1个月后，由于企业并未整改，根据《中华人民共和国节约能源法》第八十四条的规定，决定给予三万元的罚款。制作了《行政处罚事先告知书》和《行政处罚听证告知书》，告知企业未设立能源管理岗位、未聘任能源管理责任的行为，违反了《中华人民共和国节约能源法》第五十五条的规定。《限期整改通知书》责令于1个月内设立能源管理岗位，在具有节能专业知识、实际经验以及中级以上技术职称的人员中聘任能源管理负责人，并将聘任的能源管理负责人报县经信局备案。由于未按时整改，根据《中华人民共和国节约能源法》第八十四条的规定，对企业作出三万元罚款的行政处罚。文书分别明确告知企业有陈述申辩和听证的权利，送达企业并填写了送达回证。

企业并未要求听证和陈述申辩，支队下达了《处罚决定书》，要求当事人15日内缴纳罚款。如不按期缴纳，每日将加收3%的滞纳金。并明确说明当事人不服以上行政处罚决定，可以在收到决定书60日内，向山东省经济和信息化委员会或菏泽市人民政府申请复议；也可以在三个月内直接向人民法院起诉。行政复议和行政诉讼期间行政处罚不停止执行。逾期不申请复议、不向法院起诉又不履行处罚决定的，将申请人民法院强制执行。

《限期整改通知书》《行政处罚事先告知书》《行政处罚听证告知书》《行政处罚决定书》《调查笔录》等文书及各文书送达回证如下：

山东省节能监察行政执法文书
限期整改通知书

监察编号：鲁（R）－JNZF－ZGTZ－2014－0××

被监察单位（全称）：××有限公司

联系地址：×××××

邮政编码：274700

法定代表人：×××

菏泽市节能监察支队于2014年6月9日对你单位以下节能工作进行监察：

节能管理制度建立和执行情况、能源管理岗位设立和能源管理负责人聘任备案情况、落后生产工艺、设备执行淘汰制度情况、固定资产投资项目节能评估审查制度执行情况、企业能源管理人员和主要用能设备操作人员培训情况、企业能源计量器具配备和管理情况、主要用能设备管理情况、执行单位产品能耗限额标准情况、能源利用状况报告制度执行情况等9项内容．

经查实，你单位存在以下违法事实：

你单位未设立能源管理岗位，未聘任能源管理负责人。

上述行为，违反了《中华人民共和国节约能源法》第五十五条的规定。

根据《中华人民共和国节约能源法》第八十四条的规定，对你单位存在未设立能源管理岗位，未聘任能源管理负责人的违法行为，责令你单位依照《中华人民共和国节约能源法》第五十五条的规定，于2014年8月30号之前设立能源管理岗位，在具有节能专业知识、实际经验以及中级以上技术职称的人员中聘任能源管理负责人，并将聘任的能源管理负责人报经信局备案。逾期不执行，将依据《中华人民共和国节约能源法》第八十四条处理。

（以上所列各项，责令整改到期，向菏泽市节能监察支队书面写出整改完毕验收申请）

联系地址：菏泽市×××××

邮政编码：274000

联系电话（传真）：5829×××

（市经济和信息化委员会公章）

2014年××月××日

注：本文书一式两份，一份存档，一份送达。

山东省节能监察行政执法文书

法律文书送达回证

监察编号：鲁（R）－JNZF－XQZG－2014－0××

受送达单位：	××有限公司		
送达地点：		邮编	274000
送达方式：	现场送达		
法律文书编号	文 书 名		文件页数
鲁（R）－JNZF－XQZG－2014－028	限期整改通知书		2
备注：			

上述文件共___1___件，共___2___页。

送达人（签名和节能监察机构公章）：　　　　　见证人（签名或盖章）：
　　　　年 月 日　　　　　　　　　　　　　　　　年 月 日

受送达人签名（盖章）：
　　　　年 月 日

节能监察机构联系地址：菏泽市粮食局602室
邮政编码：274000
联系电话（传真）：5829225

山东省节能监察行政执法文书
调 查 笔 录

监察编号：鲁（R）–JNZF–DCBL–2014–××

时间：

地点：

调查人：菏泽市节能监察支队　　　　　　　　　记录人：

被调查人：

姓名：　　　　职务：　　　　性别：　　　电话：

工作单位：

调查情况：监察人员×××、×××

调查情如下：

问：你好，我们是菏泽市节能监察支队监察执法人员，我是×××，这位是××，这是我们的山东省行政执法证［证号分别为 SD–R0000200××（A）、SD–R0000200××（A）］，请查看一下。

答：好，我看过了，请收好。

问：请问你在该公司任什么职务？

答：我是副总经理。

问：经过核查，你单位未按《限期整改通知书》上的要求聘任能源管理负责人，并到县经信局备案。这个情况属实吗？

答：是的。

问：请查看笔录内容是否属实？

答：情况属实。

问：那你还有其他需要说明的吗？

答：没有。

×××（时间），调查结束。

调查人（签名）：　　　　　　　　　　被调查人（签名）：

记录人（签名）：

行政处罚事先告知书

菏经信处罚告字【2014】×号

当事人（单位全称）：××有限公司

联系地址：

法定代表人姓名：

职务：董事长

邮政编码：274700

菏泽市节能监察支队于2014年6月9日对你单位节能工作进行监察，经查实，你单位存在以下违法事实：

你单位未设立能源管理岗位、未聘任能源管理责任人。

上述行为，违反了《中华人民共和国节约能源法》第五十五条第一款的规定。2014年7月29日，菏泽市经信委下达了《限期整改通知书》（鲁（R）－JNZF－ZGTZ－2014－028），责令你单位于2014年8月30号之前，设立能源管理岗位，在具有节能专业知识、实际经验以及中级以上技术职称的人员中聘任能源管理负责人，并将聘任的能源管理负责人报县经信局备案。至今你单位仍未执行。现根据《中华人民共和国节约能源法》第八十四条的规定，本执法部门拟对你单位作出叁万元罚款的行政处罚。

如对该处罚建议有异议，根据《中华人民共和国行政处罚法》，你单位法定代表人可以于2014年11月9日前到本执法部门陈述和申辩；逾期视为放弃陈述和申辩。

执法部门地址：菏泽市×××××

联系电话：5829×××

2014年××月××日

行政处罚事先告知书回执

菏经信处罚告回字【2014】×号

当事人（单位全称）：××有限公司

联系地址：_____

邮政编码：274700

法定代表人姓名：_____

身份证：_____

电话：_____

是否要求陈述申辩：____否____（当事人公章）

受送达人（签名）：_____

身份证：_____

年　月　日

行政处罚听证告知书

菏经信处罚听字【2014】×号

当事人（单位全称）：××有限公司

联系地址：

法定代表人姓名：

职务：董事长

邮政编码：274700

菏泽市节能监察支队于2014年6月9日对你单位节能工作进行监察，经查实，你单位存在以下违法事实：

你单位未设立能源管理岗位、未聘任能源管理责任人。

上述事实，违反了《中华人民共和国节约能源法》第五十五条第一款的规定。2014年7月29日，菏泽市经济和信息化委员会对你单位下达了《限期整改通知书》（鲁（R）-JNZF-ZGTZ-2014-028），责令你单位于2014年8月30号之前，设立能源管理岗位，在具有节能专业知识、实际经验以及中级以上技术职称的人员中聘任能源管理负责人，并将聘任的能源管理负责人报县经信局备案。至今你单位仍未执行。现根据《中华人民共和国节约能源法》第八十四条的规定，本执法部门拟对你单位作出叁万元罚款的行政处罚。

依据《中华人民共和国行政处罚法》第四十二条规定，你单位有权要求举行听证。如要求听证，请在收到本告知书之日起三日内书面提出；逾期视为放弃听证。听证将在接到回执后十五日内举行，并在举行听证的七日前告知举行听证的时间、地点、听证主持人等。

2014年××月××日

行政处罚听证告知书回执

菏经信处罚听回字【2014】×号

当事人（单位全称）：××有限公司

联系地址：＿＿＿＿＿＿＿＿＿＿＿＿＿＿＿＿

邮政编码：274700

法定代表人姓名：＿＿＿＿＿＿＿＿＿

身份证：＿＿＿＿＿＿＿＿＿＿＿＿＿

电话：＿＿＿＿＿＿＿＿

是否要求听证：＿＿否＿＿（当事人公章）

受送达人（签名）：＿＿＿＿＿＿＿

身份证：＿＿＿＿＿＿＿＿＿＿＿＿＿

年　月　日

行政处罚决定书

菏经信处罚决字【2014】×号

当事人（单位全称）：××有限公司

联系地址：×××××

邮政编码：274000

法定代表人姓名：×××

菏泽市节能监察支队于2014年6月9日对你单位节能工作进行监察，经查实，你单位存在以下违法事实：

你单位未设立能源管理岗位、未聘任能源管理责任人。

上述事实违反了《中华人民共和国节约能源法》第五十五条的规定。2014年7月29日，菏泽市经济和信息化委员会对你单位下达了《限期整改通知书》（鲁（R）－JNZF－ZGTZ－2014－028），责令你单位于2014年8月30号之前设立能源管理岗位，在具有节能专业知识、实际经验以及中级以上技术职称的人员中聘任能源管理负责人，并将聘任的能源管理负责人报县经信局备案；你单位在限期内，未进行整改。

依据《中华人民共和国节约能源法》第八十四条的规定，决定给予你单位以下行政处罚：罚款人民币三万元。

你单位应当于×××（大写时间）前，携带本决定书，将罚款缴至菏泽市工商银行指定账户。逾期缴纳罚款的，依据《中华人民共和国行政处罚法》第五十一条第（一）项的规定，每日按罚款数额的3%加处罚款。加处的罚款由代收机构直接收缴。

你单位不服以上行政处罚决定的，可以在收到本决定书60日内，向山东省经济和信息化委员会或菏泽市人民政府申请复议；也可以在三个月内直接向人民法院起诉。行政复议和行政诉讼期间行政处罚不停止执行。逾期不申请复议、不向法院起诉又不履行处罚决定的，将申请人民法院强制执行。

2014年××月××日

行政处罚决定书回执

菏经信处罚决回字【2014】×号

当事人（单位全称）：××有限公司

联系地址：_____

邮政编码：274700

法定代表人姓名：_____

身份证：_____

电话：_____

受送达人（签名）：_____

身份证：_____

年　月　日

三、案件启示

（1）前期准备工作要充分。了解企业的性质、工艺及产品。成立监察小组，讨论监察的方法、方式。明确相关人员分工，做到有条不紊，提高节能监察效率。根据企业的产品，查看是否有能耗限额，熟练掌握单位综合能耗的计算。

（2）现场监察时，监察程序要合法，必须两人以上出示执法证。认真仔细地查看企业的资料台账，现场监察笔录必须有充分的原始资料进行支撑。对于存在的问题，严肃认真地搜集证据。证据要充分、实用。在核算企业综合能耗时，企业提供的各种资料要相互印证，相互补充。查验企业的能耗、产品产量是否和企业的生产规律相符，是否和企业所在的行业相符。重点查看企业相互冲突的数据，调取冲突月份的日报，必要时查看企业的总账和明细账中的生产成本和销售收入。复印的材料需企业加工公章。

（3）法律文书的制作要严格，描述的事实要清楚，依据的法律条文要清楚具体。文书的送达回证非常重要，每个文书都必须有送达回证。法律文书是对企业进行处罚的最直接依据，如描述的事实不清楚，依据的法律条文不具体，在提出强制执行时，是难以胜诉的。文书的送达回证是企业收到文书的唯一证据。文书回证签订的时间、人员姓名必须写清楚，并且需加盖公章。

（4）熟悉诉讼、强制执行、行政复议等方面法律法规，注意强制执行的时效。《行政诉讼法》《行政复议法》对当事人行政诉讼和行政复议的权利进行了明确规定。规定当事人在收到处罚决定书两个月内可以提起行政复议，三个月内（目前已改为六个月）可以提起行政诉讼。在当事人的复议或者诉讼权利的时效内是不可以提起强制执行的。只有当事人在规定的时间内未提出复议或提起诉讼，行政单位下达《催款通知书》后，方可提起强制执行。《强制执行法》规定行政单位可在当事人的诉讼权利到期后的三个月内提出，否则无效。

案例 3 河南省郑州市节能监察局

郑州市节能监察局是郑州市工业和信息化委员会委托的工业企业节能监察行政执法单位。以下案例是我们对近年来开展的日常监察进行梳理，以典型事例结合我局的工作实际和执法实践编写而成，目的是供执法人员学习、使用，也希望与其他地区的节能监察机构共同探索、共同交流、共同借鉴。本案例仅供参考，案例中出现的单位名称、文号、人名、地名、执法证编号以及联系电话、邮政编码等均为虚拟。

一、基本案情

根据市工信委《关于开展 2015 年郑州市重点工业企业节能监察工作的通知》（郑工信〔2015〕15 号）要求，按照计划安排郑州市节能监察局对重点用能单位郑州众泰实业有限公司开展节能监察。监察内容：

1. 建立健全节能管理制度、落实节能措施情况；

2. 设立能源管理岗位、聘任能源管理负责人及备案情况；

3. 执行单位产品能耗限额标准情况；

4. 是否使用国家命令淘汰的用能设备、生产工艺的情况；

5. 能源利用状况报告制度执行情况。

（一）节能监察准备阶段

1. **基础事项准备**

本次节能监察组成了以高山为组长，白云、海啸为成员的节能监察小组。监察小组召开预备会，组长高山对监察人员进行了明确分工：高山全面负责现场监察并重点负责各种资料准备，白云重点负责执法文书准备，海啸重点负责仪器设备准备。填写了《日常监察工作安排表》。

2. 各种文书准备

组员白云认真准备监察所需的节能监察通知书、公开承诺书、送达回证、授权委托书及现场监察笔录、调查询问笔录等各种文书。

2015 年 3 月 16 日，监察小组采用直接送达方式，向郑州众泰实业有限公司送达了《节能监察通知书》，告知企业监察日期、内容及相关配合事项。

3. 仪器设备准备

组员海啸对现场检测设备以及笔记本电脑、打印机等现场办公设备及照相机、摄像机、录音笔等取证设备进行检查并确认正常。

4. 各种资料准备

组长高山全面负责现场监察。由组长高山负责准备并熟悉《中华人民共和国节约能源法》《河南省节约能源条例》《河南省节能监察办法》《河南省重点用能单位节能管理办法》《郑州市工业节能监察办法》《郑州市人民政府关于委托实施部分行政执法事项的若干规定》《郑州市行政执法委托书》《高能耗落后机电设备（产品）淘汰目录》（第一批、第二批、第三批）、《单位产品能耗限额标准》等各项节能法律、法规及相关标准，以及郑州众泰实业有限公司产品、能耗和工艺相关情况。

5. 相关监察文书实例

郑州市工业和信息化委员会
日常监察工作安排表

被监察单位	郑州众泰实业有限公司
单位地址	郑州市中山区中山路 20 号
监察人员	高山　白云　海啸
拟监察日期	2015 年 3 月 25 日
监察内容	1. 建立健全节能管理制度、落实节能措施情况； 2. 设立能源管理岗位、聘任能源管理负责人及备案情况； 3. 执行单位产品能耗限额标准情况； 4. 是否使用国家命令淘汰的用能设备、生产工艺的情况； 5. 能源利用状况报告制度执行情况。
监察科长 意　见	同意开展节能监察。 签名：杨烁　　2015 年 3 月 16 日
备注	

郑州市工业和信息化委员会

节能监察通知书

郑工信节监通字〔2015〕第 039 号

郑州众泰实业有限公司：	

为贯彻落实郑州市工业和信息化委员会《关于开展 2015 年郑州市重点工业企业节能监察工作的通知》（郑工信〔2015〕15 号），依据《中华人民共和国节约能源法》《河南省节能监察办法》及《郑州市工业节能监察办法》等相关法律、法规，定于 2015 年 3 月 25 日对你单位进行节能监察，届时请你单位负责人（或受委托人）等相关人员到场配合监察。

监察内容	1. 建立健全节能管理制度、落实节能措施情况； 2. 设立能源管理岗位、聘任能源管理负责人及备案情况； 3. 执行单位产品能耗限额标准情况； 4. 是否使用国家命令淘汰的用能设备、生产工艺的情况； 5. 能源利用状况报告制度执行情况。		
需当事人 提供材料 明细	1. 单位营业执照复印件； 2. 公司节能管理制度； 3. 2013 年、2014 年生产统计台账、能源统计台账、财务结算单据； 4. 公司设备台账； 5. 2014 年能源利用状况报告。		
联系地址	郑州市天泽街 99 号	电子邮箱	zzsjnjnc@163.com
联系人	高山	联系电话	15515213669

2015 年 3 月 16 日

注：此文书一式两份，一份送达拟监察单位，一份存档。

郑州市工业和信息化委员会

送达回证

送达文书名称文号	《节能监察通知书》郑工信节监通字［2015］第039号
受送达人	郑州众泰实业有限公司
送达日期	2015年3月16日
送达地点	郑州众泰实业有限公司办公室
送达方式	☑直接送达　□邮寄送达　□留置送达
收件人签名	收件人签名或盖章：李贤 2015年3月16日
邮寄日期	年　月　日
挂号信号码	
拒收理由	
见证人签名	见证人签名或盖章： 年　月　日
送达人签名	送达人签名或盖章：高山　白云　海啸 2015年3月16日

注：邮寄送达的，请签收后将送达回证速寄回郑州市节能监察局。

（二）节能监察实施阶段

1. 现场节能监察过程

（1）3月25日，监察小组3名节能监察人员来到郑州众泰实业有限公司，在该公司办公室召开了节能监察首次会议。监察组组长高山向公司副总经理李贤出示了三位小组成员的行政执法证及《节能监察通知书》，告知此次节能监察的目的、内容、方式和法律依据以及需要配合相关事项等，宣读了《行政执法公开承诺书》。公司副总经理李贤出示了公司法定代表人谢晓峰的书面委托书，介绍了企业概况、节能管理情况等。

（2）监察人员在李贤和有关部门负责人的陪同下，针对本次监察内容对该公司节能计划和节能技术措施、节能目标责任制、节能教育和岗位节能培训计划、能源管理岗位设立及能源管理负责人聘任、能源利用状况报告等制度文件进行了查阅；对该公司提供的2013年和2014年各种产品生产统计台账、各种能源消费统计台账以及财务结算单据等资料进行了查阅核算，计算出该公司单位产品能耗；对公司提供的设备台账以及生产现场检查淘汰设备情况。

（3）监察小组召开内部会议，对监察情况进行交流、汇总。该公司未能提供能源管理岗位设立和能源管理负责人聘任的相关材料文件。资料显示公司成立有节能领导小组，日常能源管理工作由生产部负责，没有设立能源管理岗位及聘任能源管理负责人。

（4）监察人员白云根据现场监察情况制作了《现场监察笔录》。

（5）监察组组长高山在该公司会议室组织召开了末次会议，对监察情况向该公司进行了通报，经该公司副总经理李贤（授权委托人）确认，双方对《现场监察笔录》核对无误后在笔录上签字压印，监察人员在征得企业同意后将当事人主体资格证明及相关证明材料予以复印，材料的复印件由提供者签字盖章并注明其与原件相符后带回。

（6）监察组将该公司未设立能源管理岗位及聘任能源管理负责人违反节能法律、法规的行为申请立案调查，获批后监察小组于3月27日来到该公司，针对该公司未设立能源管理岗位及未聘任能源管理负责人行为向被监察单位副总经理李贤进行了调查询问，并制作了《调查询问笔录》，经李贤核对无误后，在笔录上签字压印。

2. 监察过程中的文书实例

郑州市工业和信息化委员会
现场监察笔录

被监察单位：郑州众泰实业有限公司

营业执照编号：410106000001357（1－1）

地址：郑州市中山区中山路 20 号　电话：037188992512

法定代表人：谢晓峰　　　　　　　电话：15926938447

监察时间：2015 年 3 月 25 日 9 时 15 分 ~ 17 时 10 分

监察地点：郑州众泰实业有限公司

监察人员姓名：高山　执法证号：豫 A005－001

　　　　　　　海啸　执法证号：豫 A005－012

记录人员姓名：白云　执法证号：豫 A005－028

现场监察记录：2015 年 3 月 25 日 9 时 15 分，郑州市工信委节能监察局高山、海啸、白云三位节能监察人员与被监察单位副总经理李贤在该公司办公室会面。监察组组长高山向被监察单位出示高山、海啸、白云三位执法人员的行政执法证件及《节能监察通知书》，告知此次节能监察的目的、内容、方式和法律依据。

被监察单位李贤出示了公司法定代表人谢晓峰的书面委托书，介绍了企业概况、生产工艺情况、能源管理情况等。节能监察人员针对该公司建立健全节能管理制度、落实节能措施情况，设立能源管理岗位、聘任能源管理负责人及备案情况，执行单位产品能耗限额标准情况，是否使用国家命令淘汰的用能设备、生产工艺的情况，能源利用状况报告报送情况对被监察单位进行了审核检查。通过查阅相关资料、现场调查和询问，发现该公司未设立能源管理岗位及未聘任能源管理负责人。

2015 年 3 月 25 日 17 时 10 分，现场监察结束。（笔录完毕）

执法人员：高山　海啸

记录人：白云

2015 年 3 月 25 日

证明材料目录：

1. 郑州众泰实业有限公司营业执照复印件；

2. 法定代表人谢晓峰的书面委托书；

3. 郑州众泰实业有限公司 2014 年度节能计划和节能技术措施

4. 郑州众泰实业有限公司节能目标责任制；

5. 郑州众泰实业有限公司 2014 年度节能教育和岗位节能培训计划；

6. 郑州众泰实业有限公司 2014 年度能源利用状况报告；

7. 郑州众泰实业有限公司 2013 年、2014 年生产、能源统计台账；

8. 郑州众泰实业有限公司主要耗能设备一览表

被监察单位意见、签名：笔录属实。

李贤

2015 年 3 月 25 日

授权委托书

委托人：

单位：郑州众泰实业有限公司

法定代表人：谢晓峰

职务：董事长

受委托人：

单位：郑州众泰实业有限公司

姓名：李贤

职务：副总经理

授权委托事项：

现委托李贤同志，在处理我单位节能监察事宜时作为我方委托代理人，其行为我单位均予认可。

附件：委托人、受委托人身份证复印件

法定代表人签名：谢晓峰（公司印章）

2015 年 3 月 25 日

郑州市工业和信息化委员会
立案审批表

<table>
<tr><td rowspan="2">当事人</td><td>名称</td><td colspan="2">郑州众泰实业有限公司</td><td rowspan="2">法定代表人</td><td>姓名</td><td>谢晓峰</td></tr>
<tr><td>地址</td><td colspan="2">郑州市中山区中山路20号</td><td>职务</td><td>董事长</td></tr>
<tr><td colspan="2">案由</td><td colspan="5">未设立能源管理岗位及未聘任能源管理负责人</td></tr>
<tr><td colspan="2">案件来源</td><td colspan="5">日常监察</td></tr>
<tr><td colspan="2">案件情况</td><td colspan="5">　　根据日常监察工作安排，2015年3月25日我们对该公司进行了节能监察。经查，发现该公司未设立能源管理岗位及未聘任能源管理负责人。
　　该行为违反了《中华人民共和国节约能源法》第五十五条第一款的有关规定。</td></tr>
<tr><td colspan="2">执法人员意见</td><td colspan="5">建议立案。

　　　　　　签名：高山　海啸　白云　　2015年3月25日</td></tr>
<tr><td colspan="2">监察科长意见</td><td colspan="5">同意立案，建议该案件主办人为高山，协办人海啸、白云。

　　　　　　签名：杨烁　　2015年3月25日</td></tr>
<tr><td colspan="2">法制监督室意见</td><td colspan="5">经审核，可以立案，请领导阅批。

　　　　　　签名：李立　　2015年3月25日</td></tr>
<tr><td colspan="2">主管副局长意见</td><td colspan="5">同意立案，请局长审批。

　　　　　　签名：余亮　　2015年3月26日</td></tr>
<tr><td colspan="2">局长意见</td><td colspan="5">同意立案。

　　　　　　签名：郭军　　2015年3月26日</td></tr>
</table>

郑州市工业和信息化委员会
调查（询问）笔录

调查时间：2015 年 3 月 27 日 14 时 20 分～15 时 00 分

调查地点：郑州众泰实业有限公司

调查人：高山　执法证号：豫 A005－001

记录人：白云　执法证号：豫 A005－028

被调查单位名称：郑州众泰实业有限公司

地址：郑州市中山区中山路 20 号

法定代表人（负责人）：谢晓峰

被询问人：李贤

性别：男

年龄：42

职务：副总经理

身份证号：410126197307023319

联系电话：13213222771

询问内容：

问：我们是郑州市工信委节能监察局的执法人员，这是我们的执法证件，现请你核对我们的执法证件，是否有异议？

答：没有异议。

问：根据《中华人民共和国行政处罚法》第三十七条规定，现对你依法进行调查，请你配合我们，如实回答询问，不得做虚假陈述或拒绝、阻挠调查。你如有证据证明我们与本案有利害关系，可以申请让我们回避，是否申请回避？

答：不申请回避。

问：请讲一下你的基本情况。

答：我叫李贤，是我公司副总经理，受单位委托全权处理我公司节能监察事宜。

问：你是否了解《中华人民共和国节约能源法》中重点用能单位设立能源管理岗位及聘任能源管理负责人的相关规定？

答：对相关规定不很了解。

问：你单位是否设立了能源管理岗位？

答：目前我公司成立有节能领导小组，没有专门设立能源管理工作部门。

问：你单位是否聘任了能源管理负责人？

答：暂时没有，日常能源管理工作分散在各个部门。

问：你还有什么需要补充或陈述的么？

答：没有了，我公司会尽快按照相关规定设立能源管理岗位及聘任能源管理负责人。（笔录完毕）

调查人签名：高山　　记录人签名：白云

2015 年 3 月 27 日

被询问人意见、签名：以上记录已看过，记录属实。

李　贤

2015 年 3 月 27 日

二、结果处理

（一）限期整改

1. 限期整改的过程

（1）2015 年 3 月 27 日，监察组根据现场监察情况及行政处罚裁量标准制作《案件调查终结报告》，经领导审核批准于 3 月 30 日上午召集案审会人员对该案件进行了讨论分析，根据案件讨论意见并做出对郑州众泰实业有限公司限期整改处理决定。监察小组根据案件讨论情况制作《案件讨论记录》，全体与会人员无序签名。

（2）监察小组根据案件讨论结果制作《限期整改通知书》，责令该公司在 4 月 19 日前完成整改。以直接送达方式将《限期整改通知书》送达该公司，双方在限期整改通知书《送达回证》上签名后由执法人员带回。

（3）4 月 20 日监察小组于整改期限届满后来到郑州众泰实业有限公司对该公司落实整改情况进行复查，经核查（设立能源管理岗位聘任能源管理负责人公司文件及职称证书等），该公司已按照《限期整改通知书》的要求设立能源管理岗位并聘任了能源管理负责人。

（4）根据复查结果监察小组制作《不予行政处罚审批表》提出不予行政处罚的处理意见，经领导批准后监察小组于 4 月 22 日将《不予行政处罚告知书》及《行政执法案件回访意见表》送达该公司，经该公司李贤确认后双方在《不予行政处罚告知书》和《送达回证》上签字，并填写回访意见。

（5）监察组长根据案件进展情况制作《结案报告》，经领导批准后对案件资料、文书整理进行立卷归档。

2. 限期整改的各种文书实例

郑州市工业和信息化委员会
案件调查终结报告

根据日常监察工作安排，高山、海啸和白云组成节能监察小组，于 2015 年 3 月 25 日至 2015 年 3 月 27 日对郑州众泰实业有限公司进行了节能监察，经查实，该公司存在未设立能源管理岗位及未聘任能源管理负责人的违法行为。目前，调查取证阶段已终结。现将监察情况和处理意见报告如下：

一、当事人概况

单位名称：郑州众泰实业有限公司

营业执照编号：410106000001357（1-1）

地址：郑州市中山区中山路 20 号

法定代表人：谢晓峰

二、基本案情和违法证据

2015 年 3 月 25 日我们对该公司建立健全节能管理制度、落实节能措施情况，设立能源管理岗位、聘任能源管理负责人及备案情况，执行单位产品能耗限额标准情况，是否使用国家明令淘汰的用能设备、生产工艺的情况、能源利用状况报告报送情况进行了节能监察，经查：该公司未设立能源管理岗位及未聘任能源管理负责人。该行为违反了《中华人民共和国节约能源法》第五十五条第一款的有关规定。违法证据有：（1）现场监察笔录 1 份；（2）询问（调查）笔录 1 份；（3）营业执照复印件 1 份。

三、行政处罚的法律依据

该公司违反了《中华人民共和国节约能源法》第五十五条第一款规定："重点用能单位应当设立能源管理岗位，在具有专业知识、实际经验以及中级以上技术职称的人员中聘任能源管理负责人，并报管理节能工作的部门和有关部门备案。"依据《中华人民共和国节约能源法》第八十四条规定："重点用能单位未按照本法规定设立能源管理岗位，聘任能源管理负责人，并报管理节能工作的部门和有关部门备案的，由管理节能工作的部门责令改正；拒不改正的，处一万元以上三万元以下罚款。"以及《郑州市工业和信息化委员会节能行政处罚裁量标准》第八条第一款裁量阶次："未设立能源管理岗位、未聘任能源管理负责人、未报管理节能工作的部门和有关部门备案的，属轻微违法行为，处罚基准：责令改正。"

四、处罚意见

建议对该公司做如下处理：（1）责令其在 15 个工作日内设立能源管理岗位、聘任能源管理负责人；（2）逾期拒不改正的，依法给予罚款。

以上报告，请予审议。

执法人员签名：高山　海啸　白云

2015 年 3 月 27 日

郑州市工业和信息化委员会
案件处理审核表

<table>
<tr><td rowspan="2">当事人</td><td>名称</td><td>郑州众泰实业有限公司</td><td rowspan="2">法定代表人</td><td>姓名</td><td>谢晓峰</td></tr>
<tr><td>地址</td><td>郑州市中山区中山路20号</td><td>职务</td><td>董事长</td></tr>
<tr><td colspan="2">案由</td><td colspan="4">未设立能源管理岗位及未聘任能源管理负责人</td></tr>
<tr><td colspan="2">案件事实
处罚依据</td><td colspan="4">见《案件调查终结报告》</td></tr>
<tr><td colspan="2">执法人员
意见</td><td colspan="4">一、责令其在15个工作日内设立能源管理岗位、聘任能源管理负责人；
二、逾期拒不改正的，依法给予罚款。

签名：高山　海啸　白云　　2015年3月27日</td></tr>
<tr><td colspan="2">监察科长
意见</td><td colspan="4">同意执法人员意见，请法制监督室审核。

签名：杨烁　　2015年3月27日</td></tr>
<tr><td colspan="2">法制监督
室意见</td><td colspan="4">已审核，可以上案审会讨论，请领导阅批。

签名：李立　　2015年3月28日</td></tr>
<tr><td colspan="2">主管副局长
意见</td><td colspan="4">同意上案审会讨论，请局长审批。

签名：余亮　　2015年3月28日</td></tr>
<tr><td colspan="2">局长意见</td><td colspan="4">同意。

签名：郭军　　2015年3月28日</td></tr>
</table>

郑州市工业和信息化委员会
案件讨论记录

时间：2015 年 3 月 30 日 10 时 10 分～10 时 45 分

地点：局会议室

当事人：郑州众泰实业有限公司

案由：未设立能源管理岗位及未聘任能源管理负责人

主持人：余亮　职务：副局长

记录人：高山　职务：监察室主任

参加人：杨烁（监察科长）、张恒（监察室主任）、李立（法制监督室主任）、海啸（监察人员）、白云（监察人员）

讨论内容：

余亮：由案件主办人高山介绍案情，宣读《案件调查终结报告》。刚才高山对案情进行了介绍，监察小组其他成员是否还有补充意见？

海啸：无补充意见。

白云：无补充意见。

余亮：大家对案情有了了解，请大家充分发表意见，首先讨论管辖权的问题。

高山：该公司注册地和行为发生地都在郑州市中山区，根据《河南省节能监察办法》第四条和《郑州市工业节能监察办法》第四条规定，我委有管辖权，可以处理。

余亮：该案的违法事实是如何认定的？

李立：刚才监察人员在《案件调查终结报告》中已进行了详细阐述。该案违法事实清楚，认定无问题。

余亮：证据材料审查了吗？

李立：提取的证据材料已按规定全部审核，可以证明其违法事实的存在。

余亮：此案是如何定性的？

高山：该公司未设立能源管理岗位、未聘任能源管理负责人，违反了《中华人民共和国节约能源法》第五十五条第一款的有关规定，依据《中华人民共和国节约能源法》第八十四条规定，定性为未设立能源管理岗位及未聘任能源管理负责人的违法行为。

余亮：监察小组其他成员还有无补充意见？

海啸：无补充意见。

白云：无补充意见。

余亮：该案违法情节如何，处理依据是什么？

高山：属轻微违法行为，处理依据是《中华人民共和国节约能源法》第八十四条规定以及《郑州市工业和信息化委员会节能行政处罚裁量标准》第八条第一款裁量阶次。

余亮：该案程序是否合法？

李立：经过审核，该案手续完备、程序合法。

余亮：其他同志还有什么意见？

杨烁：无补充意见。

张恒：无补充意见。

海啸：无补充意见。

白云：无补充意见。

余亮：综合大家的讨论意见，集体审理确定案件性质为未设立能源管理岗位及未聘任能源管理负责人的节能违法行为，依据《中华人民共和国节约能源法》第八十四条规定以及《郑州市工业和信息化委员会节能行政处罚裁量标准》第八条第一款裁量阶次。处理如下：（1）责令其在15个工作日内设立能源管理岗位及聘任能源管理负责人；（2）逾期拒不改正的，依法给予罚款。

讨论结论：

案件性质为未设立能源管理岗位及未聘任能源管理负责人的节能违法行为，依据《中华人民共和国节约能源法》第八十四条规定以及《郑州市工业和信息化委员会节能行政处罚裁量标准》第八条第一款阶次标准。处理如下：

1. 责令其在15个工作日内设立能源管理岗位及聘任能源管理负责人；

2. 逾期拒不改正的，依法给予罚款。

参加人签名：余亮　杨烁　张恒　李立　高山　海啸　白云

郑州市工业和信息化委员会
限期整改通知书

郑工信节监改字〔2015〕第 024 号

郑州众泰实业有限公司：

法定代表人：谢晓峰

营业执照编号：410106000001357（1－1）

地址：郑州市中山区中山路 20 号

郑州市工信委于 2015 年 3 月 25 日对你单位进行了节能监察。经查实，你单位存在未设立能源管理岗位及未聘任能源管理负责人的节能违法行为。

该行为违反了《中华人民共和国节约能源法》第五十五条第一款："重点用能单位应当设立能源管理岗位，在具有专业知识、实际经验以及中级以上技术职称的人员中聘任能源管理负责人，并报管理节能工作的部门和有关部门备案。"依据《中华人民共和国节约能源法》第八十四条规定："重点用能单位未按照本法规定设立能源管理岗位，聘任能源管理负责人，并报管理节能工作的部门和有关部门备案的，由管理节能工作的部门责令改正；拒不改正的，处一万元以上三万元以下罚款。"以及《郑州市工业和信息化委员会节能行政处罚裁量标准》第八条第一款裁量阶次："未设立能源管理岗位、未聘任能源管理负责人、未报管理节能工作的部门和有关部门备案的，属轻微违法行为，处罚基准：责令改正。"责令你单位在 2015 年 4 月 19 日前设立能源管理岗位、聘任能源管理负责人。逾期不改正的，将依法给予罚款。

你单位如不服本处理决定，可以在收到本通知书之日起六十日内，向郑州市人民政府申请行政复议；也可以在收到本通知书之日起三个月内向中原区人民法院提起行政诉讼。行政复议或者诉讼期间，本处理决定不停止执行。

2015 年 4 月 1 日

注：此文书一式两份，一份送达，一份存档。

郑州市工业和信息化委员会

送达回证

送达文书名称文号	《限期整改通知书》郑工信节监改字［2015］第024号
受送达人	郑州众泰实业有限公司
送达日期	2015 年 4 月 1 日
送达地点	郑州众泰实业有限公司办公室
送达方式	☑直接送达　　□邮寄送达　　□留置送达
收件人签名	收件人签名或盖章：李贤 2015 年 4 月 1 日
邮寄日期	年　月　日
挂号信号码	
拒收理由	
见证人签名	见证人签名或盖章： 年　月　日
送达人签名	送达人签名或盖章：海啸　白云 2015 年 4 月 1 日

注：邮寄送达的，请签收后将送达回证速寄回郑州市节能监察局。

郑州市工业和信息化委员会
不予行政处罚审批表

<table>
<tr><td rowspan="2">当事人</td><td>名称</td><td colspan="2">郑州众泰实业有限公司</td><td rowspan="2">法定代表人</td><td>姓名</td><td>谢晓峰</td></tr>
<tr><td>地址</td><td colspan="2">郑州市中山区中山路 20 号</td><td>职务</td><td>董事长</td></tr>
<tr><td colspan="2">案由</td><td colspan="5">未设立能源管理岗位及未聘任能源管理负责人</td></tr>
<tr><td colspan="2">不予行政处罚依据</td><td colspan="5">见《限期整改通知书》《当事人整改材料》</td></tr>
<tr><td colspan="2">执法人员意见</td><td colspan="5">　　2015 年 4 月 20 日，我们对该公司未设立能源管理岗位及未聘任能源管理负责人整改情况进行复查，经查该公司已按照《限期整改通知书》的要求在规定期限内设立了能源管理岗位、聘任了能源管理负责人。

　　建议不予行政处罚。

　　　　　　签名：高山　海啸　白云　2015 年 4 月 20 日</td></tr>
<tr><td colspan="2">监察科长意见</td><td colspan="5">同意执法人员意见，请法制监督室审核。

　　　　　　签名：杨烁　2015 年 4 月 20 日</td></tr>
<tr><td colspan="2">法制监督室意见</td><td colspan="5">已审核，同意不予行政处罚，请领导阅批。

　　　　　　签名：李立　2015 年 4 月 21 日</td></tr>
<tr><td colspan="2">主管副局长意见</td><td colspan="5">同意不予行政处罚，请局长审批。

　　　　　　签名：余亮　2015 年 4 月 21 日</td></tr>
<tr><td colspan="2">局长意见</td><td colspan="5">同意。

　　　　　　签名：郭军　2015 年 4 月 22 日</td></tr>
</table>

郑州市工业和信息化委员会
不予行政处罚告知书

郑工信节监不罚字 ［2015］第 024 号

郑州众泰实业有限公司：

法定代表人：谢晓峰

营业执照编号：410106000001357（1-1）

地址：郑州市中山区中山路 20 号

郑州市工信委于 2015 年 3 月 25 日对你单位进行了节能监察。经查实，你单位未设立能源管理岗位及未聘任能源管理负责人。该行为违反了《中华人民共和国节约能源法》第五十五条第一款规定。依据《中华人民共和国节约能源法》第八十四条以及《郑州市工业和信息化委员会节能行政处罚裁量标准》第八条第一款裁量阶次规定，对你单位下达了《限期整改通知书》（郑工信节监改字［2015］第 024 号），责令你单位在 2015 年 4 月 19 日前设立能源管理岗位、聘任能源管理负责人。逾期不改正的，将依法给予罚款。

经我委执法人员对你单位落实整改情况进行复查，你单位已按照《限期整改通知书》的要求整改到位，设立了能源管理岗位、聘任了能源管理负责人。依据《中华人民共和国行政处罚法》第三十八条第一款第（二）项的规定，现决定不予行政处罚。

2015 年 4 月 22 日

注：此文书一式两份，一份送达，一份存档。

郑州市工业和信息化委员会
送达回证

送达文书名称文号	《不予行政处罚告知书》郑工信节监不罚字 [2015] 第 024 号 附《行政执法回访意见表》
受送达人	郑州众泰实业有限公司
送达日期	2015 年 4 月 22 日
送达地点	郑州众泰实业有限公司办公室
送达方式	☑直接送达　　□邮寄送达　　□留置送达
收件人签名	收件人签名或盖章：李贤 2015 年 4 月 22 日
邮寄日期	年　月　日
挂号信号码	
拒收理由	
见证人签名	见证人签名或盖章： 年　月　日
送达人签名	送达人签名或盖章：白云　海啸 2015 年 4 月 22 日

注：邮寄送达的，请签收后将送达回证速寄回郑州市节能监察局。

郑州市工业和信息化委员会

结案报告

当事人	名称	郑州众泰实业有限公司	法定代表人	姓名	谢晓峰
	地址	郑州市中山区中山路 20 号		职务	董事长

案由	未设立能源管理岗位及未聘任能源管理负责人
案件来源	日常监察

案件情况及执行情况	根据日常监察工作安排，2015 年 3 月 25 日我们对该公司进行了节能监察。经查实，该公司未设立能源管理岗位、未聘任能源管理负责人。该行为违反了《中华人民共和国节约能源法》第五十五条第一款规定。依据《中华人民共和国节约能源法》第八十四条以及《郑州市工业和信息化委员会节能行政处罚裁量标准》第八条第一款裁量阶次"未设立能源管理岗位、未聘任能源管理负责人、未报管理节能工作的部门和有关部门备案的，属轻微违法行为，处罚基准：责令改正。"对该公司下达了《限期整改通知书》。责令其在 2015 年 4 月 19 日前改正上述行为。 　　经 2015 年 4 月 20 日对该公司进行复查，该公司已按照《限期整改通知书》要求整改到位，设立了能源管理岗位、聘任了能源管理负责人。
执法人员意见	建议结案。 　　　　　　签名：高山　海啸　白云　　2015 年 4 月 22 日
监察科长意见	同意结案，请法制监督室审核。 　　　　　　　　签名：杨烁　　2015 年 4 月 22 日
法制监督室意见	经审核，可以结案，请领导阅批。 　　　　　　　　签名：李立　　2015 年 4 月 22 日
主管副局长意见	同意结案，请局长审批。 　　　　　　　　签名：余亮　　2015 年 4 月 23 日
局长意见	同意。 　　　　　　　　签名：郭军　　2015 年 4 月 23 日

（二）行政处罚

无。

三、案例启示

《节约能源法》第五十五条第一款规定："重点用能单位应当设立能源管理岗位，在具有专业知识、实际经验以及中级以上技术职称的人员中聘任能源管理负责人，并报管理节能工作的部门和有关部门备案。"《节约能源法》第五十二条规定："下列用能单位为重点用能单位：（一）年综合能耗消费总量一万吨标准煤以上的用能单位；（二）国务院有关部门或省、自治区、直辖市人民政府管理节能工作的部门指定的年综合能源消费总量五千吨以上不满一万吨标准煤的用能单位。"根据相关统计部门资料显示当事人年综合能源消费量在五千吨以上，属于重点用能单位，应履行《节约能源法》第五十五条第一款规定的义务。

本案当事人违反的是《节能法》第五十五条第一款，违法行为较易识别与定性。处罚依据是《节能法》第八十四条："重点用能单位未按照本法规定设立能源管理岗位，聘任能源管理负责人，并报管理节能工作的部门和有关部门备案的，由管理节能工作的部门责令改正；拒不改正的，处一万元以上三万元以下罚款。"以及《节能行政处罚裁量标准》第八条第一款裁量阶次："重点用能单位未设立能源管理岗位、未聘任能源管理负责人、未报管理节能工作的部门和有关部门备案的；属轻微违法行为，处罚基准：责令改正。"该案手续完备、程序合法，法律条款适用恰当，当事人限期整改时段内未申请行政复议，积极纠正了违法行为，有利于提高自身能源管理水平。

案例4 湖南省工业通信业节能监察中心

一、基本案情

按照湖南省工业通信业节能监察中心制定的《湖南省2012年重点用能企业第二批节能监察工作计划》和湖南省经委《关于对省工业通信业节能监察中心〈2012年重点用能企业第二批节能监察工作计划〉的复函》（湘经环资函〔2012〕225号）的要求，湖南省工业通信业节能监察中心按计划对重点用能企业湖南××水泥有限公司开展节能监察。

（一）监察准备

1. 案由

对淘汰落后设备使用和产品能耗限额执行情况进行监察。

2. 分组及人员分工

本次专项监察工作由中心副主任吴××任组长，全面负责现场监察，监察一科科长邵××任副组长，具体负责组织实施。组员张××、汪××负责执法文书准备，现场监察及报告编制。

3. 执法文书准备

由组员张××、汪××负责执法文书准备节能监察告知书、公开承诺、现场监察笔录、调查笔录、送达回证、现场节能监察签到记录、授权委托书等。

4. 仪器设备准备

由副组长邵××负责准备笔记本电脑、打印机等办公设备及照相机、录像机等取证设备。

5. 监察依据准备

由组长吴××负责准备并熟悉《中华人民共和国节约能源法》《湖南省实施〈中华人民共和国节约能源法〉办法》《产业结构调整指导目录（2011年本）（修正）》

《高耗能落后机电设备（产品）淘汰目录》（第一批、第二批、第三批）、《部分工业行业淘汰落后生产工艺装备和产品指导目录（2010年本）》《水泥单位产品能源消耗限额》（GB 16780—2012）等执法依据资料及湖南××水泥有限公司的相关情况。

（二）现场监察实施

1. 召开首次会议

监察组长吴××主持首次会议，指定监察人员张××负责记录。

介绍监察组成员：邵××、汪××

（1）出示执法证件，表明身份。（吴××负责）

由吴××出示吴××、邵××、张××、汪××四名执法人员行政执法证件，表明身份，请湖南××水泥有限公司副总经理确认后收回。

（2）送达《节能监察告知书》及留取送达回证。（邵××负责）

①递交《节能监察告知书》。（汪××负责）

②湖南××水泥有限公司副总经理（授权委托人）确认后，在《送达回证》上签字盖章，见证人李强在《送达回证》上签字。

③《节能监察告知书》双方各执一份，《送达回证》由执法人员留存。

（3）宣读公开承诺。（张××负责）

①宣读"湖南省工业通信业节能监察中心公开承诺"。

②宣读完毕，邵××向湖南××水泥有限公司询问有无需要回避及不适合进行本次现场监察的人员等情形。

（4）介绍监察要点。吴××重申此次监察工作的依据、内容、方式及被监察单位需配合的事项。

①监察依据：《中华人民共和国节约能源法》《湖南省实施〈中华人民共和国节约能源法〉办法》。

②监察内容：一是国家明令淘汰的用能设备、生产工艺情况。对照国家发改委《产业结构调整指导目录（2011年本）》等，对使用列入淘汰目录的工艺、设备（产品）情况进行监察。二是能源管理制度建立和落实情况。重点监察是否设立能源管理岗位；聘任的能源管理负责人是否符合节能法律法规要求并按规定备案；能源管理负责人履行职责情况和接受节能培训情况等。三是单位产品能耗限额标准执行情况，对照国家和省已发布的强制性单位产品能耗限额标准进行监察。

③监察方式：现场监察，确保材料、数据的客观性和真实性。

④配合事项：一是需要提供的材料：2010 年及 2011 年生产统计报表（包括日报、月报和年报）、能源统计台账、设备台账、财务结算单据、主要生产工艺流程等。二是需要配合的人员：公司分管节能领导，生产部负责人，能源管理负责人，统计、计量、设备、财务、项目等相关人员，能源利用状况报告填报人员等。湖南××水泥有限公司指定徐苏明（能源管理负责人）作为联络员负责现场协调联络工作。

（5）听取企业汇报。湖南××水泥有限公司副总经理介绍本单位节能管理情况及用能设备管理情况等相关内容。

（6）参加首次会议的湖南××水泥有限公司副总经理和在场人员以及见证人（县市区节能办）和执法人员，在签到表上签名。（汪××负责）

2. 查阅材料

分工：邵××负责查阅生产统计报表，核算各项指标；张××、汪××负责查阅设备台账。

3. 查验现场

由湖南××水泥有限公司人员徐苏明配合，根据查阅设备台账中发现的问题有针对性地进行现场核查，张××、汪××到现场监察淘汰设备情况。采用照相录像等手段将淘汰设备的实际使用情况记录下来并在现场监察笔录上记录。

现场需要收集的资料主要有生产统计报表、工艺设备台账、视听资料、项目能评审查备案验收材料等与监察内容有关的材料。材料的复印件由提供者签字或押印，注明其与原件相符。

4. 召开内部交流会议

吴××组织召开内部交流会议，汇总监察情况。

5. 制作《现场监察笔录》

邵××制作《现场监察笔录》。如实记录与监察内容有关的现场情况。由监察人员张××、汪××共同完成。

6. 召开末次会议

吴××组织召开末次会议，通报监察情况，经湖南××水泥有限公司副总经理（授权委托人）确认后，双方在《现场监察笔录》上签字，由监察人员带回。现场监察结束。

（三）监察文书实例

湖南省节能监察行政执法文书

工业节能监察签到表

企业名称：　　　　　　　　　　　　　　　　　　日期：

姓名	单位	职务	电话	备注
1. 监察小组成员				
吴××	省工业通信业节能监察中心	副主任	××	
邵××	省工业通信业节能监察中心	科长	××	
张××	省工业通信业节能监察中心	副科长	××	
汪××	省工业通信业节能监察中心	副科长	××	
2. 市、县（区）主管部门人员				
张时×	永州市经信委节能科	科长	××	
李××	祁阳县经信局	股长	××	
3. 被监察单位参加人员				
唐文斌	湖南××水泥有限公司	副总经理	××	
徐苏明	湖南××水泥有限公司	部长	××	

湖南省节能监察行政执法文书

湖南省节能监察通知书

监察编号：湘（N）–JNJC–XCJL–12–2

湖南××水泥有限公司：

根据《中华人民共和国节约能源法》等节能法律法规和省经委"湘经环资函〔2012〕225号"文件精神，本监察机构拟定于2012年7月下旬对你单位进行节能监察，望你单位密切配合。收到本通知后，请将《监察通知书回证》签章后尽快传真给我们。

本次监察内容	一、国家明令淘汰的用能设备、生产工艺情况； 二、能源管理制度建立和落实情况； 三、单位产品能耗限额标准执行情况。
需事先准备的材料及其他有关事项	一、企业重点耗能设备台账、生产工艺资料； 二、能源管理岗位设立和能源管理负责人的聘用、培训、资质文件； 三、企业生产、能耗统计资料、财务报表； 四、企业基本情况相关资料； 五、请按照附件资料、表格要求认真核对填报，做好自查； 六、现场监察时间另行通知，回证原件请交现场监察人员。

湖南省工业通信业节能监察中心

地址：长沙市新建西路41号

邮编：410007

联系电话：0731–5534610、5557846（传真）

湖南省工业通信业节能监察中心

2012年6月12日

注：1. 接此告知书后请及时与本监察机构联系。

2. 本告知书一式两份，一份存档，一份送达（附送达回证）。

授权委托书

（2015）授字第×号

委托人：湖南××水泥有限公司

法定代表人：吴×× 职务：董事长

受委托人：徐×× 职务：生产部部长

受委托人居民身份证号：×××××××××××

兹委托受委托人在下列权限内办理委托事项，其在此权限范围内的代理后果，由委托人享有权益并承担相应的法律责任。

授权范围及权限：代理本人履行法定代表人在贵单位对我公司进行节能监察方面应当履行的职责，包括提供相关资料、签署相关文件、协议等。

授权期限：自本授权委托书签署之日起至 2012 年 12 月 31 日止。

委托人：湖南××水泥有限公司

法定代表人：吴××

2012 年 7 月 12 日

湖南省节能监察行政执法文书

法律文书送达回证

监察编号：湘（N）－JNJC－XCJL－12－2

受送达单位	湖南××水泥有限公司		
送达地点	湖南省永州市祁阳县××××镇	邮编	426100
送达方式	直接送达		
法律文书编号		文　书　名	文件页数
湘（N）－JNJC－XCJL－12－2		节能监察通知书	1
备注：			

上述文件共___1___件，共　1　页。

送达人（签名并加盖中心印章）：邵××　　　见证人（签名或盖章）：张××

2012 年 7 月 19 日　　　　　　　　　　　　2012 年 7 月 19 日

受送达人签名（盖章）：徐苏明

2012 年 7 月 19 日

联系地址：湖南省永州市祁阳县××××镇

邮政编码：426100

联系电话（传真）：0746－382×××××

湖南省节能监察中心
监察调查询问记录

监察编号：湘（N）－JNJC－DXJL－09－×

时间：2012 年 7 月 19 日 10 时 10 分～11 时 0 分

地点：湖南××水泥有限公司会议室

被询问人：

姓名：唐××

性别：男

年龄：46

电话：××

工作单位：湖南××水泥有限公司

职务：生产副总

询问人：张××

记录人：汪××

内容：

问：你是××水泥的职工么？任什么职务？

答：是的，我是××的职工，现任公司副总经理。

问：公司能源管理由那个部门负责，负责人是谁？公司是否下达了相关能源管理人员的聘任文件？能源管理人员是否具备相应的资质和工作经验？是否接受了相应的培训？

答：公司专门成立了"节能领导小组"，负责公司的能源管理工作，领导小组负责人是我本人，"节能领导小组办公室"设在生产技术部，负责全公司日常能源管理工作，办公室负责人是生产技术部部长徐苏明。

因为节能专干、能源统计员都是兼职，因此只是口头任命，并未下发相应的任命文件。公司的能源管理人员都具备中级以上职称，且具备节能管理的相关知识和实际工作经验，目前未接受过本公司外的能源管理培训。

问：公司的能源管理机构和管理人员有没有在主管部门备案？

答：已经在永州市经委和省经委进行了备案。

问：据查，你公司现有下列国家明令淘汰的用能设备仍在使用，请你对照节能监察报告附件三所列清单核对一下，看看所列设备及型号是否属实？

答：节能监察报告附件三所列设备及型号属实。

问：你知道这些设备属于国家明令淘汰和禁止使用的生产设备吗？

答：不清楚这方面的规定。

问：你公司提供的生产统计台账、销售记录、财务报表、购电明细表等资料都是真实的吗？这些资料的真实性将直接关系到产品单耗指标的准确性。

答：所提供的资料全部是真实的。

问：还有什么需要补充说明或陈述的吗？

答：没有了。

（笔录完毕，以下空白）

被询问人意见及签名：唐××

执法人员签名：吴××、邵××、汪××、张××

湖南省节能监察行政执法文书

现场监察记录表

监察编号：湘（N）－JNJC－XCJL－09－×

单位名称	湖南××水泥有限公司	法定	姓名	吴××
地址	永州市祁阳县	代表人	职务	董事长
监察时间	2012 年 7 月 19 日			

监察情况：

湖南省节能监察中心于 2012 年 7 月 19 日对湖南××水泥有限公司进行了现场监察，监察情况及结果如下：

××公司于 2011 年 5 月成立"节能领导小组"，作为公司能源管理领导机构，节能领导小组办公室设在生产技术部，具体负责全公司日常能源管理工作。徐××任公司能源管理负责人，另外聘任了陈×、刘××、罗××等三人分别担任能源管理员和统计员，已报节能主管部门备案（见节能监察报告附件二）。通过检查发现，该公司设立了能源管理机构，制定了能源管理制度，明确了能源管理部门职责，但是能源管理岗位的设立、能源管理人员的聘任相关手续不够齐全，没有形成相应的公司文件，并且，各能源管理人员与统计人员未接受任何形式培训。

通过对××公司设备台账进行排查，并对生产现场进行了抽查，发现企业在用国家明令淘汰的用能设备 8 台（套），全部为电力变压器和电动机等通用设备（见节能监察报告附件三）。

通过对××公司 2010 年与 2011 年的生产统计台账、销售记录、财务报表、电业局缴费凭证等资料进行核实与计算，根据 GB 16780—2007 中规定的统计和计算方法，得到产品单耗指标如下：

	2010 年	2011 年	GB16780—2007 限定值
可比孰料综合煤耗	131.24kgce/t	137.52kgce/t	≤130kgce/t
可比孰料综合能耗	138.10kgce/t	144.39kgce/t	≤139kgce/t
可比水泥综合电耗	72.49kWh/t	81.72kWh/t	≤115kWh/t
可比水泥综合能耗	101.15kgce/t	106.58kgce/t	≤114kgce/t

比对《水泥单位产品能源消耗限额》（GB 16780—2007）标准限定值，公司 2010 年可比熟料综合煤耗指标不合格，2011 年可比熟料综合煤耗、可比熟料综合能耗两项指标不合格。

执法人员签名：邵×× 　执法证号：湘 00000200057
执法人员签名：张×× 　执法证号：湘 00000200063

2012 年 7 月 19 日

当事人意见及签名盖章：

徐×× 　2012 年 7 月 19 日

附件及证明材料：

1. 2010 年、2011 年生产能源消耗月报表，能源利用状况报告表 2、表 4（略）；

2. 监察上报材料附件 2（略）；

3. 湖南××水泥有限公司关于聘用能源管理师负责人的通知（湘泓办〔2011〕第 9 号）；

4. 徐××职称证书、聘书、能源管理师证书复印件、能源管理负责人聘书及备案登记表；

5. 湖南××水泥有限公司用能设备台账。

二、结果处理

对湖南××水泥有限公司进行完现场监察后，湖南省工业与通信业节能监察中心召集有关人员进行讨论，形成了监察结果和监察意见，编制了《节能监察报告》，就本次监察过程中发现的问题提出了处理要求和意见，并把《节能监察报告》提交给湖南省经济和信息化委员会，作为节能主管部门下达整改要求或进行行政处罚的现场依据。

湖南省节能监察行政执法文书

节能监察报告

<table>
<tr><td rowspan="6">被监察单位</td><td>名　　称</td><td colspan="3">湖南××水泥有限水泥</td></tr>
<tr><td>地　　址</td><td colspan="3">永州祁阳县黎家坪镇</td></tr>
<tr><td>电　　话</td><td>0746－3816066</td><td>邮　编</td><td>426181</td></tr>
<tr><td>法人代表</td><td>吴××</td><td>分管领导</td><td>唐××</td></tr>
<tr><td>能源管理部门</td><td>总调度室</td><td>部门负责人</td><td>徐××</td></tr>
<tr><td colspan="4"></td></tr>
<tr><td colspan="2">监察通知文号</td><td colspan="3">湘节能监察通（2012）26 号</td></tr>
<tr><td colspan="2">监察承办人</td><td>张××</td><td>电　话</td><td>0731－5350082</td></tr>
<tr><td colspan="2">监察人员</td><td colspan="3">吴××、邵××、汪××、张××</td></tr>
<tr><td colspan="2">现场监察时间</td><td colspan="3">2012 年 7 月 19 日</td></tr>
<tr><td colspan="2">监察内容</td><td colspan="3">一、国家明令淘汰落后高耗能设备和生产工艺情况；
二、企业能源管理责任制落实和有关制度建设情况；
三、执行单位产品能源消耗限额标准的情况。</td></tr>
<tr><td colspan="2">监察依据</td><td colspan="3">一、《中华人民共和国节约能源法》
二、《湖南省实施〈节能法〉办法》
三、《重点用能单位节能管理办法》
四、国家发改委第 40 号令《产业结构调整指导目录（2005 年本)》
五、《水泥单位产品能源消耗限额》（GB16780—2007）
六、省经委《关于对省节能监察中心〈2009 年重点用能企业第二批节能监察工作计划〉的复函》（湘经环资函〔2012〕225 号)</td></tr>
</table>

	2012 年 7 月 15 日省节能监察中心根据省经委（湘经环资函〔2009〕225号）批复，向湖南××水泥有限水泥下达了《湖南省节能监察通知书》（湘节能监察通〔2009〕26 号）。在该公司收到通知并发回回证后，于 7 月 19 日组成监察小组一行 4 人，就通知中规定的监察内容对该公司进行节能监察。按照《节能监察工作规范》组织该公司能源管理负责人、能源专干、设备及质检化验主管人员召开首次会议，会上监察单位宣布了被监察单位的相关权利义务和监察工作人员行为规范要求，并就此次监察目的、内容、法律依据、程序步骤等有关事项作了说明。
监察过程	被监察单位相关负责人分别就本单位设立能源管理岗位、聘任具备相应资质的能源管理负责人情况、在用国家明令淘汰的耗能过高的用能产品、设备、生产工艺的自查情况以及水泥单位产品能源消耗情况作了汇报，并详细介绍了公司能源消耗现状与开展节能相关工作的情况。
	监察工作人员分成三个小组（"岗位组"、"设备组"、"单耗组"）分别对被监察单位能源管理岗位设立情况、淘汰设备使用情况和水泥单位产品能源消耗情况三个内容进行监察。
	岗位组监察工作人员首先通过与被监察单位能源管理负责人、能源专干、各分厂岗位负责人进行交谈，了解企业能源管理机构设置、能源管理岗位设立、能源管理人员聘任等有关情况；然后重点对企业提供的有关文件（包括：公司下达的成立能源管理机构的文件、能源管理人员的聘任文件、能源管理负责人的学历、职称等相关资质证书）进行了审核。
	设备组监察人员首先检查企业自查表，然后按照科目分类对企业设备台账中列出的用能设备进行账面核查，最后在企业技术人员陪同下到各车间，沿工艺线对企业在用设备进行抽查。
	单耗组监察人员首先指导企业相关能源统计人员现场填写《水泥行业单位产品能耗限额现场监察记录表》；然后，对企业 2010 年、2012 年的生产台账、能源统计台账以及相关质量检验及化验数据台账进行了现场查证，并对关键数据表格进行复印收存；最后，核实现场监察记录表相关数据并计算出该企业水泥单位产品能耗限额相关数据。
	现场监察完毕，召开末次监察会议。监察人员与公司相关人员一起就现场监察结果交换意见，完善《现场监察记录》和《调查询问记录》等程序。

一、重点用能单位设立能源管理岗位和聘用中级以上技术职称的能源管理负责人及备案情况：

该公司于 2009 年 5 月成立"节能领导小组"，作为公司能源管理领导机构，节能领导小组办公室设在生产技术部，具体负责全公司日常能源管理工作。公司副总经理徐××任公司能源管理负责人，另外聘任了陈×、刘××、罗××等三人分别担任能源管理员和统计员，已报节能主管部门备案（见附件二）。通过检查发现，该公司设立了能源管理机构，制定了能源管理制度，明确了能源管理部门职责，但是能源管理岗位的设立、能源管理人员的聘任相关手续不够齐全，没有形成相应的公司文件，并且，各能源管理人员与统计人员未接受任何形式培训。

二、应淘汰的水泥行业专用设备及配电变压器、电动机、固定带式输送机、高压离心通风机、空气压缩机五种类通用设备的监察情况：

综合企业自查、设备台账排查、现场抽查结果，发现企业在用国家明令淘汰的用能设备 13 台（套），全部为电力变压器和电动机等通用设备，暂未发现企业有使用国家明令淘汰的水泥行业专用设备及生产工艺的行为（见附件三）。

三、企业执行水泥单位产品能耗限额标准情况：

由于企业现场无法全部提供监察所需生产、能耗、燃料及产品质量等数据，并且发现企业向统计局上报的能源统计报表存在错误与漏报等情况，因此现场无法直接计算出企业的单位产品能源消耗情况，监察组针对该问题进行了现场询问，做了现场询问笔录。通过对企业现场监察过后整理上报的有关数据计算得出：企业 2010 年生产产品单耗情况如下：可比熟料综合煤耗为 131.24kgce/t，可比熟料综合电耗为 55.82kWh/t，可比熟料综合能耗为 138.10kgce/t，可比水泥综合电耗为 72.49kWh/t，可比水泥综合能耗为 101.15kgce/t，其中，可比熟料综合煤耗未达到 GB16780—2007 规定的单位产品能源消耗限额要求；企业 2011 年生产产品单耗情况如下：可比熟料综合煤耗为 137.52kgce/t，可比熟料综合电耗为 55.91kWh/t，可比熟料综合能耗为 144.39kgce/t，可比水泥综合电耗为 81.72kWh/t，可比水泥综合能耗为 106.58kgce/t，其中，可比熟料综合煤耗、可比熟料综合能耗两项指标未达到 GB16780—2007 规定的单位产品能源消耗限额要求（见附件四）。

监察意见	一、切实加强能源管理基础性工作。1. 聘任具备相应资质和实际工作经验的能源管理负责人、能源管理员及统计员并完善相关聘任手续；2. 建立健全能源管理岗位职责与考核制度，积极保障各项能源管理措施落到实处；3. 加大能源管理员与统计员的业务培训力度，确保能源管理员与统计员具备与本职工作相适应的业务水平和工作能力。 二、切实加强用能设备管理，加紧建立并及时更新完善设备技术档案，对各用能设备进行分类、专门管理，尽快制定在用淘汰设备淘汰计划；积极运用先进技术、管理手段，提高用能设备的能效水平。 三、抓好能耗对标工作，学习先进企业的生产、管理技术，加紧淘汰落后生产能力，进一步降低产品单耗水平，务必在国家单位产品能耗限额标准限定值规定的范围内用能。 四、加强节能宣传教育力度，全方位树立企业全体干部职工的节约意识，杜绝浪费能源行为。
附件	一、重点用能企业基本情况表 二、重点用能企业能源管理岗位设置和能源管理人员聘任情况表 三、在用淘汰设备明细表 四、水泥单位产品能耗与国标限额对照表

本次监察工作完成后，省工业通信业节能监测中心把所用被监察企业的监察结果汇总后上报省经信委，省经信委根据监察结果及监察意见将监察情况对各市州进行了通报，并对当事企业下达了整改通知书，对逾期不整改或整改后产品单耗指标仍不合格的企业，决定予以执行惩罚性电价政策。2013 年 1 月，根据节能主管部门安排，湖南省工业通信业节能监察中心组织监察小组对湖南××水泥有限公司整改后的产品单耗情况进行了复查，复查结果为合格。

三、案例启示

监察人员必须依法实施监察，必须做到适用法律正确、执法依据充分、违法事实清楚、监察程序合法、获取证据确凿，并且不能忽视法定的每一个环节和细节。

1. 行政执法主体要合法

若监察机构尚未取得地方法规的执法授权，节能监察工作受节能主管部门的委托开展，不能直接对企业提出整改要求或进行行政处罚，则现场监察结束后，监察机构应积极同节能主管部门进行沟通衔接，为节能主管部门提供准确的监察结果和处理意见并提醒节能主管部门作出相应的行政决定，否则节能监察的执行力度和效果难以保证。

2. 行政执法程序要规范

在具体监察执法过程中，要规范执法程序，关键是要建立形成制度化、常态化的工作模式和运行机制，制定节能监察工作流程和现场监察程序，要求所有监察人员必须按流程、程序开展节能监察工作，行政执法文书要完备，有关文件、影像资料保存要完好，从而保证节能监察工作程序的合法性和结果的准确性。

案例 5 湖南省工业通信业节能监察中心

一、基本案情

按照湖南省工业通信业节能监察中心制定的《湖南省 2009 年重点用能企业第一批节能监察工作计划》和湖南省经委《关于对省工业通信业节能监察中心〈2009 年重点用能企业第一批节能监察工作计划〉的复函》（湘经环资函〔2009〕67 号）的要求，湖南省工业通信业节能监察中心按计划对重点用能企业湖南××钢铁有限公司开展节能监察。

（一）监察准备

1. 案由

对企业能源管理岗位设立、能源管理负责人聘任以及淘汰落后设备使用情况进行监察。

2. 分组及人员分工

本次专项监察工作由中心副主任吴××任组长，全面负责现场监察，监察一科科长邵××任副组长，具体负责组织实施。组员张××、汪××、肖维负责执法文书准备，现场监察及报告编制。

3. 执法文书准备

由组员张××、汪××、肖维负责执法文书准备节能监察告知书、公开承诺、现场监察笔录、调查笔录、送达回证、现场节能监察签到记录、授权委托书等。

4. 仪器设备准备

由副组长邵××负责准备笔记本电脑、打印机等办公设备及照相机、录像机等取证设备。

5. 监察依据准备

由组长吴××负责准备并熟悉《中华人民共和国节约能源法》《湖南省实施〈中

华人民共和国节约能源法〉办法》《重点用能单位节能管理办法》《产业结构调整指导目录（2005年本）》等执法依据资料及湖南××钢铁有限公司的相关情况。

（二）现场监察实施

1. 召开首次会议

监察组长吴××主持首次会议，指定监察人员张××负责记录。

介绍监察组成员：邵××、汪××、肖维

（1）出示执法证件，表明身份。（吴××负责）

由吴××出示吴××、邵××、张××、汪××、肖维五名执法人员行政执法证件，表明身份，请湖南××钢铁有限公司副总经理确认后收回。

（2）送达《节能监察告知书》及留取送达回证。（邵××负责）

①递交《节能监察告知书》。（汪××负责）

②湖南××钢铁有限公司副总经理（授权委托人）确认后，在《送达回证》上签字盖章，见证人谢先智在《送达回证》上签字。

③《节能监察告知书》双方各执一份，《送达回证》由执法人员留存。

（3）宣读公开承诺。（肖维负责）

①宣读"湖南省工业通信业节能监察中心公开承诺"。

②宣读完毕，邵××向湖南××钢铁有限公司询问有无需要回避及不适合进行本次现场监察的人员等情形。

（4）介绍监察要点。吴××重申此次监察工作的依据、内容、方式及被监察单位需配合的事项。

①监察依据：《中华人民共和国节约能源法》《湖南省实施〈中华人民共和国节约能源法〉办法》《重点用能单位节能管理办法》。

②监察内容：一是能源管理岗位设立和能源管理负责人聘任有关情况。重点监察是否设立能源管理岗位并聘任能源管理负责人；聘任的能源管理负责人是否符合节能法律法规要求并按规定备案；能源管理负责人履行职责情况和接受节能培训情况等。二是国家明令淘汰的用能设备、生产工艺情况。对照国家发改委《产业结构调整指导目录（2005年本）》（第三类淘汰类），对使用列入淘汰目录的工艺、设备（产品）情况进行监察。

③监察方式：现场监察，确保文件、资料的客观性和真实性。

④配合事项：一是需要提供的材料：公司设立能源管理岗位、聘任能源管理负责

人的红头文件，能源管理负责人的相关资质证书，能源管理负责人履职及接受培训相关情况的证明材料，设备台账及工艺流程图等。二是需要配合的人员：公司分管节能领导，能源管理负责人，节能专干，能源统计员，设备管理员等相关人员等。湖南××钢铁有限公司指定陈兴城（能源管理负责人）作为联络员负责现场协调联络工作。

（5）听取企业汇报。湖南××钢铁有限公司副总经理介绍本单位节能管理情况及用能设备管理情况等相关内容。

（6）参加首次会议的湖南××钢铁有限公司副总经理和在场人员以及见证人（县市区节能办）和执法人员，在签到表上签名。（汪××负责）

2. 查阅材料

分工：邵××负责查阅能源管理相关文件、资料；张××、汪××、肖维负责查阅设备台账。

3. 查验现场

由湖南××钢铁有限公司人员郑学忠配合，根据查阅设备台账中发现的问题有针对性地进行现场核查，张××、汪××、肖维到现场监察淘汰设备情况。采用照相录像等手段将淘汰设备的实际使用情况记录下来并在现场监察笔录上记录。

现场需要收集的资料主要有相关红头文件、工艺设备台账、视听资料等与监察内容有关的材料。材料的复印件由提供者签字或押印，并注明其与原件相符。

4. 对有关人员进行调查询问

邵××负责询问，张××负责记录。

5. 召开内部交流会议

吴××组织召开内部交流会议，汇总监察情况。

6. 制作《现场监察记录》

邵××制作《现场监察记录》。如实记录与监察内容有关的现场情况。由监察人员张××、汪××共同完成。

7. 召开末次会议

吴××组织召开末次会议，通报监察情况，经湖南××钢铁有限公司副总经理（授权委托人）确认后，双方在《现场监察记录》上签字，由监察人员带回。现场监察结束。

（三）监察文书实例

湖南省节能监察行政执法文书

工业节能监察签到表

企业名称： 日期：

姓名	单位	职务	电话	备注
1. 监察小组成员				
吴××	省工业通信业节能监察中心	副主任		
邵××	省工业通信业节能监察中心	科长		
张××	省工业通信业节能监察中心	副科长		
汪××	省工业通信业节能监察中心	副科长		
肖维	工业通信业节能监察中心	科员		
2. 市、县（区）主管部门人员				
谢先智	娄底市经信委	副主任		
高士勇	娄底市经信委节能科	科长		
卢福开	涟源市经信局	副局长		
3. 被监察单位参加人员				
陈兴城	湖南××钢铁有限公司	副总		
郑学忠	湖南××钢铁有限公司	部长		
林承斌	湖南××钢铁有限公司	部长		
楼菊华	湖南××钢铁有限公司	副部长		

湖南省节能监察行政执法文书

湖南省节能监察通知书

监察编号：湘（N）–JNJC–JCTZ–09–8

湖南××钢铁有限公司：

根据《中华人民共和国节约能源法》《湖南省实施〈中华人民共和国节约能源法〉办法》等法律法规，本监察机构将于2009年4月中旬对你单位进行节能监察，请你单位密切配合。收到本通知后，请将《监察通知书回证》签章后尽快传真给我们。

本次监察内容	1.《产业结构调整指导目录（2005年本）》（第三类淘汰类）中的钢铁行业应淘汰的产品、设备、工艺及部分通用设备。 2. 重点用能单位设立能源管理岗位情况；聘任中级以上职称的能源管理负责人情况。
需事先准备的材料及其他有关事项	1. 企业用能产品、设备台账、生产工艺资料； 2. 能源管理岗位设立和能源管理负责人聘用文件； 3. 能源管理负责人有关证件； 4. 企业基本情况相关资料； 5. 具体现场监察时间另行通知。

湖南省工业通信业节能监察中心

地址：长沙市新建西路189号

邮编：410007

联系电话：0731–85534610、85557846（传真）

湖南省工业通信业节能监察中心

2009年3月27日

注：1. 接此告知书后请及时与本监察机构联系。

2. 本告知书一式两份，一份存档，一份送达（附送达回证）。

授权委托书

（2009）授字第×号

委托人：湖南××钢铁有限公司

法定代表人：李明用 　　　　　　职务：董事长

受委托人：陈兴城 　　　　　　　职务：生产副总

受委托人居民身份证号：×××××××××××

兹委托受委托人在下列权限内办理委托事项，其在此权限范围内的代理后果，由委托人享有权益并承担相应的法律责任。

授权范围及权限：代理本人履行法定代表人在贵单位对我公司进行节能监察方面应当履行的职责，包括提供相关资料、签署相关文件、协议等。

授权期限：自本授权委托书签署之日起至 2009 年 12 月 31 日止。

委托人：湖南××钢铁有限公司

法定代表人：李明用

2009 年 5 月 1 日

湖南省节能监察行政执法文书

法律文书送达回证

监察编号：湘（N）－JNJC－SDHZ－09－8

受送达单位	湖南××钢铁有限公司		
送达地点	涟源市红旗路 1 号	邮编	417100
送达方式	直接送达		
法律文书编号	文 书 名		文件页数
湘（N）－JNJC－JCTZ－09－8	节能监察通知书		1
备注：			

上述文件共　1　件，共　1　页。

送达人（签名并加盖中心印章）：邵××　　　见证人（签名或盖章）：张××

2009 年 5 月 5 日　　　　　　　　　　　　　2009 年 5 月 5 日

受送达人签名（盖章）：陈兴城

2009 年 5 月 5 日

联系地址：涟源市红旗路 1 号

邮政编码：417100

联系电话（传真）：0738－4436337

湖南省节能监察行政执法文书
调查询问记录

监察编号：湘（N）－JNJC－DXJL－09－8.1

时　　间：2009 年 5 月 5 日 11 时 12 分～11 时 30 分

地　　点：湖南××钢铁有限公司会议室

被询问人：姓名：楼菊华　性别：　女　年龄：47　电话：××

工作单位：湖南××钢铁有限公司　职务：生产部副部长

询问人：邵××　　　　　　　　记录人：张××

内　　容：

问：你是××钢铁的职工么？任什么职务？

答：是的，我是××的职工，现任公司生产部副部长，兼任能源统计员。

问：公司能源管理由哪个部门负责，负责人是谁？

答：公司专门成立了节能减排办公室，负责公司的能源管理工作，负责人是公司生产副总陈兴城。

问：公司的能源管理机构和管理人员有没有在主管部门备案？

答：已经在娄底市经委和省经委进行了备案。

（笔录完毕，以下空白）

被询问人意见及签名：楼菊华

执法人员签名：吴××、邵××、汪××、肖维、张××

湖南省节能监察行政执法文书
调查询问记录

监察编号：湘（N） – JNJC – DXJL – 09 – 8.2

时　　间：2009 年 5 月 5 日 16 时 42 分 ~ 17 时 08 分

地　　点：湖南××钢铁有限公司会议室

被询问人：姓名：郑学忠　性别：男　年龄：39　电话：××

工作单位：湖南××钢铁有限公司　职务：设备部部长

询问人：邵××　　　　　　　　记录人：张××

内　　容：

问：你是××钢铁的职工么？任什么职务？

答：是的，我是××的职工，现任公司设备部部长。

问：据查，你公司现有下列国家明令淘汰的用能设备仍在使用，请你对照节能监察报告附件三所列清单核对一下，看看所列设备及型号是否属实？

答：节能监察报告附件三所列设备及型号属实。

问：你知道这些设备属于国家明令淘汰和禁止使用的生产设备吗？

答：不清楚这方面的规定。

问：你还有什么要补充或陈述的么？

答：没有了。

（笔录完毕，以下空白）

被询问人意见及签名：郑学忠

执法人员签名：吴××、邵××、汪××、肖维、张××

湖南省节能监察行政执法文书

现场监察记录表

监察编号: 湘（N）-JNJC-XCJL-09-8

单位名称	湖南××钢铁有限公司	法定	姓 名	李××
地 址	娄底市涟源市	代表人	职 务	总经理
监察时间	2009 年 5 月 5 日			

监察情况:

　　湖南省工业通信业节能监察中心于2009年5月5~6日对湖南××钢铁有限公司进行了现场监察, 监察情况及结果如下:

　　公司于2008年1月成立了共5人节能减排领导小组, 组长为公司法人代表李明用; 能源管理负责部门为节能减排办公室, 部门负责人为生产副总陈兴城, 具备中级以上技术职称; 生产部部长林承斌兼任能源专干, 生产部副部长楼菊华兼任能源统计员。能源管理负责部门、能源管理负责人、节能专干及能源统计员, 均已报省市经委备案。（见节能监察报告附件二）

　　通过对公司设备台账全部483台（套）设备进行排查, 结合生产现场核实, 共查出国家明令淘汰的用能设备5台（套）, 其中专用设备4台（套）, 通用设备1台。（见节能监察报告附件三）

　　执法人员签名: 邵×× 　　执法证号: 湘00000200057

　　执法人员签名: 张×× 　　执法证号: 湘00000200063

　　　　　　　　　　　　　　　　　　　　　　　　　　　　　2009 年 5 月 5 日

当事人意见及签名盖章: 陈兴城

　　　　　　　　　　　　　　　　　　　　　　　　　　　　　2009 年 5 月 5 日

附件及证明材料:

　　1. 湖南××钢铁有限公司关于聘用能源管理师负责人的通知（××钢铁字（2008）第2号）;

　　2. 陈兴城职称证书、聘书、能源管理师证书复印件、能源管理负责人聘书及备案登记表;

　　3. 湖南××钢铁有限公司用能设备台账。湖南省节能监察行政执法文书。

湖南省节能监察行政执法文书
节能监察报告

<table>
<tr><td rowspan="6">被监察单位</td><td>名　　称</td><td colspan="3">湖南××钢铁有限公司</td></tr>
<tr><td>地　　址</td><td colspan="3">涟源市红旗路1号</td></tr>
<tr><td>电　　话</td><td>0738－443×××</td><td>邮　编</td><td>417100</td></tr>
<tr><td>法人代表</td><td>李明用</td><td>分管领导</td><td>李明用</td></tr>
<tr><td>能源管理部门</td><td>节能减排办公室</td><td>部门负责人</td><td>陈兴城</td></tr>
</table>

<table>
<tr><td>监察通知文号</td><td colspan="3">湘节能监察通（2009）08号</td></tr>
<tr><td>监察承办人</td><td>邵××</td><td>电　话</td><td>0731－5350082</td></tr>
<tr><td>监察人员</td><td colspan="3">吴××、邵××、汪××、肖维、张××</td></tr>
<tr><td>现场监察时间</td><td colspan="3">2009年5月5~6日</td></tr>
<tr><td>监察内容</td><td colspan="3">1. 《产业结构调整指导目录（2005年本）》（第三类淘汰类）中的钢铁行业应淘汰的产品、设备、工艺及部分通用设备。
2. 设立能源管理岗位、能源管理负责人及能源管理专干聘任情况。</td></tr>
<tr><td>监察依据</td><td colspan="3">1. 《中华人民共和国节约能源法》
2. 《重点用能单位节能管理办法》
3. 《产业结构调整指导目录（2005年本）》
4. 《湖南省实施〈中华人民共和国节约能源法〉办法》
5. 《关于委托省节能监察中心依法开展节能执法相关工作的通知》（湘经环资〔2009〕80号）
6. 《关于对省节能监察中心〈2009年重点用能企业第一批节能监察工作计划〉的复函》（湘经环资函〔2009〕67号）</td></tr>
</table>

监察
过程
	2009 年 3 月 30 日省节能监察中心根据省经委（湘经环资函〔2009〕67）批复，向湖南××钢铁有限公司下达了《湖南省节能监察通知书》（湘节能监察通〔2009〕08 号）。在该公司收到通知并发回回证后，组成一行 5 人监察小组，与娄底市、涟源市经委有关人员一起，于 5 月 5～6 日，就通知中规定的监察内容对该公司进行了节能监察。按照《节能监察工作规范》组织该公司能源管理负责人、能源专干、设备主管人员召开首次会议，会上监察组长代表监察成员宣布被监察单位的相关权利和监察成员行为规范要求。并就此次监察目的、内容、法律依据、程序步骤等相关事项作了说明。
	
	  该公司相关负责人分别就设立能源管理岗位、聘任中级以上技术职称的能源管理负责人情况以及钢铁行业应淘汰的产品、设备、工艺和在用的专用及通用设备自查情况作了汇报。对公司节能工作现状和淘汰设备更新改造作了说明。
	
	  监察人员分组对能源管理岗位设立和人员聘任、备案及淘汰设备情况两大方面内容进行了逐一核查，并做了询问笔录。
	
	  能源管理岗位设立与备案方面，与公司主管负责人、各车间负责人采用现场询问方式进行交流了解；对被聘任人的聘任文件、职称和从事本职工作时间及备案、培训情况进行了核查。
	
	  淘汰设备检查方面，对该公司设备台账按本次核查内容逐一进行了查对，对遗漏的用能设备进行了询问并做了询问记录。与企业技术人员一起，对公司高炉、烧结、动力车间等生产现场进行了核对抽查。
	
	  现场监察完毕，召开末次监察会议。监察人员与公司相关人员一起就监察情况交换了意见，完善了《现场监察记录》。

监察 结论 及意见	一、设立能源管理岗位和聘用中级以上技术职称的能源管理负责人及备案情况： 该公司于 2008 年 1 月成立了共 5 人节能减排领导小组，负责人为公司法人代表。节能减排办公室为能源管理工作的负责部门，能源专干由会计兼任。能源管理部门、能源管理员及能源统计员，均已报省市经委备案。（见附件二）

监察 结论 及意见	二、钢铁行业应淘汰的产品、设备、工艺及配电变压器、电动机、固定带式输送机、高压离心通风机、空气压缩机五种类通用设备的监察情况： 通过对企业设备台账全部 483 台（套）核查，发现漏报 3 台应淘汰的主要专业生产设备，经指出后企业重新填报。经现场核实，共查出淘汰设备 5 台（套），其中专用设备 4 台（套），通用设备 1 台。（见附件三） 综合上述两项监察结果提出以下意见： 1. 设立专职能源管理员，加强能源管理培训。 企业能源管理员由会计兼职，另外还担负企业其他工作，身兼数职。为将节能管理工作做得更好，建议设立专职能源管理员，并定期或不定期参加相关节能管理培训，不断提高业务能力。 2. 执行产业政策，加强耗能设备基础管理，加快淘汰设备淘汰工作。 企业目前在用的主要专用设备属于国家规定的淘汰设备，应加快淘汰设备的淘汰工作，尽早停止国家规定的淘汰设备的使用。
附件	一、重点用能企业基本情况表 二、能源管理岗位设置和管理人员聘任情况表 三、在用淘汰设备明细表

二、结果处理

对湖南××钢铁有限公司进行现场监察后，湖南省工业通信业节能监察中心召集有关人员进行讨论，形成了监察结果和监察意见，编制了《节能监察报告》，就本次监察过程中发现的问题提出了处理要求和意见，并把《节能监察报告》提交给湖南省经济和信息化委员会，作为节能主管部门下达整改要求或进行行政处罚的现场依据。

事后跟踪：省经信委根据监察结果及监察意见将监察情况对各市、州进行了通报，并对当事企业下达了整改通知书。湖南××钢铁有限公司因主要生产设备属于国家明令淘汰的用能设备且整改方案不能执行到位，于 2010 年 12 月 31 日被娄底市人民政府依法予以关闭。

三、案例启示

监察人员必须依法实施监察，必须做到适用法律正确、执法依据充分、违法事实清楚、监察程序合法、获取证据确凿，并且不能忽视法定的每一个环节和细节。

1. 行政执法主体要合法

若监察机构尚未取得地方法规的执法授权，节能监察工作受节能主管部门的委托开展，不能直接对企业提出整改要求或进行行政处罚，则现场监察结束后，监察机构应积极同节能主管部门进行沟通衔接，为节能主管部门提供准确的监察结果和处理意见并提醒节能主管部门作出相应的行政决定，否则节能监察的执行力度和效果难以保证。

2. 行政执法程序要规范

在具体监察执法过程中，要规范执法程序，关键是要建立形成制度化、常态化的工作模式和运行机制，制定节能监察工作流程和现场监察程序，要求所有监察人员必须按流程、程序开展节能监察工作，行政执法文书要完备，有关文件、影像资料保存要完好，从而保证节能监察工作程序的合法性和结果的准确性。

VII

对交通运输的节能监察

案例1　山东省节能监察总队

一、基本案情

按照山东省××××《××××××××××××的通知》（××××××〔××××〕××××号）要求，××市节能监察支队按计划对××××有限公司遵守老旧交通运输工具的报废、更新制度情况开展节能监察。

（一）节能监察准备阶段

1. 基础事项准备

本次专项监察由监察科科长张××任监察组长，李××、王××为组员。组长张××全面负责这次监察工作，组员李××、王××负责现场监察、执法文书制作与送达等。

2. 各种文书准备

由组员李××准备节能监察告知书、公开承诺、现场监察笔录、调查笔录、送达回证、现场节能监察签到记录、授权委托书等文书。

3. 仪器设备准备

由组员王××负责准备笔记本电脑、打印机、照相机、录音笔、计算器等设备。

4. 各种资料准备

由组员王××负责准备并提供，全体组员熟悉《中华人民共和国节约能源法》《山东省节约能源条例》《机动车强制报废标准规定》《老旧运输船舶管理规定》等执法依据资料及××××有限公司基本情况。

（二）节能监察实施阶段

1. 召开首次会议

（1）出示执法证件，表明身份。（张××负责）

由李××出示张××、李××、王××三名执法人员行政执法证件，表明身份，请×××有限公司副总经理确认后收回。

（2）送达《节能监察告知书》及留取送达回证。（李××负责）

①递交《节能监察告知书》。（李××负责）

②×××有限公司副总经理（授权委托人）确认后，在《送达回证》上签字盖章，见证人×××县节能办赵××在《送达回证》上签字。

③《节能监察告知书》双方各执一份，《送达回证》由执法人员留存。

（3）宣读公开承诺。（王××负责）

①宣读"××市节能监察支队公开承诺"。

②宣读完毕，张××向×××有限公司询问有无需要回避及不适合进行本次现场监察的人员等情形。

（4）介绍监察要点。张××重申此次监察工作的依据、内容、方式及被监察单位需配合的事项。

①监察依据：《节约能源法》《山东省节约能源条例》《机动车强制报废标准规定》《老旧运输船舶管理规定》《营运车辆综合性能要求和检验方法》（GB 18565）。

②监察内容：老旧交通运输工具的报废、更新制度情况。

③监察方式：现场监察，确保材料、数据的客观性和真实性。

④配合事项：一是需要提供的材料：设备台账、运行记录、能源统计资料、财务结算单据等。二是需要配合的人员：公司分管节能领导，能源管理负责人，统计、计量、设备、财务等相关人员等。

（5）参加首次会议的×××有限公司副总经理和在场人员以及见证人（县节能办）和执法人员，在签到表上签名。（李××负责）

2. 查阅材料

分工：李××负责查阅设备台账；王××负责查阅设备运行记录、能源统计资料及与相关的财务结算单据等。

要注意收集与此次监察内容相关的书面材料，材料的复印件注明其与原件相符，并加盖×××有限公司公章。

3. 查验现场

由×××有限公司人员×××配合，根据查阅材料时发现的问题有针对性地进行现场核查，李××、王××到现场监察老旧车船更新情况。采用照相录像等手段将查验情况记录下来并在现场监察笔录上记录。

4. 召开内部交流会议

张××组织召开内部交流会议，汇总监察情况。

5. 制作《现场监察笔录》

李××、王××制作《现场监察笔录》。如实记录与监察内容有关的现场情况。

6. 召开末次会议

张××组织召开末次会议，通报监察情况，经××××有限公司副总经理（授权委托人）确认后，双方在《现场监察笔录》上签字，由监察人员带回。现场监察结束。

（三）监察文书实例

山东省节能监察行政执法文书

现场节能监察会议签到记录

鲁（×）－JNZF－QDJL－14－00×

被监察单位名称	×××有限公司		
会议日期		会议地点	
监察组长	张××	法定代表人或其授权委托人	
监察组员	李××	能源管理负责人	
	王××	联系电话	
被监察单位参加会议人员			
姓名	职务		电话
见证人	单位		职务

山东省节能监察行政执法文书
节 能 监 察 告 知 书

监察编号：鲁（×） – JNZF – JCGZ – 15 – 00 ×

××开发区××××有限公司：

为贯彻落实《中华人民共和国节约能源法》《山东省节约能源条例》等法律法规，依法推动节能工作，依据《山东省节能监察办法》有关规定，定于××年×月×日对你单位进行节能监察。届时，请贵单位负责人或其书面委托的负责人以及节能管理和有关部门人员到场配合，不得拒绝或妨碍监察人员的节能监察工作。被监察单位拒绝依法实施节能监察的，依据《山东省节能监察办法》第二十二条规定处理。

本次监察内容和方式	监察内容： 老旧交通运输工具的报废、更新制度情况。 监察方式： 1. 书面监察。 2. 现场监察。

为使本次监察工作顺利进行，请做好以下准备工作：

1. 设备台账及运行记录。

2. 能源统计资料、与能耗核算及车船采购相关的财务结算单据等。

3. 法定代表人证明材料、授权委托书等。

现场监察时，对所提供的材料予以盖章确认，确保真实无误。

监察机构	监察组成员	组长：张×× 成员：李×× 王××	
	联系地址	××市××区××路××号	（公章） 年 月 日
	邮政编码	×××××	
	联系电话	×××××	

注：1. 接此告知书后请及时与本监察机构联系。

2. 本告知书一式两份，一份存档，一份送达（附送达回证）。

授 权 委 托 书

（2015）授字第×号

委托人：××××有限公司

法定代表人：　　　　　　　　职务：

受委托人：　　　　　　　　　职务：

受委托人居民身份证号：

　　兹委托受委托人在下列权限内办理委托事项，其在此权限范围内的代理后果，由委托人享有权益并承担相应的法律责任。

　　授权范围及权限：代理本人履行法定代表人在贵单位对我公司进行节能监察方面应当履行的职责，包括提供相关资料、签署相关文件、协议等。

　　授权期限：自本授权委托书签署之日起至_____年__月__日止。

　　　　委托人：××××有限公司

　　　　法定代表人：

年　月　日

山东省节能监察行政执法文书
法律文书送达回证

监察编号：鲁（×） – JNZF – SDHZ – 15 – 00 ×

受送达单位：	××××有限公司		
送达地点：		邮编	
送达方式：	直接送达		
法律文书编号	文　书　名		文件页数
鲁（×） – JNZF – JCGZ – 15 – 00 ×	节能监察告知书		1
备注：			

上述文件共　1　件，共　1　页。

送达人（签名并加盖支队印章）：　　　　见证人（签名或盖章）：

　　　　年　月　日　　　　　　　　　　　　　年　月　日

受送达人签名（盖章）：

　　　　年　月　日

联系地址：××市××区××路×号

邮政编码：

联系电话（传真）：

山东省节能监察行政执法文书

现场监察笔录

监察编号：鲁（×）－JNZF－JCBL－15－00×

被监察单位（全称）：×××有限公司

监察日期：××年×月×日9时～14时30分

监察内容：老旧交通运输工具的报废、更新制度情况。

事实描述：

9时～14时30分，××市节能监察支队张××、王××、李××三位节能监察人员对×××有限公司进行了现场节能监察。

××市节能监察支队张××、王××、李××等节能监察人员、××县节能办科长赵××与被监察单位×××有限公司副总经理×××、能源管理负责人×××等在该公司会议室会面。

监察人员李××向被监察单位出示张××、王××、李××三位执法人员的行政执法证，表明身份，并送达《节能监察告知书》（鲁（×）－JNZF－JCGZ－15－00×），进行现场告知，被监察单位副总经理×××签署《送达回证》（鲁（×）－JNZF－SDHZ－15－00×）认可。王××宣读了××市节能监察支队《公开承诺》。张××介绍此次节能监察的目的、内容、方式和法律依据等。

被监察单位副总经理×××介绍了企业基本情况，企业老旧交通运输工具的报废、更新制度情况等。

监察组查看了该公司设备台账，公司所有营运车船未达到强制报废使用年限，不存在强制报废情形。

14时30分现场监察结束。（笔录完毕）

证明材料目录：

1. ×××有限公司主要设备（营运车船）台账；

2. 监察上报材料附件1；

3. ×年×月～×年×月运行情况综合月报。

你单位对所提供的材料予以盖章确认，确保真实无误。

被监察单位负责人（或其书面委托的负责人）签名（盖章）：

监察组组长：张××　　　　行政执法证号：SD-××××××××××

成　　　员：李××　　　　行政执法证号：SD-××××××××××

　　　　　　王××　　　　行政执法证号：SD-××××××××××

监察组组长签名：张××

××年×月×日

山东省节能监察行政执法文书

节能监察报告

监察编号：鲁（×）－JNZF－JCBG－15－00×

根据×××××《关于××××××××××的通知》（××××字〔××××〕×号）要求，我们监察组一行3人于××年×月×日对××××有限公司进行了现场监察。

本次监察的内容是：老旧交通运输工具的报废、更新制度执行情况。

经现场监察，××××有限公司未存在违反老旧交通运输工具的报废、更新制度情况。

详见监察笔录。

建议予以结案。

证明材料：

1. 现场监察笔录；

2. ××××有限公司车船台账；

3. 监察上报材料附件1；

4. ×年×月～×年×月运行情况综合月报。

监察组组长：张××

成　　员：李×× 王××

监察组组长：张××

××××年×月×日

二、结果处理

××节能监察支队根据监察组提交的《节能监察报告》、现场监察笔录以及其他证明材料，认定××××有限公司未存在违反老旧交通运输工具的报废、更新制度情况。××市节能监察支队制作《结案审批表》，对此案予以结案。

《结案审批表》内容如下。

山东省节能监察行政执法文书
结案审批表

监察编号：鲁（×）－JNZF－JASP－15－0××

案　由	×××××××××公司执行老旧交通运输工具的报废、更新制度情况。
执行情况	无
结案理由	×××××××××公司无违反老旧交通运输工具的报废、更新制度情况。 承办人：张×× 　　××年××月××日
节能监察机构意见	同意结案。 审批人：××× 　　××年××月××日
节能行政主管部门意见	同意结案。 审批人：××× 　　××年××月××日

三、案例启示

《山东省节约能源条例》（以下简称《条例》）第七条第二款规定："省、设区的市节能监察机构依照本条例规定具体实施日常的节能监察工作。"第二十八条第一款规定："交通运输企业应当提高运输组织化程度和集约化水平，遵守老旧交通运输工具的报废、更新制度，提高能源利用效率。"因此，山东省、设区的市节能监察机构可以以自己的名义对《条例》第二十八条第一款的执行情况实施节能监察。

本案中，节能监察人员通过查阅设备台账及运行记录、能源统计资料及相关财务结算单据等材料，对企业执行老旧交通运输工具的报废、更新制度情况进行初步了解，随后针对查阅材料时发现的重点和疑点问题进行现场核查，从而对企业守法情况进行全面掌握。在监察过程中，要注意证据的固定：一是对收集的与案件有关的书面材料，要加盖公司公章。二是在现场查验车船等设备时，要采用照相录像等手段记录查验情况。三是客观记录现场监察情况，制作《现场监察笔录》。

需要注意的是，监察中未发现企业存在违反节能法律、法规的行为。如果存在违法行为，应当依法移送交通运输主管部门进行处理。

对公共机构的节能监察

案例 1　浙江省杭州市能源监察中心

一、基本案情

按照浙江省经济和信息化委员会《浙江省关于下达 2014 年全省节能监察计划的通知》（浙经信资源〔2014〕12 号）、杭州市经济和信息化委员会《关于下达二零一四年全市能源监察计划的通知》（×信资源〔2014〕86 号）和杭州市能源监察中心《关于开展二〇一四年全市节能监察工作的通知》（杭能监〔2014〕6 号）的要求，杭州市能源监察中心按计划对××有限公司开展节能监察，发现××有限公司涉嫌单位面积电耗超过浙江省能耗限额标准要求的情况。

（一）监察准备

1. 案由

对××有限公司 2013 年单位面积电耗是否超标、是否存在使用国家明令淘汰的用能设备情况进行监察。

2. 分组及人员分工

本次专项监察工作由监察一科组织实施，科长×××具体负责，指定×××为组长，全面负责现场监察，×××、×××为组员，负责执法文书准备，现场监察及报告编制。

3. 执法文书准备

由组员×××负责准备节能监察通知书、调查询问笔录、授权委托书等。

4. 仪器设备准备

由组长×××负责准备打印机、照相机等取证设备。

5. 监察依据准备

由组长×××负责准备并要求参加监察执法人员进一步熟悉《中华人民共和国节约能源法》《浙江省实施〈中华人民共和国节约能源法〉办法》《浙江省节能监察办

法》《产业结构调整指导目录（2011年本）（修正）》《高耗能落后机电设备（产品）淘汰目录》（第一批、第二批、第三批）、《饭店单位综合能耗、电耗限额及计算方法》（DB 33/760—2009）等执法依据资料及××有限公司的相关情况。

（二）现场监察实施

1. 召开首次会议

监察组长×××主持首次会议，指定监察人员×××负责记录。

介绍监察组成员：×××、×××

（1）出示执法证件，表明身份。（×××负责）

宣读节能监察现场告知书，出示参加监察执法人员的行政执法证件，表明身份，请×××有限公司副总经理（能源管理负责人）签字确认后收回。

（2）送达《能源监察通知书》。（×××负责）

①递交《能源监察通知书》。（×××负责）

②《能源监察通知书》双方各执一份。

（3）介绍监察要点。×××重申此次监察工作的依据、内容、方式及被监察单位需配合的事项。

①监察依据：《浙江省实施〈中华人民共和国节约能源法〉办法》《浙江省节能监察办法》《饭店单位综合能耗、电耗限额及计算方法》（DB 33/760—2009）。

②监察内容：一是单位用能状况、节能管理、工作措施等情况；二是上一年度、今年以来节能指标完成情况，主要产品单位能耗情况，节能目标分解、主要产品用能定额下达、考核和能耗限额标准执行情况；三是宾馆电平衡测试、清洁生产审核的整改和实施情况；四是重点节能工程技改项目实施情况，下一步节能技改计划；五是新建、改建、扩建项目节能评估审查及执行情况；六是否有违法使用国家明令禁止淘汰的工艺、设备行为等。

③监察方式：现场监察，确保材料、数据的客观性和真实性。

④配合事项：一是需要提供的材料：前两年度的能源消耗统计报表、财务报表；重点用能设备台账及能源计量器具台账、节能管理制度、产品能耗定额、节能指标考核、节能培训、节能宣传等材料、节能技术改造项目和其他相关材料等。

二是需要配合的人员：单位负责人和相关部门有关人员到场，并对所提供的材料予以盖章确认，确保真实无误。××有限公司指定×××能源管理负责人作为联络员负责现场协调联络工作，并填好授权委托书。

（4）听取企业汇报。××有限公司副总经理介绍本单位节能管理情况及用能设备管理情况等相关内容。

2. 查阅材料

分工：×××负责查阅节能管理制度的相关材料；×××负责查阅生产统计报表，核算各项指标；×××、×××负责查阅设备台账及节能技术改造项目。

3. 查验现场

由××有限公司人员×××配合，根据查阅设备台账中发现的问题有针对性地进行现场核查，×××、×××到现场监察淘汰设备情况。采用照相等手段将淘汰设备的实际使用情况记录下来并在现场勘验笔录上记录。

现场需要收集的资料主要有能源消费统计报表、能源消费原始材料、饭店的建筑面积、外包单位用能量、外包单位的建筑面积、设备台账、身份证复印件、营业执照复印件等与监察内容有关的材料。材料的复印件由提供者签字或押印，并注明其与原件相符。

4. 召开内部交流会议

×××组织召开内部交流会议，汇总监察情况。

5. 制作《调查询问笔录》等

由监察人员×××、×××通过对企业授权委托人的询问完成《调查询问笔录》等。

6. 召开末次会议

×××组织召开末次会议，通报监察情况，现场监察结束。

（三）监察文书实例

杭州市能源监察中心
能源监察通知书

监察编号：××

	××有限公司： 　　根据《中华人民共和国节约能源法》《浙江省实施〈中华人民共和国节约能源法〉办法》等有关法律法规，本中心定于××××年×月×日对你单位进行能源监察。 　　请你单位认真配合。
监察内容与方式	能源监察内容： 　　1. 单位用能状况、节能管理、工作措施等情况； 　　2. 上一年度、今年以来节能指标完成情况，主要产品单位能耗情况，节能目标分解、主要产品用能定额下达、考核和能耗限额标准执行情况； 　　3. 企业电平衡测试、清洁生产审核的整改和实施情况；锅炉、窑炉等重点用能设备能源利用效率和达标情况； 　　4. 重点节能工程技改项目实施情况，下一步节能技改计划； 　　5. 新建、改建、扩建项目节能评估审查及执行情况； 　　6. 是否有违法使用国家明令禁止淘汰的工艺、设备行为等。 监察方式： 　　查对数据、现场监察。
	请你单位做好以下准备工作： 　　1. 前两年度及今年以来能源消耗统计报表、财务报表；重点用能设备台账及能源计量器具台账； 　　2. 节能管理制度、产品能耗定额、节能指标考核、节能培训、节能宣传等材料； 　　3. 节能技术改造项目和其他相关材料等。 　　现场监察时，请你单位负责人和相关部门有关人员到场，并对所提供的材料予以盖章确认，确保真实无误。

监察机构	监察组成员	组　长：　　　　　　成员： 联系人：　　　　　　手机：	
	联系地址		（公章） ××××年×月×日
	邮政编码		
	联系电话		

注：1. 请有关县（市）区监察机构通知企业，并落实和反馈企业联系人、联系电话。

　　2. 企业接通知后，请明确专人与监察组成员（联系人）联系。

授 权 委 托 书

杭州能源监察中心：

　　今委托＿＿＿＿＿同志（身份证号码＿＿＿＿＿＿＿＿＿＿＿＿）全权代表我公司配合并接受你中心关于能源监察执法工作的调查询问、现场勘验取证等相关事宜。

　　委托时间：2014 年 6 月 11 日。

单位名称：××有限公司

2014 年 6 月 11 日

杭州市能源监察行政执法文书
调查（询问）记录

时　间：2014 年 6 月 11 日×时×分～×时×分

地　点：××有限公司

调查人：　　　　　　　　　　执法证件号码：

记录人：　　　　　　　　　　执法证件号码：

被调查人姓名：　　　　性别：男　　　　身份证号：

工作单位：××有限公司　　　职务：公司副总

住　　址：　　　　　　　　电话：

告知：我们是杭州市能源监察中心的行政执法人员，现在根据《中华人民共和国节约能源法》和《中华人民共和国行政处罚法》规定开展调查询问，如果行政执法人员少于两人或执法证件与身份不相符合，你有权拒绝调查。在接受调查询问前，你有权申请我们回避，在接受调查询问的过程中，你有陈述和申辩的权利。同时，你应承担以下义务：真实客观回答询问，如实提供有关资料，并协助调查和检查，不得阻挠。你是否听清楚了？

答：好的，听清楚了，不需要回避，我会积极配合。

问：你在公司的职位是什么？

答：公司副总，主管设备、水电。

问：公司现在使用的建筑面积情况？

答：酒店与配套服务设施建筑面积 17136m^2，其中外包单位××银行建筑面积 1032.70m^2，××会建筑面积 1478.84m^2，酒店实际自用建筑面积 14624.46m^2。

问：酒店 2013 年 1～12 月份用电情况？

答：扣除外包单位××银行、××会用电用能后，酒店实际自用 1633319kWh。

问：酒店 2013 年 1～12 月份单耗情况？

答：经核算，酒店单位面积电耗为 111.7kWh/m^2。

问：酒店的星级标准？

答：酒店为 4 星级。

问：是否有补充说明？

答：酒店会积极进行整改，请求能源监察中心给予整改机会。

以上情况属实，以下空白。

被调查人签名（盖章）：　　　　　见证人签名（盖章）：

调查人签名（盖章）：　　　　　　记录人签名（盖章）：

杭州市能源监察行政执法文书

现场检查（勘验）笔录

检查（勘验）时间：2014 年 6 月 11 日 × 时 ~ 6 月 11 日 × 时

检查（勘验）场所：××有限公司

检查（勘验）单位：××有限公司

检查（勘验）人：　　　　　　　　　　执法证件号码：

检查（勘验）人：　　　　　　　　　　执法证件号码：

被检查人：　　　　　　　　　　　　　单位及职务：

被邀请人：　　　　　　　　　　　　　单位及职务：

记录人：　　　　　　　　　　　　　　执法证件号码：

检查（勘验）情况及结果：2014 年 6 月 11 日×时×分，××××市能源监察中心执法人员依职权检查未发现××有限公司正在使用国家明令淘汰的用能设备。

以下空白。

检查（勘验）人（签名）：　　　　　　　　记录人（签名）：

被邀请人（签名）：

被检查人（单位代表签名）：

（本页填写不下的内容或需要绘制检查图的，可另附纸）

杭州市能源监察中心
责令改正通知书

杭能监改［2014］（××）号

××有限公司：

经查，你（单位）2013 年度单位面积电耗 111.7kWh/m²，超过浙江省能耗限额标准《饭店单位综合能耗、电耗限额及计算方法》（DB 33 760—2009）要求的限定值（106kWh/m²），这一行为违反《中华人民共和国节约能源法》第十六条的规定，现责令你（单位）收到通知书后，于 2014 年×月×日前改正行为，并在十日内将整改计划以书面形式告知我中心。

逾期不改正的，本机构将依法处理。

联系人：×××

电　话（传真）：××

地　址：××

杭州市能源监察中心（盖章）

2014 年 6 月 25 日

抄送：杭州市经济和和信息化委员会

杭州市节能监察执法文书

送 达 回 证

送达文书名称及件数	××有限公司责令限期整改通知书（共1件）
送达文书文号	杭能监改〔2014〕（××）号
受送达人姓名或名称	××有限公司
送达方式	邮寄送达
送达地点	××有限公司
送达时间	2014 年 6 月 26 日
送达的执法人员姓名	×××、×××
收件人签名或盖章	××× 2014 年 6 月 26 日
代收人签名或盖章 及代收理由	年 月 日
受送达人拒收 事由和日期	年 月 日
见证人签名或盖章	年 月 日
备 注	如遇特殊情况，无法立即签收，请收件人签名或盖章后将本回证邮寄至：杭州市能源监察中心 地址：××××××××× 邮编：×××× 联系人：××× 电话：××××××

二、结果处理

（1）相关法律责任：《中华人民共和国节约能源法》第十六条：国家对落后的耗能过高的用能产品、设备和生产工艺实行淘汰制度。淘汰的用能产品、设备、生产工艺的目录和实施办法，由国务院管理节能工作的部门会同国务院有关部门制定并公布。生产过程中耗能高的产品的生产单位，应当执行单位产品能耗限额标准。对超过单位产品能耗限额标准用能的生产单位，由管理节能工作的部门按照国务院规定的权限责令限期治理。对高耗能的特种设备，按照国务院的规定实行节能审查和监管；《浙江省节能监察办法》第二十六条：被监察单位在能源监察机构下达的整改通知书所规定的整改期限内以及延期整改期限内，无正当理由拒不进行整改或者经延期整改后仍未达到要求，而有关法律、法规、规章又无处罚规定的，由县级以上能源监察机构处1万元以上3万元以下的罚款，情节严重的，处3万元以上5万元以下的罚款。

（2）关于××有限公司2013年度单位面积电耗超过浙江省能耗限额标准《饭店单位综合能耗、电耗限额及计算方法》（DB 33/760—2009）要求的情况，由我中心向其下达责令限期整改通知书，具体内容为：要求其通过整改，2014年单位面积电耗达标，并在规定时间内将整改计划以书面形式告知我中心。

（3）2015年，杭州市能源监察中心对××有限公司的整改情况进行监察，××有限公司在2014年通过设备更新和加强管理来降低单位面积的用电量，经现场核算，该单位2014年单位面积电耗达到浙江省能耗限额标准《饭店单位综合能耗、电耗限额及计算方法》（DB 33/760—2009）要求的限定值，达到整改要求。

三、案例启示

监察人员必须依法实施监察，必须做到执法依据充分、违法事实清楚、程序合法、做好细节工作，对违法事实改正情况及时跟进。

（1）监察执法程序必须到位。一是要求所有监察人员必须按流程程序开展监察工作；二是实施现场监察时必须两人以上，并主动出示行政执法证件，《调查询问笔录》必须有监察人员和当事人签字，《授权委托书》要有当事人签字和单位盖公章，收集的证据资料复印件必须有提供者的签字并注明其与原件相符。

（2）违法事实清楚，依据充分。在具体监察执法过程中，注意以下资料的真实准确：一是区别被监察单位自己用能和外供用能的界限，总用能量要用能源计量表计的期初期末读数计算核对，外供单位要有关联的单据和费用证明。建筑面积要有房产证、出租合同、建筑设计图纸等材料辅助证明。

（3）持续跟进用能单位整改。对于违法用能单位下达责令改正通知书后要继续对企业的后续行动进行跟踪，及时进行整改复查，若发现还存在违法违规用能事实，应采取相关行政措施直至立案处罚。只有这样才能提升用能单位的合法用能意识，提高整改通知书的社会效果。

对节能服务机构的节能监察

案例1 北京市节能监察大队

一、基本案情

按照北京市发展和改革委《关于开展第三方节能量审核机构专项监察的通知》（经发改【2014】2404号）要求，北京市节能监察大队按计划对第三方节能量审核机构北京××节能技术有限公司开展节能监察。

（一）监察准备

1. 案由

提供虚假信息

2. 分组及人员分工

本次专项监察工作由×××、×××具体负责。组长×××全面负责现场监察，组员×××负责执法文书准备，现场监察及报告编制。

3. 执法文书准备

由组员×××负责执法文书，准备节能监察告知书、公开承诺、现场监察笔录、调查笔录、送达回证、现场节能监察签到记录、授权委托书等。

4. 仪器设备准备

由组长×××负责准备笔记本电脑、打印机等办公设备及照相机、录像机等取证设备。

5. 监察依据准备

由组长×××负责准备并熟悉《中华人民共和国节约能源法》《北京市实施〈中华人民共和国节约能源法〉办法》有关规定实施处罚。

（二）现场监察实施

1. 召开首次会议

监察组长×××主持首次会议，指定监察人员×××负责记录。

介绍监察组成员：×××、×××

（1）出示执法证件，表明身份。（×××负责）

由×××出示×××、×××两名执法人员行政执法证件，表明身份，请北京××节能技术有限公司项目经理刘××确认后收回。

（2）送达《节能监察通知书》及留取送达回证。（×××负责）

①递交《节能监察告知书》。（×××负责）

②北京××节能技术有限公司项目经理刘××（授权委托人）确认后，在《送达回证》上签字盖章。

③《节能监察通知书》双方各执一份，《送达回证》由执法人员留存。

（3）介绍监察要点。×××重申此次监察工作的依据、内容、方式及被监察单位需配合的事项。

①监察依据：《北京市实施〈中华人民共和国节约能源法〉办法》。

②监察内容：第三方节能量审核机构出具的节能量审核报告中是否提供虚假信息。需配合提供的文件包括：法人营业执照、授权委托书和身份证复印件、可研究报告审批、项目申请报告核准文件、节能专篇、节能评估审查意见、规划意见文件、建设工程施工许可证、建筑节能设计审查备案登记表、施工图设计审查报告和审查合格书、建筑暖通电器专业节能计算文件、建筑规划设计总平面图、供电方案、各专业设计总说明、主要设备机房图纸、全部或部分点位设计图纸一套、计算过程文件、全部用能设备及型号资料、运行后年能耗分类数据等。

③监察方式：采取现场监察的方式。大队委托技术服务机构对能源审计咨询机构、第三方节能量审核机构和清洁生产审核咨询机构出具的报告是否真实、对固定资产投资项目施工图设计和审图单位是否落实节能评估和审查意见进行技术核查。

④配合事项：北京××节能技术有限公司提供固定资产投资项目设计图、施工图等。

（4）听取企业汇报。北京××节能技术有限公司项目经理刘××介绍本单位开展节能量审核工作等相关内容。

2. 查阅材料

北京×××评估中心负责查阅能源审计报告。

3. 制作《监察登记表》

×××制作《现场监察笔录》。如实记录与监察内容有关的现场情况。由监察人员×××、×××共同完成。

（三）监察文书实例

北京市发展和改革委员会
行政处罚决定书

京发改节处罚〔2014〕9号

当事人：北京××节能技术有限公司

地址：北京市海淀区三虎桥南路×号院（北院）×号楼×房间

法定代表人：周××　职务：总经理

根据日常监察工作安排，我委于2014年5月20日~2014年7月25日，对你单位能源审计报告中是否提供虚假信息情况进行监察。经查实，你单位存在提供虚假信息的节能违法问题。

你单位审计时未对用能设备测试导致审计报告与被审计单位客观情况不符，构成提供虚假信息的节能违法行为。

以上事实有《监察登记表》《调查询问笔录》《能源审计咨询机构技术核查评价报告》《能源审计咨询机构技术核查评价报告（补充意见)》证明。

上述行为违反了《北京市实施〈中华人民共和国节约能源法〉办法》第二十条和第四十九条的规定，依据《中华人民共和国节约能源法》第七十六条和《北京市实施〈中华人民共和国节约能源法〉办法》第六十六条的规定，经研究决定，责令你单位改正上述违法行为，并作出如下行政处罚：1. 没收违法所得90000元；2. 罚款50000元。

依据《中华人民共和国行政处罚法》第四十六条的规定，你单位应当自收到本处罚决定书之日起十五日内，持《北京市非税收入一般缴款书》（以下简称《缴款书》）到银行缴纳罚款。到期不缴纳罚款的，每日按罚款数额的3%加处罚款。

因《缴款书》存在问题被银行拒绝的缴款人，应当自被拒绝受理之日起三日内，持原《缴款书》和银行开具的拒绝证明，向本机关申请换开《缴款书》。

你单位如逾期不履行本行政处罚决定，依据《中华人民共和国行政处罚法》第五十一条第（三）项的规定，我委可以申请人民法院强制执行。

你单位如对本处罚决定不服，可在收到本处罚决定书之日起六十日内，向北京市人民政府或者国家发展和改革委员会提出行政复议申请；也可以在三个月内，向北京市西城区法院提起行政诉讼。行政复议或者诉讼期间，本处罚决定不停止执行。

2014年9月29日

北京市发展和改革委员会
送达回证（五）

送达文书名称及文号	1. 行政处罚决定书（京发改节处罚〔2014〕9 号） 2.《北京市非税收入一般缴款书》（×××××××号）		
受送达人	北京××节能技术有限公司		
送达地点	北京市节能监察大队会议室		
送达时间	2014 年 9 月 29 日	送达方式	直接送达
受送达人签名及盖章 张×× 2014 年 9 月 29 日		送达人签名及盖章 程×× 祝×× 2014 年 9 月 29 日	
备注			

北京市发展和改革委员会

节能监察通知书

京发改节监通〔2014〕29 号

北京××节能技术有限公司：

    本机关决定于<u>2014 年 5 月 20</u> 日开始对你单位节能情况进行监察。监察小组成员为<u>程××</u>（执法证件号：<u>03001××</u>）和<u>祝××</u>（执法证件号：<u>03001××</u>），由<u>程××</u>任组长。请你单位按照《中华人民共和国节约能源法》《中华人民共和国行政处罚法》《北京市实施〈中华人民共和国节约能源法〉办法》及《北京市节能监察办法》等有关法律法规规定配合检查。

监察内容	对能源审计报告中是否提供虚假信息进行监察
需当事人提供材料明细	1. 主体资格证明材料复印件，如：法人证书； 2. 开户许可证复印件； 3. 授权委托书； 4. 受委托人身份证件复印件。

联 系 人：<u>程××</u>

联系电话：<u>66415588 - 1252</u>

办公地点：北京市西城区复兴门南大街甲 2 号 A 西座 2021

邮寄地址：北京市西城区复兴门南大街丁 2 号节能监察大队

邮　　编：100031

2014 年 5 月 20 日

北京市发展和改革委员会

送达回证（一）

案件编码：

送达文书 名称及文号	节能监察通知书（京发改节监通〔2014〕29 号）		
受送达人	北京××节能技术有限公司		
送达地点	北京市节能监察大队会议室		
送达时间	2014 年 5 月 20 日	送达方式	直接送达
受送达人签名及盖章 2014 年 5 月 20 日		送达人签名及盖章 程××　祝×× 2014 年 5 月 20 日	
备 注			

授权委托书

委托人

姓名：周××

性别：男

年龄：50

单位：北京××节能技术有限公司

职务：总经理

受委托人

姓名：刘××

性别：男

年龄：31

单位：北京××节能技术有限公司

职务：项目经理

身份证件号：×××××××××××

授权委托事项：

周××系北京××节能技术有限公司的法定代表人，职务为总经理。现委托刘××就我单位是否提供虚假信息的问题，到北京市发展改革委接受询问调查等事宜。

委托时限：自 2014 年 5 月 20 日至上述事宜办理完毕为止。

委托人签名单位盖章：　　　　　　　　受委托人签名：

周××　　　　　　　　　　　　　　　刘××

2014 年 5 月 20 日　　　　　　　　　2014 年 5 月 20 日

北京市发展和改革委员会

检验（评价）任务委托书

京发改节检委［2014］20 号

北京×××评估中心：

现委托你单位于 2014 年 5 月 20 日在北京市海淀区三虎桥南路×号院（北院）×号楼×房间，对北京××节能技术有限公司的能源审计报告中是否提供虚假信息进行技术核查，书面结论一式 2 份，于 2014 年 5 月 27 日前送交本机关。

委托内容根据《北京市实施〈中华人民共和国节约能源法〉办法》第二十条、第四十九条，对能源审计报告中是否提供虚假信息进行技术核查。

联 系 人：程××

联系电话：66415588－1264

办公地点：北京市西城区复兴门南大街甲 2 号 A 西座 2－10

邮寄地址：北京市西城区复兴门南大街丁 2 号节能监察大队

邮 编：100031

2014 年 5 月 20 日

北京市发展和改革委员会

检验（评价）任务委托书

京发改节检委【2014】20 号

北京××××评估中心：
现委托你单位于 2014 年 5 月 20 日在北京市海淀区三虎桥南路×号院（北院）×号楼×房间，对北京××节能技术有限公司的能源审计报告中是否提供虚假信息进行技术核查，书面结论一式 2 份，于 2014 年 5 月 27 日前送交本机关。

委托内容	根据《北京市实施〈中华人民共和国节约能源法〉办法》第二十条、第四十九条，对能源审计报告中是否提供虚假信息进行技术核查。

联　系　人：程××

联系电话：66415588 – 1264

办公地点：北京市西城区复兴门南大街甲 2 号 A 西座 2 – 10

邮寄地址：北京市西城区复兴门南大街丁 2 号节能监察大队

邮　　　编：100031

2014 年 5 月 19 日

北京市发展和改革委员会

送达回证（二）

案件编码：

送达文书 名称及文号	检验（评价）任务委托书（京发改节检委〔2014〕20 号）
受送达人	北京××××评估中心
送达地点	北京市节能监察大队会议室

送达时间	2014 年 5 月 20 日	送达方式	直接送达

受送达人签名及盖章	送达人签名及盖章
      2014 年 5 月 20 日	 陶×× 王红 2014 年 5 月 20 日

备 注	

北京市发展和改革委员会

立案审批表

案件编码：

当事人	名称	北京××节能技术有限公司	法定代表人	姓名	周××
	地址	北京市海淀区三虎桥南路×号院（北院）×号楼×房间		职务	总经理

案　由	涉嫌能源审计报告提供虚假信息
案件来源	日常监察
案件情况	依据日常监察工作安排，对当事人能源审计报告是否提供虚假信息情况开展监察
立案依据	《北京市节能监察办法》第九条第（七）项和《北京市实施〈中华人民共和国节约能源法〉办法》第二十条第二款
执法人员意见	申请立案调查。 　　　　　　　　　　签名：程××、祝×× 　2014 年 5 月 20 日
法律人员意见	已审核，请领导阅批。 　　　　　　　　　　签名：孔×× 　　2014 年 5 月 20 日
业务副队长审核	同意立案，请申队批示。 　　　　　　　　　　签名：祝×× 　　2014 年 5 月 20 日
大队长批示	同意立案。 　　　　　　　　　　签名：申×× 　　2014 年 5 月 20 日

北京市发展和改革委员会

监察登记表

案件编码：

当事人	名称	北京××节能技术有限公司	法定代表人	姓名	周××
	地址	北京市海淀区三虎桥南路×号院（北院）×号楼×房间		职务	总经理
监察时间		2014年5月20日9时30分～11时00分			

    2014年5月20日开始，我委对当事人的能源审计报告中信息真实性进行监察。现场委托北京合理用能评估中心对当事人的能源审计报告中是否提供虚假信息进行技术核查。

    如果能源审计报告中存在虚假信息，我委将按照相关法律法规对你单位进行处理。

    执法人员签名：程××　执法证号：03001××

    执法人员签名：祝××　执法证号：03001××

当事人意见及签名盖章：

    情况属实

周××

2014年5月20日

北京市发展和改革委员会
调查询问笔录

时间：<u>2014 年 7 月 18 日 9 时 30 分 ~ 13 时 30 分</u>

地点：<u>北京市节能监察大队会议室</u>

被询问人：

姓名：<u>刘××</u>　性别：<u>男</u>　年龄：<u>31</u>　职务：<u>项目经理</u>

工作单位：<u>北京××节能技术有限公司</u>　电话：<u>××××</u>

询问人：<u>程××</u>

记录人：<u>祝××</u>

内容：

问：我们是北京市发展和改革委员会节能监察大队的执法人员，这是我们的执法证件，现在请你确认？

答：我确认。

问：按照工作程序，今天就你单位涉嫌能源审计报告中提供虚假信息一事调查，你有如实回答问题的义务，如果陈述不实将承担法律责任。

答：知道了。

问：你如果认为我们与此案有利害关系，可申请回避。

答：我不申请回避。

问：你对北京××××××中心出具的《能源审计咨询机构技术核查评价报告》（编号：2014－001 号）有异议吗？

答：有异议。核查评价结论中关于泵的变频改造、关于球磨机改造有异议。措施提出依据了实际运行数据，下周一（7 月 21 日）前保证提供相关依据。对核查评价报告中其他事实叙述无异议。

问：你知道《中华人民共和国节约能源法》和《北京市实施〈中华人民共和国节约能源法〉》中关于节能服务机构的相关规定吗？

答：知道。

问：你单位为何在《北京××有限责任公司能源审计报告》中出现与北京威克冶金有限责任公司客观事实不符的情况？

答：主要是因为当时客观上有些设备不具备测试条件，所以未进行测试。

问：上述行为不符合《北京市实施〈中华人民共和国节约能源法〉》第二十条、四十九条的规定，我委将依法进行处理，你还有什么补充意见吗？

答：我单位知道以上行为违反了节能法律、法规规定，以后我们将加强管理，请求从轻处理。

（以下空白）

被询问人意见及签名：<u>记录属实</u>　　<u>刘××</u>
执法人员签名：<u>程××</u>　<u>祝××</u>

北京市发展和改革委员会
调查终结报告

根据日常监察工作安排，程××和祝××组成监察小组，于 2014 年 5 月 20 日～7 月 25 日对该单位能源审计报告中是否提供虚假信息进行监察，经查实，发现该单位存在能源审计报告中提供虚假信息的违法行为。目前，调查取证阶段已终结。现将检查情况和处理意见报告如下：

一、当事人的概况

单位名称：北京××节能技术有限公司

法定代表人：周××

地址：北京市海淀区三虎桥南路×号院（北院）×号楼×房间

电话：××××

其他需要说明的情况：无

二、案件事实

2014 年 5 月 20 日，我委对当事人实施了节能监察，并委托北京××××评估中心对当事人能源审计报告中信息真实性进行技术核查。5 月 30 日，北京××××评估中心出具《能源审计咨询机构技术核查评价报告》，判定当事人在《北京××有限责任公司能源审计报告》编写过程中提供虚假信息。7 月 18 日，当事人接受我委调查询问并于 7 月 21 日提供补充说明材料。7 月 25 日，北京××××评估中心出具《能源审计咨询机构技术核查评价报告（补充意见)》，判定当事人在《北京××有限责任公司能源审计报告》编写过程中提供虚假信息。

以上事实有《监察登记表》《调查询问笔录》《能源审计咨询机构技术核查评价报告》《能源审计咨询机构技术核查评价报告（补充意见)》为证。

三、当事人意见

当事人对检查出的节能违法事实、证据、《能源审计咨询机构技术核查评价报告》和文件依据没有异议。

四、执法人员就案件有关情况的说明

当事人的违法行为是由于审计时未对用能设备测试导致审计报告与被审计单位客观情况不符，其在检查中积极配合，希望从轻处理。

五、处罚法律依据及执法人员处理意见

当事人上述行为不符合《北京市实施〈中华人民共和国节约能源法〉》第二十条、四十九条的有关规定，构成提供虚假信息的违法行为，依据《中华人民共和国节约能源法》第七十六条和《北京市实施〈中华人民共和国节约能源法〉》第六十六条的规定，建议做如下处理：

1. 责令改正。

2. 没收违法所得90000元。

3. 罚款50000元。

以上报告，请予审议。

执法人员签名：程××、祝××

2014 年 8 月 4 日

北京市发展和改革委员会
案件处理审核表

案件编码：

<table>
<tr><td rowspan="2">当事人</td><td>名称</td><td>北京××节能技术有限公司</td><td rowspan="2">法定代表人</td><td>姓名</td><td>周××</td></tr>
<tr><td>地址</td><td>北京市海淀区三虎桥南路×号院（北院）×号楼×房间</td><td>职务</td><td>总经理</td></tr>
<tr><td colspan="2">案　由</td><td colspan="4">能源审计报告中提供虚假信息</td></tr>
<tr><td colspan="2">案件事实
处罚依据</td><td colspan="4">见《调查终结报告》</td></tr>
<tr><td colspan="2">执法人员
意见</td><td colspan="4">一、责令改正。
二、没收违法所得90000元。
三、罚款50000元。

　　　　　　签名：程××、祝×× 2014年8月4日</td></tr>
<tr><td colspan="2">法律人员
意见</td><td colspan="4">已审核，请领导阅批。

　　　　　　　　签名：孔×× 2014年8月4日</td></tr>
<tr><td colspan="2">业务副队长审核</td><td colspan="4">同意上案审会讨论，请申队批示。

　　　　　　　　签名：祝×× 2014年8月4日</td></tr>
<tr><td colspan="2">大队长
批示</td><td colspan="4">同意。

　　　　　　　　签名：申×× 2014年8月4日</td></tr>
</table>

北京市发展和改革委员会
案件讨论记录

时间：2014 年 8 月 4 日 9 时 30 分~10 时 30 分

地点：北京市节能监察大队会议室

主持人：申××（大队长）记录人：程××（执法人员）列席人：无

出席人：祝××（副队长）、吴××（副队长）、孔××（法律主管）、程××（执法人员）、王××（执法人员）、熊××（执法人员）、张××（执法人员）、王××（执法人员）、邢××（执法人员）、陶××（执法人员）、刘××（执法人员）

案由：能源审计报告中提供虚假信息

讨论结论：

综合大家的讨论意见，集体审理确定案件性质为能源审计报告中提供虚假信息的违法行为，依据《中华人民共和国节约能源法》第七十六条和《北京市实施〈中华人民共和国节约能源法〉》第六十六条的规定，处理如下：

一、责令改正。

二、没收违法所得 90000 元。

三、罚款 50000 元。

讨论内容：

申××：由程××简要介绍案情，宣读《调查终结报告》。

……

申××：刚才程××对案情进行了介绍，监察小组其他成员是否还有补充意见？

祝××：无补充意见。

申××：大家对案情有了了解，请大家充分发表意见，首先讨论管辖权的问题。

程××：该单位注册地在海淀区，行为发生地在密某区，根据《北京市节能监察办法》第二条规定，我委有管辖权，可以处理。

申××：该案的违法事实是如何认定的？

孔××：刚才监察人员在《调查终结报告》中已进行了详细阐述。该案违法事实清楚，认定无问题。

申××：证据材料审查了吗？

孔××：提取的证据材料已按规定全部审核，可以证明其违法事实的存在。

申××：此案是如何定性的？

孔××：该案件定性为提供虚假信息的违法行为。

申××：监察小组其他成员还有无补充意见？

祝××：无补充意见。

申××：处理依据是什么？

孔××：处理依据是《中华人民共和国节约能源法》第七十六条和《北京市实施〈中华人民共和国节约能源法〉》第六十六条的有关规定。

申××：违法所得是多少？

孔××：9万元。

申××：违法所得的依据是什么？

孔××：依据《北京××有限责任公司和北京××××节能技术有限公司能源审计委托协议》和《关于通报2013年北京市用能单位能源审计报告审核结果的通知》（京发改〔2014〕226号）。

申××：该案程序是否合法？

孔××：经过审核，该案手续完备、程序合法。

申××：其他同志还有什么意见？

吴××：无补充意见。

王××：无补充意见。

熊××：无补充意见。

张××：无补充意见。

王××：无补充意见。

陶××：无补充意见。

邢××：无补充意见。

刘××：无补充意见。

申××：综合大家的讨论意见，集体审理确定案件性质为提供虚假信息的违法行为，依据《中华人民共和国节约能源法》第七十六条、《北京市实施〈中华人民共和国节约能源法〉》第六十六条的规定，处理如下：

一、责令改正。

二、没收违法所得90000元。

三、罚款50000元。

参加人签名：申××、祝××、吴××、孔××、程××、王××、熊××、张××、王××、邢××、陶××、刘××

北京市发展和改革委员会
行政处罚事先告知书

京发改节事告〔2014〕14号

北京××节能技术有限公司：

2014年5月20日发现你单位能源审计报告中提供虚假信息的节能违法问题。违反了《北京市实施〈中华人民共和国节约能源法〉办法》第二十条和第四十九条的规定，依据《中华人民共和国节约能源法》第七十六条和《北京市实施〈中华人民共和国节约能源法〉办法》第六十六条的规定，本机关拟对你单位做出以下行政处罚：

1. 没收违法所得90000元；

2. 罚款50000元。

依据《中华人民共和国行政处罚法》的有关规定，你单位如对上述处罚意见有异议，可以到北京市发展和改革委员会进行陈述和申辩。

联 系 人：程××
联系电话：66415588－1264
办公地点：北京市西城区复兴门南大街甲2号A西座2－10
邮寄地址：北京市西城区复兴门南大街丁2号节能监察大队
邮　　编：100031

2014年9月22日

北京市发展和改革委员会
送达回证（三）

案件编码：

送达文书 名称及文号	行政处罚事先告知书（京发改节事告〔2014〕14 号）
受送达人	北京××节能技术有限公司
送达地点	北京市海淀区三虎桥南路×号院（北院）×号楼×房间

送达时间	2014 年 9 月 22 日	送达方式	直接送达

受送达人签名及盖章	送达人签名及盖章
2014 年 9 月 22 日	程×× 祝×× 2014 年 9 月 22 日

备 注	

北京市发展和改革委员会
行政处罚听证告知书

京发改节听告〔2014〕5号

北京××节能技术有限公司：

　　根据日常监察工作安排，我委于2014年5月20日～2014年7月25日，对你单位能源审计报告中是否提供虚假信息情况进行监察。经查实，你单位存在提供虚假信息的违法问题。

　　你单位提供虚假信息的行为，违反了《北京市实施〈中华人民共和国节约能源法〉办法》第二十条和第四十九条的规定，依据《中华人民共和国节约能源法》第七十六条和《北京市实施〈中华人民共和国节约能源法〉办法》第六十六条的规定，本机关拟对你单位做出没收违法所得90000元并处50000元罚款的行政处罚。

　　依据《中华人民共和国行政处罚法》第四十二条规定，你单位有权要求举行听证。如要求听证，你单位应当在收到本通知后三日内向本机关提出，逾期视为放弃听证。

　　联 系 人：程××
　　联系电话：66415588－1264
　　办公地点：北京市西城区复兴门南大街甲2号A西座2－10
　　邮寄地址：北京市西城区复兴门南大街丁2号节能监察大队
　　邮　　编：100031

2014年9月22日

听证告知书回执

当事人	名称		联系电话	
	地址		法定代表人	
是否要求听证	当事人在三日内未提出听证申请，视为放弃听证。 　　　　　　　　　　　　　　　程××　签名并盖章 　　　　　　　　　　　　　　　　　　年　月　日			

北京市发展和改革委员会

送达回证（四）

案件编码：

送达文书名称及文号	行政处罚听证告知书（京发改节听告〔2014〕5号）		
受送达人	北京××节能技术有限公司		
送达地点	北京市海淀区三虎桥南路×号院（北院）×号楼×房间		
送达时间	2014年9月22日	送达方式	直接送达
受送达人签名及盖章 刘×× 2014年9月22日		送达人签名及盖章 程×× 祝×× 2014年9月22日	
备注			

北京市发展和改革委员会
结案审批表
案件编码：

当事人	名称	北京××节能技术有限公司	法定代表人	姓名	周××
	地址	北京市海淀区三虎桥南路×号院（北院）×号楼×房间法定		职务	总经理

案由	提供虚假信息
案件来源	日常监察
结案理由	我委于2014年9月29日送达了《行政处罚决定书》，对当事人没收违法所得90000元并处罚款50000元。 　　现处罚决定已全部落实。
执法人员 意见	申请结案。 　　　　　　　　签名：程×× 祝×× 2014年10月9日
法律人员 意见	已审核，请领导阅批。 　　　　　　　　　　签名：孔×× 2014年10月9日
业务副队 长意见	同意结案。 　　　　　　　　　　签名：祝×× 2014年10月9日
综合副队 长意见	同意结案，请申队批示。 　　　　　　　　签名：吴×× 2014年10月9日
大队长 批示	同意结案。 　　　　　　　　　　签名：申×× 2014年10月9日
结案时间	二零一四年十月九日

案例2　山东省淄博市节能监察支队

一、基本案情

为贯彻落实《中华人民共和国节约能源法》《山东省节约能源条例》和《山东省节能监察办法》等有关法律法规规定，加强淄博市节能服务机构管理，提高节能服务机构服务水平和质量，促进节能服务行业健康发展，淄博市节能监察支队于2011年5月25日开始，对全市境内从事能源审计工作的节能服务机构进行了节能监察。

（一）准备阶段

1. 案由

对节能咨询服务机构进行监察。

2. 分组及人员分工

本次监察工作由监察二科科长×××具体负责，监察二科组织实施。组长×××全面负责现场监察，组员×××、×××负责执法文书准备，现场监察及报告编制。

3. 执法文书准备

由组员×××负责执法登记备案以及执法文书准备，包括：《节能监察告知书》《公开承诺》《现场监察笔录》《调查笔录》《送达回证》《现场节能监察签到记录》《授权委托书》《淄博市行政执法机关执法检查登记表》等。

4. 仪器设备准

由组员×××负责准备笔记本电脑、打印机等办公设备，以及照相机、录像机、录音笔等现场取证设备。

5. 监察依据准备

由组长×××负责准备并熟悉《中华人民共和国节约能源法》《山东省节约能源条例》《山东省节能监察办法》《山东省能源审计暂行办法》等执法依据资料及淄博市××节能咨询服务有限公司的相关情况。

6. 其他准备

由组员×××、×××提前三天将《节能监察告知书》《送达回证》送达被监察单位，并告知做好相关配合工作。《送达回证》由被监察单位接收人签字盖章后，带回存档。

（二）节能监察实施阶段

1. 召开首次会议

监察组长×××主持首次会议，指定监察人员×××负责记录。

介绍监察组成员：×××、×××

（1）出示执法证件，表明身份。（×××负责）

由×××出示×××、×××两名执法人员行政执法证件，表明身份，请淄博市××节能咨询服务有限公司法定代表人确认后收回。

（2）介绍本次监察的目的、依据。（×××负责）

①告知执法目的。（×××负责）

②监察依据。《中华人民共和国节约能源法》《山东省节约能源条例》《山东省节能监察办法》《山东省能源审计暂行办法》等。（×××负责）

（3）宣读公开承诺。（×××负责）

①宣读"淄博市节能监察支队公开承诺"。

②宣读完毕，×××向淄博市××节能咨询服务有限公司询问有无需要回避及不适合进行本次现场监察的人员等情形。

（4）介绍监察要点。×××重申此次监察工作的内容、方式及被监察单位需配合的事项。

①监察内容：机构注册地是否是在淄博市境内的独立法人；是否有固定的办公场所和办公设施；是否已通过省级以上主管部门的批准确认；是否有健全的工作章程、管理制度、工作守则；是否有与业务相联系的技术专家或专家库团队；固定的专职人员数、高级职称人员数、中级职称人员数，并提供专业技术人员的技术资格证书复印件；是否具备测试技术能力（包括必备的测试仪器设备），具有计量认证资质证书；按一定比例随机抽取一定数量的能源审计报告书（2009、2010年），监察其内容是否完整，相关数据是否真实。

②监察方式：本次监察，主要以书面为主；现场监察完成后，安排专门时间实地核查能源审计报告的内容和相关数据，进行现场取证，监察能源审计报告内容的完整

性和真实性。

③配合事项：一是需要提供的材料：你单位基本情况介绍，包括：公司名称、地址、成立时间、员工及构成；营业执照、税务登记证、办公场所产权或租赁合同等证明材料。各项制度文本，包括：工作章程、管理制度、工作守则以及有关节能专业知识的培训资料等。专职人员情况介绍及有关聘任材料，技术专家库资料等。测试仪器设备、计量认证证书或技术合作协议。2009 年、2010 年完成的重点用能单位能源审计报告书。二是需要配合的人员：公司法人或分管领导，项目负责人，报告书编写人员等。

④听取被监察单位汇报。淄博市××节能咨询服务有限公司法人代表介绍本单位基本情况及能源审计工作开展情况等相关内容。

（5）参加首次会议的淄博市××节能咨询服务有限公司法人代表、在场人员以及见证人（区县节能办或节能监察机构执法人员），在签到表上签名。（×××负责）

2. 查阅材料

分工：×××负责查阅营业场所的房产证明或房屋租赁合同，能源审计服务合同、能源审计服务费发票、各项工作制度，专家库证明材料，人员聘用合同，单位资质证明等材料；×××负责查阅能源审计报告，核算各项数据；×××负责制作现场监察文书。

3. 查验现场

由淄博市××节能咨询服务有限公司人员配合×××、×××，查验办公场所和监测设备。并采用照相录像等手段将办公场所和监测设备记录下来并在现场监察笔录上记录。

现场需要收集的资料主要有房产证明或房屋租赁合同，各项工作制度，专家库证明材料，人员聘用合同，单位资质证明，能源审计报告、能源审计服务合同、能源审计服务费发票等与监察内容有关的材料。材料的复印件由提供者的签字盖章，注明其与原件相符。

4. 召开内部交流会议

×××组织召开内部交流会议，汇总监察情况。

5. 制作《现场监察笔录》

由×××、×××根据现场监察情况对×××节能咨询有限公司制作《现场监察笔录》，如实记录被监察单位的实际监察情况。

6. 召开末次会议

×××组织召开末次会议，通报监察情况，经淄博市××节能咨询服务有限公司法人代表确认后，双方在《现场监察笔录》上签字，由监察人员带回。

为了核实能源审计报告内容的真实性，现场抽取淄博××陶瓷有限公司等10份能源审计报告。

7. 通知被核查单位

由组员×××达《关于对开展能源审计的部分用能单位进行报告核查的通知》，通知被审计单位做好相关核查准备工作。

8. 实地核查被审计单位

（1）监察组长×××出示执法证件，表明身份，介绍组员×××、×××，请×××建陶有限公司相关人员确认后收回。

（2）组长×××介绍本次核查的目的。××××建陶有限公司相关人员表示积极配合，并提供相关核查资料。

（3）监察组长分配核查任务，分别对被核查单位提供的原始资料进行核实、验证。

（4）通过验证，发现两户重点用能单位的能源审计报告数据不真实。×××要求被核查单位提供的原始数据复印件进行签字盖章后带回。

9. 制作《调查笔录》

组长×××对现场核查的结果进行反馈，淄博市××节能咨询服务有限公司法定代表人在相关证据面前，对反馈结果表示认可。×××制作《调查笔录》后，双方签字后，由监察人员带回。

现场监察结束。

二、监察过程中的文书实例

山东省节能监察行政执法文书

节 能 监 察 告 知 书

监察编号：鲁（C）－JNZF－JCGZ－11－022

淄博市××节能咨询服务有限公司：

　　为贯彻落实《中华人民共和国节约能源法》和《山东省节约能源条例》等法律、法规，依法推动节能工作，促进节约型社会建设，依据《山东省节能监察办法》有关规定，定于2011年5月31日对你单位进行节能监察。届时，请你单位负责人或书面委托的负责人以及节能管理和有关部门人员到场配合，不得拒绝或妨碍监察人员的节能监察工作。被监察单位拒绝依法实施节能监察的，依据《山东省节能监察办法》第二十二条规定处理。

监察内容	检查内容：1. 机构是否是注册地在淄博市境内的独立法人；2. 机构是否有固定的办公场所和办公设施；3. 机构是否已通过省级以上主管部门的批准确认；4. 机构是否有健全的工作章程、管理制度、工作守则；5. 机构是否有与业务相联系的技术专家或专家库团队；6. 机构固定的专职人员数、高级职称人员数、中级职称人员数，并提供专业技术人员的技术资格证书复印件；7. 机构是否具备测试技术能力（包括必备的测试仪器设备），并通过计量认证；8. 监察能源审计报告书内容的完整性和真实性（提供2009年、2010年重点用能企业的能源审计报告）。 　　监察方式：书面监察和实地核查

　　为使监察工作顺利进行，请配合做好以下准备工作：

　　（一）被监察单位节能工作主管领导和相关工作人员配合监察。

　　（二）请被监察单位提供以下资料：1. 公司基本情况介绍，包括：企业名称、地址、成立时间、员工及构成；营业执照、税务登记证、办公场所产权或租赁合同等证明材料。2. 各项制度文本（含电子版），包括：工作章程、管理制度、工作守则以及有关节能专业知识的培训资料等。3. 专职人员情况介绍及有关聘任材料，技术专家库资料等。4. 测试仪器设备、计量认证资质证书或技术合作协议。5. 2009、2010年出具的重点用能单位能源审计报告。

　　现场监察时，对所提供材料予以盖章确认，确保证实无误。

	监察组成员	组长： 成员：	
监察机构	联系地址	××区×××路××号	（公章） 年 月 日
	邮政编码		
	联系电话		

注：接此通知后请及时与本监察机构联系。

本通知书一式两份，一份送达被监察单位，一份存档。

山东省节能监察行政执法文书

法律文书送达回证

监察编号：鲁（C）－JNZF－SDHZ－2011－022

受送达单位	淄博市××节能咨询服务有限公司		
送达地点		邮编	
送达方式	邮寄送达		
法律文书编号	文　书　名		文件页数
鲁（C）－JNZF－JCGZ－2011－022	节能监察告知书		共 2 页
备注：			

上述文件共__2__页，共__1__件。

送达人：　　　　（签名并加盖公章）：　　　　见证人（签名或盖章）

2011 年 5 月 27 日

受送达人：　　　（签名并加盖公章）：

2011 年 5 月 27 日

联系地址：××区×××路××号

邮政编码：

联系电话（传真）：

山东省节能监察行政执法文书
现场节能监察会议签到记录

鲁（C）–JNZF–QDJL–11–022

被监察单位名称	淄博市××节能咨询服务有限公司		
会议日期		会议地点	
监察组长		法定代表人 或其授权委托人	
监察组员		能源审计负责人	
		联系电话	
被监察单位参加会议人员			
姓名	职务		电话
见证人	单位		职务

山东省节能监察行政执法文书

现 场 监 察 笔 录

监察编号：鲁（C）－JNZF－JCBL－11－022/01

被监察单位（全称）：淄博市××节能咨询服务有限公司

监察日期：2011 年 05 月 31 日

监察内容：

1. 机构是否是注册地在淄博市境内的独立法人。

2. 机构是否有固定的办公场所和办公设施。

3. 机构是否已通过省级以上主管部门的批准确认。

4. 机构是否有健全的工作章程、管理制度、工作守则。

5. 机构是否有与业务相联系的技术专家或专家库团队。

6. 机构固定的专职人员数、高级职称人员数、中级职称人员数，并提供专业技术人员的技术资格证书复印件。

7. 机构是否具备测试技术能力（包括必备的测试仪器设备），并通过计量认证。

8. 对能源审计单位审计情况的真实性进行监察（提供 2009 年、2010 年重点用能企业的能源审计报告）。

2011 年 05 月 31 日，淄博市节能监察支队根据《中华人民共和国节约能源法》《山东省节约能源条例》《山东省能源审计暂行办法》等有关规定，由×××、×××组成的节能监察组对淄博市××节能咨询服务有限公司开展的能源审计工作进行节能监察。

×××、×××两位节能监察人员与被监察单位淄博市××节能咨询服务有限公司法定代表人孙××、副经理安××、部门经理黄××、档案管理员伊××、办公室主任高××在该公司会议室会面。监察组组长×××向被监察单位出示本人及监察小组成员×××、×××两位执法人员的行政执法证，表明身份；双方均对对方身份表示认可。监察组组长×××介绍此次节能监察的目的、内容、方式和法律依据以及工作安排，并宣布监察组纪律；被监察单位的法定代表人×××详细介绍了本单位能源审计能力建设情况以及近两年能源审计的开展等情况。

经监察，该单位成立于20××年×月×日，是在淄博市工商行政管理局注册的独立法人，注册资本为205 万元，有固定的办公场所和设施。主要从事能源审计、节能评估咨询业务。是××××年被山东省经信委批准的具有开展能源审计的资质的节能服务机构，有健全的工作章程、管理制度、工作守则，建立了相应的专家库，该单位有专职工作人员15人，其中5人有高级职称，8人有中级职称；有5位同志经培训考核取得能源审计资格证书。该单位目前未购置与能源审计相关的监测仪器，不具备现场检测能力，与淄博市×××中心（有计量认证资质）签订的技术合作协议，协助做好能源审计现场测试工作。该单位2009、2010两个年度共开展30家重点用能单位能源审计，并出具了30份能源审计报告。为规范能源审计质量，市节能监察支队决定抽查淄博××陶瓷有限公司、淄博××陶瓷有限公司、淄博××建筑陶瓷有限公司、山东××陶瓷有限公司、山东××陶瓷有限公司、淄博×××建筑陶瓷有限公司、淄博××建筑陶瓷有限公司、淄博××陶瓷有限公司、淄博××陶瓷有限公司、淄博××陶瓷有限公司十份能源审计报告带回单位认真查看报告内容的真实性和完整性，发现问题将依法严肃处理。现场监察未发现违法问题，但能源审计报告书的真实性和完整性有待到企业现场做进一步核查，验证报告书的内容是否真实，建议该节能咨询节能服务公司应制定能源审计质量技术保障制度。（笔录完毕）

证明材料目录（复印件）：

1. 独立法人资格证书

2. 办公场所证明

3. 通过省级主管部门批准确认的文件

4. 主要工作章程、管理制度、工作守则、财务制度

5. 业务相联系的技术专家或专家库团队情况

6. 专业技术人员情况及技术资格证书复印件

7. 具备测试技术能力的证明

8. 2009～2010年重点用能企业的能源审计报告明细（含能源审计服务合同、能源审计费用发票）

你单位对所提供的材料予以盖章确认，确保真实无误。

被监察单位负责人（或其书面委托的负责人）签名（盖章）：

监察组组长：×××　　　　　　　行政执法证号：SD－C0000×××（C）

　　成员：×××　×××　　　　行政执法证号：SD－C0000×××（C）

监察组组长签名：

2011年5月31日

关于对部分重点用能单位能源审计报告
进行报告核查的通知

山东××陶瓷有限公司、淄博××陶瓷有限公司：

根据《关于对全市从事能源审计的节能服务机构开展专项监察的通知》（淄节监字〔2011〕13号）要求，市节能监察支队决定对贵单位《能源审计报告》内容的完整性和真实性进行现场核查，请贵单位予以配合。核查时间为2011年6月2日~6月3日。

为保证检查工作顺利进行，请贵单位提供如下材料：

1. 企业基本情况介绍，包括：

企业名称、地址、成立时间、员工及构成，主要产品、主要生产工艺及产能，能耗总量、能源种类等。

2. 组织机构图、供配电系统图、能源计量网络图和主要生产工艺流程简图及流程简介

3. 能源管理各项制度文本，包括：

（1）节能管理制度，责任书，节能考核奖励制度；

（2）节能计划，审计期内实施的节能技术措施（提供节能评估报告、设备采购发票等原始单据）。

4. 有关台账，包括：

（1）主要用能设备台账及近期能源利用状况检测报告；

（2）能源计量器具台账；

（3）产品产量统计台账（审计期内）；

（4）能源消耗统计台账，提供购买所有能源的发票（审计期内）；

（5）能源消费成本、万元产值、万元工业增加值（审计期内）。

5. 能源计量器检定报告

各用能单位对此次核查工作要高度重视，提供的材料务必翔实准确，确保此项核查工作顺利开展。

联系人：×××　×××

联系电话：05××-×××××××

邮箱：××××@126.com

淄博市节能监察支队

2011年×月××日

山东省节能监察行政执法文书

调 查 笔 录

监察编号：鲁（C） – JNZF – DCBL – 11 – 022

时　　间：2011 年 6 月 4 日 15 时 20 分

地　　点：淄博市××节能咨询服务有限公司

调 查 人：监察小组组长×××　　　记录人：监察小组成员×××

被调查人：姓　名：×××　职务：法人　性别：男　电话：×××××××

工作单位：淄博市××节能咨询服务有限公司

调查情况：监察组成员就现场核查被审计单位有关情况，对相关人员及现场进行调查。调查内容如下：

问：您好，我是淄博市节能监察支队×××，这位记录人×××是我们监察小组成员，这是我们的山东省行政执法证［证号分别为 SD – C0000×××× （C）、SD – C0000×××× （C）］

答：好，我看过了，请收好。

问：请问，您是本单位职工吗？

答：是，我是本公司的法人代表，由我配合你们工作。

问：经现场核查（出示相关核查证据），您公司出具的 2009、2010 年度山东×× 陶瓷有限责任公司、淄博××陶瓷有限公司能源审计报告能耗数据与实际消耗不相符，这个情况你认可吗？

答：你所说的这个情况容我核实一下可以吗？

问：可以，尽量快一点。

问：具体情况你核实过了吗？

答：核实过了，能源审计报告书上的数据确实是企业提供的，我公司人员未进行核实，你所说的这个事情我认可。

问：那好，请你确认一下。

答：好。

问：请查看笔录内容是否属实？

答：情况属实。

问：那你还有其他需要说明的吗？

答：没有。

问：请你签字确认，我们把相关材料带回，可以吗？

答：可以。

2011 年 6 月 4 日 15 时 40 分，调查结束。

调查人（签名）：　　　　　　　被调查人（签名）：

记录人（签名）：

山东省节能监察行政执法文书

节能监察报告

监察编号：鲁（C）-JNZF-JCBG-11-022

根据市节能监察支队《关于对全市从事能源审计的节能服务机构开展专项监察的通知》（淄节监字〔2011〕13号），我们监察组一行三人于2015年5月31日对淄博市××节能咨询服务有限公司进行了现场监察。

本次监察的内容是：机构注册地是否在淄博市境内的独立法人；是否有固定的办公场所和办公设施；是否已通过省级以上主管部门的批准确认；是否有健全的工作章程、管理制度、工作守则；是否有与业务相联系的技术专家或专家库团队；固定的专职人员数、高级职称人员数、中级职称人员数，并提供专业技术人员的技术资格证书复印件；是否具备测试技术能力（包括必备的测试仪器设备），通过计量认证证书等情况。

被监察单位法定代表人孙××、副经理安××等配合监察。现场监察中，抽查了淄博××陶瓷有限公司等十份能源审计报告。通过2011年6月2～3日现场核查两家被审计单位发现，淄博市××节能咨询服务有限公司出具的山东××陶瓷有限责任公司、淄博××陶瓷有限公司能源审计报告能耗数据存在不真实的问题。

建议：

依据《中华人民共和国节约能源法》第二十二条和《山东省节约能源条例》第二十二条规定。现依据《中华人民共和国节约能源法》第七十六条、《山东省节约能源条例》第五十条、《山东省能源审计暂行办法》第十五条、《山东省节能监察办法》第十五条的规定，针对以上违法事实建议对其依法实施行政处罚。

证明材料：1. 现场监察笔录 2. 调查笔录 3. 被审计单位原始数据复印件。

监察组长：×××

成员：×××、×××

监察组长：×××

2011年×月×日

山东省节能监察行政执法文书

立案审批表

监察编号：鲁（C）－JNZF－LASP－2011－022

<table>
<tr><td rowspan="3">立案对象</td><td>单位名称</td><td>淄博市××节能咨询服务有限公司</td><td>法定代表人</td><td>孙××</td></tr>
<tr><td>单位地址</td><td>××××开发区×××号</td><td>联系电话</td><td></td></tr>
<tr><td>邮　编</td><td></td><td>传　　真</td><td></td></tr>
<tr><td colspan="2">立案地点</td><td>支队会议室</td><td>立案时间</td><td>××年×月×日</td></tr>
<tr><td colspan="2">案件来源</td><td>关于对全市从事能源审计的节能服务机构开展专项监察的通知淄节监字〔2011〕13号</td><td>案件类型</td><td>节能监察</td></tr>
<tr><td colspan="5">案情摘要：淄博市节能监察支队×××、×××、×××根据监察计划，于2011年5月31日对淄博市××节能咨询服务有限公司进行了现场监察。核查发现该单位出具的2009、2010年度山东××陶瓷有限责任公司、淄博××陶瓷有限公司能源审计报告能耗数据不真实的问题。</td></tr>
<tr><td colspan="2">适用的法律、法规和规章依据</td><td colspan="3">违反条款：《中华人民共和国节约能源法》第二十二条和《山东省节约能源条例》第二十二条规定。

处罚依据：《中华人民共和国节约能源法》第七十六条、《山东省节约能源条例》第五十条、《山东省能源审计暂行办法》第十五条、《山东省节能监察办法》第十五条。</td></tr>
<tr><td colspan="2">承办部门意见</td><td colspan="3">经审查，上述行为符合下列条件：
（一）明确的违法嫌疑人：
（二）确凿的违法事实：
（三）属于本部门监督管理行政处罚的范围；
建议立案处理。

（签字）×××　　　　　　　　　　2011年6月7日</td></tr>
</table>

分管负责人 审批意见	同意 （签字）×××　　　　　　　　　　2011 年 6 月 7 日
备注	

山东省节能监察行政执法文书
案件讨论记录

监察编号：鲁（C）－JNZF－AJTL－11－022

案　由	根据《中华人民共和国节约能源法》《山东省节约能源条例》《山东省能源审计暂行办法》等有关规定，淄博市节能监察支队于2011年5月31日对淄博市××节能咨询服务有限公司进行了现场监察。现场监察中，抽查了淄博××陶瓷有限公司等十份能源审计报告。通过2015年6月2～3日现场核查发现，该单位出具的2009、2010年度山东××陶瓷有限责任公司、淄博××陶瓷有限公司能源审计报告能耗数据不真实的问题。

讨论地点	淄博市节能监察支队会议室	讨论时间	2011年6月7日9时10分
主持人	×××	记录人	×××

出席人员	姓　名	职　务	姓　名	职　务	姓　名	职　务
	×××	支队长	×××	科员		
	×××	科长	×××	科员		

讨论记录	详见续页。
处理意见	出具的能源审计报告能耗数据不真实行为违反了节能法律法规的相关规定，责令限期整改，没收违法所得，并处五万元罚款。

出席人员签名				

山东省节能监察行政执法文书
案件讨论记录续页

监察编号：鲁（C）－JNZF－AJTL－11－022/02

监察组长×××介绍案件情况：

2011年5月31日~6月4日，淄博市节能监察支队监察二科对淄博市××节能咨询服务有限公司实施了节能执法监察。

现场监察过程中，节能监察人员×××、×××、×××出示了山东省行政执法证严格执行了亮证执法规定。被监察单位法定代表人孙××、副经理安××等配合监察。

现场监察中，抽查了淄博××陶瓷有限公司等十份能源审计报告。通过2015年6月2~3日现场核查，发现山东××陶瓷有限公司、淄博××陶瓷有限公司部分采购的部分煤炭没有发票，给核查工作带来了难度，执法人员把核查重点放在电力消耗上，把审计期内每个月的用电量进行核查，最终发现企业实际用电量与能源审计报告书中的数值差别较大，造成2009、2010年度能源审计报告能耗数据不真实的问题。通过对节能评估报告书中节能技改项目的实地核查和现场测算，发现实际项目节能量与能源审计报告书中出具节能量相差较大，有弄虚作假的现象。

×××：现场核查发现，能源审计报告书出具的节能量是由企业提供，机构未进行具体核实。两家企业购买的部分煤炭无正规发票，给能源审计机构增加了不少困难。但供电公司的用电量有详细的发票，能源审计机构未详细核实。另外，企业的主要耗能设备和一些实施技改项目未邀请相关有能源测试资质的单位实施具体测算，机构出具的节能量偏大，有些项目只有环保效益，经济效益较小，结果出具的报告中产生了较大的节能量，存在弄虚作假的现象。

能源审计报告能耗数据不真实行为分别违反了《中华人民共和国节约能源法》第二十二条和《山东省节约能源条例》第二十二条规定。现依据《中华人民共和国节约能源法》第七十六条、《山东省节约能源条例》第五十条、《山东省能源审计暂行办法》第十五条、《山东省节能监察办法》第十五条的规定，针对以上违法事实，建议对其责令限期整改，没收违法所得，并处罚款。

×××支队长：我查阅了监察过程的全部执法文书和现场监察笔录等取证材料，执法程序合法，案件事实清楚，证据齐全。针对上述违法行为，责令其在30日内将上述违法行为完成整改，没收违法所得，并处五万元罚款。

×××：我同意。

×××：本人无异议。

×××：本人无异议。

出席人员 签名						

山东省节能监察行政执法文书
限期整改通知书

监察编号：鲁（C）－JNZF－ZGTZ－2011－022

被监察单位：淄博市××节能咨询服务有限公司

联系地址：××开发区××××号

邮　　编：255×××　　　传　　真：05××－××××××××

法定代表人：孙××

淄博市节能监察支队支队于2011年5月31日~6月4日，对你单位开展能源审计情况进行了节能执法监察，发现山东××陶瓷有限公司、淄博××陶瓷有限公司两份能源审计报告存在严重的质量问题。经查实，你单位存在以下违法事实：

1. 这两份能源审计报告的能源消耗数据与审计期内企业实际消耗量不符，涉嫌出具虚假信息。

2. 这两份能源审计报告中的节能技术改造方案产生的节能量存在不真实问题。

上述行为，违反了《中华人民共和国节约能源法》第二十二条和《山东省节约能源条例》第二十二条的规定。

现依据《中华人民共和国节约能源法》第七十六条、《山东省节约能源条例》第五十条、《山东省能源审计暂行办法》第十五条、《山东省节能监察办法》第十五条的规定，责令你单位自接到本《限期整改通知书》之日起，于30日内对这两份能源审计报告进行整改。并在限期届满前将整改情况加盖公章后函告淄博市经济和信息化委员会，我们将对限期整改情况进行跟踪核查，逾期不整改，将依法处理。

地　　址：××区×××路××号

邮政编码：255×××

联系电话（传真）：05××－××××××××

2011年×月×日

注：此文书一式两份，一份存档，一份送达（附送达回证）。

淄博市经济和信息化委员会
行政处罚事先告知书

淄经信罚告字（2011）第×号

淄博市××节能咨询服务有限公司：

淄博市节能监察支队于 2011 年 5 月 31 日~6 月 4 日，对你单位开展能源审计情况进行了节能执法监察。经查实，你单位出具的山东××陶瓷有限公司、淄博××陶瓷有限公司两份能源审计报告存在提供虚假信息行为。该行为违反了《中华人民共和国节约能源法》第二十二条和《山东省节约能源条例》第二十二条的规定，以上事实有《现场监察笔录》《调查笔录》等为证，证据确凿。

现依据《中华人民共和国节约能源法》第七十六条、《山东省节约能源条例》第五十条、《山东省能源审计暂行办法》第十五条、《山东省节能监察办法》第十五条的规定，本委拟对你单位提供虚假信息行为没收违法所得，并处五万元罚款。

如你单位对上述行政处罚建议有异议，依据《中华人民共和国行政处罚法》相关规定，可在收到本告知书的七日内到淄博市经济和信息化委员会进行陈述和申辩。逾期视为放弃陈述和申辩。

联系人：

联系电话：

地址：

2011 年×月×日

注：此文书一式两份，一份存档，一份送达（附送达回证）。

淄博市经济和信息化委员会
行政处罚听证告知书

淄经信罚听字（2011）第×号

淄博市××节能咨询服务有限公司：

淄博市节能监察支队于2011年5月31日~6月4日，对你单位开展能源审计情况进行了节能执法监察。经查实，你单位出具的山东××陶瓷有限公司、淄博××陶瓷有限公司两份能源审计报告存在提供虚假信息行为。

提供虚假信息行为违反了《中华人民共和国节约能源法》第二十二条和《山东省节约能源条例》第二十二条的规定，依据《中华人民共和国节约能源法》第七十六条、《山东省节约能源条例》第五十条、《山东省能源审计暂行办法》第十五条、《山东省节能监察办法》第十五条的规定，本委拟对你单位提供虚假信息行为没收违法所得，并处五万元罚款的行政处罚。

依据《中华人民共和国行政处罚法》第四十二条规定，你单位有权要求举行听证。如要求听证，请在收到本告知书之日起三日内书面提出向本机关提出，逾期视为放弃听证。听证将在接到回执后十五日内举行，并在举行听证的七日前告知举行听证的时间、地点、听证主持人等。

联系人：

联系电话：

地址：

2011 年×月×日

注：此文书一式两份，一份存档，一份送达（附送达回证）。

山东省节能监察行政执法文书

法律文书送达回证

监察编号：鲁（C）–JNZF–SDHZ–2011–022/02

受送达单位	淄博市××节能咨询服务有限公司		
送达地点		邮编	
送达方式	邮寄送达		
法律文书编号	文 书 名		文件页数
鲁（c）–JNZF–ZGTZ–2011–022	限期整改通知书		共 1 页
淄经信罚告字（2011）第×号	行政处罚事先告知书		共 1 页
淄经信罚听字（2011）第×号	行政处罚听证告知书		共 1 页
备注：			

上述文件共__3__页，共__3__件。

送达人：　　　　（签名并加盖公章）　　　　见证人（签名或盖章）

2011 年×月×日

受送达人：　　　　（签名并加盖公章）

2011 年×月×日

联系地址：张店区人民西路 10 号

邮政编码：255×××

联系电话（传真）：05××–×××××××

淄博市经济和信息化委员会
行政处罚决定书

淄经信罚字（2011）第×号

当事人：淄博市××节能咨询服务有限公司

地　　址：×××××××

法定代表人：孙××

淄博市节能监察支队于 2011 年 5 月 31 日~6 月 4 日，对你单位开展能源审计情况进行了节能执法监察。经查实，你单位出具的山东××陶瓷有限公司、淄博××陶瓷有限公司两份能源审计报告存在提供虚假信息行为。该行为违反了《中华人民共和国节约能源法》第二十二条和《山东省节约能源条例》第二十二条的规定，以上事实有《现场监察笔录》《调查笔录》等为证，证据确凿。

依据《中华人民共和国节约能源法》第七十六条、《山东省节约能源条例》第五十条、《山东省能源审计暂行办法》第十五条、《山东省节能监察办法》第十五条的规定，本委决定对你单位提供虚假信息行为没收违法所得，并处五万元罚款的行政处罚。你单位自收到本行政处罚决定书之日起十五日内，携带本决定书，到淄博市节能监察支队办理缴款手续并到就近银行缴纳罚款。到期不缴纳罚款，将依据《中华人民共和国行政处罚法》第五十一条第（一）项的规定，每日按罚款数额的 3% 加处罚款。加处的罚款由代收机构直接收缴。

当事人不服以上行政处罚决定，可以在接到本决定书之日起六十日内，向淄博市人民政府或省经济和信息化委员会申请复议；也可以在三个月内直接向张店区人民法院起诉。但行政处罚不停止执行。逾期不申请复议、不向法院起诉又不履行处罚决定的，将申请人民法院强制执行。

2011 年××月××日

注：本决定书一式三份，一份送达当事人，一份由当事人交代收银行，一份存档。

山东省节能监察行政执法文书

法律文书送达回证

监察编号：鲁（C） – JNZF – SDHZ – 2011 – 022/03

受送达单位	淄博市××节能咨询服务有限公司		
送达地点		邮编	
送达方式	邮寄送达		
法律文书编号	文　书　名		文件页数
淄经信罚字（2011）第×号	行政处罚决定书		共 1 页
备注：			

上述文件共__1__页，共__1__件。

送达人：　　　　（签名并加盖公章）　　　　见证人（签名或盖章）

2011 年×月×日

受送达人：　　　　（签名并加盖公章）

2011 年×月×日

联系地址：张店区人民西路 10 号

邮政编码：255×××

联系电话（传真）：05×× – ×××××××

能源审计监察情况反馈报告

淄博市××节能咨询服务有限公司：

为贯彻实施《中华人民共和国节约能源法》《山东省节约能源条例》和《山东省节能监察办法》，规范和加强我市节能服务机构管理，提高节能服务机构服务水平，促进节能服务行业健康发展，市节能监察支队于2011年×月××日～×月××日对注册地在淄博市境内从事能源审计的节能服务机构开展了专项监察，现就监察中发现你单位存在的问题给予反馈，在下一步工作中，望引起高度重视，不断提高能源审计报告的质量，切实发挥能源审计的作用。

你单位是第二批由原山东省经贸委公布可以开展能源审计工作的节能服务机构（《关于推荐能源审计机构（第二批）的通知》鲁经贸资字〔2008〕441号）。经查，你单位2009、2010两个年度共审计重点用能企业30余家，淄博市节能监察支队此次抽查了十家企业的能源审计报告。此次监察共分八项内容，采用书面监察和现场监察相结合的方式。前七项监察内容（详见节能监察告知书），主要采用书面监察的方式，前七项监察存在的问题当场已反馈给你们；第八项监察内容主要采用现场核查的方式，重点对山东××陶瓷有限公司、淄博××陶瓷有限公司这两个企业的能源审计报告的内容和数据进行了现场核查，以确保数据的真实性和能源审计报告的完整性。

通过现场核查，你单位出具的能源审计报告存在的问题主要表现在如下几个问题：

1. 能源审计报告的能耗数据不真实

核查发现这两家公司所购煤炭和设备大部分发票不全，核查工作无从入手。因此，本次核查重点是对单位审计期内的年耗电量进行逐一检查。同时我们借助供电公司提供的上述单位的年耗电量，同能源审计报告中的耗电量进行比对，发现了能源审计报告的能耗数据不真实。

具体耗电数量见下表：

序号	单位名称	单位	供电公司提供年用电量		审计报告中耗电量		差值	
			2008年	2009年	2008年	2009年	2008年	2009年
1	山东××陶瓷有限责任公司	万千瓦时	2117	2486	2362	3328	245	842

序号	单位名称	单位	供电公司提供年用电量		审计报告中耗电量		差值	
			2008 年	2009 年	2008 年	2009 年	2008 年	2009 年
2	淄博××陶瓷有限公司	万千瓦时	1328	1201	1143	1128	185	73

2. 对能源审计的重要性认识不足

出具的能源审计报告书的质量把关不严，致使报告书中的部分数据不真实，从而无法通过审计发现企业存在的问题和节能潜力。监察发现，不同审计单位的报告书存在严重的套用痕迹，且报告书中的燃煤未按煤质实际的化验数据进行折标，从而无法准确计算出产品单耗，审计期内计算的节能量就不准确，因此，审计报告质量、审计能力有待提高。

3. 提出技术改造方案未认真论证

报告书中出具的方案未进行论证，尤其是投资大的中/高费方案，应对其技术可行性、经济可行性、环境可行性进行论证。

4. 测试能力建设较差

你单位没有测试仪器，不具备能源利用效率测试能力。虽然与有计量认证资质的单位签订了技术合作协议，但监察中发现，在实际审核过程中未邀请有资质和测试能力的单位对其重点耗能设备和工艺能耗进行测试并验证其提供数据的真实性和合理性。

5. 节能量计算有问题

你单位出具的这两个单位能源审计报告书中的节能量计算是采用定比法，按省里的要求，节能量计算应采用环比法计算，故节能量计算出的数值不符合要求。

6. 未发挥行业专家的作用

能源审计机构应充分学习和利用行业专家的丰富知识和经验，指导自身对企业开展能源审计工作，这样才能帮助企业发现问题和不足，提出合理化建议，从而提高能源审计质量，监察发现，你单位未邀请相关专家对这两家企业进行指导和咨询。

针对上述问题，市节能监察支队将采取如下措施：

1. 对存在问题的报告限期整改

针对上述监察中所发现的问题，你单位应引起高度重视，按照相关整改要求，形成整改报告，报市节能监察支队。市节能监察支队将组织专家对整改报告进行专项评审。

2. 进一步加大对能源审计机构的执法力度

市节能监察支队将依据《中华人民共和国节约能源法》和《山东省节约能源条例》及相关节能法律、法规要求，加大对能源审计机构的执法力度，进一步规范能源审计机构的服务质量和水平，更好发挥能源审计机构对我市节能工作的推动作用，下一步对能源审计机构的执法监察将作为一项长期工作，对监察中发现的有严重问题的单位，该处罚的要予以处罚，该通报的予以通报，对拒不整改的能源审计机构按相关程序逐级上报，直至撤销其审计资质，确保全市能源审计机构健康有序的发展。

淄博市××节能咨询服务有限公司
关于能源审计报告中"能源消耗数据与企业
实际消耗量不符"整改情况的汇报

淄博市节能监察支队：

2011 年 5 月 31 日上午，市节能监察支队×××、×××、×××等三位节能监察人员对我公司进行了节能监察。在核查企业中发现我公司出具的 2009 年、2010 年度山东××陶瓷有限公司、淄博××陶瓷有限公司两份能源审计报告存在"能源消耗数据与企业实际消耗量不符"的严重质量问题。事后，我公司积极组织专门人员对审计数据进行了核实，所出具的能源审计报告确实出现错误。原因是被审计单位提供的计算数据，我公司能源审计人员未认真核实原始凭证就予以采用，造成审计数据严重背离。

我公司对此能源审计报告的严重质量问题非常重视，已组织骨干人员对两公司的 2009、2010 年度数据重新进行核实。现已整改完毕，并请贵支队对我公司整改情况进行核查。

通过这次市节能监察支队对我公司进行的节能监察，暴露出公司内部工作不认真，部分能源审计人员业务还不够熟练等诸多问题。针对存在问题，将制定严格制度措施，层层把关，保证审计数据准确，杜绝类似事情发生。

淄博市××节能咨询服务有限公司

2011 年×月××日

关于对淄博市××节能咨询服务有限公司整改情况的汇报

××× 支队长：

2011年×月××日，淄博市节能监察支队监察二科对淄博市××节能咨询服务有限公司实施了节能执法监察。监察中发现，淄博市××节能咨询服务有限公司出具的2009、2010年度山东××陶瓷有限责任公司、淄博××陶瓷有限公司能源审计报告存在能耗数据不真实的问题。

2011年×月××日，市支队向该公司下达了《限期整改通知书》，责令其在30日内将上述问题整改完毕。该公司自收到《限期整改通知书》后，积极落实整改，并于2011年×月××日将《整改报告》上报至市支队。

监察二科收到《整改报告》后，对该公司的整改报告进行了认真检查并组织行业专家对整改报告进行了评审，专家们一致认为，该报告的内容符合相关法律法规及标准，符合两家公司的生产实际，相关数据整改到位。并且能源审计违法所得及罚款也一并上缴财政指定账户，监察小组一致认为该公司已经在限定的时间内，将上述违法事实整改完毕，建议结案。

附证物：市供电公司缴费清单、煤炭化验单、产品产量台账、能源审计服务合同、能源审计费用发票、银行交款回执单等。

监察二科

二〇一一年×月××日

山东省节能监察行政执法文书

结案审批表

监察编号：鲁（C）–JNZF–JASP–2011–022

案　由	根据《中华人民共和国节约能源法》《山东省节约能源条例》《山东省能源审计暂行办法》等有关规定，淄博市节能监察支队监察二科于2011年×月××日对淄博市××节能咨询服务有限公司进行了现场监察。通过现场核查发现，该单位出具的2009、2010年度山东××陶瓷有限责任公司、淄博××陶瓷有限公司能源审计报告能耗数据不真实的问题。
执行情况	依据《中华人民共和国节约能源法》第七十六条、《山东省节约能源条例》第五十条、《山东省能源审计暂行办法》第十五条、《山东省节能监察办法》第十五条的规定，市节能监察支队于2011年×月××日向该单位下达了《限期整改通知书》，责令其在30日内将上述问题整改完毕。
结案理由	淄博市××节能咨询服务有限公司已于2011年×月××日，按照被审计单位的实际能耗对能源审计报告进行了整改，并通过了专家们评审，监察小组认为该节能咨询服务有限公司整改后的能源审计报告已整改到位，并且违法所得及罚款也一并上缴财政指定账户，建议结案。 承办人：×××　　2011年7月12日
节能监察机构意见	同意。 审批人：×××　　2011年7月12日
节能行政主管部门意见	同意。 审批人：×××　　2011年7月12日

三、案例启示

开展节能服务机构的监察不同于日常节能监察，不仅要对节能服务机构的现场进行监察，而且还要对节能服务机构出具的报告书内容的完整性和真实性到企业进行核查，监察时间跨度大，取证复杂，要求执法人员不仅要熟悉相关法律法规和标准，还要有较强的专业理论水平和业务水平，本案例启示如下：

1. 要充分做好监察前的准备工作

在开展节能服务机构的监察前，支队领导召开专门会议研究监察方案，确定监察内容。考虑到全面完成监察任务，时间跨度较长，将本次监察分为两个阶段，第一阶段是到节能服务机构现场监察前7项内容（详见节能监察告知书），第二阶段是现场核查能源审计报告内容，重点核查数据的真实性。监察小组制作了详细监察实施方案和核查方案，明确监察内容、时间、步骤、人员配备、责任分工、工作措施等事项，要求小组成员严格按《山东省节能监察手册》规定的样式规范起草《节能监察告知书》等执法文书，准备现场办公和取证设备，在规定时间内下发《节能监察告知书》附《送达回证》。

2. 严格执法程序，确保取证的数据真实可靠

从场监察情况看，该节能服务机构准备的监察材料较为齐全，监察人员未发现违法问题，监察的重点放在第二阶段。市支队下发了《关于对部分重点用能单位能源审计报告进行报告核查的通知》。监察小组重点核查企业的能源消耗、产品产量、节能技改方案节能量测算的真实性等内容，搜集必要的证据，验证报告的质量。

核查发现：

（1）淄博市××节能咨询服务有限公司在开展能源审计过程中没有认真审核企业的能耗数据和产品产量，而是依据公司提供的相关能耗数据和产品产量编写能源审计报告。该节能服务机构在能源审计过程中未请有计量认证资质合作协议的单位对其重点耗能设备和工艺能耗进行测试并验证其提供的数据的真实性和合理性；

（2）山东××陶瓷有限公司、淄博××陶瓷有限公司为两家民营公司，在能源管理方面不规范，表现在部分煤炭采购没有发票，给核查工作带来了难度，执法人员将核查重点放在审计期内的用电发票上，逐月检查，发现企业实际用电量与能源审计报告书中的数值严重不符，同时通过对节能技改项目的实地核查和现场测算发现与能源审计报告书中的形成的节能量相差较大，存在不真实的违法事实。

3. 进行案件讨论，制定整改措施

支队召集监察组成员开展了案件讨论（详见案件讨论记录）。认为监察过程中执法程序合法，执法文书和现场监察笔录等取证材料齐全，违法事实清楚，证据确凿，对淄博市××节能咨询服务有限公司下达《限期整改通知书》，责令限期整改。

4. 问题反馈

针对本次监察中发现的问题，为提高节能服务机构的能源审计服务水平和服务质量，市支队出具了《能源审计监察情况反馈报告》，希望该节能咨询公司通过本次监察中反映出的问题，加强内部管理，确保报告书的质量。

5. 结案

该节能咨询服务公司自接到《限期整改通知书》《行政处罚决定书》后，在规定的时间内完成了能源审计报告书的整改，市支队认真查看了整改后的报告书，并组织专家对两家公司的能源审计报告书进行了专项评审，专家们一致认为，该报告的内容符合相关法律法规及标准，符合两家公司的生产实际，相关数据整改到位，符合整改要求，同时节能咨询服务公司在规定的时间内将违法所得及罚款也一并上缴财政指定账户，据此，市支队进行了结案处理。